上海世博会及其配套工程建设新技术应用

上海市建设工程安全质量监督总站

中国建筑工业出版社

图书在版编目(CIP)数据

上海世博会及其配套工程建设新技术应用/上海市建设工程安全质量监督总站. —北京：中国建筑工业出版社，2010.12

ISBN 978-7-112-12756-6

Ⅰ.①上… Ⅱ.①上… Ⅲ.①博览会-展览馆-配套-项目-上海市-2010 Ⅳ.①TU242.5

中国版本图书馆 CIP 数据核字(2010)第 250674 号

本书选编了136篇优秀论文，从设计施工、技术创新及安全质量管理方面全面总结了上海世博会及其配套工程的建设全过程。

论文内容主要有勘察设计、建筑施工、装饰装修、工程检测、工程咨询以及新材料、新技术的应用等。其中不少论文还重点介绍了建设中强调的绿色环保、低碳节能、生态建筑以及老城区老企业的改建转化工作，为后世博的城市可持续发展打下良好的基础。

本书所总结的经验比较先进、实用，有助于建设工作者参考、借鉴。

* * *

责任编辑：袁孝敏

责任设计：董建平

责任校对：陈晶晶 王雪竹

上海世博会及其配套工程建设新技术应用

上海市建设工程安全质量监督总站

*

中国建筑工业出版社出版、发行(北京西郊百万庄)

各地新华书店、建筑书店经销

北 京 天 成 排 版 公 司 制 版

北京蓝海印刷有限公司印刷

*

开本：787×1092毫米 1/16 印张：56½ 字数：1410千字

2011年1月第一版 2011年1月第一次印刷

定价：**120.00**元

ISBN 978-7-112-12756-6

(20007)

《上海世博会及其配套工程建设新技术应用》

编审委员会名单

序

中国2010年上海世博会是探讨人类城市生活的盛会；是一曲以创新和融合为主旋律的交响乐；是一次人类文明的精彩对话。

国际著名建筑师们在上海世博会上缔造的一个又一个建筑奇迹给人类留下了宝贵的物质文化遗产。对于建筑业来说，上海世博会也是一次各国建筑文化的盛会，一次世界建筑文明的展览，一次全球设计师、工程师建筑成果的展示平台。

在世博会落下帷幕之际，上海市建设工程安全质量监督总站会同《工程质量》杂志社、《建筑时报》编辑部推出——《上海世博会及其配套工程建设新技术应用》，这无疑是对与世博工程相关的工程专业技术的全面总结，作为上海世博会的参与者之一，我很荣幸为该书作序。

该书汇总了勘察、设计、施工、监理、材料、项目管理、检测等各个领域的优秀论文，全面总结了中国2010年上海世博会世博及其配套工程质量管理、技术创新经验，展现了世博及其配套工程新技术、新材料、新工艺、新设备的成功运用实例及质量管理新理念，该书可谓是一部了解世博工程的词典，可以为广大工程技术人员，高校师生及科研机构的研究人员提供有益的参考，希望能和大家共享！

上海市城乡建设和交通委员会副主任

上海市世博事务协调局副局长

2010年11月28日

前　言

随着中国2010年上海世博会的成功举办，各具异国风情的大型世博场馆随之落成，我国的建筑工程水平得到了进一步提升，也积累了丰富的工程实践经验和资料。为全面总结上海世博会及其配套工程的设计施工、质量管理、技术创新经验，交流世博及其配套工程新技术、新材料、新工艺、新设备的成功运用，上海市建设工程安全质量监督总站会同《工程质量》杂志社、《建筑时报》编辑部联合举办了“世博及其配套工程质量管理、技术创新论文征集”活动。本次活动邀请由政府部门、高校、科研机构、勘察、设计、施工、监理单位及其相应行业协会的相关专家组成的论文评审委员会，对投稿论文进行初审、复审和终审，其中被评为优秀的论文编辑成《上海世博会及其配套工程建设新技术应用》一书出版。

本书分为勘察设计创新篇、施工技术篇和综合技术篇三部分，共收集了136篇设计施工、理论研究和管理实践方面的优秀论文。作者们从多角度、全方位论述了上海世博会及配套工程建设中的设计理念和创新技术，总结了在勘察设计、建筑施工、工程检测、装饰装修、新材料应用和安全质量管理方面的经验，许多论文还突出了城市建设中对生态环境、节能环保、低碳绿化以及老城区老工业区的改造政策，着力体现了城市的可持续发展和“城市，让生活更加美好”的宗旨。

中国2010年上海世博会已经胜利结束了，世博园区内的各个场馆及有关配套工程大多将拆除。为了留住多年来在世博建设中的美好回忆，为了记下世博建设的宝贵经验，我们用心编辑出版了《上海世博会及其配套工程建设新技术应用》一书。希望本书的出版能重新唤起建设同仁们在这段难忘岁月中的奋斗、进取精神，在今后的建设工作中沿着可持续发展的道路，不断进步、继续创新，把我们的城市、国家建设得更加美好。

2010年11月

目　　录

一、勘察设计创新篇

二、施工技术篇

三、综合技术篇

一、勘察设计创新篇

沪上·生态家
——一座自然与绿色相结合的建筑艺术

陈婵伊
（上海公振建筑科技有限公司）

摘　要： 沪上·生态家是惟一一座入选2010年上海世博会最佳城市实践区的城市建筑案例馆。它通过先进的建筑节能理念、节能设计及节能技术，展示了废旧资源、可再生资源的合理选用、回收利用以及循环使用；展示了墙体节能保温及外墙立面绿化技术；展示了如何充分利用建筑设计，来实现提高建筑物自身的通风、采光能力，以降低能耗。整个建筑体现出宜居、绿色及生态化的完美结合，是一座自然与绿色相结合的建筑艺术；让城市人实现着城市，让生活更美好的梦想。

关键词： 循环使用，墙体保温，外墙立面绿化，自然通风，太阳能发电

随着国民经济的不断发展，我国住宅工程经历了提供必要的居住条件和满足一定的舒适性要求两个发展阶段。近几年，随着“以人为本”设计理念的提出，对住宅的舒适性要求越来越高，建筑能耗也随之增高。据统计，目前我国建筑能耗约占国民经济总能耗的25%左右，且呈上升趋势。另一方面，随着建筑能耗的增加和大量空调设备的安装，“城市热岛效应”日益严重，使环境日益恶化。在这种前提下，“绿色建筑”的概念应运而生。

绿色建筑也称之为生态建筑、可持续建筑。我国《绿色建筑评价标准》将绿色建筑定义为：在建筑的全寿命周期内，最大限度地节约资源(节能、节地、节水、节材)保护环境、减少污染，为人民提供健康、适用和高效的使用空间与自然和谐共生的建筑。

绿色建筑的内容应包括应用各种技术以减少或者完全消灭建筑对环境的负面影响，在美学方面努力使得建筑对自然环境不造成负面冲击，提倡在建材方面做到就地取材，利用自然资源、可再生、可回收资源，循环使用等，减少运输造对环境造成的污染。

2010年上海世博会最佳城市实践区的“沪上·生态家”就是这样一座容艺术性和可持续性为一体的住宅建筑。

首先从建材选用上，“沪上·生态家”真可谓是一座“垃圾造的房子”：一砖一瓦，都是本已进了垃圾堆的原材料——上海旧城改造时从石库门建筑上拆下的废砖头。但恰恰是这些年代久远的废旧砖头从视觉上确营造出一种赏心悦目的美：建筑四周的外立面、进口踏步处及楼梯踏面就是用这些灰色旧砖整齐铺砌的，散发着一种沉积的质感和厚重感；内部用砖或是用“长江口淤积细沙”生产的淤泥空心砖，或是用工厂废料“蒸压粉煤灰”制造的砖头，连石膏板都是用工业废料制作的脱硫石膏板；屋面是木制的，但不是木头而是用能速生的竹子压制而成，以避免木材资源的耗费。

再从外墙节能设计上，它是一座实实在在的“会呼吸”的房子：本试验室承担了它的墙体节能保温系统检测，对它的节能构造、节能功效比较了解：它采用外墙外保温系统及外墙内保温系统：东西立面是JCTA-950无机保温砂浆；南北立面是LINS无机保温砂浆；外墙内保温

系统是CN7631无机保温砂浆；屋面、局部地下顶板采用厚100mm、50mm的XPS板。经检测，其保温材料的导热性、密度、强度等性能均符合相关产品及系统标准；对节能系统所涉及的粘结、加固性材料也都进行了检测，结果也都满足产品或系统要求。因而就节能材料而言，整个建筑节能保温系统的质量是有保证的。在施工过程中，我们对外墙面采取钻芯取样的方式检测其构造是否符合设计要求。

当然靠提高建筑维护结构隔热性能和密封性能，其节能效果是有效的但也是有极限的。沪上·生态家作为一座节能示范建筑，其节能技术的综合应用就远远不止这一项了。它同时采取墙外垂直绿化技术：外墙覆盖着一层绿色植物，令灰色刚硬的建筑线条，变得生动而明艳起来。

在传统的绿化理念中，我们注重的是环境的绿化，当然这和建筑成本、绿化维护成本及绿化技术有关。作为最佳城市实践项目，沪上·生态家所采用的外墙立面绿化对建筑节能的作用更直接：夏季，通过植物冠盖、叶片的遮阳作用减少建筑物对太阳辐射热的吸收，通过蒸腾作用吸收建筑物维护结构的热量，释放水蒸气，改善建筑物外表的热、湿环境，降低建筑空调负荷，实现节能；冬季，绿化主要起屏蔽作用，减小风压对建筑物的作用，从而减小冷风渗透和外表面对流换热损失，降低供热负荷，达到节能目的。

有资料表明：在室外气温38℃时，无绿化建筑物的外表面(深灰色外墙涂料)温度最高可达50℃，而有绿化建筑物外墙面温度为27℃；有绿化建筑物室内温度较无绿化建筑物室内温度约低3～5℃，降温效果明显。从绿化技术上，沪上·生态家采用智能化的“滴灌”技术，保证植物的供水；种植布局采用了现代模块式，使整座“垃圾墙”体现着强烈的现代设计感，呈现出艺术的完美。

在降温节能的同时，绿化也能提高空气品质并有效防治噪声。

还有，从建筑设计上，它是一座实实在在的“自我清洁、自我明亮”的房子。踏进古老的石库门外墙和大门，尽管外面炎炎烈日，室内却丝丝“穿堂风”拂面而来。仔细探究，可以看到整个建筑的南侧被设计为楼道，屋顶设计了开合屋面，增强了自然通风效果，使进入楼内的气流能够迅速贯穿整个楼道。楼道底层空间既是展厅，也是天井，气流在室内的流动更加流畅，并通过植物过滤净化系统，使得四季室内空气保持畅通清新；建筑屋顶的开合屋面，也增大室内采光效果，屋顶安装的“追光百叶”可以跟随太阳角度的变化而自动转变角度，一方面起到遮阳作用，另一方面反射环境光，提高室内照度；在室内光线达不到照明标准时，窗帘百叶会自动调整，同时室内灯光会自动亮起，而其动力则来源于太阳能薄膜光伏发电板、静音垂直风力发电机等所产生的清洁能源。所以在沪上生态家的二楼所展示的厨房、卧室、客厅，始终亮堂堂。

最令人难以料及的是馆内电梯的特殊设计：当你坐着电梯上上下下时，你就成了为展馆贡献能源的主体。“沪上·生态家”有一个电梯能够通过受力系统来收集和保存势能，而且会把上上下下收集的势能显示出来，给人更直观的感受。此外，这里还有一个特殊的变速电梯，可以根据电梯乘客的多少来控制电梯速度。

让我们看看沪上·生态家提供的一连串惊人的环保数据：建筑整体综合节能60%，可再生能源利用率50%，二氧化碳排量减少140t，室内环境达标率100%，空间采光系数75%以上……如果这样的建筑能够普及，将会大大减轻城市能源和环境负担，这是一座城市实现可持续发展的理想模式。

“沪上·生态家”就是这一模式的实践者，她是一座自然和绿色完美结合的建筑艺术品！作为城市人，我们期待并有理由享受宜居生活，而这宜居生活希望不以透支未来资源、不以牺牲环境质量、不以无限提高能耗为代价！我们希望我们所追求生活能与生态环境相和谐，与建筑外形、内容相和谐。

期待：城市，让生活更美好！

参考文献

《浅谈建筑中的文化现象》
《绿色建筑应与自然融为一体》

中水回用技术在世博“沪上·生态家”的应用

沈彩萍、杨　蕾、徐蔚雁、杨　勇
（上海市建筑科学研究院（集团）有限公司、上海建科检验有限公司）
张　华
（上海复泽环境科技有限公司）

注：本项研究工作得到了国家科技支撑计划（资助课题编号 2009BAK43B29）和上海市科学技术委员会（资助课题编号 10dz0580300）的资助。

摘　要： 中水主要是指城市污水或生活污废水经处理后达到一定的水质标准，可在一定范围内重复使用的非饮用水。对中水回用技术的研究和应用，使得城市污水成为一种新的水资源。本文主要介绍中水回用技术在世博“沪上·生态家”的应用。通过中水回用，实现了污水资源化，在水资源严重短缺的当今社会有着重要意义。

关键词： 中水回用，世博，生态家

我国由于水资源短缺和用水方式粗放同时存在，用水浪费的现象很普遍。联合国一项名为“综合评估世界淡水资源[1]”的最新研究中报告指出：如果人们继续像现在这样用水的话，则30年后贫水人口数将可能达到2/3。为此，我们必须坚持“节流、开源与保护水源并重”的方针[2]，不断挖掘节水潜力，在城市中广泛深入地开展节约用水工作，以缓解城市水资源的紧张状况。中水回用技术的应用在我国建设正逐步发展。

1　中水回用概述

中水是国际公认的第二水源，每使用 1 万 m^3/d 的回用水相当于建设 1 座 400 万 m^3 的水库。中水主要是指城市污水或生活污废水经处理后达到一定的水质标准，可在一定范围内重复使用的非饮用水，其水质指标低于饮用水水质标准，高于污水允许排入地面水体排放标准。中水的回用可以实现污水和废水的资源化，使污废水经处理后回用，既节约了水资源，又使其无害化，是保护环境、防治水污染、缓解水资源不足的重要途径，有明显的社会效益和经济效益。对于水资源的开发利用，科学合理的次序是地面水、地下水、城市中水、雨水、长距离跨流域调水、淡化海水。

目前，中水系统的水源可分为三类：优质杂排水，包括洗手洗脸水、冷却水、锅炉污水、雨水等，但不含厨、厕排水，主要污染源为灰尘，处理方法简单；杂排水，除优质杂排水外，还含厨房排水，其污染程度高，有油垢、表面活性剂、生物有机物及泥灰，可回用于厕所；综合污水，指杂排水和厕所排水的混合水，含较高的细菌、BOD、COD，不仅有前两类废水的污染性，且含有氮、磷的富营养化的性质，处理起来较为复杂。

根据实际情况，集流一种或多种排水作为中水水源，可以组合以下几种情况：

——空调系统排水、盥洗排水和沐浴排水等，其污染程度较轻，称为优质杂排水，在设计时应优先选择其作为中水水源；

——冲厕以外的生活排水组合，其污染程度中等，称为杂排水；

——所有生活排水的总称，其污染程度最重，称为生活污水，由于其处理费用较高，且难处理，所以在设计时应尽量不采用其作为中水水源。

我国现行的中水水质标准主要有《生活杂用水水质标准》(CJ/T 48—1999)、《生活杂用水标准检验法》(CJ/T 49—1999)等。《生活杂用水水质标准》(CJ/T 48—1999)将中水回用的应用分为两大类：厕所便器冲洗、城市绿化和洗车、扫除，这两类分别对应不同的水质标准。其他用途的中水，须符合相应的水质标准，如作为景观用水，则水质须达到《景观娱乐用水水质标准》(GB 12941—1991)。

2 中水回用技术在居住建筑中的应用发展

对中水回用技术的研究和应用，使得城市污水成为一种新的水资源。这项技术在国外早已应用于实践。美国、日本、以色列等国，厕所冲洗、园林和农田灌溉、道路保洁、洗车、城市喷泉、冷却设备补充用水等，都大量地使用中水。日本自20世纪60年代起就开始使用中水，至今已有30余年，较大的办公楼或者公寓大厦都有就地废水处理设备，主要用作厕所冲洗。到1986年，日本城市污水回用量占全部城市污水处理量的8%，其中有40%用于中水系统。至1989年，日本共有844套中水回用设施，仅东京市就有日处理量约为200m^{3}的中水系统建筑物60余座。南非也是世界上较早考虑污水回用的国家之一，1968年在温得霍市建成一座城市污水深度处理厂，再生水直接供给自来水管网，其在城市总水量中占的比例最高曾达到50%。美国从20世纪70年代开始回用污水，在1975年，美国的中水利用量占总取水量的38.7%，并以每年4%～5%递增。到1985年有536个地方回用污水，回用水量达9.4亿m^3/a。印度孟买已建成7座处理能力为150～250m^3/d的中水工程，用于补充空调冷却用水。在以色列，100%的生活污水和72%的城市污水已经回用。俄罗斯、墨西哥等其他许多国家也都有大量的实际工程实例。

我国是在20世纪80年代随着城市的水资源缺乏，相继开展了中水回用，但大多在北方的缺水城市。早在1982年，青岛市就将中水回用作为市政、消防及绿地等杂用水，以缓解其面临的淡水危机。1987年，北京市就实施了《北京市中水设施建设管理试行办法》，规定新建的面积2万m^{2}以上的旅馆、饭店、公寓等，新建的面积3万m^{2}以上的机关、科研单位、大专院校、大型文化体育建筑等，按规定应配套建设中水设施的住宅小区、集中建设区等都应配套建设中水设施，现有建筑属前两项的可根据条件逐步配建中水设施。如今，上海、大连、天津、青岛、太原、深圳等城市也先后建成一系列中水工程。中水回用工程在我国居住建筑中的应用正逐步发展。

3 世博“沪上·生态家”中的中水回用系统

2010年上海世博会“沪上·生态家”中展示的先进节水技术和理念，包括先进的水处理技术、节水器具、非传统水源的利用等，以便让更多的人有节水观念，推动我国节水技术和产品的发展。这里主要介绍的是中水回用系统的应用。

“沪上·生态家”中水回用技术，主体采用膜法技术，并结合生化处理的优点，使污水的处理回用具备了能耗低、占地面积小，处理效果好等特点。

(1) 概况

“沪上·生态家”的中水回用项目，污水来源为沪上生态家的优质杂排水(主要包括洗手、地面清洁所产生的废水)；设计处理水量为20m^3/d，最大设计水量为2m^3/h。出水主要用于世博会期间“沪上·生态家”的便器冲洗、地面冲洗、道路冲洗、绿化浇洒和水景补充等。

(2) 设计方案和原理说明

考虑到污水水质、水量和中水回用水质要求以及工艺设施的造价、占地面积等因素，本次中水处理工艺选择以 MBR 工艺为核心的处理方案。其工艺流程如下：

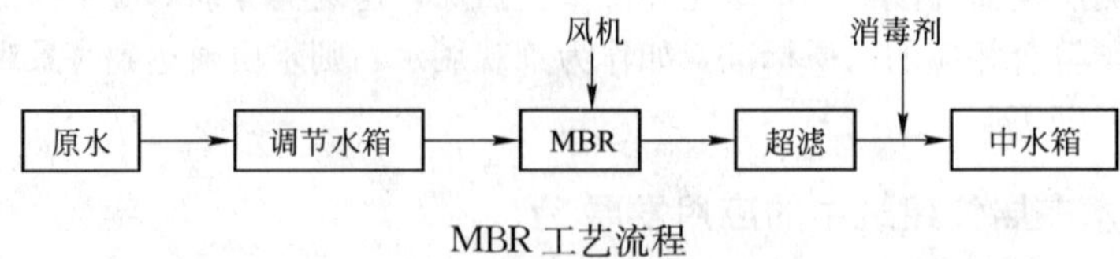

MBR 工艺流程

MBR 工艺是生物处理技术与膜分离技术的有机结合，集传统的生化、沉淀和过滤单元为一体，极大地缩小了占地面积，且操作运行简单。

原理说明：

膜生物反应器(MBR)系统是中水回用的常用水处理系统，可收集来自冲厕、洗车、淋浴、洗衣房、餐厅等各处的污水，进入膜生物反应器(MBR)系统，处理后的水回可用于草坪灌溉、冲洗、冷却塔、景观等，从而达到环保的目的。MBR 工艺具有出水水质好，抗冲击负荷能力强、占地面积小、无污泥膨胀、污泥排放量低、运行稳定、操作简单等优点。

超滤是一种膜分离过程原理，超滤利用一种压力活性膜，在外界推动力(压力)作用下截留水中胶体、颗粒和分子量相对较高的物质，而水和小的溶质颗粒透过膜的分离过程。当水通过超滤膜后，可将水中含有的大部分胶体硅除去，同时可去除大量的有机物等。MBR 的出水通过超滤系统进行深度的过滤处理，最大限度地保障了出水水质。

(3) 效益分析

按照设备每天最多回收利用 $20m^3/d$ 的水，水费 3 元/t 来计算：每年回收水的价值为：$20\times365\times3=21900$ 元；每年减少向自然界排放污水 $7300m^3$。

在“沪上·生态家”的示范项目中，在使用 MBR 处理系统的基础上，辅以其他节水技术(器具节水、雨水利用等)的使用，以此达到整体节水的目标。

4 中水回用系统应用的优越性

对于中水回用系统的广泛应用，其在经济方面具有以下的优越性：中水就近回用，缩短了运输距离，而且由于减少了城市供水和排水量，从而减轻了城市给水排水管网的负荷，对总投资而言是经济的；以污废水再生作为水源，经济上低于开发其他水源；中水系统的维护管理费低于城市给排水维护的管理费，而随着城市给排水价格的提高，中水的成本逐步接近给、排水费。使用 $1m^3$ 的中水就相当于少用 $1m^3$ 的自来水给水，同时少排放接近 $1m^3$ 的污水，这就相当于 $2m^3$ 的给排水的价格和维护费用，其经济效益显而易见。

此外，中水系统的广泛应用可达到节约用水目的，有利于可持续发展。中水回用可节省水资源，减少水资源污染，具有良好的社会效益和环境效益。

5 总结

城市中水回用是节约用水的必然要求。开发中水、利用中水，实现分质用水是一条可行之路。中水回用实现了水资源的多次重复利用，极大地节约了水资源。更为重要的是，中水回用可以增加水资源的可利用总量，从而增强水资源对经济、社会、生态的保障作用、为经济、社会、生态的可持续发展扩展空间。中水回用，实现污水资源化，是目前解决节水治污两大问题的最有效的途径，在水资源严重短缺的当今社会有着重要意义。

参考文献

［1］ 郑守仁. 世界淡水资源综合评估：迈向21世纪水资源可持续发展译文集. 湖北：湖北科学技术出版社，2002

［2］ 付婉霞. 建筑节水技术与中水回用. 化学工业出版社，2004

2010上海世博会主题馆展示工程设计咨询

张嘉秋、秦惠纪
（上海现代工程咨询有限公司）

摘　要：2010上海世博会是举世瞩目的盛会，主题馆是世博会核心场馆之一，是世博会150年历史上最大规模单体展馆，技术复杂、时间紧迫、责任重大。咨询工程师提供咨询意见838条，被采纳意见占总数84.6%。咨询意见优化了设计、消除了设计隐患、保证了设计进度，达到了预期的目标，圆满地完成了咨询任务。

关键词：世博主题馆，城市人馆，城市生命馆，城市地球馆，城市未来馆，咨询意见

1　前言

主题馆演绎世博主题："城市，让生活更美好"Better City，Better Life。

上海世博会事务协调局主题馆部对设计咨询的要求："鉴于主题馆项目政治意义重大、规模大、工期紧等方面的特点，必须清理项目管理中各项任务，系统建立管理计划和措施，发挥有效有序的监督支持作用，稳妥顺利开展项目管理的工作，以确保项目各方面的推进"。

2009年7月中旬，主题馆部委托我公司提供咨询服务，距世博会开幕倒计时300天。当时态势是：主题馆建筑主体工程已进入尾声，展示工程前期正全面展开。主题馆的多个展示专题分馆都是具有一定规模的场馆，面积从几百平方米至上千平方米不等。各分馆的设计、项管、监理和施工等数十个单位都已陆续进入现场，形成边设计边施工的局面。如何控制好各分馆设计单位的设计质量、进度和资质成为当务之急。

主题馆部估计到态势的严重性，决定将展示工程设计咨询服务(含审图)任务交给我公司，要求对展示工程设计进行全过程设计管理及设计文件审查，协助主题馆部，就设计质量、进度和资质等方面可能存在的问题提供咨询服务。

本着对国家重大工程的责任感，为了保障工程的安全性、可靠性、合理性，我公司立即选拔了十多位各专业优秀的、具有丰富设计经验的咨询工程师和管理工程师投入了工作，按预期目标完成任务，为世博会作出了贡献。

2　项目特点

2.1　项目规模大

2010上海世博会主题馆是世博会"四轴一馆"核心场馆之一，是世博会150年历史上最大规模单体展馆，总建筑面积达12.6万m^2(图1、图2)。

主题馆由"城市人、城市生命、城市地球、城市未来和城市足迹"等五个分馆组成(足迹馆不在本案)。

城市人馆、城市生命馆和城市地球馆位于世博轴西侧，占地面积约11.5hm^2，建筑高度约27.7m，展馆平面尺寸为288m×180m，地上2层，地下1层，见图3。

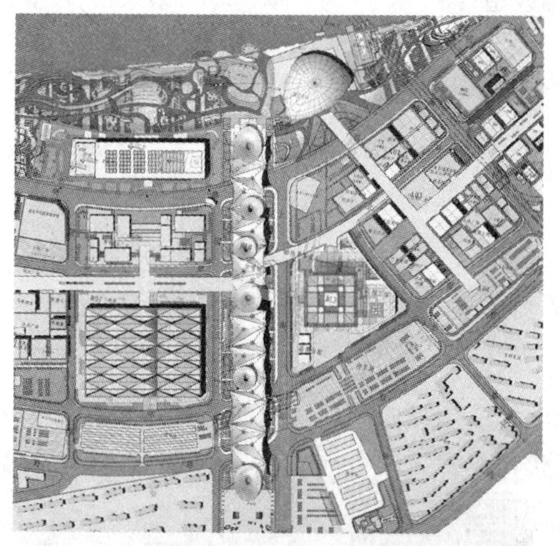

图1 “四轴一馆”总平面图

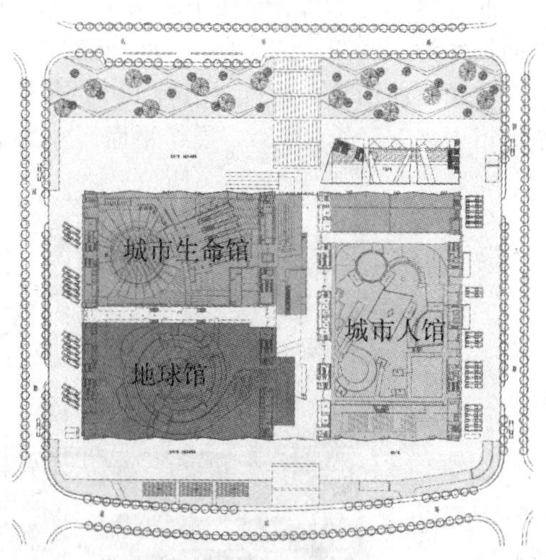

图3 主题馆平面示意图

图2 主题馆鸟瞰图

图4 城市人馆施工中

其中东展厅为城市人馆，建筑面积约1.7万m^2，净高9m(图4)；西展厅建筑面积约2.5万m^2，净高14～21m，南北跨180m，东西跨126m，为矩形超大跨度无柱空间，世博会期间为城市生命馆和城市地球馆(图5、图6)。

图5 城市生命馆施工中

图6 城市地球馆施工中

通过对已有110余年历史的南市发电厂再生性改造(图7)，成为展示“城市未来馆”，展馆平面尺寸为128.2m×75.1m，地上2层(图8)。

主题馆浦西部分通过对已有110余年历史的南市发电厂再生性改造(图7)，成为展示“探索城市未来”展馆(图8)，展馆平面尺寸为128.2m×75.1m，地上2层(图9)。

图7　南市发电厂原址

图8　主题馆未来馆

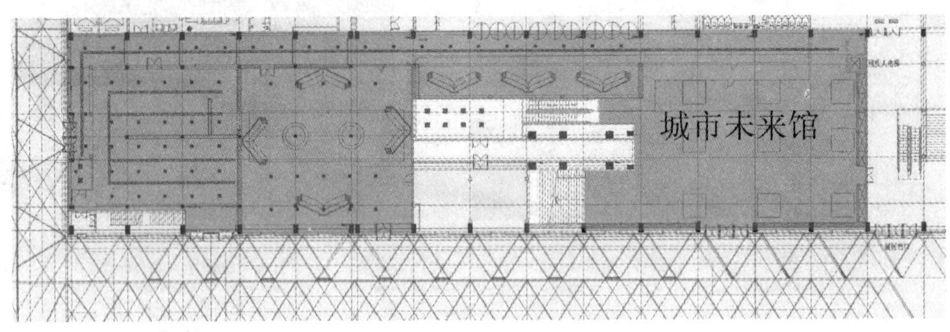

图9　主题馆城市未来馆平面示意图

各分馆下设的20个专题馆也都是具有一定规模的独立建筑单位，建筑、结构、水、电、风等专业设计一应俱全。所有场馆的设计既要满足国家和上海市规范，又要符合2010上海世博会临时建筑物标准的规定。

2.2　建设周期短

主题馆建设总周期四年，展示工程设计周期时间段为6个月，要求从2009年7月中旬至2010年1月，完成从预审至施工图全过程设计咨询工作。

2.3　设计难度高

主馆、分馆和小馆形成馆中馆，设计难度高，时间紧迫，加上设计团队纷杂，一时形成各自为政的局面，设计深度达不到国家规定的要求，影响了预期的进度。

1. 设计团队纷杂

主题馆展示工程立项时，定位为装修、装饰工程，因此聘用了美术设计公司或装修设计公司担任总包设计单位。分包设计分别来自外国、上海和外地，共十三家。

主题馆前期建筑工程设计单位，不承担后续展示建筑工程的设计，各专业设计的连续性都受到很大影响。前期建筑工程设计已申报上海市施工图审查，进入展示工程设计，将不通过审查直接进入施工流程。

2. 专业资质缺失

国家对装修、装饰工程设计的单位和个人都无注册资质要求，部分总包设计单位没有建筑工程设计资质。

3. 协调组织复杂

展示工程众多利益相关方存在互动影响，带来设计需求上的矛盾，需要投入相应的沟通和协调工作。

4. 不确定因素

上述状态使展示建筑设计的前期就隐藏着诸多不确定性因素，对展示建筑设计质量和进度产生不利影响。

为保障工程设计的安全性、可靠性、合理性，控制设计深度和设计进度，需要提供专业的、优质的咨询服务措施。

3 管理工作展开

3.1 初步设计预审

为了摸清展示建筑工程设计的现状，咨询工程师选择城市人馆初步设计文件作为预审项目。经审查发现存在以下问题：

1）设计深度达不到国家规定的要求；

2）主体建筑工程设计-展示建筑工程设计-装修工程设计-展品、展项工程设计之间的技术界面划分不清；

3）防火设计和结构设计存在安全隐患；

4）部分单位和个人的建筑工程设计专业资质缺失。

3.2 资质审查

经审查，部分总包设计公司为“建筑装饰装修工程设计与施工”资质，非建筑工程设计单位。各展示建筑设计单位和设计个人的资质存在以下问题：

1）单位设计资质证书不全或设计人员资质证书不全；

2）具有注册资质证书人员非设计团队成员；

3）注册资质证书无注册章；

4）资质证书过期。

通过审核设计单位和设计个人的注册资质，理清了设计团队。各总包设计单位相应调整了设计团队，为后续工作的顺利展开打下基础。

3.3 建立设计管理规定、梳理设计工作流程

咨询方进一步协助主题馆部，建立了设计管理规定、梳理了设计工作流程(包括分包回复规定)，使设计工作进入有序管理状态：

1）制定具有针对性的主题馆展示工程设计深度规定；

2）建立初步设计、施工图设计与审查的出图流程，确定“施工图审查时间节点”框架；

3）进行设计专业资质信息管理，提出调换不能胜任展馆设计的两家结构设计单位；

4）理清了各专业的技术界面和技术接口；

5）提出存在严重安全隐患的城市人、城市生命等馆的结构技术措施。

3.4 专家前期评审

要求原设计方同济大学设计院、市建交委科技委、市消防处等单位专家工程师参与展示建筑设计文件的前期评审。

4 设计咨询成果

本工程属于大型展馆类建筑，消防设计和结构设计成为关注的重点；基于原主题馆建筑设计不属于本次咨询服务范围，以及受时间节点限制等原因，本公司设计咨询服务范围限于展示建筑设计的安全性、合理性、技术接口和设计深度方面存在的问题。

4.1 设计图深度要求

主题馆展示建筑工程和装修工程设计图深度，包括图纸、计算书、依据性文件应符合有关规定：建设部《建筑工程设计文件编制深度规定》（2008 版）、上海市建交委科技委《中国 2010 年上海世博会主题展馆展示深化设计送审文件要求》、和世博会事务协调局《世博会临时建筑物、构筑物设计标准》。

4.2 总平面

总平面图要求完整表达：主轴线与各分馆平面定位轴线的关系，防火分区，主馆与各分馆的结合部尺寸与标高等内容。如：城市人馆中的家庭、工作、交往、健康等馆的关系，各馆的钢步道、疏散楼梯等交通都应注明。

4.3 技术界面

理清各工程技术界面，包括“主体建筑设计-展示建筑设计-装修设计-展品、展项设计”四者的工作界面。如人馆装修设计预审中，将属于建筑范畴的内容归于建筑设计或消防设计中，如防火设计、楼电梯交通组织设计、节能设计和建筑墙体设计等。

展示建筑涉及原建筑的部分技术复核工作，应由原设计方完成。如未来馆为改建结构，展示建筑工程对原结构的影响属于需要理清的技术界面。

4.4 消防设计

1）鉴于展览展示平面设计的复杂性和不确定性重点关注：人流数量来源、安全出口位置、疏散通道宽度、消防设计疏散距离与图纸的一致性，消防喷淋等措施和设施的有效性。如未来馆部分大空间喷头和隔墙发生碰撞，重新分隔后应按照分隔后的空间布置喷头；消防炮用于有遮挡的分隔物时，应注意消防炮的布置；场馆任何一点应满足两股水柱保护。

2）要求受条件限制不能满足防火规定的设计，应取得主管部门的认可，如疏散距离过长、消防楼梯数量不够、消防楼梯正风压值要求、大空间自然排烟时清晰高度要求、排烟系统主管道管路布置过长等以及特殊建筑材料的使用要求。

4.5 装修设计

涉及安全的装修设计内容要求作专门设计，包括装修设计中重要的、技术复杂的、尺度大的和较关键的设计内容，如要求城市人馆 16m 高灯箱墙等应作专门设计。

建议与展示设计有关的、已有成熟经验的展览设施或成品可列入另册，如灯箱、货架、展架等。

展览展示设计的悬吊点必须按规定位置设置，以免造成安全隐患。

4.6 结构设计安全性与合理性

1）抗震折减系数：主题馆抗震设防烈度为 7 度（0.1g），设计基准期为 50 年；当设计使用年限为 1 年时，结构重要性系数可采用 0.9；对乙类临时性建筑，抗震验算时，地震作用可折减，乙类建筑折减系数取0.8，丙类建筑取0.65。

按上述规定取值，符合结构实际使用状况，可减小地震作用，降低造价。

2）结构阻尼系数：城市人馆钢结构抗震计算中，工作、健康、家庭、学习等馆阻尼系数采用0.04，应统一改为0.035。

3）水平地震影响系数：7度多遇地震水平地震影响系数最大值是0.08，城市人馆健康馆用了0.8，应予调整；罕遇地震水平地震影响系数最大值是0.45，钢步道设计时用了0.8，应予调整。

4）场地土类别：城市人馆家庭馆场地土按“Ⅱ类”，应改为“Ⅳ类”场地土。

5）上海地区反应谱场地特征周期：城市人馆家庭馆计算时取用0.65s，应为0.9s。

6）建筑抗震设防分类：城市人馆家庭馆抗震设防重要性为“丙类”，应改为“乙类”。

7）抗震设防烈度：如城市人馆交往馆按6度设防，应调整为7度。

4.7 抗震超限

1）最大层间位移角：如城市人馆学习馆 X、Y 向层间最大位移比分别为 $D_x=1.569$、$D_y=2.098$，均应调整；城市人馆工作馆同样也超出1.5。

2）上下层刚度比：如城市人馆学习馆均不能满足。

3）抗侧力结构的受剪承载力：如城市人馆学习馆、工作馆均不能满足；对薄弱层地震剪力应乘以增大系数，并按规定进行弹塑性变形分析。

4.8 结构设计

4.8.1 城市人、城市生命、城市地球等馆柱基础设计

城市人馆位于主题馆东部地下室200mm厚顶板上，允许荷载为20kN/m²；城市生命馆、城市地球馆位于西部300mm厚地坪上，允许荷载为35kN/m²。按原主题馆结构设计方规定，柱地脚螺栓应避开地沟(图10)和预应力梁，要求采用“化学锚栓”方式直接锚固在顶板或地坪内，基础设计利用顶板或地坪作为柱基础，存在以下问题：

1）国内后锚固连接多用于旧房改造的加固措施，对于新建大、中型展馆(如图11家庭馆、图12学习馆高达16m,)的主要结构构件的适用性和可靠性需要进行论证。

图10 城市人设备地沟

图11 城市人馆家庭馆钢结构

2）结构在竖向重力荷载和水平地震作用下，负荷较大的柱，如城市人馆家庭馆、生命馆活力车站等，顶板工作的可靠性和安全性应有设计依据。

3）三馆的基础设计中，将锚固在混凝土顶板或地坪中的柱下端，假定为结构计算模型中的刚接固定端，板的刚度能否起嵌固作用，应提出设计依据。

鉴于上述工况，建议三馆的基础设计采用钢结构扩展条形基础（图 13）或条形基础（图 14），条基刚度较大，可以分布上部荷载、对柱起嵌固作用，同时避开地沟和预应力梁。

直接支承在顶板或地坪上的结构和基础，应按各单体柱脚反力（N、Q、M）复验地坪的强度与变形。

图 12　城市人馆学习馆钢结构

图 13　城市人馆钢结构扩展条形基础

图 14　城市生命馆钢结构扩展条形基础

4.8.2　连接节点

城市人馆学习、工作、家庭等馆，柱间支撑交点偏心，相距 350mm，但设计未按偏心连接，存在严重安全隐患。

4.8.3　应力比

城市人馆工作、健康、家庭、学习等馆构件的应力比大于 1.05，偏大；生命馆活力车站应力比宜控制在 0.9 以下。

4.8.4　结构整体刚度

城市人、健康馆计算位移值为 1305.9mm，超过允许值，结构刚度需要加强。

4.8.5　室内风荷载

城市人馆和城市地球馆的荷载不利组合计算，必须考虑馆内风荷载的不利作用。

4.8.6　可能引起安全隐患设计

防范可能引起安全隐患的设计：如城市人馆检修走道不应采用焊接方法与原受力结构连接。

4.9　不稳定结构体系

4.9.1　城市生命馆灵魂、活力广场

城市生命馆灵魂、活力广场为钢结构体系，广场四周均不规则地布置了若干马道，马道一端与广场钢结构相连，另一端搁置在周边结构上，马道起了连杆作用（图 15）。在水平地震作用下，广场结构、马道以及周边墙体结构将会整体工作，从而形成复杂受力结构，结构受力很不明确也不安全。

建议支撑马道的钢桁架由格构柱支承，格构柱与广场结构分离，马道结构与周边墙体结构组成独立的结构体系，由此分别建立力学模型进行计算，从而使广场结构受力明确、可靠。

4.9.2 城市生命馆活力广场

生命馆活力广场屋盖下装饰钢架单边悬挑 8m，钢架结构稳定依靠 300mm 厚地坪基础平衡，钢架倾覆问题比较严重(图 16)。

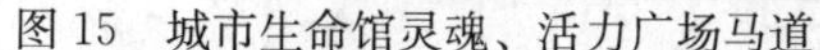

图 15 城市生命馆灵魂、活力广场马道

图 16 城市生命馆活力广场装饰钢架结构

建议采用以下结构措施：

1）将活力广场两侧的装饰钢架梁悬挂在活力广场网架上，由网架下弦节点承受钢架荷载，吊点荷载按每个钢架 3t 计算。

2）钢架柱离地约 0.4m 标高处断开，中间设柔性节点，待装饰钢架顶棚负荷后，再进行装饰性连接。

4.9.3 其他馆

1）城市人馆工作馆中梁柱为铰接，无斜支撑，属不稳定体系。

2）城市人馆中学习馆、交往馆为斜向结构，属不稳定体系。

3）城市生命馆中马道悬吊在网架下弦，会晃动，应加吊杆件支撑。

5 咨询意见采纳情况分析

5.1 咨询成果分类

按采纳情况，可将咨询意见分为“A、B、C、D”四类：

1）咨询意见被设计方全部采纳： “A”类

2）咨询意见被设计方部分采纳： “B”类

3）设计方的做法得到政府主管部门特别许可： “C”类

4）咨询意见未被设计方采纳： “D”类

（1）咨询意见提得不确切： “D1”类

（2）设计方未回复： “D2”类

5.2 采纳统计

按上述分类方法，将 4 个分馆的初步设计(包括预审)和施工图设计二阶段、5 个专业的咨询意见采纳情况见附件，表 1、表 2、表 3 为汇总情况：

主题馆初步设计阶段咨询意见采纳情况 表1

序	咨询意见采纳情况	符号	建筑	结构	水	电	暖	Σ
1	咨询意见被全部采纳	A	100	107	43	65	94	409/78.5%
2	咨询意见被部分采纳	B	1	2	4	5	3	15/2.9%
3	设计方得到特别许可	C	9-	—	1	—	11	21/4%
4	咨询意见不确切	D1	14	1	7	9	30	61/11.7%
5	设计方未回复	D2	3	8	1	2	1	15/2.9%
6	合计	Σ	127/24.4%	118/22.6%	56/10.7%	81/15.5%	139/26.7%	521/100%

主题馆施工图设计阶段咨询意见采纳情况 表2

序	咨询意见采纳情况	符号	建筑	结构	水	电	暖	Σ
1	咨询意见被全部采纳	A	52	128	23	14	37	254/80.1%
2	咨询意见被部分采纳	B	4	3	—	—	3	10/3.2%
3	设计方得到特别许可	C	—	—	—	—	—	—
4	咨询意见不确切	D1	2	5	3	—	15	25/7.9%
5	设计方未回复	D2	1	17	—	10	—	28/8.8%
6	合计	Σ	59/18.6%	153/48.3%	26/8.2%	24/7.6%	55/17.4%	317/100%

主题馆咨询意见采纳情况汇总 表3

序	咨询意见采纳情况	符号	建筑	结构	水	电	暖	Σ
1	咨询意见被全部采纳	A	152	235	66	79	131	663/79.1%
2	咨询意见被部分采纳	B	5	5	4	5	6	25/3.0%
3	设计方得到特别许可	C	9	—	1	—	11	21/2.5%
4	咨询意见不确切	D1	16	6	10	9	45	86/10.3%
5	设计方未回复	D2	4	25	1	12	1	43/5.1%
6	合计	Σ	186/22.2%	271/32.3%	82/9.8%	105/12.5%	194/23.2%	838/100%

5.3 咨询意见采纳分析

本公司提供各专业的设计咨询意见共838条，结构专业占意见总数的1/3、建筑、暖通专业各占总数的1/4弱、电气专业为1/8、给排水专业为1/10，反映了该项目规模大、使用功能多样以及技术复杂的特点。

统计表明，咨询意见被设计方完全采纳的占总数的79.1%，加上咨询意见被设计方部分采纳3.0%、设计方得到主管部门特别许可2.5%，咨询意见被设计方采纳占总数的84.6%。

设计方表示要向专家或主管部门进一步征询意见，设计方未回复占总数的5.1%。

因后续设计单位未参加前期设计，技术接口需反复核对才清晰，咨询意见不确切占总数的10.3%。

初步设计阶段各专业的设计咨询意见共521条，施工图阶段各专业的设计咨询意见共317条，其中城市地球馆初步设计意见123条，施工图设计意见仅12条，说明经过前期审查解决了设计中存在的大部分问题，后期意见减少了。

城市人馆结构初步设计阶段仅提供了4份咨询报告，而施工图阶段前后共提供了11份咨询报告，说明该项目初步设计阶段设计文件深度远没有达到要求，大量设计问题发生在后期。

由于本工程的特殊性，大馆套中馆，中馆套小馆，排烟、排风空间关系变得复杂，因此暖通专业的咨询意见多于其他设备专业。

6 信息管理

6.1 主题馆展示工程设计、咨询文件汇编

为了将具有历史意义的2010上海世博会设计文件完整地保存下来，根据世博事务协调局主题馆部要求，将有关的设计、咨询文件汇编成3卷4册，包括以下内容：

第一卷 说明：1 前言；2 工程概况；3 设计文件编制单位；4 文件汇编说明。

第二卷 管理文件汇编：1 主题馆部文件；2 合同管理文件；3 技术管理文件；4 设计标准文件；5 资质管理文件。

第三卷 技术文件汇编

第一册 方案设计阶段(预审)：1 建筑工程评审与回复；2 市科技委送审要求与回复；3 同济布展移交界面及布展条件；4 人流组织专篇评估报告与回复；5 展示工程演示。

第二册 初步、施工图设计阶段，建筑工程评审与回复：城市人馆；城市生命馆；城市地球馆；城市未来馆。

第三册 初步、施工图设计阶段：1 消防协会评审与回复；2 专家评审与回复；3 装修工程评审与回复；4 设计计算书；5 设计施工图。

6.2 主题馆展示工程设计团队

6.2.1 展示工程设计单位

主题馆设计包括建筑工程和展示工程两部分，前期建筑工程由同济大学设计院承担，后期4个分馆展示工程设计分别由13家设计单位参与(表4)，效果设计由4家单位参与，计18家设计单位。

设计单位一览 **表4**

展馆名称	建筑工程设计单位	展示工程设计单位		
		设计负责单位	总包，装修工程设计	分包，建筑工程设计
城市人馆	同济大学建筑设计研究院	荷兰 KOSSMANN公司	广东集美设计工程公司	华海建筑设计院(20091013前) 上海通利+中铁(20091013后)
城市生命馆		中国美术学院	上海美术设计公司	上海大镜
城市星球馆		德国 Triad公司	上海复旦上科多媒体公司	上海坤建建筑工程设计事务所 上海康业建筑装饰工程公司
城市未来馆		西班牙 INGENIAqed公司	北京清尚建筑装饰工程公司	北京清尚建筑装饰工程公司

6.2.2 效果设计单位

AV系统及设备：左右空间艺术设计

灯光系统及设备：亿光数码设计

影视与多媒体：上海幻维影视设计

建筑流线系统：同济大学设计院设计

6.2.3 建筑工程设计咨询(含审图)单位：上海现代工程咨询公司

6.2.4 装修工程设计咨询(含审图)单位：上海现代建筑装饰环境设计研究院

7 小结

1）通过设计咨询工作使主题馆展示工程的设计质量和进度处于可控、有序的管理状态。

2）统计表明，咨询意见被设计方完全采纳的占总数的79.1%，加上咨询意见被设计方部分采纳的3.0%以及设计方得到主管部门特别许可的2.5%，咨询意见被设计方采纳占总数的84.6%，咨询效果达到预期目标。

3）2010上海世博会主题馆自2010年4月20日试开放至今，经过2个月时间的检验，证明展示建筑设计是安全、可靠、适用的。

4）本公司提供的各专业技术咨询建议被设计方接受，主题馆部对设计咨询服务工作质量和效果持肯定态度(见附件“上海世博会事务协调局主题馆部感谢信”)。

通过主题馆展示工程设计咨询，造就的应用技术进步带来的设计安全性、合理性的社会效益是明显的，体现专业的设计咨询服务的价值。

* * *

参加2010上海世博会主题馆展示工程设计咨询工作有李承玲、王巧敏高级建筑师，张嘉秋、秦惠纪、何宝虹、杨德才、聂慧蓉、陈逸平、高明华、孙建华、陈芸屏和魏兵高级工程师；主题馆部章克勤、许润禾、谢东、潘文渊、洪伯滔先生热忱对设计咨询工作提供了帮助；苏瑛知、史文彦、鲍苏新研究生参加资料整理分析工作；秦颖源先生审阅了全文；在此谨致谢意！

8 附件

上海世博会事务协调局主题馆部感谢信

感 谢 信

致：上海现代工程咨询有限公司

中国2010年上海世博会主题馆作为世博会的核心场馆，是演绎“城市，让生活更美好”主题思想的场所。为举办一届“成功、精彩、难忘”的世博会，安全是重中之重。因为展示工程结构安全性是确保整个展示工程形展的重要因素，所以主题馆部特委托上海现代工程咨询有限公司承担主题馆展示工程的设计咨询服务工作，对扩初及施工图设计文件进行审查，对设计文件的可行性、合理性，对结构设计的安全性进行评估。

由于本项目工期紧、任务重，贵司充分利用现代建筑设计集团的技术资源，发挥专业优势，解决了大量专业问题和技术难点，并给予各总包团队帮助和指导。经过近四个月的紧张工作，圆满完成了主题馆四馆的建筑工程设计和装修工程设计文件审查工作，为展示工程顺利实施奠定了坚实的基础。

特对贵司的工作表示肯定与感谢！

上海世博会事务协调局
主题馆部
2009年12月25日

基于住宅的新型能源系统架构与分析

王孝英、范宏武
（上海市建筑科学研究院（集团）有限公司）

摘　要： 氢能作为一种清洁、高效、安全、可持续的新能源，被视为21世纪最具发展潜力的能源。燃料电池技术的出现，加速了氢能的市场化应用进程。而相关数据表明，随着经济与社会的发展，住宅建筑能耗将呈现快速增长趋势。为解决低效率、高污染和能源“高质低用”的现有住宅建筑用能模式，本文提出一种以燃料电池为核心的新型能源系统，并对其进行了节能环保效益分析。结果显示，新型能源系统具有良好的节能与环境保护功能。

关键词： 住宅建筑，燃料电池，节能环保

1　问题的提出

随着世界经济的持续高速发展，对能源巨大需求导致的能源危机逐渐显现，科学界正在探讨多种未来能源技术。面对能源紧张、环境污染、温室效应等诸多难题，氢能受到了前所未有的关注。氢能作为一种清洁、高效、安全、可持续的新能源，被视为21世纪最具发展潜力的能源[1]。

氢的制备方法目前主要有电解水制氢、光电催化分解水制氢、热循环法水制氢、天然气制氢、煤炭和水制氢与生物工程法制氢等。随着燃料电池技术的出现，天然气制氢法得到了快速发展。燃料电池是一种把化学能转化为电能的装置，其构成与一般电池相似，都由正负电极和电解质构成，不同之处在于燃料电池是一个能量转换装置，原则上只要有燃料和氧气输入，就能持续发电[2]。燃料电池由于具有能量转换效率高、对环境污染小等优点而受到世界各国的普遍重视。

根据统计调查结果，2004年上海市建筑能耗占社会总能耗比例约为18%，其中住宅能耗约占6%～8%。而发达国家的发展经验表明，随着经济的增长与社会的发展，建筑能耗比例还将进一步增加，并最终达到33%左右。因此，我国的建筑能耗还将呈现较大的增长趋势。

为有效解决现有住宅建筑能耗的增长需求与其使用过程中带来的环境污染问题，本文提出一种以燃料电池为核心的、能够实现能源梯级利用的新型能源系统，并对其节能环保效益进行了分析。

2　新型能源系统架构

2.1　住宅常规能源系统分析

能源系统架构是否合理将决定能源利用效率的高低与污染物排放的多少。上海市住宅建筑能耗调查结果表明，目前城镇居民主要生活用能形式如图1所示。

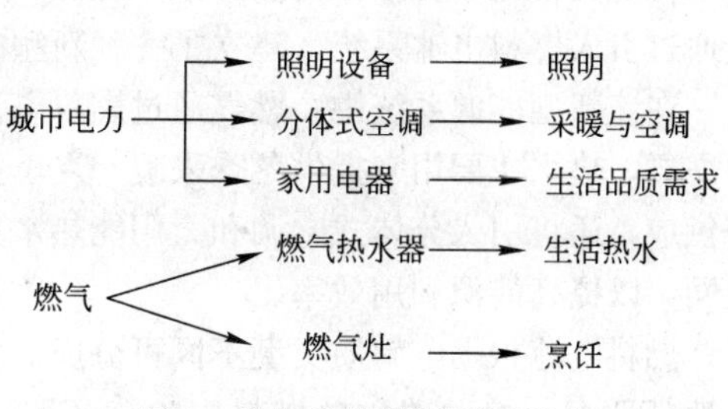

图1　住宅常规能源利用模式

从图中可以看出，住宅建筑的能源类型分为电和燃气两种，其中电力供照明、空调和家用电器使用，燃气提供生活热水和烹饪。能耗调查结果显示，2004 年上海住宅能耗约为 40.5kWh/m^2，其中电力与燃气消耗比例约为7：3[3]。而图 2 和图 3 中的数据则表明，住宅建筑能耗指标还将随着经济的发展与人们生活水平的提高而快速增长。由于目前我国城市电力发电效率约为 33%～50%，而燃气热水器的能源利用效率也仅为 80%，因此终端能源需求量增加将导致一次能源消耗量的大幅增加，环境污染也将更加严重。

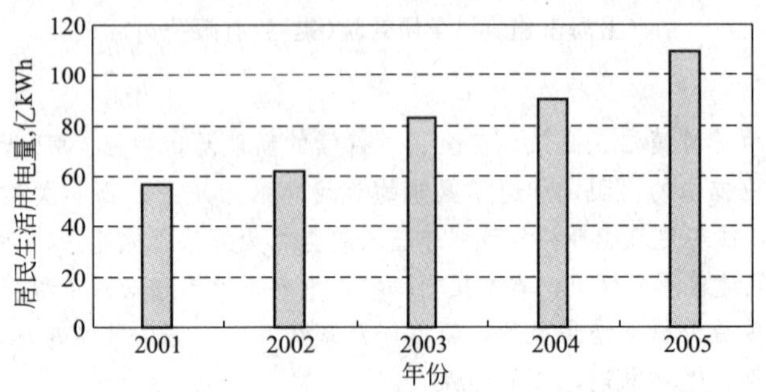

图 2　上海市居民生活实际用电量

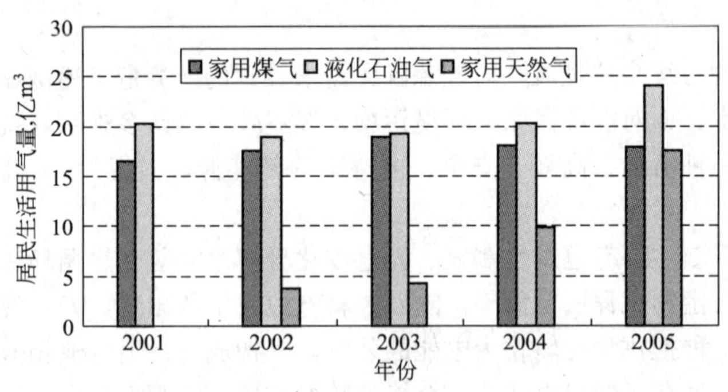

图 3　上海市居民生活实际用气量

而基于热力学第二定律的能质系数[4]分析结果则显示，在目前的能源利用模式下，住宅建筑采用分体式空调提供冬季采暖时，作为输入能源的电力能质系数为 1.0，而冬季采暖所需热量的能质系数则为 0.06；生活热水所需热量的能质系数也仅为 0.16，而燃气采用热水器形式提供热水时的能质系数则为 0.66。这说明，目前住宅建筑的用能模式存在着严重的“高质低用”问题，这将造成高品位能源的大量浪费。

2.2　新型能源系统架构

为解决常规系统存在的能源效率低、环境污染严重以及能源品质的“高质低用”问题，本文通过引入燃料电池系统，建立了一种新型的能源利用模式，具体情况如图 4 所示。

在该新型能源系统中，燃气通过燃料电池产生电力和热水，电力主要满足照明、家用电器的需要，热水主要用来提供冬季采暖、夏季空调和生活热水需求。为有效平衡系统的负荷需求与供应，还将引入分体式空调和太阳能热水系统，并提供并网功能，当电力充足时，实现电力上网，以提高能源利用效率。

燃料电池根据电解质类型不同可分成 5 大类：磷酸型燃料电池(PAFC)、固体聚合物燃料电池(PEM)、熔融碳酸盐燃料电池(MCFC)、固体氧化物燃料电池(SOFC)和碱性燃料电池

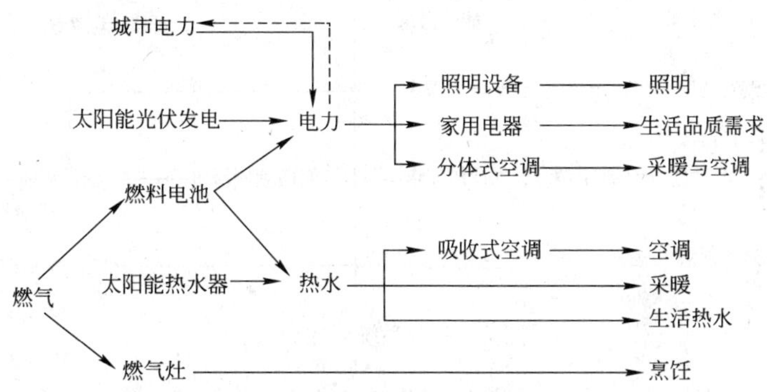

图 4 住宅新型能源利用模式

(AFC)等[4]。其中最有发展潜力的为 SOFC 燃料电池，其除具有 45%以上的发电效率与 85%以上的热电联产效率[2]外，还具有良好的部分负荷特性(如图 5 所示)。因此本文主要架构了以 SOFC 燃料电池为核心的住宅建筑能源供应模式。

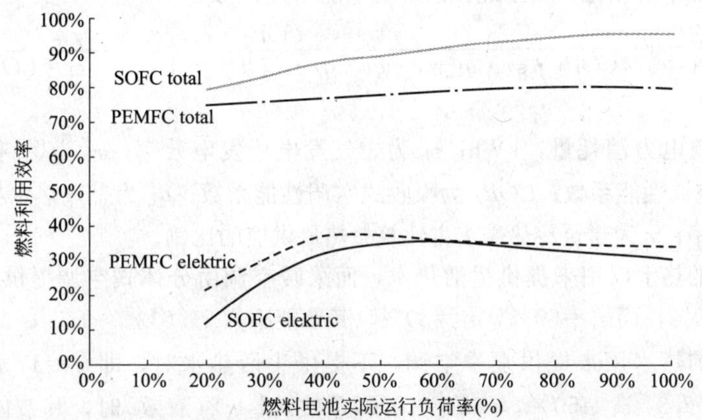

图 5 燃料电池部分负荷性能效率情况[5]

SOFC 由重整器、燃料电池堆和辅助系统等组成，通常采用固体氧化锆和少量钇制成的陶瓷材料取代液态电解质，工作温度可达 1000℃。其工作原理如图 6 所示。

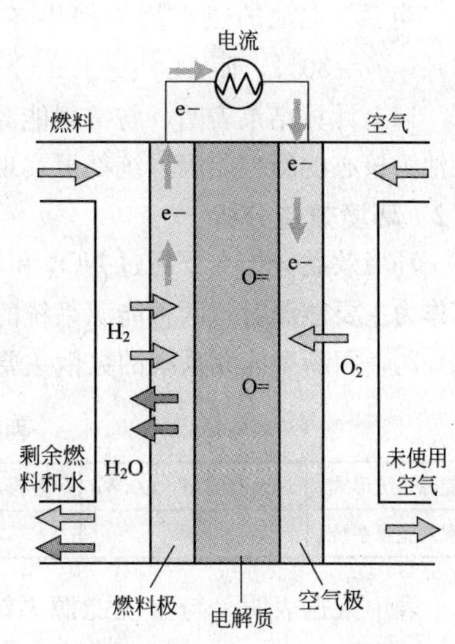

图 6 燃料电池工作原理

3 节能环保效益分析

节能环保效益采用对比方法进行分析，即以常规能源系统为基础，分析新型能源系统的节能率和环境保护作用。

3.1 节能效果分析

节能效果分析主要以建筑能源需求为目标，以常规能源系统为基准，分析采用新型能源系统的节能率，两种能源系统对比如图 7 所示。

根据图 7，为满足一定能源需求，常规能源系统需消耗的燃料量 A 为，

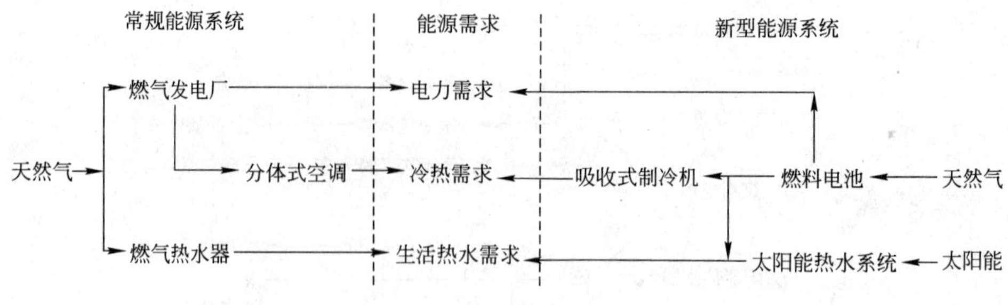

图7 能量系统对比分析

$$A=\frac{[COP_1\cdot\varepsilon_2\cdot q_1+x\cdot q_1\cdot q_2\cdot COP_2+(1-x)\cdot\varepsilon_1\cdot COP_1\cdot q_2]E}{\varepsilon_1\cdot COP_1\cdot\varepsilon_2\cdot q_1} \tag{1}$$

而满足相同需求时，新型能源系统消耗的燃料量 B 为：

$$B=\frac{E}{\varepsilon_2} \tag{2}$$

则与常规能源系统相比，新型能源系统的节能率为：

$$\eta=1-\frac{B}{A}=1-\frac{\varepsilon_1\cdot COP_1\cdot q_1}{COP_1\cdot\varepsilon_2\cdot q_1+x\cdot q_1\cdot q_2\cdot COP_2+(1-x)\cdot\varepsilon_1\cdot COP_1\cdot q_2} \tag{3}$$

式中，

E 为住宅建筑电力消耗量，kWh；ε_1 为燃气发电厂发电效率；ε_2 为燃料电池发电效率；COP_1 为分体式空调性能系数；COP_2 为吸收式空调性能系数；q_1 为燃气热水器效率；q_2 为燃料电池热回收效率；x 为建筑冷热需求占建筑总热量供应的比例。

当燃料电池的热水仅用来提供生活热水，而采暖空调由分体式空调提供时，即若 $x=0$，$\varepsilon_2=45\%$，$q_2=30\%$，而 $\varepsilon_1=50\%$，$q_1=80\%$，其节能率为21.6%。

当燃料电池的热水用来提供夏季空调，不提供生活热水时，即 $x=1$，$\varepsilon_2=45\%$，$q_2=30\%$，而 $COP_1=2.3$，$\varepsilon_1=50\%$，$COP_2=0.6$(单效)或1.2(双效)时，其节能率为5.3%(单效)或17.6%(双效)。

当燃料电池的热水用来提供冬季采暖，不提供生活热水和夏季空调时，即 $x=1$，$\varepsilon_2=45\%$，$q_2=30\%$，而 $COP_1=1.9$，$\varepsilon_1=50\%$，$COP_2=1.0$ 时，其节能率为17.7%。

以上计算结果表明，与常规能源系统相比，不论是采暖、空调还是提供生活热水，以燃料电池为核心的新型能源系统都可实现约20%的节能，效果相当明显。

3.2 环境效益分析

环境效益分析主要通过 NO_x 和 CO_2 的排放量对比来完成。根据分析，当住宅建筑采用燃气作为主要能源时，两种能源系统的排放量如表1所示。其中，常规能源系统的数据来源于文献［2］，而新型能源系统的数值主要由文献［6］中的相关数据换算得到。

两种能源系统的环境效益分析 **表1**

能源系统形式	NO_x 排放量，g/kWh	CO_2 排放量，kg/kWh	能源系统形式	NO_x 排放量，g/kWh	CO_2 排放量，kg/kWh
常规能源系统	0.4	0.605	新型能源系统	0.02	0.413

表中数据表明，与常规能源系统相比，采用新型能源系统可减排0.38g/kWh的 NO_x 与0.192kg/kWh的 CO_2，减排率分别达到95%和31.7%，因此具有良好的环保效益。

4 结论

根据建筑能耗的统计数据与发达国家的发展经验可知，我国住宅建筑能耗还将呈现进一步增长的趋势，而目前住宅的用能模式不仅存在效率低和环境污染高的问题，还存在严重的能源“高质低用”问题。

为了更好地节能与保护环境，本文架构了一种新型的住宅能源利用系统，该系统以燃料电池为核心，通过天然气重整实现清洁氢能源的制备，通过热回收技术实现能源的梯级利用功能。而且分析结果表明，本文架构的新型能源系统具有良好的节能与环境效益。

参考文献

[1] 中国与世界同步聚焦氢能经济. http：//www. oilnews. com. cn/

[2] 龙惟定，建筑节能与建筑能效管理. 中国建筑工业出版社，2005

[3] 上海市建筑能耗统计分析研究报告. 上海市建设技术发展基金项目，2006

[4] 清华大学建筑节能研究中心. 中国建筑节能年度发展研究报告 2007，中国工程院咨询项目，中国建筑工业出版社. 2007

[5] Erdmann G，Future economics of the fuel cell housing market. International Journal of Hydrogen Energy 28(2003) 685-694

[6] National Renewable Energy Laboratory. Gas-fired distributed energy resource technology characterizations，U. S. Department of Energy，2003

消能减震技术在某既有综合楼抗震加固中的应用研究

曹炳政、朱春明
（上海市建筑科学研究院(集团)有限公司）

摘　要：本文简要介绍了Sap2000中FNA方法的计算原理，结合既有综合楼采用消能减震技术进行了加固设计。通过原结构地震反应分析，对抗震能力不足之处采取消能加固，结果表明加固后有效降低结构地震反应，达到抗震性能要求。

关键词：消能减震，抗震加固，黏滞阻尼器，非线性时程分析

引言

强烈地震中建筑物的破坏和倒塌是造成灾害的直接原因，我国是一个多地震国家，存在着大量未考虑抗震设防和虽考虑抗震设防但仍不能满足现行规范的既有建筑。为确保这些建筑的安全使用，就需要对建筑进行抗震加固。目前既有建筑抗震加固常用方法本质上是增强结构自身的抗震能力，如增强构件抗侧能力、延性和整体性能，依赖结构本身储存和耗散地震能量(通过变形或塑性铰产生轻微或严重损坏)。近年来国内外学者提出的消能减震技术改变了传统结构“硬碰硬”式的抗震理念，由结构和减震装置共同来抵御外界的地震作用。消能减震技术中被动消能技术无需外加能源，减震装置造价低廉、减震效果也好，故被广泛应用。

常用传统的加固方法施工复杂，有时尚需加强基础或新增基础，施工周期长，也会干扰使用。采用被动消能技术进行抗震加固时，阻尼器及支撑构件可预先制作，现场安装，为此施工方便且施工周期短，备受工程界所关注。国家抗震规范GB 50011—2001[1]中新增了相关内容，但仅是给出了一些原则性规定，对于如何根据工程实际情况及现有阻尼器进行消能减震分析和抗震加固设计还需作进一步的研究。本文简要地介绍了现有的减震分析方法，结合一幢既有综合楼采用Sap2000程序中的FNA方法对原结构进行了消能减震加固分析与设计，给出了减震分析与加固设计的一般流程以供参考。

1　被动消能阻尼器及其特性

消能阻尼器主要功能是提供结构以附加阻尼或同时改变结构的动力特性，从而减弱地震所传给结构的能量，其作用机理是利用阻尼器材料本身在地震过程中产生非线性应力应变关系而耗能。现有消能阻尼器种类较多，但依据其消能机理及物理特性大致可分为两种：速度相关型阻尼器(如黏滞阻尼器、黏弹性阻尼器)和位移型阻尼器(如金属阻尼器、摩擦阻尼器)。在小震作用下位移型阻尼器靠提供刚度来减小结构位移，结构加速度消减较小，只有在一定强度的地震作用下阻尼器才能进入耗能阶段。而速度相关型阻尼器(尤其黏滞阻尼器)在地震初期或每一个速度峰值处就能提供阻尼力，产生耗能作用。

2　消能减震分析技术

对于设置阻尼器的减震结构，阻尼器会对主体结构的动力特性和动力反应产生较大影响。

在小震作用下，阻尼器在主体结构进入弹塑性变形之前进入工作而消能，产生弹性甚至弹塑性变形，表现出较强的非线性。在大震作用下，主体结构处于弹塑性状态，阻尼器也进入非线性状态。因此，减震结构分析方法宜采用非线性时程分析法或静力弹塑性分析法。

分析过程中结构恢复力模型、地震波选取以及非线性求解方法等对非线性时程较为敏感，该方法应用也受到了一定限制。但 Sap2000 程序中 FNA(快速非线性分析)方法，对于结构局部非线性而其他大部分弹性构件的数值计算模型是非常有效的。FNA 方法假定结构中存在有限数量的预定义非线性单元，采用弹性结构系统与刚度和质量正交的、荷载相关的 Ritz 向量，来减少要求解非线性系统的规模。结构设置一定数量的黏滞阻尼器在小震作用下可以考虑采用此方法进行减震分析，对于黏滞阻尼器产生阻尼力的数值计算通常有两种方法，即等效线性化方法和精确算法[2,3]。Sap2000 程序中采用 Nlink 单元能精确模拟阻尼器的工作性能，Nlink 单元由 6 个分离弹簧组成，分别模拟轴向、剪切和弯曲变形。

采用局部非线性 Nlink 单元后结构的动力平衡方程为：

$$M\ddot{U}(t)+C\dot{U}(t)+K_{\mathrm{L}}U(t)+R_{\mathrm{N}}(t)=R(t) \tag{1}$$

式中 K_{L} 为所有线性和非线性单元中的线性自由度的刚度矩阵，$R_{\mathrm{N}}(t)$ 为 Nlink 单元非线性自由度荷载向量，$R(t)$ 为外荷载向量。

为了便于分析，Nlink 单元非线性自由度采用线性有效刚度形式，式(1)可以改写为：

$$M\ddot{U}(t)+C\dot{U}(t)+KU(t)=R(t)-[R_{\mathrm{N}}(t)-K_{\mathrm{N}}U(t)] \tag{2}$$

式中 $K=K_{\mathrm{L}}+K_{\mathrm{N}}$，$K_{\mathrm{N}}$ 为 Nlink 单元非线性自由度的有效刚度矩阵，单元的有效刚度矩阵是变化的，其数值在 0～Nlink 单元初始刚度之间。对于上述非线性方程可采用逐段线性迭代进行求解。

3 消能减震加固分析与设计流程

常用加固方法如增加抗震墙、扩大截面或增设支撑等，是通过增强结构自身的抗震能力来抵御地震作用，不能减小结构所遭受的地震作用，而黏滞阻尼减震技术[4,5,6]可以减小主体结构所承担的地震作用，减小的地震能量由阻尼器进行耗散。下面结合黏滞阻尼技术给出消能减震加固分析与设计的一般流程：

(1) 确定减震结构设防目标。

(2) 原结构地震反应分析。在设防目标下对原结构进行地震分析，确定结构自振周期、层刚度、层位移、层剪力和梁柱构件最大内力等。

(3) 阻尼器优化分析。预设附加阻尼比 ζ_{d}(一般不大于 0.20)，计算所需阻尼参数和数量，并进行阻尼器位置和数量优化分析。

(4) 初步选择阻尼器型号。根据阻尼系数 C_{d}、最大阻尼出力 F_{dmax}、最大行程 D_{dmax} 和阻尼系数 α 选用合适的产品，最大阻尼出力 F_{dmax} 可由 $C_{\mathrm{d}}(\Delta u_{j\max}\omega_1)^{\alpha}$ 进行估计，最大行程 D_{dmax} 可由 $1.3\times\theta_{\mathrm{p}}\times h$ 进行估计，阻尼性能系数 α 宜在 0.3～1.0 区间取值。

(5) 减震结构地震反应分析。根据所选取一定型号的阻尼器和优化加固方案进行减震分析，校核层位移、层剪力等是否达到减震效果，否则，重复(3)～(5)直至满足规范要求。

(6) 阻尼器与结构构件连接节点设计。

4 消能减震加固设计实例

4.1 工程概况

某综合楼为 4 层钢筋混凝土框架房屋。南北向总宽 13.76m，东西向总长 36.00m；南北向柱距 7.88m 和 5.88m，东西向柱距 3.60m。各层层高为 4.00m(底层)和 3.60m(二～四层)，主要使用功能为办公和宿舍。现浇楼、屋面板，填充墙为多孔砖墙。采用柱下孔桩，单柱单桩。1990 年竣工，设计时 6 度设防，混凝土强度设计等级 C25。楼面活荷载 2.00kN/m^2(办公和宿舍)，上人屋面活荷载 2.00kN/m^2。框架柱截面多数为 300mm×600mm 和 400mm×500mm，框架梁截面多数为 250mm×400mm 和 250mm×700mm，现浇板厚 100mm。标准结构层见图 1。

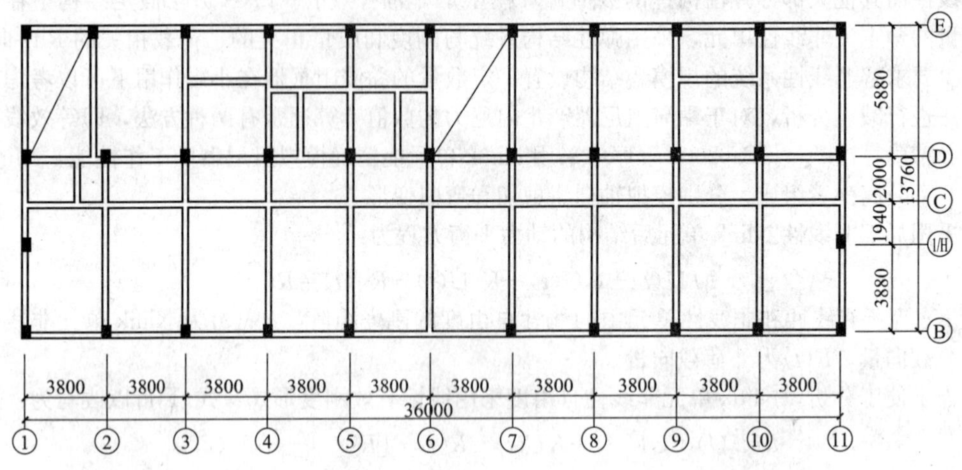

图 1 某综合楼标准层结构平面

4.2 原结构地震反应分析

由于该地区现为 7 度设防，故需对原结构进行抗震复算。经复算 7 度小震下，自振周期 T_1＝1.1887s(X 向)，X 向为结构薄弱方向，表 1 给出了 X 向层间位移、层间刚度和层间剪力。框架柱横向配筋满足抗震要求，但 B 轴和 D 轴底层部分纵向配筋不能满足抗震要求，箍筋也不满足抗震要求；框架梁配筋基本能满足抗震要求。

X 向层间位移、层间剪力及层间刚度 **表 1**

楼层	层位移(mm)	层位移角(1/rad)	层剪力(kN)	层刚度(kN/m)
4	1.27	1/2829	230.63	1.82×10^5
3	2.58	1/1397	486.36	1.89×10^5
2	3.79	1/950	657.36	1.73×10^5
1	4.82	1/829	779.37	1.62×10^5

由上述结果可知，主体结构在小震下的层间位移角能满足规范要求，但部分框架柱承载力不满足抗震要求。主要是由于原设计为 6 度抗震设防，X 方向刚度较弱且柱配筋也较少，建议对框架柱进行抗震加固。

4.3 消能减震加固方案

4.3.1 阻尼器选择

假设阻尼器提供的等效阻尼比 ζ_d 为 0.20，黏滞消能阻尼器的总阻尼估算为 $\mathrm{cn}_d=\frac{\zeta_d T\sum_{i=1}^{N}K_i}{\pi\cos^2\theta}=9.80\times10^7$ N－s/m。选取 8 个阻尼器对角布置，每个阻尼器系数为 1.23×10^7 N－s/m。估算阻尼器最大出力为 $C_d(\Delta u_{j\max}\omega_1)^\alpha=726.0$kN，阻尼器最大行程为 $1.3\times\theta_p\times h=104.0$mm。

根据初步估算的阻尼系数、最大阻尼出力和最大行程等参数选用东南大学建筑工程抗震减震研究中心研制的黏滞阻尼器、型号B，其产品参数见表2。

阻尼器参数 **表2**

型号	最大阻尼系数(N×s/m)	最大输出阻尼力(kN)	设计容许位移(mm)	极限位移(mm)
A	1.0×10^7	1200.0	100.0	150.0
B	1.0×10^7	800.0	100.0	150.0

4.3.2 阻尼器布置

以不影响原建筑造型和使用功能为原则，且依据原结构构件受力特点，采用B型黏滞阻尼器8个均匀分布于*D*轴的各层。每套消能装置由一个黏滞阻尼器和2[20a钢支撑串联而成，通过节点板与梁柱节点相连，钢支撑应保证有足够的刚度和强度以便于阻尼器能充分发挥作用。

4.3.3 消能装置节点构造

消能装置与梁柱节点通过节点板相连，考虑到地震作用下阻尼器出力对梁柱节点会产生一定的影响，加之原结构梁柱端部箍筋配置较少，故对支撑处梁柱节点应采取如下措施进行处理：

1）阻尼器支撑杆件通过L形钢构件与柱梁用对穿螺栓和环氧树脂相连。

2）设置阻尼器支撑节点处，柱端和梁端安装L形钢构件进行包钢，以增强节点处梁柱的抗震性能。

3）L形钢构件提供足够的刚度和抗剪能力，安装完螺栓后用环氧树脂填补密实，以不削弱梁柱核心区的抗剪承载力。

4.4 减震结构地震反应分析

采用Sap2000程序进行减震分析，用Nlink单元中damper模拟非线性黏滞阻尼器(分析模型见图2)。地震波用El-Centro波，峰值为35cm/s^2(7度小震)。经计算，X向层间位移(角)、层间剪力见表3，图3给出原结构和减震结构层间位移和层间剪力的对比情况。加固阻尼器最大出力分别为670.1kN(1层)、452.7kN(2层)、272.8kN(3层)和95.4kN(4层)，1层某阻尼器的阻尼力-位移关系曲线见图4。

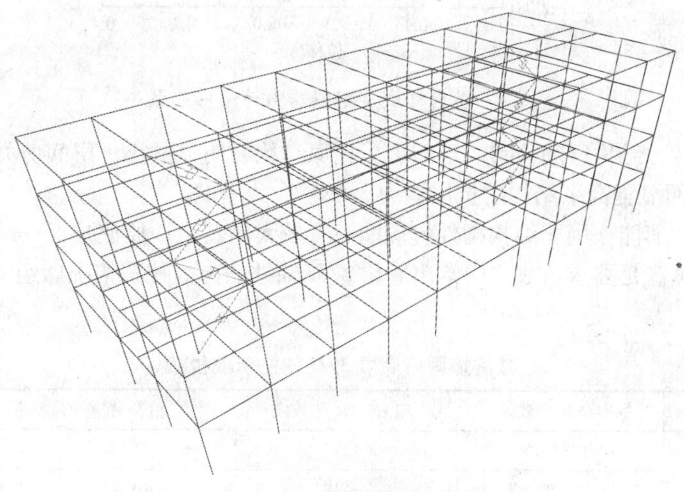

图2 综合楼减震分析模型

减震加固后 X 向层间位移、层间位移角和层间剪力 表 3

楼层	层位移(mm)	层位移角(1/rad)	层剪力(kN)
4	0.20	1/18000	16.37
3	0.40	1/9000	31.29
2	0.70	1/5142	56.36
1	0.70	1/5714	118.74

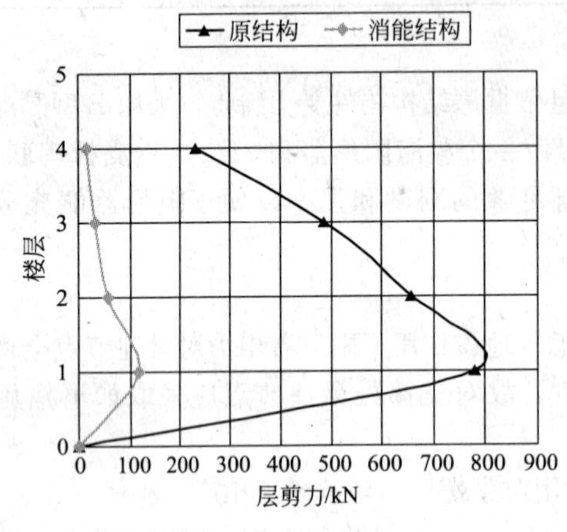

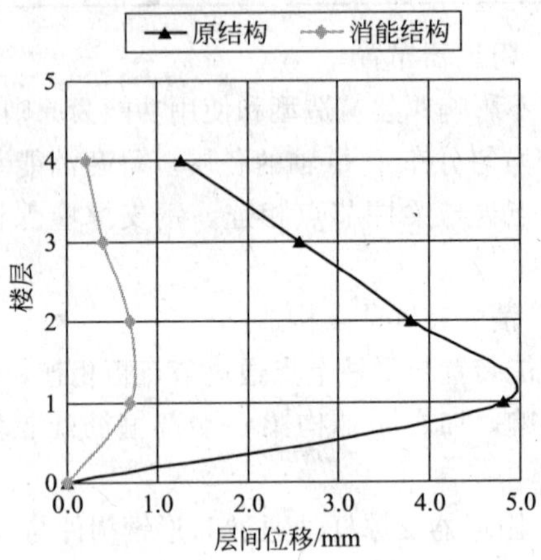

图 3 综合楼原结构、减震结构层间剪力和层间位移对比

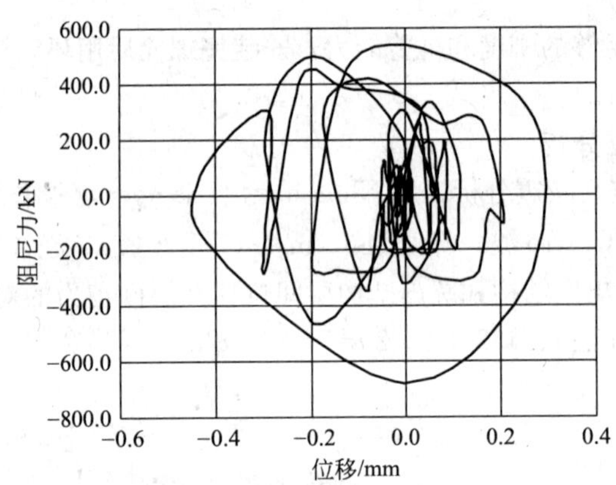

图 4 综合楼底层阻尼器力与位移关系

经消能减震后，结构层间位移、层间剪力比原结构有明显减小。层间剪力最大减小幅度为原剪力的 84%，明显提高了结构的抗震能力。

由于阻尼器的消能作用，结构构件抗震能力有较大的富余，原底层 2～4/D 和 8～10/D 轴承载力不足的柱可满足要求。表 4 中给出底层 3/D 轴柱的内力校核情况，经消能加固后柱承载力能满足要求。

减震加固后底层 3/D 轴柱承载校核 表 4

内力	标准竖向荷载效应	El Centro 波效应	组合效应	承载能力
轴力(kN)	1142.18	1.72	1372.85	1624.12
弯矩(kN×m)	2.82	5.48	10.52	131.78

5 结论

本文针对某既有综合楼采用Sap2000程序中的FNA方法进行了黏滞阻尼器加固后的消能减震分析，给出消能减震分析与加固设计的一般流程，得出几点结论供参考：

(1) 通过对黏滞阻尼器合理布置，可有效降低结构的地震反应(如层间位移、层间剪力等指标)，从而提高结构抗震性能，达到现有抗震规范要求。

(2) 结合工程实例采用Sap2000程序中的FNA方法进行减震加固分析与设计，有效解决了完全非线性所引起的收敛性问题，对于小震下减震加固分析是可行的。并给出了原结构地震反应分析、阻尼器选型优化、减震结构地震反应分析及节点设计的一般流程。

(3) 采用消能减震技术对于未考虑抗震设防或设防标准低于该地区现有地震烈度的建筑进行加固是一种有效的手段。

参考文献

[1] GB 50011—2001，建筑抗震设计规范［S］．北京：中国建筑工业出版社，2001

[2] 郑九建．黏滞阻尼减震结构分析方法及设计理论研究［D］．北京：中国建筑科学研究院，2003

[3] 周云著．黏滞阻尼减震结构设计［M］．武汉：武汉理工大学出版社，2006

[4] 黄镇，李爱群等．南京五台山体育馆消能减震加固设计与研究［J］．工程抗震与加固改造，2006，28(1)：72～75

[5] 韩雪，史有涛等．消能减震技术在大型体育场馆中应用的研究［J］．工程抗震与加固改造，2006，28(6)：57～60

[6] 隋杰英，姚幸海等．抗震加固用消能减震结构的弹塑性时程分析研究［J］．固体力学学报，2006，27：87～92

世博相关工业遗址景观设计的初步研究

刘 瑾
(上海现代建筑装饰环境设计研究院有限公司)

摘 要：本文基于上海世博几个工业遗产用地景观工程及本市重要工业遗产景观项目的实践，结合已有的理论研究和优秀案例，着重对世博工业遗产用地在生态恢复，文化再生，经济重塑三方面作探讨，形成工业遗产地景观规划设计的初步研究。

关键词：工业遗址，生态，文化，经济

1 关于工业遗产用地景观规划设计的概念

联合国教科文组织对工业遗产的界定是：工业遗产不仅包括磨坊和工厂，而且包含由新技术带来的社会效益与工程意义上的成就，如工业市镇，运河，铁路，桥梁以及运输和动力工程的其他物质载体(UNESCO，2003)。

工业遗址景观设计是欧美发达国家在 20 世纪 60～70 年代逐步兴起，90 年代获得迅速发展的一个景观设计领域。工业遗产保护运动开始于英国。1978 年，第三届工业纪念物保护国际会议在瑞典召开，成立了国际工业遗产保护联合会，简称 TICCIH。荷兰在 1986 年开始调查和整理 1850 年到 1945 年间的产业遗产基础资料；法国从 1986 年开始制定搜集文献史料及建档的长期计划。2003 年 7 月，在俄国下塔吉尔(Nizhny Tagil)召开的 TICCIH 大会上通过了由该委员会制定和倡导的专用于保护工业遗产的国际准则，即《下塔吉尔宪章》。该宪章宣称，“为了当今及此后的使用和利益，本着《威尼斯宪章》的精神，我们应当对工业遗产进行研究，传授其历史知识，探寻其重要意义并明示世人，对意义最为重大、最富有特征的实例予以认定、保卫和维护”。宪章阐述了工业遗产的定义，指出了工业遗产的价值，以及认定、记录和研究的重要性，并就立法保护、维修保护、教育培训、宣传展示等方面提出了原则、规范和方法的指导性意见。

我国正处于新型工业化和城市化加速发展时期，伴随产业结构的调整和资源渐趋枯竭，工业废弃地和衰败工业区迅速增加，当前泛滥的在城市建设与发展的同时，如何延续城市历史脉络，和谐人与生态环境的关系等诸多问题无法担当起恢复生态环境、重建精神家园的重任。综合运用生态与景观设计等策略和方法推进工业废弃地的景观更新和工业遗产资源的保护与再利用成为我国目前亟待解决的现实课题。上海拥有数量较多的工业遗址改建项目：我们正在进行的 1 世博特钢，2 世博白莲泾为本文提供了良好的案例与实践的研究基础。

2 关于工业遗产用地景观规划设计的工程实例

中国 2010 年上海世博会园区，正是一片汇聚了众多近代工业文明遗迹的沃土。其中以创设于 1865 年洋务运动时期的江南造船厂为代表的各工业厂区，更见证了我国近现代工业成长和发展的历程。随着世博会总体建设工作的推进，上海世博土地控股有限公司委托专家对滨江历史厂区的拆、改、留问题进行了研究，通过历史厂区的改造利用，满足世博会的功能需求与

空间塑造。

世博会园区跨江两岸、沿江布局，是上海世博会的一大特色。在黄浦江畔的这片土地上，有着中国最重要的大型船舶制造和研发基地、最早的民族钢铁企业、最早的自来水厂、最早的外商纱厂、最早的煤气供热厂、最早的大跨度厂房。

上海世博会园区规划不仅考虑了世博会在浦江两岸的整体功能布局，更是把工业遗产保护作为重中之重，有关工作涵盖了建设论证、投资经济分析、功能研究和后续利用等各个层面。如何对工业遗址进行保护利用也将成为世博会主题演绎中的重要内容。

2.1 宝钢公司特钢车间 世博公园 宝钢大舞台

基于宝钢大舞台主体建筑的旧建筑改造意旨，景观利用原世博区域旧工业遗址的废旧建筑材料，坚持可持续的设计原则，对工业遗址的重新挖掘，丰富其使用功能以满足世博需要，将其与自然景观有机结合，重新恢复了场地活力。工业遗址产生了新秩序并且作为内容丰富的要素和符号，成为景观的一部分。这里不存在传统园林中让我们习以为常的“完整、完全与完美”，取而代之的是发展、变化和自由。此工程着重于基地原特种钢厂房区域的土壤与植被，水系的基质恢复。

其中较为突出的是墙面垂直绿化的运用。垂直绿化面积总体为 1400m^2。

宝钢大舞台主体建筑保留了原老厂房的结构构架，并且新建了二层楼面的舞台和必要的封闭建筑功能空间，建筑四面开敞，局部以垂直绿化作围护构件（见图 1，图 2），立面的景观和在上海 5 月至 10 月期间使用功能方面均能达到较好的效果。

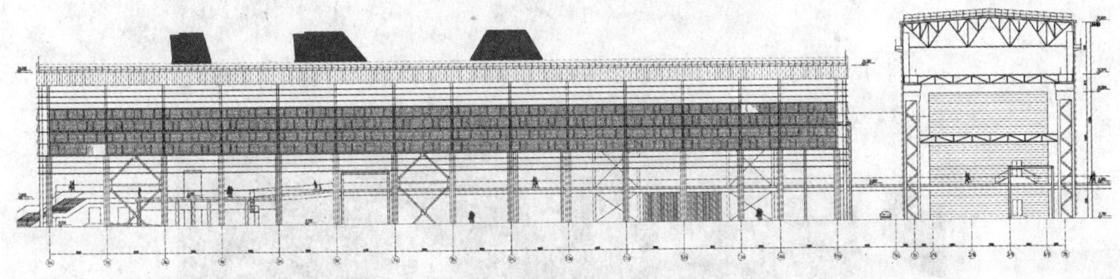

图 1 宝钢大舞台立面

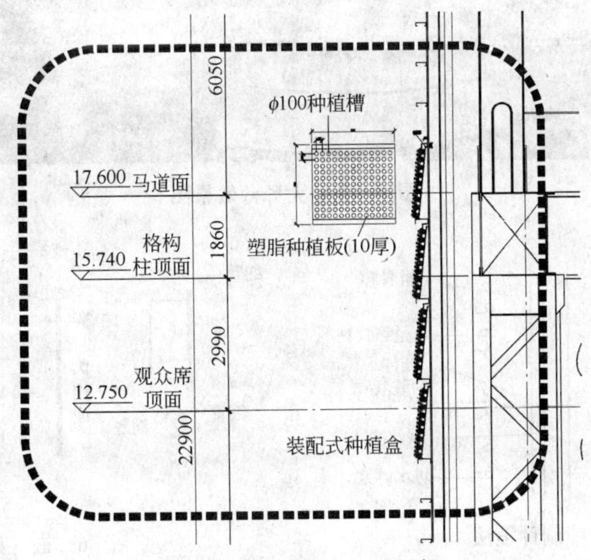

图 2 宝钢大舞台立面细部

本工程采用的是卡盆式垂直绿化。

世博特钢的垂直绿化的种类为(见图 3)。

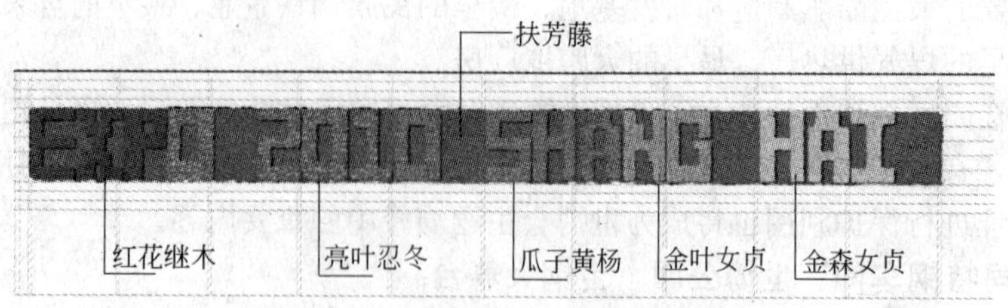

图 3　宝钢大舞台选用的植物配置

2.1.1　同时，在工程设计过程研究中，也介绍其他几种垂直绿化的方式。

(1) 喷刷种植法(见图 5)

喷刷种植法指的是把种子、树胶、肥料等制成类似涂料的胶状物，喷入或涂刷到粗糙垂直墙面的种植方法。

(2) 嵌入种植法(见图 6)

嵌入种植法是指先在未固结的水泥砂浆墙体内预凿出深度、大小、密度适中的孔洞，然后在孔洞中嵌入植物种子和肥料的种植方法。

图 4　宝钢大舞台效果图

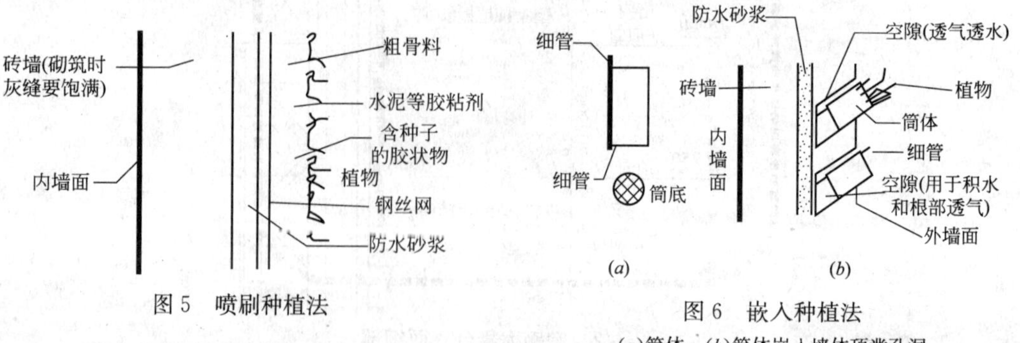

图 5　喷刷种植法

图 6　嵌入种植法

(a)筒体；(b)筒体嵌入墙体顶凿孔洞

(3) 悬挂种植法(见图 7)

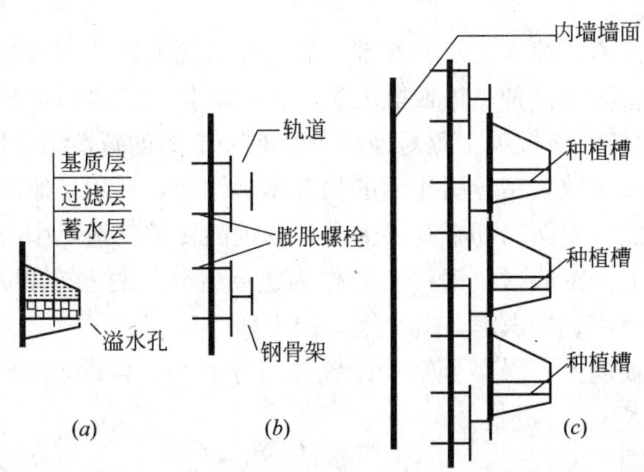

图 7 悬挂种植法

(a)种植槽；(b)安装钢骨架；(c)安装种植槽

悬挂种植法指的是把种植好植物的种植槽悬挂在墙上来达到垂直绿化目的的种植方法。实施步骤如下。

(4) 其他的种植法

1) 幕墙式种植法(见图 8，图 9)

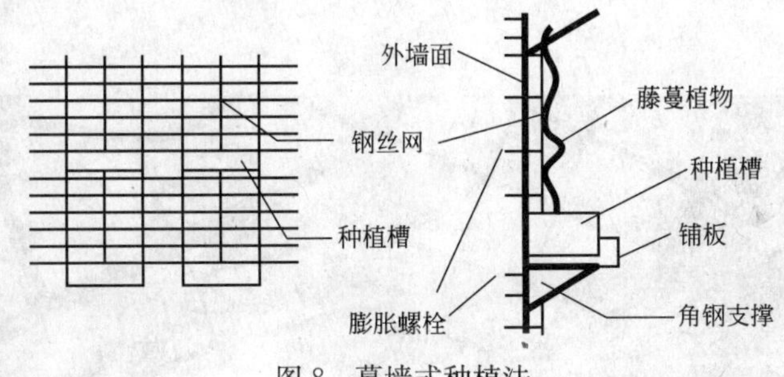

图 8 幕墙式种植法

图 9 澳大利亚 ferry market 立体绿化墙面

种植藤蔓植物如爬山虎等使墙面上铺设如幕墙的网爬满绿色植物以达到垂直绿化目的的种植方法如图所示，在墙上每隔一段距离建造一个比较大的种植槽，种植槽的建造方法可参照嵌入种植法，然后再在墙面铺一层便于植物攀爬的钢丝网，形成绿色植物幕墙。此种方法适合种植植株较大的藤蔓植物，适合低矮建筑物的绿化。

2）预制板式种植法

先按喷刷种植法或嵌入种植法的步骤在地面做好生长植物的预制墙板，然后拼装成墙，拼装缝隙处做好防水处理。按喷刷种植法或嵌入种植法的养护方法进行养护。

2.1.2 除了垂直绿化以外，该景观工程对地面铺装有一定的创新性结合旧建筑材料的设计。

本景观工程中的入口区域采用导引作用的局部钢板铺地，利用了原来废弃的1m×1m的废旧钢板与再生木拼接构成。地面局部丰富，为入口场地的视觉制造了中心和趣味点。不仅可以作为铺地的变化，事实上，废旧耐候钢板已经作为重要的建筑材料在很多景观中运用，例如：雕塑，小品：座椅，垃圾筒，标识牌，喷水池，挡土墙等。

在硬质地面的边缘处理上，摒弃了原来传统的道牙做法，以5mm的耐候钢条保护素混凝土场地的边缘。

2.2 世博：白莲泾公园

中国2010年上海世博会会址位于上海市中心，跨越黄浦江两岸，由浦西、浦东两部分组成。浦东规划红线东北起南浦大桥、西至卢浦大桥：西北起黄浦江、东南至浦东南路——耀华路，用地面积约393km^2，它是上海黄浦江两岸开发、旧区改造和产业布局调整的重点地区，也是上海新一轮城市空间拓展、城市综合服务功能提升的重要地段。白莲泾基地的景观规划需保证黄浦江滨江沿线的连续风景，以促成统一的滨江景观绿带建设，进一步完善滨江绿地的延续，体现滨江绿地向内的渗透：在世博会办展期间，是参观人们游憩和休闲的重要场所，具有显著的景观游憩功能；白莲泾公园是构成城市绿色生态廊道的重要部分，是中心城区重要的滨水公园之一。

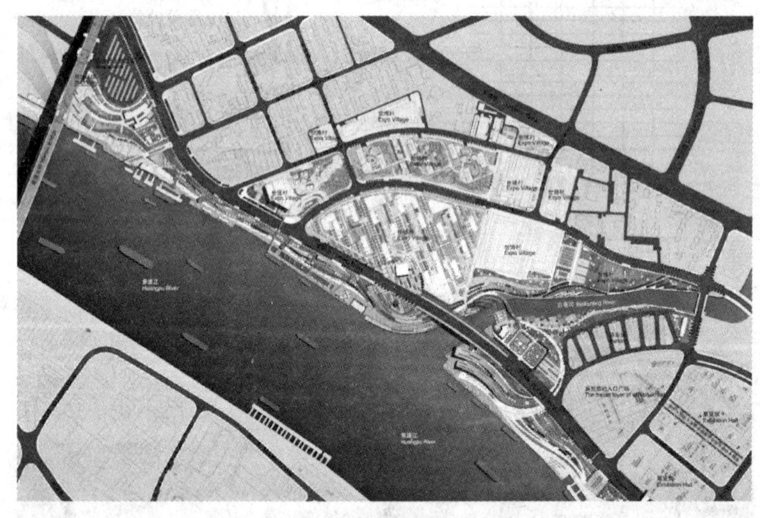

图10 白莲泾公园总平面

其中，主要用于原有工业遗址基地改造的内容有：

(1) 透水路面

透水路面有良好的透水、透气性能，可使雨水迅速渗入地下，补充土壤水和地下水，保持土壤湿度，改善城市地面植物和土壤微生物的生存条件。其次，可吸收水分与热量，调节地表局部空间的温湿度，对调节城市小气候、缓解城市热岛效应有较大的作用：所谓资源型透水路面，就是利用一些再生资源作为铺设透水路面的材质，在保证路面的强度的情况下，具有较好的透水性：由于采用的再生材料品种多样，所以铺设成的路面色彩丰富鲜艳，却不会褪色。

（2）喷雾降温

上海2010世博会举办日期2010.5～2010.10该期间将会是上海温度最为炎热的时间段，公园在展会期间将会为参观者提供一个舒适、荫凉的休憩场所，目标是将公园温度降低3～5℃。结合公园树枝状的水体，沿着水的穿越，在水岸边设置节点，结合艺术装置设置雾喷，定时控制升起的薄雾如自然的表情般来回变换。在炎热的气候除了大大降低空气的温度外将会起到控湿、除尘、改善环境的作用。具体温度的降低数值决定于雾喷的面积及布置方式，目前国内雾喷技术已经基本成熟。

（3）土壤改良

世博会基地临黄浦江，受海水的潮汐影响大，土壤的盐碱化程度高，加上园址一直是钢铁厂、纺织厂等工业基地，其废弃物对土壤造成了不同程度的污染，尤其是重金属污染，考虑到土方就地利用，节约投资且对生态土壤修复进行尝试，用一些适应性较强的植物，前期进行土壤改良。

对局部盐碱化严重的地段，施用硫酸亚铁或硫磺粉改良土壤碱性，降低pH值。目前，用于清除土壤中重金属污染的方法和技术常见的有植物修复技术（包括植物萃取技术、根际过滤技术、植物固化技术和植物挥发技术）、微生物控制技术（通过吸收、沉淀或还原作用可使污染物如金属惰性化）、化学控制技术（试剂固化、淋洗）及物理控制技术（换土、覆土）。植物修复（phyloremdiation）具有成本低、经济实惠、不破坏生态环境和易为大众接受的优点。

植物修复主要是指利用超积累植物（hyperaccmulalor）的提取作用去除污染土壤中的重金属，亦即通过重复种植和收获超积累物将污染土壤中重金属浓度降至可接受水平。

（4）绿屏

Mobilane的“绿屏”是一种有生命力的围栏，由覆盖绿色植物的金属刚架构成：植物在位于铜架底部的可分解槽里生长。“绿屏”一旦被装置好后槽就会被泥土完全分解掉：“绿屏”有不同的尺寸，可选植物也有多种，包括毛榉和角树，可以用断线钳切割成合适的尺寸。绿屏”上的植物是在专门经过认证的苗圃里生长的，欧洲该项目已经比较成熟，已在城市改造中广泛应用。这种技术是针对种苗公司的综合质量体系的认证，它能确保产品的质量和达到环保标准严格的管理体系，为高标准和高品质提供了保证（见图11）。

图11　绿屏

(5) 屋顶绿化

屋顶植物绿化可以大大降低建筑物的能耗，通过植物的蒸发作用调节室内温度的作用，达到一定规模的屋顶绿化能降低整个区域的气温，目前国内技术也相对成熟，我们希望结合服务建筑设计，在此将屋顶利用做成可上人的绿化景观设施，将活动、休憩与屋顶绿化结合在一起，增加人停留休憩的平台空间。

(6) 水植物湿地、沉水植物湿地

水植物湿地、沉水植物湿地对城市富营养化河流水体氮、磷的净化效果研究结果表明：1)挺水植物湿地、沉水植物湿地对各种形态的氨、磷营养物质均有显著的去除效果，但沉水植物湿地对营养物的去除能力要高于挺水植物湿地；2)沉水植物湿地内的溶解氧、pH值明显地高于挺水植物湿地，这主要是由于沉水植物生长茂密，通过光合作用向水体释放氧气的能力明显高于挺水植物；3)由于沉水植物湿地内的溶解氧高，因而通过硝化反应对氮的去除作用比较明显。通过对白莲泾沿岸水生植物实地调查，查明挺水植物有芦苇(Phragmitescommuns)，水薄荷(Menthaaquatca)、香蒲(typharaina)、德国鸢尾(iris germanca)、菖蒲(Acorus calamus)、伞草(Cyperus alternifolivs)和睡莲(Nymphaea alba)等。

运用芦苇、水薄荷、伞草三种挺水植物进行生态群落配置时，应采取时空交错搭配。通过芦苇、水薄荷、伞草三种挺水植物在生长过程中对水体中氮、磷等植物必需元素的吸收利用，为水生生物的生存、繁衍创造生态环境条件，为最终修复水生态系统提供了可能。

(7) 保留原来的部分码头，改造成为可提供宽广的视角平台式休闲码头

在保留的塔吊底部，运用新材料构筑小空间与之形成对比。同时设立与主题场景相关的雕塑或设施，延续工业时代的记忆。保留并改造原有的部分防洪墙段，设置成艺术展示墙。为水岸公园增添又一处情趣空间。

3 结论

综合以上理论及工程实践案例，初步形成相关上海区域工业遗产地的景观规划在生态恢复，文化再生，经济重塑三个方面景观设计途径。

3.1 生态恢复

(1) 针对改造工业老建筑的立体绿化，包括屋顶绿化，即垂直绿化的使用。

(2) 针对硬化地坪，利用再生材料如废渣，木屑，砖石等铺设透水地坪。

(3) 土壤改良，一，利用植物种类改良。二，利用专门药剂辅助种植。

(4) 废旧物的改造，小物品改造，大型构筑(塔吊，泵站等)的改造。

(5) 水体自净化功能：动植物群的生态循环。

3.2 文化再生

3.2.1 通过以下几个步骤加以实现：

(1) 文史收集和现状调研相结合。

(2) 整理总结主要历史文脉的主线。

(3) 研究明确新功能，新形式的需求。

(4) 通过规划途径将历史文脉注入新形式，使其具有新时期的内涵。

其中规划的主要途径有：

1) 整理文脉主线，规划构架体现整体脉络。使得规划整体统一，重点突出。

2) 保护性利用遗迹满足功能的新场所的建立。如亲水平台、露天茶座、休闲绿地、画廊、水景住宅，取代盘踞已久的工厂、码头和防汛墙。

3.2.2　继承文脉，工业遗产具有以下几个方面的价值

(1) 历史价值：对认识普遍的、或某类工业活动和过程具有典型的、重要的意义。

(2) 社会价值：工业遗产记载了普通大众的生产和生活，是社会认同感和归属感的基础。

(3) 科技价值：它们在机械工程、工艺、建筑和规划等方面具有技术和科研价值。

(4) 审美启智价值：在工厂(场)、建筑和构筑物的规划设计，工具和机器的设计和建造工艺方面具有美学价值，和启发后代人创造性思维的启智价值。

(5) 独特性价值：有的工业遗产在场地适应、布局、机械和安装、城镇等工业景观、档案及留给人们的记忆和习俗等非物质遗产方面，都具有内在的独特性。

(6) 稀缺性价值：某些遗产在工艺、场地类型和景观方面濒临消失，使该工业遗产独具价值而需倍加关注，那些早期的具有开创性的工业景观更是如此。研究开发新的物质内容来承载，如：小品，标识等利用影像，风俗，节庆，可再现与强调历史生活场景。主题公园，特色历史街区，展览馆，桥梁等作为文化历史载体，展现和传承。

充分挖掘文化，有效地突出规划的特点，并且将时代对历史的要求作了延续和发展，较好地实现了规划目标，完整并且强化了整个城市的特征，提升了工业遗产在这座近现代具有深刻内涵的城市中的重要地位。

3.3　经济重塑

3.3.1　振兴城市，城市活力的恢复

曾经繁荣的工业集中的城市一度在社会技术革新的历史变革中萧条废倦，导致工厂企业纷纷破产、倒闭、外迁、或转行的一系列工业衰退的浪潮，传统工业的衰退导致了城市人口严重流失和大量工业废弃地和建筑的闲置。通过对老工业址地的考证研究，改变工业遗址的老功能业态，引导新功能的介入。现代服务业是伴随信息技术和知识经济发展而产生，用现代化的新技术，新业态服务国民经济新领域。现代服务业具有现代与传统的交融性，要素的智力密集性，产出的高增值性，结合多层次性和服务的强辐射性等特点。以此来恢复，改造上海部分工业遗址，作为城市的新鲜又有根基的场所，为振兴城市的重要活力源。

3.3.2　城市功能的增添与补充

工业遗址用地在补充城市功能方面有以下几个模式拓展：

(1) 城市开放空间模式，如公园，绿地，广场等。

(2) 旅游度假地。

(3) 博览馆与会展中心。

(4) 创意产业园。

(5) 公共商业中心。

(6) 商务办公。

上海 2010 世博会是世界各国展示与交流的舞台。本文着重世博工业遗产用地景观规划设计的三个方面的研究：1)工业遗产用地生态恢复：土壤与植被，水系的基质恢复。2)工业遗产用地文化再生：文脉延续，重建精神家园。3)工业遗产用地经济重塑：功能重构，管理预期。初步建立工业遗产用地景观规划设计方法，以期对设计具有指导和借鉴的作用。

本文研究部分便于在实际工程项目中，借鉴和汲取已有模式的成功经验，但是由于论文涉及的范围相对狭窄，因此在研究的深度上有所欠缺，希望以后能有更加深入的研究。

参考文献

[1] 欧阳小伟. 几种新型墙面种植技术探讨. 建筑节能 2009 年，(6)
[2] 郝倩. 风景园林规划设计中的工业遗产的保护和再利用. 2008
[3] 尼塔设计：白莲泾公园设计方案. 2008
[4] 俞孔坚，方琬丽. 中国工业遗产初探 [J]. 建筑学报，2006，(8)
[5] 俞孔坚，关于中国工业遗产保护的建议.《景观设计》2006，(4)

HAPPY STREET 快乐街　2010 年上海世博会荷兰馆

赵　颖、肖艳文、罗志远

（同济大学建筑设计研究院(集团)有限公司）

摘　要： 文章介绍了 2010 年上海世博会荷兰自建馆的设计主题。这是一条街，一条快乐街，起伏的步道、鲜艳的色彩、体现着荷兰风格各异的建筑，带给观众欢快、轻松、及高科技的体验

关键词： 2010 年上海世博会，快乐街

荷兰很早就确定了要自建场馆参加 2010 年上海世博会，早在 2006 年，通过国内方案征集，最终确定设计师 John Körmeling 的作品 Happy Street-快乐街成为实施方案，并特意组建了一个设计团队来操作这个项目的运行，名字就叫 HS-快乐街有限公司，项目工程师 Rijk Blok，大学教授，同时有着丰富的工程经验。2007 年春节前 HS 来到上海，最终决定与同济设计院合作，迈出了项目在上海建设的重要一步。

说起世博会，人们就会联想到最新的建筑材料所构建出的最 in，最不可思议的建筑形象，就像伦敦世博会的“水晶宫”。但显然，荷兰馆并不想在这方面拔得头筹，它采用了钢结构体系，主体结构为步行桥。沿着这条空间曲线中轴，布置了巨型连续箱梁和支承箱梁的单排钢管桥柱，组成了“简单”的复杂空间结构。桥面两侧悬挑出的钢平台上整体吊装了一个个建筑物。建筑物采用轻钢框架制作，六个面用轻钢龙骨水泥板覆盖，表面聚脲喷涂。特别是所有的门窗都采用了钢门窗，在国内似乎只有老房子和厂房中才能见到。

如此看来，似乎荷兰馆是一个平淡的建筑。是吗？

2010 年上海世博会荷兰馆由一个螺旋上升的步行道和 27 个独立的建筑物组成。我们给这些建筑物编了号，从 A 一直到 AA。除建筑物 N，Q，W，X，Y，AA 直接落地外，其余建筑物都悬挂在步行道两侧，随着步行道标高的变化而变化。

通过人流计算，这条高架的步行道设计了 5m 宽(局部 6m)，总长度约 370m。步道从地块东南角的地面入口开始，延着约 1∶12 的斜坡上升，经两个折回的大弯后，到达最高点(约 13.28m)，然后再经过两个大弯下坡，到达地块北侧中部的地面出口。桥面投影近似呈两个套叠的“8”字形。曲线桥面在中部(6.64m)处横向水平相互连接。

整个建筑群的制高点是 U 楼，屋面平均最高高度 19.91m。这是一个圆形建筑，一片片花瓣在屋顶绽开，如同女王头上的皇冠，所以我们称之为“皇冠 Vip 餐厅”。同时这也是最大的建筑物。它有二层，单层面积 315m^2。底层架空，完全向公众开放，二层仅对受邀贵宾开放。这里可以举行 150 人左右的招待会及演讲活动，有小型的酒吧和厨房设备以满足餐饮的需要。二层内还有挑空的回廊及一个挑空的圆形平台，这里将成为招待会的中心舞台，主办方将在这里欢迎各方来宾，致祝酒词。

除 U 楼外，还有 S 楼也仅用于接待贵宾。另外，还有几个建筑物用于办公、放置设备、烹饪食物等。对大多数参观者而言，所有建筑物都是不能进入的。

除去步行道，荷兰馆总建筑面积仅 1306m^2。由此可见，这二十多个建筑物的面积都不大，以 20m^2 左右居多。事实上绝大多数建筑物都是不进人的，它们是建筑师精心挑选的荷兰建筑的复制品，展示了不同荷兰建筑的风格。它们本身就是一个个雕塑作品，是荷兰向公众展示的展品的一部分。同时，在这些建筑物里也将布置不同的展览。通过这些小房子，观众既看到了古老美丽的荷兰，也会看到快速发展的荷兰和无限美好的未来的荷兰。除了编号，它们都有自己的名字。比方建筑物 P，它就是荷兰最小的建筑物；而建筑物 R，荷兰人称之为 Zaans House。

荷兰馆是一个完全开放的场馆，就像它的名字一样，Happy Street，这是一条街，一条快乐街。街的两旁插着五颜六色的旗帜，热烈欢迎来自四面八方的朋友。形式各异的建筑物墙面上，缤纷的霓虹闪烁。透过一扇扇玻璃窗，建筑物里的展览不断地变换，令人目不暇接。观众可以在街上漫步游览，可以在街两侧特别设置了的一些开放的平台上休息和远眺，还可以在广场上，街道和建筑物下面的阴影里享受荷兰的美食和冷热饮。

荷兰馆的色彩也是极富冲击力的。在大面积外墙白色的基底上，步行道桥面是鲜艳的红色，U 楼的外墙则是明亮的黄色。广场上铺装了双色镶拼的人造草坪，根据荷兰圩田的样式进行设计，绿色代表草地，蓝色代表水沟。建筑物内同样使用了纯粹的原色，透过玻璃，清晰可见。

这个看似简单的建筑物，其实还是很不简单的，它给设计和施工出了很多难题。建筑物单体的形体方正，设计、施工便利，惟一的要求就是所有内部管线必须明装。这不仅要求设计到位，对施工安装也提出了很高的要求。另外，单体建筑先在加工厂预制完成，再到现场吊装。荷兰设计师对精度要求极高，不允许建筑物安装完成后与地面不垂直。为此，建筑物挑梁设计预起拱，同时在挑梁上安装支架，在建筑物安装到位后，通过调整支架高度，使建筑物保持水平。

最大的难点还是步行道。这条步行道是三维曲线，所有雨、污水管线、电力、弱电的管线均沿着步行道布置和安装。管道既要避开主体结构构件，又要考虑管道折线安装所需要的空间，经过多次管线综合，才终于在设计上达到了预期的要求。至于施工中的可实施性，还需要到时候才能得到求证。

为了使步行道的外表面平滑，我们与荷兰设计师讨论了多种外包材料，从板材到装饰性钢板网到喷射混凝土，最终选择了钢丝网水泥砂浆这种最原始，但也最有效的方法。

荷兰馆刚完成了基础施工，后面还有很多的难题等着我们，我们将不懈努力，把最后成功的快乐呈现给大家。

2010 年上海世博会荷兰馆位于世博会 C 片区北环路北侧 C06-04 地块，又称为“快乐街”。由一个螺旋上升的步行道、26 个独立的建筑物及一个构筑物 Z 楼(饮水站)组成。大部分建筑物为展示建筑，游客不能进入。

工程是开放型的。由于建筑物大多被挂起来，游客们可以在地块内自由散步。地面层有小吃吧、纪念品商店，游客们可以在建筑所形成的阴影区域内享用饮料和小吃，买到许多纪念品。主要的参观线路都在开敞的步行道上。在步行道的扶手栏杆上每隔一定距离会安装通风设备，给游客带来习习微风。每隔一定距离还会安装雨篷，给游客带来一片阴凉。

经济技术指标：

项目	单位	数值	项目	单位	数值
建设用地面积	m^2	4800	展览面积	m^2	1306
总建筑面积	m^2	3194	容积率		0.28
地上建筑物面积	m^2	1306	建筑密度	%	56.7
地上构筑物面积	m^2	1888	绿地率	%	0

世博会主题馆超长混凝土结构的裂缝控制

万月荣、陈　星
（同济大学建筑设计研究院(集团)有限公司）

摘　要： 世博会主题馆要求采用超长无缝设计，采用施加预应力，布置后浇带等技术手段控制超长混凝土结构可能产生的温度裂缝。现场检测和有限元计算均证明这些技术措施是合理且有效的。

关键词： 超长混凝土结构，温度裂缝，裂缝控制

1　工程概况

世博会主题馆为2010年上海世博会主要场馆之一。该工程共4层，地下2层，采用混凝土框架结构，地上2层，采用全钢结构。其中地下室长约245m，宽约160m，由于建筑和结构整体性等方面的要求，不设伸缩缝。其长宽显然超过了《混凝土结构设计规范》GB 50010—2002中对现浇混凝土框架结构伸缩缝最大间距的要求。图1为世博会主题馆地下室顶板结构平面(仅表示外包线和后浇带)。图中填充区域为后浇带。

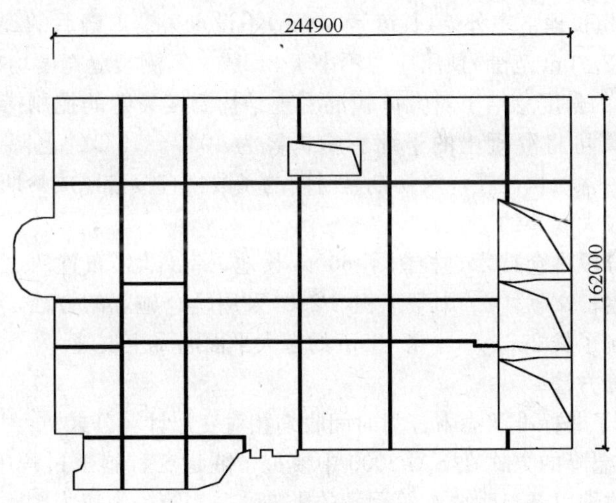

图1　主题馆地下室顶板平面图

对于主题馆这样超长结构，如果没有有效的技术措施，在地下室侧墙和顶板的长度方向，必然会由于温度作用产生裂缝。为控制裂缝而采取的主要设计技术措施是：

(1) 设置后浇带(1m宽)，沿纵向设置5条后浇带，横向设置4条后浇带，后浇带待混凝土浇捣完60天且上一层结构完成后封闭，以使主体结构在外保温材料没有做上，结构构件暴露在空气中的最大长度为50m左右，在预应力筋张拉前保证结构的单一长度满足规范的要求。

(2) 预应力钢筋在混凝土楼板中可以起到约束楼板和水平构件温度变形的作用。在地下室

顶板布置无粘结预应力筋，作用在楼板上的预压应力约为 1.93N/mm^2。地下室外墙中也布置无粘结预应力筋。后浇带处的预应力筋在后浇带补浇混凝土之后再张拉。

(3) 地下室顶板配筋为双层双向布置，并予以加强，即增配温度应力筋。

2　研究现状

由于混凝土组成材料、成分的随机、多样和非均质性，施工质量不可避免的差异和非一贯性，以及构筑物结构设计、工况的复杂多变性，使得混凝土结构的裂缝是不可避免的[2]，也使混凝土结构裂缝产生的机理非常复杂，对裂缝影响各因素进行精细的研究是很困难的。文献 [1] 较为全面地阐述了裂缝产生的机理和控制措施，指出混凝土的弹性模量，抗拉强度，极限拉应变，乃至徐变等特性都是时间的函数，温差也随龄期而改变，亦是时间的函数，因此真正实用的计算必须以时间作为一个参数，编制相应的温度场和应力场分析程序才能较为准确地反映不同龄期的应力状态。

2.1　温度裂缝控制设计与施工方法

超长建筑，要完全消除温度内力的影响是不可能的，但只要采取适当的设计、施工、材料等方面措施，把温度内力控制在可接受的范围内，这是完全可能的。在设计上通常采用布置预应力钢筋，掺膨胀剂，设置后浇带，加厚保温等方法来实现这一目的。

文献 [9] 使用预应力技术和其他综合集成技术有效地控制了 111.6m 长主体结构不设置伸缩缝后的裂缝。设计时采用的几个参数为：温度筋的幅值为实际理论计算值的 15%～20%，布置预应力筋，使裂缝控制的主要截面上的平均压应力达到 2.16MPa，还在混凝土中掺入以聚丙烯为原料的纤维以控制混凝土凝结硬化收缩产生的裂缝。

文献 [10] 应用预应力技术有效控制了超大平面混凝土板(外圆弧长约 190m，内圆弧长约 90m，宽度近 90m)和超长地下室外墙(长度近 300m)不设永久变形缝后的裂缝，地下室外墙靠近顶板处(±0.00～－2.00m 范围)预压应力不小于 2MPa。实测裂缝宽度均小于 0.2mm。

文献 [4] 从设计的角度总结了对大体积混凝土结构温度裂缝的控制措施，提出混凝土浇筑初期的温度作用计算可将混凝土的干缩影响折算为 10℃～15℃的温降进行计算。但文献 [1] 已指出，混凝土的各项材性在浇筑初期是时间的函数，直接按照成龄期混凝土的材性进行降温分析，显然是有较大误差的。

文献 [11] 采用分段跳仓技术，控制了 600m 长地下室外墙(布置两道贯通的后浇带，单段长 150m)的收缩裂缝。文献 [2] 中某工程(P280)采用跳仓施工的方法，在不设施工缝和后浇带的条件下有效控制了长 216.6m、宽 135m 的超大平面混凝土裂缝。

2.2　温度裂缝的计算方法

文献 [6] 中提出了非标准状态下任意时间收缩相对变形计算公式。

文献 [7] 用等效温降的方式在 SAP2000 中模拟了隧道工程施工过程中产生的温度收缩，考虑温度降低、干燥收缩以及自生收缩等因素的影响，并用第一主应力判断了裂缝的位置。文中的公式主要参考了文献 [3]。

文献 [5] 运用 SAP84 程序，对超长钢筋混凝土结构在季节温差下的总体温度内力分布情况，进行了多种计算模型的分析比较，研究了该类结构在温度荷载下的受力特点，并提出了一些设计与施工方面的建议。虽然其分析的对象并不是初凝混凝土，但揭示出的规律仍然具有普遍意义。

尽管混凝土的收缩集中在前三个月，但后期的收缩仍然是不可忽略的，尤其对于主题馆此类 60 天左右封闭后浇带的超长结构，后期收缩同样有可能引起收缩裂缝。但对于预应力对超长混凝土结构后期收缩作用的研究上，现有文献是不足的。

2.3 温度应变的现场监控

传统电桥式应变只适用于短期测量，如果时间较长(如时间超过 10d 时)，其输出将会变得不太可靠。尤其是混凝土温度超过 50℃时，温度漂移会相当明显[8]，通常采用弦式传感器测试现场混凝土的应变。与传统的应变片和手持式应变计测量应变相比，振弦式应变计采用电感调频原理设计制造，具有高灵敏度、高精度、高稳定性等优点。某核电站基础混凝土浇筑现场监控[8]就采用了这一仪器。

3 现场测试

对世博会主题馆地下室顶板和侧墙中混凝土的应变和温度进行了观测，确定了混凝土的应变随环境温度的变化而变化的规律以及混凝土的最大压、拉应变，并验证设计上采用的抗裂措施的有效性。混凝土应变测试采用振弦式混凝土应变计，本次测试所采用的应变计还具有温度测量功能，可精确测出测点所在位置的温度。

测点布置与测试工况如下：

(1) 地下室外墙

在地下室两个长边(9 轴和 27 轴)和短边(C 轴)中点各布置一个侧面，每个侧面沿高度方向布置 3 个应变测点。在地下室两层外墙浇筑完毕后，混凝土内温度与环境温度接近时开始测试，测试采用人工测读，每周测读一次，每次测试时尽量固定在同一时刻，测读各点的应变和温度，第一次测读时间为 2008 年 10 月 28 日，最后一次测读时间为 2009 年 3 月 19 日。

(2) 地下室顶板

在 S～Q/18～19 轴所围板域板面、板底各布置 2 个测点，共计 4 个测点。在地下室顶板浇筑完毕后，混凝土内温度与环境温度接近时开始测试，测试采用自动测读，每小时测读一次各点的应变和温度。第一次测读时间为 2008 年 11 月 11 日，最后一次测读时间为 2009 年 4 月 2 日。

4 测试结果分析

测得数据为混凝土的应变和温度，由于振弦式应变计本身的读数受温度的影响，因此在数据处理时应消除温度对应变的影响，处理后的混凝土应变不包括温度引起的自由应变(仪器本身)，将测试的温度和应变结果绘出。

4.1 地下室外墙

以 27 轴测面为例对地下室外墙进行分析，图 2、图 3 绘出了该测面上、中和下部三个测点的温度和应变曲线。在第 4 周至第 8 周进行了预应力筋张拉，第 9 周至 11 周封闭了后浇带。

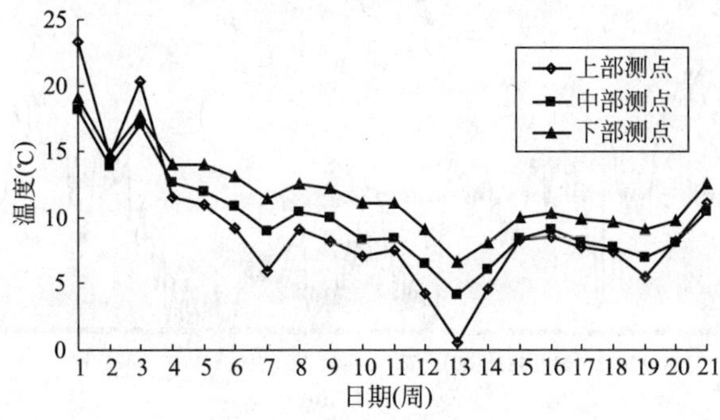

图 2　外墙测点温度曲线

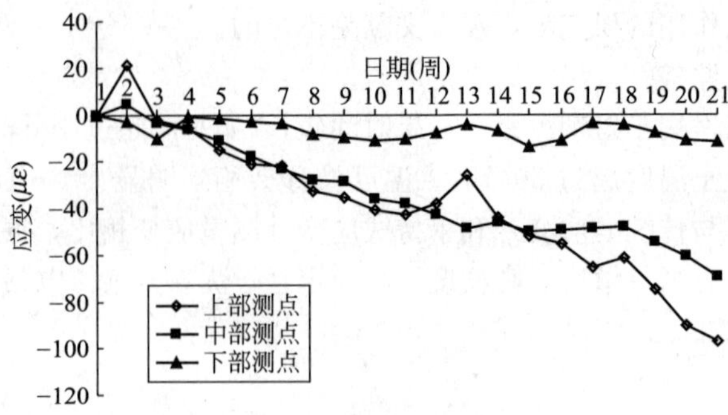

图 3 外墙测点应变曲线

(1) 各测点应变均受温度变化影响，气温变化幅度较大时候，各测点应变变化趋势基本一致，上部测点温度变化最剧烈，相应其应变变化也最大。

(2) 在预应力施工过程中，各测点压应变均有明显的增大趋势，为了反映施加预应力前后各测点的应变变化，取上部测点相近温度下，施加预应力前和施加预应力后的两天进行比较，如图 4 所示。可见施加预应力后上部测点产生了约 35με 的压应变。

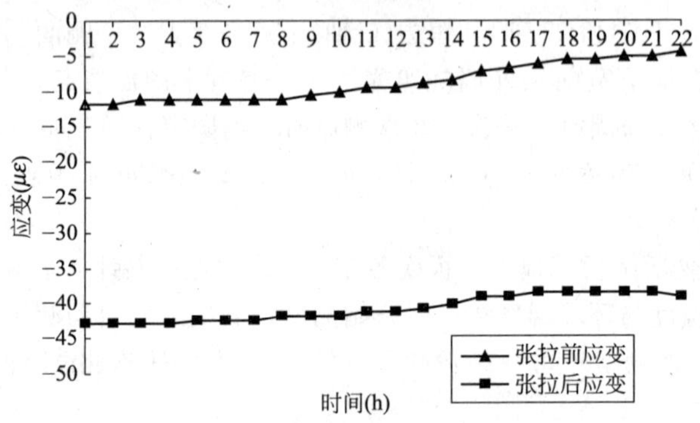

图 4 预应力施工前后上部测点应变对比

(3) 后浇带封闭后(11 周)，结构经历了较大的降温过程，加之后浇带封闭后外墙后续收缩变形，造成了各测点压应变均有较为明显的减小(图 3)，其中上部测点降温最大，相应压应变减少也最多，为 21με，但仍处于受压状态。

4.2 地下室顶板

图 5、图 6 绘出了顶板底部测点的温度和应变曲线，在 161～241h 进行了预应力筋张拉，841～1200h 进行了封闭后浇带施工。

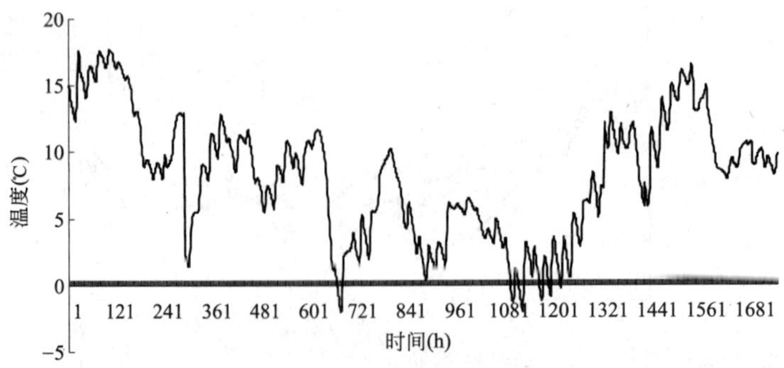

图 5 楼盖测点温度曲线

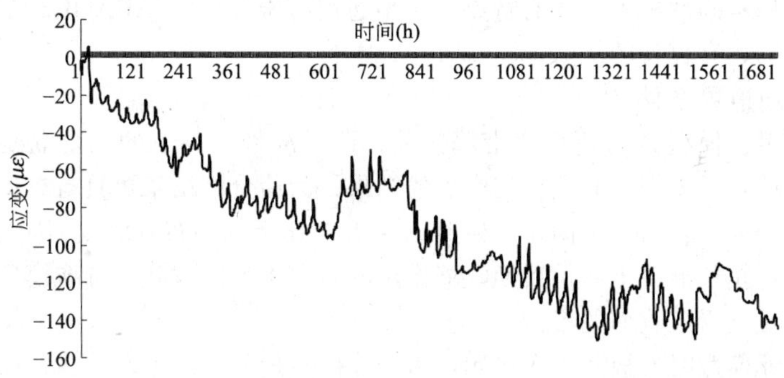

图 6　楼盖测点应变曲线

(1) 预应力筋张拉前。由于测试时屋盖未施工，因此板中测点受瞬时温度影响较大，从而造成测点应变随气温做正弦函数状波动。如第 241～361 和第 601～721 两个时段，环境温度出现了较大的温降，混凝土板收缩，测点的压应变相应变小。

(2) 在预应力施工过程中(对应图 6 中第 961～1201 时段)，各测点压应变均有明显增大趋势，施加预应力后该测点产生了约 40με 的压应变。理论上板中布置预应力筋后增加的压应力为 1.93MPa，此时混凝土已过初凝 60d 以上，按照混凝土规范提供的 C40 混凝土对应的弹性模量计算，张拉前后的应变差应为 65με，同现场检测值有一定差别，这是因为：①梁柱也会参与受力，使实际混凝土受压面积增大，降低了单位面积上的压应力；②预应力损失；③尽管设计要求预应力筋布置混凝土板中面处，但实际存在的布置偏差造成混凝土板偏心受弯；④第 961～1201 时段出现了环境温降(图 5)，这在一定程度上抵消了预应力张拉造成的压应变增大。文献 [9] 也指出，实际作用于楼板上的有效预应力值比理论计算值小一些。

(3) 后浇带封闭至测试结束。尽管后浇带封闭后，地下室顶板的无缝长度达到了 210m 左右，混凝土后期收缩会造成混凝土压应变减小，但这个时段环境温度整体上是一个温升过程(图 5)，二者之间的相互抵消表现出总体上压应变变化不大。

在整个监测过程中，各测点实际测得的最大压应变为 369με，低于混凝土的极限压应变，最大拉应变是 75με，也低于混凝土的开裂应变，这也证明了本工程所采取的施加预应力和留设后浇带等裂缝控制措施是有效的。

5　数值模拟

5.1　分析软件简介

前文已指出，混凝土温度裂缝的产生，除温度收缩外，还有凝结硬化收缩的原因，这一部分的收缩，通常通过等效的温降来进行分析[7]。由于混凝土凝结过程中，弹性模量和抗拉强度都是随时间的变量，因此，分析软件能否定义与时间相关的弹性模量和抗拉强度等性状，是选择有限元软件的关键。考虑到 PKPM 和 SAP2000 都不能直接实现该项功能，因此选择通用有限元软件 ABAQUS 进行分析。

ABAQUS 是国际上最先进的大型通用有限元计算分析软件之一。它具有相当丰富的材料模型库，可以模拟大多数典型工程材料(包括混凝土、土壤和岩石等)的性能。

由于钢筋混凝土材料和荷载效应的复杂性，现存的各种混凝土本构关系、破坏准则、钢筋的本构关系及钢筋与混凝土的交互模型等，是在模型试验的基础上，基于一些简化和假定，建立与模型试验结果基本相符的数学力学模型。基于不同的假定，不同有限元软件在钢筋混凝土非线性分析中采用不同的模型，各有特点。大型通用有限元软件 ABAQUS 在钢筋混凝土分析方面有很强的能力，有自身的优势。

5.2 模型选取及边界条件

选取两个模型。模型 A 分析后浇带填充前，即后浇带分割下的某个混凝土板区域，考虑到混凝土收缩裂缝是个多因素共同作用产生的结果，为使分析结果更具有典型性，这个区域混凝土板的边界条件要求相对较为简单。模型 A 主要对比板钢筋布置对收缩应力影响。

针对预应力对超长混凝土结构后期收缩作用的研究不足的现状，选取模型 B 分析后浇带填充后预应力对混凝土后期收缩的影响。

在建立有限元模型时，板使用壳单元，由于梁柱不是分析的重点，故梁柱均选用梁单元模拟。当地下室顶板浇筑时，底板已经凝结，故柱底部刚接，以模拟柱脚在地下室的嵌固作用。

模型 A 对应的时间段内，尚未拆除支撑，由于模板仅约束了板的竖向位移，板可以在模板范围内水平“自由”变形，故板仅约束竖向位移。模型 B 对应的时间段内，支撑和模板已拆除，不约束板的竖向位移。混凝土梁柱之间刚接，混凝土梁板之间共用节点，以模拟梁板之间的相互作用。

模型 A 的简图见图 7，模型 B 的简图见图 8(为方便观察，均不显示混凝土板)。为提供足够的分析精度，并避免模型过大，模型 B 选取一个三跨区域，根据模型的对称性取 1/4 结构分析。

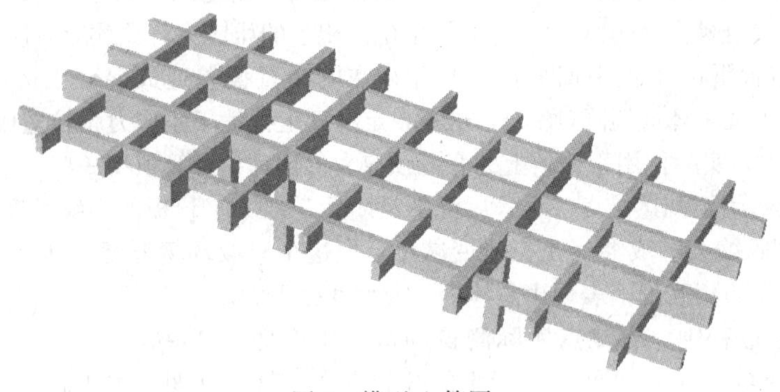

图 7 模型 A 简图

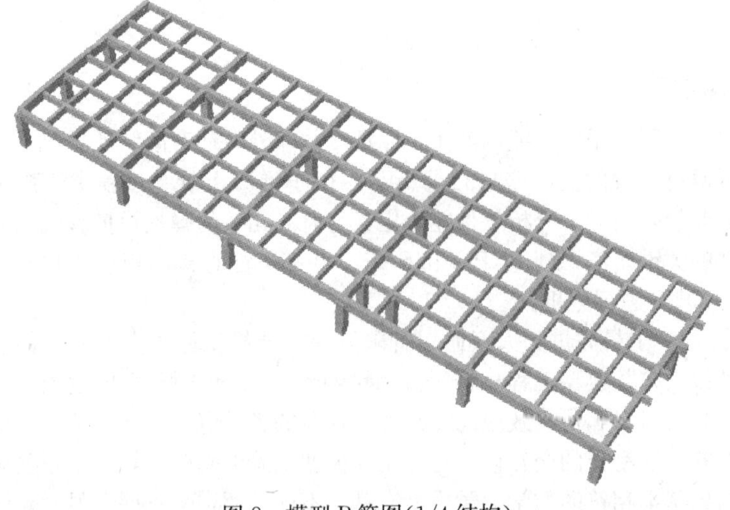

图 8 模型 B 简图(1/4 结构)

5.3 单元选择和本构关系

5.3.1 单元选择

混凝土梁柱均使用 B32 单元，这是一个考虑剪切变形的 Timoshenko 梁单元，它既适用于模拟剪切变形起重要作用的深梁，又适用于模拟剪切变形不太重要的细长梁。考虑到本文所分析的模型中，梁柱的主要作用是提供约束，尽管混凝土部分独特的非线性特性不能定义在 B32 单元中，梁单元也能提供足够的精度。

5.3.2 混凝土本构关系

对板混凝土本构关系的选择是分析考虑的重点，可以预见，模型主要的破坏模式是拉伸开裂而非压缩破碎，因此重点是对素混凝土和钢筋混凝土在低围压情况下，单调加载的受拉力学性能的描述。ABAQUS 的材料库中提供了的损伤塑性模型(Concrete Damaged Plasticity)采用各向同性弹性损伤结合各向同性拉伸和压缩塑性理论来表征混凝土的非弹性行为，可用于梁单元、杆单元、壳单元和实体单元，可以定义与温度、应变率相关的性状。钢筋混凝土结构中裂纹区后继破坏行为采用“拉伸硬化”(Tension stiffening)来模拟，这一功能简化模拟了钢筋同混凝土之间的粘结滑移和锁固效应[14]。混凝土参数设置情况见表 1。

混凝土参数设置情况 **表 1**

Poisson's Ratio	Dilation Angle	Eccentricity	F_{bo}/f_{co}	K	Viscosity Parameter
0.2	35	0.1	1.16	0.667	0

表 1 中各参数含义如下：

Poisson's Ratio-混凝土材料泊松比，取 0.2。

Dilation Angle-材料膨胀角，取为 35 度。

Eccentricity-偏心率，取默认值 0.1，表征塑性势函数趋向其渐近线的速率。

F_{bo}/f_{co}-材料双轴抗压强度与单轴抗压强度的比值，取 1.16。

K-屈服面形状系数，对于混凝土材料，取 2/3。

Viscosity Parameter-材料粘塑性系数，取 0。

5.3.3 板中钢筋的定义

板中钢筋可采用分离式钢筋模型或埋藏式钢筋模型。简单结构分析时，采用分离式钢筋模型，并在钢筋与混凝土间合理地加设粘接单元，模拟交界面上的粘接作用和销栓作用，能较好地模拟钢筋和混凝土的联合承载行为。对于大体积混凝土结构，在所有交界面上设置粘结单元是不现实的，由于本文所分析的模型，混凝土和钢筋之间粘接良好，则采用埋藏式钢筋模型模拟混凝土中的钢筋。埋藏式钢筋模型依据钢筋和混凝土位移协调，分别求出混凝土和钢筋对单元刚度矩阵的贡献，然后组合起来形成综合单元刚度矩阵[13]。模型中实际使用命令 REBAR LAYER 来布置板中的钢筋。钢筋的材性按照混凝土规范取值。

由于本文所分析模型中，梁柱的主要作用是提供约束，因此在梁柱中不进行钢筋的布置，而是根据抗弯刚度将钢筋折算成混凝土。

5.3.4 板中预应力的施加

在板中沿数字向每隔 1m 布置一个预应力张拉孔，每个孔内布置两根直径 15.24mm 的预应力筋，张拉控制应力 0.74MPa，这相当于预加压应力 1.93N/mm²。

在 ABAQUS 中，运用 Initial Conditions 命令实现对板中预应力的施加。

5.4 温度收缩、干燥收缩的确定

根据文献 [3]，温度引起的收缩可以表示成公式：

$$\varepsilon_{ct}=\alpha \cdot T$$

式中，T 是温度，α 是温度膨胀系数，一般取 $\alpha=1\times10^{-5}/℃$。

干燥以及自生收缩 ε_y 可以换算成等效的温降 T'，从而总收缩为：

$$\varepsilon_c=\varepsilon_{ct}+\varepsilon_y=\alpha \cdot (T+T')=\alpha \cdot T_e$$

T_e 是综合考虑了水化热温度降低、干燥收缩、自生收缩后的等效温降。

采用下面的公式来估算混凝土的早期收缩[3]：

$$\varepsilon_c(t)=\varepsilon_y^0 \cdot M_1 \cdot M_2 \cdots M_n(1-e^{-bt})$$

式中　t——龄期，单位为天；

ε_y——不同龄期的收缩；

b——经验系数，一般取 0.01，养护较差时取 0.03；

ε_y^0——标准状态下的极限收缩，取 3.24×10^{-4}。

$M_1 \cdot M_2 \cdots M_n$——考虑各种非标准条件的修正系数，详见文献［3］。

综合考虑本工程中水泥品种、水泥细度、骨料种类、水灰比、水泥用量、养护情况以及配筋率等实际情况，此处取 $M_1 \cdot M_2 \cdots M_n=1.80$。

模型 A 计算得到的混凝土收缩等效温降曲线见图 9。

模型 A 综合环境测温数据和凝结收缩产生的综合温降如图 10。

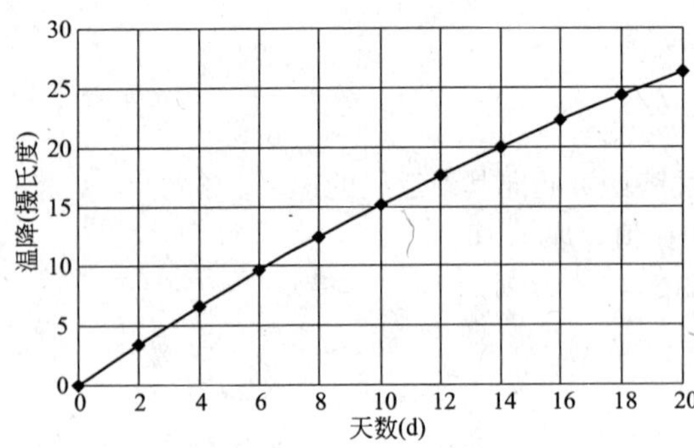

图 9　模型 A 收缩等效温降曲线

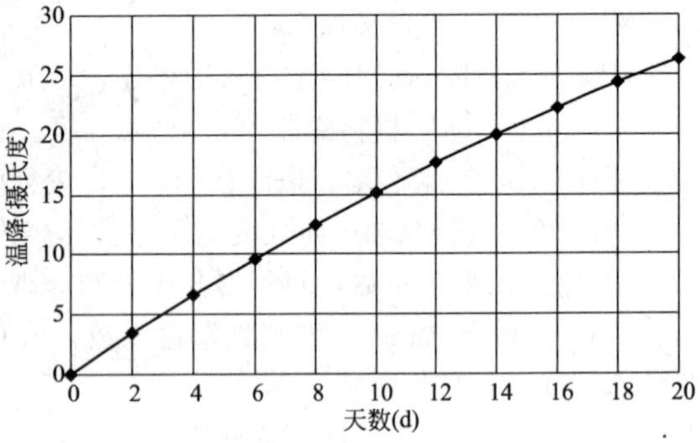

图 10　模型 A 综合温降曲线

模型 B 计算得到的混凝土收缩等效温降曲线见图 11。

模型 B 综合环境测温数据和凝结收缩产生的综合温降如图 12。

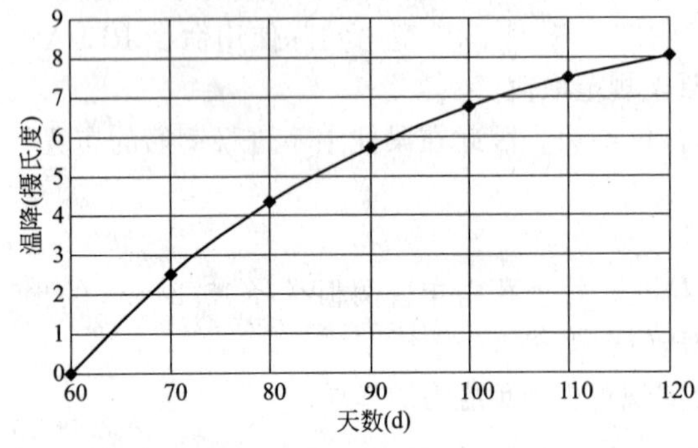

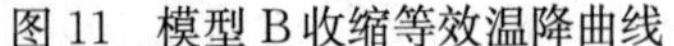

图 11　模型 B 收缩等效温降曲线

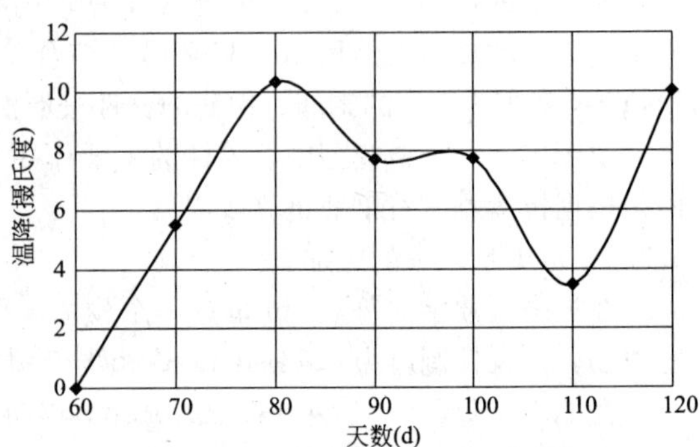

图 12　模型 B 综合温降曲线

模型 A 的混凝土材性如下：

根据文献［3］，混凝土早期弹性模量服从以下规律：

$$E(t)=E_0\cdot(1-\beta\cdot e^{-\alpha t})$$

式中　E——不同龄期的弹性模量；

E_0——成龄期的弹性模量，参照规范，取 $3.25\times10^4\mathrm{N/mm^2}$；

β、α——经验系数，一般 $\beta=1$，$\alpha=0.09$。

混凝土早期抗拉强度服从以下公式：

$$R_f(t)=0.8\gamma\cdot R_{f0}(\lg t)^{2/3}$$

式中　R_f——不同龄期的抗拉强度；

R_{f0}——28d 龄期的抗拉强度，参照规范，取 $2.39\mathrm{N/mm^2}$；

γ——经验系数，计算遇有弯拉、偏拉受力状态，取 1.7，否则取 1。

模型 B 的混凝土材性参照混凝土规范取值。

5.5　数值计算结果分析

5.5.1　模型 A

这个模型主要对比板钢筋布置对收缩应力影响。

(1) 素混凝土板

由于模型 A 的尺寸均小于我国国家标准《混凝土结构设计规范》GB 50010—2002 规定的现浇混凝土框架结构伸缩缝的最大间距(55m)，模型 A 仅对比板钢筋有无对混凝土板收缩应力的影响。

图 13 为 20 天时素混凝土板应力分布图，可以发现由于温度收缩的影响，由于梁柱节点区的约束，板在该区域出现了明显的约束弯矩，且在节点区的内外侧，板的应力相反。

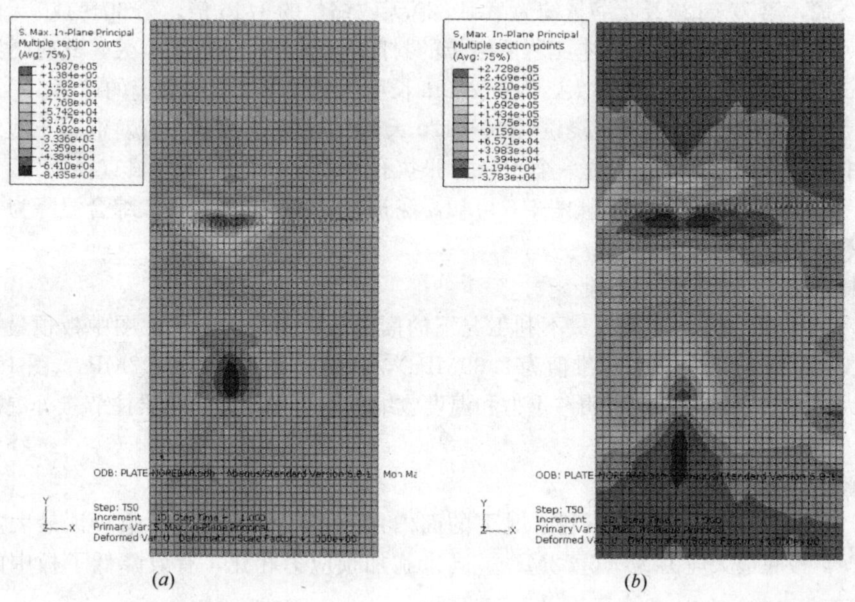

图 13　板面内第一主应力云图

(a)板顶；(b)板底

(2) 钢筋混凝土板

图 14 为 20 天时钢筋混凝土板应力分布图。设计中该区域板配筋为双层双向 12@150。使

用命令 REBAR LAYER 来布置板中的钢筋。布置板钢筋后，梁柱节点区板应力降低，板顶最大拉应力由 0.159MPa 降低至 0.085MPa。

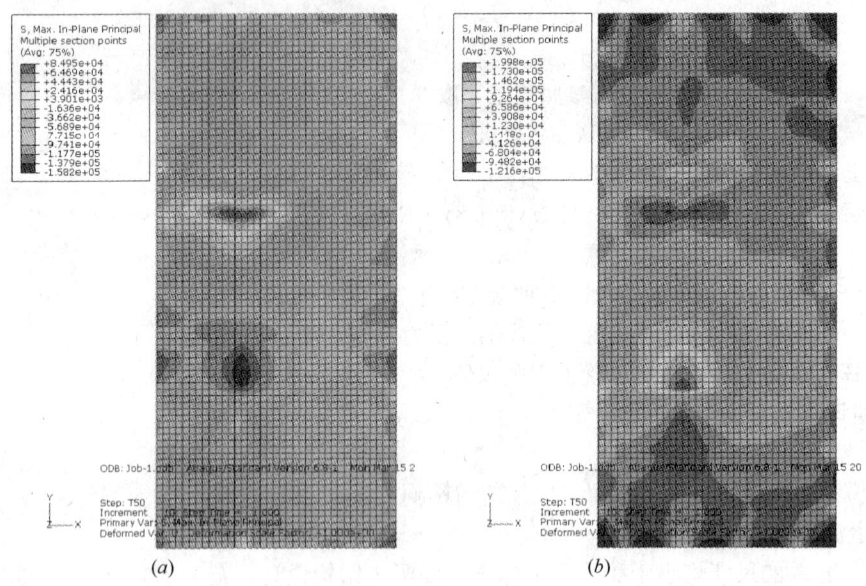

图 14　板面内第一主应力云图

(*a*)板顶；(*b*)板底

5.5.2　模型 B

混凝土收缩是一个全周期的事件。根据文献［3］提供的非标准状态下任意时间收缩相对变形计算公式，第20～120 天收缩量约为第 1～20 天收缩量的 1.15 倍，第 60～120 天的收缩量约为第 1～60 天收缩量的 17%。本工程后浇带的封闭时间约为浇筑后 60 天，此时无缝长度约为 210m，尽管后期收缩应变并不大，但在 210m 长度下仍然可能引起裂缝的产生。

本模型考察混凝土收缩后期(浇筑后 60～120 天)板中预应力筋的布置对混凝土收缩应力的影响。板中沿数字向每隔 1m 布置一个预应力张拉孔，每个孔内布置两根直径为 15.24mm 的预应力筋，张拉控制应力 0.74。从图 5.6 可知，浇筑后 60～120 天的最大综合温降为 10.35℃，据此为最不利工况进行分析。

(1) 未施加预应力的混凝土板

图 15 为未施加预应力时，在最不利工况下的面内最大主应力云图。图中板顶最大应力为 2.40MPa(C40 混凝土抗拉强度标准值为 2.39MPa)，板底最大应力为 2.02MPa。图 15，(*a*)中梁柱节点为应力集中区域，这表明在重力和温度收缩的双重作用下，在梁柱节点处混凝土将会开裂。

(2) 施加预应力的混凝土板

图 16 为施加预应力后在最不利工况下的面内最大主应力云图。图中板顶最大主应力为－0.38MPa，板底最大应力为－0.52MPa。同未施加预应力相比，有效降低了板中的最大主应力。

6　结论与展望

(1) 通过现场检测，证明针对世博会主题馆工程所采取的施加预应力和留设后浇带等裂缝控制措施是有效的，为以后类似工程提供了参考。

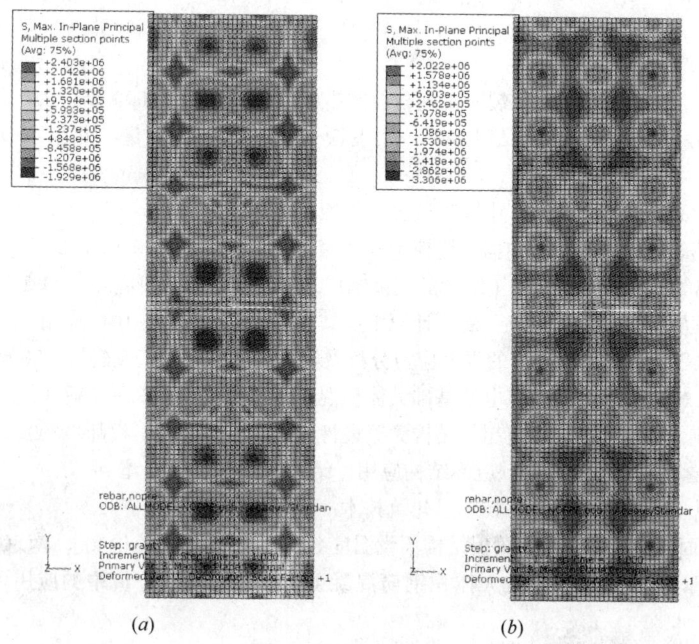

(*a*)　(*b*)

图 15　板面内第一主应力云图

(*a*)板顶；(*b*)板底

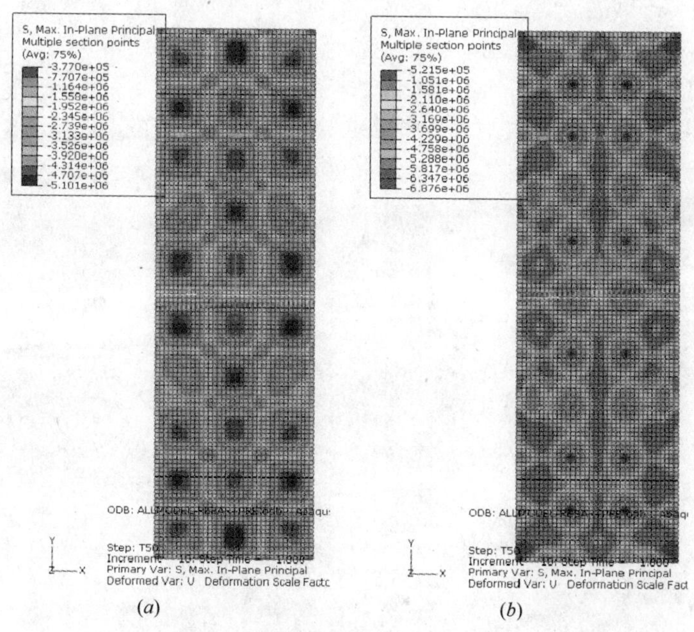

(*a*)　(*b*)

图 16　板面内第一主应力云图

(*a*)板顶；(*b*)板底

(2) 通过对两个模型的数值分析表明：①对于超长混凝土结构，板钢筋构造加强能有效控制混凝土拉应力；②尽管混凝土收缩集中在前期，但对于超长混凝土结构，后期的收缩也是不能忽略的，预应力的施加能有效降低后期收缩造成的混凝土拉应力，从而控制收缩裂缝。

参考文献

[1] 陈肇元，崔京浩等，钢筋混凝土裂缝机理与控制措施．工程力学．2006. Vol. 23

[2] 徐荣年，徐欣磊．工程结构裂缝控制——“王铁梦法”应用实例集．北京．中国建筑工程出版社．2005. 06

[3] 王铁梦．工程裂缝控制．北京．中国建筑工业出版社．1997

[4] 王建．工业建筑大体积混凝土结构裂缝控制设计探讨．工业建筑．2006. Vol. 39

[5] 赵海东，赵鸣等．超长钢筋混凝土结构的温度响应．四川建筑科学研究．2000. 12

[6] 王铁梦．工程裂缝控制“抗与放”的设计原则及其在“跳仓法”施工中的应用

[7] 刘伟，董必钦等．大体积混凝土的温度应力分析及温度裂缝研究．工业建筑．2008. Vol. 38

[8] 陈李华，张心斌等．CPR1000 核电站基础大体积混凝土现场监控技术．工业建筑．2010. Vol. 40

[9] 顾渭建．预应力技术在高层建筑超长结构无缝设计中的应用．结构工程师．2000 增刊

[10] 李亚明，姚念亮．上海科技城预应力结构应用．结构工程师．2000 增刊

[11] 王旭峰．600m 地下室长墙施工技术．建筑技术．2002. 05

[12] 韩重庆．大面积预应力混凝土梁板结构不设温度缝研究．[博士学位论文]．南京：东南大学．2001

[13] 张伟，伍鹤皋等．ABAQUS 在大体积钢筋混凝土非线性有限元分析中的应用评述．水力发电学报．2005. Vol. 24

[14] 王金昌，陈页开．ABAQUS 在土木工程中的应用．杭州．浙江大学出版社．2006. 11

城市·社区·重建
——中国 2010 年上海世博会世博村规划设计

赵　颖

（同济大学建筑设计研究院（集团）有限公司）

摘　要： 世博村作为世博会内惟一承担居住服务功能的区块，是重要的功能板块之一，它的规划建设可以为世界的人居未来做出示范作用，充分展现出和谐城市与可持续发展的理念。

整个规划顺应了现代社会由工业化向更注重城市质量和生活方式转变的要求，这种整合了居住，办公，零售和休闲娱乐功能的多样化的创新生活居住模式，打破了现代社会居住与工作，休闲与生活场所割裂的矛盾，使人们出行更便捷，充分的就业机会甚至有可能实现在社区内工作的梦想。这些尝试对未来建立一个兼具生态效益和经济效益的城市单元具有重要的探索意义。

关键词： 世博村，社区重建，城市肌理，滨水空间

1　引言

中国 2010 年上海世博会，以“城市，让生活更美好”为主题，是一场探索未来城市发展，展示美好城市愿景的欢乐盛会。从 2010 年 5 月 1 日到 2010 年 10 月 30 日，历时 184 天，来自世界 100 多个国家和地区及企业组织将参加到这一重要国际活动中来。为了更好地服务各国各地区的参展人员，2010 年上海世博会的组织者决定规划建设“中国 2010 年上海世博会世博村”项目(以下简称世博村)。

世博村作为世博会内惟一承担居住服务功能的区块，是重要的功能板块之一，同时也是世博会中第一项国际方案征集的项目，它的规划建设可以为世界的人居未来做出示范作用，充分展现出和谐城市与可持续发展的理念(图 1)。

图 1　世博村区位图

2 项目概况

2.1 规划背景

谈到世博会建筑，首先会被广泛讨论的是五光十色多姿多彩的场馆，大到主题馆，国家馆，小到各类型的租赁馆，它们是世博舞台的主角，是媒体与观众津津乐道的话题。其实对于世博会的组织者而言，除了安排好这些场馆的建设以外，这么多参展者在布展和参展期间的生活和工作场所问题，同样需要精心组织，它是保障世博会成功运营的基础工作之一，世博村因而诞生。

世博村项目规划设计起始于 2006 年夏天，早于一般场馆建筑的设计时间。根据上海世博会园区的总体规划，世博村坐落于世博围栏区浦东片东北侧，紧靠黄浦江的支流——白莲泾，规划占地约 29.4hm²，拟建建筑面积约 55 万 m²。规划场址原为上海溶剂厂和上海港机厂厂区，片区内部和周边的主要道路包括浦明路，雪野路，世博村路，浦东南路等。

规划建成后的世博村可以提供约 7000 个床位，同时配套有办公设施，安保后勤设施，娱乐休闲设施及丰富的餐饮购物场所。

2.2 总体介绍

该项目根据规划的城市道路和场地现状，整体分为 A 至 K 十个区块，各地块规划建设情况各有特点(见图 2)。

A 地块：Vip 生活区，选址位于原上海溶剂厂，新建建筑按五星级酒店标准设计，同时保留改造厂内文物建筑——九栋近代别墅建筑群，与新建筑融合使用，相得益彰。

B 地块：一类生活区，国际公寓式酒店套房及商业休闲设施，滨水建筑群，项目中规模最大的生活区，同时保留改造用地内原上海溶剂厂锅炉房(20 世纪 30 年代红砖建筑)，留存场地记忆。

D 地块：二类生活区，包括多栋服务式酒店公寓和商业设施。

H，I，J 地块：三类生活区，由经济型酒店和部分服务设施组成。

C，E，F 地块：为综合配套区和大型巴士停车区域，其中 E 地块保留了原地块的一组旧厂房，经过改造与新建主楼形成了世博村内最大的服务办公设施。

K 地块：世博村内的配套滨水绿地公园，结合白莲泾的改造，规模达到 1.3hm²。

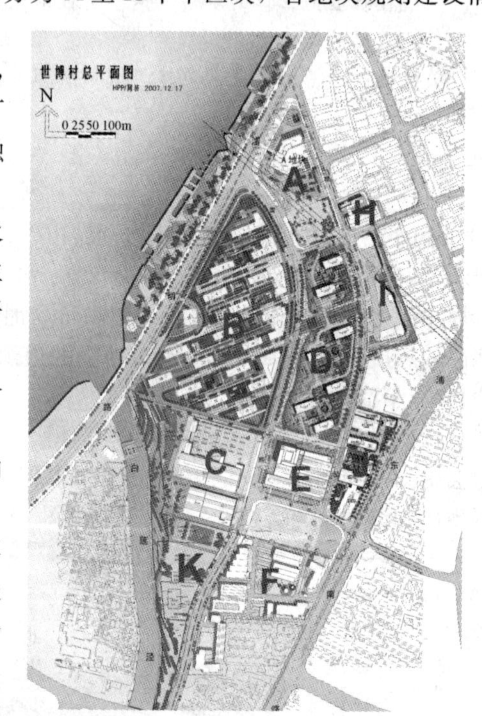

图 2 世博村分地块示意图

3 设计框架与构成元素

世博村的选址建设对浦东白莲泾地区来说，是一次难得的城市重建再塑机遇，区域功能和环境品质将得到提升，老的工业区有可能转变为上海又一处国际意义的居住社区。而世博会的影响力，也会成为该区域的潜在增长动力。

因此世博村项目在规划之初，即明确提出“城市哲学导向”的设计框架，充分尊重场地特征，注重会中使用功能和会后城市综合利用相结合的规划原则，以求在黄浦江东岸创造一个“城市化，动态，创新”生活方式的国际生活区。

3.1 城市肌理

世博村的规划是在已有城市空间中重建一个区域，而不是再建一座新城。我们希望参展者是真实的居住在上海市民中间，而不是一个所谓的展示区，所以我们的设计必须尊重场地本身的城市空间特点，使现状城市结构与规划中的新的城市构件之间可以相互映衬。

该区域显而易见的正南北向布置居住建筑的城市肌理在世博村规划中占据了主导地位，取代了曾经讨论过的各种类型的围合式街区布置方式。这个构成元素可以认为是世博村地方性的表达，并且很好地解决了建筑与江景的关系，与黄浦江适度的夹角保证了建筑开阔的观景视线，这一特点在建成后的世博村中得到印证。

当然，这个可以被更广泛接受的线形建筑和花园结构作为构成元素被规划仅局限在纯粹的居住型地块中，如B和D地块，而在其他更具公共使用性的地块则不强调这个特点，留给单体建筑更多的设计可能性。

3.2 滨水空间

滨水空间是塑造城市活力的天然舞台，也是现代城市魅力的独特表现。上海尤其是浦东区域的滨江岸线曾经在很大程度上体现的是城市工业化变迁的特点，功能单调，环境破旧，与上海日新月异的城市生活相割裂。在本届世博会建设之前，除了部分的城市级别的商业和文化项目，浦东沿江地区一些商业性质的开发项目，由于受到近期利益的驱动，对滨水空间的利用往往会采用独享或排他性的规划，缺少真正意义上的滨江居住共享的社区氛围。

世博村建设对上海溶剂厂和上海港机厂厂区的改造，为浦江滨水区域参与到普通上海市民生活中提供了可能性。

世博村用地隔浦明路与黄浦江及滨江公园相望，西南侧面向白莲泾，滨水条件优越，空间层次丰富。我们在规划中提出世博村滨水空间的不仅仅是提供如外滩的旅游观光和休闲场所，而更重要的是创造出有一定建筑密度的居住社区，成为城市居民的生活空间，并为这一区域的会后发展提供持续保障。同时在规划中应更侧重城市长久利益的体现，竭力避免一般意义上部分滨水社区连续界面，尽量加大滨水岸线对城市的辐射力，使区域价值更大化。

例如在滨江的B地块，规划布局采用建筑与岸线适度夹角及沿江逐级退台跌落的原则，建筑密度往靠近浦江的方向逐渐降低以便更好地通风、采光以及观赏到江景，为更趋于内部的D地块提供了滨江景观的受益可能。在A地块世博村路和浦明路转角面江地带，B地块南侧临白莲泾水域，均规划预留有社区公共绿地(图3)。

图3 白莲泾公园方向看世博村
(摄影：吕恒中)

3.3 场所识别

作为一个老工业区改造再生的项目，世博村在规划上同样重视场地的识别性，对一些重要的历史痕迹在规划中予以保留，通过功能置换达到城市更新。这其中包括永久保留(保护)的A地块九栋近代别墅建筑群，B地块的锅炉房，E地块的部分生产性厂房等，也包括在会中临时保留的C地块仓库，J地块经济性酒店等。

整体保留规划的宗旨是永久保留(保护)的建筑必须参与到该地块的新建筑功能中去，以安全绿色为前提，赋予老建筑新的生命。同时本着节俭办世博的原则，对地块中一些较有价值的建筑在会中根据功能需要安排临时使用，建筑形象尽量保留原工业建筑特点，使本届世博会的世博村特色鲜明。

此外，场所识别性规划还包括对景观设计的界定。在D地块设计中要求将场地开挖的土原地堆坡，绿化造景，形成世博村标志性场地“expo hill”。绿化坡地包裹的2层裙房包含着为世博村和周边地区服务的娱乐和商业服务的设施，给来往于这个社区的市民留下深刻印象(图4)。

图4　从雪野路看世博村D地块

(摄影：吕恒中)

3.4　多样性的可持续发展

对于一个规划有55万m^2的城市综合社区，在更新的过程中除了要解决功能选择，城市空间的改造与利用等这些问题，同样也需要面对可持续发展这一命题。

184天的世博会结束以后，世博村会像其他场馆一样面临会后综合利用的问题，为了更好地实现角色的转换，使世博村区域能成为未来上海中心的重要支撑，规划以可动态变化的多样性为原则，对各地块指定了不同策略。

地标建筑A地块以会后可转变为五星级酒店的标准设计，E地块明确定位为智能化办公楼，这两组建筑设计一步到位，会后功能自然延续。

B和D地块两组永久建筑按模数化设计，建筑布局结构清晰而有规律，柱网规则具有灵活性，绿化环境优美，商业休闲设施配套齐全，为世博会后该区域设计多样化的各类型居住单元奠定了基础。

其他如C，HI等会中临时性建筑地块，规划以满足世博村会中后勤营运保障功能为前提，尽量减少一次性的投资，保留更多土地可以在会后根据城市发展需要持续开发，这类型的土地面积达到约11hm^2，占整个项目的37%。

4　结语与启示

作为历届世博会规模最大，配套最齐全，入住人数最多的2010年上海世博会世博村项目，规划将城市公共资源，基础设施，景观系统，建筑和技术标准统一在一种清晰具体的设计引导中，很大程度上反映了城市与人和谐共生的思想。注重提高生活质量，建筑和景观之间的高度和谐的规划理念很好的反映了“城市让生活更美好”的主题(图5)。

规划顺应了现代社会由工业化向更注重城市质量和生活方式转变的要求，这种整合了居住，办公，零售和休闲娱乐功能的多样化的创新生活居住模式，打破了现代社会居住与工作，休闲与生活场所割裂的矛盾，使人们出行更便捷，充分的就业机会甚至有可能实现在社区内工作的梦想。这些尝试对未来建立一个兼具生态效益和经济效益的城市单元具有重要的探索意义。

另外值得提到的是整个规划设计是由中方和德方的设计团队合作完成的，各地块的建筑设计也是由多家国内一流的设计院承担的。东西方的哲学思想在设计过程中互相碰撞，知识与经

图5　世博村滨江全景

（图片来源：周谨）

验的共享弥补了有些观念的局限性，而这些直接的交流对于一个国际社区的建设带来良好的开端。

5　设计团队

总体规划与设计总控团队：同济大学建筑设计研究院(集团)有限公司与德国HPP

A地块：现代设计集团华东建筑设计研究院有限公司

B地块：同济大学建筑设计研究院(集团)有限公司与德国HPP

D地块：现代设计集团上海建筑设计研究院

C，E，H，I地块：北京建筑设计研究院

J地块：现代设计集团现代都市建筑设计院

参考文献

《世博园与世博场馆建筑与规划设计研究》同济大学世博课题研究组 2006.10

上海世博会主题馆太阳能光伏发电系统简介

包顺强、陈水顺、武　攀、张逸峰
（同济大学建筑设计研究院（集团）有限公司）

摘　要：太阳能光伏电池主要可分为单晶硅、多晶硅、非晶硅等类型；光伏发电系统的运行方式，主要可分为独立和联网运行两大类。2010 年上海世博会主题馆屋顶面积达 $60000m^2$，其中 $30000m^2$ 结合屋面一体化设计铺设太阳能多晶硅板，并且采用集中式大型联网光伏系统，每年可为城市电网输送 250 万度绿色电力。

能源短缺、环境污染是当今世界面临的两大难题，制约着人类经济和社会的发展。太阳能作为新能源和可再生能源的一种，因其清洁环保、永不枯竭的特点，受到世界各国的青睐。尤其是最近几年，在各国政府的大力扶持下，世界太阳能光伏产业发展迅速。我国太阳能光伏产业起步比较晚，但最近十几年内，随着我国相关新能源政策的相继出台，太阳能光伏发电发展飞速，已经取得了令世界震惊的成就。

2010 年上海世博会主题馆为世博园区永久性场馆。本着创建更加清洁、更高效率的美好城市的理念，采用建筑一体化的设计方法，把太阳能光伏发电与主题馆屋面有效结合成为目前国内最大的单体面积太阳能屋面，充分展示中国在可再生能源开发利用领域的先进技术和绿色环保的理念。总设计发电功率约为 2.5MW，其年发电量可达 250 万度，可每年减少约 2500t 的 CO_2 排放量、节约标准煤 1000 多吨。

一、太阳能光伏发电系统运行方式

太阳能光伏发电系统是利用光伏组件半导体材料的“光伏效应”，将太阳光辐射能直接转换为电能的一种新型发电系统。

太阳能光伏发电系统的运行方式，主要可分为独立和联网运行两大类。未与公共电网相连接的太阳能光伏发电系统称为独立型太阳能光伏发电系统（见图 1）。与公共电网相连接的太阳能光伏发电系统称为联网型太阳能光伏发电系统。联网型太阳能光伏发电系统又可分为分散式小型联网光伏系统和集中式大型联网光伏系统。

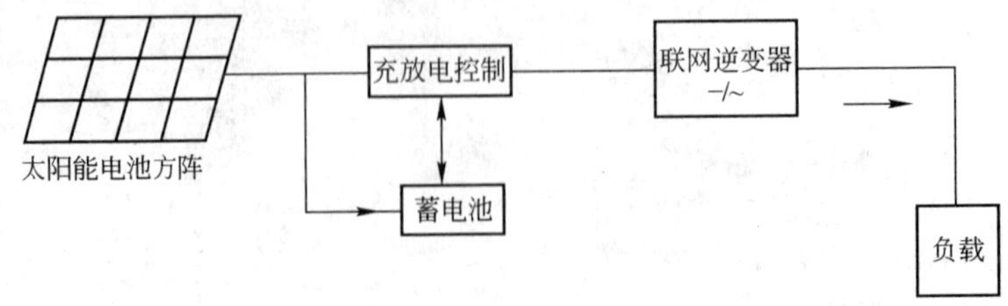

图 1　独立型太阳能光伏发电系统

分散式小型联网光伏系统主要特点是所发的电能直接分配到用户的用电负载上，多余或不足的电力通过联结电网来调节。分散式小型联网光伏系统又可分为可逆流和不可逆流两大部分。可逆流系统(见图2所示)，是在光伏系统产生剩余电力时将该电能送入电网，当光伏系统电力不够时，则由电网补充电能供电；而不可逆流系统，是指光伏系统的发电量始终小于或等于用户负载的用电量，电量不够时由电网提供，即光伏系统与电网形成并联向用户负载供电。这种系统由于不会出现光伏系统向电网输电的情况，所以称为不可逆流系统(见图3所示)。

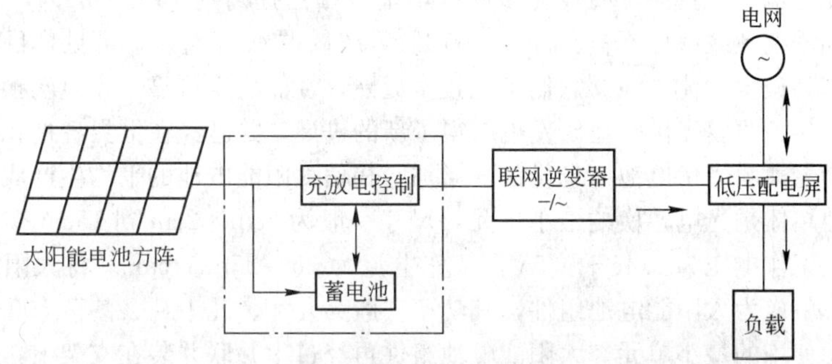

图2 分散式小型联网光伏系统(可逆流型)

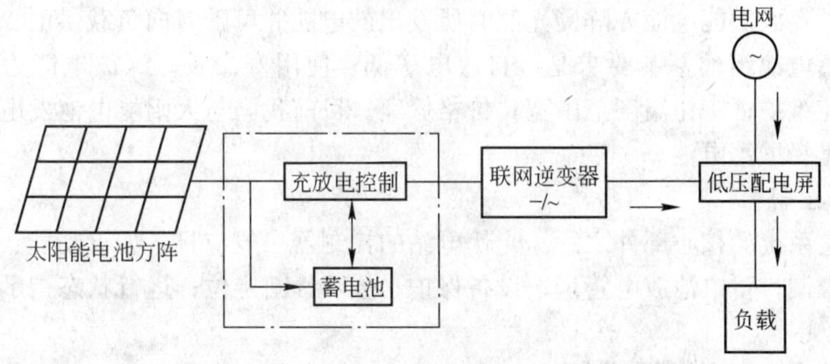

图3 分散式小型联网光伏系统(不可逆流型)

集中式大型联网光伏系统是将太阳能发电系统的电力通过联网逆变装置并入常规电网，把常规电网作为光伏发电系统的载体，与常规电网实现高品质电能的传输(见图4所示)。

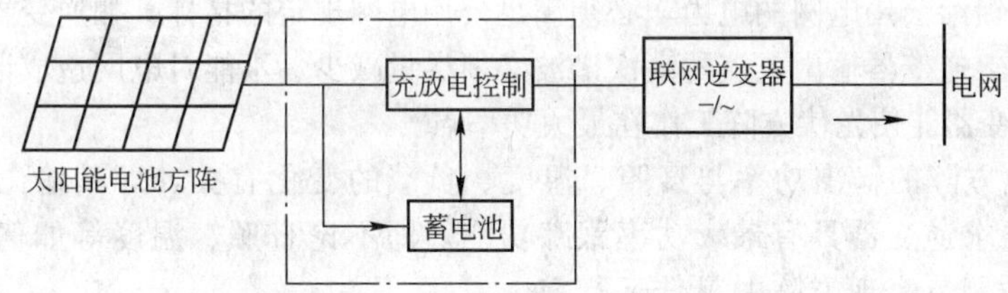

图4 集中式大型联网太阳能光伏发电系统

二、太阳能光伏发电系统组成单元

1. 太阳能电池

太阳能是一种辐射能，它必须借助于能量转换器才能变换成为电能。这个把太阳能(或其他光能)变换成电能的能量转换器，就是太阳能电池。太阳能电池工作原理的基础，就是当太阳光照射到太阳能电池上时，电池吸收光能，产生光生电子和空穴对。在电池内建电场作用下，光生电子和空穴被分离，电池两端出现异号电荷的积累，即产生“光生电压”，这就是

"光生伏打效应"。若在内建电场的两侧引出电极并接上负载，则负载就有"光生电流"通过，从而获得功率输出。这样，太阳的光能就直接转换成电能输出了。

太阳能电池多为半导体材料制造，发展至今，已经种类繁多，形式各样。根据所用材料的不同，太阳能电池可分为：硅太阳能电池；化合物半导体太阳能电池；有机半导体太阳能电池；薄膜太阳能电池等。目前，商业化多晶硅电池效率已提高到16%～20%，产量占47%左右；商业化单晶硅电池效率已提高到15%～18%，产量占44%左右。可见，目前大规模生产的太阳能电池多为硅太阳能电池。它们工艺技术成熟，性能稳定可靠，光电转换效率高，使用寿命长。最近几年，薄膜光伏电池研发也取得了新的进展，并已经在世界各地积极投入了商业化批量生产，随着薄膜光伏电池市场份额的增加，相信太阳能电池的平均生产成本会进一步降低。太阳能电池单体是光电转换的最小单元，尺寸一般为2cm×2cm到15cm×15cm不等。太阳能电池单体的工作电压为0.45～0.5V，工作电流为20～25mA/cm^2。将太阳能电池进行串并联并封装后，就成为太阳能电池组件，其功率一般为几瓦、几十瓦、甚至100～300W，是可以单独作为电源使用的最小单元。太阳能电池组件再经过串并联并装在支架上，就构成了太阳能电池方阵。

2. 蓄电池

其作用是贮存太阳能电池方阵受光照时所发出的电能并可随时向负载供电。太阳能电池发电系统对所用蓄电池组的基本要求是：自放电率低；使用寿命长；深放电能力强；充电效率高；少维护或免维护；工作温度范围宽；价格低廉。目前我国与太阳能电池发电系统配套使用的蓄电池主要是铅酸蓄电池。

3. 充放电控制器

是光伏发电系统的核心部件之一。光伏电站的控制器一般应具备如下功能：信号检测；蓄电池最优充电控制；蓄电池放电管理；设备保护；故障诊断定位；运行状态指示等。

4. 联网逆变器

联网逆变器是联网光伏发电系统的核心部件。它与独立逆变器不同，它不仅将太阳能光伏发电发出的直流电转换为交流电，而且还要对交流电的频率、电压、电流、相位、同步等进行控制。这样联网逆变器必须具有以下功能：

(1) 要求逆变器输出满足公用电网要求的正弦波。

光伏电站回馈给公用电网的电力，必须满足公用电网规定的指标，如逆变器的输出电流不能含有直流分量、逆变器输出电流的高次谐波必须尽量减少、不能对电网造成谐波污染等。

(2) 要求逆变器能使光伏方阵工作在最大功率点。

太阳能电池方阵的输出功率与日照、温度、负载的变化有关，即其输出特性具有非线性特性。这就要求逆变器具有最大功率跟踪功能，即不论日照、温度等如何变化，都能通过逆变器的自动调节实现方阵的最佳运行。

(3) 要求逆变器在电网失电后，能够立即停止工作，当电网恢复供电时，联网逆变器并不会立即投入运行，而是需要持续监测电网信号在一段时间内完全正常，才重新投入运行。

主要是防止在"孤岛效应"的发生时，保证检修人员的安全。

(4) 要求逆变器具有较高的工作效率以及可靠性。

为了最大限度地利用太阳能电池，提高系统效率，降低成本，必须提高逆变器的工作效率。同时，由于光伏发电系统在边远地区运用非常多，许多电站无人值班和维护，这就要求逆变器具备各种保护功能，如输入直流极性接反保护，交流输出短路保护，过热、过载保护等，提高逆变器的可靠性。

三、中国 2010 年上海世博会主题馆太阳能光伏发电系统

1. 屋面太阳能电池

中国 2010 年上海世博会主题馆(以下简称主题馆)屋顶面积达 60000m^2，为了体现与世博园区其他部分的协调，主题馆屋面采用的是大量异型组件，以上海城市屋面肌理为构思出发点，菱形和三角形搭配在屋顶，层层叠叠，犹如风过水面，涟漪片片。其中 30000m^2 结合屋面一体化设计铺设太阳能板，是充分利用世博主题馆屋顶空间的最大创意(见图 5 所示)。

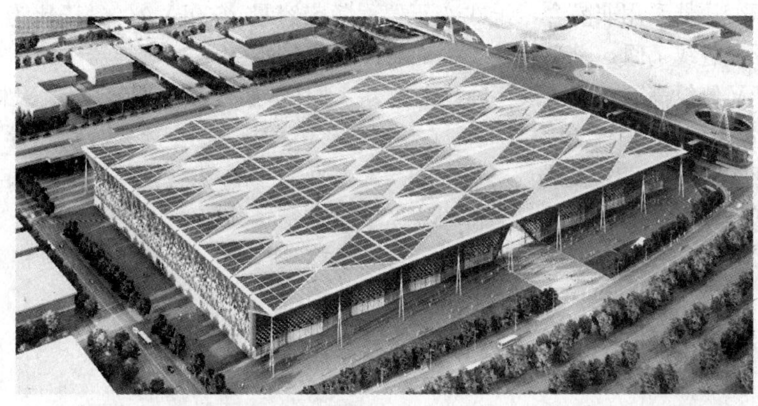

图 5 主题馆鸟瞰图

主题馆主要采用多晶硅组件，结构形式也分普通型和双面玻璃封装透光型两种，全部布置在主题馆的屋顶层(见图 6 所示)，其中普通结构的多晶硅光伏组件为 2597kWp，双面玻璃封装透光型多晶硅光伏组件 228kWp。屋面承重要考虑组件自重、支撑次龙骨自重、活荷载等因数，现按 1200N/m^2 取值计算。

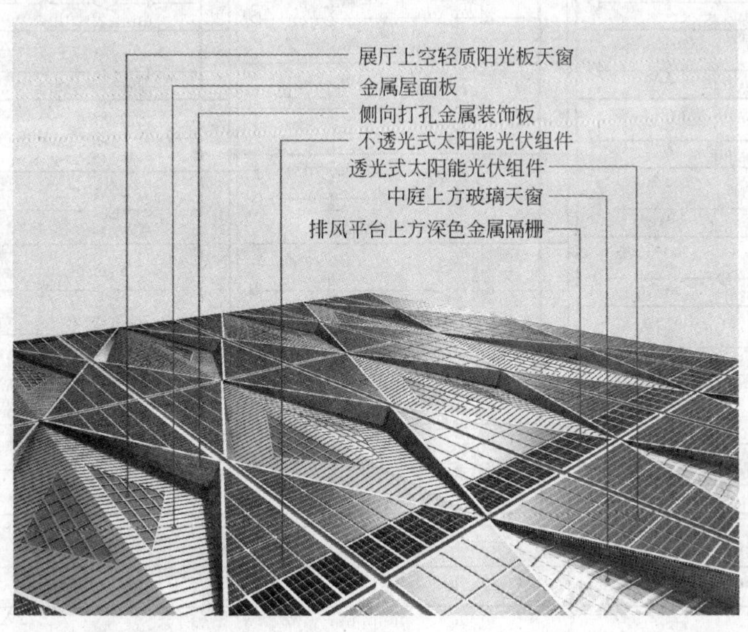

图 6 主题馆屋顶布置图

2. 电气系统

太阳能光伏发电系统采用集中式大型联网光伏系统，整个变配电系统构架(见图 7-1，图 7-2，图 7-3 所示)由光伏组件、并网逆变器、升压变压器、计量装置及配电系统组成。光伏发电系统经直流逆变器逆变为与电网同频率、同相位的正弦波电流 380V 交流后，再通过 10kV 升压变压器升压至 10kV 并入电网。与太阳能光伏发电配套的变配电及升压站设置于主题馆地下一层，内设有升压变压器室、开关室、无功补偿及滤波装置室、控制室、逆变器室等，其中无功补偿及滤波装置室(10kV 侧)为本期工程预留设备用房，不安装设备。

10kV 升压变压器采用非晶合金干式变压器，额定容量 2600kVA，电压比为 10.5/0.4kV。380V 侧设升压变进线 1 回，逆变器进线共 24 回(其中 1 回备用)，电容器 1 回，采用低压抽出式开关柜。10kV 侧设高压并网出线 1 回，电容器 1 回(本期仅预留安装位置)及配套计量柜和压变避雷器柜各 1 台，采用金属铠装中置式空气绝缘开关柜。逆变部分分别配置 500kVA 三相逆变器 1 台、250kVA 三相逆变器 1 台、100kVA 三相逆变器 20 台、6kVA 单相逆变器 2 台、5kVA 单相逆变器 5 台。其中，5kVA 和 6kVA 单相逆变器共组 1 面逆变器综合屏，其余逆变器单独组屏。为便于逆变器交直流侧接线，由逆变器厂家配置 10 台直流配电柜和 1 台交流配电柜。

同时设置光伏电站计算机管理系统(SEMS)，对整个太阳能光伏发电系统进行远程监控和集中管理。

图 7-1　太阳能光伏发电变配电系统(一)

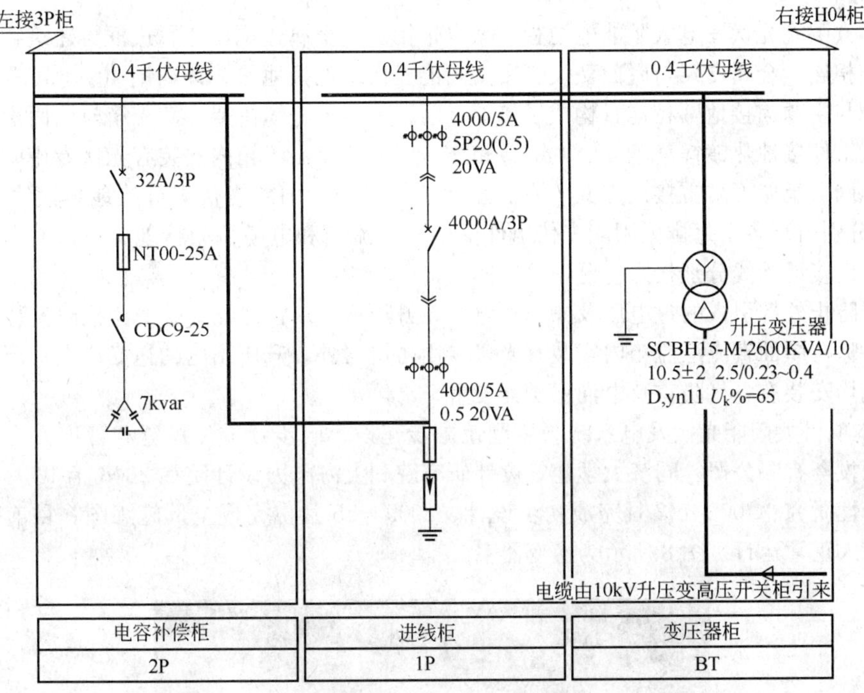

图 7-2　太阳能光伏发电变配电系统（二）

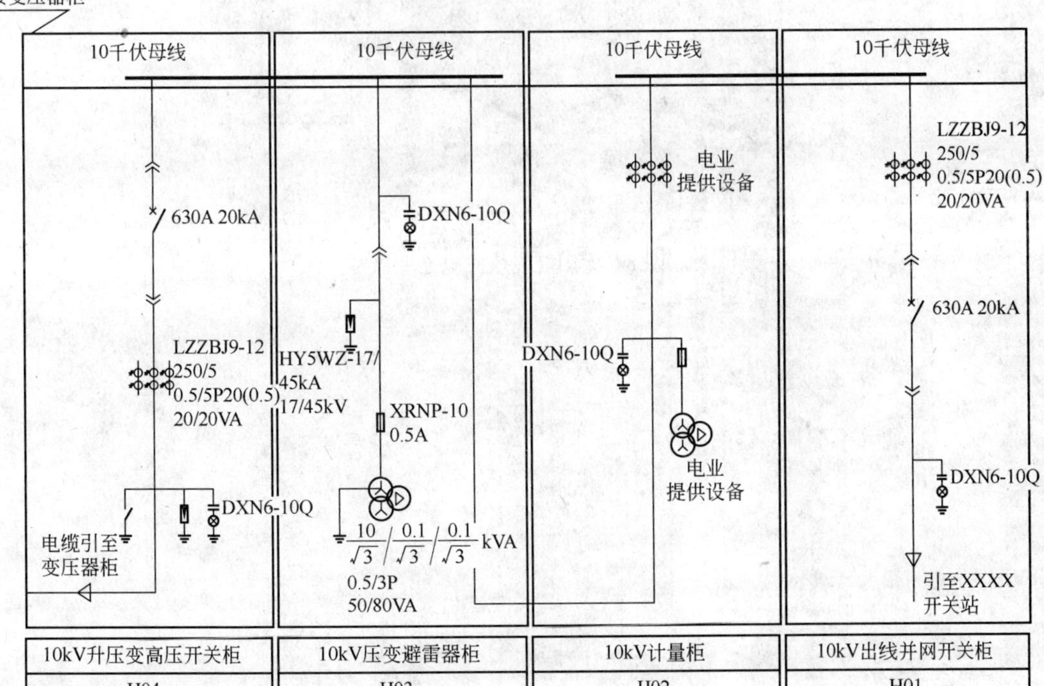

图 7-3　太阳能光伏发电变配电系统（三）

3. 防雷与接地

屋顶太阳能光伏发电太阳能电池板厂家自带铝合金金属边框，金属边框与建筑物屋顶上的金属支架相连，金属支架与屋面敷设专用太阳能光伏组件接地热镀锌扁钢 40×6mm^2 相连，热镀锌扁钢与主题馆接地网相连，构成了接地、防雷体系。电缆桥架、汇流箱与屋面敷设专用太阳能光伏组件接地热镀锌扁钢 40×6mm^2 相连。屋面直流汇流箱内安装有光伏专用防雷器。主题馆接地网引至屋面防雷接地点共 6 点。屋面敷设专用太阳能光伏组件接地热镀锌扁钢 40×6mm^2，分别引至各个每排太阳能光伏组件支架和汇流箱和电缆桥架接地。馆内太阳能光伏发电电气室内接地干线分别接入主题馆接地网。

为了防止外部引入的过电压及操作过电压，升压变 10kV 侧压变避雷器柜内安装有氧化锌避雷器。除在屋面直流汇流箱内安装有光伏专用防雷器外，升压站内的逆变器交直流侧防雷配电柜内也均安装有电气防雷及电涌保护器装置。

4. 本项目太阳能光伏发电系统与主题馆同步建设、同步建成。投资和管理方为由上海申能新能源投资有限公司。同济大学建筑设计研究院和上海电力设计院在 2008 年 10 月完成了项目的可行性研究、2009 年 2 月完成初步设计、2009 年 5 月份完成全部施工图。目前整个系统全部已投入正常运行。图 8 所示为逆变器室。

图 8　太阳能光伏发电逆变器室

“德中同行之家”2010 上海世博会全竹结构展馆

赵　颖、臧　玥

（同济大学建筑设计研究院（集团）有限公司）

关键词：德中同行之家，2010 世博会，全竹结构，环保，可持续

“德中同行”是一个历时三年的德中友好合作活动，她起始于 2007 年，由两国领导人共同担任这一活动的监护人。作为活动的主办方，德国外交部决定在 2010 上海世博会建造“德中同行之家”，为这个历时三年的德中友好合作活动画上完美的句号。

“德中同行之家”位于 2010 上海世博会 C 片区，建筑面积 330m²，共分二层，是 2010 上海世博会园区中惟一一座主体支撑结构完全采用竹材料的二层建筑（图 1）。作为整个世博会中面积最小，展期最短的独立展厅，“德中同行之家”将“可持续发展的城市化进程”主题通过展馆设计和互动游戏巧妙展现，再现了“德中同行”活动自 2007 至 2010 年三年以来一贯的倡导焦点，为可持续发展作出一个生动典范。

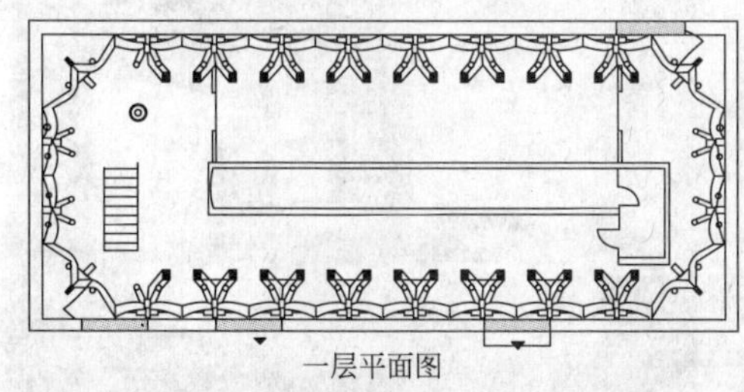

一层平面图

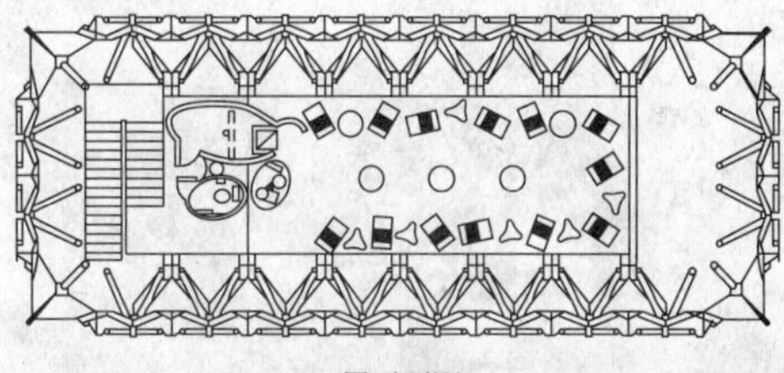

二层平面图

图 1　建筑平面图

“德中同行之家”的设计灵感来自于德国的设计师及装置艺术家马库斯·海因斯多夫先生，由德中设计师合作完成。建筑设计用现代语汇，突破简单的表象更以“神似”来表达德中两国的建筑文化元素，通透的建筑外立面更让整个建筑如同多面抛光的宝石一般闪烁夺目。远远望去，白色膜材“游弋”于伸展的竹丛间，留下无限想象空间（图 2）。

图 2 “德中同行之家”夜景

（图片来源：www. kingkay. com）

这个如同雕塑般精致又充满力度的创新建筑是将竹作为主要建筑材料，同时辅以钢，PVC膜体及ETFE膜体等现代建筑材料。由于构思独特，材料新颖，而筹建的时间不到半年，使得整个建筑在设计和建造中遇到了不少结构，构造，安全等技术难题，从某种意义上来讲“德中同行之家”是一个从实验到实践的关键性建筑。

1　竹与竹结构

展馆主要支撑结构是24组向上张开的四根竹竿组成的倒金字塔形构架。竹材生长速度远优于木材，如果获得广泛使用可以大量减少对树木的砍伐，是典型的可持续建材。同时竹文化在中国源源流长，它所具备的坚韧典雅的精神内涵广受认同。

展馆使用的竹材是产于中国南部的巨龙竹。这些竹材长度8m，竹龄大于4年，平均直径20cm，外形笔直没有明显虫眼。选材后，为防虫先要将竹子进行蒸煮，然后再进行烘干和防火防腐处理及低温干燥处理，最后烘干和锯好的竹材端部用水泥灌注并插入钢片加以固定。通过这样严格挑选，专业制作和各类性能测试后，天然竹竿才能成为建筑材料(图3)。

展馆内部楼板同样采用竹材，是由胶合竹板制成的巨型梁柱体系架构，其连接构件及表面处理技术都是为此建筑量身打造的。取材自浙江安吉的毛竹被分割成竹片，通过烘干和浸泡处理以后压制成竹板，再用竹板压制成竹梁。这种胶合竹材同样需要进行严格的防火处理，并经过专业实验室的抗压、抗拉与抗弯测试(图4)。

图3　特产自中国南部的巨龙竹作为主要建筑材料
(图片来源：MUDI)

图4　竹梁进行受压测试
(图片来源：同济大学)

2　环保与可持续发展

为了充分考虑到环保和可持续性发展，除了主体结构采用竹材以外，竹竿支撑体系在建筑屋面部分是通过钢节点相互连接固定，屋面面层采用PVC膜覆盖，外维护结构则由天然竹材和透明轻盈的新型材料ETFE膜复合构成(图5～图7)。内部装饰也大量选用竹胶合板，结构基础是用浅层的筏板基础。这些建材和结构的选择使整个展馆更接近于装配式建筑，整体轻盈，易建易拆，所有材料皆可回收或重复使用；材料选择尽量来源本地化，从而降低建造过程中的能耗。

在布展设计中，同样将资源消耗最小化以及环保材料如竹材的引入作为设计中优先考虑的要素，许多游戏装置和桌椅均为“德中同行之家”度身定制。这些艺术品具有实用、舒适的特质，同样可重复使用，处处体现前瞻性的可持续发展理念(图8、图9)。

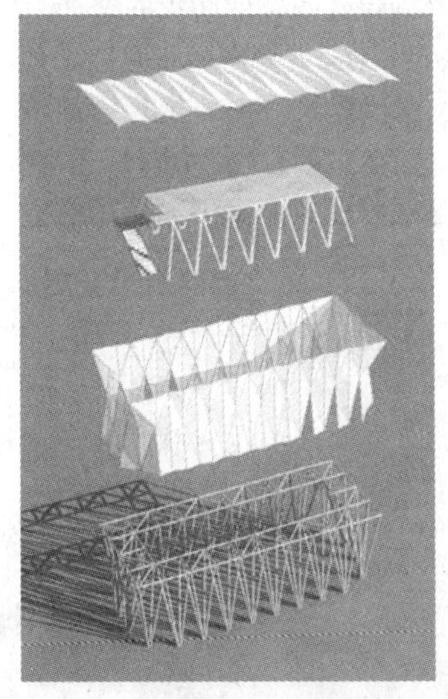

图 5 PVC 屋面＋竹楼板＋ETFE 膜＋竹结构

（图片来源：MUDI）

图 6 竹支撑体系与屋面通过刚节点相连

（摄影：臧玥）

图 7 立面维护结构由 ETFE 膜覆盖

（摄影：臧玥）

图 8 二层论坛区为建筑量身定制的桌椅

（摄影：臧玥）

图 9 一层游戏区

（摄影：臧玥）

3 创新与可实践建造

在方案优化到世博会的建造实施过程中，消防安全是一个被重点关注的问题。虽然古今中外竹在建筑中有被广泛采用，但作为一个全竹结构建筑缺乏相关的竹结构防火规范来厘定建设标准，在国内无相应得设计先例可循，为项目的可建造带来的难题。在设计过程中是采用了参考相关规范及规定（如木结构）并通过专家论证的方法来推进这个项目的。

首先需要做到的是限制火警的来源，如限制潜在的火源（不设厨房），使用高品质的电气装置和安全布线系统，禁止吸烟和使用明火。然后在设计上尽可能限制火势的蔓延，使用安全防火的建筑装饰材料，安装自动灭火系统及火灾自动报警系统和室内消火栓，并在展示期间工作人员采用移动设备即时灭火。同时建筑设计明确最大建筑人员容量和快速疏散的安全出口，建立清晰的疏散撤离计划，通过严格高效的安全使用管理来确保建筑物的防火安全。

作为一个以环保先行为目标的建筑和 2010 世博展馆大家庭中的一员，“德中同行之家”熠熠生辉，它将环保又极富中国传统韵味的材料——“竹”有机融入现代建筑，充分展现了简洁流畅的建筑艺术之美(图 10)。因为有世博会这样一个难得的展示舞台，使得“德中同行之家”这样带有实验性的建筑有机会得以建成并获得大量观众，为以后这类型建筑的发展做出了有益的探索和经验积累。

图 10 “竹”有机融入现代建筑

上海虹桥综合交通枢纽后注浆灌注桩现场试验研究

陈丽蓉

（上海岩土工程勘察设计研究院有限公司）

摘　要：本文依托上海虹桥交通枢纽工程，进行桩端后注浆灌注桩的静载荷试验，并采用了先进的布里渊光时域反射技术和光纤布拉格光栅技术测量桩身应力，获得了较好的测量效果。试验结果表明：桩端后注浆可显著提高抗压桩的极限承载力，提高幅度在70%～80%左右；桩端后注浆对减少桩顶位移也有显著的作用；桩端后注浆能够提高桩端以上一定范围内土体的侧摩阻力。

关键词：钻孔灌注桩，桩端后注浆，桩顶位移，桩侧摩阻力，承载力，桩身应力量测

1　引言

上海虹桥综合交通枢纽规划范围东起外环线、西至华翔路、北起北翟路、南至沪青平公路，规划用地约26.26km²，总建筑面积约150万m²。桩基工程的设计包括西航站、东交通中心和南北车库、磁悬浮、高铁、地铁西站及西交通中心。考虑建物荷重大，对单桩承载力要求高，设计选择采用直径Φ850mm、桩长50～75m的超长钻孔灌注桩方案。

由于泥浆护壁钻孔工艺不可避免地产生桩底沉渣和桩身泥皮，灌注桩单桩承载力离散性大是上海地区灌注桩较为普遍的现象。特别是大直径灌注桩或桩端进入以⑦层或⑨层为代表的密实粉土和粉细砂层较深的桩，往往出现试桩承载力达不到设计要求的现象。为克服上述确定，本工程桩基采用了桩端后注浆工艺。通过桩端后注浆，不仅能起到固结桩底沉渣、提高桩端土强度的作用，而且能有效改良桩周泥皮的不利影响，从而达到提高桩基承载力和降低桩的沉降的作用[1～7]。

2　工程地质条件概况

在勘探所揭露104.28m深度范围内的地基土属第四纪中更新世Q_2至全新世Q_4沉积物，主要由饱和黏性土、粉性土和砂土组成，具水平层理。土层特性见表1。

土层特性表　　**表1**

层序	土层名称	厚度/m	状态
②	褐黄～灰黄色粉质黏土	1.8	可塑～软塑
③	灰色淤泥质粉质黏土	3.5	液塑
④	灰色淤泥质黏土	7.3	液塑
$⑤_{1-1}$	灰色黏土	8.1	软塑
$⑤_{1-2}$	灰色粉质黏土	5.6	软塑
$⑤_3$	灰色粉质黏土	15.6	软塑～可塑
$⑤_4$	灰绿色粉质黏土	2.0	可塑～硬塑

续表

层序	土层名称	厚度/m	状态
⑥	暗绿色粉质黏土	2.5	可塑～硬塑
⑦$_{1-1}$	灰绿～草黄砂质粉土	7.2	中密
⑦$_{1-2}$	灰绿～草黄色粉砂	7.2	中密
⑦$_{2t}$	灰色粉质黏土夹粉砂	3.1	可塑
⑦$_{2}$	灰黄～灰色粉砂	19.5	密实
⑧$_{1}$	灰色粉质黏土	7.1	可塑
⑧$_{2}$	灰色粉质黏土、粉砂互层	8.0	可塑
⑨	灰色粉砂夹中粗砂	21.4	密实

3 桩端后注浆灌注桩工程特性的试验研究

3.1 试桩方案

试验依据：上海市工程建设规范《建筑基桩检测技术规程》（DGJ 08—218—2003、J 10287—2003）。

试验仪器设备及安装：反力架采用锚桩法，由四根锚桩与钢梁联合提供反力。试验加载由4台5000kN级千斤顶实施，荷载等级值由桩基静载荷分析系统显示。试桩沉降量用四只对称布置的位移传感器测读，每根锚桩用一只位移传感器测读其上拔量。并由桩基静载荷分析系统显示。

沉降测读时间：试验采用慢速荷载维持法，测读时间如下：每级加载后，第一小时内第5、15、30、45、60min各测读测一次，以后每隔0.5h读一次，当沉降速率达到相对稳定标准时，进行下一级加载。卸载时，每级荷载维持1h，第5、15、30、60min共测读四次，卸载至零时，测读残余沉降量为3h。

沉降相对稳定标准：每1h沉降量不超过0.1mm，且连续出现两次。

3.2 试桩参数

本工程静载荷试验试桩参数表2。

静载荷试验试桩参数表 **表2**

<table>
<tr><th>位置</th><th>桩号</th><th>桩径(mm)</th><th>桩长(m)</th><th>桩端持力层</th><th>拟定最大加载量(kN)</th><th>备注</th></tr>
<tr><td rowspan="5">地铁西站</td><td rowspan="2">S22</td><td rowspan="11">φ850</td><td rowspan="2">71.83</td><td rowspan="5">⑨</td><td>至破坏</td><td>未注浆</td></tr>
<tr><td rowspan="4">20000</td><td rowspan="6">后注浆</td></tr>
<tr><td>S23</td><td>73.46</td></tr>
<tr><td>S24</td><td>75.37</td></tr>
<tr><td>S25</td><td>70.72</td></tr>
<tr><td rowspan="6">西交通广场</td><td>C1013</td><td>50.85</td><td rowspan="6">⑦2</td><td rowspan="6">至破坏</td></tr>
<tr><td>C1354</td><td>50.67</td></tr>
<tr><td rowspan="2">C1882</td><td>50.63</td><td>未注浆</td></tr>
<tr><td>50.63</td><td>后注浆</td></tr>
<tr><td rowspan="2">C2249</td><td>50.70</td><td>未注浆</td></tr>
<tr><td>50.70</td><td>后注浆</td></tr>
</table>

注：1. S22、C1882和C2249号桩一桩两试，在桩端注浆前及桩端注浆完成后分别进行单桩竖向抗压静载荷试验。

2. S22号桩注浆前同时采用光栅传感技术及布里渊光时域反射光纤传感技术进行桩身内力测试。

3. S22注浆后、C1013、C1354、C1882及C2249号桩采用光纤光栅传感技术进行桩身内力测试。

3.3 试桩注浆参数

注浆按自下至上的原则进行，泵量控制在30～40L/min以内，注浆压力控制在4～6MPa。提升上拔量：500mm，注浆速度：32～47L/min，单桩注浆水泥量：约4.4t。每根桩一次注浆完成，特别是两根注浆管压浆时间间隔不超过12h。单根管注浆需进行二次循环注浆。

终止注浆条件以注浆量控制为主，注浆压力为辅。注浆合格标准：当注浆量达到设计要求为合格；或者注浆量不低于设计注浆量的80%且泵压值达到8MPa时并持荷10min亦视为注浆合格，否则需采取补救措施。

3.4 荷载—位移曲线分析

桩顶荷载—位移曲线即Q-S曲线是单桩受力与沉降之间的直观表达，是确定单桩承载力的最为直接的方法。限于篇幅，仅给出C1882和S22注浆前后的试验结果，如图1所示。

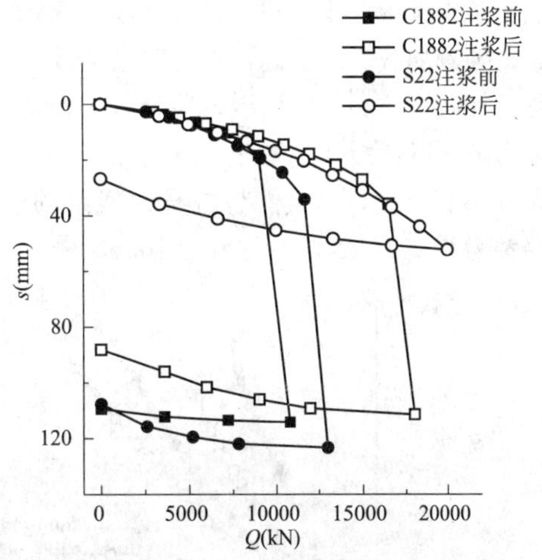

图1 试桩C1882和S22注浆前后Q-S曲线

由图1可见，C1882桩注浆前，加载至10800kN时，总沉降量达114.13mm，Q-S曲线出现明显拐点，取其前一级荷载9000kN为C1882桩注浆前的单桩极限承载力；C1882桩注浆后，加载至18000kN时，总沉降量达111.31mm，Q-S曲线出现明显拐点，取其前一级荷载16500kN为C1882桩注浆后的单桩极限承载力，极限承载力提高83.3%。同理，S22桩注浆前，单桩极限承载力位11700kN；S22桩注浆后，单桩极限承载力大于20000kN，极限承载力提高大于71%。此外，通过两根桩注浆前后的对比图可以看出，桩端注浆后，桩的Q-S曲线的斜率比注浆前有明显减小，说明在相同荷载作用下，其沉降小。从这种比较可以看出，桩端后注浆对提高桩基承载力和减小沉降有显著作用。其余试桩单桩极限承载力及相关的变形量如表3所示。

单桩极限承载力与沉降量表　　表3

桩号		桩长(m)	单桩极限承载力(kN)	桩顶累计沉降(mm)	回弹量(mm)
C1013	后	50.85	14300	41.92	27.31
C1354	后	50.67	10800	27.68	20.94
C1882	前	50.63	9000	18.43	4.78
	后		16500	35.85	23.20
S22	前	71.83	11700	34.13	15.71
	后		>20000	52.27	25.50
S23	后	73.47		41.96	26.54
S24	后	75.37		34.08	23.64
S25	后	70.72		38.53	23.12

注：1. “后”指“注浆后”，“前”指“注浆前”。

2. C1013、C1354号桩，注浆后进行静载试验。

3.5 桩身轴力及桩侧摩阻力曲线分析

图2 C1882注浆前桩身轴力图为C1882桩注浆前后在各荷载步下桩身轴力的分布曲线。

由图 3 可见，C1882 桩随着加载量的增加，桩端轴力所占比例从 2.11％逐渐提高到 3.44％，当加载到 9000kN 时，其桩端轴力为 310kN，即注浆前，桩端阻力所占份额较小，桩端承载力作用远未发挥。桩端后注浆情况下，C1882 桩最大轴力约 2600kN，位于桩顶以下 28m 处；随着加载量的提高，桩身轴力最大值与加载值的差距逐步缩小，最大值出现的位置逐步上移，加载量达到一定值后，残余应力消除，桩身轴力开始小于加载值，桩端后注浆的桩基桩身轴力随深度递减，递减速率逐渐增大。注浆后的桩端轴力占加载量的比例随着加载量的提高，先减小后增大，这可能与桩身内残余的应力有关，对 C1882 桩，当加载到 16500kN 时，其桩端轴力为 2730kN，占总量的 16.55％。

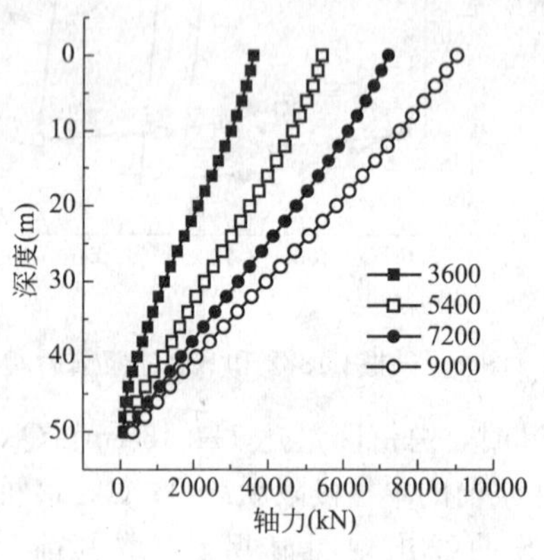

图 2　C1882 注浆前桩身轴力图

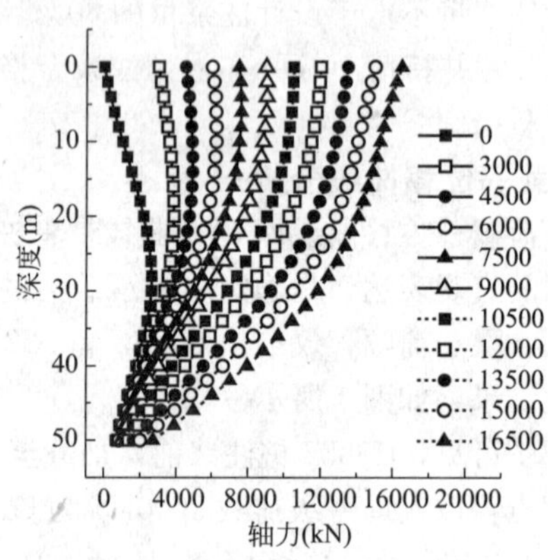

图 3　C1882 注浆后桩身轴力图

图 4 为 C1882 桩注浆前后各级荷载作用下桩身侧摩阻力的分布曲线。

由图 5 可见，未注浆时，C1882 桩的桩身摩阻力呈现两头小、中间大的规律，最大侧摩阻力位于桩身 30m 附近。桩端注浆后，当加载量较小时，桩身中上部出现了不同程度的负摩阻力，加载量越大，负摩阻力的范围和值都越小，中性点也逐渐上移，当加载量大于 9000kN 左右后，负摩阻力消失，究其原因，可能是注浆前对该桩进行了载荷试验，使得桩身内有残余变形，导致桩周土对桩身产生向下的摩擦力。

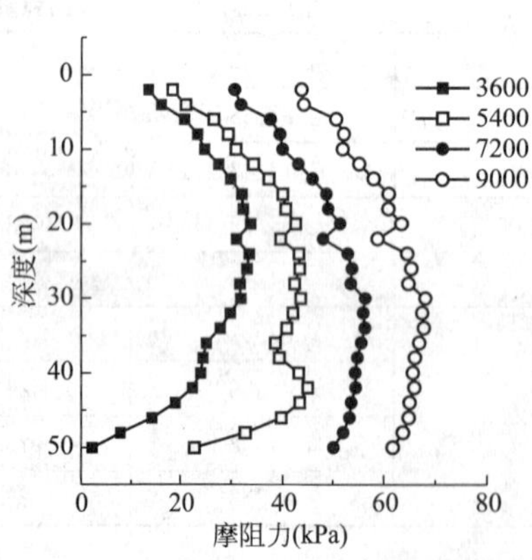

图 4　C1882 注浆前桩身侧摩阻力曲线

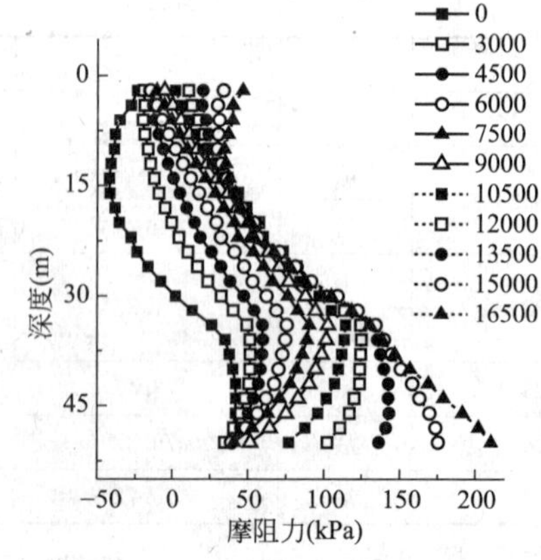

图 5　C1882 注浆后桩身侧摩阻力曲线

3.6　不同土层的侧摩阻力分析

图 6、图 7 为 C1882 试桩注浆前后侧摩阻力—荷载的关系曲线。

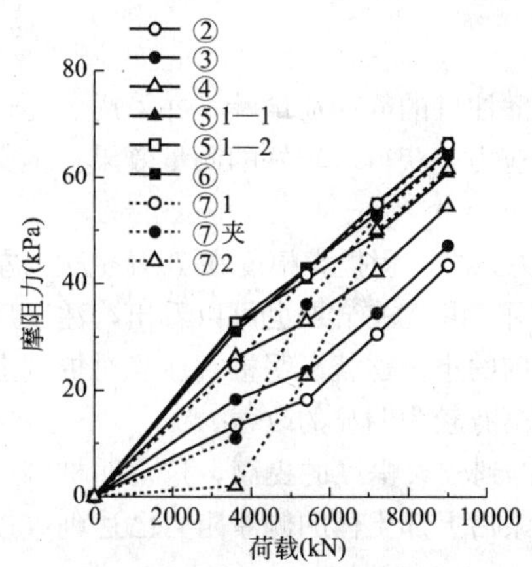

图 6　C1882 试桩未注浆时侧摩阻力—荷载曲线

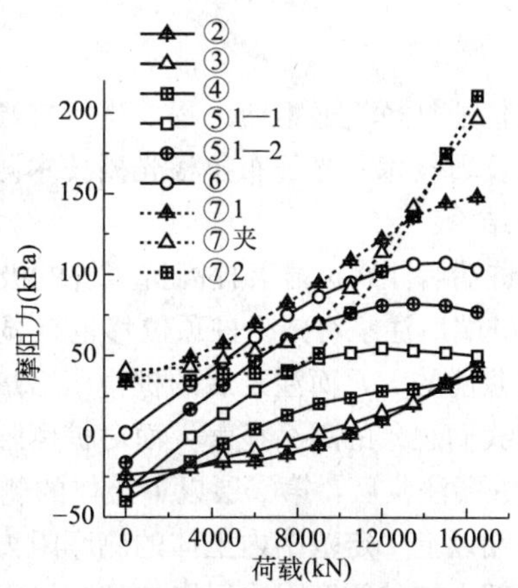

图 7　C1882 试桩桩端注浆后侧摩阻力—荷载曲线

由上图可见，随着加载量的增加，各土层的侧摩阻力逐渐增大，达到最大加载量时，桩端注浆前的各土层侧摩阻力仍有增大趋势，而桩端注浆后的第⑥层以上土体的侧摩阻力趋于平稳或者略有减小，说明桩端注浆后第⑥层以上土体的侧摩阻力得到了充分的发挥。比较其侧摩阻力值的大小可以看出，桩端注浆后，第⑥层以下土体的侧摩阻力有较大幅度的提高，而第⑥层以上土体变化不大，这可能与土的性质以及注浆施工参数等因素有关。

图 8、图 9 为 C1882 试桩注浆前、后侧摩阻力与位移之间的关系曲线。

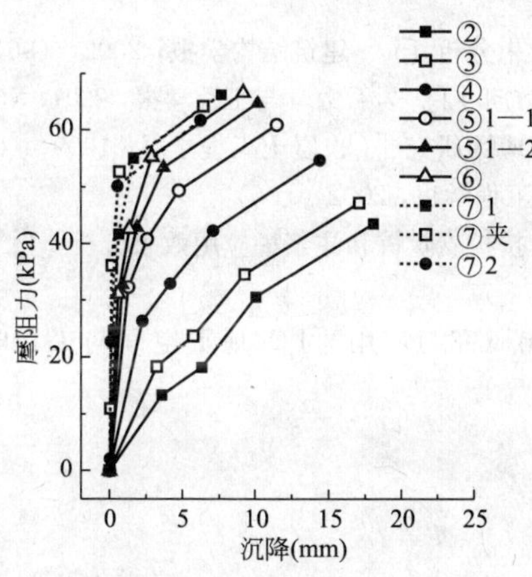

图 8　C1882 桩未注浆时桩侧摩阻力—位移曲线

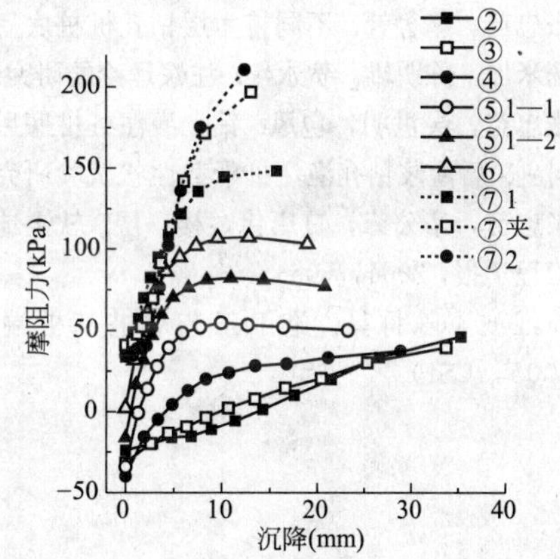

图 9　C1882 桩注浆后桩侧摩阻力—位移曲线

由图 8、图 9 可见，桩端注浆前，各土层的摩阻力～位移曲线呈现相同的趋势，即沉降量越大，土层的桩侧摩阻力越大。桩端注浆后，各土层的摩阻力～位移曲线差别较大，随着沉降量的增大，第⑦夹和⑦2 层土的侧摩阻力保持增加，增幅较大，而第⑦1 层以上土的侧摩阻力增加相对较缓，当达到最大加载量时，其侧摩阻力值逐渐趋于稳定甚至略有减小，说明⑦1 层以上土的侧摩阻力得到了较好的发挥。比较桩端注浆前后各土层摩阻力的值，同样可以发现第⑥层及以下土层的侧摩阻力得到较大幅度的提高，这就进一步说明，桩端后注浆在加固桩端土体的同时，也会增加桩侧土体的侧摩阻力，侧摩阻力提高的范围和幅度与土性及施工工艺有较大的关系。

4 结论

本文依托虹桥交通枢纽工程，进行桩端后注浆灌注桩的静载荷试验，并采用了先进的布里渊光时域反射技术和光纤布拉格光栅技术测量桩身应力，获得了较好的测量效果。本文主要得到了以下结论：

(1) 桩端后注浆可显著提高抗压桩的极限承载力，本工程提高幅度在70%～80%左右。

(2) 桩端后注浆对减少桩顶位移也有显著的作用。由试桩结果也可以看出，注浆后的桩端位移较注浆前的大，而注浆后的桩身压缩量较注浆前的小。这就说明桩端注浆对桩端土的加固效果没有我们想象的那么显著，而对桩侧阻力的提高有较为明显的改善。

(3) 桩端注浆后，第⑥层以下土体的侧摩阻力得到较大幅度的提高，这说明桩端后注浆能够提高桩端以上一定范围内土体的侧摩阻力。且注浆后上部土体的侧摩阻力已达到或接近最大值，而下部土体的侧摩阻力远未达到其极限值。

(4) 本工程采用先进的布里渊光时域反射技术和光纤布拉格光栅技术测量桩身应力，与常规点传感器相比，具有精度高、抗干扰、防水防潮、抗腐蚀、传感器体积小、重量轻，便于铺设安装的特点，尤其是布里渊光时域反射技术可获得连续的桩身应力，具有良好的应用前景。

参考文献

[1] 胡庆立，张克绪. 桩底压浆桩在轴向荷载作用下的有限元分析 [J]. 哈尔滨建筑大学学报，2002，(01)

黄敏，张克绪，张尔齐. 桩底灌浆在桩端周围土体中引起的应力分析 [J]. 哈尔滨工业大学学报，2002，(03)

[2] 张忠苗，辛公锋. 不同持力层钻孔桩桩底后注浆应用效果分析 [J]. 建筑结构学报，2002，(06)

[3] 杨米加，陈明雄，贺永年. 注浆理论的研究现状及发展方向 [J]. 岩石力学与工程学报，2001，(06)

[4] 张忠苗，吴世明，包风. 钻孔灌注桩桩底后注浆机理与应用研究 [J]. 岩土工程学报，1999，(06)

[5] 何剑. 后注浆钻孔灌注桩承载性状试验研究 [J]. 岩土工程学报，2002，(06)

[6] 张忠苗，辛公锋，夏唐代，楼一层. 软土地基灌注桩、挤扩支盘桩和注浆桩应用效果分析 [J]. 岩土工程学报，2004，(05)

[7] 周红波，陈竹昌. 施工工艺对桩基桩端效应的影响研究与应用 [J]. 地下空间与工程学报，2005，(S1)

外滩通道土压平衡盾构下穿对地下通道沉降影响研究

陈丽蓉

（上海岩土工程勘察设计研究院有限公司）

摘　要： 通过外滩通道下穿南京东路人行地道期间对人行地道的沉降监测实时数据分析，得出土压平衡盾构下穿对人行地道的沉降影响呈现周期性累加的规律。并结合三维有限元分析，对盾构穿越期间人行地道的沉降趋势和纵向影响范围得出了定量结论，可为今后大直径土压平衡盾构穿越工程的环境影响分析提供参考。

关键词： 盾构穿越，沉降分析，实时监测

1　工程概况

外滩通道工程圆隧道长 1098m，盾构直径 14.27m，为国内直径最大的土压平衡式盾构，衬砌外径 13.95m，内径 12.75mm，厚度 600mm，环宽 2m。盾构从天潼路工作井出发，沿大名路下穿苏州河后，继续沿中山东一路，向福州路工作井推进，在第 370～375 环，下穿南京东路地下通道(图 1)。

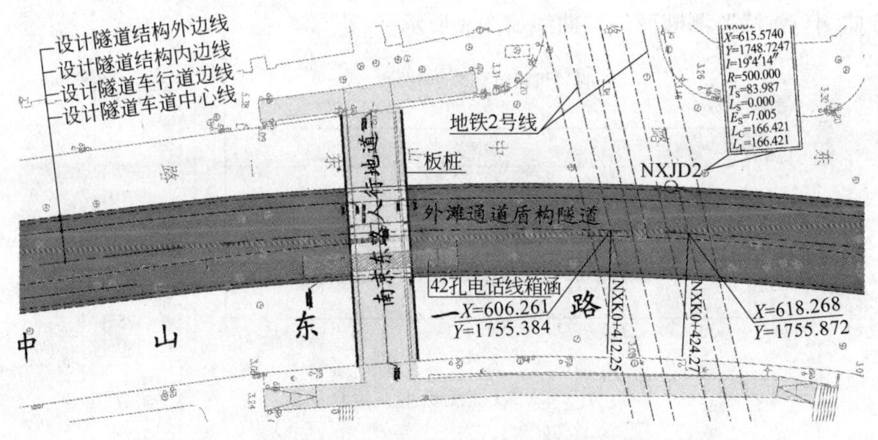

图 1　外滩通道盾构隧道穿越南京东路人行地道平面图

穿越工程的难度在于，外滩通道盾构顶部距离南京东路人行地道底部最近仅为 2.4m(约 0.17D，D 为盾构直径)，施工控制难度非常大。隧道埋深 8.9m(约 0.62D)，盾构穿越土层为第③层灰色淤泥质粉质黏土和第④层灰色淤泥质黏土，流塑性高，变形控制难度极大。剖面图见图 2。

2　监测点布设

为了监控盾构推进对地下通道结构的影响，最大限度地掌握盾构推进前后及推进过程中人行地道的结构安全，为外滩通道盾构施工姿态控制和同步注浆参数优化提供依据，按照总包要

求，我单位对南京路地下人行通道的沉降实施了实时监控。

在地道两段箱体一侧两角点及箱体中部布设 3 组光纤光栅(FBG)静力水准监测点，共计 6 个，编号为 J0～J5，J2、J3 点位于盾构隧道 375 环上方，J0 点为基准点，通过引测方式每天进行修正。测点具体布置见图 3。FBG 静力水准精度 0.1mm，配备自动采集装置，采集频率 1 次/10min。

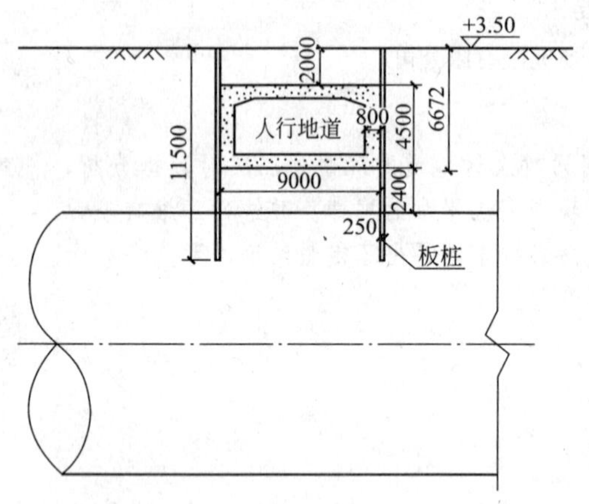

图 2　外滩通道盾构隧道穿越南京东路人行地道剖面图

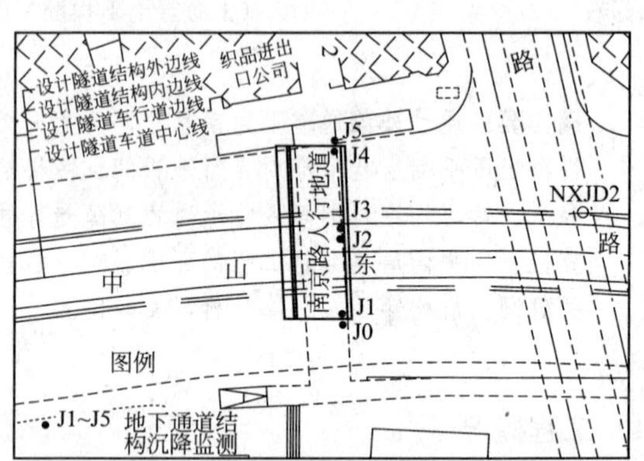

图 3　盾构推进对南京东路地下通道影响沉降监测布点图

3　数据分析

FBG 监测点沉降监测断面位移曲线如图 4 所示。

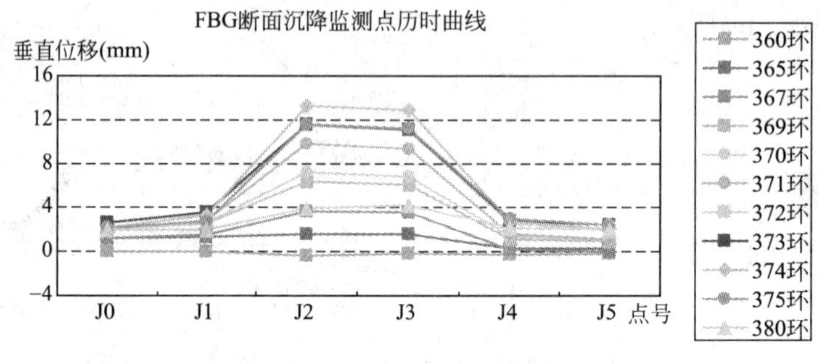

图 4　FBG 监测点垂直位移曲线

可以看出，盾构推进到 360 环(距离监测断面 15 环)时，监测断面没有明显沉降；盾构推进到 365 环(距离监测断面 10 环，约 1.4*D*)时，盾构上方监测点 J2、J3 开始隆起；370 环(距离监测断面 5 环，约 0.7*D*)时，J2、J3 点垂直位移达到 7.2mm 和 6.8mm；375 环(监测断面下方)时，J2、J3 点垂直位移达到最大值，分别为 11.6mm 和 11.2mm，约为 0.8*D*‰，之后开始逐步回落，380 环时垂直位移分别回落到 4.0mm 和 4.2mm，其中 374 环变形最大，达到 13.3mm。

J0 和 J6 点位于隧道轴线两侧 16m 处，J0 点和 J6 点的垂直位移从 0 变化到最大值 2.6mm，再回落至 1.9mm，可以看出，盾构推进的横向影响范围大于 16m(即 1.1*D*)。

J2、J3 点的历时沉降监测曲线(图 5)非常具有特色，从曲线不难看出，盾构推进从 365 环到 375 环期间，盾构上方的南京东路地道逐渐隆起，曲线呈震荡上升态势。并且盾构机每推进 1 环，曲线出现 1 个上升和下降周期。分析盾构推进施工参数，盾构每推进一环，盾构累计注浆量随时间增加(图 6)，导致上覆土层持续隆起；一环推进结束后，盾构修整一段时间，上覆土层缓慢回落；下一环盾构推进时土层继续隆起，隆起量循环递增。

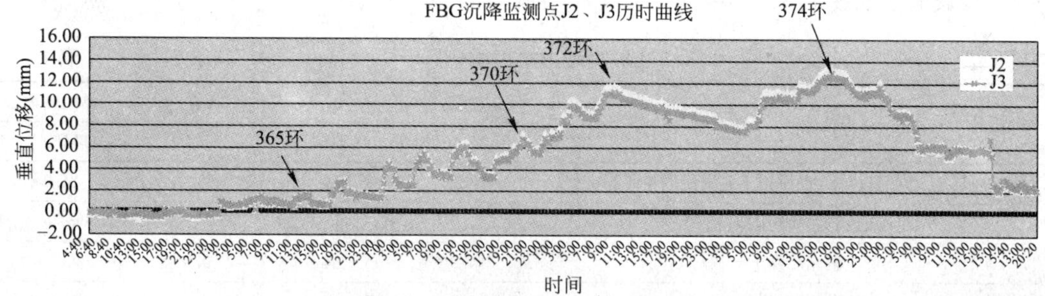

图 5　J2、J3 监测点垂直位移历时曲线

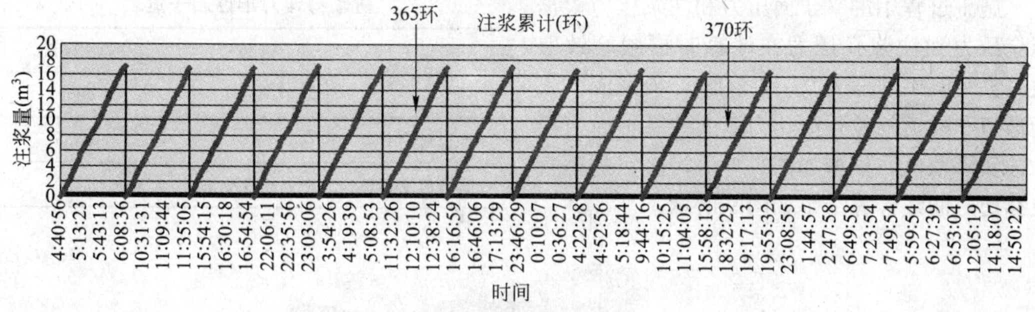

图 6　注浆量变化历时曲线

盾尾脱出后，盾构上方 J2 点沉降约 7mm。同时监测数据表明，盾尾脱出 20 天后变形才趋于稳定。盾构下穿越地下通道的纵向影响在前 10 环和后 5 环之间较为明显。

4　数值分析

根据现场实际情况，并考虑施工的影响范围，采用 MSC. MARC 有限元计算软件进行数值模拟。模型尺寸取值如下：垂直隧道轴线根据人行通道的长度取 32m，沿隧道走向，从人行道向两端各取 40m(20 环)。隧道底部向下取 20m，隧道上覆土层按照实际取值，共 13664 个单元。模型如图 7 所示。

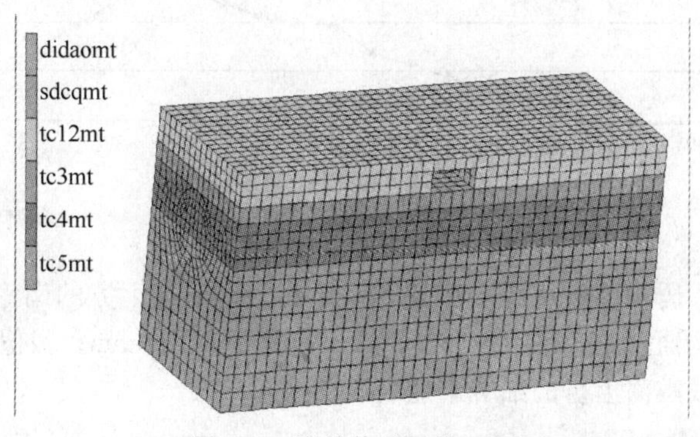

图 7　三维数值分析模型图

模型的约束条件根据简化假设，前、后边界面(*Z*向)取*Z*向固定位移约束，左、右边界面(*X*向)取*X*向固定位移约束，底面(*Y*向)取*Y*向固定位移约束。土层中的应力场取自重应力场。

模型材料根据勘察报告取值，土层采用弹塑性实体单元，地道衬砌和隧道衬砌采用弹性壳单元。参数取值如表1：

土层物理力学性质一览表 **表1**

层号	土层名称	重度	C	ϕ	弹性模量
		kN/m³	kPa	°	MPa
②$_0$	江滩土(黏质粉土夹淤泥质粉质黏土)	18.0	11	22.0	14.3
③	灰色淤泥质粉质黏土	17.7	15	13.5	5.9
④	灰色淤泥质黏土	16.9	14	9.5	6.0
⑤$_1$	灰色黏土	17.8	17	13.0	8.9

施工过程中的掌子面压力和注浆压力根据土仓压力和注浆孔压力在计算时按照等效取值。整个施工过程分为18个施工步完成。人行通道和隧道的位置简化为正交关系，通道尺寸按实际取值，模型如图8所示，J2点的垂直位移历时曲线计算结果如图9所示。

衬砌物理力学性质一览表 **表2**

结构位置	重度	弹性模量
	kN/m³	GPa
地道衬砌C40	25.0	33.5
隧道衬砌C50	25.0	34.5

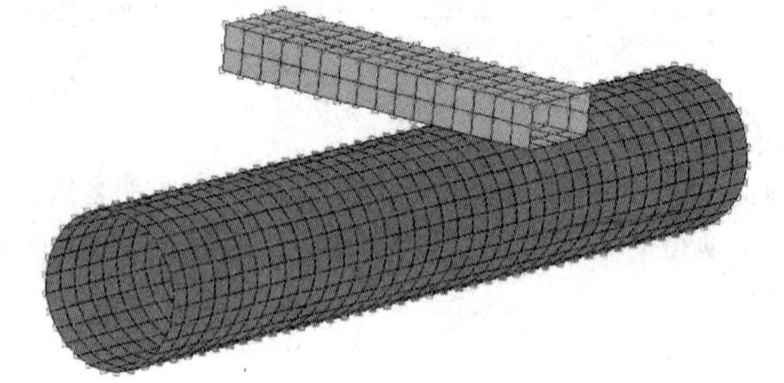

图8 地道、隧道位置关系图

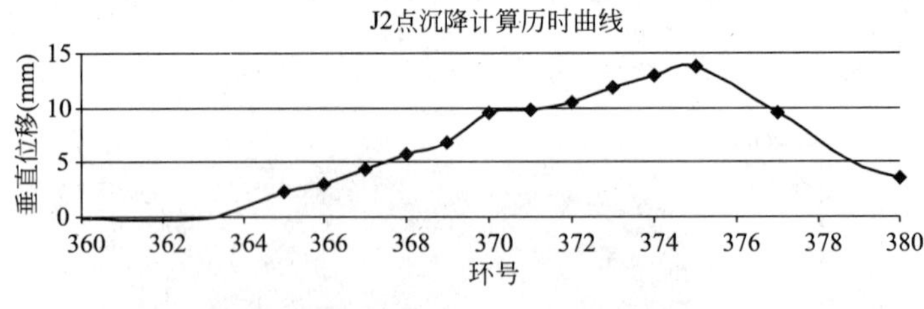

图9 数值分析计算结果曲线

由图9可以看出，盾构推进从365环到375环期间，盾构上方的南京东路地道逐渐隆起，曲线呈上升态势。盾构通过375环后，曲线回落，地道沉降约8mm。数值分析的结果与现场监测数据趋势一致，曲线震荡上行的细节未能表现出来。

5 结语

通过现场监测数据和三维有限元数值模拟的结果，在现场有效的施工控制措施前提下，对超大直径土压平衡盾构下穿地下通道时地下通道结构的沉降，可以总结出以下规律：

(1) 超大直径土压平衡盾构推进的横向影响范围大于 $1.1D$；纵向影响范围在穿越断面的前 10 环和后 5 环之间。

(2) 穿越断面盾构上方结构的隆起量最大值约 11.6mm，约为隧道直径的 0.8‰。

(3) 在盾构推进的影响范围内，每推进一环管片，结构垂直位移经历一个循环，盾构到达穿越断面前，垂直位移曲线呈震荡上升态势，盾构推过穿越断面后，垂直位移曲线震荡下行。

(4) 与数值模拟的结果相比，高精度的光纤光栅静力水准实时监测数据更为丰富，能准确反映超大直径土压平衡盾构推进对上部地下通道结构沉降的影响。

虹桥交通枢纽多梯次联合围护体系的三维流固耦合分析

尹　骥、魏建华、陈　晖
（上海岩土工程勘察设计研究院有限公司）

摘　要： 本文依托虹桥枢纽多梯次联合围护体系为背景，采用真三维岩土工程数值软件 zsoil. pc v2009 建立了三维流固耦合有限元模型。模型考虑了降水、土体开挖、支撑施工等工况以及立柱桩及工程桩的施工。特别地，土体采用小应变硬化土模型（HSS）模型。通过与实测数据对比，计算所得土体变形、水头分布、地下连续墙位移及支撑轴力均与实测值比较吻合。

关键词： HSS 模型，流固耦合分析，三维有限元，多梯次联合围护，土结构相互作用

1　引言

虹桥综合交通枢纽规划范围东起外环线、西至华翔路、北起北翟路、南至沪青平公路，规划用地约 26.26km^2，总建筑面积约 150 万 m^2。枢纽核心区内各交通主体的平面布局由东向西依次为：航站楼、东交通中心、磁浮、高铁、西交通中心，如图 1 所示。

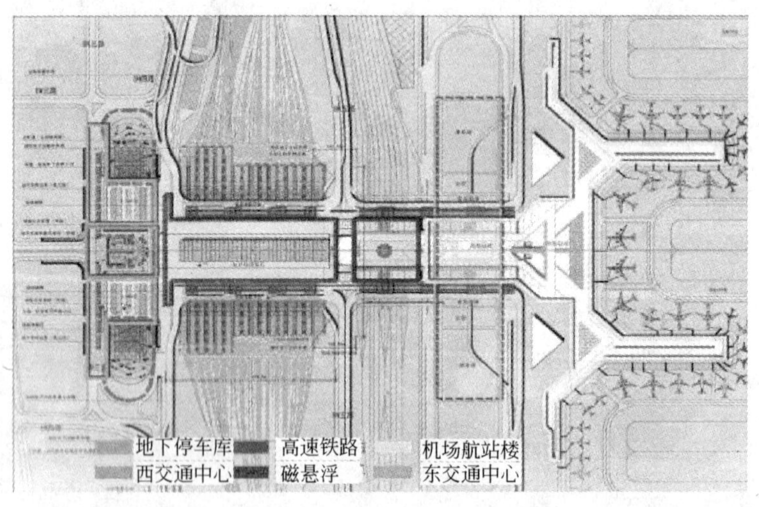

图 1　虹桥综合交通枢纽平面布置图

虹桥综合交通枢纽西交通广场及周边区域基坑分三级开挖，其中：一级基坑由国铁地下站房、西交通广场、地铁西站西段区间配线上部空间部分，基坑深 11.5m，基坑面积约 29 万 m^2；二级基坑由地铁西站 10 号线、青浦线和 2 号线站台层与相邻区间以及 5 号、17 号线站厅层组成，基坑深 21.12m；三级基坑由地铁西站 5 号、17 号站台层与区间及跨线风道组成，基坑深度 29.06m。

2　工程概况

2.1　围护结构概况

虹桥综合交通枢纽基坑规模在上海地区乃至全国均属罕见。本工程通过围护方案的比选，基于多种围护形式多级梯次联合的新设计思路，提出超大面积基坑采用放坡、重力式挡墙与板式支护多级梯次联合围护的新型式。这种多级梯次组合的新型式在上海尚属首次，且国内也未见相关报道。

基坑围护方式采用多级梯次联合围护体系，第一级基坑为两级放坡＋水泥土重力式挡墙，第二级基坑为地下连续墙＋两道型钢或钢筋混凝土内支撑，第三级基坑采用地下连续墙＋钢管或钢筋混凝土内支撑，典型剖面如图 2、图 3 所示，取对称结构。

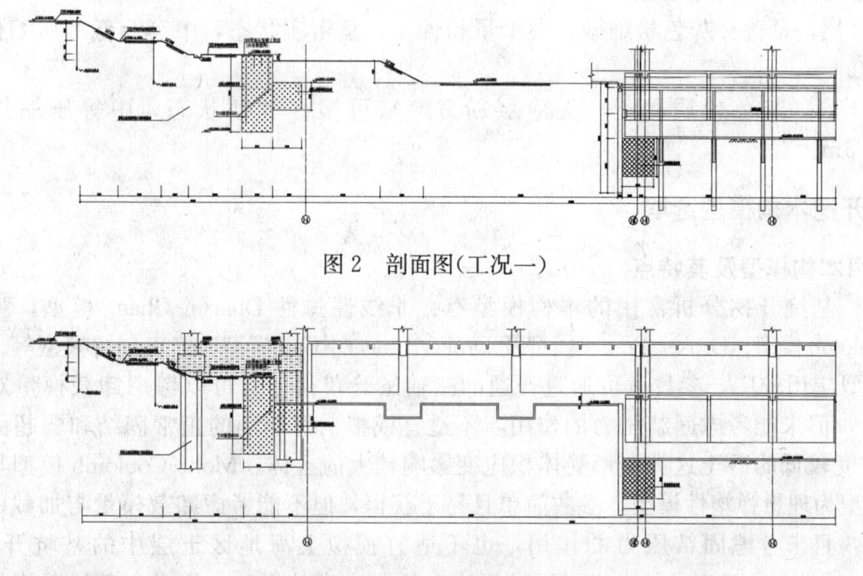

图 2　剖面图(工况一)

图 3　剖面图(工况二)

2.2　工程地质条件概况

在勘探所揭露 104.28m 深度范围内的地基土属第四纪中更新世 Q_2 至全新世 Q_4 沉积物，主要由饱和黏性土、粉性土和砂土组成，具水平层理。基坑开挖深度影响范围内土层构成与特性自上而下描述如下：

第①层，杂填土，土质松散，层厚 0.8～3.1m。

第②层，褐黄～灰黄色粉质黏土，可塑～软塑状态，中等压缩性，层厚 0.7～2.6m。

第③层，灰色淤泥质粉质黏土，局部夹薄层粉砂，呈流塑状态层厚 2.5～4.6m。

第④层，灰色淤泥质黏土，局部夹少量薄层粉砂，局部区域以淤泥质粉质黏土为主，呈流塑状态，高等压缩性，土质较均匀，层厚 6.0～9.5m。

第⑤1－1 层，褐灰色黏土，局部夹薄层粉砂，底部偶夹粉质黏土，呈软塑～流塑状态，高等压缩性，土质较均匀，层厚 6.0～9.40m。

第⑤1－2 层，褐灰色粉质黏土，夹薄层粉砂，局部夹黏土，呈软塑～可塑状态，中等压缩性，土质不均匀，层厚 4.40～6.80m。

第⑤3 层，褐灰色粉质黏土，夹薄层粉砂，局部砂性较重，呈可塑～软塑状态，中等压缩性，层厚3.8～27.3m。

第⑤4层，灰绿色粉质黏土，局部夹薄层粉性土，呈硬塑～可塑状态，中等压缩性，层厚0.5～5.4m。

第⑥层，暗绿色粉质黏土，局部夹薄层粉性土，呈硬塑～可塑状态，中等压缩性，层厚0.6～5.0m。

第⑦1层，灰绿～草黄色粉砂夹砂质粉土，夹薄层黏性土、黏质粉土及少量细砂，呈中密～密实状态，中等压缩性，土性不均匀，层厚2.40～12.20m。

第⑦1t层，灰色粉质黏土夹粉砂，呈“透镜体”状分布，厚度约为0.5～5.1m，呈可塑状态，中等压缩性。

第⑦夹层，灰色粉质黏土夹粉砂，厚度约为0.5～8.7m，夹少量粉性土，局部夹多量粉砂，呈可塑状态，中等压缩性。

第⑦2层，草黄～灰色粉细砂，夹少量粉性土，呈密实状态，中等～低等压缩性，层厚11.60～30.5m。

第⑧1层，灰色粉质黏土，夹薄层粉砂，呈可塑～软塑状态，中等压缩性，层厚1.4～11.5m。

3 基坑开挖本构模型选取

3.1 常用本构模型及其特点

目前，基坑开挖分析常用的本构模型有：非线性弹性Duncan-Chang模型，弹塑性的Mohr-Coulomb模型、Druker Prager模型及Druker Prager+Cap模型、修正剑桥模型等。Duncan-Chang模型应用较广，参数也可通过普通的三轴试验获得，且可以考虑卸载模量对计算结果的影响，但未能考虑固结压力的作用，不适宜模拟上海地区的正常固结和弱超固结黏土以及密实度较低的砂土这类变形受体积应变影响较大的土体。Mohr-Coulomb模型与Druker Prager模型为理想弹塑性模型，参数简单且易于获得，但不能考虑卸载模量与加载(剪切)模量的区别，且未考虑固结压力的作用，也不适宜模拟上海地区土层中的基坑开挖问题。Druker Prager+Cap模型虽然考虑了固结压力和体积应变的影响，但由于其加载模量和卸载模量相同，不宜用于模拟卸载问题。修正剑桥模型以塑性体积应变作为硬化参数，考虑了固结压力和体积应变对土体应力应变的影响，可用于模拟上海地区的土层中的卸载问题，但由于其过大的估计了土体的抗剪强度，导致坑底被动区土体在剪切过程中表现出“过强”的现象。

3.2 适用于基坑开挖的HSS模型

HS模型(Hardening Soil Model)最先由Schanz(1998)和Schanz等(1999)在Vermeer(1978)的双硬化模型的基础上提出。模型由p-q平面内一个双曲线型的剪切屈服面以及一个椭圆形的盖帽屈服面组成。HS模型在模拟剪切方面可认为是弹塑性的Duncan-Chang模型，且其盖帽屈服面可模拟土体体积压缩方面的特性。HS模型参数直观明了，具有明确的物理意义，可通过普通三轴剪切和侧限仪固结试验获得，便于工程应用，在很大程度上已经取代了Duncan-Chang模型。特别地，HS在处理回弹(卸载)问题时引入了E_{ur}模量，使得该模型模拟开挖问题时具有独特的优势，因此已经成为基坑开挖模拟方面首选的本构模型。HS模型在主应力空间的屈服面如图4所示。

随着应变的增加土的剪切刚度呈非线性的衰减，土体的剪切刚度在无量纲化的剪切刚度和应变的对数形成的坐标系内呈“S”形曲线，如图5所示。被用于岩土数值分析的土体刚度不

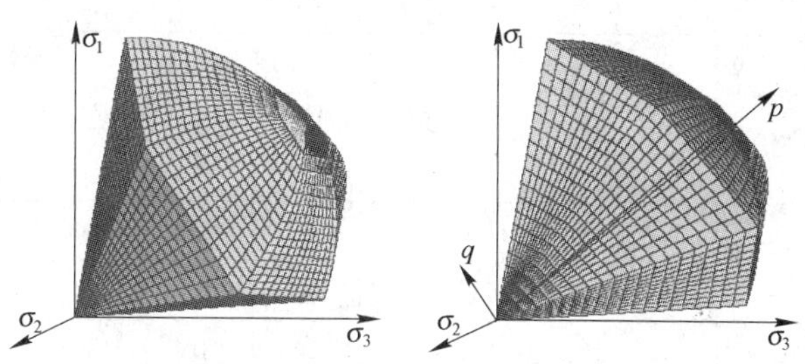

图 4　HS模型的剪切屈服面和盖帽屈服面

是位于下图中的“较大的应变”区域，而是位于“小应变”区域。Benz(2007)将小应变范围内土体剪切刚度与应变的非线关系考虑进HS模型，提出了Hardening soil small-strain model(简称为HSS模型)。

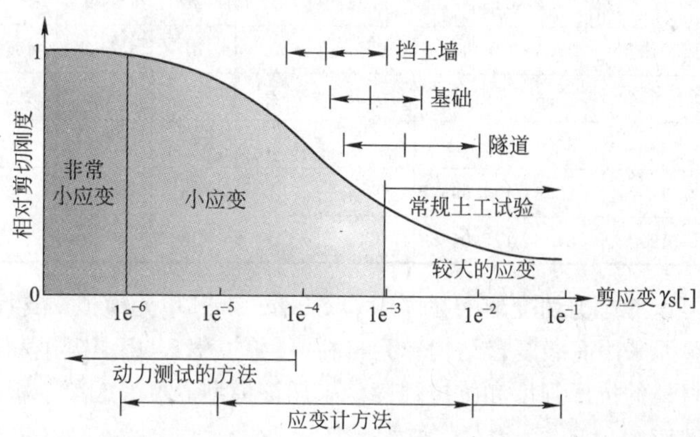

图 5　土工试验和土工结构中典型土的应变—刚度关系(Atkinson & Sallfors，1991)

4　多级梯次围护体系三维流固耦合数值模拟

4.1　计算综述

本文数值分析采用Swiss Federal Institute of Technology开发的真三维岩土工程有限元软件zsoil. pc v2009。该软件涵盖了现实世界中可能遇见的所有工程问题，提供了解决土力学和岩石力学、地下结构、基坑开挖、土结构相互作用、地下水和温度分析的统一方法且内置了HSS模型。

基坑开挖涉及土方开挖引起的土体总应力的变化以及由于降水、排水等措施引起的孔隙水压力变化。这两个物理力学过程都对基坑变形、稳定性有很大的影响，且其作用是相互耦合，不宜分割考虑。特别地，对于虹桥交通枢纽基坑第一台阶降水对作用在地下连续墙后的水土压力的影响，如采用总应力方法分析是无法分析解决的。因此，有必要对本工程进行流体—固体力学耦合分析，模拟真实的基坑开挖的力学过程以及地下水对土体强度、变形的影响。

4.2　数值简化及参数设置

土体采用HSS(Hardening Soil Model with small strain)模型，即考虑小变形的硬化土模型模拟，参数设置见表1。

HSS 模型参数 表1

土层名称	重度 (kN/m³)	含水量 (%)	干重度 (kN/m³)	孔隙比	三轴固结排水		E_s (kPa)	E_{50} (kPa)	E_{ur} (kPa)	E_o (kPa)
					内聚力 (kPa)	摩擦角 (Deg)				
② 粉质黏土	18.5	32.3	13.98337	0.88	4	29.7	4260	6390	31950	159750
③ 淤泥质粉质黏土	17.3	43.1	12.08945	1.22	4	26	3720	5580	27900	139500
④ 淤泥质黏土	16.9	47.7	11.44211	1.35	4	24.3	2390	3585	17925	89625
$⑤_{1-1}$黏土	17.8	37.2	12.97376	1.05	3	27	3460	5190	25950	129750
$⑤_{1-2}$粉质黏土	18.1	34.4	13.46726	0.94	2	28	4310	6465	32325	161625
$⑤_3$粉质黏土	18.4	33.4	13.7931	0.94	3	28	4980	7470	37350	186750
$⑤_4$粉质黏土	19.5	25.3	15.56265	0.71	5	28	6470	9705	48525	242625
⑥ 粉质黏土	19.4	24.4	15.59486	0.72	5	28	6830	10245	51225	256125
$⑦_1$ 粉砂夹砂质粉土	19	27.1	14.94886	0.77	2	31	12430	18645	93225	466125
$⑦_{1t}$粉质黏土夹粉砂	19.4	25.6	15.44586	0.73	2	30	6840	10260	51300	256500
$⑦_{夹}$粉质黏土夹粉砂	18.4	33.4	13.7931	0.95	2	30	5540	8310	41550	207750
$⑦_2$ 粉细砂	18.8	28.8	14.59627	0.81	2	33	12850	19275	96375	481875
$⑧_1$ 粉质黏土	19.2	27.5	15.05882	0.78	5	28	7460	11190	55950	279750

围护结构采用可以考虑剪切变形的无厚度 one-layer shell 单元模拟。支撑采用 beam 单元模拟。Shell 和 beam 单元采用高级复合结构单元材料(层叠模型)，即混凝土和钢筋采用理想弹塑性材料模拟，指定材料的抗压强度和抗拉强度。采用该模型后可考虑梁、板结构的弯矩—轴力耦合效应、塑性铰效应。

降水井采用 seepage 单元模拟，该单元通过“罚函数”法实现压力边界条件和零流量条件之间的自动转换，可用于模拟排水、入渗等边界条件。降水通过设置对称面处的水头高度实现，水头始终保持在当前开挖深度以下 1.5m。

在围护结构和土体之间的接触面单元采用无厚度的 Goodman 单元，采用理想弹塑性的 Mohr-Coulomb 强度准则。为了达到计算收敛和接触面真实位移的平衡，采用 zsoil. pc 特有的 Augmented Lagrangian Approach 算法以消除一般接触面单元“嵌入”结构过大的不良影响。接触面的刚度取周围土体刚度的 1%，强度取周围土体的 60%。

工程桩采用 zsoil. pc v2009 中内置的 pile 单元模拟。该单元由 beam 单元及桩侧接触、桩端接触整合而成，如图 6 所示。

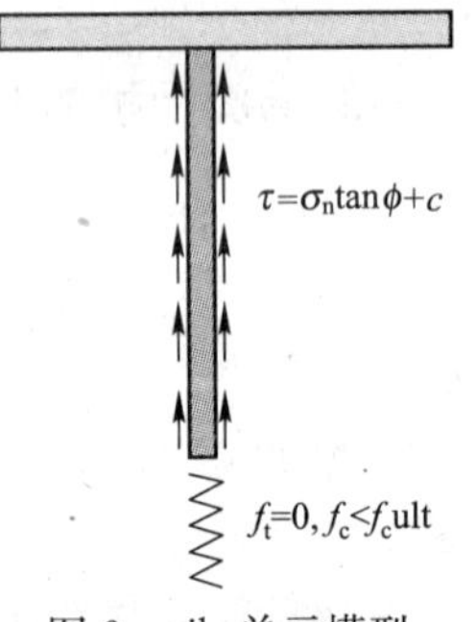

图 6 pile 单元模型

4.3 计算模型及工况设置

结合基坑的平面布置形式、开挖深度，选取图 3 剖面作为分析对象，并采用对称结构建模。计算区域为 250m×250m×30m，如图 7、图 8 所示，第一级卸载平台宽度约为 55.7m，第二级卸载平台宽度约为 44.8m，第一级卸载平台边至左边界的距离约为 109.3m，约为 5 倍的基坑开挖深度(从自然地坪算起约为 20.9m)。地下连续墙侧距离右边界的距离为实际深坑宽度的一半，按照对称结构考虑。模型的边界条件为：模型四周仅对外法向约束，底部同时限制水平和竖向位移。模型左、右边界初始水位为地表以下 1.0m。

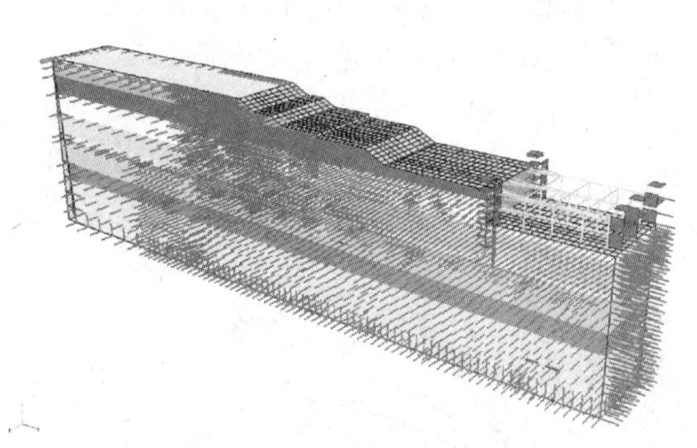
图 7 计算模型边界条件

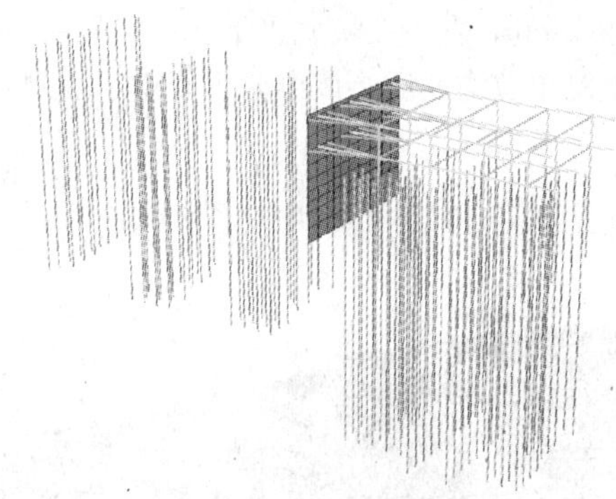
图 8 工程桩和支撑体系

数值分析中采用的工况参照实际施工工况，并按照工况对模型实际造成的影响分类和简化，数值模拟中所采用的计算工况如下：

工况 0：计算初始位移，并将位移清零；

工况 1：施工搅拌桩，地下连续墙、立柱桩、立柱、预降水；

工况 2：开挖第一级平台；

工况 3：开挖第二级平台；

工况 4：开挖深坑第一层土；

工况 5：施工第一道支撑；

工况 6：开挖深坑第二层土；

工况 7：施工第二道支撑；

工况 8：开挖深坑第三层土。

4.4 数值分析结果

基坑开挖至坑底，基坑水平方向的位移最大值发生在第二级放坡处，最大值约为 7.1cm，且浅层放坡处水平位移较大，而采用地下连续墙、支撑区域的水平位移较小，见图 9。基坑竖向位移(沉降)最大值发生在坡顶，最大值约为 6.8cm；基坑竖向位移(隆起)最大值发生在深区底部，最大值约为 6.1cm，见图 10。

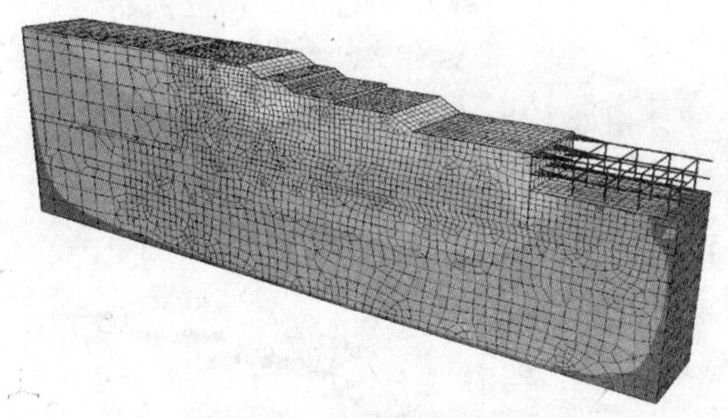
图 9 基坑水平位移云图

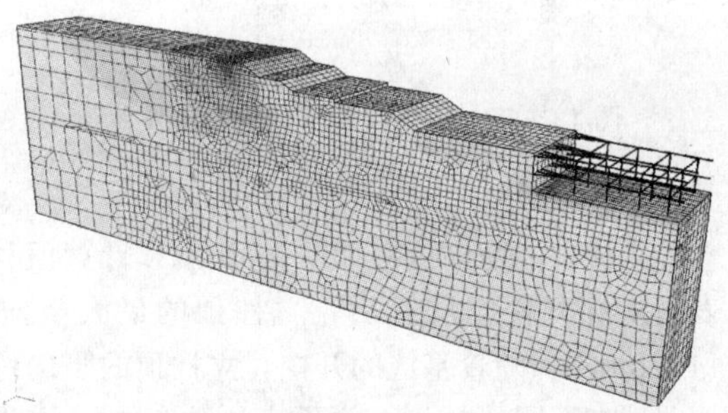
图 10 基坑竖向位移云图

基坑开挖至坑底，坑底的地下水位由降水前水位 41.3m(对应于地表以下 1.0m)降低为设计水位 20.4m(对应于坑底以下 1.0m 左右)，如图 11 所示。可见数值分析的结果与设计意图是一致的，水头分布与工程经验相符。

图 12 为基坑开挖到不同深度时，地下连续墙的变形(水平位移)的计算值与实测值(P01 测斜孔)如图所示，各工况的墙体水平位移计算值与实测值较为接近。地下连续墙最大位移约为

29.2mm，发生在坑底以下2.0m左右。计算值与实测值的墙底位移存在约5mm的误差，经与量测单位沟通后，该误差主要由于测斜数据处理时人为假定墙底水平位移为零所致。

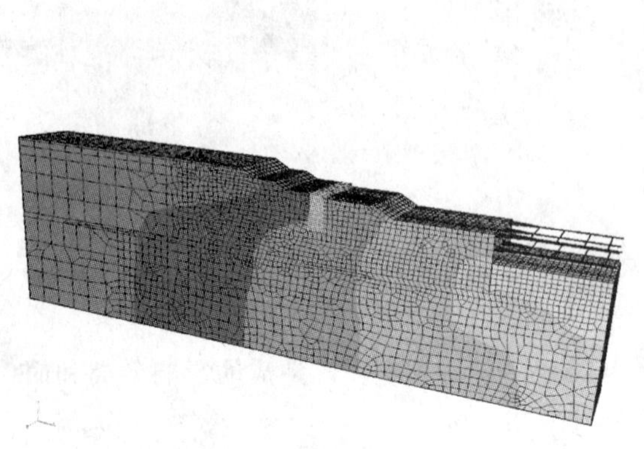

图11 基坑水头分布云图

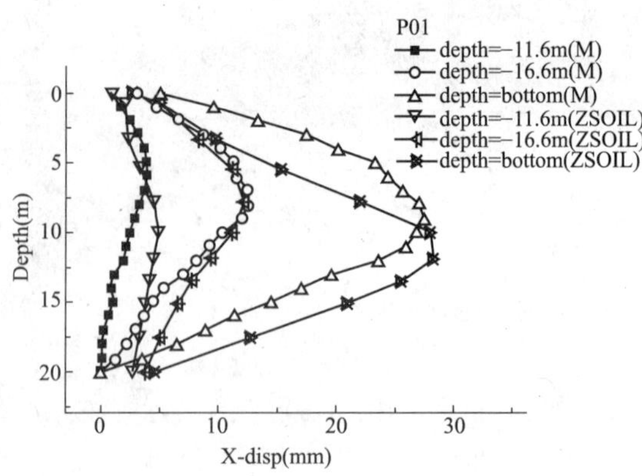

图12 地下连续墙变形实测值与计算值
（M：实测值，ZSOIL：计算值）

基坑开挖至坑底，对应计算模型中间的主撑位置（支撑编号AL26），第一道支撑最大轴力约为3700kN，第二道支撑轴力约为5200kN。各工况（时刻）两道支撑轴力实测值与计算值如图13、图14所示。不仅在数值上，支撑最大轴力的计算值和实测值的差别较小，而且在趋势上数值模拟所描述的支撑轴力随着开挖深度的增加而增加的趋势也与实际情况比较符合。

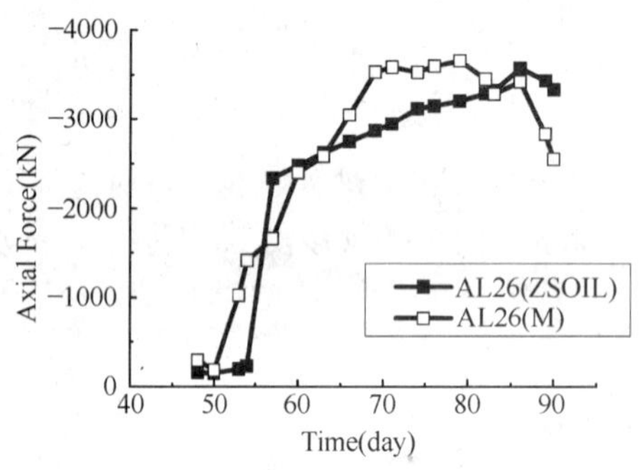

图13 第一道支撑轴力计算值和实测值
（M：实测值 ZSOIL：计算值）

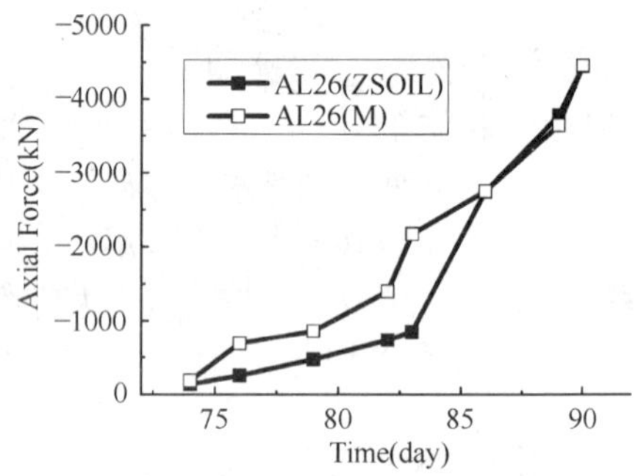

图14 第二道支撑轴力计算值和实测值
（M：实测值 ZSOIL：计算值）

立柱顶的竖向位移如图15所示，计算值和实测值均表明基坑开挖至坑底后，立柱顶的最大竖向位移约为14～18mm，随着基坑的开挖，立柱顶的竖向位移逐渐增加。稍有不同的是，立柱顶实测位移在基坑施工70d左右达到最大（对应约即将开挖最后一层土体的时刻），而非土体全部开挖完毕后的85d时刻。这可能是由于开挖最后一层土体虽然卸载量增加了，但同时由于立柱桩与土的有效接触面积少了而导致承载力下降，综合起来的效果表现为立柱桩的沉降而不是继续隆起。显然数值模拟在这方面有所缺陷，这可能和土体和桩单元的网格划

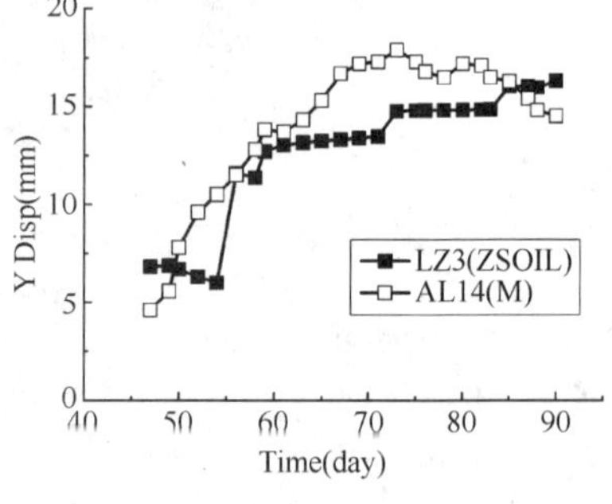

图15 立柱桩顶位移计算值和实测值
（M：实测值 ZSOIL：计算值）

分较大，桩单元在最后一层土中恰好没有节点，因此未能反映上述现象。

5 结论

本文选取了大面积多梯次围护体系比较典型的区段，建立了三维有限元模型，并进行流固耦合分析，模拟了实际开挖工况，对多梯次围护体系整体变形、地下连续墙变形和受力特性、支撑受力、立柱桩竖向位移等进行了分析，并与监测资料进行了对比。

本文数值分析，计算结果与实测结果较为吻合，一方面验证了 HSS 模型用于分析大面积多梯次围护体系分析的可行性；另一方面为研究大面积多梯次围护体系的围护结构、支撑体系的受力、变形特点提供了解决方案，为进一步提出大面积多梯次围护体系实用设计方法提供了基础。

参考文献

[1] Atkinson J H. Non-linear soil stiffness in routine design [J]. Geotechnique，50(5)：487-508，2000

[2] Schanz T，Vermeer P A，Bonnier P G. Beyond 2000 in Computational Geotechnics，chapter Formulation and verification of the Hardening-Soil Model [M]：281-290. Balkema，Potterdam，1991

[3] Schanz T. Zur Modellierung des mechanischen Verhaltens von Reibungs-materialien [J]. Mitt. Inst. fur Geotechnik 45，universitat Stuttgart，1998

[4] Sanchez Marcelo，Gens Antonio，etc. A double structure generalized plasticity model for expansive materials [J]. International Journal for Numerical and Analytical Methods in Geomechanics，2005，29 (8)：751-787

[5] Santos J A，Correia A G. 2001. Reference threshold shear strain of soil. Its application to obtain a unique strain-dependent shear modulus curve for soil [A] //Proceedings 15th International Conference on Soil Mechanics and Geotechnical Engineering [J] (Istanbul，Turkey)，Vol. 1：267-270

[6] Vermeer P A. A modified initial strain method for plasticity problems [A] // Proc. 3th Int. Conf. Numer. Meth. Geomech. [C]：377-387. Balkema，Rotterdam，1979

[7] Vermeer P A. DOUBLE HARDENING MODEL FOR SAND [J]. Geotechnique，1978，28(4)：413-433

[8] Vermeer P A. Formulation and analysis of sand deformation problems [D]. PhD thesis，Delft University of Science and Technology，1980

[9] Benz，T. Small strain stiffness of soils and its numerical consequences. PhD thesis，University of Stuttgart，2006

[10] Zimmermann Th，Truty A. Z Soil. PC 2009 manual [M]. ZACE service Ltd. Lausanne，Switzerland，2008

[11] 王磊，贾敏才，周健. 相邻深基坑开挖地下管线保护有限元分析 [J]. 地下空间与工程学报，2008，4(1)：170-174

基坑开挖对坑内工程桩影响的数值分析

吴　超
（上海岩土工程勘察设计研究院有限公司）

摘　要： 实际工程中，工程桩一般先于基坑施工，基坑开挖使桩的上覆土卸荷，导致基坑内工程桩上浮受拉，严重时可将桩身拉断。采用有限元软件对基坑开挖时，坑内工程桩的性态进行平面有限元分析，研究了不同开挖工况、不同桩土接触条件以及不同位置处工程桩的性状，计算结果显示：基坑开挖越深，桩顶位移、桩身受力越大；桩土接触越粗糙，桩顶位移越小，桩身受力越大；离坑边越远桩顶位移、桩身受力越大。

关键词： 工程桩，基坑开挖，有限元分析

随着我国城市化建设的迅速发展，高层建筑、地下铁道等大型市政工程纷纷涌现，由此产生了大量的深基坑工程。深基坑工程的安全性得到了广泛的重视，其设计施工技术也日趋完善。但除了基坑自身的安全性外，伴随着深基坑的开挖，尚有其他一些工程问题逐渐引起人们的重视[1]。坑内工程桩一般先于基坑开挖设置，基坑开挖，坑内土体应力释放，坑底土体出现不同程度的回弹隆起，必将对已设置好的工程桩产生影响，这种影响主要表现在使工程桩发生竖向、水平向位移，以及桩身断面出现拉力，从而导致严重的工程事故。

对于较浅的基坑，由于其卸载量小，坑底土体的回弹较小，一般不会对工程桩产生危害，但对于软土地区较深的基坑，基坑开挖引起的回弹对工程桩的危害应引起足够的重视。因此，研究基坑开挖对坑内桩基的影响具有重要的工程意义[2-4]。

笔者采用弹塑性有限元法，研究了不同开挖工况、不同桩土接触条件以及不同位置处工程桩的性状。

1　问题的简化与有限元模型的建立

取基坑开挖的某一断面进行研究，问题可以简化为二维的平面应变问题，围护桩及工程桩均等效为板桩，按下式计算板桩的弹性模量[5]：

$$E=\frac{E_{\mathrm{p}}d+E_{\mathrm{s}}(u-d)}{u} \tag{1}$$

式中，E 为等效弹性模量，E_{p}、E_{s} 分别为桩和土的弹性模量，u 为桩间距，d 为桩径。将桩体等效为板桩，忽略了桩间土体的绕流，使得土体水平位移产生的水平作用力均施加在桩身上，结果可能使土的水平位移比实际略小，而桩身水平位移比实际略大，当桩间距较小时，由此产生的误差可以忽略。

利用对称性，取基坑断面的一半作为分析对象，有限元模型选择 45m×60m 的区域作为土层几何区，基坑开挖深度为 12m，分三次开挖，每次挖深 4m，基坑半宽为 15m。模型中考虑两排工程桩，距基坑边线的距离分别为 4m 和 14m，记为桩 1 和桩 2。围护桩、工程桩与土体间均设置界面单元。考虑坑边 5m 范围内有超载。模型中假定左右边界水平向约束，底边界固定约束。有限元模型及网格图见图 1。

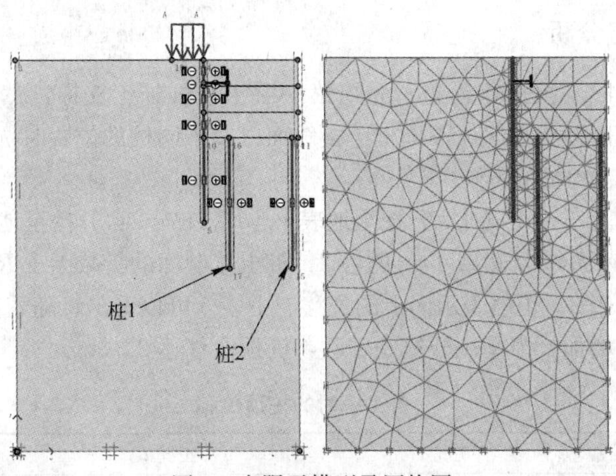

图 1　有限元模型及网格图

围护桩和工程桩采用梁单元模拟，由于桩相对于土体的刚度较大，采用线弹性的本构关系。土体采用精度较高的三角形 15 节点单元模拟，采用 Hardening-Soil 模型模拟土的本构关系，该模型是一种改进了的模拟岩土行为的模型，相对于理想弹塑性模型（Mohr-Coulomb 模型），Hardening-Soil 模型采用三个不同的输入刚度可以将土体的刚度描述得更为准确：三轴加载刚度 E_{50}、三轴卸载刚度 E_{ur} 和固结仪加载刚度 E_{oed}，该模型比 Mohr-Coulomb 模型的优越之处不仅在于它使用了一条双曲应力-应变曲线，而非双线性曲线，还在于对应力水平依赖性的控制，更符合实际情况。为了准确模拟桩土之间的相互作用，在桩土之间设置接触面单元，考虑到计算中的收敛性，单元类型采用非线性弹簧单元，屈服准则采用线性库伦模型，在接触面的节点处设置切向和法向两根弹簧来模拟桩土间的接触特性。支撑采用线弹性的锚杆进行模拟。

2　算例参数的确定

为了研究问题的方便，土层只考虑一层土，具体参数见表 1。围护桩采用 ϕ700@1000 的钻孔灌注桩，桩长 20m，混凝土强度等级为 C30，工程桩采用 ϕ700@2450 的钻孔灌注桩，送桩至坑底，有效桩长 20m，混凝土强度等级为 C30，设置一道钢筋混凝土支撑，支撑设在地面以下 3.6m 处，支撑断面采用 800mm×800mm，混凝土强度等级为 C30，具体结构的参数取值见表 2。支撑采用一轴向受力的锚杆进行模拟，平面外间距取 9m。坑边超载取为 10kN/m²。

土　体　参　数　　表 1

γ_{unsat}/kN/m³	γ_{sat}/kN/m³	E_{50}^{ref}/kPa	E_{oeb}^{ref}/kPa	E_{ur}^{ref}/kPa
17	19	30000	30000	90000
v_{ur}	m	c/kPa	ϕ/°	R_f
0.2	0.5	10	15	0.9

结　构　参　数　　表 2

材料类别	本构关系	EA	EI	v
围护桩	线弹性	1.4×10⁷kN/m	6×10⁵kN·m	0.0
工程桩	线弹性	6×10⁶kN/m	2.4×10⁵kN·m	0.2
支撑	线弹性	1.9×10⁷kN	—	—

3 数值计算结果与分析

施工工况按照实际工况进行模拟，先挖第一层土，再施工支撑，然后开挖第二、第三层土。下面分别分析不同开挖工况、不同桩土接触面以及不同桩的位置时坑内工程桩的性状。

(1) 开挖工况对工程桩的影响

基坑开挖分三个工况，工况 1：开挖至地表下 4m，工况 2：开挖至地表下 8m，工况 3：开挖至地表下 12m，分析距基坑边线 14m 的桩 2，桩土接触面的折减因子 R_{inter} 均取为 1.0。各工况下，桩顶位移值见表 3，正值表示向上的位移。由表 3 可以看出，随着基坑开挖深度的增加，桩 2 的桩顶位移逐渐增加，当基坑开挖到底时，桩顶位移达 22.8mm。

各工况时的桩顶位移 **表 3**

	工况 1	工况 2	工况 3
桩顶位移(mm)	6.95	14.7	22.86

各工况下，桩身轴力和侧摩阻力曲线见图 2 和图 3，桩身轴力以拉为正，压为负，侧摩阻力想上为正，向下为负。

由图 2 可知，基坑开挖时，坑内的工程桩整个桩身受拉，且开挖深度越大，桩身拉力越大；桩身的拉力呈现中间大、两头小的规律，随着开挖深度的增加，桩身轴力的峰值逐渐下移，在工况 3 时，峰值出现在桩顶以下 12m 附近。由图 3 可知，基坑开挖时，桩身上部受向上的摩阻力，桩身下部受向下的摩阻力，在桩身位置出现中性点，随着基坑开挖身的增加，桩身侧摩阻力的绝对值逐渐增大，且中性点的位置也不断下移。

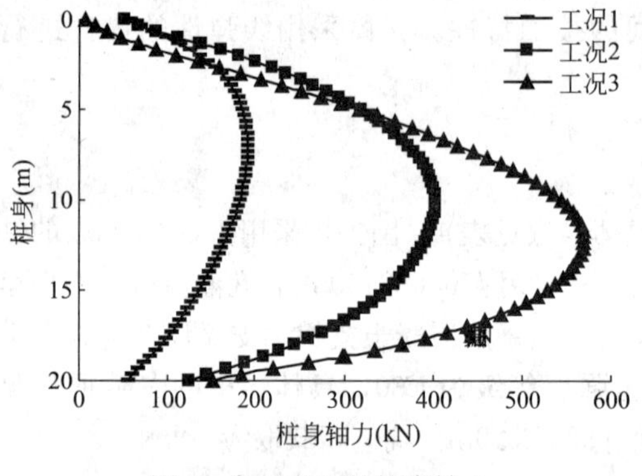

图 2 各工况下的桩身轴力

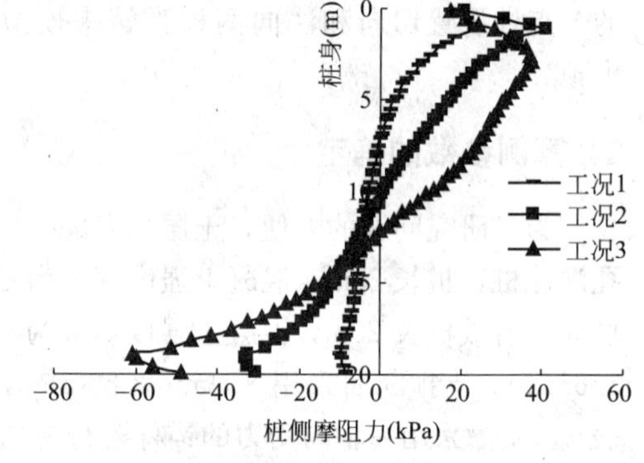

图 3 各工况下的桩侧摩阻力

需要说明的是，图 3 中，桩侧摩阻力在桩端处出现反弯点，这与实际有所不符，这是由于数值计算时，在桩端处容易产生应力集中，从而导致该位置计算结果有所偏差。以下同。

(2) 桩土接触面对工程桩的影响

桩土接触面性质通过界面强度折减因子 R_{inter} 的取值反映，当 $R_{inter}=1$ 时，表示接触面的土体强度没有折减，即接触面是刚性、完全粗糙的，当接触面为柔软或柔性时，设置 $R_{inter}<1$。

本算例中，仍以桩 2 作为分析对象，考虑最后一个开挖工况，强度折减因子 R_{inter} 取 1.0、0.75 和 0.65 三个不同的值进行研究。

不同强度折减因子时，桩顶位移值见表 4，正值表示向上的位移。由表 4 可以看出，界面强度折减因子越大，桩 2 的桩顶位移越小，即桩土之间接触越粗糙，桩顶位移越小。

不同强度折减因子的桩顶位移　　表 4

R_{inter}	1.0	0.75	0.65
桩顶位移(mm)	22.86	23.19	23.45

不同强度折减因子时，桩身轴力和侧摩阻力曲线见图 4 和图 5。由图可知，强度折减因子越大，桩身轴力值和桩侧摩阻力绝对值越大，但具体差值不大，这说明桩土之间的接触越紧密，基坑开挖时坑内土体的隆起引起桩身的轴力越大，因此，当工程桩为预制桩时，要特别注意基坑开挖对其桩身轴力的影响。

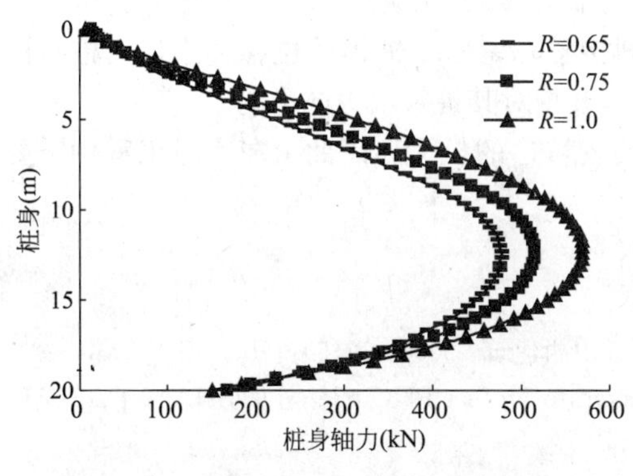

图 4　不同强度折减因子的桩身轴力

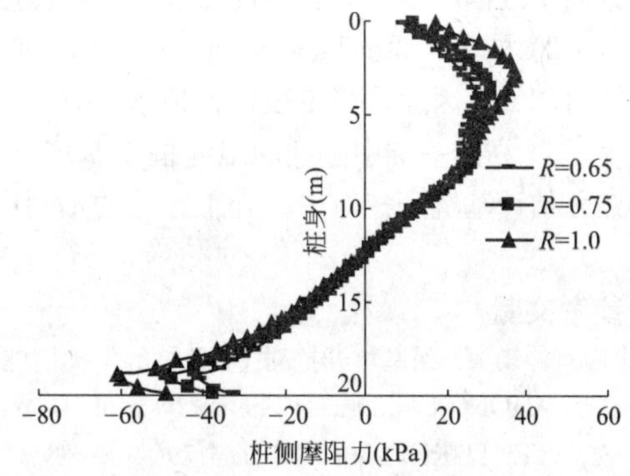

图 5　不同折减因子的桩侧摩阻力

(3) 不同位置工程桩的性状

最后分析靠近坑边的桩 1 和靠近坑中心的桩 2，在相同的工况(取工况 3)和相同的桩土接触面时(取 $R_{inter}=1$)的性状。桩 1 和桩 2 的桩顶位移见表 5。由该表可知，桩 2 的桩顶位移大于桩 1，这就说明靠近坑中心的工程桩，其桩顶位移越大，这是由于靠近坑中心处土体隆起较大，从而带动该处工程桩的位移也较大。

桩 1 和桩 2 的桩顶位移　　表 5

	桩 1	桩 2
桩顶位移(mm)	18.48	22.86

桩 1 和桩 2 的桩身轴力和侧摩阻力曲线见图 6 和图 7。

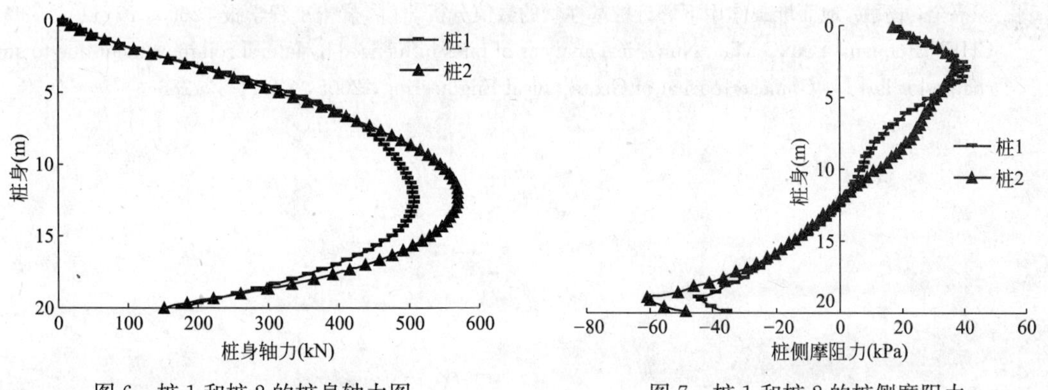

图 6　桩 1 和桩 2 的桩身轴力图

图 7　桩 1 和桩 2 的桩侧摩阻力

由图可以看出，桩 2 的桩身轴力和桩侧摩阻力绝对值均大于桩 1，说明靠近坑中心的工程桩受基坑开挖的影响较靠近坑边的桩大，因此在实际工程中，要充分估计基坑开挖，对基坑中心处工程桩的不利影响。

4 结论

本文采用二维有限元技术，有效地分析了基坑开挖对坑内桩基的影响，得到了以下几点认识：

1）基坑开挖会导致坑内工程桩的受拉，且开挖深度越大，桩身拉力越大，当基坑开挖至12m时，靠近基坑中心处桩的桩身最大拉力达570kN。桩身上部受到向上的侧摩阻力，下部受到向下的侧摩阻力，且中性点随着开挖深度的增加逐渐下移。

2）桩土界面的强度折减因子越大，即桩土之间接触越紧密，桩顶的位移越小，而桩身的轴力越大。因此，当工程桩为预制桩时，需考虑基坑开挖对其桩身轴力的影响。

3）靠近基坑中心处的工程桩受基坑开挖的影响较坑边的桩大。因此，在实际工程中，要充分估计基坑开挖对中心处工程桩的不利影响。

参考文献

[1] 仲崇梅. 深基坑开挖对 PHC 桩的保护措施分析 [J]. 山西建筑，2006，32(5)：79
ZHONG Chongmei. The analysis of the measures taken to protect PHC pile [J]. SHANXI ARCHITECTURE，2006，32(5)：79

[2] 李雄威，王勇，张勇. 软土地基基坑开挖方式对基桩变形的影响研究 [J]. 施工技术，2008，37(1)：37
LI Xiongwei，WANG Yong，ZHANG Yong. Inflence Research About Soft Foundation Pit Excavation Methods on Pile Deformation [J]. CONSTRUCTION TECHNOLOGY，2008，37(1)：37

[3] 胡琦，凌道盛，陈云敏等. 深基坑开挖对坑内基桩受力特性的影响分析 [J]. 岩土力学，2008，29(7)：1965
HU Qi，LING Daosheng et al. Study of loading characters of pile foundation due to unloading of deep foundation pit excavation [J]. Rock and Soil Mechanics，2008，29(7)：1965

[4] 陈锦剑，王建华，范巍等. 抗拔桩在大面积深开挖过程中的受力特性分析 [J]. 岩土工程学报，2009，31(3)：402
CHEN Jinjian，WANG Jianhua et al. Behavior of up-lift pile foundation during large-scale deep excavation [J]. Chinese Journal of Geotechnical Engineering，2009，31(3)：402

[5] 陈福全，杨敏. 地面堆载作用下邻近桩基性状的数值分析 [J]. 岩土工程学报，2005，27(11)：1286
CHEN Fuquan，YANG Min. Numerical analysis of piles influenced by lateral soil movement due to surcharge loads [J]. Chinese Journal of Geotechnical Engineering，2005，27(11)：1286

上海世博园区地下空间三维信息系统研究

易爱华[1]、张伟立[2]、郑　坤[3]

(1. 上海岩土工程勘察设计研究院有限公司、2. 上海世博土地控股有限公司、
3. 中国地质大学信息工程学院，湖北　武汉)

摘　要： 本文首先引入地下空间的概念，接着分析了3DGIS(三维地理信息系统)在城市地下空间中的应用现状，针对当前应用中遇到的问题，提出了一种集数据处理、模型构建、场景可视化和空间分析于一体的系统框架，并结合上海世博园区地下空间建设需求，分析了系统构建过程中的关键技术。实践证明，此系统可对种类繁多的地下空间信息进行统一管理，具有逼真的三维显示效果和丰富的空间分析功能，并支持用户功能的灵活扩展，具有很强的通用性。

关键词： 三维GIS，地下空间，地层建模，地质切割

1　引言

2010年将在中国上海举办举世瞩目的世博会。打造21世纪生态城市、绿色城市、园林城市，是现代城市的发展目标，本届世博会的主题是："城市，让生活更美好"，为了充分体现这一主题，世博园区地下空间的开发利用，是非常重要的一环。

世博园区地下空间的开发利用，以建设人工环境和自然环境充分协调，地上空间和地下空间充分协调的城市环境为目标。世博园区的地下空间开发以浅层（3～15m)为主，中层（15～30m)为辅，局部深层（30m以下）。浅层空间主要用于地下公共活动、人行步道、交通换乘、停车场、仓储、设备、市政共同沟、人防等，便于与地面层形成自然便捷的联系。中层空间主要用于地下轨道交通、越江遂道、轻轨和污水处理等设施。建设完成后的世博园区及周边区域内将有4条地铁线和2条越江隧道通过，共有14座地铁车站，由此可见世博园区地下空间开发的规模和密度将是空间的。

世博园区濒临黄浦江，位于城市中心区域，该区域内原分布有大量的住宅小区、工业厂房及市政基础设施，如江南造船厂、上钢三厂、打浦路隧道、重大市政管线等等，地下建(构)筑物十分复杂。建设工程中，大部分原有建筑将被拆除或搬迁，也有相当部分的厂房及优秀历史建筑需要进行利用和保护。该区域内地质条件复杂，涉及正常地层区与古河道区，沿黄浦江分布有新近沉积江滩土，上钢三厂及江南造船厂局部区域分布有钢渣土，将对建筑地基基础及地下空间开发带来不利影响。

因此，为了科学、合理、安全的规划及建设地下空间设施，切实有效的保护周边地下基础设施和保留建筑，在世博园区的规划及建设过程中，需要充分掌握区域内的空间三维地理信息、岩土工程地质条件、地下基础设施分布、地下建(构)筑物分布、地下管线等信息，通过对各类空间信息进行合理的组织和管理，采用3DGIS(三维地理信息系统)技术，建立具有三维可视化、地学仿真及优化决策支持等功能的上海世博园区地下空间三维信息系统，将为上海世博

园区地下空间的规划、建设和管理提供全方位、一体化的服务。

2　研究现状

上海世博园区地下空间三维信息系统是一个具有管理海量空间三维数据的信息平台，以3DGIS技术为核心。目前，GIS技术正处于一个剧烈变革的发展阶段，以数据标准化、空间多维化、结构组件化、民用微型化、系统智能化、平台网络化、应用社会化为基本特征的第四代GIS技术初现雏形。3DGIS作为3S技术发展的前沿，是进行全方位、多层次、多要素时空分析的基础，现实世界中众多领域的应用需求对3DGIS的发展起了巨大的推动作用。

从1980年代末开始，随着科学计算可视化技术的发展，基于三维地质模拟的可视化技术得到了飞速的发展。通过十几年的研究开发，国外出现了一批三维地质模拟可视化应用软件。比较著名的有：AVS/Express、EarthCube、OpenVision、GeoQuest、GeoViz、EarthVision、MineMap、Vulcan等。这些软件大多面向地质领域的专用可视化系统，涉及地震勘探三维可视化、三维地质建模、开采评估、设计规划、生产管理等各方面。而国内在地下空间及三维地质模拟方面的研究起步较晚，多数只是探索性的研究，在研究成果的转化方面比较落后。

3DGIS的核心问题是三维空间数据模型的构建。目前，由于三维空间数据模型理论和技术尚不成熟，导致三维空间建模能力和三维空间分析能力都十分薄弱，这也是影响和制约3DGIS深入发展与应用的瓶颈。根据分析目前国内外具有代表性的三维空间数据模型的特点，3DGIS采用的常见空间数据模型可以分为三类：(1)基于体元的数据模型，如三维栅格结构；指针结构；八叉树结构(Octree)；结构实体几何结构(CSG)；不规则四面体结构(TEN)等等。(2)基于边界面的数据模型，如格网结构(Grid)；面片结构(TIN)；超图数据结构；结构边界表示；非均匀有理B样条函数；三维矢量数据结构等。(3)混合数据模型，如Octree+TEN，TEN+CSG；面向对象的数据模型等。从实际应用效果来看，基于体元的数据模型比较适合于空间操作与空间分析，但是数据量大、运算速度慢；基于边界面的数据模型数据量小，便于数据显示和数据更新，但是难以组织起有效的空间分析。混合数据模型将两种或两种以上的数据模型加以综合，能够适应不同分辨率、不同背景条件、不同应用要求。由于三维几何和拓扑的复杂性，很难用一个统一的数据模型对多变的三维空间信息进行完整有效的描述，采用混合数据模型不失为一种可行的方法。例如：TIN+CSG的集成模型比较适合于城市三维景观的建模，而Octree+TEN则被认为适合于地质、海洋等领域的三维建模。

3　世博园区地下空间实体数据分析

上海世博园区地下空间三维信息系统是基于世博园区地形地理、现有基础设施信息、拟建工程信息、建设场地工程地质与水文地质信息进行的。基础资料的完整与翔实，是确保上海世博园区地下空间三维信息系统进行有效分析应用的重要基础。世博园区地下空间，涉及的空间实体众多，因此，与二维GIS相比，三维GIS需要处理的数据更为复杂。

地形地貌：大比例尺数字地形图、地面数字高程模型、遥感影像图、规划成果图以及各类专题图。

地层：地层是所有地下构筑物赖以存在的载体，是地下空间信息系统的核心。地层信息可以通过地质钻孔获得，主要内容包括：地层层号、成因年代、岩性、颜色、主要物理力学指标统计值、承载力基本值和标准值等。

钻孔数据：钻孔编号、孔口标高、孔深、初见水位深度、静止水位深度、钻探日期、层号、层底深度、成因、岩性等。

地下管线：地下管线是城市基础设施的重要组成部分，是维系城市正常运行的“血液”。地下管线包括：电力、路灯、燃气、供水、排水、信息、电信、综合管沟等。主要信息包括：孔数、管径、埋深、材质、压力、流向、埋设年代等。

地下市政设施：世博园区内分布有大量的地下市政设施，包括隧道(打浦路隧道、西藏路隧道)、地铁(4 号线、7 号线、8 号线、13 号线)、原水管、合流污水、共同沟、地下通道等。

另外，由于大型市政桥梁和高架道路均有大量的桩基或围护结构，系统设计需要管理的地面建(构)筑物还包括：道路、桥梁、大楼、河道、绿地、广场、高架等。

4 系统设计

针对当前三维地下空间信息系统建设过程中遇到的问题可以看出，上海世博园区三维地下空间信息系统的建设需要结合园区地下空间基础设施项目规划、建设和管理的需要，首先需要对世博园区地下空间的各类信息进行收集与整理，包括基础地形地貌、园区规划、动工拆迁、基础设施形态及空间分布等各类文档及数据资料。本项目收集整理了世博会场址范围内大量现有及规划的相关工程档案和设计资料，包括轨道交通 4 号线、7 号线、8 号线、13 号线、南浦大桥、卢浦大桥、打浦路隧道、西藏路隧道、黄浦江河床地形、防汛墙、地下管线、共同沟、人防、地下通道、建筑物桩基等等。详尽的数据通过可视化表达为世博园区的规划、建设、地下空间开发与利用提供了依据。在资料采集的基础上，需对各类信息进行了分类和总结，建立一个数据服务中心，将涉及的矢量数据、文本数据、表格数据、图像格式数据、CAD 数据、视频声像多媒体数据等各类信息分类存储于基础地理数据库、专题数据库等系统服务器数据库中。同时，需要依据这些丰富的地下空间信息来完成地表、地下空间的三维建模显示，并进一步提供各种通用的三维空间分析工具来对其进行操作。其系统数据流程图如图 1 所示。

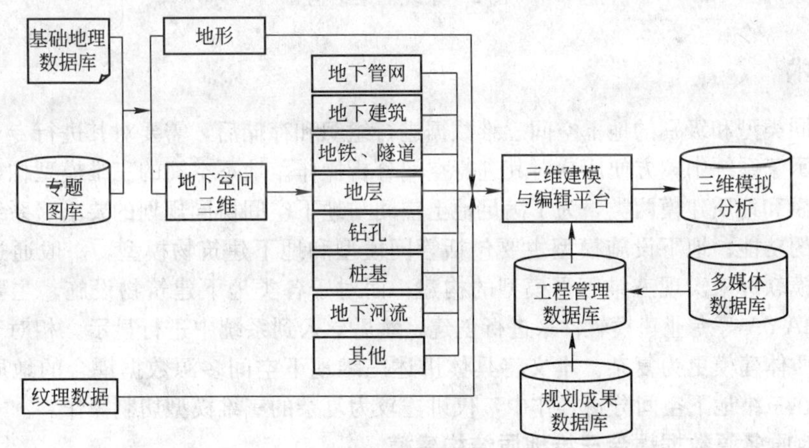

图 1 系统数据流程图

具体而言，此系统的构建需要综合运用地理信息系统、数据库、多媒体及虚拟现实等现代信息技术手段，实现对园区地形地理、地下空间、基础设施、场馆建筑、岩土结构、生态环境等信息的采集、更新和集成，并能涵盖世博园区地表、地上、地下等多维动态空间信息。针对这些种类繁多、数量庞大的信息，系统需要具备海量三维空间数据存储与管理能力，并提供空间地理信息和属性信息的多向检索与查询统计功能；此外，系统应具有场馆、地下构筑物、地下管网、地质体、钻孔、桩基、地下流域等多种对象的三维建模能力；并具有逼真的三维仿真效果和立体显示功能；同时能进行地下空间的虚拟现实漫游，具备丰富的三维空间分析能力，包括查询定位、空间距离量算、叠加分析、碰撞检测、基坑开挖模拟、剖切分析等，能辅助用户进行优化决策。此外，系统还应兼顾安全性、运行的稳定性、可靠性等方面的性能。总的来说，三维地下空间信息系统通过与世博园区地下基础设施工程的规划与建设过程紧密结合，从而形成一个具备多维信息存储能力、可视化能力和空间分析能力的综合系统(如图 2 所示)。

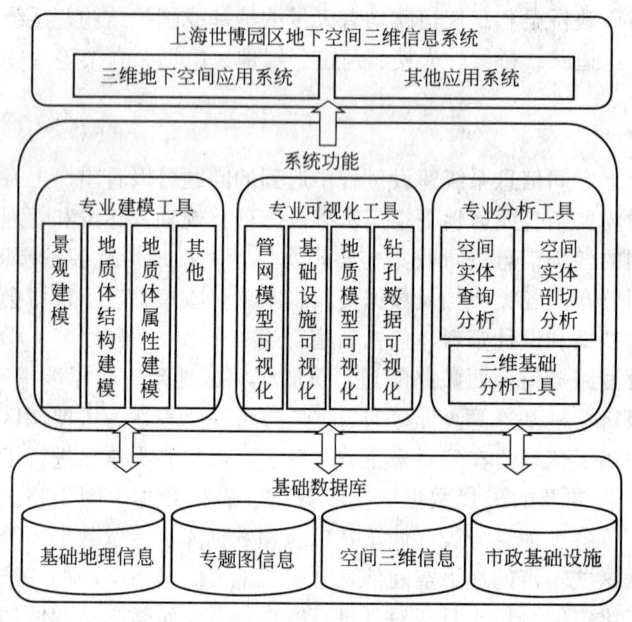

图 2　系统框架结构

5　关键技术

在对不同类型和级别的地下空间三维数据进行组织和存储后，需要对其进行专业的三维建模，以便显示于系统中，方便用户对其进行空间分析操作。地下空间的三维模型构建主要分为地下设施建模和地质建模两类，为了满足地上空间与地下空间协同规划的要求，系统还具有地面景观建模的功能。地下设施模型主要包括管网模型和地下建筑物模型，一般通过专业的管网、隧道建模软件来实现三维管网模型的构建；而对于各类地下建筑物设施，主要通过使用 3DMAX、MAYA 等专业建模软件来进行创建，然后导入到系统中进行显示。相对于基础设施的建模，地质体建模更为复杂。本文将具体讲述三维地下空间多源数据耦合的地质体建模过程。同时，在三维地下空间分析操作中，仅讲述较为复杂的三维模型切割操作。

5.1　城市地质多源数据耦合三维地质结构建模

地下空间中三维地质信息种类繁多、结构复杂，以上海市市区地质而言，具有工程地质层普遍的地质特征，因此可采用一种“地层到实体”的通用建模方法，根据钻孔、剖面、地层平面分布图(包含等高线)自动建立研究区域内的这类三维地层模型。

一般而言，可通过钻孔数据直接建立三维地层模型，而对于地质情况比较复杂的区域，如包含夹层、尖灭、透镜体等特殊地质现象的区域，可通过补充剖面、地层平面分布图(用于确定地层边界和地层面起伏变化情况)和设置参数等方式干预建模。

具体而言，首先需选择建模区域，提取建模区域内的钻孔数据、剖面数据及其他高程数据

(等高线、高程点等)，并定义地层主 TIN 模板，从而确定了待构建的三维地层模型的外边界和建模区域内各个地层层面的拓扑关系。接着，利用提取的多源数据对每个地层层面网格进行插值构建初始地层面，分别提取各个地层层面的控制点高程信息(包括钻孔数据库中的数据和剖面图中的控制点数据)，然后利用这些点插值求“主 TIN”上各个未知点的高程值。对处理好的地层进行相交处理，需要注意的是，如果插值后形成的 TIN 面出现上下地层层面交叉的情况，需要对地层层面的相交进行消除：首先可根据地层层序调整每一层面上的点；接着根据高程信息处理每一层的缺失及尖灭区域，使上下地层面在保持拓扑关系一致的前提下，消除重叠区域；最后根据缺失信息构建每一层的三维地层实体模型。

该方法不仅大大降低了建模的繁琐程度、节省了建模时间，又兼顾了模型的准确性，可大大提高建模效率。在实际应用中，通过充分整理了我院近五十年来工程勘察数据库的基础上，选择了世博区域内近百个据有代表性的钻孔数据，同时补充了最新的勘察成果，建立了世博园区三维地质模型。

图 3　地面景观模型

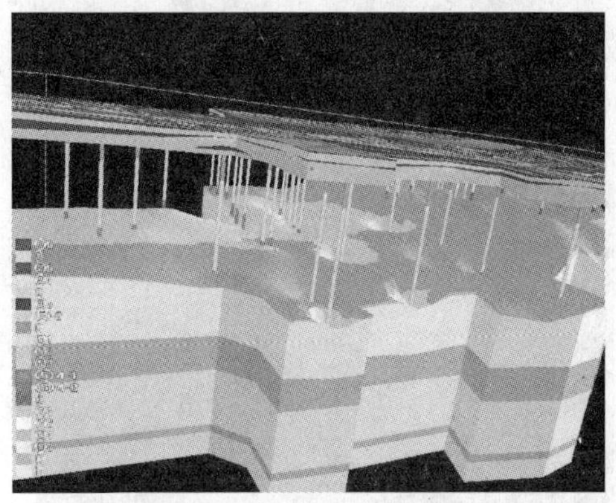

图 4　三维地层及钻孔模型

图 5　桩基模型

图 6　三维地下管网

5.2　三维模型切割

地下空间三维地质体建模的目的是为了更好地对三维地质信息进行观察和分析操作，因此系统设计了真三维模型切割功能来对各类地质体模型进行分割，获取需要的地层、地物信息，从而分析三维空间中各类地下空间实体之间的关系，为基坑开挖、地下空间的规划、建设和安全提供辅助决策支持。

具体而言，通过读取线文件或交互操作等方式确定剖切路径信息，然后利用平面剖切、水平剖切、斜切、折线垂直剖切及组合剖切等多种剖切方式，沿着切割路径进行切割操作，从而获取平面剖切模型、任意平面切割模型、折线剖切模型、组合切割模型、隧道切割模型、虚拟钻孔模型和动态剖切模型等。

图 7 桩基模型

图 8 隧道开挖模拟

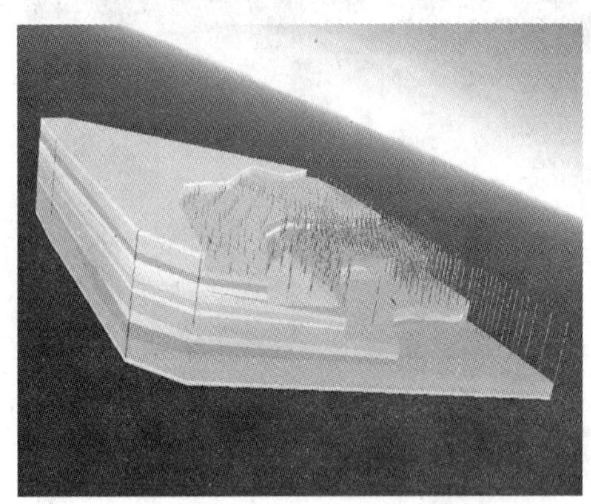

图 9 地层动态剖切

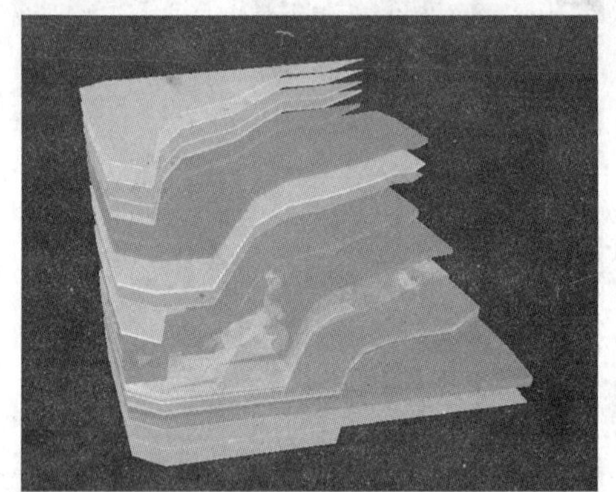

图 10 地层剖切与剥离

6 结论

本文结合上海世博园区地下空间建设需求，综合利用计算机技术，网络及数据库技术、三维 GIS 技术、虚拟显示技术构建了一个通用的三维地下空间信息系统，此系统具有海量空间数据管理能力，实现了园区范围内主要建筑项目的统一管理，并支持地表、地下大规模场景信息的三维可视化表达和集成分析操作，可以方便快捷地存取、编辑、分析和展示世博园区的三维空间地理形态及基础设施建设情况，为世博园区的动拆迁、建设控制、施工管理、地下空间利用以及后续的可持续利用等各个方面提供决策支持。

参考文献

[1] 刘修国，陈国良，侯卫生，尚建嘎. 基于线框架模型的三维复杂地质体建模方法 [J]. 地球科学-中国地质大学学报. 2006 年 05 期

[2] 郑坤，侯卫生，刘修国. 三维城市地球物理数据管理与服务系统框架 [J]. 地球科学-中国地质大学学报. 2006 年 05 期

[3] 侯卫生，刘修国，陈国良. 一种基于平面地质图的复杂断层三维构建方法 [A]. 城市地质研讨会论

文集［C］. 2005 年

［4］ 朱良峰，刘修国，尚建嘎. 面向城市地质信息系统的 3DGIS 关键技术探讨［A］. 中国地理信息系统协会第八届年会论文集［C］. 2004 年

［5］ 琚娟，朱合华，李晓军. 基于特征约束的地下空间一体化数据模型研究［J］. 地下空间与工程学报；2007 年 3 卷 2 期

［6］ 金江军，潘懋，屈红刚，王占刚，明镜. 三维地质建模及其在地下空间开发中的应用［J］. 国土资源信息化；2007 年 3 期

［7］ 李明超. 复杂工程地质信息三维可视化分析理论与应用研究［D］. 天津大学；2003

［8］ 易红. 逆断层地质等值线构造系统的设计与实现［D］. 西北大学. 2002

［9］ Qiang Wu，Hua Xu. An effective method for 3D geological modeling with multi-source data integration ［M］. Computers & Geosciences. 2005

［10］ Matthias K. Visualization of geographically related multidimensional data in virtual 3D scenes［M］. Computers & Geosciences. 2000

中国上海世博会场址地基土分布特征和关键土层研究

孙　莉、陈　波
（上海岩土工程勘察设计研究院有限公司）

摘　要：本文根据大量的工程资料，对上海世博场址的地基土分布特征以及关键土层进行研究，并针对关键土层分布特点，分别按天然地基和桩基对场址进行工程地质分区，有助于规划设计以及政府决策部门参考，同时对世博场址各项目的详勘具有指导意义。

关键词：世博场址，地基土分布特征，关键土层，天然地基和桩基条件分区

1　概况

2010 年中国上海世博会场址位于上海市黄浦区、卢湾区和浦东新区的交汇处，南浦大桥和卢浦大桥之间的黄浦江滨水区域，由浦西、浦东两部分组成，规划面积 5.28km^2。世博场址内除世博轴、国家馆、主题馆、公共活动中心、演艺中心为永久建筑外，其他外国国家馆、国际组织馆均为 2～3 层展馆，以临时性建筑为主。另外，为充分利用地下空间，世博场址将进行大规模地下空间的开发，包括建设地下停车场、地下商场、地下综合体等，场址范围内还有数条地铁线穿越。

世博会场址内地基土条件复杂，涉及各类岩土工程问题，因此对场址范围地基土分布特征及关键土层特性进行研究是十分必要的。

2　世博场址地基土分布特征

世博会场址 100m 深度范围共涉及全新世第①层填土、第②层滨海～河口相粉质黏土（近黄浦江两岸为②$_0$ 层江滩土，土性为粉土）、第③、④层滨海～浅海相淤泥质黏性土、第⑤层滨海～沼泽溺谷相黏性土及粉土，晚更新世第⑥层湖沼相粉质黏土（硬土层）、第⑦层河口～滨海相粉性土、砂土层、第⑨层滨海～河口相砂土以及中更新世第⑩层河口～湖泽相黏性土。世博场址范围内地层分布具有如下主要特点：

（1）填土厚度普遍大，局部有钢渣土分布；

（2）黄浦江沿岸有第②$_0$ 层江滩土分布；

（3）场址东部第⑥层暗绿色硬土层分布稳定，为“地层正常区”；西部受古河道切割，缺失第⑥层及⑦$_1$ 层，第⑦$_2$ 层层面起伏大，为“古河道区”。世博场址范围“地层正常区”和“古河道区”分布范围见图 1；

（4）场址西部古河道切割区第⑤层厚度大，其中第⑤$_2$ 层粉性土分布范围广；

（5）第⑦层粉性土、砂土层与第⑨层砂土层直接相连，缺失第⑧层黏性土层。

世博场址 100m 深度范围所涉及的地层特性情况详见表 1，典型的地层剖面见图 2。

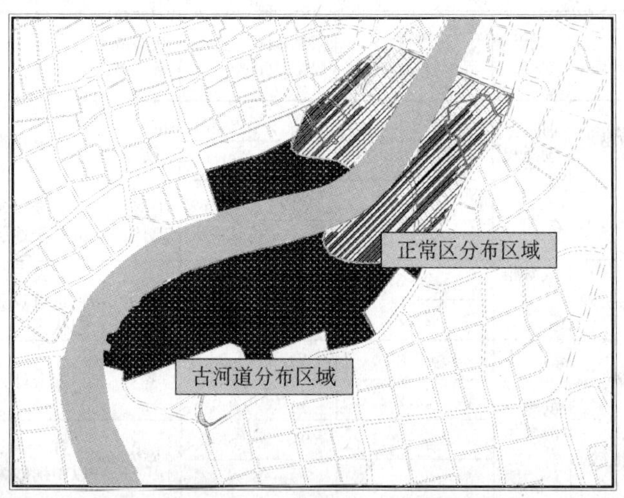

图 1　世博场址正常区和古河道区分布图

世博会场址区地层分布特性表　　表 1

地层时代	层序	土层名称	成因类型	厚度（m）	层底埋深（m）	状态或密实度	土层特征
Q_4^3	①	填土	人工	1.2～6.0 3.0	3.2～－2.45 1.5		含大量的碎砖石、垃圾等杂质，一般下部为以黏性土为主的素填土
	②$_0$	江滩土（砂质粉土、黏质粉土）	河床相	2.6～15.0 8.6	－0.93～－15.0 －7.6	松散	含云母、贝壳碎屑，局部夹较多黏性土，土质不均。分布于黄浦江两岸
	②$_1$	褐黄～灰黄色粉质黏土	滨海～河口相	0.7～2.6 1.5	1.7～0.2 0.8	可塑～软塑	含铁锰质结核，夹灰色条纹。除江滩土分布区及明、暗浜区外，遍布
Q_4^2	③	灰色淤泥质粉质黏土	滨海～浅海相	1.5～6.2 4.0	－4.6～－5.8 －5.0	流塑	含云母及少量有机质，夹薄层粉砂，局部夹较多粉性土。土质不均
	④	灰色淤泥质黏土		2.0～11.5 8.0	－10.3～－14.5 －12.2	流塑	含云母，下部夹较多贝壳碎屑，夹少量薄层粉砂。土质均匀
Q_4^1	⑤$_1$	灰色粉质黏土	滨海、沼泽相	6.0～12.0 9.0	－19.0～－22.5 －21.2	软塑	含钙质结核及腐殖质。浦东⑤$_2$层分布区厚度较薄，局部缺失
	⑤$_2$	灰色砂质粉土		2.5～40.0 17.6	－18.0～－54.4 －31.7	稍密～中密	含云母及少量贝壳碎屑，局部为粉质黏土与粉砂互层。分布于古河道区
	⑤$_3$	灰色粉质黏土	溺谷相	1.8～27.3 14.6	－20.3～－51.8 －41.0	软塑～可塑	含云母，夹薄层粉砂，分布于古河道区
	⑤$_{4-1}$	灰绿色粉质黏土		1.5～3.4 2.0	－27.7～－51.6 －42.7	可塑～硬塑	含云母、少量有机质斑点及氧化铁斑点。分布古河道地区
	⑤$_{4-2}$	灰绿色砂质粉土		0.9～6.0 3.3	－30.8～－52.8 －44.4	中密	含云母、夹较多黏性土。分布古河道地区，仅局部零星分布

续表

地层时代	层序	土层名称	成因类型	厚度（m）	层底埋深（m）	状态或密实度	土层特征
Q_3^2	⑥	暗绿色粉质黏土	河口～湖泽相	1.6～5.0	−22.6～−27.8	可塑～硬塑	含氧化铁斑点。分布正常区
				4.2	−24.5		
	⑦$_1$	草黄色砂质粉土	河口～滨海相	4.0～6.0	−30.2～−41.8	中密～密实	含云母及少量氧化铁斑点，主要分布于地层正常区
				5.0	−34.6		
	⑦$_2$	灰黄～灰色粉砂		15.0～37.5	−58.6～−71.7	密实	含长石、石英，土质均匀、致密，钻进有反弹。遍布，古河道区层顶起伏大
				27.2	−65.5		
Q_3^1	⑨$_1$	灰色细砂	滨海～河口相	9.4～19.0	−71.8～−83.3	密实	含云母、石英，土质均匀致密
				15.2	−78.8		
	⑨$_2$	灰色含砾细砂		11.5～30.0	−94.75～−105.3	密实	含云母、石英，土质均匀致密，以中细砂为主，夹较多砾石
				20.7	−98.3		
Q_2^2	⑩	蓝灰～褐灰色粉质黏土	河口～湖泽相	2.9～6.0	−98.64～−103.6	硬塑	含钙质、铁锰质结核
				4.5	−101.1		

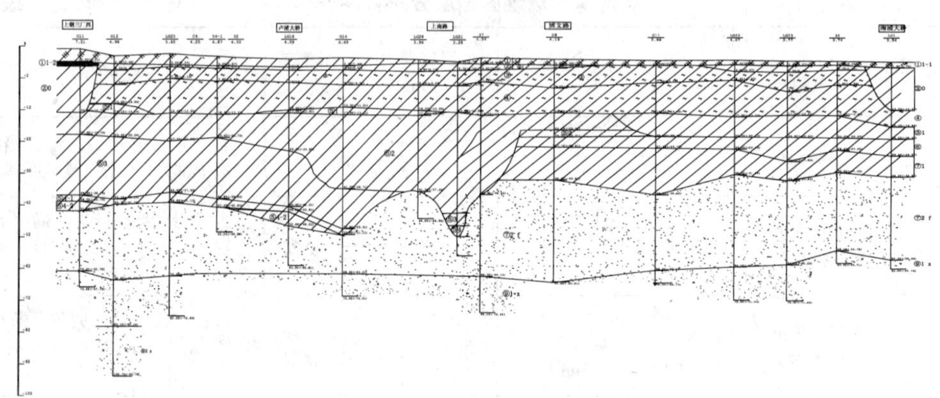

图 2　世博场址典型工程地质剖面图

3　关键土层分布及工程特性研究

世博会场址内各类展馆建设、地下空间开发主要涉及天然地基、桩基工程、基坑开挖等。本文根据场址地层特点，对基础设计、地下空间开发影响较大的第①$_1$ 层中钢渣土、②$_0$ 层江滩土、第⑤$_2$ 层粉土、第⑥、⑦层关键土层特性进行研究。

3.1　第①$_1$ 层中钢渣土

（1）钢渣土分布

钢渣土系黄浦江沿岸部分区域由于原始地势低洼，在沿岸工厂建设初期采用工业废渣回填形成，主要分布在江南造船厂和上钢三厂沿江一带，厚度一般 3～5m，局部区域（如原钢渣坑）厚度很大。

（2）钢渣土的工程特性

钢渣填料一般呈块状，块体大小不一，均匀性极差；少量情况以细颗粒状态（粉煤灰）存在，颗粒呈粉末状，比较均匀。

根据工程经验，粉末状钢渣，颗粒均匀，采用强夯等处理措施对其进行加固后可用作天然地基。块状钢渣土，颗粒不均匀，一般不能用作天然地基；另外大块钢渣对预制桩沉桩和基坑围护极为不利，桩位处或围护墙体位置均应采取事先挖除再用素土回填处理。

3.2 第②$_0$层江滩土

(1) 江滩土的分布范围

黄浦江两岸分布江滩土(第②$_0$层)，属于新近沉积土，从沉积环境和分布规律看，符合一定的河床相沉积规律，其中凸岸呈堆积地形，凹岸为冲刷地形。浦东后滩以及浦西岸线为凸岸，江滩土厚度大，最大厚度可达15m，且分布范围较广，堆积宽度约为50～200m，浦东卢浦大桥～南浦大桥岸线为凹岸，江滩土分布范围小，仅在周家渡一带有分布，且厚度较小。场址范围内江滩土分布范围及厚度等值线详见图3。

图3 世博场址第②$_0$层分布范围及厚度等值线图

(2) 江滩土的特性

第②$_0$层上部呈黄褐色，很湿～饱和，以粉土为主，夹较多腐殖质，土性较为混杂；下部一般呈灰褐色，饱和，夹多量腐殖质、煤屑、棕麻丝等杂物，土层结构与层理不清晰，土质不均匀。根据场址范围勘探资料分析，浦东后滩一带颗粒较细，以黏质粉土为主；浦西和浦东周家渡一带粉土颗粒较粗，以砂质粉土为主，局部为粉砂。

(3) 江滩土的工程性质

第②$_0$层以粉土为主，土质松散，渗透系数大，在震动下易产生液化，在动水作用下易产生流砂或管涌，因此基坑围护时应注意围护结构的隔水和止水措施。

第②$_0$层地基土强度与第②$_1$层基本相当，当厚度较大时，缺失第③层甚至第④层淤泥质土。该层若为不液化土层，可作为天然地基持力层(当该层为液化土层时，按抗震规范要求，未经处理不宜作为天然地基持力层，丁类建筑及临时性建筑除外)；且有利于控制沉降量。但应注意，该层土性不均，局部含大量黏性土，沉降及不均匀沉降较大，工程设计时应留有一定的安全度。

3.3 第⑤$_2$层砂质粉土

(1) 第⑤$_2$层分布范围

场址范围内第⑤$_2$层砂质粉土主要分布于古河道区，浦西呈条带状分布，范围较小，层顶标高约－22～－30m，厚度变化大，约6～30m；浦东古河道区第⑤$_2$层普遍分布，层顶标高约－12.0～－14.0m，但厚度变化大，8m至40m不等，由西北往东南方向厚度逐渐增加，上钢三厂后滩一带，厚度一般小于10m，卢浦大桥以东区域第⑤$_2$层厚度普遍在20m以上。世博场址第⑤$_2$层分布范围及厚度等值线见图4。

图4 世博场址第⑤$_2$层厚度等值线图

(2) 第⑤$_2$层工程特性

第⑤$_2$层以砂质粉土为主，夹薄层粉质黏土，具一定的层理结构，一般呈稍密～中密状。该层土性较好，可提供的桩端阻力较大，但能否作为桩基持力层，与该层的埋深及厚度有关，如浦东上钢三厂后滩一带，第⑤$_2$层厚度一般小于10m，由于埋藏偏浅，且下伏软黏性土，故只能作为对承载力要求不高建筑的桩基持力层；而卢浦大桥以东区域第⑤$_2$层厚度普遍在20m以上，则可提供较高的单桩承载力，且沉降量容易控制，完全可作为高层建筑或大型展馆的桩基持力层。

第⑤$_2$层属微承压含水层，承压水头埋深为3～11m，特别是浦东第⑤$_2$层埋藏浅，层顶埋深约18m，按不利条件考虑，基坑开挖度达9m以上就有产生突涌的可能。

3.4 第⑥层暗绿色粉质黏土(硬土层)

(1) 第⑥层分布范围

第⑥层暗绿色粉质黏土是上海地区晚更新世Q3(地质年代)标志层，该层主要分布于世博场址的东部，层顶埋深一般为24m，厚度约3～4m。图1中的地层正常区均有第⑥层暗绿色硬土层分布。

(2) 第⑥层工程特性

第⑥层为可塑～硬塑状态，是承压水与潜水层的隔水层，对抗基坑突涌是有利的。第⑥层土性较好，可以作为桩基持力层，但由于其埋藏深度不大，且上部以软黏性土为主，若以其作持力层，提供的单桩承载力不高，可作为对单桩承载力要求不高建筑的桩基持力层。

3.5 第⑦层粉性土、砂土

(1) 第⑦层分布范围

第⑦层粉性土、砂土一般分为两个亚层，第⑦$_1$层砂质粉土和第⑦$_2$层粉砂。第⑦$_1$层仅在正常区分布，古河道区缺失；第⑦$_2$ 层整个场址区均有分布，厚度大，该层正常区埋深较稳定，层顶埋深一般约 35m，而古河道区该层埋藏深度大，且有一定起伏。世博场址第⑦层层顶标高等值线详见图 5。

图 5　世博场址第⑦层层顶标高等值线图

(2) 第⑦层工程特性

第⑦$_1$ 层一般呈中密状，第⑦$_2$ 呈密实，均为理想的桩基持力层，可获取较高单桩承载力，且对变形控制有利。采用预制桩，一般可进入第⑦层 4～5m，承载力以桩身结构强度控制为主；如采用钻孔灌注桩，为充分发挥桩身结构强度，宜以第⑦$_2$ 层作为桩基持力层。

第⑦层是第一承压含水层，承压水的埋深一般为地表下 3～11m，正常区第⑦层层顶埋深仅约 28m，基坑开挖深度在 15m 以上就应考虑基坑突涌问题。

4　不同基础形式的地基条件分区

上海世博会世博轴、中国国家馆、主题馆、公共活动中心等为永久建筑，为大跨度建筑，单柱荷重大，须采用桩基，与深部土层分布密切相关。外国国家馆和国际组织馆等以临时性建筑为主，为今后拆除方便，一般采用天然地基，其地基条件主要与浅部土层分布有密切关系。本文通过对世博场址关键土层的研究，针对世博会建设的特点，按天然地基和桩基分别对地基土进行分区。

4.1　世博场址天然地基条件分区

世博场址范围内浅部土层分布变化大，主要表现在黄浦江两岸江滩土(第②$_0$ 层)分布区地基承载力较高，孔隙水压力容易消散，对控制附加压力产生的沉降量有利；而无江滩土分布区，第②$_1$ 层下分布第③、④层软黏性土，地基承载力较低，沉降量较大，收敛时间长；同时，有无第⑤$_2$ 粉土和第⑥层硬土层分布对沉降量有一定影响，故对世博场址天然地基基础条件进行分区时，主要根据浅部江滩土以及第⑤$_2$、⑥层的分布情况进行分区，分区原则——先按有无第②$_0$ 层江滩土划分为Ⅰ、Ⅱ两个区；再根据有无第⑤$_2$、⑥层划分亚区。各分区的地层组合详见表 2，分区图详见图 6。

世博园区天然地基条件分区表　　**表 2**

分区	Ⅰ区(无江滩土)			Ⅱ区(有江滩土)		
	Ⅰ-1	Ⅰ-2	Ⅰ-3	Ⅱ-1	Ⅱ-2	Ⅱ-3
	正常区，有第⑥层分布	古河道区，无第⑤$_2$层	古河道区，有第⑤$_2$层	正常区，有第⑥层分布	古河道区，无第⑤$_2$层	古河道区，有第⑤$_2$层

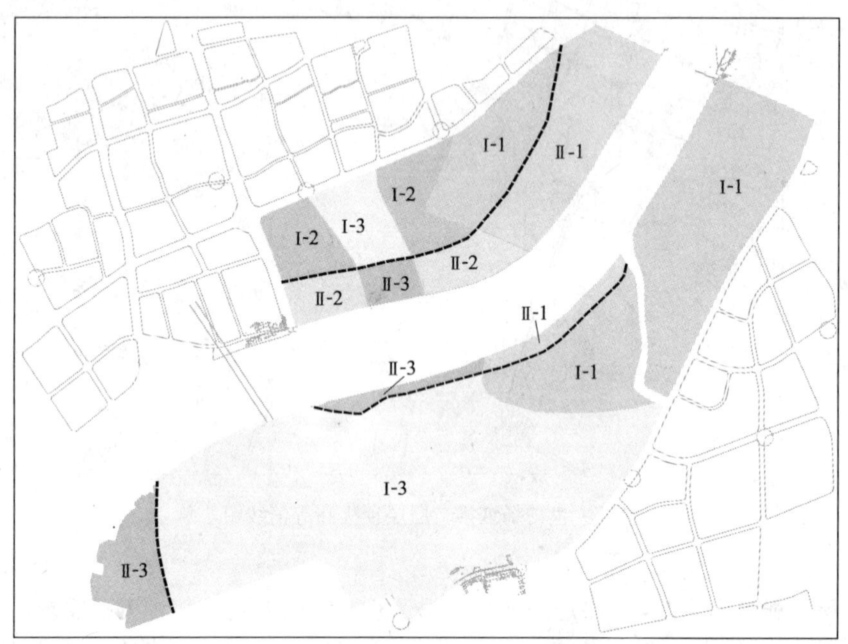

图 6　世博场址天然地基条件分区图

4.2　世博场址桩基条件分区图

世博场址东部为地层正常区，西部为古河道区。正常分布区第⑦层埋藏适中，为理想的桩基持力层，荷重不大时亦可选第⑥层作桩基持力层；古河道区第⑦层埋深大，第⑤层总厚度大，且大部分区域分布第⑤$_2$层粉土，可选择的桩基持力层为⑤$_2$层(⑤$_2$层较薄或缺失区可选⑤$_3$层)，荷重很大时，宜选⑦层作桩基持力层。

考虑正常区与古河道区地层组合不同及第⑤$_2$层空间分布不稳定，导致桩基条件有明显差异，确定分区原则——先将正常区与古河道区划分为 A、B 两个区；再根据第⑤$_2$层分布及厚度进行亚区划分。

各分区的地层组合特点详见表 3，分区图详见图 7。

世博园区桩基工程条件分区表　　**表 3**

分区	A区(地层正常区)		B区(古河道区)		
	A-1	A-2	B-1	B-2	B-3
地层组合特点	第⑥层正常分布		第⑥层缺失、第⑦层埋藏大		
	无第⑤$_2$层分布	有第⑤$_2$层分布	无第⑤$_2$层分布	第⑤$_2$层粉性土厚度 < 10m	第⑤$_2$层粉性土厚度 > 10m

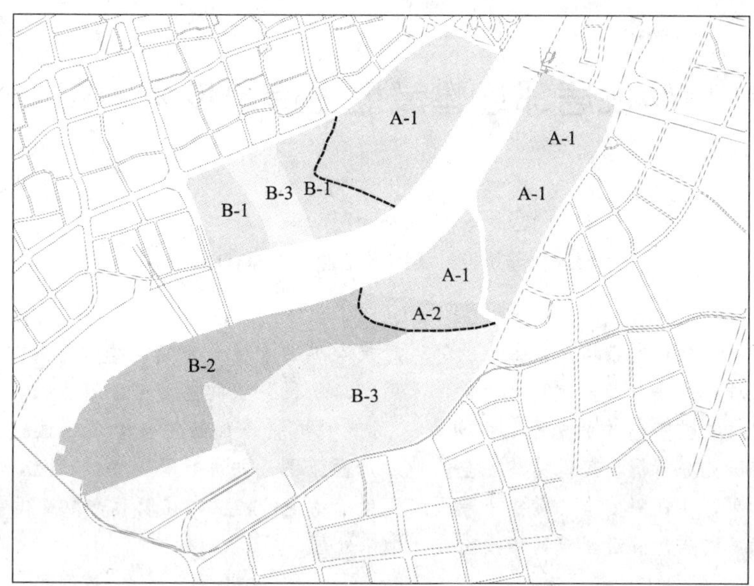

图7 世博场址桩基条件分区图

5 结论

1. 整个世博场址范围地层分布较复杂，东部为正常区，第⑥、⑦层分布稳定；西部为古河道区，第⑥层缺失，第⑦层起伏大，相应分布厚层第⑤层沼泽溺谷相沉积物，其中浦东区域普遍分布第$⑤_2$层粉性土，但层底深度及厚度变化大。

2. 世博会场址关键土层为第$①_1$层钢渣土、第$②_0$层江滩土、第$⑤_2$层粉性土、第⑥层硬土层及第⑦层粉性土、砂土层。这些关键土层与建筑基础形式的选择(天然地基、桩基)以及地下空间开发有密切的关系。

3. 根据浅部有无江滩土分布进行了天然地基条件分区，相对而言，Ⅱ区天然地基条件较Ⅰ区好。

4. 根据正常区和古河道区进行了桩基条件分区。其中A区桩基条件最好，第⑦层是十分理想的桩基持力层；B区桩基条件不如A区，如有厚层第$⑤_2$层粉性土分布，同样可作为桩基持力层，B区桩基条件从好到差依次为B-3、B-2、B-1。

参考文献

[1] 上海市工程建设规范《岩土工程勘察规范》DGJ 08—37—2002

[2] 上海市工程建设规范《地基基础设计规范》DGJ 08—11—1999

世博民居邻近建筑堆土造景技术创新

梁永辉、陈国栋、水伟厚、詹金林
（上海现代建筑设计集团申元岩土工程有限公司）

摘　要：针对厚层松散杂填土地基上的邻近建筑人工造景堆土对建筑结构的影响问题，综合利用传统理论方法与商业有限元软件，采用“二阶段”法的被动桩分析方法，得出堆土高度对建筑结构桩基结构的影响，并创新采用旋喷桩联合加筋复合垫层方法进行地基处理，通过有限元分析得出确保结构安全的地基加固范围，并进行了现场的试验，取得了较好的加固效果，在保障安全的前提下最大限度地节约造价，值得在以后类似工程中推广。

关键词：世博民居，邻近建筑，堆土造景，地基处理

1　工程背景

上海世博民居文化区地处浦东三林楔形绿地南片结构规划区域，原为工业厂房用地，用地范围南抵环南大道，北邻华夏西路，西临黄浦江，东侧为南北向浦江路。拟建场地沿黄浦江岸线呈带状展布(沿黄浦江岸线长约 1.8km，平均进深 230m)，两条内河道(三林塘港、三林北港)将用地南北分为三大地块，将建成三个功能区域，分别为文化及商业展示区域、酒店服务区域、商业会所区域。

拟建物具体设计资料见表 1。根据规划设计要求，部分建筑物外围地面将回填 2～5m 高的填土，局部填土标高可达 10.0m 左右。建筑多为 1～3 层，采用 PHC 桩，建筑物呈片状布置，建筑物之间距离较小。

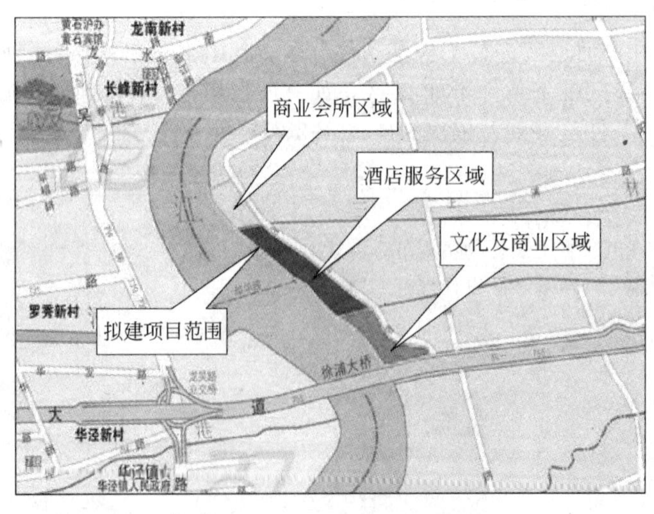

图 1　拟建工程地理位置示意图

拟建物基础资料一览表 表1

主项名称	建筑层数（地上/地下）	建筑物高度(m)	结构形式	基底标高(m)	柱下最大荷载(kN)	基础形式
地块 A4-1 文化及商业区	1/1	12.0	框架	2.7	2200	桩基础
地块 A3-5 古民居别墅酒店	1/1	10.0	框架	2.7	4592	桩基础
地块 A2-2 新酒店	1-5/1	24.0	框架	2.8	5867	桩基础

本场地地处黄浦江边，且场地部分区域曾经为垃圾填埋场，土质条件差，邻近建筑物外围的填土会使建筑物的地基产生较大的沉降，同时地基土产生的水平位移也会对建筑物下已有的PHC桩产生破坏影响。为减小PHC桩产生的负摩阻力和土体对桩身的水平作用力，须针对填方之下地基土体的稳定性及变形对桩基结构的影响进行分析，并有针对性地采取经济有效的地基处理措施。

为研究本场地堆土对新建建筑物结构安全的影响，设计中采用传统理论分析与有限元分析相结合的“两阶段”分析方法，就堆土对结构桩基的影响进行了评价，并提出采用旋喷桩联合加筋复合垫层的新型处理工艺，取得了良好的加固效果。

2 工程地质概况

2.1 土层分布

经勘察及现场调查，拟建场地原为地势较低的河岸滩涂，黄浦江东岸三林塘港两岸新中国成立前即为垃圾填埋及转运场所。拟建场地已经过多次人为改造，浅部地质条件复杂，分布有填土、江滩土等，地层结构不均匀，存在特殊性土，场地地层分布及描述如表2。

场地主要土层分布情况 表2

土层序号	土层名称	成因类型	层厚(m)	状态/密实度	压缩性
①A	杂填土	人工堆填	1.5～10.5	松散	
①B	素填土		1.3～4.5	松散	
②0	灰色黏质粉土	河流	3.1～16.3	松散～稍密	中
④1	灰色淤泥质黏土		1.0～9.6	流塑	高
④2-1	灰色砂质粉土夹黏性土	滨海～浅海	0.8～5.0	稍密为主	中
④2-2	灰色砂质粉土		1.8～5.7	中密为主	中
⑤1	灰色粉质黏土	滨海～沼泽	0.9～4.6	软塑	中～高
⑤3	灰色粉质黏土	溺谷	1.0～5.9	软塑	高
⑤4	灰绿色粉质黏土		1.2～1.8	可塑	中
⑥	暗绿～草黄色粉质黏土	河口～湖泽	1.2～7.0	可塑	中
⑦	草黄色砂质粉土	河口～滨海	未穿	中密～密实	中

2.2 特殊土分布

(1) 生活垃圾(①A层)

该场地在近期以堆填生活垃圾为主，最大堆积高度曾达10余m。后来多已运走，现生活垃圾分布高度已经接近或低于一般正常地面，以勘探点JK9至JK12为界，以西生活垃圾顶面标高约4.2～4.5m，厚约2.5～3.5m，以东顶面标高约3.1～3.4m，厚约1.8～3.0m。其成分主要有塑料袋、布条等组成，生活垃圾夹杂砖块、碎石，成分复杂，土质差。

(2) 厚层杂填土(①A 层)

拟建场地濒临黄浦江，三林塘港两岸又为垃圾填埋及转运场所，场地内存在大量的杂填土，分布不稳定，一般厚 4.0～6.0m，揭露最大厚度 10.5m，状态不均匀，多为松散状态，主要以煤渣及碎石、砖块等为主，夹杂少量黏性土、生活垃圾。

(3) 建筑垃圾(①A 层)

拟建文化及商业区场地南部及文塘江以北别墅酒店场地原为厂房，新酒店场地南部为煤炭堆场，在勘探点 JK1 及 JK72 等局部地下存在厚层混凝土，根据揭露情况，最大厚度大于 1.0m，同时，局部地表分布有大量混凝土块及砖块、碎石等建筑垃圾。

(4) 堆土(①B 层)

在文塘江以南别墅酒店场地，分布有大量松散堆土，为近期形成，堆积高度 1.5～5.0m 不等，多为以黏性土、粉土为主的素填土，混少量建筑垃圾及碎贝壳等，较松散。

(5) 江滩土(②0 层)

拟建场地濒临黄浦江，场地内新近沉积了一定范围及厚度的江滩土，受填土影响埋藏较深，一般分布在地面下 4.0～6.0m，最大近 10.5m，层厚 3.5～16.0m，以黏质粉土为主，状态不均匀，多为松散状态，物理力学性质较差，局部区受人为堆填等压实影响，为稍密状态。

(6) 水塘及河底淤泥

勘察期间，在拟建别墅酒店场地西南部因挖土等形成一水塘，南北长约 160m，东西宽 30～70m 不等，最大水深 2～3m，其底部主要为杂填土。在拟建别墅酒店中部分布有文塘江，现状为已经淤塞的河汊，河底仅在黄浦江高潮水位时淹没，分布有一定厚度的淤泥，物理力学性质差。

(*a*)

(*b*)

图 2 场地特殊土照片

(*a*)文化及商业区淤塞的河汊及生活垃圾；(*b*)文化及商业区场地南部建筑垃圾

3 填土对建筑地基的影响分析

3.1 不同填土高度对地基变形及建筑桩基基础的影响

采用有限元软件分析邻近建筑物不同高度的填土对邻近建筑物边缘填土地基的沉降和建筑物基础下土体的最大水平位移的影响。表 3 为不同填土高度时，填土区及邻近建筑边缘地基的最大沉降和最大水平变形计算结果。

填土高度对地基变形的影响 表3

填土高度(m)	填土地基最大沉降(cm)	建筑边缘填土地基最大沉降(cm)	基础下土体的最大水平位移(cm)
2.0	14.9	7.0	3.0
2.5	18.6	10.1	3.7
3.0	22.5	12.2	4.5
3.5	26.5	14.5	5.4
4.0	30.6	17.1	6.3
4.5	34.8	20.0	7.3
5.0	39.2	23.2	8.4

图3表示的是5.0m填土高度时地基的变形。从图中可以看出，土体的最大竖向位移基本位于填土的中心区域，土体的最大水平位移位于地面以下15m左右区域，该区域主要位于土层中最薄弱的④1层层顶。由图4，最大堆土厚度5.0m处产生原地表沉降值约为39.2cm，填土邻近建筑物边缘原地表沉降值约为23.2cm。上海地区地基沉降对于多层框架结构，独立基础沉降允许值在200～250mm，而桩基础的沉降允许值在150～200mm。由于邻近堆土的建筑为地上一层，地下一层结构，采用32m长PHC管桩，且结构设计单位在桩基设计时已经考虑了负摩阻力影响，因此，填土地基竖向变形对于建筑物基础的竖向承载问题影响不大，主要考虑地基可能发生的水平变形对桩基结构的影响。根据分析，邻近堆土建筑边缘最大水平位移约5cm，深度在8～10m左右。填土作用下地基土水平变形较大，会对桩身产生较大的水平推力。

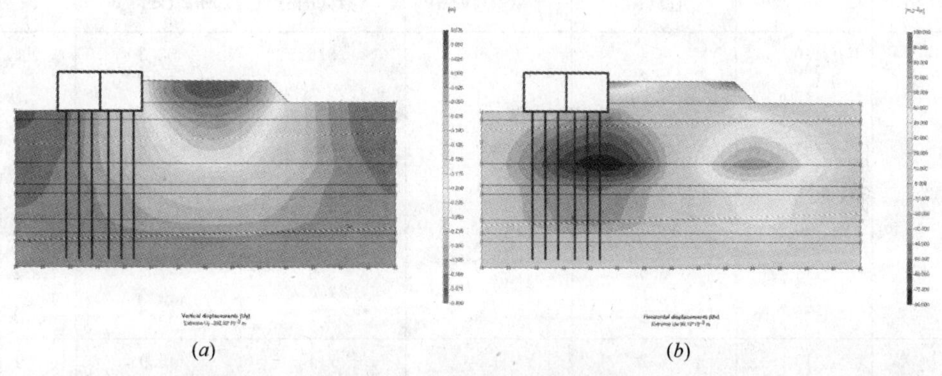

(a) (b)

图3 5.0m填土高度时地基变形

(a)土体竖向位移云图；(b)土体水平位移云图

桩身的最大水平位移和弯矩采用计算被动桩常用的两阶段法。由于桩顶承台或承台梁与基础底板固接，水平力作用下，桩顶为固定。将有限元计算出来的填土对建筑基础下土体产生的附加应力等效值作用在桩身的外力，PHC管桩与土体之间的作用采用弹性地基梁的方法，侧向基床系数选用灰色淤泥质黏土④$_1$层水平向基床系数k_H=3000kN/m^3。根据管桩抗弯性能反

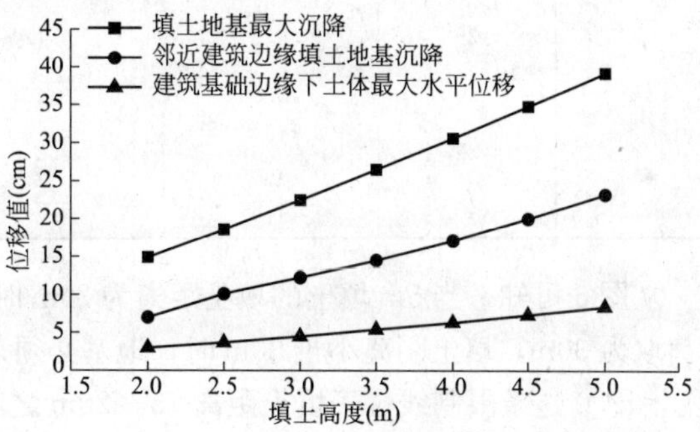

图4 填土高度与地基变形关系图

算需要处理填土的临界高度为 3.2m。

填土高度对建筑物基础变形的影响　表 4

填土高度(m)	桩身最大水平位移(mm)	桩身最大弯矩 M_{max} (kN·m)	M_u/M_{max}
2.0	3.7	23.3	3.3
2.5	4.8	30.0	2.6
3.0	5.7	35.6	2.2
3.5	7.1	44.0	1.8
4.0	8.3	51.7	1.5
4.5	9.5	58.8	1.3
5.0	10.6	65.9	1.2

注：PHC 桩极限抗弯强度 M_u＝77kN·m

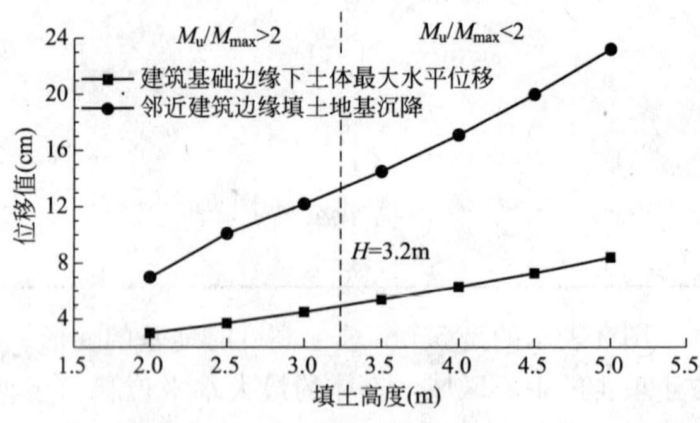

图 5　填土高度与邻近建筑物边缘填土地基变形关系图

3.2　不同填土高度对地基变形及建筑桩基基础的影响

填土距离是指填土高度 H 超过 3.2m 区域与建筑物基础边缘的最短水平距离。本次分析是主要针对 5m、4m 高度的填土，这主要是为了模拟高填土离建筑物的不同距离对建筑物地基变形的影响。

填土距离对建筑物基础变形的影响　表 5

填土高度(m)	填土距离(m)	基础边缘最大沉降(cm)	基础下土体最大水平位移(cm)	桩身最大水平位移(mm)	桩身最大弯矩 M_{max}(kN·m)	M_u/M_{max}
5.0	10	8.4	7.9	9.6	58.2	1.3
	15	7.7	7.1	8.5	53.0	1.5
	20	7.1	6.5	7.8	48.6	1.6
	25	6.6	6.1	6.8	42.0	1.8
	30	6.1	5.5	6.2	38.2	2.0
	35	6.0	5.2	5.9	37.2	2.1
	40	5.9	5.0	5.7	35.7	2.2
4.0	10	7.7	5.5	7.4	45.9	1.7
	15	7.1	5.2	6.5	40.1	1.9
	20	6.3	5.0	5.9	36.9	2.1
	25	5.6	4.7	5.3	33.1	2.3
	30	5.3	4.4	4.9	30.4	2.5
	35	5.0	4.2	4.7	29.5	2.6
	40	4.8	3.9	4.6	28.8	2.7

从图 6 可知，当 5m 填土的填土距离为 30m 时，M_u/M_{max}＝2.0，因此建议 5m 填土的安全距离取为 30m，填土距离小于 30m 时，地基必须采取相应的措施；当填十高度为 4m 时，M_u/M_{max}＝2.0 这条限制线位于填土距离 15～20m 之间，因此建议 4m 填土的安全距离取为 20m，填土距离小于 20m 时，地基必须采取相应的措施。

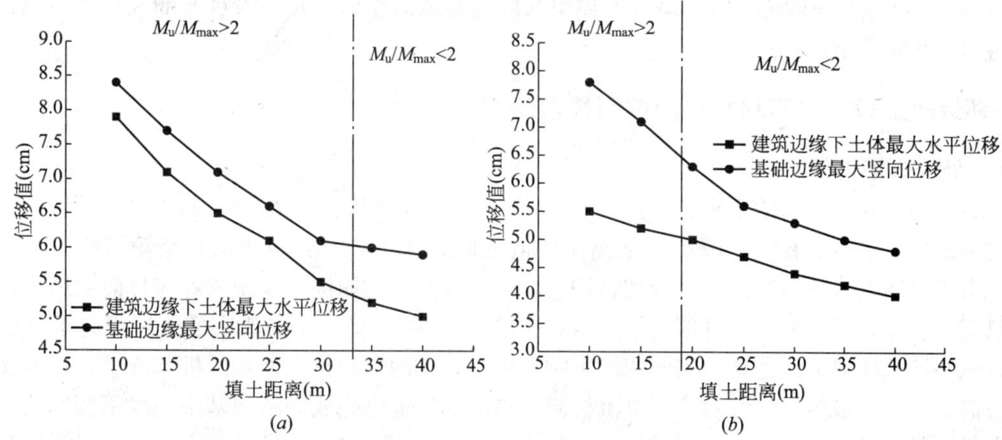

图 6　填土距离与建筑物基础下变形关系图

(a)5m 填土高度；(b)4m 填土高度

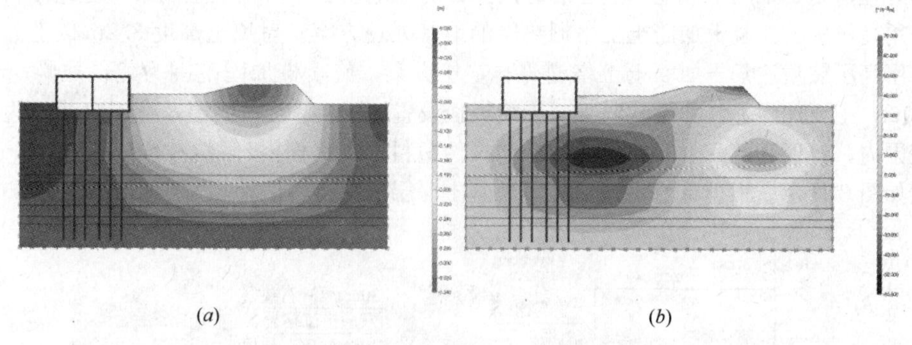

(a)　　(b)

图 7　30m 填土距离时地基变形(5.0m 填土高度)

(a)土体竖向位移云图；(b) 土体水平位移云图

3.3　地基处理的目标分析

根据地基变形的分析结果，邻近建筑物边缘填土地基沉降最大值约为 300mm，这一数值已超过上海地区对于多层框架结构的地基沉降允许值。由于邻近堆土的建筑为地上一层，地下一层结构，采用 32m 长 PHC 桩，且桩基设计时已经考虑了负摩阻力影响，因此，可以初步判断地基竖向变形对于建筑物基础的竖向承载影响较小。在填土作用下，地基土体的侧向变形将会使建筑物基础下的 PHC 桩产生一定的弯矩，土体过大的水平位移可能导致 PHC 桩的破坏。因此，本工程应重点考虑土体的侧向变形对建筑物结构的影响。

针对本工程实际情况，当临近建筑物的填土高度大于 3.2m 时，PHC 桩的抗弯安全系数 M_u/M_{max} 都将小于 2，桩基结构破坏危险性较大，而根据总平面图中显示，填土高度大于 3.2m 的工况比较普遍，为确保建筑桩基的安全，该场地部分区域宜采取相应的地基处理措施来减小地基在堆载作用下的侧向变形。地基处理的作用主要在以下几方面：

(1) 提高杂填土地基的密实度，从而提高其抗剪切变形的强度，提高堆载条件下地基的整体稳定性，避免堆载过大引起地基滑移，对邻近建筑产生危害。

(2) 通过增大地基土的刚度，减小堆载作用产生的地基沉降，减小后期沉降对既有建筑物及其桩基产生不利影响，尤其是减小其对桩基的负摩阻力影响。

(3) 提高地基土刚度，减小堆载作用引起的地基侧向变形，减小对桩基的水平力作用，避免桩基产生水平剪断危险。

4 邻近建筑填土的不利影响的控制技术研究

4.1 处理方案选择

针对邻近建筑填土的不利影响控制，关键在于有效控制填土产生的地基深层水平位移，尤其是邻近建筑区域。目前，减小地基侧向变形量的方法主要有：减载法、空箱结构法、预压法、沉降控制复合桩基法以及复合地基法。其中减载法及空箱法、预压法等与目前主体结构基础已完成以及景观、道路、管线等设计条件不符。沉降控制复合桩基法是通过竖向承载的方式，减小堆载体对下卧地基的侧向变形影响，但是存在的问题是大面积的桩基施工，一方面造价较高，不利于节约，一方面，大量沉桩施工可能对邻近已完成的结构基础产生不利影响，另一方面，复合桩基利用桩土共同作用，地基土承载的大小，取决于桩土应力分担比以及桩基承台之间的间距大小，并直接影响整个工程的造价。

根据前述分析，本项目地基处理的重点是减小建筑边缘地基的抗侧向变形能力。因此，最有效的处理措施是采用增强地基刚度的方法。针对场地表层厚层杂填土及素填土地基特点，本工程采用高压旋喷注浆＋加筋土工格栅垫层的地基处理方案。对填土高度 3.2m 以上邻近建筑边缘采用高压旋喷注浆＋加筋土工格栅碎石垫层方案，旋喷桩加固范围为建筑外侧 6m 范围，桩长 10m，主要加固①、②层软弱土。旋喷桩顶设置 60cm 厚碎石垫层，垫层自建筑边缘向外 10m 范围内，垫层底部和中间铺设两层双向拉伸塑料土工格栅(极限抗拉强度为 30kN/m)，处理示意如图 8 所示。根据计算沿建筑外侧地基土深层水平位移值不超过 1cm。

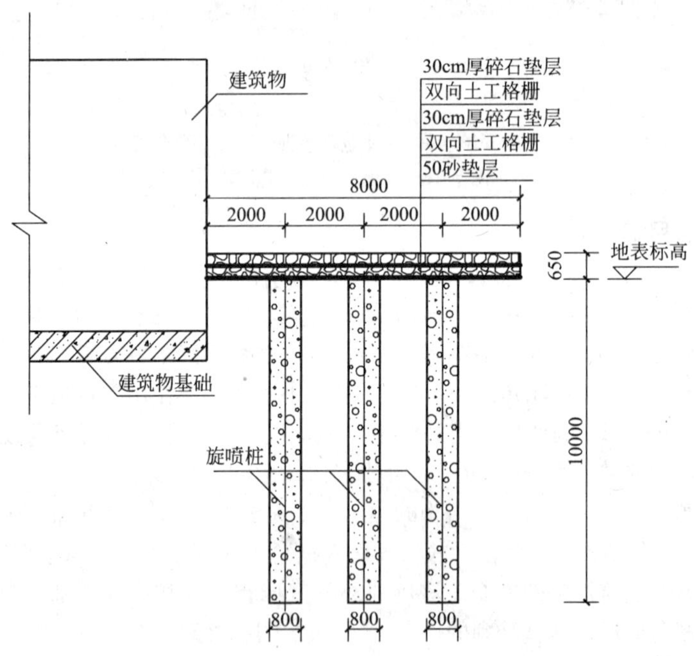

图 8 地基处理方案示意图

4.2 处理后地基及桩基基础影响分析

从表 6 中可以看出，填土高度在 3.5～5.0m 范围内，地基在没有处理措施的情况下，

PHC 桩 M_u/M_{max}均小于 2，基础下 PHC 桩存在被剪断的危险；而地基在经过高压旋喷注浆+加筋土工格栅垫层这一方案处理之后，M_u/M_{max}均不小于 2，基础下土体最大水平位移值和桩身最大弯矩均减少了 30%以上，可以看出该方案处理地基的效果比较明显。

高压旋喷注浆+加筋土工格栅垫层方案地基处理效果 **表 6**

填土高度(m)	① 无处理措施					② 高压旋喷注浆加筋土工格栅垫层					比较(减少率：%)	
	基础沉降(cm)	基础下土体最大水平位移(cm)	桩身最大水平位移(mm)	桩身最大弯矩 M_{max}(kN·m)	$\frac{M_u}{M_{max}}$	基础沉降(cm)	基础下土体最大水平位移(cm)	桩身最大水平位移(mm)	桩身最大弯矩 M_{max}(kN·m)	$\frac{M_u}{M_{max}}$	最大水平位移	桩身最大弯矩
3.5	14.5	5.4	7.1	44.0	1.8	6.5	3.6	4.8	29.9	2.6	32.4	32.0
4.0	17.1	6.3	8.2	51.2	1.5	7.7	4.1	5.7	35.6	2.2	30.5	30.5
5.0	23.2	8.4	10.6	65.9	1.2	9.7	5.0	6.4	39.4	2.0	39.6	40.2

填土厚度为 5.0m 时，地基的处理措施为：沿建筑边缘垂直方向布设 3 排旋喷桩，旋喷桩直径 800mm，桩间距 2.0m，桩顶设置 60cm 两层双向土工格栅加筋垫层。图 9 为处理后的地基变形云图，建筑物下土体的最大水平位移为 5.0cm，且 $M_u/M_{max}\geqslant 2$，土体侧向变形对桩基结构影响较小。经经济技术分析，采用本方案与预制方桩方案相比，造价可节约 30%左右。

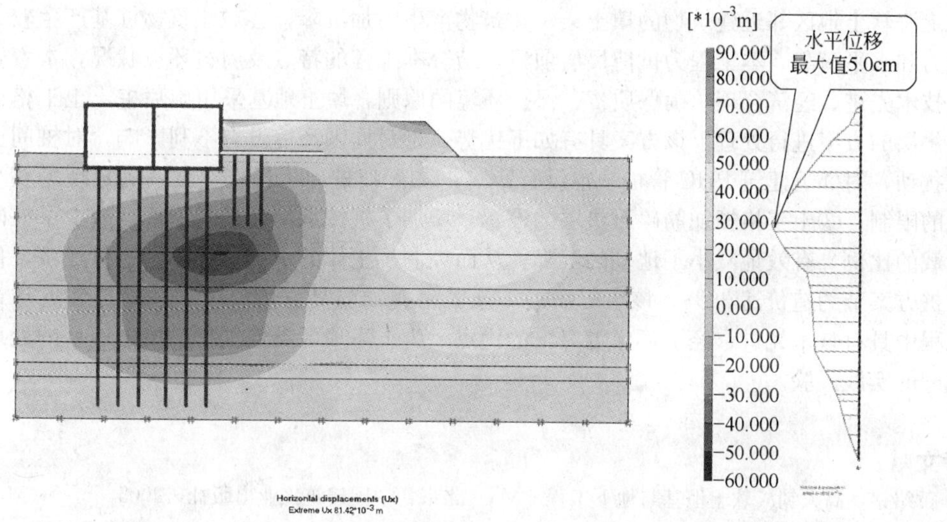

图 9 处理后土体水平位移云图和建筑边缘水平位移深度分布(5.0m 填土)

5 地基处理效果检测

为检测地基处理的效果，施工后采用单桩载荷试验、复合地基载荷试验以及桩身抽芯无侧限抗压强度试验。经检测，单桩承载力特征值不小于 190kN，复合地基承载力不小于 140kPa，桩身抽芯无侧限抗压强度不小于 1.5MPa。地基处理后填土施工采用分层碾压堆填，在靠近建筑物测布置测斜管，对填土沉降、地基土分层沉降进行监测。监测结果表明，采用本文所提的方案处理后，地基深层水平变形均很小(最大小于 5mm)，有效控制了填土对邻近建筑桩基的不利影响。

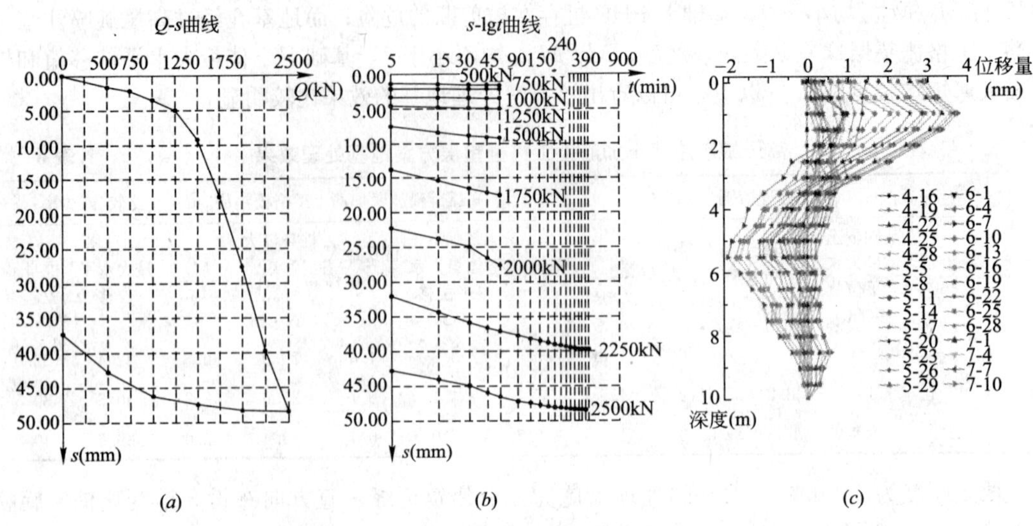

图 10 地基处理后复合地基载荷试验成果及深层水平位移监测曲线

(*a*)载荷试验 *Q-s* 曲线；(*b*)载荷试验 *s*-lg*t* 曲线；(*c*)深层水平位移监测曲线

6 结论

上海软土地区邻近建筑物的填土会对建筑物产生附加沉降，会对建筑物桩基产生较大的负摩阻力和水平荷载。本工程为世博民居项目，结合本工程的特点及周边环境状况，本着安全适用、技术先进、经济合理、确保质量、保护环境的原则，填土地基采用旋喷桩＋土工格栅加筋复合垫层的方案进行处理。该方案具有如下优势：①对周围环境没有不利影响，对桩间土基本没有扰动，对邻近建筑 PHC 管桩基本没有影响；②旋喷桩施工操作简便，满足现场狭小施工区域的限制；③土工格栅加筋碎石垫层的设置，增加了桩体承担荷载的比例，减少了桩间土承担荷载的比例，有效地减小了地基的沉降，从而控制了土体的水平位移。④造价经济，比普通小方桩方案节约造价达 30％。该项旋喷桩＋土工格栅加筋复合垫层技术在处理邻近建筑高填土工程中具有技术先进、经济环保等突出的优点，为上海地区类似工程中填土地基的处理提供了很好的实践经验。

参考文献

[1] 黄绍铭，高大钊．软土地基与地下工程［M］．北京：中国建筑工业出版社，2005

[2] 王恺敏，王建华等．大面积堆载作用下饱和土中的桩基工作性状［J］．上海交通大学学报，2006 年 12 期

[3] 屠毓敏，王建江．邻近堆载作用下排桩负摩擦力特性研究［J］．岩土力学，2007 年第 12 期

[4] 程泽坤，刘家才．高回填软土地基中基桩负摩擦问题［J］．中国港湾建设，2008 年 第 01 期

[5] 魏焕卫，杨敏．大面积堆载情况下邻桩的有限元分析［J］．工业建筑，2000 年 08 期

[6] 邵军义．堆载下软土地基中桩的侧移及内力分析［J］．工业建筑，2002 年 08 期

[7] 李旭照．郑俊杰．大面积堆载导致厂房倾斜的基础加固［A］．地基处理理论与实践——第七届全国地基处理学术讨论会论文集［C］．2002 年

安全环保技术在世博园区道路中的应用

郑晓光、徐　健、温学钧
（上海市政工程设计研究总院）

摘　要：世博园区道路建设采用了一系列安全环保技术：车行道采用了排水性沥青路面，保证雨天行驶的安全性与舒适性，并降低车辆噪声；人行道采用透水人行道，实现雨天出行的舒适性与水资源生态循环；为保证透水路面的排水性能，研制了排水侧石；将园区建筑废弃物再生利用，作为道路垫层与土基，节约资源，保护环境。世博园区道路建设体现了“科技世博”、“生态世博”的理念，实现了城市与环境、生态协调发展。

关键词：世博园区，排水性沥青路面，透水人行道，排水侧石，建筑废弃物

随着城市建设与道路网的完善，城市地面覆盖率越来越高。目前，无论是城市道路路面、还是小区道路路面多采用密实、不透水材料铺筑，从而使城市生态环境面临着一些突出生态环保问题。随着我国城镇建设的蓬勃发展，建筑垃圾的产生量也与日俱增。目前，我国每年的建筑垃圾数量已在城市垃圾总量中占有很大比例，成为废物管理中的难题。

2010 年世博会在上海召开，世博园区工程建设要体现“科技世博”、“生态世博”的理念，因此在世博园区道路建设中采取安全、生态环保技术是十分有必要的。对于上海世博会园区道路，从安全、生态与环保方面出发，行车道设计采用安全、环保的排水性沥青路面，增加雨天车辆行驶的安全性，同时降低了车辆噪声；人行道设计采用生态、环保的透水人行道；道路垫层与土基拟采用建筑废弃物(渣土)再生利用技术。

1　排水性沥青路面的应用

排水性沥青路面在日本和欧洲地区广泛应用，实际应用证明，排水性沥青路面具有抗滑性好，水雾少，不积水，行车安全；高温稳定性好，抗车辙能力强；噪声低，防眩光等优点。

世博会举办期间正值上海雨季，采用排水性沥青路面，作为车行交通通道可以提高车辆行驶的舒适性和安全性，降低噪声，减少对周围居民与行人的影响；作为人行通道，路表无积水，也提高了行人行走的舒适性。

图 1　密实路面与排水性沥青路面对比

1.1 结构设计

世博园区排水性沥青路面结构包括：排水性沥青面层、封水层、密实结构中下面层、基层及底基层。其中排水路面厚度为 4cm，封水层采用橡胶乳化沥青封水层，具体各层结构厚度见图 2。

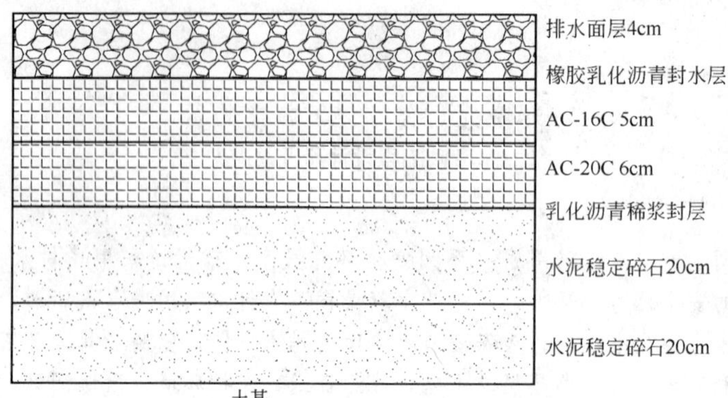

图 2 排水性沥青路面结构图

1.2 排水面层材料设计

排水面层的粗集料选用辉绿岩，细集料选用坚硬、洁净的人工砂，材料级配采用 OGFC-13 级配。排水性沥青混合料空隙大，对粘结料要求高，世博园区排水面层粘结料采用高黏度改性沥青，提出了技术要求，见表 1，高于《公路沥青路面施工技术规范》(JTG F40—2004)。同时也提出了世博园区 OGFC-13 配合比设计指标和要求，见表 2。

世博园区排水路面高黏度改性沥青技术指标　　表 1

世博园区排水路面高黏度改性沥青技术指标			
技术指标		要求值	(JTG F40—2004)技术要求[1]
60℃黏度，不小于(Pa·s)		50000	20000
针入度(25℃)，不小于(0.1mm)		40	40
软化点，不小于(℃)		85	80
延度(5℃)，不小于(cm)		30	—
闪点，不小于(℃)		260	260
TFOT 残留物	质量变化，不大于(%)	0.6	0.6
	针入度比，不小于(%)	70	—

世博园区排水性沥青混合料配合比设计指标与要求　　表 2

技术指标		要求值
配合比设计	马歇尔试件击实次数(次)	两面各 50
	马歇尔试件尺寸(mm)	ϕ101.6×63.5
	空隙率(%)	18～23
	马歇尔稳定值(kN)，不小于	5.0
	沥青膜厚度(μm)	13～14
性能检测	谢伦堡沥青析漏量(%)，不大于	0.3
	20℃肯塔堡飞散损失(%)，不大于	15
	60℃动稳定度(次/mm)，不小于	4000
	冻融劈裂强度比(%)，不小于	85

1.3 排水性沥青面层示范工程铺筑

选择了示范工程路段，首先清扫道路，喷洒橡胶乳化沥青，0.3～0.5kg/m²，作为封水层；然后铺筑排水性沥青面层。如图3所示。

图3 排水性沥青路面铺筑

施工完成后对排水路面进行测试，结果表明，排水性沥青混合料路用性能满足设计要求，同时具有较好的抗滑性和透水性，相对于普通路面，降低噪声3～4dB。

2 透水人行道应用

通常降雨时，一般人行道上也会出现严重的积水现象，影响出行的安全性与舒适性，世博会召开正值上海雨季，采用透水人行道一方面保证行人雨天出行的安全与舒适性；另一方面，雨水通过透水人行道面下渗，既节约了绿地用水又减少了降水对排水管网的压力，实现水资源的循环，调节城市温度。

2.1 透水人行道结构设计

世博园区透水人行道采用了两种结构，面层分别为透水人行道板与透水混凝土，具体结构组合与厚度见图4与图5所示。

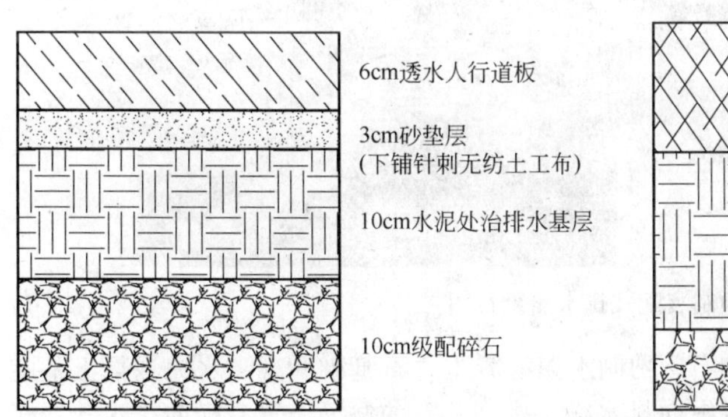

图4 透水人行道板结构

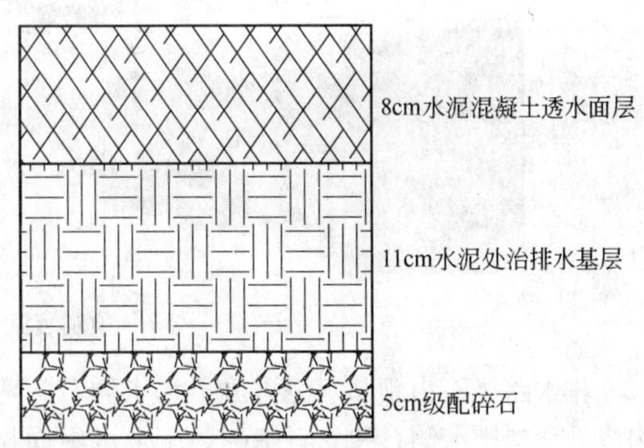

图5 透水混凝土结构

2.2 透水人行道材料设计

对于透水人行道板，其性能应满足《透水砖》(JC/T)945—2005建材行业标准要求；透水混凝土满足表3技术要求。

透水混凝土技术要求 表3

使用材料	42.5级水泥、石灰岩、减水剂
配合比	集料：水泥：减水剂：水＝5：1：0.75%：0.25
混凝土 7d 抗压强度(MPa)	≥15
混凝土 28d 抗压强度(MPa)	≥22
有效孔隙率(%)	18～22

2.3 透水人行道示范工程铺筑

分别铺筑透水人行道板与透水混凝土两种结构人行道，如图6所示。施工完成后，对两种结构进行测试，结果这两种结构都具有较好的透水性，同时满足路用性能要求。

图6 透水人行道铺筑

3 排水侧石的开发与应用

世博会园区内城市道路车行道和人行道均采用透水性路面铺装，针对这一情况，专门研究开发了一种水泥混凝土预制装配式排水路缘石，在起到路缘石作用的同时，也能够作为透水性路面铺装的边缘排水系统，如图7所示。

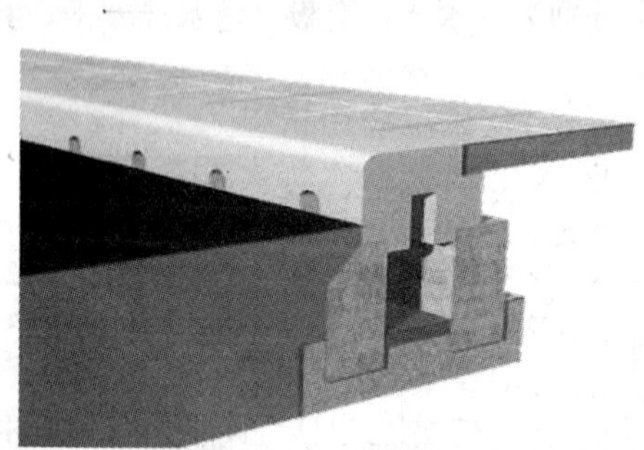

图7 预制装配式排水路缘石图

排水路缘石由预制水泥混凝土排水侧石、预制水泥混凝土立石基础和现浇水泥混凝土基座构成。预制排水侧石和立石基础装配形成纵向排水槽，排水侧石的侧面布置有横向排水孔，横向排水孔既连接车行道排水沥青层，又连接人行道透水性铺装。车行道和人行道透水性路面铺装中的雨水均可沿路面横坡通过横向排水孔汇入纵向排水槽，再集中排入雨水收水井，如图8所示。

当道路纵坡大于或等于0.3%时，纵向排水槽的坡度与道路纵坡相同；当道路纵坡小于0.3%时，通过现浇基础的高度调整纵向排水槽的坡度，使之大于0.3%，以利于排水。

排水侧石和立石基础一般采用C30水泥混凝土预制，基座一般采用C20水泥混凝土现浇。

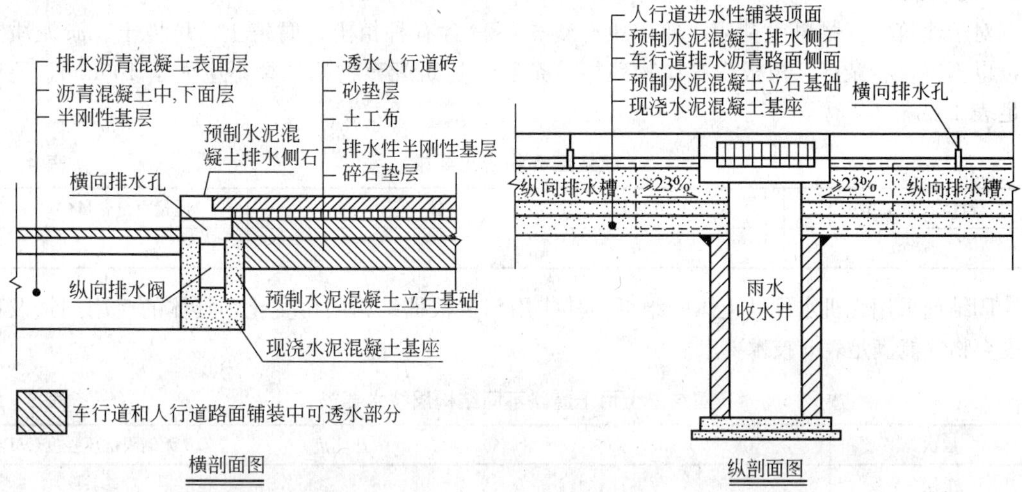

图 8　预制装配式排水路缘石构造图

4　建筑废弃物再生利用

城市在建设过程会产生大量的建筑垃圾，建筑垃圾中的许多废弃物经过分捡、剔除或粉碎后，大多可作为再生资源重新利用。

20 世纪 90 年代初期，国内将土壤固结剂大量地应用于水利工程、城市道路、堆场等方面的基层、底基层和路床改善等取得了显著的效果，在上海海港新城采用固结剂稳定吹填砂材料用作道路的底基层、次基层和施工便道中，取得了显著的经济效益和环境效益。

世博园区修建于南浦大桥和卢浦大桥之间的黄浦江两岸，在拆迁中产生大量的建筑废渣和废土等建筑废弃物(简称“渣土”)，世博园区建筑拆迁产生的建筑垃圾废渣的主要成分为碎砖、碎水泥块等，大量的建筑渣土需要运出园区，要花费大量的财力、人力与物力，因此采用土壤固结剂稳定建筑废弃物作为道路的垫层与土基，实现废弃物再生利用，节约资源、保护生态环境。

4.1　结构设计

世博园区道路采用固结剂稳定废弃物处理作为道路垫层与土基，替代原设计路面结构中的砾石砂垫层和石灰土加固路基。车行道处理深度 50cm，分两层施工，每层 25cm，如图 9 所示，非机动车道处理深度 20cm。

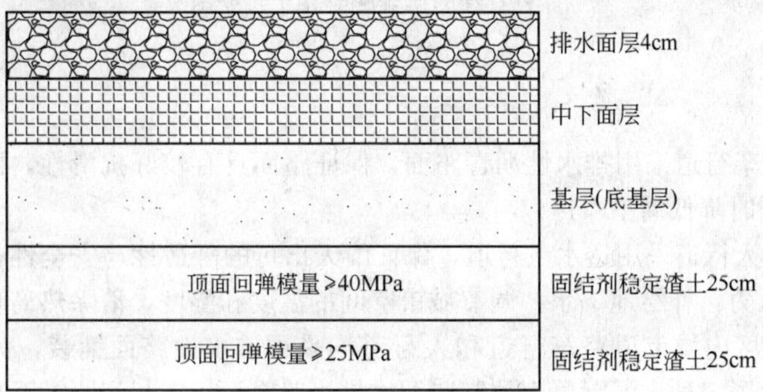

图 9　固结剂稳定渣土作为道路垫层与土基

4.2 材料设计

对于建筑废弃物再生利用，要求废弃物中不得含有种植土、腐殖土、垃圾土、淤泥质土等，也不得含有杂草、树根或农作物残根等杂物。建筑废弃物的粒径不应大于100mm，还应满足表4要求。

建筑废弃物应用要求 表4

粒径范围(mm)	质量百分含量(%)	粒径范围(mm)	质量百分含量(%)
$d≤20$	≥50	$80<d≤100$	<5

固结剂采用无机水硬性土体固结剂，其应用剂量根据结构层位变化，具体的应用剂量及稳定废弃物性能满足表5技术要求。

固结渣土用于道路不同结构层技术要求 表5

层次	厚度(cm)	掺量(%)	压实度*(%)	7d无侧限抗压强度(MPa)
上层	25	6	≥96	≥1.0
下层	25	4.5	≥96	≥0.6
非机动车道稳定层	20	4.5	≥93	≥0.6

*车行道采用重型击实标准，非机动车道采用轻型击实标准。

4.3 建筑废弃物再生利用工程实施

建筑废弃物施工包括路拌法和厂拌法两种工艺，为了施工方便快捷，采用了路拌法铺筑示范工程，建筑废弃物再生利用施工工序包括备料摊铺渣土、洒水闷料、摆放和摊铺固结剂、拌和、洒水复拌、整型、碾压与养护，如图10所示。

图10 建筑废弃物利用工程实施

5 结论

(1) 世博园区车行道采用排水性沥青路面，保证路面具有较好抗滑性，雨天车辆行驶的安全性与舒适性，同时降低周围噪声。

(2) 世博园区人行道采用透水人行道，保证雨天出行的舒适性与安全性，同时减小降水对城市排水管网的压力，补给地下水，调节城市空间的温度和湿度，消除热岛现象。

(3) 世博会园区内城市道路车行道和人行道均采用透水性路面铺装，为了满足排水的要求，专门研究开发了一种水泥混凝土预制装配式排水路缘石，在起到路缘石作用的同时，也能够作为透水性路面铺装的边缘排水系统。

(4) 世博园区工程中拆迁产生大量的建筑废弃物，将建筑废弃物再生利用，作为园区道路的垫层与土基，性能满足要求，同时废弃物得到再生利用，节约资源，保护环境。

(5) 世博园区道路建设采用了一系列安全环保技术，实现了“科技世博”“生态世博”目标，体现“城市让生活更美好”的理念。

参考文献

[1] 中华人民共和国交通部，公路沥青路面施工技术规范 JTG F40—2004. 北京：人民交通出版社，2005

[2] 吕伟民，孙大权. 沥青混合料设计手册 [M]. 北京：人民交通出版社，2007

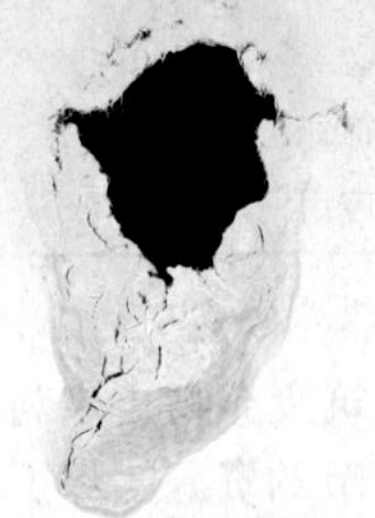

中国2010上海世博会给水排水新技术解读与展望

张　辰、谭学军、陈　嫣
（上海市政工程设计研究总院）

摘　要：借助中国2010上海世博会的契机，对给水排水新技术情况进行了全面调研，总结了世博会上展示和应用给水排水新技术的展馆和地标，解读了各个国家和地区向世界展示的给水排水方面的最新技术和先进理念。根据上海世博会上展现的给水排水新技术，结合新的城市发展方向和需求，展望了城市给水排水技术未来发展的动态及趋势，结合上海具体特征，指出了世博后上海给水排水技术的重点发展方向。

关键词：上海世博会，给水排水，低碳，生态

中国2010年上海世博会是以“城市，让生活更美好”为主题，探讨新世纪人类城市生活方式为目的的盛会。世界各国和国际组织围绕世博“城市”主题，通过展示、活动、论坛等形式，共同探讨城市发展之路，从而为新世纪人类的居住、生活和工作探索崭新的模式，为生态和谐社会的缔造和人类的可持续发展提供生动的案例。

在城市发展过程中，给水排水工程具有十分重要的地位，是关系城市可持续发展的命脉，对保障居民身心健康、提高生态环境质量、防止环境污染、保证防汛安全均起到举足轻重的作用。因此，在上海世博园，各个国家和地区从饮水安全、水资源利用、水污染控制、雨水管理、水环境保护等方面，亮出了构建安全、健康、生态的城市水环境系统的独特方法和理念，向人们生动展示了各国探索城市用水、治水的先进文明成果。

1　世博会给水排水新技术

在上海世博会，很多展馆和地标的设计都与水密切相关，很多展馆还利用多媒体展示了先进的给水排水技术，各项技术汇总情况见表1。

世博会给水排水技术汇总　　表1

类别	地点	技术概况
直饮供水	园区外南市水厂 园区内直饮水点	原水经园区外南市水厂“高效澄清池、臭氧活性炭”深度处理，输送至园区内再经“超滤膜、活性炭吸附、紫外线消毒”进一步处理，直接饮用
污水处理	新加坡馆	以先进的膜技术进行污水再生，到2020年，能够满足新加坡40%的用水需求
	成都案例馆	世博园区产生的部分污水经厌氧沉淀池处理，然后再进行跌水曝气，最后进入人工湿地处理
	马德里案例馆	马德里市100%的污水都得到处理，年处理量3亿多m^3，年再生利用水量达600万m^3
	大阪案例馆	通过踩动自行车，驱动反渗透膜过滤处理生活污水，出水可以饮用
	城市未来馆	陶氏公司展示了先进的膜处理技术
雨水利用	中国馆	在中国国家馆的屋顶上，设计有雨水收集系统，可以利用收集的雨水，进行绿化浇灌和道路冲洗
	德国馆	在河道下建蓄水池，与堤坝上的排水口相连，在雨季时暂时储存从排水管道流出的污水，待雨停后将收集的污水排入污水厂处理

续表

类别	地点	技术概况
雨水利用	挪威馆	屋顶上设置了多个收集器，将雨水进行集中，然后通过高压水泵把雨水输送到净化器中，处理后可直接饮用
	新加坡馆	新加坡雨水全部收集，全国有一半的国土面积是集水区，雨水收集储存后，输送至自来水厂处理，用于居民饮用
	美国馆	收集屋顶雨水，利用方向包括绿化浇灌、冲厕等
	世博轴	6个“喇叭口”收集雨水，汇集到地下蓄水池里，经过过滤处理后，主要用于整个世博轴内几十个厕所的用水，还可用于道路冲洗、场馆清洗、绿化浇灌等
	世博中心	屋面雨水收集用于道路冲洗和绿化灌溉
	文化中心	设计完善的雨水利用系统，将空调凝结水与屋面雨水收集、处理，用作道路冲洗和绿化浇灌用水，采用程控型绿地喷灌或滴灌等节水灌溉技术，提高水资源利用效率
	上海企业联合馆	场馆范围内的雨水得到回收，经过沉淀、过滤和储存后，用作场馆内的日常用水
	鹿特丹案例馆	由几个形状、大小和高度各不相同的水池组成水广场，用于储存、调蓄雨水
	布拉格案例馆	使用可移动、可拆卸抗洪堤坝，在城市低洼区域，构筑起小型堤坝防水区
	伦敦案例馆	收集屋面雨水，经过滤处理后，用于绿化、冲厕等
	万科案例馆	收集屋面雨水，用于环绕着建筑的景观水池，减少自来水用量
景观水体	后滩公园	劣Ⅴ类的黄浦江水在后滩公园里经 1.7km 的生态系统处理后，可以达到Ⅲ类标准，每天向世博公园提供 2400m^3 的景观用水和灌溉、冲洗用水

2 世博会给水排水新技术的启示

2.1 直饮水将是我国城市未来的主要饮水方式

经济发展带来人们生活水平发生质的变化，对饮用水的水质提出了更高的要求，直饮水入户是当今世界的发展潮流，是发达国家的一个重要标志，也是对中等发达国家的一项评判标准。

发达国家的直饮水已比较普及，美国、欧洲、日本的普及率分别为60%、56%、38%。我国的直饮水事业与国外比相差较大，家庭直饮水量仅占城市供水量的1%～3%[1]。上海世博会采用的直饮水技术堪称中国给水排水领域的一项重大革新。世博园区内共分布了 158 处直饮水供水点，为参观者提供便捷、优质的免费饮用水。为实现园区内自来水直接饮用，在世博园区外，实施了世博配套南市水厂改造一期工程($50\times10^4 m^3/d$)，采用新型的高效澄清池工艺，增设臭氧活性炭深度处理过程；在世博园区内，采用“超滤膜过滤、活性炭吸附、紫外线消毒”三项技术，选用的超滤膜渗透过程无需要额外加高压，只要自来水的水压即可保证处理流量。经过多重的加工处理，出水口的直饮水不仅达到了现行国家饮用水卫生标准，甚至优于欧盟标准。

2.2 低碳化是污水处理技术的发展方向

城市污水处理系统作为重要市政基础设施之一，是低碳经济发展最主要的实施平台，在低碳经济中扮演着多重“角色”。首先，污水处理系统是完成城市减排目标的主体；其次，污水处理系统又是碳排放行业，污水处理设施建设需要消耗大量高能源高碳密度原材料产品，在污水输送和处理过程中，亦直接或间接造成温室气体的排放。如何在保证污水处理系统完成污染减排目标的前提下，降低污水处理过程的能耗和碳排放量，是目前污水治理行业关注的焦点问题。世博园成都的“活水公园”项目展示了城市污水生态治理系统，充分体现了低碳处理理念。

成都案例馆以1比10的比例还原了成都的活水公园。活水公园日处理污水量15m^{3}左右，全部来自世博园区。污水净化分三步：一是世博园区内的部分污水经管道流入收集池，由水泵抽至厌氧沉淀池处理；二是处理过的水经由具有落差的一串石雕池，在自然落差中跌水曝气；三是充氧水进入人工湿地，通过人工湿地中植物、微生物和填料的协同作用吸收、吸附、分解污水中的污染物质。整个处理系统基本无动力消耗，日常维护简单，展示了污水处理技术发展的新方向。

2.3 资源化利用是破解城市缺水难题的“钥匙”

21世纪，人类面临全球性水资源危机，实现水资源的可持续利用，已成为全世界共同的任务。一些国家较早认识到水资源危机的严重性，将水资源保护和利用提升至重要战略高度，并开展了大规模的实践工作。借助2010年上海世博会这一平台，各国展示了水资源综合利用方面的成功经验。

在城市最佳实践区中，马德里案例馆展示了欧洲最佳的水资源再利用系统。马德里市100％的污水都得到处理，年处理量3亿多m^3，经过净化的再生水通过150km的地下管道，供给喷泉和城市清洁等公共用水，年再利用水量达600×10^4m^3。

新加坡淡水资源贫乏，主要通过雨水收集、污水再生、海水淡化和境外购水四种方式来保证城市用水。新加坡主要利用先进的膜技术与紫外线消毒，对二级出水进一步净化，出水可安全饮用。此外，新加坡还创造性地开发了深隧道阴沟系统，利用重力输水，不需要动力，也不占用城市空间。再生水厂就建在污水处理厂旁，使水资源得到循环利用。到2020年，新加坡再生水量将增加到每天7500万加仑，能够满足新加坡本地40％的用水需求。

2.4 膜是水深度处理的主要技术手段

膜技术是近40年来发展最迅速、应用最广泛的技术。与传统技术相比，膜技术具有能耗低、投资少、操作简便、处理效率高等优点[2]。膜技术的应用范围十分广阔，在城市饮用水和污水深度处理中广泛应用。在上海世博会上，膜技术不仅保障了世博园区的饮水安全，也成为很多展馆竞相展示的对象。

除世博园区的直饮水设备和新加坡馆展示的污水再生方法采用了膜技术以外，在城市未来馆中，陶氏公司展示了膜处理出水的多种回用用途，瑞典阿法拉伐公司在世博园内召开的研讨会上，讨论了膜处理技术议题。以“环境先进城市·水都大阪的挑战”为主题的大阪城市案例，从其设计的“水之回廊”到第三展示区，皆是通过大量的短片、影像向游客展示大阪滤膜净水技术、防止污染技术等与水相关的内容以及服务于未来城市的“新能源”内容，特别是游客通过踩动一辆特殊的自行车就可以驱动反渗透膜把污水净化成纯水这一展示形式引起了游客的极大兴趣。

2.5 雨水综合管理是城市发展的必然趋势

随着城市化进程的加快，传统的雨水快集和快排管理方式显现出很多弊端，如雨水径流系数提高、洪水流量过程线变陡、排涝灾害风险加大、初期雨水径流污染加重等，相应的设施建设投资和运行费用也随之增加，同时引发了地面沉降、水资源短缺等水生态环境问题。因此，世界各国开始致力于雨水综合管理技术的研究，将防汛排涝、雨水利用和面源污染控制综合考虑，解决城市雨水问题。

(1) 加强雨水源头收集利用

加强雨水源头收集利用，一方面开拓了非传统水源的利用，另一方面可削峰蓄谷，减轻排水系统压力和面源污染负荷。中国馆、文化中心、世博中心等场馆的屋顶和世博轴的顶棚均实现了大面积收集利用，而挪威馆、伦敦馆、美国馆等数十个国家馆以及很多城市案例馆的屋面雨水也均进行了回收利用，利用方向包括绿化浇灌、冲厕、建筑周边的景观水池补充水以及直接饮用等。除了直接利用方式外，在世博园区的建设中，还采用了下凹式绿地、渗透性路面等技术，增加了园区雨水的入渗能力，提高了雨水的综合利用规模。

（2）加强城市面源污染控制

德国馆展示了 2011 年柏林施普雷河项目的雨水收集方案：在河道水面以下建蓄水池，与堤坝上的排水口相连，在雨季时暂时储存从排水管道流出的污水，待雨停后再用水泵将收集的污水排入污水厂处理。柏林和上海一样，排水体制为合流制和分流制并存，上海已在苏州河沿岸建造了 5 座地下雨水调蓄池以控制面源污染，但其服务面积仅为合流制排水系统的 18%，无法满足面源污染的控制要求。柏林施普雷河项目提供了很好的思路，利用河道水面下的空间，将沿河的排放口都接入调蓄空间，不仅能实现面源污染的控制，同时还可以根据服务区域的降雨情况，调控各系统的排水能力，兼顾防汛排涝。

（3）加强城市排涝能力

在极端气候频现、城市不透水面积增加、排水系统已建的情况下，如何提高城市的排涝能力，已成为国内外各大城市关注的重点问题。在世博会城市最佳实践区内，可以看到很多成功的案例。荷兰鹿特丹市位于海平面以下，一旦水位升高、海水倒灌，全城将遭“灭顶之灾”。鹿特丹采用水广场应对暴雨，水广场平时是市民娱乐休闲的场所，暴雨来临时，变成一个防涝系统。水广场由几个形状、大小和高度各不相同的水池组成，水池间有渠相连，雨量大时，从大水池中分流到沟渠，雨量小时，水又回流入大水池。日本大阪市采用在地下建造大规模雨水调蓄隧道的方式来应对城市积水现象，这些调蓄隧道对低洼地区的排涝起到了巨大的作用，在暴雨期间，低洼地区的地面雨水径流能够很快排入大口径的干线中。

2.6 生态技术是提高城市水环境质量的首要选择

清澈、优美的景观水体是生态型城市的重要构成要素之一。然而，目前我国的城市景观水环境污染仍比较严重，如何改善城市景观水环境质量已成为当前亟待解决的问题。生态技术由于具有建造和运行成本低、操作简单等优点，因此受到广泛重视。上海世博园区的后滩公园向游客生动展示了水体的生态净化过程。

后滩公园的原水取自黄浦江，属《地表水环境质量标准》GB 3838—2002 劣Ⅴ类。江水先进入后滩公园的滴瀑墙，沿滴瀑墙缓缓流下过程中，在墙上微生物膜的作用下得到初步净化，然后再进入生态净化功能区逐级净化，出水达到Ⅲ类水标准。后滩公园的整个生态净化系统全长 1.7km，其中配置了由水生动物、沉水植物、挺水植物、浮叶植物和湿生植物构成的完整水生态系统。后滩公园每日净化水量达 2400m^3，出水不仅可以用作世博公园的景观水，还能用于世博园区的绿化灌溉和道路冲洗。

3 世博后上海给水排水技术发展建议

3.1 加强公共活动场所的直饮水系统建设

饮水是人类活动的基本需求，在户外或公共活动时，往往需要消耗大量的饮用水。特别是对于上海这一正在迈向国际化的大都市来说，其中不仅建有很多大型休闲乐园、主题公园，同时还建设了许多国际展览、会务中心等，每年都有大量游客和参展人流，需消耗的饮用水数量十分可观。在这些公共活动场所里，如购买瓶装水，不仅无法方便游客、观众和参展商饮水，而且水瓶在生产过程中会排出 CO_2，丢弃后还会产生塑料垃圾。因此，上海应以世博会为契机，在全市的公共活动场所全力推进直饮水系统建设，以实现在方便饮水和保护环境的同时，提升上海市的现代化水平。

3.2 开展雨水综合利用技术研究与应用

与德国柏林、荷兰鹿特丹一样，上海同样面临着城市建筑密集、土地利用率高、排水系统已建的现状，因此，需要在不改变原有排水系统的基础上提高排水标准。建议上海的住宅小区屋面雨水利用与生态小区建设相结合，可选择下凹式绿地，将收集的屋面雨水和地面径流都先引入渗透的小区绿地，绿地的地面排水设施(雨水口等)可按照设计淹没高度(如 15cm)高于草坪平面，使初期雨水渗入地下，充分发挥草坪的入渗能力。机关大楼、机场、火车站等公共建筑在规划设计之初，就应考虑相关的雨水收集系统。在市政领域，道路两侧的绿化隔离带、高架道路下的景观绿带等均可以设计为带有排水系统的下凹式绿地或者设置浅层蓄渗装置，对地面道路和高架道路的径流进行削峰调蓄。在城市规划中，如能将停车场、广场等设计为多功能调蓄池，并通过敷设渗透性铺面等措施增加雨水的就地入渗能力，则可大大缓解道路暴雨积水情况、减轻排水系统的压力。而在城市地下敷设大口径调蓄隧道，则与德国柏林施普雷河项目有着异曲同工之处，关键在于在设计中兼顾面源污染控制和排水标准的提高，发挥工程的最优效益。

3.3 推进低碳排水系统建设

上海市污水处理量居全国各城市之首。截至 2009 年底，上海市污水处理总量已达 $686.5\times10^4m^3/d$[3]，占全国污水处理总量的 7%左右。污水处理是高碳排放行业，《中国绿色低碳住区减碳技术评估框架体系》的统计数据显示，污水处理系统的吨水碳排放量为 0.8～1.1kg/m³，据此计算，上海市每年因污水处理而产生的 CO_2 排放量高达 200～275 万 t。为促进低碳经济的发展，凸显上海的国际地位和影响，上海应在全国率先发展低碳排水系统，在排水系统规划、建设和运行的全过程中，树立低碳规划理念，选择低碳污水和污泥处理处置技术，采用低碳运行措施，在保障处理效果的前提下，着力消减排水系统的碳排放量。

3.4 发展污水生态化深度处理技术

随着我国经济的快速发展，环境污染日益严重，污水排放标准日趋严格，我国颁布的《城镇污水处理厂污染物排放标准》GB 18918—2002 对污水处理厂出水提出了严格的要求。在新的形势下，采用深度处理措施，使已建污水处理厂达到更高的排放标准要求，已成为我国污水治理的重点工作之一。在污水深度处理方面，生态化技术不但具有运行成本低、操作简单等优点，而且具有净化水质和美化景观的双重功能，因此受到广泛关注。生态化污水深度处理技术主要适用于小城镇或郊区，国内外均有许多成功案例，有些还被建设成为环境教育基地。

4 结语

中国 2010 上海世博会是首届以“城市”为主题的世界博览会，是中国学习借鉴世界城市发展先进科技和文化的一个前所未有的良机。在给水排水领域，很多国家和地区都向世界展示了最新技术和先进理念，对我国市政基础设施建设具有重要的启示和借鉴作用。我国应该充分利用上海世博平台，深入学习给水排水方面的成功经验和先进技术，准确把握未来发展动态，用以指导我国城市的科学建设与发展。

参考文献

[1] 黄国贤. 超滤、纳滤膜分离技术在直饮水中的应用 [D]. 武汉：华中科技大学环境科学与工程学院，2006

[2] 刘娉，罗麟. 膜技术在国外污水处理中的应用 [J]. 给水排水，2008，34：12～15

[3] 上海市水务局. 上海市水资源公报 [M]. 上海：2009

世博园区雨水收集利用技术及应用

张　辰、邹伟国

（上海市政工程设计研究总院）

1　概述

随着城市化进程的加快，城市规模不断地扩张，城市不透水面积迅速增加，大量降雨依靠排水管道外排，无法实现自然下渗，使城市面对日趋严重的水涝灾害、地面沉降、水污染、水资源短缺等水生态环境问题，不透水地表的高径流系数使得雨水汇流速度大大提高，从而使高峰流量出现时间提前，排水工程的规模增加，建设和运行费用增高，加大了城市排涝灾害的风险，加剧了城区面源污染，同时由于地下水入渗量和补给量相应减小，土壤持水容量下降，使得地面沉降问题越来越严重，因此，城市雨水的利用不仅仅是利用雨水资源和节约用水，还包括缓解雨水内涝、减缓地下水的下降、控制雨水污染和改善城市生态等作用。

2　雨水收集利用技术研究

2.1　屋面雨水径流收集储存技术

（1）降水量

上海年均降雨量约 1160mm，年均最大月降雨量为 169.6mm（6 月），上海世博会召开期间，正是上海每年 6 月至 9 月的汛期，常年雨量达到 580mm 以上，单场降水量超过 50mm 的降雨可达 4～8 次以上。

（2）雨水水质

不同面积上的降水径流水质有较大的差异，来自机动车道等面积上的雨水径流而含有大量的污染物质，而来自屋面等面积上的降水除初期径流受到轻度污染外，后期径流一般水质良好，屋面径流水质受建筑所处位置、屋顶材料、屋面形式、大气污染（干沉降），降雨特性（降雨强度，前期晴天数）等因素有关，因此，对来自屋面等的雨水初期采用适当的弃流后稍加处理或不经处理即可直接用于冲洗厕所、灌溉绿地或营造水景观等。

（3）雨水调蓄措施

考虑到降雨的不均匀性，需要设置雨水贮存池，降水径流储存的形式多样，有采用预制混凝土蓄水池方式，或利用雨水等采用的构造水景观或人工湖，或为增加雨水入渗将绿地或花园做成起伏的地形，或采用人工湿地等。

2.2　雨水处理和利用技术

由于初期雨水污染程度高，处理难度大，在雨水利用时，对初期雨水的控制主要采用弃流处理和调蓄处理，将这部分雨水弃流，排入污水管网，大大减少和降低后续雨水处理的难度，提高雨水回用水的水质，可大大提高工程的技术经济可行性。

雨水回用用途主要用于构造城市水景观、人工水面、灌溉绿地、补给地下水、冲洗厕所、改善生态环境等，雨水处理程度与雨水的水质、回用用途等密切相关，根据不同的回用要求，可采用人工湿地、稳定塘、MR系统(水洼—渗透渠组合系统)等生态处理技术。在建筑密度高、土地昂贵的城区，一般采用成套水处理装置。

2.3 雨水蓄渗技术

雨水蓄渗可减少因城市化而增加的暴雨径流量，延缓汇流时间，减轻排水系统负荷，对防灾减灾起到重要作用，同时可涵养地下水，能够防止地面沉降，德国近年来流行一个新的雨水处理系统，即MR系统，该系统包括各个就地设置的洼地、渗渠等组成，这些设施与带有孔洞的排水管道连接，形成一个分散的雨水处理系统，日本也积极推行雨水的储存与渗水设施，其中“雨水的碎石空隙储存系统”与“雨水滞留、渗透系统”正在广泛开展应用。美国环保总局(EPA)提出了适用于居住区、商业区以及工业区的多种雨水综合利用方案，其主导思想是：较清洁的屋面雨水蓄积利用，而地表径流首先通过渗滤设施下渗排除，超过设施渗透能力的径流通过雨水管渠排放。

(1) 雨水入渗性能

经研究表明，上海市城市绿地土壤入渗率的变异非常大，但属于慢和较慢的稳定入渗率比例达50%，上海市属于高地下水、高绿地景观标准，低土壤入渗速率地区。

(2) 雨水渗滤削减污染物

利用城市渗滤来降解雨水径流中污染物质是一种自然有效，成本低廉的方法。通过试验表明，在各种不同降雨条件下，对有机物、氮、磷等污染物的平均去除率可达40%～50%左右，表明绿地渗滤系统对地表径流污染物的削减作用是很明显的。

(3) 促进雨水下渗措施

1)“低绿地+下排水系统”措施

目前，采用低势绿地是常用的雨水蓄渗方法之一，该方法通常建造在低于路面的景观隔离带内或采用低势绿地，与路面雨水口一起构成蓄渗排放系统，这种蓄渗设施有效地提高了道路景观隔离带的调蓄与下渗能力，同时可确保景观植物生长条件与景观效果，人行道外侧的绿化带也可进行类似设置，具体如图1所示。

2) 透水性路面、广场

采用透水性路面也是降低雨水径流量的措施之一，因地制宜地设置透水性路面，具有一定的削峰减排作用，主要方法在行车道、人行道、广场、停车场等人工地面，尽量采用多孔沥青或混凝土、草皮砖、连锁砖铺面等透水性铺面。

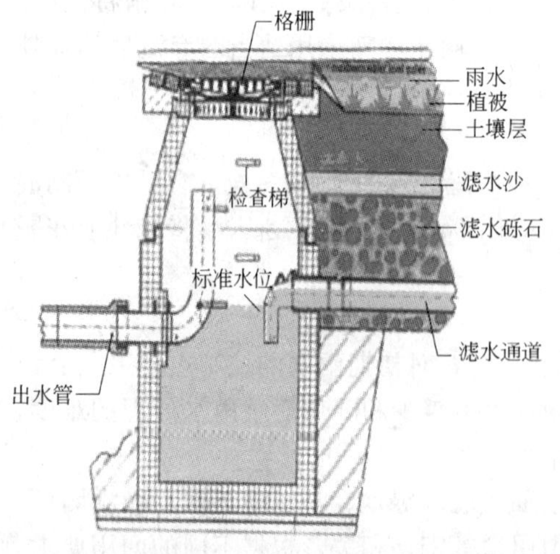

图1 低绿地+下排水系统雨水蓄渗措施

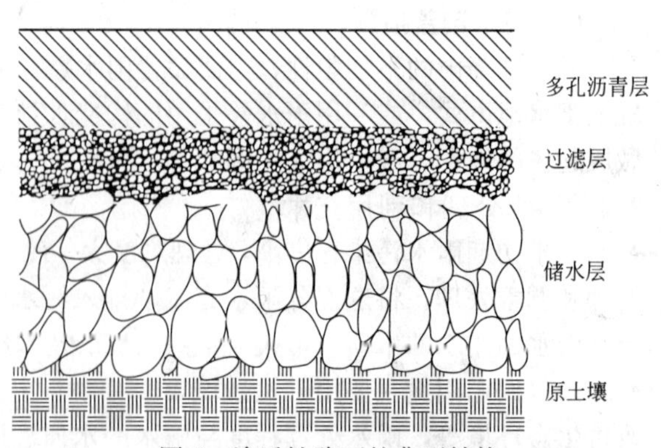

图2 渗透性路面的典型结构

3）浅层地下雨水蓄渗

浅层地下雨水蓄渗我院结合上海高景观、高地下水要求开发的新型蓄渗技术，其原理是在人行道、广场的铺装层或绿化种植土以下用多孔空隙材料堆砌成大小、形状不同的形成可供短暂储存的雨水连通空间，在多空隙材料底部用渗水材料以提高下渗速率，当暴雨来临时，屋面等相对干净的雨水通过初期弃流和简单预处理后，通过管道或沟渠方式导流进入高孔隙材料空间内短暂储蓄，暴雨过后雨水继续下渗，超过储蓄容量的雨水外排。浅层地下雨水蓄渗技术自上至下分别由植被层(草皮)、基质层、隔离过滤层、储水层、渗滤层等组成，在不改变原有土地的使用功能，不影响绿化景观要求，解决了传统蓄渗技术对高地下水位、高景观要求的地区难以应用问题。

图 3　浅层蓄渗透视图

3　世博园区雨水应用实例

(1) 世博园区屋面雨水应用

世博会核心区域的世博中心、演艺中心、主题馆、中国馆等四大永久场馆和世博轴，都对屋面雨水加以收集利用。如演艺中心采用了设计完善的雨水利用系统，将空调凝结水与屋面雨水收集、处理，用作道路冲洗和绿化浇灌用水，采用程控型绿地喷灌或滴灌等节水灌溉技术，提高水资源利用效率。

(2) 世博园区雨水蓄渗应用

在世博园区，已经部分应用具有排水性的全生态透水沥青路面，同时在人行广场、停车场等地区，大量采用具有渗水性能材料和具有透水性能的面层铺装、有效地降低园区的雨水径流，促进雨水下渗，在现有雨水排放设施不变的情况下，可显著提高地区内的雨水排放标准。

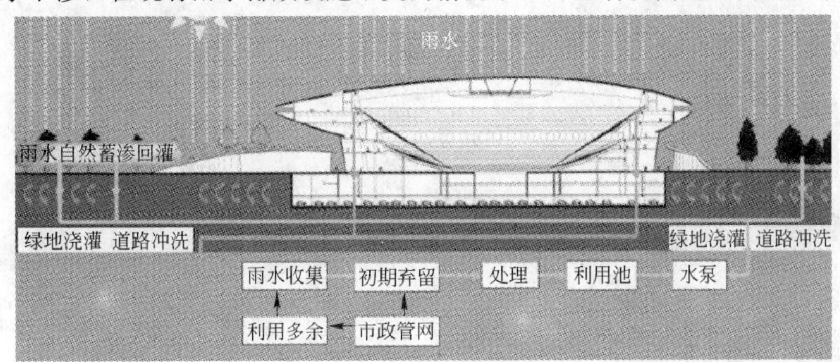

图 4　文化中心的雨水收集利用系统

（3）初期雨水调蓄池应用

在世博会园区雨水排涝泵站中，建设有初期雨水调蓄池，如后滩雨水泵站和浦明滩雨水泵站分别建有约 3000m^3 和 8000m^3 的初雨调蓄池，在暴雨时，雨水管网的污染物较高的初期雨水先进入雨水调蓄贮存，然后在暴雨停止后，将收集的雨水缓慢的输送至市政污水管网，中后期的雨水由雨水泵站排入黄浦江水体，减轻了初期污染雨水对水体水质的污染影响。

图 5 世博 A13 广场全生态透水地面

4 结论

雨水资源综合利用有利于缓解雨水内涝、削减洪峰流量、减少排水设施的投资和运行费用、补充地下水、控制雨水污染和改善城市生态等作用，国外国际雨水资源处理、处置和管理的理念发生了显著变化，开发了多种多样的雨水利用技术措施，形成了较为完善的雨水资源利用管理框架和技术支撑体系，通过对世博园区的雨水资源利用技术的深入研究和应用探索，将有利于促进城市雨水资源的合理利用，为解决城市水资源短缺、营造良好城市生态环境创造条件。

地下结构大开洞楼板的受力分析

吴 峰、王 浩、葛 潇
（上海市政工程设计研究总院）

摘 要：本文采用壳元及梁元相结合的有限元模型，通过对是否开洞以及有无水平荷载等不同情况下的典型楼板进行比较分析，探讨了水平与竖向荷载共同作用下的地下结构大开洞楼板的力学特性。分析结果表明，与常规仅承受竖向荷载作用下的楼板不同，当有水平荷载作用时，大开洞楼板在靠洞边一定区域内的板面及相关梁内会产生较大的面内水平位移及拉力。在设计地下结构大开洞楼板时应考虑平面内拉力和平面外弯矩的共同作用。

关键词：大开洞楼板，水平荷载，壳单元，地下结构

1 引言

对地下结构而言，一般不仅承受常规的自重、覆土、人群及设备等竖向荷载，还需同时承受来自水土的侧向水平荷载作用。在水土等水平荷载作用下，对无开洞楼板，一般认为板的面内刚度无限大，从而忽略水平荷载作用下的楼板结构分析，仅考虑竖向荷载的作用。随着大型地下空间的开发及生态概念的引入，现代地下结构常常要求楼板大开洞以引入外界阳光、空气等使得地下结构成为半敞开空间；在这种情况下，大开洞楼板在水平及竖向荷载共同作用下的受力特性则成为不可忽视的问题。目前对大开洞楼板受力特性的研究多见于竖向荷载作用，如韦芳芳等[1]通过有限元分析，考虑了洞口加强边的刚度和宽度等参数对开洞楼板力学特性的影响；王铁成等[2]采用条带法分析提出了简化的配筋方式对开洞楼板进行设计；耿耀明等[3]采用薄板单元和空间杆单元建立结构整体模型，探讨了高层建筑预应力混凝十大开洞楼板的有限元分析和设计方法。陈卫军[4]通过比较半敞开地道顶板开洞位置、孔洞长度及宽度、孔洞间距等变化对结构顶板在水平荷载作用下的受力影响，给出了半开敞地道结构顶板开洞的优化解，然而，其研究仅限于小尺度的平板结构，未涉及梁板体系问题。

基于此，本文以世博轴实际工程项目为背景，采用壳元与梁元相结合的有限元模型对结构楼板进行静力分析，比较是否开洞及有无水平荷载作用等状态下梁板体系力学特性，以揭示在水平及竖向荷载共同作用下的地下结构大开洞楼板的受力特性。

2 分析模型的理论基础

有限元分析模型中，板单元的每个节点上都有平面外的两个方向上的转动自由度和平面法线方向的一个位移自由度。膜单元的每个节点上有平面内的两个方向上的位移自由度和绕平面法线方向的一个转动自由度。壳单元则是二维弯曲板单元和膜单元的组合，因此在壳单元的每个节点上有平面内外三个方向上的位移自由度和绕三个方向的转动自由度，这样就可以分别用来模拟板平面内和平面外的受力特性。图 1 显示了平面壳单元的形成。计算时只需在局部 xyz 坐标系统中形成两个单元刚度矩阵，然后把 24×24 局部单元刚度矩阵转换到整体 XYZ 参考系

下，用直接刚度法添加壳单元刚度和荷载就可以建立壳单元的整体平衡方程[5]。

在实际工程项目计算分析中，使用四节点壳单元模拟平板，并结合两节点梁单元来模拟混凝土梁，这将使计算模型更符合实际工程情况。这两种单元在每个节点上都有六个自由度，但是它们在空间内并没有共同节点直接连接这两种单元类型。因此，可以采用刚性约束把平板中面上的节点和梁中性轴上的点连接起来。在沿着梁轴的壳节点上运用这些约束，会在两种单元类型间产生相互作用，这除了可减少未知量的数目外，还可避免选择平板有效宽度的问题，而且这也是符合结构的实际受力情况的。因此，为了保持梁和平板之间的协调，有限元计算模型中在沿着梁轴的几个截面上都应用了刚体约束。

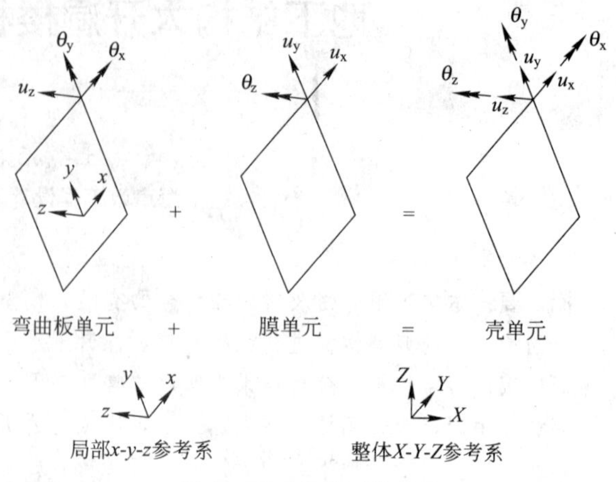

图1 平面壳单元的形成

3 工程算例

3.1 概况

上海世博轴地下综合体工程的标高－1.0m楼板是地下一层的顶板，由于建筑功能上的要求，在楼板的中部开设有大洞以引入外界的阳光和空气，使地下室成为一个半敞开的结构。该层楼板在使用过程中不仅要承受垂直于板面的恒载和活载，同时还要承受水平方向的水土侧压力、屋顶基础侧向推力等的作用，因此世博轴地下室－1.0m板是典型的承受竖向和水平向荷载作用的开大洞楼板。取其中的一个典型区段分析，计算简图和有限元模型分别如图2和图3所示。计算模型上下对称，洞口长边方向为X方向，短边方向为Y方向。开设的洞口使楼板形成上下两条三跨的板带及中间两块支撑板。楼板轴线间距11m，中间开洞面积达到44m×22m。楼板四边均为自由边，通过直径1200mm框架圆柱支承。结构板厚400mm，用壳单元模拟。除洞边22m跨的梁截面为1200mm×1200mm外，其余框架梁截面均为1200mm×800mm，

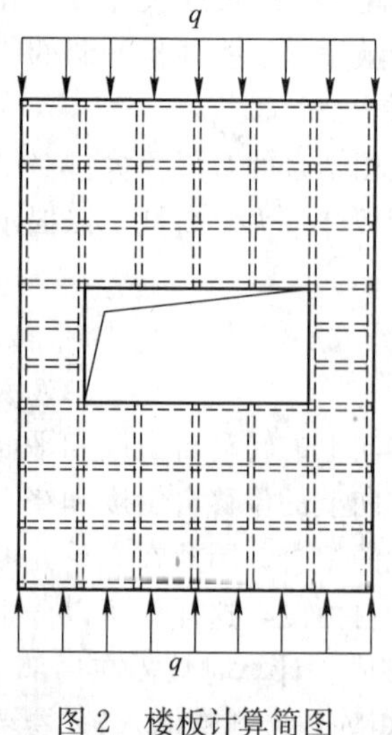

图2 楼板计算简图

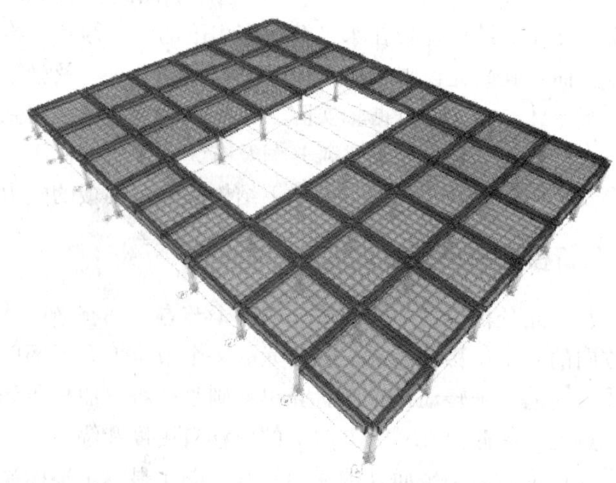
图3 有限元计算模型

次梁截面 600mm×800mm，所有梁均采用梁单元模拟。板面竖向面荷载为结构自重 12kN/m^2，均布活荷载 4.5kN/m^2；板上下两侧承受的水平荷载为 q=540kN/m。

3.2 计算结果及分析

通过有限元计算，分别考察板和洞边梁在组合荷载工况下的受力情况。板的计算结果如表 1 所示，洞边梁的计算结果如表 2 所示。

板的计算结果 表 1

计算结果位置	最大负弯矩(kNm)		最大正弯矩(kNm)		水平位移(mm)	洞边拉力(kN)	边界压力(kN)
	绕 X 轴	绕 Y 轴	绕 X 轴	绕 Y 轴			
洞边跨	−140	−152	83	68	5.0	850	−760
边界跨	−133	−140	92	71			

梁的计算结果 表 2

计算工况	支撑梁最大轴力(kN)	支撑梁最大弯矩(kNm)		横梁最大轴力(kN)
		负弯矩	正弯矩	
恒载+活载+水平荷载	−6197	−3353	2297	2032
恒载+活载	−198	−3442	2261	—

由表 1 计算结果和云图分析可知，在水平和竖向荷载共同作用下，楼板处于平面内和平面外的三向应力状态。由于模型上下对称，仅分析洞口上边三跨的板带。对于平面外楼板的受力特性主要由竖向荷载控制，但由于组合了水平荷载的作用，与无水平荷载时的楼板平面外弯矩比较，上边三跨板带的 X 向和 Y 向板面应力等值线云图分布都向洞口方向发生偏移，使得板带靠近洞口边一跨的平面外支座负弯矩略有增大，板带靠近上边界一跨的平面外跨中正弯矩略有增大，但弯矩变化均不大。

另外，由于水平荷载作用在洞口的长边方向，洞口长边的中点产生了约 5mm 的水平位移，同时在洞口长边方向中心的洞边板一定范围内，平面内出现了较大的拉力，达到 850kN；而上边界处板带中心一定范围内，平面内出现较大的压力，达到−760kN。拉力和压力之间的板带内力均匀变化过度，因此在板带的中间跨，平面内的力较小，设计该跨楼板时可以忽略平面内力的作用。通过以上分析可知，在水平和竖向荷载共同作用下的大开洞楼板结构的混凝土板设计过程中，对洞口边附近的板带及边界处的板带，应同时考虑平面外弯矩的变化和平面内拉、压力的影响，对板带作加强处理。

在组合水平荷载的计算工况下，楼板中间洞边 22m 跨支撑梁为压弯构件，且承受的轴向压力和弯矩都相当大，轴向压力达到−6197kN，梁正负弯矩分别达到 2297kNm 和−3353kNm。表 2 中比较了没有组合水平荷载作用时该梁的轴向力和弯矩，可以看出两种工况下弯矩的变化不大，但轴力相差了约 30 倍，因此设计该梁的时候应充分考虑轴向压力的作用。水平荷载对梁的影响还表现在使得洞口长边方向洞边横梁内产生了较大的轴向拉力作用，达到 2032kN，该拉力主要由梁的侧边承受，因此对该梁的设计除了考虑平面外的受弯作用，同时还需配置一定的腰筋来抵抗平面内的拉力作用。

由于该工程的混凝土楼板较厚，模型在计算梁板内力时考虑了梁与板的协同作用，因此计算结果是符合实际情况的，对梁和板的分析和设计也比较合理。

4 楼板的比较研究

为了进一步探讨水平荷载对开大洞楼板的影响情况，对世博轴项目中没有开设大洞以及不受水平荷载作用的楼板分别建模进行静力计算和分析，并将计算结果与上述有水平荷载作用下的开大洞楼板计算结果进行比较分析。由于水平荷载对洞口长边方向的楼板平面内力分布影响较大，比较三种不同情况下的平面内 X 方向板的内力分布云图，如图 4 所示。由于模型对称，仅比较洞口上方三跨板带上边中心到洞口边中心的内力值，如图 5 所示。

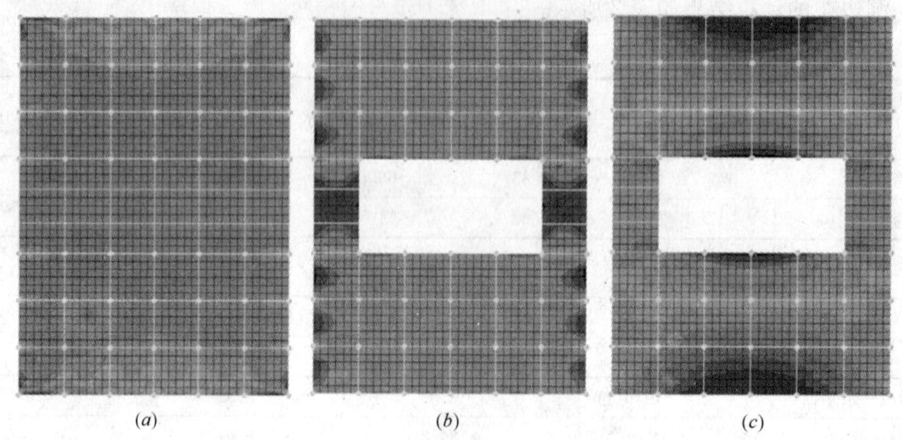

(*a*) (*b*) (*c*)

图 4　X 向内力分布云图比较

(*a*)无开洞楼板；(*b*)无水平荷载楼板；(*c*)水平荷载下开大洞楼板

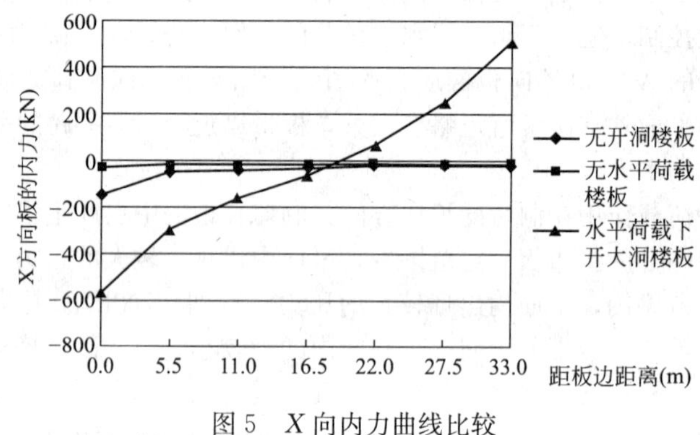

图 5　X 向内力曲线比较

无开洞楼板在水平和垂直向荷载的共同作用下，板面虽然处于三向应力状态，且平面内楼板为受压状态，但由于没有开洞，水平荷载仅在板边一定范围内产生压力。水平荷载通过楼板相互抵消，楼板平面内力在板内很快递减，因此除了承受水平荷载的板边外其余板面 X 向的内力分布均匀，压力分布值约为－20～－40kN，如图 4(*a*)和图 5 所示。由此可见，在常规的计算分析中，认为不开洞楼板平面内无限刚也是符合工程精度要求的。

当楼板只承受垂直板面方向的荷载时，楼板处于平面外的受力状态。楼板开洞对板平面内的内力分布基本没有影响，平面内 X 向均匀分布很小的压力，在－10～－20kN 之间，如图 4(*b*) 和图 5 所示。

综合考虑水平荷载和垂直荷载共同作用下的开大洞楼板时，由于水平荷载的存在，板内 X 方向内力分布以洞口对称分布，且变化均匀。在承受水平力的边上出现了较大的压力，而在洞口边出现了较大的水平拉力，压力和拉力之间的板内力均匀过渡，如图 4(*c*)及图 5 中的曲线变化所示。因此开大洞使得楼板的平面内内力分布发生了很大变化，在三向应力状态下，板在平面内出现了一定的弯曲效应，使得楼板的洞边中心产生了水平拉力和水平位移，计算的结果值表明结构构件的分析和设计必须考虑这种平面内的效应影响。

5 小结

本文结合上海世博轴地下综合体工程的－1.0m 标高楼板，探讨了地下结构开大洞楼板在竖向荷载和水平荷载共同作用下的受力特性，通过有限元建模计算和对比分析表明：

(1) 利用壳单元和梁单元相结合的模型，可以较合理的模拟大开洞楼板在水平荷载和竖向荷载共同作用下楼板的静力计算和分析。其中壳单元较好地解决了楼板在平面内的受力分析。

(2) 与常规仅承受竖向荷载作用下的楼板不同，当有水平荷载作用时，大开洞楼板在靠洞边一定区域内的板面及相关梁内会产生较大的面内水平位移和拉力，在设计地下结构大开洞楼板时应考虑平面内拉力和平面外弯矩的共同作用。

(3) 水平荷载对不开洞楼板的力学特性除了在荷载作用处产生局部压力外，对楼板内部影响不大。楼板上开设的大洞对不承受水平荷载作用的楼板内部平面内的内力分布影响不大。

参考文献

[1] 韦芳芳，吴胜兴等. 开洞板洞口周边弹性加强探讨. 工业建筑 [J]，2006，36(增刊)：314～317
[2] 王铁成等. 较大开洞板受力分析与配筋. 工业建筑 [J]，2003，924～926
[3] 耿耀明等. 高层建筑中预应力混凝土开洞板的分析与设计. 工程力学 [J]，2001，277～281
[4] 陈卫军. 半敞开地道结构顶板开洞优化分析. 现代隧道技术 [J]，2005，42(2)：32～36
[5] Edward L Wilson，结构静力与动力分析 [M]. 中国建筑工业出版社，2006

建筑垃圾渣土在世博园区道路工程中的应用

秦　健、赵建新
（上海市政工程设计研究总院）

摘　要：世博会园区原有厂房等建筑物拆迁过程中产生了大量建筑垃圾，建筑垃圾和原状土相混合成为建筑垃圾渣土。结合工程实践，总结采用高强高耐水土体固结剂（简称“HEC”固结剂）固结建筑垃圾渣土，应用于世博园区道路路基加固处理和半刚性基层的设计和施工技术。

关键词：建筑垃圾渣土，土体固结剂，路基加固处理，半刚性基层

引言

中国2010年上海世博会选址于上海市区黄浦江两岸，原址基本为工业用地，建有江南造船厂、上钢三厂等多家大中型企业。在世博会园区基础设施建设过程中，原有厂房建筑拆迁产生了大量建筑废弃物，建筑废弃物与建设场地原状土体相混合，形成建筑垃圾渣土（以下简称“渣土”）。

渣土在园区建设场地内分布面积广，体量巨大，性状亦十分复杂。在园区道路工程建设中，常规处置方法难以将其利用。若将路槽范围内渣土全部废弃，不仅需要外运堆放大量渣土，而且需要再从外部调运大量符合土路基填筑要求的土方。外运堆放渣土和外调土方，不仅增加了工程造价，也将大量占用土地和浪费自然资源，不可避免地对自然环境造成不利影响。

从“可持续发展”的发展理念和“城市，让生活更美好”的办博宗旨出发，都应深入研究渣土的应用方案，使其物尽其用，避免对环境的不利影响。

1　渣土在道路工程中的应用

1.1　渣土的性状

渣土由渣和土两部分组成。渣的主要成分为厂房等建筑物拆迁产生的水泥混凝土块和砖块等建筑废弃物，也含有部分钢渣等工业废渣；土即为建设场地内的原状土体，基本为亚黏土，塑性指数在12左右。

渣土具有如下特点：

(1) 粗骨料的强度变化大，但总体强度均偏低，且分布不均；

(2) 粗骨料的粒径变化较大，超大颗粒含量较高；

(3) 土中含有小部分表层杂填土和淤泥质土，植物根系和腐殖质含量较高，不符合路用材料的基本要求；

(4) 渣与土混杂，粗、细骨料比例不稳定，级配很差。

渣土虽然具有上述不良性状，但同时也具备了作为道路建筑材料的基本特性。原状土体基

本为塑性指数和含水量较为适中的亚黏土；同时建筑垃圾废渣与其混杂，又提供了一定的强度。

因此，渣土应用的技术关键，就是选择合适的土体固结材料稳定渣土，使其达到道路工程所需要的路用性能。

1.2 常规土体固结材料的不足

目前，道路工程常用的土体固结材料主要有石灰、粉煤灰和水泥，相应的固结土为石灰土、二灰土和水泥土等。

上述土体固结材料用于稳定一般土体或集料。当用作道路土路基加固，要求土体具有较为均匀的强度和粒径，最大粒径不超过100mm，易于采用路拌机粉碎拌和，便于碾压成型；当用作基层或底基层，则要求土体或集料具有良好的级配。

用石灰、水泥等常规材料固结渣土，存在下列问题：

(1) 由于渣土均匀性差，固结剂的掺量难以控制。掺量过低，则必然有部分粗骨料含量较少的土体强度不能满足设计要求；提高掺量使固结土强度均达到设计要求，则易于产生温缩和干缩裂缝，而且浪费材料，提高造价。

(2) 由于渣土中超大颗粒骨料含量高，采用路拌机原槽掺灰拌和，容易损坏机械；采用挖掘机等简单机械施工，固结材料和渣土难以拌和均匀，无法保证工程质量；采用集中拌和和机械摊铺，则需要将渣土集中并剔除其不良成分，施工成本高，施工周期长，难以满足工程进度的需要。

因此，石灰、粉煤灰、水泥等常规土体固结材料均不适用于固结渣土。

1.3 HEC高强高耐水土体固结剂

通过对建材市场上各种土体固结材料的考察和比选，并经过室内试验和试验路铺筑，最终确定使用武汉大学路德公司研制的HEC高强高耐水土体固结剂（High Strength and Water Stability Earth Consolidator，缩写为“HEC”），作为渣土的胶凝材料，应用于道路工程中。

HEC土体固结剂是一种无机水硬性胶凝材料。可用于固结一般土体、特殊土体、砂石集料和工业废渣。在工程实际应用中，用于固结淤泥质土[1]、吹填砂[2,3]等非常规建筑材料，用于道路工程、水利工程等，已经取得了良好的应用效果。

室内试验和工程应用实践证明，与石灰、水泥等常规土体固结材料相比，采用HEC固结渣土，具有以下优势：

(1) 对渣土骨料强度和均匀性的要求较低，对渣土进行简单处理，即可用于固结处治。

(2) 固结后强度高，通过调整固结剂掺量，能够达到道路土路基加固处理和半刚性基层的强度要求。

(3) 具有微膨胀的效果，有效缓解半刚性材料的温缩和干缩裂缝。

(4) 施工难度低，在路槽内将渣土和HEC固结剂摊铺开，用挖掘机进行拌合后，再用压路机碾压即可。

1.4 渣土在园区道路工程中的应用

世博会园区新建道路位于黄浦江沿岸，路基软土分布广，地下水位高。初期采用上海市常用的半刚性基层沥青路面，并对软土路基进行加固处理；后期对路面结构和路基加固进行优化调整，采用HEC固结渣土代替常规路用材料。调整前后路面结构和路基处理措施的对比如表1所示。

调整前后路面结构和路基处理措施 表1

结构层次	调整前	调整后
面层	12～15cm 沥青混凝土	12～15cm 沥青混凝土
上基层	15～20cm 水泥稳定碎石	15～20cm 水泥稳定碎石
下基层	20cm 水泥稳定碎石	20cm HEC固结渣土
垫层	15cm级配砂砾	取消
路基加固	80cm石灰土	50cm HEC固结渣土

1.4.1 在新建道路路基加固处理中的应用

HEC固结渣土具有较高的强度和水稳定性，采用两层共50cm低剂量HEC固结渣土代替级配砂砾隔水垫层和石灰土路基加固。既作为软土路基加固处理措施；又起到阻隔地下水的作用，防止地下水渗入路面结构，而导致路面渗水损坏。

1.4.2 在新建道路半刚性基层中的应用

通过提高HEC固结渣土中HEC固结剂的掺量，HEC固结渣土可以达到与水泥稳定碎石相当的强度，可以作为道路半刚性基层材料。

但是工程实际中采用挖掘机拌合的方法进行施工，渣土粗骨料粒径又较大，HEC固结渣土结构层表面平整度难以保证。

因此，部分园区新建道路仅采用高剂量HEC固结渣土代替水泥稳定碎石作为新建道路下基层材料。

1.4.3 其他应用途径

园区内临时施工通道行驶大量重载施工车辆，对路面结构承载能力的要求高，但对路面平整度的要求相对较低。因此，园区内大部分施工通道可采用HEC固结渣土作为半刚性基层材料，在其上直接铺筑沥青面层使用。

园区停车场亦可采用HEC固结渣土作为铺装结构的基层材料。

HEC固结渣土的其他应用方案 表2

应用部位	建议结构形式	应用部位	建议结构形式
施工通道	4～10cm沥青混凝土面层 30～40cm HEC固结渣土基层 20～30cm渣土底基层	停车场 （沥青铺装）	5cm沥青混凝土面层 30cm HEC固结渣土基层 30cm渣土底基层
停车场 （水泥铺装）	16cm水泥混凝土面层 20cm HEC固结渣土基层 30cm渣土底基层		

2 HEC固结渣土的材料要求

2.1 材料要求

对于HEC固结剂，现行规范中并无相关要求，因此HEC固结剂的质量应满足其企业标准。

对于渣土，最重要的两项控制指标是粗骨料的最大粒径和土与渣的比例。

粗骨料的最大粒径要求，主要是为保证结构层的压实效果。渣土中粗骨料的最大粒径一般不应超过压实厚度的 1/3。对于超过最大粒径要求的骨料，应在拌和前人工拣出。

渣土中土与渣的比例要求，则主要是为了保证结构层的强度。粗骨料之间的嵌挤是 HEC 固结渣土强度的主要来源；土和 HEC 固结剂相互作用，将粗骨料结成密实的板体。渣土中土的比例过高，强度难以达到设计要求；渣的比例过高，则不易形成密实的板体。渣土中土与渣的比例，一般应控制在 4∶6 左右。但在实际施工过程中，由于现场渣土均匀性较差，一般控制在 5∶5～3∶7。工程检测证明，在上述土与渣比例范围均能够满足强度要求。

2.2 强度要求和混合料组成设计

HEC 固结渣土的强度指标参照常规半刚性材料采用 7d 浸水无侧限抗压强度控制。

HEC 固结渣土应用于道路基层或路基处理时，其设计参数应通过室内试验确定，也可参考表 3 取用。

HEC 固结渣土设计参数参考值 **表 3**

应用部位	7d 无侧限抗压强度(MPa)	抗压回弹模量(MPa)	HEC 固结剂掺量(%)
基层	3.0～4.0	1300～1700	8～10
路基加固	0.6～1.0	—	4.5～6

注：表中基层抗压回弹模量为弯沉计算用。

3 HEC 固结渣土的施工

世博园区 HEC 固结渣土的应用部位，主要集中在新建道路路基加固处理，部分新建道路下基层和部分临时施工通道基层。

综合考虑渣土性状、使用要求、施工周期、施工难度和造价等多方面的因素，HEC 固结渣土基本上采用挖掘机原槽路拌的施工方式。其优点是对渣土均匀性要求低、施工速度快、施工难度低、节约造价；其不足是平整度较难控制。

在对平整度要求较高的应用场合，如道路上基层，建议对渣土进行一定的筛分处理，并采用集中拌合、平地机摊铺的施工方式。采用该种施工方式，可提高渣土的均匀性，HEC 固结剂的掺量可适当降低；平地机摊铺也有利于保证结构层的平整度。

无论是原槽路拌，还是集中拌合，其施工要求都与常规半刚性材料，如石灰稳定土、二灰稳定土、水泥稳定土等类似，在此不再赘述。

4 结论

(1) 建筑垃圾渣土性状复杂，粗骨料强度和颗粒分布的均匀性差，级配不良，不适宜采用常规土体固结材料。HEC 高强高耐水土体固结剂对渣土表现出较好的适应性。工程实践证明，HEC 固结渣土具有良好的路用性能。

(2) HEC 固结渣土具有较高的强度和水稳定性，同时其微膨胀的特性有利于缓解半刚性材料的干缩和温缩裂缝。作为道路路基加固处理，可兼具隔水垫层的作用；作为道路半刚性基层，也可以达到设计要求的强度。

(3) 粗骨料的最大粒径和渣与土的比例是 HEC 固结渣土的两项重要控制指标。前者主要是为了保证结构层的压实效果，后者则主要是为了使结构层结成板体，并达到设计要求的强度。

(4) 若对结构层表面平整度的要求不高，HEC 固结渣土可采用挖掘机原槽拌合的方式施工，可加快施工速度、降低施工难度，节约造价。若对结构层表面平整度的要求较高，则建议对渣土进行一定的筛分处理，并采用集中拌合、平地机摊铺的方式施工。

参考文献

［1］ 周龙江. HEC固结剂在天津港散货物流中心的应用［J］. 石家庄铁道学院学报，2006.5
［2］ 魏富华，沈思忠，鲍德安. HEC土体固结剂在海堤道路基层中的应用［J］. 上海建设科技，2007.3
［3］ 段文，夏洪林，冯振伟等. HEC固结材料在道路工程的应用［J］. 建筑施工，2006.11
［4］ JTG D50—2006. 公路沥青路面设计规范［S］
［5］ JTG F10—2006. 公路路基施工技术规范［S］
［6］ JTJ 034—2000. 公路路面基层施工技术规范［S］

上海世博会浦东园区高架步道交通设计

秦 健、赵建新

（上海市政工程设计研究总院）

摘 要：高架步道是世博会园区内连接各类展馆和室外空间的重要人流通道。主要采用“出行生成—出行分布—交通方式划分—交通分配”四阶段模型方法，对世博会浦东园区高架步道进行交通需求分析，合理选择通行能力和服务水平，最终确定高架步道的建设规模。并通过交通组织设计，为高架步道建筑、结构设计提供了依据。

关键词：世博会浦东园区，高架步道，交通需求分析，四阶段模型方法，交通组织设计

引言

中国2010年上海世博会园区选址在卢浦大桥到南浦大桥之间(包括浦东的后滩区域)的浦江两岸区域，分为浦东和浦西两个园区。根据《世博会规划区控制性详细规划》(以下简称《控详规划》)，世博会园区内规划建设高架步道系统。高架步道是世博会园区内连接各类展馆和室外空间的重要人流通道，将各展馆空间和室外空间有机串联，构筑园区最主要的人车分行系统。高架步道分为永久性和临时性二大类。世博轴为永久性高架步道，其余高架步道均为临时建筑，会后拆除、改建或改为其他用途。本文研究对象主要是世博会浦东园区的临时性高架步道系统。

1 设计原则

高架步道是世博会园区的重要基础设施工程，其方案设计遵循下述原则：

(1) 功能性原则——世博会园区高架步道具有人流交通集散、配套设施、遮阴避雨、游憩休闲、景观五大功能。其中人流交通集散功能是高架步道的主要功能，起到联系相邻组团之间的游览导向作用，其他是高架步道的次要功能。在高架步道的设计中，应保证其交通功能为前提，兼顾其他功能设施的配备，符合简洁、美观、轻盈的景观要求。

(2) 人性化原则——符合“以人为本”的设计理念，体现“城市，让生活更美好”的世博主题，营造便捷、舒适、安全的步行空间。

(3) 经济性原则——作为临时建筑，应考虑建设造价、施工可行、管理方便、利于回收利用的经济性原则，体现“勤俭办博”的理念。

2 总体布局

上海世博会浦东园区临时性高架步道由一条东西向主轴和三条南北向次轴组成，以及东西向主轴位于C05地块园一路西侧的一条支线和南北向西次轴位于B02地块跨越长清路的一座天桥组成。浦东园区高架步道总面积约20万 m^2，其中本工程范围11.4万 m^2，试点组团1万 m^2，世博轴7.6万 m^2，如图1所示。

图 1　世博会浦东园区高架步道总体布置图

3　交通需求分析

3.1　交通需求分析依据

3.1.1　基本客流需求

根据《控详规划》，世博会客流总规模为 7000 多万人次，日均客流量 40 万人次，一般高峰日客流量 60 万人次，极端高峰日客流量 80 万人次。世博会园区高架步道交通需求按照一般高峰日客流量 60 万人次进行分析。

3.1.2　客流的时间特性

根据世博会基本客流资料以及客流到达消散图的分析，高架步道承担的高峰客流需考虑两个关键的时间节点，即进场高峰客流和游览高峰客流；离场客流较为分散，可不作为高架步道需求分析的控制节点。

进场高峰客流特征主要表现为：进场高峰客流发生在 9 时到 11 时，大量游客通过多种交通方式集中到达园区出入口，经过出入口闸机安检和票检进入园区。进场高峰客流基本上只进不出，客流具有单向性的特点，流向为由各个出入口到园区内部。

游览高峰客流特征主要表现为：游览高峰客流发生在 11 时到 16 时，这一时间段内游客数量达到峰值，游客展开积极的游览活动。进场客流和离场客流都相对较少，客流具有对称性的特点，客流流向为各个场馆和公共活动场所之间。

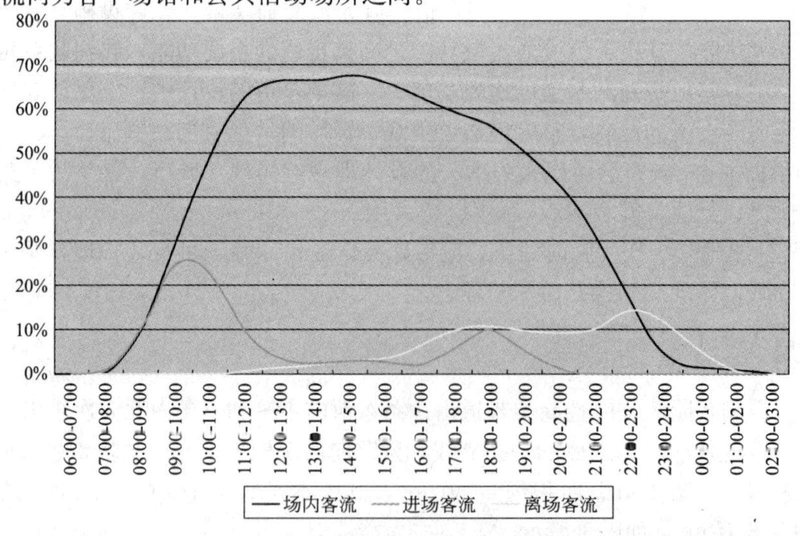

图 2　世博会园区客流时间特性

3.2 交通需求分析

3.2.1 进场高峰客流需求

世博会浦东园区规划3主2辅5个陆上人行出入口：浦明路(南)、上南路、高科西路3个主出入口和长清路、浦明路(北)2个副出入口。进场高峰客流需求取决于各出入口规划的闸机数量和通过能力，对各出入口附近高架步道建设规模有影响。

进场高峰客流需求 表1

出入口名称	上南路(世博轴)	高科西路	长清路	浦明路(南)	浦明路(北)
安检闸机数量(个)	120	65	65	60	40
安检闸机通过能力(万人/h)	4.272	2.314	2.314	2.136	1.424
进场高峰小时客流量(万人/h)	4.272	2.314	2.314	2.136	1.424

3.2.2 游览高峰客流需求

游览高峰客流需求按照“出行生成—出行分布—交通方式划分—交通分配”四阶段模型方法进行分析，预测各断面的客流量。

(1) 出行生成

将世博会浦东园区按照地块划分为19个小区，以每个小区(地块)内部的场馆和配套设施的性质和数量作为小区的属性，每个小区的出行生成量与该小区的属性密切相关。

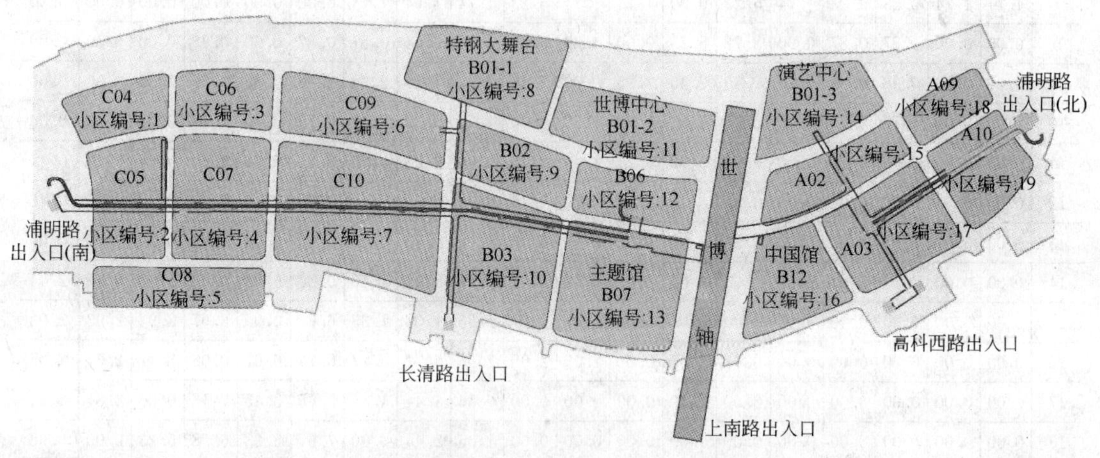

图3 游览高峰客流需求分析小区划分

世博会浦东园区为主展区，综合考虑越江交通的阻抗以及时间限制等因素，分析认为70%的游客仅游览浦东园区，10%的游客仅游览浦西园区，其余20%的游客游览浦东和浦西园区。由此可得，一般高峰日浦东园区客流量为54万人次。

考虑实际游览过程中，受到场馆展览内容的吸引力、场馆容量、交通便捷程度、时间限制、体力和意愿等因素的影响，游客不可能游览园区的每个地块，而是根据场馆的重要程度和个人喜好有所选择。规划部门从场馆热门程度、交通可达性、服务设施、场地面积等方面对各组团、场馆综合评分，认为浦东园区内中国馆、主题馆、演艺中心、世博中心、餐饮娱乐中心等区域的热门程度最高，其次是国家自建馆，再次是租赁馆、联合馆和国际组织馆等，最后是一般性的广场。

在组团、场馆热门程度综合评分研究的基础上，确定每个小区(地块)的出行生成量吸引系数，再乘以小区(地块)的理论交通发生吸引量，即可得到各小区(地块)的实际交通发生吸引量。

(2) 出行分布

世博会园区游客出行分布主要取决于游客游览方式，而游客的游览方式主要有两类：一是连续的游览方式，即按照场馆的空间分布顺序游览；二是跳跃性的游览方式，即不按照场馆的空间分布顺序游览，而是有针对性和选择性的游览特定的部分场馆。连续的游览方式主要产生短距离的出行，跳跃性的游览方式主要产生中长距离的出行。按照“近距离出行为主，同时考虑部分中长距离出行”出行分布原则，在各小区(地块)实际出行生成量的基础上建立小区出行OD分布矩阵，如表2所示。

OD分布矩阵(万人/一般高峰日)　　**表2**

OD	1	2	3	4	5	6	7	8	9	10	11	12	13	14	15	16	17	18	19
1	0.00	5.51	5.51	4.41	2.21	2.21	2.21	0.00	0.00	0.00	0.00	0.00	0.00	0.00	0.00	0.00	0.00	0.00	0.00
2	5.46	0.00	9.11	9.11	7.28	2.91	2.55	0.00	0.00	0.00	0.00	0.00	0.00	0.00	0.00	0.00	0.00	0.00	0.00
3	4.21	7.15	0.00	9.68	0.84	9.68	7.15	1.68	0.84	0.84	0.00	0.00	0.00	0.00	0.00	0.00	0.00	0.00	0.00
4	3.69	6.65	6.65	0.00	3.69	6.65	6.65	1.48	0.74	0.74	0.00	0.00	0.00	0.00	0.00	0.00	0.00	0.00	0.00
5	2.93	6.67	3.47	6.67	0.00	2.93	3.47	0.00	0.27	0.27	0.00	0.00	0.00	0.00	0.00	0.00	0.00	0.00	0.00
6	2.18	2.18	8.72	6.54	2.18	0.00	6.54	8.72	1.74	2.18	0.87	0.87	0.87	0.00	0.00	0.00	0.00	0.00	0.00
7	1.74	1.74	5.23	5.23	1.74	5.23	0.00	1.74	1.74	5.23	1.74	1.74	1.74	0.00	0.00	0.00	0.00	0.00	0.00
8	0.00	0.00	0.87	0.87	0.00	8.72	5.23	0.00	4.80	5.23	8.72	6.54	0.87	0.87	0.00	0.87	0.00	0.00	0.00
9	0.00	0.00	0.98	0.98	0.25	2.95	2.46	2.95	0.00	2.46	2.95	3.20	2.95	0.98	0.25	0.98	0.25	0.00	0.00
10	0.00	0.00	1.77	1.77	0.35	5.31	6.02	1.77	1.77	0.00	1.77	6.02	6.37	0.71	0.00	1.77	0.00	0.00	0.00
11	0.00	0.00	0.00	0.00	0.00	1.64	0.82	8.21	2.46	2.46	0.00	8.21	3.69	8.21	0.41	3.69	0.41	0.41	0.41
12	0.00	0.00	0.00	0.00	0.00	0.92	0.92	1.85	2.77	6.46	6.46	0.00	11.54	1.85	0.46	11.54	0.46	0.46	0.46
13	0.00	0.00	0.00	0.00	0.00	1.85	1.85	1.85	2.77	6.46	4.62	9.23	0.00	1.85	0.92	13.85	0.92	0.00	0.00
14	0.00	0.00	0.00	0.00	0.00	0.00	0.00	0.97	0.49	0.97	4.87	5.36	1.46	0.00	5.85	14.62	5.85	5.85	2.44
15	0.00	0.00	0.00	0.00	0.00	0.00	0.00	0.00	0.27	0.27	1.33	1.33	1.33	6.67	0.00	6.67	2.93	2.93	2.93
16	0.00	0.00	0.00	0.00	0.00	0.00	0.00	0.00	1.03	2.05	2.05	8.72	8.72	8.72	6.67	0.00	8.72	2.57	2.05
17	0.00	0.00	0.00	0.00	0.00	0.00	0.00	0.00	0.00	0.00	0.86	1.44	1.44	5.75	3.45	7.18	0.00	4.31	4.31
18	0.00	0.00	0.00	0.00	0.00	0.00	0.00	0.00	0.00	0.00	1.05	2.44	0.00	7.67	5.23	6.28	5.23	0.00	6.98
19	0.00	0.00	0.00	0.00	0.00	0.00	0.00	0.00	0.00	0.00	0.78	1.83	0.00	3.92	3.92	5.23	5.23	5.23	0.00

(3) 交通方式划分

世博会园区内可供游客选择的交通方式主要有两类：一是步行方式，二是公共交通方式。步行方式包括高架步道步行和地面步行，公共交通方式包括园内公交、越江公交等。

在小区出行分布OD矩阵各流向流量的基础上进行交通方式划分：近距离出行的交通方式主要为步行，中距离出行的交通方式为步行和公共交通，远距离的出行则主要为公共交通。在步行方式中，综合考虑高架步道与小区(地块)的距离及出入高架步道的便捷程度，确定高架步道步行和地面步行在步行交通中所占的比例。

(4) 交通分配

在交通方式划分的基础上，可以确定园区内各交通流向中高架步道所承担的交通流量。这一流量为一般高峰日客流量，再考虑高峰小时系数0.15，即可得到高峰小时客流量。

高架步道主要起到小区(地块)之间的联系功能，在高架步道东西向主轴小区(地块)之间截取8个断面，在南北向次轴小区(地块)之间截取8个断面，分别计算其游览高峰小时双向客流需求。

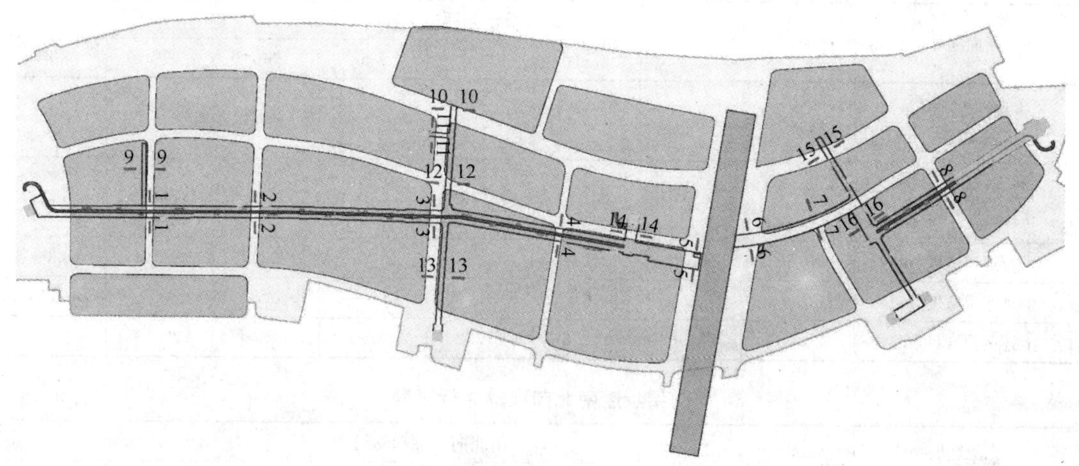

图4 游览高峰交通需求分析断面

游览高峰客流需求 表3

断面编号		东西向主轴							
		1-1	2-2	3-3	4-4	5-5	6-6	7-7	8-8
高峰小时流量(万人/h)	西—东	2.36	2.68	2.72	2.79	2.84	2.87	2.40	1.88
	东—西	1.81	2.31	2.40	2.54	2.65	2.73	3.22	2.89
	总计	4.17	4.99	5.12	5.33	5.49	5.60	5.62	4.77
断面编号		南北向次轴和支线							
		9-9	10-10	11-11	12-12	13-13	14-14	15-15	16-16
高峰小时流量(万人/h)	南—北	1.16	1.04	0.98	1.49	1.00	3.67	1.68	3.12
	北—南	1.10	1.34	1.14	1.74	1.07	3.21	1.56	2.51
	总计	2.26	2.38	2.12	3.23	2.07	6.88	3.24	5.63

从16个断面的流量表可以看出，东西向主轴断面高峰小时流量4.17～5.62万人次，南北向次轴及支线断面高峰小时流量2.07～3.24万人次，14断面6.88万为连接主题馆和餐饮娱乐广场的次轴，16断面5.63万为东西向主轴与东次轴重叠的位置。

4 建设规模论证

4.1 通行能力和服务水平

根据《交通工程手册》，人行交通服务水平共分五个等级。世博会期间客流量较大，一方面应为游客创造更为便捷、舒适、安全的游览条件；另一方面，高架步道为临时建筑，世博会后将拆除，其建设规模满足需求即可。综合考虑上述两个方面因素，高架步道服务水平取用三级标准，即2500人/h·m。

4.2 建设规模

高架步道考虑人行通道、电动车道的通行宽度，并综合结构的标准化和模数化，为设置部分休息设施、采光开空、观景留影区域和配套设施留有一定的余量，以及安全方面的考虑，最终确定高架步道的建设规模，计算结果见表 4、表 5。

高架步道东西向主轴通行宽度 表 4

断面编号	东西向主轴							
	1-1	2-2	3-3	4-4	5-5	6-6	7-7	8-8
进场高峰小时单向流量(万人/h)	2.136	—	—	—	—	—	—	1.424
游览高峰小时双向流量(万人/h)	4.17	4.99	5.12	5.33	5.48	5.60	5.62	4.77
人行通道宽度(m)	16.68	19.96	20.48	21.32	21.92	22.40	22.48	19.08
电动车道宽度(m)	6	6	6	6	6	—	—	6
上述两项合计(m)	22.68	25.96	26.48	27.32	27.92	22.40	22.48	25.08

高架步道南北向次轴通行宽度 表 5

断面编号	南北向次轴和支线							
	9-9	10-10	11-11	12-12	13-13	14-14	15-15	16-16
进场高峰小时单向流量(万人/h)	—	—	—	—	2.314	—	2.314	—
游览高峰小时双向流量(万人/h)	2.36	2.38	2.12	3.23	2.07	6.88	3.24	5.63
人行通道宽度(m)	9.44	9.52	8.48	12.92	9.26	27.52	12.96	22.52

东西向主轴：浦明路南出入口至西次轴段标准宽度为 32m，通行宽度为 30m；西次轴至世博轴段标准宽度为 35m，通行宽度为 33m；世博轴至东次轴段不设置电动车道，标准宽度为 32m，通行宽度为 30m；东次轴至试点组团段标准宽度为 32m，通行宽度为 30m。

南北向次轴：西侧南北向次轴标准宽度 15m，通行宽度 13m；中部南北向次轴标准宽度 30m，通行宽度 28m；东侧南北向次轴标准宽度 15m，通行宽度为 13m；东侧南北向次轴在 A03 地块转折处标准宽度为 35m，通行宽度 33m。

支线：两条支线标准段宽度为 12m，通行宽度为 10m。

5 交通组织设计

5.1 人行交通组织

(1) 人流流向和流线

世博会园区高架步道的人行交通，原则上遵循靠右侧行走和逆时针掉头的通行行走习惯，但并不严格限制人流的流向和流线，为游客提供便捷、宽松的步行环境。在满足交通疏散的同时，也允许少量游客在休息区驻足停留、休憩、观景、留影。

(2) 与沿线场馆的连接原则

高架步道与沿线场馆的连接方式，应遵循“只出不进”的交通组织原则，避免在高架步道上造成排队，阻碍高架步道的正常人流通行，同时带来安全方面的隐患。

(3) 标识系统

高架步道应设置具有明确导向的标识系统，组织通畅有序的人行交通，其标识系统应与整个园区的标识系统相统一。

（4）垂直交通设施

高架步道与地面层的联系沟通需通过垂直交通实现，对高架步道的整体功能运行将产生重要影响。垂直交通内容包括垂直交通单元布点、通行能力、安全疏散三大部分，通过楼梯、自动扶梯和垂直电梯三种交通方式和宽度的有机组合，以满足不同功能和形式的需要。楼梯主要供正常的步行使用，同时也是紧急疏散的通道；自动扶梯主要提供舒适、方便的上下行服务；电梯主要为行动不便的老人、儿童、残疾人服务。

垂直交通主要布置在地面广场和场馆交通流线的终端位置，与地面层的主要人行通道、服务设施、集中绿化等设施相结合。同时垂直交通的布置应避让主要的交通步行通道，减少对地面层主要交通流线的影响。

通过数据计算和经验分析，高架步道垂直交通的合理间距在 80～120m，极端远距离宜控制在 150～180m，疏散时间控制在 10min 以内。设置无障碍电梯的垂直交通间距控制在 250m 以内，基本覆盖整个园区。

（5）极端高峰应急措施

在极端高峰日客流量情况下，建议暂停电动车通行，拆除部分休息设施，最大限度上保证人行交通的通畅；在主要垂直交通节点采取必要管理措施控制客流进入高架步道。

5.2 电动车交通组织

（1）电动车道布置

根据《控详规划》，浦东园区高架步道东西向主轴将设置电动车。电动车按照预定的发车频率发车，不考虑路段中同方向超车的可能，设置双向 2 条车道。为减少电动车与行人之间的干扰，2 条电动车道集中设置于高架步道的中部，且有利于结构柱网布置，受力合理。

（2）与世博轴的关系

电动车在世博轴两侧通行，不穿越世博轴，但保留电动车穿越世博轴通行的可能条件。

（3）与人行通道的关系

电动车道宜通过不同色彩或铺装形式与高架步道步行区域相互区分，电动车严格按照电动车道位置行驶，不允许在车道以外行驶。但在电动车行驶的间隔或者人流高度集中的时间段，允许行人在电动车道上行走。因此，在高架步道电动车道和步行区域之间不宜设置物理隔离设施，以避免带来安全方面的隐患。

（4）车站设置和上下车组织

高架步道间隔一段距离，在电动车道和两侧人行通道之间设置点状休息区和采光开孔。可根据电动车运营管理、场馆分布和垂直交通单元位置，结合休息区和采光开孔设置电动车车站，组织乘坐电动车的游客上下。

（5）电动车道的管理和养护

为便于电动车的停放、管理、养护、检修等，在试验组团 A13 地块浦明路北出入口广场、B06 地块餐饮娱乐广场和 C02 地块浦明路南出入口广场设置 3 处联络道，联系高架步道上的电动车道和地面停车、检修场所。

6 结论

（1）高架步道是世博会园区内连接各类展馆和室外空间的重要人流通道，将各展馆空间和室外空间有机串联，构筑园区最主要的人车分行系统。

（2）进场高峰和游览高峰是高架步道交通需求分析的两个关键节点，通过各出入口规划安检闸机数量确定进场高峰客流需求；采用四阶段模型方法分析游览高峰客流需求。

(3) 高架步道采用三级服务水平下的通行能力，并综合考虑配套设施和安全等方面因素，合理确定高架步道的建设规模。

(4) 高架步道交通组织设计是总体方案内容，为高架步道建筑、结构设计提供了依据。

参考文献

[1] 上海市城市规划设计研究院. 中国2010年上海世博会规划区控制性详细规划(第三版)，2008

[2] 中国公路学会《交通工程手册》编委会. 交通工程手册 [M]. 北京：人民交通出版社，1998

上海世博园区世博轴的地下空间开发

俞明健、王　浩、倪　丹

（上海市政工程设计研究总院）

摘　要： 本文从世博轴地下空间的功能，地下空间环境的改善方法，消防安全设计，基坑开挖，强弱电系统的设计，节能生态技术等几个方面，较为系统地介绍了中国2010年上海世博会世博园区最大的地下空间项目——世博轴的地下空间开发。

1　概述

“城市让生活更美好”。随着城市发展，出现用地紧张、交通拥挤等现象，集约利用土地，开发利用地下空间成为城市发展的必由之路。中国2010年上海世博会的工程建设，将上海的地下空间开发推进到一个前所未有的高潮，整个世博园区的地下空间开发面积创纪录的达到近40万m^2。

世博轴位于浦东园区核心部分，由二层地下空间、地面层、10m高架平台、屋顶索膜结构及阳光谷结构共同组成，是一个半敞开式建筑。世博轴南起耀华路，跨雪野路、南环路、北环路、及浦明路，北至滨江庆典广场，东临上南路，西接园三路，南北向全长1045m，东西向宽度地下为99.5～110.5m，地面以上为80m。平面如图1所示。沿高度方向则分为地下－6.5m标高层、－1.0m标高层以及地上4.5m标高的地面层与10m标高的高架平台层，如图2所示。4.5m标高层通过廊桥与周边地面连接，而10m标高层与园区内东西向的高架步道连接。

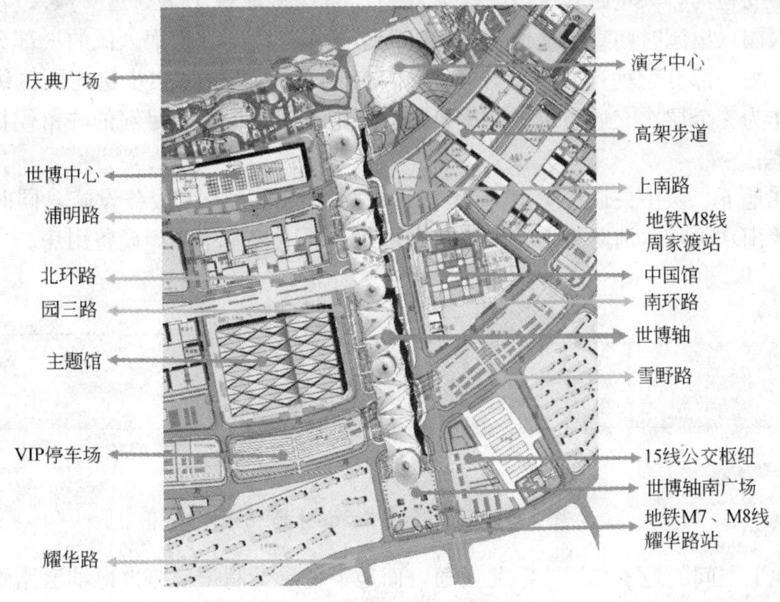

图1　世博轴平面位置图

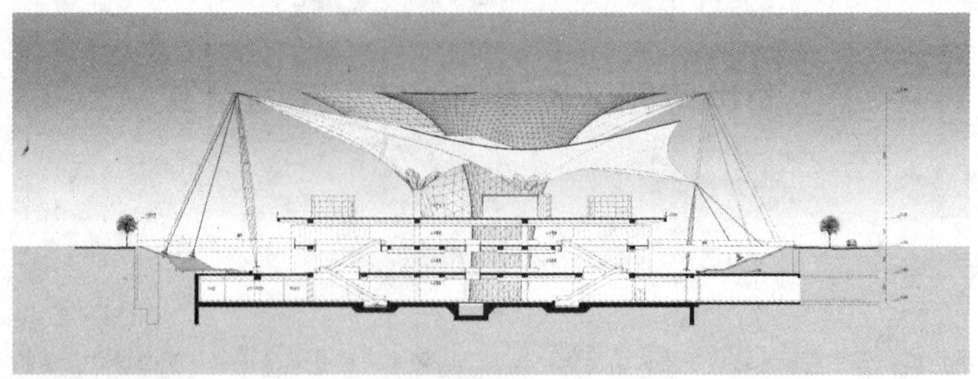

图 2 世博轴剖面图

世博轴的地下空间建筑面积约 18 万 m²，无论是规模还是用地都是世博园区之最。世博轴地下空间连通轨道交通 7 号线的周家渡车站以及 7、8 号线的耀华路站，同时通过地下联络通道连接世博会的四大场馆(中国馆、演艺中心，主题馆、世博中心)，从而使其成为整个世博园区地下城的枢纽。

2 世博轴地下空间的功能

2010 年上海世博会预计参观人数达 7000 万人次，世博轴作为最主要的园区入口，将承担整个世博会约 23%的客流入园，预计轴内最高峰客流量达到每小时 10000 人左右。因此，世博轴地下空间首先需服务于交通功能，其次世博轴地下空间需承担公共服务功能。

地下二层的南部作为园区的主要入口，与地铁 7、8 号线耀华路站衔接，连通口宽 30m。游客可以从 7、8 号线的连通口直接进入世博轴的地下二层。经过地下二层的安检闸机后，游客通过地下二层的中央通道向园区纵深引导，并沿途分流。世博会期为 5 月～10 月，正是一年中上海最热的时候，这样的设计可以让游客通过地下空间直接进入园区，免除烈日的暴晒。通过设置地下安检区，大量游客可以安全、舒适地直接从地铁车站到达安检入口、经过等候、安检、票检入园，出园时则直接从地下空间进入车站乘车离开。地面人流的一部分经由地面闸机直接入园，另一部分由垂直交通抬升至 10m 高架平台，经由高架步道向园区纵深引导，并沿途分流。作为三个层次交通组织中的重要部分，地下二层保证了足够的驻留候检空间和较高人流输导效率。

此外，在地下二层中央通道宽度 30～45m 的两侧安排了各项服务设施，同时按供应半径集中分段设置雨水泵房、消防泵房、地源热泵机房、弱电控制中心等设备用房。

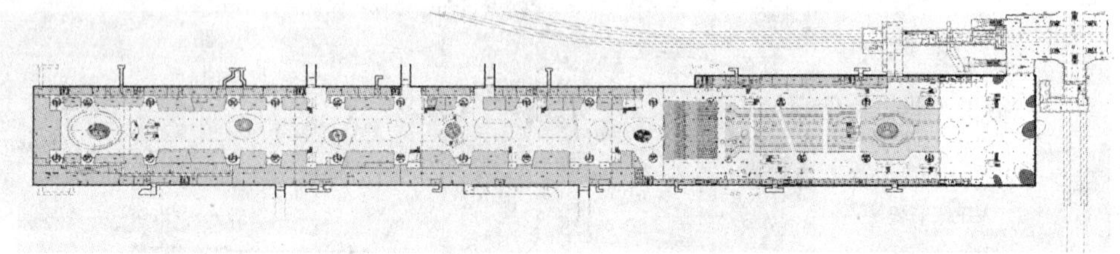

图 3 地下二层(－6.5m 标高)平面

世博轴地下空间的地下二层为南北贯通，而地下一层受制于横跨世博轴道路管线埋深的制约，地下一层不连通。其主要功能为各类服务设施、集中管理设施，并且留出大量空间面积供入园人流休息。地下一层的东西二侧设草坡绿化(参见图 4)，为地下空间创造了自然采光通风。中心通道设中庭，通过自动扶梯和楼梯连通上下层。

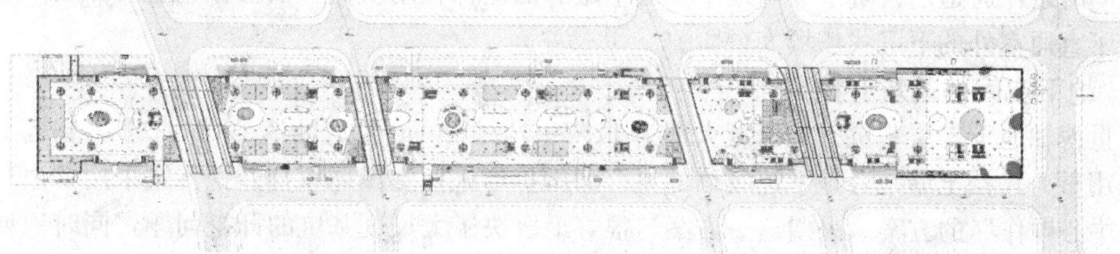

图 4　地下一层(－1.0m 标高)平面

3　世博轴的地下空间设计

3.1　地下空间环境的改善

改善地下空间的封闭感是设计时着力考虑的重点。世博轴设置的 6 个阳光谷从地下－6.5m一直延展到地上 35m，使得阳光可以自然倾泻入地下空间，阳光谷还能利用热空气拔风效应促成建筑内自然通风。既利于空气质量的提高，又能节省人工照明带来的能源消耗(参见图 2)。除了利用阳光谷外，世博轴建筑两侧设置通长的草坡(如图 5)，草坡坡度 1∶4 左右，在混凝土板或防渗膜之上确保 1m 以上种植覆土，把绿化、阳光和空气引入地下，将地下一层原本封闭的长向侧边变成为开敞的城市空间。

图 5　地下一层两侧草坡的设计效果

3.2　地下空间的消防安全设计

世博轴地下二层设 60 台人员入口安检机，安检区域面积达 25660m^2。消防设计的技术难点主要是地下空间发生火灾等紧急情况下的人员安全疏散问题。针对设定的世博轴地下空间的安全疏散时间和环境参数值，通过性能化分析评估，认为世博轴地下二层安检区人员疏散存在较大的风险。为此通过增加连通地下二层和地下一层的下沉式广场，于下沉式广场中设置楼梯，联系地下一层与地下二层；在地下二层安检闸机区的上方增设板洞，增加地下二层与地下一层的连通；加强火灾自动报警、自动灭火系统的设计；采取有效控制人流数量的技术措施，妥善解决了世博轴地下空间消防安全设计难题(SHEN You di，2008)。

在具体设计实施中，对－6.5m 地下二层的安检等候区域，综合入园排队人员和工作人员的数量，对排队空间，楼扶梯等进行核算，保证地下二层排队区的总疏散时间小于4min，可以满足安全疏散的要求。对－6.5m平面过安检后通道区域人员疏散，每隔66m设置疏散楼梯，同时还在通道内设置了通向地下一层半敞廊的楼梯自动扶梯，以及在通道两侧隔一定距离设置了直通室外的下沉式广场大台阶。

3.3 地下空间的基坑开挖

世博轴地下二层基坑开挖深度大部为11.2～12.2m，最大宽度达100m之多。基坑围护结构采用重力式挡土墙结合地下连续墙的混合型围护形式，支撑体系与开挖方式采用“边环板逆作，中心顺作”的方案。采用这一方案，很好地解决了大尺度基坑的开挖问题，同时边环板逆作较常规支撑方案最大限度减少了工程废弃量。

3.4 地下空间的强弱电系统设计

采用了智能疏散照明系统。作为超大空间的疏散逃生，发生火情或突发事件时，其逃生方向是复杂和不确定的，故电气设计中采用了智能疏散照明系统，即参照消防性能化研究的可能出现的各种逃生方向，通过后台软件编制了不同的逃生预案，当灾害发生时，选择最佳逃生路线，引导区域内人员快速撤离。

火灾自动报警系统采用智能探测、数字传输技术，为及时发现火警、采取相应灭火措施提供了有效的手段。标示导向采用智能化，从而满足获得信息服务、公共安全、运营管理和环境舒适的需求。地下空间同园区的其他部分一样，采用中央管理和全数字化广播控制系统，能够在不同区域播放背景音乐或语言广播；通过呼叫站台实现区域寻呼、通过紧急求助装置向援助人员求助，在紧急情况下可以进行应急广播。

3.5 地下空间的节能生态技术

(1) 江水源热泵和地源热泵

世博轴利用黄浦江天然水源，用江水源和地源提供了全部空调能源。其中江水源占70%，地源占30%。江水源热泵和地源热泵作为空调系统冷热源，可以省去冷却塔补充水，大幅度提高空调制冷效果；而江水和埋设在工程桩内的地埋管(地埋管散热器)作为热泵系统的高温热源或低温热源，极大提高了采暖能源效率(图6)。不使用冷却塔、锅炉房、电、气、油等传统空调手段，从而减少污染，节约能耗。

图6 地源热泵的地埋管照片

(2) 雨水收集利用

世博轴底部设置了总长度约800m，宽5m，深2.5m的雨水沟渠以收集各阳光谷和两侧草坡积蓄的雨水，总计约7000t。既能满足特大暴雨时的蓄洪要求，经过过滤和处理后的水又可运用到草坡景观浇灌和世博轴内小气候调节(如喷雾降温处理系统)，进一步节约水资源，实现建筑与自然间的平衡与和谐。

4 结语

本文介绍了2010年上海世博会世博园区最大的地下空间项目，世博轴的地下空间开发。在世博会期间，世博轴地下空间的主要功能为人流交通与公共服务功能。世博会只有短暂的半年，但世博轴的地下空间作为一个永久建筑，它将与保留下来的四大场馆(中国馆、主题馆、世博中心、演艺中心)共同构成未来新城的核心区。随着周边地块的开发，世博轴地下空间作为该区域交通功能最强、服务功能最成熟的地下综合体，也将吸引各地块地下空间的接入，成为区域地下城的主轴，体现了城市可持续规划设计的理念。

参考文献

[1] 沈友弟. 上海应用建筑性能化防火设计与评估的实践，消防科学与技术，2008 年 11 月第 27 卷第 11 期

[2] SHEN You di，2008. Practice of performance-based design and evaluation for architecture in Shanghai. Fire Science and Technology，Vo l27(11)，pp. 804-806

二、施工技术篇

复杂地层中泥水平衡顶管施工技术

王小林

（上海爱基建筑工程服务有限公司）

摘　要：以外滩世博配套设施工程及新延安东排水系统工程为例，根据人民路 *DN*2700 钢筋混凝土管顶管的施工实践，详细论述了在复杂地层中泥水平衡顶管施工技术，总结了相应的施工技术及参数指标，为类似工程施工提供经验。

关键词：泥水平衡顶管机，复杂地层，木桩处理，碎石渣土层，排泥装置

1　工程概况

新延安东排水系统工程隶属于世博配套设施工程，位于上海市中心闹市区。排水系统工程主要由四川南路 *DN*2000、人民路 *DN*2700 两条合污管和新开河路一座箱涵组成。两条合污管设计均采用曲线顶管施工法，其中人民路 *DN*2700 顶管从外滩新开河路起，顺沿人民路至四川南路和人民路交叉口与四川南路 *DN*2000 合污管贯通。人民路 *DN*2700 顶管全长 370m，顶管采用钢筋混凝土管，壁厚 250mm。由于本工程顶管覆土层非常浅，约为 1D，覆土层中敷设很多且复杂的城市管网，地面交通繁忙，对于沉降控制要求高，经多方论证顶管工具后采用泥水平衡顶管机。

人民路顶管施工过程中，分别于轴线里程 K0－40m 至 K0－80m、K0－220m 至 K0－270m 范围段遇到大量木桩基础、回填石渣和条石基础等地质报告未探明的障碍物，1/4 的顶管工程量(90m)长度全部于障碍物区域全断面穿越(图 1)。此次顶管所遇障碍物情况特别复杂：其中木桩形状和长短不一，尺寸规格较大，分布挤压密集；回填石渣中石块颗粒较大(30～50cm)，顶管断面区域内石子含量达到 80%。由于顶管施工正处市中心，地下地面管网电网复杂，交通繁忙，人员流动较多，如更改施工工艺不仅拖延工期，而且会造成很大的经济损失，同时给城市环境造成不良影响，故推翻埋管工艺法，继续采用顶管。

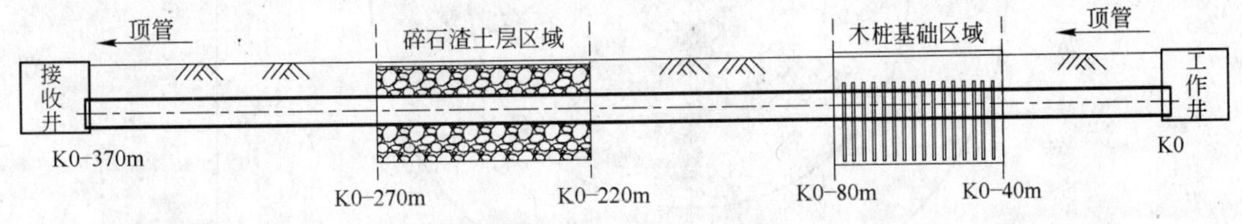

图 1　顶管遇障碍物示意图

此种情况相对于泥水平衡顶管封闭式施工工艺，处理起来更显困难。过程中针对上述种种棘手难题，为确保工程顺利开展、及时完工，我方一一对应及时采取了非常有成效的应对措施。

2 木桩处理

2.1 木桩处理方案

由于泥水平衡顶管机构造的原因，顶管机刀盘进泥孔大小，泥水平衡顶管机穿越密集木桩区时，切削木桩旋转极容易挤压密实致使堵塞(图 2)，顶管进出泥不平衡，造成地面沉降变形严重，每天以 20cm 的顶进速度缓慢进行，进展十分有限。然而顶管施工正处上海市人民路老城区，地下情况复杂，顶管上部管线和交通较繁杂，不具备大开挖清障条件。为加快施工进度，在确保施工人员绝对安全的前提下，采用人工直接于顶管机头部泥浆舱清除木桩基础的施工方案：于顶管机头部胸板面上开设人孔(图 3)，人工穿过人孔进入顶管机泥浆舱直接接触木桩并清除木桩。为避免顶管机结构受损，专门对开孔位置、数量和构造装置进行论证，确保了顶管机后期正常稳定运转。

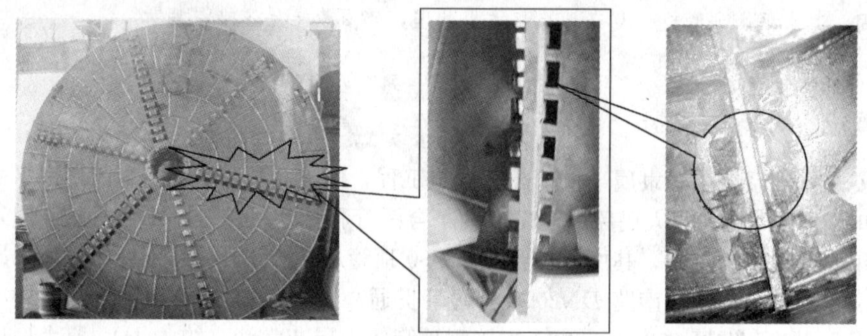

图 2 顶管机刀盘进泥孔堵塞

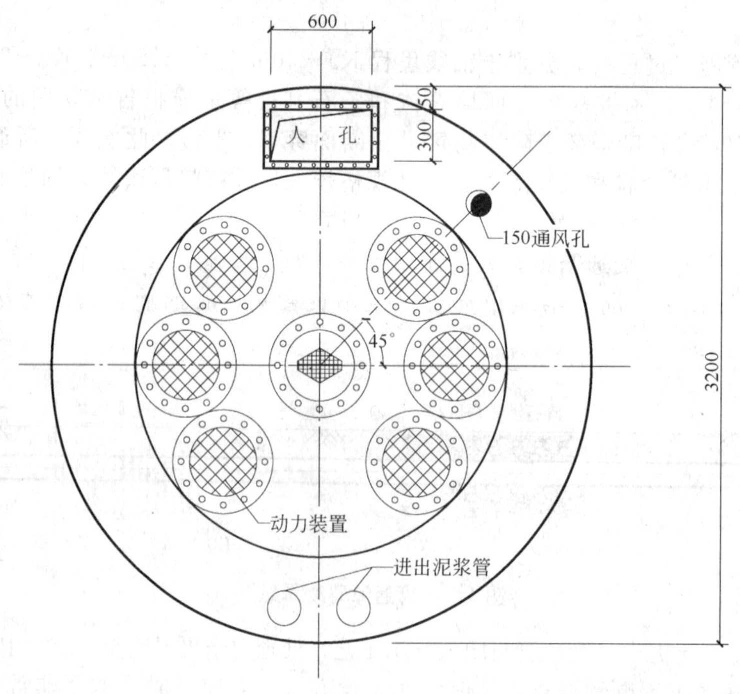

图 3 顶管机胸板开孔图

注：人孔和通风孔设置可拆密封板。

2.2 木桩处理措施

工具选择：顶管施工过程中，顶管机刀盘不断运转切削木桩，刀盘进泥孔太小来不及排出木屑，后座千斤顶推进，正面土体挤压，导致进泥孔堵塞密实。由于挤压密实，顶管机泥舱空间狭窄，简单的人工掏除根本捣不动，必须借助小型木工专用电钻(图 4)才能钻空堵塞密实的泥浆孔。

图 4 木工专用钻头

处理方法：顶管顶进时，正面压力和后座顶力增大及出泥不正常后，就可断定进泥孔已堵塞密实。为确保施工人员的安全，防止机械伤人，排干泥浆舱内泥浆水后停止顶管机头部一切动力装置，再安排操作人员开启人孔密封板穿越人孔进入顶管机泥浆舱。由于泥浆舱内构造复杂，操作空间有限，最多两名操作人员进入泥浆舱，就位后机操工点动运转刀盘，操作人员找准刀盘进泥孔并调整最佳位置即可利用木工专用电钻进行进泥孔木屑清除工作。本顶管机刀盘进泥孔共划分六个等分区，因此每个区的进泥孔清除干净后，都必须进行循环调整工作。刀盘进泥孔木屑全部清除结束后，操作人员撤离泥浆舱，并恢复人孔密封板装置，继续顶管机刀盘运转切削木桩和顶进施工作业。

由于泥水平衡顶管施工工艺施工用水采用的是循环水系统，防止排出的木屑造成二次堵塞，在工作井排泥管口端设置人工过滤装置，使木屑彻底清除干净。

安全防护：拆卸人孔密封板时，如前方地质含水量高，渗水严重，应立即停止拆卸工作，采用顶管机前方地面压浆止水措施后进行处理。由于顶管机泥浆舱空间狭窄，为确保工人的健康和安全，于顶管机胸板上开设一只 ϕ150 通风孔(图 3)。清除进泥孔木屑时，采用鼓风机通过 ϕ150PVC 管道向泥浆舱内输送空气，同时配置抽风机一并使用，保持舱内空气流通、新鲜，过程中安排专职安全员进行监护。

3 穿越碎石渣土层

3.1 穿越方案

顶管施工进入碎石渣土层时，由于土层中碎石颗粒较大(3～5cm)，且含量达到 80%，进出泥时石子比重远大于泥浆，沉淀速度很快，泥浆泵完全抽吸不动，造成泥浆舱进出泥口严重堵塞，人工疏通频繁，完全没有工效，基本处于停工状态。

为加快施工进度，确保工程按时完工，经对地层土质分析及结合公司以往施工经验，采用顶管机头部增设泥浆处理装置，利用负压抽吸泥浆原理来提升顶管施工排泥系统的能力。同时对顶管机泥浆舱内注入水灰比为 1∶0.5 的触变泥浆，以此平衡泥石比重，利用泥浆产生一定浮力减缓碎石的沉淀速度，并减少土层碎石之间的摩擦，提高泥石的流动性。

3.2 施工措施

排泥系统装置：结合当前实际情况，直接对泥水平衡顶管机头部的出泥管进行改造，并增设水力机械装置。顶管机进泥管管径保持原样不变，在原有旁通阀(F1)基础上再增设一路旁通阀(F2)。顶管机出泥孔由原来 4 寸扩大为 6 寸，同时出泥管由 4 寸调整为 6 寸。出泥管上装置一只过滤桶和一台 15kW 的开式渣浆泵，开式渣浆泵进泥端至顶管机出泥孔之间全部采用 6 寸管进行法兰连接，出泥端调整为 4 寸管与原有出泥管连接，注浆管重新单独排设一路(图 5)。

新增旁通阀采用 4 寸制动蝶阀连通进泥管和出泥管，设置于过滤桶和开式渣浆泵之间，作为清除过滤桶中大颗粒碎石时转换泥水流路之用。

过滤桶为筒体结构，两端设置进出泥孔，顶端设置检查孔，底端设置海底阀，其内置特制的过滤网片(3cm)。顶管施工过程中，过滤桶处于密封状态，当顶管出泥不正常时，通过检查

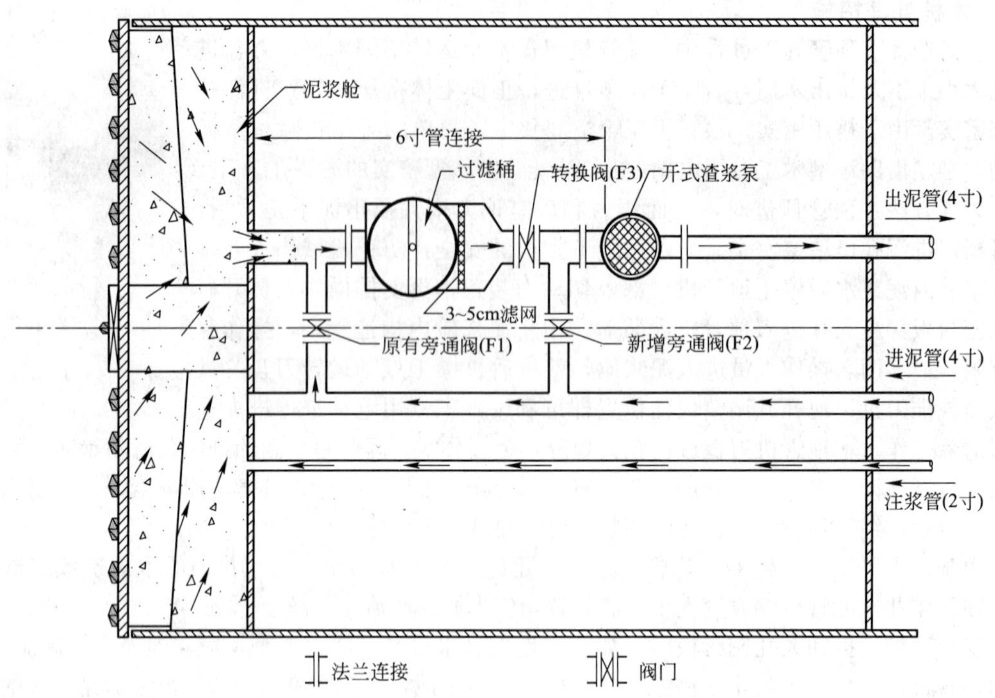

图 5 顶管机头部泥浆排出系统装置图

孔观察桶内状况，打开海底阀清除桶内无法过滤的大颗粒碎石。

开式渣浆泵主要起增压接力作用，同时它有特殊性能，能够克服粒径 4cm 以内碎石并及时排出，加快了出泥速度。

工作原理及施工方法：顶管施工时，除新增旁通阀(F2)关闭外，原有旁通阀(F1)和转换阀(F3)都保持开启状态。开式渣浆泵与进水泵同步启动，进出水形成循环(图 5)，受进水泵动力水压影响其喷出的水柱周围产生了涡流，而在密封的进出泥管和过滤桶内存在压力射流产生负压(吸力)，通过渣浆泵的动力更有力抽吸泥浆舱内泥石。在此之前，刀盘运转时通过重新排设的注浆管往泥浆舱内注入触变泥浆润滑泥水与碎石子，提高泥石流动性。

当顶管施工运转一段时间后，过滤桶内沉积大量大颗粒碎石时，停止顶进作业，马上开启新增旁通阀(F2)，关闭转换阀(F3)，使循环水避开过滤桶。与此同时，可打开过滤桶海底阀，迅速清除大颗粒碎石，保持过滤桶畅通。相比人工清除泥浆舱内堵塞碎石，大大加快了推进速度，确保了安全度。

4 结语

虽然施工过程中木桩处理较慢，方法略显原始，也考虑过采取别的方法，降低工程风险，保障施工安全，但由于现场施工条件复杂受限，此举也实为最有效最唯一的办法，杜绝了大开挖繁杂的施工，并从根本上解决了经济成本，保障了市中心的环境保护。

对于泥水平衡顶管机穿越碎石渣土层，由于对事态分析认真、严谨，采用的技术措施成熟、妥当，顶进速度出现飞越性变化，为整个工程工期争取了宝贵时间。

通过泥水平衡顶管，解决了在复杂地层中穿越土层较薄地面的施工难题，顺利保质量保安全完成曲线顶管任务，总结了相应的施工技术及参数指标，为类似工程施工提供经验。

上海世博会中国馆钢结构工程屋顶天篷结构滑移施工技术研究

罗魏凌
（上海市机械施工有限公司）

摘　要：世博中国馆屋顶天篷结构采用异地拼装，改四边支承为二边支承，转换滑移支脚的整体滑移技术，实现了天篷在不同轨面标高条件下的高空平移安装，避免悬拼作业，确保了施工安全。

关键词：天篷，滑移，轨道

1　结构概况

2010 年上海世博会中国馆位处上海世博会规划核心区，其以“东方之冠”构思为主题，是世博园区内最高的新建永久建筑之一，其包括国家馆和地区馆两个单体工程，国家馆为从 33.22m 开始层层外挑(外挑距离达 34.75m)，总高度达 69.9m 的巨型“皇冠”状结构，工程钢结构总用量约 23000t。

由于功能需要，在主体结构施工完毕后，在国家馆 68.1m 标高新增一作为屋顶采光玻璃支撑体系的天篷钢结构。天篷钢结构位于国家馆屋顶四个核心筒之间，采用单层壳体结构体系，其外包尺寸为 26.8m×26.8m。天篷结构中间高、四周底，四边设置一圈方型钢柱予以支撑，钢结构总用量约 100t。

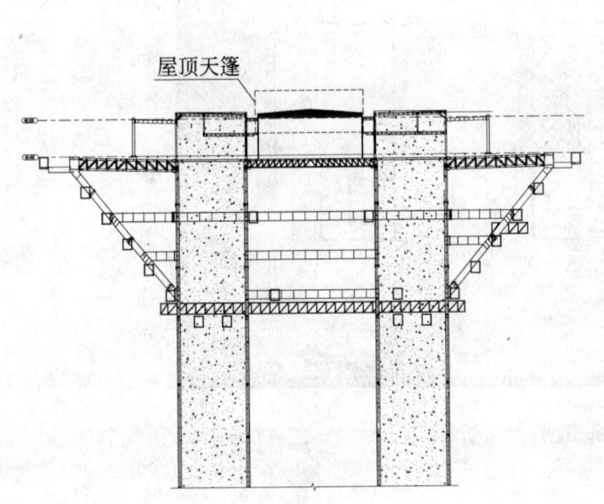

图 1　屋顶天篷立面布置图

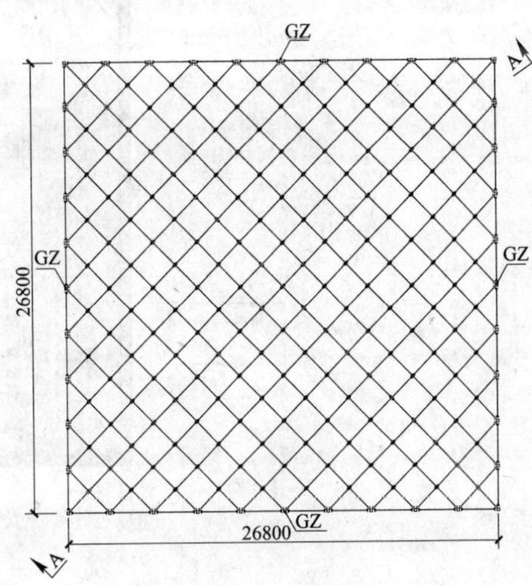

图 2　屋顶天篷结构平面布置图

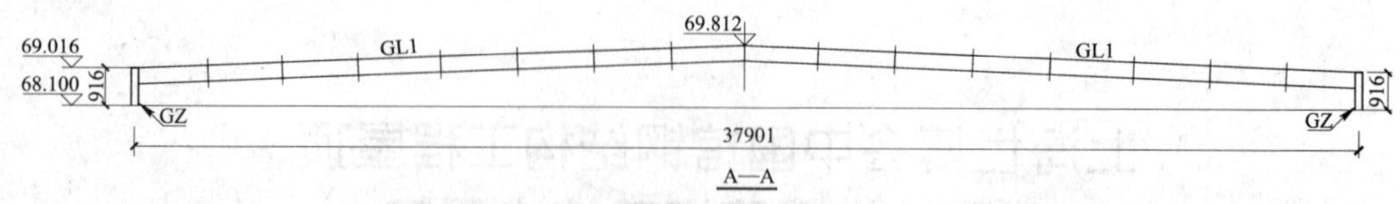

图3 屋顶天篷结构剖面图

2 施工难点

天篷结构施工时，所有大型吊机已经拆除，国家馆上部楼层所有钢结构和混凝土楼板均已施工完成，施工需要克服以下几个难点：

(1) 在所有吊装机械已经全部拆除的条件下，如何解决位于国家馆结构顶部的天篷构件垂直运输问题是一大难点。

(2) 天篷结构为H型杆件组成的双向壳体结构，跨度达26.8m，施工过程在未成结构体系之前的构件稳定和变形控制需要研究。

(3) 楼层上无施工机械布置，选择一种恰当的施工工艺比较困难。

3 针对性施工工艺研究

经过对施工现场实际情况的勘察和分析，在考虑安全性、质量保证性和人员的操作方便性以及经济性等的基础上，天篷结构采用"工厂散件制作、现场异地拼装、脚手体系支撑、整体滑移到位"的施工技巧。即将天篷构件采用散件形式运输至国家馆60.4m屋顶大平台后，利用布置在68m屋顶楼层的一台WQ2小型屋面吊将构件拼装于屋顶西侧位置，拼装形成整体并采取加固后滑移至设计位置。

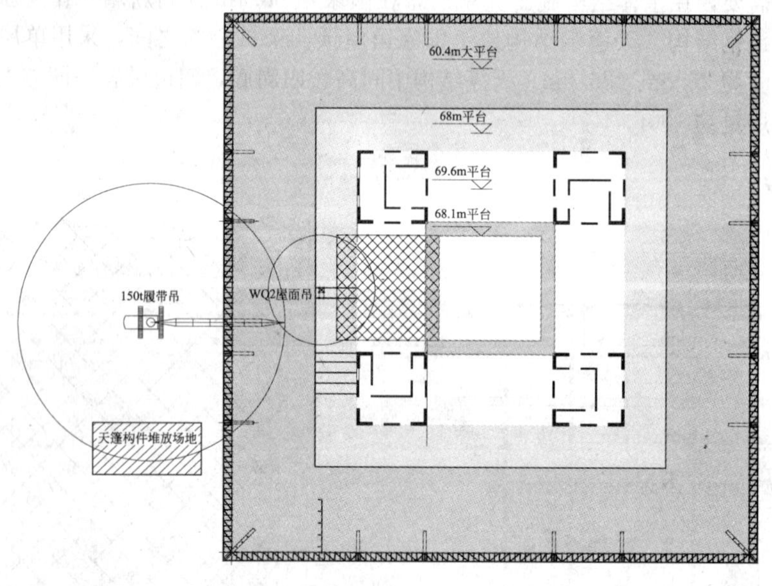

图4 天篷施工平面布置图

4 关键施工工艺研究

天篷结构安装需要解决的主要施工工艺为天篷结构的组装、脚手支撑体系的设置、天篷结构的滑移、滑移轨道面的处理等。

4.1 天篷结构的拼装

天篷构件主要通过 WQ2 屋面吊进行组装，组装位置选于 68m 屋面平台，由于楼面存在高差，且天篷本身有一定起拱度，因此组装过程中事先在拼装位置下部搭设好满堂施工脚手。利用脚手架的稳定将天篷构件拼装成整体。拼装过程按照设计要求作好预起拱，将构件全部焊接完成并达到设计要求后方能将下部脚手拆除，然后进行构件的整体滑移。

4.2 天篷结构的滑移

天篷的滑移需要解决滑道的设置问题、滑移过程楼面的高差问题、滑移过程支脚的设置问题、划移过程结构的变形控制以及滑移到位后的卸载问题等。

(1) 滑移滑道的设置

根据天篷的拼装场地布置情况，天篷滑移轨道设置两根，一根从 A-C 轴线偏南 2950mm，一根从 A-B 轴线偏北 2950mm。滑移轨道均设置在已经安装好的楼层钢梁上部，由于钢梁上部混凝土楼板已经浇注，因此利用事先在楼层中埋设好滑道埋件(埋件间距 1m 布置)，然后将普槽 20b 槽钢与埋件焊接到位作为滑移轨道。如图 5。

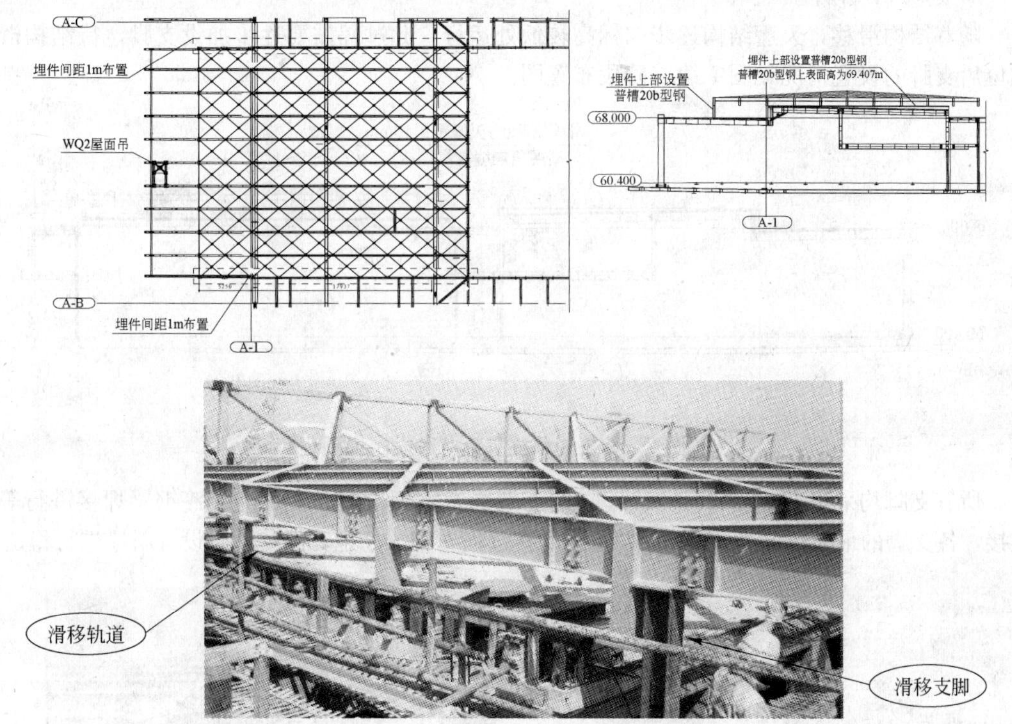

图 5 天篷滑移轨道布置图

(2) 滑移支脚的设置

由于滑移轨道之间存在高差，因此通过在天篷结构下侧设置支脚的办法来解决高差问题。支脚主要起到支撑天篷和作为滑移支脚之用。为了避免滑移过程结构滑移路径变化，需要在每个滑移支脚下部做好靠塞，避免轨道变化事情发生。根据天篷滑移的过程工况布置，支脚的设置共分两种形式。

1) 拼装阶段

此阶段天篷下面轨道存在三种标高，因此在靠最西侧设置两根 1928mm 高度的支脚，支脚采用普工 25a 工字钢，侧向需要设置好抛撑；在靠东侧设置两根 1754mm 高度的支脚，支脚同样采用普工 25a 工字钢。中间区域利用结构本有的钢柱作为滑移支脚。支脚的具体布置情况见图 6 第一阶段布置图。

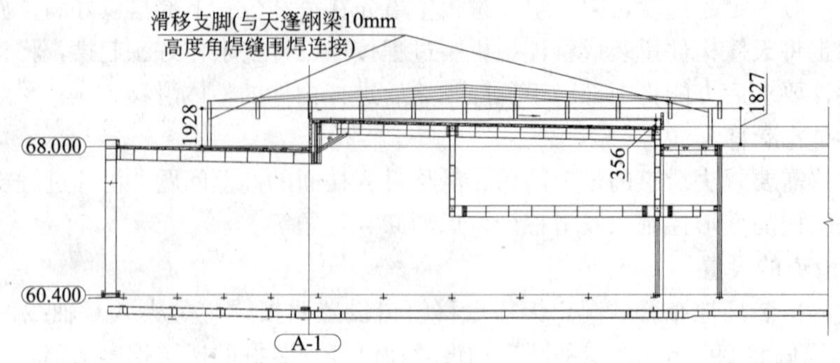

图 6　天篷滑移支脚第一阶段布置图

2）划移到位阶段

随着结构滑移，天篷结构逐步向标高较低处运行，此过程需要逐步加设支脚，待结构滑移到位后支脚的设置情况见图 7 第二阶段布置图。

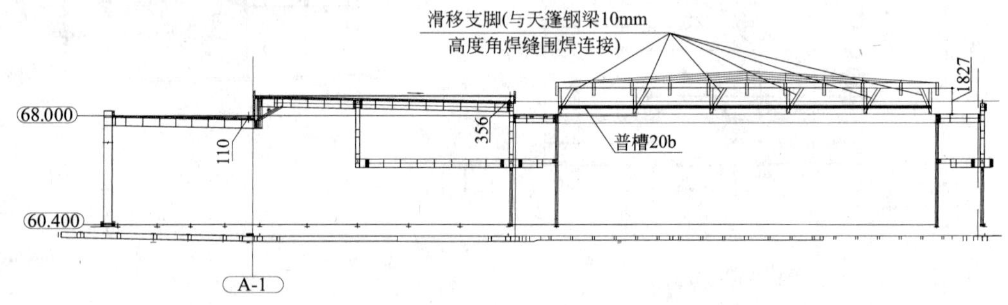

图 7　天篷滑移支脚第二阶段布置图

所有支脚均采用 H200×204×12×12 的宽翼缘工字钢设置，上部与天篷钢梁焊接进行等强连接，各支脚的最大长度为 1827mm，考虑滑移过程支脚的稳定，滑移支脚设置斜撑进行稳定。

图 8　滑移支脚布置图片

(3) 滑移过程结构的变形控制

滑移过程由于天篷结构无轨道布置的边钢梁下部悬空，跨度由设计的 2.7m 增大至 27m，与设计最终受力相差较大，因此在两侧边梁上部设置反力桁架，将结构在滑移过程中的变形控制在设计许可范围内(20mm 之内)。

图 9　反力桁架布置图片

5　结语

通过采取恰当的施工工艺，在国家馆不平屋顶上研究进行的天篷钢屋盖滑移施工技术解决了无大型施工机械布置条件下新增屋盖结构的施工，为结构的封闭创造了条件；降低了建造成本、确保了建造工期；同时对成熟的滑移施工技术进行改进和利用。

京沪高速铁路上海虹桥站站房钢结构工程地下结构施工中履带吊运用

吴　昊
（上海市机械施工有限公司）

摘　要： 钢结构施工过程中，经常采用履带吊进行施工，而大型履带吊在深基坑边施工需要进行对基坑保护工作，防止基坑发生事故。同时大型履带吊过临时栈桥时需要对栈桥进行处理，保证安全的前提下顺利通过栈桥为施工带来便利。

关键词： 履带吊，栈桥，基坑，计算分析

随着2010年上海世博会的召开，在上海兴起了一轮新的建设高潮。除了世博场馆是主要的建设区域外，在全市各处都在进行如地铁延伸、建筑休整、道路拓宽、枢纽建设等大规模的基础设施建设。其中最大规模的建设就在虹桥区域——新建的虹桥综合交通枢纽工程。

虹桥综合交通枢纽工程自东往西由新建2号航站楼、东交通中心、磁浮车站、高铁车站、西交通广场组成，地下有纵横5条轨道交通连接。建成后将实现航空、铁路、轨交、公交零换乘，能快速分流旅客往上海市区及周边地区。

高铁作为旅客流量最大的交通工具，其重要性毋庸置疑，特别是高铁同轨交呈上下分布，其地下结构的施工相当关键。而且，为了保障世博期间能投入运行，高铁地下结构的安装工期相当紧。为此对如何能快速、安全、且确保建筑质量前提下施工，提出了相当大的问题。特别是在地下施工过程中要采用大型履带吊行走在深基坑边上的底板上进行吊装，为此对基坑边坡稳定做了充分计算，确保基坑安全的前提下进行了快速、优质的施工。同时对履带吊过栈桥也采取了相应的措施。

一、工程概况

京沪高速铁路上海虹桥站地下部分地铁西站，钢结构总量3万余t(其中地铁西站工程总量约6千t，高铁工程总量约2.7万t)。整个结构为框架结构，柱网布置呈长方形，东西方向为409.7m(23根轴线)，南北方向为198m(10根轴线)。

图1　京沪高铁效果图

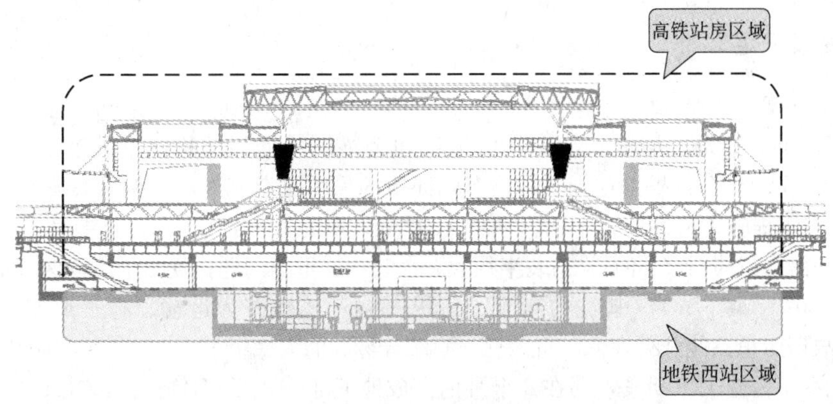

图 2　高铁站房结构剖面图

二、结构概况

(1) 地下部分钢结构主要由钢柱和钢梁形成框架结构。钢柱 417 根，钢梁 700 余根。钢柱分成日字形柱和矩形钢管柱，内灌混凝土，其中，日字形柱主要分布在 B、D、G 和 J 轴，截面形式 1400mm×2600mm，矩形钢管柱截面形式 1400mm×1400mm。钢梁全部分布在 B1 层，截面形式多为(mm)：2200×800×55×75。

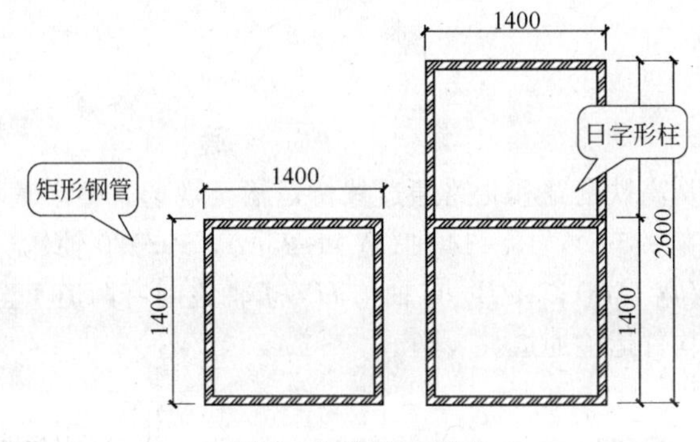

图 3　钢柱截面形式

(2) 单件钢柱最重约 106t，单件钢梁最重约 48t。

三、难点、特点

1. 构件超大超重

钢柱的截面形式主要是 1400mm×1400mm 与 1400mm×2600mm，壁厚最厚的达到了 85mm 和 90mm，最重钢柱约 106t，最大长度 12m。

2. 吊装半径超大

根据现场施工条件的限制，吊机只能在－11.7m 标高基坑内的大底板上开行，中间 72m 深基坑内由于水平支撑密布，不能够开行履带吊，致使大多构件只能在南北两侧进行吊装，使吊装半径超大。而考虑到构件超大超重，以致于对吊机的选择和布置提出了很大的难度。

根据本工程的特点难点，针对性的制定施工技术路线，配置充足的施工机械，合理安排与土建的搭接，是地下部分钢结构施工按时保质完成的关键。

四、技术路线确定

1. 施工方案确定

本工程地下部分钢结构形式简单，由钢柱和钢梁组成框架结构，覆盖范围自－29.11～－2.55m(－0.1m)标高，根据现场实际情况，简单的采用履带吊跨外吊装无法满足吊装需要。

首先，本工程施工范围广，东西方向约409.7m，南北方向约198m，履带吊停在基坑两侧±0.00m标高的重力坝上，将面临吊装半径大，吊装构件重的问题；且为了现场深基坑施工，土建在－29.11m(－20.67m)深基坑内布置“三纵一横”栈桥作为运输、施工道路，栈桥标高－14.3m，故履带吊只能开行在深基坑两侧－11.7m标高的大底板上。

其次，本工程施工工期紧，要在6个月内完成地下部分3万t钢结构吊装(2008年11月～2009年4月)，施工难度是相当大的；而且地下部分施工的时候存在大量与土建施工搭接的问题，为了保证施工进度，确立了“钢柱分层分段吊装，钢梁整根吊装，多台大型履带吊下基坑(－11.7m标高)施工”的技术路线。

2. 施工机械选择

机械设备选用很大程度上确定了施工方案是否成功、合理，它对钢结构后续吊装有着重要影响。为此，在技术方案确定的前提下，对高铁地下部分起重设备选用限制性条件进行了分析。

最终确立了多台400t履带吊下基坑行走结合750t履带吊跨外定点吊装并配合以150t履带吊施工的组合。

五、施工总平面研究

1. 道路布置

构件运输车辆分别从高铁南路和北路通过栈桥运输至现场。整个基坑分布纵向栈桥三道，其位置分别在7～8轴(宽9.5m)，13～14轴(宽11.25m)，19～20轴(宽10.85m)。横向$E\sim F$轴之间有通长栈桥一道(宽11m)，在$B\sim C$轴与$H\sim J$轴之间有两道1至6轴的栈桥(宽8m)，作为地下部分施工时的构件运输通道。

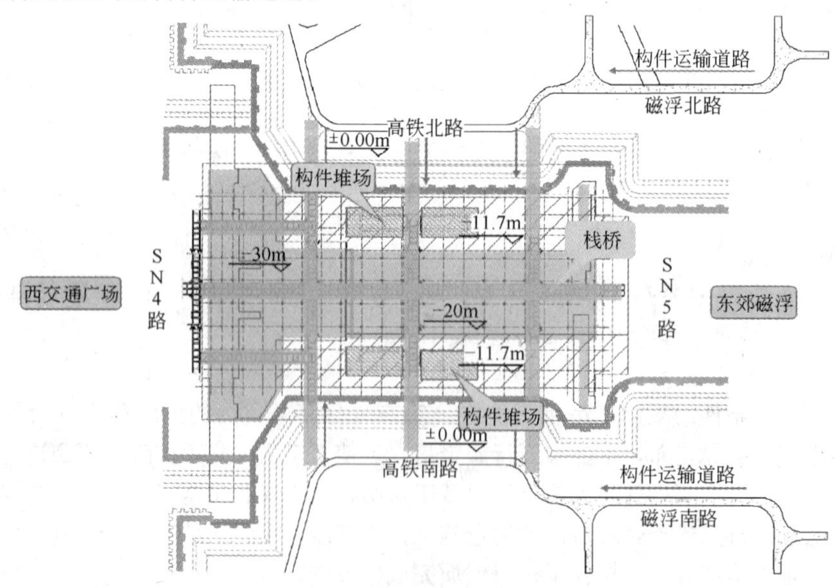

图4 施工总平面布置

2. 施工流程

第一个流水方向：2 台 400t 履带吊行走于－11.7m 标高大底板，先进行深基坑内 17 轴～23 轴，再进行 16 轴～10 轴钢柱吊装。

第二个流水方向：2 台 750t 履带吊停机于 6 轴附近自东向西(9 轴向 1 轴)进行深基坑内钢构件定点吊装。

第三个流水方向：1 台 750t 履带吊停机于西交通广场北侧地铁疏散口底板上，定点吊装 1～3 轴钢柱钢结构。

第四个流水方向：4 台 150t 履带吊行走于－11.7m 标高大底板，自西向东吊装深基坑两侧大底板上的钢结构。

400t履带吊下基坑行走

750t履带吊跨外定点吊装

图 5　现场吊装机械选择

由于 400t 履带吊沿着深基坑边沿行走，因此为了保证深坑边坡的结构稳定，将履带吊履带距离深坑的距离保持在 12～14m，400t 履带吊路基采用铺设路基箱的处理方法，使开行线路的荷载承载力为 $16t/m^2$，从而保证了对深坑的稳定保护。

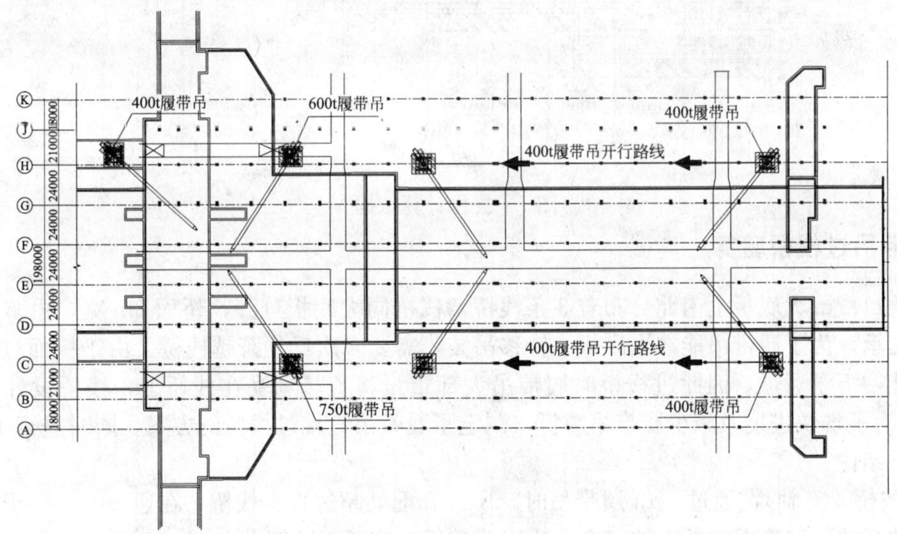

图 6　现场履带吊停机及行走区域

六、履带吊基坑边行走验算

对大型履带吊沿深基坑边沿行走，先确定了使用工况，然后整理边界条件后建模计算，得出以下结论。通过计算对实际施工提供了理论依据，使先前提出的基坑外进行大半径吊装得到了实现。

履带吊在底板上走行时，混凝土底板的应力、变形均较小，可以视为满足要求；

均布于 1000mm 宽条带上压应力(0.3MPa)在厚度为 2000mm 的底板上经 45°扩散后，其压应力为 0.06MPa。因而经底板扩散后作用于土体上的压应力很小；

基坑的横向支撑对地墙有很好的支撑作用，对底板以及地墙起稳定作用。

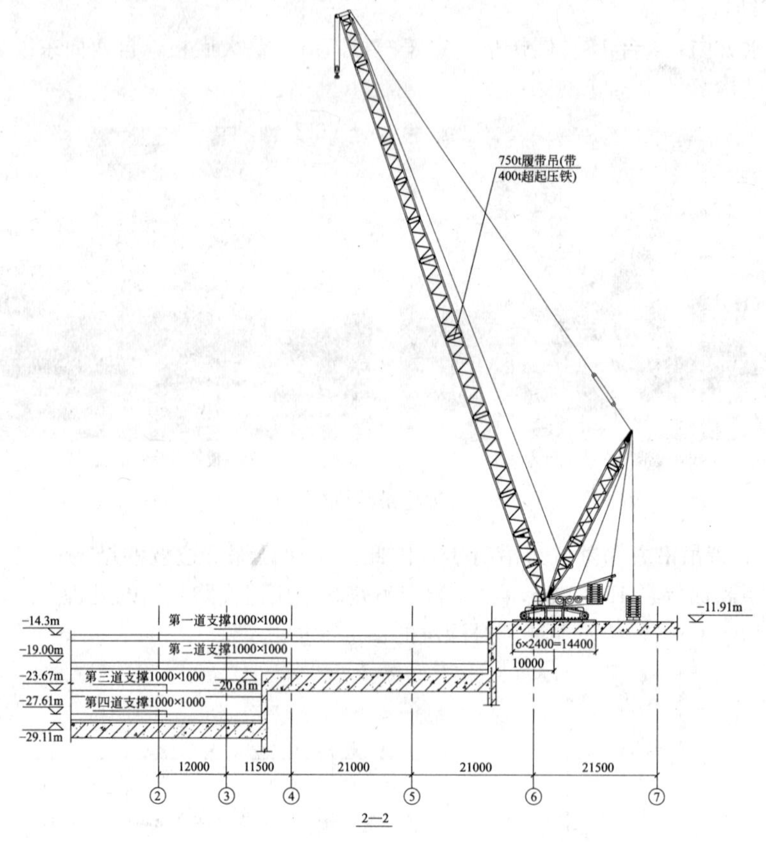

图 7 提供计算依据

七、履带吊过栈桥验算

在－11.7m 大底板上南北分布着 3 条栈桥，栈桥同大底板分开，桥面 8m 宽，由多根混凝土立柱支承，为了履带吊能在大底板上转移吊装，需要多次反复跨越栈桥。由于桥面过宽，履带吊不能一下子通过，因此过栈桥时履带吊大部重量将直接承受在栈桥上，栈桥设计荷载是 $2t/m^2$。为了加快进度及减少履带吊装拆，制定了履带吊直接过栈桥的方案。同时进行了计算，得出以下结论。

1) 栈桥 4(6 轴)在通过 700t 履带吊时，所计算配筋超过现有栈桥，在通过时，应予以降低通过时的荷载，以确保栈桥 4 的安全，确定荷载后，应予以验算。

2) 栈桥 2、3(13、19 轴)在通过 400t 履带吊时，能直接行走在梁上过去。

3) 为保证整个栈桥结构的安全性，建议在吊装过程中，应禁止吊装区域内其他荷载的堆积和移动荷载。

400t 履带吊和 750t 履带吊属于大型机械设备，施工中为保证结构的稳定，要求履带吊在穿越栈桥的时候，履带吊要空载(400t 履带吊不带超起压铁)，并且禁止相应栈桥区域内其他荷载的堆积和移动荷载。同时，应安排专人检查栈桥结构，发现问题及时解决。

为便于履带吊穿越栈桥，由于 400t 履带吊的履带外包宽度为 8.7m，故可以在栈桥平坡段铺设双排(5 块/排)6m×2.4m 的路基箱，路基箱的两端须搁置在栈桥梁上，由栈桥梁直接承受上部荷载。路基箱远离栈桥的一头：可在大底板原有路基箱上，紧靠 6m×1.8m 路基箱铺设斜坡道，斜坡道与栈桥上路基箱之间用沙袋填实，高差用脚手板借平，便于履带吊顺利穿越栈桥。

实际施工中，第一辆过栈桥 400t 履带吊时将整机 3 大件保留，将巴杆压铁等拆除后过栈桥，同时测量过栈桥前后栈桥标高变形情况，基本在 2～3mm 以内(含测量误差)。有了第一辆过桥经验后，后几次过桥均采取直接过桥的方法。在过桥过程中，采取回转机身，起趴巴杆等小技巧，将履带吊顺利过桥。

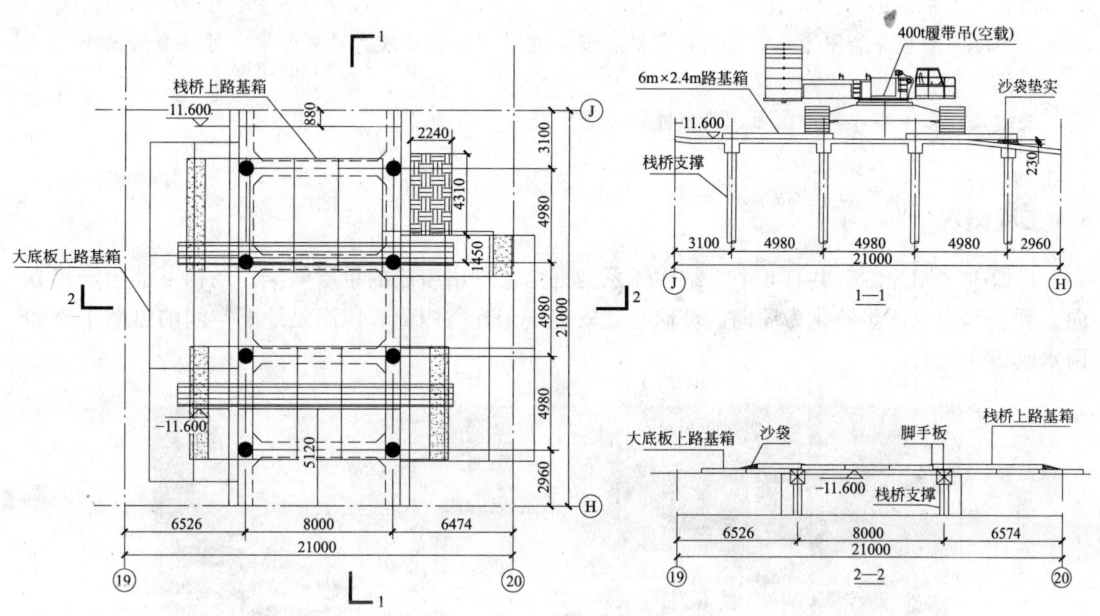

图 8 履带吊过栈桥示意图

八、实施效果

通过大型履带吊行走基坑边缘吊装，为整个中间区域钢构件快速施工奠定了基础，同时为类似履带吊在基坑边缘行走施工提供借鉴。

大型履带吊过栈桥的成功实施，为方便施工，加快工程进度提供了条件，同时减少了装拆履带吊及验收的手续。过栈桥中的相应技术措施及施工技巧，为类似履带吊基础加固及转移提供了参考。

世博轴单层异形钢结构网壳节点制作工艺研究

盛林峰、喻晓萌

（上海市机械施工有限公司）

摘　要： 世博轴共有6个大小不一阳光谷，高度约为41.5m，最大底部直径约20m，最大顶部直径约90m，结构为由三角形网格组成的单层网架体系。阳光谷节点由多杆箱型构件直接交汇而成，其中部分采用实心铸钢节点，节点总数10348个，呈空间三维异形形态，几乎无一相同。

本文着重介绍阳光谷钢结构异形复杂节点的制作工艺技术的研究开发，可供今后同类工程借鉴。

关键词： 阳光谷，异形曲面，箱型截面多杆汇交节点，加工工艺

1　工程概况

世博轴“阳光谷”共有6个，结构体系为三角形网格组成的单层网架。结构下部为竖直方向，到上部边缘逐步转化为环向。玻璃幕墙安装于阳光谷内侧，以满足地下空间的自然采光和雨水收集作用。

图1　世博轴阳光谷效果图

6个阳光谷体型不一，其中4号阳光谷为双向对称，其余均为单轴对称。阳光谷的高度约为41.5m，最大底部直径约20m，最大顶部直径约90m，6个阳光谷总面积为31500m^2。

阳光谷钢构件采用焊接箱型节点（部分为实心节点，采用铸钢件），截面高度180～500mm，宽度65～140mm，杆件长度1.0～3.5m，材质采用Q345B。节点总数10348个，构件总数30738件，钢结构总重约4000t。

2　工程特点及难点

2.1　节点呈三维空间形态，且数量众多

整个阳光谷造型为异形曲面，它是通过每个杆件交汇处节点的扭转而形成空间结构。6个阳光谷共有一万多个节点，且由于是异形曲面，几乎没有两个完全相同的节点。

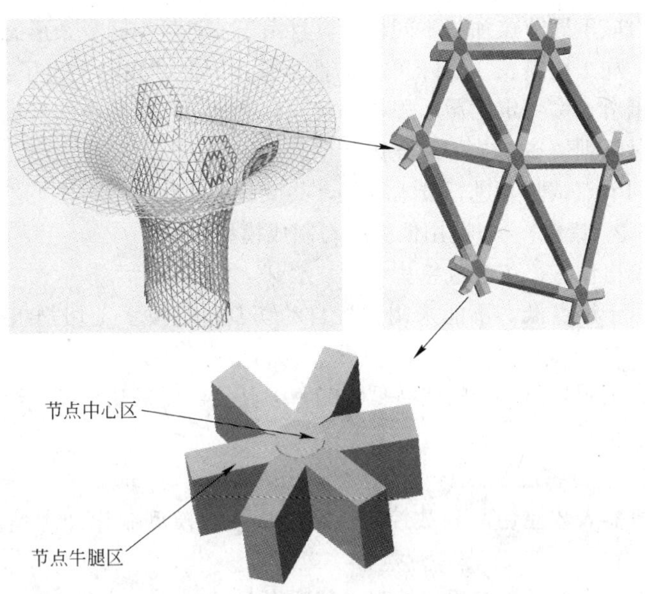

图 2 阳光谷典型节点效果图

由图 2 所示，每个节点分为牛腿区及中心区，各牛腿相对其他牛腿均不在同一平面，通过中心区过渡；由于选用了箱型截面杆件，各牛腿相对中心区存在着扭转角、俯仰角和分度角关系，空间关系非常复杂。这在目前国内钢结构工程中还尚未遇到，这给加工制作提出了很大的挑战。

2.2 节点制作精度要求高

阳光谷结构作为世博轴的标志性建筑结构，已不同于常规钢结构范畴，应属于精细钢结构。三角形网格组成的单层网架，每个网格都相互制约。每个节点至少有 4 个牛腿，每个牛腿都与其他构件连接，任意一个牛腿出现过大的偏差都会影响构件的安装。因此，为确保现场安装控制及建成后的外观效果，对构件工厂加工提出了相对较高的制作精度。而常规的钢结构加工将难以达到其精度要求，必须开发应用新的制作工艺。

2.3 全焊接节点制作应力大

阳光谷节点基本采用焊接箱型截面形式，节点板厚最大为 40mm，腹板与翼板设计要求均为全熔透焊缝，相对较小构件集中大量的焊缝将带来很大的焊接残余应力，这些残余应力可能会造成结构安全性影响，同时变形控制难。

2.4 复杂铸钢节点制作工艺难

阳光谷节点除了焊接形式外，为满足结构受力要求，其中共有 573 个节点采用实心铸钢形式。节点各不相同且精度要求高，传统铸造工艺无论从经济性还是质量将难以保证。

2.5 节点制作工期要求紧张

节点制作工艺，构件加工质量不仅要满足设计及规范要求，同时要确保该工艺要有一定的效能，要满足现场紧张的施工安排。阳光谷节点各不相同，决定了其产品的单一性，这将制约加工进度，须采取合理的加工工艺来保证成品的合格率。

3 主要研究内容

3.1 节点加工总体方案

3.1.1 实心铸钢节点

经过对阳光谷复杂空间节点形式的深入分析，如按常规的模具制作方式，由于每个节点都不尽相同，势必需对应不同节点加工不同模具，且由于节点呈空间复杂形态，模具的尺寸精度加工很难，成本高、加工周期长，实际可操作性不强。因此，我们提出了组合成模的新思路，即将各不相同的铸钢节点按一定的截面规格分解成标准模块，然后将标准模块按最终形状组合成成品模具，再通过系列铸造工艺加以浇铸成型。

前期进行了系列节点试验，进行技术攻关，共试验了 3 种模型制作工艺。

(1) 熔模铸造工艺(蜡料)——选用低温蜡料制成模型。

优点：低温蜡价格便宜，工艺成熟。

缺点：低温蜡由于熔点低，不能采用数控自动切割；蜡模手工切割组拼成整体模型精度差；效率低。

试验期间，曾尝试用高温切削蜡代替低温蜡，但其价格要贵几十倍，经济性差，因此予以否定。

(2) 熔模铸造工艺(低密度泡沫)——密度约 $23g/cm^3$。

优点：可实现机器人数控切割和数控定位组合成模，模型制作加工精度及效率高；价格便宜。

缺点：低密度泡沫表面粒子较粗，外观不甚理想。

(3) 熔模铸造工艺(高密度泡沫)——密度约 $35g/cm^3$。

选用高密度泡沫，其表面粒子明显细密，铸造成型外观好，能满足工程要求，价格比低密度泡沫略贵。密度高于 $35g/cm^3$ 泡沫，造成切割困难，不宜采用。

通过试验结果比对，最终制定了以下总体工艺路线：

采用计算机辅助建模、数据处理、结构参数自动采集；以高密度泡沫为铸模材料，压注成标准模块；以配备专用软件的 TriVariant-B 系列机器人对标准铸模进行数控切割和数控定位组合成模；采用熔模精铸工艺(消失模技术)完成节点浇铸。

3.1.2 焊接节点

阳光谷由于建筑需要，采用了箱型截面构件，且为了结构轻巧，不至于给人很笨重的感觉，所选截面在结构安全的前提下尽量控制小尺寸，大量的构件断面为□180mm×65mm。构件越小其加工难度相对增大，现场安装对加工偏差的敏感性加大。

阳光谷每个网格三角形都不处于同一面，每根杆件相对于节点中心 Z 轴存在一个法向夹角 α，如图 3、图 4 所示。

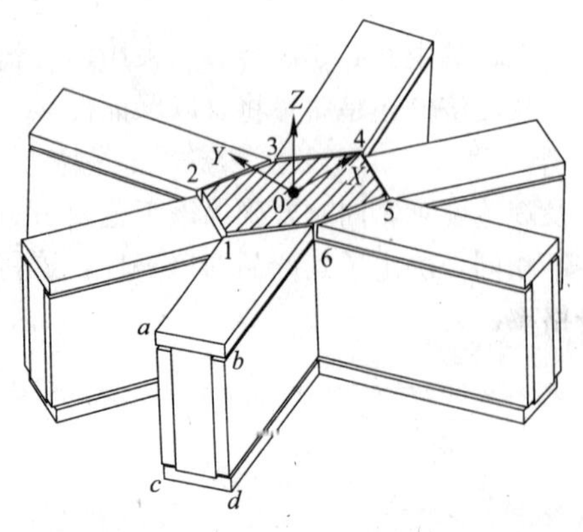

图 3 阳光谷焊接节点三维图

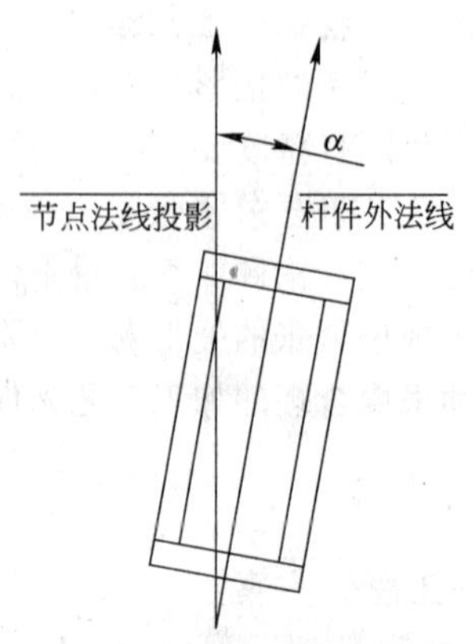

图 4 杆件与节点中心法线夹角示意图

箱型截面杆件无法交汇，要形成一个节点，中心必有一过渡区，如图 3 阴影部分。由于 α 的存在，理论上各牛腿交汇处(图 3 阴影部分角点)标高各一。因此，节点可分解成中心过渡平板区和伸出牛腿区两部分，而中心平板厚度要能消化各角点标高差值，即要满足各牛腿翼板都能与之相交。

通过以上分析，可以得到原始的节点加工形式，即杆件上下翼板通过散板组装成件。

然而，散板组拼，存在焊缝多，且定位难的问题。根据设计要求，节点区所有对接焊缝都为全熔透，焊缝越多，焊接变形和焊接应力相应增大。针对这种异形曲面构件，全用散板焊拼效率低，并不可取。进一步对节点研究分析，提出了将牛腿翼板与中心过渡拼板做成整体的思路，这将减少上下翼板 12 条焊缝(6 个牛腿)，焊接量明显减少。散板拼装改成整板弯扭后，外观也有改进，理论上不存在牛腿翼板与中心拼板之间由于高差引起的台阶。

我们将上述两种加工方式各自定义为：

(1) 直线牛腿工艺——牛腿一侧翼板为弯扭整板，另一侧为直线散板交汇。

(2) 弯扭牛腿工艺——牛腿两侧翼板均为弯扭整板。

以上两种工艺牛腿交汇处均为过渡平板。

弯扭牛腿工艺，翼板整体弯扭减少了翼板之间相贯焊缝数量，可部分降低节点焊接残余应力；但同时由于节点中心区域范围较小，相对板厚较厚翼板弯扭难度加大，弯扭到位后的反弹控制难度高。同时，节点加工精度要求高，单靠人工操作无法达到精度需要，必须研制专门的弯扭数控设备来保证加工质量。

直线牛腿工艺，仅一侧翼板弯扭，减小了一半弯扭工作量，一方面是为了部分减少焊缝量，同时也为了整板加工基准点易于设置，组装相对方便。

上述两种工艺各伸出牛腿均为散板焊接成型，且都在组拼成完整节点后再焊接，焊接变形对整个节点最终成型尺寸影响较大。

为此，我们基于实心铸钢节点的组合成模技术，开发了第三种节点加工工艺：

(3) 相贯牛腿工艺——牛腿直接相贯，中心设置圆柱保证与各牛腿都相贯。

该工艺与前两种不同之处是各牛腿先焊接成标准节块，再相互交汇之中心圆柱，相贯面多，切割加工要求高。虽然焊缝数量较之上述两种工艺有所增加，但其牛腿制作工艺是先组拼焊接成型后再切割成标准段，拼接焊缝均在胎架上完成，变形控制较易，而牛腿面精度又是控制节点加工精度的关键。

上述三种节点加工工艺各有特点，如前已分析，箱型截面构件交汇中心必有一过渡平面，形成一个折线，这一平面越小，过渡越顺滑。相贯牛腿工艺相比前两种工艺中心平面较小，因此，在对建筑外观的诠释度方面，第三种工艺比较贴近，但涉及矩形相贯面的切割，加工技术含量较高。

3.2 节点加工工艺

3.2.1 实心铸钢节点加工工艺

(1) 标准模块制备

按照设计图纸，将节点按不同的截面外形尺寸分类，制作具有统一尺寸的泡沫铸模块。铸模与杆件截面一致，为矩形体，在节点与杆件连接面侧预留工艺孔，孔作为模具切割固定之用。

考虑到模具在浇铸中的收缩率，经过多次试验，得到泡沫模具制备实际尺寸参数。

(2) 模具切割制备

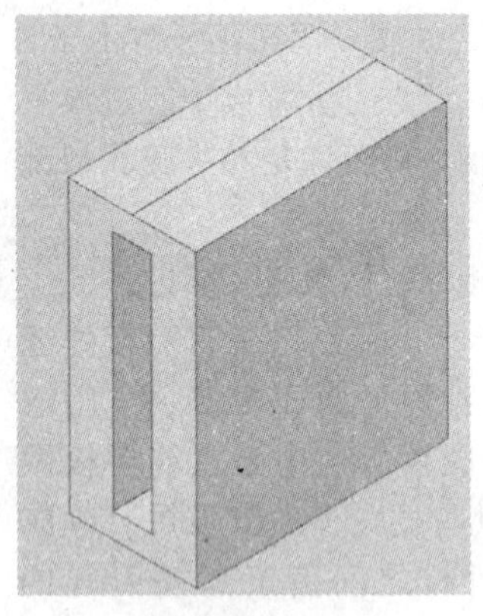

图5 标准模块

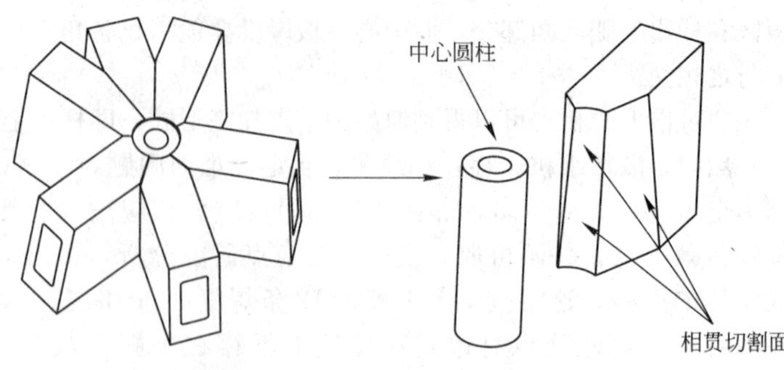

图6 模具分解示意图

使用软件对设计方提供的加工数据进行处理，使之成为机器人可以识别的数据。将每块标准模块进行编号，利用机器人依次切割两模块相交面，然后切割与中心圆柱相交面。切割工具采用电热丝。

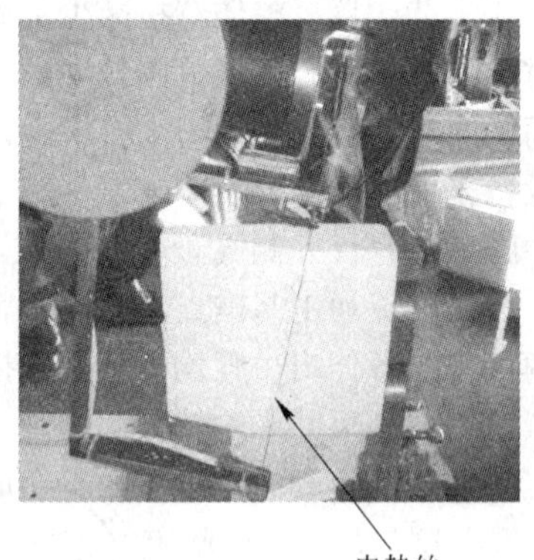

图7 机器人切割模具

图8 切割好的模具及组装完成的节点模型

(3) 组合成模

将切割好的模块根据编号组装成完整模具。

(4) 三坐标检测

利用三坐标检测仪器采集模具的三维几何数据，检测模具制作精度。

(5) 铸造

采用熔模铸造工艺，工艺简述如下：在完成的泡沫模型上涂覆若干层特制的耐火涂料，经过干燥和硬化形成一个整体型壳后，再用热水从型壳中熔掉模型，然后把型壳置于砂箱中，在其四周填充干砂造型，最后将铸型放入焙烧炉中经过高温焙烧，铸型或型壳经焙烧后，于其中浇注熔融金属而得到铸件(图 9)。

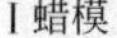
Ⅰ蜡模

Ⅱ低密度泡沫模

Ⅲ高密度泡沫模

图 9　三代铸造节点实样

3.2.2　直线牛腿节点加工工艺

(1) 直线牛腿节点装配示意(图 10)

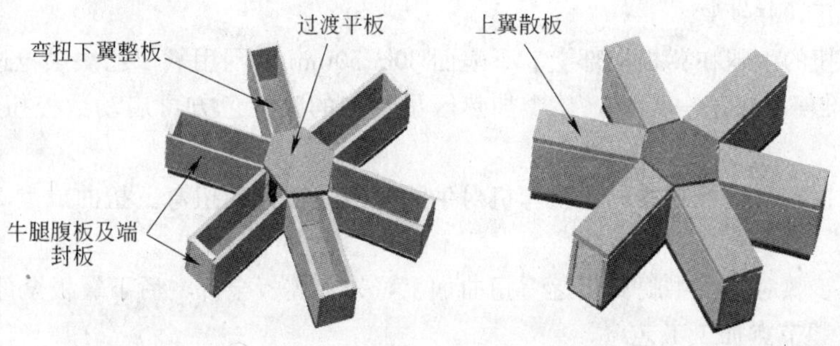

图 10　直线牛腿节点装配图

(2) 焊接顺序(如图 12)

图 11　直线牛腿节点装配实物

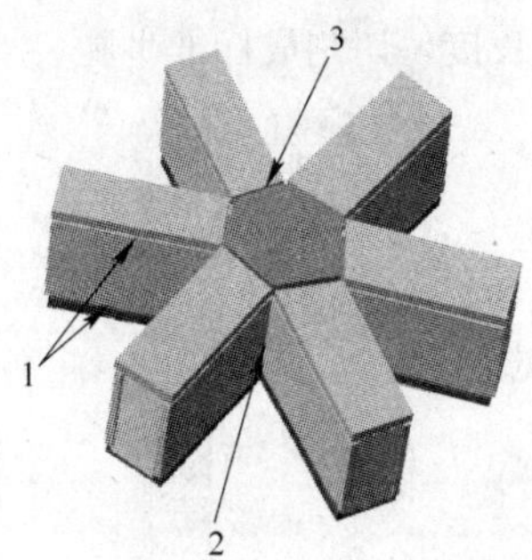

图 12　直线牛腿节点装配后焊接顺序示意图

1) 先焊接牛腿腹板与翼板的全熔透焊缝。

2) 然后焊接各牛腿间腹板的角焊缝。

3) 最后焊接牛腿上翼板与中间劲板的全熔透焊缝。

节点中心区劲板与上下翼板焊缝、贯穿腹板与劲板焊缝在节点装配时同步焊接。

3.2.3 弯扭牛腿节点加工工艺

(1) 节点装配示意(图 13)

(2) 弯扭工艺

1) 根据下料前数控切割机所标识的中心点及定位孔坐标，划钻定位孔。

2) 用工作台的上、下定位圆柱销对准上、下翼板的中心定位孔；利用 U 型对位装置，对上、下翼板牛腿对位孔进行定位。

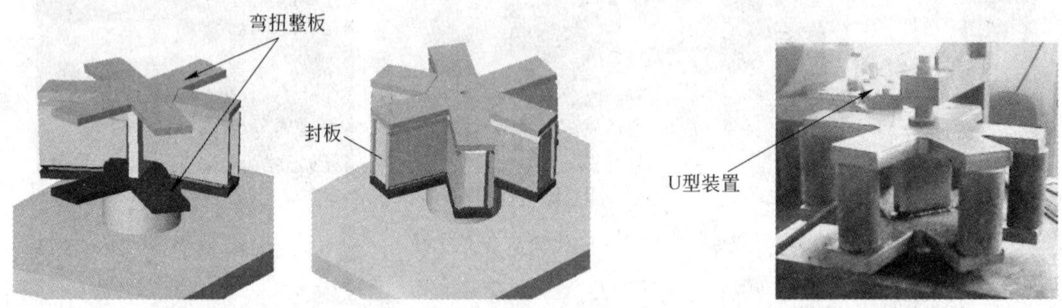

图 13 弯扭牛腿节点装配图　　图 14 弯扭工装图

3) 测量校正，并锁紧。

4) 对需弯扭的牛腿在翼板根部上、下表面 30～50mm 范围用氧—乙炔烘枪进行同步加热，加热须均匀不准停滞在某一点区，整个加热区呈均匀的暗红色方可启动数控扭曲机进行扭曲加工。

5) 开启数控扭弯机控制器，让扭弯机对牛腿翼板进行自动扭弯。扭曲成型 2min 后方可松开夹紧工具。

6) 按上述步骤对其余牛腿翼板逐一扭曲加工，先上翼板全部，后下翼板全部。

3.2.4 相贯牛腿节点加工工艺

(1) 节点装配示意(图 16)

(2) 牛腿标准段制作

类似杆件制作工艺，在胎架上加工一定长度节段，为防止变形，中间设置若干加劲板。然后根据牛腿长度，切割成标准牛腿。

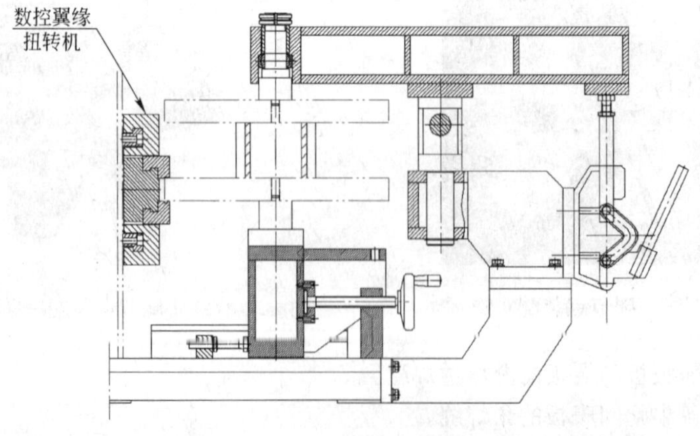

图 15 弯扭示意图

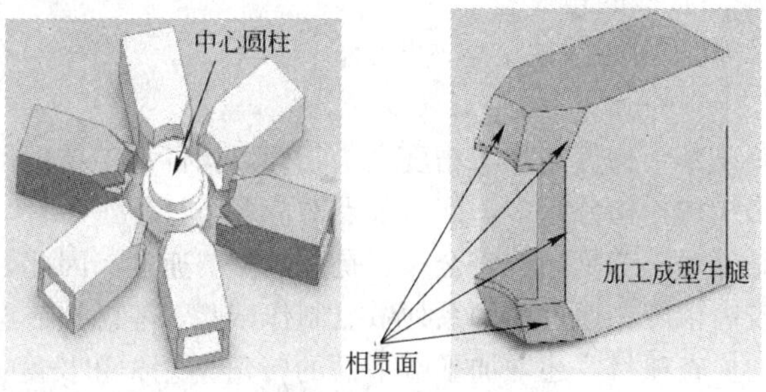

图 16 相贯牛腿节点装配示意图

(3) 牛腿相贯面切割

利用 5 自由度混联机器人进行相贯面的切割。

由于常规的氧—乙炔切割，切割面粗糙，不光滑，为改善切割面精度，采用了等离子切割。

(4) 节点组装

使用辅助铜套是为了保证翼板与中心圆柱间隙，组装定位好后去除。

1) 先安装贯通牛腿，与中心圆柱对接。

2) 然后安装相贯牛腿，校正到位后临时固定。

牛腿组装采用辅助工装，以保证组装精度。

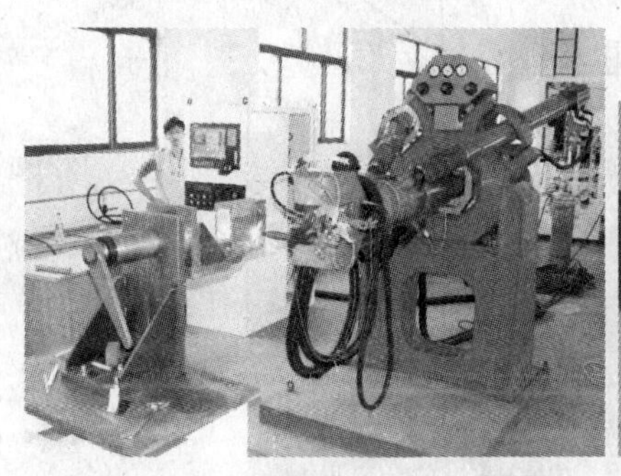

图 17 牛腿相贯面切割

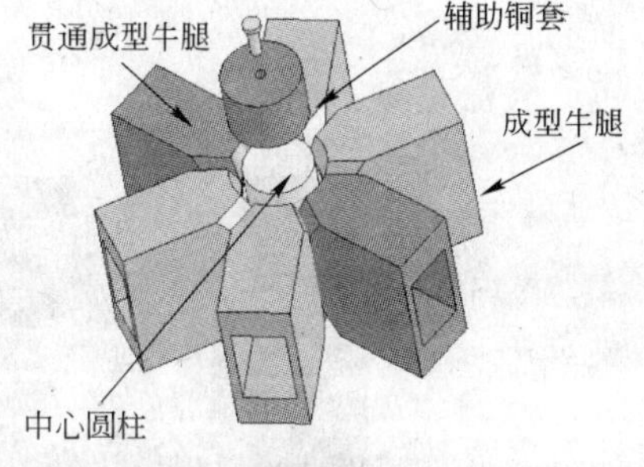

图 18 牛腿组装顺序示意

图 19 牛腿组装实物照片

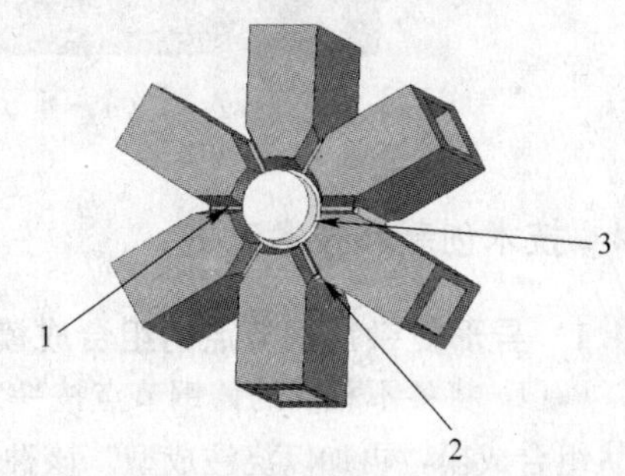

图 20 焊接顺序示意

(5) 节点焊接顺序(图 20)

1) 所有焊缝打底焊，翼板之间相贯焊缝需清根。

2) 先焊接成型牛腿翼板相贯全熔透焊缝。

3）然后焊接各牛腿间腹板的角焊缝。

4）最后焊接牛腿翼板与中心圆柱全熔透焊缝。

3.2.5　端面机加工

阳光谷安装的思路是基于构件的加工精度之上，即以构件加工精度保证安装精度。阳光谷这种复杂异形曲面网格结构，构件繁多，同一节点对应多个杆件，一旦节点制作误差偏大，可能会带来的影响，一是外观；二是结构安全；三是影响安装速度。因此，对构件，主要针对节点的制作加工提出了较高精度。通过前期系列节点制作试验，考虑到节点的复杂性，加工工艺水平，除了一些常规的检查项目，还增加了端平面的转角偏差 λ 和长度偏差 δ。这两个值表示的正是端面的偏差，而这个偏差必须要靠端面的机加工来实现。

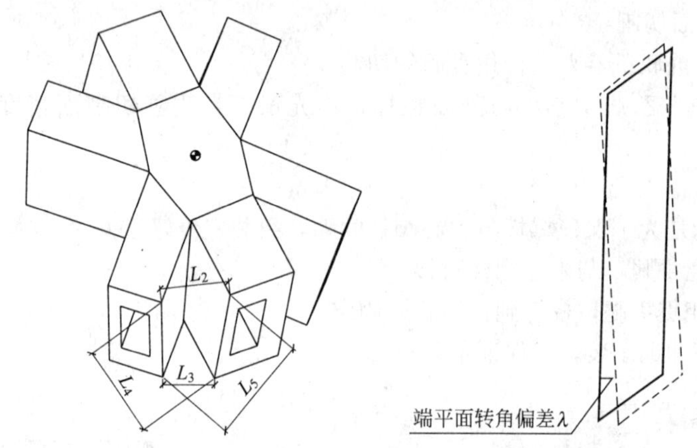

图 21　节点制作检查要求

图 22　端面机加工

4　技术创新和技术改进

4.1　异形复杂铸钢节点的组合成模工艺

（1）将各不相同的铸钢节点按一定的截面规格分解成标准模块，然后将标准模块按最终形状组合成模，再加以浇注成型。该种工艺创造性的改变了对应不同形式节点需加工不同模型的思路，可大大节省模型制作时间及费用，非常适合类似阳光谷这种具有一定量化且又不尽一致的铸钢节点。

（2）采用高密度泡沫塑料压铸成标准模块，利用机器人技术进行数控切割和数控定位组合成模，大大提高模型的制作加工精度及效率。

(3) 采用熔模精铸工艺(消失模技术)，提高铸件尺寸精度和表面质量。一般的砂型铸造工艺无论尺寸精度还是表面质量达不到阳光谷要求，且节点形状复杂，难于进行全面机械加工。

4.2 计算机辅助的复杂节点加工工艺

(1) 结构参数自动采集，所有过程实现可视化复核。

(2) 专用机器人技术进行数控切割。

(3) 专用数控转台铣进行节点精确加工。

从数学模型建立、深化设计、制作加工、外形检测等全过程均利用计算机辅助完成，突破常规钢结构的加工手段，实现无纸(图)化加工工艺，在有效避免各个环节人工因素可能造成的差错外，提高节点的制作精度和效率，为今后类似的复杂节点制作提供了一条新思路。

5 工程实施

阳光谷节点从2008年初就开始进入研究工作，包括节点深化、制作工艺开发。期间，进行了大量试验，包括铸钢、焊接节点加工，荷载试验，从工艺、结构、建筑等多方面论证制作工艺的可行性。

阳光谷从2008年9月开吊至2009年5月最后一个6号阳光谷合拢，节点加工进度、质量满足现场安装需要，建成后效果达到设计要求。

阳光谷作为精细钢结构，其节点不同于常规钢结构节点，加工制作精度相对要求很高，如采用传统工艺进行制作，加工精度差，合格率较低。而采用计算机辅助制造(CAM)技术，则可明显提高加工精度，合格率达到98%。且同样合格产品中其偏差值也较小，现场安装上也更精准，这样更能接近设计标准，无论从结构安全还是建筑美观方面来说都比较有利。

世博中国馆“大口径双层螺旋保温风管”的施工

许光明

（上海市安装工程有限公司）

摘　要：本文以世博中国馆为例，介绍“大口径双层螺旋保温风管”在实际工程中的应用，并对“大口径双层螺旋保温风管”的制作工艺、连接形式、加固形式、吊架形式及吊装方法进行了阐述。

关键词：大口径双层螺旋保温风管，连接芯管，加固环，单轨手推式行车

0　引言

螺旋风管又称螺旋咬缝薄壁管，具有无焊接、不漏气、噪声低、刚度强、通风阻力小、低造价、坚固、美观等特性，西方国家首先将其应用于军工业，如军舰、轮船上的排(送)风系统，后来用于火车、地铁、矿山等民用设施。螺旋风管在我国通风空调工程上的应用是从改革开放以后，随着我国经济的腾飞及中央空调的使用逐年增多，螺旋风管已得到越来越广泛的运用。

“双层螺旋保温风管”是近年来出现的一种新型风管。“双层螺旋保温风管”是一种在同心的内、外螺旋风管间充填一定厚度的保温材料的新型螺旋风管，特别适用安装于大空间、无吊顶的场所。

图 1　世博中国馆外形图

世博中国馆(见图 1)由国家馆、地区馆两个部分组成，是世博园区核心建筑物之一。本工程的“双层螺旋保温风管”主要分布在地区馆一层、国家馆 36.5m 层、46.8m 层以及 54.9m 层，风管面积共计约 64000m^2，风管内径尺寸为 ϕ200～ϕ1800。

目前螺旋风管最大口径一般只做到 ϕ1500，中国馆使用的螺旋风管最大内径尺寸为 ϕ1800，这给风管的制作及施工带来了一定的难度。本文所指的大口径螺旋风管是指内径尺寸大于等于 ϕ1000 的螺旋风管。

本文主要以施工难度较高的地区馆的总管安装为例，介绍“大口径双层螺旋保温风管”的风管制作、连接形式、加固形式、吊架形式及吊装方法。

1　施工准备

对施工图纸进行深化设计，合理考虑支管的位置、风口的布置等，绘制综合管线布置图及单线加工图，进行系统编号，并对管道、管件进行编排。

2 风管制作

2.1 双层螺旋保温风管制作工艺流程

图 2 中阴影区域为内芯螺旋风管和外套螺旋风管成型过程。内芯螺旋风管制作完成并经过加固后再上保温机。

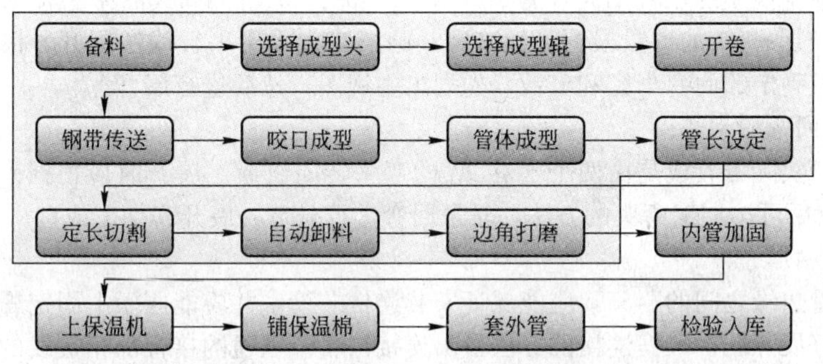

图 2 双层螺旋保温风管制作工艺流程图

2.2 材料要求

双层螺旋保温风管内外管材料品种、规格、性能与厚度等应符合设计和现行国家产品标准的规定。当设计无规定时，应按照《通风与空调工程施工质量验收规范》GB 50243—2002 执行。

2.3 直管制作

2.3.1 风管加工要求

(1) 每批原材料都必须进行配料试验，合格后方可使用。

(2) 应严格按图纸尺寸进行加工，模具制作应规范准确。

(3) 直管在制作时要严格控制其内径尺寸：当小于或等于 300mm 时，允许偏差±2mm；当大于 300mm 时，允许偏差±3mm，管口切割平齐。连接芯管插入内管的长度需大于等于 20mm，同时需有密封要求。

(4) 在制作外套螺旋风管时，需边制作边用碎布擦拭干净，用保鲜膜包裹，在切割后再用气泡膜缠绕。

(5) 经规格尺寸、外观质量、密度、强度检验合格后，方可发送至现场。

2.3.2 保温措施

(1) 保温前需把保温机、保温棉、保温绳、方木、打包机等工具材料准备好。

(2) 先把保温机支撑内芯螺旋管的支架上缠绕一定量的碎布，以保护内芯螺旋管管壁不受损坏。

(3) 内芯螺旋风管装上保温机后，先根据内管周长尺寸切割保温棉，均匀铺在内芯螺旋管上，保温棉需长出内管两端各 50mm，在套装外套螺旋管前用薄钢板把预留 50mm 保温棉卡在内芯螺旋风管管壁上。

(4) 在管口两端需用 30mm×30mm(同保温层厚度)，长 300mm 左右的方木(涂防火涂料)插入，方木间距为不大于 350mm 的圆弧长，单个管口不少于 6 根，方木插入后与管口齐平，用自攻螺钉把方木与内管固定，每根方木上需均匀固定 2 颗。这样避免了内外螺旋管由于自身重力作用下无法保持同心的问题，同时也为螺旋风管的支架设置提供了支撑点。

(5) 在套装外套螺旋管时，需特别注意外观不可磨损，在搬运中用宽 30～40mm 绷带，当绷带受损时需用气泡膜或碎布缠绕。

2.4 管件的制作

2.4.1 圆形变径管的制作

圆形变径管可分为正心圆形变径管和偏心圆形变径管，均可采用放射线法展开制作。

2.4.2 圆形弯头的制作

圆形弯头根据使用的位置不同，有 90°、60°、45°、30°四种，其曲率半径 $R=1\sim1.5D$(D 为螺旋风管直径)。弯头的节数根据管径确定。圆形弯头采用平行线法展开，根据已知弯头直径、弯曲角度及确定的曲率半径和节数，先划出主视图，然后进行展开。

2.4.3 圆形来回弯的制作

圆形来回弯实际可看成是由两个不够 90°的弯头转向组成。展开时应根据来回弯的长度 L 和偏心距 h，然后可按加工弯头的方法，对来回弯进行分节，展开和加工成型。

2.4.4 三通的制作

主管和支管边缘之间的距离，应能保证安装连接芯管，并应能便于上固定螺钉。加工制作三通时，先划好展开图，根据连接的方法留出连接留量。三通的接合部相贯线的连接形式，应根据板材的材质、板厚来决定。镀锌薄钢板和一般钢板，其厚度小于 1.2mm，可采用咬口连接；而大于 1.2mm 的镀锌薄钢板，可采用铆接；大于 1.2mm 的一般钢板，可采用焊接。

2.5 大口径双层螺旋风管的加固

对大口径双层螺旋保温风管本体的加固是本施工工艺的一大难点。关于螺旋风管的加固方式，由于一般项目上遇到的螺旋风管直径都不是很大，基本在 1m 以内，同时以单层的居多，故国内的相关的通风空调技术规范上未对螺旋风管的加固有相应的规定。

本次施工的世博会中国馆空调系统大量采用了大口径的双层螺旋保温风管，直径最大的达 1.8m。由于直径比常规的螺旋风管大了很多，造成风管自身的重量很大。在没有加固的情况下，双层螺旋风管在其自重的影响下，无法保持其正圆形态，给接下去的吊装、管道连接等施工造成了很大的困难。

为了解决大口径螺旋风管的加固问题，公司和项目部考虑了多种方案，相比之下，最终采用了如下的内加固方法：

根据螺旋风管的口径，用镀锌扁钢圈制成一个圆环，中间用电焊烧制六根薄壁金属管相互支撑，就像自行车轮胎一样。螺旋风管在外力的挤压下，这六根薄壁金属管与镀锌扁钢外圈将利用相互间的拉力，始终保持螺旋风管的正圆形态，起到了加固的作用，如图 3、图 4 所示。

图 3 大口径双层螺旋保温风管的加固

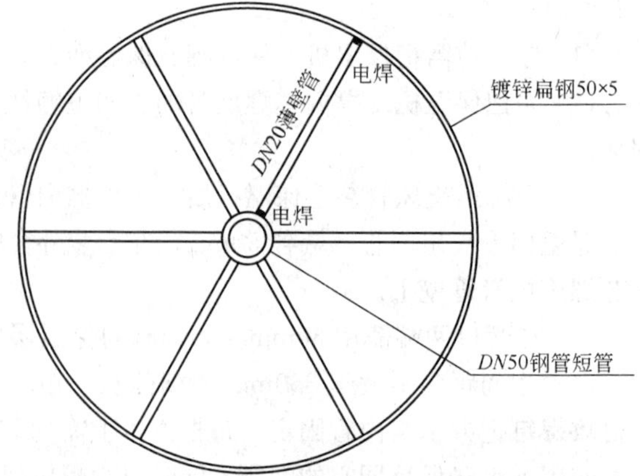

图 4 $\phi1800$ 螺旋风管加固示意图

大口径螺旋风管的加固尺寸见表1。

大口径螺旋风管的加固尺寸 **表1**

螺旋风管直径(mm)	镀锌扁钢规格(mm)	薄壁内撑管规格(mm)	推荐管段长度(m)
ϕ1000～ϕ1400	40×4	DN15	3～4
ϕ1400～ϕ1800	50×5	DN20	2～3

这种内加固方式具有一定的独创性，既解决了大口径螺旋风管的加固问题，观感上也相当的美观。随着建筑安装工艺的日新月异，随着大口径螺旋风管的普遍应用，这种加固方式具有一定的推广价值。

3 风管连接方式

“大口径双层螺旋保温风管”通常有两种连接方式，承插式(连接芯管)连接和法兰式连接，两种连接方式的优缺点如表2。

“大口径双层螺旋保温风管”两种连接方式的比较 **表2**

	优　　点	缺　　点
承插式连接	外观较好，严密性好，省工时	连接强度稍差
法兰式连接	连接强度较高	外观较差，成本高，费工时

通过两种连接方式优缺点的比较，考虑到中国馆争创“鲁班奖”的质量目标，本工程采用了承插式连接方式，通过合理布置吊架位置及在“双层螺旋保温风管”内管增设加固环的方式解决了风管的连接强度的问题。

3.1 承插式连接

本工程直管设定长度为 $L=3000$mm，直管与直管间连接采用芯管连接，芯管宽度 $W=150\sim200$mm，芯管的中间及两边分别用模具压制加强筋和皮条筋，以增强其牢固性和密封性。如图5所示。

三通、弯头、变径管等异形管件和直管连接同样采用承插式连接，它们在制作成型过程中两头口部已具备内接承插的功能，直接把其插入直管中即可。

芯管、三通、弯头、变径管等和直管连接采用自攻螺钉固定。

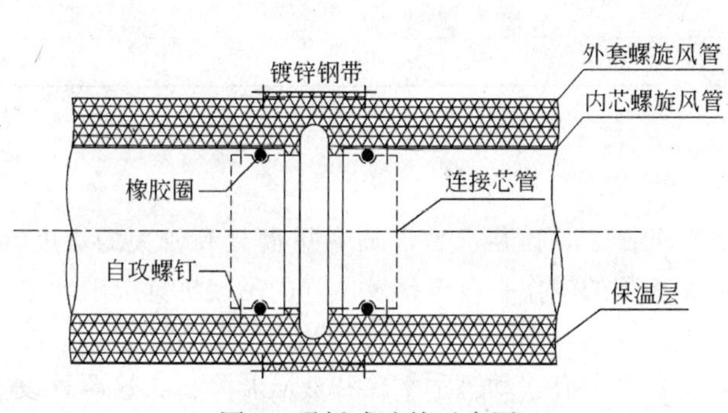

图5　承插式连接示意图

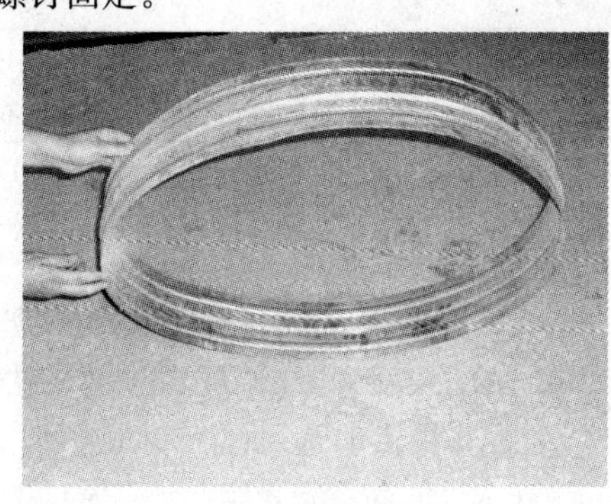

图6　镀锌钢带

3.2 地面拼装

(1) 首先在要拼装直管的地面打扫干净，地面用彩条布铺盖。

(2) 安装前先检查连接芯管和圆管口径是否变形，若变形需先调整圆度后再进行安装。安装时先将连接芯管插入直管一端，因连接芯管口径与直管口径相差较小，在插入时需缓缓一次少量的插入，当四周全插入部分后，再用橡皮锤均匀敲打进去，直到加强筋位置为至。

(3) 完全插好后，用5×19号自攻螺钉从内向外把内接芯管与内芯螺旋管固定，在用自攻螺钉固定内接芯管时，自攻螺钉需固定在离管口边25mm处，自攻螺钉间距130mm，在实际操作中需用制具控制以上尺寸(如制作宽25mm，长130mm薄钢板)。在用手枪电钻打自攻螺钉固定时，严禁用力过大产生发丝，皮套脱离等缺陷。

(4) 单边内接芯管装完后，需在离管口200mm处直管下铺垫约100mm方木，以利于直管与直管对接，直管在对接时先把不带连接芯管的直管下方略抬起让连接芯管先插入部分，然后把直管另端缓慢抬起后向前推动，让连接芯管完全插入其中，均匀推进，当完全插入后即到加强筋位置后，用自攻螺钉固定。

(5) 连接芯管完全固定后，放下两端方木，先用50mm宽保温棉铺放在接口处，再把外接镀锌钢带固定两外管接口处，用绷带绷紧，再用自攻螺钉在离外接边口10mm，螺钉间距250mm处均匀固定一周。固定好后松开绷带，外面擦拭干净。

4 风管吊架设置

本工程大口径双层螺旋保温风管的吊架由吊杆和抱箍组成。抱箍按风管外径用扁钢制作，为了便于安装，抱箍做成两半，并在下半圈的抱箍内侧贴上橡皮，以起到防振、防滑的效果。为避免抱箍压瘪外层螺旋风管，抱箍应设在靠近方木的位置。吊杆采用镀锌全丝牙螺杆，采用双吊杆固定，抱箍上穿吊杆的螺孔距离，应比风管稍宽40～50mm，为便于调节风管的标高，丝杆适当放长，便于调节。吊杆在不损坏原结构受力分布的原则下，用膨胀螺栓固定在楼板上。

采用吊架的主、干风管长度超过20m时，应设置防止摆动的固定点，每个系统不应少于1个。

本工程大口径双层螺旋保温风管由于采用承插式连接，其连接强度要比法兰连接稍差，因此必须严格控制吊架的设置位置及吊架间距。支、吊架间距按表3执行。

大口径双层螺旋保温风管吊架间距 **表3**

大口径双层螺旋保温风管直径	水平风管间距	垂直风管间距	最少吊架数
≤400mm	不大于4m	不大于4m	2付
≤1000mm	不大于3m	不大于3.5m	2付
>1000mm	不大于2m	不大于2m	2付

5 风管吊装

大空间建筑“大口径双层螺旋保温风管”的施工，因层高高、质量重而具有较大的难度。在风管的高空施工方法中，主要需解决两点：人员的操作平台选择及风管的吊装机具选用。

5.1 操作平台的选用

在大空间高空安装作业中，常用的人员操作平台有移动脚手平台和液压升降机，这两种设施各有其优缺点。

移动脚手平台承重性好，稳定性较高，但灵活性较差，移动不方便；

液压升降机随意调节高低，移动方便，但承重性较差，高空作业有晃动。

本工程由于工期相当紧，为了节省工期，在确保各项安全措施有效实施的情况下，采用了液压升降机作业。

5.2 吊具的选用

风管的吊装机具主要包括起重机、电动葫芦、卷扬机、手动葫芦等，它们的特点如表4：

常用吊装机具的比较 表4

吊装机具	优　点	缺　点
起重机	移动方便，起吊速度快	费用高，高空调整风管不方便，受空间限制多
电动葫芦	高空调整风管方便	吊装点移动不方便
卷扬机	起吊速度快	高空调整风管不方便
手动葫芦	高空调整风管方便	起吊速度慢

为提高吊装的效率，本工程根据层高及桁架特点，结合吊装机具的使用特性，选用了单轨手推式行车配合电动葫芦进行风管吊装。

在实际操作过程中，需解决的最主要难题是葫芦如何固定在钢架下。如果采用传统的膨胀螺栓固定，则吊装点移动十分不方便，根据中国馆钢结构的特点，以主钢架为轨道，应用单轨手推式行车(见图7)固定葫芦的方式，成功解决了这一难题。

图7　单轨手推式行车

5.3 风管的吊装

将风管、管件按系统运到施工现场，在安装地点，先把单轨手推式行车和电动葫芦固定在桁架支点上，用绑带将风管绑扎牢靠，用葫芦将风管按编号依顺序吊装到吊架上，连接一段，再吊装另一段，风管安装时找正找平可用吊架上的调节螺母和托架上加垫的方法。水平干管找正找平后，就可进行支、立管的安装。风管安装后，可用拉线和吊线的方法进行检查。风管安装的允许偏差为水平度不大于3mm/m，总偏差不大于20mm；垂直度不大于2mm/m，总偏差不大于20mm。按规范要求将测量风量、风压及温度的测量孔开好，避免安装在高空作业打孔，使风管凹陷不易修整。

图8　大口径双层螺旋保温风管的吊装

图9　大口径双层螺旋保温风管的安装效果图

6 结束语

中国馆为世博会主展馆，施工质量直接关乎中国的形象。为给全国人民、全世界人民带来世博会的美好体验，展现中国的大国形象，公司集最优势的资源，奋力拼搏，作出了应有的贡献。

中国馆已被评为上海市建筑行业工程质量的最高荣誉奖“白玉兰奖”，现正争取申报全国建筑行业工程质量的最高荣誉奖“鲁班奖”。

世博会城市最佳实践区能源中心施工与调试

徐再松、梅　挺
（上海市安装工程有限公司）

摘　要：本文以上海世博会城市最佳实践区能源中心为案例，重点介绍了区域供冷/热系统采用黄浦江水作为水源热泵系统的冷源/热源。分析介绍了江水源热泵系统的工作原理、能源管道的设计和施工工艺、大面积长距离能源管道循环冲洗和化学冲洗技术，并就能源中心、能源管道及施工末端的施工协调做了简要策划，最后就供回水系统的调试要点和步骤进行了论述。

关键词：江水源热泵，能源管道冲洗，空调调试，节能工程施工热泵

引言

地下水以及江河湖海的地表水在一年内温度变化较小，都是可作为冷热源的水源，而且用水作为热源也不存在蒸发器表面结霜的问题。地球表面浅层水源如深度在1000m以内的地下水、地表的河流和湖泊及海洋中，吸收了太阳进入地球的相当的辐射能量，并且水源的温度一般都比较稳定。而江水源热泵系统就是利用江水的一种水源热泵系统，江水源热泵机组工作原理就是在夏季将建筑物中的热量转移到江水源中。由于江水源温度低，所以可以高效地带走热量。而冬季，则从江水源中提取能量，由热泵原理通过空气或水作为载冷剂提升温度后送到建筑物中。可以说，热泵是通过少量的高位电能输入，实现自然能利用的一种技术。

1　工程概况

（1）上海世博会城市最佳实践区以江水源热泵技术为基础建立区域供冷供热能源中心，系统的江水取水口位于南市电厂改造项目内(世博会中为未来馆馆址)，隶属于浦西世博园区E片区，从图1可以看出，能源中心为会中、会后阶段浦西世博园E片区的E05、E06-04、E08地块提供冷热源。

江水源能源中心最大用水量14000m^3/h，会中的总冷负荷为32000kW，会后总建筑面积为350790m^2，会后的总冷负荷为40000kW、总热负荷为24000kW。

（2）本工程由同济大学建筑设计研究院负责设计，系统采用4台离心式冷水机组和3台螺杆式热泵机组，江水源系统水源侧采用直接式系统，即江水经过简单的过滤处理后直接进入江水源机组的蒸发器或冷凝器，不设板式换热器，无换热温度能级损失，运行效率高，少一级循环水泵，节能性大大提高，江水侧进出水温度额定工况：夏季为32/37℃，冬季为7/4℃，考虑到江水温度有出现低于7℃的现象，在江水侧补充燃气锅炉系统作为辅助热源，以保证在冬季江水温度不满足机组要求时江水源系统的正常使用。

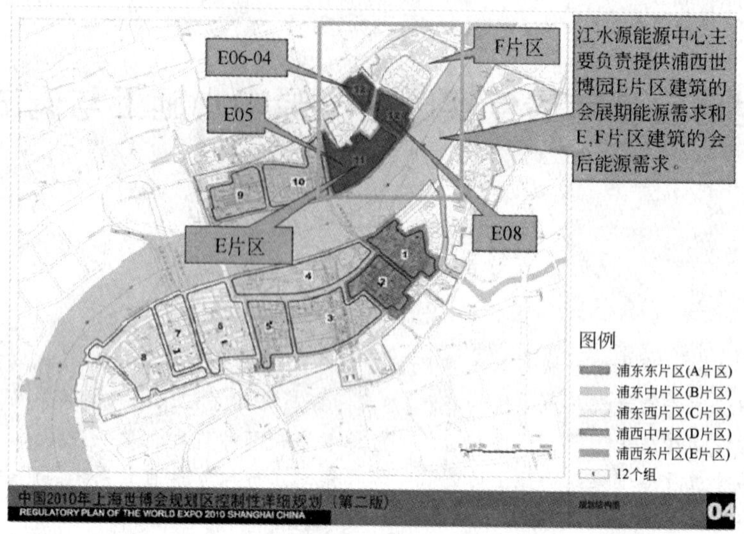

图1 能源中心供冷/供热布局图

各地块负荷参数表 **表1**

地块	建筑面积 (m^2)	需求冷负荷 (kW)	需求热负荷 (kW)	冷负荷指标 (W/m^2)	热负荷指标 (W/m^2)
E05	128475	19271.25	7708.5	200	80
E06-04	90435	13565.25	5426.1	200	80
E08	131880	19782	7912.8	200	80
小计	350790	52618.5	21047.4		
F片区	101090	15163.5	6065.4	200	80
合计	451880	67782	27112.8		

2 工程特点、难点与施工对策

2.1 能源中心施工特点和难点

城市最佳实践区能源中心为浦西E、F片区的几十个场馆提供冷热水，其意义和重要性不言而喻，然而施工周期却非常紧张，共计只有一年左右的施工时间，这对于机电安装是个极大的挑战。能源管道总长度超过5km，施工所涉及的场馆众多，施工时间冲突严重，施工单位众多且大多处于抢工阶段，如何有效协调各施工单位的施工计划也成为一个不可忽视的问题。

另外，在技术层面也存在不少难度较高的问题，空调供回水由能源中心集中供应，需敷设空调供回水管，由于世博园区对观赏性要求较高，因此空调供回水管道只能采用埋地敷设，埋地敷设的空调供回水管存在三大问题：管道埋设后绝对不能漏水，否则将造成恶劣影响；排污困难，特别是埋地管穿越地下障碍物所形成一个个的U形弯，是“藏污纳垢”的死角，为了保护设备和保证空调效果，空调供回水必须清洁；绝热层必须可靠，如果损坏会热量大量损失，不但影响空调系统的效率，而且会影响能源管道的寿命。

2.2 能源管道施工要点

2.2.1 埋设管道前控制事项

管材应采用20号钢无缝钢管，如采用螺旋管或钢板卷管，则必须试压至设计压力合格后方能使用。外壳保护层采用聚氨酯绝热层和聚乙烯，绝热效果很好，但进入现场后的保护和埋管后的保护不能放松。管沟地基处理十分重要，应当是挖好后夯实，然后用粗砂调平，确保管道在管沟里受力均匀。设在场馆的能量平衡阀，应当安装在方便操作的场合，不宜设在阀门井内。能源中心的分、集水缸设计必须注意的几个问题：应设计阀门操作平台；应设计人孔以便进罐清理；应考虑系统冲洗时用的补水口；集水缸应设计快速排污口。埋地管穿越地下障碍物所形成的U形弯的管底应当设计排污系统。

2.2.2 管道焊接和埋设

管道的焊接宜采用 TIG 工艺。焊缝至管道起弯点的距离不应小于管道外径，且大于100mm，至支吊架边缘的距离应大于 50mm，同一管段上两处焊缝间的距离应大于管段外径。成型管配件上、焊缝及其边缘上不得开孔。管道焊接部位必须坡口，且需留 2～4mm 的间隙，坡口角度为 60°，然后进行氩弧焊打底。管道组对前应去除坡口及其内外侧表面 10mm 范围内的油污、锈蚀、氧化层、毛刺、油漆等污物。管子组对时，内壁应齐平，内壁错口量不宜超过管壁厚度的 10%，且不得大于 2mm。管道焊口必须进行拍片检验。管道绝热补缺，要做到接口处的保温圆整、平滑，内部填实，接口牢固，护壳完好。拍片率做到转动焊口 20%、固定焊口 100%。

管道埋地敷设后回填土，应避免就地取材，如将现场的乱石、碎砖全都倒入，这样会损坏管道外壳和绝热层，带来后患无穷。施工单位应认真执行设计要求，确保绝缘层完好。能源管道内不允许有沙、石类杂物与垃圾，施工单位应认真执行设计要求，在雨天施工时应有防止泥、沙、木片进管的措施。进至各场馆的供回水管口阀门处，应挂好供回水管标签，防止接错。

2.2.3 管道的试压

管道试压前应认真检查支吊架可靠性。环境温度低于 5℃时，水压试验应采取防冻措施。在配合装饰阶段或其他特殊部位进行水压试验前，应先用压缩空气进行试压，检查无泄漏后再进行水压试验。

水压强度试验和严密性试验要求 表 2

系统	水压强度试验		水压严密性试验	
	试验压力	时间	压力	时间
空调系统	1.5 倍工作压力	30min	工作压力	24h

水压强度试验要求达到目测无泄漏和无变形，且压力降不大于 0.05MPa。严密性试验应稳压 24h 无泄漏。

2.3 能源中心、能源管道与空调末端施工的协调

不推荐多家单位分别施工能源中心、能源管道与空调末端，应建立一个强有力的项目协调机构，三部分的施工方案应当相对应，能源管道的施工条件应当优先安排。空调末端的配管应采用镀锌钢管且免化学清洗，空调末端管道与能源管道分别进行循环冲洗，建议空调供回水管的循环冲洗使用能源中心的供回水泵。

2.4 施工质量控制

必须找有资质的可靠的施工单位，以保能源中心、能源管道施工的施工质量。为确保能源中心、能源管道施工的工程质量，必须找懂行的负责的监理单位。空调供回水的清洁与空调末端设备的运行寿命及空调系统的工作效率息息相关。埋地敷设的能源管道绝不能有渗漏，绝热

层不得有破损。过马路的能源管线回填土必须用泥土，且要坚实。坚持抓好工序施工质量，依靠工序质量保证最终质量。

2.5　循环冲洗

2.5.1　循环冲洗的必要性

为了确保空调供回水的清洁，应当对空调供回水管实施循环冲洗和化学清洗，循环冲洗是化学清洗的基础，化学清洗是空调水清洁的保证，空调水清洁且不变质是空调效果和末端设备寿命的保证。空调供回水管的循环冲洗应当利用能源中心机房内的供回水泵和集水缸、分水缸及相关管道进行，且要满足压力、流量和流速的要求。循环冲洗应当编制完整的施工方案，应当有完善的组织体系。

2.5.2　循环冲洗措施

各展馆末端的供回水管，应用等径管环通，并在环通管上安装排污(排气)口。循环冲洗时的充水、补水和集水缸排污管接通。

供回水管系统内灌满水，开动补水泵，使压力大于0.1MPa，再开动供回水泵使压力升至0.8MPa，连续运行4h，在此期间顺序打开各场馆的排污阀和U形管底的排污阀，实施压力排污，排污期间要不断补水。4h后停机、稳压12h。第二次继续边排污、边补水运行8h，停机、稳压6h，反复运行4次后检查水色，直到与原水色接近，最后排去管内全部循环水。重新进水，实施化学清洗。

2.6　化学清洗

2.6.1　化学清洗的必要性

新安装的管道在贮存、安装期间，总会有腐蚀、氧化形成的氧化物等不良物质以及管子在切割、焊接过程中产生的焊渣、焊瘤，水中存在杂质和污垢，会形成生物繁殖，化学清洗的目的是通过酸洗钝水，去除这些造成“水质恶化”的根源，在管壁上涂膜使水质保持清洁，使设备正常运行。

2.6.2　化学清洗措施

对中央空调冷冻供回水系统化学清洗，主要是采用有机螯合清洗剂、镀膜剂、阻垢剂、缓蚀剂、粘泥剥离剂等药剂，分阶段投入水系统，对系统进行清洗保养处理，达到清污、除锈、防腐、阻垢的目的。

化学清洗后还应进行日常水质保养，其主要作用是：维持和修补系统金属面形成的保护膜，阻止和分散各种成垢离子结成硬垢，达到防腐、防垢和控制微生物生长的目的。化学清洗单位将定期到现场抽取水样进行水质化验。同时，将根据水质化验情况，确定所需配制药剂、药量及加药间隔，定期为中央空调水系统加药。

3　系统调试

3.1　调试原则

空调调试是检验设计方法和指标的正确性、设备指标性能与实际性能的一致性、施工工艺和系统连接的可靠性等要求的重要途径。故在空调系统安装完毕后，必须对空调系统进行全面的试运转、测定和调整，这是一项非常重要而又繁琐的工作。

空调系统的调试应当遵循倒开车和先易后难的原则，从场馆的空调末端开始。所有的风机盘管进行从低速到高速的空运转，并在高速工况下连续运行48h，运转正常，噪声不高于60dBA。所有空调箱进行空运转48h，在送风阶段进行风口处风量平衡的测试，并填写试运转记录，由现场监理签证确认。

通风与空调系统带生产负荷的综合效能试验的测定与调整，应由建设单位负责，设计、监理及施工单位配合；通风与空调系统的无生产负荷联合试运转的测定与调整应由施工单位负责，设计单位、建设单位参与配合。调试人员必须能熟练使用各种调试仪表及熟练应用风量、风速、动压的换算公式。

3.2 调试步骤

3.2.1 试运转

运转前，检查设备安装是否完好，减振器是否完好，防护装置是否牢固，设备授电，接地良好；特别是盘动叶轮，应无卡阻和摩擦现象。风机试运转应能正常启动，运转时无异常响声，异常振动，运转方向正确。在风机正常运转稳定后，测定电源的电压、电流、及风机转速。在额定电流和转速下试运转时间不得少于2h。将实测数据与样本对照。如数据与样本不符，应及时检查设备、电源查找原因，并予以更正并复查。

3.2.2 系统调试

系统调试流程如下：

准备 → 测定总送风量、风压 → 调整新风量 → 风口风量平衡 → 总风量、风压复测 → 阀门标记 → 调试结束

3.2.3 调试准备

首先，打开系统各个调节阀和各送回口上调节阀门，(对于空调系统则应关闭新风进口的调节阀门)同时检查防火阀是否完好，认真检查过滤器是否符合要求，风管内是否有异物阻塞，检视门、孔全部关闭。

进行截面测定。用毕托管和微压计测出各个方格的动压，求出平均风速，或者直接用热球风速仪测得风速求得平均风速，计算出总风量。

测试风机全压或出口静压时，用毕托管和微压计或“U”形管。

3.2.4 风机性能测试

测定截面与测点选好后，用毕托管测出各方格动压，求出平均风速，或用风速仪测得风速求出平均风速，计算出总风量。测试风机全压时，用毕托管和微压计，测出风机进出动压、静压，然后求出风机全压并与风机样本比较，误差在10%范围内。

3.2.5 调整新风量

风机性能达到标准后，按设计要求，通过调整新风阀门，使新风量在设计范围内。测试方法：将新风口分成若干个约0.05m^2 的方格。用热球风速仪直接读出每个方格中心风速，求出平均风速，再换算成新风量。

3.2.6 风口风量平衡

风口风量平衡包括两方面工作：其一是风口风量测试，其二是各风口之间的平衡。首先测定每个风口的风速，然后根据所测定数据分析，通过调节各支管及风口上的调节阀，使每个风口风量达到设计要求，误差在10%范围内。风口平衡时可根据实测风量与设计风量的比值进行调节，从最不利处开始调，直至所有风口趋于平衡。

以AHU—3系统为例具体说明测试方法(AHU—3系统示意图)。

在“*A*”处测定总送风量；在“*B*”处分别测定各干管送风量并调整到4根干管的送风量平衡；在“*C*”处分别测定各支管送风量并调整到各送风口的风量平衡。

说明：“*C*”处各送风口风量的测定及调整可采用两种测定方法：

1) 在吊顶内测定，测试前卸下该系统所有风口的连接软管(使各支管的阻力平衡)，在支

管的各端口上测定及调整，使各风口风量平衡。条件是各支管上要有可拆卸的接口。

2）在各风口处直接测定及调整送风量。条件是要搭设脚手架，脚手架的高度要能满足调试人员的操作高度。

3.2.7 复测

风口风量平衡工作结束后，还必须对风机总风量和风压进行一次复测，如与设计要求相符合则调试完毕，如不符合要进行复查，寻找原因，直至相符。

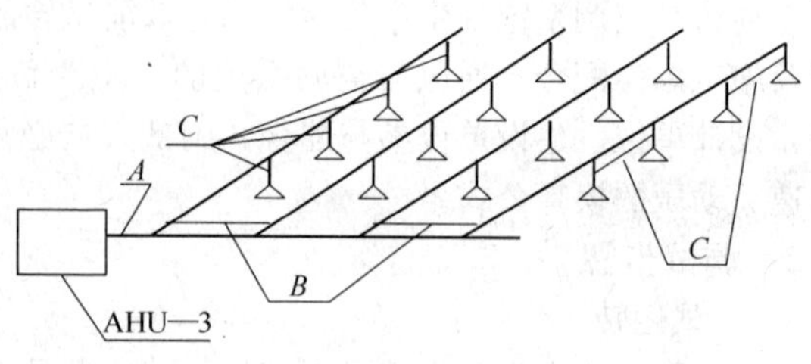

图 2 AHU—3 系统示意图

3.2.8 调试结果

按“规范”要求进行调试，负责调整各风口风量，达到设计要求后，将各类数据填入表格，并对实际运转性能作出评价。如存在问题提出原因和解决的办法或建议。

提交测定报告表格、结论。对现有空调系统的评价，并对空调系统运行维修管理等提出建议等。

4 结论

本文以世博城市最佳实践区能源中心为案例就江水源热泵施工与调试技术进行了分析与总结，对今后类似工程的施工具有借鉴意义，但如果要在施工工艺上有所提高就一定要结合工程特点进行针对性准备和实施，只有这样才能不断提高江水源热泵空调系统的施工水平，才能确保系统的应用效果和节能效果。

玻镁复合风管在 500kV 地下输变电工程中的施工技术

忻莉瑛
（上海市安装工程有限公司）

摘　要：上海 500kV 静安（世博）输变电工程中的通风系统应用了新型高科技复合材料制作而成的组合型玻镁复合风管。本文介绍风管的良好性能及制作、安装施工方法。

关键词：复合风管，节能，制作安装

1　工程概况

作为上海世博会配套的 500kV 静安（世博）输变电工程，建设规模列全国同类工程之首。该工程为全地下四层筒型结构，地下建筑 ϕ130m（外径），地下结构埋置深度为－34m，基坑面积 1.3 万多 m^2，地下建筑面积 5.3 万 m^2，是上海目前最深逆作法施工项目。

根据设计要求，本工程通风系统选用天仁牌玻镁复合风管。构成风管的板材由两层高强度无机材料和一层保温材料复合而成，具有重量轻、强度高、不燃烧、隔声、防潮、防热的特点，是适合地下变电所使用的节能、环保型产品。

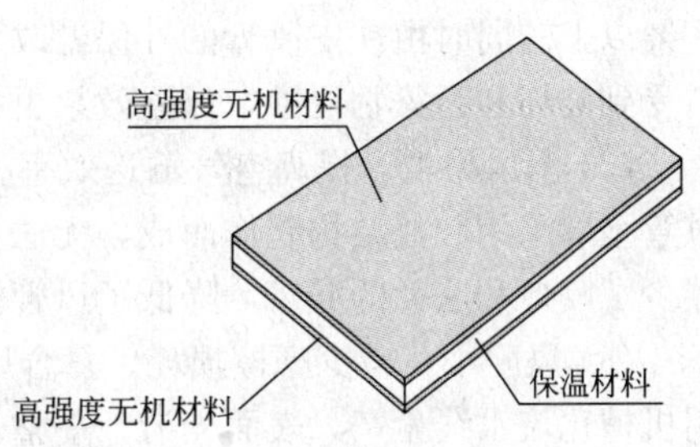

图 1　风管板材示意图

2　玻镁复合风管性能

2.1　技术数据

玻镁复合风管性能　　**表 1**

技术指标＼型号	TRX1 节能型	TRX2 超级型	TRX3 洁净型	TRX4 超低温型	TRX5 保温型	TRX6 暖通兼防排烟型	TRX7 防排烟型
燃烧性能	不燃 A 级					耐火时间 180min	耐火时间 180min
绝热材料燃烧性能	难燃 B_1 级						
环保性	符合建筑主体材料要求，使用范围不受限制						
面密度 kg/m^2	≤8						
绝热材料导热系数 W/(m·k)	≤0.028	≤0.028	≤0.040	≤0.028	≤0.040	≤0.028	—
绝热材料厚度/总厚度(mm)	21/25	21/25	21/25	31/35	21/25	21/25	总厚度 18
热阻(m·K/W)	≥0.74	≥0.74	—	≥1.08	—	≥0.74	—
承载力 N	≥1200	≥1200	≥1000	≥1500	≥1000	≥1200	≥1000
漏风量 m^3/(h·m^2)	符合国际 GB 50243—2002 规范要求						

续表

技术指标 \ 型号	TRX1 节能型	TRX2 超级型	TRX3 洁净型	TRX4 超低温型	TRX5 保温型	TRX6 暖通兼防排烟型	TRX7 防排烟型
尘埃粒子浓度	无显著性差异	无显著性差异	达洁净设计要求	无显著性差异	无显著性差异	无显著性差异	—
通风耐压	≤3000Pa						
材料表面绝对粗糙度	0.2mm						
规格(长×宽)(mm)	2260×1300	2260×1300	2260×1300	2260×1300	2260×1300	2260×1300	2260×1300
用途	达到《公共建筑节能设计规范标准》	高级场所适用	医院、药厂、电子厂房等	超低温风管	普通保温风管	暖通和防排烟兼用风管	防排烟风管

2.2 性能指标

2.2.1 风管节能，比传统铁皮风管节能10%以上

(1) 保温性能好，符合《公共建筑节能设计标准》GB 50189—2005要求。复合风管由于直接复合了保温材料，不需二次保温，保温性能好，减少热传导损耗，比传统铁皮风管节能10%以上。同时由铁皮风管的外保温改为内保温，使保温材料受到无机层保护，避免了保温材料受到破坏和污染物侵蚀，保温效果更稳定、长久。

(2) 漏风率低，提高空气输送效率。复合风管的漏风率小于1%，是铁皮风管的1/10。且风管全部采用胶接结构制作而成，无法兰连接，大大提高了风管的密闭性，与铁皮风管相比，减少了咬口和法兰的漏风，降低了风管漏风的能量损耗。

(3) 风阻小，减少摩擦损耗。复合风管的表面绝对粗糙度 $K=0.2mm$，风阻极小。管板采用机械化流水线生产，表面光滑、平整，摩擦系数小，减少摩擦损耗。

2.2.2 风管环保，提高空气质量

(1) 提高室内空气品质。中央空调系统主宰着现代楼宇空气的新陈代谢，是建筑物名副其实的核心器官——"肺"，直接影响着人们的呼吸健康，现代人有85%的时间生活在室内，室内空气品质对于人们的健康影响相当大。复合风管不生锈、不发霉、不易积尘、不繁殖细菌和真菌、无粉尘及纤维、无臭味、不产生污染及生物性气体，给人们呼吸健康的空气。

(2) 降噪，营造安静环境。噪声也是环境的一大污染源，复合风管具有良好的隔声性能，平均隔声25dB，同时保温材料具有减振和吸音的功能，能够隔绝和降低空气颤动和机械产生的噪声及清除铁皮风管收缩和扩张产生的噪声，提供安静的室内环境。

(3) 易于清洗。根据《空调通风系统清洗规范》GB 19210—2003，风管必须每一年或二年清洗一次，复合风管表面光滑，不易积尘，强度高，能承受机器人进入。表面无机层耐磨，耐磨性是硅酸盐水泥的三倍，清洗后表面不会划伤或拉毛增加摩擦阻力。对各种清洗剂和消毒剂也不会产生化学反应。

(4) 超高的强度性能。复合风管的强度高，承载力大于1000N，能承受3000Pa，可以满足高、中、低风管系统的使用。高强度亦降低了施工过程中成品保护的要求，使产品不易受其他工种交叉施工损坏。

(5) 防潮抗水性能。复合风管不怕水，在潮湿环境下不生锈、不腐蚀，湿强度大于80%，适合在地下室及厂房等潮湿环境下使用。

(6) 能有效提高吊顶净空间。由于复合风管采用错位式无法兰连接，省去法兰的高度，可

提高室内净空间。

(7) 重量轻，减轻建筑物荷载。复合风管重量7kg/m^2，比铁皮风管轻30%以上，可以有效降低建筑物荷载，也适合在轻钢结构厂房及建筑使用。

(8) 外观美观，适合明装。复合风管采用错位式无法兰连接，外观平整，外表复合铝箔，整体美观。

(9) 现场制作安装，施工方便，效率高。复合风管采用板材到工地下料切割、制作、安装方式，不需大型机械和设备，现场调整快，施工效率高，可节省工期。

(10) 风管寿命长。复合风管产品设计结构合理，性能稳定，使用寿命超过20年，节约风管更换的长远投资。

3 风管预制要点

3.1 风管切割

(1) 切割矩形板材时应采用平台式切割机。板材的切割线应平直；切割面和板面成90°角。切割后的风管板对角线长度误差应小于3mm。

(2) 异径风管板的切割，先在风管板上切出切割线，然后用手提切割机切割，小于或大于90°角的转角板，划线时应计算转角大小，确定角度后切割，以保证拼接质量。

3.2 专用胶粘剂

(1) 风管制作、安装必须使用专用胶粘剂，以保证风管的粘接质量。

(2) 使用专用胶粘剂粘接前，应清除粘贴处的油渍、水渍、灰尘及杂物等。

(3) 专用胶粘剂由粉剂A组和液剂B组两部分组成，在现场按说明书配制。为保证专用胶的均匀性，应采用电动搅拌机搅拌，禁止用手工搅拌。

(4) 专用胶粘剂在不同的环境温度下，具有不同的初凝时间，特别是当环境温度低于0°时，专用胶粘剂固化时间更为缓慢。专用胶粘剂环境温度变化，其最少初凝时间以及粘结后的风管允许安装的最少时间应符合表2。

专用胶粘剂不同温度的初凝时间　　表2

环境温度(℃)	最少胶初凝时间(h)	最少允许安装时间(h)
≥30	≥8	≥20
20～30	≥12	≥24
15～20	≥20	≥32
5～15	≥25	≥40
0～5	>40	≥72

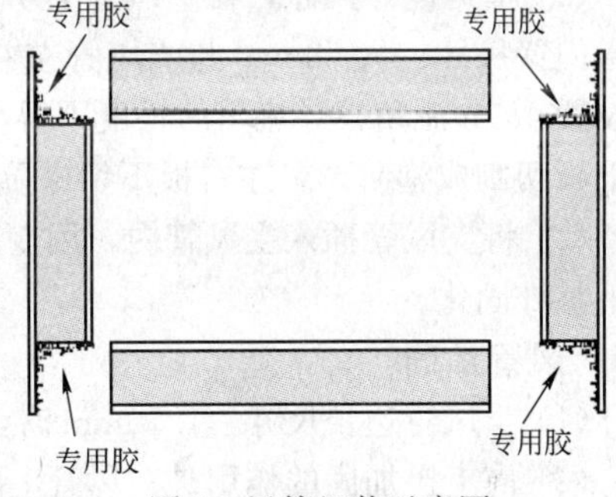

图2　风管组装示意图

3.3 直管制作

(1) 在风管左右侧板的两边采用大小不同的刀片，在切割规格板时，同时切割组合用的梯阶线，用工具刀子将台阶线外的保温层刮去，梯阶位置应保证90°的直角，切割面应平整。

(2) 在阶梯面上涂上专用胶粘剂，专用胶粘剂要均匀，用量应合理控制。风管捆扎后挤出的余胶太多既造成浪费，也影响美观。

(3) 将风管底板放于组装垫上，在风管左右板梯阶处涂上专用胶，插在底板边沿，对口纵向粘接方向左右板与底板错位100mm。再将上板盖上，同样与左右板错位100mm。形成风管连接的错位接口。

(4) 在组合后的风管两端扣上角铁制成的Ⅱ形箍。Ⅱ形箍的内边尺寸比风管长边尺寸大4～6mm，高度与风管短边尺寸一致。Ⅱ形箍必须使用，是保证粘接处不缺浆的重要手段。然后按照600～700mm的间距将风管捆扎紧。捆扎带离风管二端短板的距离小于50mm，以保证风管两端的尺寸正确。风管回转角平直，粘接处的专用胶厚度不得大于0.5mm。

(5) 捆扎带采用40～50mm宽的丝织带。

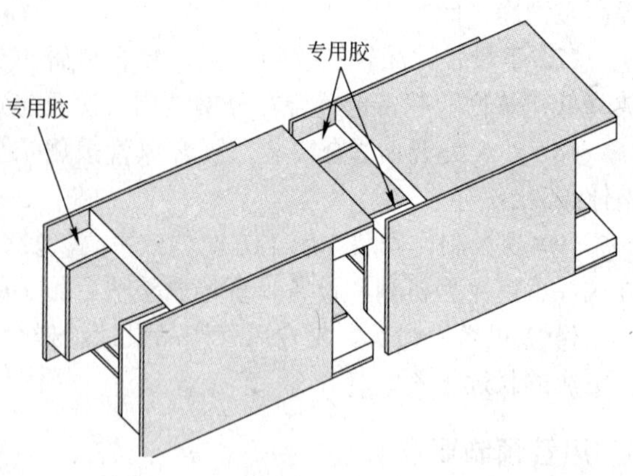

图3 风管错位式无法兰连接示意图

(6) 风管捆扎后，应及时清除管内外壁挤出的作胶，填充空隙；清除风管上下板与左右板错位100mm处的余胶。

3.4 弯管制作

作矩形弯管时，一般采用由若干块小板拼成折线的方法制成内外同心弧型弯管，与直风管连接口制成错位连接形式。

3.5 三通制作

根据图纸尺寸，划出两平面板尺寸线，并切割下料。

3.6 变径风管制作

矩形风管的变径管，有单面变径和双面变径二种。变径管单面变径的夹角宜小于30°，双面变径的夹角宜小于60°。变径风管制作与直风管制作方法相同，其中一面或三面风管管板是斜面。变径风管的长度不得小于大头长边减去小头长边之差。

3.7 支管制作

(1) 根据设计尺寸，在主风管上切割支风管的边接口，与支口上下板连接的开口尺寸为支风管内壁尺寸加大6mm。与支风管左右板连接处的开口尺寸为支风管外壁尺寸，并在顺风方向设置45°导流角，导流角的长度不得小于支风管宽度的三分之一。将支风管和主风管连接的上下板切割成梯阶形，左右板不切梯阶形。

(2) 将支风管插入主风管内，用专用胶粘接，然后捆扎带固定，清理余胶，填充空隙，放在平整处固化。

3.8 风管加固

(1) 当风管边长尺寸≥1250mm时，应根据风管工作压力进行纵横内支撑加固。

(2) 内支撑加固的作用是在风管上下板或左右板间增加支拉点或支撑点，支撑杆的抗拉强度和稳定性要满足风管的使用要求。

(3) 内支撑杆紧固时，必须先锁紧风管外壁螺母，然后锁紧风管内壁螺母，支撑杆必须拉直，达到同时受力的状态。

(4) 采取加固措施的风管，还应在风管内转角处粘接4根加强条，转角加强条采用同种风管板制作。并在风管的连接处内壁粘接线上，粘贴50mm宽的玻布二层。

(5) 采用加固措施的风管，应在风管与风管的连接处的内外粘接线上，粘贴宽50mm玻璃纤维布二层增强。边长大于2260mm的风管，风管采用拼接。拼接处的泡沫板用钢丝刷刷去1mm，敷上专用胶粘接，两面各粘贴二层玻布增强，在平整的条件下固化。

4 支吊架及风管安装要点

4.1 支吊架制作与安装

4.1.1 支吊架制作

(1) 标高确定后，按照风管系统所在的空间位置，确定风管支、吊架形式。风管托架采用 C 型镀锌钢，根据风管大小采用相应规格型钢。长料长用，短料短用，合理安排使用，节约材料。

(2) 全牙吊杆根据风管的安装标高适当截取。露丝不能过长，以丝扣末端不超出托架最低点为准。

(3) 吊架采用 C 型镀锌钢制作，选取型号如表 3。

吊架采用 C 型钢规格(mm) 表 3

风管大边长	C 型钢规格	风管大边长	C 型钢规格
$D(b) \leqslant 630$	40×20×1.5	$2000<D(b)$及共用支架	40×40×2.5
$630<D(b) \leqslant 2000$	40×20×2.0		

4.1.2 支吊架安装

(1) 支吊架的固定采用以下几种方法：①膨胀螺栓法。本方法适用于规格较小的风管支吊架的固定。本工程支吊架固定大多数采用此法，通过在楼板、梁柱上打膨胀螺栓固定支吊架。②焊接法。本方法适用于风管规格大，使用膨胀螺栓固定不能满足强度时，采用预埋件焊接固定支吊架。支架固定形式见图 4。

(2) 对风管管线较长，风管排列整齐的部位，安装支吊架时，先把两端的支吊架安好，再以两端的支吊架为基准，用拉线法找出中间支架的标高进行安装。当水平悬吊的主、干风管长度超过 20m 时，应设置固定支架，每个系统不少于 1 个。

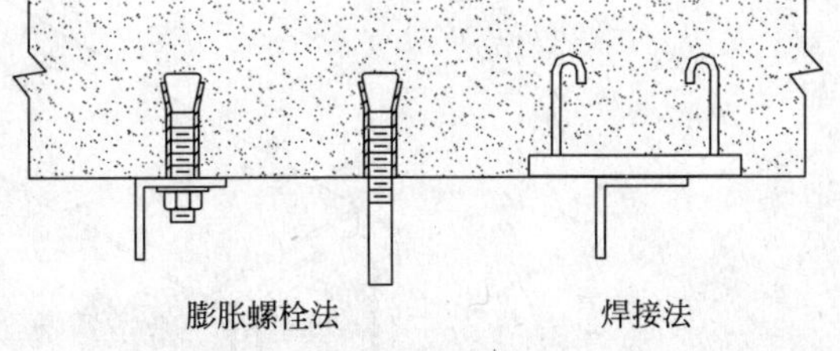

图 4 支架固定形式

(3) 支吊架的间距按规范要求设置。

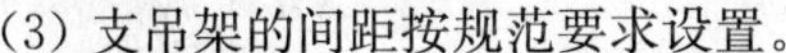

4.2 风管安装

(1) 风管及部件安装前，清除内外杂物及污垢并保持清洁。安装风管时，为安装方便，在条件允许的情况下，尽量在地面上进行连接，一般接至 10～12m 长左右。用神仙葫芦将风管吊装到支架上，对施工空间较狭窄的地方，采用风管分节安装法，将风管分节用绳索或捯链拉到脚手架上，然后抬到支架上对正逐节安装。在风管连接时不允许将可拆卸的接口处装设在墙或楼板内。

(2) 穿越沉降缝风管之间连接及风管与设备连接的柔性短管采用三防帆布制作。在风管与设备连接柔性短管前，风管与设备接口必须已经对正，不得用柔性软管来做变径、偏心。安装柔性短管时应注意松紧要适当，不得扭曲。空调支管至风口之间的连接采用带保温层的金属软管，软管与风口及与风管接口采用专用的卡箍进行连接。软管较长时，必须在中间部位设置吊架，但金属软管的长度不得超过 2m。

(3) 风管与风管挡板采用法兰连接，法兰边高度均为 40mm。

(4) 为方便业主今后的维修，严禁将支吊架设在风口、风阀及检修口等处，严禁将风管配件可拆卸的接口及调节机构设在墙或楼板内。

（5）风机进出口管上应设150～250mm长的软接头，与风管间应采用法兰连接。

（6）风管安装步骤示意见图5。

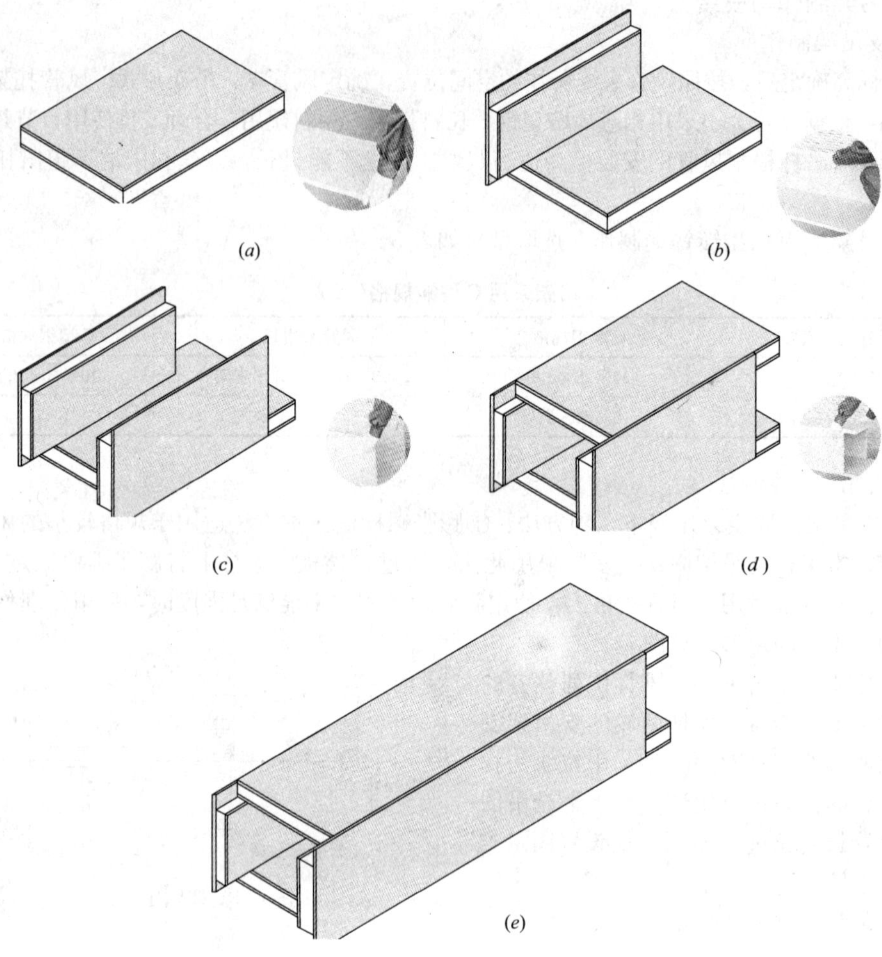

图5 风管安装步骤示意图

(a)置风管下面板；(b)装侧板1；(c)装侧板2；(d)置风管上板；(e)合拢

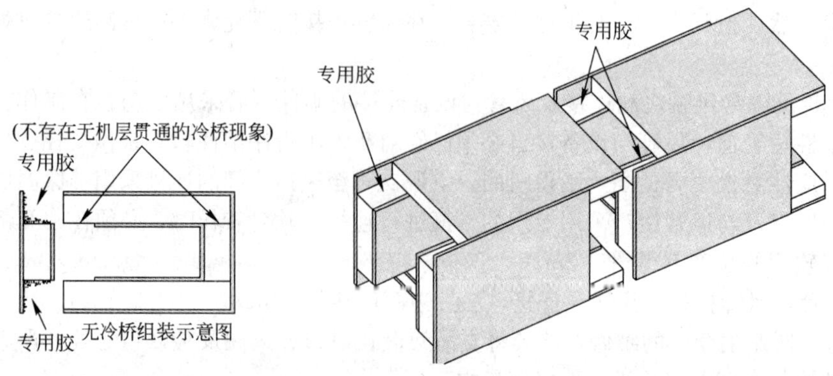

图6 风管错位式无法兰连接示意图

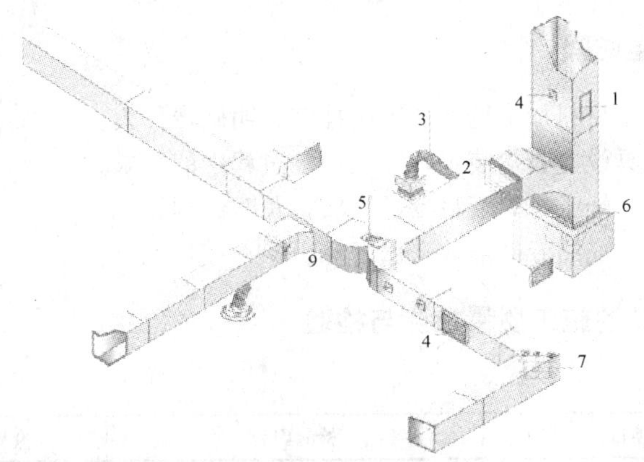

图7 最终合成效果图

1—维修孔；2—减振封闭连接；3—伸缩软管；4—检查点；5—风量调节阀；6—机组连接；7—导滑片；8—铝合金风门；9—组合式风量调节阀

5 风管严密性检验

风管安装完毕后应根据GB 50243—2002中的6.2.8条款划分的管内工作压力等级进行漏光或漏风检测，具体按GB 50243—2002中的附录A执行，漏风量检测应符合GB 50243—2002中的4.2.5中相应条款。

6 施工中应注意的问题

(1) 准备合适的复合风管制作工具。

(2) 装卸、搬运和储藏风管谨慎小心，避免损坏。

(3) 准备安装的风管，需凹缘(雌头)朝下、垂直离地储藏于干燥区域，以避免受潮。可用小推车。也可将管道捆扎在一起，以防被撞倒或倒塌。

(4) 接头如要在现场修改，可将刀沿一个直边进行切割，以获得一个笔直且光滑的切口。铝箔可能并不与管道切面边缘相平行。

(5) 不要忽视直管道和接头的加固。在工厂加固过的接头如在现场修改后都必须重新加固，以确保良好性能。

(6) 妥善保管复合风管。

(7) 确保组装好的风管紧密连接。

(8) 按正确的间隔吊装和支撑风管。

(9) 所有的接缝必须在一条线上。改变接缝将导致不正确的风管走向；风管走向发生扭曲或旋转，说明风管在合拢时没有正确调整。

(10) 为了在顶部和底部安装支架平台，测得开口的深度为内径加38mm。在中部安装支架时，切孔的尺寸为内径加25mm。

(11) 超过800mm的大型分风管，在风管的第一个1.2m内用两个吊钩，以消除分管同主管连接处的压力。

(12) 在安装无喉弯管时，在吊装前切割长度并将剩余部分(或相连的整段支管)附接到喉管上。

7 现场文明施工防尘防噪

（1）在现场设置专用材料加工场。加工区挂牌，明确责任人。

（2）切割板材的机具设置吸尘装置，吸收切割过程中的粉末。

（3）做好每天的落手轻工作。废料专区堆放，及时清理。

（4）现场材料及加工成品专区堆放，做好标识。

8 针对复合风管安装的施工质量检测与检验

表 4

序号	检测项目	检测内容	检测方法、所用仪器设备
1	风管制作	矩形风管大边	尺量检查
2	风管安装	水平度	拉线、红外定位仪器和尺量检查
		垂直度	吊线和尺量检查
3	风管材料检测	1. 面密度 2. 导热系数 3. 抗弯强度 4. 耐腐蚀性 5. 管体抗柔性冲击	提供相关产品的国家建筑材料测试中心检验报告
4	防火材料检测	燃烧性能，绝热材料厚度等	提供相关产品的消防检验报告

砂性土层中盾构穿越房屋进洞施工技术

吴小羊
（上海市基础工程有限公司）

摘　要：盾构机进洞是盾构法隧道施工的关键环节之一，安全进洞是区间隧道成功贯通的有力证明，本文以上海市轨道交通13号线世博专线世博园站～长清路站区间隧道进洞施工为工程背景，阐述砂性土层中盾构穿越房屋进洞施工技术。

关键词：砂性土层，进洞施工，穿越房屋，冻结法加固，三轴搅拌桩加固，高压旋喷加固，监测

1　概述

上海市轨道交通13号线世博段专线世博园站至长清路站区间隧道始于世博园站南端头井，穿越雪野路及耀华路，至长清路站站首，于长清路站北端头井进洞。区间隧道线路全长约782.831m(单线)，混凝土管片宽度为1.2m。

本工程采用2台小松土压平衡式盾构机进行掘进，进洞口区域地层不利于掘进，隧道上方周围环境复杂。左、右线先后于2009年02月14日、2009年03月23日顺利完成进洞施工，并保证了被穿越房屋天欣商厦的安全。

2　工程地质条件和周围环境

2.1　工程地质条件和周围环境

世博园站～长清路站区间隧道进洞口区域隧道所处的土层主要为全断面⑤2层灰色砂质粉土。⑤2层是盾构推进较为不利的土层，其含水量较高、强度较高、压缩性中等、渗透性好，在水头压力作用下易产生流砂、流土，引起开挖面失稳和地面下沉。进洞口区域主要地层特性见表1。

地层特性表　　表1

层号	土层名称	层底埋深(m)	层底标高(m)	层厚(m)	土层描述
③	灰色淤泥质粉质黏土	7.00～8.30	−1.99～−4.04	2.70～5.20	均有分布。流塑，欠均匀，含云母及有机质，夹薄层、团状、粒状粉土，局部夹黏质粉土，高压缩性
④	灰色淤泥质黏土	13.50～15.30	−8.90～−11.34	5.80～7.30	均有分布。流塑，尚均匀，含有机质，夹少量极薄层、团状、粒状粉土，见零星贝壳碎屑，高压缩性
⑤$_1$	灰色黏土	16.00～17.50	−11.53～−13.47	2.00～3.50	均有分布。软塑，尚均匀，含云母、有机质及腐殖质，夹少量薄层粉性土，局部为粉质黏土，高～中压缩性

续表

层号	土层名称	层底埋深（m）	层底标高（m）	层厚（m）	土层描述
⑤$_2$	灰色砂质粉土	22.00～>45.00	−17.70～<−40.74	4.70～>29.00	均有分布。稍密～中密，局部密实，欠均匀，含少量腐殖质、有机质及钙质结核，夹薄层黏土，局部为黏砂互层，部分孔该层夹粉质黏土较多，中压缩性

2.2 周围环境

进洞口区域周围环境复杂，端头井以北 14.41m，隧道上方为天欣商厦，东侧为长清公园，西侧为长清路和电力箱涵。天欣商厦建设时间较早且基础较差，加之前期受到其他单位施工影响，已经产生了不均匀沉降，并导致房屋产生一定程度的有损伤。隧道与周围构筑物的平剖面关系详见图 1、图 2。

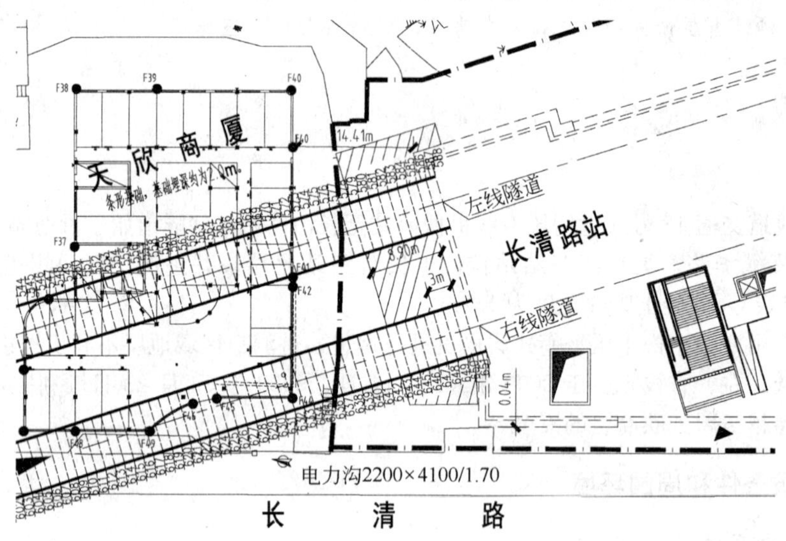

图 1 进洞口区域隧道与周围建、构筑物平面关系示意图

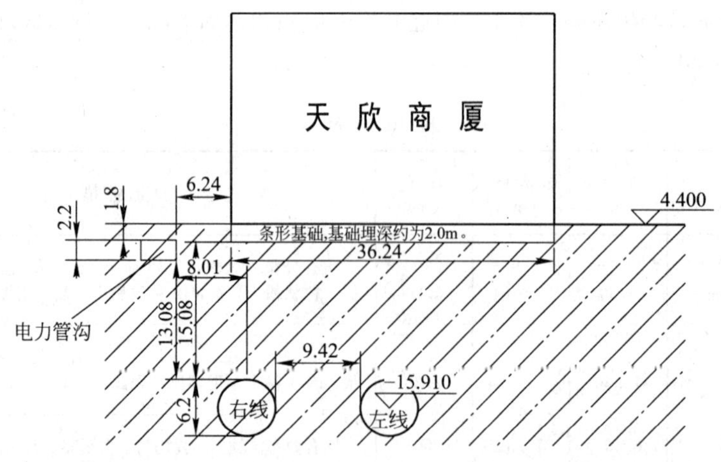

图 2 进洞口区域隧道与周围建、构筑物剖面关系示意图

3 施工难点及相应的措施

3.1 施工难点

(1) 进洞口区域周围环境复杂

进洞口以北 14.41m 处为天欣商厦，东侧为长清公园，西侧为长清路和电力箱涵。特别是隧道轴线上方的天欣商厦，其基础为条形基础，房屋结构较差，并在前期施工中已经产生不均匀沉降(沉降差异约 100mm)，内、外墙裂缝等损伤。进洞施工时一旦产生漏水、漏泥，势必危及地面、房屋和居住人员的安全。

(2) 进洞口隧道所处土层不利

进洞口隧道所处土层主要为⑤2 层灰色砂质粉土，在微承压水水头压力作用下易产生流砂、流土，引起开挖面失稳和地面下沉，加之车站和隧道施工，势必对该土层进行多次扰动，一旦加固方法和效果不良，同样会产生漏水、漏泥现象，本工程所在区域，盾构隧道进洞施工曾经 3 次发生漏水、漏泥现象，即使及时进行抢险、封堵，还对周围环境产生了很大程度的影响。

(3) 隧道在天欣商厦下方穿越，位于盾构天欣商厦推进轴线上方，即地表影响最大区域。

(4) 盾构机开始实施进洞施工时，盾尾尚未脱离天欣商厦，盾构机进洞施工全过程，天欣商厦始终位于影响区域。

(5) 冷冻法加固效果难以控制

由于洞口进行了冷冻法加固，其冷冻效果直接影响盾构进洞施工质量，冷冻效果具体为过冻和欠冻两种情况。如果过冻，盾构机在冻土中掘进速度慢，顶力和扭矩加大盾构运转负荷，由于过冻温度较低，极易将盾构机冻牢。如果欠冻，冷冻交圈达不到冷冻加固施工设计要求，存在冷冻盲区，从而满足不了进洞施工止水等要求。

3.2 施工技术措施

(1) 进洞口进行多重、不同形式的加固

1) 长清路北端头井盾构进洞地基加固采用 ϕ850 三轴深层搅拌桩加固范围：深度为洞圈向下延伸 3m 范围，宽度为洞圈向左、向右各延伸 3m 的距离，加固厚度为 3.75m。

2) 搅拌桩与地墙间的约 30cm 空隙采用水平局部冻结加固地层方式进行完全胶结，以达到止水目的。对加固效果进行理论计算、实测数据推算、开孔检查，使盾构机进洞时冷冻效果达到最佳。

3) 搅拌桩外围增加 550 根高压旋喷桩，使整个加固体沿轴线方向厚度达到 8.9m，并将整个加固体予以封闭，使整个加固体可以完全包裹整个盾构机。

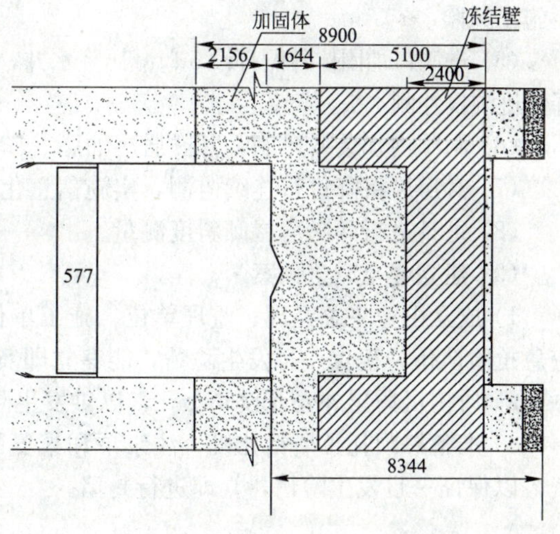

图 3 冻结加固地层示意图

4) 高压旋喷外围预埋劈裂注浆管，发生漏水、漏泥时进行应急注浆。

(2) 根据推进尺度，在盾尾脱离房屋，冷冻拔管及切口进入地墙前三个阶段实施停机，并通过预留注浆孔进行双液浆打环箍。封闭管片与土体之间的间隙，切断土层中水、泥、砂流向洞门的通道。

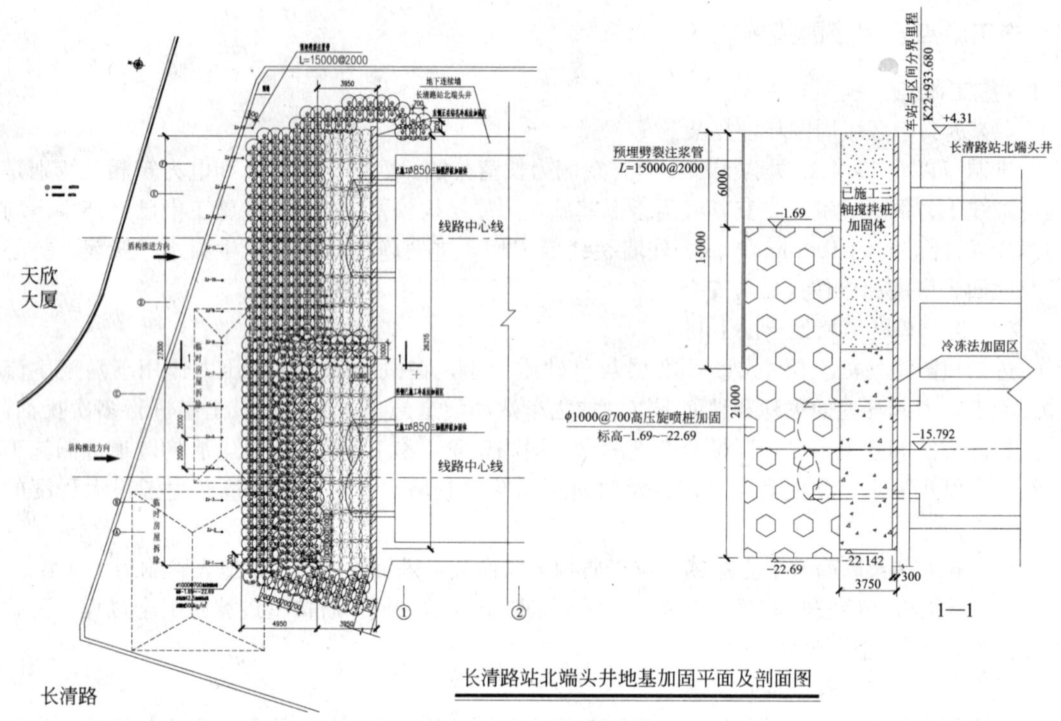

图 4 三轴搅拌桩、高压旋喷桩、劈裂注浆加固示意图

(3) 盾尾脱离房屋后，停止盾构机本身同步注浆，同步注浆改用转驳泵进行壁后注浆，改变配合比，增加浆液强度。

(4) 实施二次进洞施工工艺，并增加 1 环管片，可以确保外封，减少月亮板封堵时间，减小施工风险。

(5) 进洞口加固体外侧打设 5 口减压降水井，外排钢筋割除时开始打开减压降水井，短时间内降低进洞口外侧水头。

(6) 洞圈内加装盾尾刷，并嵌盾尾油脂。作为盾构进洞时洞圈内防水措施。

(7) 对房屋沉降进行连续监测，实施信息化施工，根据监测数据及时调整推进施工参数。

(8) 每日进行两次房屋倾斜度测量。

(9) 建立健全应急预案

1) 成立由业主总经理、监理单位、施工单位分管领导的领导小组，成立现场工作小组和应急抢险队伍，确保一旦发生险情，能够立即实施抢险，疏散相关人员。

2) 盾构机盾尾外壳开设 4 个孔，以供发生险情时注浆或注聚氨酯使用。

3) 准备好阿托拉斯钻孔机、注浆泵和聚氨酯泵应急设备和水泥、聚氨酯、黄砂等应急物资，以保证一旦发生险情，立即进行封堵。

4 进洞施工的实施和效果

4.1 施工实施

左、右线盾构机分别在 2009 年 02 月 8 日～14 日期间、2009 年 03 月 17 日～23 日期间实施进洞施工。此处以左线隧道盾构机进洞施工为例，阐述进洞施工实施情况。

(1) 进洞前，进行洞门探孔，检查加固和冷冻情况，并开始进行洞门混凝土凿除。当盾构机完成 577 环推进，为了减小被穿越房屋的后期沉降，停机进行盾尾环箍注浆施工，盾构机进入进洞施工状态。

（2）进洞施工流程

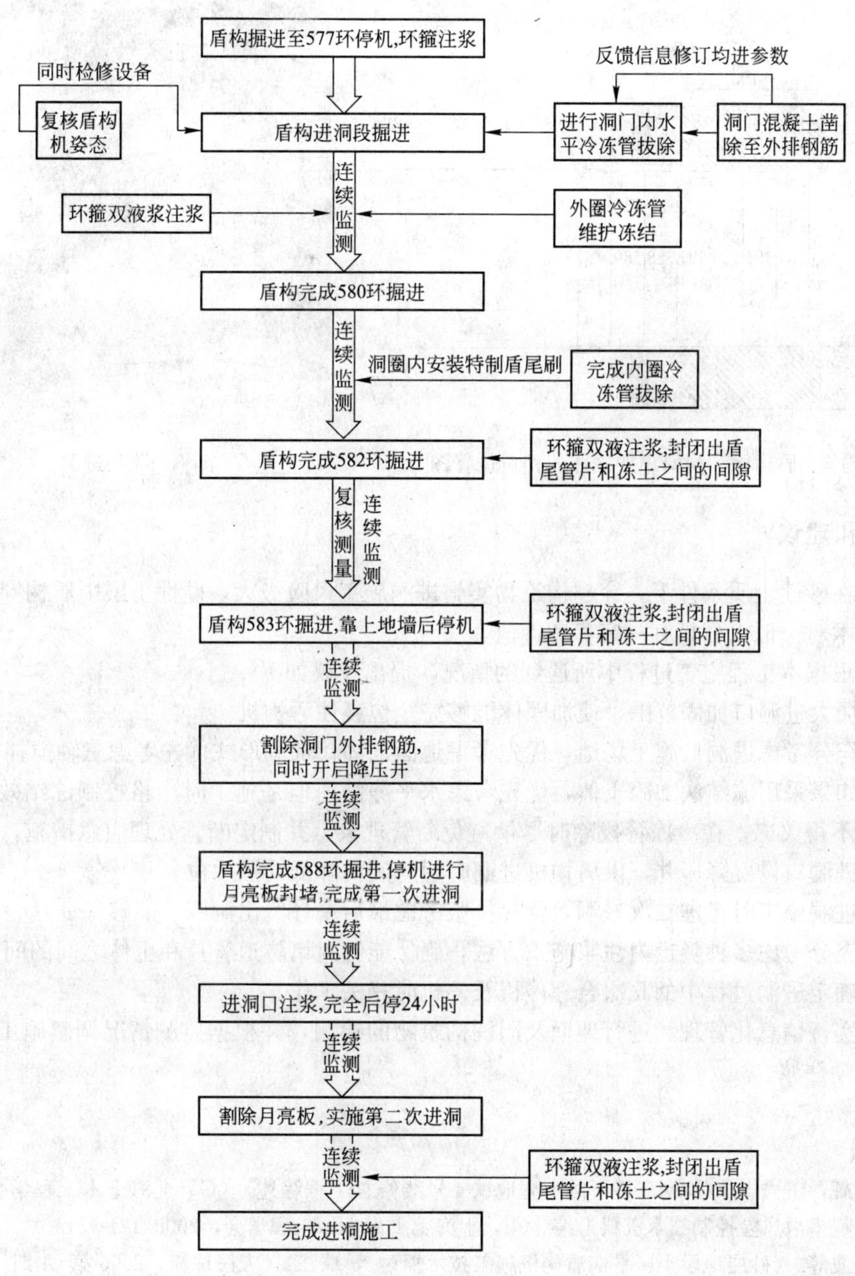

进洞施工流程

（3）进洞盾构机和洞门、加固体的相对位置见图 5。

4.2 施工效果

通过采用上述多种技术措施，本工程盾构在砂性土层穿越房屋后顺利进洞，未发生漏水、漏泥、漏砂现象，周围构建筑物和地表变形满足设计和规范要求。

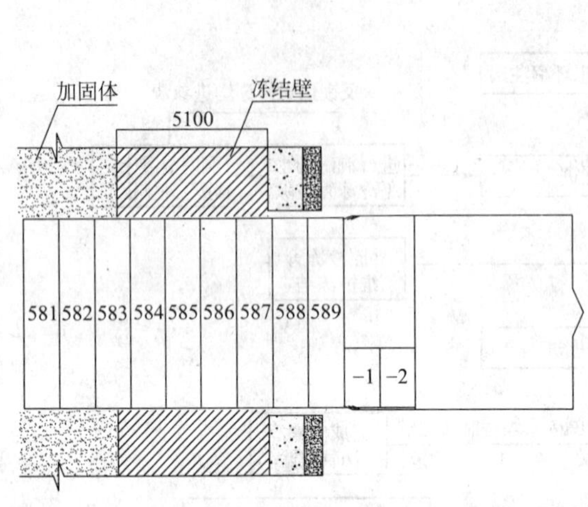

图5　盾构机和洞门、加固体的相对位置图

图6　顺利进洞

5　结论和建议

盾构在砂性土质条件下，穿越构筑物实施进洞施工风险极大，砂性土层中盾构穿越房屋进洞施工技术对类似工程具有一定参考价值。

同时根据本工程施工过程中所遇到的情况，提出建议如下：

(1) 加大进洞口加固范围，使加固体能够完全包裹住盾构机。

(2) 充分考虑进洞口施工场地，优先考虑地面加固，加固形式优先考虑三轴搅拌桩。

(3) 如果采用冻结法加固土体，优先考虑水平冻结，但是施工时严格控制冻结效果，不得过冻，也不得欠冻。在冷冻管拔除时尽量避免断管现象，并制定断管处理应急措施。

(4) 进洞口设置降压井，供盾构机进洞时短时间内降低周围水位。

(5) 进洞施工时考虑二次进洞，管片排版考虑最后一环突出洞圈，能够保证月亮板外封。

(6) 充分考虑多种隧道内注浆施工方法，确保能够封堵隧道管片和土体之间的间隙。

(7) 确定进洞过程中的几次合理停机及停机时相关工作。

(8) 实行信息化管理，进行地面及周围构筑物的检测，并根据监测情况调整施工参数、合理安排后期注浆。

参考文献

[1]　白廷辉，王秀志.《特殊环境下的上海地铁4号线修复工程综述》[G] 上海土木工程学会地下及隧道工程事故风险控制技术资料汇编 [C]，上海：上海土木工程学会，2009.121-131

[2]　曾华波等.《砂层地段土压平衡盾构机施工技术探讨》，珠江：《人民珠江》2006第04期

[3]　《建筑施工手册》(第四版)编写组.《建筑施工手册》(第四版) [M]，北京：中国建筑工业出版社，2003年9月

川杨河桥大跨径系杆钢拱桥拱肋安装技术与施工

蔡　鹏
（上海市基础工程有限公司）

摘　要：上海市沿浦路跨川杨河桥新建工程作为2010年上海世博园区配套道路是世博期间对外联系的主要通道，竣工工期必须保证，主桥施工总体方案的合理性是至关重要的。

总体方案确定时须充分考虑工期紧的因素，主桥拱肋安装时应尽量减少分段数量，减少现场焊接量，节约工期。同时，川杨河是浦东地区最重要的内河，通航船只非常繁忙，主桥施工方案应充分考虑工程施工对川杨河河道的影响。

本工程采用了“先拱后梁”施工方式，首先在河中搭设拱肋临时墩，利用大型浮吊分段架设拱肋，完成拱肋合拢，拱肋首先形成一个强大的受力体系，之后利用卷扬机在拱肋上起吊安装水面箱梁。

主桥拱肋共分3段吊装，减少了拱肋分段数量和现场焊接量，加快了拱肋安装进度。

关键词：系杆钢拱桥，拱肋，安装

1　工程概述

1.1　工程概述

川杨河大桥新建工程位于浦东川杨河口，在规划的浦明路上，并跨川杨河。川杨河大桥主桥是一座提篮式钢系杆拱桥，主跨152m，桥面宽度40.5m。主拱肋矢跨比1/5.5，拱高29m。拱圈采用钢箱结构，拱圈内倾角18°。

图1　川杨河桥总体效果图

1.2　方案选择

关于本工程主桥钢结构施工方案，分析了两种方案：

方案一：采用少支架施工先拱后梁；

方案二：采用支架法拼装先梁后拱。

(1) 方案一：先拱后梁

方案阐述

先拱后梁施工方式首先在河中搭设拱肋临时墩及岸跨箱梁支架，利用大型浮吊首先分段架设拱肋，完成拱肋合拢，增加临时水平索来抵抗拱肋水平推力；之后利用浮吊安装岸上段箱梁，水面部分箱梁直接采用拱肋上设置卷扬机提升安装的形式。

由于川杨河为五级航道，船只通航流量较大，为了减少对航道影响，尽量减少水中临时墩。

本方案施工需要在河中布置2组临时支架。支架避开导流闸出口布置。

该方法有以下几个优点：

减少了水中临时施工措施的数量，避开了主航道，航道占用较少，相应的减小了对通航的影响。

水中临时施工措施的数量少，减少了搭设和拆除的工作量，加快了施工进度。

主桥拱肋共分5次吊装，减少了拱肋分段数量和现场焊接量，加快了拱肋安装进度。

(2) 方案二：支架法先梁后拱

方案阐述

钢结构拱圈在工厂内分段预制、端横梁和桥面钢箱梁同期预制；

在川杨河中搭设满堂支架，预留出32m通航孔位置，在水面满堂支架上拼装钢箱梁和拱肋；

安装吊杆并进行张拉，同时张拉一部分水平系杆；

拆除支架，进行桥面系施工，张拉剩余水平系杆。

本方案的缺点

由于导流船闸双向通航要求预留不小于32m通航孔，该跨支架对承重梁的抗弯刚度高，最高通航水位要求高，因此最高水位时支架底通航净空则很低，很难满足通航要求。

由于河中支架桩基布置较多，且成桥后钢箱梁底净空较小，完工后河中支架拔桩难度较大。

先梁后拱施工时，拱肋支架需要支撑在已经架设完成的钢箱梁顶面，且拱肋支架支撑在钢箱梁横向跨中位置，拱肋支架将会对钢箱梁产生不利的影响，这些影响能否满足施工，需要经过设计的严格验算。

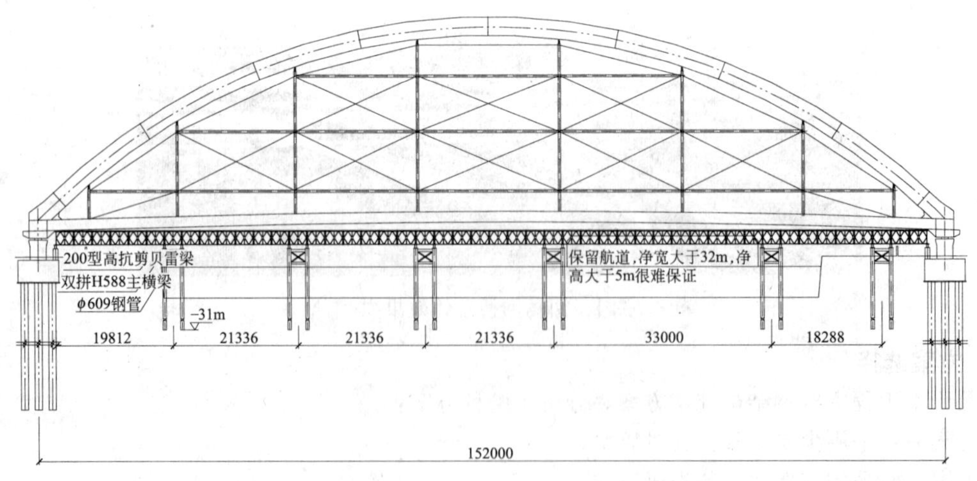

图2 先梁后拱施工方式主桥施工支架立面图

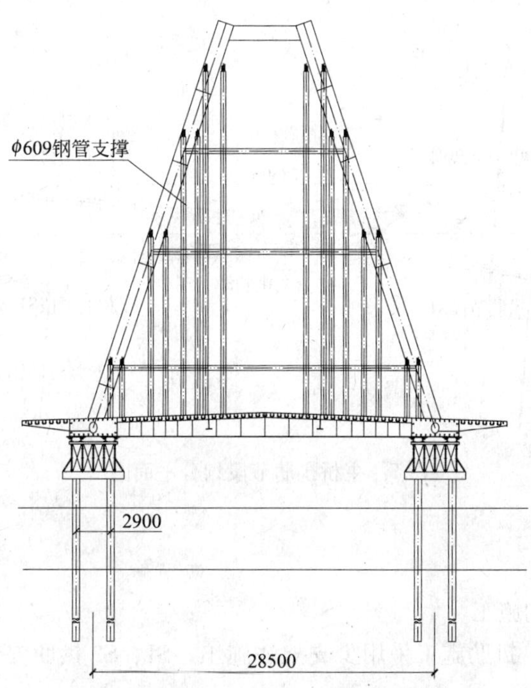

图 3　先梁后拱施工方式主桥施工支架断面图

先梁后拱法施工，拱肋支架断面图，拱肋支架需支撑在桥面箱梁上，对箱梁自身结构不利。

(3) 结论

从上述的分析比较中可以看出，先拱后梁施工法在水中墩的数量及用钢量上小于先梁后拱法。由于先拱后梁法中大量的节段焊接作业安排在钢结构加工厂内进行，使得现场的焊接作业量大大降低，确保肋施工进度和施工质量。采用先拱后梁施工法可确保川杨河航道相对先梁后拱法有着较大的优势。

综上所述，最后确定主桥施工采用少支架先拱后梁方案。

本论文主要阐述的是主桥“先拱后梁施工方案”中钢拱肋的安装施工，拱肋立面分为三段，共计 4 个 S1 分段和 1 个 S2 合龙段大拱肋，采用水上少支架方式浮吊安装。

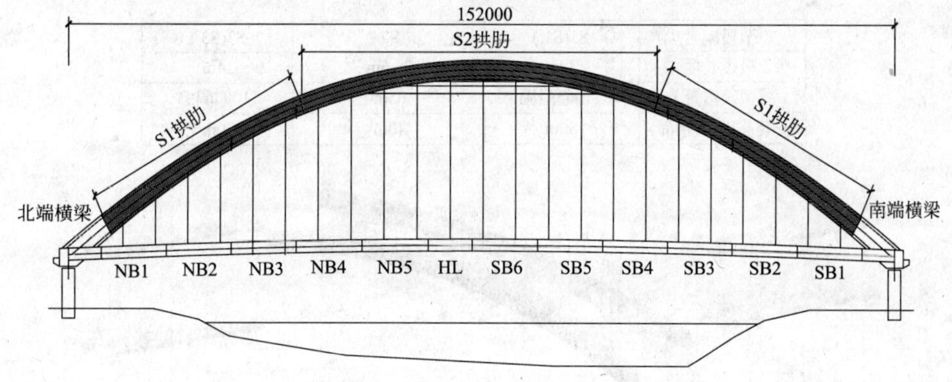

图 4　主桥拱肋节段划分立面图

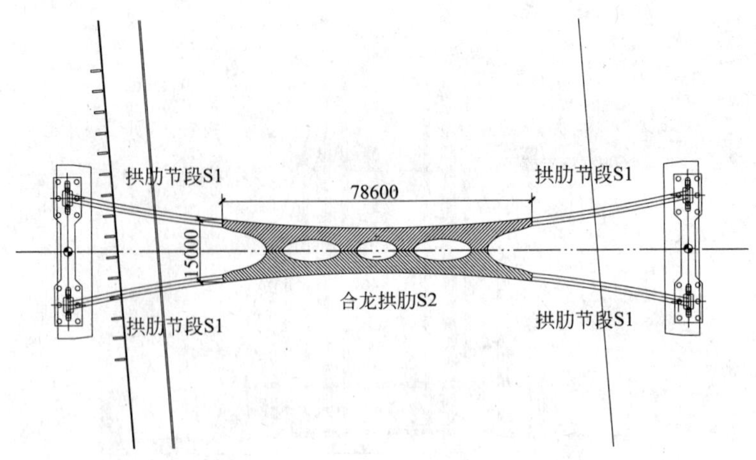

图 5　主桥拱肋节段划分平面图

2　施工内容

(1) 拱肋水中支墩的施工

根据总体施工部署，拱肋施工采用少支架法施工，S1、S2 拱肋安装前首先需要进行临时支架施工。

(2) S1 拱肋节段安装

南北岸两侧 S1 拱肋共 4 榀。

(3) S2 拱肋安装

S2 为带风撑的整体拱肋分段，S2 投影长度 78m，节段重量 650t，安装高度(距水面)42m 左右。具体分段见图 6。

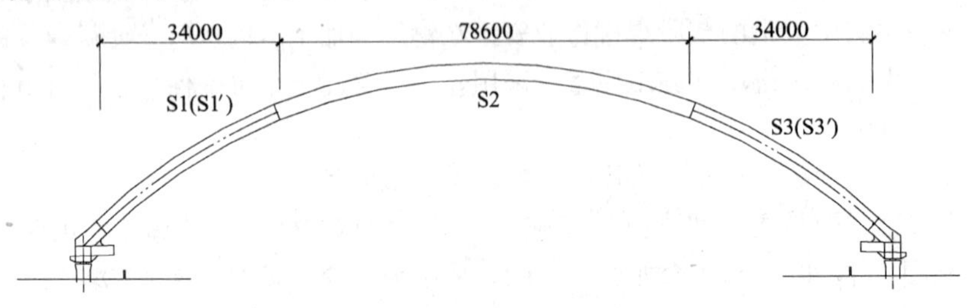

节段编号	S1(S1′)	S2	S3(S3′)
投影长度	34m	78.6m	34m
节段重量	110t(单根)	650t	110t(单根)
安装高度(距水面)	30m	40m	30m

图 6　主桥拱肋节段分段示意图

（4）上下层临时水平索施工

为抵消主拱合龙之后水平推力，在桥面箱梁施工之前，需要在拱脚处施加临时水平预应力。

3 拱肋安装主要施工流程

水中临时支墩搭设→两侧拱肋 S1 安装→S1 拱肋拱脚焊接→下层临时系杆安装（不张拉）→跨中拱肋 S2 浮吊吊装→S2 拱肋定位、调整、上层临时系杆张拉→S2、S1 节段焊接合龙→下层临时水平索张拉→卸载上层临时系杆→拱肋支墩落架

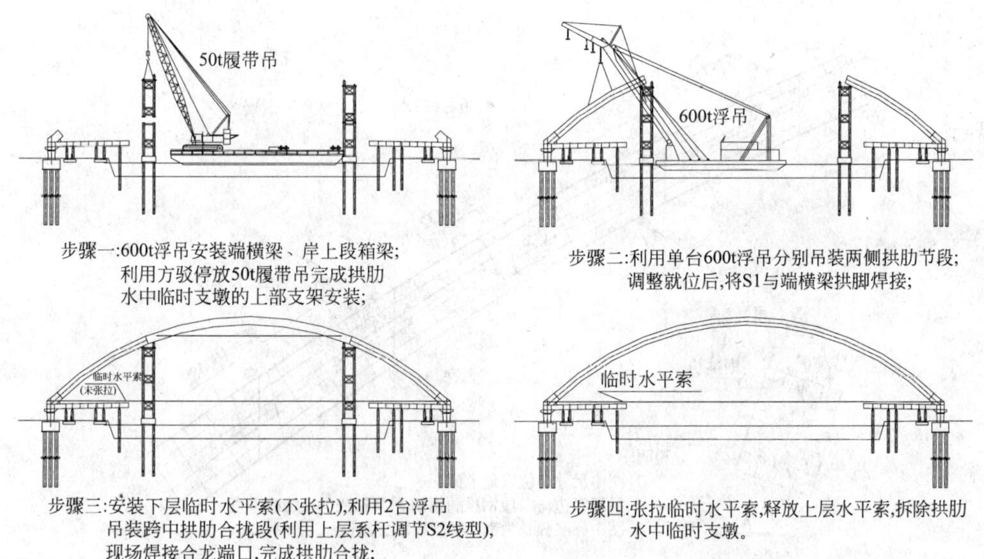

图 7 川杨河大桥拱肋施工总体流程示意图

4 拱肋支架的设计

根据总体施工部署，采用少支架法施工，S1 拱肋安装前首先需要进行临时支架施工。

S1 拱肋临时支撑采用 4 点支撑方式，拱肋一端支撑在临时搁置的 B1 段箱梁处，拱肋另一端搁置在水中临时支墩上。

水中临时墩设计采用 609 钢管基础、双拼 H588 横梁、609 钢管格构柱、滑移横梁及剪刀撑等组成，保证拱肋在精确就位之前临时搁置。

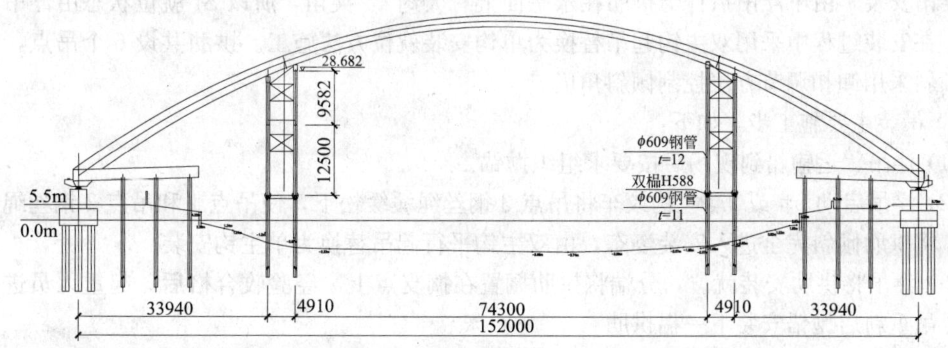

图 8 拱肋临时支架布置示意图

5 S1拱肋的安装施工

南北岸两侧S1拱肋共4榀，单片S1拱肋长度34m、截面尺寸为2.4m×1.8m；

单片S1拱肋重量约：110t。安装高度重心距水面约30m。

采用秦航工66#600t级浮吊安装。

5.1 吊点的设计

为方便S1拱肋起吊姿态调整，共计设置6个吊点，以满足S1拱肋姿态调整过程中的吊点转换，具体吊点布置见图9。

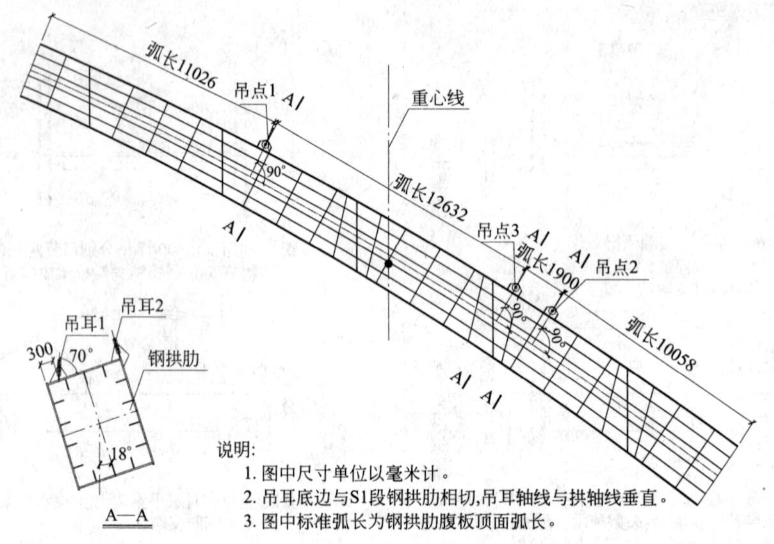

图9 拱肋S1吊点布置示意图

5.2 吊索具数量及配置

单榀S1拱肋重量为110t。

拱肋吊装索具采用4根ϕ65mm钢丝绳，钢丝绳长度取10.35m、10.9m、16m和16.5m。钢丝绳起吊夹角约60°。另配合平行起吊主钩吊索采用4根ϕ65mm×10m钢丝绳，卸扣采用100t卸扣4只。

5.3 浮吊吊装S1

5.3.1 采用双主钩起吊替换为单主钩安装方法：

大桥两侧近岸河床泥面高程较高，浮吊无法贴近岸边安装。根据现场工况，选用秦航工66#浮吊安装，由于浮吊扒杆与拱肋在水平面上有大约45°夹角，所以S1就位状态由浮吊单钩吊装，在安装过程中采用双主钩起吊替换为单钩安装就位方法施工。拱肋共设6个吊点，拱肋断面倾斜采用卸扣调节方法控制倾斜角度。

5.3.2 吊装主要施工步骤如下：

(1) 浮吊、运输船到现场后按要求组织抛锚。

(2) 浮吊启动1#或2#主钩绞车将吊点3钢丝绳缓缓松下，使吊点1和吊点2钢丝绳逐渐受力，将拱肋倾斜完全进入安装姿态，由双主钩平行起吊替换为单主钩安装。

(3) 浮吊将拱肋安装就位，分端将拱肋搁置在搁支点上，经验收合格后，起重人员进行解扣。浮吊重新启抛锚安装下一榀拱肋。

拱肋入驳时，应按照现场安装顺序进行入驳，摆放位置应考虑拱肋起货时船体平稳。

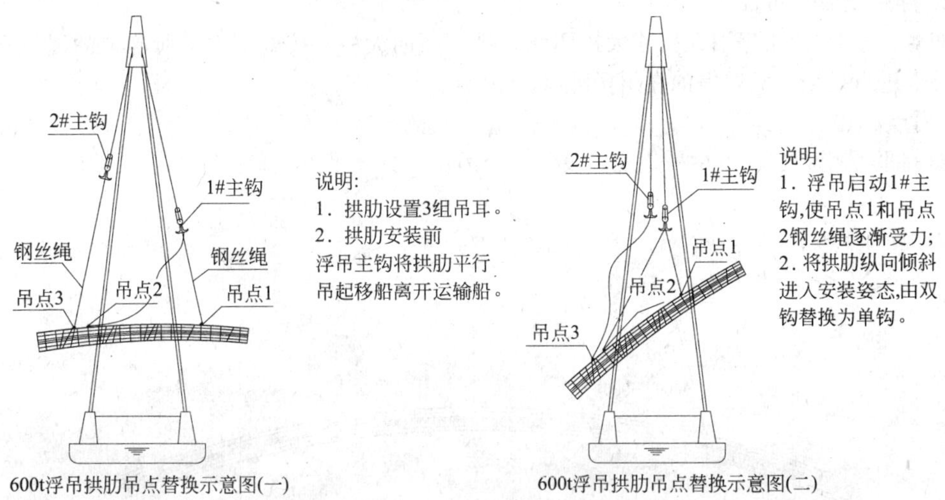

图 10　600t 浮吊拱肋吊点替换示意图

5.4　S1 拱肋搁置、微调

由于拱肋节段采用 600t 浮吊吊运就位，拱肋节段支撑体系采用简支体系：

一端搁置在已安装好的端横梁拱肋临时支撑接口处，另一端则与水中临时支墩支架进行临时固定。

钢拱肋节段安装到位后，为确保成拱以后的线型，需对钢拱的轴线和标高进行精确定位、调整，通过钢柱顶部预设的钢牛腿，利用扁平千斤顶进行微调、垫实。

S1 搁置上下端口设置 3 个临时搁置点，以便能够方便地调整就位姿态。

微调结束后，进行 S1 与端横梁连接面的焊接。

6　S2 合龙拱肋的安装施工

6.1　S2 拱肋概述

S2 为带风撑的整体拱肋分段，S2 投影长度 78.6m，节段重量 650t，安装高度(距水面) 42m 左右。

6.2　船舶技术参数及锚具

(1) 秦航工 66＃、600t 浮吊：

1) 主尺度：$L \times B \times D = 80\text{m} \times 22.9\text{m} \times 6\text{m}$；

2) 主钩吊重：300t×2；

3) 主钩吊重：230t×2 时扒杆倾角 65°，跨距为 25.67m，吊高 60m，满载吃水深 3.2m。

(2) 航工 518＃ 500t 浮吊：

1) 主尺度：$L \times B \times D = 68.5\text{m} \times 23.5\text{m} \times 4.5\text{m}$；

2) 主钩吊重：500t×1；

3) 主钩吊重：500t 时扒杆倾角 62°，跨距为 25.7m，吊高 58m，满载吃水深 2.6m。

(3) S2 浮吊安装锚位布置：

1) 锚位布置：

拱肋安装采用双船抬吊，为了保证双船抬吊时移船、定位，采用 66＃浮吊、518＃浮吊双船各自抛锚，518＃浮吊停泊在 66＃浮吊左侧，浮吊抛至前、后八字锚及串心锚缆，缆长 100m 左右。

2）浮吊及驳船布置：

66＃、518＃浮吊停泊在拟建大桥西侧，扒杆面向大桥，按施工方案所确定的锚位和锚缆长度要求进行抛锚。驳船停泊在川杨河口。

6.3 吊点的设计

S2 拱肋采用 2 台浮吊抬吊施工，设置 6 个吊点，具体吊点布置见图 11。

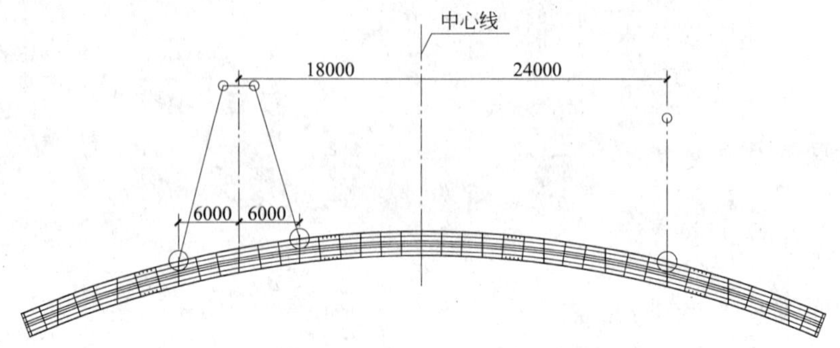

图 11 拱肋 S2 节段吊点布置示意图

6.4 吊索具数量及配置

S2 拱肋重量 650t，双浮吊抬吊安装，共设 6 个吊点。其重量分配计算如下。

由于 S2 采用双浮吊抬吊施工，秦航工 66＃吊点距离 S2 重心距离 18m，秦航工 518＃吊点距离 S2 重心距离 24m；

设秦航工 66＃浮吊分配到起重量为 x t，则秦航工 518＃浮吊分配到的起重量为 $650-x$ t，根据力矩平衡可知：

$$18\times x=24\times(650-x)$$

求得 $x=371$t.

故：秦航工 66＃浮吊为 4 个吊点承载重量 371t，518＃浮吊为 2 个吊点承载重量 279t。

6.5 浮吊吊装合拢拱肋 S2 施工

S2 拱肋合拢段采用浮吊抬吊安装

66＃、518＃浮吊抛锚后停靠在河岸一侧，让出位置等驳船进档抛锚，然后移船到驳船位置由起重工伸扣，启动卷扬机将拱肋吊起并移船后退，移动浮吊将拱肋安装就位。

图 12 拱肋 S2 节段抬吊安装现场

6.6 合拢长度的确定

(1) 拱肋合拢温度确定

合拢温度的确定按照施工进度确定拱肋合拢的时间，再确定了合龙温度。

(2) 合拢长度的确定

为精确确定合拢段长度，在两侧拱肋 S1 安装后，按设计要求进行拱肋标高调整，达到设计要求后，精确测量 4 个已经完成精确定位的 S1 端口间参数，并根据此参数对反馈至钢结构加工厂，对合拢段 S2 的合拢端口进行精确匹配加工。

6.7 S2 拱肋搁置、微调

由于浮吊负重后自身有一定浮动，所以拱肋吊装精度很难控制，浮吊只能完成初定位，精确就位用千斤顶来进行。为达到前后左右纵移目的，在临时支撑的底部设置四氟板和不锈钢板，以减少摩擦力。

为便于后继合拢步骤实施，S2 安装首先进行高度方向落架，水平方向腹板交叉错开(详见图 13)。合拢段拱肋节段安装到位后，为确保成拱以后的线型，需对钢拱的轴线和标高进行精确定位、调整，如轴线和标高有少量位移，可通支撑点处的调节装置，利用 4 台 250t 级扁平三维千斤顶进行水平方向微调、垫实，确认轴线、标高满足设计要求。

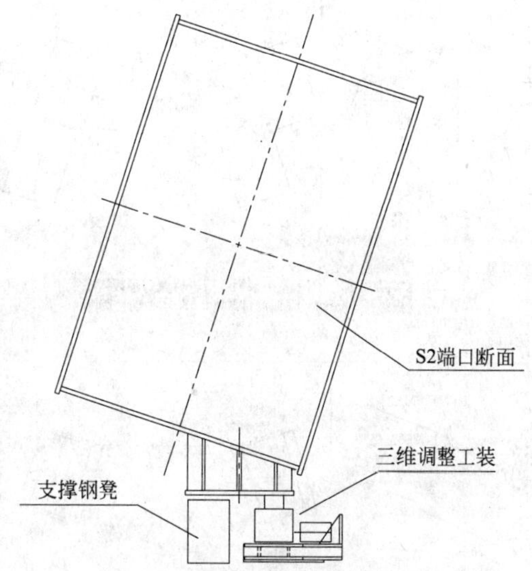

图 13 S2 临时搁置/微调断面图

6.8 合拢步骤

合拢吊装时间选择在温度较低时间进档，拱肋进档时保证水平。合拢段起吊并到位后利用操作平台上的千斤顶进行的微调。

步骤一：S2 端口工厂余量加工。

S1/S2 拱肋在工厂加工阶段，将 S2 拼接面端口进行端口顶板、底板余量预留

(1) S1 永久结构加工时，顶板退缩 200mm、底板前伸 200mm，S2 顶板前伸 200mm、底板退缩 200mm；

(2) 精确测量 S1 理论合拢端口距离；计算 S2 拱肋实际合拢长度。

步骤二：S2 偏位搁置。

(1) S2 合拢段利用浮吊安装，通过千斤顶、钢凳支撑，浮吊搁置，S2 拼接面横向偏移进档；

(2) 测量 S2 拱肋线型，通过上层临时水平索进行适当调整 S2 线型。

测量 S2 拱肋线型，通过上层临时水平索进行适当调整。第一次张拉预应力用来克服 S2 安装后支撑点向外分离的水平推力。

步骤三：S2 偏位搁置，高度方向就位。

(1) S2 拱肋腹板与 S1 腹板错开进档落架；

(2) S2 下降高度的同时，调整水平距离，利用扁平千斤顶、临时钢凳配合落架，S2 首先高度方向达到设计标高。

步骤四：S2 水平方向进档就位、环缝焊接。

(1) 选择适当的时机 S2 进行两端(南、北侧 4 个拼接端口)利用千斤顶同时水平移位，腹板接近时，进行 4 个拼接端口的腹板余量切割；使 S2 拱肋水平就位；

(2) 两端 S2 合拢端口横向进档就位之后同步进行环缝焊接；

(3) 完成两端 4 个拼接面焊缝第一次张拉拱肋下层临时水平索，并同步释放上层临时水平索。

具体合拢步骤见图 14。

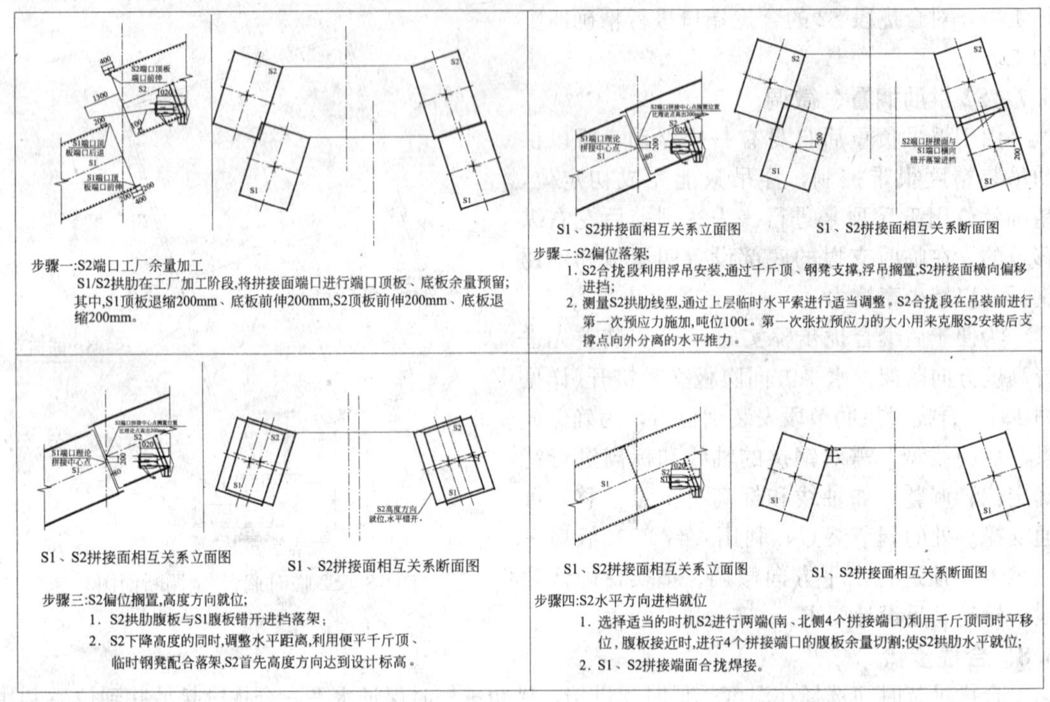

图 14　拱肋合拢步骤示意图

6.9　解除临时固结

由于系杆拱桥主墩 P2 墩支座为多向支座和纵向支座，进行合拢焊接时，将 P2 墩墩顶的横向、纵向活动支座限位解除，使其拱肋焊接收缩内力通过活动支座纵桥向释放。

7　临时水平索张拉

7.1　上层临时水平索布置

在 S2 拱肋安装期间，S2 拱肋跨径约 78.6m，其自身水平推力也需要临时水平索克服，故在拱肋安装期间，主拱布置有上下两层临时系杆：

(1) 上层临时水平索单侧采用 4 根 ϕ15.2-15 预应力钢绞线；

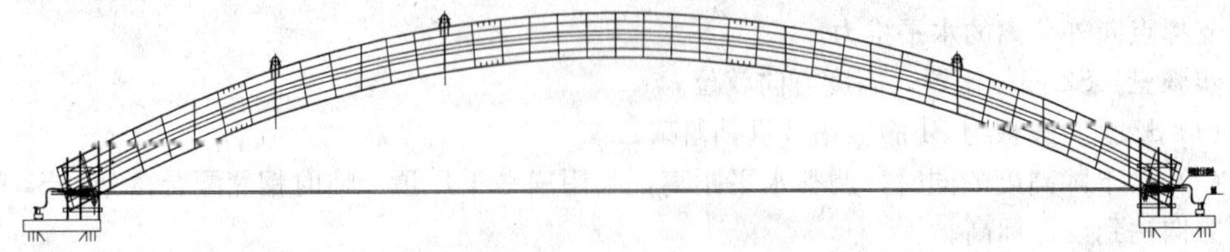

图 15　S2 拱肋合拢段临时系杆布置示意图

(2) 上层临时水平索张拉根据设计提出的工况进行，在浮吊将 S2 起吊之前，根据监控指令，对 S2 拱肋施加预紧力；

(3) 浮吊从运输船将 S2 起吊后，S2 拱肋自然下垂；

(4) 拱肋临时搁置在水中支墩墩顶时，S2 端脚外分，此时，起吊前施加的预紧力将控制 S2 端脚的外分大小，此刻临时系杆被动加载应力为 100t。

7.2 下层临时水平索布置

本方案施工采用的是先拱后梁施工方式，拱脚设为活动支座形式，经过计算，安装完毕的拱肋会产生巨大的水平方向推力，为保证主桥受力安全，在拱座处设置水平方向预应力，体外张拉，额外增设临时水平预应力抵消合龙后的主拱肋水平推力。

(1) 下层临时水平索单侧采用 8 根 ϕ15.2-31 预应力钢绞线，单根最大控制张拉力约 500t。

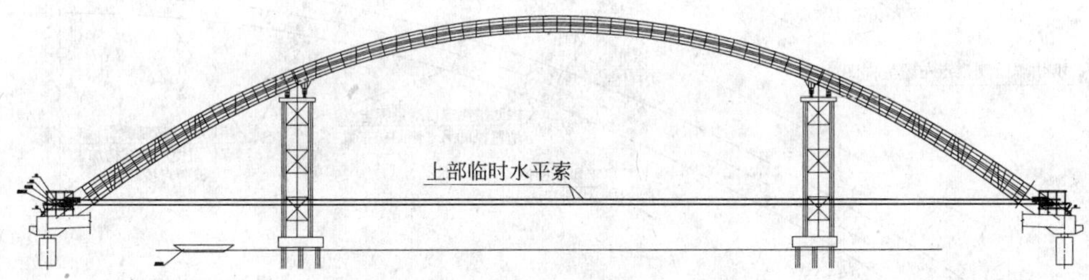

图 16 拱肋下层临时系杆布置示意图

(2) 用船牵引钢绞线过河，穿入上锚具靠上锚孔，钢绞线长出千斤顶 1.5m 后用夹片锁紧。

(3) 下层临时水平索分阶段张拉。

在主拱合龙后焊接完成后 S2 落架，进行下层临时索第一阶段预应力施加，施加力的大小根据监控指令实施，本阶段施加预应力用以克服主拱合龙后的水平推力。

(4) 在桥面箱梁吊装阶段，根据箱梁吊装进展，分阶段逐步张拉下层临时水平索，每阶段张拉力根据监控指令张拉。

8 拱肋施工测量

8.1 S1 拱肋的验收测量

为了检测成品 S1 节段实际尺寸与设计尺寸的差异情况，需在制梁厂进行工厂验收测量。

S1 端横梁拱肋端口三维坐标调整到设计位置后，在拱肋上部的 5 个点的空间位置，计算各点与设计位置的差异，供施工监控决策。

8.2 拱肋合龙前的测量控制

在 4 条拱肋 S1 节段安装完成后，在端部各固定 4 个观测棱镜。

两岸固定两台全站仪，按每小时 1 次的观测频率，跟踪观测棱镜 25h 以上。计算出各次测量的端口三维坐标、端口相对距离、相对高差随温度改变的情况，为 S2 节段的定制提供基础数据。

8.3 S2 拱肋的测量控制

(1) 工厂验收测量

S2 节段在制梁厂进行工厂验收测量。

(2) S2 拱肋船运至现场后，4 个端口精确各设置 4 个棱镜，考虑到 S1 节段已安装，结合

S2拱肋的张拉、临时固定、焊接等施工工序进行三维坐标测量。

(3) 空间线型的检测

S2端横梁拱肋端口三维坐标调整到设计位置后，在拱肋上部的控制点的空间位置，计算各点与设计位置的差异，供施工监控决策。

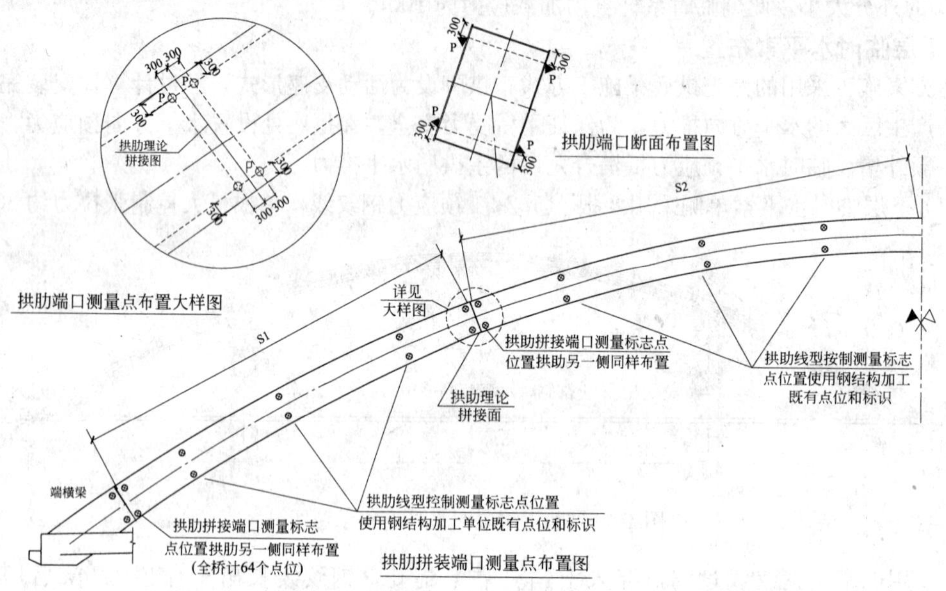

图17 拱肋测量控制点布置示意图

8.4 水中支架沉降观察

S2安装后加强对水中临时支墩体系进行沉降观测，并根据实际情况利用千斤顶调整S2姿态，S2四个支点在下降落架过程中利用4台扁平千斤顶同时落架，等量均匀，加强观测。

上海世博会“样板组团项目”彩钢夹芯板节点构造设计原理浅析与实践

周华林

（上海建工（集团）总公司）

摘　要： 建筑环保、节能是历届世博会永恒的主题，彩钢夹芯板是一种新型的建筑外围护材料，集美观、节能、环保、经济及施工方便等优点于一身。本文详细介绍了样板组团展馆外围护彩钢夹芯板的防雨抗渗的节点构造设计理论研究与施工。经实践应用，取得令人满意的效果。为其他类似工程提供参考。

关键词： 世博会样板组团，展览建筑，彩钢夹芯板，雨屏—空穴原理的应用，防水构造设计安装

一、试点项目工程概况

1. 样板组团项目是世博会园区的“样板房”。质量创优、样板先行，世博园率先启动的样板组团项目位于上海世博会 A 片区东部，目的是为了进一步明确世博园区展馆及各项设施建设的功能与标准。在设计建造和评估的过程中以点带面指导后续项目，为整个世博会的场馆工程建设起到示范作用。

2. 样板组团项目浓缩世博会园区“精华”。麻雀虽小、五脏俱全，样板组团分为 A09、A10、A13 三个街坊，其中 A09、A10 为亚洲国家馆所在地，A13 为浦明路出入口广场、停车场、市政配套设施和滨江绿地所在地，涉及总体、外国国家馆（自建馆、租赁馆、联合馆）、公共服务配套设施、高架步道、出入口广场、环境景观和市政附属设施等七部分内容。

3. 样板组团项目总用地面积 21.4hm^2，其中建设用地 17.62hm^2。房建单体 12 个，建筑总面积 45804m^2。

4. 样板组团项目设计年限：1 年，在建材选用方面力求国产、低成本，科技环保、可循环回收利用。世博会后这些建筑和设施将拆除，地块将另作他用。（见图 1）

二、彩钢夹芯板节点构造的理论研究与设计

1. 雨屏—空穴原理的应用

彩钢夹芯板水平方向接缝位置的防水处理的独特方法为采用雨屏—空穴原理：据加拿大研究者科比嘉顿（Kieby・Garten）研究发现，要封闭外墙出现的每一个小孔是很难的，但若将密封胶移到内墙，防止太阳的辐射，保持嵌缝质量及其致密性。防渗堵漏反而变得容易得多。常规板材水平方向接缝位置的防水处理方式多为嵌胶泥或以“S”形构造防水，但常常无济于事，渗漏现象严重。究其漏水原因：大多是密封胶老化；或两块板之间打入自攻螺钉，形成新的渗水和锈蚀通道，使构件寿命缩短。为此，设计人员有针对性地对板缝构造和连接节点作了优化和加强。雨屏—空穴原理就是在此基础上研究和发展出来的。

雨屏墙体的组成为：

外墙——用于抵御遮挡大多数雨水的入侵；

内层——是一个有密封胶及泛水的完全不透水的防潮层；

空气层——在物理上将这二层隔开，并将聚积的冷凝水排出。

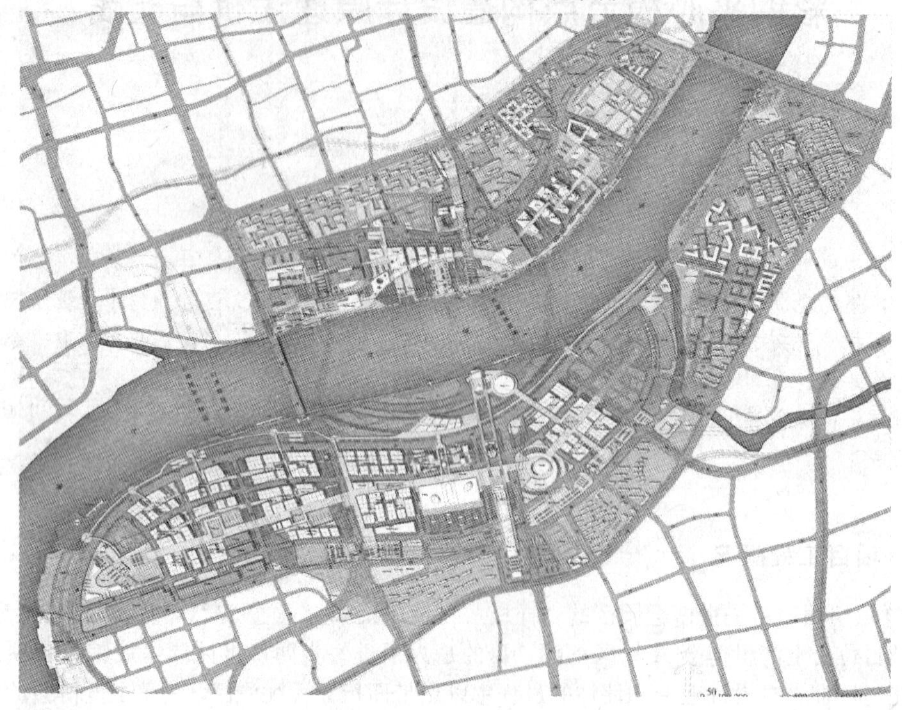

图 1

图 2 样板组团渲染图

彩钢夹芯板采用雨屏—空穴原理，其水平方向接缝，如图 3。

彩钢夹芯板雨屏墙体的阻水步骤①：

动能：接缝水平方向的风使雨水产生动能，这是最常见的雨水渗透方式；此时最好的防护是在下部板上设计一竖边，形成向内的阻挡(见图 3，1)。

彩钢夹芯板雨屏墙体的阻水步骤②：

表面张力：即水在外墙面上的附着力，并沿着上部的底面流动，这时在上部墙板采用滴水嘴(卷边)使水下垂流到地面(见图 3，2)。

彩钢夹芯板雨屏墙体的阻水步骤③：

重力：雨水沿着外墙板表面向下流淌，这时将下板接缝表面设计成向下倾斜的泛水收边，最后使水一直流淌到地面(见图 3，3)。

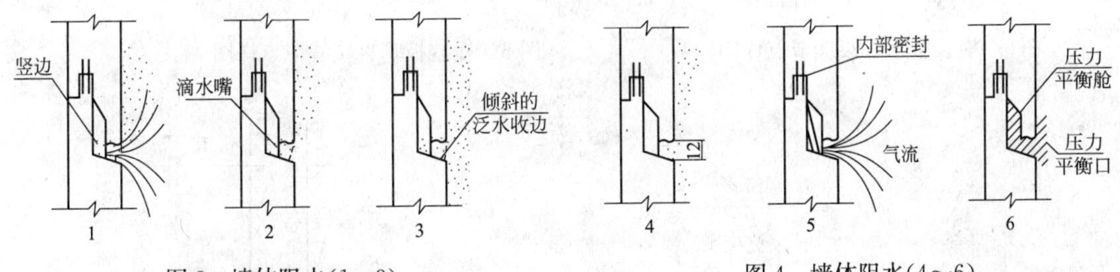

图 3　墙体阻水(1～3)　　图 4　墙体阻水(4～6)

彩钢夹芯板雨屏墙体的阻水步骤④：

毛细作用：雨水如同通过灯芯那样渗透很窄的缝隙；将接缝至少设计成 12mm 宽时，毛细作用便会消失(见图 4，4)。

彩钢夹芯板雨屏墙体的阻水步骤⑤：

气流：空气压力的下降及气流。当气压下降空穴与外界的气压不同就形成气流将雨水吸入空穴，在有空穴的墙体中只能增加空气阻挡层(即防水密封垫)来防止雨水的入侵(见图 4，5)。

彩钢夹芯板雨屏墙体的阻水步骤⑥：

雨屏—压力平衡原理：如果使空穴与外界的压力差消失，作为空穴的雨屏墙的漏水问题便会解决，这就是压力平衡的原理。为获得压力平衡：

1) 外墙面接缝处必须设计成足够大的孔口，以保证空穴本身是外界的一部分。

2) 空穴本身形成相对较小的隔离舱—压力平衡舱，限制内部空气的流动(见图 4，6)。

★因每一块彩钢夹芯板成材本身具有钢材高强度特性，其面板不会产生裂缝(隙)，惟一有可能是板与板之间的拼接缝处，又因每块面板都机械连接于钢结构骨架上，重力完全有钢架承担，所以因重力导致的板与板之间的触碰不可能发生。仅仅需要考虑由温度引起的板缝间变形。板与板之间的缝隙可以用耐候密封胶充实。

★由于雨屏墙体没有外露的密封胶，消除了通常大部分墙体系统采用外露耐候密封胶所产生的问题。每个水平连缝处的压力平衡腔、毛细阻断及泛水相配合，提供了最佳的抗风雨能力。

2. 彩钢夹芯板连接节点构造(见图 5～图 8)

在应用“雨屏—空穴”原理的基础上，为增强墙体保温的自身的刚度，我们对板缝连接节点，进行了全新的设计。

3. 彩钢夹芯板构造见图 9。

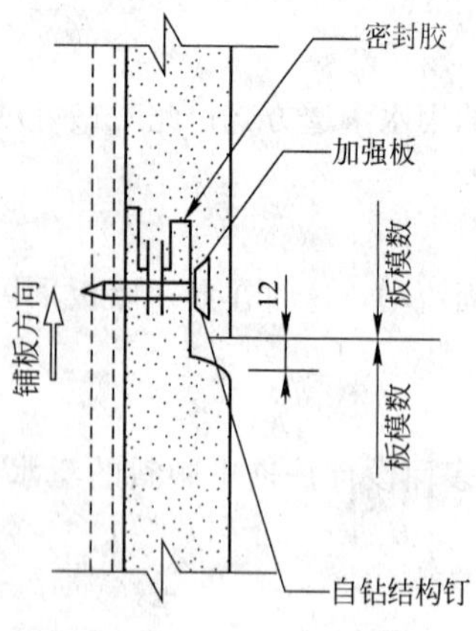

图5 横装板水平接缝节点详图

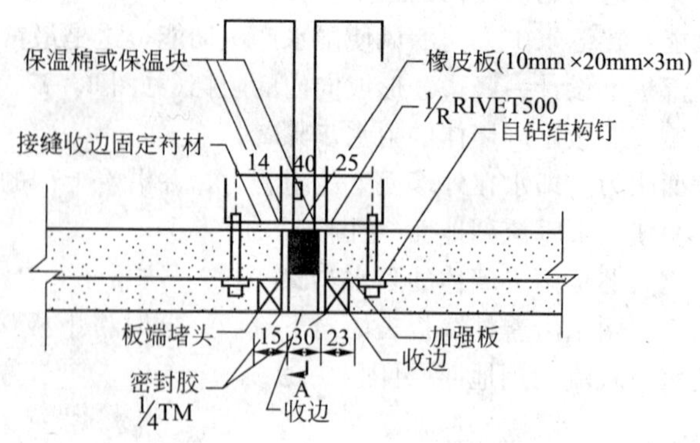

图6 横装板垂直接缝节点详图

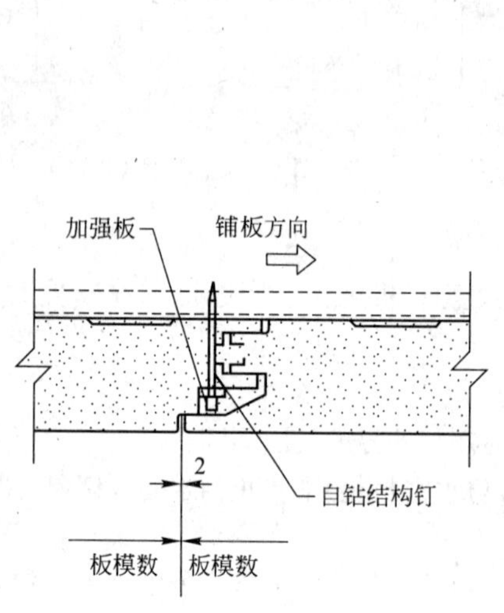

图7 竖装板水平接缝节点详图

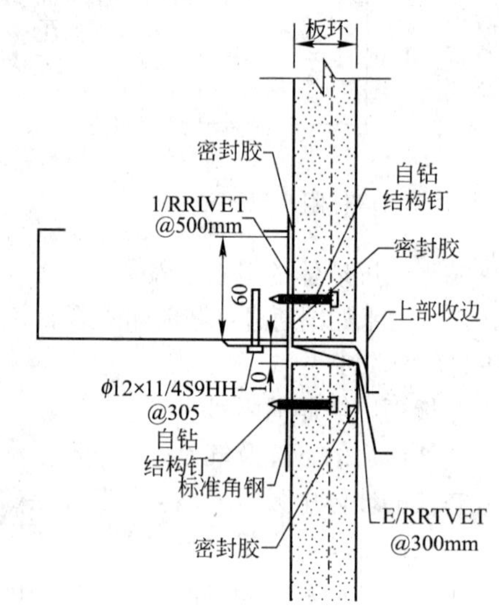

图8 竖装板垂直接缝节点详图

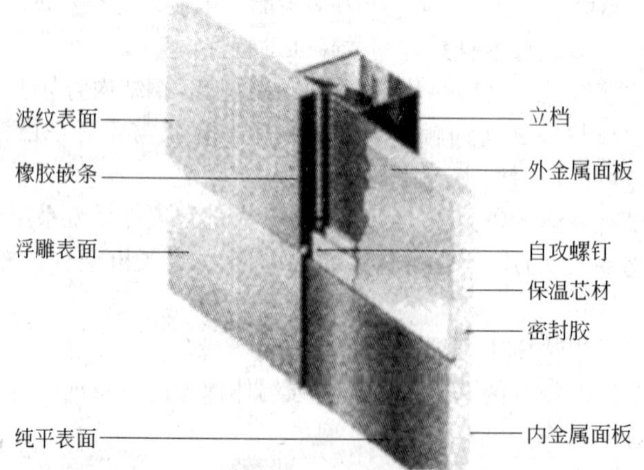

图9 彩钢夹芯板构造

图 10　样板组团项目现场

三、彩钢夹芯板安装施工方案

彩钢夹芯板科学的防雨抗渗节点构造设计与安装施工，安装标准和施工工艺，继后为世博会其他类似工程所学习仿效。

四、应用效果

专业的施工对于板材应用的效果而言，无论是节能保温的程度还是建筑外观都是相当重要的。彩钢夹芯板的安装标准和施工工艺满足了世博会样板组团项目对于展馆围护系统、节能、环保、经济和美观的设计要求，取得明显的经济和社会效果，需要注意的是，彩钢夹芯板节点构造复杂多样，设计是否合理全面，施工是否质量保证，只有通过精心设计，精心施工，才能使建筑彩钢夹芯板满足防雨抗渗的要求。为上海世博会顺利召开、为建筑业的可持续发展和节能减排起到了一定的推动和示范作用。

上海世博浦西综艺大厅屋面网架加固方案研究

赵海东[1]、周华林[2]、赵　鸣[3]、陈　果[4]

(1. 上海加固行建筑技术工程有限公司、2. 上海建工(集团)总公司、
3. 同济大学建筑工程系、4. 上海施维英机械制造有限公司)

摘　要： 上海世博浦西综艺大厅，原为江南造船厂西区加工工场，屋面为单层空间网架结构，正放四角锥钢网架屋面，采用螺栓球节点。在世博改建过程中，因屋面结构支撑体系改变，原网架杆件不满足承载力要求，需进行加固。本次加固针对受拉及受压杆件的不同受力特征，分别提出了"粘接型套管"及"无粘接型约束套管"两种不同加固方案，提高了杆件的抗拉及受压屈曲承载力，满足设计要求。本文提出的加固方案，避免了钢网架结构加固中的焊接作业，从而有效消除了焊接应力的影响以及焊接过程中钢管高温软化可能导致的非预期破坏，为世博改造工程大大缩短了施工作业时间，取得了良好的社会与经济效益。

关键词： 钢网架，加固，粘结套管，约束套管，环保世博

前言

上海世博浦西综艺大厅，原为江南造船厂西区加工工场，为开敞式单层钢排架厂房结构，屋面为单层空间网架结构。在世博场馆改造过程中，为满足主舞台的影音视觉效果，需将原厂房结构进行托梁抽柱，同时屋面网架结构也需根据受力情况，进行相应的结构加固。该网架为锥形平板式单层网架，支点距为6m，跨度为33m，高度为2.5m，网架上、下弦杆长各3m。

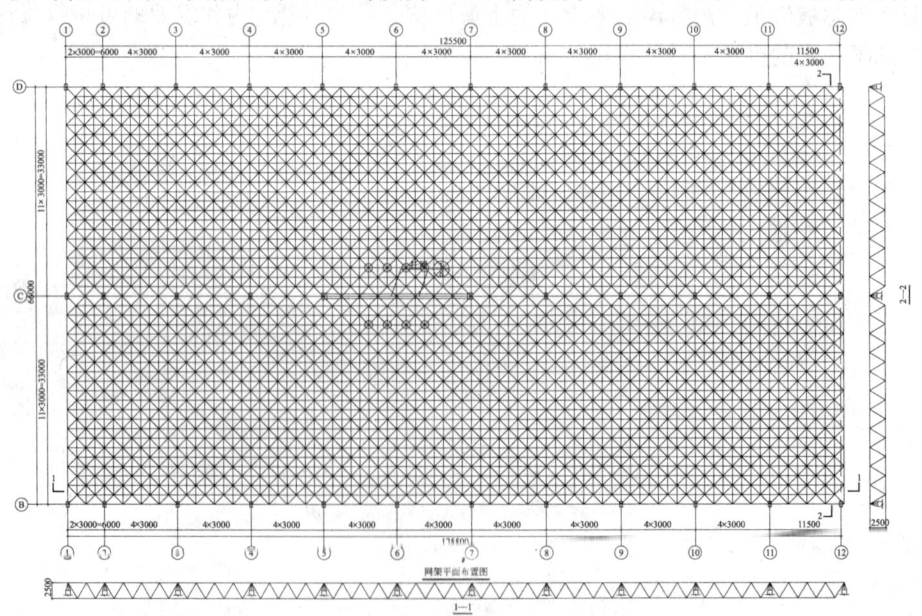

图1　原网架平、剖面示意图

图 2　改造后综艺大厅效果图

根据整体分析计算结果，该网架部分拉、压杆及部分腹杆承载力不足。其中，拉杆主要由受拉屈服荷载控制，压杆及腹杆主要由压杆稳定控制。因此，加固需针对不同构件类型，提高其受拉及受压承载力。

1　加固方案优选

根据以往工程实践，空间网架结构的加固工程先例较少，无工程实践经验可供参考。同时，由于多为轻型管件，加固施工禁忌较多，尤其避讳加固施工中的焊接施工。因此，在加固方案的选择上，综合理论及试验分析结果，采取外包钢管加固形式，并根据拉杆及压杆的不同受力特征，采取粘接型与无粘接约束型两种加固方式。

粘接型套管主要适用于受拉杆件，通过新增套管与原杆件截面的共同受力作用，来提高其受拉承载力。在端部球节点处，则采用焊接劲板，将杆件拉力从外套杆件平滑传递至球节点。

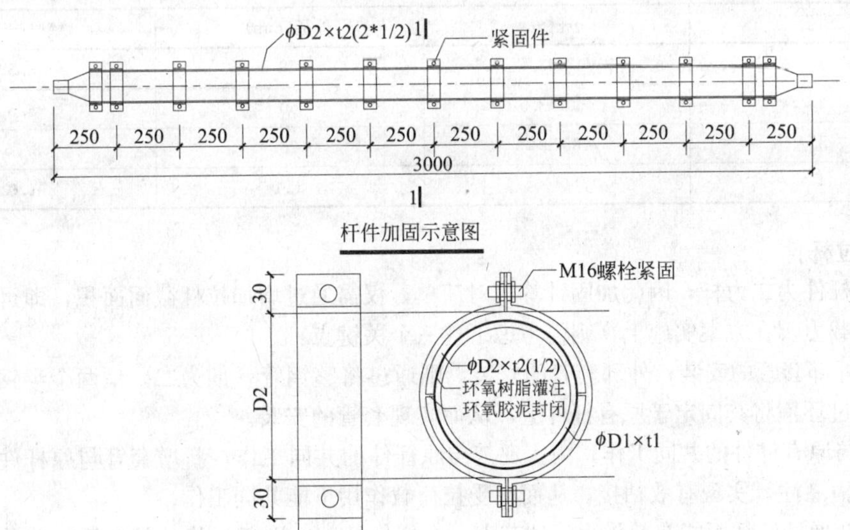

图 3　有粘接外套管加固形式（拉杆）

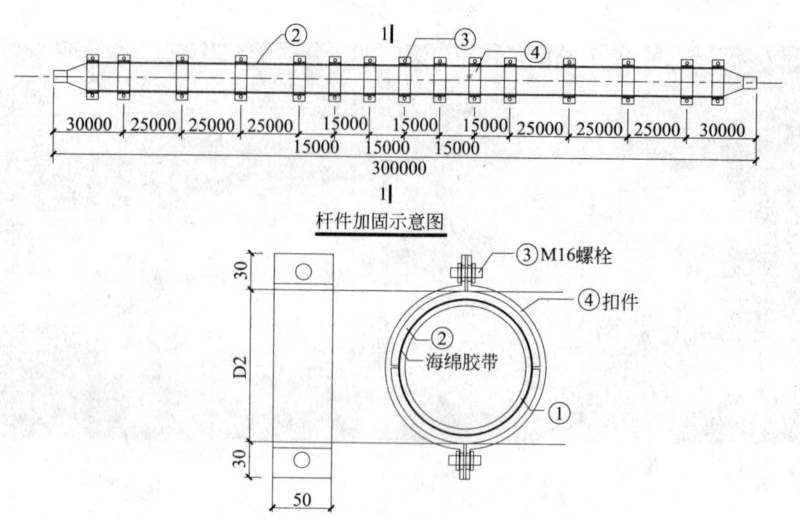

图 4　无粘接约束套管加固形式(压杆)

无粘接型约束套管，则主要用于受压杆失稳屈曲的加固。其作用机制为，当内部杆件发生受压屈曲失稳时，由外部套管为其提供附加约束，阻止其进一步的失稳变形，从而提高其受压承载力。由于外部套管不直接参与杆件的受压作用，因此内外杆件间无需通过粘接来共同工作。

无粘接型约束套管加固方案在国内应用不多，因此本项目在实施过程中，综合了理论计算的研究成果，是科技创新在世博中的又一次成功应用。

2　拉、压杆加固模型分析

根据网架结构受力特征，网架结构的拉压杆均为理想二力杆模型，可根据整体分析结果，确定所需的加固杆件及相应的承载能力。本工程中，网架杆件尺寸主要有下述几种规格(表 1)。

网架加固杆件规格表 **表 1**

编号	规格	外径(mm)	壁厚(mm)
1	ϕ48×3.5	48	3.5
2	ϕ60×3.5	60	3.5
3	ϕ76×3.75	76	3.75
4	ϕ114×4	114	4.0

2.1　受拉杆件

受拉杆件为二力杆，因此加固计算相对简单，仅需通过增加拉杆截面面积，即可有效提高其抗拉承载力。在方案实施上，则需考虑下述三个关键点：

(1) 外部套管的安装；外部套管的安装，则通过将整钢管一剖为二，呈两个半钢管，然后再将其通过环箍将其固定于原有杆件上，从而实现套管的安装。

(2) 与原有杆件的共同工作；为实现其与原杆件的共同工作，新增套管与原杆件间通过环氧树脂压力灌注，实现有效粘接，从而在受拉荷载作用下能共同工作。

(3) 新增杆件截面能有效传力至球节点；在杆件端部，则通过将外部套管与球节点间焊接连接，从而实现杆件受力的有效专递。

(4) 保证杆件的轴心受力；为保证后加套管与原杆件同轴受力，在外加套管端部各设置两个安装螺栓，通过调节实现与原杆件的同轴定位。

2.2 受压杆件

受压杆件由于失稳破坏影响，承载力主要由稳定控制。因此加固以提高受压杆稳定承载力为主。提高稳定承载力主要有两种途径，一是增大受压杆截面，提高截面惯性矩，从而提高截面有效受压承载力；另一途径是对现有杆件提供附加约束，从而提高杆件的失稳屈曲压应力水平，从而提高杆件的失稳承载力。相对前一方案，后一方案加固施工更为便捷，材料利用效率更高，经济性更好，见表 2。

压杆加固方案对比 表 2

项目	方案一加大截面方案	方案二增加附加约束方案
工作机制	共同参与受压作用	提供附加约束
施工要求	内外管间需有效粘接，并与球节点连接	仅需提供横向约束，无需粘接作用，无需与球节点连接
加固效率	提高临界屈曲压应力不显著	有效提高临界屈曲压应力水平

现以 $\phi76\times3.75$ 为例，进行压杆的约束屈曲加固计算分析：

按刚度设计，为避免原杆件的屈曲，钢套管应按照如下公式设计：

$$\frac{P_e}{P_y}\geqslant1.0$$

式中 P_y 是约束屈服段的屈服强度，P_e 是钢套管的弹性屈服强度：

$$P_e=\frac{\pi^2EI}{l^2}$$

其中，$l=3.0\text{m}$ $P_y=263.8\text{kN}$，计算得 $I=1.2\times10^6\text{mm}^4$

选择约束钢套管型号为 $\phi95\times6.5$，内径 82mm，$I=1.77\times10^6\text{mm}^4$，其与原杆件间距离 3mm，此距离只需包覆一层厚 3mm 的海绵胶带即可实现。

按强度复核，假设支撑屈服于轴向压力时无屈曲发生。如图 5 所示，假定核心单元的初始挠度 v_0 为正弦曲线，则：

$$v_0=\alpha\sin\frac{\pi x}{l} \tag{1}$$

式中，α 为单元中点的初始挠度。

屈曲约束支撑应满足下列等式：

$$E_BI_B\frac{d^2v}{dx^2}+(v+v_0)N_y=0 \tag{2}$$

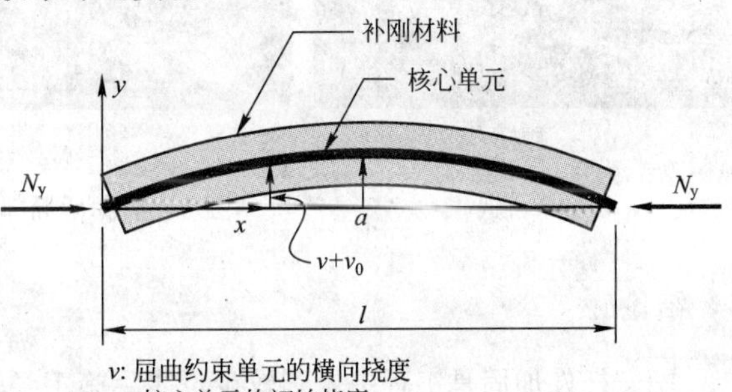

图 5 杆件的受力和变形示意图

式中，E_BI_B 为屈曲约束单元的弯曲刚度。解式(2)，得到屈曲约束单元横向挠度的通解：

$$v+v_0=\frac{a}{1-N_y/N_E^B}\sin\frac{\pi x}{l} \tag{3}$$

及

$$N_E^B=\frac{\pi^2E_BI_B}{l_2} \tag{4}$$

N_E^B 为屈曲约束单元的欧拉屈曲荷载，由(3)，其弯矩可写成：

$$M^B=\frac{N_ya}{1-N_y/N_E^B}\sin\frac{\pi x}{l} \tag{5}$$

(中点处应力最大)$\sigma=\frac{My}{I}=\frac{N_{\mathrm{y}}a}{1-N_{\mathrm{y}}/N_{\mathrm{E}}^{\mathrm{B}}}\sin\frac{\pi x}{l}\frac{D/2}{I}=43.6\mathrm{N/mm^2}(a=2\mathrm{mm})<[\sigma]$

表明外套钢管强度满足要求。

3 加固施工步骤

根据上述加固方案，网架加固施工主要步骤如下：

对粘接型套管加固方案(拉杆)，为：

(1) 原杆件的表面除锈处理；

(2) 安装套管，并临时固定(通过设置 4 个定位螺丝，保证套筒轴线与原杆件轴线一致)；

(3) 紧固件的安装并施加相应的紧固力；

(4) 新增套管接缝处环氧胶泥封闭；

(5) 套管内环氧树脂压力灌注；

(6) 杆件表面防腐处理。

对无粘接约束套管加固方案(压杆)，则取消套管接缝处的环氧胶泥封闭及后续的环氧树脂压力封闭，取而代之的是在安装套管时在原钢管外侧缠绕一层软塑料膜，让内外杆表观接触即可。

图 6 给出了加固后的局部网架杆件。

腹杆

弦杆

图 6 加固后局部网架杆件

4 结论

网架杆件加固是工程中遇到较少，实际施工经验不多。本文立足于上海世博场馆工程，针对受拉及受压杆件的不同受力特征，分别提出了“粘接型套管”及“无粘接型约束套管”两种不同加固方案，有效提高了杆件的抗拉及受压屈曲承载力。

本次网架加固后，相关单位采用 BOTDA 光纤传感技术，对加固杆件在“托梁抽柱”施工中的应力应变进行了实时健康监测。结果表明，所有加固杆件，其实测有效应力水平均小于理论计算值，满足安全要求，有效实现了加固预期效果，为“托梁抽柱”施工的圆满完成奠定了坚实基础。

本文提出的针对网架结构拉、压杆的粘接型及无粘接型约束外套管加固方案，降低了施工难度，缩短了施工时间，为上海世博工程创造了良好的社会与经济效益，同时对其他类似工程的加固也提供了重要参考价值，积累了施工经验，值得推广。

上海世博会“一檐两馆”工程关键施工技术
——暨博物馆& 综艺大厅《抽柱托梁》结构改建

周华林[1]、范德荣[2]、周松叶[3]
(1. 上海建工(集团)总公司、2. 上海市第五建筑有限公司、3. 上海工程建设咨询监理有限公司)

摘　要：同一屋檐下的世博会博物馆 & 综艺大厅系由江南造船厂部件装焊工场改建而成，设计要求对原结构进行抽柱托梁，变小跨度为大跨度。在整个世博浦西场馆改建中；“一檐两馆”是园区项目的重点、难点、亮点；由于“结构钢柱”的拆除将被“托梁”取代，致使破坏原结构受力平衡体系，屋面荷载势必改变传递路径给新增的托梁(钢箱梁)。通常施工阶段的风险来自于对未完成结构和它的支撑系统缺乏科学分析；以及人为错判的操控，而抽柱托梁的“风险”更大更多来自于受力构件内力“瞬间转载”的激烈变化。如何确保“力系在转换传载”过程中的安全性，成为本项目施工的“瓶颈”。

本文力图通过一起成功案例，通过对“抽柱托梁”的施工技术创新及辅用世界先进“结构安全预警”技术——结构健康监测(Structural Health Monitoring，简称SHM)，从而为今后其他“旧厂房改建”提供可以借鉴的实例。

关键词：上海世博会，一檐两馆，结构改建，抽柱托梁，SHM，勤俭办博

1　工程概况

“一檐两馆”(世博会博物馆 & 综艺大厅)系由20世纪80年代末、90年代初建设的江南造船厂部件装焊工场改建而成。主体为钢柱、钢吊车梁、钢网架和钢支撑组成的开敞式单层钢排架厂房结构体系，平面呈矩形，厂房高16.6m，东西向总长228.5m，柱距为12.0m，南北向总长66.0m，跨度为33.0m。改建后在同一屋檐下，“栖息”着两个风格迥异的建筑。位于东面的博物馆占地面积3172m^2，位于西面的综艺大厅占地面积8218m^2，

二幢建筑共享一个屋檐、共享一个入口广场，利用旧厂房保留的屋顶网架，刻意雕琢成景观照明的“云光团”，从而营造出不同建筑之间互动、共生、和谐的关系。博物馆外形由折线橙黄色聚酯板包容展览空间，构建出“文化容器”的造型，与之对应屹立的“综艺大厅”外形则是晶莹剔透的多边形玻璃休息厅，厅内“藏着”异型的红色观众厅(1941只座椅)，仿佛水晶盒中红宝石熠熠生辉。在舞台中央C/6轴处成功实施“抽柱托梁”形成大舞台台框，互动表演时可搭建伸出式活动舞台，最大限度地满足各类综艺表演的要求。“一檐两馆”构成了2010年上海世博会浦西重要人文景观和大中型文艺活动场所。

本着勤俭办博、节能减排、低碳经济、环保世博的精神，完整保留旧厂房内的钢柱、钢吊车梁、屋面钢网架等主体结构。

因综艺大厅主舞台影视效果的功能需要，根据设计要求必须将旧厂房B—C—D跨C/5—C/7轴厂房结构的柱距12m改为24m，故需拆除C/6轴的钢柱，在C/5轴、C/7轴两钢柱之间

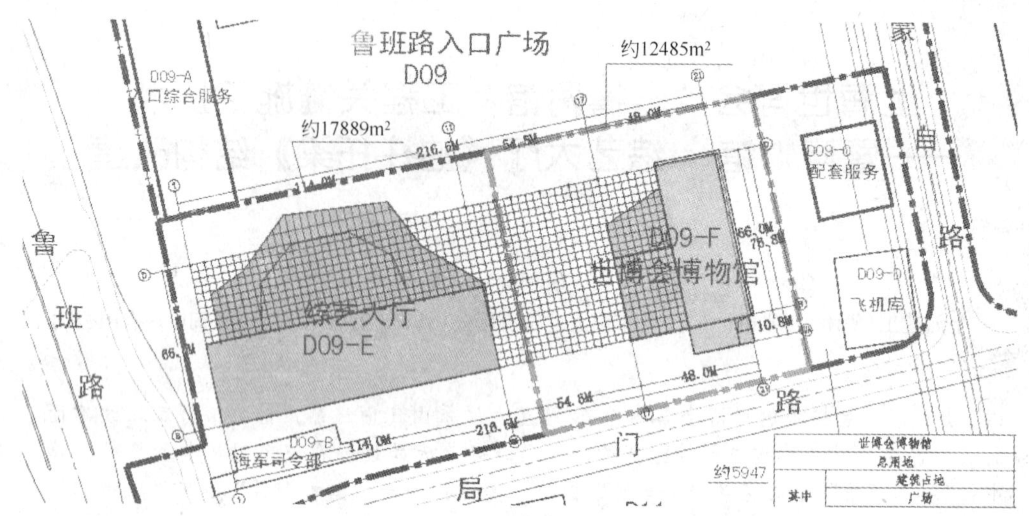

图 1 “一檐两馆”关联图

图 2 世博会博物馆 & 综艺大厅效果图

内景 外景

图 3 原江南造船厂部件装焊工场实景

新架设一根钢箱梁(即抽柱托梁)，将原 C/6 轴处的屋面钢网架的荷载传递到新增加的托梁上。满足主舞台的净空、净宽、净深的空间需要。

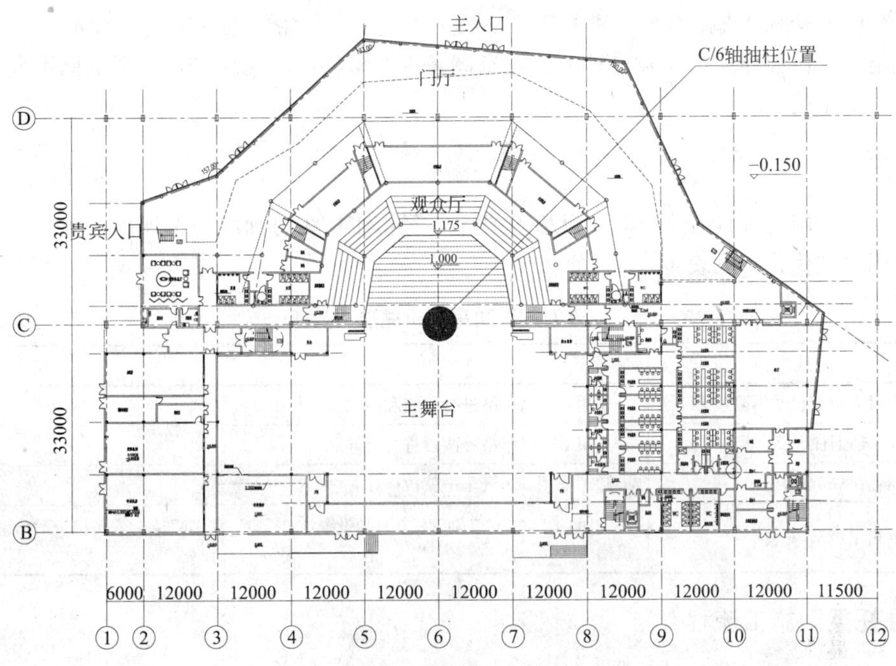

图 4　综艺大厅建筑平面与抽柱位置图

2　施工条件

(1) 综艺大厅为旧厂房内改建项目，在主舞台上空新增加的钢箱梁架设高度与原老厂房屋面的钢网架下弦相距 300mm。网架杆件为 A3 钢，杆为 45＃，支座高 380mm，皆采用弧形摆动压力支座。

(2) 新增的钢箱梁制作净长 23.4m，净宽 0.75m，净高 1.8m，总重约 25t。架设设计标高＋13.00m(图 5)。

图 5　钢箱梁提升到＋13.00m(空中)位置

(3) 南北8根临时支撑水平距离C/5轴、C/7轴线上的新增的钢箱梁位置约4.0m。

上述施工条件在净空、净宽及地面作业空间条件非常狭小的情况下，客观上已不允许用常规的起重吊机吊装。

3 方案优化

经过对多种施工设计方案比较，从安全技术、经济工期多方面综合考评后，施工方法和吊装机械选用得到优化，见表1。

施工方法和吊装机械选用 表1

序号	作业内容	施工方法
1	临时支撑架设及拆除(8根)	采用25t汽车吊进行吊装和拆除
2	C/6轴钢柱(7.5t)拆卸	采用25t汽车吊分两段进行拆卸
3	钢箱梁(25t)卸车	卸车采用50t汽车吊就位
4	钢箱梁(25t)安装	利用C/5轴、C/7轴钢柱在柱顶设置导向吊点，采用两台5t卷扬机+滑车组通过双机抬吊就位

4 “抽柱托梁”施工流程

(1) 拆除网架结构上部的屋面板、屋面檩条及屋面设备；

(2) 对网架部分相关杆件和球节点进行加固(由专业网架单位施工)；

(3) 同时对C/6轴两侧的5轴和7轴二钢柱进行加固(因新增钢箱梁需搁置于该两上节柱上)；

(4) 钢箱梁运抵现场卸车就位；

(5) 在C/6轴南北(C/5轴、C/7轴)两侧，增设钢网架的临时支撑8点；

(6) 拆除C/6轴钢柱(分成二段拆除)；

(7) 吊装新增加钢箱梁→安装焊接其两端钢牛腿→钢箱梁搁置就位；

(8) 对C/6轴及东西两侧钢网架支承点作永久支撑(共3点)；

(9) 拆除南北两侧的临时钢支撑。

5 “抽柱托梁”关键施工步骤

5.1 临时钢管支撑架设及顶部支承

5.1.1 确定临时钢管支撑架设位置(图6)。

5.1.2 运用经纬仪将设计确定的支撑点投影到地面，在各点位置铺设厚度$\nless$16mm的0.5m×0.5m钢板，其四角用M20的锚固螺栓固定。钢板与地面之间事先需垫铺黄砂，使其面接触。但由于车间内的地坪因土建施工已部分破碎，如支撑点处于地坪破碎部位，则须在其位置的1.5m^{2}范围内作碎石围填，并夯实；或铺垫型钢和钢板，结合部分围填，使其坚实且平整。

5.1.3 临时支撑采用截面D323×10钢管(顶部安置螺旋千斤顶作微调正)竖立于0.5m×0.5m钢板上，底部暂时以靠码板定位，上部四周须缆绳收紧，以保持其垂直度，防止倾覆，缆绳下部拉结点选在其周边的桩顶部位，以捆扎固定。缆绳与地面的角度$\ngtr$62°，并在其周边放置防护围栏，以防碰撞。

5.1.4 二排8根支撑钢管竖立后，随即在钢管二侧搭设操作脚手至顶部，并在相关部位铺设竹篱笆，随后对支撑钢管作双向垂直度的调整，调整完毕，钢管底部与钢板焊牢。顶部安置16t螺旋千斤顶，各自顶住网架下弦球节点，测初始值。

5.1.5 顶部支承关联节点见图7。

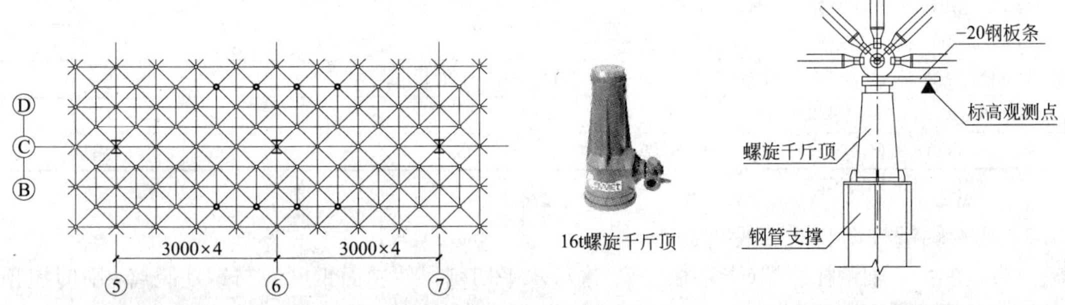

图6 临时钢管支撑架设位置　　图7 顶部支承关联节点图示

5.1.6 为预防控制切割钢柱后屋面网架瞬间变形下降，先将8根临时支撑在网架下弦节点处(预增应力)顶高约+1～3mm，以减少网架竖向变形量。

5.1.7 临时支承钢管柱的承载受力验算

(1) 数据输入(网架支承钢管)：

钢管外径 d(mm)	323	轴心压力 N(kN)	100
管壁厚度 t(mm)	10	最大弯矩 M_x(kN·m)	10
钢材抗压强度设计值 f(N/mm^2)	315	计算长度 l_{0x}(mm)	13810
钢材屈服强度值 f_y(N/mm^2)	345	计算长度 l_{0y}(mm)	13810
钢材弹性模量 E(N/mm^2)	206×10^5	等效弯矩系数 β_m	1

(2) 数据输出：

① 常规数据：

钢管内径 $d_1=d-2t$(mm)	303	截面面积 $A=\pi\times(d^2-d_1^2)/4$(mm^2)	9.8×10^3
截面惯性矩 $I=\pi\times(d_4-d_{14})/64$(mm^4)	121×10^8	截面抵抗矩 $W=2I/d$(mm^3)	7.46×10^5
截面回转半径 $I=(I/A)1/2$(mm)	110.72	构件长细比 $\lambda_x=l_{0x}/i$	124.7
塑性发展系数 γ	1.15	构件长细比 $\lambda_y=l_{0y}/i$	124.7

② 径厚比验算：

验算 $d/t\leqslant100\times(235/f_y)$	满足

③ 刚度验算：

构件容许长细比 [λ]	150	刚度验算 Max[λ_x, λ_y]<[λ]	满足

④ 强度验算：

$N/A+M/\gamma W$(N/mm^2)	21.82	验算 $N/A+M/\gamma W\leqslant f$	满足

⑤ 稳定性验算(弯矩平面内)：

$\lambda'_x=(f_y/E)1/2\times\lambda_x/\pi$	1.625	构件所属的截面类型	b类
系数α_1	0.6	系数α_2	0.965
系数α_3	0.3	欧拉临界力 $N_{Ex}=\pi^2EA/\lambda_x^2$(kN)	1.3×10^3
当$\lambda'_x>0.215$时，稳定系数 $\psi_x=\{(\alpha_2+\alpha_3\lambda'_x+\lambda'^2_x)-[(\alpha_2+\alpha_3\lambda'_x+\lambda'^2_x)^2-4\lambda'^2_x]^{1/2}\}/2\lambda'^2_x$			0.304
当$\lambda'_x\leqslant0.215$时，稳定系数 $\psi_x=1-\alpha_1\lambda'^2_x$			
局部稳定系数 $\phi=1(d/t\leqslant60$时)；$\phi=1.64-0.23\times(d/t)1/4(d/t>60$时)			1
$N/\psi\alpha A+\beta_m M_x/\gamma W(1-0.8N/NE_x)$(N/mm^2)			45.88
验算 $N/\psi\times A+\beta_m M_x/\gamma W(1-0.8N/NE_x)\leqslant\phi f$			满足

注：弯矩平面外不作验算。

5.2 C/6轴钢柱切割成二段拆卸

(1) 在C/6轴钢柱顶端(十字板位置)进行水平切割，使屋面钢网架与钢柱脱离，瞬时屋顶钢网架无线传感器测得下坠6.0mm，即时将临时支撑顶高到设计要求标高+10mm。

(2) 在C/6轴钢柱中部(东西柱距方向)45°斜线切割，拉出上半段钢柱(避开下半段钢柱截面)，沿着钢柱壁慢慢放落，完毕后用汽车吊吊离施工区域。下半段钢柱从根部作切割处理后吊离，场地腾出后将托梁水平移动就位到C轴线的位置，准备双机抬吊。

图8 C/6轴钢柱中部45°斜线切割后分为二段拆卸实景

(3) 该钢柱计算重量为7.5t。

(4) 钢丝绳选用6×37-直径19.5mm-强度极限1550N/mm，双绳捆扎。

公式：$S\leqslant aR/K$，$S=0.82\times218.5\div5.5=32.5$kN

(5) 卡环选用3.3号码，安全荷重33.0kN。$Q_b=0.04d^2$(查表)。

根据以上计算：采用QY25t汽车吊分上下二段进行拆卸，

查表$L=13.5$m，$R=7.5$m，$Q=9.3$t，满足钢柱拆卸要求。

(6) 汽车吊立面吊卸作业工况见图9。

5.3 钢箱梁吊装

(1) 钢箱梁重25t，采用二台5t卷扬机+滑车组通过抬吊，将其在高空安装就位。

(2) 上部吊点设置在C/5轴和7轴二根钢柱的顶部位置，钢箱梁上的吊点设置在其两端向内20cm部位。吊耳规格采用企标15t级。

(3) 上部吊耳在钢柱加固时一同装配焊接，钢箱梁上的吊耳在工厂制作加工时定位焊上。

(4) 吊耳(15t级)规格和技术要求：

规格及加工尺寸见图10。

(5) 钢箱梁双机抬吊立面工况见图11。

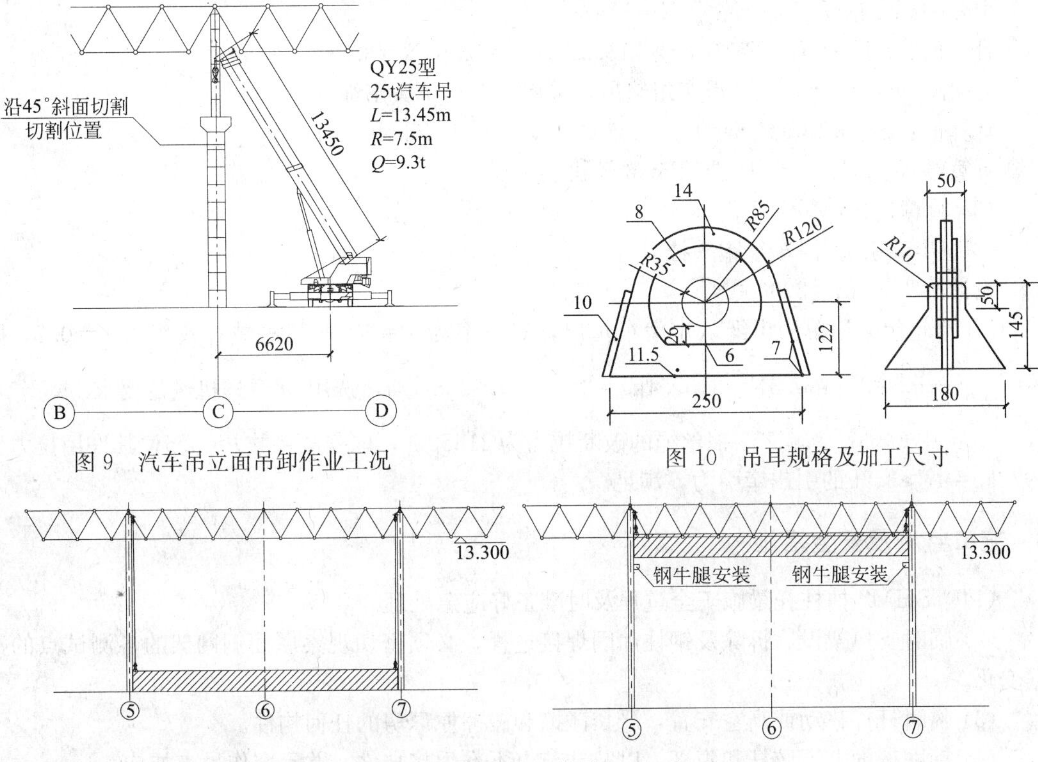

图 9　汽车吊立面吊卸作业工况

图 10　吊耳规格及加工尺寸

图 11　钢箱梁双机抬吊立面工况

(6) 钢箱梁双机抬吊平面工况见图 12。

(7) 钢箱梁先试吊抬升 1m 检查，在提升到高于设计标高 250mm 位置时，卷扬机停止作业并锁定。同时在钢梁两端采用钢丝绳围扎固定，辅以保险。

(8) 钢牛腿安装焊接(一级焊缝)完毕，并经检验检测合格，钢箱梁落架。

(9) 钢箱梁顶面的三根钢管立柱在地面时安装，随同钢箱梁一同吊上。钢箱梁就位后安装各自支座。

5.4 同步、对称拆除 8 根临时支撑钢管：确保卸载受力平衡，按原安装顺序的逆向进行(由临时支撑受力状态转换到自由受力状态过程)。

5.5 所用卷扬机及滑车组力学验算：

(1) 作业条件：钢箱梁重 25t。采用双机抬吊，增加动载系数 0.8，单端吊重值为 12.5t。

(2) 起重机具配置：

① 电动卷扬机：5t(JJM-5 型)；

② 卷筒钢丝绳：6×37-19.5-1550；

钢丝绳的破断拉力 218.50kN，破断拉力换算

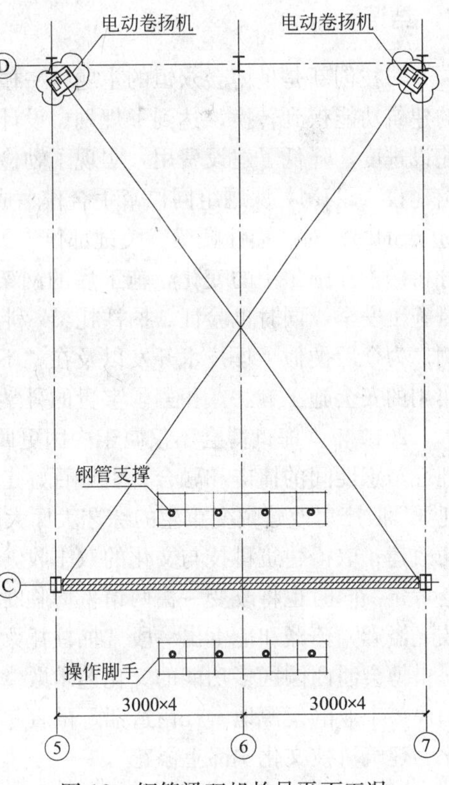

图 12　钢箱梁双机抬吊平面工况

系数取 a=0.82 钢丝绳安全系数 K=5.5。

计算值：$S \leqslant aR/K$，S=0.82×218.5÷5.5=32.5kN=3.3t。

③ 滑车组：用走 9(5-4)滑车组起吊，采用定滑车单头出绳。

计算值：$S=0.13Qf^3$ $S=0.13\times250\times1.04^3$=36.55kN=3.7t。

计算结果：5t×0.8=4t 选用 5t 卷扬机满足要求。

(3) 验算过程：

① 引出牵引力(滑车组跑头拉力)：

设计吊重：20t=200000N。

5-4 滑轮组采用单头出绳从定滑车拉出，其倍率为 I=9，取其机械有效率为 η=0.7，则 $S=\frac{P_1}{i\eta}\frac{200000}{9\times0.7}$=317460.3N=3107.4kg=3.2t<5t×0.8=4t，选用 5t 卷扬机满足要求。

② 选用 6×37-19.5-155 钢丝绳的破断拉力为 21850kg，取安全系数 k=5.5，其许用拉力为 3972kg=4t>3.2t 的引出牵引力，满足。

6 施工监测及安全措施

(1)" SHM" 抽柱托梁施工全过程及时准备好应急处理。

(2) 临时支撑架设、拆除及钢柱加固焊接过程，必须密切观察屋面钢网架的各测试点的数据变化。

(3) 临时杆件移动或高空安置，严禁碰撞和碰擦原厂房的任何构件。

(4) 钢网架的上下弦杆和腹杆，以及球节点不准焊接挂件，并不准作吊点挂钩。

7 结语

科技创新是世博会永恒的主题，一檐两馆成功实施的关键施工技术"抽柱托梁"使旧厂房的建筑功能得到转换，达到了规划、设计、施工的和谐统一。施工质量符合设计要求，加快了建设进度，降低了建设费用，实现了勤俭、环保办博的目标，与此同时，我们和上海世博局场馆建设《SHM》课题组同仁牵手合作、成功完成上海市建交委立项 2009 年科研资助项目。通过《SHM》对"抽柱托梁"关键部位、关键杆件的应力和位移"实时健康"监测，数据统计；分析结构在施工中的变化，施工后的网架竖向位移 3mm，在结构安全允许范围内，确保了项目施工安全，同时也验证"抽柱托梁"科技创新成果。成为世博工程利用旧厂房改建成功的范例。为今后类似工程技术开发以及在"不利环境下大跨度吊装"采用周转设备的简便、经济、实用的安全施工方法，积累了宝贵的科学(工艺程序)实践经验。

2010 年上海世博会不仅属于中国更属于世界，这场盛会将引领大众与高端，人工与科技，理性与感性间的撞击和融合，引导百姓走进科技，搭建起传统与创新的桥梁。由新技术"抽柱托梁"旧厂房改建蜕变重生的综艺大厅大舞台宽敞无比，气势恢弘，美轮美奂。一檐两馆的成功改建；取得建筑科技与文化的双丰收，效果显著，世博会开园至今运转正常，受到专家及社会肯定。同时也将改变一檐两馆世博临时场馆"命运"而被保留！旨在世博会后继续为国为民放光溢彩，蕴藏和衍生出一段"抽柱托梁"建筑史话而被载入史册。如今一檐两馆已经成为上海世博会浦西园区多功能的文化艺术殿堂(图 13)，大众化的动感时尚地标(图 14)！丰富了中国民族工业的发源地—江南造船厂的百年历史变迁；文化传承内涵，为上海世博会工程建设文化、建筑科技文化"锦上添花"。

图 13　世博会博物馆实景

图 14　综艺大厅舞台、观众厅效果图

“SCHWING”污泥泵在上海青草沙原水工程过江管隧道施工中的应用

陈 果
（上海施维英机械制造有限公司）

摘 要：本文以上海世博会市政配套设施——上海青草沙水源地原水工程过江管隧道为例，介绍了上海施维英污泥泵在隧道盾构注浆方面的应用。工程实践表明，施维英污泥泵特有的设计和泵送系统，使机器的运行具有稳定性和高效性，为隧道盾构连续施工提供了保障。

关键词：污泥泵，盾构隧道，同步注浆，青草沙，原水工程

1 前言

随着地下工程施工技术的日趋完善和发展，并且基于对工程投资、环境保护以及减少动拆迁等多方面因素的考虑，盾构隧道已逐渐成为业内青睐的施工形式。

根据隧道的用途，可以简单分为交通隧道和输水隧道。但是这两者又不完全等同，交通隧道主要用于车辆的贯穿通行，输水隧道则用于水的输送，尤其在其运营期间还要承受输水管内的内水压力。近年来国内外一些工程实践表明，盾构法施工技术可以为城市输水管线工程的建设提供一条新的途径。

目前在盾构隧道施工中普遍采用同步注浆技术，同步注浆质量的好坏决定了管片拼装后隧道的整体刚度和稳定性，因此对泵送同步注浆浆液的机器有较高的要求。施维英污泥泵特有的设计和泵送系统，提供了泵送的稳定性和高效性，使同步注浆的连续施工过程有了保证，对隧道管线的安全建设起了重要作用。

2 工程介绍

2.1 工程意义

城市供水，原水先行。为了适应上海市社会和经济的可持续协调发展，满足上海市中长期供水，改善城市供水水质，确保供水安全的要求，市水务局等相关单位对长江口青草沙水域进行了十余年的勘探和研究，发现青草沙水源地具有淡水资源充沛、水质优良稳定、可供水量巨大、水源易于保护、抗风险能力强等显著优势。

本工程建成后，将使全市的供水水源状况得到极大改善。至 2020 年供水规模将达到 719 万 m^3/d，其规模占全市原水供应总规模的 50%以上，届时全市约 70%的供水水源将是优质的长江水，受益人口超过一千万人。不仅可以使出水水质达到国家新颁布的生活饮用水卫生标准（Ⅱ类水要求），还可以提高全市自来水供水水质的总体水平。对改善城市形象和人民生活质量，以及提升城市软实力都有积极意义。此外，还节省了水厂净水工艺改造和实施生产废水处置工程所需的资金、土地和生产运行成本。

青草沙水域优质充沛的淡水资源，北与长江陈行水库输水系统相连，南与黄浦江输水系统相接，互为补充和备用，将形成“两江并举，三足鼎立”的水源地格局，对上海的可持续发展具有重大意义，工程的综合国民经济效益非常显著。

2.2 工程内容

青草沙水源地原水工程主要位于崇明的长兴岛、浦东新区和南汇区。由三大主体九大工程项目组成，即青草沙水库及取输水泵闸工程、长江原水过江管工程、陆域输水管线及增压泵站工程。工程建成后，原水经水库输水闸井进入长兴岛岛域管线，再经长江原水过江管自流过江后，由浦东五号沟泵站提升进入各个输水支线到12个自来水厂。

长江原水过江管工程采用泥水气压平衡式盾构法施工，建造两条原水输水隧道。自长兴岛新开港西侧起，在上海崇明越江隧道工程东侧穿越长江南港，止于浦东新区五号沟，长度约7.23km，是国内首次采用单层衬砌结构的输水隧道(见图1)。隧道盾构掘进机的直径为7075mm，采用单层衬砌结构管片，其外径为6800mm，内径为5840mm，环宽1500mm，厚度480mm，楔形量为13.6mm。

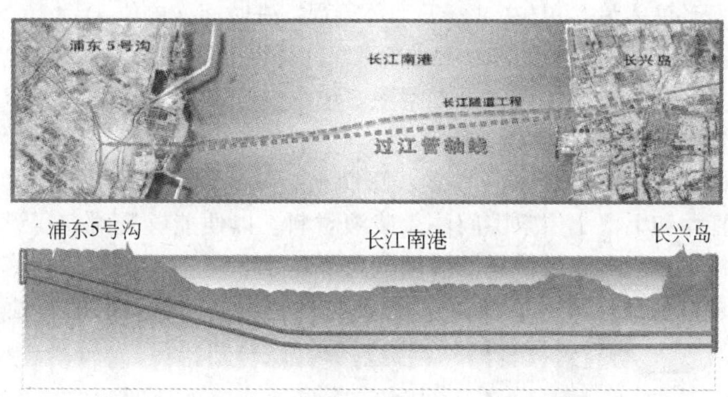

图1 上海青草沙水源地原水工程过江管隧道

3 盾构同步注浆

3.1 同步注浆的作用

同步注浆是盾构机一边向前推进，一边不停地向盾尾空隙加压注浆材料的一种注浆方法。通过不间断的加压，使注浆材料在充入建筑空隙后，未达到土体相同强度前，能保持和土体相当的一定压力，从而使地面沉降被控制在最小范围内。

在盾构推进过程中，上覆土被造成了较大的扰动，软土层因自身强度指标较低，一般很难自承。当盾尾脱出拼装好的管片，此时若存在建筑空隙(见图2)，土体将瞬时失去支撑，坍塌与管片之上，形成地层松动和近管片区域土体强度下降等现象。因此如果注浆浆液不及时充填该空隙，则势必造成地层变形，进而对邻近的地中构造物产生破坏性的影响。如建筑物的基础倾斜开裂，地中管道发生开裂或断裂，地表路面塌陷等。

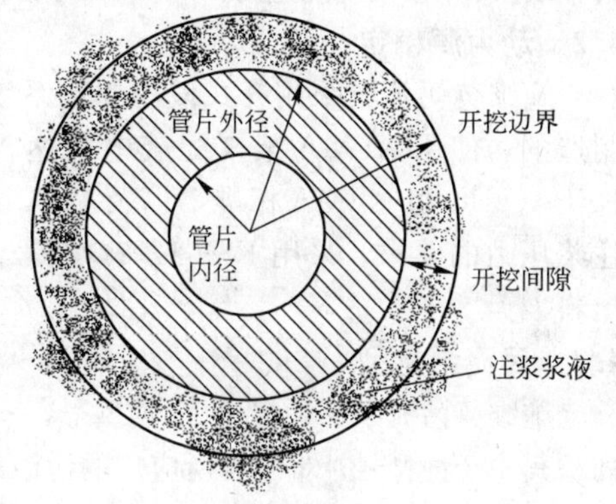

图2 盾构推进过程中造成的空隙

3.2 同步注浆的压力

注浆压力的设定不能太小，太小就不能平衡土压而导致地层变形，但是又不能过大，过大会产生劈裂现象，即造成注浆层切入地基的情况。特别是在软黏土地基中，劈裂允许压力值较低。注浆压力的确定主要与两个因素有关：第一，注浆压力对地层的劈裂。劈裂压主要和注浆材料的黏性、覆土的压力、覆土的高度与盾构直径之比有关系。第二，注浆压力与前方泥水压力。当采用泥水盾构时，如果注浆压力值超过前方泥水压力值，注浆的浆液将会窜到开挖面前方，因而注浆压力值应和前方泥水压力基本持平。

3.3 同步注浆的注浆量

注浆量的确定是以盾尾建筑空隙量为基础，并结合地层、线路及掘进方式，考虑适当的饱满系数，以保证达到充填密实的目的。根据工程实践情况，饱满系数与下列因素有关：注浆压力产生的压密系数，具体地质状况的土质系数，施工消耗系数，以及掘进方式产生的超挖系数等。

根据每环注浆量和每行程推进时间，可以计算得出注浆速度。即 $V=Q/T$（V 为注入速度，单位 m^3/s；Q 为每环注入量，单位 m^3；T 为每行程推进时间，单位 s）。

通过实际注浆量与理论开挖空隙的比值，可以计算得出注浆率。即 $R=Q/Q'$（R 为注浆率；Q 为实际注浆量，单位 m^3；Q' 为理论开挖空隙，单位 m^3）。

3.4 同步注浆的材料

注浆材料包括：水泥、粉煤灰、细砂、膨润土、减少剂、高聚物等。在盾构法施工中，需要及时在隧道管片和上覆土层空隙间注入浆液材料，以便能够及时获得设计强度，来加固地层。在注浆过程中，要求注浆材料的流动性好，泌水量低，不产生分层离析，以便能够顺利输送。此外注浆材料还应该具有良好的黏聚性、较强的抗地下水稀释性，并且凝结时间适当。

4 污泥泵的应用

4.1 可泵送物料范围广

施维英污泥泵是世界范围内污泥泵送系统的先导者，其设计原理被应用在世界范围内的市政和工业污泥输(泵)送项目中。它可以泵送固含量达 56％的污水过滤残渣，甚至固体含量达80％的其他稀浆与污泥。包括：混凝土、泥浆、喷浆、疏浚淤泥、污水处理污泥、生物污泥、制糖工业污泥、化学建筑污泥、采矿炼钢工业污泥、油田钻泥、煤泥、油泥、黏矿渣、制药废料、纸浆、油漆、动物脂肪等。本工程污泥泵泵送的是注浆浆液。

4.2 动力源稳定

施维英污泥泵采用开式液压驱动系统，驱动单元是根据 ANSI 和 NFPA 液压标准设计制造的，使用 NEMA 架来配装电马达。电子设备封装采用 UL 认证设计，并符合 NEC、NFPA、JIC 和 NEMA 标准，以及 CSA 认证。本工程中，基于对过江管隧道盾构注浆量和注浆压力的要求，采用 KSP 12-2D 型号污泥泵，配有双管出料装置，允许向不同地点同时出料。

4.3 污泥泵选型

施维英污泥泵品种多达 10 种型号，有泵送率为 $180m^3/h$ 的，有泵送压力达 150bar。表 1 列举其中 2 种型号，本工程所应用的污泥泵为 KSP 12 型号。

污泥泵型号及性能　　表 1

泵型号		KSP 12(L)						KSP 80(L)					
泵类型		KSP 12			KSP 12 R			KSP 80			KSP 80 R		
		KSP 12V			KSP 12RV			KSP 80V			KSP 80RV		
压力类型		S	K	HD	S	K	HD	S	K	HD	S	K	HD
最大输出能力**	m^3/h	20	20	20	20	20	20	115	110	105	115	110	105
最小输出能力 *	m^3/h	4	2	1	4	2	1	6	5	3	6	5	3
最大泵压	bar	40	60	120	40	60	85	40	70	106	40	70	106
长	mm	2680	2680	2680	2169	2169	2350	6241	6241	6350	5560	5560	5664
宽	mm	681	681	681	831	831	831	1001	1001	1001	1560	1560	1801
重	kg	846	846	966	861	861	991	2688	2688	2828	2472	2472	2562
泵缸容积	L	13			13			83			83		
泵缸直径×冲程	mm	180×500			230×2000								
液压缸直径	mm	89	89	124	89	89	124	124	124	150	124	124	150
缸体比例		5.79	4.00	2.07	5.79	4.00	2.07	5.73	3.39	2.35	5.73	3.39	2.35
抽吸提升阀直径+	mm	127/203.2			—			203			—		
下压提升阀直径+	mm	101.6/152.4			—			152			—		

压力类型：*S*=活塞杆侧，*K*=活塞侧，*HD*=*HP*=高压型

泵类型：*V*=垂直设置，*R*=裙阀，*L*=大提升阀(吸入和排出阀)，*D*=出料管

+：提升阀直径为理论测量值

*：最小值基于可接受的阀转换时间

**：最大理论输出(100%装满)为基础，21～25 冲程/min 泵水

4.4 阀体选型

污泥泵阀体可以采用裙阀或提升阀两种形式。裙阀适用于不可压缩的污泥，及带有大骨料或粗糙颗粒的物料，最大骨料直径可达75mm。提升阀则适用于细物料和可压缩物料如污泥、泥饼、泥浆等。本工程采用的是提升阀(见图 3)设计，从而可以对两个抽吸缸的提升阀和差动缸同步实现开关。

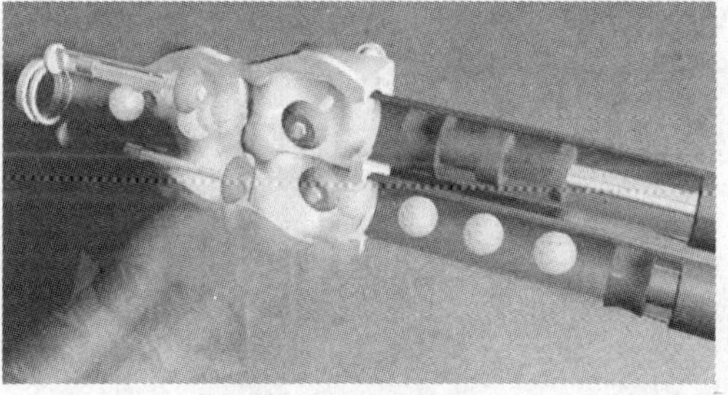

图 3　提升阀

泵吸入浆液时，一个抽吸缸从料斗中吸取浆液处于回程动作，吸料提升阀打开，与此同时另一个抽吸缸正处于前推行程动作，推料提升阀关闭。泵出浆液时，推料提升阀打开，吸料提升阀关闭，活塞把浆液推进输送管。两个活塞轮流采用长而慢的冲程，因为加于浆液上的压力基本保持恒定，所以使得浆液能够被平稳的泵送到目的地。整个过程完全由液压系统实现。因为同步实现开关，使得输送出浆液后出口阀立刻关闭，有效地防止了物料的回冲撞击，保障浆液不会反冲回污泥泵阀体内，对设备造成损伤。

4.5 螺旋给料机安装位置选型

根据施工现场的具体状况，可以选择不同的安装方式来完成螺旋给料机与污泥泵的配合，其两者间的安装配合方式大体分 7 种(见表 2)。因为本工程的施工现场在原水输水管隧道内，综合考虑现场安装情况，故采用第 7 种安装方式，即螺旋给料机在污泥泵正上方。

表 2 螺旋给料机与污泥泵安装配合方式

螺旋给料机与污泥泵在同一水平面里，两者成 90°角垂直安装，污泥泵垂直放置，给料机在污泥泵的左侧或右侧	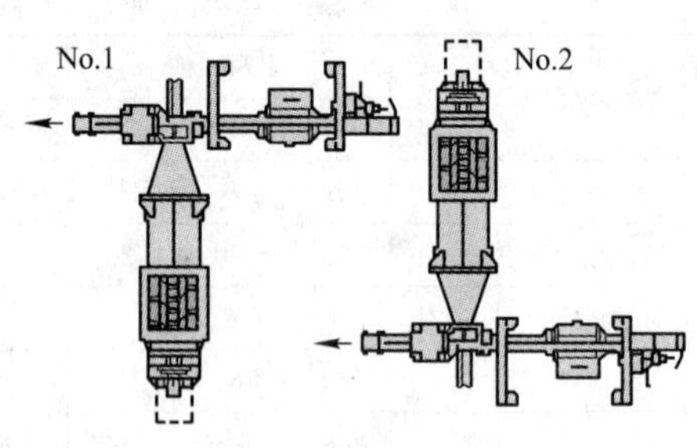
螺旋给料机与污泥泵在同一水平面里，两者平行安装，污泥泵垂直放置，给料机在污泥泵左前侧或右前侧	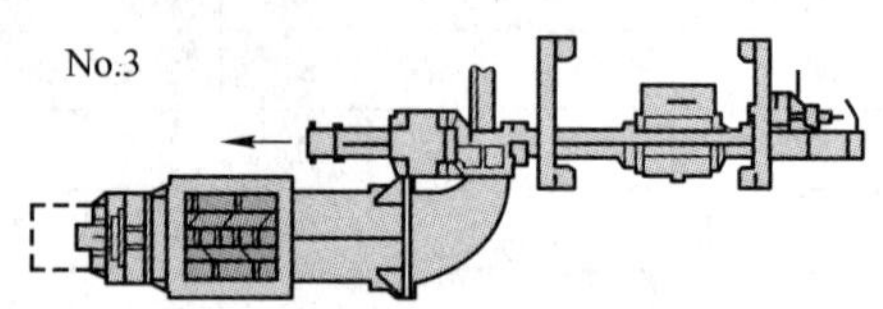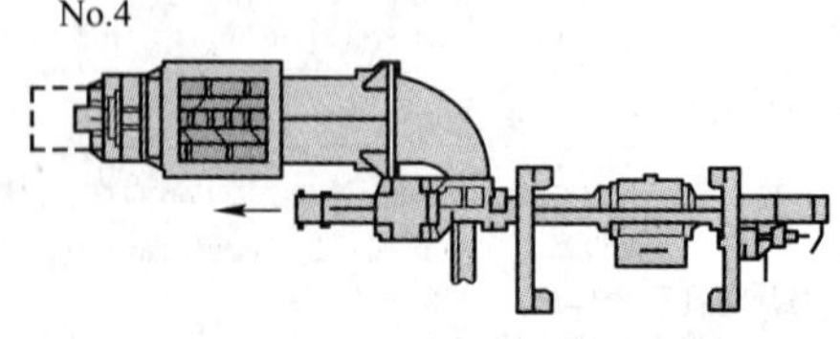
螺旋给料机与污泥泵在同一水平面里，两者平行安装，污泥泵垂直放置，给料机在污泥泵正左侧或正右侧	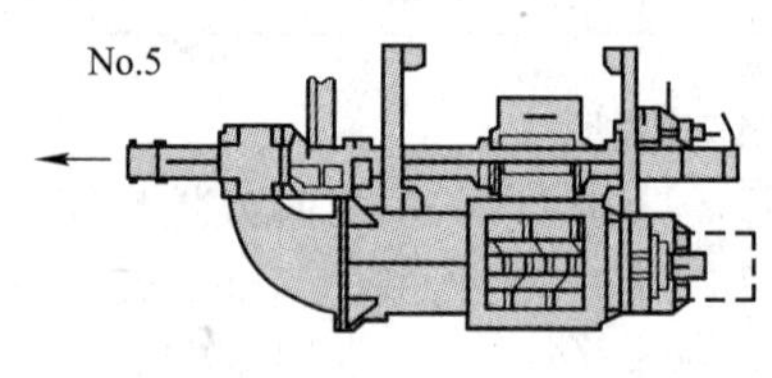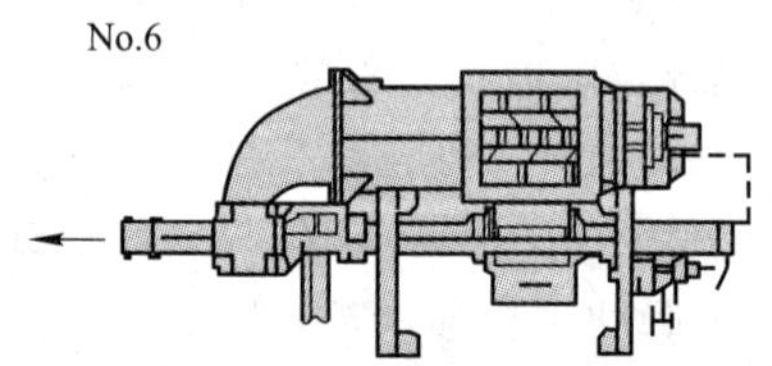
螺旋给料机在污泥泵的上方，污泥泵水平放置，两者平行安装	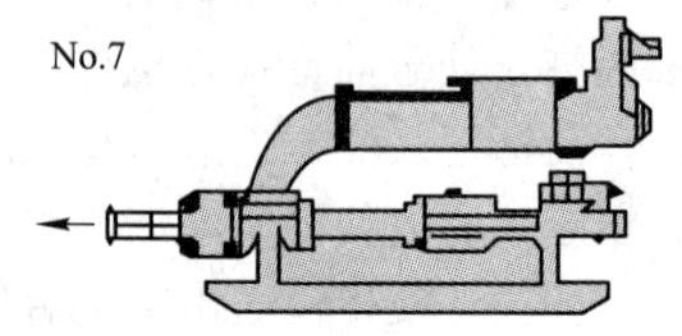

5 结语

在隧道施工过程中，同步注浆浆液的连续供给是非常重要的。施维英污泥泵采用 500 硬质经过专业热处理高碳高强度的耐磨管和管接头，其配件的使用寿命得到了延长，损坏的可能性大为降低，保障了长江原水工程过江管隧道施工的连续安全进行。此外本工程还使用了两套污泥泵系统，第二套为备用系统，在意外情况发生时使用或维护时使用。实践表明，施维英污泥泵的高稳定性和高效性在本工程施工中得到了良好的证明。

参考文献

[1] 上海青草沙水源地原水工程，2009
[2] 上海青草沙原水过江管工程盾构推进段施工风险评估，2009
[3] 输水盾构隧道技术在青草沙原水工程中的应用，2008
[4] 盾构隧道盾尾同步注浆机理与注浆参数的确定，2008

世博会西班牙馆绿色建造技术应用

张晓勇、袁建勋、韩淼兵、葛乃剑、胡　亮
（中国建筑第八工程局有限公司总承包公司）

西班牙馆位于上海世博园黄浦江边C片区，工程采用异形钢结构外骨架及异形幕墙结构，内外饰面悬挂天然藤条，藤条层层相叠、线条飘逸，像舞动的裙摆，极具观赏性，这座被昵称为“大篮子”的展馆将建筑技术、绿色理念两者有机地结合成为一体，充分展示了西班牙馆独特的建筑风格和先进的绿色环保理念。

图1　世博西班牙馆

1　工程概况

世博西班牙馆工程位于浦东C片区09地块，该工程为钢结构框架结构，地下一层、地上三层，地下埋深3.25m，地上主体为钢结构，建筑总高度20m，工程总建筑面积7624m^2，建筑周长360.98m。工程2009年3月26日开工，2009年10月19日主体完工，2010年3月31日竣工。

结构体系新颖，构思巧妙，充分体现了绿色建筑的要求，是本工程最大的特点和难点。钢结构约2476t，最大跨度19.1m。为满足开放式建筑要求，工程创新采用了双层钢管偏心支撑桁架、空间异型结构体系，既是工程的外围护结构，同时与混凝土楼层板联合作用、承担承重作用。空间框架结构竖向及水平向构件沿建筑立面在不同部位发生扭曲，以与空间，扭转曲面相适应。

2　绿色建造技术

2.1　地基与基础堆载预压固积技术

2.1.1　堆载预压固积设计

按照现行的工程基础通常作法，在基础土方开挖前应进行工程桩预压施工，此施工工艺将会对土体及周边环境二次污染、破坏，为此，项目部施工前期与同济大学设计进行多次技术论证，使得本工程地基采用了“土体堆载预压固积法”（后文简称“无桩基础”），此作法有6个方面优点：

（1）工程在建地址为浦东钢铁厂，地基基础下部土方污染较为严重，“无桩基础”使得工程基础已污染的土方全部进行了更换；

（2）“无桩基础”下部铺设了两道土工布确保了土体不受到污染，工艺即绿色又环保；

（3）“无桩基础”对今后工程拆除重建带来了极大的便利；

（4）“无桩基础”施工速度快、施工简单（项目部抢在春节前期完成了土体进行预压工作，节后复工时即可大面积展开后续施工）；

（5）“无桩基础”施工使用的机械种类及施工人员较少，节约成本、节能；

（6）“无桩基础”能够满足上部结构荷载所需的地基承载力要求。

2.1.2 基础堆载预压固积施工

土方开挖至－2.75m标高，为避免污染土体铺设土工布（土工布搭接不应小于150mm），土工布铺至基坑土体以上1.5m处，详见图2所示；

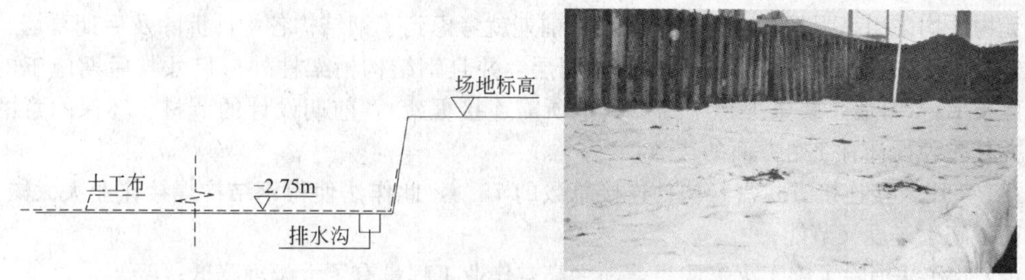

图2 土工布施工示意

为有效率水待土工布铺设完毕后回填800mm厚砂垫层，打设塑料排水板（用于降水），详见图3所示；

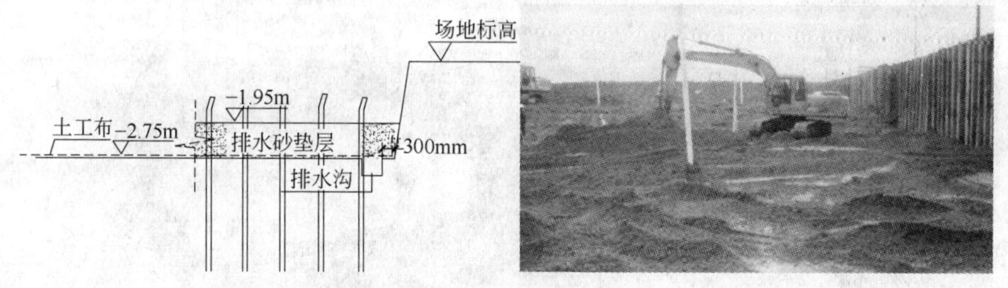

图3 打设塑料排水板

打设钢板桩围护进行上部堆土预压固积，基础预压土体堆载高度为2.47m，详见图4所示。

2.1.3 基础堆载预压固积施工效果

地基基础经过“土体堆载预压固积法”的施工，原已污染的土方全部进行了更换，经过地基静载实验－0.53m标高处的荷载达到54kPa，经过一年的沉降观测地基下沉1.8cm（原设计值为15cm），未污染周边环境，对今后基础爆破提供了便利，各项指标达到了设计及规定要求，施工效果良好。

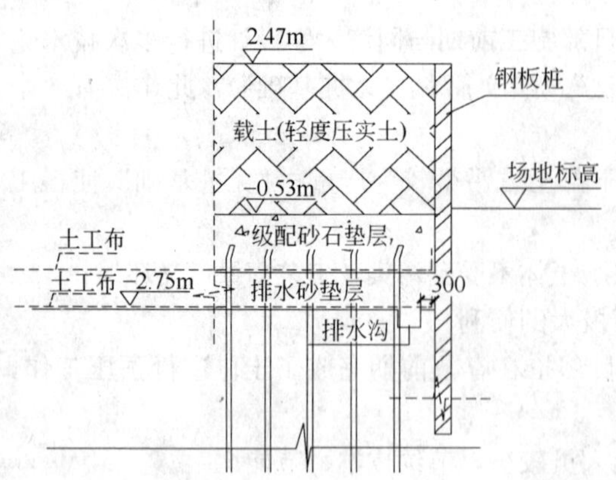

图 4 基础预压土体施工

2.2 双层钢管偏心支撑桁架、空间异型结构体系应用技术

2.2.1 钢结构设计

钢结构有 3 万余根不同曲率、长度的异形构件，各构件采用相贯连接形式组成构件单元，各单元构件均采用高强螺栓法兰连接，设计前期就考虑到了钢结构各构件拆除及后期幕墙、藤条的安装，所以各桁架柱构件分为内、外两层，并且钢结构桁架柱外形尺寸与后期施工的幕墙、藤条平行(幕墙、藤条工程未增加其他所需连接框架)，前期设计的节材、环保的意图明显，并且此种设计有 4 个方面的优点：

(1) 使用铰接连接方式占各构件连接总数的 75%，此作法使得钢结构焊接作业大大减少，既提高了施工进度又节能；

(2) 此作法消除了施工火灾隐患，随之高空作业工程量有了大幅度降低；

(3) 90%的钢结构材料均可简易拆除、二次回收利用；

(4) 直接将钢结构构件弯弧制作，节省了后续施工所需的附属构件。

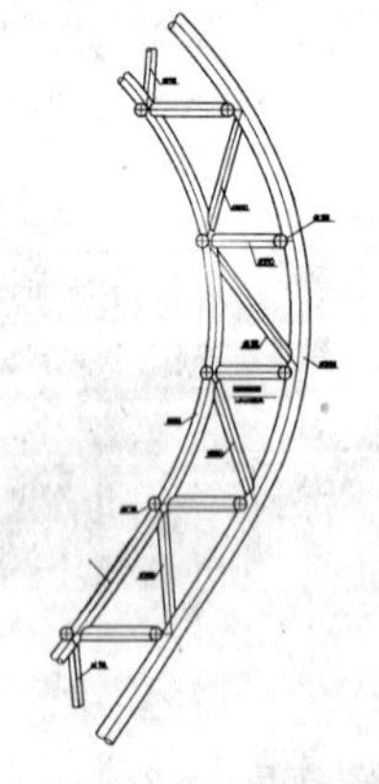

图 5 桁架柱示意图

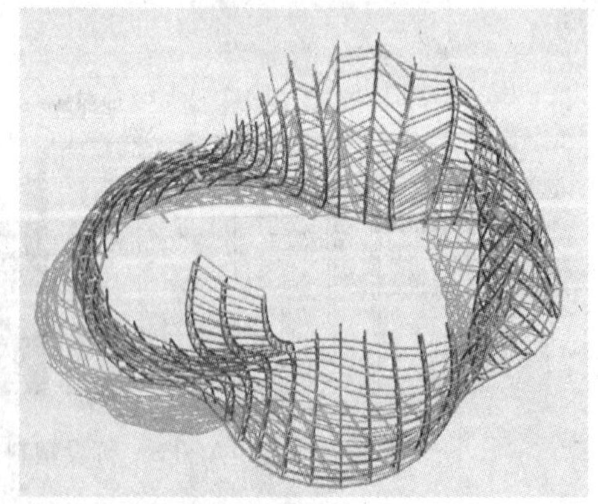

图 6 展厅钢结构 S 形桁架柱

1. 施工难点分析

(1) 本工程各类构件较多，不同类型构件多达 3 万余件。

(2) 各构件多为不规则曲率构件组成，构件加工精度要求高。

(3) 半相贯形式连接多达 2500 余个，竖向桁架柱与水平系杆均为此连接方式。

(4) 约有 1500 余根构件需进行弯曲处理及现场拼装。

(5) 钢结构总体深化设计及构件加工图深化繁琐、复杂。

(6) 空间定位与施工技术难度高。

(7) 工期紧张现场场地狭小，基本无构件拼装、吊装场地。

(8) 交叉施工作业复杂，合理安排工序技术难度高。

2. 施工前期准备

根据以上难点分析，本工程首先进行技术攻关，图纸理解及深化放在施工作业前期开展，采用犀牛、CAD、TEKla 三种软件模型精确放样，按照不同类型构件绘制材料加工图，第二步：对半相贯连接形式加工厂预制作，提前消化查找问题，第三步：对弧形构件冷弯实验，熟悉数字机床性能及参数，第四步：制定合理可行的施工顺序及施工进度计划，此方式不仅确保了后序施工有序衔接而且提供了施工难点二次研究宝贵时间。

(1) 使用三维软件对钢结构深化设计

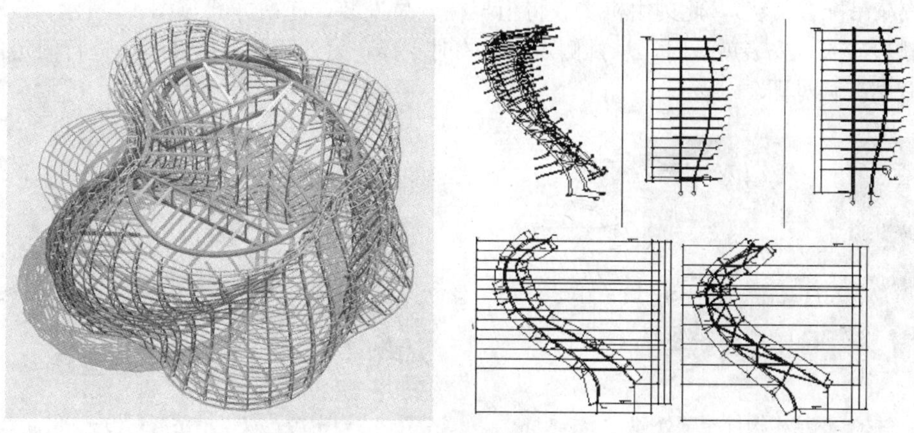

图 7 三维软件及构件加工图

(2) 相贯节点连接

相贯节点施焊前先精确画出趾部及两侧面的定位线，定位线见图 8 所示；后进行冲孔并将水平构件多层多道焊，一个节点往往有多条相贯焊缝，焊缝集中。一条相贯焊缝焊接完毕冷却后，再焊相邻的相贯焊缝，以防止应力集中，减小焊接变形。

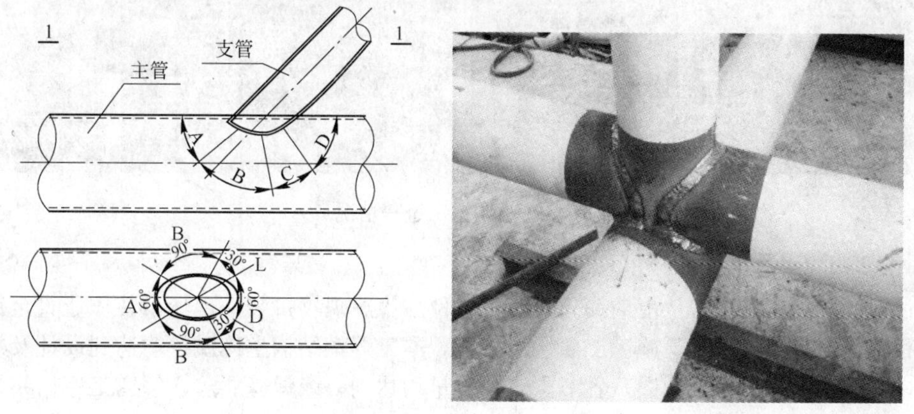

图 8 相贯节点作法及效果

A—趾部 B—侧边 C—过渡区 D—根部

(3) 构件弯弧

构件弯曲时，由于截面中心线与力的作用不在同一平面上，同时各管材除受弯曲力矩外还受扭矩的作用，所以构件断面会产生畸变，畸变程度决定于应力的大小，而应力的大小又决定于弯曲半径，弯曲半径越小则畸变程度越大，本工程桁架柱及系杆最大曲率值达到86°，为此不仅要控制应力与变形而且还要控制构件的加工精度，项目部采用冷弯法对各构件进行弯曲处理，并采用了全自动数控SDW24S-800型煨弯机，该设备是目前国内钢管弯曲的最先进的钢管冷弯设备，冷弯过程见图9所示；其主要优点是能够通过更换不同模具来对不同规格钢管进行煨弯。

(4) 构件吊装

经计算每段S形桁架吊装重量为2.5t左右，钢桁架为偏心自重，吊装时吊点选择应保证吊钩与构件的中心线在同一铅垂线上，为此，每根桁架柱采用双机抬吊(一台50t汽车吊和一台25t汽车吊配合吊装)，此刻主机满载将桁架柱就位安装，起吊方式见图10所示；S形单片桁架悬挑段较长，安装就位时，悬挑侧需搭设临时支撑，另外两侧需拉设缆风进行固定，吊装施工过程情况详见图11所示。

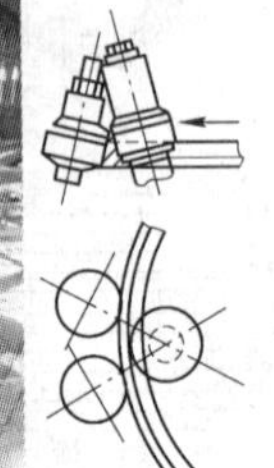

图9　钢结构构件冷弯处理

图10　双机抬吊起吊方式

图11　吊装施工过程情况

2.2.2　钢结构施工效果

经过现场精细化管理，从前期深化设计→构件加工→现场拼装→现场吊装作业直至钢结构分部工程施工结束验收，各道施工工序层层把关，本工程钢结构主体质量均达到设计及规范标准要求，钢结构各构件尺寸无误，各节点焊缝质量均达到一级焊缝要求，每道工序始终按照技术先行，未出现材料尺寸偏差现场无法安装现象，设计的深化深度、材料的加工精度使得节约钢材约337t，连接节点便捷使得钢结构分部工程节约约14个工作日。

2.3 异形玻璃幕墙应用技术

2.3.1 异形玻璃幕墙设计

本工程玻璃幕墙工程建筑构造多为不规则造型(玻璃为 8+12A+6+6 LOW-E 夹胶钢化玻璃，传热系数 $K \leqslant 3W/m^2 \cdot K$)，将玻璃在不同角度下安装就位，必须另行深化玻璃连接件形式，项目部经过电子三维放样及现场制作样品的方法，有效论证了方案的可行性，研究出了“万向球接连接方式”，此连接方式有 5 个优点：

(1)“万向球接连接方式”可 360°随意调整安装玻璃的角度，大大降低了施工难度；

(2)“万向球接连接方式”杜绝了因玻璃加工尺寸偏差，带来的二次加工或现场无法安装现象，进场异形玻璃 100%安装，使得玻璃退货、无法安装率为零；

(3)“万向球接连接方式”极大提高了现场玻璃幕墙安装施工进度；

(4)“万向球接连接方式”使得本工程无焊接幕墙龙骨此项工序，即节约能源又节约了材料；

(5)“万向球接连接方式”将安装玻璃附框可 360°旋转，确保了玻璃间胶缝宽度一致，施工质量随之大幅度提高。

2.3.2 玻璃幕墙连接件设计

万向球接连接方式为项目部针对本工程特别研发的，国际上玻璃幕墙首次使用，此连接技术设计前期先在三维图纸上模拟连接可行性，三维模拟分析见图 12 所示。

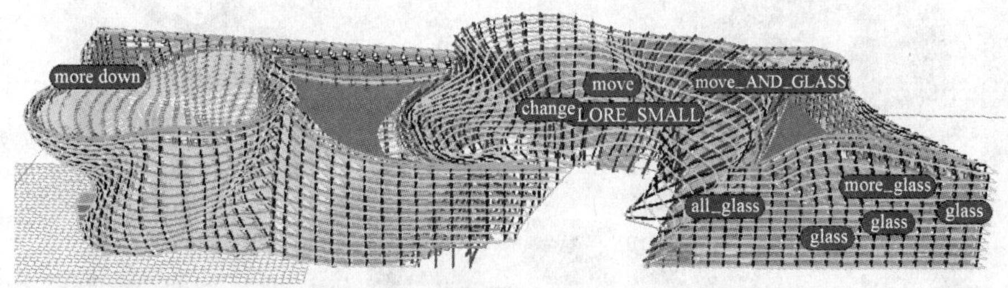

图 12 三维图纸模拟连接件可行性

万向球接连接件设计基础就是能使玻璃随意角度安装，为此项目部制作了两块圆形法兰盘进行拼装，在两块法兰盘中间预留环形导轨，导轨内安装球铰组件，球铰组件再与玻璃附框连接，将玻璃安装在附框内，万向球接连接件作法见图 13 所示。

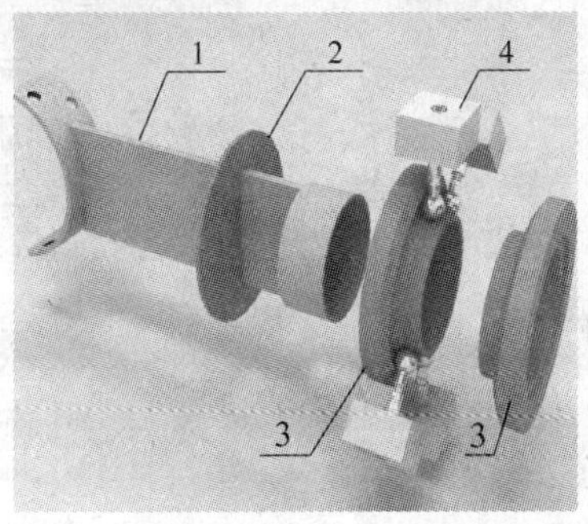

图 13 万向球接连接件示意

连接组件装配图：1—连接件；2—圆形装饰盖板；3—法兰盘；4—球铰组件

此连接形式通过电子模拟可行性分析，现场又制作了尺寸为1∶1的模型，论证了万向球接连接件满足异形玻璃施工，再开始大面积安装，现场样板见图14所示。

图14 万向球接连接件现场制作样品

2.3.3 幕墙施工效果

经过上述两次论证，项目部使用了万向球接连接件施工幕墙分部工程，创新的连接件作法使得异形玻璃幕墙施工难度大大降低，施工质量也得到了保证(连接作法质量见图15所示)；幕墙工程施工效果良好(图16)。

图15 万向球接连接件现场施工情况

图16 玻璃幕墙施工效果

2.4 呼吸式GRG三维吊顶应用技术

2.4.1 GRG三维吊顶设计

工程展厅三原计划使用普通石膏板做三维立体吊顶造型，但普通石膏板在造型及外观上差强人意，于是项目部技术人员构想出使用造型强及美观的GRG石膏板代替普通石膏板，GRG三维吊顶有4个方面的优点：

(1) GRG 材料采用高密度石膏粉、增强玻璃纤维，以及一些微量环保添加剂制成的预铸式新型装饰材料，声学性能好、会呼吸(在制作过程中在板面预留了孔洞，可吸声、可吸收或释放出水分)的优点；

(2) GRG 材料可塑性强，能够加工成任意造型，确保完成三维效果；

(3) GRG 材料强度高，可整体拆卸二次利用，既环保又节材；

(4) GRG 材料耐火性能好、可用水直接擦洗，使用维护成品低、方便。

2.4.2 三维 GRG 吊顶深化

先采用犀牛三维软件建模，吊顶整体模型见图 17 所示。

图 17 三维吊顶整体模型

CAD 制图软件进行材料放样，材料尺寸见图 18 所示。

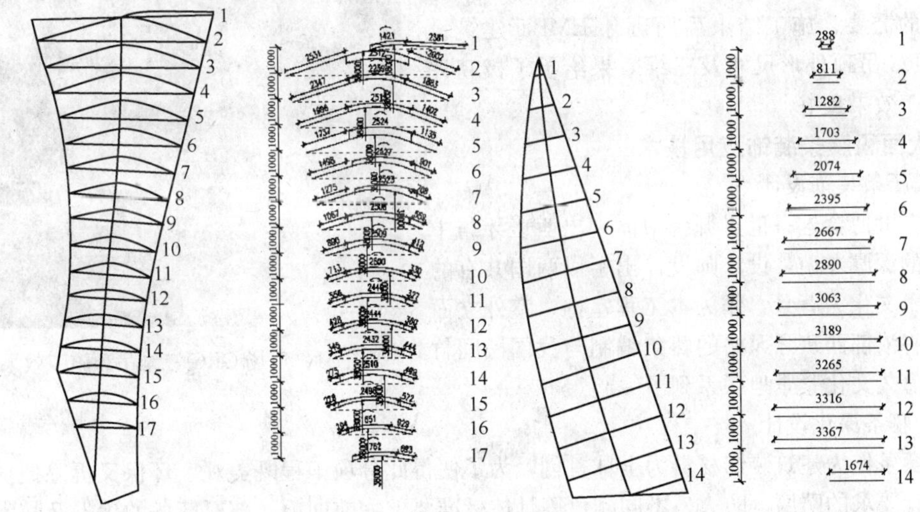

图 18 三维吊顶材料放样

2.4.3 GRG 三维吊顶施工

确定每块 GRG 产品吊顶安装位置，在钢结构桁架梁上焊接钢转换层，将吊筋安装在钢转换层上(吊筋间距为 200mm)，作法见图 19 所示。

吊筋与 GRG 预制吊顶内置的角铁预埋件进行连接，连接方式见图 20 所示；板与板间接缝采用 M6 螺母对鞘固定，使得整个 GRG 吊顶线条流畅、立体感极强。

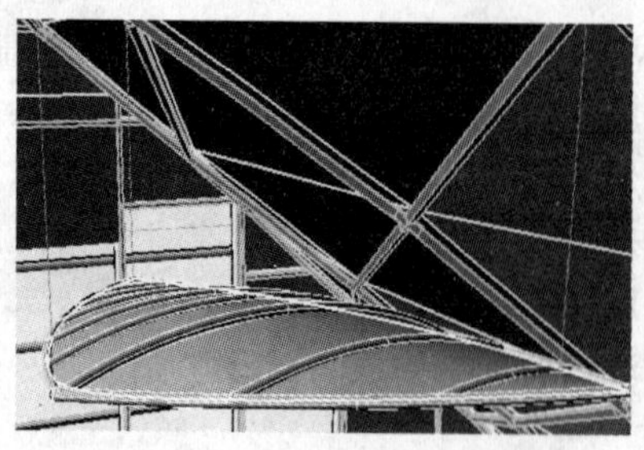

图 19 钢转换层与吊筋安装示意

图 20 角铁预埋件连接形式

2.4.4 GRG 三维吊顶施工效果

经过 GRG 三维吊顶的施工，吊顶经久耐用、不变形，施工结束后被污染处可直接擦洗，节约了二次涂料上色，并且可整体吊装，保证了施工进度的需要，施工结束后西班牙 EMBT 建筑设计对 GRG 吊顶外形尺寸及三维效果给予了极高评价，施工效果良好。

图 21 现场 GRG 三维吊顶施工效果

2.5 大面积藤条装饰应用技术

2.5.1 藤条装饰设计

为在世博会这一世界舞台中体现出西班牙与中国之间的深厚友谊，设计师设计出了以两国共有的藤编艺术文化为背景，作为本工程室内、室外立面装饰，将浓郁西班牙风格的藤条编制与我国民间竹篮这一悠久文化紧紧地联系到了一起。

2.5.2 藤条深化设计

以藤条作为建筑装饰材料为全球首创，为了使得此分项工程既美观、环保又拆除便捷，并达到设计要求的防腐、防火、不同颜色等具体标准要求，前期项目部对藤条的优点及技术难点进行了分析与消化。

2.5.2.1 藤条工程优点

(1) 经过反复试验藤条三种颜色可采用水煮的方式实现，既经济又环保；

(2) 本工程室内、室外安装藤条可有效控制夏季、冬季室内温差，减少各设备使用时间，节能效果明显；

(3) 使用藤条作为装饰材料可张显西班牙建筑的特色及与众不同；

(4) 使用藤条作为大面积装饰材料，可进一步提高两国文化、经济等领域的交流与合作，成为连接两国友谊的桥梁。

2.5.2.2 藤条工程技术难点

(1) 藤条排版深化图的设计；

(2) 藤条数量、编织方法及颜色在建筑立面的划分；

(3) 各藤条板如何编织；

(4) 藤条板如何现场安装达到设计要求的立体效果。

2.5.2.3 深化设计消化与解决

(1) 藤条颜色设计及编织方法

藤条颜色分为白色、浅咖啡色、深咖啡色三种，各藤条编织方法为顺编类、交叉类、乱编类三种，其中顺编类藤条间距控制在22～25cm范围内，交叉类藤条透光率控制在12%～20%左右，乱编类透光率控制在40%～50%左右，编制方式详见图22所示；现场已制作的藤条实物详见图23所示。

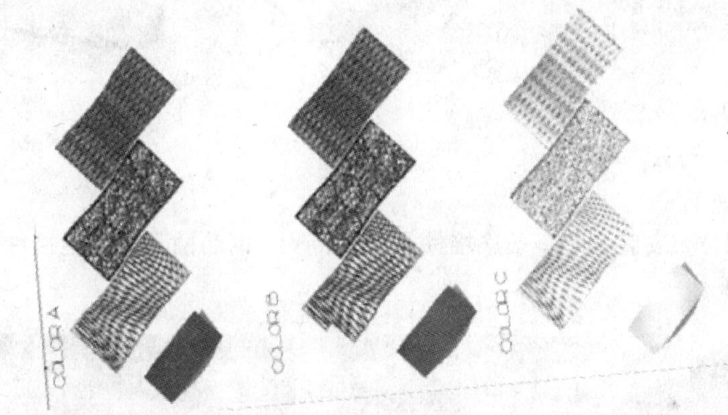

图22 藤条颜色及编制工艺示意

图23 现场藤条实物

为倡导绿色、环保理念，藤条三种颜色均采用水煮的形式进行上色(未使用任何燃料或涂料)，颜色深与浅按照水煮时间长短来区分。

(2) 藤条连接件的设计

结合现场实际条件多次设计研究，项目部设计出了“万向可伸缩连接件”，因为藤条弧高分为三种(分别为200mm、500mm、900mm)，所以藤条万向连接件按照每种藤条弧高长度分为四类(分别为100mm、200mm、350mm、550mm)，万向连接件按照藤条弧高分区域、分标高进行安装，万向可伸缩连接件具体形式详见图24所示；解决了藤条安装施工的技术问题。

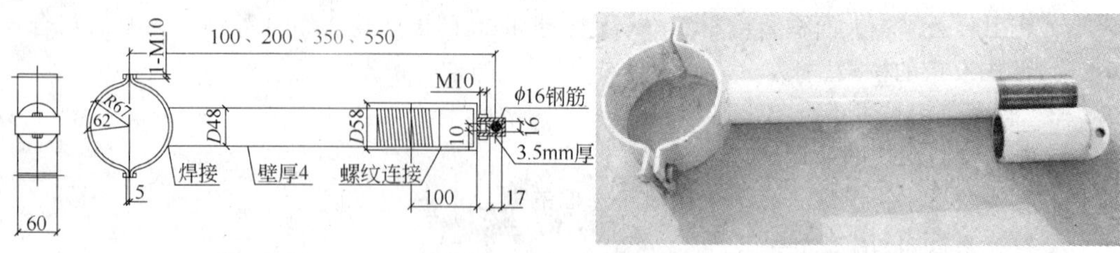

图 24 万向可伸缩连接件形式

（3）藤条排版图设计

将每片藤条进行编号，按照建立的三维模型将藤条依照顺序进行设计，详见图 25 所示。

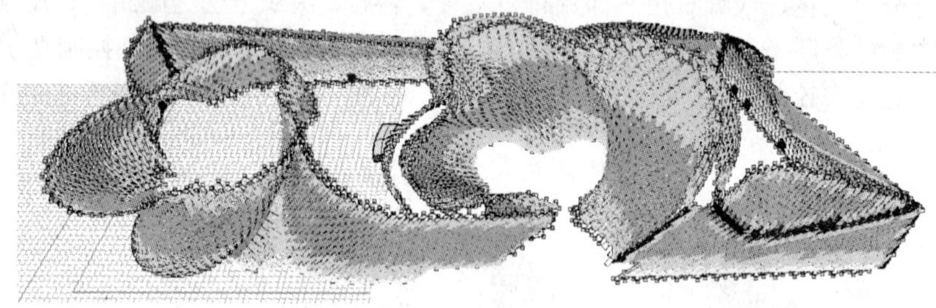

图 25 藤条三维排版

2.5.3 藤条装饰施工

按藤条排版图位置安装万向藤条连接件，然后将 φ16 钢筋插入万向连接件顶端的卡箍内，具体作法详见图 26 所示。

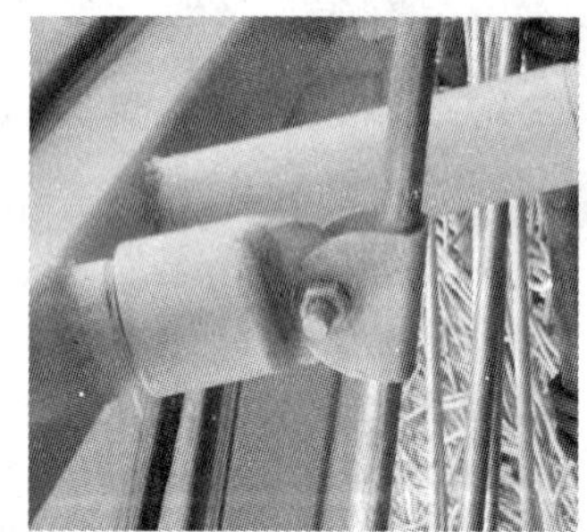

图 26 藤条万向伸缩连接件安装示意

藤条安装按照斜上 45°层层相叠进行安装(藤条自下向上安装)，安装方式见图 27 所示。

2.5.4 藤条施工效果

本工程室内、室外立面均使用藤条进行包裹，远远看去工程像是一个巨大的花篮，近观层层叠叠的藤条像是一片片的鱼鳞，这座外墙“散发”诗情画意的展馆由不同质地颜色各异的藤条板装饰，通过钢结构支架来完成，线条呈流线型，阳光将透过藤条的缝隙，洒在展馆的内部，使人沉浸在绿色的森林里，这些藤条板的天然色

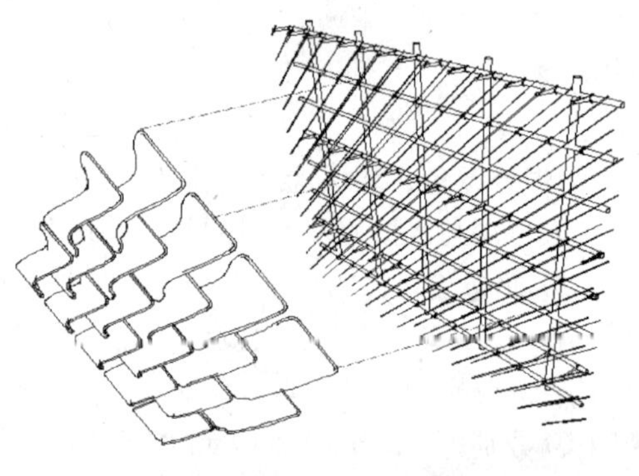

图 27 藤条安装形式

差将组合形成一个个象征自然元素的古老中国文字，将给参观者留下深刻的印象。

图 28 施工效果

经过一年的辛勤努力，在建设各方的通力合作下，本工程的各项创新得到了成功应用，施工质量好、进度快，先后获得了市钢结构金钢奖、市节约型工地、市文明工地、市优秀共青团组织、世博局五好项目部等荣誉，被世博局誉为中建铁军、深圳速度。

西班牙馆多曲率、双层偏心管桁架钢结构施工技术创新

刘　涛、张晓勇、袁建勋、韩淼兵、葛乃剑、胡　亮
（中国建筑第八工程局有限公司总承包公司）

摘　要： 以城市让生活更美好为主题的上海世博会，将设计独特、外形复杂、倡导绿色环保为设计理念的西班牙馆带到了中国，西班牙馆结构设计师的设计出发源动力有两层含义，其一：倡导绿色、节能、环保的建筑设计，其二：展现当代建筑结构设计与建造技术的最高水平，其中尤为值得一提的是：本工程先进的双层钢管偏心支撑桁架受力体系的钢结构，工程有大小不同3万余根不同尺寸的钢构件，根根构件均采用了相贯或半相贯连接技术，使之成为独立的S形曲面双管偏心桁架柱或水平系杆，各钢构件相互交错、相互依赖、共同受力支撑起了整栋建筑，将本工程结构外形打造成了一个“结构外部看起来很开放，内部又有着明确的区域划分”，互动性很强的精品建筑，与其将本工程评价为精品建筑不如比喻成一件含金量很高的“建筑教科书”。

关键词： 双层钢管偏心支撑桁架，半相贯连接，S形冷弯加工，空间逆作法对接

1　工程概况

工　程　概　况　　　　表1

工程名称	上海世博会西班牙馆工程	工程地址	上海世博会C片区C09地块
工程类别	多层	抗震设防烈度	7度
占地总面积	4714m²	建筑面积	7624m²
建筑高度	20m	建筑周长	360.98m
单根构件最大跨度	19.1m	总用钢量	约2476t
钢梁规格(mm)	220×110×6×10、270×135×8×10、300×150×8×12、330×160×8×12、400×300×14×25、450×300×14×30、500×300×16×30、300×100×10×16、400×115×14×18等		
钢柱规格	ϕ152×16、ϕ152×20、ϕ180×20、ϕ200×12、ϕ200×16、ϕ299×10、ϕ299×16、ϕ299×25等		

本工程结构体系新颖，构思巧妙，充分体现了绿色建筑的要求，工程创新采用了双层钢管偏心支撑桁架、空间异型结构体系，既是工程的外围护结构，同时与混凝土楼层板联合作用、承担承重作用。空间框架结构竖向及水平向构件沿建筑立面在不同部位发生扭曲，以与空间扭转曲面相适应，是本工程最大的特点和难点。

2　双层钢管偏心支撑钢结构设计特点及施工难点

2.1　钢结构设计特点

西班牙设计师为了彰显出工程钢结构外形奔放独特，设计充分考虑了其各构件受力的可靠性、经济性，在满足了三种设计目的的前提下，概念性的设计出了双层钢管偏心支撑桁架、空间异形结构体系，建筑楼面的竖向荷载通过与之相连的水平构件传递至与之相连的竖向构件，

继而通过基础传至地基。对于水平荷载(包括风和地震)，双层空间框架通过梁柱节点的抗弯能力提供足够的抵抗力。

本工程钢结构围护均采用异形双层钢管偏心支撑桁架，异形钢管杆件直径严格控制在120～300mm，通过半相贯、全相贯焊接技术及空间铰接技术将外围护支撑桁架柱组合成双层偏心支撑桁架体系。双层桁架柱是为日后的拆建及幕墙、藤条等后续施工提供界面，构件的外形尺寸均与后期的施工密切相连。此种设计有4个方面的优点：

(1) 使用铰接连接方式占各构件连接总数的85%，此作法使得钢结构焊接作业大大减少，既提高了施工进度又节能；

(2) 此作法消除了施工火灾隐患，随之高空作业工程量有了大幅度降低；

(3) 90%的钢结构材料均可简易拆除、二次回收利用；

(4) 直接将钢结构构件弯弧制作，节省了后续施工所需的附属构件。

2.2 双层钢管偏心支撑桁架、空间异形结构施工难点

(1) 本工程各类构件较多，不同类型构件多达3万余件。

(2) 各构件多为不规则曲率构件组成，构件加工精度要求高。

(3) 半相贯形式连接多达2500余个，竖向桁架柱与水平系杆均为此连接方式。

(4) 约有1500余根构件需进行弯曲处理及现场拼装。

(5) 钢结构总体深化设计及构件加工图深化繁琐、复杂。

(6) 空间定位与施工技术难度高。

(7) 工期紧张现场场地狭小，基本无构件拼装、吊装场地。

(8) 交叉施工作业复杂，合理安排工序技术难度高。

3 双层钢管偏心支撑钢结构施工关键技术

根据以上特点、难点分析，本工程首先进行了关键技术的攻关：①图纸理解深度及深化放在施工作业前期开展，选择符合工程特点的软件工具对钢结构深化是开展工作的前提；②对相贯构件的连接与制作是关键；③对弧形构件冷弯技术的处理是重点；④高强螺栓空间定位铰接是保障。

3.1 使用三维软件对钢结构深化设计技术

(1) 三维软件的选用

项目部针对本工程异形钢结构的曲率复杂的特点(单纯的平、立、剖无法详细解读本工程异形钢结构)，选择使用了犀牛(Rhinoceros)软件作前期工程的线性模型，TEKla三维软件进行深化设计和施工平面模拟，CAD设计软件制作各构件加工图。

经过三维深化设计极大降低了各构件的加工、安装难度，优化适合工程施工的最佳路线，并使得各施工人员较为直观的了解整个分部工程特点及难点。经过犀牛软件设计的线性模型见图1所示；经过TEKla三维软件深化的构件形态见图2所示；经过CAD软件绘制出的构件加工图纸见图3所示。

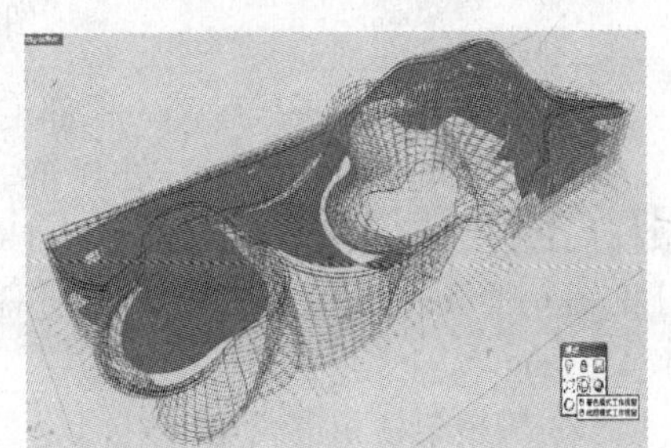

图1 犀牛软件设计的线性模型

(2) TEKla三维软件在施工平面模拟中的应用

TEKla软件较好地模拟了现场实际环境，对合理安排施工顺序起到了主要作用，按照项目部人员现场勘察及三维软件的优化设计安排，项目部制定了先东侧后南侧的施工流程；施工顺序详见图4所示。

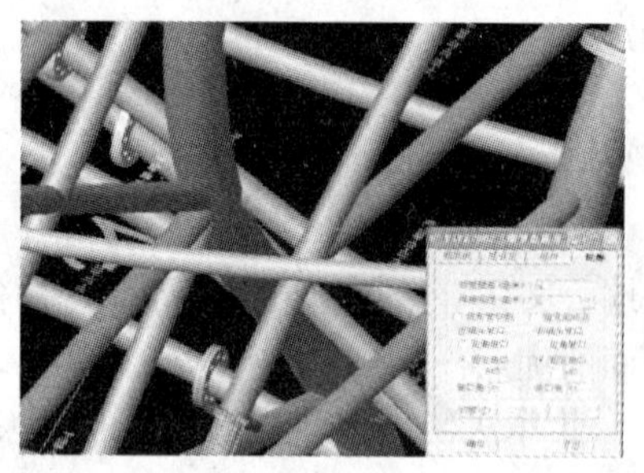
图2 TEKla三维软件深化的构件形态

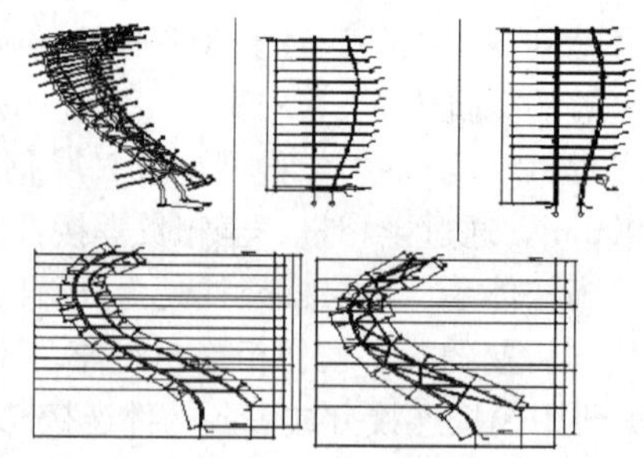
图3 CAD软件绘制出的构件加工图

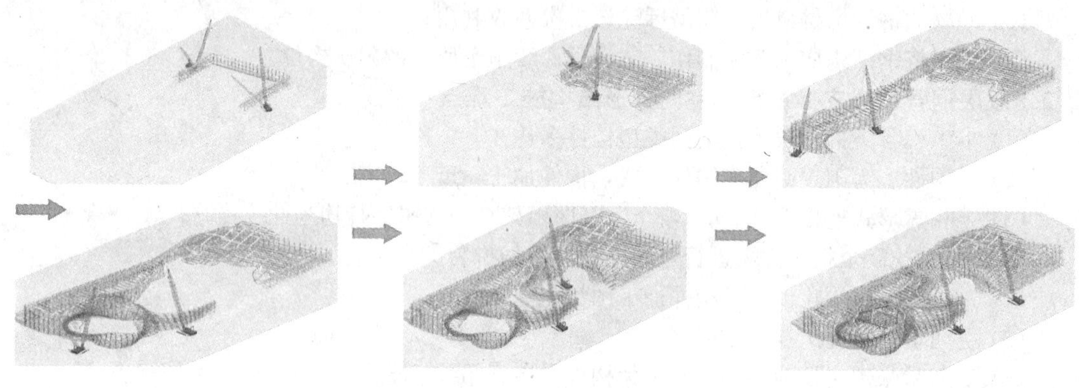
图4 施工流程安排

先东侧办公区竖向管桁架吊装→东侧内桁架柱、梁吊装→北侧钢结构吊装(展厅1)→西侧钢结构吊装(展厅2)→南侧钢结构吊装(展厅3)→室外广场钢结构吊装→钢结构吊装收头。

3.2 相贯节点连接技术

半相贯、全相贯经过反复试验，项目部最后采用了先坡口后弯管的施工工艺，避免了先弯管造成的管壁开裂、变薄现象的产生，其弯管工艺为：先切割管桁架柱趾部、根部(预留侧边和过渡区)，再按照管桁架弯曲曲率进行冷弯处理，最后再切除侧边和过渡区剩余部分，现场焊接水平系杆，完成相贯节点的施工，相贯节点坡口具体作法见图5所示；

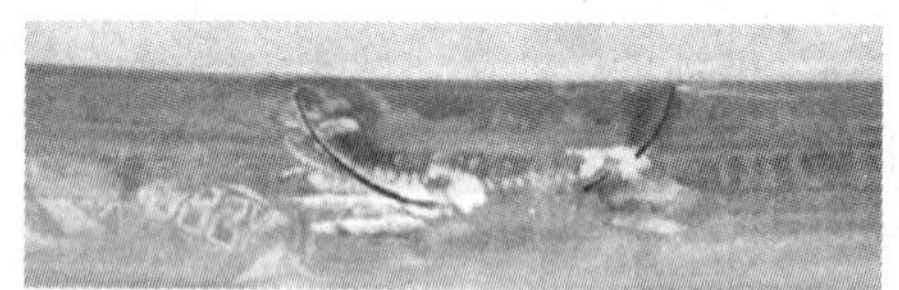

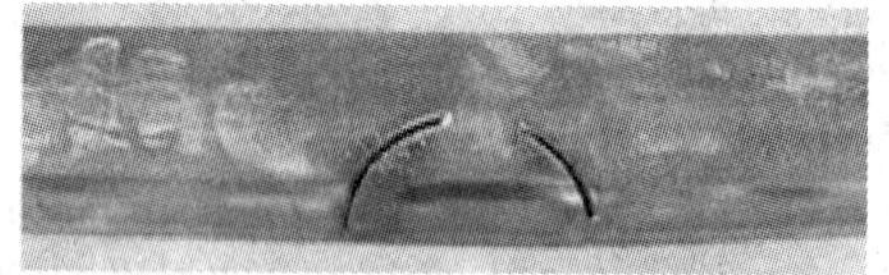
图5 相贯节点坡口作法

(1) 管桁架柱相贯线趾部、根部定位

相贯节点施焊前先精确定出趾部、根部定位线，再划出侧边及过渡区的外轮廓线，水平系杆周边分为A(趾部)、B(侧面)、C(过渡区)、D(跟部)四个区域，趾部、根部定位线的划分见图6所示；因构件坡口完毕后还需冷弯处理，为此趾部与根部定位坡口尺寸各边需相应缩小4～6mm。

(2) 管桁架柱相贯线切割

相贯切割采用三维数控钻床(PABD)进行坡口处理，该设备有七个数控轴，而且每个动力

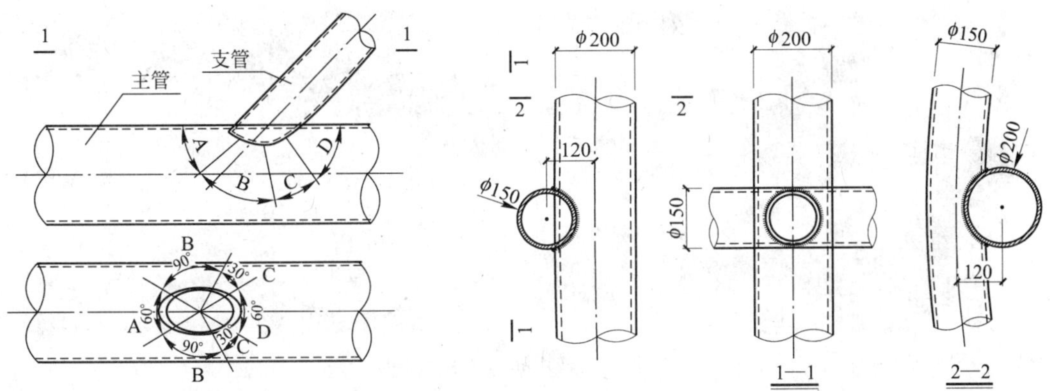

图 6　趾部、根部定位线的划分示意

A—趾部　B—侧边　C—过渡区　D—根部

头都可以两个坐标移动，所有操作由计算机控制，只要选定一种模式，输入主管、支管的外径、壁厚及其相交的角度(正交和斜交)、曲管的弧度、半径及曲线轨迹，即自动生成相贯线，参数输入见图 7 所示；资料生成见图 8 所示；通过割嘴的摆动可割出不同截面上的所要求的坡口。由于主管贯通，支管以内径相贯，沿内径向外开出坡口。从而保证了三个主轴可以在系杆圆管的三个面上同时成孔，一次成孔合格率高、工作效率随之提高。

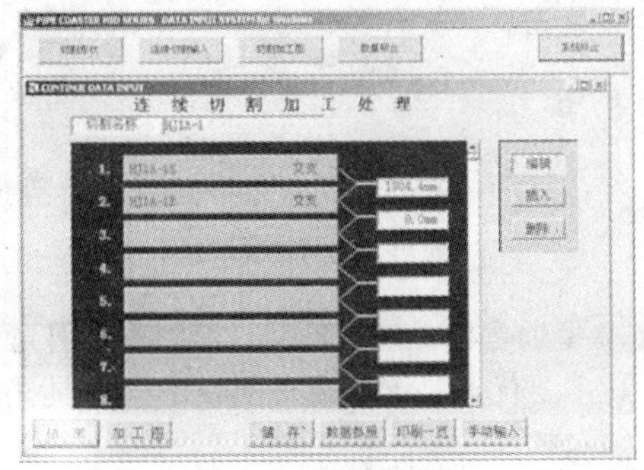

图 7　相贯线参数输入

图 8　相贯线切割

3.3　管桁架 S 形弯弧技术

(1) 管桁架 S 形冷弯加工

管桁架构件弯曲时，由于截面中心线与力的作用不在同一平面上，同时各管材除受弯曲力矩外还受扭矩的作用，所以构件断面会产生畸变，畸变程度决定于应力的大小，而应力的大小又决定于弯曲半径，弯曲半径越小则畸变程度越大，本工程桁架柱及系杆最大曲率值达到 86°，为此不仅要控制应力与变形而且还要控制构件的加工精度，最后采用了冷弯法对各管桁架构件进行弯弧加工。

为确保其加工精度，项目部采用了科学的弯弧控制技术、先进的加工设备及可靠的检测手段，三管齐下确保达到其精度要求。

人工弯弧技术措施控制：先在管桁架顶、底两端通过挂线锤确定其中心点，用墨斗弹出中心线。将所弯曲的管桁架放置在钢质胎架上，在胎架下方弹出弯弧控制线，使用吊线的方法控制其冷弯弧度，详见图 9 所示。

图9 管桁架冷弯控制

电子弯弧技术措施控制：采用CAD软件和弧长计算法按照每800mm长度计算一个弧长、弦高，将每段弯曲数据输入数控煨弯机控制程序中，实施管桁架冷弯加工，参数输入见图10所示；弯曲数据生成见图11所示。

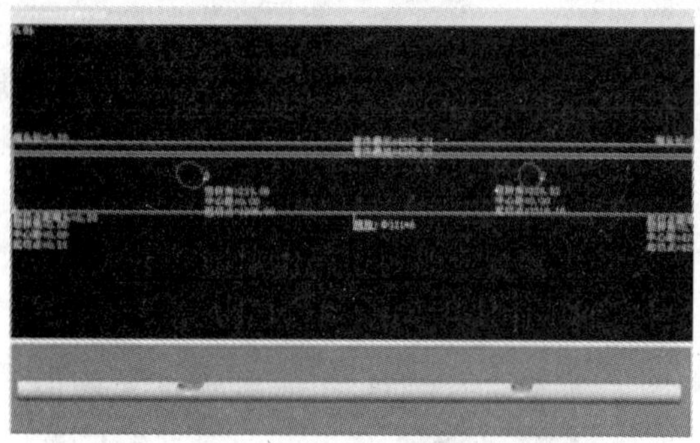

图10 参数输入

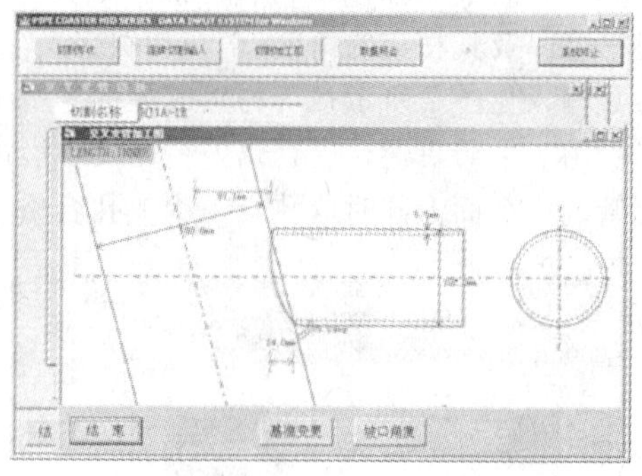

图11 弯曲数据生成

先进的弯管设备：采用了全自动数控SDW24S-800型煨弯机，该设备是目前国内钢管弯曲的最先进的钢管冷弯设备，冷弯过程见图12所示；其主要优点是能够通过更换不同模具来对不同规格钢管进行煨弯。

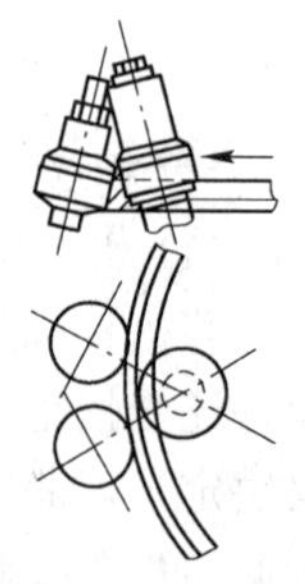

图12 钢结构构件冷弯处理

双层偏心支撑桁架柱弧度检测：每根桁架柱冷弯弧度均不一，为此冷弯桁架柱时均提前定制木模测度尺，将测度尺靠在冷弯区域实施检测，确保每根双层偏心支撑桁架冷弯弧度准确无误，见图13所示。

(2) 管桁架冷弯实施效果

经过管桁架弯弧精确计算(手工计算与电子复核)和数控煨弯机过程监控管理，很好的控制

图 13　双层偏心支撑桁架柱冷弯弧度检测

了管桁架加工精度(经实测实量：管桁架弯弧偏差控制在 2mm 以内、弯管中心线矢高控制在 4mm 以内、两管口侧面垂直度控制在 2mm 以内、管桁架表面应圆滑无裂纹)，管桁架冷弯效果达到设计及现场所需要求，S 形双层偏心管桁架加工情况见图 14 所示。

图 14　S 形双层偏心管桁架加工

3.4　高强螺栓空间定位逆作法铰接技术

每榀双层偏心钢管支撑桁架柱分三段进行吊装施工，在二、三段桁架柱加工厂制作时单边法兰不予焊接，待现场安装二段桁架柱时现安装法兰盘，再焊接上段偏心支撑桁架柱，此作法有效避免了高强螺栓与法兰无法正常连接的现象，逆作法施工见图 15 所示。

按照测量定位位置安装 10.9 级高强螺栓，详见图 16 所示。

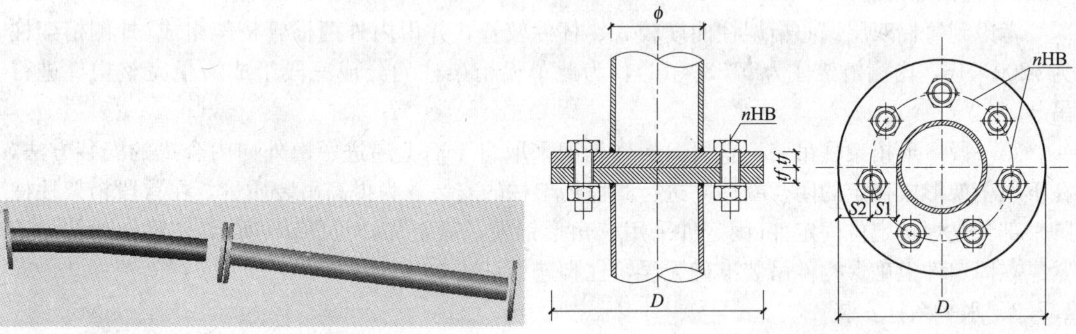

图 15　高强螺栓空间逆作法施工

图 16　桁架柱与桁架柱之间连接形式

4　多曲率、双层偏心管桁架钢结构吊装

4.1　工艺流程

柱脚预埋件定位→柱脚预埋件安装→桁架柱吊装(分三段进行吊装)→水平系杆加工→

水平系杆现场焊接→二段桁架柱定位→二段桁架柱吊装→二段水平系杆现场焊接→操作脚手架加高→三段桁架柱定位及吊装→三段水平系杆现场焊接→屋面钢梁安装→铺设压型钢板。

4.2 双层偏心管桁架钢结构吊装

4.2.1 柱脚预埋件安装

4.2.1.1 全站仪架设测量

根据本工程占地面积较小且平面各点基本能够通视的特点，根据现场实际情况采用极坐标法进行钢结构预埋件及首段钢结构吊装施工。

4.2.1.2 地脚螺栓安装

在底板钢筋绑扎完成之后，底板梁钢筋绑扎之前，预埋件的埋设工作即可插入进行。为使预埋螺栓安装后牢固，特采用∟80×50×6角铁制作成定型模具，将螺栓插入空洞内单焊临时固定，具体作法详见图17、图18所示。

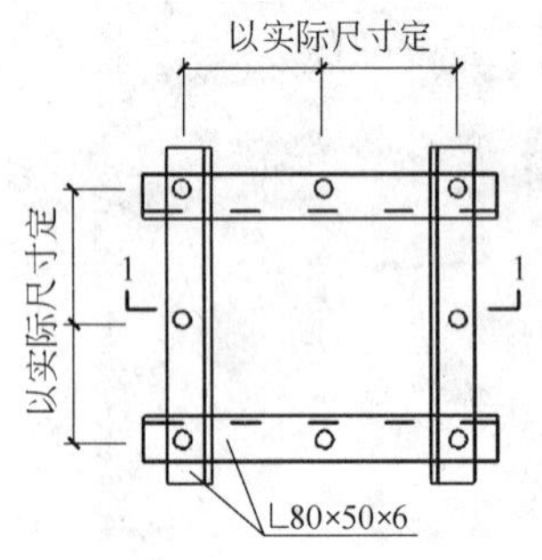

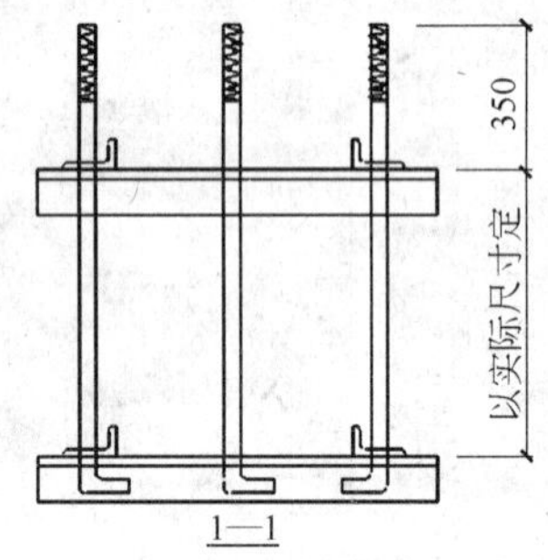

图17 预埋件定型模具示意

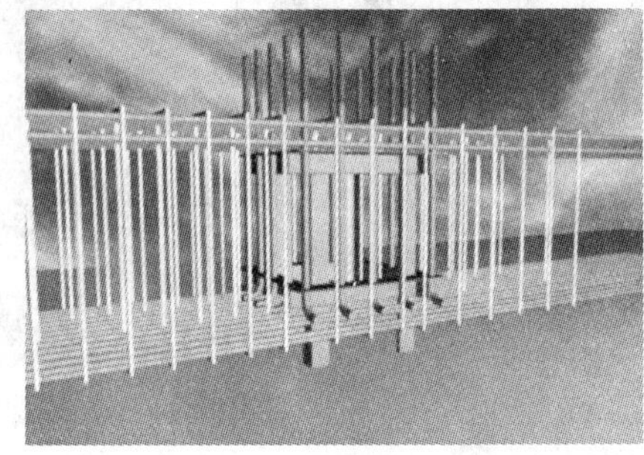

图18 预埋件安装

4.2.1.3 柱脚预埋板安装

待预埋螺栓就位后，安装25mm厚预埋板，预埋板上下部均用两颗10.9级高强螺栓固定，并在预埋板下部浇筑50mm厚C35微膨胀性混凝土，强度达到设计要求的30.4MPa后吊装上部钢构件。

4.2.2 桁架柱吊装

考虑到每榀双层偏心桁架柱曲度较大、杆件较长，并由内外两根管桁架组成(外侧桁架柱为ϕ200×16，内侧桁架柱为ϕ152×16)，为此单榀桁架柱均分成三段组成一根完整构件进行吊装。

第一段S形桁架柱吊装：首段S形管桁架采取自下而上递进、由外向内合拢的安装方法，在下段桁架形成稳定的闭合圈后才进行二段桁架柱的安装。为提高吊装质量，在首段桁架柱柱脚根部预先焊接定位固定件(固定件采用三角形钢板，固定件详见图19所示)，将桁架柱外壁紧靠在固定件上确保构件吊装准确无误，柱脚连接见图20所示。

4.2.3 水平系杆安装

水平系杆以相贯、半相贯两种形式焊接在竖向S形偏心管桁架柱上(系杆按照1200mm间距进行焊接)，为确保系杆焊接质量及进度，水平系杆按照每三榀竖向桁架柱为一个单元进行加工及现场安装(系杆安装前须提前采用前述关键技术进行加工)，现场相贯连接形式见图21及图22所示。

图 19 固定件安装示意

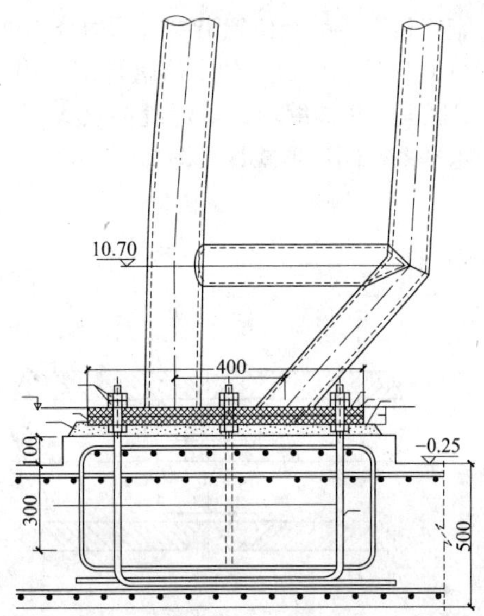

图 20 柱脚连接示意

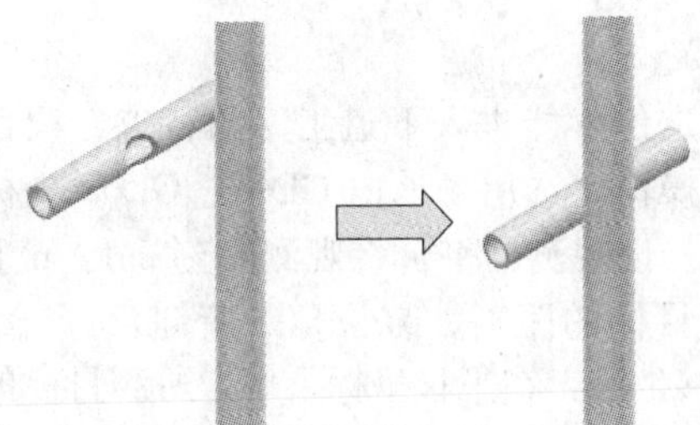

图 21 半相贯连接示意

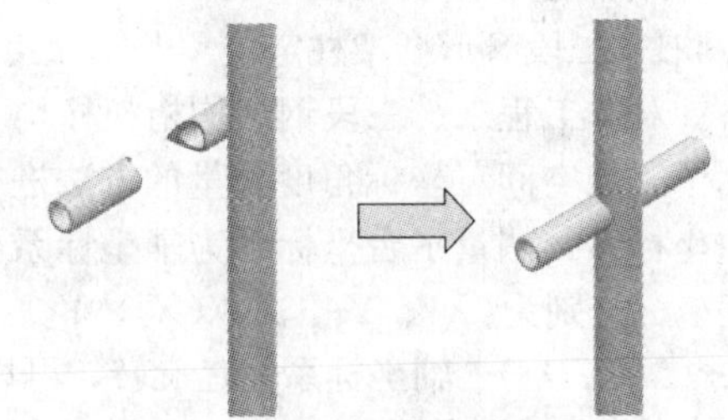

图 22 全相贯连接示意

半相贯连接以竖向桁架柱和水平系杆中心点向外 120mm 进行焊接，具体连接形式见图 23 所示；全相贯连接以竖向桁架柱向外偏心 25mm 为中心点进行有效连接，具体连接形式见图 24 所示。

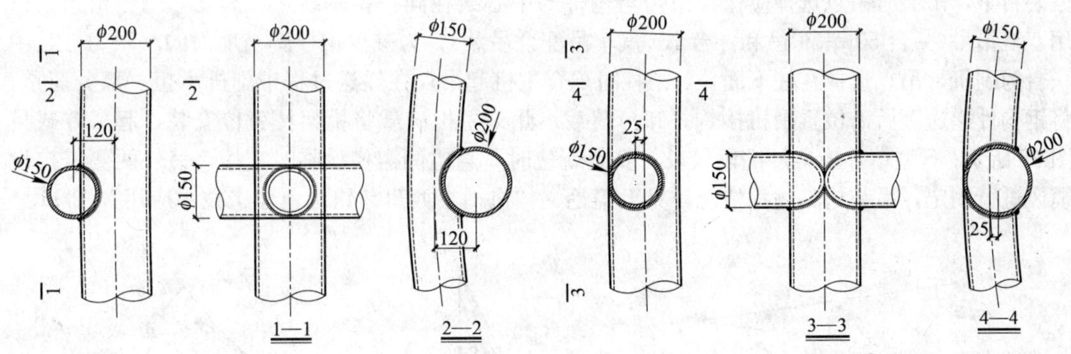

图 23 半相贯连接示意 图 24 全相贯连接示意

水平系杆与桁架柱进行相贯焊接(此连接方式国内极为罕见)，结合本工程焊接质量较高、施焊难度较大的特点，采用二氧化碳气体保护焊进行焊接，焊接材料为二氧化碳焊丝(ER50-2、直径 $\phi1.2$)。

钢管相贯线焊缝位置沿支管周边分为A(趾部)、B(侧面)、C(跟部)三个区域，当$a \geqslant 75°$时A、B、C区采用带坡口的全熔透焊缝，当$a \leqslant 75°$时A、B区为带坡口的全熔透焊缝，$a \leqslant 35°$时，C区采用角焊缝形式，焊缝高度大于1.5倍支管壁厚，各区相接处坡口及焊缝应圆滑过渡，水平系杆剖口形式详见图25所示；相贯口焊接位置详见图26所示。

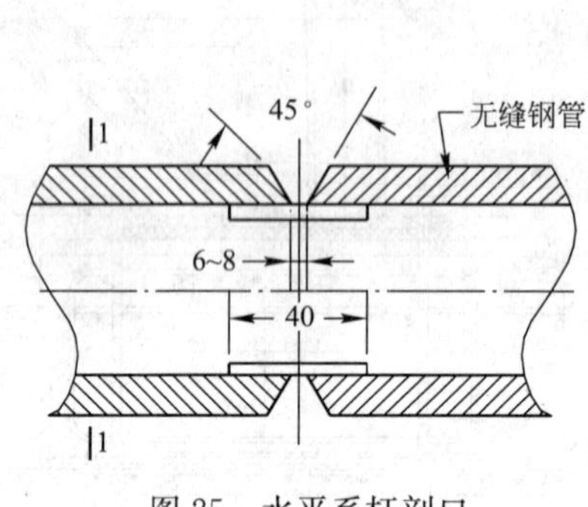

图25 水平系杆剖口

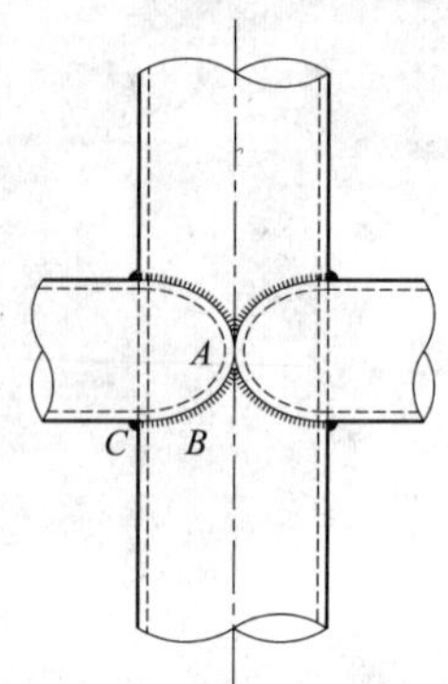

图26 相贯口焊接位置

4.2.4 第二段S形桁架柱吊装

4.2.4.1 二段S形桁架柱定位

针对本工程二、三段钢结构桁架柱均需空间三维定位才能进入下道工序的特点，项目部采用了三维空间三坐标角度测量的方法进行现场施工操作，选用场地内GD01、GD02坐标系为主坐标系，测量平台坐标系为辅坐标系(被观测点)。设观测器平台在观测时刻n-1，n上的空间坐标分别为(X_1、Y_1、Z_1)(X_2、Y_2、Z_2)，所测目标的距离、方位角、俯仰角(r_1、ϕ_1、λ_1)(r_2、ϕ_2、λ_2)，辅坐标系经过旋转，可以得到新平移坐标，在平移坐标系中，所测目标的距离、方位角、俯分别为(r_1、α_1、β_1)(r_2、α_2、β_2)。观测者与目标的空间关系如图27所示。

现场实测坐标数据与电子图坐标数据进行二次复核，两数据无误后开始进行二、三段桁架柱吊装工作。

4.2.4.2 二段S型桁架柱起吊

按照桁架柱编号对二段桁架柱吊装，经计算每段S形桁架吊装重量为2.5t左右，钢桁架为偏心自重，吊装时吊点选择应保证吊钩与构件的中心线在同一铅垂线上，为此，每根桁架柱采用双机抬吊(一台50t汽车吊和一台25t汽车吊配合吊装)，为减少钢柱脚与地面的摩阻力，其中一台为副机，吊点选择在柱下面，起吊柱时配合主机起吊，在递送过程中副机承担一部分荷重，将钢构件递送至所需位置副机摘钩，卸掉荷载，此刻主机满载将桁架柱就位安装，起吊方式见图28所示；S型单片桁架悬挑段较长，安装就位时，悬挑侧需搭设临时支撑，另外两侧需拉设缆风进行固定，吊装施工过程情况详见上篇论文“世博会西班牙馆绿色建造技术应用”图11。

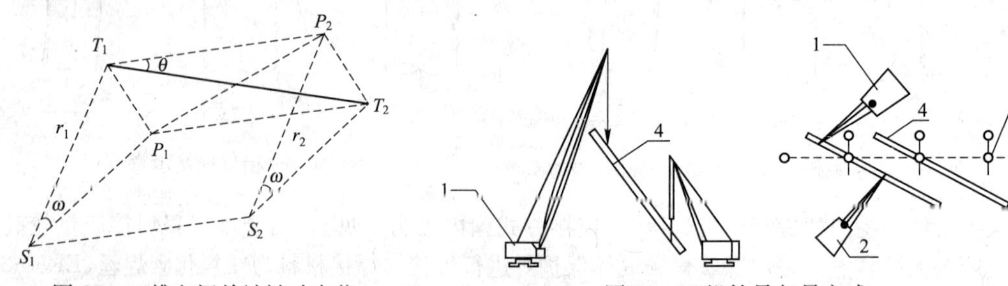

图27 三维空间单站被动定位

图28 双机抬吊起吊方式

4.2.4.3 桁架柱法兰连接

为便于今后拆除，第二段S形桁架柱与下部第一段桁架柱采用高强螺栓进行连接(10.9级高强螺栓，抗滑移系数大于0.5)，并使用逆作法连接施工(首段竖向构件顶端的法兰盘在加工出场前连接为一个整体，二、三段竖向构件法兰盘出场前未焊接一整体，待前段竖向构件安装就位后，二段、三段竖向构件吊装前采用高强螺栓连接先固定法兰盘，再起吊后续竖向构件并现场施焊)，具体作法见图29所示。

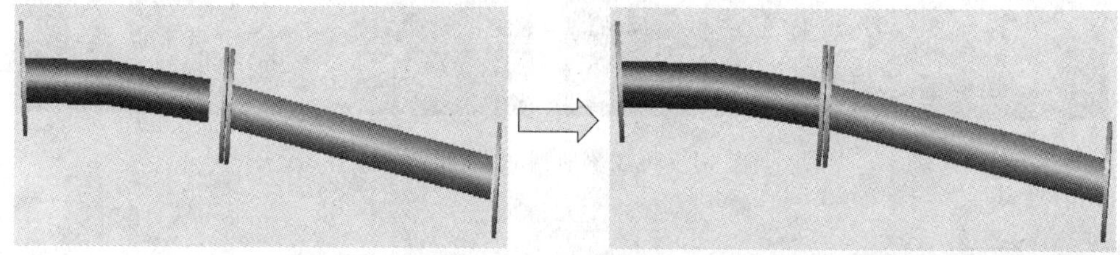

图29 空间构件逆作法施工

4.2.5 三段竖向S形双层偏心桁架柱及水平系杆施工

二段水平系杆及三段竖向双层偏心桁架柱吊装前须搭设临时胎架，用于吊装构件安装支撑架及作业施工平台。钢结构临时胎架为落地式满堂脚手架(采用的钢管类型为ϕ48×3.5mm进行搭设，经计算立杆的纵距2m，立杆的横距2m，立杆的步距1.8m满足架体稳定性及荷载要求)，针对本工程材料较多的实际情况，为便于施工及所需材料就近摆放，与其他满堂落地脚手架不同的是，在脚手架各方向均设置了上料口(每部位架体设置四个上料口)，并在二、三段桁架连接处搭设操作平台，因操作平台上部脚手架还需加高，为此需用剪刀撑作为两侧围护体系(剪刀撑连续设置)，操作平台通道上部水平管及剪刀撑围护体系支撑二、三段上部架体，具体搭设形式见图30所示；现场搭设使用情况见图31所示。

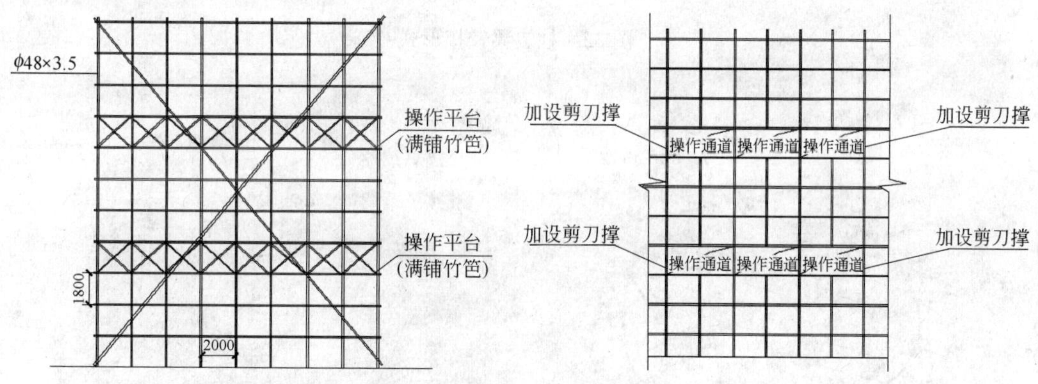

图30 落地脚手架搭设形式

三段S形双层偏心桁架柱与水平系杆的施工工艺与上述作法基本相同。

4.2.6 屋面钢梁安装

待第三段桁架柱及水平系杆吊装完毕后，在屋面标高处焊接环形箱梁，并在箱梁内侧焊接连接耳板(箱形梁为600mm×400mm×40mm×40mm工字钢，钢梁等级Q345)，承担屋面上部荷载的三角钢梁与箱型钢梁内侧耳板进行铰接(三角钢梁为600mm×250mm×40mm×30mm)，完成本工程主体钢结构全部施工，柱、梁铰接连接形式见图32所示；屋面环形箱梁、三角钢梁分布见图33所示。

图 31　现场落地脚手架搭设情况

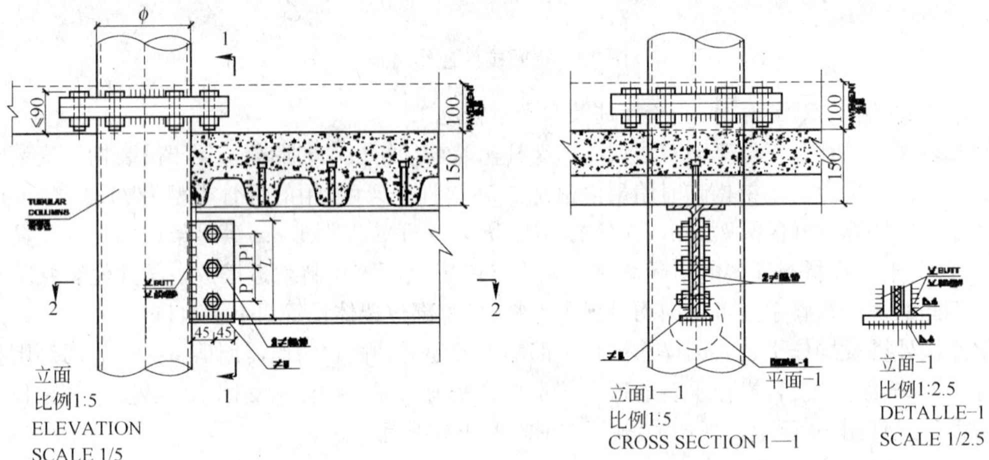

图 32　柱、梁铰接形式

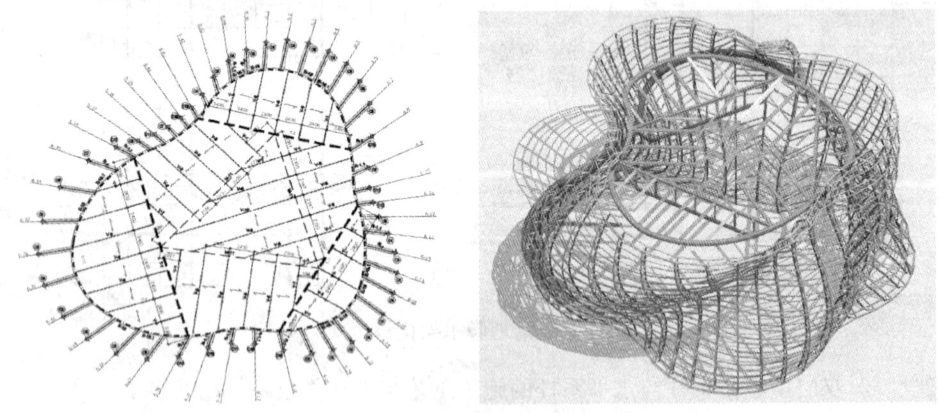

图 33　屋面网架平面

5　施工效果评价与总结

本工程主体钢结构难度堪比鸟巢，经过对本工程现场操作与精细化管理，从前期深化设计→构件加工→现场拼装→现场吊装作业，直至本工程钢结构施工质量荣获国家“金钢奖”这一殊荣，进一步证明了施工过程中总结出来的技术经验是成功的、可行的，同时以施工技术、关键技术为建筑施工第一生产力是正确的。

工程通过三维深化设计、相贯线连接技术的应用、S形构件冷弯处理及空间逆作法等技术的实施，使得本工程在原预算用钢量的基础上节余钢材337t，工期提前23个工作日，取得了良好的经济效益和社会效益，更难得可贵的是通过一系列的新技术、新工艺的运用，为今后S形双层偏心管桁架施工带来了便利和保证。

图34　S形双层偏心管桁架施工情况

图35　工程整体钢结构施工情况

新型砂加气混凝土砌块施工技术

葛乃剑、陈　华

（中国建筑第八工程局有限公司）

摘　要：上海世博村公寓楼B地块中6万m^2公寓楼填充墙体采用砂加气混凝土砌块，该新型建筑材料的应用取得良好的施工质量，通过材料进场把关、加强施工管理、施工过程中及时采取有效的技术措施，使5栋楼均获优质结构的良好效果。

关键词：砂加气混凝土砌块，技术措施，优质结构

1　工程概况

世博村B地块二标段公寓式酒店工程位于浦东南路3500号，二标段包含5幢小高层建筑和一个地下室，12～16层住宅楼，总面积6万多m^2，其建成后主要功能以高档公寓酒店为主，并结合设置部分商业、健身休闲功能。由上海世博土地控股有限公司投资建设。

本工程填充墙体均采用砂加气混凝土砌块，厚度为100mm、150mm、200mm，砌筑采用专用粘结剂及专用拉墙件，由于其具有节能、利废、提高资源利用率等优势，“轻质砂加气混凝土砌块施工技术”是建设部大力推广的“十项新技术”之一。

本工程自2008年3月开始进行墙体的施工，2008年9月完成全部砌体工程，共完成4038多m^3的砂加气混凝土砌块砌筑量，当月本工程全部5栋单体全部获得上海市“市总站优质结构”，其中14号楼、15号楼、17号楼获得上海“市优质结构”。取得了良好的社会效益。

2　加强施工管理，确定预防措施

进场施工前，项目前期引进一家劳务队，该队伍在上个工地刚刚为上海建工集团施工过市优质工程，管理人员经验丰富，工人砌筑水平较高，该队伍进场后，坚持“样板引路”制度，安排在13号楼内砌了几堵墙，项目立刻同公司质量管理人员，对这几堵墙体进行评估，提出不足，在几经整修后，大家一致认为已达到相关要求，在后期劳务队伍的招标工程中，将这些墙体作为样板进行筛选，合格进场后，再安排在各楼号内进行砌筑，满足要求后方可大面积施工。

另外，加强施工过程的管理，由两名施工员分楼号专职负责砌体工程的施工质量，严格要求工人按技术交底和施工措施进行施工，在施工过程中，对砌体导墙、灰缝、构造柱等施工质量进行严格要求，对违反技术措施的坚决进行返工，每天技术负责人组织质检小组对完成的砌体进行检查，和不定期对前期完成的墙体进行观察，发现问题及时处理，并不断改进技术措施，提高施工质量。

3　具体的施工技术措施

3.1　加气混凝土砌块的质量要求

所用砂加气混凝土砌块必须存放5d以上方可出厂，砌块运输、装卸均应轻装轻卸，禁止

在施工搬运过程中，磕坏碰坏边边角角。现场堆放高度不宜超过 2m，堆放场地应干燥、平整，不受雨雪影响，堆放时按各工作面分开堆放，做好生产日期、进场时间的标识，并用木枋垫高，准备好遮盖物，防止受潮和地表水的浸泡。砂加气块尺寸偏差和外观应符合表 1 要求。

砂加气块尺寸偏差和外观指标 **表 1**

<table>
<tr><th colspan="2">项 目</th><th>指标</th></tr>
<tr><td rowspan="3">尺寸允许偏差(mm)</td><td>长度 L</td><td>±2.0</td></tr>
<tr><td>厚(宽)度 B</td><td>±1.5</td></tr>
<tr><td>高度 H</td><td>±1.5</td></tr>
<tr><td rowspan="3">缺棱掉角</td><td>最小尺寸不得大于(mm)</td><td>30</td></tr>
<tr><td>最大尺寸不得大于(mm)</td><td>70</td></tr>
<tr><td>个数</td><td>≤2</td></tr>
<tr><td rowspan="3">裂纹长度</td><td>贯穿一棱二面的裂纹长度不得大于裂纹所在面的裂纹方向尺寸总和的</td><td>1/3</td></tr>
<tr><td>任一面上的裂纹长度不得大于裂纹方向尺寸的</td><td>1/3</td></tr>
<tr><td>条数(条)</td><td>≤1</td></tr>
<tr><td colspan="2">平面弯曲</td><td>不允许</td></tr>
<tr><td colspan="2">表面疏松、层裂</td><td>不允许</td></tr>
<tr><td colspan="2">表面油污</td><td>不允许</td></tr>
</table>

3.2 砂加气混凝土砌块砌筑前的处理

第一皮砂加气砌块砌筑前，应先用水湿润基层，再施铺 M7.5 水泥砂浆，并将砂加气块底面水平灰缝和侧面垂直灰缝满途粘结剂方可砌筑。

砂加气砌块不得洒水后再进行施工，这样无法清除表面粉尘，造成粘结不均匀，还促使砌块内部含水率不一样，造成开裂。因此在施工中，仅对基层地面浇水湿润，砌块明显受潮的不得使用。

3.3 砌筑砂浆的配制

砌筑砂浆采用专用粘结剂，专用粘结剂的质量较常用的水泥砂浆高，离散性小，更重要的是砂加气混凝土砌块灰缝厚度均为 2～3mm，一般的水泥砂浆达不到要求，它改变了传统的砌筑工艺，其性能指标与砌块本身更匹配。粘结剂的使用，使得砂加气块外观尺寸精确的优点得到了充分的发挥，大大减少了传统粉刷的厚度。降低了墙体的自重、减少了材料的用量、减少了粉刷裂缝的厚度。

现场使用粘结剂严格根据使用说明书要求及厂家要求进行水灰拌制，拌用量视使用情况定，超过 4h 会对粘结剂强度产生影响。

3.4 砌体顶梁砖砌筑方法

由于该工程为住宅楼，层高为 3.2m，砌体砌至梁底约 20～30cm 处停止砌筑，待间隔 7d 后，砂浆凝固干涸、砌体经一定收缩、沉降等变形后，再进行顶梁砌块的砌筑。

顶梁砌块的调整高度可以单独让厂家定制或进行切割，一般砌块与顶板、梁之间 3～5cm，砌块的通常厚度为 200mm、250mm、300mm，如进行切割，切割的砌块应放置在砌体的最上皮。

3.5 砌体与混凝土柱、墙之间必须合理设置拉结钢筋

墙体与主体结构之间的拉结可采用专用拉结件或 $\phi6$～$\phi8$ 钢筋，沿高度方向两皮设置一道，

若采用拉结筋应预先在砂加气块水平灰缝面开设通常凹槽，植入钢筋后，应用粘结剂填实至槽的上口平。本工程砌体与混凝土的连接采用镀锌拉结件(见图1)。

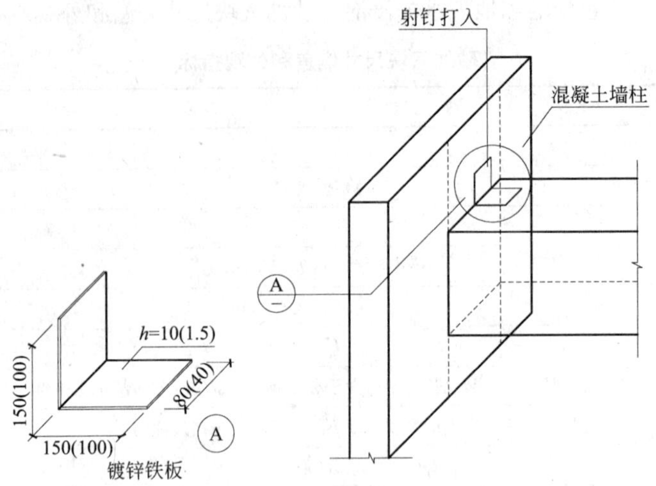

图1 砌体与混凝土墙、柱间专用拉结件

3.6 管线敷设

(1) 在施工第一次配管过程中，为统一现场开槽尺寸，对墙体的留洞尺寸进行了严格的要求。预埋在导墙内的竖管，只允许高出导墙面8cm(见图2)。砌筑墙体时，砌体留置安装槽时，须统一尺寸，单根管时，留宽3cm、两根管时，留宽6cm，且高度统一10cm(见图3)。

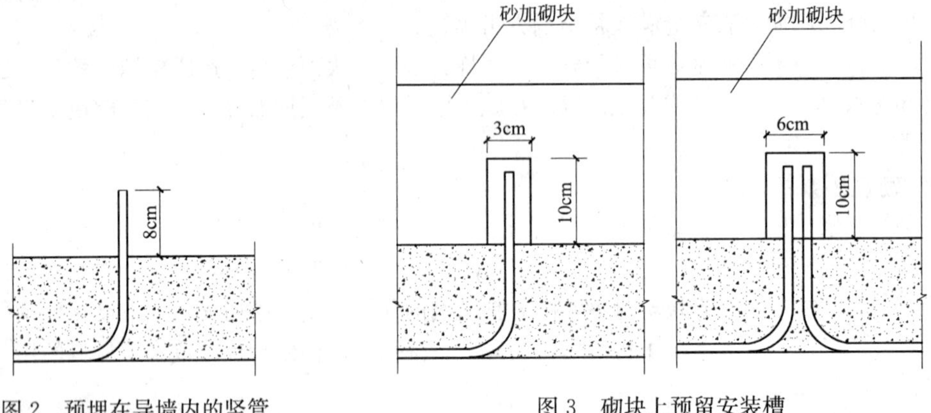

图2 预埋在导墙内的竖管　　图3 砌块上预留安装槽

(2) 在二次配管过程中，管线的开槽应待墙体达到一定强度后方可进行。先弹线，后开槽。开槽深度竖向不得超过墙厚的1/3，水平向不应大于1/4墙厚，且应避免在同一位置及槽距500mm范围以内的墙体正反面开槽。敷设管线后的槽应用专用修补材料或砂加气碎屑拌水泥、石灰膏及适量胶水进行填实，宜比墙面凹进2mm。

3.7 构造柱

构造柱施工，模板是关键，必须要保证模板表面干净，周转使用时，如不注意表面垃圾的清理，很容易造成构造柱麻面现象，所以要用一次清一次。

混凝土浇筑时，要注意接浆，因为一般浇筑多用人工运料，水泥浆流失严重，加上往柱内添料时，大量水泥浆附着在钢筋上，如振捣不到位，很容易造成烂根现象，所以为确保构造柱成型质量，最好接浆。

3.8 小改小革

本工程内墙全部为100～150mm，在门洞口两侧预埋的水泥砖采用混凝土试模制作，棱角分明，表面无蜂窝麻面，观感效果好，取得了很好的成效。(见图4、图5)

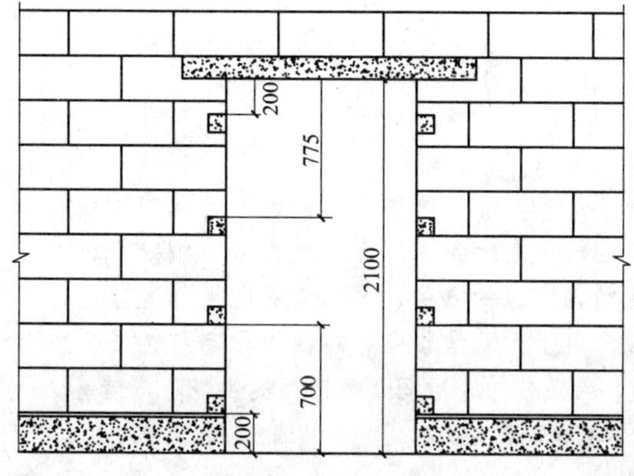

图4 门洞处预埋水泥砖

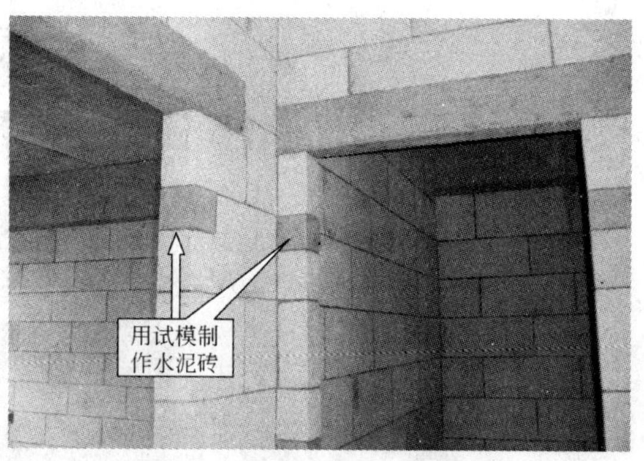

图5 水泥砖应用的实体效果

4 小结

综上所述，我们认为，要使用好砂加气混凝土砌块，必须要做到如下几点：一是要把好材料的进场质量关，掌握材料出厂龄期，并且按批量检测，做好产品质量记录，搬运的过程中做到轻拿轻放；二是要严格控制灰缝的厚度2～3mm，这是对墙体垂直度、粉刷裂缝的最有效的控制；三是要加强施工过程中的管理，制定有针对性的措施，规范工人的操作，只要按规范操作，才能有效地预防和控制墙体的问题缺陷；四是针对墙体薄弱部位进行特殊处理，如顶梁砖、墙柱间不同材料的交接等部位要加网处理，厨厕间要做防水处理等等；五是要做好细部的处理，如灰缝的平直且深浅一致，线槽修补的顺直等等。在本工程的施工过程中，不断地对砂加气块的材性及施工工艺进行摸索，通过施工实践，为公司在砂加气块的施工方面积累了一些宝贵的经验。

无粘结预应力钢筋在大跨度薄板中的应用

胡　飞、宋　巍、申晓云
（上海市第一建筑有限公司）

摘　要： 世博村B地块的住宅结构基于“随意居”的理念，采用大开间、大进深的建筑设计理念。为满足结构承载力及使用挠度要求，在楼板内大量采用无粘结预应力钢绞线。本文主要阐述了大跨度结构板上预应力钢筋矢高精确定位的方法、预应力双向板挠度理论计算以及预埋电管和预应力施工过程的配合措施。由于无粘结预应力在我国住宅结构楼板中的设计与施工应用较少，故通过本次施工实践，希望能为今后同类型工程提供经验与借鉴。

关键词： 预应力钢绞线，钢筋支架，理论试算，KBG镀锌管

1　工程概况

随着住宅空间个性化需求的日益凸显，住宅户型的可变性成为发展趋势。通过在结构中采用预应力技术，可使住宅内的承重构件越来越少，住户单元的开间、进深越来越大，户型空间实现了开放式和随意分隔的特性。世博村B地块的住宅结构设计正是基于“随意居”的理念而产生。该工程结构形式为框架—剪力墙结构，楼层为8～20层。为体现大开间、大进深、大空间的效果，为住户提供一个可随意分隔的起居空间，结构轴线柱距尺寸多为6.6m、8.1m，且无次梁构件，形成了“一居一板”的结构布局。为满足结构承载力及使用要求，在150mm厚的楼板内设置无粘结预应力钢绞线，这在我国住宅结构楼板中的设计与施工中应用较少。

该工程每层楼板均采用了无粘结预应力结构，楼板无粘结预应力筋均为双向配置。预应力筋采用1860MPa级ϕs15.24低松弛钢绞线，张拉控制力为182kN，预应力楼板混凝土设计强度为C35。预应力筋典型平面如图1。

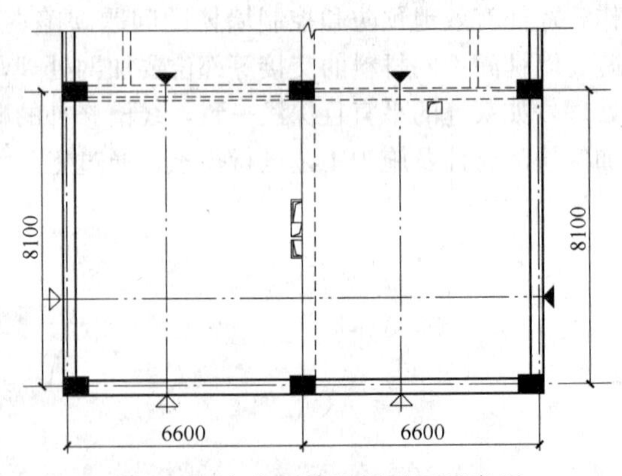

图1　预应力钢筋配筋平面示意图

2　工程难点分析

2.1　大跨度结构板上预应力钢筋矢高定位难度较大

根据设计要求，该工程预应力钢筋均为曲线型布置，且设计图纸明确设定了曲线布置的线型。由于预应力结构大多存在于楼板结构中，楼板的厚度较薄，若预应力筋的线型定位产生偏差，可能会引起预应力钢筋设计张力值较大的偏差，从而加剧下曲挠度的产生或引起反拱现象。如何在薄板结构中正确定位预应力钢筋，确保设计张力，是施工亟待解决的问题。

2.2 大跨度预应力结构挠度预估和模板起拱值确定较为困难

大跨度结构在自身重力及活荷载作用下，大多将产生较大的下曲挠度。为此设计时采取了利用曲线预应力钢筋张拉后产生的张力消除过高挠度的现象。但是无论如何消除，下曲挠度或是反拱现象始终存在。根据以往施工经验，大跨度构件在施工期间适当的起拱将有利于消除这类现象。但预应力构件的挠度有别于普通钢筋混凝土构件，正确预估预应力构件的下曲挠度或是反拱值对于模板起拱起着至关重要的理论支持。

2.3 高密度的预应力筋分布，为安装带来困难

由于预应力钢筋布置密度极高，预应力钢筋间距分别为500mm、700mm，而工程结构楼板中各类预埋管线众多。按照保护预应力钢筋的原则，安装预埋管的布置较为困难。

3 主要技术措施

3.1 大跨度结构板上预应力钢筋高精度矢高定位

根据设计图纸所示预应力钢筋线型，按照抛物线形预先设定出各位置矢高，典型剖面如图2。

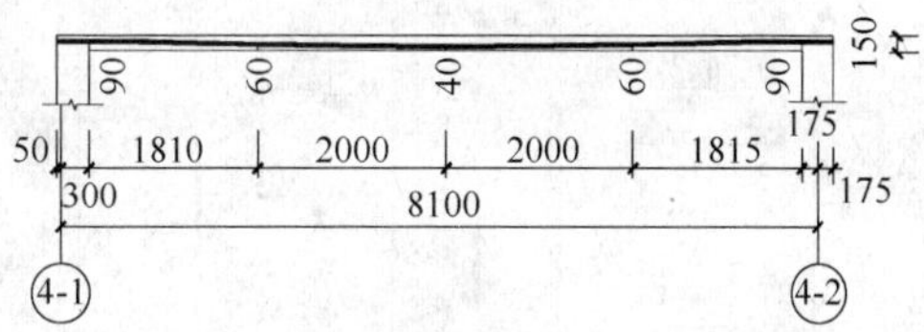

图2 预应力钢筋矢高定位示意图

根据施工经验，大多采用定型塑料垫块的方式将钢筋预设到位，但由于预应力钢筋线型较多，塑料垫块的定型化难以满足众多预应力钢筋矢高定位。通过大量现场试验，最终采用现场废旧预制短钢筋支架作为矢高定位工具。由于短钢筋现场的灵活机动性，能满足各种线型的预应力钢筋矢高定位，大大提高了定位精度，确保了施工质量。

预应力钢绞线定矢高时，先进行板底筋的绑扎，然后根据设计图纸进行矢高钢筋定位及固定。板中预应力筋定位要考虑到钢绞线本身的直径，所有支架钢筋的规格为$\phi12$，定位钢筋间距控制在2000mm左右。

3.2 大跨度预应力双向板挠度估算

采用理论分析与工程实践相结合的方式，通过对大跨度预应力双向板的理论挠度试算，预估得出在外力作用下，大跨度预应力双向板的下区挠度或反拱值，以便在施工中合理控制排架搭设标高控制尺度。

大跨度预应力双向板挠度计算简图如图3。弯矩M、等效均布荷载Q_p、轴心压力N均由预应力钢筋张拉控制力N_p引起；该工程设计张拉控制应力N_p为182kN，由于按照四面固结支座进行计算模型选定，故弯矩M可忽略其对板的不利影响，再则轴心压力N不会引起板内弯矩及挠度变形，故也可忽略其影响。整个双向板结构在竖向均布荷载的作用下计算其挠度变形值。等效均布荷载Q_p的取值以预应力钢筋作为受力单元进行分析，其在受到张拉后将对混凝土产生向上的张力，则预应力钢筋将受到一个向下作用同数值的反力(如图4)。利用内插法验算双向结构板最大构件挠度为17.5mm，下曲扰度为2‰。为保证双向板在荷载作用下的挠度下曲值接近于零，施工期间构件支撑系统按照2‰进行起拱。

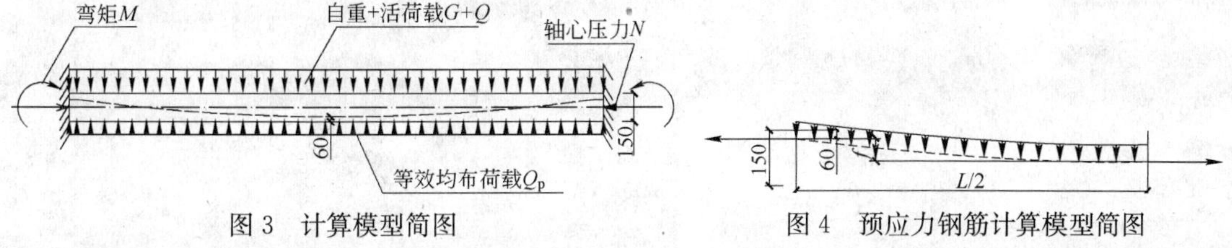

图3 计算模型简图　　图4 预应力钢筋计算模型简图

3.3　安装工程在预应力施工中的配合

该工程楼板内机电管线较多，原设计要求地下室结构内的预埋电管采用镀锌钢管，地上部分为焊接钢管。由于焊接钢管多以丝接形式连接，电气接地的连通普遍采用圆钢焊接，但焊接容易造成电气管线局部高温，对于临近无粘结预应力筋的塑料保护层会产生高温溶解或破坏等不利影响。施工时以KBG镀锌管代替原焊接钢管。KBG镀锌管的连接方式以新颖的扣压连接取代了传统的螺纹连接或焊接施工，避免了交叉施工时对预应力工程的不利影响。

为配合预应力结构施工，所有预埋管线均在无粘结预应力筋安装定位完毕后再进行安装施工。施工作业时与预应力筋交叉的管线均敷设于预应力筋上方，管线与预应力筋交叉处原则上不再重叠其他管线以保证面筋平整，防止预应力筋受压变形。当遇到管线交叉较多，无法避免重叠时，尽量把管线交叉位置调整到两根平行预应力筋的中间位置(图5)。当管线平行于预应力筋并重叠时，调整管线与预埋盒位置(图6)，使管线距离预应力筋不小于100mm，使预埋盒距离预应力筋不小于50mm。

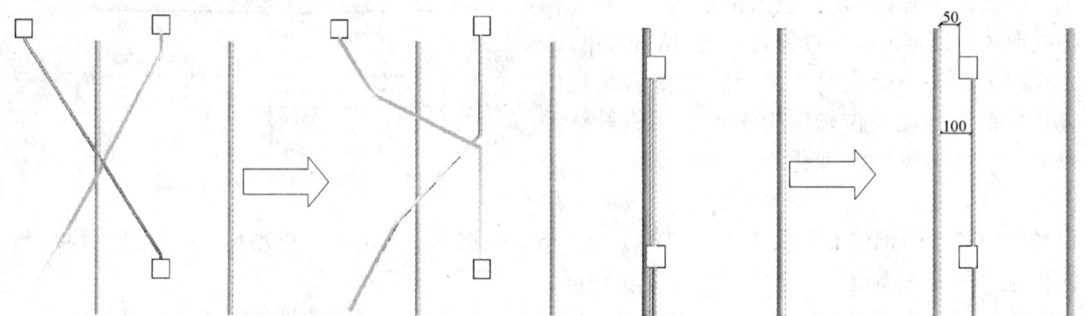

图5　管线与预应力筋交叉排列方式　　图6　管线与预应力筋平行排列方式

4　实施效果

通过先期对大跨度构件挠度进行验算，克服了以往类似工程统一按照1/1000起拱的盲目现象，从理论上给出了支持论据，为今后类似工程的施工提供了借鉴。该工程按照理论计算值进行2‰起拱，预应力张拉完成及拆除模板后，实测整个楼面平整度最大差值在5mm以内，十分接近理论计算值，完全满足设计要求。该工程以短钢筋支架代替塑料垫块，大大提高了施工的灵活性，现场可根据各类预应力钢筋线型进行加工制作，提高了钢筋矢高的定位精度。通过KBG镀锌管在此类工程中的应用，避免了焊接作业对预应力钢筋保护层的影响，为今后无粘结预应力结构的结构配管选材提供了借鉴。

狭小施工场地及闹市区的施工组织研究

屠春军
（上海市第一建筑有限公司）

摘　要：人民路隧道浦东风井地处轮渡码头附近，场地非常狭小，在围护结构施工过程中，通过精心的施工组织、现场灵活的布置和有效的环境保护措施，确保在紧张的工期内顺利完成，同时有效地保护了周边环境。

关键词：场地狭小，环境保护，施工组织

1　工程概况

人民路隧道浦东段风井地处富城路/东昌路路口，毗邻东昌轮渡站码头，南侧紧邻财富金融广场，西侧临近黄浦江防汛墙。风井结构处于人民路隧道南线盾构区间上方，地下两层空间箱型结构，基坑面积约 340m^2，支护形式为南北两侧 25m 深 600mm 厚地下连续墙，东、西两侧分别 17.5m 和 18.5m 地墙+25m 深单排 ϕ850SMW 工法桩(隔一插一)；底板厚 1000mm，埋深 12.9m，内衬墙 400mm 厚。其地理位置及周边环境如图 1。

2　工程难点

2.1　施工场地狭小

风井地处东昌路码头，人流繁忙，需占用部分东昌路作为施工场地，东昌路总宽 35m，必须预留 18m 作为主要交通要道，仅剩 17m 宽作为施工场地。因施工工艺需求大量大型施工机械，地墙施工阶段仅能布置钢筋制作平台和 8m 施工道路。场地十分狭小，现场布局相当困难。施工围挡如图 2。

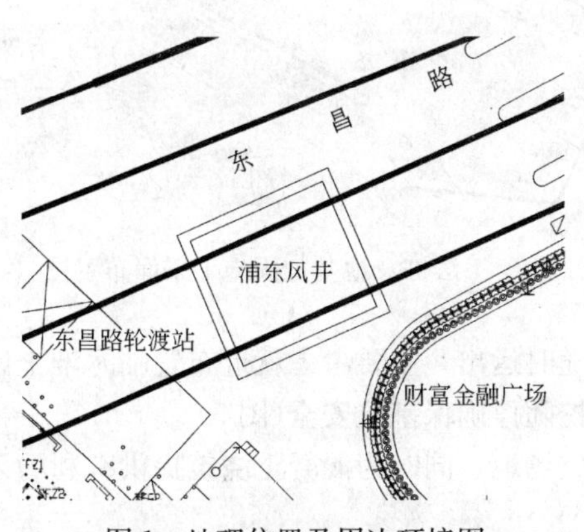

图 1　地理位置及周边环境图

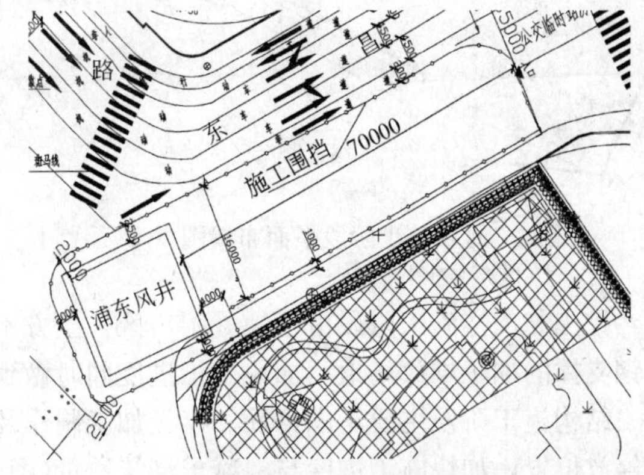

图 2　施工围挡平面图

2.2　环境保护要求高

由于工程地处轮渡码头出口附近，四周人流交通繁忙，而围护、挖土、支撑与结构、吊装

等施工过程中产生的噪声、泥浆、粉尘、污水、光污染等控制要求极高。同时深基坑开挖时对周边管线的沉降提出了更高的要求。

2.3　现场平面布置难度大

由于场地狭小，施工工序多、大型机械设备多、钢筋平台、成槽机、大型吊机、泥浆箱、三轴搅拌桩机等均受到极大限制，而且需要施工顺序随时调整场地布置。

3　施工组织

3.1　确定施工顺序

因场地限制，为确保风井施工顺利进行、节约工期、保证质量、尽量减少大型机械的进出场数量。根据现有场地与工序特点等综合考虑确定施工顺序为：地下连续墙→SMW 工法桩→深层搅拌桩加固→高压旋喷加固→开挖→结构施工。先施工地墙，确保成槽顺利不受工法桩影响垂直度；增加地墙混凝土的养护时间，提高强度、减少变形和早日进行基坑开挖；为方便地墙及土方施工车辆进出，工法桩 H 型钢顶标高与地面标高平；工法桩施工完毕后直接进行深层搅拌桩加固，无需调换机械进出场；并有利于场地综合调节与布置。地墙与工法桩之间间隙再采用高压旋喷进行加固形成整体受力。

3.2　施工场地布置

本场地非常狭小，涉及的施工机械及设备多且体积大，为了能顺利施工，根据各施工阶段进行分别布置与调整。

地下连续墙施工阶段主要考虑 7m 宽的钢筋笼加工制作平台与施工吊装通道的布置既方便施工又不影响周边环境和交通安全(图 3)。

工法桩与地基加固施工阶段主要考虑泥浆箱、水泥仓库、型钢堆场及吊车通道的布置(图 4)。

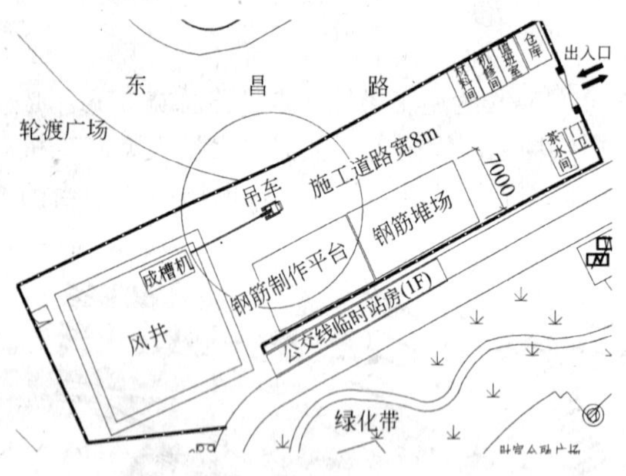

图 3　地墙施工阶段平面布置图

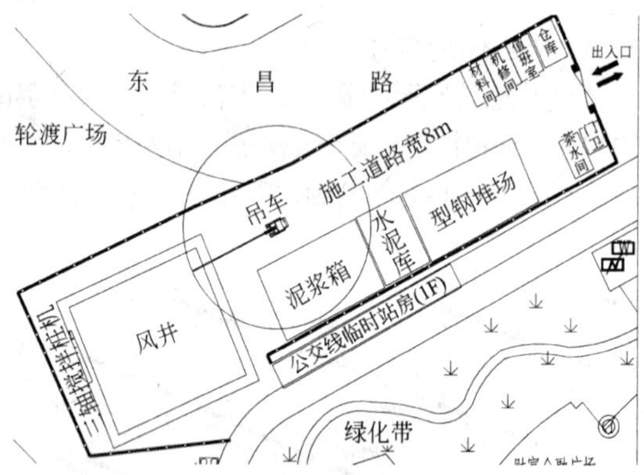

图 4　工法桩及地基加固施工平面布置图

挖土与支撑施工阶段由于地处闹市区，土方不能随时运出，主要考虑就近布置临时堆土区和钢支撑的加工堆放场地，加快施工进度同时做到随挖随撑确保基坑安全(图 5)。

结构施工阶段主要考虑钢筋、模板加工制作及堆放场地，同时为混凝土浇筑提供有利的泵车停放位置，加快施工进度与混凝土浇筑质量(图 6)。

3.3　交通组织

3.3.1　场内交通组织

(1) 场地内材料间、机修间、仓库等设备间固定临时设施首先确定位置，不影响各工序的

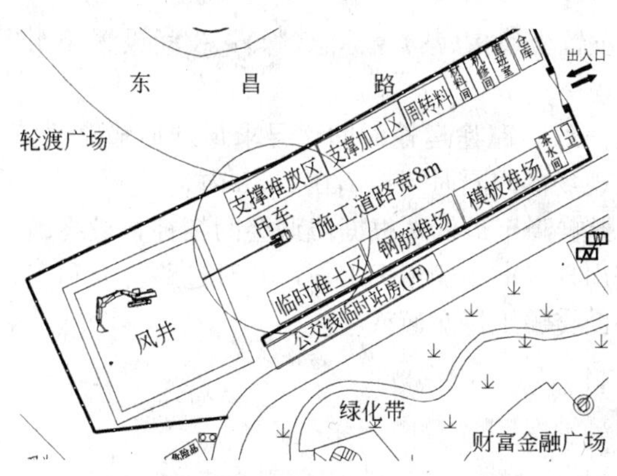

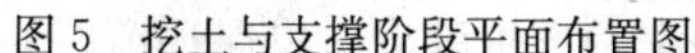
图5 挖土与支撑阶段平面布置图

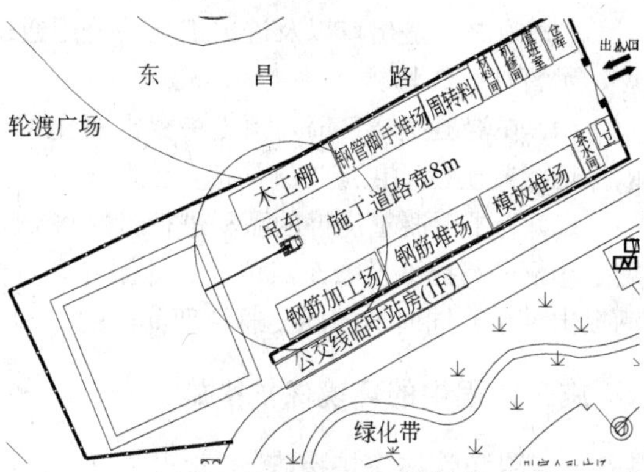

图6 结构阶段平面布置图

场地布置与机械移动通道。

(2) 其余施工堆场与道路位置根据施工内容进行调整，合理安排场地布局。

(3) 拆除、转移施工通道上所有堆放材料，并做到坚固、平整、畅通、不积水。

(4) 详细编制钢筋、水泥、型钢、模板、支撑等材料需用量和进场计划，按照施工进度分批进场，并按照各阶段施工平面布置图指定的位置堆放整齐，不得随意占用施工通道。

(5) 场内吊装机械由专人进行指挥，根据施工进度合理安排各种材料的吊装顺序与数量，不得随意抢吊材料。

(6) 各工序提前组织施工完毕后的退场计划，按照施工顺序依次退场机械设备，方便下道工序的机械设备的进场与布置，做到及时衔接配合，加快施工进度。

3.3.2 场外交通组织

(1) 施工前，对周围交通详细的情况进行调查、摸底和协调，并组织交巡警、居委会、街道、环保、环卫、市容、业主、设计、监理、施工等单位参加的协调会，确定了场外交通组织线路(图7)。

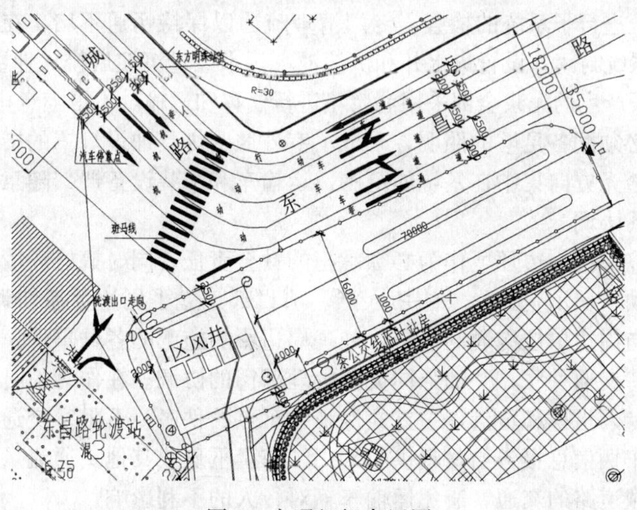

图7 交通组织布置图

(2) 大型机械设备的进场，与业主及有关政府交通管理部门进行协调，统一调整好临近交通道路的关系及运转，保证交通正常。

(3) 道路的进出口以及进出工地的公用通道等设置交通指(禁)令标志(牌)，夜间设置照明灯、示警灯或红灯。

(4) 在混凝土浇筑前，预先考察混凝土的运输路线、路途运输时间，寻求最佳运输路线，以保证混凝土运输供应连续均衡，混凝土从出厂到现场的间隔时间控制在1.5h内。

(5) 为了混凝土浇捣的顺利进行，并将交通的影响降至最低，根据协调会的精神，最终确定了车辆开行路线及蓄车点位置。并派专人负责进出现场的车辆指挥工作，并对过路行人和车辆提出警示，同时加强同交通管理部门的协调，协助交警维持交通秩序。

4 施工过程中的环境保护措施

4.1 道路和管线保护措施

工地门口设置车辆冲洗设施，所有出场车辆均进行冲洗后方可驶出，以保证道路的整洁。在蓄车点、大门口等车辆较为集中的区域，在道路上铺设麻袋，保证运输车轮胎、料斗等掉落的垃圾不污染路面。在门口位置铺设钢板，以避免车辆荷载过大引起管线、路面的沉降。蓄车点、行进路线、泵车位置等均事先确定并挂牌，过程中严禁随意改变。

4.2 污染源控制措施

紧紧围绕了“清、封、洗、洒”的四字方针落实防尘措施，所有车辆进出必须冲洗轮胎和料斗，带出场外的少量浆料有专人清扫。采用清扫机、自制洒水车、定时洒水、密目网覆盖等设施实施道路扬尘控制。

将临时停车优先考虑在浦明路侧，可将噪声对居民的影响降到最低，混凝土运输车在歇车点内禁止鸣笛，等候进场时熄灭发动机，最大限度降低噪声。对运输车辆、吊装机械、挖土机、混凝土振动棒、泵车、木工圆锯、型材切割机等噪声源的进行噪声强度限制，优先选取低噪声设备，定期监测，发现超标设备及时更换或修复。要求施工班组拆钢模板和清理、堆放时应小心轻放，由施工员对其进行考核奖罚。大门口设置麻袋等减少车辆进出及卸料所发生的噪声。混凝土浇筑的时机尽量选择在白天进行，同时在混凝土浇筑前，除通知居委会、街道、物业等相关方外，还在居民区、大楼等显要位置张贴告示。

对场地排水系统进行了系统的检查，专门清理疏通以保持畅通不堵。在大门口设置冲洗设施，四周设置排水系统封闭并设置集水井和沉淀池，污水经过沉淀后排入业主指定的污水管道。地墙和地基加固阶段产生的泥浆全部采用泥浆箱进行储存和运输，不得随意排入现场排水系统。

由于夜间施工必须配备足够的照明，采取了室外照明灯具加设灯罩的措施，同时灯具安装在钢支撑底部，使透光方向集中在基坑的范围。运输车和吊装设备严禁随意开启大光灯。

4.3 周边社会关系协调

施工过程中始终保持周边环境作为必须承担的社会责任，同时搞好环境保护也是争取与周边社会单位良好互动、展示企业形象的切入点。项目部建立了周边关系协调小组，实行24小时轮班，时刻保持与周边单位沟通的准备，处理周边影响施工的各种事件。

项目部协助维持交通秩序，并加强同交通管理部门的协调。在作为临时停车点的道路上做好临时标志，并派专人指挥和负责，一方面保证歇车点的秩序，不阻塞交通，不扰民，另一方面随时将歇车点的车辆信息报告给材料供应部门。在上下班或其他交通流量高峰期，派专人负责照管施工影响区域道路的交通，避免运输车辆对行人的不利影响。

5 结论

人民路隧道浦东段风井施工前期，由于对该区域采取了实地调查、场地分析、交通组织、施工围挡、施工场地布置等事先策划，为最终顺利施工创造了先决条件。在施工过程中选择最优的施工顺序、各施工阶段合理的场地布置、大型机械设备的现场灵活布置及各工序间的顺利衔接配合，确保了工程在最短工期及有限场地内有序进行。

同时项目部处处把“和谐施工”的理念落实在项目施工过程中，真正做到了“施工不扰民，施工谋便民”的方略。在搞好围墙内生产的同时，还把围墙内外的环境保护工作有效地开展，取得了良好的社会效应。项目部形成的在狭小场地内的精心组织及一系列闹市区环境保护针对性措施，为以后类似工程积累宝贵的施工借鉴经验。

世博村(D地块)公寓式酒店项目工程狭长型基坑的挖土施工变形控制

顾巍麟

(上海市第五建筑有限公司)

摘　要：针对狭长型基坑在开挖过程中变形大的控制难点，总结出了关键控制点及相对应的施工措施，有效地解决了基坑变形控制，同时加快了基坑的施工速度，为今后类似工程提供了借鉴

关键词：狭长型基坑，多围护结合长边效应

1　工程概况

1.1　项目简介

本项目基地位于规划的世博国际村内，西侧为城市干道雪野路，东邻世博村路，北侧隔沂南路与A地块的五星级酒店遥相呼应，南侧为街坊路，而西北方向即为黄浦江江面，基坑周边30m范围内无建筑物，仅基地北侧有一根原水管(直径3.0m，埋深约15m)距离围护边约4.2m，距离基坑约10.3m。

工程基地面积43909m^2，共七幢主楼分别为16～24层不等，地下一层，地下建筑面积为29783m^2，整个地块地下室连成一体。

1.2　围护概况

围护结构采用重力式挡墙及复合土钉结合形式：其中东侧、北侧及西侧局部为重力式挡墙，西侧、南侧主要以复合土钉墙为主。

基坑东北侧及东南侧局部采用钻孔灌注桩＋钢支撑的围护形式。

坑中坑主要采用压密注浆进行加固。

1.2.1　重力式挡墙

搅拌桩采用32.5级水泥，双头搅拌桩单桩面积为0.71m^2，水泥掺量为13%，水泥浆水灰比为0.55。搅拌桩深度为11.4～15.5m，宽度为4.2～6.2m。

1.2.2　土钉墙

土钉注浆采用32.5级水泥，每米注浆耗用水泥25kg，水玻璃0.5kg，水灰比0.50。土钉长度：10～15m。土钉喷射混凝土厚度为100mm，喷层分二次进行，第一层厚度30mm，第二层厚度70mm，内配ϕ6@200双向钢筋。

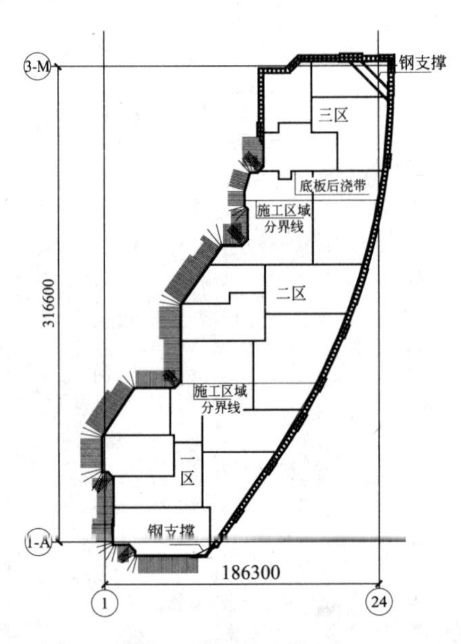

图1　现场平面布置图

2 工程特点

2.1 挖土工作量大工期紧张

整个地下室挖土平均深度约为5.4m左右，基坑面积将近30000m^2，土方量达到20万m^3。根据业主要求，从围护结构施工直至地下室完成±0.00仅180d，工期较紧张。

2.2 围护形式多样化

本工程围护结构用到了复合土钉墙、重力式挡墙、高压旋喷桩、钻孔灌注桩、钢支撑等多种围护形式，不同围护形式的交接处由于变形的不同极易产生裂缝，对于该薄弱环节必须加强施工质量的控制和变形观测的频率以确保整个基坑的安全。

2.3 地下情况不明

由于本工程施工场地为原上海港机厂及溶剂厂厂房，因此厂房拆除后地下留有大量厂房基础及设备基础，虽然在地质报告中阐述了各土层的分布及其物理化学性质，但详细的地下障碍物分布业主及勘测单位均无法提供。

在工程桩施工前，已对地表以下1.5m左右进行了障碍物的清理，但深层障碍物具体位置仍不能明确，且清障后回填的松土对于围护搅拌桩的施工也带来了一定的质量影响。在实际施工中确实也发生了几处由于地下障碍物导致的围护桩无法正常打入，最后改用高压旋喷桩进行加固和补强。

2.4 基坑长边效应的影响

本工程基坑可近似看作为一个长方形，2条长边单边长度约为400m，2条短边单边长度约200m。根据实际施工经验，在基坑开挖的过程中，支护设施的较大位移一般发生在基坑的长边，且为跨中部位，短边位移相对较小，尤其基坑端部拐角部位，位移最小。上述现象表明基坑具有明显的空间效应，基坑短边的空间作用较小，长边的空间作用较大，故在实际施工中，对于基坑的监测在长边的跨中尤其需要加强。

2.5 管桩标高超高

本工程一区、二区工程桩采用预应力管桩，在施工后发现将近70%以上的管桩不能压至设计标高，桩顶标高最高的达到设计标高以上3m之多。由于预应力管桩抗剪能力较差，在挖土过程中，由于挖机来回地碾压或放坡后土体的滑移都极易造成桩身断裂，给土方开挖施工带来极大不便。

2.6 季节性影响

土方开挖及地下室施工时间为6月～11月，正好是雷阵雨多发的季节，雨水通过道路裂缝渗入后对土体的切割作用和土层含水量的增加都会直接导致围护墙体变形的增加。

3 井点降水

根据计算，轻型井点降水可满足本工程的施工降水要求。

本工程井点总共布置38套，其中一区共13套，二区共15套，三区共10套，每套井点管长约50m，每套井点总管之间最大间距为16m，预降水14d后再进行土方开挖施工。

井点布置已充分考虑基坑开挖时，留土放坡和出土对井点管的影响，将一部分井点布置在土坡坡顶及放坡平台处，在施工主楼底板时，使这部分井点能够继续抽水。

4 土方开挖

4.1 概况

本工程基坑为狭长型，基础采用桩基筏板基础，外扩地下车库采用抗拔桩。开挖深度裙房车库5.05m，主楼5.35～5.75m，局部深坑挖深8.6m。基坑面积约30000m²，土方量约20万m³。

由于底板后浇带较多，将整个底板分为17块，故基坑开挖考虑以后浇带为分界线，不另设施工缝。

4.2 开挖原则

土方开挖以分区、分层、对称、平衡为原则，先从二区主楼开始开挖，分别向一、三区推进，严格控制挖土速度，以底板后浇带为分界线，基础底板浇捣完成后再向外推进挖土。

土方开挖至设计标高以上200mm时，采用人工修土，严禁超挖现象的发生。挖至设计标高后，随即浇捣混凝土垫层，减少坑底土暴露时间。

4.3 土钉墙部位开挖

土钉墙一侧土体开挖采用分层开挖，开挖一层施工一皮土钉，待土钉强度达到设计要求后再开挖下一层。

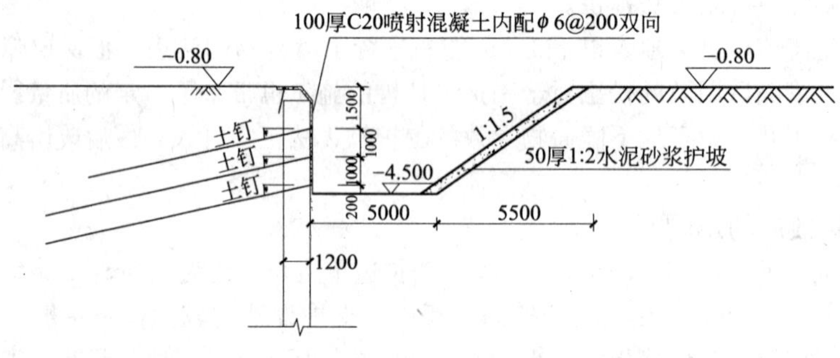

图2　土钉墙剖面图

4.4 重力式挡墙部位开挖

配合土钉墙一侧的土方开挖进度进行挖土施工，开挖时按1：2放坡开挖，上下层坡面分别布置1.0m³和0.6m³两种规格的反铲式挖掘机进行双机接力挖土。

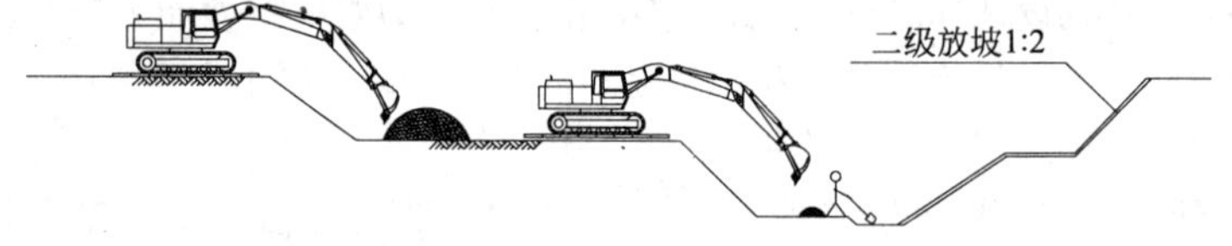

图3　基坑开挖剖面图

5 基坑监测

整个基坑周边共设有围护墙顶水平位移监测点21个；围护土体测斜点13个；坑外水位监测点11个；地表断面监测点27个。这些监测点从土方开挖开始保持每天两次的监测频率，监测数据全方位立体的反映了整个围护体系的变形和位移，通过对这些监测数据的分析，很好地掌握了基坑的动态变化，确保整个地下结构施工在安全、可控的状态下。

6 施工中的重点

6.1 对于围护结构的质量控制

针对本工程围护形式多样化的特点，对于两种不同围护形式交接处，和基坑长边的跨中部位加强质量管理，安排现场专职监护，严格控制施工质量，同时适当增加深层搅拌桩的水泥掺量，提高桩体强度，确保围护结构的安全。

在审图阶段，也对围护设计院提出适当延长两种不同围护形式间的交界面的方案，以求将不同围护体变形差异所产生的应力得到更好的平衡，最终得到设计、业主的认可和支持。

严格规定土方车辆及挖机的行走路线，对于工地主大门范围内的围护墙体适当增加水泥掺量，提高围护墙体的强度。

6.2 建立完善的预警机制

对于基坑监测单位每天提供的围护变形数据进行及时的分析，第一时间将监测结果传真至围护设计院，确保各相关单位能够掌握、了解现场情况。当变形接近报警值时，会同业主、监理、设计以及施工方对现场实际情况进行分析并确定针对性措施，形成会议纪要，并且确定下一次变形数据达到多少数值后再召开同样会议。

6.3 应急措施

在本工程地下室施工阶段，场地东侧E地块工程尚未开工，在与业主协调后决定，在该场地内准备一定量的堆土，以便在基坑发生危险的情况时，及时进行回填。

现场准备压密注浆、双液注浆等设备，以便在围护墙体发现裂缝、渗水时及时地进行修补和封堵。

对于现场临时道路，一旦发现裂缝的，及时进行灌浆封堵，以免雨水渗入后对围护结构造成额外的负担。

7 总结

根据本工程实例和监测数据可以发现：

基坑长边的跨中围护结构变形要明显大于基坑端部转角，变形差异在30%以上，故在围护结构施工时，对跨中部位工程质量的控制尤其需要加强；

基坑开挖时，分层开挖的深度与围护的突变量成正比，一次开挖深度越深，围护墙体变形越大。故在开挖时，严格控制开挖进度，分层开挖，可以有效减少基坑的变形；

根据围护监测报告，每次大雨过后，围护结构的日变量相比前天总是增加超过50%，这是由于雨水从道路裂缝中渗入土体，使坑外地下水位明显上升，土体含水量增加，导致围护墙体压力变大。所以尤其是下雨前，及时对道路裂缝进行灌浆封堵也是减少围护结构压力的有效措施。

8 实施效果

本工程从土方开挖一直到地下室结构完成±0.00仅用了119d，比业主提出的136d的计划提前了17d完成。各部门严格按照既定的施工方案进行实施，使地下室结构在确保质量和安全的前提下顺利完成，得到了业主和监理的好评。

地铁二线共墙的地下五层超深基坑施工技术

毛子成

（上海市第五建筑有限公司）

摘　要：地下五层结构，开挖深度达 22.78m，又有二边与二条地铁线共用地下连续墙，且需开出连通口，其施工难度可想而知。通过对“时空效应”的掌控，双坑同步施工以及支撑和挖土的优化措施，使工程得以顺利完成，工期提前了三个月。

关键词：地下工程，深基坑，围护结构，地下连续墙，换撑

1　工程概况

1.1　工程概况及周边环境

项目位于上海市卢湾区徐家汇路、马当路东北角 65 号地块南区，地下五层，地下一、二层为商业，地下三至五层为停车库和机电设备用房。地下室二至四层与相邻地铁 9 号线、13 号线车站连通，其中二层商业层与地铁出入口连通，在世博会期间为轨道交通 9 号线、13 号线转乘大厅，也是世博会通过轨道交通进入世博园区内惟一安检中心，三、四层邻地铁侧局部设置为地铁设备用房。

为满足世博会需要，基坑分四个区设计，本次施工范围为①、②区范围，即先施工邻地铁车站的①、②区，占地面积约为 3840m²，建筑面积为 14885m²，要求 2009 年 9 月前完成地下室结构。

工程所处地理环境特殊，基坑南侧为徐家汇路，紧邻地铁 9 号线车站，车站为地下二层，南侧围护结构借用地铁 9 号线车站地下墙；基坑西侧为马当路，紧邻地铁 13 号线车站，车站为地下三层，围护结构借用地铁 13 号线车站东侧地下墙，本项目施工时，13 号线地铁车站主体结构翻交段未完成；基坑北侧为卢湾区 65 号地块北区用地，南区内临时道路从场地内东西向通过；基坑东侧为 220kV 地下变电站及规划改道后的黄陂南路，220kV 地下变电站离基坑最近距离约 17m。

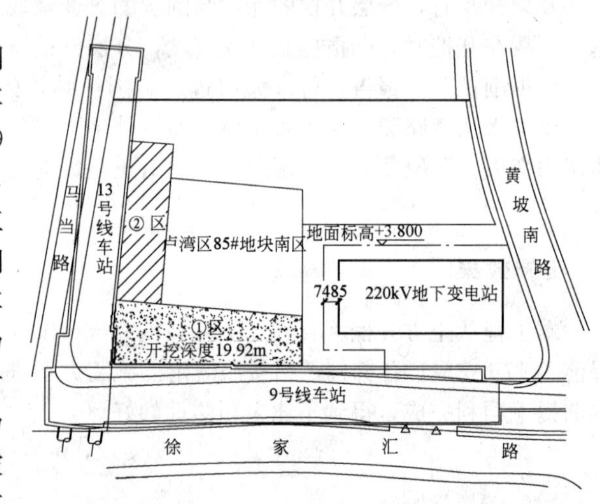

图 1　基坑分区及周边环境

周边地下管线位于徐家汇路与马当路地铁车站上，从变电站与 65 号地块(南区)间通过。

1.2　工程地质情况

场地位于古河道沉积区，拟建场地缺失上海市统编地层第⑥层暗绿色硬土层及第⑩层蓝灰

色硬土层，高程一般在 2.96～4.71m 之间。

地层分布：①层杂填土，②层褐黄～灰黄色粉质黏土，③、④层灰色淤泥质土，⑤层根据土性划分为 3 个亚层：⑤1 层灰色粉质黏土、⑤2 灰色黏质粉土和⑤3 层灰色粉质黏土夹黏质粉土，⑦层灰色粉砂。⑤1 层层顶埋深一般为 17.0～19.8m，厚度约为 8.2～13.4m，工程底板处于此层。

1.3 基坑围护方案

本工程地下五层结构，开挖深度为 19.92m，①区靠地铁 9 号线开挖深度为 16.22m，远离地铁侧开挖深度为 19.92m，局部深坑开挖深度 22.78m。基础底板厚度 800mm，本工程围护体系采用 1000mm 地下连续墙，竖向设置支撑形式详见图 2、图 3。均设 5 道支撑，①区第 1、3、5 道为混凝土支撑，第 2、4 道为 ϕ609 钢管支撑；②区第 1、4 道为混凝土支撑，第 2、3、5 道为 ϕ609 钢管支撑。

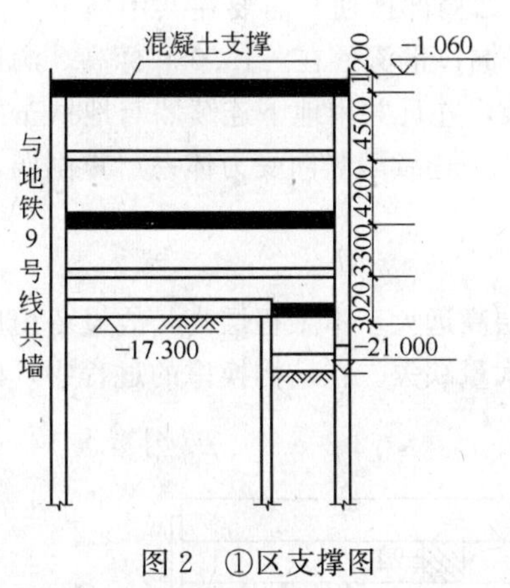

图 2 ①区支撑图

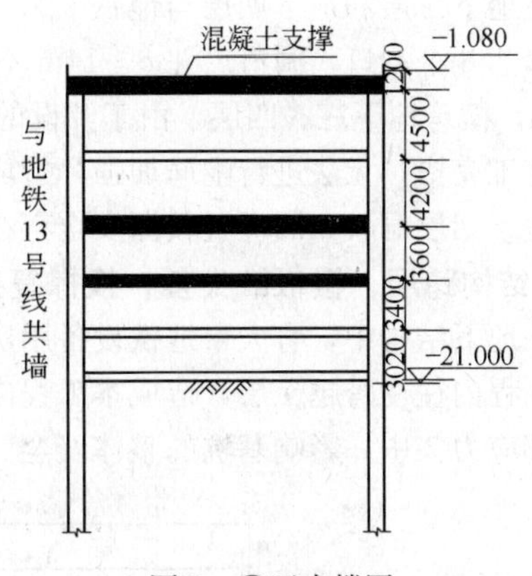

图 3 ②区支撑图

2 工程施工关键点分析

2.1 特殊的地理环境，围护设计对基坑施工要求高

①区为邻 9 号线车站的长条形基坑，②区为邻 13 号线车站的长条形基坑，且其中一侧与车站共墙，需严格控制基坑开挖变形对已建车站的影响，保证车站的安全。由于①区邻 9 号线下二层地下车站埋深较浅，基坑开挖对 9 号线车站影响更大，设计要求①区基坑开挖完成底板后再开挖②区基坑。

基坑开挖深度深，地质条件复杂，基坑开挖层以下有高水头的微承压含水层第⑤2 层(微承压含水层)对基坑底板的稳定性产生不利影响。基地内第六层土缺失，渗透系数较大的⑤2 层土的微承压水对基坑的开挖带来了很大的不确定性，对基坑的降水、开挖提出了较高的要求。

2.2 超短工期

因世博安检需要，6 个月内需完成地下五层的深基础施工，存在诸多影响因素：①区地下基础底板完成之后，才能进行②区的基础开挖工作，对工程进度制约大。工程地处市中心，近 8 万 m^3 挖土工程量占工程施工周期长；

①区靠地铁 13 号线侧主体结构翻交段尚未施工完毕，此部分的第一道混凝土围檩不能施工，支撑无法形成，①区基坑施工关键线路受施工条件制约，开工延迟一个月。

2.3　双坑共墙同步施工

基坑分为①、②区施工，①、②区通过1000mm厚地下连续墙分割。设计要求先开挖①区基坑，待①区基坑开挖至高跨－16.22m，基础高跨底板浇筑完成达到设计强度后，开挖②区的土方。在基坑施工过程中，二基坑在交接处的支撑力平衡完全通过共用地下连续墙来进行，如何在②区土方开挖过程中，保证①、②区支撑的受力平衡，关系到围护结构的安全。

2.4　新老地墙结合处处理

围护墙体利用原9号线及13号线地下连续墙，新老地墙接口没有采用"T"型接头，虽然在外部采用了高压旋喷桩进行了加固，但是在土体开挖的过程中二刚体的变形差异，容易造成渗水现象，严重将造成流砂，威胁到基坑的安全。现场钢支撑预埋件放置过程中，新地墙采用预埋钢板，而老地墙没有进行预埋，在角撑位置的钢支撑施工困难。

2.5　超深大面积地下连续墙开孔

在地下二层和地下四层与地铁9号线、13号线车站局部连通，需要在共用地下连续墙上开设多达8个洞口，洞口尺寸6～14m不等，其中1号洞口最深处在－15.080标高，洞口高度6.86m，横跨地下三、四层。由于开设的洞口尺寸较大，并且共用地下连续墙与地铁车站结构均已施工完毕，无法进行配筋加强，造成洞口上方的地下连续墙竖向受力体系严重削弱，尤其对于地下四层洞口，因埋置较深安全存在隐患。

2.6　结构跨层，楼板缺失多，换撑复杂

在地下结构中，有大量地铁设备用房，而地铁的层高远大于本工程层高，故设备用房区域在本工程内往往跨越二层，造成本工程内的结构楼板大量缺失。在结构换撑的过程中，极易造成局部应力集中，影响基坑的整体安全。

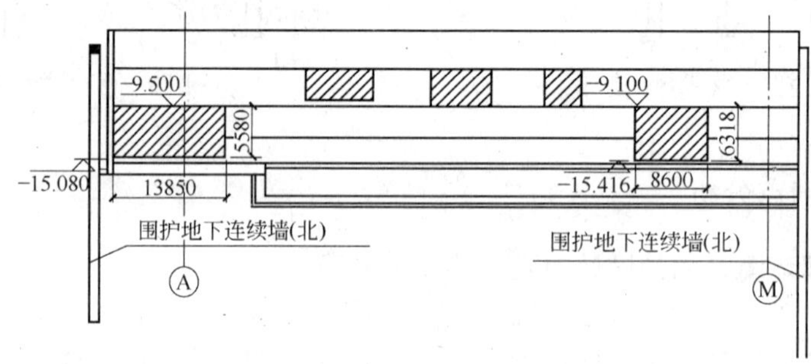

图4　和地铁13号线共墙处开洞平面位置

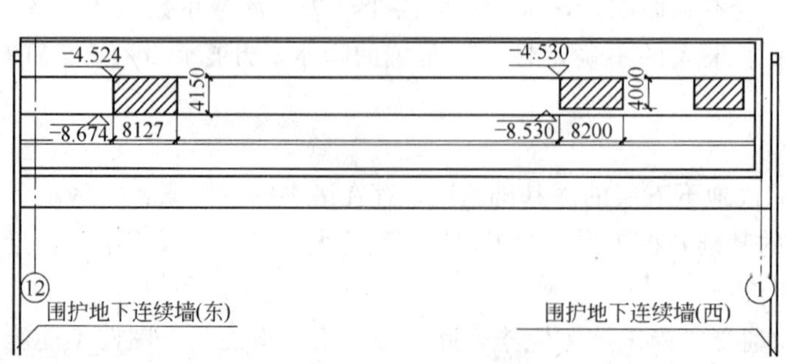

图5　和地铁9号线共墙处开洞平面位置

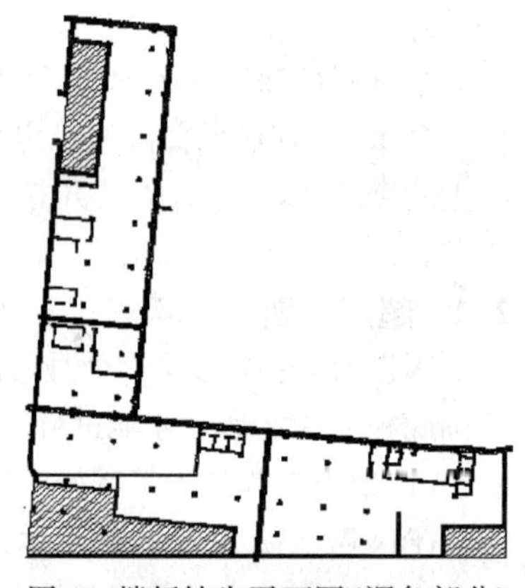

图6　楼板缺失平面图(深色部分)

2.7 超深基坑临近地铁变形敏感

工程位于卢湾区中心地带，基坑和地铁 9 号线及 13 号线共墙，距离 220kV 变电站距离仅为 15m，地墙变形控制要求高。由于地铁开挖过程中共墙部位地墙已经变形较大，施工过程中如处置不当极易造成地铁变形过大。

工程基础施工出零后，需要在和地铁共用的地下连续墙上、地下二、三、四层部位进行开洞，数量多达 8 个，尺寸最大 7m×16m 左右，对地墙结构受力影响较大，极有可能对地铁结构造成不良影响。

3 采取的关键技术及施工方法

3.1 优化支撑与挖土的设计，双坑同步施工

3.1.1 双坑先后施工改为双坑同步施工

根据围护设计要求，①、②区先后进行施工，项目部分析认为，地铁 9 号线主体结构已经施工完毕，相对比较稳定。通过对施工工况重新计算，将开挖顺序修改为：第一至第三皮土①、②区同时进行开挖，之后进行①区第四、五皮土的开挖工作，待①区基础底板达到设计强度后，再开挖①区第六皮和②区第四至第六皮的开挖工作。

3.1.2 支撑优化

原围护设计②区第一道和第四道为混凝土支撑，第二、三、五道为钢支撑。考虑到混凝土支撑施工时间较长，并且需要待混凝土支撑养护完成之后才能继续进行开挖。通过与设计沟通，将②区第三道钢支撑和第四道混凝土支撑进行互换，将①、②区不在一个平面位置上的第三道混凝土支撑进行统一，有效解决了同时开挖①、②区在共墙部位的水平力传递，既加快了施工进度又保证了基坑的安全。

②区开挖至第三皮土之后，进行第三道混凝土支撑施工，在②区暂停施工时间内，可以进行第三道支撑的养护工作。

13 号线翻交段施工未完成，原 13 号线围檩无法进行凿除，采用种筋的方法在原围檩的外侧重新施工一根混凝土围檩，保证了基坑的顺利施工。

3.1.3 挖土流程优化

①区第二皮以下土方开挖采用由西向东的方式，②区采用由北向南的开挖方式，这样施工的优势在于：

(1) 便于一区靠近②区侧尽快进行支撑及底板的施工，尽快形成稳定围护体系。

(2) 错开①、②区相邻部位的土方开挖时间，使①区混凝土支撑有充分的养护时间。

(3) 分块施工：每区分两块交叉施工，以缩短时间，加快进度。

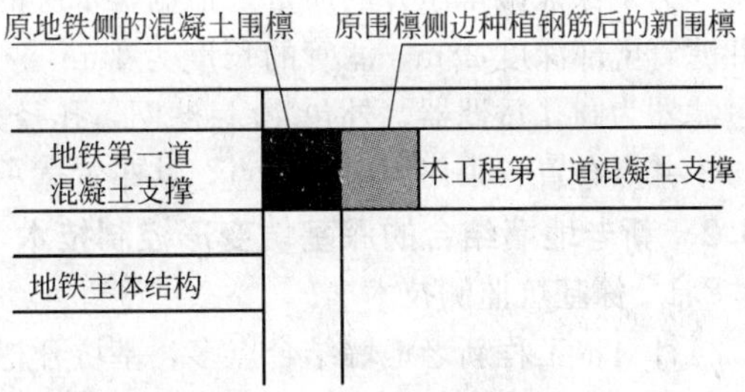

原地铁侧的混凝土围檩
原围檩侧边种植钢筋后的新围檩
地铁第一道
混凝土支撑
本工程第一道混凝土支撑
地铁主体结构

图 7 新旧围檩连接图

3.1.4 井点降水方案措施

(1) 疏干井设计：按 $150m^2$ 布一口井来计算；采用多级滤水管，疏干井加真空的措施，以确保每口井的出水量。去除地基加固区域，①区布置 5 口、②区布置 8 口，疏干井深度为 25m。疏干井过滤器为圆孔过滤器，外包 40 目滤网，管外回填滤料，钻孔孔径为 650mm。

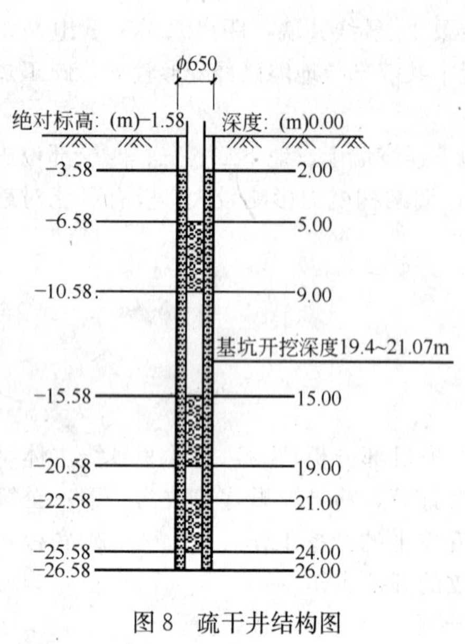

图 8 疏干井结构图

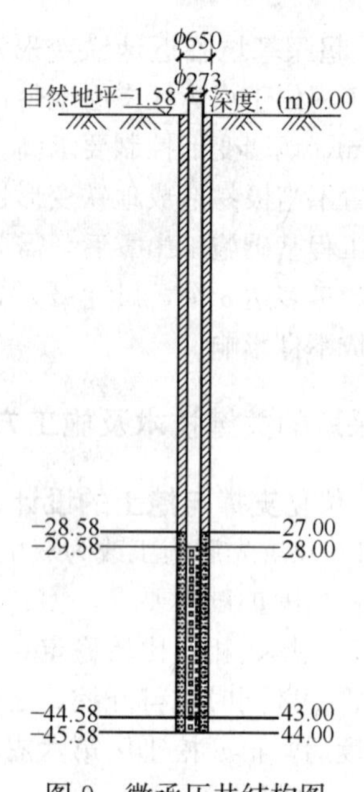

图 9 微承压井结构图

(2) 微承压管井设计：根据月抽水试验成果，得到微承压水头埋深约 8.40m，出水量较大且水位恢复较快，具有一定的水头压力，在基坑开挖过程中考虑其承压水头压力的不良影响。

基坑底板稳定性验算：基坑底板至承压含水层顶板间的土压力应大于承压水的顶托力，即：

$$H \cdot \gamma_s \geqslant F_s \cdot \gamma_w \cdot h$$

对不同开挖深度，坑底抗承压水头需降水头如表 1 所示。

各不同开挖深度需降水头表 表 1

开挖深度(m)	需降水头(m)
16.22	0.98
19.42	6.69

根据稳定性计算，若初始水位按 8.4m 计算，当基坑开挖至地面以下 15.4m 处时，上覆土压力约为 204.6kPa，基坑底板处于临界状态，应陆续开启微承压井，以保证基坑开挖的安全。

为了保证微承压井的质量，根据含水层的参数及厚度来设置微承压井的滤管长度。微承压井滤管上部深度 28m，滤管的长度为 15m，井底设置 1m 的沉砂管，则微承压井深度为 44m。过滤器为圆孔过滤器，外包 40 目滤网，孔径为 650mm，井管壁厚为 4mm。

井点布置：采用大口径井点，共布置微承压管井 8 口。

3.2 新老地墙结合的深基坑变形控制技术

3.2.1 深基坑监测技术

针对本工程新老地墙结合点多，基坑开挖深度大的特点，除了采用信息化的基坑监测技术以外，通过加强目测观察，对基坑渗漏等情况进行及时的控制，控制基坑流砂现场出现，防止基坑出现过大变形。同时落实堵漏应急材料及应急人员。

3.2.2 承压水观测

针对工程缺失第 6 层土，承压水降压情况存在一定的不确定因素，故在现场设置坑内观测井的同时，还采用在①、②区分别设置坑外观测井，以便及时掌握降水效果保证开挖的顺利进行。

3.2.3 新老地墙结合处支撑节点加强措施

新老地墙交接处加强支撑的控制，及时浇筑角部的混凝土三角撑板，保证角部支撑的施工速度，控制变形。同时在新、老地墙交接处，钢支撑设置围檩，加强新、老地墙的连接。

3.2.4 加强地墙开洞时监测措施

在地墙开洞过程中与地铁监测单位加强配合，在开孔过程中针对地块内的围护墙的水平和垂直位移进行定点定人监测，以检验开洞过程对于地墙的影响。对地铁的主体结构的沉降及水平位移进行跟踪监测，及时了解开洞对地铁结构的影响，保证地墙自身及地铁结构的安全。

3.3 复杂结构的换撑技术

3.3.1 地下室外墙换撑板

地下室外墙与地下连续墙的换撑采用1000×300间距为1500的换撑板取代原来整体浇筑的混凝土板，方便日后回填土的施工。同时在换撑板布置的位置避开结构跨层、楼板缺失位置，避免支撑位于主体结构的薄弱位置。对于连通口的位置将换撑板设置在连通口四周。

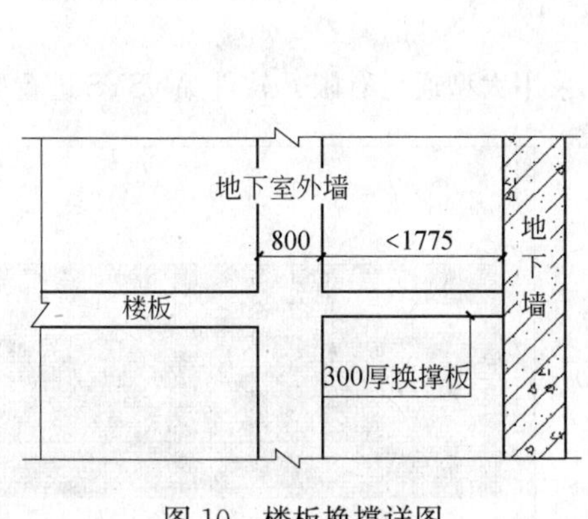

图10 楼板换撑详图

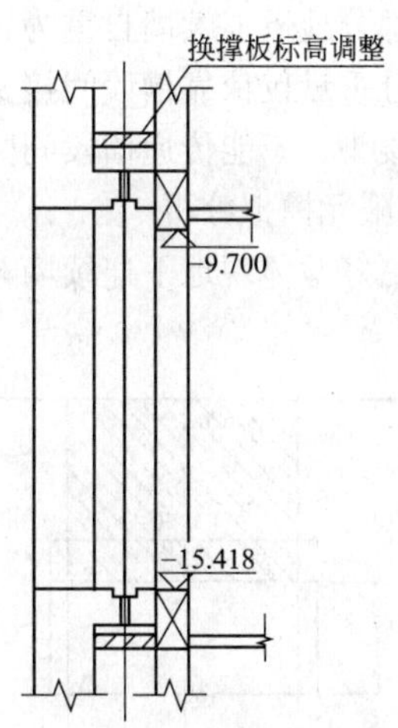

图11 连通口换撑详图

3.3.2 结构内部换撑

地下室结构内部的换撑根据面积的不同采用不同的方法进行施工。对于结构楼层内预留的较大的洞口采用补浇混凝土板的方法。在结构施工的过程中在洞口的四边预留槽钢钢框，换撑板浇筑以钢框为限，方便了日后对换撑板的凿除。对于结构内的楼板缺失部位，根据缺失范围额不同又分为混凝土换撑梁及型钢换撑梁。在设置的过程中充分考虑利用原结构内柱刚度好的特点，按照柱网轴线来进行布置。

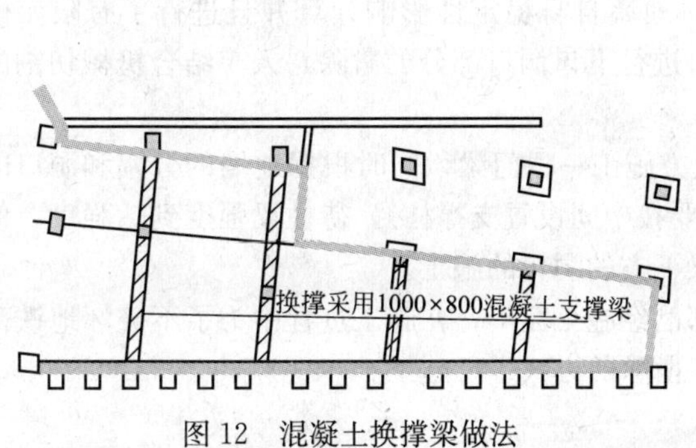

图12 混凝土换撑梁做法

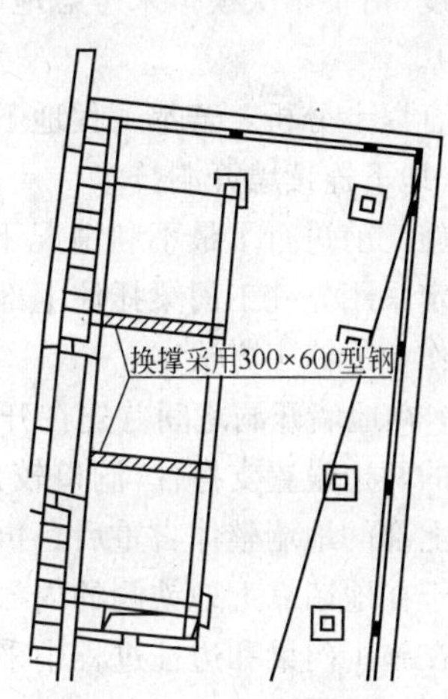

图13 型钢换撑梁做法

3.4 超深大面积地下连续墙开孔

由于共用地下连续墙开洞深度和面积大，针对此种情况对地墙结构受力情况进行验算。在本工程地下结构施工出零后开凿地下连续墙上洞口，此时共用地下连续墙两侧水平向受力体系已形成，仅考虑地下连续墙竖向受力情况。

按最不利情况下受力分析，取尺寸较大、埋深较深的洞口作为研究对象。

3.4.1 竖向受力体系分析

该洞口平面尺寸宽为13.86m，根据地下连续墙设计图纸，槽段宽度为6m，因此洞口宽度方向内最不利情况下将影响到4幅地下连续墙，其中2幅地下连续墙完全位于洞口范围内，该区域洞口上方的地下连续墙由于接头的存在，传力体系最薄弱，图14阴影部分所示。

阴影部分地下连续墙自重为：$G=25\times1\times7.6\times12=2280\text{kN}$

该部分重量仅依靠槽段间接头传递给两侧的地下连续墙，常规地下连续墙接头一般采用柔性锁口管接头，不能传递槽段间竖向荷载，因此该工况下竖向传力体系安全性较差。

3.4.2 有限元模拟分析

为了更好地体现地下连续墙开洞的影响，采用大型通用有限元软件ANSYS进行验算。

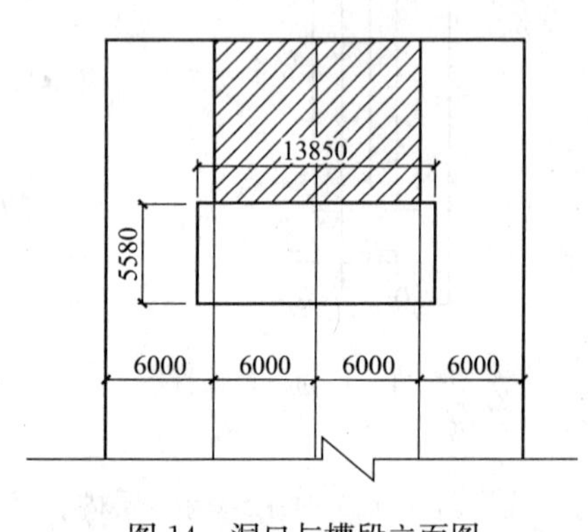

图14 洞口与槽段立面图

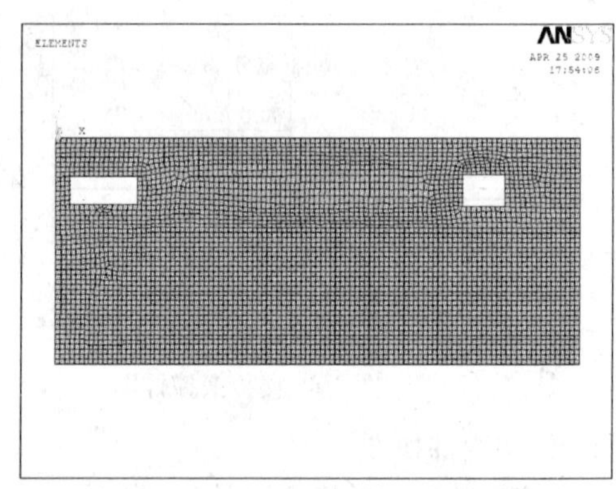

图15 有限元模型图

3.4.3 计算结果

从计算结果来看，竖向位移最大在15mm，地墙应力最大为1.42MPa，接近C30混凝土的抗拉强度(由于本次模拟未考虑地墙间接缝的削弱作用，因此有限元计算结果应作一定的折减来考虑)。

综合以上分析，若本工程地下连续墙开洞处不进行加固处理，安全性无法得到保证。

3.4.4 地下连续墙开洞技术

在施工前进行了最不利情况下开洞对地墙自身稳定性影响计算并且进行了有限元模拟分析，确定采用先施工门梁托住上部地墙再进行下口洞口部分的凿除，人工结合机械切割的方法来进行作业的施工方法。

(1) 在地墙开洞之间首先在开洞的上方施工一根门梁，同时根据地墙的分幅和洞口的大小在洞口的两边设置支撑柱(洞口较大的需要在中间设置支撑柱)。待柱梁强度到达强度，使之能够支撑上部的地墙整体自重后，再进行梁下方的洞口的施工。

由于在地墙靠近地铁侧的内衬墙全部已经施工完毕，在施工过程中为了不破坏地铁范围的结构，在施工门梁和边柱过程中采取人工凿除的方式进行施工。

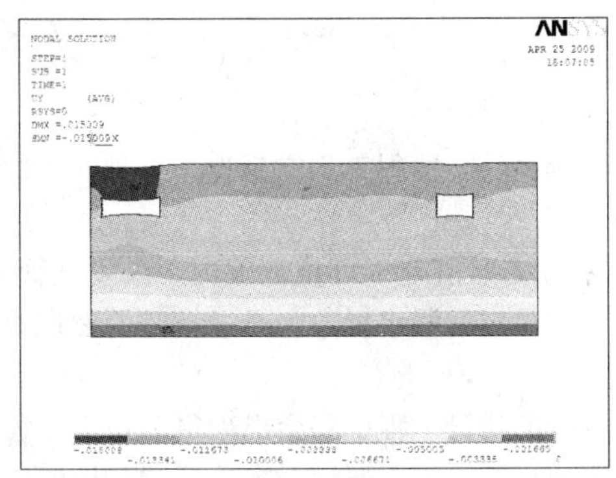
图 16 竖向位移云图(m)

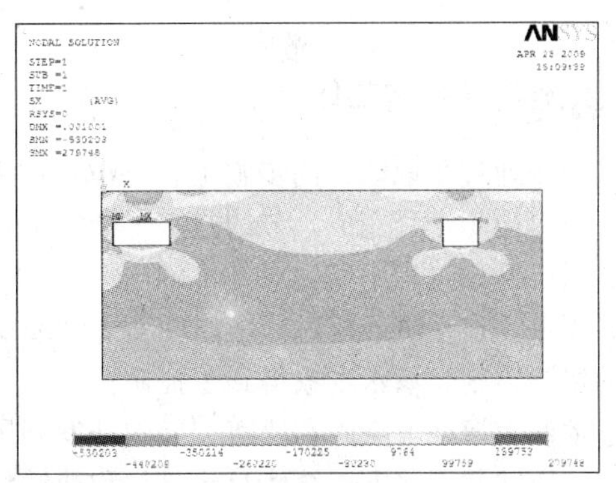
图 17 X 向应力云图(Pa)

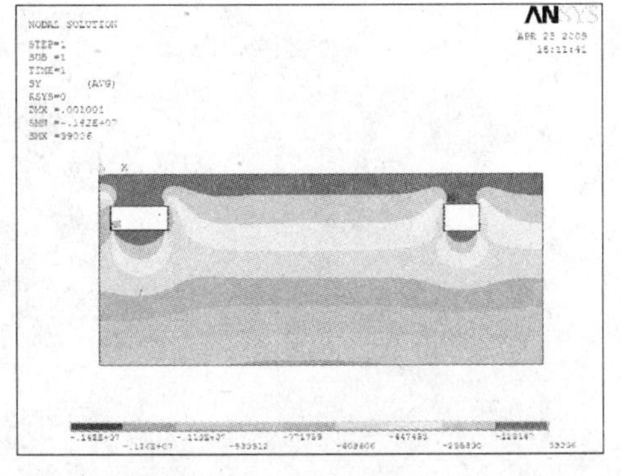
图 18 Y 向应力云图(Pa)

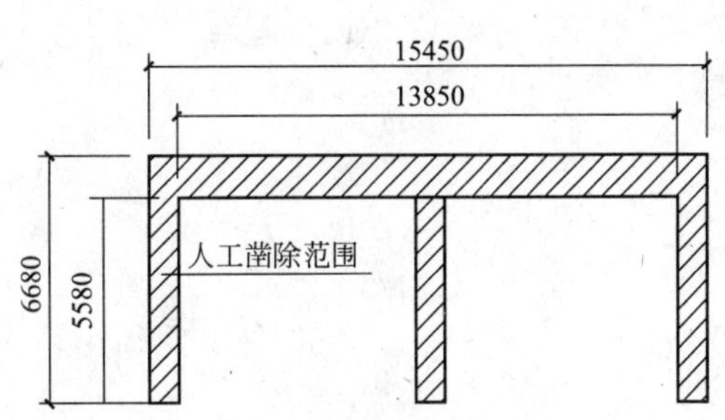

图 19 洞口柱梁位置图

考虑到孔洞上方的门梁如果按照一般方法进行开洞，最大洞口横跨 4 副地墙，其中有 2 副地墙完全被洞口截断，故在施工过程中根据地墙的分幅情况，每 2m 段作为一个施工区域，边凿边采用∟140×140×14 的四拼角铁格构柱进行临时支撑。格构柱上下部用提前已经加工好的三角形钢楔板进行填隙，保证上部地墙的自重能够及时传递至下方地墙。

边柱及中柱的施工解决了地墙纵向进行开槽，对地墙的竖向受力影响较小，不影响地墙的整体安全。

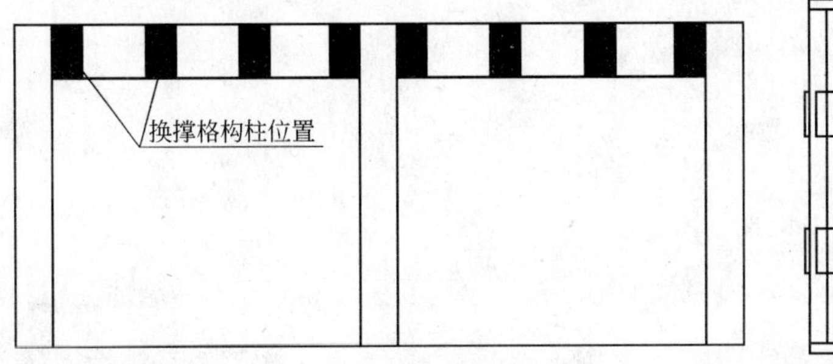

图 20 格构柱布置图

(2) 在洞口边柱及门梁施工完毕并且强度到达 100%后。进行孔洞的凿除。考虑到 1m 厚地墙人工进行凿除工作量巨大，施工工期长，在地墙开孔过程中采用机械切割的方法来进行施工。

4 实施效果和施工体会

现场通过采取双坑同步施工、支撑及挖土的优化等措施，使得工程在延迟1个月开工的前提下，提前1个月完成，节约施工工期2个月时间。

基坑开挖过程中通过对基坑的严密监测，工程基坑变形值处于可控范围内，未发生管涌、流沙现象。在基坑开挖过程中，在新老地墙交接处存在一定的漏水现象，通过及时的发现及合理的堵漏措施，渗水现象得到了控制。

随着上海地下空间和轨道交通的开发利用，在日后的建设工程中将会出现更多像本工程一样，和地铁共用地下连续墙及建筑物和地铁相连的连通口的施工。通过对本项目“与地铁二线共墙的地下五层超深基坑施工技术”的施工实践，为今后类似工程积累了一定的施工经验。

世博会老建筑保护性改造施工的研究

金少春、高晓峰
（上海市第五建筑有限公司）

摘　要：世博会中部分建筑利用原有老建筑进行改造再利用，然而对老建筑的改造工作不仅仅是简单改造与修补，而是可以运用恰当的施工手段去实现安全的改造的目的，本人将具体结合上海世博会浦西老建筑改建说说我对建筑保护性改造的观点。

关键词：老建筑，抽柱换梁，保护性改造

1　选题背景

上海世博会文明馆、博物馆、综艺大厅工程位于世博会浦西园区（原江南造船厂内）。根据世博会“勤俭办博”的口号，利用现有老厂房进行改造施工，形成三个相对独立的单体建筑。

上海世博会文明馆是上海世博会主题馆之一，由原江南造船厂西区装焊车间改建而成。

上海世博会博物馆是世博会重要的历史人文展示场所，由原江南造船厂西区加工工场东端原有厂房改建而成。

上海世博会综艺大厅是世博浦西片区重要的文艺演出场所，由原江南造船厂西区加工工场东端原有厂房改建而成。

上述建筑均为原江南造船厂内厂房建筑，均为钢结构，且相当陈旧。改造过程需以老结构为框架，依附老结构，在内部重新建造场馆。施工风险控制及合理方案的布置，对工程的成败起着决定性作用。

2　现场工况及方案选定

1. 施工前重点及难点分析

为了确保整个工程的施工进度和质量，施工前在现场进行了认真的调查和对施工方案反复地进行了讨论，并做出了充分大量的准备工作。并明确了本工程的施工难点：

(1) 老厂房屋面体系及部分结构的拆除工作

本工程根据设计意图，需拆除原建筑所有屋面体系及部分网架体系，建筑高度在 20～35m 之间，拆除存在较大的施工风险，方案的制定是否恰当，直接影响工程的安全和进度。

(2) 施工中的老结构体系监测

由于桩基施工在原有厂房内，施工中不允许出现任何意外险情。从而，施工监测工作必须及时、准确地反映施工实际情况，使监测与施工紧密结合，充分达到信息化施工的目的，为确保原厂房安全提供依据。

(3) 综艺大厅内因功能需要进行的抽柱施工——“抽柱换梁”

因综艺大厅主舞台影视效果的功能需要，根据设计要求须将C/6轴老结构钢柱拆除，在C/5-7轴间增设一道钢箱梁，并将钢箱梁提升到13m的设计高度。但要确保整个过程的安全进行，前期及过程中需完成大量的加固及变形监测工作，技术复杂，环环相扣，且首次运用于世博工程。

2. 施工方案的选定

(1) 屋面围护体系拆除主要难度是高，本工程文明馆建筑高度达到33m，属于一类高层，且因世博施工工期相当紧张，大量交叉立体作业，保障施工安全是一个极大的考验，经过现场观察及反复讨论，确定采用贯穿性施工通道及移动式竹笆平台分块，汽车吊辅助作业的施工方案。对于部分网架体系的拆除，因无原结构图纸，故在拆除前对其主要构件的规格尺寸进行实测实量，并结合同类型的构件估算出比较正确的重量，并增加0.2的安全系数。利用移动脚手平台对网架进行分块切割，辅以履带吊对结构进行整体吊装的施工方案。

(2) 在桩基施工中，由于地质条件、荷载条件、材料性质、施工条件和外界其他因素的影响，很难单纯从理论上预测工程中可能遇到的问题，有计划地进行现场工程监测十分必要。根据现场情况，主要对原厂房的沉降量及水平位移量进行布点按时采集，明确报警值，及时反馈，指导施工。

(3) 经过多种施工组织设计的对比，从技术安全、工期及经济效益等多个方面综合性考虑。网架的加固施工综合了理论及试验分析结果，采用外包钢管加固形式，并根据拉杆及压杆的不同受力特征，采取粘接型与无粘接约束型两种加固形式。而针对抽柱换梁施工，在完成加固工作的前提下，先行采用8根临时立柱对待拆立柱周围网架体系进行支撑，接着对老立柱进行拆除，然后双机(卷扬机)抬吊将钢箱梁就位，最后卸载。上述整个过程需辅以光纤传感技术，对网架在施工中的应力应变进行实时监测，确保施工过程安全。

3 实施

(1) 屋面围护体系拆除

本工程拆除为文明馆屋面板，厂房檐口标高32.6m，跨距60m，总长144m。屋盖钢架为正方四角锥螺栓球节点平板网架，网架上弦架设屋面檩条并铺设金属压型板，屋面坡度为5%。

拆除内容及新铺设屋面金属压型板布置图的要求，拆除分四个区域：

第一区域：AJ跨1-5轴，拆除后没有新铺屋面金属压型板；

第二区域：AJ跨5-12轴，此区域在CG跨铺设新屋面金属压型板；

第三区域：AJ跨12-16轴，此区域为全部铺设新屋面金属压型板；

第四区域：AJ跨16-24轴，此区域在CH跨铺设新屋面金属压型板。

除第一区域外，第二区域拆除后，随即铺设新屋面彩钢板，待第二区域新屋面板铺设完毕，再进行第三区域旧屋面板的拆除。第四区域按同样方法施工。(如图1)

屋面板拆除及安装顺序：拆除屋面金属压型板→屋面檩条→搬运至屋沿→吊运至地面→天沟安装→底层屋面金属压型板铺设及副檩条安装→保温棉铺设→面层屋面金属压型板铺设，以此类推进入下一轮区域拆除、安装。

屋面金属压型板拆除分段拆除，单坡30m长度分5段由屋脊向屋檐方向拆除，檩条拆除也由屋脊向屋檐方向拆除。拆除的屋面檩条、金属压型屋面板由人工沿着施工安全通道搬运至屋檐处，再用吊机吊至地面(如图2)。

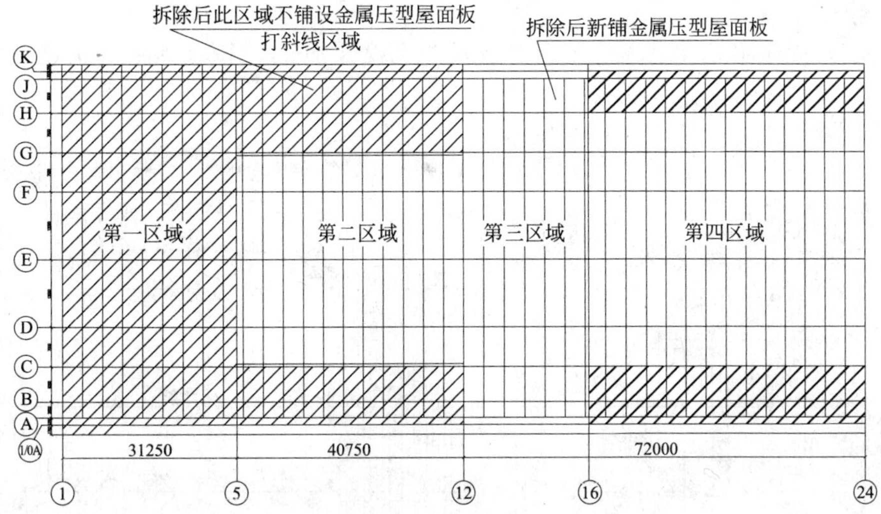

图1 拆除及新铺设屋面板布置图

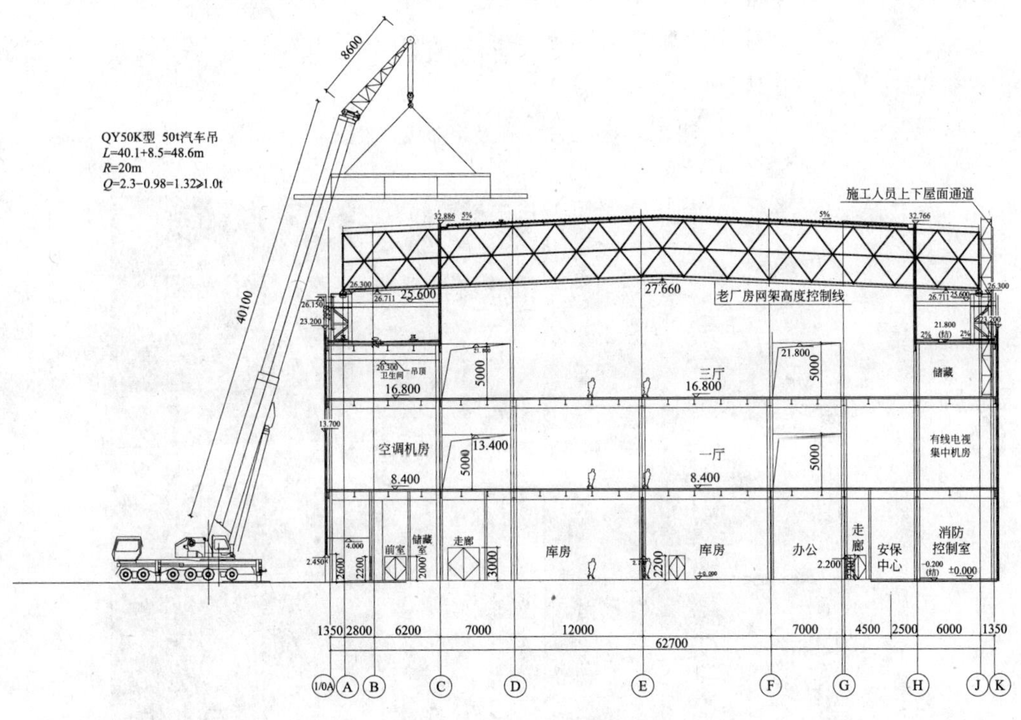

图2 屋面板分段拆除

在地面上，用48×3.5的钢管和扣件搭设若干个1000×6000的步道上铺竹笆，然后用吊机将竹笆步道吊至屋面逐块铺设。两侧搭设1200mm高的防护栏杆，作为施工人员在屋面上行走的安全通道，纵向、横向通道应连通。横向通道随施工点的变动而移动。并按要求在网架檩条搁支梁上，沿屋檐和屋脊纵向设置固定栏杆式生命线，生命线立杆间距$L=7.2$m，立杆采用ϕ48×3钢管。横向设置移动钢丝绳生命线，钢丝绳两端用卸克栓在固定栏杆式生命线上，随操作人员移动而滑移(如图3)。

(2) 网架拆除

因本工程博物馆位置 A-B 轴/11-21 轴结构根据设计要求，属多余结构，需进行拆除(如图 4、图 5)。

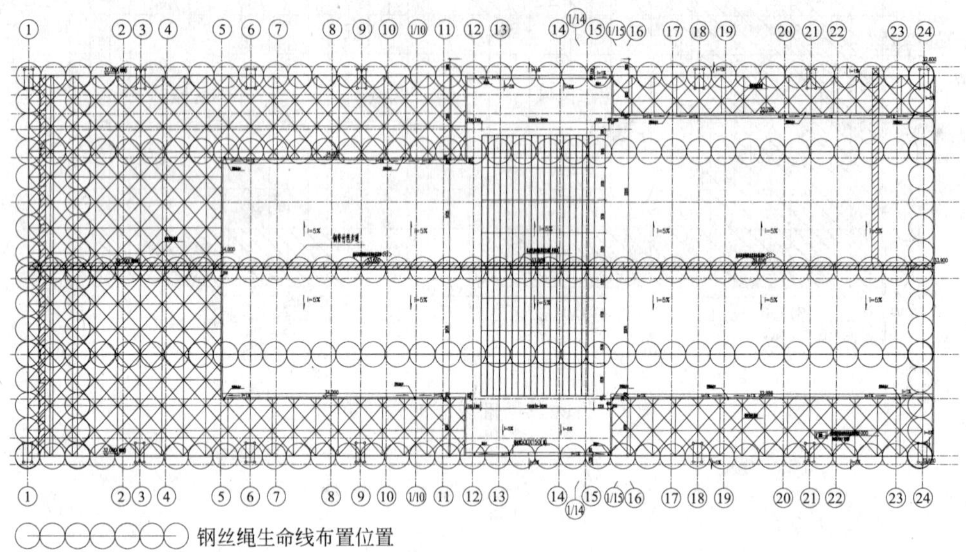

图 3 屋面安全通道及生命线布置图

图 4 现场实景

施工顺序：搭设移动式脚手操作平台→拆除屋盖钢网架(含压型板和檩条)→拆除外墙围护压型板和檩条→拆除钢柱。

A-B 跨厂房屋盖系统拆除：

施工顺序：屋面和气楼屋面上丈量标识吊点孔位置→切割吊点孔→穿插绑扎吊点钢丝绳索→吊卸气楼架单元→吊卸钢网架单元→钢网架地面解体。

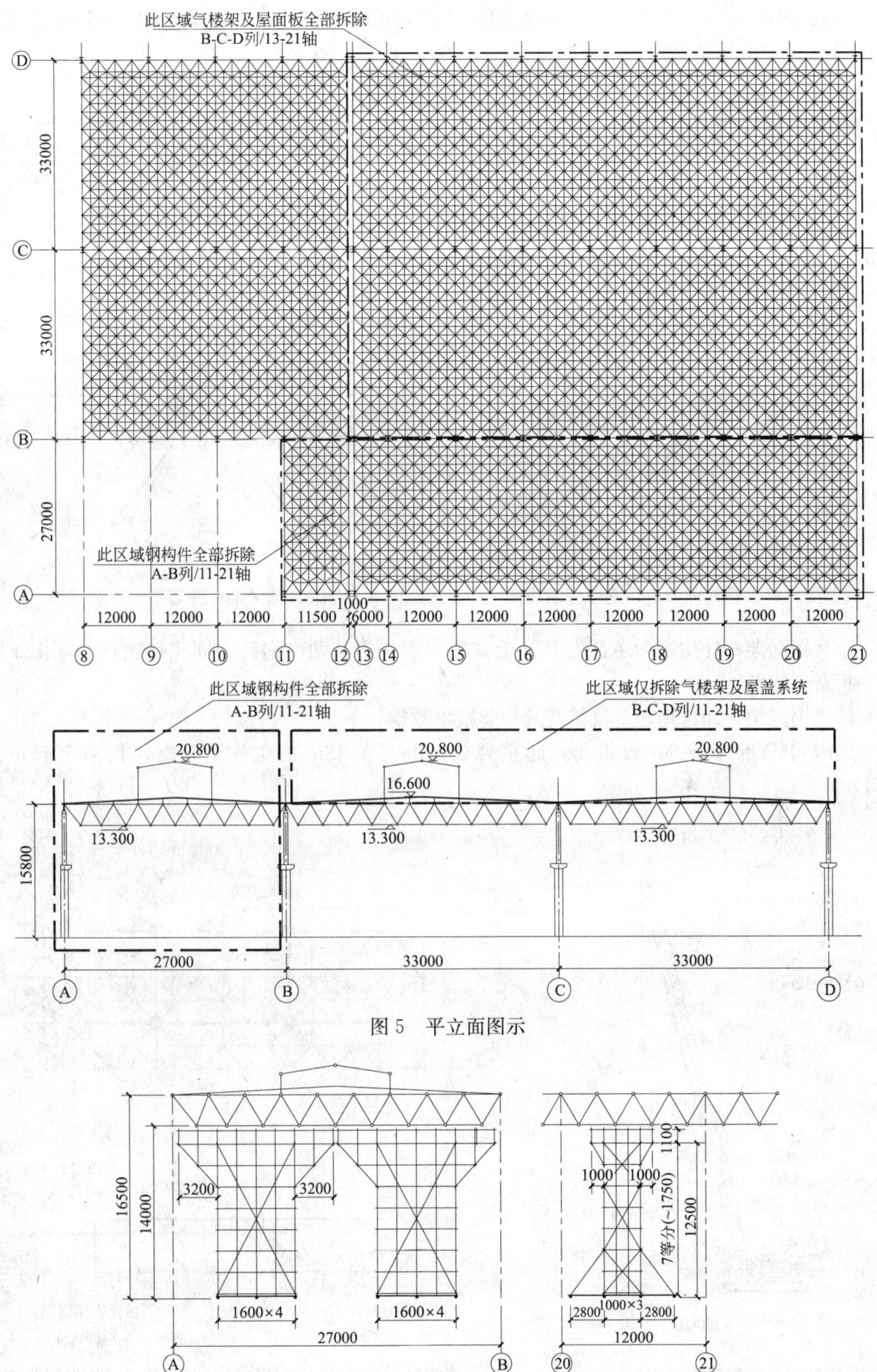

图 5　平立面图示

图 6　移动脚手架平立面布置图

钢网架分块单元、重量及吊卸顺序：以12m一间为一个吊卸单元，从21轴向11轴方向逐块拆除。宽12m网架单元计算重量为12t，其余≯12t。

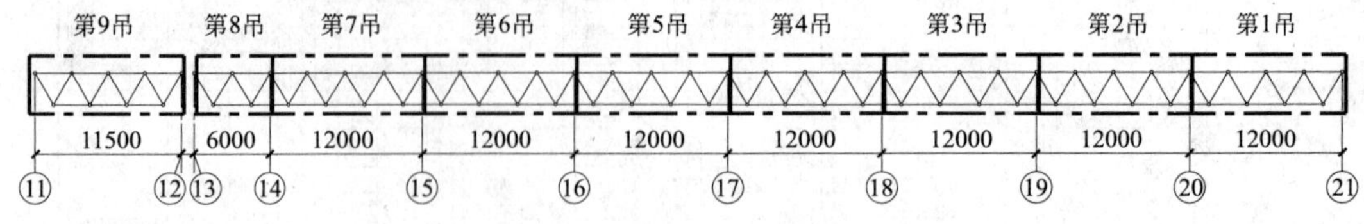

图7 分单元吊卸

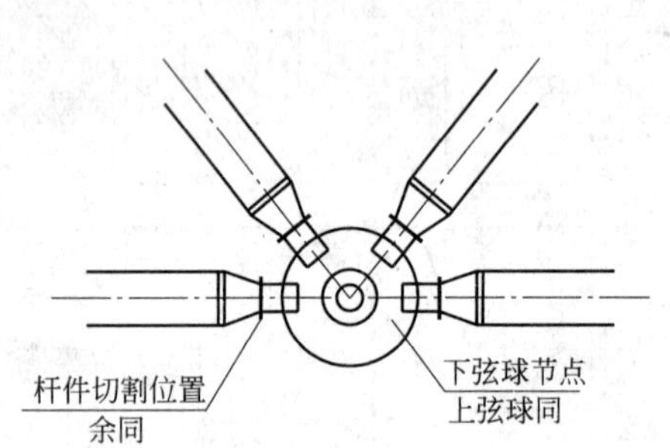

图8 杆件螺栓球节点切割位置示意图

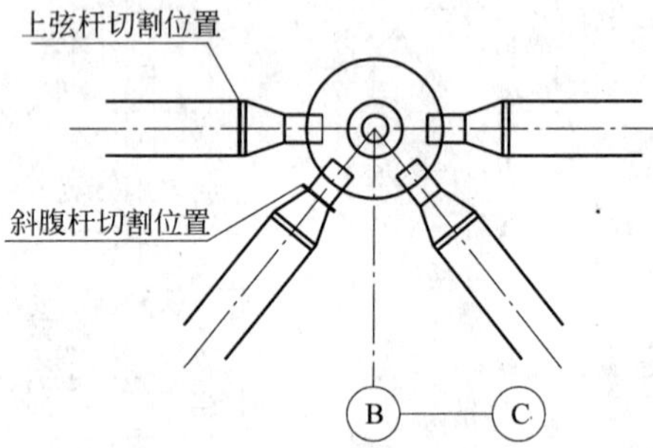

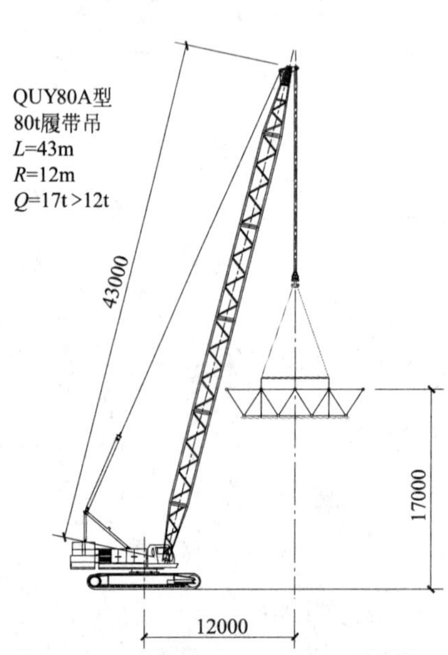

图10 单元钢网架吊卸立面工况图

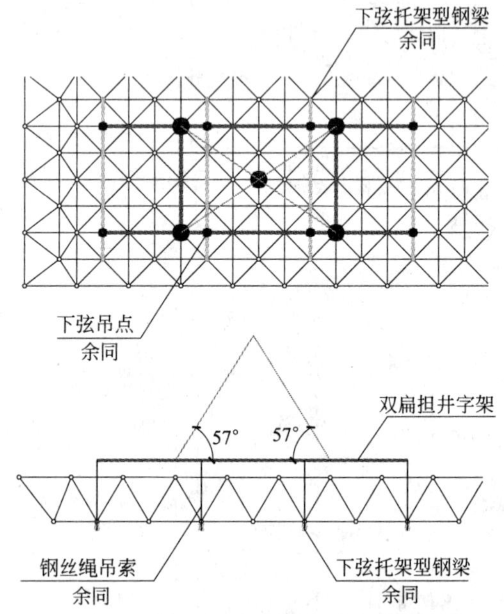

图11 单元钢网架吊卸吊点设置及辅助钢架示意图

图9 内侧B轴网架杆件切割位置示意图

单元钢网架杆件切割顺序：先B轴上弦杆切割→再从两端向跨中同步切割→先断上下弦杆→再断斜腹杆。

屋盖钢网架拆卸选用起重机械及其作业技术数据：

选用QUY80A型80t履带吊，起重臂长43m，在12m的工作半径时，其额定起重量为17.0t。

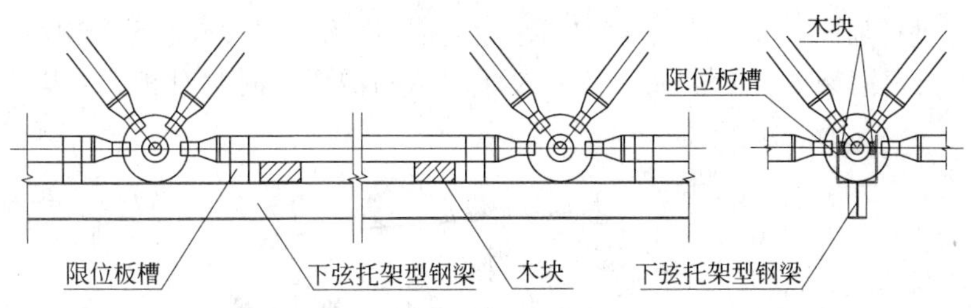

图 12　下弦托架型钢梁设置示意图

吊具配置：

上部双扁担井字架：H300×200×8×1(57.3kg/m)；

下弦托架型钢梁：H200×100×5.5×8(21.7kg/m)；

上部钢丝绳吊索：6×37＋1(155)－φ 28.0mm(四绳)；

下部钢丝绳吊索：6×37＋1(155)－φ 19.5mm(八绳)。

(3) 施工中老结构体系监测

监测内容：原厂房沉降、位移监测

监测点的布置和监测方法：

建筑物沉降监测点布置在文明馆厂房内的钢筋立柱上，共 9 点，采用上方顶面刻划“＋”的道钉打入立柱上。

沉降测量方法：按国家二等水准测量各项限差进行测量。数据用 PC-E500 计算机处理，计算得各监测点相邻间隔次数的变化量及累计沉降量。初始值为连续二次测得的平均值，测量时要求人员、仪器及水准路线固定，以避免误差，提高精度。

水平位移测量方法：采用轴线投影法测量。沿管线的每条直线边建立一轴线，并在直线边上布设水平位移点，将轴线用经纬仪投影至地面上，用钢尺量测位移点到轴线的偏距 E，某监测点本次 E 值与初始值的 E 值之差即为该点累计位移量；本次 E 值与前次 E 值的差值为该点本次位移变化量。

监测周期和频率：按照上海市建委有关文件，在桩基施工阶段，须对基坑周围环境，包括地下管线及周围建筑物进行监测，因此本工程从桩基开始进行环境监测至桩基施工结束，暂估工期为 30 天。

监测项目	监测频率		
	桩基施工	日变化率	总量控制
建筑物沉降	1 次/1 天	＞3mm/d	≥30mm

监测精度要求：

1) 监测频率根据监测数据值变化大小可根据设计单位意见作适当调整。

2) 监测频率调整一般原则是管线、民房日沉降＜3mm、日位移＜3mm 按上表监测频率监测，若连续 3d 变化＜1mm 可放宽监测密度。反之，出现上述数据≥3mm 将加密监测为每天 2 次，有必要时将进行跟踪监测。

3) 当测量数据日变化量有突变时，进行复测并加密监测并及时向有关单位告知。

(4) 抽柱换梁施工

原上海江南造船厂西区部件装焊车间 B-C-D 跨厂房需改建为上海世博会浦西综艺大厅，其 6 轴为大厅南北向的中轴线，故须对原厂房 C 列 6 轴的钢柱拆除。为此需对 C 列 5 轴和 7

轴的两根钢柱进行加固，并在该二柱间架设一根面标高为+13.0m的大型钢箱梁，以此托住C列6轴点屋面钢网架的支承。又因综艺大厅的结构需要，同时对相关结构也进行加固及监测。

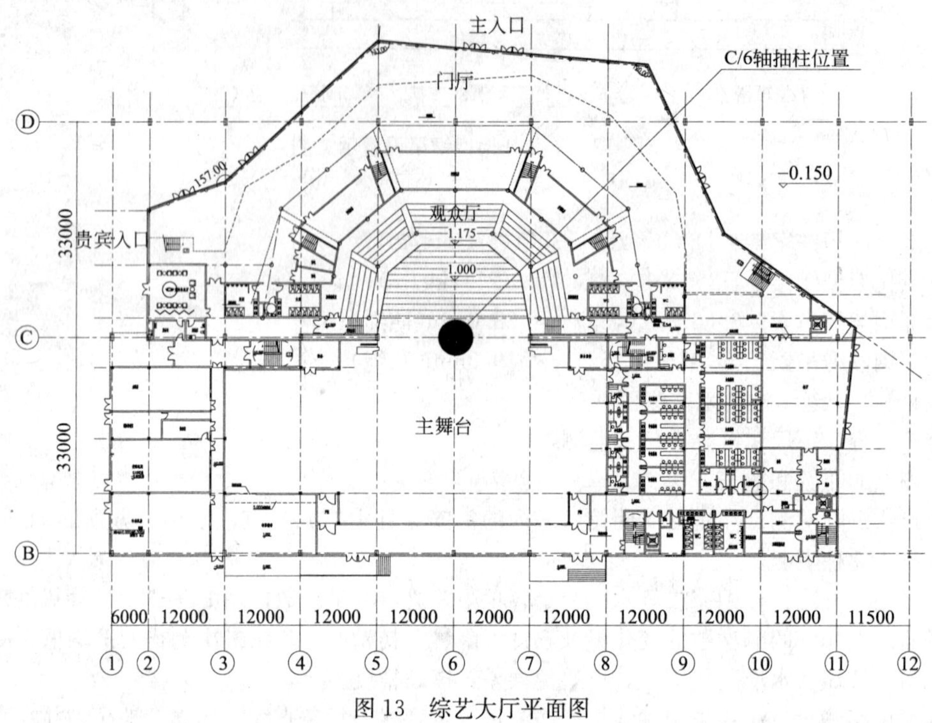

图13 综艺大厅平面图

1）网架加固施工：

加固施工步骤：

对粘接型套管加固(拉杆)为

① 原杆件的表面除锈。

② 安装套管，并临时固定(通过设置4个定位螺钉，保证套筒的轴线与原杆件轴线一致)。

③ 紧固件的安装并施加相应的紧固力。

④ 新增套管接缝处采用环氧胶泥封闭，并于套管上开设灌浆孔、排浆孔及出气孔，并埋设灌浆管。

⑤ 套管内环氧树脂压力灌注。

⑥ 杆件表面涂刷防腐及防火涂料进行防腐、防火处理。

对无粘结约束套管加固(压杆)，则取消套管接缝处的环氧胶泥封闭及后续的环氧树脂压力封闭，取代的是在安装套管时在原杆件外侧缠绕一层软塑料膜，让内外杆表观接触。

2）抽柱换梁施工

施工步骤：

① 拆除屋顶网架结构上部屋面板及屋面檩条。

② 对网架部分相关杆件和球节点进行加固。

③ 对周围的钢柱进行加固施工。

④ 箱梁现场卸料就位。

⑤ 对C/6轴周围设置8点临时支撑。

⑥ 分段拆除 C/6 轴钢柱。

⑦ 钢箱梁起吊，搁置牛腿焊接，钢箱梁就位。

⑧ 在钢箱梁顶部设置三点永久性支撑。

⑨ 拆除临时支撑。

具体施工工艺：

① 临时钢管支撑架设及顶部支承：

运用经纬仪将设计确定的支撑点投影到地面，在各点位置铺设厚度≮16mm 的 0.5m×0.5m 钢板，其四角用 M20 的锚固螺栓固定。钢板与地面之间事先需垫铺砂子，使其面接触。但由于车间内的地坪因土建施工已部分破碎，如支撑点处于地坪破碎部位，则须在其位置的 1.5m^2 范围内作碎石围填，并夯实；或铺垫型钢和钢板，结合部分围填，使其坚实且平整。

临时支撑采用截面 D323×10 钢管(顶部安置螺旋千斤顶作微调正)竖立于 0.5m×0.5m 钢板上，底部暂时以靠码板定位，上部四周须缆绳收紧，以保持其垂直度，防止倾覆，缆绳下部拉结点选在其周边的桩顶部位，以捆扎固定。缆绳与地面的角度≯62°，并在其周边放置防护围栏，以防碰撞。

二排八根支撑钢管竖立后，随即在钢管二侧搭设操作脚手至顶部，并在相关部位铺设竹篱笆，随后对支撑钢管作双向垂直度的调整，调整完毕，钢管底部与钢板焊牢。顶部安置 16t 螺旋千斤顶，各自顶住网架下弦球节点。

并对临时支承钢管柱的承载受力进行验算满足要求。

数据输入(网架支承钢管)：

钢管外径 d(mm)	323	轴心压力 N(kN)	100
管壁厚度 t(mm)	10	最大弯矩 M_x(kN·m)	10
钢材抗压强度设计值 f(N/mm^2)	315	计算长度 l_{0x}(mm)	13810
钢材屈服强度值 f_y(N/mm^2)	345	计算长度 l_{0y}(mm)	13810
钢材弹性模量 E(N/mm^2)	206×105	等效弯矩系数 β_m	1

数据输出：

常规数据：

钢管内径 $d_1=d-2t$(mm)	303	截面面积 $A=\pi\times(d_2-d_{12})/4$(mm^2)	9.8×103
截面惯性矩 $I=\pi\times(d_4-d_{14})/64$(mm^4)	121×108	截面抵抗矩 $W=2I/d$(mm^3)	7.46×105
截面回转半径 $I=(I/A)1/2$(mm)	110.72	构件长细比 $\lambda_x=10x/i$	124.7
塑性发展系数 γ	1.15	构件长细比 $\lambda_y=10y/i$	124.7
径厚比验算：			
验算 $d/t\leqslant100\times(235/f_y)$			满足
刚度验算：			
构件容许长细比 [λ]	150	刚度验算 Max[λ_x，λ_y]<[λ]	满足
强度验算：			
$N/A+M/\gamma W$(N/mm^2)	21.82	验算 $N/A+M/\gamma W\leqslant f$	满足
稳定性验算(弯矩平面内)：			
$\lambda'_x=(f_y/E)1/2\times\lambda_x/\pi$	1.625	构件所属的截面类型	b类
系数 α_1	0.6	系数 α_2	0.965
系数 α_3	0.3	欧拉临界力 $NE_x=\pi2EA/\lambda_x2$(kN)	1.3×103
当 $\lambda'_x>0.215$ 时，稳定系数 $\varphi_x=\{(\alpha_2+\alpha_3\lambda'_x+\lambda'_x2)-[(\alpha_2+\alpha_3\lambda'_x+\lambda'_x2)2-4\lambda'_x2]1/2\}/2\lambda'_x2$			0.304

续表

强度验算：	
当 $\lambda'_x \leqslant 0.215$ 时，稳定系数 $\psi_x = 1-\alpha 1\lambda'_x 2$	
局部稳定系数 $\phi=1(d/t\leqslant 60$ 时）；$\phi=1.64-0.23\times(d/t)1/4$ （$d/t>60$ 时）	1
$N/\psi_x A+\beta m M_x/\gamma W(1-0.8N/NE_x)$（N/mm²）	45.88
验算 $N/\psi_x A+\beta m Mx/\gamma W(1-0.8N/NE_x)\leqslant\phi f$	满足

注：弯矩平面外不作验算。

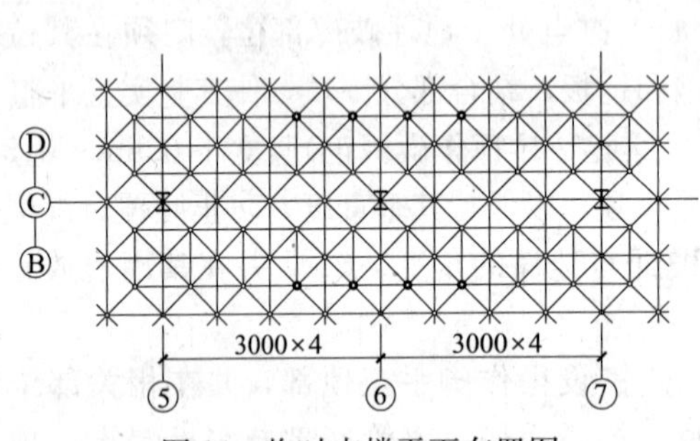

图 14 临时支撑平面布置图

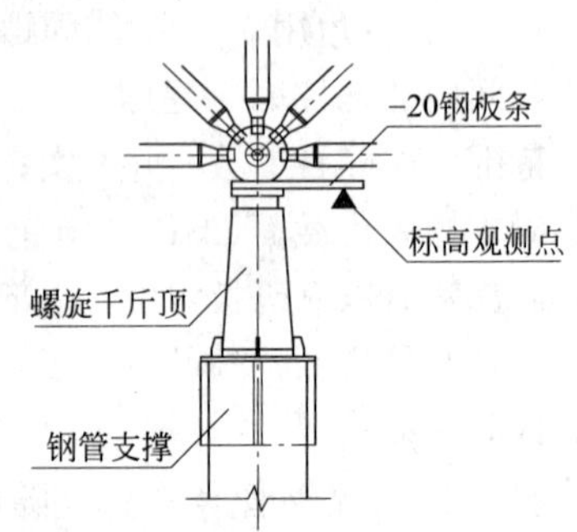

图 15 支撑顶部节点

② C/6 轴钢柱拆除

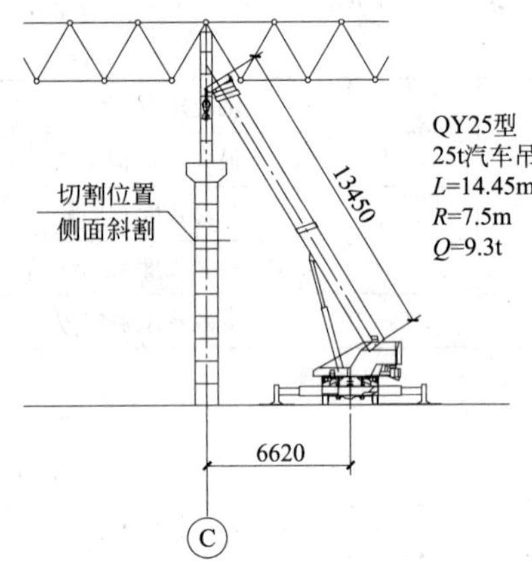

图 16 拆除 C/6 轴立柱工况图

③ 钢箱梁吊装

钢箱梁重量约为 25t，采用 2 台卷扬机（配合滑轮组）通过抬吊将其就位于设计标高。上部吊点设置在 C/5 轴和 C/7 轴的钢柱顶部，钢梁上的吊点设置在两端。

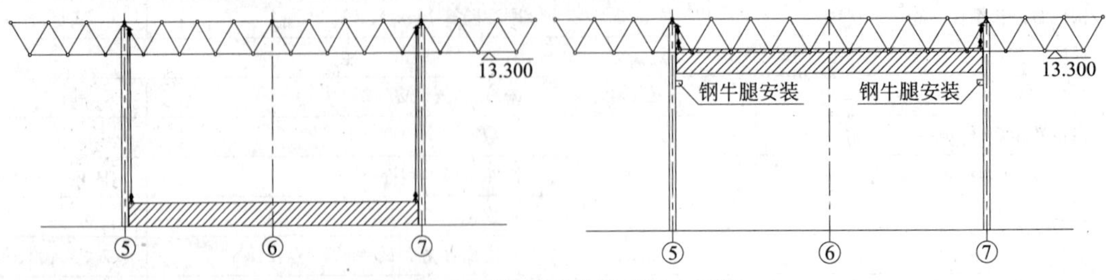

图 17 钢箱梁双机抬吊工况立面图

钢箱梁先试吊提升 1m 检查，在提升到高于设计标高 0.25m 时，停止作业并锁定，附加保险，待下部牛腿安装完成后，钢箱梁落架并安装梁上部三根永久性支撑。

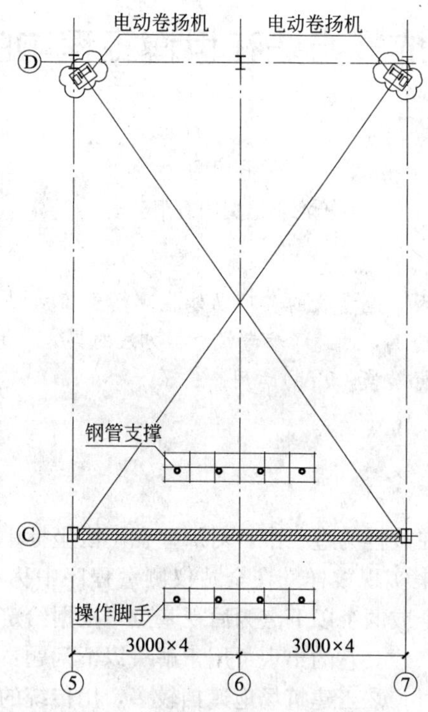

图 18　钢箱梁双机抬吊工况平面图

滑轮组采用单头出绳从定滑车拉出，其倍率为 $I=9$，取其效率为 $\eta=0.7$，则 $S=\frac{P_1}{i\eta}=\frac{190236.4}{9\times0.7}=30196.3\text{N}=3079.4\text{kg}=3.1\text{t}<3.5\text{t}$，选用 3.5t 卷扬机满足要求。

选用 6×37－19.5－155 钢丝绳的破断拉力为 21850kg，取安全系数 $k=5$，其许用拉力为 4370kg＝4.4t＞3.1t 的引出牵引力，满足。

④ 临时支撑拆除

八根支撑钢管的拆除，按原安装顺序的逆向进行。

4　总结

上海世博会文明馆、博物馆、综艺大厅老结构改建工程，运用先进的施工理念，开创性的将破坏性与保护性施工相结合。实现了建筑功能的转换，使设计、施工相辅相成，既满足了施工安全及进度，从措施上降低了建造成本，实现了勤俭办博的理念，并为日后的类似保护性改建项目，从技术层面上积累了宝贵的经验。

参考线放样方法在世博工程中的运用

王章朋

（上海宝冶集团有限公司）

摘　要： 随着全站仪的普及，全站仪的各项功能在现场施工放样过程中也得到充分运用。本文以世博人行天桥工程为例，阐述了参考线放样方法的具体运用，以供大家共同学习。

关键词： 参考线放样，坐标转换，CAD 运用

1　参考线方法

所谓参考线方法，是指在放样的过程中，对那些在厂区坐标中无法放样和不好放样的点或中心线，通过坐标系的转换来实现放样，在全站仪测量程序中称参考线放样。在放样的过程中，在任意地方设站，以两个或两个以上点为后视基点，根据给定的待放样点坐标或待放样点与后视基点的几何关系放样点位。它的出现可用于解决以下问题：①当所给定的放样条件为待放样点相对于已知边的关系时；②当建筑场地遮挡较多，用传统的放样方法复杂繁琐且误差较大时；③当建筑物轴线关系复杂时。

2　参考线放样方法的原理

参考线放样的核心思想是建立一个平面直角坐标系。参考线的建立有后视点坐标已知和后视点坐标未知两种情况：当后视点为已知坐标点时，通过水平度盘定向(即使水平度盘 0°方向线与已知坐标系的 X 轴正向平行，设站点的坐标为已知坐标系中的坐标)，使仪器坐标系与已知坐标系一致；而当后视点为未知坐标点时(如为某一直线上的任意两点)，可建立一个自由平面直角坐标系(如仪器坐标系，即将设站点坐标假设为某值，以水平度盘 0°方向线为轴正向的坐标系)。

如图 1 所示，$P1$，$P2$ 为两已知点(其连线 $P1\ P2$ 即为参考线)，P'为待放样点。将全站仪安置在任意适当位置，选定两点参考线放样模式，输入待放样点 P'到参考线 $P1\ P2$ 的设计垂距 BP'和垂线到 $P1$ 点的设计偏距 AP'。然后分别将反射棱镜竖立在 $P1$，$P2$ 和待放样点 P' 的大致位置 P 处进行观测，全站仪就会自动显示出 P 与 P'点到参考线 $P1\ P2$ 的垂距差 ΔBP 和垂线到 $P1$ 点的偏距差 ΔAP。

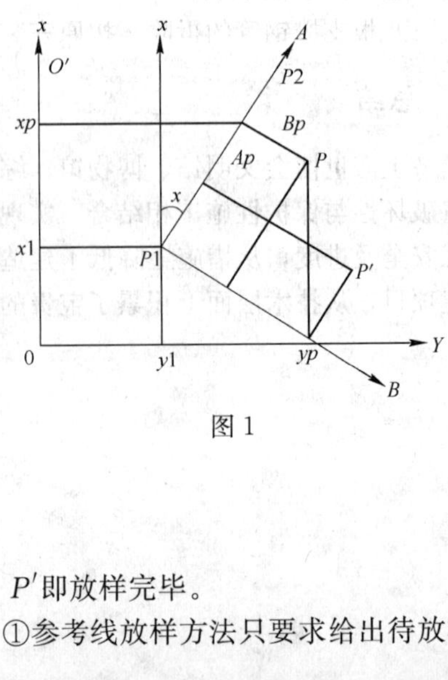

图 1

$$\begin{cases}\Delta BP=BP-BP' \\ \Delta AP=AP-AP'\end{cases}$$

最后，移动 P 点的反射棱镜直至 ΔBP 和 ΔAP 为零，P'即放样完毕。

参考线方法与传统的放样方法相比较具有以下特点：①参考线放样方法只要求给出待放样

点相对于已知边的关系，在地形比较复杂的时候不需要控制点就可以放样；②随着所给定的放样条件不同，传统方法的具体实现也将不同(参考点法或几何法)，而参考线方法则是一致的，它不随起始放样条件的改变而改变。

3 工程概况

世博会浦东园区围栏区内的临时性高架人行平台工程，由一条东西向主轴和二条南北向次轴组成，还包括东西向主轴 C05 地块园一路西侧的一条支线和西次轴在 B02 地块跨越长清路的一条支线。天桥东西向主轴设计范围为浦明路北出入口至园二路之间，全长约 1500m，宽度 32～35m；西次轴设计范围为长清路出入口至滨江绿地特钢大舞台之间，全长约 619m，宽度为 15m；园一路西侧和跨越长清路的支线长度分别为 60m，宽度为 12m。

该工程由三条主轴构成，各主轴结构基础均布设在该主轴行列线上。在施工测量中，如果按照施工坐标系逐个放样基础轴线，计算、测设和检查工作量很大。结合工程特点，决定采用参考线放样的方法进行实施。

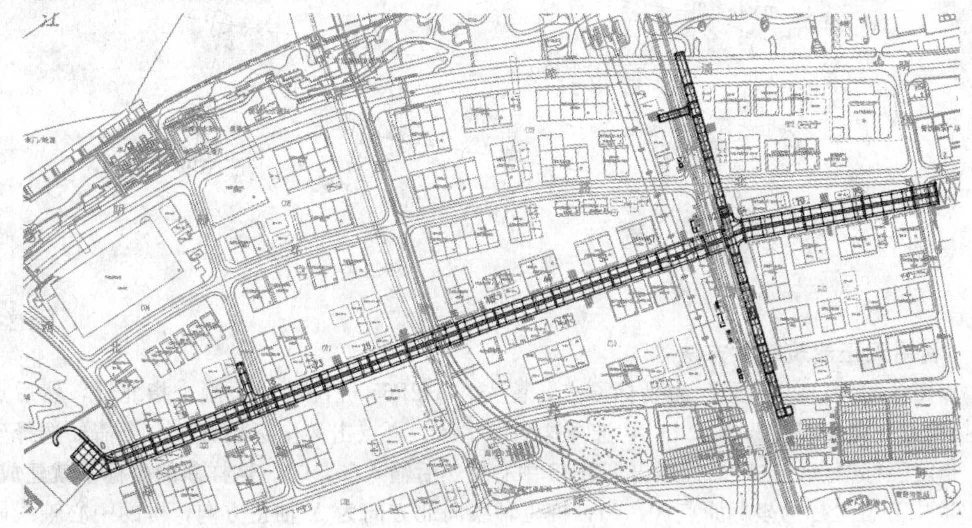

图 2

4 参考线的建立

在所提供的城市坐标中，由于高架桥的中心轴线与正北方向存在一个夹角 α，不是正交(90°)，所以测量放样起来很麻烦，必须进行坐标转换。这样在施工中坐标的直观性强，计算简单，现场测量放样操作方便，便于发现问题并尽快处理问题。由于计算机和 CAD 软件的普及运用，坐标系的转换也可以采用 CAD 软件进行，下面就坐标转换和参考线建立的几种方法进行介绍。

4.1 采用计算方法

设定现场某个桩位的中心桩坐标为坐标原点(0，0)，桩位轴线向北方向为 X 轴正方向，桥的中心轴线向东方向为 Y 轴正方向，建立新坐标系。把所求点和坐标原点连起来，计算出距离和方位角，这样通过计算器就可以把所求点在新坐标系中的坐标算出来。通过计算的新坐标系中坐标，利用图纸中各放样点的轴线关系建立起新的坐标系。这种方法是坐标转换和参考线建立的最基本方法，但计算复杂，计算工作量大，在计算机和 CAD 软件运用普及后，建议此方法可作为检核方法使用。

4.2 利用 AUTO CAD 软件辅助方法

如图 3 打开高架桥 CAD 图，因为从 H2P65 桩位以后，它们的方位角是一样的，所以这一段建立一个新坐标系。输入坐标原点(0，0)，然后把 H2P65 轴线中心桩移到坐标原点上，这样就确定了新的坐标原点。但是，由于中心轴线与正北方向存在一个夹角 $\alpha=79°22'14.0''$，所以还需要旋转。以应与轴线中心桩为基点顺时针方向旋转 $90°-79°22'14.0''$，在 CAD 里面顺时针旋转为负。这样，新的参考坐标系就建成了。应与中心桩坐标为坐标原点(0，0)，桩位轴线向北方向为 X 轴正方向，桥的中心轴线向东方向为 Y 轴正方向。然后，直接利用坐标标注命令得到控制点 RX4A、BY07 的新坐标。

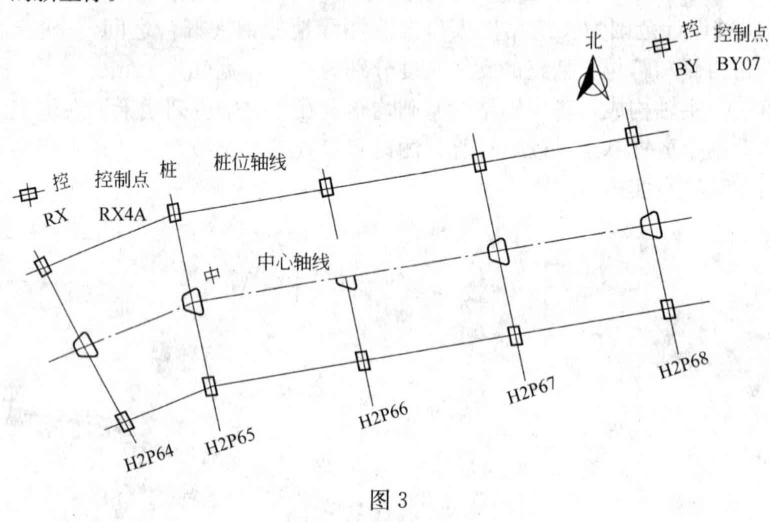

图 3

4.3 利用天正建筑软件方法

以图 3 为例，以 H2P65 为坐标原点。首先在 H2P65 桩位轴线上画个指北针，然后点击“坐标检查”命令需要选择指北针，选择这个指北针。再点击“坐标检查”命令需要选择坐标系，指定坐标原点，这时鼠标点击 H2P65 中心桩然后输入(0，0)。这样新的坐标系就建成了，H2P65 中心桩坐标为坐标原点(0，0)，桩位轴线向北方向为 X 轴正方向，桥的中心轴线向东方向为 Y 轴正方向。然后，直接利用坐标标注命令得到控制点 RX4A、BY07 的新坐标。

5 参考线放样的实施

以图 3 中数据为例，以 RX4A 为测站，以 BY07 定向建站，建立一条参考线，利用参考线方法进行测量放样。放样过程中，根据输入的放样点坐标，仪器中会显示参考线上两个正交轴线上的距离差值，根据显示，对放样点位不断调整，直到符合规范要求为止。放样数据实例如表 1 所示。

参考线放样点计算数据 **表 1**

墩号	桩号	测放坐标		复核坐标		坐标差	
		$X(M)$	$Y(M)$	$X(M)$	$Y(M)$	$\triangle X$(mm)	$\triangle Y$(mm)
控制点	RX4A	30.678	−17.292	30.677	−17.291	−1	1
控制点	BY07	50.724	269.831	50.725	269.829	1	−2
H2P65	H2K1+147.439 北面	13.500	0.000	13.501	0.002	1	2
	H2K1+147.439	0.000	0.000	0.001	0.003	1	3
	H2K1+147.439 南面	−13.500	0.000	−13.501	0.002	−1	2

续表

墩号	桩号	测放坐标		复核坐标		坐标差	
		X(M)	Y(M)	X(M)	Y(M)	△X(mm)	△Y(mm)
H2P66	H2K1+165.439 北面	13.500	18.000	13.498	18.003	−2	3
	H2K1+165.439	0.000	18.000	−0.001	17.997	−1	−3
	H2K1+165.439 南面	−13.500	18.000	−13.499	17.998	1	−2
H2P67	H2K1+183.439 北面	13.500	36.000	13.501	35.999	1	−1
	H2K1+183.439	0.000	36.000	0.002	36.002	2	2
	H2K1+183.439 南面	−13.500	36.000	−13.497	36.002	3	2

6 结语

通过在现场工作中不断的摸索，经过分析和总结，得出以下结论：

(1) 参考线实用于现场单体坐标与施工坐标系坐标之间存在一定的角度，需放样单体轴线之间都是呈批量规则关系，若应用施工坐标测量放样会非常麻烦，此时便可考虑参考线放样；

(2) 参考线放样可以实现基础较小，按传统方法全站仪放样不易架设仪器，不易画中线标志时，采用该方法可以实现在基础的任何位置上投点；

(3) 基础之间具有规律，可以在一个坐标系里进行计算和放样，数据获取方便，简单，放样只需一站即可完成所有的放样。

从上面的介绍可知，参考线放样方法可以方便、快捷地对批量的放样点进行放样，与传统测量放样方法相比，可大大减少安置仪器的次数。因此，采用参考线方法放样，在减少工作量的同时可显著提高工作效率。

参考文献

[1] 刘波，李大军，何湘春. 参考线测量方法在地下管线放样中的运用 [J]. 测绘通报，2006(4)：58～60
[2] 石继述等. 参考线放样在横断面测量中的应用 [J]. 铁道勘察，2007 年第 2 期：21～23
[3] 张远智，刘钊. 参考先放样方法及其运用 [J]. 测绘通报，1998(27)：27～29
[4] 李青岳等. 工程测量. 北京：测绘出版社，1995
[5] 《工程测量规范》(GB 50026—2007)

耐候钢板加工、安装工艺技术

单红中
（上海宝冶集团有限公司）

摘　要：世博会卢森堡国家自建馆的外装饰工程全部采用耐候钢板，该项目的耐候钢板运用部位非常多。不仅仅是在幕墙系统中，还包括一般室内地面、室内地面的风口、室内的楼梯、室外的楼梯、室内隔墙、室外风口、女儿墙板、室外地面、圆树池、方树池、斜树池、树篱、天沟、门窗套、钢板窗板、室外坡道、屋面、水池、水池中平台、水池中花坛、可开启阳台的建筑面、水处理展示系统的外壳，所有这些部位均需单独设计，各部位相邻的处理方式也均要单独设计。这种钢板应用，在建筑领域极为罕见，采用接近机械设备、板筋加工的工艺，技术指标要求很高。本文对该项目的加工、安装工艺进行了介绍。

关键词：耐候钢板，背筋，U型精折件，焊接精度，平整度，防水

1　概况

耐候钢板幕墙系统安装技术主要是针对世博会卢森堡国家自建馆工程项目（以下简称本项目）外装工程（耐候钢板）的施工图深化设计、加工、安装工作的，本项目的耐候钢板材料在外部建筑装饰中的应用范围非常大，原则上所有外装饰材料中看到的都是耐候钢板（除玻璃窗和绿化、水池中的水）。

图1　工程总体效果图

在本工程耐候钢板系统的设计中，从理念上经历了全焊接、完全开放式到现在承插式的拼接固定方式，是经过多次的方案比选、与设计师的交流，做出的最优选择。

在设计上，主结构框架结构简单、跨距大，为未设计门窗洞口的结构。所以首先要求在幕墙系统中增加次结构，完成从主结构到标准龙骨在构造上的要求，然后是标准的可调节龙骨的设计，最后在可调节龙骨上安装承插式拼接的耐候钢板系统。

防水设计上，经过各种设计方案的甄选，立面防水层采用1.2mm厚镀锌钢板在龙骨外钢板内平面内整铺；在平面防水部位，利用钢板的微变形性——很好的刚性，直接在接缝处设置防水胶条、内侧打耐候胶的密封方式，其次再完成钢板及其自防水安装、防水实验后，加设一道镀锌钢板的刚性防水的二次保护，进一步提高防水安全性。

保温层按原设计设置在主结构内侧，采用100mm厚夹心岩棉板。

相对一般幕墙而言，其难度在于耐候钢板的挂板，或称连接固定的方式。

1.1 典型部位的具体做法见表1

各个部位的工程做法 表1

序号	部位名称	工程做法	备注
1	上人屋面、外墙面	4mm厚耐候钢板地面 镀锌钢板防水 150mm×50mm钢结构龙骨 结构钢主体结构	
2	一层室内地面(带设备层)	4mm厚耐候钢板地面(采用耐候胶防水) 150mm×50mm钢结构龙骨 钢结构主体结构 空调设备层	塔楼一层地面
3	一层室内地面(无设备层)	4mm厚耐候钢板地面 150mm×50mm钢结构龙骨 20mm厚1：2.5水泥砂浆找平层 150mm厚C15混凝土垫层 浮铺2mm厚塑料薄膜一层 素土夯实	餐厅、卫生间，清洁间、强，弱电间，消防监控室、厨房地面
4	室外地坪	4mm厚耐候钢板地面 20mm厚1：2.5水泥砂浆找平层 60mm厚C15混凝土垫层 素土夯实	

1.2 主要技术特征

该项目的耐候钢板运用到的部位如此之多，所有这些部位均需要单独设计，各部位相邻的处理方式也要单独设计。这样的耐候钢板在外装工程中的建筑应用，国内外均没有建筑标准、质量、技术可以遵照，而本工程又有世博自建馆工程的特殊性，业主要求高。经过多次讨论，决定所有耐候钢板的切割采用工厂激光切割，屋面、地面等上人部位均要先经过抛丸、整平两道工序，钢板切割后进行工厂的背筋、连接件的焊接加工，最终现场安装。

1.3 中间试验、工艺过程

本工程耐候钢板在技术上相当复杂，公司承担了从概念设计、初步设计、技术设计、施工设计乃至加工深化设计的整个设计过程。尤其是耐候钢板，在中国没有任何现成的项目和经验可供借鉴，碰到一系列技术困难，业主建设方虽然有类似的项目，但无法提供针对本项目问题的有效解决方案。项目部提出多项解决方案，并对方案进行多次专家论证，耐候钢板的样品先后制作了40余块，其中提供给业主确认的有6到7批，这一系列技术问题和工作完成后，总体解决方案才基本确定下来。

图2 抛丸后的钢板

图3 最终设计的样品

图4 耐候钢板的设计样品

1.4 工艺流程

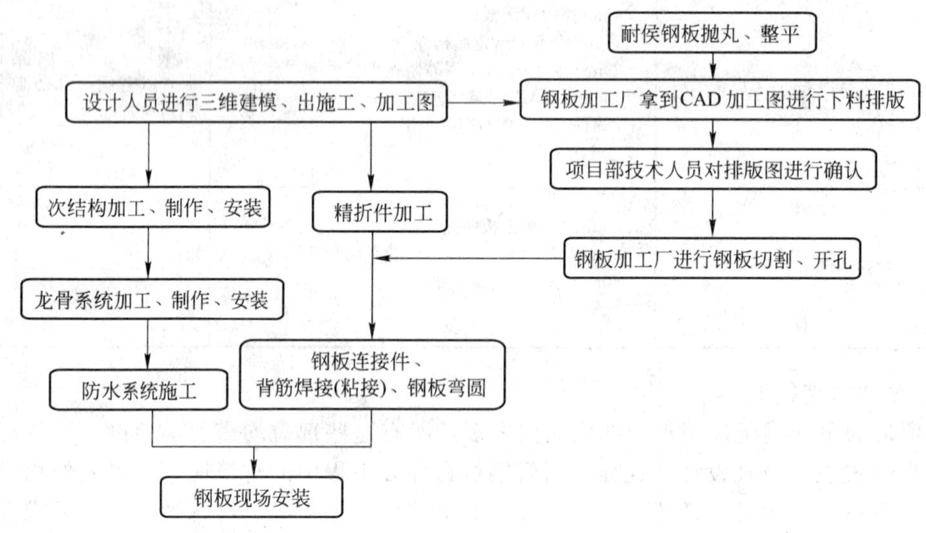

图5 工艺流程

2 钢板的加工阶段

针对本工程施工工序，包括抛丸、整平、切割与折弯及厂家焊接加工，由于安装精度要求高，要求以毫米为单位，尽量保证误差在1mm以内，这在建筑上是极为少见的，而且为满足钢板连接部的切割质量，必须要使用激光切割，进而要求出图必须到工厂加工的要求，由于工程造型复杂，每一变化都要求不同，所以出图量巨大。

最为重要的是板面接缝处不能镂空，要求用钢板条作衬条(封口条)，这项工作在加工上增大了难度。

作为该项目耐候钢板幕墙的加工，耐候钢板系统完全采用了承插式的拼接固定方式，利用耐候钢板的微变形性、刚性强的特点，拼接点设置防水胶条等密封设置，再在内侧采用镀锌连接件连接，利用镀锌钢板的刚性防水性能达到二次保护，进一步提高防水安全性。基于上述结构连接方式，对于耐候钢板系统的加工提出了很高的要求，主要体现在每一单件的制作精度必须达到要求，才能满足整体拼装插接时的控制。因此，对于耐候钢板制作的焊接变形和几何尺寸的控制必须达到验收标准。同时基于幕墙钢板防水性能的要求，在总装过程中，必须严格控制各部件之间的组装间隙，避免后续安装时的安装出现间隙而使结构防水性能出现问题。

2.1 工程材料

工程主材特点：本工程幕墙钢板采用耐候钢板，为国外供应商直接提供，仅用于卢森堡国家馆项目，材料表面无须维护，材料也不会降级。材料低碳含量及细纹性，能兼容普通焊接。

工程零部件材料要求：除幕墙主材耐候钢板外，其余各连接部件材质均采用 Q235B。当钢材表面有锈蚀、麻点或划痕等缺陷时，其深度不得大于该钢材厚度允许负偏差值的 1/2。进入车间施工的材料应平整且无弯曲和变形，否则应进行矫正到标准允许的偏差范围内。制作时应认真检查钢材断面有无夹层和裂纹。

2.2 工程制作工艺及要求

2.2.1 加工精度要求

由于本工程中耐候钢板的安装采用工厂加工制作成标准板块，现场拼装的方式，钢板的安装基本采用承插式，因此前期三维模型中的耐候钢板的分割、排版工作显得尤为重要，工厂加工而成的耐候钢板标准块的精度必须得到满足，否则现场拼装时，会出现板块之间无法合拢的现象。为保证工厂加工而成的耐候钢板标准块精度得到满足，故特制定按以下标准进行每道工序的检查。具体标准如表 2 所示。

工厂加工各道工序的精度要求 **表 2**

工序名称	精度要求	检测方法	备注
耐候钢板抛丸除锈	Sa2.5 级避免抛丸工序中造成硬角变形	样品对照	
耐候钢板整平	≤0.4%杜绝硬角变形	2m 靠尺，塞尺	
耐候钢板切割	≤±0.3mm，对角尺寸≤1mm	钢尺	
耐候钢板精折件加工	≤±0.5mm 角度控制为±0.1°	钢尺	
耐候钢板总装焊接	平整度≤0.6%	2m 靠尺，塞尺	

2.2.2 工厂加工制作过程中应注意点

(1) 耐候钢板原始尺寸为 1500mm×5800mm×4mm；

(2) 耐候钢板的第一道工序为除锈抛丸，在运输至下一道工序前，必须由项目部专人去检查上一道工序的质量，质量合格后，方可运输至下一个加工厂进行下一道工序；

(3) 耐候钢板在运输过程中必须采用专门定制的托架；

(4) 本工程中精折件分为 Z 型精折件及 L 型精折件，角度控制为±0.1°，Z 型上下横板的距离误差必须控制在±0.5mm 以内，并且有 90%以上控制误差在±0.3mm 以内；

(5) 对焊接的要求：耐候钢板边缘与精折件焊接完成后，90%的构件截面精度应控制在±0.5mm 以内，保证精度，即 100%的构件应控制在±0.7mm 以内。焊接过程在预先制作好胎具上完成。焊接初步定为手工焊或埋弧焊，要求尽量采用小电流，减小焊接对钢板正面的热影响。焊接后的平整度应控制在 0.6%以内，考虑到焊接过程中的压平后焊接，不允许在整平后自然状态下的平整度基础上继续扩大平整度偏差。

制作工序组成：耐候板抛丸除锈→耐候板矫平→材料激光切割→总装，U 型折件、封口条制作→总装→焊接→包装→发运。

制作各工序要求：耐候板抛丸除锈达到 Sa2.5 级，耐候板矫平精度达到 0.4%以内，并杜绝硬角变形，材料激光切割精度控制在0.3mm以内，对角尺寸控制在1mm以内，U形精折件精度控制在0.5mm以内，同时长度方向只允许负公差，幕墙板总装焊接后不平度允差0.6%，成品包装要求垫平，避免出现二次变形。

总装加工工艺：耐候板总装过程是该项目的关键点，因此，对于总装工序必须设置固定的工艺胎架装配，严格按图示要求放1∶1的实样制作胎架，按工程要求对胎架的平整度和流水操作的实用性进行制作，使产品达到统一的验收要求。总装后焊接工序必须设置平整的焊接平台，严格控制焊接过程，避免产品出现焊接超差变形。同时对导向连接位置的焊接和点焊严格控制，并作必要的整形，避免现场导向位置的安装出现连接问题。

3 施工部署

本工程塔楼外立面、围合建筑内外立面、室内外楼地面、围合建筑屋面及装饰栏板、水池底部及平台、钢板门窗、花坛及种植箱等均采用耐候钢板作为外饰面材料，总的耐候钢板用量约15000m^2。本工程中耐候钢板的安装采用工厂加工成定尺板块，现场拼装的方式。塔楼及围合建筑外立面耐候钢板安装采用搭设脚手架的方式。塔楼的最高点为21.5m，故塔楼部分外脚手架的搭设高度为23m，围合建筑的高度约为5.6m，采用双排落地式脚手架。耐候钢板现场安装时通过2台汽车吊进行垂直运输至已设置好的卸料平台上，然后在操作平台上通过人力搬运至安装部位进行钢板的安装。

3.1 施工工艺的形成

3.1.1 施工作业条件

本工程现场耐候钢板的安装采用搭设脚手架的方式，脚手架搭设前，塔楼及围合建筑钢结构工程已完成并已验收合格，塔楼及围合建筑之间水池底部换填完成，水池底部垫层施工完成。围合建筑矮墙施工完成，周围回填完成。脚手架材料准备完成，耐候钢板进场运输道路已完成。

图6 塔楼主钢结构完成

3.1.2 墙面安装顺序

龙骨安装：从下到上安装；

墙面刚性防水：从上到下，注意搭接；

板面安装：从上到下安装。

安装程序：钢结构主结构安装完成之后，先进行幕墙次结构，即门窗框的现场焊接安装，按设计三维建模数据进行龙骨网格，在主结构上弹线，按弹线位置进行龙骨脚码的定位焊接，然后再进行主钢结构面漆及防火涂料施工，龙骨进行安装及精确调整(关键点进行空间定位测量复核，保证钢板安装位置正确)，刚性防水(1.2厚镀锌钢板)施工，进行二次版面网格进行弹线，最后安装耐候钢板版面。

3.1.3 垂直运输方面

根据现场场地、构件情况、安装部位情况分两种方式：(1)钢板垂直运输采用汽车吊或电动卷扬机，将工厂制作好的构件运至受料平台，之后人工水平运输至安装点，进行安装；(2)用汽车吊单块直接吊装安装。

3.1.4 墙面安装操作平台

在脚手架从下到上安装的同时，龙骨利用脚手架平台进行安装，必要时配合爬梯，龙骨垂直运输采用吊机、手动起重设备；龙骨安装完成后，脚手架亦随之完成整体安装，然后按从上到下的顺序安装防水、钢板板面。当耐候钢板安装完成一个水平面(2.410/2m，根据耐候钢板设计的标准板块确定)，外脚手架随之降低一层操作面(2.410/2m)，随着防水及钢板面板安装完，脚手架随之拆除完毕。

3.1.5 施工部署

本工程耐候钢板现场安装采取先施工样板段(围合建筑东立面)，然后大面积施工其他部位，具体安装顺序如下：

(1) 样板段脚手架搭设、龙骨、防水层、耐候钢板的安装；

(2) 塔楼9m平台龙骨、防水层、耐候钢板的安装；

(3) 塔楼及围合建筑脚手架的搭设；

(4) 塔楼及围合建筑外立面龙骨的安装；

(5) 塔楼及围合建筑外立面防水层的安装；

(6) 塔楼及围合建筑外立面耐候钢板的安装；

(7) 围合建筑屋面龙骨、防水层、耐候钢板的安装；

(8) 室内地坪、室外地坪、水池、树篱、花坛等耐候钢板施工。

3.1.6 样板段安装

本工程耐候钢板的现场安装主要包括脚手架的搭设、龙骨系统的安装、防水系统安装、耐候钢板面板安装。先施工塔楼及围合建筑外立面耐候钢板，最后施工围合建筑及塔楼屋面、楼地面、室外耐候钢板地面。

耐候钢板幕墙系统现场试安装图一

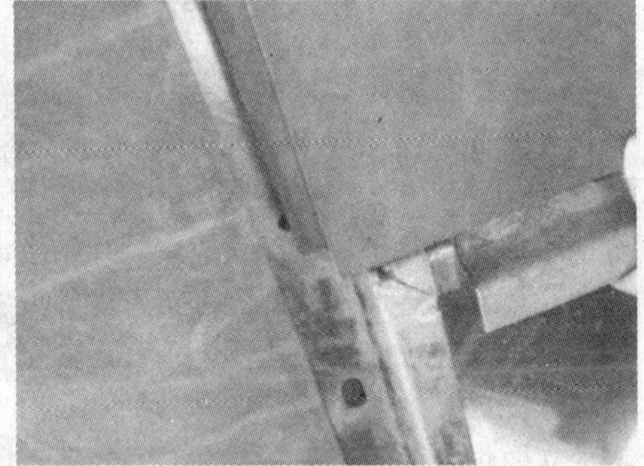

耐候钢板幕墙系统现场试安装图二

图7

3.2 围合建筑外立面耐候钢板的安装

围合建筑外立面耐候钢板总面积约为1350m²，围合建筑高度约为5.6m，钢板现场安装时，采用双排落地式脚手架形成操作平台进行安装，围合建筑立面分两次安装，脚手架等材料采用一次周转形式。

围合建筑立面耐候钢板安装主要施工工艺是：场地整平——脚手架的搭设——主钢角码的测量定位——主钢角码与主钢结构的焊接——主龙骨位置的测量定位——主龙骨与主钢角码的连接——次钢角码位置的测量定位——次龙骨与次钢角码的连接——镀锌钢板防水层施工——上一层耐候钢板与龙骨的连接及打胶——下一层钢板的承插连接——淋水试验。

围合建筑立面主钢角码为100×63×6钢角码，次钢角码为50×50×4镀锌角码，主龙骨为80×60×3钢方通，次龙骨为50×50×3方钢管，刚性防水层为0.8mm厚镀锌钢板。

围合建筑立面耐候钢板采用承插式安装，安装顺序是从上往下安装，精折件在工厂加工时，已经与上一层耐候钢板焊接，封口钢板与下一层耐候钢板焊接，安装时直接承插连接。主钢角码焊接于主钢结构上，主龙骨与主钢角码采用镀锌螺栓连接，可用于调节主龙骨与主钢结构的距离，次钢角码焊接于主龙骨上，与次龙骨采用镀锌螺栓连接，次龙骨也可调节与外立面的距离。以保证龙骨表面在同一平面内，便于下一道工序镀锌钢板刚性防水层的施工。

主钢角码的定位必须保证准确，主龙骨与主钢角码、次龙骨与次钢角码之间均采用可调螺栓连接，可调节主次龙骨与主钢结构之间的距离，并保证主次龙骨在同一平面内。

主次龙骨在安装过程中，要对龙骨的定位进行复测，确保主次龙骨的位置正确。

主次龙骨安装完成并形成平面后，进行 0.8mm 厚镀锌钢板刚性防水层的施工，施工时要保证刚性防水层的搭接长度为 200mm，并在搭接位置要按设计要求打胶。

耐候钢板面板安装之前，应将 U 型件与钢板焊接部位的双侧打好防水耐候胶，安装 U 型件较低一侧的 PVC 定制防水条与橡胶条，并检查 U 型件另外一端的密封胶条是否安装正确牢靠。面板拼装到位后，确保密封胶条位置正确，并在其部位连续打耐候防水密封胶。

在上一块耐候钢板安装固定完后，再于龙骨固定的螺栓处打耐候胶。目的是防止将来雨水通过连接螺栓进入刚性防水层的背面。

本工程所有耐候钢板的加工、制作、安装均是以 1∶1 三维模型为基础的，所有钢板都按三维模型的板块进行编号，现场安装时，也根据各板块的编号顺序进行安装。

耐候钢板安装时，为保证耐候钢板位置的正确，当耐候钢板安装一定区域时，要对耐候钢板的安装位置进行复测，出现偏差应及时进行调整，避免累积误差较大而影响最终面板效果。

主次龙骨及钢角码均采用地面先刷防锈漆，再进行现场安装；主钢角码与主钢结构焊接后再涂防火涂料。

3.3 塔楼外立面耐候钢板的安装

塔楼外立面耐候钢板用量约为 1905m^2，塔楼的最高点标高为 21.35m，立面钢板安装采用搭设落地式脚手架方式，当塔楼 9m 平台龙骨及耐候钢板安装完成后，水池底部预埋管道完成，水池底部换填及垫层施工完成后，开始搭设脚手架，脚手架分内外两部分，外脚手架沿塔楼四周布置，双排落地式扣件脚手架，内部设置满堂脚手架，内外脚手架通过独立横杆连接。

耐候钢板安装顺序从上往下，垂直运输设置电动卷扬机，水平运输在脚手架操作平台上通过人力运输完成。

塔楼立面耐候钢板安装主要施工工艺是：场地整平——脚手架的搭设——主钢角码的测量定位——主钢角码与主钢结构的焊接——主龙骨位置的测量定位——主龙骨与主钢角码的连接——次钢角码位置的测量定位——次龙骨与次钢角码的连接——镀锌钢板防水层施工——上一层耐候钢板与龙骨的连接及打胶——下一层钢板的承插连接——淋水试验。

3.4 室内外楼地面耐候钢板的安装

这一部分耐候钢板的面积约为 2600m^2，主要包括围合建筑一、二层楼地面、塔楼一层及贵宾层楼地面、室外地面。

室内外楼地面的主龙骨采用 100×60×4 钢管，次龙骨采用 60×60×4 钢管，主钢角码采用 100×63×6 钢角码，次钢角码采用 50×50×4 连接角片，防水层为 1.0mm 厚镀锌钢板防水层，主龙骨与主钢结构的连接、主次龙骨的连接是通过可调螺栓连接，用以调节主次龙骨与主钢结构的距离，使主次龙骨外表面处于同一平面。

安装内容有主次钢角码的安装、主次钢龙骨的安装、镀锌钢板防水层的安装。此部分耐候钢板的铺设分干铺和湿铺两种，围合建筑及塔楼带设备层的一层地面及二层、贵宾层耐候钢板采用干铺形式，要安装龙骨，围合建筑内餐厅、厨房等地面耐候钢板采用湿铺的形式。

耐候钢板干铺的施工顺序为：

主钢结构完成——设备及管线安装完成——主钢角码的测量定位——主钢角码与主钢结构的焊接——主龙骨位置的测量定位——主龙骨与主钢角码的连接——次钢角码位置的测量定位——次龙骨与次钢角码的连接——镀锌钢板防水层施工——耐候钢板的固定——耐候钢板拼接、打胶。

耐候钢板湿铺的施工顺序：

混凝土垫层120mm厚——3mmAPP防水卷材——50mm厚1∶3水泥砂浆干铺——耐候钢板铺设。

安装面板之前，应将U型件与钢板焊接部位的双侧打好防水耐候胶，安装U型件较低一侧的PVC定制防水条与橡胶条，并检查U型件另外一端的密封胶条是否安装正确牢靠。面板拼装到位后，确保密封胶条位置正确，并在其部位连续打耐候防水密封胶。

3.5 水池部分耐候钢板的安装

这一部分的耐候钢板面主要包括水池底部及水池平台侧壁与平台顶面。

水池底部耐候钢板安装采用湿铺形式。

水池底部耐候钢板的安装顺序：

水池底部碎石换填——水池混凝土结构——3mmAPP防水卷材——50mm厚1∶3水泥砂浆干铺——耐候钢板铺设

水池侧面耐候钢板安装顺序：

水池混凝土结构侧壁——3mmAPP防水卷材——化学螺栓及连接角片安装——硅酮耐候密封胶施工——耐候钢板焊接安装

(1) 水池底部采用扎力钉湿铺方式固定于50mm厚水泥砂浆层，板块与板块之间采用4mm厚钢板封口。

(2) 水池侧壁圆弧形耐候钢板采用工厂弯制，角钢与耐候钢板之间的连接也采用工厂焊接。

(3) 水池底部钢板与侧壁钢板之间通过角钢采用现场焊接。

(4) 水池部位进行耐候钢板施工前，电气等管线预埋工作已经完成。

(5) 每安装耐候钢板(15～20)m^2时，对耐候钢板安装的位置要进行复测，如有误差及时调整，以免累计误差。

3.6 花坛、种植箱等耐候钢板安装

花坛、种植箱的耐候钢板主要包括与围合建筑内立面连接的种植箱，屋顶花坛、水池花坛。

围合建筑内立面耐候钢板墙面施工完成后，种植箱的耐候钢板在地面拼装完成，折件焊接在外墙面的钢板上，组装完成的种植箱通过螺栓与折件连接。

3.7 耐候钢板门窗的安装

本工程中耐候钢板外门共有10个，每个大门外包耐候钢板。钢板门分为旋转门和双开门两种类型，最大的钢板门面积为28.2m^2。钢板窗数量为6扇，都集中于围合建筑立面。

耐候钢板门窗安装过程中，门窗外包的耐候钢板采取工厂加工的方式，现场安装门框、铰链等附件。

安装的顺序：

安装门窗框架——镀锌钢板防水层施工——钢板背板安装——灯座安装——管线敷设——窗台板安装——灯具安装。

旋转钢板门安装时，应确定旋转门轴的位置，上下铰链必须与钢结构框架可靠连接，门轴的尺寸及受力必须经过计算确定。

外包耐候钢板门门框与钢板门之间必须按图纸加工成企口形状，以便门关闭时形成封闭状态。

4 工程安装质量要求

本工程耐候钢板系统工程质量控制主要分两个阶段，第一阶段为耐候钢板工厂加工阶段；第二阶段为现场安装阶段。

第一阶段：耐候钢板工厂加工阶段。各个工序的质量精度及控制方法参见表2，耐候钢板加工过程中，项目部派专人驻厂进行监督、检查。监督内容主要为钢板的除锈抛丸质量，钢板的整平平整度，钢板的激光切割精度，钢板的精折件加工尺寸，钢板与附件的焊接质量、组装后钢板标准板块的平整度等。

第二阶段：现场拼装耐候钢板阶段。这一阶段主要由项目部质检管理人员控制，控制的主要内容为钢角码及钢龙骨的定位尺寸，耐候钢板板块定位尺寸，钢板安装的平整度，耐候钢板之间的拼缝，镀锌钢板防水层的搭接，刚性防水层质量、连接处打胶的质量等。具体控制措施见表3所示。

现场耐候钢板安装质量控制 **表3**

序号	控制内容	控制方法	备注
1	连接角码及龙骨定位尺寸	测量仪器	
2	耐候钢板安装的空间定位	测量仪器	(15～20)m^2 复测一次
3	钢板安装的平整度	2m 靠尺、塞尺	抽查
4	耐候钢板之间的拼缝	钢尺	抽查
5	镀锌钢板防水层搭接	钢尺	≥200mm
6	刚性防水层质量	淋水试验	
7	连接处打胶质量	观察	

本工程耐候钢板幕墙防水主要靠镀锌钢板刚性防水层，故安装镀锌钢板防水层时必须保证质量，搭接量满足≥200mm，水平与竖直搭接处布置双排铆钉，并应打防水胶，均匀、铺满。

5 应用的实际效果

耐候钢板幕墙系统创新技术开发成功，应用合理，赢得了业主、监理等的好评。

图8

图9

图 10

6 关键技术与创新点总结

耐候钢板在建筑外立面的应用在国内国际上都极为少见，而应用于建筑外装饰各个部位的情况目前也没有找到任何相关工程。本项目在耐候钢板应用上的诸多方面都有创新，并从设计和施工上掌握了关键技术。主要如下：

(1) 实现外装可见部分(除玻璃窗和绿化)及室内地面全部为耐候钢板；

(2) 将一般幕墙安装的 300～400mm 的安装空间降低到 150mm，从设计到施工均是一种突破；

(3) 改变一般开敞式幕墙不进行防水设计的一般解决方案；

(4) 掌握了 4mm 厚钢板在保证外观分割尺寸的情况下，实现复杂空间造型(同时解决了防水问题)；

(5) 实现耐候钢板从钢铁厂加工出品到建筑实现的各专业工序的整合，包括对抛丸、整平、切割、焊接加工、现场安装的本不是常规建筑工艺的内容进行了整合；

(6) 使建筑施工工艺的精度等级达到了毫米级。耐候钢板切割采用激光，各项误差指标最大在 1mm 以内。

浅析 2010 年上海世博会美国馆空调系统的安装

谭　斌
（上海宝冶集团有限公司）

摘　要：本文简要介绍了世博会美国馆的暖通空调设计情况，阐述了空调施工的要求，并对风管的制作安装要点作了针对性的介绍，对国内通常做法的外保温风管与欧美国外的内保温风管的做法进行分析比较。

关键词：参数，湿度，冷负荷，组合式空调箱，导热系数，保温，风噪

引言

随着中国经济的不断发展，国内建筑业也随之取得了长足的进步，特别是本次在中国上海举行的 2010 年世博会更体现了中国的实力，而园区内形状各异、多姿多彩的各国场馆建筑更可称为“万国建筑博览群”，体现出东西方文化的交融发展。笔者在此通过对美国馆空调系统设计施工进行比较分析，与暖通同行分享，以促共同提高。

1　工程概况

本项目为上海 2010 年世博会美国馆，总建筑面积 6141m^2。共 2 层，建筑高度为 17m。一层为等候区、展前展示、主展厅、展后展厅、餐厅等功能，二层为多功能厅、贵宾休息、办公区等功能。美国馆空调系统采用与国内施工不同的内保温风管的方式。

图 1　2010 年上海世博会美国馆

2 空调系统设计介绍

2.1 室外空气计算参数见表1

室外空气计算参数表 表1

季节	大气压力(mbar)	空调计算干球温度(℃)	空调计算湿球温度(℃)	相对湿度(%)	通风计算干球温度(℃)	主导方向	风速(m/s)
夏季	1005.7	34.6	28.2	—	30.8	南	3.4
冬季	1026.5	−1.2	—	74	3.5	北	3.0

2.2 主要房间室内设计参数见表2

主要房间室内设计参数 表2

设计参数 房间类型	夏季		人数或人员密度(p/m^2)	新风量(m^3/h.p)	照明功率密度(w/m^2)	噪声级dB(A)	风速(m/s)
	干球温度(℃)	相对湿度(%)					
等候区	26	≤65	500人	≥20	6	<55	≤0.5
展前展厅	26	≤65	500人	≥20	6	<40	≤0.5
主展厅	26	≤65	500人	≥20	6	<40	≤0.5
展后展厅	26	≤65	500人	≥20	6	<55	≤0.5
办公区	25	≤65	0.1～0.2	30	11	<45	≤0.3
多功能厅	25	≤65	220人	≥20	11	<50	≤0.3
餐厅	25	≤65	0.5	≥20	13	<55	≤0.25

2.3 空调系统

2.3.1 冷负荷

夏季空调冷负荷1554kW冷负荷指标253W/m²，水系统压力损失为0.11MPa。

2.3.2 空调冷源

本工程空调冷源为：由街坊集中冷冻机房向地块提供空调冷冻水。冷冻水供回水温度6.5℃/13℃，工作压力0.8MPa，可资用压头为0.14MPa。

2.3.3 空调系统的划分与构成

(1) 一层等候区、展前展厅、主展厅、展后展厅、餐厅，二层多功能厅、办公区、员工餐厅采用变风量一次回风全空气空调系统；

(2) 等候区：独立空调系统。采用喷口侧送风，地面地沟回风；

(3) 展前展厅：独立空调系统。采用吊顶旋流风口顶送风，吊顶设置回风口集中回风；

(4) 主展厅：独立空调系统。采用旋流风口顶送风及天桥下喷口侧送风两种形式，天桥下设置回风口集中回风；

(5) 展后展厅：独立空调系统。采用旋流风口顶送风，设置回风口集中回风；

(6) 一层餐厅及二层员工餐厅区域：为一个空调系统。采用散流器顶送风，设置回风口集中回风；

(7) 多功能厅：采用散流器顶送风，设置回风口集中回风；

(8) VIP休息区：采用条形风口及球形喷口侧送风，设置回风口集中回风；

(9) 办公区：采用散流器顶送风，设置回风口集中回风；

(10) 组合式空调箱由混合过滤段、盘管段、风机段组成，设粗中效两级空气过滤器。分两个区域露天设置于屋面，机组采用防雨型。风机设置变频控制；

(11) 一层EER电气用房，二层EER电气用房、DR电气用房设置恒温恒湿空调。室内温度为(21±0.5)℃，相对湿度为(50+5)%。一层消防安保监控室、变电所、电信间设置分体空调。

3 空调系统的施工

3.1 施工说明

(1) 室内空调送回风管、风机盘管的送回风管采用镀锌钢板制作。内衬玻璃棉风管衬里，起到保温隔热和吸声降噪的作用。衬里厚度为25mm，内表面为高强度、耐摩擦贴面。风机盘管的送回风管采用外保温，保温材料采用不燃型带夹筋铝箔单层贴面保护层的离心玻璃棉板[密度≥32kg/m^3，20℃时导热系数λ≤0.034W/(m·K)] 进行保温，保温厚度25mm，保温层热阻为0.88m·K/W。保温板用保温钉固定并用铝箔胶带密封接缝。风阀采用外保温，厚度同风机盘管送回风管，屋面风阀外保温外包镀锌钢板；

(2) 室外空调风管采用镀锌钢板制作，内衬玻璃棉风管衬里。AHU-3系统衬里厚度为100mm，其他系统衬里厚度为50mm。内表面为高强度、耐磨擦贴面；

(3) 室外通风风管(不包括厨房排风管)采用镀锌钢板制作，内衬玻璃棉风管衬里，起到吸声降噪的作用，衬里厚度为50mm。室内通风风管(不包括厨房排风管)采用镀锌钢板制作，内衬玻璃棉风管衬里，衬里厚度为25mm。内表面为高强度、耐磨擦贴面；

(4) 内衬玻璃棉风管衬里密度大于等于48kg/m^3，导热系数小于等于0.033W/m.K(平均温度24℃)，防火性能不燃，吸湿性小于等于5%；

(5) 接风口的软风管采用带有钢丝撑筋的铝箔风管，长度不大于2m；用于需保温的风管上时，应采用外部带有0.5mm厚铝箔保护层的离心玻璃棉管套。安装时软管应尽量平直，不得有瘪管和急弯；

(6) 一般风管的法兰之间可采用厚3～5mm的闭孔海绵橡胶板(或橡胶板)作密封垫圈；防火及排烟风管的法兰垫圈采用厚3～5mm的阻燃密封胶带；

(7) 保温风管穿过墙体、楼板时，应用厚度不小于0.75mm的镀锌钢板作保护壳；保护壳与风管的间隙尺寸为保温料的厚度；保护壳端面应与墙面或楼板底面平齐或略高，但应比楼板面高30mm。

3.2 风管制作及安装

3.2.1 本工程风管材质采用镀锌钢板，风管施工工艺流程见图2。

3.2.2 风管制作

(1) 通风空调风管采用镀锌钢板制作，厚度见表3。

风管镀锌钢板厚度 表3

风管最大边长(mm)	$b\leqslant320$	$320<b\leqslant630$	$630<b\leqslant1000$	$1000<b\leqslant2000$	$2000<b\leqslant4000$
钢板厚度(mm)	0.5	0.6	0.75	1.0	1.2

风管制作安装符合《通风与空调工程施工质量验收规范》GB 50243—2002的规定。

(2) 本工程为中、低压系统，由于施工现场加工场地狭小无法满足风管加工设备的摆放，风管加工无法在施工现场进行加工，现风管加工在场外采用全数字化共板法兰风管自动生产线，该生产线加工采用国家GB 50243—97，具有省工，强度高、密封性好、外观简洁、安装快捷方便的共板法兰风管，共板法兰风管工艺作为快速法兰风管工艺的一种，得到大量推广，它兼具角钢法兰风管的优点，结构强度更强，无焊接、无铆接，全镀锌板制造，耐腐蚀性好，连接严密，漏风率低。其风管成品外形美观，尺寸规矩准确，外形线条流畅，漏风量低于国家标准。

(3) 共板法兰风管制作整个施工过程工作量均在工厂由机械设备按工艺流程完成(包括下料、五线压筋、成型、折角、合缝)。施工现场仅需要风管连接与吊装工作，现场施工简单、安装方便。与普通的角钢法兰风管相比，系统整体重量轻，安装方便，缩短工期。

(4) 对于风管大边长 $b\leqslant2000$mm 采用无法兰连接；$b>2000$mm 采用法兰连接。无法兰连接具有重量轻、接口严密、美观等优点。

1) 无法兰风管

对于风管大边长 $b\leqslant2000$mm 风管，采用共板法兰成型机加工制作。

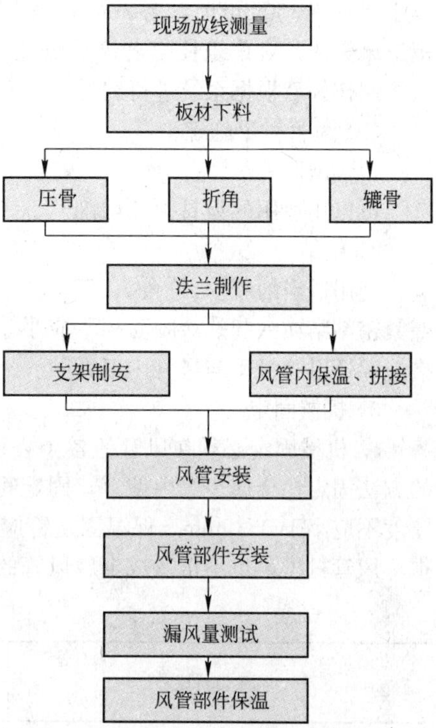

风管施工工艺流程

2) 法兰风管

a. 对于风管大边长 $b>2000$mm 的风管，采用法兰连接，风管法兰将按照图纸规定的系列规格统一制作，法兰的螺栓孔采用模具进行定距离冲制，法兰的成型焊接也采用专用模具进行定位焊接，以确保同一规格的风管法兰具有互换性。

b. 法兰及螺栓规格见表4。

法兰及螺栓规格表 **表4**

风管长边尺寸 b	法兰材料规格(角钢)	螺栓规格
$1500<b\leqslant2500$	40×4	M8
$2500<b\leqslant4000$	50×5	M10

c. 型材必须经业主、监理认可，不得有锈蚀、结皮或麻点。

d. 法兰组焊对缝平整度错口不大于0.5mm，铆钉孔间距不大于150mm，(螺孔间距不大于150 mm)，孔距准确，应具有互换性。

e. 焊渣、焊接飞溅物、浮锈应彻底清除干净。

f. 涂擦附着力强的防锈底漆二层，螺孔及转角不得有油漆淋滴现象。

g. 钢板开料后，由熟练铆工进行压加强筋、咬口、折弯等工序进行风管的制作，咬口处应严密。制作成形后，将法兰固定于风管两端，并在两法兰面平行时，将法兰在风管上铆固。风管和法兰翻边铆接时，翻边应平整、宽度应一致，且不应小于6mm，并不得有开裂和孔洞。风管与法兰的共同制作关键点是材料开料的准确和制作场地的平整，制作好的风管不得有扭曲或倾斜。风管与配件的咬口缝应紧密、宽度应一致；折角应平直，圆弧应均匀，两端面平行。风管无明显扭曲与翘角；表面应平整，凹凸不大于10mm；风管外径或外边长的允许偏差：当小于或等于300mm时，为2mm；当大于300mm时，为3mm。管口平面度的允许偏差为2mm，矩形风管两条对角线长度之差不应大于3mm；圆形法兰任意正交两直径之差不应大于2mm。风管制作好后根据系统进行编号。

(5) 风管衬里施工：

1) 切割

可以用适用的刀具手工切割。

2) 粘结

使用适当的胶水(符合ASTM C916要求的水性或溶剂型的胶粘剂)将玻璃棉衬里与风管内壁紧密粘结在一起，涂胶面积不应小于风管衬里面积的90%。必要时在胶水干燥前采用一些措施保证风管衬里与风管内壁紧贴。

3) 机械固定

a. 机械固定必须在风管的各个表面进行。保温固定钉可以咬接、焊接、粘接或其他可靠的方法固定在金属风管内壁上，固定间距参见表5。保温固定钉的钉盖面积不应小于450mm²，厚度不应小于0.25mm。保温固定钉应该防锈，并能承受一定的拉力；安装保温固定钉时不应损坏风管衬里，也不得造成金属风管的泄漏和破坏，并应垂直风管壁面；

固定钉间距表 **表5**

固定钉位置	固定钉固定距离	
	送风风速为0～12.7m/s	送风风速为12.7～30.5m/s
固定钉距管壁距离	100mm	100mm
固定钉与固定钉间距(管道宽度、高度方向)	300mm	150mm
固定钉与固定钉间距(管道长度方向)	450mm	400mm
固定钉距每一段风管衬里截断面距离	75mm	75mm

b. 保温固定钉不应突出风管衬里表面伸入气流中，也不得造成风管衬里大于3mm的压缩量。

3.2.3 风管安装

(1) 风管吊装前，应在地面上进行组对，组对前应清除内、外杂物，并做好清洁和保护工作。风管组对一般每段风管不超过6节。

(2) 通风空调风管法兰垫片采用3～5mm闭孔海绵橡胶板，防火及排烟风管的法兰垫片采用厚3～5mm的阻燃密封胶带。垫片不应凸入管内，亦不宜突出法兰外，密封板条接头处采用45°或60°，不得采取直接缝，保证接口吻合，连接后的风管应严密。连接法兰的螺栓应均匀拧紧，其螺母宜在同一侧。风口外表面不得有明显的划伤、压痕与花斑，颜色应一致，焊点光滑。

(3) 风管上架前，根据图纸及规范要求，现场实测定位打吊筋支架。

(4) 组对好的风管上架，装支架横档、防腐垫木，风管调整。

4 风管内保温与外保温的分析比较

(1) 应用范围：内保温风管一般在欧美国家应用较多，而中国一般不用，仅用外保温风管。

(2) 施工：内保温风管比外保温风管施工困难得多，主要难点在于：1)管内保证特别清洁；2)粘胶钉一定要均匀；3)保温板剪裁要实测实量；4)保温板压板时一定要让每个保温钉尖刺穿面板；5)法兰处保温面板在翻边前要按四边的宽度和长度让面与防霉面层分离再翻边；6)最后管内四个棱边或面板接缝间一定用防霉硅胶封盖严实；7)整个风管内层的保温棉面层不得有破皮、脚印、灰尘等杂物才可两段风管组装。

(3) 外观：在安装完成后，内保温风管外观整洁美观，看到的均为镀锌风管；而外保温风管在整洁度上比不上内保温风管。

(4) 运行中：1)内保温风管在正常运行前一个月内要天天让风机不停运行吹风，吹干净管内杂物粉尘；2)内保温风管不易结露滴水；而外保温风管稍不留意就容易结露。

(5) 降噪上：内保温风管可以大大降低风噪；而外保温风管就不能做到。

5 结语

随着暖通空调通风施工的快速发展，国内建筑施工单位在国内外各地都接触了不同设计风格、不同管材的风管，但对于内保温风管的施工来说，近十几年在国内工程中是比较少见的，这里笔者拿出内保温风管来进行分析比较，就说明这种风管可能有发展的趋势，希望大家有所关注。

参考文献

[1] 李娥飞. 暖通空调通病分析手册 [M]. 北京：中国建筑工业出版社，1991

[2] 陆耀庆. 实用供热空调设计手册 [M]. 2版. 北京：中国建筑工业出版社，2008

[3] 中国气象局气象信息中心气象资料室，清华大学建筑技术科学系. 中国建筑热环境分析专用气象数据集. 北京：中国建筑工业出版社，2005

上海世博轴阳光谷钢结构焊缝超声波检测

喻　强、詹　军

（上海宝冶集团有限公司）

摘　要：箱型杆件的对接焊缝是世博轴阳光谷钢结构中主要的现场焊接工程内容，其焊接工艺、焊接过程决定了容易出现的缺陷类型。分析和整理了现场焊接的焊缝手工超声波探伤方法及缺陷波和实际操作中伪缺陷的判别，避免检测过程中的误判。

关键词：超声波检测，钢结构，对接焊缝

世博轴工程是2010年上海世博会园区的中央交通景观轴线，不仅是连接园区内中国馆、主题馆、世博中心、演艺中心4大场馆及周边主要交通线通道，同时也是世博会的主出入口。世博轴阳光谷由6个独立的单体阳光谷钢结构组成的，钢结构形式为上大下小的圆锥状，似朝天的喇叭，截面为变曲率的双曲面，阳光谷钢结构的连接节点做法是目前世界上独一无二的，采用的是钢结构网壳形式设计制作的，具有框架坚实耐用、可塑性强、造型新颖别致的特点（如图1所示）。世博轴的每单个阳光谷由1600个至1800个形状各异的中央连接节点和6000根左右的箱型杆件现场焊接而成的钢结构（图2），由于是现场吊装焊接，其焊接条件环境以及构件本身的几何条件对焊接质量提出了较高的要求。

图1　阳光谷整体结构示意图

1　现场焊接条件及焊接缺陷

阳光谷钢结构采用的一个中心节点分支出多个封闭接头与对应的箱型杆件对接而成（如图3所示），为了保证焊缝部位两母材在施焊后完全融合，焊接前对预制的箱型杆件开破口处理（如图4所示），并在箱型杆件内侧四面都预先点焊好4mm的衬板（如图5所示）。根据常规钢结构焊接工艺，现场焊接主要是采用CO_2气体保护焊，而此种焊接受环境影响因素较大，

图 2　焊接吊装检测区域节点现场

易造成气孔及未融合等缺陷。箱型杆件端部转角处会存在焊接死角，且由于杆件在窄面存在焊接行程距离太短易形成缺陷；在实际当中发现箱型杆件衬板与箱型杆件内壁间隙过大易造成实际焊接当中的焊缝根部缺陷。通过现场实际检测，发现焊接常检测出的缺陷有密集性气孔、不规则状夹渣、根部的未焊透和裂纹等缺陷。

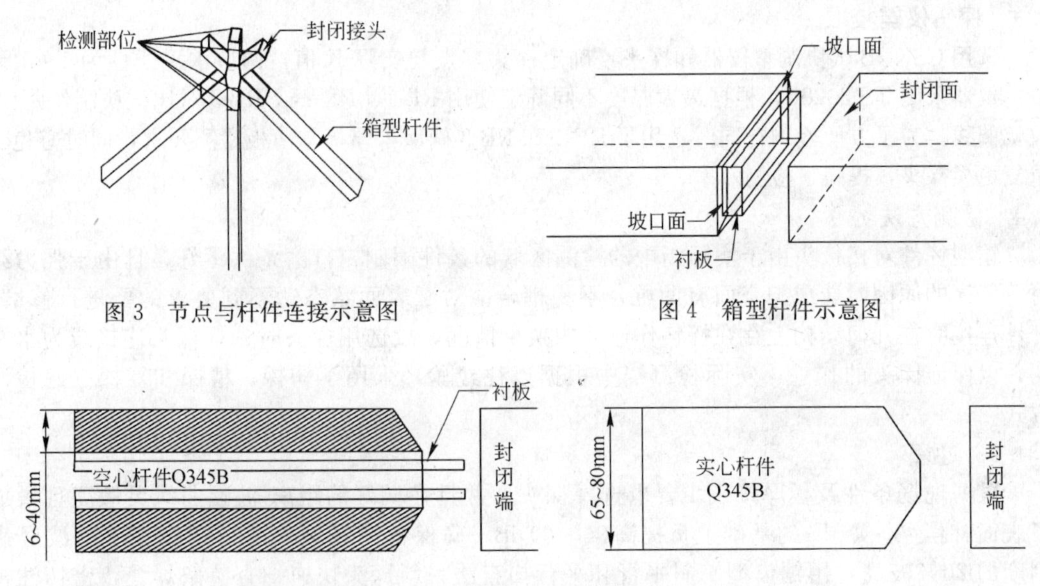

图 3　节点与杆件连接示意图

图 4　箱型杆件示意图

图 5　杆件坡口面示意图

2　检测技术条件及检测方法

根据钢结构验收标准《钢结构工程施工质量验收规范》GB 50205—2001 要求确定钢结构探伤检测采用《钢焊缝手工超声波探伤方法和探伤结果分级》GB/T 11345—1989 及《钢结构超声波探伤及质量分级法》JG/T 203—2007 确定焊缝的超声波检测方法评定等级、验收等级和探伤比例分别为 B类Ⅱ级 100％检测。

2.1 耦合剂和试块的选择

检测中采用化学浆糊(CMC)作为耦合剂，仪器、探头和系统的组合性能调试选用 CSK-IB 试块，检测中的距离-波幅曲线采用对比试块 RB-1、RB-2 或 RB-3 试块调节。

2.2 探伤仪、探头的组合性能选择

超声波探伤时选用 A 型显示脉冲发射式超声波探伤仪 TS-2028C，仪器工作频率、精度、线性和水平垂直线性满足 GB/T 11345—1989 及 JG/T 203—2007 标准要求。探头符合 GB/T 11345—1989 及 JG/T 203—2007 标准的探头要求。因现场焊接件杆件的厚度有(6～80)mm 不等厚，根据表 1 在实际检测中选中探头。

探伤面及使用折射角 **表 1**

母材厚度(mm)	探伤面(B级)	探伤方法	探伤频率(MHz)	探头晶片尺寸(mm)	前沿尺寸(mm)	使用折射角或 K 值
4～10	单面双侧	直射法及一次反射法	5 或 2.5	6×6，	＜6	700(K3.0，K2.5)
＞10～	25 单面双侧	直射法及一次反射法	2.5	9×9，8×12	＜10	700 (K2.5，K2.0)
＞25～50	单面双侧	直射法及一次反射法	2.5	9×9，13×13	＜20	700 或 600(K2.5，K2.0，K1.5)
＞50～100	单面双侧	直射法及一次反射法		2.5 13×13	＜20	450 和 600，450 和 700 (K1.0 和 K2.0 并用)

注：由于现场焊接时工件内部有衬板，通常评判以直射法为准；现场的实心杆件采用双面双侧。

2.3 探伤仪器校准

选用 CSK-IB 试块调整仪器和探头，确定探头零点与实际 K 值，调节水平线性为 1∶1 调节。仪器采用 TS-2028C，根据最大厚度不同确定使用 RB-1、RB-2 或 RB-3 对比试块制作距离-波幅曲线。为了方便检测在同时选用了 RB-1 和 RB-3 确保了厚板与薄板检测要求，同时避免了重复更换探头，提高了检测效率。

2.4 检测方法

箱型杆件对接接头由于实际当中的检测区域的条件限制，打磨条件不好，且由于强力组对等工序的原因，造成扫查面有凹坑，不易耦合。对于表面状态达不到要求的要进行修磨。杆件连接时在几何结构上存在探伤作业面的狭小情况，故选用探头时选择探头连接线为水平的，以保证探头的作业。实际检测当中根据以往经验，采用了初探、精探和复探三遍检测方式。

2.4.1 初探

根据现场条件及板厚按表 1 要求选择探头，并且在调好的距离-波幅曲线灵敏度且增加了表面补偿(3～4)dB 的基础上再提高(4～6)dB，确保检测区域内的评定线位于示波屏满刻度的 20％波高，用锯齿型、斜平行和平行扫查法，斜探头快速扫查整条焊缝，密切注视示波屏上的回波信号，发现有疑似缺陷波在相应部位做好标记，为下一步缺陷判定做好准备。

2.4.2 精探

扫查方式同上，速度较初探慢点。并对初探检测出来的疑似缺陷波标记位置进行仔细检测，确定是否为缺陷波。如是缺陷波，找出缺陷的最高回波并对其做好定位、定长，并做好记录，以便返修。在精探试采用前后、左右、转角等移动探头的方式，对已发现的缺陷进行精确定值。实施步骤如下：

(1) 找到目标缺陷最大回波并确定回波所在区域，把初探时提高的分贝值降低到正确的检

测灵敏度，再对回波进行定区，判断回波在距离-波幅曲线上Ⅰ，Ⅱ，Ⅲ哪个区，原则上Ⅰ区以下的缺陷回波不作记录和评定(如果怀疑为裂纹等危害性缺陷的特征回波，采取换用不同 K 值的探头，观察动态波形等措施做进一步分析检测)。当回波在Ⅱ，Ⅲ区时进行步骤(2)和(3)。

(2) 对目标缺陷定位和排除为伪缺陷，根据最高回波在示波屏上对应的水平和垂直距离确定目标的缺陷的实际位置，判断其在检测区域(焊缝及热影响区)之外或之内；若在之外，基本判断为伪缺陷，在之内的初步判断为缺陷，应根据其垂直距离并利用 K 值判断回波的对应实际深度和水平距离。

(3) 缺陷定长和记录，当缺陷反射波只有一个高点，位于Ⅱ区或Ⅱ区以上，采用半波法(6dB法)进行测长。多个缺陷反射回波有多个高点时，应分别找到左右两端的最高回波，再用端点半波法(6dB法)测长。当反射波波峰位于Ⅰ区认为有必要定量记录时，将探头左右移动使波幅分别降到评定线处为端点，此两端点之间的距离即为缺陷的指示长度。

详细记录以上所诉的回波信息，在需要返修的焊缝做上标记。

2.4.3 复探

复探时使用不同角度的探头在已检测焊缝两侧使用相同的检测方法快速扫查。

3 回波分析与非缺陷回波的判别

3.1 缺陷与回波分析

在现场对超声波检测出有缺陷的焊缝，进行碳弧气刨，直观检测确认时，发现主要有以下缺陷：

(1) 点状缺陷(气孔、夹渣或密集性气孔与夹渣物的混合缺陷)。主要特征是超声波检测时，在不同方向探测，缺陷回波无明显变化，气孔的回波高度低，波形较稳定，从各个方向探测反射波高大致相同，但稍移动探头就消失。但两者也有所不同，其原因主要是内含物声阻抗的不同。气孔内含气体，声阻抗小，反射率高，波形陡直尖锐；而金属夹渣或非金属夹渣的声阻抗大，反射波要低一些，且夹渣面粗糙，波形宽，呈齿形；密集性气孔为一簇反射波，其波高随气孔的大小而不同，当探头作定点转动时，会出现此起彼落的现象(静态波形参照示意图如图 6)；

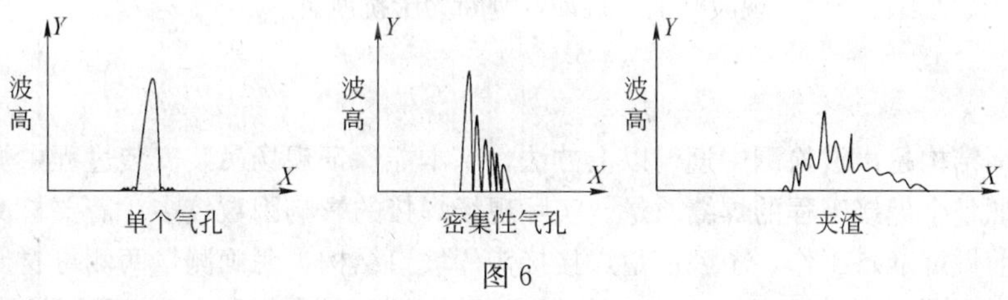

图 6

(2) 裂纹。主要特征是超声波检测时裂纹回波较高，波幅宽，会出现多个波峰。探头平移时，反射波连续，波幅有变动；探头转动时，波峰有上下错动现象。另外，裂纹也易出现在焊缝热影响区，而且裂纹多垂直于焊缝，探测时应在平行于焊缝方向扫查。此时如有缺陷，超声波能直射至裂纹，便于发现(静态波形参照示意图如图 7)；

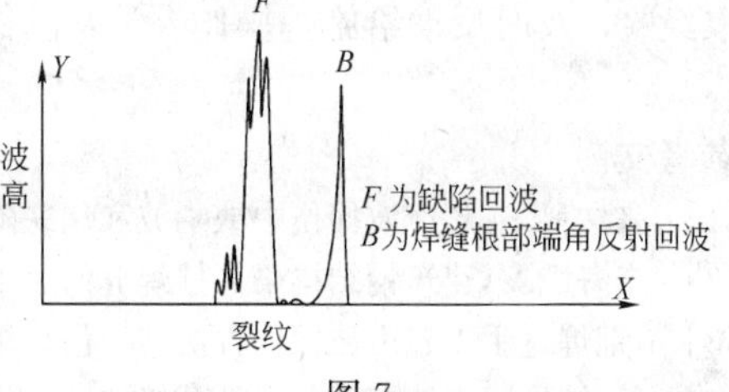

图 7

(3) 未焊透。这种由于焊缝金属没有填充到接头根部而形成的。分布在焊缝根部，两端较钝，有一定长度，属于面状缺陷。超声波检测时主要特征是当探头平移时，未焊透反射波波形稳定；从焊缝两侧探测，均能得到大致相同的反射波幅(静态波形参照示意图如图8)；

(4) 未熔合。其形成原因是在熔焊时，焊道与母材之间或焊道与焊道之间未完全熔化结合的焊缝位置。主要特征是当超声波检测时，超声波垂直入射到其表面时，回波高度大。探头移动时，波形较稳定；两侧探测时，反射波幅不同，有时只能从一侧探测到(静态波形参照示意图如图9)。

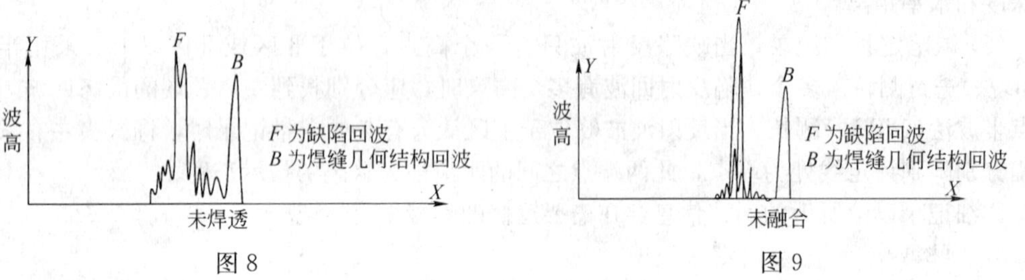

图8　　图9

3.2 伪缺陷波的判别

由于检测的箱型杆件内部都有4mm的衬板，根部反射较为复杂，使用二次波检测时会同时出现多种干扰回波，较难辨别，故主要采用直射法进行评判，二次波回波为参考，且对可疑缺陷回波采用多角度探头复核，对于薄板焊缝检测时尽量采用大K值以减少盲区。

3.2.1 焊缝上下错边引起的反射波

在现场安装吊装时，发现箱型杆件与封闭接头对接时存在不平整，有上下错位现象。在焊缝较低一侧检测时，焊角反射回波很像焊缝内部的缺陷，回波水平位置一般在焊缝中间，当探头移动到另一侧时，一次波前没有反射回波。

3.2.2 超声波在耦合剂表面形成的干扰波

检测时发现，由于焊缝表面有沟槽，且由于探测面的不平整造成了超声波在构件表面的传播，遇到了焊缝的一些沟槽被反射回来并被接收。回波常出现在一次波前，易造成误判。干扰回波的水平位置靠近始波，有的与始波部分联合在一起，但是其波形较为稳定。此时用手沾上耦合剂在焊缝表面沟槽处拍打，会发现波峰上下跳动，判断为干扰波。

4 结束语

在常规钢结构超声波检测中遵循以上方法，基本能保证现场吊装安装过程中焊接质量的过程控制，保证整个焊接工程的焊缝质量。实际现场焊接的影响因数较多，需要检测人员的综合判断，检测前做好准备工作，了解清楚焊接接头的坡口结构，明确测量两侧母材厚度，对于仪器、探头K值的选择尤为重要。对于各种复杂回波，都需要慎重对待，需要认真观察焊缝外形，更换探头角度、精确定位分析、必要时打磨焊缝等，以避免误判漏判，并总结学习归纳吸取经验，及时反馈给施焊操作人员，确保工程质量安全。

参考文献

[1] 张文科.《超声波探伤中缺陷波和伪缺陷波的判别》.《无损检测》编辑部，2005年 第1期
[2] 李海娥.《建筑钢结构梁、柱焊缝的手工超声波探伤》.《无损检测》编辑部，2008年 第10期
[3] 《钢焊缝手工超声波探伤方法和探伤结果分级》GB/T 11345—1989
[4] 《钢结构超声波探伤及质量分级法》JG/T 203—2007

外网型钢结构制安技术

马　超
（中建安装有限责任公司）

摘　要：本文通过2010上海世博会法国馆外网壳结构的制作安装过程，总结了大跨度网壳的安装制作特点，以及精细的过程控制；根据已有的特点针对质量控制进行过程总结，并且对于经济效益进行总结。

关键词：钢结构网壳，制作安装，质量控制

1　项目简介

1.1　开发研制情况

空间结构一直是一种备受瞩目的结构形式，它的主要特点就是能够充分利用不同材料的特性，以适应各种变化的建筑造型的需要。因此，空间结构具有受力合理、重量轻、造价低以及形式活泼新颖、能够突出人类艺术创造力等特点。近二三十年来，高强度钢材的使用、新施工技术的发展以及电子计算机的应用，已为大跨度的空间结构的发展创造了极为有利的条件，空间结构对于现代建筑已产生了重大影响。

1.2　主要技术指标

2010年上海世博会法国馆工程被誉为“感性城市”。其主体为钢结构框架结构，地上四层（局部五层），地下一层，建筑高度21m，总建筑面积7620m^2。法国馆四周外围采用网状钢结构，外围网架采用口150×300×5的方钢管。

该工程网架的制作、安装分四个面进行，共有131种模块，共有1358个十字接点，在该工程的施工管理中总结了网架的制作、安装技术，在以后的施工管理中具有推广意义。

钢结构工程轴侧图形如图1所示。

1.3　主要优势及特点

在形式众多的空间结构中，网格结构是当前发展最快的结构形式。它将杆件按一定规律布置，通过节点连接而成的一种空间杆系结构。网格结构的外形可以呈平板状，即网架，也可以呈曲面状，即网壳。其中以网架在国内外应用最为广泛，这主要是由于它具有下列一系列优点。

（1）结构组成灵活多样但又有高度的规律性，能够给设计人员以充分的设计自由和想象空间，通过使结构动态对比、明暗对比、虚实对比，把建筑美与结构美有机结合起来，使建筑更易于与环境相协调。

（2）节点连接简便可靠。近年来网架节点及其部件已逐步做到定型化、工厂化和商品化，不仅简化了节点连接的制作与安装，而且保证了节点的受力性能，质量可靠。

（3）分析计算成熟，已采用计算机辅助设计。网架结构的杆件一般均为钢杆件，主要受轴

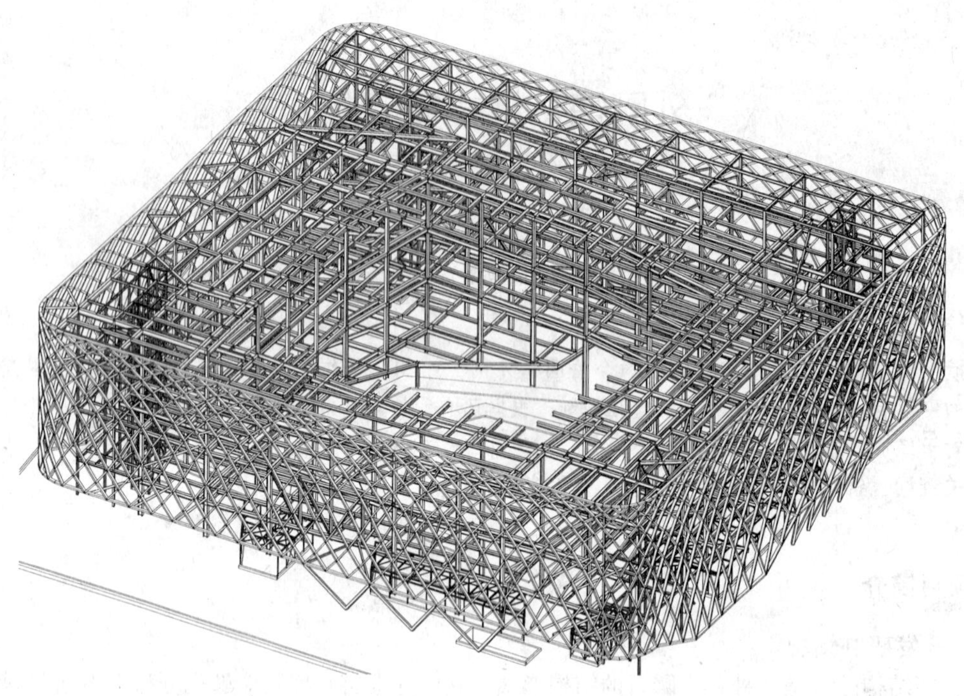

图1 法国馆钢结构工程轴侧图

心力作用，对于这种杆件的设计在理论上已十分成熟；对于这种结构体系的分析计算，由于计算结构力学的发展，也已十分可靠，因此我国目前已有多种计算网架结构的通用程序和计算机辅助设计软件，并大大缩短了设计周期。

(4) 加工制作机械化程度高，并已全部工厂化。网架结构的杆件和节点比较单一而且定型化，因此都可以在工厂中成批生产，并采用机械加工。这样既保证了加工质量又缩短了制作时间，明显优越于其他类型空间结构的加工制作。

(5) 用料经济，能用较少的材料跨越较大的跨度。网架结构是一种三向受力的结构体系，空间交汇的杆件互为支撑，将受力杆件与支撑系统有机地结合起来，杆件又主要承受轴力作用，因而用料经济，刚度较大，适宜于跨度较大的情况。

2 制作技术总结

2.1 深化设计

根据法国JFA设计事务所和同济大学设计院的设计蓝图，制作了主体钢结构和外围网架的X-STEEL模型，外网架采用Q345B的口 150×300×5 的方钢管。

X-STEEL软件在网架的深化设计和制作以及安装阶段发挥了重要作用。

X-STEEL是芬兰TEKLA公司开发的钢结构详图设计软件，它是通过首先创建三维模型以后自动生成钢结构详图和各种报表。由于图纸与报表均以模型为准，而在三维模型中操纵者很容易发现构件之间连接有无错误，所以它保证了钢结构详图深化设计中构件之间的正确性。同时X-STEEL自动生成的各种报表和接口文件(数控切割文件)，可以服务(或在设备直接使用)于整个工程。它创建了新方式的信息管理和实时协作。

X-STEEL是世界通用的钢结构详图设计软件，使用了它就奠定了与国际接轨的基础。X-STEEL是一个三维智能钢结构模拟、详图的软包。用户可以在一个虚拟的空间中搭建一个完整的钢结构模型，模型中不仅包括零部件的几何尺寸，也包括了材料规格、横截面、节点类型、材质、用户批注语等在内的所有信息。而且可以用不同的颜色表示各个零部件，它有用鼠标连续旋转功能，用户可以从不同方向连续旋转的观看模型中任意零部位。这样观看起来更加直观，检查人员很方便的发现模型中各杆件空间的逻辑关系有无错误。

网架模型分东、南、西、北四个面，根据每个面的相同节点，以及考虑将来方便运输，我们把每个面分片分区来进行深化设计。在深化设计时我们将每一面网壳分成 20～25 片，每片宽长度为 6～10m，宽度为 4～5m，重量为 2～3t 的小拼单元。这样分片的好处在于既有利于构件的运输又有利于构件的吊装。

2.2 加工制作工艺流程

(1) 板下料及方钢管相贯线切割(如图 2、图 3)

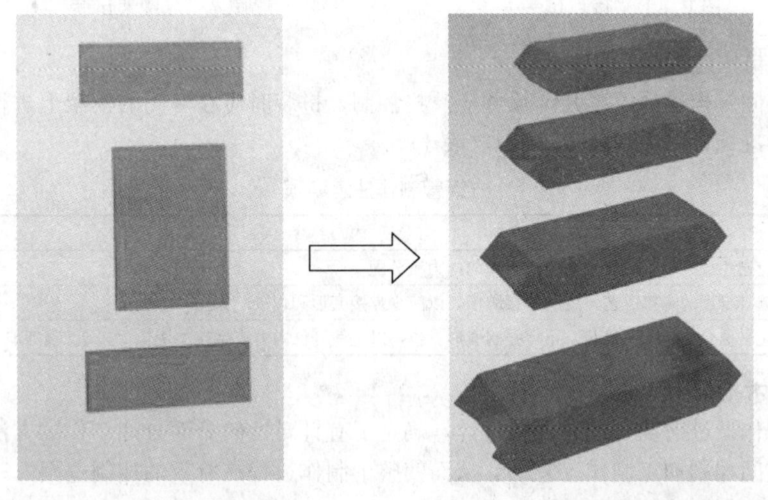

图 2 十字形钢板下料　　图 3 方钢管相贯线切割

(2) 接板及单根方钢管试装(如图 4、图 5)

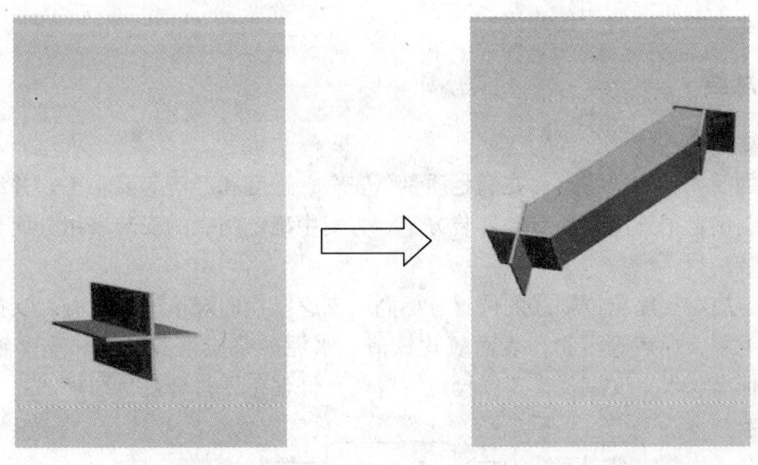

图 4 十字形连接板　　图 5 单根方钢管

(3) 接板及单根方钢管试装(如图 6、图 7)

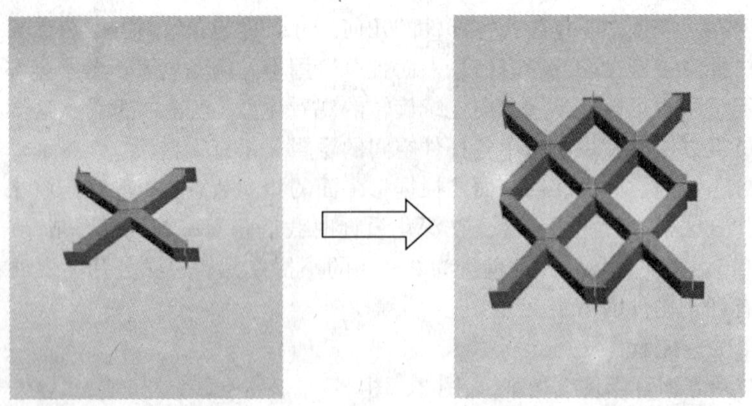

图6 十字接点试装　　图7 片网架试装

2.3 方钢管制作注意事项

网壳属空间结构体系，其几何尺寸应严格控制，拼装时应在专门的模架上进行，以确保网壳安装尺寸的准确性，应注意以下几点(表1)。

方钢管制作注意事项　表1

序号	内　容
1	应避免过大的施工误差而引起网壳的内力重分配
2	选择合理的焊接工艺评定和焊接顺序，以减少焊接变形和焊接应力
3	应采取自由状态下拼装，不得强制变形就位，以免使杆件内力产生较大变化，甚至产生反向应力

2.4 主要技术指标

外网壳制作通过前期合理的深化设计，确定了有针对性的分面分片制作的方法。其次，在加工厂制作期间编制加工制作工艺书，从而使整个制作过程在有效的控制范围内。

(1) 通过确定分面分片的制作方法，提高了加工制作的效率，缩短了制作工期。

(2) 通过编制加工制作工艺书，采用在加工工厂专门搭设试拼装平台，以及合理有效的试装，确保构件连接处的截面几何尺寸控制在允许偏差±3.0mm内。其他质量要求全部满足规范要求，得到业主和监理的一致好评。

3 安装技术总结

3.1 前期准备

根据网壳的受力和构造特点，在满足质量、安全、进度和经济等要求下，并结合现场施工技术条件，编制确定了外网架的专项安装方案。方案中确定网壳的安装采用分面分片的安装方法，即分块安装法。

网壳安装前应对支座定位轴线的位置、标高、支座锚栓的规格进行复查，支撑面顶板应平整，无飞边、毛刺、焊疤等污物，表面氧化铁渣、水泥砂浆应清除干净，支座锚栓应受到保护。其位置、标高、水平度以及支座锚栓位置等的允许偏差要符合规范要求。

3.2 施工工序

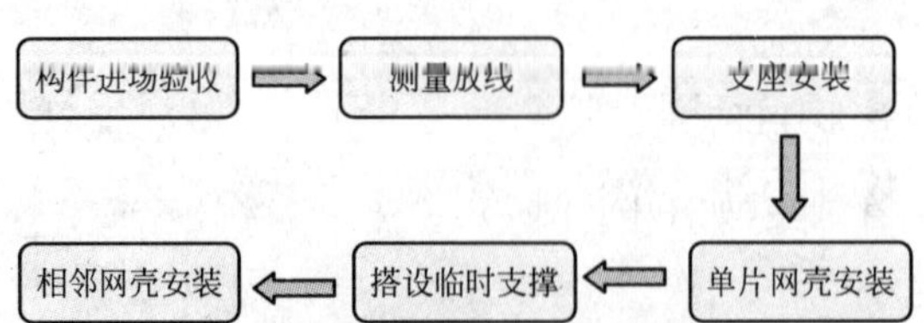

3.3 构件进场验收

钢构件、材料验收的主要目的是清点构件的数量并将可能存在缺陷的构件在地面进行处理，使得存在质量问题的构件不进入安装流程。

钢构件进场后，按货运单检查所到构件的数量及编号是否相符，发现问题应及时在回单上说明并反馈制作厂，以便工厂更换补齐构件。按设计图纸、规范及制作厂质检报告单，对构件的质量进行验收检查，做好检查记录。为使不合格构件能在厂内及时修改，确保施工进度，也可直接进厂检查。主要检查构件外形尺寸，螺孔大小和间距等。检查用计量器具和标准应事先统一。经核对无误，并对构件质量检查合格后，方可确认签字，并做好检查记录。

3.4 支座安装

对网壳支座的定位轴线的位置、标高、支座锚栓的规格和位置进行检查无误后，并做好记录。接下来就是网壳V型柱脚的安装，支座定位轴线确定后，在V型柱脚底板上刻画中心线，支座高度之间的超差可以用钢垫片以及螺母调整。用经纬仪、水准仪检查各支座点的水平度和相互标高差，调整水平误差在3mm以内，中心线偏差和对角线偏差在±3mm。成品图见图8。

图8 单个V型柱脚

3.5 单片网壳安装

3.5.1 安装顺序

整体网壳结构的安装按照由南、西、东、北的次序依次完成。对于每个面的网壳，我们采取从柱脚部位开始，并以柱脚为中心对称安装，以增大网壳的稳定性。

如图9所示，每个面建议在加工工厂拼装成20～25片，每片长度约6～10m，宽度约3～4m、重约2～3t。部分网壳都通过方钢管与内框架相连。安装就位时每个节点与内框架通过临时拉杆与内框架相连，首先安装相邻片网壳，其次连接部分有与框架相连的网壳。

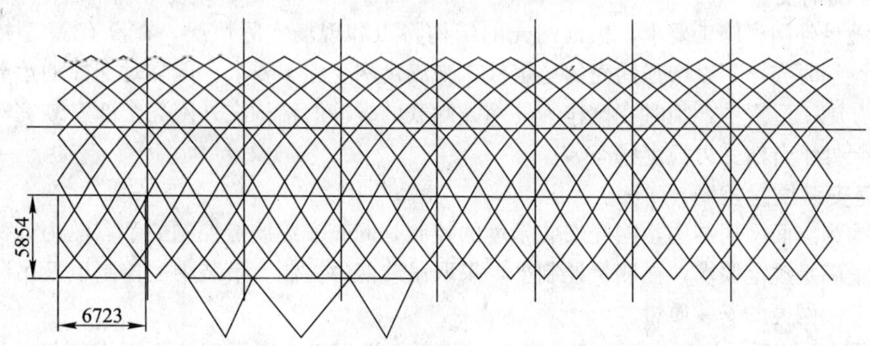

图9 立面网壳分片示意图

外网壳与框架相连的典型节点(如图10所示)。

相邻片与片之间方钢管待相邻两片构件安装就位后，在现场高空中采用螺栓临时固定连接，待安装完下面的一面后，点焊固定后火焰割除临时连接耳板，十字单元间进行现场对接焊接。典型的单片网壳节点图(如图11所示)。

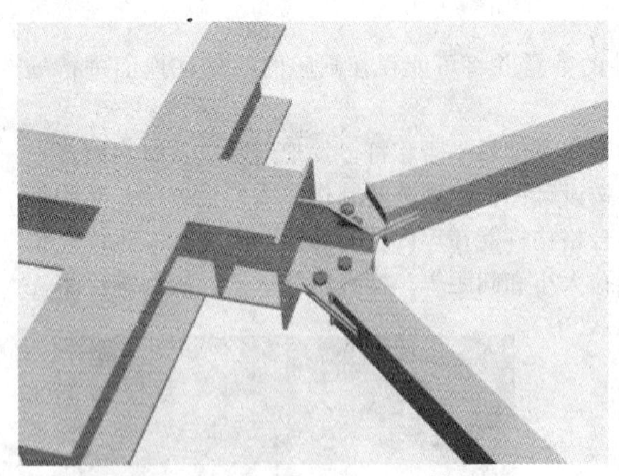

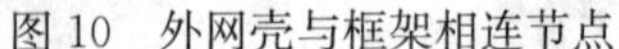

图 10　外网壳与框架相连节点

图 11　典型的单片网壳节点

3.5.2　安装方法

V 型柱脚支座安装完成后，接下来就可以开始单片网壳的安装工作了。我们根据网壳的受力和构造特点以及现场施工技术条件，确定网壳的安装采用分面分片的安装方法，即分块安装法。

采用分块法安装，应注意下列事项：

(1) 当采用块状单元在高空连接成整体时，块状单元应具有足够的刚度，并保证自身的几何不变性，否则应采取临时加固措施。如图 11 所示，单片网壳都采用了角钢做了临时加固措施，以保证网壳的刚度以及没有几何变形。

(2) 为保证网壳顺利拼装，在块状网壳与块状网壳合拢处，可采用安装螺栓先临时固定，待将网架单元调整到符合设计标高及相应尺寸后，进行连接固定；并设置独立的支撑点或拼装支架。因为部分网壳与框架有连接，所以先采取了临时拉杆。在安装过程中，因为有部分网壳处于悬空状态，所以还采用了临时支撑的做法，并做了承载力验算，以增强网壳的稳定性。

3.6　搭设临时支撑

为了满足外网壳施工要求，根据网壳的结构特点和现场实际情况，在没有 V 型柱脚支座的部位搭设临时支撑，以增强网壳的稳定性，来满足网壳施工要求。但临时支撑的承载力必须经过验算，施工过程中，临时支撑作为外网壳卸载的缓冲的结构在外网壳全部安装完毕后再拆除，使网壳处于自然受力稳定状态。

3.7　网壳安装质量控制

本结构为立面网壳结构，网壳安装精度的控制是网壳安装质量控制的重点。为确保外网壳的安装质量满足规范要求，在测量控制上，采取吊装前的控制、吊装中的控制以及吊装后的复测来有效控制网壳的安装质量。

(1) 吊装前的质量控制主要表现在临时支撑的抄平。由于网壳理论计算挠度与安装后的实际计算挠度有一定差异，这与网壳连接节点的零件加工精度和安装精度有关，为了满足规范要求，在临时支撑上放置千斤顶以调整网壳高度以满足安装精度。

(2) 吊装过程的质量控制主要表现在单片网壳安装时水平标高和垂直标高的控制，以及对焊接变形的控制。在每片结构初步到位后，采用水平仪及经纬仪控制结构的水平标高及平面垂直度，在平面垂直度初校正后，将结构支撑杆件进行初步连接。在结构焊接过程中，对焊接部分进行垂直度的不断测量，如发现焊接变形过大，立刻调整焊接位置、速度，确保结构垂直度控制在规范要求的范围内，焊接完成后、测量复合规范要求后，完成连接杆件的最终连接。

(3) 吊装后的复测是指在每面结构完成后，对整面结构进行整体的测量，对于最下排、上排及节点的垂直度重点控制，并将测量数据报上级部门审核。

4 推广应用实例

2010 年上海世博会法国馆项目中的外网架工程施工，成功的采用了 X-STEEL 软件进行深化设计和选用分条分块安装法进行安装。

外网架的制作从深化设计到工厂加工制作是一项系统工程。X-STEEL 软件的应用，有助于我们快速度、高质量的完成深化设计工作，以及 X-STEEL 可以从整个模型中取出某个节点进行分析，这将对以后的施工有很大帮助。在以后的深化设计工作中 X-STEEL 软件将发挥出更加出色的设计效果。

网架的安装有很多方法，比如有高空散装法、分条分块安装法、高空滑移法、整体吊装法、整体提升法、整体顶升法等。应根据网架的受力和构造特点，在满足质量、安全、进度和经济等要求下，并结合现场施工技术条件，综合确定安装方法。分条分块安装法的确定，为在今后的外网架安装中积累了珍贵的施工经验。

5 效益分析

从 X-STEEL 软件的采用和分块安装法的选择，控制了施工质量，加快了施工进度，节约了成本，同时创造了良好的社会效益和经济效益，达到了预期的目标，主要体现在：

(1) X-STEEL 软件的应用，在深化设计阶段发挥重要作用。缩短深化设计，为构件的工厂加工和现场安装赢取了宝贵的时间。

(2) 采用分条分块安装法，将大量的拼装工作放到工厂，减少现场拼装量，有效地控制了现场安装质量，赢得了业主和监理的好评。

(3) 分条分块安装法的选用，方便了构件的运输和加快了现场的安装速度。合理的把每片网架分成长度约为 6～10m，宽度约为 3～4m 的块状，有利于合理选用运输车辆。

(4) 取得了技术进步效益。

1) 节约机械费用：由于现场场地原因，现场网架吊装适合用 25t 汽车吊安装。25t 吊车一天的饱满吊装量为 30 点，每天机械费为 2125 元，而网架共计 1358 个十字节点，吊装工期为 1358÷30＝46 天。如果采用分条分块安装法，合理的把每片网架分成块状，共计 240 块。这样在吊车饱满吊装量下只需 8 天吊装时间，吊装费用为 12800 元，节约机械费＝(46－8)天×2125 元/天＝80750 元。

2) 采用 X-STEEL 软件，节约材料损耗由一般的 5%，经优化后材料损耗只有约 2%减少了 3%材料费当时报价为 5300 元/t，设计总重 168.27t×3%×5300 元/t＝26754.93 元。

3) 由高空现场拼装改为工厂集中大片预制，降低了工人操作难度，提高工作效率从而节约人工费(3842.48－2259.78)元×168.27t＝266320.93 元。

总计 80750 元＋26754.93 元＋266320.93 元＝373825.86 元。

世博芬兰馆钢结构工程安装技术

顾卫忠、李宇鹏、徐　江
（上海宝冶集团有限公司）

摘　要： 本文主要叙述了上海2010年世博会芬兰馆钢结构工程主结构部分的施工技术，总结类似不规则圆弧形建筑钢结构的施工经验。

关键词： 不规则圆弧结构，法兰盘连接形式，测量控制

1　工程概况

2010年上海世博会芬兰展馆名为Kirnu“冰壶”，位于世博园欧洲展馆区，馆内呈现一个微型芬兰，向世界展现芬兰及其整个社会风貌，见图1。该展馆以钢结构为主结构，结构形式为无固定规则的管桁架结构，整体造型呈不规则半球状。

图1　芬兰馆钢结构

主体结构由内圈柱、外圈柱、内环梁、外环梁、径向梁组成，相互连接形成一环形结构，在此基础上再辅以钢平台、钢楼梯、墙面檩条等次结构。主体结构分为三层，三层楼顶标高分别为9.10m、20.00m、24.70m，平面由中心分散出21个轴线。设计考虑到世博会结束后能将该展馆易地重建，整个结构全部节点均由法兰盘连接。

钢结构总量约750t，主结构构件材质为Q235B、Q345B，截面形式为圆形，次结构主要采用型钢。内圈柱主管为$\phi245\times8$的圆管，外圈柱主管为$\phi299\times16$的圆管，外环梁、内环梁、径向梁的主管均为$\phi121\times5$的圆管。

2　工程特点及难点

2.1　不规则圆弧形结构复杂

本建筑结构呈不规则圆弧状，分内外两圈，立面空间上大下小，整体呈半球状。因此每一个构件，甚至每一个零件的弧度是不相同的。零件数量与规格众多，零件约13.6万件，机械切割相贯口约2万件。

2.2　法兰盘连接形式精度要求高

为确保建筑的可拆卸性，主结构连接节点均采用法兰盘高强螺栓连接。这样的连接形式对构件加工、安装施工的精度要求高，需要采取相应措施。

2.3　测量方法影响施工精度和进度

本工程钢结构施工采用莱卡1201型全站仪，场内外共设置约30个控制点。对每层42根

钢柱进行测量校正，并在径向梁完成后进行结构复测。测量工作量大，并且是关键工序，直接决定施工精度和进度。

2.4　安全措施与安装工序搭接紧密

施工过程中需根据钢结构安装顺序，在相应位置搭设脚手架。需正确协调各施工班组，确保各工序的流水衔接，不相互冲突，影响进度。

3　钢结构安装施工方法

3.1　结构基本形态

3.1.1　平面结构形态

平面结构按21个轴线分部，外圈柱、外环梁构成外圈结构，内圈柱、内环梁构成内圈结构。内外圈之间，沿轴线位置布置径向梁，以此构成21个扇形框架，框架内布置钢平台。图2为一层结构平面布置图。

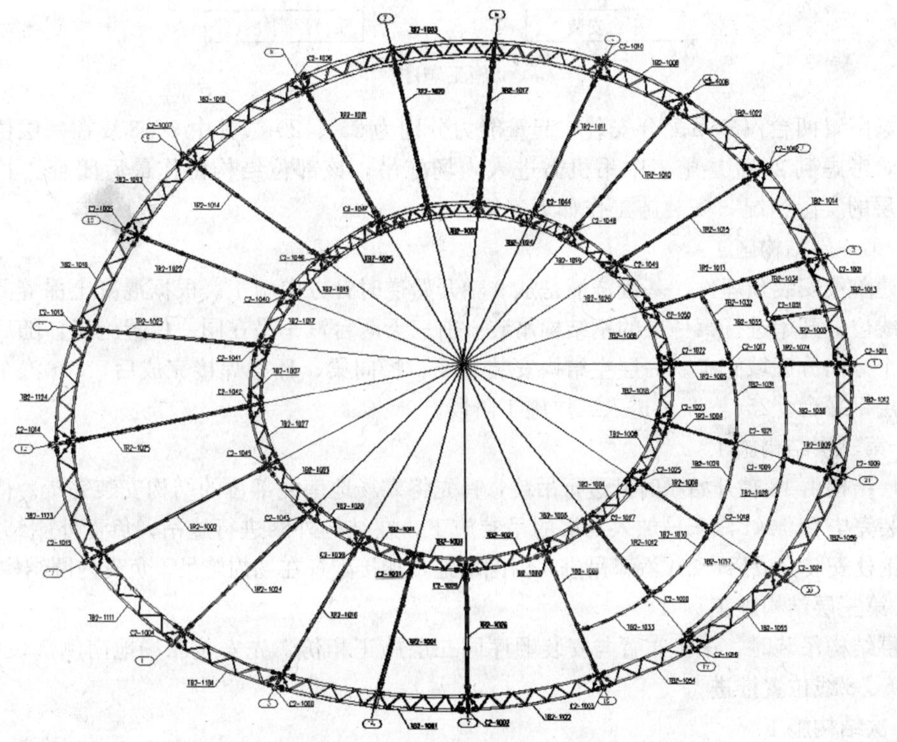

图2　一层结构平面形态图

3.1.2　立面结构形态

整体结构共三层，每条轴线上内外圈结构倾斜角度不同。其中4轴线位置外圈柱倾斜度最大，12轴线位置内圈柱倾斜度最大，图3为4轴、12轴剖面结构图。

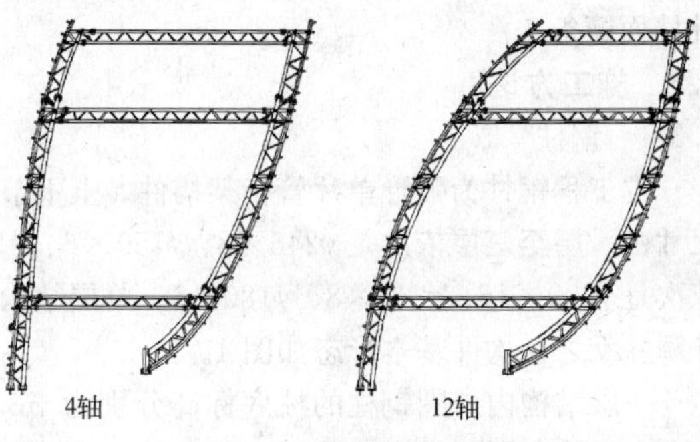

图3　立面结构形态图

3.2　施工顺序

整个安装程序与精度控制，都以钢柱为基础。根据这个原则，主结构安装程序如下。

根据施工任务，前期安排4个作业班组，分别有安装班组(2组)、脚手架班组、测量校正班组。待一层主结构完成，平台作业面铺开后再增加平台校正班组，对楼层进行逐个收尾。

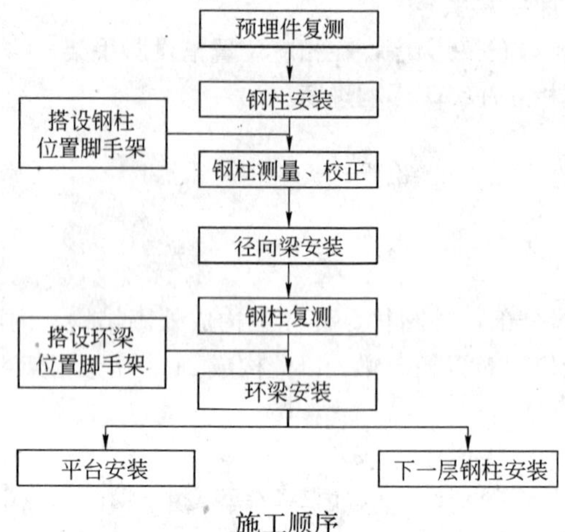

施工顺序

现场配置两台汽车吊配合安装，起重能力分别为25t、20t。其中5～8线在一层位置为大门结构，考虑到2～3层施工中吊机需进入内场施吊，该部位结构留作最后闭合。其余部位结合每层的实际情况，安装施工作如下安排。

3.2.1 第一层结构施工

土建单位安装预埋件、基础浇灌是从9轴开始逆时针方向施工。根据混凝土保养要求，将从9轴线位置开始进行第一层的钢结构吊装。前三天两台汽车吊在同一位置施工，随后两台吊机分两个方向分区域施工。一层主结构安装完成，径向梁、环梁焊接完成后，20t汽车吊开始安装一层钢平台。25t汽车吊进入二层施工阶段。

3.2.2 第二层结构施工

二层结构由18轴开始顺时针进行吊装，首先将靠场地南侧部位的结构安装完毕。待一层钢平台安装完毕后，20t汽车吊加入二层的吊装施工，在结构外圈进行施吊，负责外圈结构吊装。内外圈钢柱安装完成后，25t汽车吊进入内圈场地，加接副杆在场内施吊，负责内圈结构吊装。

3.2.3 第三层结构施工

三层结构吊装时，吊机布置与安装顺序同二层施工相仿。先安装靠场地南侧部位的结构，然后向5、8线位置推进。

3.2.4 次结构施工

主结构完成后，吊机退场。运用卷扬机、链式起重机等设备，安装坡道、楼梯、电梯、内外墙面檩条。

3.3 施工方法

3.3.1 钢柱

本工程钢柱为弧形单片管桁架构件，上下节钢柱采用法兰盘对接节点。内圈柱主管的截面尺寸由一层至三层依次是$\phi245\times8$、$\phi159\times6$、$\phi121\times5$，外圈柱主管的截面尺寸由一层至三层依次是$\phi299\times16$、$\phi245\times8$、$\phi180\times8$。单层结构，内外圈钢柱共42根。内圈柱弧度上大下小，外圈柱反之，构件基本形态如图4。

一层结构内外圈钢柱的柱底标高分别为+3.730m、+4.590m。每一层钢柱柱顶法兰盘的环向中心线在同一标高，分别为+9.380m、+19.830m、+24.35m。

具体钢柱安装方法如下：

(1) 首节柱安装前，复测预埋件坐标，记录数据，以便在钢柱安装时调整误差。同时，在埋件侧边引出定位分中线，在钢柱下口法兰盘侧边引出构件分中线。上下节钢柱对接时，采用同样方法定位。

(2) 一层钢柱垂直高度约 4m，施工人员可使用竹爬梯。二层以上垂直高度在 15m 以上，吊装前在钢柱侧面设置爬梯。爬梯由圆钢制成，固定在钢柱腹杆侧面。并在侧面设置垂直安全绳(8mm 钢丝绳)，生命线上附有防坠器。施工人员沿爬梯上下移动时，将双扣安全带挂在防坠器上。

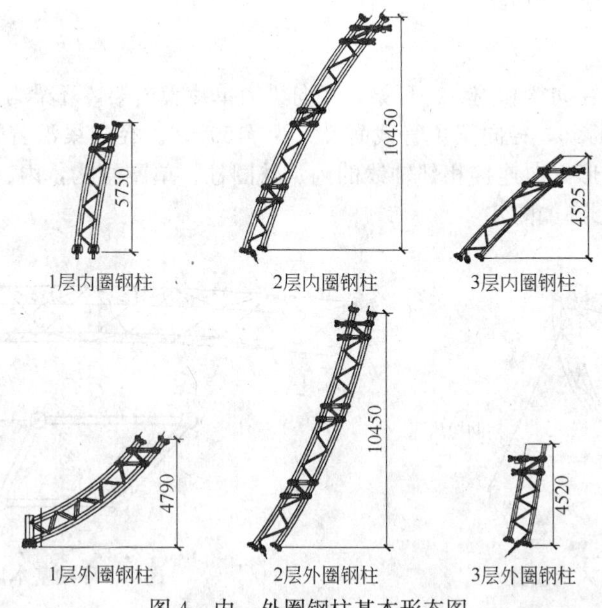

图 4　内、外圈钢柱基本形态图

(3) 钢柱吊装采用三点吊装法，因构件呈不规则弧形，构件重心不在中心线上。设置吊点时应选用不同长度的钢丝绳，配合链式起重机来调节钢柱，使其在空中呈安装姿态。

(4) 钢柱就位后穿入螺栓定位，然后向三个方向拉设缆风绳。柱缆风绳沿轴线方向，两侧为辅助缆风绳，在校正钢柱垂直度时起重要作用。一层钢柱吊装时，可在预埋件面板上焊制缆

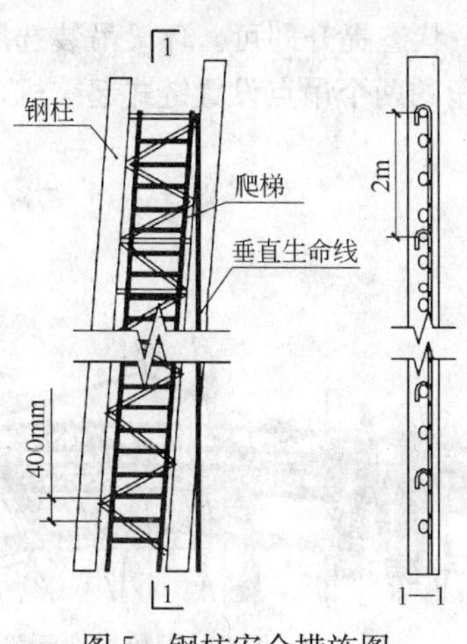

图 5　钢柱安全措施图

图 6　三点法吊装钢柱

风绳固定点。上层柱吊装时，下层结构已连接成整体结构，可将缆风绳固定在对应位置的钢柱上。

(5) 上下层钢柱对接采用法兰盘、高强螺栓连接，钢柱为单片管桁架构件，两根主管上均有法兰盘对接点。构件加工中诸多因素的细微偏差都将直接影响安装施工，如主管煨弯弧度、法兰盘角度、法兰盘眼孔角度等。因此本工程中，上层钢柱加工时，外侧主管的下口法兰盘与钢管点焊固定，内侧主管的下口法兰盘与钢管按图满焊固定。安装时，对接内侧法兰盘。钢柱校正完毕后，调整外侧法兰盘，最后将法兰盘与钢柱主管焊接固定。

(6) 钢柱安装到位后，脚手架班组及时在钢柱位置搭设脚手架，为安装钢梁的施工人员提供施工作业条件。

3.3.2 钢梁

本工程钢梁分为径向梁和内、外环梁，径向梁为单片管桁架，环梁为弧形管桁架。内环梁主管截面尺寸为 $\phi121\times5$，径向梁主管截面尺寸为 $\phi159\times6$。径向梁沿着轴线方向连接内、外圈柱，环梁沿建筑弧形方向连接相邻轴线的内、外圈柱。单圈结构，内、外环梁共 42 榀，径向梁共 21 榀。基本形态如图 8。

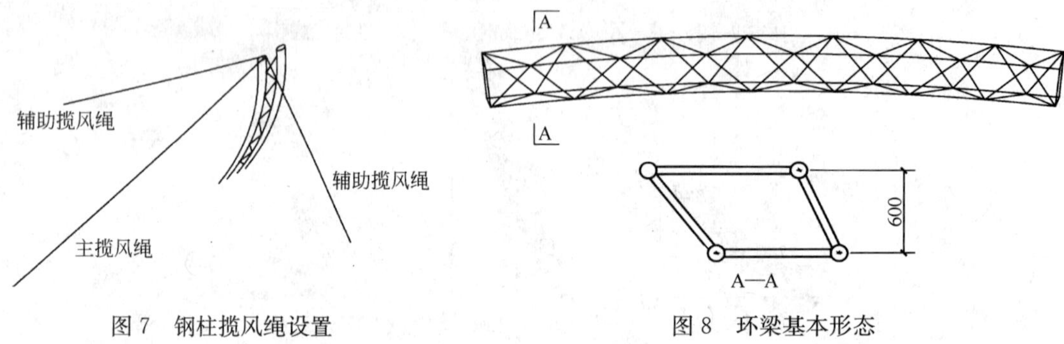

图 7 钢柱揽风绳设置

图 8 环梁基本形态

具体钢梁安装方法如下：

(1) 钢梁吊装前复测安装位置的相邻轴线钢柱的档距、同轴线内外圈柱的档距，检查构件尺寸。配置对应位置的钢柱牛腿。

(2) 钢梁吊装前，在钢梁安装位置搭设脚手架，以便施工人员行走、作业。脚手架搭设高度不得超过每层环梁的下弦，以免妨碍吊装。

(3) 径向梁吊装选用 2 个吊点，保证钢梁呈水平状态提升即可。环梁吊装选用 3 个或 4 个吊点，在内、外上弦主管上对称设置，其中选取对角的两个吊点设置链式起重机，确保环梁水平提升。

(4) 一榀径向梁两端共 4 个法兰对接点，一榀环梁两端共 8 个法兰盘对接点。在钢柱牛腿法兰盘这个节点上，每个牛腿的组装角度都不同，但细微的角度偏差都会造成牛腿法兰盘和钢梁法兰盘无法紧密贴合。经设计同意，将钢柱牛腿与钢梁拼装后，随钢梁安装，现场焊接牛腿相贯口。以环梁为例，先按图将一端 4 个钢柱牛腿安装在钢梁上，在钢柱侧壁放出牛腿定位中心线，并焊制定位卡码。吊装就位后，再将另一端的 4

图 9 钢梁吊点示意

个牛腿组装到位，穿入螺栓，完成相贯口焊接。

(5) 大门位置(5～8 线)在一层结构无钢柱，单根环梁需横跨 3 块区域，因此该部位内、外环梁分别重达 3.5t、6.3t。选用 25t 汽车吊在其根部进行吊装。安装时，在钢梁下方设置两个胎架，以作临时支撑，防止在钢梁尚未完全固定时，其中心部位发生下绕和侧翻。胎架主杆采用[20a 槽钢，腹杆采用∟100×6 角钢。支撑胎架截面规格为 1000mm×1200mm，胎架顶部、底部配以 20mm 厚钢板，底部用于支撑胎架四脚，顶部用于调整标高。具体形式如图 10。

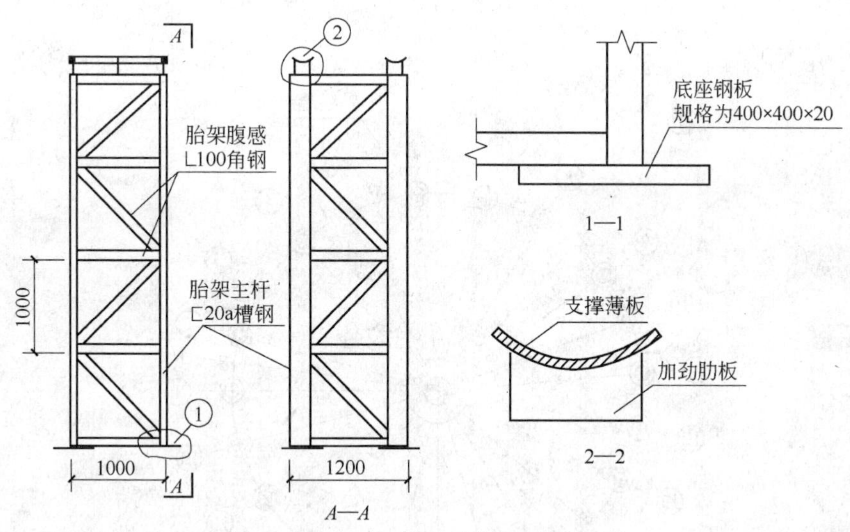

图 10 支撑胎架示意图

(6) 一、二层结构之间有三圈环梁，工作量大，其安装速度直接影响下道工序。考虑到脚手架搭设施工，这三圈环梁由下往上安装。

3.3.3 次结构安装

(1) 钢平台构件与内圈环梁、径向梁连接，组成楼层平台面。除三层平台部分区域，其余部位每跨区间平台分为三块构件。钢平台构件由[28a 槽钢、Ⅰ12.6 工字钢、□60×40×4 矩形管组成，构件平均重量约 800kg。平台构件基本形态如图 11。

图 11 平台构件基本形态

(2) 平台安装时，用 20mm 厚钢板制作刀形卡码，焊接固定在与径向梁连接的槽钢上表面，平台两侧各焊制两个卡码，在吊装过程中可临时固定平台构件。吊装班组将平台放置在安装位置，校正班组调整平台标高、水平度，最终与径向梁、环梁牛腿管焊接。这样流水作业，可以减少吊机在次结构安装环节的使用时间，保证主结构安装进度。

(3) 墙面檩条分为横檩与竖檩。横向檩条采用 100×80×5 矩形管、ϕ120×5 圆管，煨弯加工成型，竖向檩条由厚度为 1.5mm 镀锌钢板，压制呈几字形。横向檩条固定在钢柱外侧的檩托上，钢柱安装的精度在之前的钢柱校正工序中得到控制，因此横向檩条的煨弯加工精度将决定结构外墙面的成型效果。

4 测量方法及精度控制

4.1 前期准备

施工前期准备中，重点熟悉图纸大尺寸与复核土建转交的测量控制点，复核两者数据。仪器选用“莱卡”1201型全站仪与“莱卡”NA2型水准仪。为保证测量方便及质量控制精度，设立主控制点于建筑内圆心，并以17轴为主轴线，分别作出1～21线轴线端点。同时建立四个场外控制点，形成方格控制网，以此来保证施工过程中控制点的准确无误(图12)。

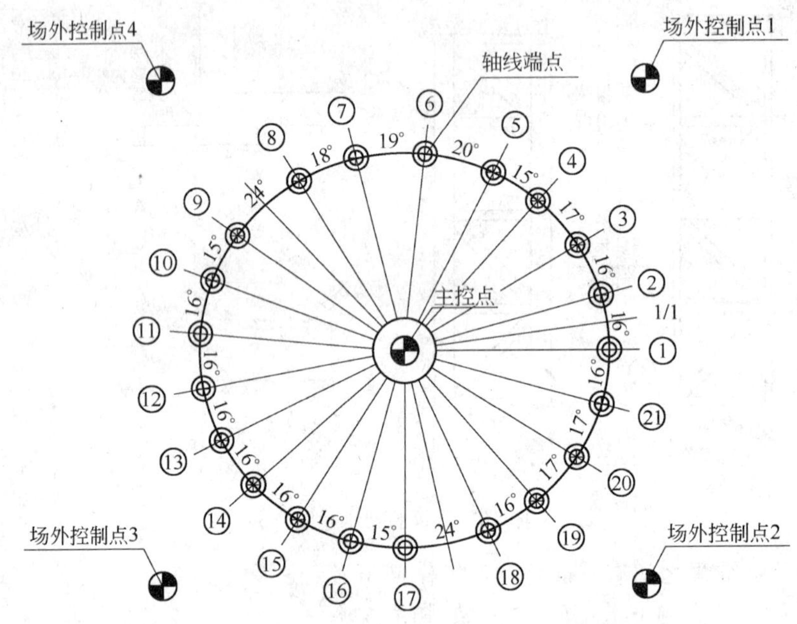

图12 轴线分部及测量控制点

4.2 施工测量

4.2.1 预埋件的测量定位

钢柱吊装前应考虑预埋件安装精度对整个结构尺寸的影响，对其控制方法使用全站仪三维坐标测量，定位点分为四个，依次布置在预埋件上部的四个方向，因此即平分了加工误差又加强了对方向的控制(图13)。

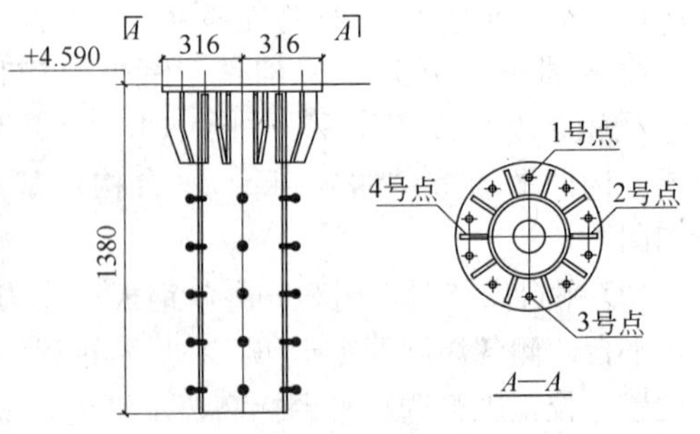

图13 预埋件测量控制点

4.2.2 首节柱的测量定位(图14)

因钢柱定位轴线弧度与钢柱自身弧度不同，首节柱的安装将严重影响二层结构。经估算，首节柱上部法兰盘如果倾斜3mm，二节柱顶部偏移约30mm。因此，首节柱的测量精度不仅是保证本节钢柱误差在规范范围内，还需考虑到二层钢柱的安装。对此问题仍采用了与测量预埋件相同方法的以主控点为测站点各轴线为后视点的相对坐标测量，这样即可以控制倾斜度又保证了二层钢柱定位后不会因下部结构的定位方向而出现扭转现象，使整个结构形成圆滑曲面。在施测过程中因内圈与外圈柱在同轴上及场内的脚手管搭设等不利于测量观测时，又以主控点向四周分别引出 18 个临时坐标点，以满足施工测量。

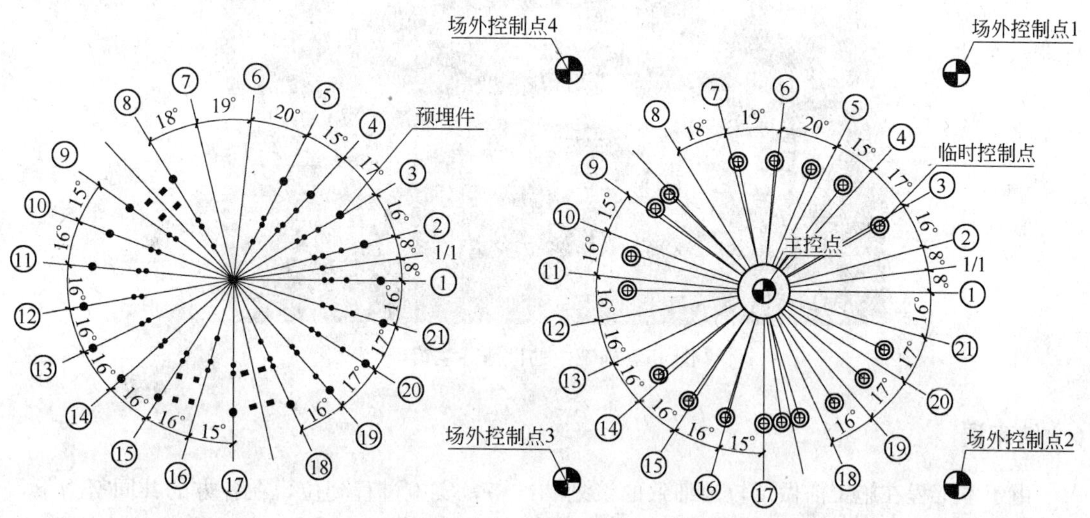

图 14　预埋件布置及临时控制点布置

4.2.3　上层柱测量定位

二节钢柱吊装时，因整体高度高、场内小的原因，导致主控点架设仪器观测仰角过大，无法精确测量，因此，采用了开始建立的场外控制点进行绝对坐标测量。在整个施测过程中因为二节钢柱的自身高度高，弧度大，所以最后的定位将直接影响结构的造型。为保证二节钢柱的正常就位，对与一节连接法兰盘处做出活头处理，待测量找正完毕后再调整法兰盘焊接，又因考虑焊接收缩问题，对先焊接部位方向测量偏差预留 5mm。拉设的缆风绳等找正工具也在环梁与径向梁安装后拆除，真正做到了把钢性反弹值控制到最小，提高最终定位精度。

三节柱测量方式与二节柱相同，且钢柱较短，测量难度较小，本文不作赘述。

5　总结

该工程主结构于 2009 年 9 月 23 日顺利安装完毕，2009 年 11 月 1 日结构验收合格。

5.1　积极配合深化设计，节点形式合理化

本工程因考虑建筑的可拆卸性能，主结构均采用法兰盘高强螺栓连接。根据安装条件，改变节点施工顺序，保持设计连接形式。不仅方便施工，同时更有利于精度控制。

5.2　严抓关键节点的施工质量

钢柱安装尺寸是整个结构精度控制的基础。严格控制钢柱安装施工质量，从构件加工开始，控制构件尺寸。过程中，选用合理的施工方法和测量方法，并及时对钢柱进行复测。

5.3　充分理解项目

上海 2010 年世博会芬兰馆是一个极具艺术性的场馆，设计新颖。施工质量是确保实现设计意图的关键，不能盲目追求施工进度与工程成本。

图 15 施工中的世博芬兰馆

6 结束语

由于本工程在施工前做了较为细致的策划和准备，实施过程到位，在各方的共同努力下，所有施工也已顺利完成，并得到了施工监理及业主的一致好评，为上海 2010 年世博会作出了一份贡献，同时也为同类项目施工积累了经验。

世博主题馆东区屋面累积滑移施工技术

刘　威、罗兴隆
（上海宝冶集团有限公司）

摘　要： 世博主题馆屋面管桁架施工充分考虑其造型独特，技术要求高，现场条件复杂，工期紧等特点，在多方案比较的基础上，结合所选机械设备能力，采用同步滑移的方法，通过滑移前充分的模拟分析、科学的划分滑移单元，并采取有效的同步控制措施，实现多条轨道同步滑移，充分发挥滑移施工工艺操作灵活、安全可靠、降低成本的特点。

关键词： 屋面管桁架，分段吊装，大跨度，同步累计滑移，模拟分析，同步控制

1　工程概况

中国2010年上海世博会规划园区位于上海中心地段黄浦江两岸，规划场地面积为5.28km²。“2010年世博会园区主题馆”为世博会三大永久场馆（世博会主题馆、世博公共中心及世博会中国馆）之一。

本工程位于规划北环路、园二路、南环路及园三路合围之方形地块内，南环路、北环路及园二路为已建成但未交付使用的道路，园三路为拟建道路。

空间管桁架钢屋盖布置在A～W列、1～26轴，桁架为边长3m的正置正三角形截面，间距18m，通过倒锥形支撑与支座连接，柱顶标高为20.05m，边桁架为19.80m，桁架下弦中心标高23.3m，上弦中心标高26.3m。桁架之间设置联系桁架、屋面支撑和檩条。钢屋盖在A列和W列外侧悬挑，悬挑距离达到18.9m。上下弦管径上弦为$\phi630\times30$，下弦为$\phi402\times16(10)$、$\phi480\times24(16)$，腹杆$\phi299\times10$～$\phi402\times16$，材质为Q345C。桁架通过彭式橡胶支座与9、15、20、25轴钢框架柱连接。三跨连续桁架长144m，重约110t。

2　总体部署

本工程由于受场地、工期限制，屋面钢结构必须与地下室混凝土施工同步进行。为保工期，土建从南往北分区移交施工作业面，钢框架施工也分区域从南往北进行，屋面从南往北累计滑移，屋面加工从北往南加工。

为尽量减少现场工作量，屋面桁架制作综合考虑运输、吊机额定起重性能、工期等因素，采取“工厂分8段制作，并进行预拼装，现场高空拼装成型，累计滑移到位”的施工方法。

综合考虑各方面因素，选用两台塔吊（1台K50/50高60.9m臂长50m、1台M480 M25高51.9m臂长55m）进行屋面桁架分段高空拼装（见图7）。

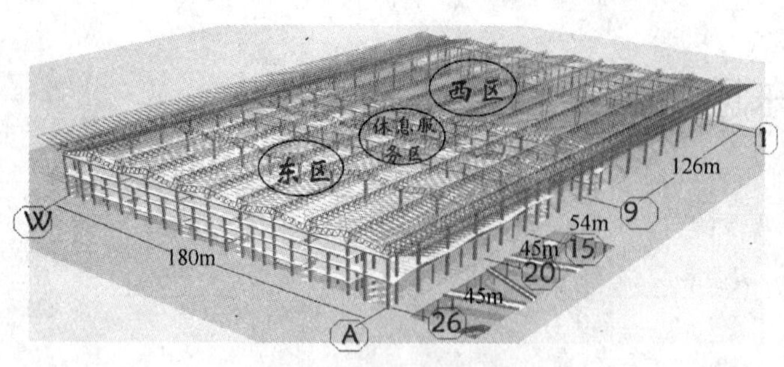

图 1 屋面总平示意图

图 2 土建钢结构同步施工

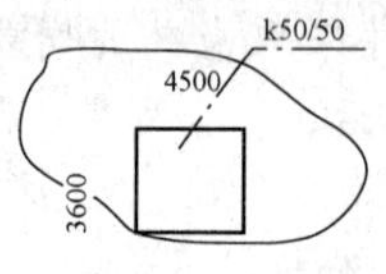

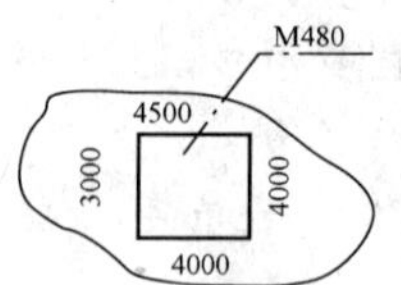

6000 7200 7200 9000

9000 9000 9000 9000 9000 9000 9000 9000 9000 9000 9000 9000 9000 9000 9000 9000 9000 9000 7800 1200 9000 7500

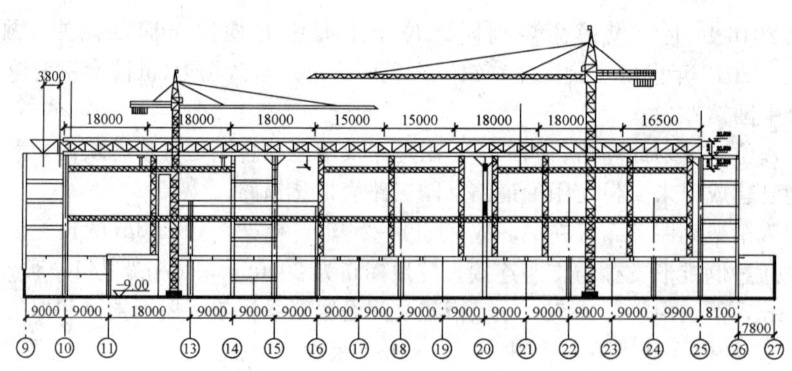

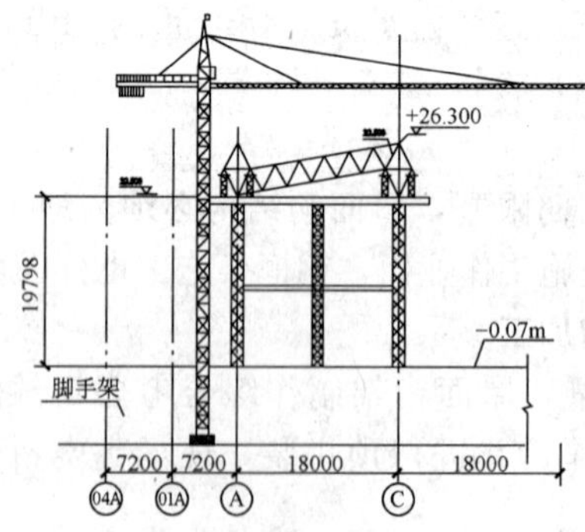

图 3 塔吊布置位置

3 方案叙述

(1) 在 A～C 轴、10～26 轴区域搭设屋面高空拼装区域，充分利用 A、C 轴上已有结构框架柱梁作为拼装胎架的一部分，降低施工措施费用。

(2) 物流通道设置在 20～25、10～14 轴间，用于 C 轴以北区域内的柱、平台及滑道的安装。

图 4　悬挑加固

(3) 屋面高空拼装及胎架安装选用施工机械为 1 台 K50/50 和 1 台 M480 M25 型固定式塔吊。

(4) 滑移梁及 60kg 轨道由 25t 或 30t 汽车吊进行安装。

(5) 分别设置 10 轴、15 轴、20 轴和 25 轴共四条滑道；除 20 轴外，其他三条滑道均有多层平台与之相连，稳定性较好，20 轴滑道南侧与稳固的拼装平台连接，而北侧(S 轴线后)与 12m 平台相连，中间通过增设支撑或中间柱来保证其稳定性。

(6) 轨道梁设计为箱形截面梁，截面刚度大，翼缘承担集中荷载能力强。

(7) 屋盖钢结构滑移的方向为 A 轴向 W 轴，此次将 W 轴-Y 轴的悬挑部分附带一起滑移，在悬挑部分增加临时滑移措施(主要是撑杆及加固)，一个拼装单元为东西向的两跨桁架及檩条，每次滑移一跨，滑移距离 18m，总共滑移 10 次，累积滑移距离约 174m。

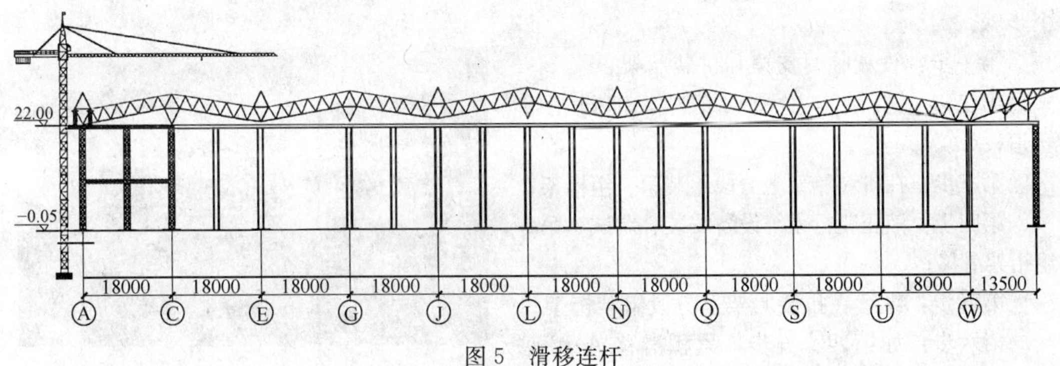

图 5　滑移连杆

(8) 连杆的作用是直接抵抗滑移时的摩擦力，以减少该水平力传递到桁架上，形成偏心荷载。

(9) 充分考虑原结构传力途径，25～26 轴屋面端桁架在东区屋面滑移到位并卸载完毕后安装(25～26 端桁架与 25 轴为销轴连接)。

(10) 10 轴、25 轴布设单台 TJG-1000 型液压爬行器，15、20 轴布设 2 台 TJG-1000(因中间推力大，且便于 20 轴过柱头)。

(11) 10～25 轴桁架分段见表 1。

图6 滑移连杆

桁架分段参数表 表1

主桁架编号	1段	2段	3段	4段	5段	6段	7段	8段
长度(m)	18	18	18	15	15	18	18	16.5
重量(t)	13.2	12.6	11.3	7.5	7.5	11.2	11.2	9.9
边桁架编号	1段	2段	3段	4段	5段	6段	7段	8段
长度(m)	16.2m	15m	15m	15m	15m	15m	15m	18
重量(t)	11.2t	10.6t	10.6t	10.6t	10.6t	10.6t	10.6t	11.3t

4 滑移施工流程

屋面钢结构滑移的施工流程主要分为如下九个步骤：

第一步：设置临时支撑和拼装胎架；

第二步：安装布置滑移钢梁，铺设滑移轨道；

第三步：在拼装胎架上分段组装第一组桁架；

第四步：液压爬行系统设备安装、调试，第一组桁架滑移；

第五步：继续在拼装胎架上分段组装桁架；

第六步：如第四、五步，累积滑移 *A*-*W* 轴桁架；

图7 屋面分段吊装

第七步：桁架整体滑移到位；

第八步：在吊车配合下，拆除滑移设施(爬行设备、轨道梁等)；

最后，钢结构桁架在 *C* 轴外侧的拼装胎架上分段组装，由南向北(*A* 轴向 *W* 轴)滑移。

5 施工模拟计算

采用 ansys、SAP2000 结构计算软件对整个施工过程进行施工模拟计算，通过计算结果指导现场施工，并采用 Beam188 单元与 beanm44 单元两种计算方式，二者结果基本相同。

模拟计算表 表 2

模拟计算结果	理论	实际值	允许	备注
悬挑部分最大竖向挠度	61mm	59 mm	72mm	滑移过程中
	39mm	41mm	72mm	最终下挠度
水平侧向位移	8.25mm	6 mm	15mm	不会出现卡轨
滑移杆件最大应力	69.5MPa			第一榀滑移单元
	63MPa			滑移最终趋于稳定
支座被架空情况	20mm/36m	不存在	200mm/36m	经验算不可能发生
温度及自重叠加影响	7mm	9mm	15mm	升温 200
	9.5mm	13mm	15mm	降温 200
滑移过程不同步性	30mm(假定)	20mm	50mm	监控不同步，当超过 30mm 及时调整

6 施工措施

6.1 爬行器和托梁连接

爬行器与滑移结构钢柱上柱采用铰接连接，耳板中心线距轨道上表面 410mm。

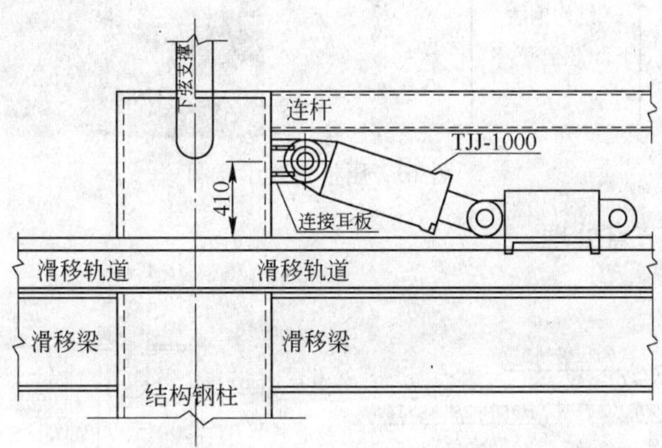

图 8 20 轴爬行器连接图

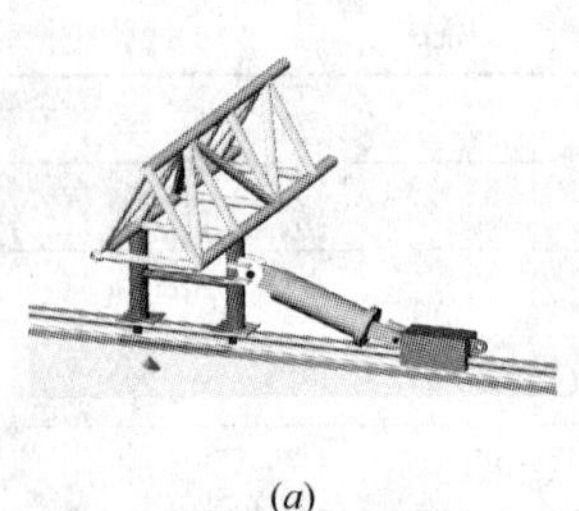
(a)

(b)

(c)

图 9 各轴的爬行器的布置示意图

(a)10 轴节点；(b)15、25 轴节点；(c)悬挑部位节点

6.2 轨道铺设

轨道和滑移钢梁及结构钢柱通过压板连接，每隔 0.5m 布置。

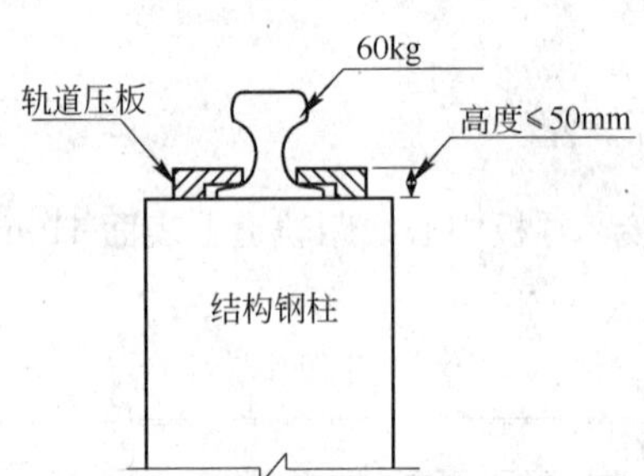

图 10 压板布置示意图

6.3 轨道梁与轨道节点处理

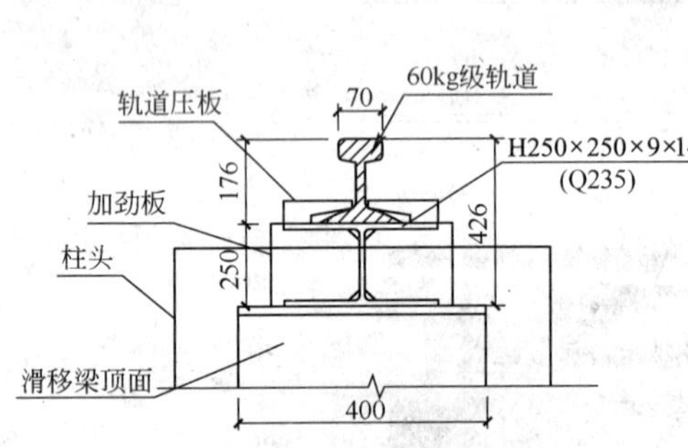

图 11 15、25 轴滑移梁与轨道节点

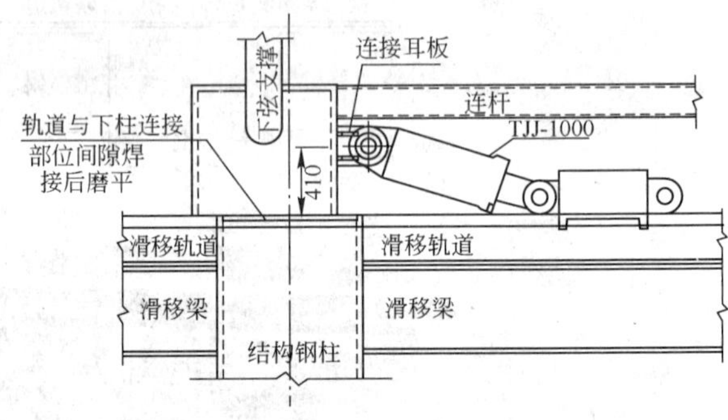

图 12 20 轴滑移梁与轨道节点

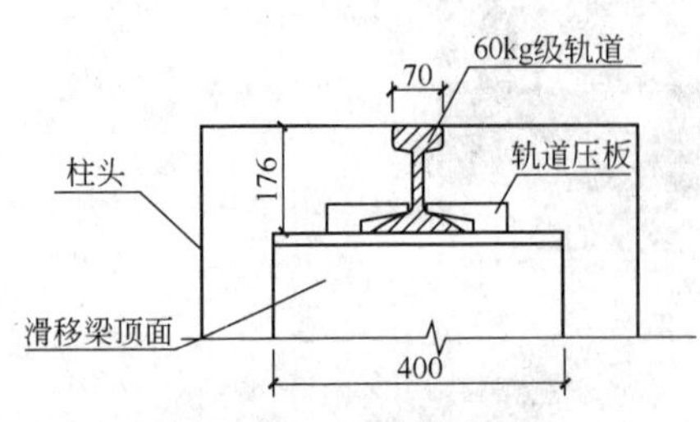

图 13 10 轴滑移梁与轨道节点

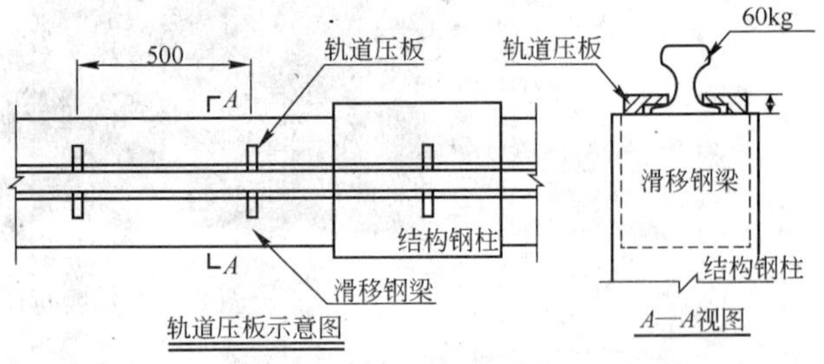

图 14 压板处理节点

6.4 胎架设计

本工程胎架主要作用为桁架高空拼装支撑体系，并不作为滑移支撑胎架。胎架为 1.5m×1.5m 格构，胎架的总高度为 23m。胎架柱横截面由单肢为 1.5m×1.5m、步距为 1.5m 的格构柱组成的大格构柱。钢材均选用 Q235B，焊条为 E43 系列，胎架柱竖杆选用∟125×8，缀件选用角钢∟75×5。

图 15　滑移梁及八字撑安装图

图 16　胎架连接形式

6.5 滑移连杆连接形式

设计时取摩擦系数为 0.2，根据累积滑移取最不利状态，即最后一个滑移单元滑移时的总摩擦力最大，为 0.2×2300t=460t，按照 1∶2∶2∶1 的关系分到四个轨道的拉杆上，设计时取分项系数为 1.4，即轴线 10、15、20、25 间的滑移拉杆分担的荷载分别为 77t、153t、153t、77t。按照此值进行受拉构件设计。

图 17　滑移连杆连接形式

7 液压同步滑移技术

“液压同步滑移技术”采用液压爬行器作为滑移驱动设备，利用机械逆向运动自锁的工作原理，通过计算机控制数据反馈和控制指令传递，可全自动实现同步动作、负载均衡、应力控制、操作闭锁、过程显示和故障报警等多种功能，使大型构件在预先设定的工况下进行滑移工作。其中爬行器顶推的工作原理如图 18 步骤 1～4 所示。

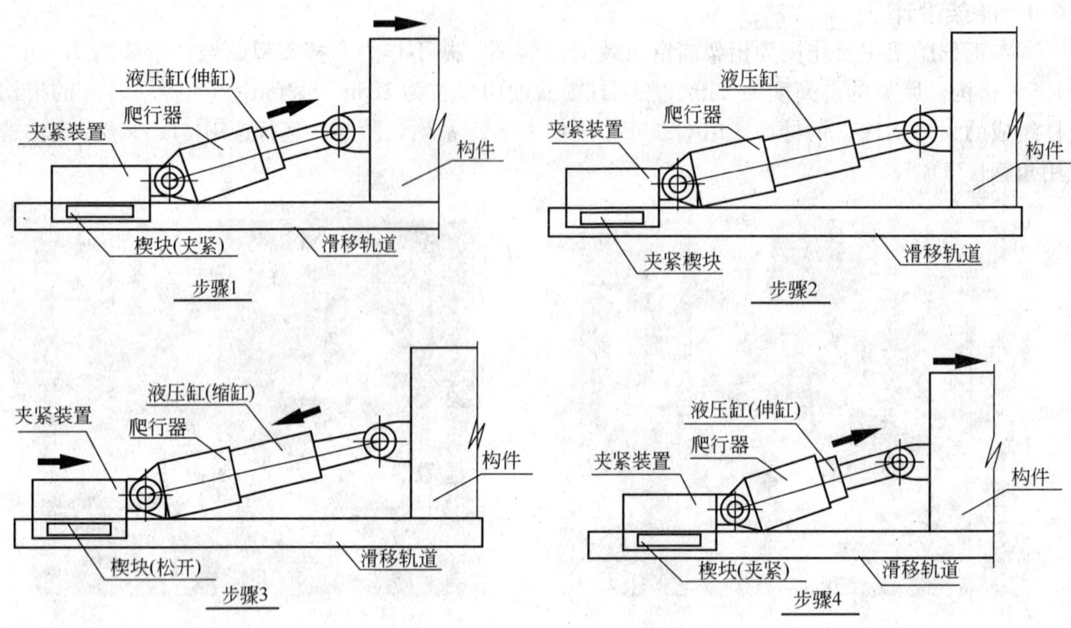

图 18 爬行器顶推工作原理

8 滑移注意事项

8.1 爬行器推力计算

中间轨道支撑反力较大，滑移最大工况时的支撑反力和 N＝3000/4＝750t，动荷载系数取 1.2，滑动摩擦系数取 0.15，则：单台 TJG-1000 型液压爬行器的最大工作荷载为：750×1.2×0.15/2＝67.5t。单台液压爬行器的最小安全裕度系数为：100/67.5＝1.48，完全满足本工程要求。

8.2 滑移轨道要求

（1）滑移轨道采用 60kg 标准铁轨。

（2）滑移轨道间距根据钢柱、钢梁中心位置定位。

（3）轨道采用钢压板与滑移钢梁连接，压板间距 500mm。

（4）单根轨道上表面水平度应小于 $L/1000$。

（5）轨道分段接头处高差允许偏差应小于 1mm。

（6）轨道下应采取二次灌浆方式垫实，或使用钢垫板找平垫实。

（7）支座安装就位前应涂抹黄油，滑移前轨道上平面涂抹黄油。

8.3 滑移的保证措施

8.3.1 在结构钢柱上柱的钢板垫块下设置定向卡块，以保证桁架在滑移过程中轴线方向外引起的偏移与扭转，使最终滑移到位时的状态与拼装时的状态一致(如图 19)。

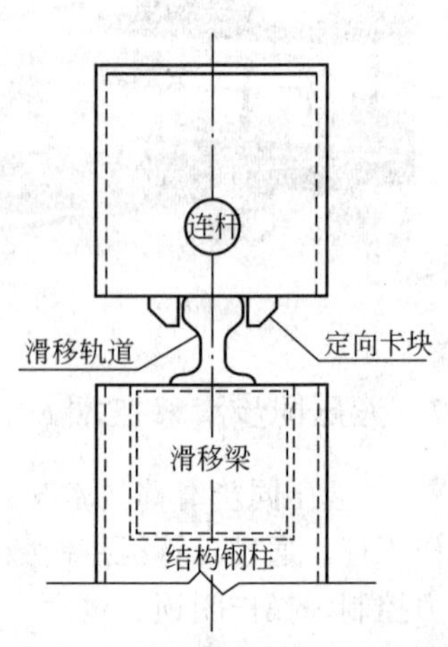

图 19 定向卡块设置

8.3.2 滑移承重系统配置

本工程中设置 4 条滑移轨道，中间每条轨道配置两组爬行器，整个桁架滑移共配置 6 组 TJG-1000 型液压爬行器，其中 10 轴、25 轴布设 1 台，15 轴、20 轴布设 2 台。

8.3.3 滑移过程监控措施

(1) 根据预先通过计算得到的滑移顶推工况各顶推点反力值，在计算机同步控制系统中，对每台液压爬行器的最大顶推力进行设定。当遇到顶推力超出设定值时，液压爬行器自动采取溢流卸载，以防止出现顶推点荷载分布严重不均，造成对钢结构和临时设施的破坏。

(2) 通过液压回路中设置的自锁装置以及机械自锁系统，在液压爬行器停止工作或遇到停电等情况时，能够长时间自动锁紧滑移轨道，确保滑移钢结构的安全。

8.3.4 泵源系统配置

根据滑移轨道及液压爬行器的配置，并结合液压滑移同步控制策略，每组滑移轨道上采用 1 套泵源系统控制。每套泵源系统由 1 台 TJD-15 型泵站及液压回路等组成。

桁架滑移允许偏差 **表 3**

序号	分项	允许偏差(mm)	备注
1	主架支座中心偏移	$L/3000$ 30	
2	相临支座高差	$L1/800$ 30	
3	支座最大高差	30	
4	桁架长度	$L/2000$ ±30	
5	桁架间距	±10	
6	跨中垂直度	$H/250$ 10	
7	杆件弯曲失高	$a/1000$ 10	

在滑移轨道边设置刻度尺，最小格值为 2cm，编号 1、2、3～50 号，每个轴线 9m 间距为一大格作控制单元，四条轨道上用四台对讲机同时向控制总台报数，如不同步值接近 50mm，即作相应的停滑处理，并单点推移同步。

9 卸载

由于整个屋面比原设计标高抬高 26mm，因此屋面滑移到位后，需卸载 26mm 后才能达到设计标高，根据模拟仿真计算结果，最大支撑反力为 75t，实际采用 2 台 50t 液压千斤顶分 2 次卸载到位。卸载顺序按轴线(C 轴至 W 轴)，即每 4 个点同步卸载，分 10 次卸载到位。

10 结语

本工程在钢结构施工技术上充分利用了地下室顶板楼面和核心筒结构，这样既保证钢筋混凝土结构的施工，又为钢结构安装提供大量作业面，同时也大大减少施工过程支撑数量及结构体系的不稳定性因素，确保了工期及经济效益。

浅论文明施工在世博会期间对安全生产工作的重要性

施予超
（上海市闵行区建设工程安全质量监督站）

摘　要：在以前工程施工过程中忽视了文明施工，是因为施工管理存在薄弱环节，对文明施工的投入不够、规范不全、没有标准或标准不高，同时对文明施工的含义认识不清，造成了施工现场没有一个统一的管理组织和管理办法。在世博会举办期间，如何做好施工现场的文明施工，如何体现文明施工在安全生产期间的重要性，是本论文所要阐述的主要内容。

关键词：文明施工，安全生产，重要性

“文明施工”一词从建设工程项目中标开始，就已经被烙上了必须、强制性的印记。从承发包合同的签订开始就已经明确了甲乙双方的安全责任，安全文明措施费用在总价合同中所占的比例、文明施工费用调拨计划及每月所用在安全方面的花费在安全文明施工上的具体清单等内容，到工程项目开工动土前建设单位所应该提供的“三通一平”，以确保能为项目创造一个好的前期条件。如果说，这些都只是为了文明施工做好铺垫工作，那么施工总包单位的进场，则是文明施工、安全生产工作进入到了实质性的操作阶段。一个工程项目文明施工的好坏，在一定程度上决定了其对安全生产的重视，为顺利完成该项目创造了一个好的先决条件。在世博会期间的文明施工对安全生产工作的重要性则更为明显。

何谓文明施工，是指在建设工程和房屋拆除、市政道路桥梁建设等活动中，按照规定采取措施，保障施工现场作业环境、改善市容环境卫生和维护施工人员身体健康，并有效减少对周边环境影响的施工活动。文明施工是施工企业各项管理水平的综合反映，贯穿了施工的全过程，通过对施工现场中的安全防护、安全用电、机械设备、技术措施、消防保卫、场容、卫生、环保、材料等各个方面的管理，创造良好的施工环境和施工秩序，促进安全生产，加快施工进度，保证工程质量，降低工程成本，最终提高企业的经济和社会效益。

认真考虑施工现场的总体布局，加强施工现场管理来促进文明施工。文明施工是安全施工的基础，也是企业形象的体现。一个工程项目的建设从施工单位进场开始，施工现场的总体布置从文明施工的角度来考虑是非常有讲究的。比如：钢筋材料、混凝土砌块或土方的堆放离开基坑的安全距离不能太近；塔吊的吊装区域既要考虑到吊装的方便性又要考虑到塔吊吊装半径区域内的安全性，并要照顾到安全通道作业人员和大型车辆通过时的通畅程度；当台风汛期到来时，施工现场要能够做到在第一时间将人员进行安全地撤离，保障设备物资的损失降低到最低限度；对于施工现场危险品及木工加工区域、生活宿舍区域的布置从一定程度上也对文明施工的开展提出了相应的要求；在世博会期间的文明施工作业，如何降低“声”、“光”、“尘”对周边环境的影响也是文明施工所应该考虑的一些重要因素，所以对于产生的污染、噪声现象，在现场总体的布置时就成了极为重要的一项内容。从目前闵行区在建的工程项目情况来分析，基础和装饰阶段文明施工的总体情况往往不如主体结构阶段。

从 2010 年 5 月份开始的上海市建筑工地文明指数测评对闵行区在建工地的检查情况上看更是如此，造成这种情况存在的原因主要反映在：基础阶段土方开挖及清运在一定程度上破坏了施工现场总体环境，大量的土方堆积或外运对文明施工提出了较高的要求，而装饰阶段则是由于大量的分包或劳务单位进场及脚手架拆除前后的各种外墙保温、建筑装饰材料包装物，拆除下来未及时清运的钢管、扣件和密目式安全网、竹笆等材料给现场文明施工带来了极大的压力。而在主体结构阶段的工程项目由于工作模式较为单一，现场环境稳定性和作业人员施工的局限性加上管理上的相对重视性使得该阶段施工的工程项目能够做到文明施工上有的放矢。往往市、区级文明工地的申报和评审均安排在这个施工节点的原因就在此处。然而，文明施工应该是个常抓不懈、不能放松的一项工作内容，不管在哪个工作、时间节点，均应该长期保持，这就更加体现出了施工现场总体布局的重要性。如果能够在总体布局时就考虑到土方的清运路线、车辆的冲洗点位置的设置、建筑污水和生活污水的沉淀及排放、建筑材料和垃圾的堆放点等各方面因素，就能够尽可能做到各工作阶段文明施工和周边环境的原样性，才能够做到真正意义上的文明工地，而非突击性的文明工地。

文明施工是体现项目管理水平的依据之一，是项目的各级管理人员安全意识的体现。文明施工，一般人从字面上理解就是：做好工地的表面工作，给人一种干净、整洁的第一印象就可以了。实际上这是一个误区，是一种狭隘意义上的概念。实现文明工地是衡量一个工程项目管理水平高低的重要依据，也是一支优秀施工队伍在施工现场管理中所必须进行的一项综合性基础管理工作。

人们往往只看到了表面现象而忽略了文明施工的真实内涵。目前闵行区内许多在建的工程项目由于地域的关系，远离本次世博会所划分的核心区域和重点区域，就潜意识地将文明施工的要求降低了一个等级，认为能够通过一般的检查就可以了，存在这种想法的人大有人在。如果是某一个项目从项目经理到基层的班组长都是这样的一个想法那是非常危险的，不光容易在文明施工上无法得到进一步的提高，而且极易发生安全伤亡事故。这是一个安全意识的问题，说明了存在上面这种想法的工程项目管理人员总体安全意识的淡薄，直接的后果则反映在安全管理的不到位、无序和无针对性上，这种意识将会传递到第一线作业的工人身上。目前一些项目经理或项目负责人片面地认为文明施工是现场安全员的责任，出了什么扬尘污染、噪声大或扰民等事情由现场安全员去处理就行了，这种想法其实是一种错误的理解，对文明施工的定义产生了极大的偏差。项目经理或项目负责人才是文明施工的领导者和第一责任人，应该将文明施工的具体内容做一个细分。同时成立由项目经理为组长，技术负责人为副组长的文明施工领导小组，负责各职能部门的协调，及时解决好施工过程中遇到的各种问题，建立各种文明施工责任制并监督执行，定期考评各施工班组的文明施工及安全措施落实情况，每月小结考评，并给予表彰和处罚。

安全文明施工领导小组职能、职责如下：

序号	职能名称	职 责
1	项目经理	认真贯彻执行安全、文明施工有关法律、法规、标准，负责安全、文明施工工作，组织有关安全、文明施工的检查，接受上级的检查、监督
2	技术负责人	协助项目经理搞好安全、文明施工工作，向施工负责人、施工员、安全员进行安全、文明施工技术交底，参加安全、文明施工检查，编制安全生产技术措施
3	施工负责人	布置实施技术负责编制的安全生产技术措施，负责安全、文明施工过程监督，纠正施工员违规行为；组织安全、文明施工检查，搞好现场安全、文明施工检查，搞好现场安全、文明施工的宣传工作，参加工伤事故调查处理；向项目经理、技术负责汇报安全生产状况

续表

序号	职能名称	职责
4	施工员	负责分部分项工程的安全、文明施工，向生产班组进行书面技术交底，随时进行安全生检查，发现隐患马上自觉整改，重大隐患及时上报施工负责
5	安全员	贯彻执行安全、文明施工的法规和标准，配合有关部门对工人进行教育，负责进行安全、文明施工检查和宣传教育，发现有违反法规和标准情况及时令其整改或令其停工并立即汇报施工负责人
6	现场保卫	认真贯彻执行国家制定的有关治安法律、法规、条例及上级指示精神，对项目发生情况时，组织人员保护现场，及时报告公司保卫处和派出所；负责提供情况、组织力量，协助查破
7	班组安全员	根据法规、标准、技术交底随时检查施工中安全、文明施工，认真组织班组实施安全生产技术措施；发现隐患马上解决，有了问题及时向安全员、施工员汇报，并参与处理

在世博会期间，闵行区建设工程安全监督站在文明施工监管中的一些具体体现。通过相关的文件规定，要求施工单位及时地制定出文明施工方面的绿色施工方案；项目部应该做到将施工现场的道路全部硬化，安排专人每天洒水降尘，并在工地大门处设置洗车池，车辆出入都要冲洗轮胎、保持清洁；土方施工中，项目部应该将水源接进工地现场，作业面到哪，水管就接到哪，机车边挖土，工人边喷淋，有效地降低扬尘的污染。为了防止土方遗、撒落，污染道路，现场出土时，监督站要求各运输车辆要都将渣土整理平实，严密遮盖，项目部还必须在工地门口的整条道路上专门安排人员随时清扫洒落土石，并配备洒水车每隔 2～3h 对道路喷洒一次；在施工过程中，要求项目部严格遵守市建委规定的作业时间，尽量做到不在夜间施工作业，千方百计地避免噪声和灯光扰民。同时，对有条件的工程项目在工地现场摆放了绿植，种上草坪，悬挂张贴各种安全警示和文明施工宣传条幅，营造良好的环境和氛围；目前闵行区一些在建的工程项目已经开始逐步采用不透尘的防尘网来替代原先一直使用的密目式安全网，使得施工现场的环境较以往更进一步的得到提高。只有通过参建各方的共同努力，制定并有效实施一系列环保措施，用高标准的文明施工才能为工地撑起了一片片绿色，为上海的世博、为闵行区的建设发展做出一定的贡献。

综上所述，文明施工是一项科学的管理工作，也是现场管理中一项综合性基础管理工作，对工程项目来说起了举足轻重的作用。所有的管理人员只有深刻的认识到文明施工的重要性，人人重视文明施工、人人关注文明施工、人人参与文明施工管理，让文明施工成为一种自觉行为，才能使文明施工管理上一个新台阶。因此，要做到：无论工程的大小、无论工期的长短、无论工地在何处，都严格按照标准化文明施工的要求执行，创建标准化的文明施工现场。

参考文献

[1] 付先波．建筑企业文明施工管理探讨［J］．中州煤炭．2007．(01)

[2] 陈永良．试论如何加强建筑企业文明施工管理［J］．大众科技．2007．(03)

[3] 周江辉 主编．建筑施工安全技术与管理．北京．中国电力出版社．2005

[4] 黄勇．安全生产与文明施工中存在的问题［J］．四川建材．2009．(01)：308-309

[5] 田金信．建筑企业管理学．北京．中国建筑工业出版社．2004

[6] 上海市建筑施工行业协会工程质量安全专业委员会．施工现场安全管理资料编制与实例．北京．中国建筑工业出版社．2005

[7] 建筑工程施工项目管理丛书编审委员会．建筑工程施工项目质量与安全管理．北京．机械工业出版社．2007

[8] 韩权友．强化施工现场管理促进文明施工的思考［J］．建筑管理现代化．2005．(02)

贴膜彩钢瓦施工技术

高志强

（上海宝冶集团有限公司）

摘　要：贴膜施工一般应用于室外广告，基材一般为铝塑板、不锈钢板、亚克力板、玻璃等，面积大多为几十平方米，非洲联合馆外墙面积达 10460m^2，外墙为贴膜彩钢瓦，在彩钢瓦表面进行大面积贴膜，没有成熟的经验可以借鉴。本文对非洲联合馆外立面贴膜彩钢瓦的施工难点及采取的措施进行了总结，并提出关键技术控制要点，为以后类似工程的施工提供了重要参考。

关键词：贴膜，彩钢瓦，高精喷绘输出，质量控制要点

1　引言

上海世博会是探讨人类城市生活的盛会，是世界各国科技、文化的一次集中展示，在上海世博会工程项目施工过程中，应用了大量新技术、新工艺。大面积彩钢瓦贴膜施工就是一次在新技术应用上的成功尝试。

2　工程概况

非洲联合馆位于上海世博会园区浦东段 C04 街坊，建设地址为浦明路、西环路、北环路、园一路合围区域，建筑面积 26062m^2，外墙面积 10460m^2，外墙为贴膜彩钢瓦，瓦型为 STAR-WALL-450，厚度 0.6mm，安装高度 15m(女儿墙)，画面采用 3M 公司专用贴膜，HP 八色高精度喷绘机喷绘输出，可以保证画面在各种气候条件下，不剥落、不起泡、2 年不褪色。

3　工程难点及对策

3.1　技术比较新颖

贴膜施工一般应用于室外广告，基材一般为铝塑板、不锈钢板、亚克力板、玻璃等，面积大多为几十平方米，而在彩钢瓦表面进行大面积贴膜，还没有成熟的经验可以借鉴。

3.2　面积大、画面丰富、门窗洞口多

非洲联合馆外墙面积达 10460m^2，设计通过不同色彩的画面来表达非洲草原迷人的风景，由于面积大、门窗洞口多，如何保持画面的连续性和完整性是摆在我们施工人员面前的又一难题。

3.3　对策

针对无成熟经验可以借鉴的情况，首先依照非洲联合馆的外观尺寸，1∶1 放样进行试贴，以检验整体效果。用来试验的 4 块彩钢瓦长 12m，瓦型、厚度均同非洲联合馆，画面采用现场人工裱贴方式，初步试验还算成功，出现的质量缺陷如气泡、褶皱等，基本都是由人工操作和风力因素造成的，后来通过改进裱贴工艺，问题已得到圆满解决。

对于保持画面连续性、完整性的问题，在深化设计的时候就充分考虑到了门窗洞口、转角等对画面的影响，通过平移实物、部分位置增加背景色等技术措施进行避让，保证了画面的完整性，经过几易其稿，终于得到设计及业主方的认可。

4 施工方法

4.1 施工准备

4.1.1 技术准备

(1) 完成外墙瓦排版图，精确到每个立面每块板的长度及数量，排版图是出效果图的前提和依据；

(2) 完成画面制作，即根据外墙瓦排版图而设计出矢量效果图，效果图按 1∶1 设计，并对图案进行 45cm 宽为单位划分，给每块都分组编号，将每块彩钢瓦和图案准确对应起来，在画面上体现门窗洞口的位置，通过适当调整画面各要素的位置，避免因门窗的裁切而破坏画面相应位置元素的完整性。画面制作完成后与建筑施工图进行核对，做到万无一失；

(3) 确认效果图，根据效果图打印出小样，由设计及业主签字确认排版及色彩。

4.1.2 材料准备

材料准备包括开过平的彩钢板，3M 喷绘贴膜(由 3M 中国有限公司提供)。

4.1.3 机械机具准备

机械机具包括 STARWALL-450 型压瓦机、HP 八色高精度喷绘机、冷裱机，以及彩钢瓦安装工具。

4.1.4 钢结构交接检查

钢结构墙面檩条施工完毕后，由彩钢瓦安装队伍进行交接检查，检查内容包括墙面檩条的垂直度、平整度，对不符合安装条件的，必须无条件整改，门窗洞口、转角位置因结构设计原因造成无法固定墙面瓦的，要采取增加角钢、Z 型钢等措施予以修整。

4.1.5 场地准备

加工场地需满足遮风挡雨要求，本工程施工时，在非洲馆已施工好屋面、地坪垫层的区域，围挡出约 2000m^2 供加工及堆放彩钢瓦使用。

4.2 贴膜彩钢瓦制作

4.2.1 高精喷绘输出

根据确认过的效果图，按 45cm 每块喷绘输出，喷绘输出应严格按照排版顺序，同时注意对照效果图检查画面色彩的均质性，发现画面颜色误差较大的，应立即检查原因，并重新出图，每完成一幅画面，即在背面注明画面所在的位置及编号，并按顺序堆放整齐。

4.2.2 裁剪彩钢板

用剪板机裁下与画面尺寸对应的彩钢板，并用锤子对彩钢板表面进行修平，裁剪时注意长短边应垂直。

4.2.3 贴膜

以彩钢板底边为定位线，画面底边与定位线对齐，首先在地面以此底边为准预拼，及时发现画面误差，并予以调整；贴膜时计算好画面两边离彩钢板边距离，标出定位线，用冷裱

图 1 冷裱机贴膜施工

机把画面裱贴在彩钢板的定位线内。

4.2.4 压制彩钢瓦

压制过程中安排专业人员维修、保养压瓦机，监控各滚轴的运转性能是否良好，防止划伤、污染画面。

4.2.5 成品堆放与保护

将10张彩钢瓦分为1组，每压完一组，即在地面预拼装，检查画面的排序及误差，画面误差控制在2cm以内，并及时调整拼接误差，调整完毕后，在彩钢板公扣边用软笔注明板的位置及编号，按顺序码放整齐，码放时各板之间用包裹保护薄膜的木条隔离。

图2 检查贴膜质量

图3 压制彩钢瓦

图4 彩钢瓦预拼装

图5 成品堆放

4.3 贴膜彩钢瓦安装

4.3.1 定位弹线

用水准仪定位出彩钢瓦的底部控制线，用经纬仪定位第一块彩钢瓦的竖向起始线，然后根据起始线定位出后面每10张瓦的边线。

4.3.2 安装底部泛水板及转角Z型钢件

根据底部控制线安装底部泛水板，安装时注意自攻螺钉应间距均匀，固定牢靠，防止距离过长泛水板出现下挠；因为非洲联合馆瓦型比较特殊，转角收头位置需利用Z型钢件，同时Z型钢件也是第一张瓦的控制边线，因此安装时应严格控制垂直度，避免后面累计误差过大。

4.3.3 安装第一张彩钢瓦

吊装外墙板时，首先应把瓦内外擦干净，然后在女儿墙适当部位安装一个定滑轮(用钢丝绳将定滑轮固定在女儿墙檩条上，松紧以可自由移动为准)，用电钻在彩钢瓦的公扣边开一个小孔，将吊钩挂在孔上，人工拉至所需高度，然后横向移动至安装部位。起吊过程中一人扶着墙板，防止磕碰损坏。

将第一张彩钢瓦公扣定位于起始线，并根据墙面檩条上的分割线调整板块位置，然后将瓦的公母扣用自攻螺钉固定在墙面檩条上。

4.3.4 安装第二张彩钢瓦

安装第二张彩钢瓦：起吊第二张彩钢瓦的时候，应保证第二张压型板与第一张的水平距离不小于50cm起吊至所需高度后，由人工平移至安装部位，防止起吊过程中由于风力等因素损坏第一张瓦。第二张彩钢瓦就位后，将板的公扣边插进第一张瓦的母扣中，板间缝隙调整至2～3mm，同时调整对齐第一张板的下端，然后将母扣边用自攻螺丝与檩条固定。

4.3.5 大面积彩钢瓦安装

按照上述顺序依次安装第三张及后续彩钢瓦，彩钢瓦施工时，3M公司应派人监督瓦的安装效果，防止因安装误差而影响画面效果。

4.3.6 泛水、包边安装

本工程门窗收边由门窗安装单位施工，其他转角、女儿墙压顶位置安装泛水收边板，收边板施工前首先由技术部出图确认尺寸、样式，然后交给设计按加工图出效果图、喷绘输出、贴膜，再加工成型，运到现场安装，收边板加工时在板背面注明板的具体位置及编号，安装时先进行校核，确认无误后方可施工，收边板采用铆钉固定，严格按照设计要求搭接，防止与大面积画面错位，女儿墙顶部泛水搭接部位打透明耐候胶，避免漏水。

4.3.7 安装效果图

图6 安装后实景图

5 质量控制要点

5.1 严格执行“三检”制度，钢构施工单位、贴膜施工单位、加工制作单位、安装单位之间各负其责，每道工序施工完成后必须进行自检，自检合格后办理工序交接书，下道工序施工前对上道工序检查，发现不满足施工条件的，坚决要求先整改合格后接收，防止出现质量问题后互相推诿责任。

5.2 墙皮瓦排版图、效果图必须经业主、设计确认后方可进行施工。

5.3 贴膜施工前，对彩钢板进行平整度检查，不平整的地方由人工进行处理，避免鼓包等质量缺陷发生。

5.4 贴膜施工时，首先要将一端对齐，然后观察另一段画面与板的相对位置，及时发现并调整偏差，贴膜过程应有专人检查有无气泡、褶皱等质量缺陷的发生。

5.5 彩钢瓦安装前，首先检查钢结构墙面檩条垂直度，对偏差≥1/1000 的构件进行纠偏处理，必要时通过增加角钢等来调整。

5.6 安装彩钢瓦时，严格按照控制线进行施工，彩钢瓦间隙控制在 2mm，防止在热胀冷缩作用下产生起拱。

5.7 安装过程应由画面设计单位派人进行监督，及时发现并处理画面错位问题。

5.8 安装彩钢瓦时，应首先检查瓦的位置及编号是否正确，确认无误后方可固定。

5.9 彩钢瓦拉升过程中，应与已安装好的彩钢瓦保持 50cm 以上的水平距离，以免碰伤画面。

5.10 做好成品保护工作，每施工完一段彩钢瓦，立即用薄膜将墙面 2m 以下部分覆盖，墙外 1.5m 拉红白警戒绳，在明显位置设告示牌，防止其他专业施工时碰坏彩钢瓦。

6 问题与改进

6.1 成本高、保质期短

本工程所使用的膜，可以保证画面在各种气候条件下，不剥落，不起泡，2 年不褪色。由于“保质期”较短，目前只适合临时建筑，虽然目前已开发出可以保证 8 年不褪色的膜材料，但是由于成本较高，竞争力不大，开发物美价廉的膜材料是这一技术发展的当务之急。

6.2 冷缩问题

非洲联合馆彩钢瓦贴膜后，经历几个月的风吹日晒，部分彩钢瓦间隙已超过 5mm，由于材料的特殊性，施工时不可能施加预应力，板间必须留有间隙以防起拱，如何防止贴膜彩钢板冷缩后发生塑性变形，进而产生间隙过大的现象，也是一个亟须解决的问题。

7 结束语

通过非洲联合馆外墙贴膜施工，证明大面积贴膜彩钢瓦施工技术是可行的，贴膜质量也是有保证的，这无疑为彩钢瓦贴膜技术的应用推广注入了一针兴奋剂。

世博会主题馆太阳能光伏发电系统

张东元、李　强、陶　炜、顾　翔、李庆生
（上海建浩工程顾问有限公司）

摘　要： 世博会主题馆太阳能光伏发电系统光伏组件数量大，钢结构复杂、施工面积大、难度高、交叉作业工程多、技术先进、系统复杂、质量要求高，本文介绍系统特点、系统组成、系统质量控制、系统测试，对同类系统工程有一定的参考价值。

关键词： 太阳能光伏发电系统，光伏阵列，光伏组件组串，逆变器，STC，回推 STC，防雷汇流箱多晶硅单玻组件，多晶硅双玻组件

1　概述

世博会主题馆太阳能光伏发电系统结合主题馆屋面 24 个 36m×72m 的主体菱形结构，组成 96 个光伏阵列分区，采用和主题馆外观协调的深蓝色的多晶硅光伏组件。为保证主题馆中厅透光，中厅上方采用双玻璃封装的透光型多晶硅光伏组件，除中厅外其余屋面均采用单玻璃多晶硅光伏组件。

图 1　世博会主题馆太阳能光伏发电系统效果图

世博会主题馆太阳能光伏发电系统由 11392 块标准太阳能多晶硅单玻组件、2184 块异形太阳能多晶硅单玻组件、1230 块太阳能多晶硅双玻组件、79 台光伏阵列防雷汇流箱、10 台直流防雷配电柜、29 台并网逆变器、3 台低压隔离开关柜、1 台低压 0.4kV 进线柜、1 台 2600kVA 0.4kV/10kV 升压变压器、1 台升压变高压开关柜、1 台升压变避雷柜、1 台计量柜、1 台出线并网柜、1 台直流屏柜、1 套监控系统等组成。

光伏发电系统装机容量 2.82MWP，屋面太阳能板面积达 19945m^2，是展馆亚洲最大的光伏发电系统，年发电量可达 280 万 kW·h，每年可减少二氧化碳排放量 2800t，节约标准煤 1000 多 t。

2　技术指标

- 装机容量 2.82MWp
- 系统与电网同步进行，频率 50Hz
- 总谐玻畸变率：＜4％
- 10kV 侧功率因数：0.9～0.98
- 电压波动：±5％
- 输出电压不平衡度：允许值 2％，短时＜4％

● 孤岛效应脱扣时间：≤0.2s

3 技术规范和文件

《上海世博园区中国馆和主题馆太阳能并网发电工程可行性研究报告》F080K-AA-01

《晶体管光伏器件的 I-V 实测特性的温度和辐照度修正方法》GB/T 6495.4—1996

《晶体硅光伏(PV)方阵 I-V 特性的现场测量》GB/T 18210—2000 idt IEC61829：1995

《地面光伏(PV)发电系统概述和导则》GB/T 18479—2001 idt IEC 61277：1995

《光伏器件第三部分：地面光伏器件测量原理以及标准光谱辐照度数据》GB/T 6495.3—1996

《光伏(PV)系统电网接口特性》GB/T 20046—2006 idt IEC 61727：2004

《光伏发电站接入电力系统技术规定》GB/Z 19964—2005

《光伏系统并网技术要求》GB/T 19939—2005

《并网光伏发电专用逆变器技术要求和试验方法》Q/SPS 22—2007

《光伏(PV)发电系统过电保护——导则》ST/T 11127

《建筑物防雷设计规范》GB 50057—1994

《建筑物电子信息系统防雷技术规范》GB 50343—2004

《主题馆太阳能光伏发电施工图》2009 年

4 工程特点

4.1 施工难度大

(1) 本工程在主题馆顶屋面进行，主题馆屋面安装高度为 27m，由 96 个三角形钢结构组成 24 个菱形结构，中间敷设 3×4.5 的钢梁。需在三角形的钢梁上安装固定太阳能光伏组件的铝合金型材后再固定太阳能光伏组件。

(2) 菱形结构下面已预先铺设了波浪形起伏结构的彩钢防水结构层，与菱形结构高点部位有 3.7m、低点部位为 0.7m，给铝合金型材安装、太阳能光伏组件固定安装、组串连续防雷接地带来极大难度。

(3) 施工恰遇上海黄梅和夏季，面临潮湿和高温天气，给顶屋面施工带来极大困难。

4.2 质量要求高

(1) 为保证光伏发电系统一次成功，产品品质和安装质量达到相关国家标准要求，光伏组件、汇流箱、直流配电柜、逆变器、高低压配电系统等设备须经过 TUV.CE 或 3C 等国家标准要求的强制性认证。

(2) 要求光伏组件各个组件之间的间距一致，各行各列之间横平竖直，确保安装后整体美观平整、间隙均匀、散水良好。

(3) 组件安装时应对组件色差进行控制，以单个菱形内组件的颜色保持基本一致，确保整体美观。

(4) 要求组件与支架之间的连接牢固可靠，并能方便地更换光伏组件。光伏组件方阵及支架能抵抗台风。

4.3 工种间协调工作量大

屋面施工涉及钢结构、机电设备安装等多支队伍，施工情况复杂，需同时施工，交叉作业，为此必须进行上下工序的协调，工种之间工作量界面的协调。

4.4 成品保护要求高

由于太阳能光伏组件价格昂贵，部分产品是定制的非标准异形产品和双玻璃产品，施工面

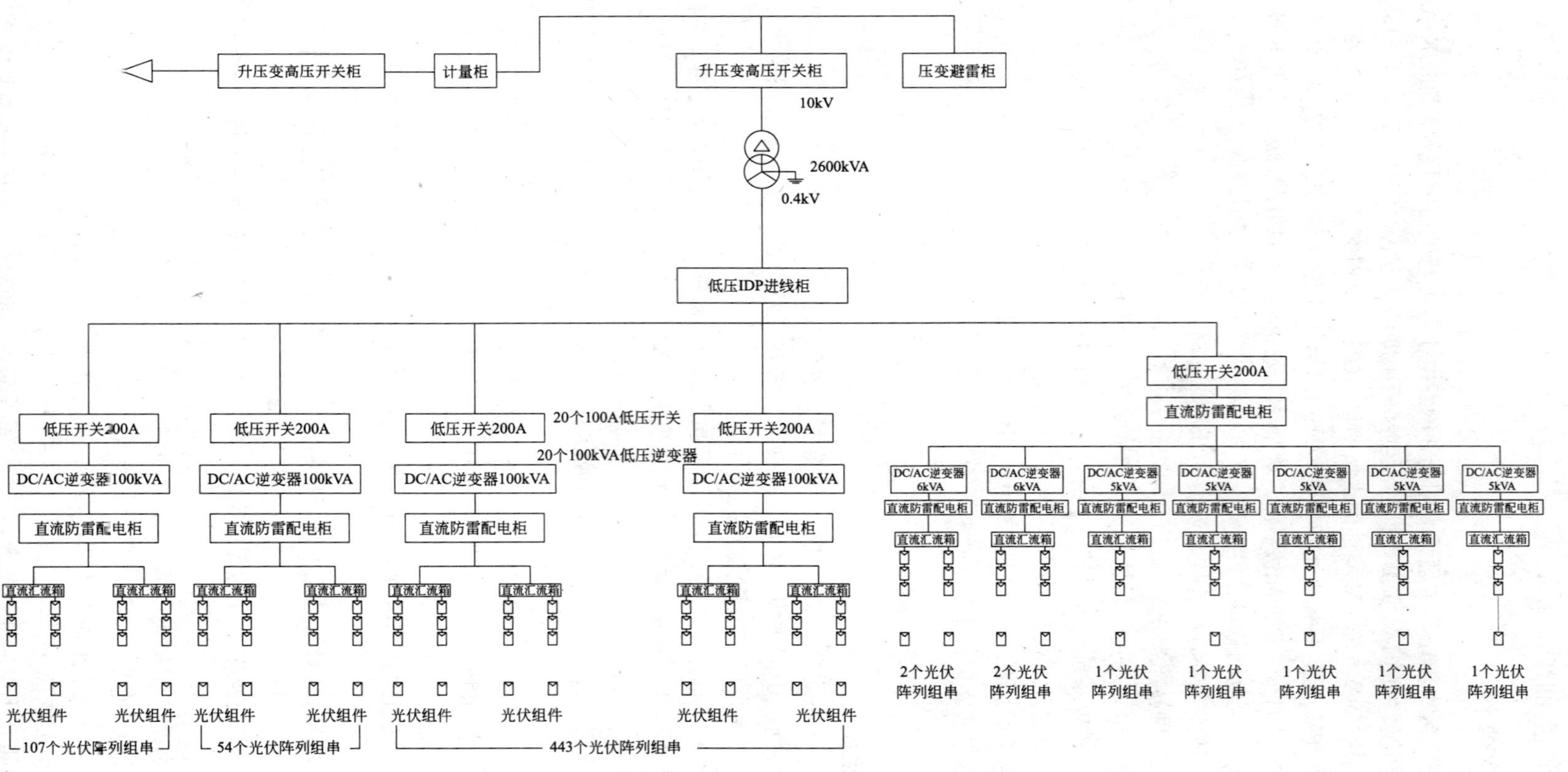

图 2 主题馆太阳能光伏发电系统方框图

下部是主题馆彩钢结构保温防火屋面，一旦损坏不仅造成较大经济损失，而且影响施工进度，为此必须采取有效保护措施。

4.5 施工工期短

2009年4月27日正式施工、2009年9月28日竣工，共计5个月时间。

4.6 施工安全涉及面广

(1) 本工程在场馆施工高峰期间进行，进出现场工程队伍多，施工机械多、现场情况复杂，要将153t近3万m铝合金型材、289t14806块光伏组件和20t的固定定位夹头压板、电缆需吊装到27m高的菱形钢结构施工面，要将29台逆变器等设备运至地下太阳能发电机房，吊装工作量相当大，吊装时必须确保物资和人员安全。

(2) 屋面菱形钢结构临边和洞口多，为此对以上危险区域加以防护。

5 系统组成

5.1 太阳能光伏电池组件

5.1.1 光伏电池组件要求

光伏电池组件能抗风沙、抗冰雹，防潮湿、抗腐蚀，防护等级为IP65，达到3酸试AR优质标准。为保护电池组件避免受到较高正向偏压或由于“热斑效应”发热而损坏，每一组件两端均并联旁路二极管。

5.1.2 组件主要技术参数(表1)

光伏组件参数 表1

组件类型	多晶硅单玻组件					多晶硅双玻透光组件		
组件型号	SVP210D 标准	210W 异形	140W 异形	70W 异形	45W 异形	200W 方形	100W 长方形	115W 异形
标准功率W	210	210	140	70	45	200	100	115
峰值电压Vmp(V)	26.4	26.4	17.6	8.8	5.8	27.2	13.6	15.6
峰值电流A	7.95	7.95	7.95	7.95	7.95	7.35	7.35	7.35
短路电流A	8.33	8.33	8.33	8.33	8.33	7.61	7.61	7.61
开路电压Va(V)	33.6	33.6	22.4	11.2	7.5	34.6	17.3	19.8
耐压V	1000	1000	1000	1000	1000	1000	1000	1000
最大开路电压V	37.6	37.6	25.1	12.6	8.1	38.9	19.5	22.4
外型尺寸mm	1482×992×35	异形	异形	异形	异形	1452×1477	952×1477	异形
数量	11392	142	658	826	558	1030	100	100
制造厂	无锡尚德							

5.2 太阳能光伏阵列

5.2.1 光伏阵列分区

光伏阵列分区表 表2

东西向 / 南北向	A列 (1-3轴)	B列 (3-5轴)	C列 (5-7轴)	D列 (7-10轴)	E列 (11-14轴)	F列 (14-18轴)	G列 (18-22轴)	H列 (22-26轴)
第1排(*W-Y*轴)	A1	B1	C1	D1	E1	F1	G1	H1
第2排(*U-W*轴)	A2	B2	C2	D2	E2	F2	G2	H2

续表

南北向＼东西向	A列(1-3轴)	B列(3-5轴)	C列(5-7轴)	D列(7-10轴)	E列(11-14轴)	F列(14-18轴)	G列(18-22轴)	H列(22-26轴)
第3排(*S-U*轴)	A3	B3	C3	D3	E3	F3	G3	H3
第4排(*Q-S*轴)	A4	B4	C4	D4	E4	F4	G4	H4
第5排(*N-Q*轴)	A5	B5	C5	D5	E5	F5	G5	H5
第6排(*L-N*轴)	A6	B6	C6	D6	E6	F6	G6	H6
第7排(*J-L*轴)	A7	B7	C7	D7	E7	F7	G7	H7
第8排(*G-J*轴)	A8	B8	C8	D8	E8	F8	G8	H8
第9排(*E-G*轴)	A9	B9	C9	D9	E9	F9	G9	H9
第10排(*C-E*轴)	A10	B10	C10	D10	E10	F10	G10	H10
第11排(*A-C*轴)	A11	B11	C11	D11	E11	F11	G11	H11
第12排(03*A-A*轴)	A12	B12	C12	D12	E12	F12	G12	H12

5.2.2 光伏阵列组串

根据同一光伏阵列分区和同一光伏组件组串开路电压、短路电流等电性能一致的原则，将96个光伏阵列划分，共有613组串。

光伏阵列配置表 **表3**

编号	光伏组件安装区域及组串数量		光伏组个组串汇总					光伏阵列汇流箱			逆变器
	区域	数量	类型	***串联数	组串数	功率KWP	最大开路电压	编号	汇流箱型式**	数量	
01	A1(8).A2(4)	12	210W 140W 70W 45W	22+1	107	499.155	835V	HL0101	12进1出	1	SG500K3
	A3(4).A4(5)	9		22+1				HL0102	12进1出	1	
	A5(4).A6(4)	8		22+1				HL0103	12进1出	1	
	A7(4).A8(5)	9		22+1				HL0104	12进1出	1	
	A9(4).A10(4)	8		22+1	107	499.155	835V	HL0105	12进1出	1	
	A11(5).A12(7)	12		22+1				HL0106	12进1出	1	
	B7(7).C7(1)	8		22+1				HL0107	12进1出	1	
	B8(6)	6		22+1				HL0108	6进1出	1	
	B9(6)	6		22+1				HL0109	6进1出	1	
	B9(1).B10(8).C10(3)	12		22+1				HL0110	12进1出	1	
	B11(5).C11(1)	6		22+1				HL0111	6进1出	1	
	B11(3).B12(8)	11		22+1				HL0112	12进1出	1	
02	B1(8)	8		22+1	54	251.91	835V	HL0201	12进1出	1	SG250K3
	B2(4)	4		22+1							
	B2(3).C2(1)	4		22+1				HL0202	12进1出	1	
	C1(8)	8		22+1							
	B3(6)	6		22+1				HL0203	6进1出	1	
	B4(7).B3(2)	9		22+1				HL0204	12进1出	1	
	B5(6)	6		22+1				HL0205	6进1出	1	
	B6(8).B5(1)	9		22+1				HL0206	12进1出	1	

续表

编号	光伏组件安装区域及组串数量		光伏组个组串汇总					光伏阵列汇流箱			逆变器
	区域	数量	类型	***串联数	组串数	功率KWP	最大开路电压	编号	汇流箱型式**	数量	
03	C2(7)	7		22+1				HL0301	12进1出	1	
	C3(7).C4(2)	9		22+1	22	102.63	835V	HL0302	12进1出	1	SG100K3
	C4(6)	6		22+1				HL0303	6进1出	1	
04	C5(5).B5(1)	6		22+1				HL0401	6进1出	1	
	C5(2).C6(8)	10		22+1	22	102.63	835V	HL0402	12进1出	1	SG100K3
	C7(6)	6		22+1				HL0403	6进1出	1	
05	C8(8).B8(2)	10		22+1				HL0501	12进1出	1	
	C9(8)	8		22+1	22	102.63	835V	HL0502	12进1出	1	SG100K3
	C10(4)	4		22+1							
06	C11(8)	8		22+1				HL0601	12进1出	1	
	C12(4)	4		22+1	22	102.63	835V				SG100K3
	C11(1).C12(2).D12(7)	10	210W 140W 70W 45W	22+1				HL0602	12进1出	1	
07	D1(7)	7		22+1				HL0701	12进1出	1	
	E1(5)	5		22+1	22	102.63	835V				SG100K3
	E1(3).F1(7)	10		22+1				HL0702	12进1出	1	
08	D2(4).D1(1)	5		22+1				HL0801	6进1出	1	
	D3(4)	4		22+1				HL0802	12进1出	1	
	D4(5)	5		22+1	22	102.63	835V				SG100K3
	D5(4)	4		22+1				HL0803	12进1出	1	
	D6(4)	4		22+1							
09	D7(4)	4		22+1				HL0901	12进1出	1	
	D8(5)	5		22+1							
	D9(4)	4		22+1	22	102.63	835V	HL0902	12进1出	1	SG100K3
	D10(4)	4		22+1							
	D11(4).D12(1)	5		22+1				HL0903	6进1出	1	
10	E2(4)	4		21				HL1001	6进1出	1	
	E3(5)	5		21				HL1002	12进1出	1	
	E4(5)	5	200W 双玻	21	24	100.8	818V				SG100K3
	E5(5)	5		21				HL1003	12进1出	1	
	E6(5)	5		21							
11	E7(5)	5		21				HL1101	12进1出	1	
	E8(5)	5		21							
	E9(5)	5	200W 双玻	21	24	100.8	818V	HL1102	12进1出	1	SG100K3
	E10(5)	5		21							
	E11(4)	4		21				HL1103	6进1出	1	

续表

编号	光伏组件安装区域及组串数量		光伏组个组串汇总					光伏阵列汇流箱			逆变器
	区域	数量	类型	***串联数	组串数	功率KWP	最大开路电压	编号	汇流箱型式**	数量	
12	F2(2)	2	200W双玻/115W双玻	12+5	2	5.95	578V	HL1201	6进1出	1	SG6K-B
13	F11(2)	2	200W双玻/115W双玻	12+5	2	5.95	578V	HL1301	6进1出	1	SG6K-B
14	F3(1).F4(1)	1	115W双玻/100W双玻	20+12	1	3.5	682V	HL1401	6进1出	1	SG5K-B
15	F2(6)	6	200W 140W 70W 45W	22+1	22	102.63	835V	HL1501	6进1出	1	SG100K3
	F3(2).F4(2).G3(6)	10		22+1				HL1502	12进1出	1	
	F4(6)	6		22+1				HL1503	6进1出	1	
16	F5(6)	6		22+1	22	102.63	835V	HL1601	6进1出	1	SG100K3
	F6(8)	8		22+1				HL1602	12进1出	1	
	F7(8)	8		22+1				HL1603	12进1出	1	
17	F8(6)	6		22+1	22	102.63	835V	HL1701	6进1出	1	SG100K3
	F9(6)	6		22+1				HL1702	6进1出	1	
	F9(2).F10(8)	10		22+1				HL1703	12进1出	1	
18	F12(8).F11(1).F12(1)	10		22+1	22	102.63	835V	HL1801	12进1出	1	SG100K3
	F11(6)	6		22+1				HL1802	6进1出	1	
	F12(6)	6		22+1				HL1803	6进1出	1	
19	G1(6)	6		22+1	22	102.63	835V	HL1901	6进1出	1	SG100K3
	G2(7).F2(2).G1(2)	11		22+1				HL1902	12进1出	1	
	G3(5)	5		22+1				HL1903	6进1出	1	
20	G4(8)	8		22+1	22	102.63	835V	HL2001	12进1出	1	SG100K3
	G3(1)	1		22+1							
	G5(6).G6(2)	8		22+1				HL2002	12进1出	1	
	F5(1)	1		22+1							
	G6(4)	4		22+1				HL2003	6进1出	1	
21	G7(5).F8(1)	6		22+1	22	102.63	835V	HL2101	6进1出	1	SG100K3
	G8(8)	8		22+1				HL2102	12进1出	1	
	G9(7).G10(1)	8		22+1				HL2103	12进1出	1	
22	G11	7		22+1	22	102.63	835V	HL2201	12进1出	1	SG100K3
	G12(4).F12(1)	5		22+1							
	G12(4).H12(6)	10		22+1				HL2202	12进1出	1	

续表

<table>
<tr><th rowspan="2">编号</th><th colspan="2">光伏组件安装区域及组串数量</th><th colspan="5">光伏组个组串汇总</th><th colspan="3">光伏阵列汇流箱</th><th rowspan="2">逆变器</th></tr>
<tr><th>区域</th><th>数量</th><th>类型</th><th>***
串联数</th><th>组串数</th><th>功率
KWP</th><th>最大开
路电压</th><th>编号</th><th>汇流箱型
式**</th><th>数量</th></tr>
<tr><td rowspan="3">23</td><td>G10(7).H10(3)</td><td>10</td><td rowspan="12">200W
140W
70W
45W</td><td>22+1</td><td rowspan="3">22</td><td rowspan="3">102.63</td><td rowspan="3">835V</td><td>HL2301</td><td>12进1出</td><td>1</td><td rowspan="3">SG100K3</td></tr>
<tr><td>H9(4).H10(2)</td><td>6</td><td>22+1</td><td>HL2302</td><td>6进1出</td><td>1</td></tr>
<tr><td>H11(4).H12(2)</td><td>6</td><td>22+1</td><td>HL2303</td><td>6进1出</td><td>1</td></tr>
<tr><td rowspan="4">24</td><td>H1(8)</td><td>8</td><td>22+1</td><td rowspan="4">21</td><td rowspan="4">7.97</td><td rowspan="4">835V</td><td rowspan="2">HL2401</td><td rowspan="2">12进1出</td><td rowspan="2">1</td><td rowspan="4">SG100K3</td></tr>
<tr><td>H2(4)</td><td>4</td><td>22+1</td></tr>
<tr><td>H3(4)</td><td>4</td><td>22+1</td><td rowspan="2">HL2402</td><td rowspan="2">12进1出</td><td rowspan="2">1</td></tr>
<tr><td>H4(5)</td><td>5</td><td>22+1</td></tr>
<tr><td rowspan="4">25</td><td>H5(4).H6(4)</td><td>8</td><td>22+1</td><td rowspan="4">22</td><td rowspan="4">102.63</td><td rowspan="4">835V</td><td rowspan="2">HL2501</td><td rowspan="2">12进1出</td><td rowspan="2">1</td><td rowspan="4">SG100K3</td></tr>
<tr><td>G6(4)</td><td>4</td><td>22+1</td></tr>
<tr><td>H7(4).G7(2)</td><td>6</td><td>22+1</td><td rowspan="2">HL2502</td><td rowspan="2">12进1出</td><td rowspan="2">1</td></tr>
<tr><td>H8(4)</td><td>4</td><td>22+1</td></tr>
<tr><td>26</td><td>H6(1)</td><td>1</td><td>16+2</td><td>1</td><td>3.45</td><td>618V</td><td>HL2601</td><td>6进1出</td><td>1</td><td>SG5K-B</td></tr>
<tr><td>27</td><td>E5(1).E6(1)</td><td>1</td><td>115W
双玻
/100W
双玻</td><td>20+12</td><td>1</td><td>3.5</td><td>682V</td><td>HL2701</td><td>6进1出</td><td>1</td><td>SG5K-B</td></tr>
<tr><td>28</td><td>E7(1).E8(1)</td><td>1</td><td>115W
双玻
/100W
双玻</td><td>20+12</td><td>1</td><td>3.5</td><td>682V</td><td>HL2801</td><td>6进1出</td><td>1</td><td>SG5K-B</td></tr>
<tr><td>29</td><td>E9(1).E10(1)</td><td>1</td><td>115W
双玻
/100W
双玻</td><td>20+12</td><td>1</td><td>3.5</td><td>682V</td><td>HL2901</td><td>6进1出</td><td>1</td><td>SG5K-B</td></tr>
<tr><td colspan="2">总计</td><td>613</td><td></td><td></td><td>613</td><td></td><td></td><td></td><td></td><td>79</td><td></td></tr>
</table>

注：串联数指一个组串中光伏组件串联数量。

其中22+1是等效22块210W组件+1块45W组件(如A01/01010组件由为21块210W组件+1块140W组件+1块70W组件+1块45W组件=22块210组件+1块45W组件)、16+2=16块210W组件+2块45W组件、12+5=12块200W组件+5块115W组件，20+12=20块115W组件+12块100W组件。

5.3 光伏阵列防雷汇流箱

光伏阵列防雷汇流箱安装于场馆顶部，本工程有79个汇流箱，将光伏组件组串输出直流电并联。其中47个汇流箱为12路并联，1路输出，32个汇流箱为6路并联1路输出。技术指标如下：

输入直流电压范围：200～900V。

并联输入路数：6路、12路两种。

每路最大电流：10A。

直流输出端配有防雷浪涌保护器、阻塞二极管和空气开关。

每路输入可配电流监测选件。

护防等级：IP65。

5.4 直流防雷配电柜

直流防雷配电柜安装于太阳能发电机房，将相应的光伏阵列汇流箱输出的直流电按表3光

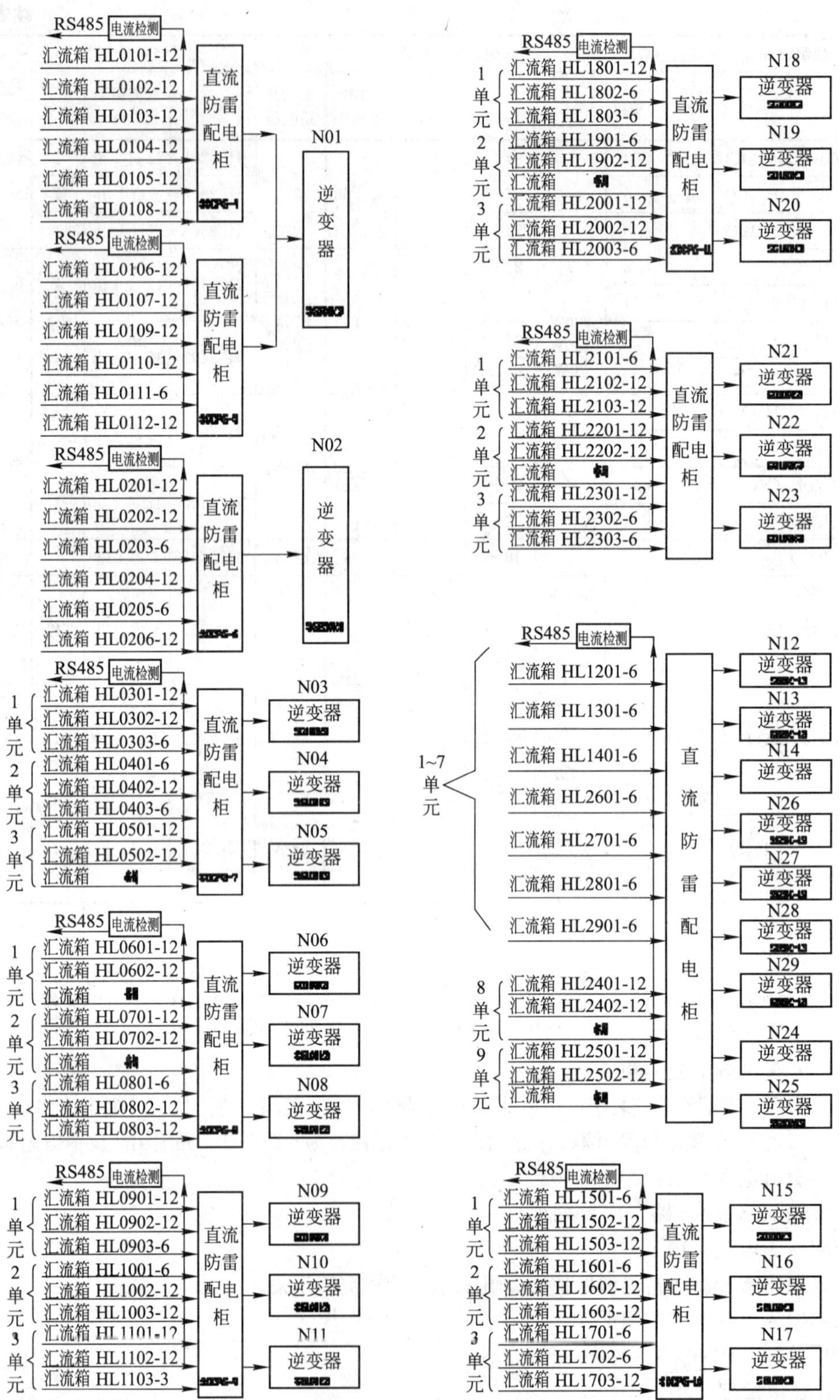

图3 汇流箱、直流配电柜和逆变器之间联结方框图

伏阵列配置表和汇流箱、直流配电柜与逆变器之间联结方框图，汇集于相应的直流防雷配电柜，经过直流防雷配电柜并接后将直流电送至逆变器。

本工程有十台直流防雷配电柜，其中 SPCPG04、SDCPG05、SDCPG06 三台直流配电柜分别汇集 6 个汇流箱直流电，SDCPG04～05 二台直流防雷配电柜输出直流电均送至 1 个 500kVA 逆变器；SDCPG06 直流防雷配电柜输出的直流电送至 1 个 250kVA 逆变器，SDCPG07～12 六台直流配电柜，每台均有三个直流配电单元，每个单元接入 3 个汇流箱直流电，18 个直流配电单元输出直流电送至 18 个 N03～N23 100kVA 逆变器；SDCPG13 直流防雷配电柜有九个直流配电单元，其中 8 单元、9 单元各接入三个汇流箱直流电，输出直流电送至 2 个 N24～N25 100kVA 逆变器输入端，1～7 单元各接入 1 个汇流箱直流电，输出直流电分别送至 5 个 5kVA 逆变器和 2 个 6kVA 逆变器。

十台直流防雷配电柜要求如下：

每个直流输入端均配置 1 个断路器和 1 对正向二极管。

直流输出端配置浪涌保护器。

每台直流防雷配电柜配置电流电压表。

正向二极管散热器配置温度传感器，当温度＞53℃时打开散热风扇。

5.5 逆变器

并网逆变器是并网光伏系统的重要设备，把光伏方阵输出的直流电转换成与电网相同电压相同相位相同频率的交流电，通过低压隔离开关柜、低压 IDP 进线柜和 0.4kV/10kV 升压变压器，实现与 10kV 电网并网。

本工程配置 29 台合肥阳光电源公司并网逆变器：500kVA 一台、250kVA 一台、100kVA20 台、6kVA2 台、5kVA5 台。逆变器采用国际先进 IGBT 模块和 DSP 芯片控制，具有宽直流输入电压范围、最大功率点跟踪技术和完善的保护功能。

5.5.1 功能

(1) 逆变器输出为正弦波，本工程逆变器均配置隔离变压器，输出不含直流分量。

(2) 光伏组件输出功率随日照度、温度变化，输出特性为非我性，本逆变器 MPPT 工作电压范围具有最大功率点跟踪功能，以求光伏发电最佳运行。

(3) 逆变器具有过电流、过热、短路、直流电压异常、电网电压异常的检测，保护及报警功能。

(4) 发生孤岛效应时，由于光伏发电失去市电参考，造成系统输出电压、电流、频率均偏离节电的电压和频率，造成较大谐波分量，使负载设备损坏，本逆变器采用主动检测功能，当发生孤岛效应时，可在 0.2s 时间内与电网脱扣。

(5) 逆变器具有 LED 显示器或触摸屏，显示光伏组件阵列输入电压、输入电流、输出电压、输出电流和输出功率等参数。

(6) 逆变器具有 RS-485 接口，可传送逆变器直流输入和交流输出参数。

5.5.2 逆变器技术参数

逆变器技术参数见表 4。

逆变器技术参数 表 4

项目 \ 逆变器型号	SG5K-B	SG6K-B	SG100K3	SG250K3	SG500K3	备注
光伏输入最大功率	5.5kWp	6.6kWp	110kWp	275kWp	550kWp	
输入最大开路电压	780V	780V	880V	880V	880V	

续表

项目 \ 逆变器型号	SG5K-B	SG6K-B	SG100K3	SG250K3	SG500K3	备注
MPPT工作电压范围	300～650V	320～650V	450～820V	450～820V	450～820V	
光伏输入最大电流	20A	20A	250A	600A	1200A	
光伏输入路数	4	4	4	8	4	
额定交流输出功率	5kW	6kW	100kW	250kW	500kW	
总电流波形畸变率	＜4%	＜4%	＜4%	＜4%	＜4%	额定功率时
功率因数	＞0.98	＞0.98	＞0.98	＞0.98	＞0.98	额定功率时
逆变效率	＞96%	＞96%	＞96%	＞96%	＞96%	
软启动	启动运行时输出功率缓慢增加					
自动开关机	直流侧电压高于下限时自动开机；直流测电压低于下限时自动停机					
过载保护功能	√	√	√	√	√	
夜间自耗电	0	0	＜50W	＜100W	＜100W	
通讯接口	RS485					
显示方式	LCD	LCD	LCD	触摸屏	触摸屏	
防护等级	IP65	IP65	IP20	IP20	IP20	
使用环境温度	－25～＋60℃					
冷却方式	风冷					
尺寸(W×H×D)	410×580×283mm	410×580×283mm	1020×1964×770mm	2400×2180×850mm	2800×2180×850mm＋220×2180×1400mm	
重量	60kg	60kg	800kg	1700kg	330kg	
允许电网电压范围	单相 180～260VAC	单相 180～260VAC	三相 330～450VAC	三相 330～450VAC	三相 330～450VAC	

5.6 交流防雷配电柜

由于SG5K-B和SG6K-B逆变器均为单相输出，为此通过交流防雷配电柜将N27、N28、N29三台SG5K-B逆变器输出经三个断电器并接成A相，将N12(SG6K-B)和N14(SG5K-B)逆变器输出经二个断路器并接入B相，将N13(SG6K-B)和N26(SG5K-B)逆变器输出经二个断路器并接成C相。交流防雷配电柜将7台单相输出的逆变器(5台SG5K-B、2台SG6K-B)整合成三相输出的配电柜。

5.7 变配电系统

变配电系统由低压开关柜、0.4kV/10kV升压变压器、高压开关柜组成，其中低压开关柜有三个隔离开关柜、一个0.4kV并网开关柜；高压开关柜有一个升压变10kV开关柜、一个压变避雷柜、一个计量柜、一个10kV并网开关柜。

变压器采用损耗低、发热少、温升低的非晶合金的2600kVA 10kV升压变频器。

5.8 送排风系统

为了直流配电柜、交流配电柜、逆变器、变配电系统内部热量散发，提高系统可靠性、稳定性、机房配置了送排风系统。

5.9 监控系统

监控系统由光伏发电并网监测系统、遥信遥测遥控系统、安防监控系统三部分组成。

5.9.1 光伏发电并网监测系统

光伏发电并网监测系统通过 RS485 接口接收风速风向仪的风速和风向信号；接收日照辐射仪的日照辐射信号和室外温度信号；接收 29 个逆变器的输出功率等参量；接收 79 个直流汇流箱输出电压电流，显示风速、风向、日照度、室外温度、交直电参数、当前总发电功率、总发电量，交流频率、当月累计发电量、总发电功率曲线，记录系统运行参数、故障。

5.9.2 遥信遥测遥控系统

遥测：升压变 10kV 侧和 10kV 出线的三相电压、电流、有功功率、无功功率和逆变器输出功率等参数测量。

遥信：监测高低压配电系统设备运行状态、故障信号。

遥控：升压变 10kV 和 380V 开关合闸和分闸的遥控。本控为优先级，遥控须在授权情况下进行。

5.9.3 安防监控系统

安防监控系统由 7 个摄像机、1 套防盗双监探测器和一台硬盘录像机组成。其中三个球机监视屋面光伏电池组件，二个云台摄像机监视监控室和逆变器机房，二个固定摄像机监视机房进出通道，双鉴探测器监测出入口。

6 防雷接地

本工程 14806 块光伏组件和直流汇流箱安装于主题馆屋顶，属于直接雷防护区，太阳能发电机房属于第二防雷保护区 LPZ2。为了保护光伏组件、汇流箱和机房内设备，必须采取防雷保护措施。

6.1 防直接雷措施

(1) 光伏组件阵列按区域主干道铺设 $40\times4mm^2$ 接地扁钢，光伏组件、汇流箱、桥架用截面积 $6\sim8mm^2$ 导线连至 $40\times4mm^2$ 接地扁钢。

(2) $40\times4mm^2$ 扁钢均联至安装已预留的 48 个联合接地扁钢上。

(3) 机房采用 M 型 $40\times4mm^2$ 铜排环通和 $25\times3mm^2$ 分接地铜排，用截面积 50 mm^2 导线将 $40\times4mm^2$ 铜排接至 6 个预留的联合接地扁钢上。

6.2 防感应雷措施

室外直流汇流箱、机房内直流配电箱、逆变器、高低压开关柜、监控系统等设备均采用 1、2、3 级的电浪涌保护器 SPD。

7 系统质量控制

7.1 屋面太阳能钢结构吊装方案的优化

屋面太阳能钢结构吊装时，主题馆屋面彩钢板已基本完成。如屋面上安装一台“轨行式吊车”，存在较多的弊端：

(1) 非标设备，造价较高；

(2) 工作面无法全面铺开，劳动力窝工；

(3) 钢结构受吊装机械影响大；

(4) 安全风险较大。

监理建议“扒杆”简易装置吊装，由于扒杆安装简单，在多条轴线全面铺开施工，大大加快施工进度；设备自重较小，对屋面产生的荷载小，安全风险较小。

7.2 光伏发电监测系统的优化

为了自动监测屋面14806块光伏组件工作情况，提出了光伏组件组串电流、电压、功率监测方案，鉴于设备订货情况，对79个直流汇流箱输出电流、电压、功率进行监测。

这样监控室及时掌握每个直流汇流箱工作情况，提高了系统排故障效率。

7.3 铝合金型材和光伏组件安装精度测量

铝合金型材的铺设固定采用先中间再向两边展开施工，光伏组件采用统一的定位控制模块安装，用水平仪、经纬仪测量，确保光伏组件安装后间隙均匀、美观平整、确保2%散水坡度。

7.4 设备和材料质量控制

7.4.1 光伏组件检测

本工程光伏组件有14806块光伏组件，生产方严格按照质量管理体系控制质量，保证同类型光伏组件开路电压、短路电流等参数一致性，保证每个光伏组件组串工作电流一致，并接组串的工作电压一致。为保证产品质量，随机抽样光伏组件由第三方检测。2009年7月27日随机抽样6个光伏组件，由天津信息产业部化学物理产品质量检验中心进行检测，性能指标均达到要求。

7.4.2 直流汇流箱、直流配电柜、逆变器质量控制

直流汇流箱、直流配电柜、逆变器等重要设备提供了检验报告等资料，同时由业主、监理到设备制造单位考察质量管理系统和生产过程、检查相应产品的性能。

7.4.3 安全和成品保护

(1) 光伏组件吊装

吊装光伏组件时为避免拉索损伤组件，用包装木板箱或纸箱(光伏组件之间用泡沫隔离)整体吊装。

(2) 组件堆放

光伏组件应堆放在指定的专门区域，设有专人管理，禁止堆放出入口通道和马路两侧。

7.4.4 线缆特殊要求

光伏组件连接电缆采用全天候低烟无卤抗辐照交联型专用电缆，具有耐高温、抗臭氧、抗紫外线、耐水蒸气、高绝缘、寿命长等特点。

直流汇流箱至机房直流配电箱之间距离长，最长500m，为了减少直流压降，12进1出的汇流箱出口电缆用2×70mm^{2}电缆，6进1出汇流箱出口电缆用2×25mm^{2}电缆。

7.5 光伏组件组串测试

7.5.1 技术要求

按照《晶体硅光伏(PC)方阵1-V特性的现场》GB/T 18210—2000idt IEC 61829：1995技术规范要求，STC峰值功率/标称功率比值大于90%。

7.5.2 测试仪器

光伏组件组串测试采用德国PVPM1000C40光伏模块测试仪，该仪器可以测量单晶和多晶光伏组件的I-V特性曲线、内部串联电阻RS、内部并联电阻RP、当前幅照度E_{eff}、当前组件温度T_{mod}、实测短路电流I_{sc}、实测峰值电流I_{pmax}、实测开路电压V_{oc}、实测峰值电压V_{pmax}、回推STC短路电流I_{sc0}、回推STC开路电压U_{oc0}、回推STC峰值电压Upmax0、回推STC峰值功率P_{pk}。

光伏组件出厂的技术参数在STC(光照度1000W/m^2、光谱AM=1.5cell温度：25℃)情况下测试，组串测试是在现场测试。为了现场不同光照度测试数据与STC条件下出厂技术参数

相比较，PVPM1000C40 光伏模块测试仪提供了回推 STC 的数据。

7.5.3 测试要点

① 光照度 Pt1000 传感器必须牢固安放在靠近被测量的光伏模块地方。

② 测量时太阳光照度应在 500 W/m^2 以上。

③ 仪器环境温度必须保证在 40℃以内，应采取遮阳措施或放置避阳光地方。

④ 测试前光伏组件阵列表面必须清洗，否则测试数据可能低于标测数据的 10%～15%。

⑤ 光照度 Pt1000 传感器与 PVPM1000C40 连接后，待传感器适应周围环境，才可测试。

7.5.4 测试数据

本工程对 613 个光伏组件组串均进行了测试，每个组串的测试参数包括当前组件温度和幅照度、实测短路电流和开路电压、实测峰值电压和电流及功率、回推 STC 短路电流和开路电压、回推 STC 峰值电流和电压及功率。

由于篇幅有限，测试数据仅列出编号 79-60 光伏方阵 5 个组串测试参数和 79 个汇流箱功率测试数据。

编号 79-60 光伏方阵测试数据 **表 5**

序号	方阵编号	测试时间	当前组件温度	当前幅照度	实测短路电流	实测开路电压	实测峰值电流	实测峰值电压	实测峰值功率	回推STC短路电流	回推STC开路电压	回推STC峰值电流	回推STC峰值电压	回推STC峰值功率	标称峰值功率
		2009.9.19	T_{mod} ℃	E_{eff} W/m^2	I_{sc} A	V_{oc} V	I_{pmax} A	V_{pmax} V	P_{max} W	I_{sc0} A	V_{oc0} V	I_{pmax0} A	V_{pmax0} V	P_{pk} W	P_{max} W
1	109301	13:28:30	49.4	642.6	5.6	638.3	5.1	499.3	2546.1	8.7	724.0	7.9	565.9	4490.3	4665
2	109302	13:28:38	49.3	632.8	5.6	636.5	5.1	495.7	2508.9	8.8	715.1	8.0	556.7	4452.4	4665
3	109303	13:28:48	49.3	621.2	5.5	634.8	5.0	499.8	2478.9	8.9	735.0	8.0	578.1	4615.5	4665
4	109304	13:28:56	49.2	606.0	5.4	634.5	4.9	501.0	2430.2	8.9	736.4	8.0	580.1	4643.5	4665
5	109305	13:29:52	49.0	616.4	5.6	640.3	5.0	502.5	2531.6	9.0	732.4	8.2	574.7	4697.3	4665
									12495.6					22899.1	23325.0

回推 STC 峰值功率/标称峰值功率＝98%

79 个光伏方阵汇流箱功率测试数据 **表 6**

序号	方阵编号	测试时间	日照度	实测峰值功率	回推 STC 峰值功率	标称峰值功率	回推 STC 峰值功率/标称峰值功率
			W/m^2	P_{max} W	P_{pk} W	P_{max} W	
1	79-1	2009.8.28	776～816	36918.8	54049.9	55980	97%
2	79-2	2009.9.20	809～956	33981	40493.5	41985	96%
3	79-3	2009.9.20	888～928	29855.4	35945.5	37320.0	96%
4	79-4	2009.9.20	723～870	27701.8	40478.8	41985	96%
5	79-5	2009.11.3	503～520	13834.9	36342.0	37320.0	97%
6	79-6	2009.9.20	896～949	44426.6	54523.0	55980	97%
7	79-7	2009.9.20	883～925	29178.8	37127.9	37320	99%
8	79-8	2009.9.20	796～928	19933.9	27586.8	27990	99%
9	79-9	2009.11.3	515～522	10562.3	27093.6	27990	97%
10	79-10	2009.11.3	504～551	22081.3	54725	55980	98%
11	79-11	2009.9.20	813～865	20687.2	27317.6	27990	98%

续表

序号	方阵编号	测试时间	日照度 W/m^2	实测峰值功率 P_{max} W	回推STC峰值功率 P_{pk} W	标称峰值功率 P_{max} W	回推STC峰值功率/标称峰值功率
12	79-12	2009.9.19	835～937	38758.4	50472.7	51315	98%
13	79-13	2009.8.28	702～824	36750.9	53509.6	55980	96%
14	79-14	2009.9.19	761～784	38158.7	55018.9	55980	98%
15	79-15	2009.9.20	867～910	22341.5	27176.2	27990	97%
16	79-16	2009.9.20	827～900	31686.2	40809.4	41985	97%
17	79-17	2009.9.20	869～919	22027.5	27149.4	27990	97%
18	79-18	2009.9.20	875～940	33496.1	40354.3	41985	96%
19	79-19	2009.9.20	732～777	18973.6	27750.2	27990	97%
20	79-20	2009.9.20	881～941	33269	40580.7	41985	97%
21	79-21	2009.9.20	929～963	23458.9	27121.1	27990	97%
22	79-22	2009.9.20	881～926	22087.6	27112.8	27990	97%
23	79-23	2009.9.20	885～926	37006.3	45777.2	46650	98%
24	79-24	2009.9.20	859～900	20450.5	27423	27990	98%
25	79-25	2009.9.20	859～910	34584.8	45705.6	46650	98%
26	79-26	2009.11.3	534～546	22310	53837.2	55980	96%
27	79-27	2009.9.20	808～892	42496.3	54914.6	55980	98%
28	79-28	2009.9.20	780～887	34071.9	46037.9	46650	99%
29	79-29	2009.9.4	870～925	38393.1	53535.2	55980	96%
30	79-30	2009.9.19	709～771	30780.7	45683.5	46650	98%
31	79-31	2009.9.4	825～858	15181.5	22338.5	23325	96%
32	79-32	2009.9.20	829～971	33711.7	40997.6	41985	98%
33	79-33	2009.9.20	897～925	29572.5	36293	37320	97%
34	79-34	2009.9.20	840～929	31382.1	40988.7	41985	98%
35	79-35	2009.11.3	541～550	15148.9	35986.2	37320	96%
36	79-36	2009.9.20	729～789	16155.3	22858.4	23325	98%
37	79-37	2009.11.3	529～569	7199.3	16224.6	16800	97%
38	79-38	2009.11.3	505～530	16385.3	41335.5	42000	98%
39	79-39	2009.11.3	510～522	16781.8	41474.4	42000	99%
40	79-40	2009.11.3	512～520	16683	41722.7	42000	99%
41	79-41	2009.11.3	509～528	16646.4	41345.2	42000	98%
42	79-42	2009.11.3	512～517	6581.6	16389.8	16800	98%
43	79-43	2009.9.20	730～776	3975	5790.3	5950	97%
44	79-44	2009.9.20	787	4240.8	5824.1	5950	98%
45	79-45	2009.9.20	534.7	1581.7	3448.5	3500	99%
46	79-46	2009.9.19	740～762	18722.1	27612.8	27990	99%
47	79-47	2009.9.19	640～762	27988	45777.6	46650	98%
48	79-48	2009.9.20	846～869	20812.6	27302.5	27990	98%

续表

序号	方阵编号	测试时间	日照度	实测峰值功率	回推 STC 峰值功率	标称峰值功率	回推 STC 峰值功率/标称峰值功率
			W/m²	P_{max} W	P_{pk} W	P_{max} W	
49	79-49	2009.9.20	906～932	21978.6	26995.1	27990	96%
50	79-50	2009.9.20	895～936	30691.5	37227.8	37320	96%
51	79-51	2009.9.20	890～928	28257.5	35804.7	37320	96%
52	79-52	2009.9.20	920～985	22533.6	27830.7	27990	99%
53	79-53	2009.11.3	529～544	11448.3	27236.7	27990	97%
54	79-54	2009.11.3	541～550	19266.1	45516.1	46650	98%
55	79-55	2009.9.19	632～711	28200	46663.1	46650	100%
56	79-56	2009.9.19	716～783	17613	27278.4	27990	97%
57	79-57	2009.9.19	706～740	17411.8	27604.4	27990	99%
58	79-58	2009.9.19	797～798	19402.8	27480.4	27990	98%
59	79-59	2009.9.19	770～808	35143.1	49578.3	51315	97%
60	79-60	2009.9.19	606～642	12495.6	22899.1	23325	98%
61	79-61	2009.9.19	726～816	27762.1	40869.1	41985	97%
62	79-62	2009.9.19	726～816	44206.7	55496.2	55980	99%
63	79-63	2009.9.20	825～914	14033.1	18258.3	18660	96%
64	79-64	2009.9.20	875～903	21299.3	26904.2	27990	96%
65	79-65	2009.9.20	815～899	26719.6	35650.4	37320	96%
66	79-66	2009.11.3	542～550	15459.8	36696.5	37320	98%
67	79-67	2009.9.19	697～802	36863.2	54890.5	55980	98%
68	79-68	2009.9.19	774～880	31766.4	45859.3	46650	98%
69	79-69	2009.11.3	546～555	19437.5	45669.7	46650	98%
70	79-70	2009.11.3	554～562	11856.6	27177.5	27990	97%
71	79-71	2009.9.19	793～831	19929.5	28071.7	27990	100%
72	79-72	2009.9.19	712～787	36917	54937.1	55980	98%
73	79-73	2009.9.19	803～850	29444.5	40407	41985	96%
74	79-74	2009.9.20	729～811	37453.5	55223	55980	99%
75	79-75	2009.9.20	777～820	31522.1	45948	46650	98%
76	79-76	2009.11.3	556	1572.7	3445.2	3450	100%
77	79-77	2009.11.3	595	1790.9	3500	3500	100%
78	79-78	2009.11.3	601	1754	3450	3500	99%
79	79-79	2009.11.3	542	1531.8	3471.8	3500	99%

测试数据表明，613 个光伏组件方阵组串和 79 个光伏方阵汇流箱的回推 STC 峰值功率/标称峰值功率之比为 96%～100%，达到了设计要求。

7.6 系统性能测试

7.6.1 逆变器测试

29 台逆变器分别利用 380V 50Hz 临时交流电并网调试，检测每个逆变器的最大功率点跟踪功能、功率因数、最大效率、电流谐波总畸变率、弧岛效应、恢复并网保护、电压不平衡度等功能。

测试结果表明：逆变器总电流波形畸变率<4%、功率因数>0.98、逆变器效率>96%、弧岛效应脱扣时间<0.2s，逆变器性能均达到出厂指标要求。

7.6.2 监控系统测试

(1) 光伏发电并网监测系统测试

装入合肥阳光公司监控软件，通过显示器显示风速、风向、日照度、室外温度、当前发电总功率、总发电量、当月发电量、总发电功率曲线、79个汇流箱电量，系统达到设计要求。

(2) 电视监控系统测试

通过电视监控系统调试，所有摄像机图像清晰，特别是屋面摄像机在更换视频电缆后图像清晰度提高，无干扰，通过操作可清晰监视屋面光伏组件的情况。

(3) 遥信、遥测、遥控系统测试

装入聚龙公司系统软件、动态显示遥信、遥测、遥控高低压配电系统、逆变系统等参数。

(4) 10kV 并网

10kV 并网试验是光伏组合阵列、汇流箱、直流配电系统、逆变器、高低压配电系统、监控系统等设备的全面整合试验，主题馆光伏发电通过一回 10kV 线路接入永久 10kV 开关站。2010年1月10日10kV并网发电，系统一次成功。

(5)“168”稳定性试验

经过“168”运行试验表明系统稳定可靠工作，无故障。

8 光伏组件的清洗和防损

光伏组件表面一旦灰尘或异物造成阴影，将大大降低光伏组件发电效率，为此必须定期进行清洗。本工程施工过程中损坏光伏组件36块，损坏率为0.115%。通过屋面摄像机全面监视光伏组件和人工管理费，减少光伏组件损坏。

9 结论

主题馆光伏发电系统，通过方案可行性论证，上海电力设计院和上海同济建筑设计院精心设计，设计图纸会审，上海申能新能源公司和上海建浩工程顾问有限公司强有力质量管理，所有施工单位的大力协同，通过了10kV并网试验和“168”稳定性试验，表明系统达到了设计预定目标。

图4 主题馆太阳能光伏发电系统实景

截至2010年7月20日，总发电量已达到133万 kW·h。

上海世博会主题馆超大型钢屋盖滑移安装技术

蒋志明

（上海市第二建筑有限公司）

摘　要：通过介绍2010年上海世博会主题馆工程的钢结构滑移安装技术，论述了在施工场地条件受限制的情况下，采用滑移安装技术对工程进度和安全的促进作用。并对本工程带悬挑滑移和带柱顶滑移进行了重点介绍。

关键词：钢结构屋盖，主桁架，累积滑移

1　工程概况

中国2010年上海世博会主题馆工程，建筑面积142662m²，建筑高度28.2m，地上2层，地下1层。主题馆钢结构工程包括东展馆、休息服务区和西展馆，钢结构总量达1.7万t。分成东、西两个施工区域，其中休息服务区和东展馆为东区：长180m（A～W轴），宽153m（9轴～26轴），其地下部分为劲性钢柱，地上部分为钢框架结构，二层为井格梁结构，屋盖为管桁架结构。西展馆为西区：长180m（A～W轴），宽135m（1～9轴），其地上部分为钢框架结构，屋盖为大跨度张弦管桁架结构。其中，在1～1/1轴、9～10轴、14～15轴和25～26轴之间布置4条多层钢框架。

屋盖空间管桁架结构布置在A～W列、1～26轴，为边长3m的正置正三角形截面，间距

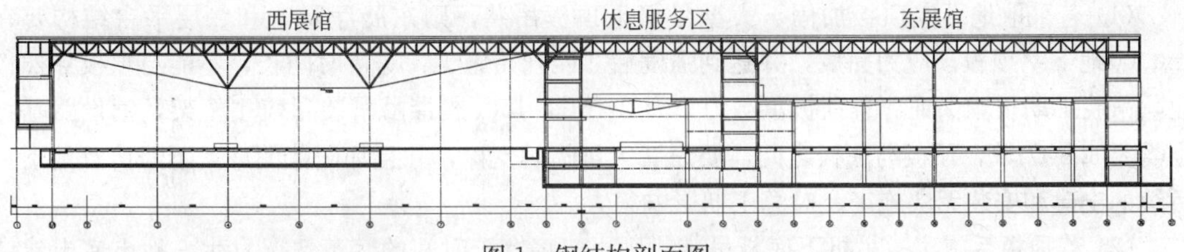

图1　钢结构剖面图

图2　主题馆外立面全景

18m，通过倒锥形支撑与柱顶支座连接，除A、W轴边桁架柱顶标高为19.80m外，其余柱顶标高皆为20.05 m；桁架下弦中心标高为23.3m，上弦中心标高为26.3m。桁架之间设置联系桁架、屋面檩条和支撑。钢屋盖在A轴和W轴外侧有钢管桁架挑檐，悬挑距离达到18.9m。

2 工程特点及难点

(1) 工程体量大，构件数量多。1/1～9轴为126m跨张弦桁架，9～26轴为54m+45m+45m跨的管桁架。屋盖主桁架之间设置联系桁架、屋面檩条和支撑，管桁架构件之间为钢管相贯线连接，加之众多的屋面檩条和支撑，构件数量众多，现场吊装和焊接工作量极大。

(2) 钢结构、地下室土建穿插施工。地下室由南往北分29块施工，在顶板土建结构先完成区域进行上部钢结构吊装，同时地下室土建结构继续往北施工，钢结构和土建专业互相影响和制约。

(3) 地下室顶板承载力小，只有2t/m^2，经复核只能上25t·m的汽车吊；东区东西向长153m；加之钢结构吊装时，地下室基坑放坡尚未回填，若在跨外东西两侧布置大型起重机械，回转半径过大。因此，跨内和跨外都无法考虑布置大型起重机械，大跨度钢屋盖吊装困难。

(4) 钢结构工期十分紧张。2008年6月开始随土建进度分块进行地下劲性柱吊装，而1.7万t钢结构须在2008年底全部完成，现场安装只有7个月，且受土建地下室结构施工影响较大。

3 安装方案比较和选择

东区受楼板荷载的限制，只能上25t·m的小型汽车吊，大型吊车无法直接上地下室顶板，大跨度屋盖主桁架的吊装困难。是采取地下室顶板加固、大型吊机上顶板吊装或顶板后施工、大型吊机下底板吊装，还是采用“跨端组装，累积滑移”的施工方案？

(1) 若采取地下室顶板加固、大型吊机上顶板吊装，则东展厅屋盖和二层平台结构要在±0.00地下室顶板预应力完成，并达到强度后才能开始施工，等待时间长，不能与顶板穿插作业，吊装工期很难保证。且顶板承载力只有2t/m^2，150t履带吊吊装屋盖主桁架，铺设路基箱也需要3.8 t/m^2，顶板与底板之间需要设置大量临时支撑，并且加固范围广，不经济且地下室后续的土建和安装无法施工，对总工期影响很大。

(2) 若顶板后施工、吊机下底板吊装，则土建将有长时间的窝工情况发生，地下室土建结构的工期受影响且无法形成地下、地上交叉施工，对总工期不利。

(3) 采用“跨端组装，累积滑移”的施工方案，管桁架、檩条、支撑、联系桁架等构件均可在跨端组装，既能保证安全又可提高工作效率。滑移由南往北进行，不影响北面地上部分钢结构框架的吊装施工，可形成地下结构、地上钢框架结构和钢屋盖三者的流水作业。与屋盖主桁架“跨内原位地面单元组装、分段吊装、设置胎架、高空拼装成整体”的常规方案相比，无需大型吊车上地下室顶板，也不需要每榀桁架都在地下室顶板上设置组装胎架；只需小型吊车上地下室顶板进行钢结构框架吊装，因此无须在地下室顶板下采取大规模的加固措施。

综合分析，本工程东区钢屋盖最终采用“跨端组装，累积滑移”的施工方案，屋盖滑移部分为10轴～25轴。而1～9轴部分(西展厅)屋盖采用地面分三段组装、设置胎架，采用300t履带吊高空拼装成整体的方案。

4 滑移安装技术

4.1 东区钢结构总体安装工艺流程

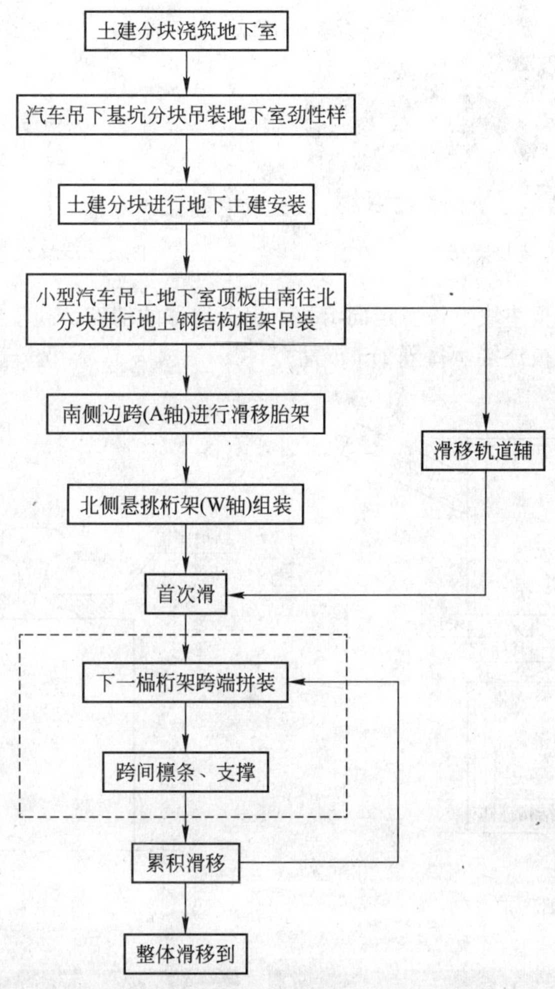

东区钢结构施工工艺流程

4.2 塔吊和跨端组装胎架布置

滑移由南往北进行，在A轴两侧搭设拼装胎架，利用原工程基础桩作为塔吊桩，在A轴以南地下室大底板上布置两台高吊 MC480(450t. m)和 K50/50(400t. m)。两台高吊起重高度高，作业半径大，回转灵活，对于散件吊装尤其有利。管桁架、檩条、支撑、联系桁架等构件均在A轴两侧的胎架上拼装和焊接，既保证了安全又大大提高了拼装速度(如图3)。

每榀主桁架分8段在跨端进行组装，每段15～18m。

4.3 滑移轨道的设置

利用地上部分原钢结构框架，在10轴、15轴、20轴和25轴分别设置一条滑移轨道，轨道采用标准50kg级轨道，通过轨道压板固定在轨道梁(结构框架梁)上。四条轨道间距皆为45m。

图 3　塔吊和组装胎架布置

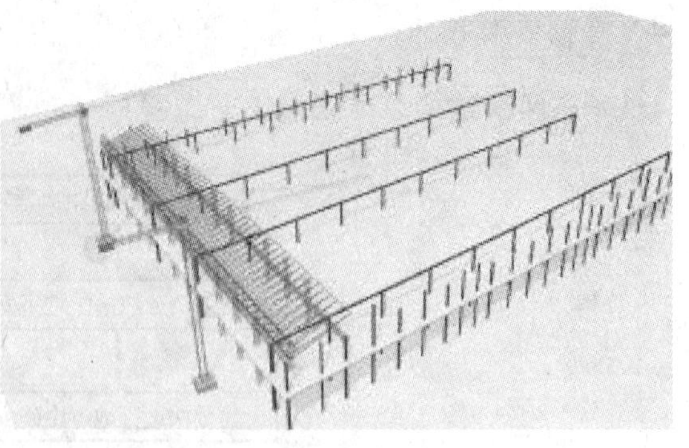

图 4　滑移轨道布置模拟图

在钢框架上柱的钢板垫块下设置定向卡块，保持滑移的精度，利于准确就位，轨道和滑移钢梁及结构钢柱通过压板连接，每隔 1m 布置。

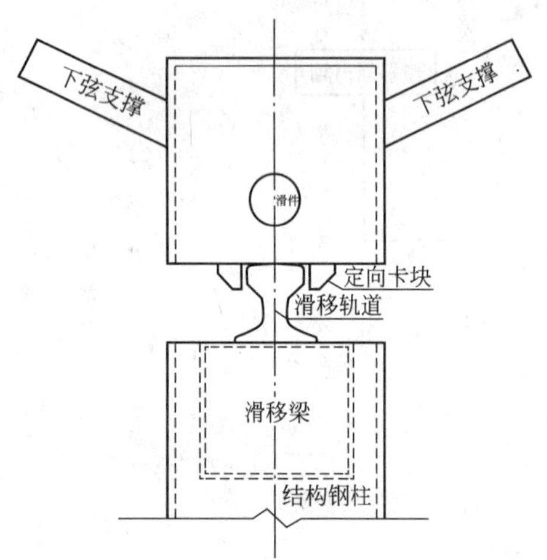

图 5　轨道挡板示意图

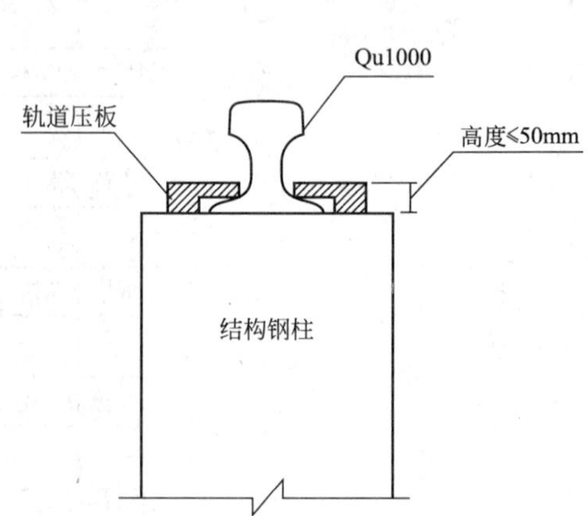

图 6　轨道铺设图

图 7　轨道铺设现场照片

4.4　滑移技术

采用超大型构件液压同步滑移施工技术和自锁型液压爬行器。“液压同步滑移技术”采用液压爬行器作为滑移驱动设备。液压爬行器为组合式结构，一端以楔形夹块与滑移轨道连接，另一端以铰接形式与滑移胎架或构件连接，中间利用液压油缸驱动爬行。

液压爬行器的楔形夹块具有单向自锁作用。当油缸伸出时，夹块工作(夹紧)，自动锁紧滑移轨道；油缸缩回时，夹块不工作(松开)，与油缸同方向移动。

(1) 液压同步滑移控制

液压同步滑移施工技术采用计算机控制，通过数据反馈和控制指令传递，实现同步动作、负载均衡、姿态矫正、应力控制、操作锁闭、过程显示和故障报警等多种功能。

(2) 液压爬行器的布置原则和泵源系统配置

由计算得出桁架的支撑反力值，计算摩擦力，配置爬行器的规格及套数。在10轴、25轴各布置一台TJG-1000型液压爬行器，在15轴、20轴各布置两台TJG-1000型液压爬行器。

中间两组滑移轨道上的2套液压爬行器并联，采用1套泵源系统控制，每套泵源系统由1台TJD-30型泵站及液压回路等组成。边上每组滑移轨道上的1套液压爬行器采用1套泵源系统控制，每套泵源系统由1台TJD-15型泵站及液压回路等组成。

中间轨道支撑反力较大，滑移屋盖总重 $N=2300$t，动荷载系数取1.2，滑动摩擦系数取0.15，单台TJG-1000型液压爬行器的最大工作荷载为：2300×1.2×0.15/6=69t。单台液压爬行器的最小安全系数为：100/69=1.45。

图8 液压爬行器

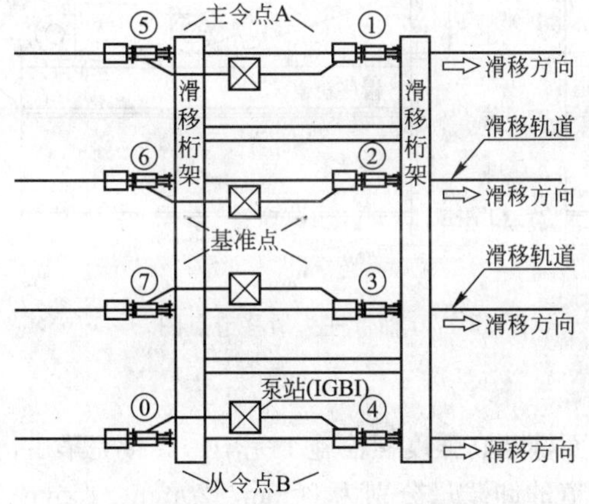

图9 滑移控制点平面布置图

图10 液压爬行器布置图

4.5 本工程滑移安装的特点

(1) 带北悬挑桁架滑移

因东展厅北侧为一下沉式广场，地下室在此处无顶板，汽车吊无法在此处进行北侧悬挑桁架的吊装，因此，W轴北侧悬挑桁架也采取滑移方法。悬挑距离达18.9m，因此对悬挑桁架采取临时加固措施，同时滑移轨道从W轴向北延伸14m。加固斜杠采用D180×8钢管，材质为Q235B。

(2) 20 轴带柱顶滑移

20 轴钢柱在纵向柱间未设柱间支撑，钢柱的空间稳定性较差。因此，结合屋面滑移梁设置两组临时柱间支撑，保证钢柱的纵向稳定性。待屋面滑移到位后安装与其相连屋面结构，形成空间体系。

因 20 轴柱顶部位有六根支撑并不在抗震球铰支座上，而是交于柱顶部位，如图 11 所示。为简化滑移节点，并保证 20 轴上部屋盖在滑移过程中的受力稳定性，故选择在 20 轴上采用带柱顶滑移的方法。

图 11 北悬挑桁架加固节点

轨道上表面与下柱头顶面一样高，下柱头刨平。20 轴带柱头滑移节点图如图 12。待屋盖整体滑移到位后，柱头再与下节柱焊接。

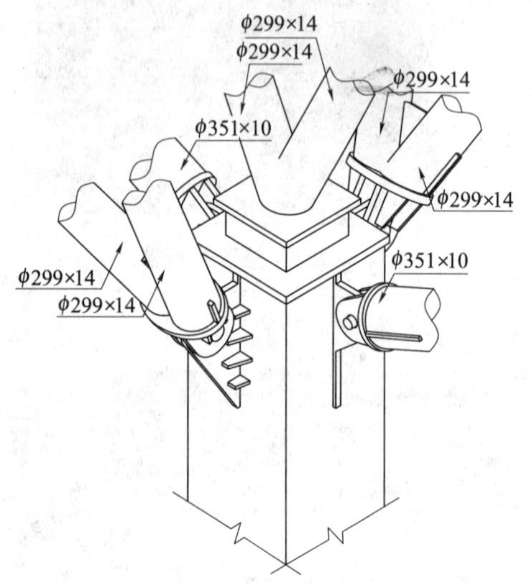

图 12 20 轴柱顶轴测图

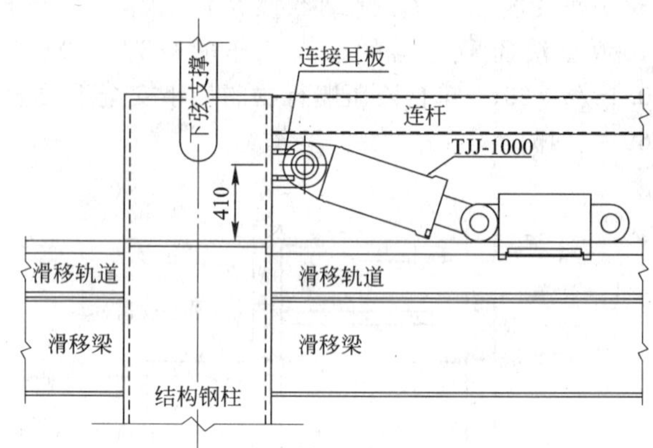

图 13 20 轴带柱头滑移节点图

(3) 卸载

屋盖滑移到位后，10 榀桁架形成整体，所有屋面檩条高强度螺栓施工完毕、焊接完毕后，进行卸载。10 轴、15 轴、20 轴、25 轴四条滑移轨道的卸载量分别为 20mm、20mm、15mm、20mm，其中 20 轴留出 5mm 作为柱头焊接间隙。卸载采用液压千斤顶，按多次循环与位移控制相结合的原则，实现整体同步分级卸载。

考虑到滑移到位后，东区尚需安装南挑檐和部分北挑檐构件，而且主桁架之间的檩条、支撑其刚度相对桁架较小，故卸载采用由南北往中间、逐榀桁架卸载的方案，采取分级同步卸载的方法。每榀桁架 4 个卸载点，每个卸载点利用 2 台液压千斤顶进行卸载，每榀桁架每次卸载量为 5mm，分四次卸载(20 轴为三次)，确保每次卸载后，相邻两榀主桁架之间的标高差值为 5mm。

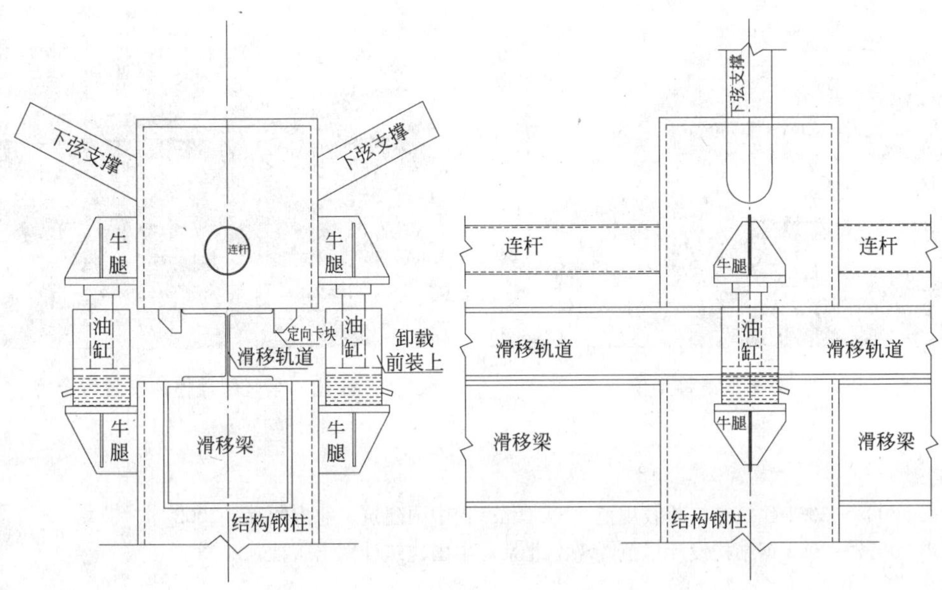

图 14 滑移及卸载措施示意图

5 实施情况

本工程采用“跨端组装，累积滑移”的钢结构安装方案，解决了大型吊车无法直接上地下室顶板进行吊装的难题。滑移由南往北进行，与北面地上部分钢结构框架的吊装施工形成流水作业。通过合理布置两台高吊，充分利用其优势，在跨端重复进行管桁架、檩条、支撑等的安装，施工人员的操作熟练度逐渐提高，一次滑移到位的时间由最初的 10d 提前到 2.5d。

从 2008 年 11 月 16 日北侧悬挑桁架开始滑移，至 12 月 16 日最后一次滑移到位，总共十次滑移仅用了 30d 时间即完成了东展馆屋盖安装。保证了 2008 年底主题馆钢结构封顶的重要节点目标，也为地下室的结构、机电安装施工创造了条件，对工程整体进度起到较大促进作用。

图 15 第一次滑移到位

图 16 第五次滑移到位

图 17　第十次滑移到位

图 18　东区屋盖整体安装后全貌

参考文献

［1］ GB 50009—2001 建筑结构荷载规范［S］. 北京：中国建筑工业出版社，2002

［2］ GB 50017—2003 钢结构设计规范［S］. 北京：中国建筑计划出版社，2003

世博轴阳光谷 2.4.6 号谷网壳结构制作技术

徐小华、罗玲丽
（上海信安幕墙建筑装饰工程有限公司、龙元建设集团股份有限公司）

摘　要：本文以世博轴阳光谷的节点制作为例，简单介绍双曲抛物面网壳的加工工艺和流程，以及网壳结构制作的难点。全文分为 4 部分：一、网壳结构简介；二、阳光谷网壳结构特点及制作工艺介绍；三、重要工艺介绍；四、阳光谷网壳结构制作中技术难点。第二部分和第四部分作为全文重点，详细介绍了单层网壳结构中的节点的制作过程和工艺。
关键词：网壳结构，双曲网壳结构，节点，加工工艺和流程

一、网壳结构发展简介

网壳结构的发展是个漫长的过程，从早期的穹顶（如古罗马大量的宗教建筑，跨度 30～40m，厚度与跨度比 1/10，石料及砖结构为主）到 20 世纪出现的薄壳结构（如 1924 年德国的耶那天文馆钢筋混凝土结构，厚跨比为 1/420），网壳结构的规模发展开始于第二次世界大战之后，网壳结构应用于厂房、蓄水池、油库、艺术造型等等。日本广岛府热电站的储煤仓顶盖（联方型球面双层钢管网壳），墨西哥城奥运会体育馆（二向格型网壳），维多利亚艺术中心塔（折板型双曲抛物面网壳）等杰作都为网壳结构史添墨加彩。

中国网壳结构于 20 世纪初期起步，80 年代起得到广泛应用。球面网壳是我国应用最多的一种，柱面网壳、双曲抛物面网壳、复合（钢与混凝土）网壳等日益受重视。

二、阳光谷网壳结构特点及制作工艺介绍

世博轴是世博园区空间景观和人流交通的主轴线，全长 1045m，宽约 100m，也是园区内最大的单体项目。处于世博园区浦东片区中心地带的世博轴，左右分别连接中国馆、主题馆、世博中心和演艺中心。

世博轴不仅仅是一条轴线，更以其自由轻盈的形态成为世博园区内最醒目的一道景观。6 个“阳光谷”形态不一，其中，4 号“阳光谷”为旋转对称的正圆，其余均为轴对称的椭圆。每个“阳光谷”的高度为 41.5m，最大的底部直径约 20m，最大的顶部直径约 90m，就如同底部是个篮球场，悬挑至顶部就豁然开阔成一个足球场。

为了构成“阳光谷”大挑悬、空间不规则的形态，结构体系确定为由三角形网格组成的异形单层网壳，超白夹胶安全玻璃被嵌在三角形网格内。因为要形成不规则的曲面体，三角形最好能整合成光滑平面的形状，使得“阳光谷”的整体造型更加完美。

世博轴阳光谷共 6 只谷，每只谷的外形均成高脚杯形或称喇叭形，下部小，上部大，但每只谷都是非中心对称的异形双曲曲面。其结构体系采用单层双曲抛物面钢结构网壳。网壳由采用矩形截面的杆件及节点组成三角单元，10348 个连接杆件的钢结构节点，因连接方向、角度的变化而无一相同。应力比较大部位采用变截面矩形杆件，即网壳厚度

不等。

针对于阳光谷网壳结构的特点，上海信安幕墙建筑装饰有限公司自行研发一套单层网壳节点及杆件加工的数控设备，并编制一套单层网壳节点及杆件加工工艺及流程，简介如下：

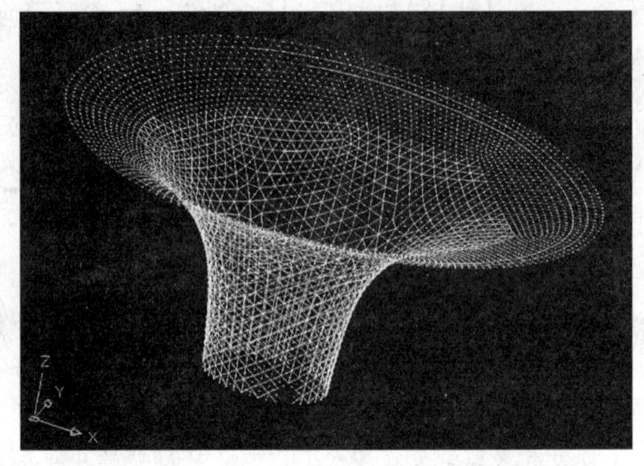

图 1 世博轴阳光谷网壳结构图形

(一) 节点分析

根据结构的要求，节点采用弯扭牛腿型节点，也就是方管汇交的节点区由钢板焊接而成，其中节点区的上翼缘板与下翼缘板均为整板下料切割而成，牛腿区段的上下翼缘板均为热弯板件，从牛腿端口到节点核心区平滑过渡，腹板保持平面不弯扭。

图 1 分别是节点以及控制点的编号

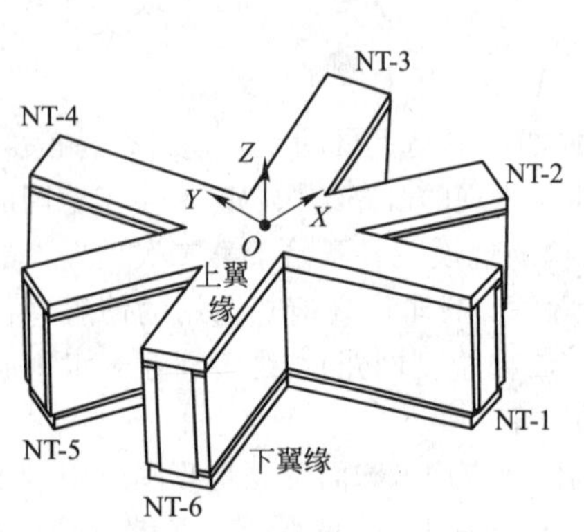

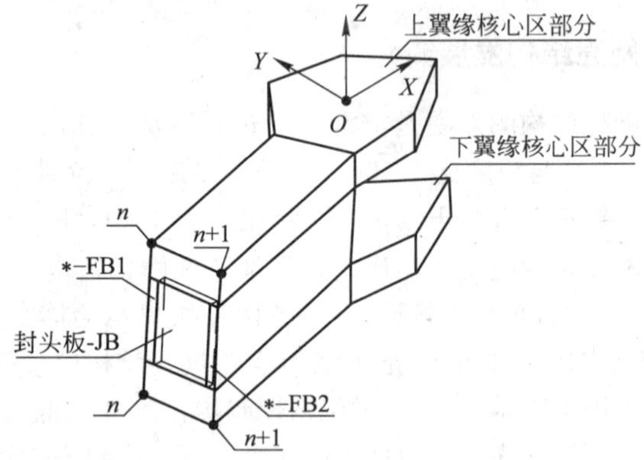

图 2 节点及控制点编号

(二) 节点制作流程

（见 395 页）

(三) 重要工艺简介

1. 两轴数控上下翼缘折弯

在阳光谷设计期间，关于节点加工的设计理念主要有两种。一种为拼接型，即将节点分为中心区域及牛腿，再将各个牛腿按照各自的角度(包括分度角、俯仰角、扭转角)组装到节点中心区域，以实现节点的各个控制点的定位。另一种为热弯型，即将节点分为上、下翼缘和腹板，通过两轴数控折弯机将上下翼缘折弯(热弯)分别实现上下翼缘控制点的定位。再将腹板组装成完整节点，焊接成型。

因此，两轴数控上下翼缘折弯是节点加工中最为重要的一步加工工艺，是实现节点控制点定位的关键步骤。上海信安幕墙建筑装饰有限公司发挥其技术特长，由机械制造车间研发、制造了两轴数控折弯机。将节点折弯控制点数据输入电脑，数控折弯，从源头上保证了节点加工的精度。因热弯型节点保持节点上下翼缘的完整，而使整个节点外观更加柔和、更加平滑过渡，更重要的是节点力学性能得到较大的提升。

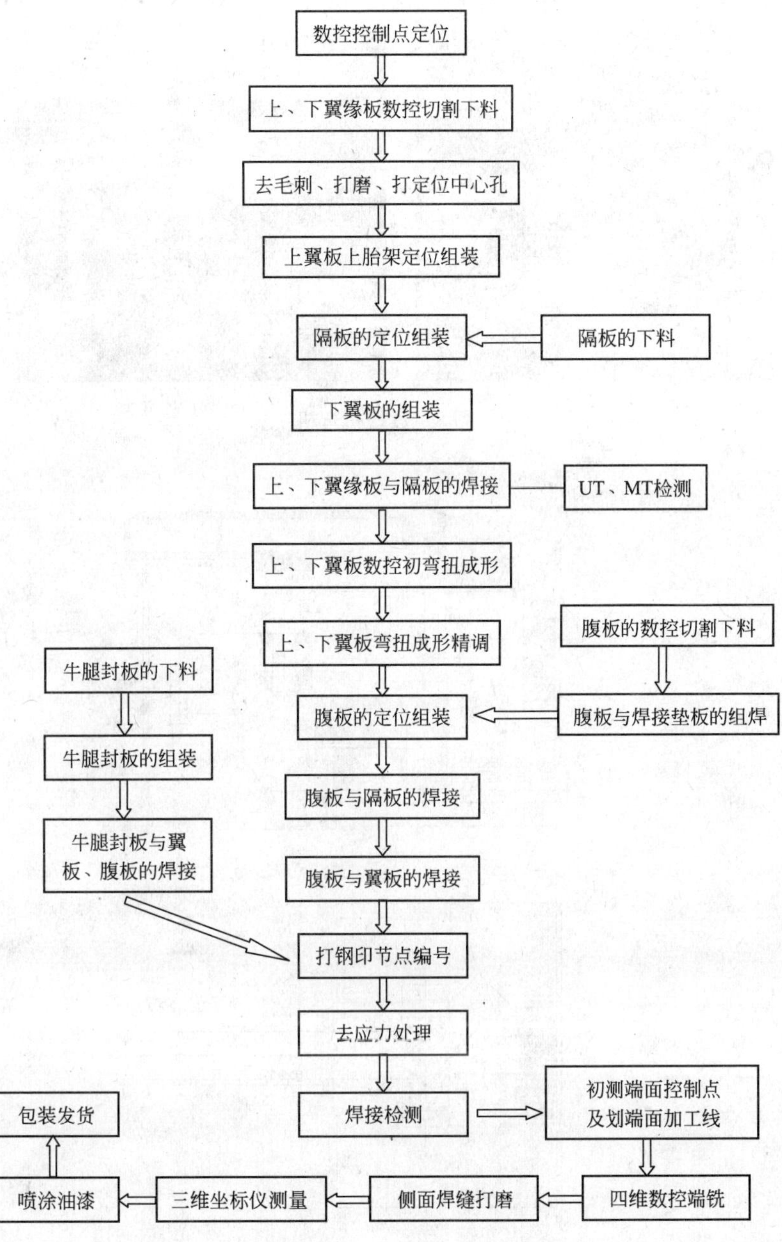

阳光谷网壳结构节点制作流程

数控折弯机加工精度控制数据如下：

(1) 翼缘板分度角±0°

(2) 俯仰角±1.5°

(3) 扭转角±1.5°

(4) 高度±1mm

(5) 宽度±1mm

2. 组装(见图 5)

(1) 在工作平台上把工件垫高，将上、下翼板弯扭成形的形位尺寸精调到位(图 5，*a*)。

图 3　数控折弯机

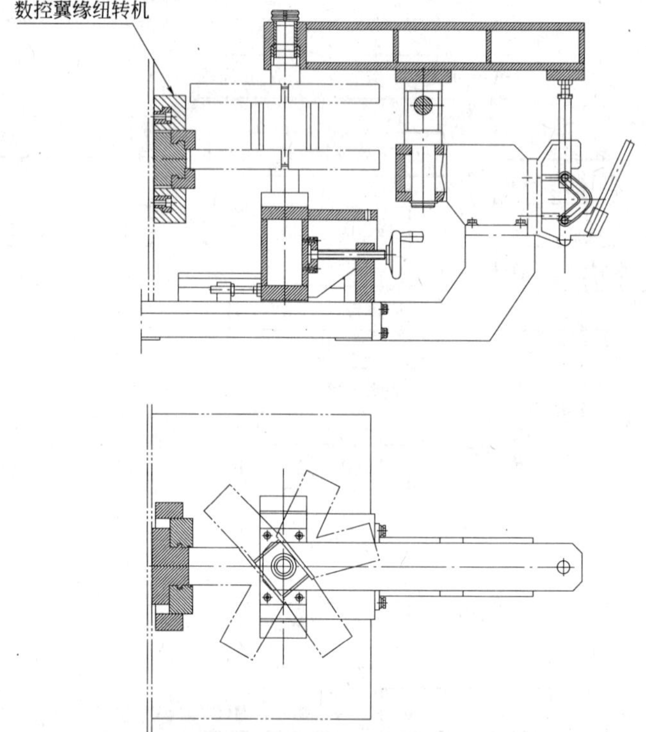

图 4　压紧装置

(2) 检查腹板坡口角度，表面光洁度，如有缺陷必须补磨，且将坡口区域 30mm 范围内打磨出金属光泽，组装8×30 钢垫板，垫板与腹板定位焊应焊于背面，不得在坡口面焊接(图 5，*b*)。

(3) 检查上、下翼板间开档尺寸，组装第一块腹板。注意如果腹板无法装入，不得修割垫板，应对开档作适当调整，腹板装入后，检查腹板与隔板间间隙(图 5，*c*)。

(4) 与上一步组装方法相同，继续组装余下的三块与隔板相连的腹板，定位焊后，焊接腹板与隔板间的坡口焊缝。焊接时注意对称进行，随时检测变形情况(图 5，*d*)。

(5) 继续组装其余八块腹板，垫板在靠近中心侧可适当加长，超出腹板，以保证焊缝的连续性(图 5，*e*)。

(6) 组装端头封板，封头板必须与上翼缘中心引出线垂直并保证端面切削后无凹面（图 5，f）。

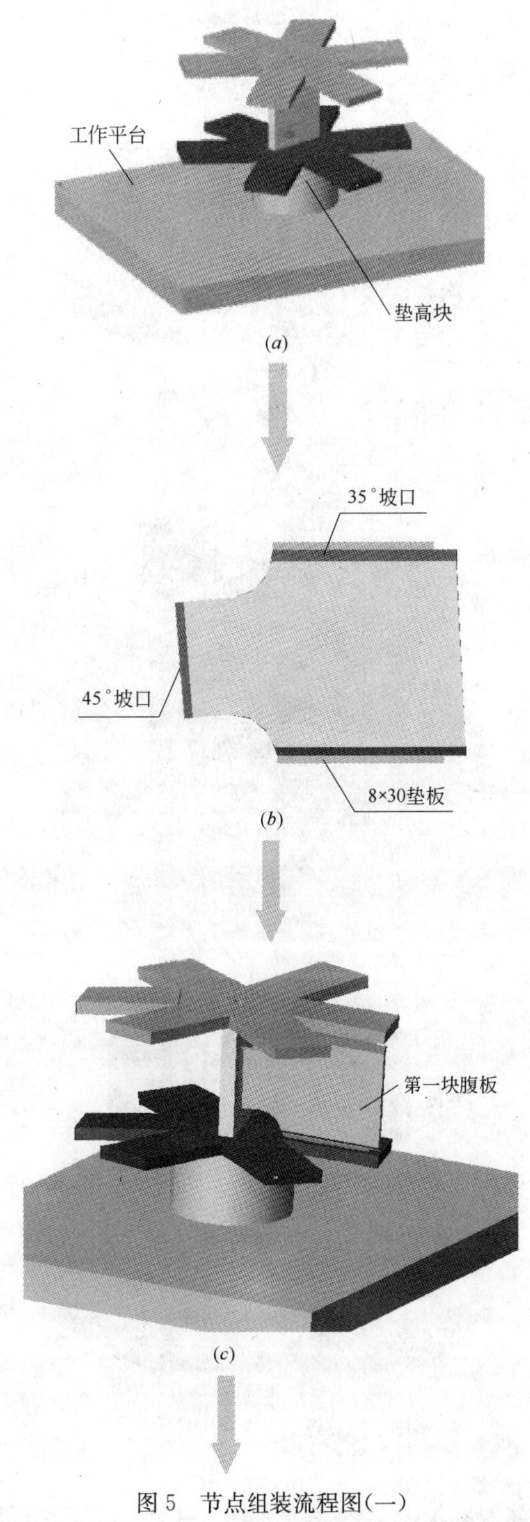

图 5　节点组装流程图(一)

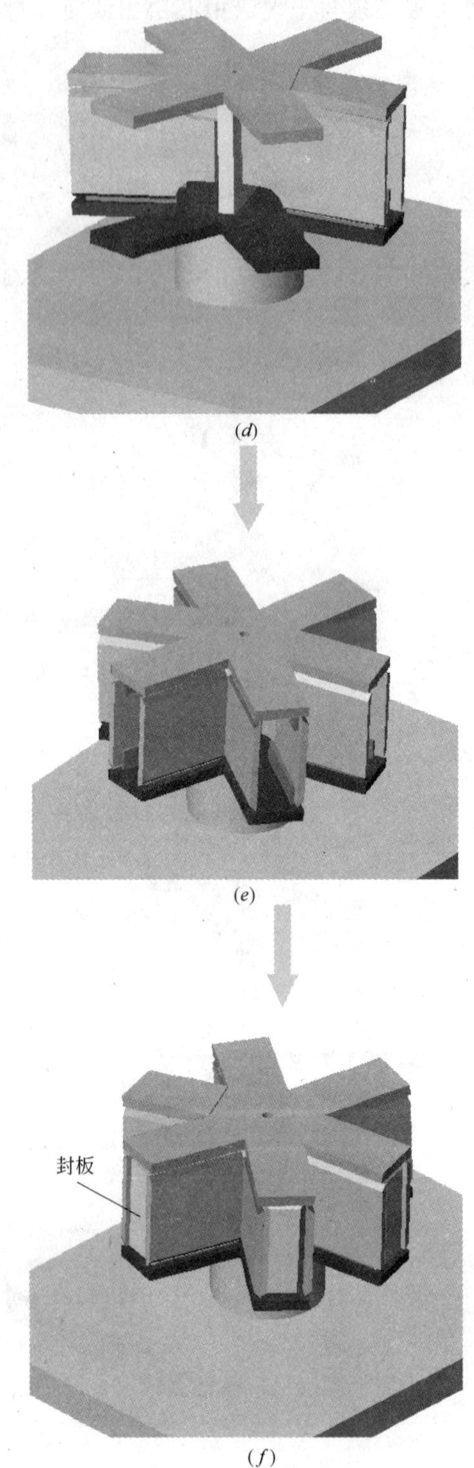

图5 节点组装流程图(二)

3. 焊接

(1) 焊接要求与焊接质量检验等级

1）节点腹板与翼缘、牛腿翼缘板与节点核心区板的焊接均为全熔透一级焊缝，100％超声波探伤，评定等级Ⅱ，检验等级 B 级。

2）节点牛腿端头的封头板与牛腿翼缘及腹板的连接为部分熔透三级焊缝。

3）所有角焊缝均为三级焊缝，并满足二级焊缝外观要求。

4）所有焊缝应作 100％外观检查，其检查标准按《钢结构设计规范》GB 50017—2003 及《钢结构工程施工质量验收规范》GB 50205—2001 要求进行，当上述检查发生疑问时须进行着色渗透探伤或磁粉探伤的复检。

5）超声波探伤的方法及评定标准均按照《钢焊缝手工超声波探伤方法和探伤结果分级》GB 11345 进行。其中比例，对工厂制作焊缝为每条焊缝长度的百分数，对现场安装焊缝应为同一类型、同一施焊条件的焊缝条数的百分数。探伤长度不应小于 200mm。厚度小于 8mm 的钢材的对接焊缝，不应采用超声波探伤。超声波探伤不能对缺陷作出判断时，应采用射线探伤，其方法及评定标准均按照《钢熔化焊对接接头射线照相和质量分级》GB 3323 进行。

（2）定位焊

1）定位焊焊缝所采用的焊接材料及焊接工艺要求应与正式焊缝的要求相同，对于厚板，必须用烘枪进行预热至 120℃左右，再定位点焊。

2）定位焊焊缝的焊接应避免在焊缝的起始、结束和拐角处施焊，弧坑应填满，严禁在焊接区以外的母材上引弧和熄弧，定位焊必须由正式的持证焊工进行施焊。

3）定位焊的焊脚尺寸不应大于焊缝设计尺寸的 2/3，且不大于 8mm，但不应小于 4mm。

4）定位焊焊缝有裂纹、气孔、夹渣等缺陷时，必须清除后重新焊接，如最后进行埋弧焊时，弧坑、气孔可不必清除。

5）定位焊时一般采用 ϕ3.2mm 的焊条进行，同时应采用较大的电流，以保证定位焊缝有一定的熔深。

（3）预热及焊接过程中层间温度的控制

厚板焊前必须进行加热，加热时按板材的不同厚度进行，母材的最小预热温度应按表 1 要求执行。

预热温度表 **表 1**

材料强度级别	预热温度	层间温度
Q345	厚度＜36mm，不预热。厚度≥36mm，预热 100～120℃。	＜200℃

1）接头的预热温度应不小于表 1 规定的温度，层间温度不得大于 200℃。

2）接头预热温度的选择以较厚板为基准，应注意保证厚板侧的预热温度，严格控制薄板侧的层间温度。

3）预热时，焊接部位的表面用电加热均匀加热，加热区域为被焊接头中较厚板的两倍板厚范围，但不得小于 100mm 区域。加热时应尽可能在施焊部位的背面。

4）当环境温度（或母材表面温度）低于 0℃（当板厚大于 30mm 时为 5℃），不需预热的焊接接头应将接头的区域的母材预热至大于 21℃，焊接期间应保持表 1 规定的最低预热温度以上。

5）焊接过程中层间温度的测量，层间温度的测控主要采用数显测温仪，在焊接过程中对焊接点的前后方向、侧面进行测温。预热温度和层间温度必须在每一焊道即将引弧施焊前加以核对。

（4）焊缝返修

1）焊缝同一部位的返修次数不宜超过两次；超过两次以上的返修必须查明原因，制定相应的返修工艺；返修工艺须经技术总负责人批准后才能实施。

2）返修焊缝的质量要求与原焊缝相同。

3）焊波、余高超标、焊缝咬边≤1mm时，采用砂轮机修磨匀顺。

4）焊脚尺寸不足、焊缝咬边＞1mm时，可采用手工电弧焊进行补焊，后用砂轮机修磨匀顺。

5）焊缝内部缺陷的返修先用碳弧气刨或砂轮机清除后，再采用手工电弧焊进行返修焊接。

6）焊接裂纹清除时应沿裂纹两端各外延50mm，并需采取措施防止裂纹扩展。

（5）焊接顺序

1）先焊牛腿腹板与翼缘板连接处的全溶透焊缝，采用对称、多层多道焊接以控制节点的焊接变形。

2）焊接各牛腿间的角焊缝。

3）最后焊接各牛腿端面的封头板。

（6）焊接采用CO_2气体保护焊，焊接工艺参数如表2。

焊接工艺参数 **表2**

道次	焊接方法	焊条或焊丝牌号	焊条或焊丝直径 ϕ(mm)	保护气	流量(L/min)	电流(A)	电压(V)	焊接速度(cm/min)
打底层	GMAW	ER50-3	ϕ1.2	CO_2＋Ar	18～25	260～280	28～30	25～30
中间层	GMAW	ER50-3	ϕ1.2	CO_2＋Ar	18～25	270～300	28～32	35～38
盖面层	GMAW	ER50-3	ϕ1.2	CO_2＋Ar	18～25	260～280	26～30	35～40
焊前清理		清除坡口两侧至金属光泽			层间清理		清除焊渣、氧化皮	
背面清根		无						

4. 回火

焊接结束后，转回火工序以消除焊接过程带来的残余应力，回火采用加热炉形式。

回火工艺：500℃ 4h，保温1h，650℃ 3h，保温1.5h，700℃ 2h，保温15h。

曲线如图6所示。

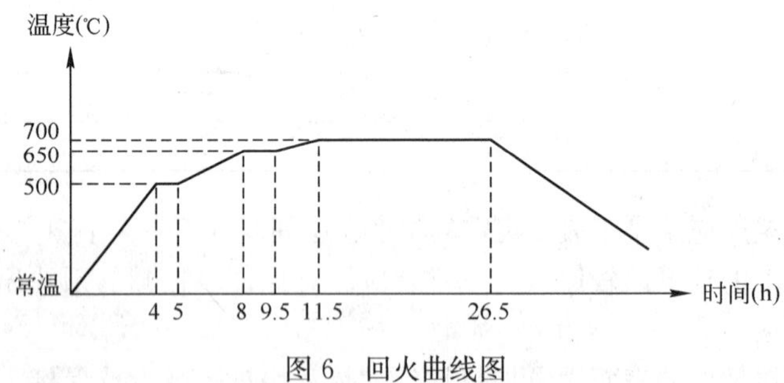

图6 回火曲线图

5. 端面铣

上海信安幕墙建筑装饰有限公司开发的数控三轴端面铣是信安全体工作人员智慧的结晶。通过预编的控制程序将节点三维空间坐标转换为节点牛腿端铣数据，进而端铣机依据数据调整节点空间坐标系，将坐标系从节点中心点通过三轴转动调节到节点端铣牛腿上平面中点。

（1）准备工作

1）对已焊接好的节点进行检测，检测时将节点放置于工作平台上的测量夹具上，用千斤顶调整好上翼缘的基准，分别对各个牛腿的控制点进行检测。

2）将测量结果与图纸提供的牛腿铣削前的坐标值进行比较，以判定该节点是否合格。并用划针划出控制点的加工线。

(2) 端面铣削加工

1）在检测合格后，上四轴数控端面铣床进行铣削加工。

2）铣削后的质量控制要求：分度角±0.5°，俯仰角±0.5°。

6. 检测

(1) 检测设备

采用三维坐标测量仪对节点作最后的精确测量，得到的数据与图纸铣削后的坐标数据比较。上海信安幕墙建筑装饰工程有限公司为了实现“城市，让生活更美好”人类美好憧憬，不惜巨资采购三维坐标测量仪以确保世博轴阳光谷的加工制作精度。

(2) 操作程序

1）三维坐标测量仪对节点精确测量必须在洁净无尘的室内进行，测量室室温在20℃±2℃。

2）清洁节点表面和三维坐标测量仪工作台表面，安装夹具、检查三维坐标测量仪的工作电压及气压状态是否正常。

3）将被测量的节点的定位孔对准安装夹具定位销轴，安装至夹具上，下方用三个支撑千斤顶支撑。

4）按测量要求对各牛腿的控制点一一测量。

5）用数据处理的特定方式处理数据，以确定被测量的节点的质量精度。

6）记录相关数据填写节点的检测报告。

三、阳光谷网壳结构制作中技术难点

1. 大批量数据处理

阳光谷网壳结构的加工是现代科技的产物。加工中包含了大量数据处理。以 6 号谷为例，其节点个数为 1578 只，另加铸钢节点 120 只，共计 1698 只。杆件 5034 支。详见表 3。每只节点的加工控制点为 38 个(以六脚节点为例)，6 号谷节点加工的控制点总数为 59964 个。控制点的三维数据则是 179892 个。依据每道加工工序的要求不同，加工数据的处理更是天文数字。上海信安幕墙建筑装饰有限公司自行研发一套单层网壳节点及杆件加工的数控设备中整合了数据处理模块。将数据处理交给微型计算机。

值得一提的是三维检测仪，阳光谷网壳结构中的每一只节点都是经过三维检测仪检测并确保控制点的精度在允许范围内。三维检测仪是实现空间坐标点检测的工具。其检测误差为 0.01mm。

节点三维坐标控制点 **表 3**

	F35J001		6											
	分类\控制点		1	2	3	4	5	6	7	8	9	10	11	12
上翼缘	端铣前	X1	206	165	104	−39	−113	−204	−208	−158	−95	62	133	206
		Y1	40	130	182	208	179	50	−30	−138	−187	−203	−165	−40
		Z1	0	0	1	3	3	1	0	0	1	3	3	1
	端铣后	X2	200	161	100	−36	−110	−198	−202	−155	−92	58	129	200
		Y2	40	125	178	201	172	49	−31	−133	−182	−195	−158	−40
		Z2	0	0	1	3	3	1	0	0	1	3	3	1

续表

	F35J001		6											
	分类\控制点		1	2	3	4	5	6	7	8	9	10	11	12
下翼缘	端铣前	X3	206	164	103	−40	−114	−204	−208	−158	−95	63	134	206
		Y3	39	131	183	211	181	51	−29	−139	−188	−205	−167	−41
		Z3	−180	−180	−179	−177	−177	−179	−180	−180	−179	−177	−177	−179
	端铣后	X4	200	160	99	−37	−111	−198	−202	−154	−91	59	130	200
		Y4	39	126	179	203	174	51	−29	−134	−183	−198	−160	−41
		Z4	−180	−180	−179	−177	−177	−179	−180	−180	−179	−177	−177	−179

2. 加工精度控制

阳光谷网壳结构的杆件与节点体系域网架结构基本相同，二者的制作方法与工艺大致相同。网壳作为曲面结构，各杆件在节点交汇处的夹角(分度角、俯仰角、扭转角)变化很多，作为有着不规则外形的阳光谷，其节点无一只相同，杆件长度及截面也不相同，因此，对杆件及节点的加工精度要求更严。阳光谷节点和杆件加工制作均采用数控机床，同时配合三维坐标检测仪对节点作100％的三维坐标检测。实践证明每只节点的控制点误差为0.02mm。

3. 如何实现扭曲过渡

阳光谷节点是曲面过渡的集中体，单个面(三角形)为平面。因此节点法线是相连面法线的公共法线。如图7、图8所示，每个节点的法线由与之相邻的六个面的面法线矢量求和而来。同时，节点的六个牛腿的法线是由与之相邻的两个面的法线矢量求和而来。节点的扭转角因此而来。分度角由整个阳光谷的分格和结构而来。阳光谷的双曲由每只节点的六个牛腿的俯仰角造就，其中两个牛腿的俯仰角为锐角(或者为钝角)，另四个牛腿的俯仰角则为钝角(或者为锐角)。

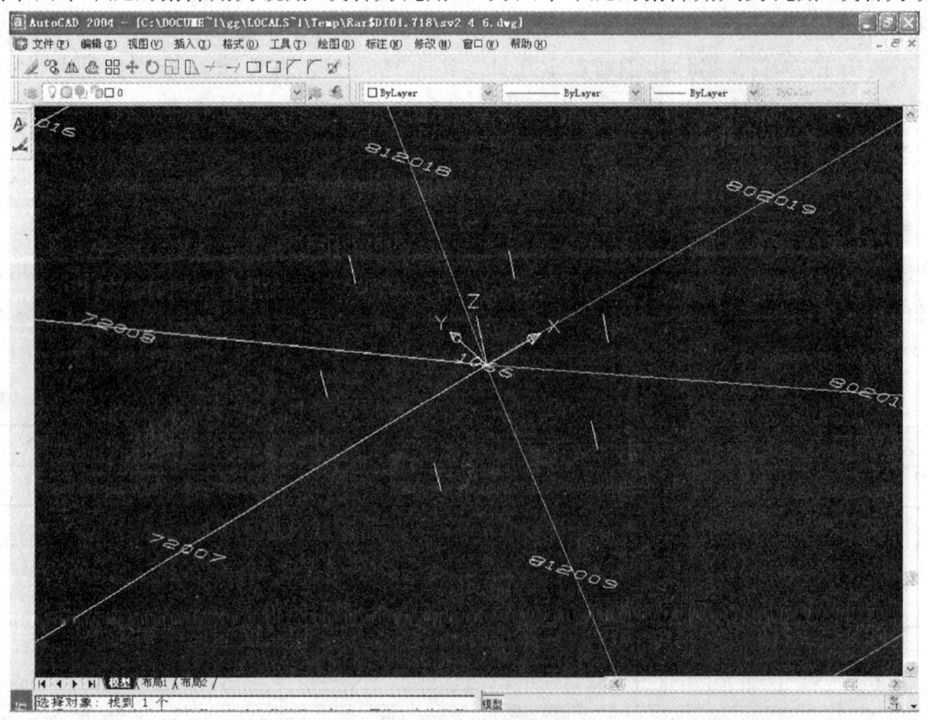

图7 阳光谷节点法线1

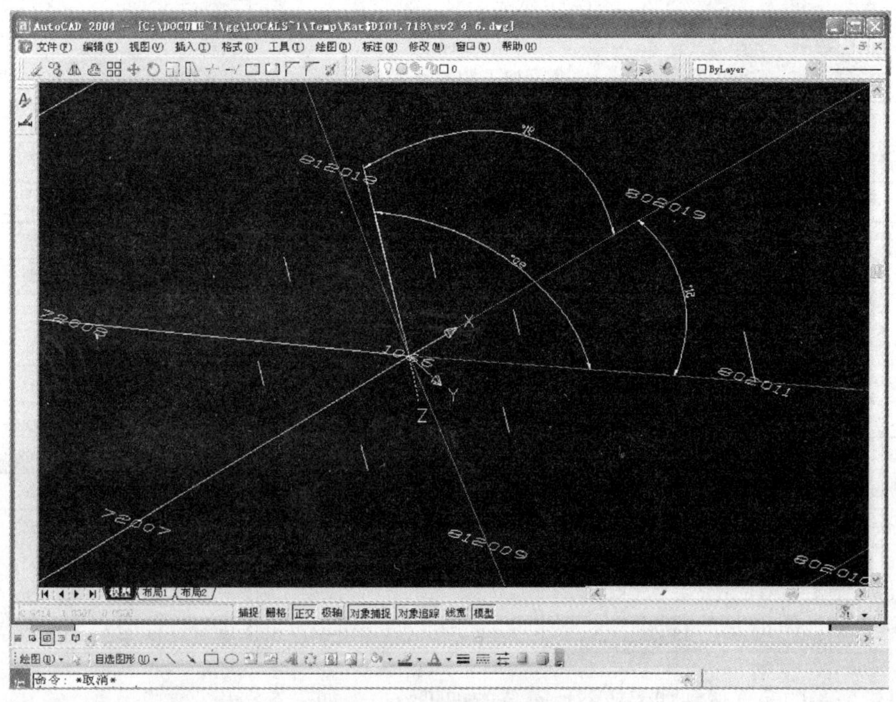

图 8　阳光谷节点法线 2

如表 4 所示：节点的角度数据

主梁　450×200×20×12　牛腿长度　350

次梁　300×150×16×10

阳光谷节点的角度数据　　**表 4**

428						
分类＼控制点	1	2	3	4	5	6
截面类型	主梁	次梁	次梁	主梁	次梁	次梁
截面尺寸	450×200×20×12	300×150×16×10	300×150×16×10	450×200×20×12	300×150×16×10	300×150×16×10
分度角 α	76.2484	37.3944	64.2392	79.4693	36.6113	66.0373
俯仰角 β	89.6223	89.6921	89.4933	89.6044	89.696	89.4853
扭转角 γ	0.0854	−0.0591	−0.1753	0.068	0.054	−0.1838
下翼缘增量	356.4903145	351.6121761	352.6531442	356.629518	351.5917552	352.6950354
下翼缘偏移量	−0.447153685	0.309446986	0.917871517	−0.356047334	−0.282743422	0.96237785
分类＼控制点	1	2	3	4	5	6
截面类型	主梁	次梁	次梁	主梁	次梁	次梁
截面尺寸	450×200×20×12	300×150×16×10	300×150×16×10	450×200×20×12	300×150×16×10	300×150×16×10
分度角 α	90.9486	59.6552	30.3548	89.0044	58.8497	31.1873
俯仰角 β	84.2892	89.8566	84.975	84.2992	89.8738	85.0378
扭转角 γ	−0.0485	0.0103	−2.7368	−0.0874	−0.009	−2.84
下翼缘增量	380.0010939	350.7508422	376.3785057	379.9482113	350.6607827	376.0471752
下翼缘偏移量	0.3809182	−0.053930674	14.34075959	0.686438526	0.04712389	14.8823955

表 5 为经过换算的控制点数据。

换算加工控制点控坐标 **表 5**

点编号	上翼缘						点编号	下翼缘					
	端铣前			端铣后				端铣前			端铣后		
	X1	Y1	Z1	X2	Y2	Z2		X3	Y3	Z3	X4	Y4	Z4
1	207.9739	39.997	−1.6483	199.9976	39.9987	−1.0331	1	207.3375	38.5652	−181.5353	199.3537	38.5690	−181.0263
2	176.3868	116.7454	10.9841	170.6852	111.1420	10.6788	2	175.2481	135.6929	−168.0188	169.5467	130.0889	−168.3176
3	120.3204	173.4312	17.5666	114.6146	167.8487	17.0379	3	119.4823	192.3721	−161.3724	113.4761	186.7957	−161.9585
4	−93.8881	186.4406	21.4691	−90.2301	181.7163	20.9221	4	−94.3025	206.8209	−157.3295	−90.6447	202.1015	−157.9193
5	−157.2994	137.9744	15.9875	−153.6416	133.2391	15.5435	5	−157.7138	158.3623	−162.8804	−154.0562	153.6243	−163.2980
6	−207.9270	40.2964	−1.0803	−199.9426	40.2818	−0.5816	6	−207.1456	41.5912	−181.0226	−199.1581	41.5769	−180.5752
7	−208.0360	−39.7013	−1.6829	−200.0532	−39.7161	−1.1557	7	−207.2551	−38.4065	−181.6184	−199.2687	−38.4209	−181.1513
8	−153.6870	−142.1947	14.0086	−150.1539	−137.3572	13.6679	8	−152.6325	−161.1595	−165.0038	−149.0999	−156.3205	−165.3273
9	−189.0499	−189.0145	19.4837	−85.5150	−184.1896	19.0101	9	−87.9961	−207.9732	−159.4677	−84.4610	−203.1529	−159.9851
10	123.8706	−170.6973	19.5580	118.0508	−165.2442	18.9307	10	124.2288	190.9249	159.2425	118.4092	185.4785	159.9281
11	178.7598	−112.8730	12.9585	172.9409	−107.4023	12.4970	11	179.1178	−133.1100	−165.9282	173.2993	−127.6367	−166.3617
12	207.9787	−40.0031	−09794	199.9999	−39.9987	−0.3977	12	207.3411	−41.4321	−180.8789	199.3560	−41.4284	−180.3909

经过进一步的换算得到加工机器所需要的加工数据，如表 6、表 7。

表 6

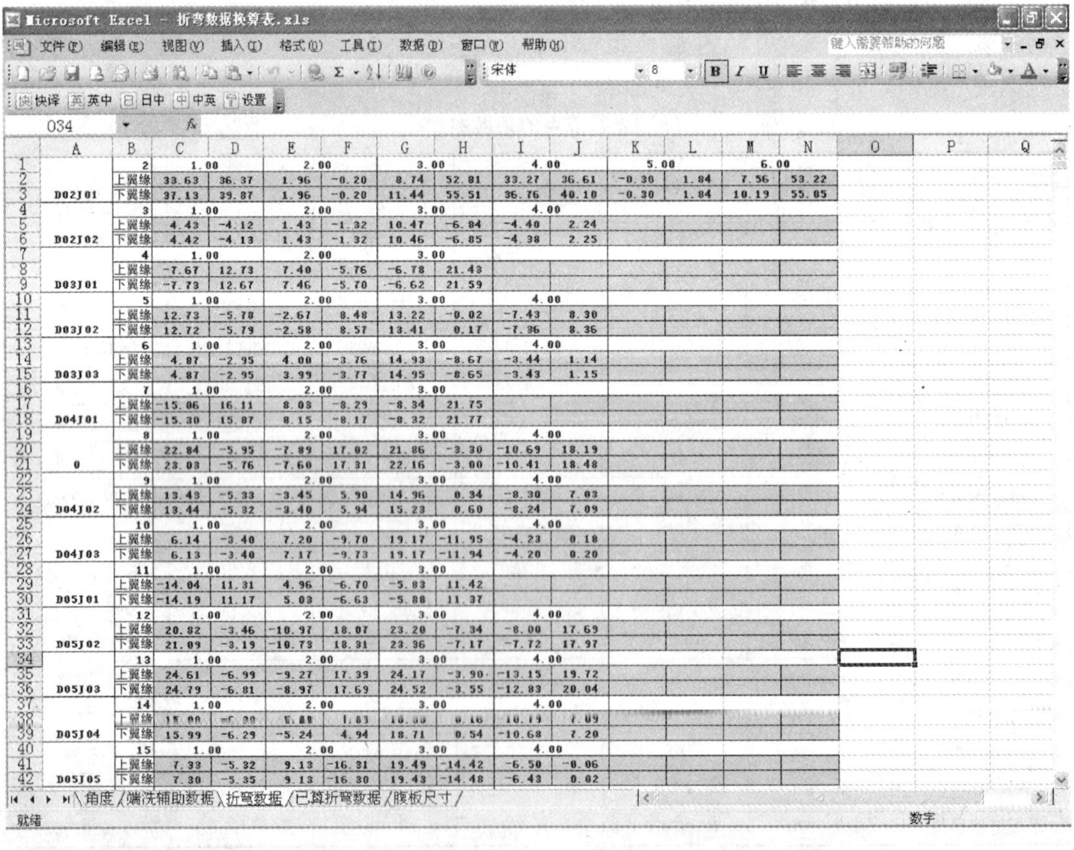

Microsoft Excel - 折弯数据换算表.xls

	A	B	C	D	E	F	G	H	I	J	K	L	M	N
1		2	1.00		2.00		3.00		4.00		5.00		6.00	
2		上翼缘	33.63	36.37	1.96	−0.20	8.74	52.81	33.27	36.61	−0.30	1.84	7.56	53.22
3	D02J01	下翼缘	37.13	39.87	1.96	−0.20	11.44	55.51	36.76	40.10	−0.30	1.84	10.19	55.85
4		3	1.00		2.00		3.00		4.00					
5		上翼缘	4.43	−4.12	1.43	−1.32	10.47	−6.84	−4.40	2.24				
6	D02J02	下翼缘	4.42	−4.13	1.43	−1.32	10.46	−6.85	−4.38	2.25				
7		4	1.00		2.00		3.00							
8		上翼缘	−7.67	12.73	7.40	−5.76	−6.78	21.43						
9	D03J01	下翼缘	−7.73	12.67	7.46	−5.70	−6.62	21.59						
10		5	1.00		2.00		3.00		4.00					
11		上翼缘	12.73	−5.78	−2.67	8.48	13.22	−0.02	−7.43	8.30				
12	D03J02	下翼缘	12.72	−5.79	−2.58	8.57	13.41	0.17	−7.36	8.36				
13		6	1.00		2.00		3.00		4.00					
14		上翼缘	4.87	−2.95	4.00	−3.76	14.93	−8.67	−3.44	1.14				
15	D03J03	下翼缘	4.87	−2.95	3.99	−3.77	14.95	−8.65	−3.43	1.15				
16		7	1.00		2.00		3.00							
17		上翼缘	−15.06	16.11	8.03	−8.29	−8.34	21.75						
18	D04J01	下翼缘	−15.30	15.87	8.15	−8.17	−8.32	21.77						
19		8	1.00		2.00		3.00		4.00					
20		上翼缘	22.84	−5.95	−7.89	17.02	21.86	−3.30	−10.69	18.19				
21	0	下翼缘	23.03	−5.76	−7.60	17.31	22.16	−3.00	−10.41	18.48				
22		9	1.00		2.00		3.00		4.00					
23		上翼缘	13.43	−5.33	−3.45	5.90	14.96	0.34	−8.30	7.03				
24	D04J02	下翼缘	13.44	−5.32	−3.40	5.94	15.23	0.60	−8.24	7.09				
25		10	1.00		2.00		3.00		4.00					
26		上翼缘	6.14	−3.40	7.20	−9.70	19.17	−11.95	−4.23	0.18				
27	D04J03	下翼缘	6.13	−3.40	7.17	−9.73	19.17	−11.94	−4.20	0.20				
28		11	1.00		2.00		3.00							
29		上翼缘	−14.04	11.31	4.96	−6.70	−5.83	11.42						
30	D05J01	下翼缘	−14.19	11.17	5.03	−6.63	−5.88	11.37						
31		12	1.00		2.00		3.00		4.00					
32		上翼缘	20.82	−3.46	−10.97	18.07	23.20	−7.34	−8.00	17.69				
33	D05J02	下翼缘	21.09	−3.19	−10.73	18.31	23.36	−7.17	−7.72	17.97				
34		13	1.00		2.00		3.00		4.00					
35		上翼缘	24.61	−6.99	−9.27	17.39	24.17	−3.90	−13.15	19.72				
36	D05J03	下翼缘	24.79	−6.81	−8.97	17.69	24.52	−3.55	−12.83	20.04				
37		14	1.00		2.00		3.00		4.00					
38		上翼缘	[illegible]	[illegible]	[illegible]	[illegible]	[illegible]	0.16	[illegible]	7.09				
39	D05J04	下翼缘	15.99	−6.29	−5.24	4.94	18.71	0.54	−10.68	7.20				
40		15	1.00		2.00		3.00		4.00					
41		上翼缘	7.33	−5.32	9.13	−16.31	19.49	−14.42	−6.50	−0.06				
42	D05J05	下翼缘	7.30	−5.35	9.13	−16.30	19.43	−14.48	−6.43	0.02				

角度 / 端洗辅助数据 / 折弯数据 / 已算折弯数据 / 腹板尺寸

表 7

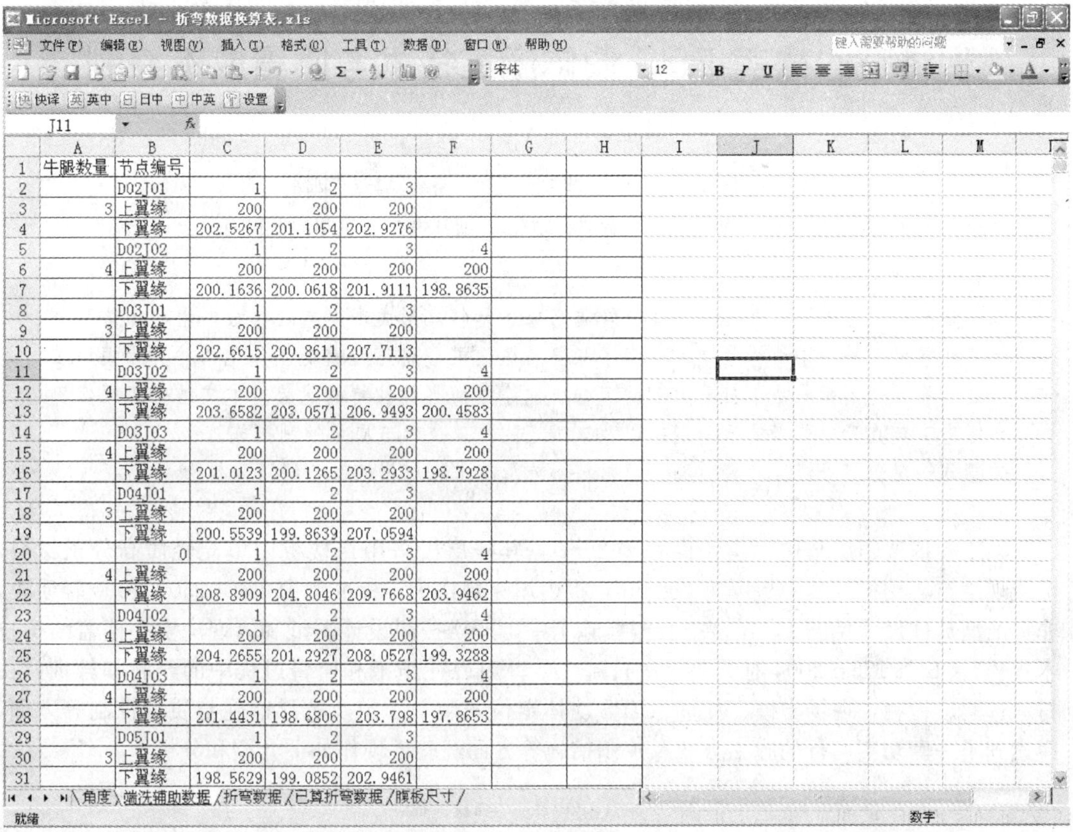

Microsoft Excel - 折弯数据换算表.xls

	A	B	C	D	E	F
1	牛腿数量	节点编号				
2		D02J01	1	2	3	
3	3	上翼缘	200	200	200	
4		下翼缘	202.5267	201.1054	202.9276	
5		D02J02	1	2	3	4
6	4	上翼缘	200	200	200	200
7		下翼缘	200.1636	200.0618	201.9111	198.8635
8		D03J01	1	2	3	
9	3	上翼缘	200	200	200	
10		下翼缘	202.6615	200.8611	207.7113	
11		D03J02	1	2	3	4
12	4	上翼缘	200	200	200	200
13		下翼缘	203.6582	203.0571	206.9493	200.4583
14		D03J03	1	2	3	4
15	4	上翼缘	200	200	200	200
16		下翼缘	201.0123	200.1265	203.2933	198.7928
17		D04J01	1	2	3	
18	3	上翼缘	200	200	200	
19		下翼缘	200.5539	199.8639	207.0594	
20		0	1	2	3	4
21	4	上翼缘	200	200	200	200
22		下翼缘	208.8909	204.8046	209.7668	203.9462
23		D04J02	1	2	3	4
24	4	上翼缘	200	200	200	200
25		下翼缘	204.2655	201.2927	208.0527	199.3288
26		D04J03	1	2	3	4
27	4	上翼缘	200	200	200	200
28		下翼缘	201.4431	198.6806	203.798	197.8653
29		D05J01	1	2	3	
30	3	上翼缘	200	200	200	
31		下翼缘	198.5629	199.0852	202.9461	

角度 / 端洗辅助数据 / 折弯数据 / 已算折弯数据 / 腹板尺寸

因此，节点加工工艺及精度是阳光谷制作的精髓，如何将三维扭曲过渡更是难点。

现浇空心楼盖 EPS 块体施工技术与质量成本控制

殷国良[1]、黄海生[1]、王　伟[1]、吴　刚[2]

（1. 上海市闵行区建设工程质量监督站、2. 浙江舜杰建筑集团股份有限公司）

摘　要：现浇楼盖采用在楼板内填充轻质高分子材料，形成现浇空心楼板，主要优势是省去了井字梁，提高了结构净空，增强了保温隔热效果，隔声降噪功能优化，并且缩短施工工期、降低楼面荷载减少自重、节约工程成本等方面有其独特的优势。本文结合工程实例介绍施工与监管中取得的宝贵经验以及该工艺的施工技术与质量控制措施。

关键词：现浇空心楼盖，轻质高分子材料，施工技术，质量控制，经济分析

某工程框架四层结构，建筑面积 8420m^2，其楼层板采用在楼板内填充轻质高分子材料，形成现浇空心楼板，其中板厚为 380mm，板内填充规格为：标准型为 250×250×1000 轻质块，非标准型具体尺寸见图 1。在该空心楼板施工中，严格按照设计图纸和《现浇空心楼盖结构技术规程》CECS 175：2004 有关要求进行施工，针对以往施工和监督过程中的经验和教训，在材料选购、检测，现场支模、扎筋、EPS 块体定位安装、固定及抗浮措施与质量控制等方面，摸索到了一套切实可行的施工方法及控制措施等方面经验，现作如下介绍和分析。

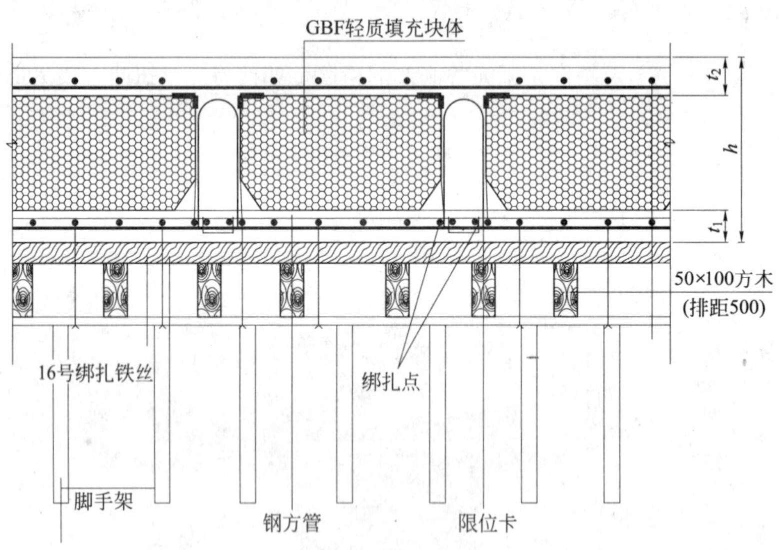

图 1　非标准 GBF 块体安装施工示意图

1　加强对 EPS 块体的原材料管理

（1）明确 EPS 块体的出厂质量要求（材料密度、几何尺寸误差、平整度）。

（2）严格控制 EPS 块体的进场检验。总包和监理不仅要检查产品合格证、出厂检验报告，

并且按照验收批要求，对外观质量、尺寸偏差、重量、抗压荷载等指标进行抽样复验，以检查块体的实际质量。外观质量不符合要求的，不得用于工程。

(3) 加强块体材料的堆放管理：现场堆放场地须平整、坚实；堆场尽可能靠近施工区域，减少二次搬运造成的损坏，堆放按型号规格分类平卧叠层堆放，堆放高度不宜超过 10 层；堆放处做好警示标志；采用专门的安全兜吊，严禁用钢丝绳或麻绳成捆兜底吊运。

2 熟悉图纸和技术规程，充分做好各项技术准备

(1) 根据设计图纸、《现浇空心楼盖结构技术规程》CECS 175：2004 以及混凝土设计施工的技术要求，在施工中，先绘制块体排列图，进行预排。在肋宽范围内，宜根据肋宽大小设置构造钢筋。在空心楼板开洞等薄弱部位处，洞边应布置补偿钢筋，面积不应小于切断钢筋的面积，并且确保洞口周边保证至少 100mm、80mm 宽的实心混凝土带。实际施工时根据不同板厚，规定了不同的混凝土保护层厚度。因此，必须相应地加强垫块的管理，以免误放而导致混凝土保护层厚度不准。

(2) 加强对块体位置的控制。设计对于块体的位置(块体的绝对位置和其与相邻构件之间的相对位置)要求很高，因为块体竖向位置的过大偏差将导致板顶厚度、板底厚度不满足设计要求，而其横向位置的过大偏差将导致空心板肋间混凝土的尺寸不能满足设计要求，板的实际截面尺寸将不符合设计条件。因此，过程中应确保块体间距，上下翼缘厚度及其与暗梁、墙、柱之间的间距符合设计要求。如其固定后间距不符合设计要求，可用木棒或钢筋进行适当调整，并与上层筋用铅丝拉牢；最靠近梁、墙钢筋的块体净空间距为 50mm 左右，与预留孔洞的净空间距为 100mm。

(3) 排列块体前做好预埋件、预留孔、下皮钢筋及安装各分项工作。楼板下皮钢筋完成绑扎后，经隐蔽工程验收，进行水电预留、预埋管安装。

3 空心楼盖施工工艺流程及具体施工方法

3.1 空心楼盖施工工艺流程

空心楼盖的施工工艺流程图见图 2。

3.2 轻质块体铺设主要工艺

3.2.1 支模与绑筋

支模时模板应与梁同时起拱 2～3%；支好模后绑大梁钢筋，再绑板底筋，同时流水绑小肋钢筋，与此同时，方盒安装工在模板上相隔 50cm 以梅花状在底模上底板筋交叉处打 4 小孔一对，另一安装工将 14 号铁丝插入两孔，并把铁丝送下去；绑小肋钢筋时注意箍筋的保护层；板筋和肋筋绑完后，按规定垫好钢筋保护层垫块，每个方块放置塑料垫块三个。

3.2.2 铺设水电管线

水电管线的铺设应尽量放在块体以下，可能的话也可在肋梁中穿行，如在块体上部穿过，工人可在现场锯槽安放；如遇众多预留管线交叉处时，可调换比原厚度小 20～30mm 的轻质块，以保证管线顺畅通过；主进管应尽量沿梁边布置。

3.2.3 块体的铺放、固定

块体的铺设可从中间肋向两边肋顺手铺设，如只有一个方向的肋，则只要顾及小肋方向方块间距是否相同即可。如有两向肋，则安装更简单，把块体放入方格内即可；每个方块在加强带位置用 16 号铁丝双箍两边穿过底筋使方块与板筋绑牢，方块底部放置两根通长方管，须重点检查：绑扎前方块的垫块放正了没有，且钢筋不能紧贴方块底部；上述工序经隐蔽验收合格后再行绑扎面筋。

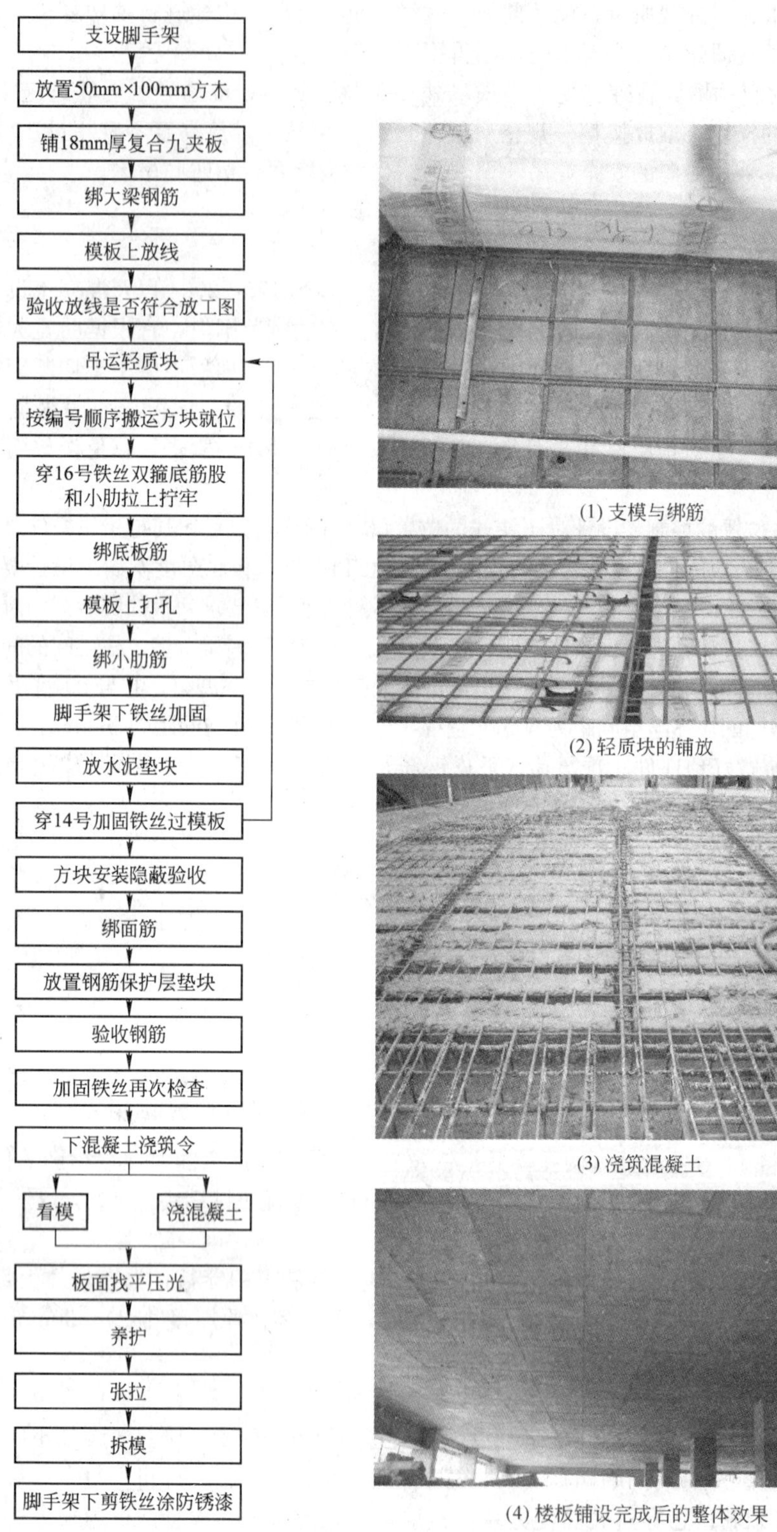

(1) 支模与绑筋

(2) 轻质块的铺放

(3) 浇筑混凝土

(4) 楼板铺设完成后的整体效果

图 2 施工工艺流程图

图 3 铺设轻质块的施工现场照片

3.2.4 浇筑混凝土

浇筑前安排安装工去模板底下固定铁丝，铁丝必须与脚手架扎牢，但不可拧得太松和太紧；在浇筑混凝土时因振动棒的振动和块体本身的浮力(混凝土坍落度越大浮力就越大)而导致块体带动楼板底筋上浮，因此其抗浮是施工中重点要控制和监督验收的内容。泵送混凝土的管、布料车、料斗车、料斗等均有木板垫于方块上或钢筋网上；混凝土的浇筑宜先浇筑小肋，再以一方向铺摊混凝土面层，不宜沿肋梁作多点围合式浇筑；混凝土坍落度为 16～18cm，石子最大粒径不得超过 31.5mm，振捣应用 ϕ50mm 振捣棒和平板振动器配合使用；平板振动器振密实后，机器找平压光即可。

3.2.5 拆模

按“施工规范”要求的龄期和强度拆模；剪铁丝要求：铁丝头不外露，必要时点防锈漆；严格按安全管理规定搭拆脚手架。

4 质量控制措施

(1) 在施工过程中，对以下几个环节进行重点质量控制与检查验收：

1) 在首次监督会上做好事前交底工作，根据以往的施工经验和教训，在首次监督会对 EPS 方块易上浮导致混凝土板开裂等通病进行交底，并与施工方技术人员商讨关键控制措施，并在关键节点实施时到位检查；

2) 板底模支设后，对其块体所在位置及其嵌筋位置进行定位弹线，穿绑扎丝点；

3) 空心板底排钢筋绑扎完毕，块体就位后，每个方块在加强带位置用 16 号铁丝双箍两边穿过底筋使方块与板筋绑牢，以防混凝土浇筑时块体上浮；

4) 水电等管线尽量在块体下面或肋梁中敷设；

5) 必须确保上、下钢筋外挡及与块体混凝土保护层准确。

(2) 为了确保上述几个控制点有效实施，应加强施工人员质量意识，施工人员要严格执行操作规程和质量验收制度，在其安装过程中，应派专人做好各项工种交叉作业时的协调配合。杜绝野蛮施工的现象。在施工中，可以垫脚手板安放支撑，防止踩踏和其他施工机具等硬质物体直接冲击块体，切忌施工人员直接踩踏在已安装的块体上。

5 技术经济分析与成本控制

本工程楼盖顶板采用 EPS 方块填充可获得显著的经济效益和社会效益，有着明显的技术经济优势。

(1) 空心板的内置填充料使得在少量增加甚至不增加混凝土用量的情况下使得板的厚度大幅度提高，这对于板的抗弯能力有着巨大的作用，而空心板和内置暗梁的协同作用使得梁板同体，共同承担较大甚至巨大的荷载，这对于办公楼、商场及地下车库是有着非常大的结构优化作用。

(2) 该结构优化作用可以从两方面去比较，一方面与普通框架结构(即普通有梁板结构)进行比较；另一方面可以与实心无梁楼盖(带巨大柱帽)进行比较：暗梁空心楼盖与普通有梁板结构相比，其最大的优势在于层高和外观优势，采用暗梁空心楼盖在不增加钢筋用量和混凝土用量的前提下大幅度改变层高；暗梁空心楼盖板底平整，这在观瞻和方便使用方面普通有梁实心楼盖是无法比拟的。

而暗梁空心楼盖比带巨大柱帽的实心无梁楼盖在结构工程中最明显的优势在于可大幅度降低钢筋用量(降幅可达 30%以上)和减少混凝土的用量(减少 25%以上)，观感也较好。

(3) 本工程经与有梁板结构方案进行经济比较，在管线安装及其他方面，板底管线更加顺直流畅，可节约造价不少于5%；在土建直接成本方面，暗梁空心楼盖方案比有梁板方案节约造价不少于10%；在施工方面，暗梁空心楼盖方案比普通有梁板方案提前工期二周。

(4) 在空心楼盖实际施工中，严格按照设计图纸及有关规程进行施工，在每个环节上严格控制工程成本，尽量利用结构上底筋作为绑筋，进行成品保护，使空心楼盖施工实际成本基本上达到预定计划的要求。

该工程暗梁空心楼盖与有梁板结构进行经济比较，经实际测算，应用暗梁空心楼盖，总造价可节约8%左右。

6 结束语

由于整个楼盖均采用了EPS块体填充，且严格按照设计图纸及相关规程施工，技术准备比较充分，质量控制严格，故消除了轻质块体移位及上浮等通病，工程质量提高，工程成本节约，结构工期也提前了近二周，现经各方现场实际实测、目测检查，整个楼层基本消除了常见的工程质量通病，达到了设计要求的空间预期效果，该结构工程被评为区优质工程。

世博中心工程绿色建筑施工技术研究

秦　勇
（上海市第七建筑有限公司）

摘　要：世博中心功能复杂，结构体系具有大空间、大跨度的特点，综合采用大落差深基坑支护，超长结构裂缝控制，大跨度钢结构整体提升工艺以及绿色建筑配套系统技术等的成功探索和应用，为大型公共场馆建设铺就了一条既可行又有效的“绿色”之路。

关键词：超长混凝土结构分块，深基坑内坑中坑施工，大跨度钢桁架提升加固，绿色建筑配套系统技术

世博中心位于上海市浦东新区世博大道1500号，总建筑面积141990m²。建筑南北长约99m，东西长约333m，地下1层，地上7层，建筑高度约39m；地下室为框架剪力墙钢筋混凝土结构，上部为全钢结构。世博中心以会议接待、公共活动为主，包括2600人会堂、600人政务厅、3000人宴会厅、5000人多功能厅四大核心功能，以及与之相关的中小会议区、公共餐厅、贵宾区和新闻发布区等辅助配套功能。世博会期间，作为园区的庆典中心、文化交流中心、新闻中心、接待宴请中心和指挥运营中心。世博中心将召开各参展国会议和主办方会议、同时提供各方召开新闻发布会的功能。世博会后将作为高规格国际性和国内重要论坛、会议的场所，提供一流的国际会议和配套设施。

1　超大面积深基坑内坑中坑施工技术

1.1　本工程基坑东西向长约414m，南北向宽约99m，基坑总延长米约为1030m，基坑面积达到41000m²，属超长、超大面积的深基坑工程，设计与施工具有较大难度，特别是在高地下水位的软土地基中进行大面积深基坑开挖具有较高的技术风险性。

1.2　根据建筑功能分区以及相应位置地下室基坑开挖深度，本工程基坑在平面上分为A、B、C三区，如图1所示。

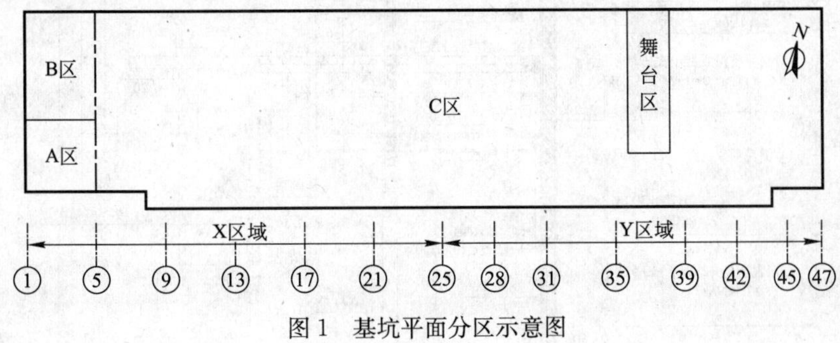

图1　基坑平面分区示意图

地下室基础承台、地梁、底板及电梯井、集水井标高深浅不一，特别是在舞台深坑区域相对周边C区基础底板高差超过6m。基坑开挖深度详见表1。

基坑各区开挖深度一览表 **表1**

区域		底板面标高(m)	基底标高(m)	板或基础梁厚度(mm)	开挖深度(m)
A区	普遍区	−10.200	−11.100	800	10.50
	局部		−12.400/−12.900		11.80/12.30
B区	普遍区	−8.200	−9.100	800	8.50
	局部		−10.400		9.80
C区	普遍区	−6.400	−7.150/−7.350(梁底)	800	6.55/6.75(梁底)
	局部		−8.600/−9.300/−10.400/−11.500/−12.400		8.0/8.7/9.8/10.9/11.8
	舞台区		−11.600/−12.900/−13.600		11.0/12.3/13.0

1.3 本工程主体结构与地下室基坑形式、基坑开挖深度，结合工程地质与周边环境情况，综合考虑上部钢结构吊装技术路线，确定整个地下室基坑工程总体上采取中心岛开挖施工方式。并对钢板桩、重力坝、复合土钉墙、钻孔灌注桩+水泥土搅拌桩止水帷幕、型钢水泥土搅拌墙等多种围护形式从各个方面进行比选，以确定最优基坑围护设计方案：

A区与B区：型钢水泥土搅拌墙+坑内二道钢筋混凝土水平桁架支撑系统。支撑采用边桁架结合角撑布置型式。第一道支撑压顶梁与东侧压顶梁连为整体，第二道支撑顶设于东侧先期施工完成的基础底板端面上。

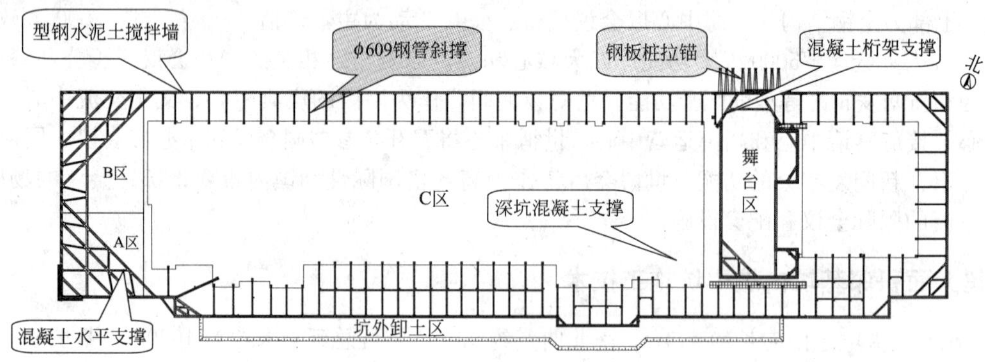

图2 基坑围护设计平面图

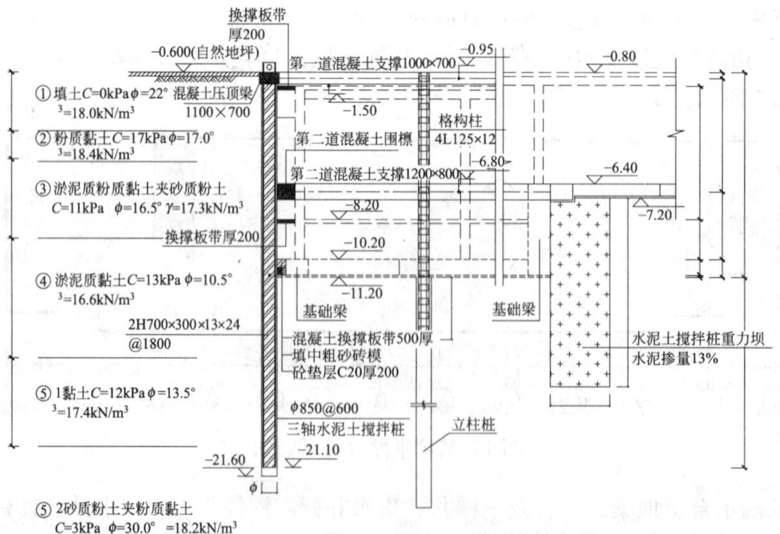

图3 A、B区深基坑支护剖面详图

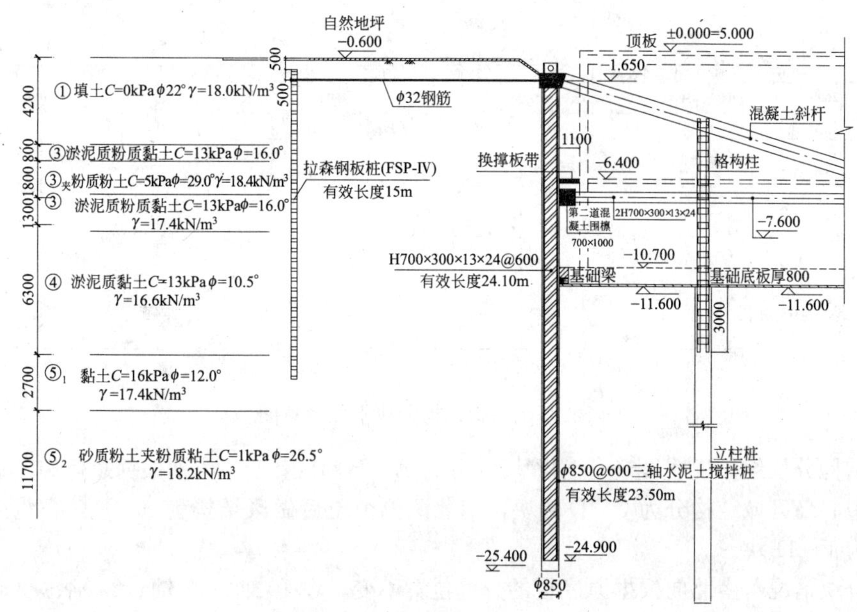

图 4 舞台区基坑支护剖面详图

C 区北侧与东侧：型钢水泥土搅拌墙＋斜抛撑支撑系统。

C 区南侧：卸土放坡＋型钢水泥土搅拌墙＋斜抛撑支撑系统。

C 区舞台落深区域：坑内周边钻孔灌注桩挡土，周边底板拉锚＋加单边混凝土空间桁架支撑系统，并在坑外设置钢板桩拉锚结构以进一步加强。

对于舞台深坑区域，由于实际挖土深度达 11m，周边单独设置钻孔灌注桩排桩挡土，利用周侧先行浇筑的 C 区基础底板进行锚固。由于深坑分布的不对称造成南北两侧围护体系受压的不均衡，因此，北侧需要加强，设置单边的斜向钢筋混凝土桁架支撑，具体施工时按照先浅后深的程序进行施工。

2 超长结构混凝土裂缝控制施工技术

2.1 超长混凝土结构概况

本工程地下室建筑面积达 42000m²，基础底板厚 600mm、墙板厚度为 500mm、800mm，基础底板及墙板单边长度达 414m 无变形缝，属于超长大空间地下混凝土结构工程，施工中易产生差异沉降和温度收缩裂缝等问题。

2.2 超长混凝土结构抗裂措施

本工程基础结构属现浇超长混凝土结构，这种结构形式与施工工艺在结构内部必然由温度与收缩引起较大约束应力，而造成混凝土极易开裂。针对本工程地下超长混凝土结构的施工，为避免出现有害裂缝的产生，采取了设置后浇带、施工缝的混凝土结构分块技术，低收缩低热混凝土配合比技术，抗裂钢筋配置、混凝土养护技术等综合性的技术措施来抵抗由于温差引起的温度应力和增加结构的抗裂度，以较少裂缝。

2.2.1 超长结构分块施工

底板具体施工分块情况：东西向在 10 轴、17 轴、25 轴、33 轴、39 轴附近设置 5 条后浇带，5 轴、13 轴、21 轴、29 轴、43 轴设置施工缝，南北向在 F 轴设置施工缝形式的后浇块，在 L 轴、B 轴处根据围护斜抛撑的位置设置施工缝。整个基础底板共划分了 43 个浇筑块。

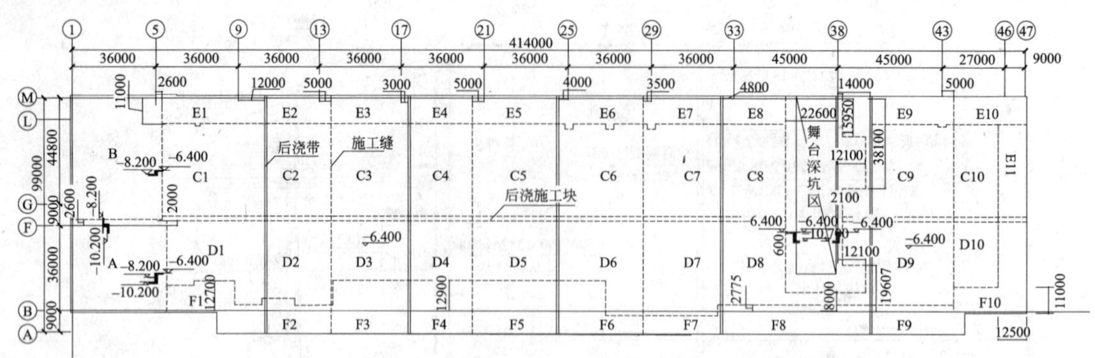

图 5 基础底板结构分块平面示意图

底板结构分块编号说明：1～5 轴深坑区分为 A、B 两区，5～47 轴根据总体施工流程的先后顺序，中心岛区域结构分为 C、D 两块，南北两侧留土后做区结构为 E、F 区，每区从左至右依次分为 1～11 块。

顶板分块情况：南北向根据原底板的分缝位置不变，在 10 轴、17 轴、25 轴、33 轴附近设置 4 条后浇带，5 轴、13 轴、21 轴、29 轴、33 轴、36 轴、43 轴设置施工缝。南北两侧东西向施工缝原来按照围护阶段斜抛撑的位置设置了施工缝，同时根据现场钢结构劲性柱的位置，综合考虑为了不影响上部钢结构的吊装，在 J 轴南侧 2m 设置施工缝，在 C 轴北侧 2m 设置施工缝，在 F 轴北侧 2m 根据原设计要求留设后浇带。

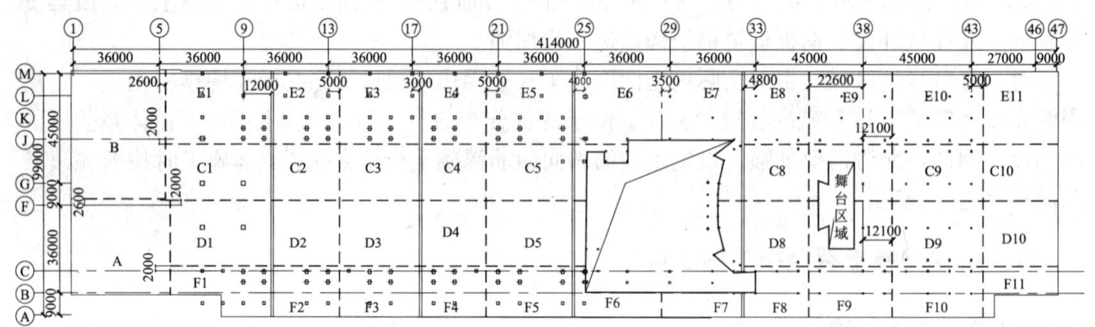

图 6 地下室顶板结构分块平面示意图

顶板结构分块编号说明：分块编号根据基础底板的编号，1～5 轴深坑区分为 A、B 两区，5～47 轴中间分为 C、D 两块，从左至右依次为 1-10 块(中间宴会厅区域无 6、7 块)，南北两侧为 E、F 区；从左至右依次分为 1～11 块。

通过分块浇筑可以削减混凝土温峰和温差，并且可减少约束。每一浇筑块的长度均控制在 40m 以内，每块浇筑面积控制在 1300m^2 左右，施工缝相邻两侧分块浇捣时间控制在 21d，有效地解决了混凝土的早期收缩，减少混凝土收缩裂缝的发生。

2.2.2 超长结构混凝土配合比设计

针对本工程超长结构混凝土对裂缝控制的较高要求，对于混凝土材料控制目标主要是减少混凝土收缩与提高混凝土结构的抗裂度。

本工程底板混凝土采用膨胀混凝土补偿混凝土收缩，以控制结构混凝土由于干缩、冷缩以及塑性收缩等原因引起的开裂。混凝土中高效膨胀剂采用 HEA，掺量为 8%；对于地下室外墙则采用掺聚丙烯纤维的抗裂混凝土，掺量 0.9kg/m³。

为控制混凝土收缩，对混凝土原材料和配合比也有相应的要求。

水泥宜选用与外加剂相容性好的中热和低热的硅酸盐水泥，细骨料细度模数不小于 2.3、含泥量不大于 1%，粗骨料颗粒级配合理，骨料中的含泥量不应超过 1%。

对于本工程地下超长结构混凝土的配制，遵循骨料体积含量最大的原则，充分利用粉煤灰掺和料的物理效应和填充效应，减少水泥用量，增加混凝土的密实性，提高新拌混凝土的工作性，减少混凝土的收缩，增强混凝土的耐久性能。

基础底板 C40P8HEA 混凝土配合比 **表 2**

混凝土原材料	水泥	水	石子	砂	外掺料		外加剂
原材料品种	P. o42.5	饮用水	5～25mm	中砂	粉煤灰	HEA	ZX300
用量(kg/m³)	335	180	1020	750	80	33	4.55

墙板 C30P6 聚丙烯混凝土配合比 **表 3**

混凝土原材料	水泥	水	石子	砂	外掺料		外加剂
原材料品种	p. o42.5	饮用水	5～25mm	中砂	粉煤灰	聚丙烯	ZX300
用量(kg/m³)	270	170	1040	847	70	0.9	3.24

2.2.3 增设抗裂钢筋构造措施

根据实践经验，在混凝土结构中适当地配置构造钢筋，无论对于温度应力或收缩应力，都能提高结构的抗裂性。因此针对本工程墙板在混凝土结构配筋方面的抗裂措施，通过与设计院的协商，由于地下室外墙外侧保护层厚度达 50mm，为了控制裂缝的产生，确定在墙板竖向主钢筋的外侧增设 ϕ8@150 抗裂钢筋网片，以增加结构抗裂性能，减少混凝土裂缝的产生。

2.2.4 混凝土养护

在底板、顶板表面混凝土浇捣结束，待其初凝开始，混凝土平仓收头后基本可上人行走而无脚印时，即覆盖一层塑料薄膜，上面再盖一层麻袋养护，起保温保湿作用。由于在塑料薄膜、麻袋覆盖条件下，保温保湿，可充分发挥混凝土徐变特性，降低温度应力，减少混凝土降温梯度，控制有害裂缝出现。

混凝土墙板养护时前期保留模板时间延长，宜 5～7d 后再拆，后期拆模后立即采用混凝土外包裹双层塑料薄膜养护(或一层塑料薄膜外挂麻袋)。拆模及包裹塑料薄膜应分段进行，拆一段随即用塑料薄膜包裹一段。包裹塑料薄膜应依次搭接进行，搭接长度不小于 200mm，搭接处用封箱带封闭。为了保证墙体不被污染及较长时间的养护时间，塑料保护薄膜应一直保留，直到影响后道工序施工时方可去除。

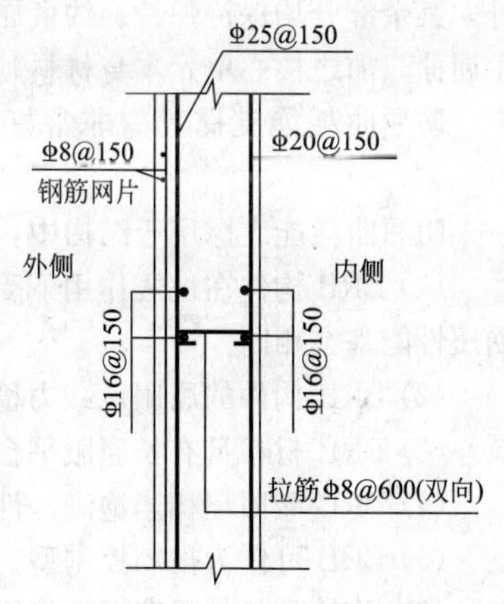

图 7 墙板配筋示意图

3 大跨度钢桁架整体提升结构稳定性与加固技术

3.1 本工程钢结构桁架最大跨度 54m，最大单榀重量 160t，安装高度 40m。考虑本工程桁架跨度大，片架式桁架高度大而宽度窄，结构形式决定了片架式大跨度桁架整体拼装后同步提升存在较大安全风险。

3.2 经过一次未进行加固与一次桁架半跨范围内假设水平桁架加固支撑后的试吊，均发现在提升时产生了较大的侧向变形。

3.3 分析原因主要是本工程片架式钢桁架存在跨度大、截面高而窄的特点，整体提升过程中受到结构自重影响、日照温度影响、拼装误差影响，以及吊点偏差等影响比较敏感，容易产生侧向的失稳。因此，通过两次试吊结果，并通过计算机有限元分析，采取增加上弦宽度在片状式大跨度钢桁架的顶面设置装拆式水平桁架，以此增大桁架侧向惯性矩，解决了单榀桁架提升平面外失稳的问题。

54跨钢桁架
临时水平桁架
临时拉杆
临时水平桁架
54m跨钢桁架
斜撑杆(现场加工焊接)

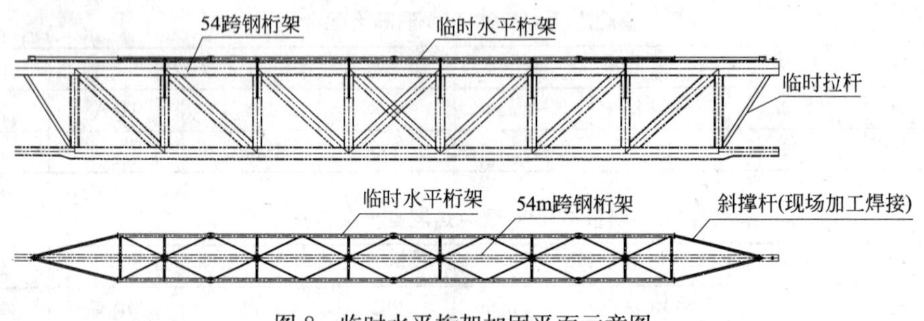

图 8　临时水平桁架加固平面示意图

4　绿色建筑配套系统应用技术

4.1　防屈曲耗能支撑结构(BRB)抗震应用技术

4.1.1　由于建筑功能的综合性造成结构较为复杂，多处超过国家相关规范，如平面扭转、层刚度比、楼板缺失、楼面质量分布不均匀，属抗震特别不规则结构。

在地震力作用下，防屈曲耗能支撑除了约束屈服段外，其余部分均保持弹性。约束屈服段可能屈服但不发生屈曲，加之核心单元本身材料延性较好、屈服强度稳定，防屈曲耗能支撑具有非常好的滞回性能，如图 9 所示。

tension
displacament
typical
bucldiing
brece
urbonded
brace
compreasion
Axial force-displacement behavior

图 9　防屈曲耗能支撑的滞回性能图

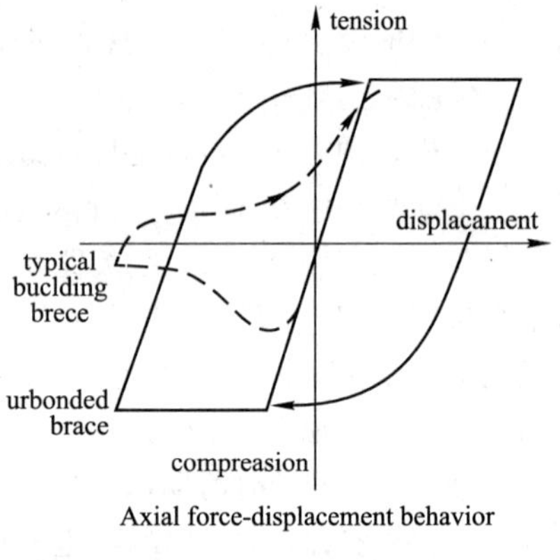

防屈曲耗能支撑用于结构中，具有以下受力特点：

(1) BRB 构件在地震作用下受压不会屈曲，受拉与受压性能基本相同；

(2) BRB 构件的屈服承载力稳定，波动幅度小；

(3) BRB 材料具有长屈服平台，塑性变形能力好；

(4) BRB 滞回环相当饱满，性能远优于普通支撑构件，具有更强耗散能量的能力；

(5) BRB 可作为被动控制型、位移型阻尼器；

(6) BRB 不参与竖向荷载作用，仅承受水平荷载作用。

利用防屈曲耗能支撑的耗能特点，在地震作用下允许防屈曲耗能支撑屈服，用以耗散地震能量，提高结构的抗震性能；由于防屈曲耗能支撑破坏后可以更换，在地震作用下，允许防屈曲耗能支撑首先破坏而保证其他主体结构不倒塌，起到“保险丝”的作用；此外，利用防屈曲耗能支撑不屈曲的特点，可以自由调整支撑的截面，以获得合适的结构刚度。采用耗散构件消耗地震能量代替增加结构刚度来抵抗地震已是现代抗震设计的大势所趋。

4.1.2　世博中心工程中防屈曲耗能支撑布置的数量达到 518 件，是国内首次大批量使用。在世博中心，结构防屈曲耗能支撑依照以下原则进行布置，在此基础上尽量减少使用防屈曲耗能支撑以获得最高的经济性。

(1) 地震作用下内力较大的支撑。

(2) 地震作用下层间位移较大的楼层。

(3) 竖向荷载作用下内力较小，可以后装的支撑。

(4) 结合建筑布置，避免影响开洞。

(5) 宜自上而下布置。

4.1.3 针对世博中心工程，对普通支撑结构和防屈曲耗能支撑结构的技术经济性比较可总结如下：

(1) 对普通支撑结构，大震作用下一旦支撑屈曲，结构刚度迅速退化，大震作用下的抗震性能不易保证。

(2) 由于普通支撑截面比防屈曲支撑大，结构刚度明显增大，常遇地震下地震力也显著增大，X、Y 向分别增大 30% 和 24%。

(3) 核心筒处柱脚支座竖向反力增大约 1.5～2.0 倍，需要增加 20% 抗压桩，抗拔桩配筋增加，柱脚构造措施抗拔承载力需提高。

(4) 抗侧力结构(框架柱、梁及支撑)用钢量增加约 2000t，增加钢结构部分造价 2400 万。

根据资料统计，采用防屈曲耗能支撑能降低结构总用钢量的 5%～10%。本工程大概可以降低结构用钢量 2000t，同时采取国外进口与国产相结合的办法，进一步降低了结构工程造价，同时也提升了防屈曲耗能支撑国内产品的核心竞争力。

4.2 新型玻璃幕墙系统应用技术

世博中心工程外墙采用环保、节能的幕墙系统，恰当地使用 Low-E 玻璃、悬浮膜中空玻璃以及双层呼吸式幕墙系统，并设置可开启窗以利于自然通风和排烟。南部、东西部使用遮阳系统，可以阻挡一部分直射的阳光，减少过多的热量进入室内，既减少了能耗，又创造了舒适的室内环境。本工程幕墙结构类型主要包括单元式幕墙、干挂石材幕墙、钢结构点式玻璃幕墙、钢结构玻璃采光顶、铝板吊顶等，幕墙面积 6 万多 m^2，共有 10 个系统。

为了实现保温与遮阳的合二为一，本工程的南、北两面幕墙系统采用了国内首次采用的新型夹胶夹丝中空玻璃，金属编织装饰网作为建筑玻璃的夹胶产品，即：金属编织装饰网夹层玻璃，是能够满足节能要求的幕墙玻璃材料之一。白天玻璃折片内金属垂帘可以调节阳光，遮阳系数可以降到 0.3 以下，起到很好的遮阳效果。新型金属编织装饰网夹层玻璃采用了高性能的材料和新的加工工艺，实现了玻璃、金属、中间膜的牢固结合，该玻璃既具备金属色泽，又具备较普通夹胶玻璃更优异的装饰、安全、防盗、防紫外线、节能、抗穿透和抗击飓风等性能。

图 10 世博中心外立面新型夹胶夹丝玻璃幕墙系统现场

4.3 新型环保装饰材料应用

世博中心工程在建筑设计方面为凸显建筑风格与适应使用功能的充分完善大胆运用具有突破性的设计理念，一方面，设计大量使用流畅而富有动感的各类木饰面板、金属板及人造板材，品种与规格繁多，材料选用档次高，且具有较高的防水、防火、隔声等性能；另一方面，考虑建筑物的重要性，设计对各类室内装饰材料的防火性能要求高以外，选用的多为新型绿色环保材料，如G.R.G人造板、A级防火软膜照明应用系统、玻璃纤维吸声喷涂等，并且按美国LEED^{TM}标准对这些室内装饰材料要求是具有低挥发性、低污染的无毒、无污染、不含氟利昂的绿色环保建材。大量使用绿色建材，可以说是新型绿色环保材料的大集成，使得部分材料应用超出了现行施工技术、质量验收标准的范围。

4.3.1 玻璃纤维增强石膏板(GRG)

GRG是预铸式玻璃纤维加强石膏板，它是一种特殊改良纤维石膏装饰材料，相对普通装饰石膏板，是一种不易变形、质量轻、强度高且无任何气味的新型绿色环保建筑装饰材料。此外，由于GRG材料的防水性能和良好的声学性能，尤其适用于频繁的清洁洗涤和声音传输的地方，像学校、医院、商场、剧院等场所。在世博中心2600人会议厅、政务厅等主要功能区墙面及平顶装饰较多采用了GRG装饰板。

图11　2600人会议厅与政务厅GRG墙面、顶面

4.3.2 A级防火软膜照明应用系统

该产品是玻纤无纺布加上特殊氟素树脂的复合材料，无定向性光源，具有优异的光线扩散性能，可以创造出柔和的舒适的空间环境。与其他的一些常规材料比较具有不易变形、尺寸稳定性；透光效果好；达到A级防火等级；耐污而易于清洗；环保、可回收以及安装方便等优点。

图12　A级防火软膜现场

4.3.3 AAT消声防火保温纤维喷覆

AAT是由经特殊加工的无机纤维棉和水基特种环保胶粘接剂，通过成套的专业喷覆设备

喷覆于建筑基面，经自然干燥后形成无接缝整体密闭的具有一定厚度的稳定绝热层。

AAT 兼具有优异的吸声和隔声功能(降噪系数可达 0.95)、突出的保温性能［导热系数仅为 0.034～0.038W/(m·k)］、A 级防火(不燃)(AAT-S 型为 A1 级防火)及安全环保的多功能特性。

世博中心的多功能厅、政务厅、机房、系列会议室等区域均采用了 AAT 喷覆吸声保温施工。另外上海世博会美国馆等系列世博工程也采用了 AAT 喷覆吸声、隔声、防火、保温处理。

图 13　AAT 在世博中心应用部位

2600 会议室均采用 AAT 喷覆吸声保温(吸声降噪、保温、防火)。多功能厅、政务厅和舞台区等区域。

4.3.4　超长不锈钢饰面复合板

世博中心室内不同精装修区域均有采用不锈钢作为饰面材料。镜面、拉丝不锈钢复合板总使用量约 18000 ㎡。最大镜面单幅高度达到 8.4m，约 3 层楼高的整幅板面，该超长镜面不锈钢复合板在亚洲地区乃是首创。世博中心不锈钢饰面复合板采用 1.5mm 镜面不锈钢＋35mm 蜂巢板＋2mm 铝背板复合技术，具有轻质、防火、隔声和易合成的特点。

图 14　镜面、拉丝不锈钢墙顶面效果图

4.4　绿色建筑配套机电设备系统应用技术

4.4.1　新能源空调系统应用

(1) 水源热泵技术

热泵技术是利用低位再生能的一项重要技术措施，热泵就像泵一样，利用少量高位能(如电能)把不能直接利用的低位热能(如空气、土壤、水中所含的热能、太阳能、生活和生产废热等)转换为可以供采暖、空调、生活热水使用的高位热能。

世博中心工程直接抽取黄浦江水，夏季向江水内排热，冬季则向江水内取热，采用了最为简洁的直接利用开式地表水的水源热泵系统方式。其江水源热泵采用 3 台 500RT 的螺杆式冷水机组，向空调系统提供6℃的空调冷水。机组冷凝器侧直接采用黄埔江水进行冷却(黄埔江水夏季工况设计温度为30/35℃)，直接省去了室外冷却塔的建设，减少使用维护费用的同时更节省了用地。

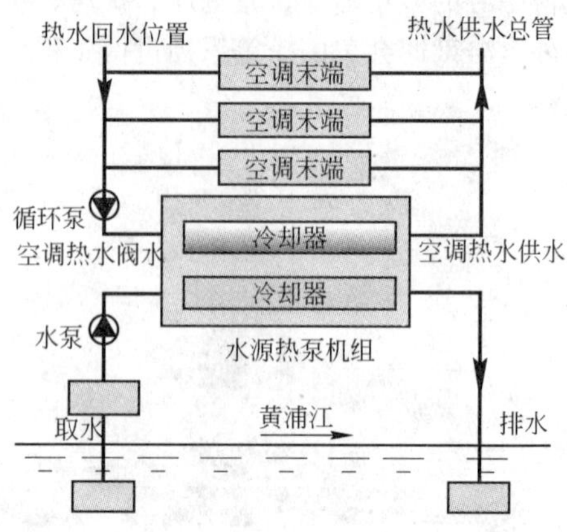

水源热泵原理图(冬季制热工况)

图15 江水源热泵系统原理示意图

按照冬季最不利条件计，江水源热泵与燃气锅炉相比：空调一次能占71%，节省29%；运行费用占57%，节省43%。若按整个冬季计算，可期望的效益为：该系统运行费用节省50%～70%，一次能耗节省40%～50%；年运行能耗节省5740MWh，折合1000t标准煤，减少CO_2排放约2600t。

(2) 冰蓄冷、水蓄冷空调系统技术

冰蓄冷系统是采用用电低谷时(如夜间)由双工况冷水机组制冰蓄冷，以冰或冷水的形式把冷量储存在蓄冷装置内，用电高峰时(白天)再把冷量释放出来，满足空调用冷需要，其溶冰放冷的供冷方式，可以使制冷机组有提高一倍的供冷能力。冰蓄冷空调技术具有卓越的移峰填谷功能，是电力需求管理的重要技术手段。

世博中心工程的冰蓄冷系统采用分量蓄冰方式，主机与蓄冰装置串联，主机上游。设计工况为主机优先的供冷运行策略，部分负荷时可按融冰优先甚至全量蓄冰模式运行。蓄冰系统融冰出液温度为3.3℃，通过板式换热器向空调系统提供6℃的空调冷水，最大供冷量为2204RT。

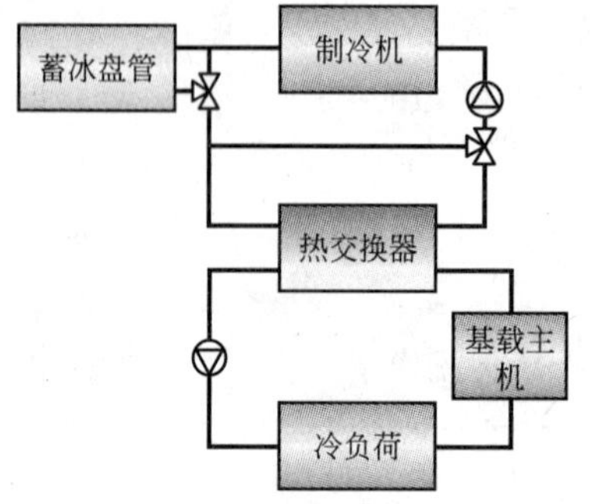

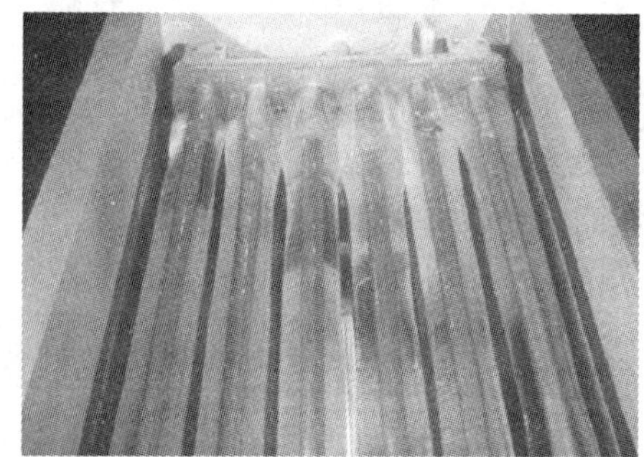

图16 蓄冰系统典型流程图

水蓄冷系统是利用水的显热来储存冷量，水经过冷水机组冷却后储存于蓄冷槽中用于次日的冷负荷供应，即夜间制出4℃左右的低温水，该温度适合于大多数常规冷水机组直接制取冷水。在白天空调负荷较高的时候，自动控制系统决定制冷主机和蓄冷槽的供冷组合方式，尽量在白天峰电时段内由蓄冷槽供冷，不开或者少开制冷主机，以降低空调系统的运行费用。

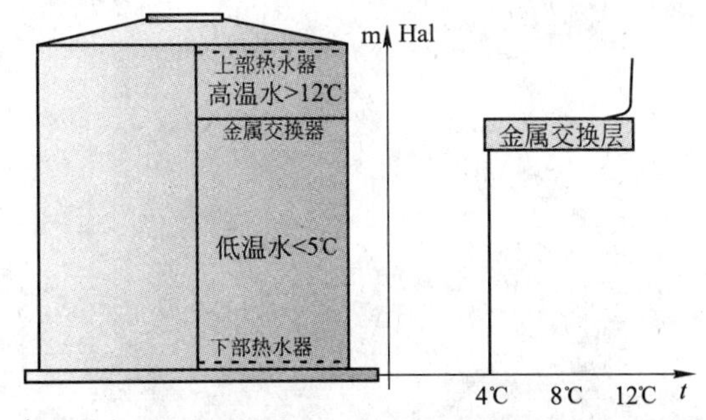

图17 水蓄冷系统温度自然分层法示意图

世博中心水蓄冷系统利用已有的江水源热泵机组、消防水池及供冷、供热水泵等组成水蓄冷系统。蓄冷主机可由任一台江水源热泵机组承担；蓄冷槽为900m^{3}的消防水池，蓄冷方式采用温度分层法，总蓄冷量约为2150RTh。蓄冷泵定流量运行，释冷泵变流量运行。系统释冷温度为4℃/12℃，通过板式换热器向空调系统提供6℃的空调冷水，最大供冷量为500RT。该系统是在不增加制冷设备的前提下，以蓄冷理念提高整个系统供冷能力，并将能耗移峰填谷达到节能目的的最佳应用。

世博中心工程的冰蓄冷和水蓄冷系统蓄冷容量为9100RTh；空调主机装机容量减少900RT，耗电量约减少600kW；预计3～4年即可回收增加的投资。该系统平衡电网峰谷负荷的作用可减缓电厂扩容，并提高发电效率，对节能减排意义重大。

4.4.2 太阳能利用技术

太阳能是洁净的可再生能源，具有不需占用昂贵的土地、降低施工成本、避免或减少了输配电损失等多种优点，经济效益非常显著。

(1) 太阳能发电技术

光伏发电技术具有很好的环境效益，不会造成温室气体的排放，是真正无污染的高科技绿色能源，具有明显的社会效益。

世博中心太阳能的应用主要集中于屋顶。在屋顶中心及四周部分区域铺设常规光伏组件，在屋顶设备房南立面应用光伏遮阳式组件，以增强世博中心太阳能系统的显示度。光伏遮阳组件的主要任务就是减弱通过窗口(或外围护结构透明和半透明部位)直接进入室内的太阳辐射热，并将此部分能量转化为可以利用的电能，形成多功能的统一。屋顶设备间共有4座，东北设备间南边由于停机坪存在一定的遮挡，因此铺设光伏遮阳的区域为西北、西南及东南设备间南立面，扣除设备间的开门、开窗及立面上下底边收口位置，实际可用面积有约881m^2，因此，适合光伏遮阳系统的应用展示。效果如图18、图19所示。

图18 屋顶平铺常规太阳电池组件效果图

图19 世博中心光伏遮阳系统应用效果图

（2）太阳能热水系统技术

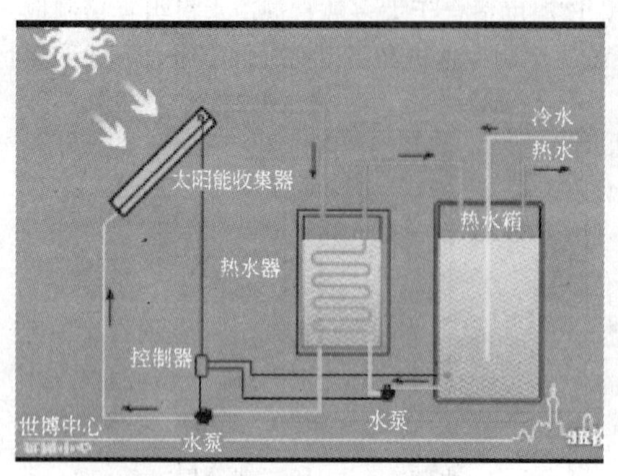

图 20 太阳能热水系统原理示意图

太阳能热水系统能减少常规能源的消耗、减少 CO_2 等温室气体的排放、减少环境污染有重要的示范意义。世博中心建造的太阳能热水采用欧洲先进技术，并结合世博中心的特点，与建筑、景观完全一体化。该项目是惟一一个在世博永久性场馆实施的太阳能热水项目，其与景观的完美结合，在国内外也是惟一的。

上海世博中心太阳能热水系统为闭式间接利用太阳能热水系统，是以太阳能热水为一次热媒，将冷水加热后使用。该系统选用短期蓄热集中太阳能热水系统（CSHPDS），强制循环、二次换热。系统原理见图 20。

集热部分为两个区，集热及供热部分根据场馆的特有功能分为四个相对独立的区，可以满足场馆会议的不定期性和会议室分散性等特殊要求。该系统集热器集热面积约 600m^2，蓄热天数为 3～5d。太阳能热水系统安装在世博中心外围的大巴车停车坪顶上，集热器采光面积约 310m^2，做成类似凉棚的形式，既可起到一定的遮阳效果，又有较好的示范作用。

利用太阳能制备的热水量约占生活热水总消耗量的 25％以上，每年可节省 58t 标准煤，减少 CO_2 排放 154t。太阳能技术在本工程应用，其节约的能耗相当于 1160t 标准煤，减少 CO_2 排放量 3000t 以上。

4.4.3 水资源回收利用技术

（1）雨水收集利用系统

雨水收集利用主要是将屋面雨水经收集、初期弃流、调蓄后，通过沉淀、过滤、消毒等处理后，用作便器冲洗用水、绿化浇洒用水、循环冷却水系统补水等。其原理是雨水经过排水系统流入过滤井，经过简单的处理，集中收集到地下储水装置中，使用时，用二次回用装置将水箱中的水抽到各个使用的地点。当水箱中的雨水下降到一定的水位时，回用装置将自动切换到自来水系统。

本工程收集系统共设五个储水池，围着场馆布置，设计容量为 1000m^3，汇水面积约 30000m^2，主要用于周围绿地浇灌、冲厕、冲洗地面等用途。单个蓄水池采用圆柱孔型结构的收集单元，外观尺寸 1.2m×0.6m×0.6m，采用镂空设计，其贮水空间可达整个单元体积的 95％，使其具有很大的贮水能力，每个贮水单元的贮水量为 410L。材质为聚丙烯，具有耐老化，耐腐蚀，使用寿命长等优点，且重量较轻，每个单元只有 19kg，安装方便。本工程共设置五个储水池，采用聚丙烯材质的雨水收集单元，总储水量 1000m^3。预计年平均雨水可回用量约为 30000m^3，约占年用水量的 14％以上。

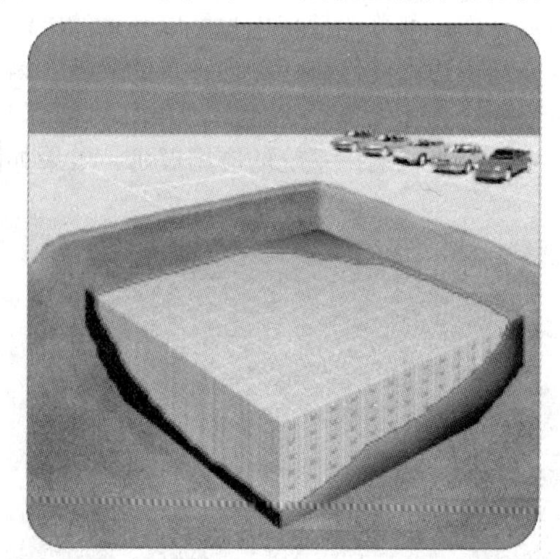

图 21 埋地式雨水收集池效果图

(2) 杂水收集利用系统

杂水收集利用的原理是考虑回用部分江水源冷却水系统的温排水和空调冷凝水，作为冲厕用水、停车库地面冲洗用水、道路冲洗和绿化浇洒用水(部分采用处理后的雨水)、水景用水、循环冷却水补水等。

杂水利用技术其本质就是采用分质供水。即通过对城市管网自来水的处理以及雨水的收集利用，对水质需求不同的各系统分质供水，在减少对城市管网的需水量及排放量同时，也通过分质供水增加了回用水的使用量，达到了节能减排的目的。世博中心预计年平均杂用水利用量约为 123000m^3，约占年用水量的 58%以上。

世博中心分质供水明细表 **表 4**

供水用途	供水水质				
	自来水			雨水	
	直饮水(净水处理)	软水处理	无处理	雨水(化学处理)	中水(沉淀处理)
厨房餐饮用水等	★				
厨房洗碗机用水、太阳能集热系统补水、空调补水等		★			
盥洗、沐浴、厨房、锅炉房用水、抹车用水等			★		
便器冲洗用水、循环冷却水系统补水等				★	
停车库地面冲洗、道路冲洗和绿化浇洒用水、外墙面清洗用水等					★
消防(水蓄冷)用水			★		

(3) 程控型绿地微灌系统

世博中心绿地微灌系统主要由三大部分组成，即信息收集系统、灌溉控制系统、灌水设备。具体为中央控制设备，集群控制器，气象站，传感器，田间控制器，电磁阀，灌水器等设备。

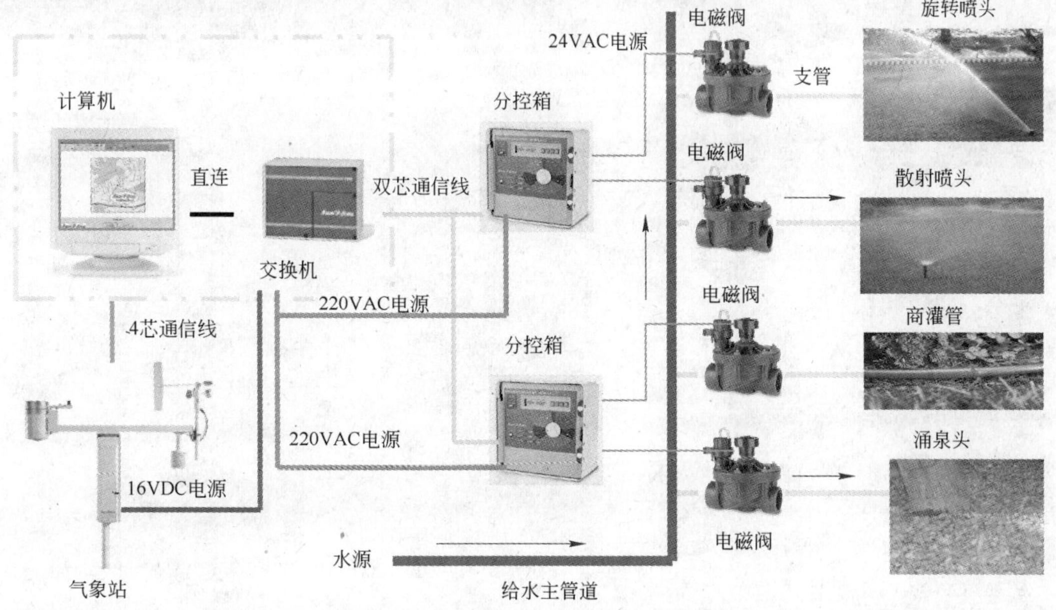

图 22 程控型绿地微灌系统原理图

程控型灌溉系统节水效果显著，管理及维护成本降低。

灌溉系统中的设备可得到最大限度的保护，可避免以下常见的问题：

1）过量灌溉或灌水不足；

2）管网破裂，漏失水；

3）系统运行压力不合理；

4）水泵工作效率低下；

5）地形起伏不平或土壤入渗率低产生地面径流，浪费水资源；

6）降雨时，灌溉系统不能识别而继续灌水，造成浪费水资源。

通过湿度传感器或根据气候变化的调节控制器，按预先设定的程序自动控制绿地灌溉，实现真正意义上的精准灌溉，实现灌溉管理数据的采集、记录、分析和研究，预计比地面漫灌省水50%～70%，比喷灌省水15%～20%。

5 结语

世博会不仅展示先进的产品技术，建筑技术的展示也非常重要。针对世博中心功能复杂，结构体系具有大空间、大跨度的特点，综合采用大落差深基坑支护，超长结构裂缝控制，大跨度钢结构整体提升工艺以及绿色建筑配套系统技术等的成功探索和应用，为大型公共场馆建设铺就了一条既可行又有效的“绿色”之路。

绿色、环保、节能建筑体现在建筑全寿命周期内，然而，由于节能建筑的高投入，往往阻碍了绿色建筑的发展，而世博中心项目的低投入、高回报无疑为绿色建筑的发展提供了一个示范。在住房和城乡建设部颁布的我国首批绿色建筑设计评价标识项目中，中国2010年上海世博会世博中心作为惟一获此殊荣的大型公共建筑而备受瞩目。

闵浦大桥主桥钢桥面桁架梁结构整体合拢施工技术

顾海欢

（上海市基础工程公司）

摘　要： 闵浦大桥主跨跨径708m，主桥中跨桥面主梁为双层全焊接正交异性结合钢桁梁结构。其中跨合拢段断面尺寸大、节点多、端口对接难度大，梁段受温度、日照的影响较大。在大量理论计算分析的基础上，通过运用温度场测试与全断面空间精确测量技术、液压整体提升和高精度调整技术、端口处理方法及同步对称焊接工艺措施的手段，完成实现了超大体量合拢段的整体合拢。

关键词： 桁架梁结构，全焊接合拢，散件栓接合拢，整体栓接合拢，合拢温度

1　工程概述

闵浦大桥为浦东机场高速公路跨越黄浦江段工程，主桥为主跨708m的双塔双索面斜拉桥，主桥中跨桥面主梁采用全焊接正交异性结合钢桁梁结构，上层桥面宽43.6m，下层桥面宽28m，上、下层桥面相距9m，结构总高11.5m。合拢段上层桥面长度为23.220＋2Δm，下层桥面长度为26.502＋2Δm，其中2Δ为长度预留量。包括临时杆件，整个节段重量约700t。

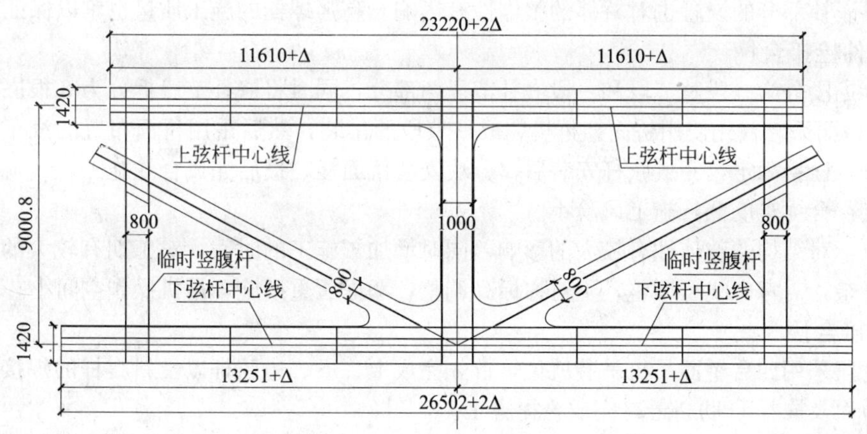

图1　合拢段主桁立面图

合拢段结构主要由桁架系统及桥面系统两部分组成。桁架系统分为上弦杆、下弦杆、边弦杆、竖腹杆、斜腹杆及斜撑，杆件按桥轴线对称布置，同时在两端各布置一道由竖杆及斜撑组成的临时支撑。上、下、边弦杆及竖腹杆采用箱形断面，斜腹杆、斜撑为工字形断面。合拢段桥面系由桥面板、U肋、纵梁、主横梁、副横梁组成。单个节段上、下层桥面各布置1道主横梁、6道副横梁，副横梁；上层桥面板布置8道纵梁，下层桥面布置6道纵梁。

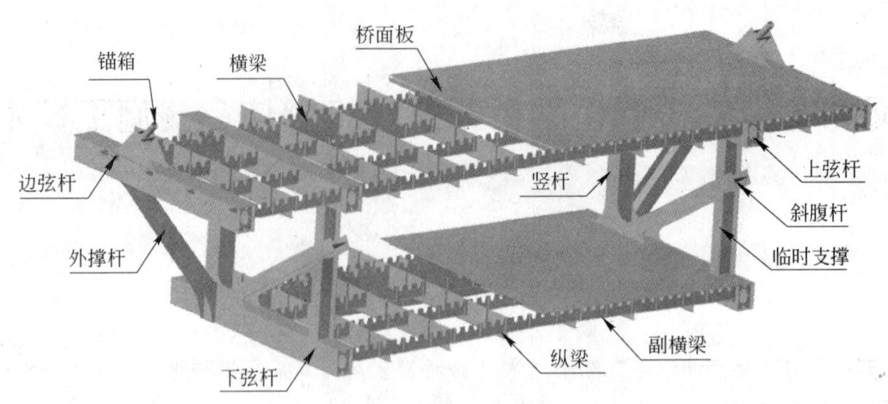

图 2　合拢段主桁断面图

2　工程特点与难点及方案比选

中跨合拢施工包括桁架系统的 8 根杆件以及桥面板、纵梁、U 肋等。由于节段尺寸较大，影响施工的因素较多，如何保质保量以最快速度完成合拢，在合拢施工前，拟对三种合拢施工的方案进行反复比较综合分析。

2.1　整体栓接合拢

在合拢段的上、下、边弦杆布置连接螺栓，斜腹杆及桥面系设置一段约 3m 的嵌补部分。节段采用四台桥面吊机吊装就位后栓接固定，然后安装斜腹杆及纵梁的嵌补（采用栓接），最后焊接桥面板及 U 肋，完成合拢。

优点：栓接合拢施工工艺相对成熟，合拢速度快。难点：合拢施工需同时完成 6 根弦杆的栓接，而由于结构尺寸较大，整体刚度较差，精确就位有一定的难度，给合拢施工带来了风险，同时嵌补部分的设置也对桥体的整体性有影响。高强螺栓的施工质量也难以保证。

2.2　散件栓接合拢

将合拢段分为一段整节段和一段嵌补节段两部分，同时将嵌补节段拆分为 8 根嵌补杆件和 5 块分块桥面系，首先使用桥面架桥机完成整节段的吊装，然后采用桥面布置的汽车吊吊装嵌补的弦杆，栓接固定，完成弦杆安装后，分块安装桥面板，最后完成合拢施工。

优点：合拢难度低，施工风险小。

难点：对结构的整体性有较大的影响，同时增加了施工的时间，对工期有较大的影响。施工工序复杂，需考虑线型调整，不对称标高调整，考虑压重措施，吊机操作空间小。

2.3　焊接合拢

合拢段采用四台桥面吊机吊装就位，首先完成上、下、边弦杆以及斜腹杆的焊接，再焊接纵梁、桥面及嵌补 U 肋，最终完成合拢施工。

优点：对结构整体影响较小，施工速度快。难点：有拘束条件下的焊接需进行焊接工艺评定。吊装间隙小，进档难度大。临时锁定装置应满足强度刚度要求。

3　整体全焊接合龙施工工艺

通过对几种施工方案的对比，结合质量、工期、风险、现场条件等因素考虑，通过现场大量的焊接工艺评定、多次全桥联测测量结果分析，拟采用焊接合拢的施工方法。

合拢段采用四台桥面吊机吊装至接近就位位置，待周围环境达到预计的合拢环境要求时，将节段提升就位并完成调整，调整完毕后迅速采用临时锁定装置锁定节段，安装码板，开始焊接施工。焊接首先完成上、下、边弦杆以及斜腹杆的焊接，再焊接纵梁、桥面及嵌补U肋，最终完成合拢施工。

(1) 设计合理的锁定装置，解决合拢焊接时的临时锁定问题。

(2) 采用可精确操控的提升系统，同时将杆件的对接面设置成斜口，以一定程度上减低吊装的难度。

(3) 组织足够的施工人员，安排合理的施工顺序，加快施工速度，尽量在温度相对稳定的状况下进行施工，以减少温度变化对施工带来的影响。

(4) 合拢焊接为有拘束条件的焊接，事先在加工厂做试件，模仿拘束条件，进行焊接工艺评定。经试验评定结果满足要求，为确保焊接质量，采取相应的预热措施。对关键焊缝进行全断面探伤，有缺陷的地方全部返修。

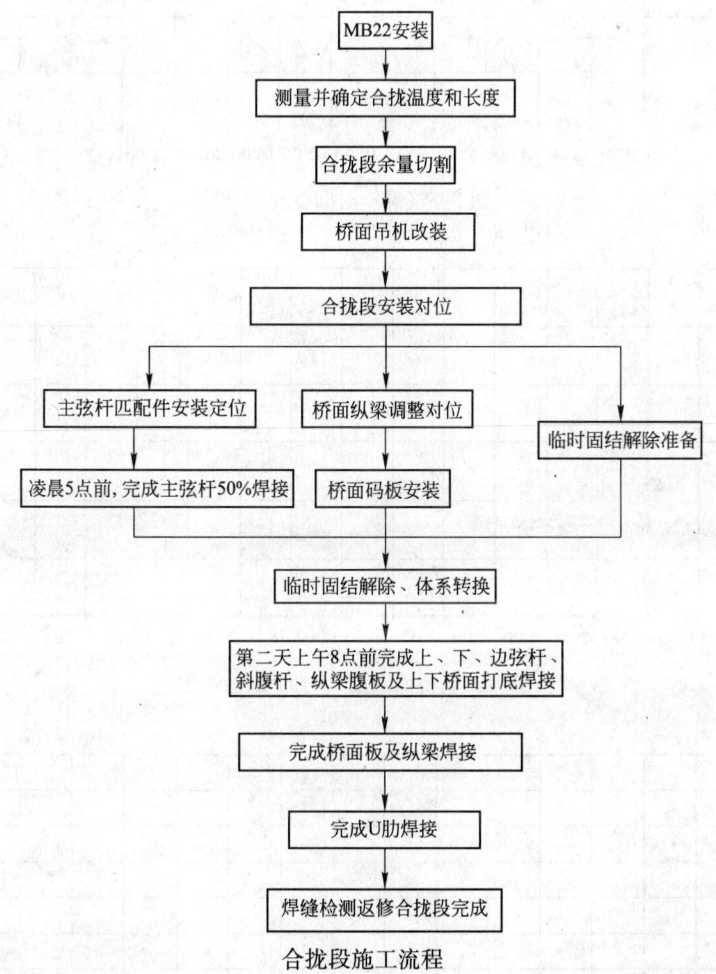

合拢段施工流程

4 整体全焊接合拢施工实践

4.1 合拢温度确定

在合拢段安装前进行钢梁的连日温度变形观测，分析该季节的气象资料，了解温度的变化情况，找出变化的规律，选择温差变化相对较小、恒温时间持续较长的温度作为合拢温度，根据以往施工经验，钢梁的温度和外界气温略有一定的滞后性，经现场大量实测一般在夜间12点钢梁温度趋于平缓，并基本一直在最低温度左右徘徊，稳定时间约6h，过后温度将大幅直线上升。调查合拢段时间(预计在2009年8月)的常年温度，及气象部门预测的合拢段施工期间的温度趋势、气象情况，结合临时锁定及主要杆件焊接完成所需时间，确定合拢时间和初步合拢温度。

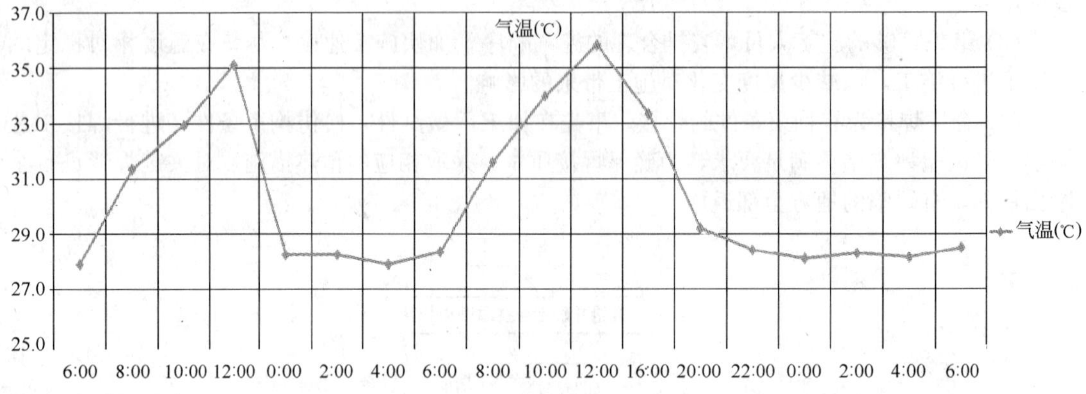

图3 气温—时间变化曲线

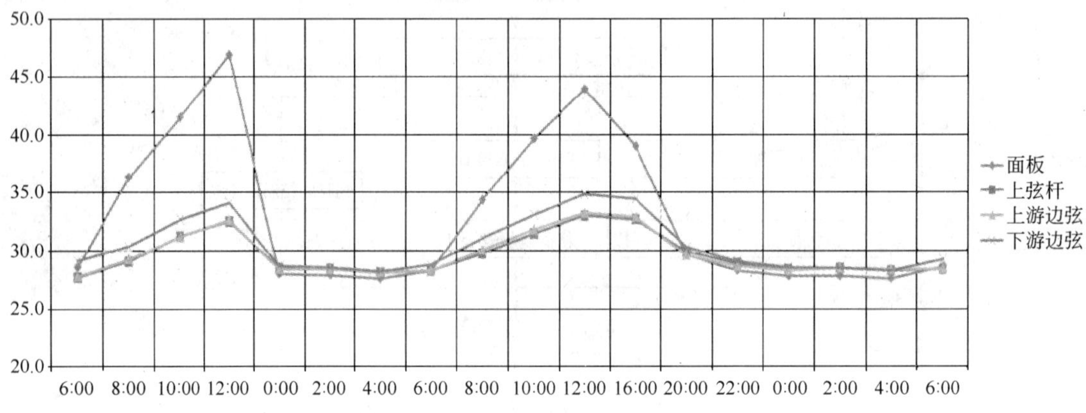

图4 上桥面温度—时间变化曲线

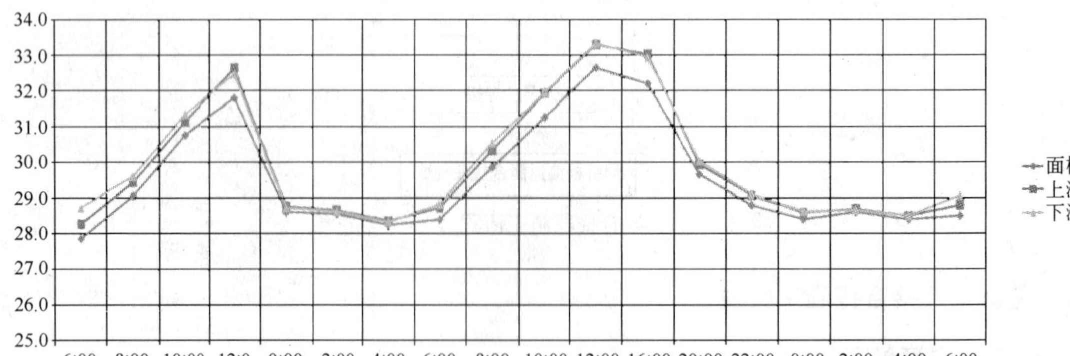

图5 下桥面温度—时间变化曲线

合拢尽量选择在阴天无雨的夜间进行，温差变化小，无日照影响，现场配备防风雨措施，消除风雨的影响。

4.2 合拢段长度确定

合拢段测量从 M19 段起开始浦东、浦西交叉控制，主要以控制轴线和相对偏差为主，另外同一天在日照充足时和夜间 12 时等不同工况下进行多次测量比较，记录气温温度和钢梁温度，以此估算日照、温度对合拢端口的影响程度。从 M19 段起，每段均联测，控制轴线偏差、接口相对偏差及接口长度，以保证合拢段的安装精度。

合拢段测量的平面及高程系统控制均采用经复核后的闵浦大桥测量平面控制网。为确保测量的精度，拟采用伺服仪器，自动锁定目标，自动跟踪测量，以减小人为的影响。

由于受温度、风等环境因数影响，拉索、索塔及桥面都会发生位移变化，故在确定合拢长度前，必须进行 48h 情况测量以求得温度、风等环境因素与间距之间的变化关系。

合拢段环缝有 8 个接口，节段平整纵向坡度很小，基本可忽略，根据联测结果，工厂内预拼装制作时两端均布置约 10cm 的余量，待 MB22 段安装完毕联测合拢段长度确定后进行。

合拢段起吊进档时，两悬臂端存在约 5cm 左右的挠度，再加上双层桥面高度的影响比较大，造成端口对接难度加大。实际作业时，通过分步调索，先减小索力，模拟合拢段提升时的悬臂端受力状态，反复测量该工况状态下的端口长度。合拢段余量切割后提升前，再调节索力到位，端口缝隙全部到位，完全满足焊接要求。

4.3 合拢段端口处理

为了降低合拢段现场吊装的难度，同时为了合拢段与相邻梁段的接口匹配，保证后续梁段线型和焊接质量，将 MB22 和 MB22′梁段的上、下和边弦杆与合拢段相接的端头切成斜口，斜口按 1∶10 坡度设置，梁段上下桥面的纵梁腹也切成斜口，U 肋设置嵌补。端口处理在预拼装之前完成。

4.4 临时锁定

根据合拢的施工工况，所需要采用的临时锁定装置必须承受由于钢结构因热胀冷缩所引起的应力，包括拉应力和压应力，同时锁定装置还必须作为横向及竖向限位装置，在焊接过程中固定节段。

临时锁定装置安装在上、边弦杆顶板以及上、下、边弦杆的腹板位置，由挡块、牛腿、对拉螺杆及钢垫块组成。挡块及牛腿布置在 MB22(MB22′)和 MB23 节段弦杆上，位置对齐，中间采用螺杆连接。MB22(MB22′)与 MB23 两端挡块之间预留 450mm 距离，当吊装就位后用钢垫块及楔形块垫实，垫块设置过焊孔。待整个锁定装置连成整体后，由螺杆承受拉力，挡块承担压力，同时将钢垫块同节段焊接固定，这样锁定装置既满足合拢施工时的承压、抗拉要求，又满足了侧向，竖向限位等方面的要求。

4.5 整体吊装技术

4.5.1 节段吊装

合拢段节段重量约 700t，采用四台桥面吊机同步提升，提升高度约 40m，提升速度约 15m/h，持续约 3h。单个千斤顶配 16 根钢绞线，钢绞线破断拉力 26t。提升前预检合格后，四台桥面吊机同时加载，同时运梁船上人员检查运梁船的补强构件，确保构件同节段之间能顺利脱离。

当节段提升离开运梁船约 1～2m 后，静止约 30min，确认一切正常后，进入自动提升阶段。吊装时运梁船等待在节段下方，直至节段下方有足够的通航净空后才离开。测量端口标高、里程是否满足要求。合拢段提升至离就位位置约 0.3m 时，停止提升，锁定桥面吊机。

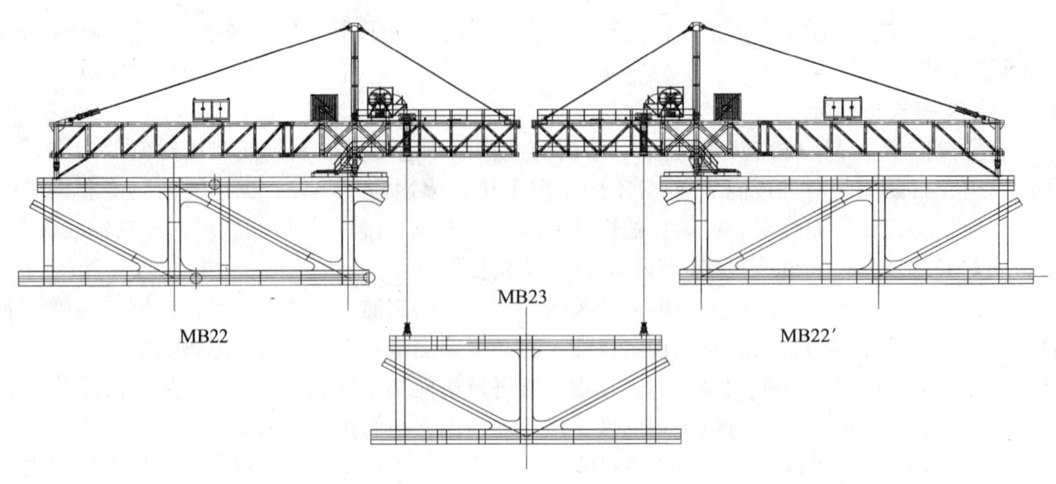

图6 合拢段吊装示意图

4.5.2 节段就位

合拢段锁定后，现场由测量人员测定MB22与MB22’节段之间距离，由施工人员测定周围环境温度，同时检查MB22、MB22’节段的施工平台安装情况。

现场气温接近日最低气温时，开始提升节段，测量人员不间断地进行监测，施工人员待命。

当气温达到最低温度时，将节段提升就位，提升时以焊缝间隙为主，标高为辅，另外提升接近就位时，需点动操作，避免钢结构抵住已安装节段，造成桥面吊机超载。测量人员测定合拢段的标高及线性，进行初步调节。焊接人员对MB23节段进行打磨，平台安装人员搭设跳板，连接MB22(MB22’)同合拢段之间的操作平台，焊工就位准备，同时起重工安装临时锁定装置的对拉螺杆。

图7 节段吊装就位

随着气温的回升，合拢段同MB22(MB22’)节段的间隙减小，当间隙到达焊缝要求宽度时，使用小千斤顶对节段进行精确调整，调整完毕后，起重人员锁紧临时锁定装置的对拉螺杆，安装钢垫块和楔型块，同时将垫块位于合拢段的部分用电焊同节段固定，使垫块同时成为节段的侧向及竖向的限位。另一方面，焊接人员安装码板，准备进行焊接施工。

4.5.3 约束解除及体系转换

合拢段临时锁定装置开始安装时，在主塔位置安排施工人员准备对主塔位置的约束装置进行割除。待合拢锁定装置完成安装后，也必须完成主塔部位约束装置的割除。主桥桥面由悬臂结构转换为纵向连续的半漂浮体系。

4.6 合拢段焊接

4.6.1 焊接工艺评定

因本桥在工艺评定试验时对评审用焊接方法都进行了斜Y型抗裂试验，试验结果表明在工艺规定的条件下焊接均未出现裂纹，因此选择全焊接的合拢方案是可行的。就合拢的接口焊接承受的拘束而言，必远远小于抗裂性试验条件下的拘束程度，另外一方面焊缝的性能主要取决于焊接工艺，不会因为拘束增加而发生变化。为了更好的反应合拢接口处焊缝的性能，合拢焊接前增做六项焊接工艺评定(2 项斜 Y，4 项约束状态下焊接)。

4.6.2 焊接顺序

完成合拢段临时锁定后，首先焊接六大弦杆，每个弦杆保证有 2 人同时焊接，(必要时 4 人同时焊接)，紧接着焊接上下桥面的纵梁，形成桥梁纵向传受力的主要骨架，之后按照桥位焊接工艺规程对合拢段的其他部位依次进行焊接 。

焊接时应上下层桥面板从中间两侧同时对称打底焊，上下两侧主桁、副桁同时对称施焊，两侧腹杆同时对称焊接，两侧纵隔同时对称施焊；待环焊缝、桁架焊缝外观检验、无损检测和产品试板都合格后组焊顶、底板 U 肋嵌补件。U 形肋嵌补件的顺序从桥中线向两侧同时对称焊接。每一嵌补件按先对接后角接的顺序施焊，即：先焊一端的对接焊缝，另一端自由收缩(采用活马)，然后焊接另一端对接焊缝，最后焊接嵌补段角焊缝。

为了减少温度变化对焊缝焊接的影响，我们将焊接施工时间定在温度相对变化不大的夜间来完成，保证在一段时间内完成六大弦杆和桥面纵梁的焊接，保证桥面马板定位。

5 结语

闵浦大桥主桥中跨桥面主梁为全焊接正交异性结合钢桁梁结构，通过温度场测试与全断面空间精确测量、液压整体提升和高精度调整以及合理的端口处理及焊接工艺等措施，完成实现了超大体量合龙段的整体合拢。整体合拢不仅提高了施工精度，在同类结构中首次采用全焊接合拢工艺，也大大缩短了工期，为闵浦大桥顺利合拢提供了保证，对为今后同类型工程也有一定的参考价值。

软土地区浅埋小间距泥水平衡盾构施工实测分析

陈卫平

（上海市基础工程公司）

摘　要： 预测和控制隧道施工引起的土体位移对工程的造价及安全控制非常重要。当隧道建造在软土地区且覆土很浅时，土体很小的位移即能对附近建（构）筑物造成重大影响。特别是软土地区浅埋小间距施工两个大直径的泥水盾构，情况将更加复杂。

上海人民路隧道采用大直径泥水盾构施工，其上下行线在软土中建造，有较长区段的覆土小于 0.5D，且两隧道之间的净距在 0.35～0.49D。本文首先介绍此区段的工程背景及施工环境。然后详细介绍了现场的监测数据，监测的项目包括：深层土体水平位移，地表沉降，先建隧道位移，作用于先建隧道结构的土压力。与此同时，盾构的施工参数，包括同步注浆量，泥水压力也一并列出。通过分析这些现场监测数据，总结了软土地区浅埋小间距施工大直径泥水盾构的特性。

关键词： 近间距隧道，软土，浅覆土，现场测试

引言

随着城市化进程的不断发展，地铁或公路隧道已经成为城市公共交通中的重要部分，随之而来是隧道网络越来越密集，新的隧道建造计划不断提上日程。受地下空间及资金等的限制，新建隧道有时候需要在已建隧道边近距离施工，隧道间的相互影响将变成施工安全的控制因素。如果所建隧道处于软弱土层且覆土很浅，新建隧道对近距离已建隧道的影响将更为敏感。关于此类问题的计算理论、设计方法、施工工艺等还没形成一个完整的体系，有许多细节仍需完善和改进。

为此，人们在理论、数值分析、模型实验、现场实测等方面做了一些积极的工作。在理论解析解方面，已经有了用 Laplace 变换技术求解了弹性土体中相邻隧道的相互影响问题的解析解(Fortieva and Sheinin)。因为无法考虑近间距隧道复杂的边界条件和多种施工因素，解析具有很大的局限性，还没有达到工程应用的程度。对于特别复杂的问题，FEM 数值分析(Zhi et al. 2009)和模型试验(Kim 1996)是比较可靠和有效的方法。

但真正能反映隧道近间距施工特性的还得依靠现场实测数据。Parker(Parker et al. 1973)等研究了不同直径隧道在近距离平行，相交，重叠位置的相互影响问题。指出当隧道间距大于 2 倍隧道直径，可以忽略相互影响的作用。但是，他们的研究没有考虑土体和衬砌刚度的变化。Cording (Cording and Hansmire 1977)对平行隧道开挖引起的地面实测变形进行了分析，结果显示，后建隧道由于土体损失引起的最大地面沉降值和沉降槽宽度都大于先建隧道，且地面沉降曲线是不对称的，其最大沉降点偏向先建隧道侧。

Yamaguchi(Yamaguchi et al. 1998)通过对现场实测数据，从多个角度分析了日本京都四条盾构近距离掘进施工相互影响以及与周围地层的共同作用效应，讨论了隧道间相互“刺入”等

不同工况所引起的隧道结构内力、地表位移以及土中应力等等的变化。

在中国，林志(Zhi et al. 2006)对上海复兴东路隧道双线盾构隧道、陈越峰(Yue-feng et al. 2008)对上海9号线三线隧道近间距施工的相互影响进行了详细的现场监测。根据已建隧道的位移、沉降历时曲线和收敛特性，得出了盾构推进对近距离并行已建隧道的影响特点。

本文将详细介绍上海人民路隧道上下行线近间距施工的现场监测数据。本案例的特点体现在以下几个方面。(1)施工采用的是大直径泥水平衡盾构；(2)上下行线覆土非常浅，小于0.5D；(3)上下行线之间的净距非常小，仅0.35～0.49D。监测的项目包括：地表沉降，隧道间深层土体水平位移，先建隧道的三维位移及变形，作用于先建隧道结构的土压力，先建隧道结构的内力。与此同时，盾构的施工参数，包括同步注浆量，泥水压力也一并列出。

1 工程概况

人民路隧道采用直径为11.58m泥水平衡盾构施工。隧道结构外径11.36m，内径10.4m，厚0.48m，无内衬结构。隧道每环由8块管片构成，管片错缝拼装，环宽1.5m。北线隧道先行施工，南线隧道在之后2个月内同向施工。

隧道在到达接收井之前的180m范围内施工环境复杂，在里程SK0＋810～SK0＋990区间内，两条隧道结构外边线之间的距离在4.07～5.7m(0.36～0.50D)内渐变。最大间距也仅0.5D。与此同时，隧道覆土在5.87～14.76m(0.52～1.30D)内渐变，坡度5%。此段内隧道间距及覆土深度情况详见表1、表2。此段隧道覆土中有相当厚度的人工填土。掘进面大部经过⑤1、④层土，小部经过③层土，在接收井前11m经过③j层土。③j层土体的渗透性非常强，约为1.00E－04 cm/s，在动水条件下极易产生流砂。地质条件于盾构掘进非常不利。

隧道间距 **表1**

序号	1	2	3	4	5	6	7	8
里程(SK0＋)	810	818	828	852	872	940	966.4	990
位置	工作井	丽水路			福民街		永安路	安仁街
隧道结构间距	4.07	4.20	4.32	4.5	4.55	4.85	5.21	5.70
	0.36D	0.37D	0.38D	0.39D	0.40D	0.43D	0.46D	0.50D

隧道覆土深度 **表2**

序号	1	2	3	4	5	6	7	8
里程(SK0＋)	810	818	828	852	872	890	890	990
位置	工作井	丽水路			福民街			安仁街
隧道上覆土	5.87	6.27	6.77	8	8.79	9.19	9.69	14.76
	0.52D	0.55D	0.60D	0.7D	0.77D	0.8D	0.85D	1.30D

2 监测数据

2.1 地面沉降

两条近间距隧道施工时，地表沉降槽的规律已有非常多的论述(Cording and Hansmire 1977)，本文主要介绍在不同隧道覆土深度时地表沉降的时程规律。以下是反映隧道覆土在

2.0*D*、1.82*D*、1.37*D*、0.97*D*、0.75*D* 处，地表位移的变化规律。时间跨度从盾构机到达之前到盾构后续台车离开后若干时间。

图 1 中的 A 点表示盾构机尾部到达监测点时的监测值，B 点表示监测点的最大峰值。覆土 2.0*D*、1.82*D*、1.37*D* 时地表位移的时程曲线表明，当覆土相对较厚时，施工期间的地表位移主要由同步注浆控制。覆土越深，同步注浆的影响范围越小，地表隆起量也越小。覆土 2.0*D*、1.82*D*、1.37*D* 时，分别影响到其后 9m、13.5m、21m 的地表位移峰值，峰值相应的为 −1.5mm、1.9mm、13.1mm。

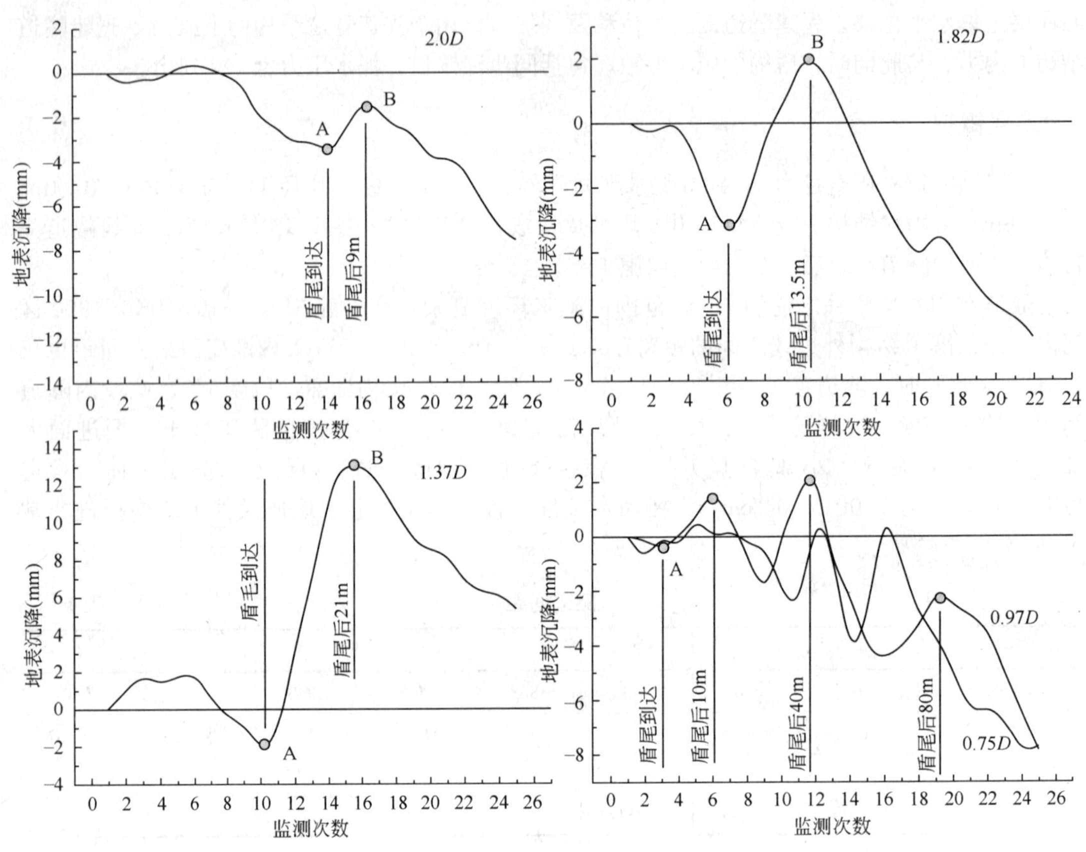

图 1 隧道不同覆土时地表沉降

当覆土深度低于 1*D* 以后，地表沉降呈现有规律的波动。曲线的波峰、波谷与盾构后续台车的重量分布相对应，重量越大则地表下沉越大，重量越小则地表隆起越大。这表明，在浅覆土中施工，盾构机及后续台车的总重及其分布对施工期间的地表位移控制不可忽视。

2.2 隧道间深层土体水平位移

后建隧道与先建隧道施工引起的深沉土体水平位移有一些共同点。比如，覆土越深，周边土体的水平位移越大；水平位移的发展都经历机头到达之前的微量增加、机身通过时的陡然增大、盾尾过后 4 天内继续发展及其后稳定 4 个阶段。

后建隧道引起的深层土体水平位移也有其自身的特点。主要体现在：后建隧道引起的水平位移比先建隧道引起的水平位移要大；先建隧道引起的最大水平位移发生在隧道中轴线处，但后建隧道引起的最大位移发生在中轴线上 3～4m 处；先建隧道引起水平位移只有一个反弯点，后建隧道引起的水平位移确存在两个反弯点，详见图 2。

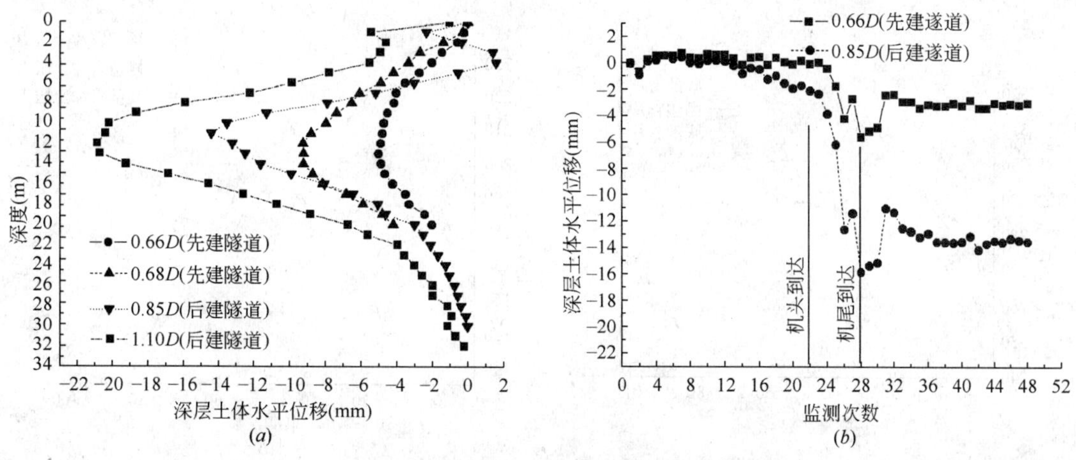

图 2 隧道间深沉土体水平位移

(a)单点深层土体水平位移；(b)水平位移最大值变化

2.3 隧道位移

后建隧道施工时，已建隧道的水平位移较垂直位移大。水平位移在盾尾同步注浆后继续增大，当盾构继续推进 2 天即盾尾距测点 18m 后水平位移达到最大值，其后位移有所恢复。图 5 显示了当隧道埋深 0.74D、隧道间距 0.40D 时后建隧道对已建隧道位移的影响。

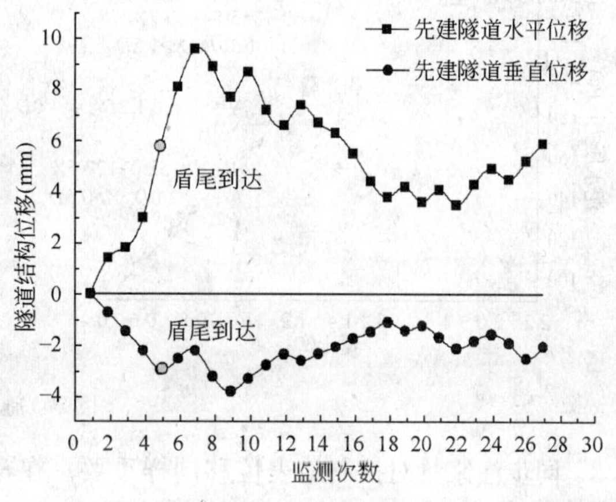

图 3 已建隧道位移

2.4 隧道土压力

在先建隧道顶部、侧边、底部管片上安装了土压力盒，详细记录了后建隧道推进对已建隧道所受土压力的影响。

当覆土较深时，管片 3 个方向的土压力慢慢增加，当受后建隧道同步注浆影响到达最大值后，土压力值略有下降，其后保持平稳。

当覆土较浅时，管片 3 个方向的土压力受后建隧道影响到达最大值后迅速回落，其后保持平稳，稳定后的压力水平与不受影响时的压力水平持平。土压力值变化有一明显的波峰出现，详见附图 4。

3 施工参数

本隧道施工时，以控制施工期地表沉降为目标，根据监测数据适时调整盾构施工参数。结果表明，施工期地表沉降控制非常成功，而对施工期地表沉降有直接影响的是泥水压力及同步注浆量两个施工参数。本工程成功的参数设定能为以后超浅覆土泥水盾构施工提供有益的借鉴。

在不同的覆土下，泥水压力设定的规律不同。当覆土大于 1.36D 时，泥水压力可以在相对平稳的条件下控制地表位移。但是当覆土小于 1.36D 之后，泥水压力必须降低才能保证地表位移可控，并且在不同的浅覆土段，有不同的设定规律。这告诉我们，在浅覆土中施工泥水平衡盾构，泥水压力设定的机理及规则不是统一的。

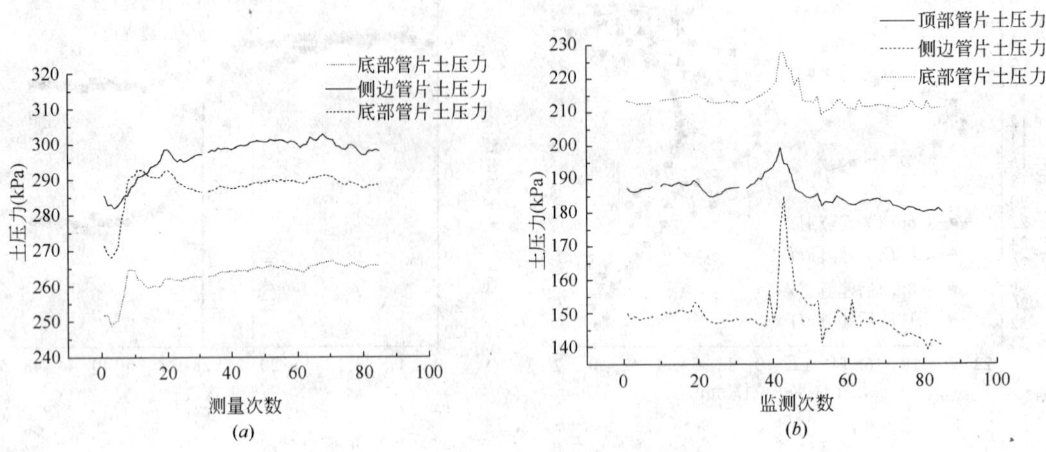

图4 管片土压力

(a)覆土 1.27D，间距 0.49D；(b)覆土 0.65D，间距 0.40D

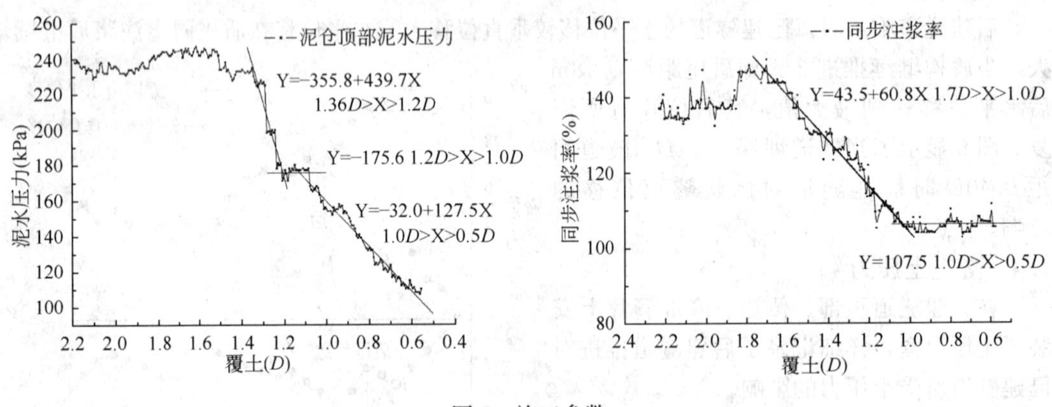

图5 施工参数

同步注浆量对控制地表位移同样重要。在覆土小于 1.7D 之后，同步注浆量呈线性降低。当覆土小于 1.0D 后，注浆填充率需保持在 107%左右，太低则地表沉降，太高则地表隆起。

4 结论

随着城市隧道网络的不断发展，隧道在苛刻条件下的施工技术越来越重要。隧道浅覆土、近间距施工技术就是其中的重要课题。本文介绍了上海人民路隧道大直径泥水平衡盾构在浅覆土、近间距情况下施工时的监测数据。数据真实反映了隧道纵向地表沉降、隧道间深层土体水平位移、先建隧道结构位移、先建隧道所受弯矩、土压力的变化规律。另外本文还介绍了浅覆土情况下泥水压力、同步注浆量设定的一个成功范例。

参考文献

Cording, E. J., and Hansmire, W. H. (1977). "Displacements Around a Tunnel During Its Construction in the Soft Terrain

LES DEPLACEMENTS AUTOUR DES TUNNELS EN TERRAIN TENDRE." (22), 181

Fortieva, N. N., and Sheinin, V. I. "Distribution of stress in the lining of a circular tunnel when dirving a parallel tunnels." *Soil Mechanics and Foundation Engineering*, 6, 417-422

Kim, S. H. (1996). "Model testing and analysis of interactions between tunnels in clay," University of oxford.

Parker, H. W., Deere, D. U., Peck, R. B., Birkemoe, P. C., and Semple, R. M. (1973). "TESTING AND EVALUATING OF PROTOTYPE TUNNEL SUPPORT SYSTEMS."

Yamaguchi, I., Yamazaki, I., and Kiritani, Y. (1998). "Study of ground-tunnel interactions of four shield tunnels driven in close proximity, in relation to design and construction of parallel shield tunnels." *Tunnelling and Underground Space Technology*, 13(3), 289-304

Yue-feng, C., Qing-he, Z., Ying, Z., and Jian, Z. (2008). "In-situ Monitoring and Analyzing on Construction of Three Closely Spaced Parallel Pipe Shield Tunnels." *Chinese Journal of Underground Space and Engineering* (02)

Zhi, L., He-hua, Z., and Cai-chu, X. (2006). "Study of field monitoring on interaction between twin slurry shield tunnels in close space." *Rock and Soil Mechanics*, 07

Zhi, L., He-hua, Z., and Cai-chu, X. (2009). "Numerical Modeling Study on Interaction between Twin Shields Tunneling." *Chinese Journal of Underground Space and Engineering* (1)

上海世博会航空馆双曲面圆弧状钢结构建筑工程测量技术

周善荣、陈 燕
（南通四建集团有限公司）

摘 要：2010年上海世博会中国航空展览馆，工程的设计理念："如天空飘来一朵洁白的云"其独特的设计风格，是黄浦江边的一道风景亮点，供国内外的游览参观者欣赏其独特的建筑风采。屋面部分结构为双曲面钢网壳结构，双曲面钢网壳由弧形钢梁拼装而成。在钢网壳外面安装膜结构的二次双曲面钢网架，在二次钢网架外面包裹结构膜。建筑平面、立面呈不规则弧形双曲面体。在施工测量中采用坐标定位及三维测量，大量的测量工作是钢结构安装的跟踪测量及校正。文章介绍了施工测量控制网测设，钢柱测量等技术。

关键词：双曲面，钢结构，三维模型，施工测量，三维测量，钢柱校正

1 工程概况

上海世博会中国航空展览馆，位于上海世博会浦西展区，靠近西藏南路、半淞园路，建筑面积4910m^2，二层钢结构框架、局部三层。建筑层高：一层8.0m、局部3.90m，二层3.90m、三层由于弧形屋面随弧度的变化而变化，不确定层高，建筑物的最高点为21.76m。工程结构为钢框架结构，由箱型钢柱，H型钢结构楼层梁、屋面梁组成钢结构框架。屋面部分结构为双曲面钢网壳结构，双曲面钢网壳由弧形钢梁拼装而成。在钢网壳外面安装膜结构的二次双曲面钢网架，在二次钢网架外面包裹结构膜。展馆东端部有一个椭圆形的球形体，其骨架为管钢结构，其外包装用乳白色双曲面金属铝板装饰。展馆西端部有一个为6m半经的半球形体的"玻璃球"，其骨架为铸钢件管钢结构。

由于建筑物造型呈不规则圆弧状，对钢结构制作、安装带来一定的难度，对钢结构图纸进行深化设计，构件在放样时采用计算机放样，构件出场前，构件在工厂内先进行预拼装，符合设计尺寸和设计形状后，构件才能出厂。

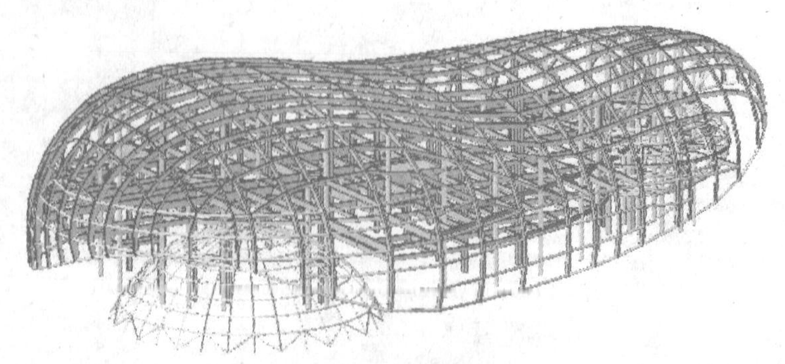

图1 钢结构双曲面三维模型示意图

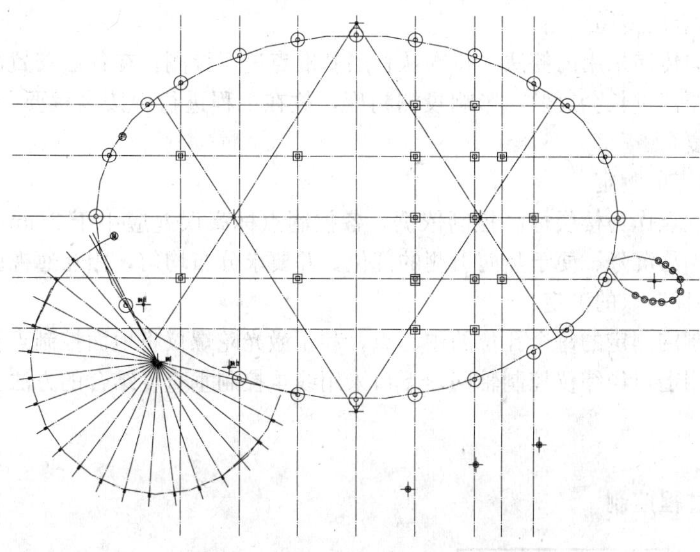

图 2 钢结构柱网平面示意图

2 施工测量总述

2.1 总则

本工程钢柱子全部为坐标定位，屋面为双曲面，钢结构安装测量与混凝土结构测量方法不同，大量的测量工作是对钢结构安装的测量校正及钢网壳外面安装膜结构的二次双曲面钢网架三维测量。钢结构安装的测量校正是钢结构工程的特点，也是难点。

本工程对钢结构柱及屋面结构双曲面钢网壳结构分别进行测量控制。它们的平面及标高测量控制采用同一个基准控制网，测量工作的关键是通过高精度的测量，保证钢结构施工精度，钢柱柱顶平面位置控制，钢柱柱顶标高控制及弧形钢梁标高控制等。按照先总体后局部的原则，布设平面高层控制网，以控制钢结构总体偏差。

根据建设单位提供的坐标点，标高基准点以及设计单位提供的建筑平面图进行轴线投线及标高引测，测量精度的控制及误差范围。测量：采用三测回法，测角误差，±5″以内。测距：采用往返测法，取平均值。当气压、气温与标准气象条件相差很大时，考虑气候的改正系数，测距误差控制在 1/10000 以内。

2.2 控制网

2.2.1 首层平面控制网测量

轴线基准点布设在轴线偏 1m 线交叉位置，基准点位预埋 10cm×10cm 钢板，用钢针刻划十字线定点，线宽 0.2mm。四角四点须闭合，控制点的距离相对误差应小于 1/15000。

根据本工程的平面形状特点，以 C 轴、4 轴为主要控制轴线，当建筑物平面位置测设定位完成后把轴线投放到临近坚固的不动物体上或道路上，做好标志作为二级轴线控制方格网的依据。

2.2.2 控制网布设原则

1）控制点位应选在结构复杂、拘束度大的部位。

2）网形尽量与建筑物平行，闭合，且分布均匀。

3）基准点间相互通视，所在位置应不易沉降、变形，以便长期保存。

2.2.3 控制点的竖向传递

控制点的竖向传递采用内控法，每次从首层基准点进行投测，在各层安置激光接收靶，考虑到激光束传递距离过长会发散，影响投测精度，故在工程进行中按高程要分次投测控制网，并不断与基准点复合。

2.2.4 高程控制点的测定

引测多个高程点作为楼层标高控制依据，各控制点标高误差应小于 2mm，点位选在安全可靠、易保存、不易沉降、便于竖向引测的部位，并要求分布均匀，相互通视。

2.2.5 埋入式柱控制点的测定：

根据地面控制网测定的每个孔位的中心点，利用激光陀螺仪将地面控制点投测至孔底。钢柱装入校正时采用上口经纬仪控制轴网，下口采用线重控制垂直度结合的方法。

3 钢柱测量

3.1 钢柱校正过程控制

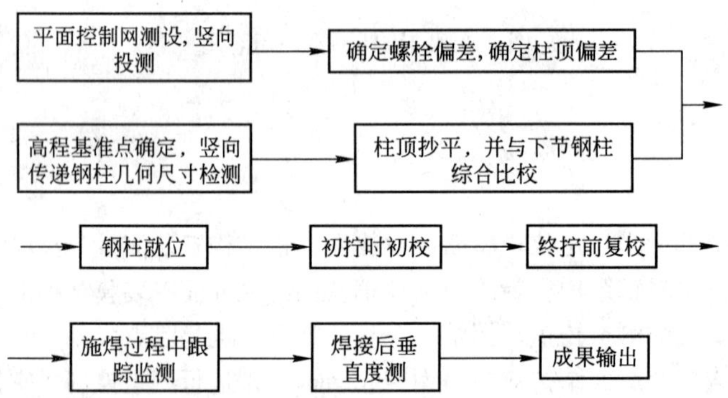

3.2 钢柱垂直度控制

钢柱校正测量方法：在柱身相互垂直的两个方向用经纬仪照准钢柱柱顶处侧面中心点，然后比较该中心点的投影点与柱底处该点所对应柱侧面中心点的差值，即为钢柱此方向垂直度的偏差值。其值应不大于 $H/1000$ 且绝对偏差≤±10mm。当视线不通时，可将仪器架设在偏离其所在的轴线位置，但偏离的角度应不大于 15°。

在钢柱的纵横十字线的延长线上或稍偏的位置架设两台经纬仪，进行垂直度测量，经纬仪与纵横十字线的夹角应小于 15°。先将钢柱柱脚上的螺母适当松开，采用钢锲或松紧缆风绳进行校正，校正完毕后，松开缆风绳不受力，再进行复校调整，调整后将螺母拧紧。

钢柱吊装就位后，通过设计的临时耳板和连接板，用大六角的螺帽进行临时固定。固定前，要调整钢柱的标高、垂直度、偏移和扭转等参数在规范要求范围。

首节钢柱的平面位置、标高和垂直度调整完毕，拧紧柱脚底板上下的地脚螺栓和调节螺栓，调整后每个柱脚板各用 4 组垫铁塞实、点焊固定。然后进行二次灌浆。

钢柱垂直度校正示意图如下：

3.2.1 当一片区的钢柱、梁和斜撑安装完毕后，对这一片区钢柱需要进行整体测量校正；对于局部尺寸偏差，用千斤顶或倒链顶紧合拢或松开来调校；对于整体偏差，可用钢丝绳＋倒链调校。

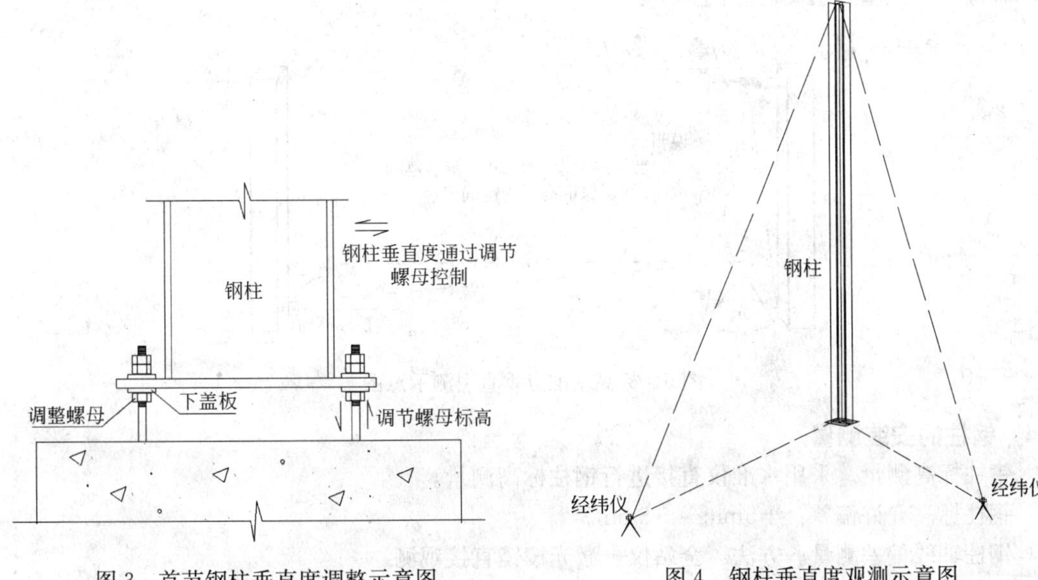

图 3　首节钢柱垂直度调整示意图　　图 4　钢柱垂直度观测示意图

3.2.2　当高强螺栓紧固(初拧)完成后，对这一片区的钢柱、钢梁、空间三维坐标点再次进行一整体观测，并做好记录，根据记录的偏差值大小及偏差方向，决定对焊前偏差是否还需要进行局部尺寸调整以及确定焊接顺序、焊接方向、焊接收缩的倾斜预留量。

3.3　标高控制网的测放

标高控制网的测放需要经过两次测放来完成对整个钢结构工程安装与校正的高程测量控制。

第一次测放：当基础垫层浇筑完后即可在基坑护壁四周测放一个新闭合回路，以便预埋件的测量控制。要求闭合引测时，前后视距大致相等以消除系统误差影响。

第二次测放：当 0.000m 混凝土结构施工完毕后应进行±0.000 层标高基准点的测放。方法是根据本工程原始标高控制点在四个角柱外侧＋1.000m 处建立一个闭合回路并与第一次的闭合回路再次闭合，作为地上部分钢结构的测控水准基点组。标高基准点的垂直引测。每安装一层柱后，位于±0.000m 的标高基准均需向上引测。

工程中的标高基准采用检验合格的大盘尺直接进行高程传递，并采用全站仪应用三角高程原理进行高程传递的复测检验，确保高程传递的准确。

全站仪应用三角高程的原理垂直向上引测。每次引测到目标高度后的四个点均需再次闭合，且闭合差≤2mm，位置为其所在楼层结构面上 1.000m 处。闭合的四个点作为本层构件安装与校正的高程控制点。

应用全站仪进行高程引测的具体做法如下：在一焊后的钢柱翼面垂直焊接一 500 长的任意型钢，在型钢的最下面贴上一激光反射贴片，反射面朝下，型钢面通过水平尺调平。然后架设仪器于首层激光反射贴片的正下方，后视全站仪于首层贴在标高基准线上的激光反射贴片(后视标高为 h_0)，得出此时仪器与后视点的高差为 Z_1，将此仪高值输入全站仪以刷新此状态下的仪器参数，然后旋转仪器照准部，通过全站仪的弯管目镜瞄准仪器上方位于型钢底部的激光反射贴片的中心，观察仪器的数字化面板，记录下此时的高程坐标值 Z_2，计算此时引测至目标点处的基准标高为 $H=h_0+Z_1+Z_2$。

标高基准点垂直引测示意图如下：

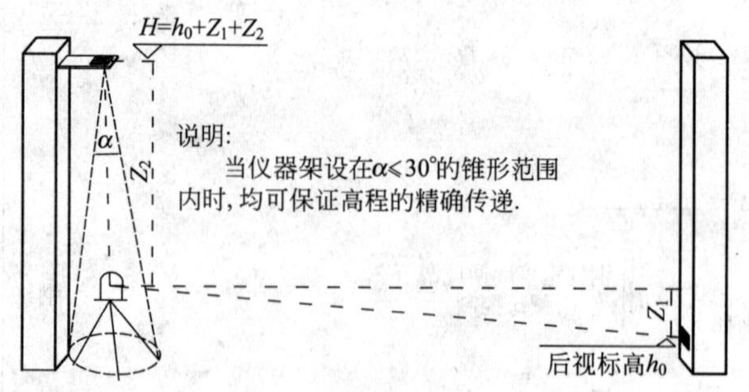

图5 标高基准点垂直引测示意图

3.4 钢柱的安装测量

钢柱标高测量。采用水准仪直接进行钢柱标高测量。

钢柱标高允许偏差：＋5mm～－5mm。

钢柱轴线偏差测量。方法：全站仪＋激光棱镜直接观测。

根据场地的通视条件，测放出架设全站仪的最佳位置。

根据建立的轴线控制坐标系和图纸，内业计算各钢柱理论位置的理论坐标，采用全站仪来测量各钢柱安装后的实际柱顶中心坐标，并做好记录。最后计算出钢柱轴线偏差值。

钢柱吊装临时固定后，钢柱校正即可进行，钢柱的校正内容包括“安装前的准备工作、柱底就位、柱底标高调整、柱身垂直度校正”等。

4 双曲面屋面空间三维坐标点的复测方法

在钢结构顶部做一个钢板平台，全站仪架设到钢板平台上，首先确定全站仪架设点的空间坐标位置，然后对异型钢结构及钢网壳外面安装膜结构的二次双曲面钢网架空间坐标点进行逐点复测。应用三维测量方法进行测量。

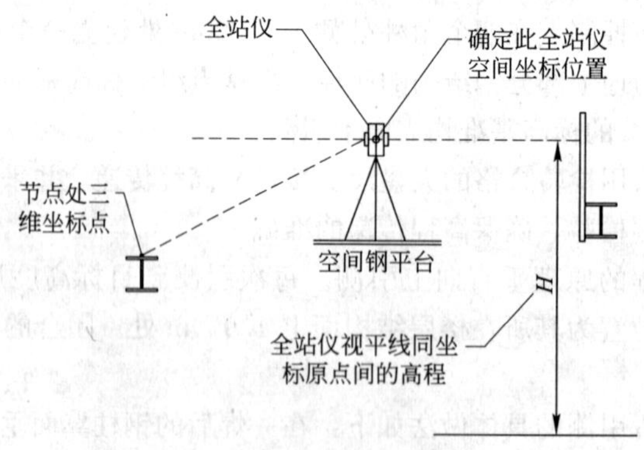

图6 空间三维坐标点复测方法示意图

5 安全措施

生命线的拉设：当钢柱及钢梁安装形成片区后，立即拉设安全生命线，生命线固定在钢柱上，固定牢固。生命线的拉设高度在楼层面以上1.80m左右，施工时，操作人员的保险带扣在生命线(绳)上。

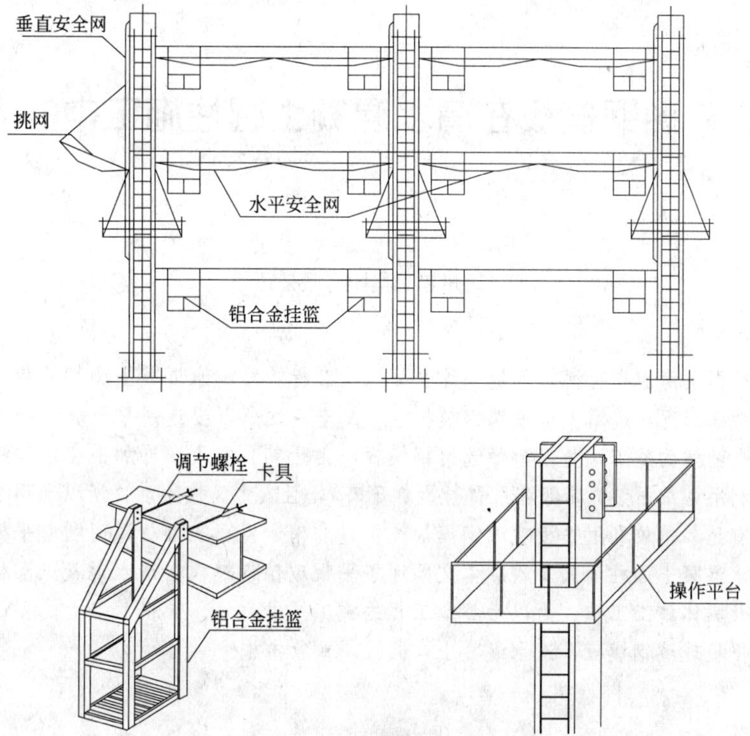

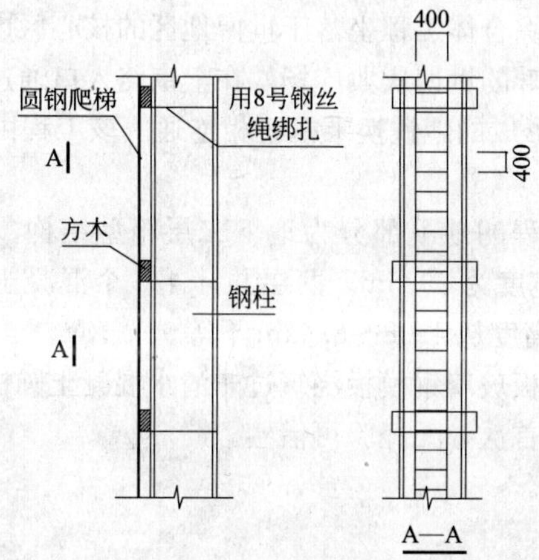

图 7　钢柱吊装设置安全登高梯

图 8　钢柱上人爬梯示意图

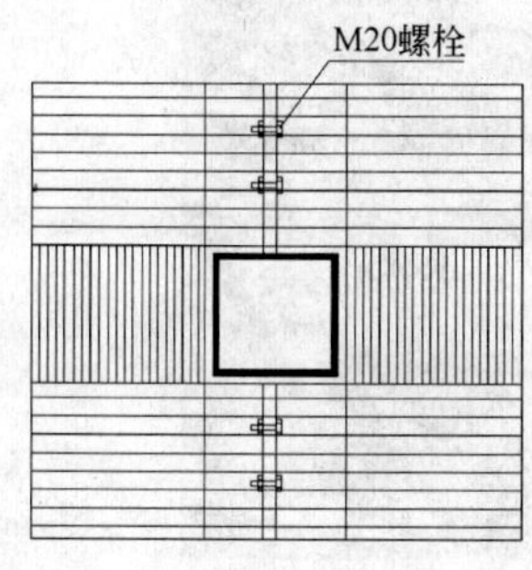

图 9　钢柱对接设置安全操作平台示意图

平板玻璃钢模板在清水混凝土圆柱施工中的应用

卞飞亚、邱　锋、韩振飞
(通州建总集团有限公司)

摘　要： 根据上海浦东世博轴及地下综合体工程3标工程清水混凝土圆柱的特点、设计要求及现场特殊工况，选用平板玻璃钢模板施工工艺。之所以要选用平板玻璃钢模板来进行清水混凝土圆柱的施工，是因为如选用钢模板，由于其自重大，再加上在逆作法板下的柱模板无法利用塔吊吊装(局部塔吊臂长也够不着)，且人力又搬不动，所以选用了该施工工艺。曾经有兄弟单位利用平板玻璃钢模板浇筑过非清水混凝土圆柱，而利用平板玻璃钢模板浇筑清水混凝土圆柱尚属首次。本文阐述了平板玻璃钢模板在清水混凝土圆柱施工中的注意事项及具体施工工艺，为以后类似工程的施工提供参考。

关键词： 平板玻璃钢模板，清水混凝土，圆柱，对策措施

1　工程简况

上海浦东世博轴及地下综合体工程坐落于世博地区的核心区内，南起上南路入口广场，沿南北方向布局，止于黄浦江畔的世博庆典广场，在上南路入口通过庆典广场下方大型的地下综合体与地铁7号线、8号线形成的地铁换乘枢纽相连通。该工程由中交三航总承包，通州建总集团有限公司进行分包施工。

世博轴及地下综合体工程的地下部分为地下二层箱型结构，3标的工程范围从1-0～3-6轴，基坑总长度为409m，宽度为99.5m。两层共计492个混凝土圆柱，其中236个清水混凝土圆柱，直径均为ϕ1200，高度从4.08～5.42m不等。

曾经有兄弟单位利用平板玻璃钢模板浇筑过非清水混凝土圆柱，而此次利用平板玻璃钢模板浇筑清水混凝土圆柱尚属首次，无经验可借鉴。

图1　世博轴地下综合体工程施工现场

2 施工难点

(1) 工程采用逆作法，机械无法吊装，模板安装不便。在地下第二层中(底板绝对标高－6.80m)，有172根柱子是在逆作法部位的，这个部位上的梁板(板顶绝对标高－1.08m)先做。等底板完成后再施工－6.8～－1.08m的柱子。所以逆作区域机械是无法吊装的。见工程平面图：

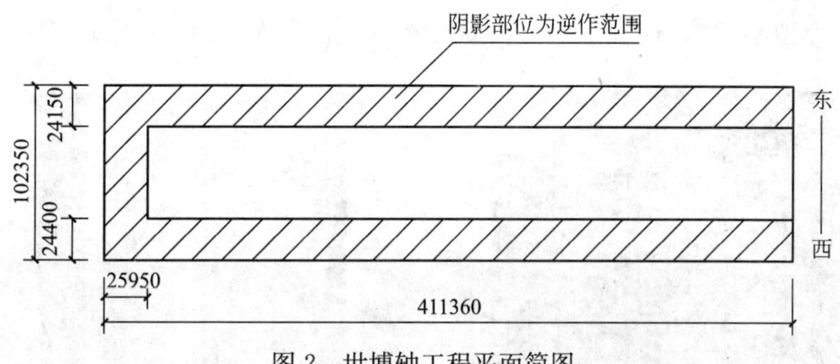

图2 世博轴工程平面简图

(2) 机械不能到位。因为施工场地的原因，基坑的西侧无塔吊，所以西侧的柱子无法用塔吊安装，在逆作法中完成的－1.08m板及支撑不允许通过大型车辆。所以西侧的柱子模板安装存在很大困难。

(3) 柱子高度变化较多，配模较困难。本工程柱子高度从4.08～5.42m不等，这给模板模数的计算带来困难。考虑到柱子高度变化较多，势必存在柱子二次接高的问题。

(4) 工期紧。工程工期非常紧，这就要求模板能较快周转。

3 工艺要求

(1) 清水混凝土圆柱模板拼缝要求：

允许出现1～2道横向拼缝，但同一楼层接缝高度应一致，竖缝宜设在轴线位置，竖缝方向群柱一致。

(2) 圆柱模板安装允许偏差：

层高垂直度：3mm

表面平整度：＜3mm

相邻模板高低差：2mm

4 平板玻璃钢模板施工工艺特点及原理

平板玻璃钢模板施工过程简单、施工简捷方便；对操作人员的技术要求不高；每根柱的组装、拆卸、翻转用人工数低；对结构柱的净高度变化适应性强；施工完成的混凝土圆柱外观及圆度好。

平板玻璃钢作为圆柱模板的原理：简单的讲就是利用了平板玻璃钢的壳弯曲性，将按柱周长加工成型的平板玻璃钢模板弯成圆形，接缝用螺栓连接固定后，混凝土在模板内的振捣过程中的侧压力形成圆度。为了适应不同的柱直径混凝土表面能形成圆度，同时又兼顾到平板玻璃钢模板弯曲后不至于脆裂，需从平板玻璃钢模板的成型厚度上予以解决。按照以往工程经验确定，柱直径在ϕ1000～ϕ1400，模板厚度宜采用3.5mm，直径在ϕ1500以上宜采用4mm厚的平板玻璃钢模板。本工程圆柱均为ϕ1200，所以模板厚度选用了3.5mm。

5　施工方法

5.1　使用平板玻璃钢模板施工圆柱的方法

（1）在柱边的混凝土面上，按圆柱的X、Y方向用ϕ6短钢筋头在柱筋上下点焊上预制定位点(上下共8个)。见图3。

（2）将平板玻璃钢模板，靠上绑扎成型的圆柱钢筋笼，并将其沿柱弯曲对接，接头角钢接触处加贴2mm厚塑料泡沫条，然后用ϕ14螺栓将两侧角钢逐个固定拧紧。见图4。

图3　定位点的做法

图4　竖向接头做法

（3）在柱顶钢筋笼主筋(X、Y方向)的定位点主筋上四个方向用ϕ6钢丝绳作缆风及花蓝螺栓对柱进行垂直度校正，并固定。见图5。

（4）将模板下口与楼地面接合处用砂浆封闭以防止混凝土漏浆。

（5）在柱顶用漏斗浇筑混凝土，每次下料振捣高度控制在1.5m，逐次下料，振捣直至完成。

（6）混凝土浇筑完毕后立即对该柱利用花蓝螺栓进行二次垂直度校正，至该圆柱的全部施工过程完成。

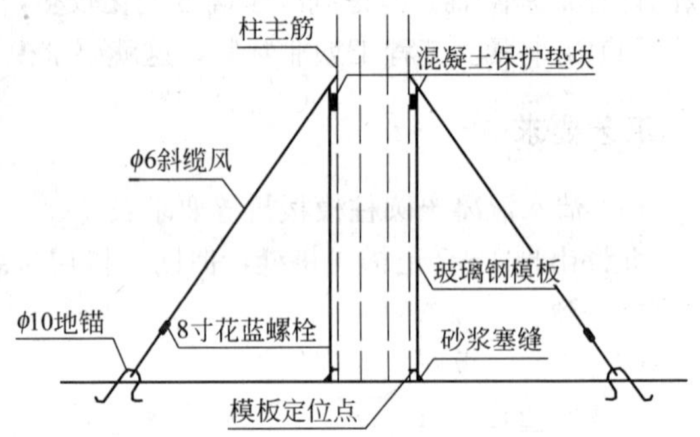

图5　玻璃钢模板的固定、校正

（7）待混凝土浇捣完成24h后，即可拆模，其顺序为松掉连接螺栓，松开模板，将模板吊出，模板表面用水清洗干净。拆下的模板靠于用脚手钢管临时搭设的支架上或直接安装于其他柱。

5.2　操作要点

（1）平板玻璃钢模板质地较脆，在搬运、起吊过程中绝对禁止拆合，否则极易造成平板玻璃钢模板断裂、报废。

（2）用于柱校正的ϕ6缆风绳，在柱顶钢筋处必须拉结在含有定位点的柱主筋上，防止在校正过程中使柱内钢筋偏位。

（3）平板玻璃钢模板上、下两端在多次重复周转使用后，容易出现裂缝，一旦发现有此类裂缝的模板，绝不可再次直接使用，否则在混凝土振捣时，可能会沿原裂缝崩裂。处理方法是在裂缝伸入的端点以外，将玻璃钢模板水平锯掉后再行使用。

(4) 由于建筑物层高不尽相同，往往地下室的层高较矮，而首先使用的是地下室柱，所以在±0.000 以上各层施工时，往往柱模的高度不够层高，因而在地面以上各层柱施工时，往往一个柱均需分两次接高。施工方法是在柱模第一次完成松开螺栓后，在混凝土柱上部侧面贴塑料泡沫条，按柱顶标高将柱模直接上移，以下截混凝土柱为底模板进行下部固定，剩余顺序同前，即完成柱子的接高。

图 6 施工现场

6 现场试验

为保险起见，先选取 4 根非清水混凝土圆柱做试验。柱净高 4.52m。

6.1 材料准备

(1) 按设计图中柱直径及柱净高，制作 4 块 4.60×3.769(1.2π) 平板玻璃钢模板，模板制作厚度采用 3.5mm，两边用∠50×50×4 作连接边肋，在两角钢的连接面以@200 间距钻 ϕ15 孔。

(2) 按连接角钢的开孔数量准备好 ϕ14 连接螺栓。

(3) 用作斜拉缆风的 ϕ6 钢丝绳及每块模板 4 副 8 寸花蓝螺栓均应齐备。

(4) 每根柱的四个方向的楼(地)面混凝土内预埋的 ϕ10 钢筋地锚拉钩均应齐全，且位置合理。

6.2 质量控制

(1) 首先与混凝土搅拌站及时沟通和交底，所用于清水混凝土圆柱的混凝土级配必须全部一致，所用的水泥、砂、石子等必须是同一批号、同一种材质，否则将会产生柱混凝土表面色差。

(2) 柱脚根部四个方向的定位控制点必须尺寸准确，地面弹线时先按正方形弹出，在轴线交点处焊定位点，然后进行圆弧修正，直至修正成正圆形。

(3) 模板角钢接缝需加贴泡沫条，如柱接高在下截柱的上部处周边也需加贴泡沫条，在柱脚模板外用砂浆封闭缝隙，防止混凝土漏浆。

(4) 混凝土浇捣时每次下料，振捣高度不宜超过 1.5m，逐次下料，逐次振捣，避免一次下料过高，造成振捣过程中平板玻璃钢模板胀裂。

(5) 每根柱混凝土浇捣完成后，木工需立即对成型柱进行二次校正。

(6) 平板玻璃钢模板每次起吊、搬运过程中需轻缓，防止模板上、下口撕裂，并严禁折叠，以防止模板脆裂。

6.3 存在问题

混凝土拆模后，尽管表面光滑、弧顺、观感较佳、操作简单方便，但也存在以下问题：

(1) 平板玻璃钢模板是由玻璃纤维和胶压制固化而成，在混凝土表面仔细观察，会看到不明显的纹路。

(2) ∠50×50×4 角钢上的螺栓眼加工时有误差，造成拼缝处有错牙现象。

(3) ∠50×50×4 角钢所在位置与模板粘结在一起，拼缝两侧形成 100mm 的平直段，影响表面观感(圆柱在角钢部位不圆)。

以上问题在非清水混凝土圆柱施工时是可以接受的，但在清水混凝土圆柱施工时必须克服。

7 对策措施

为了解决以上问题，我们采取了一些针对性的措施。

(1) 要求平板玻璃钢模板生产厂家，在平板玻璃钢模板压制时，加大表面胶的厚度，使平板玻璃钢模板表面光滑，以消除混凝土表面的纹路。

(2) 加强平板玻璃钢模板在运输过程及操作过程中的成品保护，避免平板玻璃钢模板表面胶被硬物划伤而使混凝土表面产生纹路。

(3) 在打角钢拼装眼时，应精心操作，将误差降到最低限度，最大限度的避免错牙现象。

(4) 角钢正对混凝土的一面与玻璃钢模板接合处应彻底脱开(原来是用胶粘合在一起的)，以避免圆柱在竖向接缝处产生平直段现象。

(5) 根据圆柱的净高，定做4.6m～5m高度的模板，绝大多数清水混凝土圆柱一次性浇筑到设计标高，无横向拼缝；少数高度超过5m的圆柱先浇筑到5m高度，再补浇上面的部分，横向拼缝设置在吊顶标高以上，这样对外观无任何影响。

(6) 唯一的一条竖缝，在和总建筑师沟通以后决定以建筑物中线为界，设置在圆柱向外侧的同一个位置。

8 最终效果

采取以上措施后，解决了原来存在的全部问题，得到了业主和总建筑师的认可和好评，并为其他标段提供了本公司总结的平板玻璃钢模板浇筑清水混凝土施工经验的依据。

图7 采用塑料薄膜进行柱的养护

图8 拆模后圆柱表面效果

9 结语

(1) 经济效益：采用玻璃钢模板每平方米需260元(无需机械吊装)，采用钢模板每平方米需360元(含机械吊装费)。本工程采用玻璃钢模板比采用钢模板节约成本75360元{1.2×3.14×5×(360－260)×40套＝75360元}。

(2)《清水混凝土圆柱平板玻璃钢模板施工工法》被批准为2009年度江苏省第一批省级工法(编号：JSGF—2009—111)。

世博旧厂房改建低碳建造技术

张振礼
（上海市第二建筑有限公司）

摘　要：南市发电厂改建项目集成应用多项低碳建造建筑新技术，保障实现旧厂房改造的建设要求和功能定位围绕项目的建设、功能和技术目标，本报告进一步通过模拟、测试和调研的手段，对太阳能光伏发电系统、主动式自然采光技术、半导体照明设备、自然通风技术、风力发电技术、绿色建材应用和绿色建筑综合性能等方面进行综合评价。

关键词：低碳，江水源，太阳能，风能，水循环

1　工程概况

南市发电厂改建项目位于黄浦江畔，2010 年上海世博会城市最佳实践区内，基地东、北两面分别毗邻苗江路和花园港路，西、南两面分别为城市最佳实践区全球城市广场和展馆区。世博会期间，原南市发电厂主厂房将被改建成为 2010 年上海世博会主题展馆之一——未来探索馆，用于展示非物质、无形的城市最佳实践，同时通过多项能源、生态建筑技术的引入，力争达到国家三星级绿色建筑的标准，成为国内第一栋由老厂房改建而成的三星级绿色建筑。

本项目集成应用多项低碳建造建筑新技术，保障实现旧厂房改造的建设要求和功能定位围绕项目的建设、功能和技术目标，本报告进一步通过模拟、测试和调研的手段，对太阳能光伏发电系统、主动式自然采光技术、半导体照明设备、自然通风技术、风力发电技术、绿色建材应用和绿色建筑综合性能等方面进行综合评价。

2　江水源热泵技术

热泵技术按热源对象可分为空气源热泵、地源热泵和水源热泵三种形式。只需输入少量的高品位电能，通过热泵机组即可把空气、大地、水中储存的不能直接使用的低品位能源转化成有用的热能。

图 1 显示了上海空气温度与江水温度的全年变化情况，由图可知夏季江水温度低于空气温度，冬季江水温度高于空气温度，且江水温度变化相对稳定，全年变化范围一般为 6～30℃，因此，江水比空气更适合作热泵的冷热源。特别像上海这样水资源较丰富的地区，利用江水作热泵冷热源是节约能源、利用可再生能源、保护环境和减少温室气体和其他大气污染物排放的有效方法。

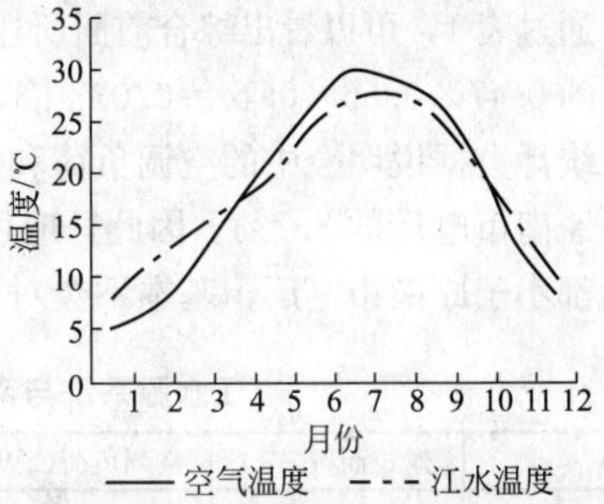

图 1　上海空气温度与江水温度全年变化

2.1　系统介绍

采用大型高效离心式冷水机组＋离心式和螺杆式热泵机组，提供大温差的冷冻水、热煤水。

工况说明：

夏季工况：蒸发器温度6/12℃，冷凝器温度32/37℃，离心机COP取4.8，螺杆机COP取4.3。

冬季工况：冷凝器温度43.5/50℃，蒸发器温度4/7℃，COP取3.8(近6年江水资料显示，冬季水温低于7℃，需增加辅助热源。)

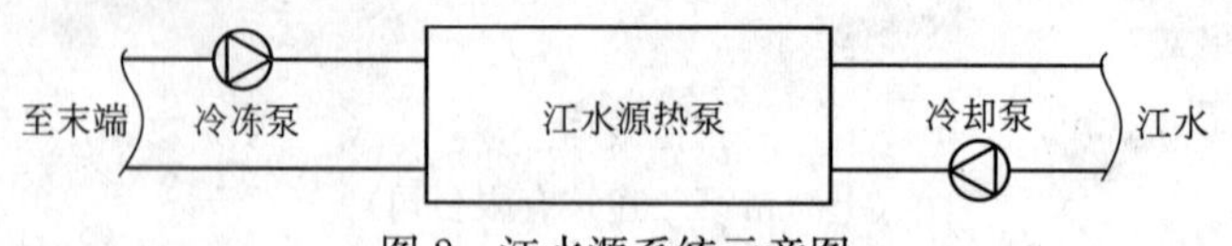

图2 江水源系统示意图

特点：区域供冷减小了整体的设备容量，大型设备能效比高，会展结束后末端可按用户使用量计量收费，集中控制自动化程度高，建筑外部景观不会受到影响，冬夏季的能源使用效率高，且不会造成环境问题。

2.2 节能环保与控制

利用江水源热泵技术，作为空调冷热源，其优点是：高效、节能、环保、缓解热岛效应。系统采用江水作为热泵系统的冷源、热源，由于江水温度夏季低于同期冷却塔出水温度，空调冷热源主机的制冷效率可大大提高，并省去了冷却塔补充水；冬季时，系统能源利用率比传统锅炉和空气源热泵采暖有较大提高。

在夏季制冷设计工况下，由于江水水温度比冷却塔出水低，与传统的冷却塔系统相比，主机制冷效率提高，运行节能约7%左右，且冬天机组效率也比锅炉和风冷热泵高。另外，使用江水源热泵还可节省由于冷却塔运行所需的补充水量。

采用江水源热泵系统代替一般冷热源系统提供空调负荷，每年可以减少CO_2的排放量340万m^3左右。(考虑江水源系统的辅助热源锅炉只是在冬季江水温度过低时开启，使用几率少，故其CO_2排放量相对一般冷热源系统的锅炉CO_2排放量可忽略不计)。

江水源系统水源侧采用直接式系统，夏季制冷工况，江水源机组的进水温度即为江水温度，最高32℃，效率较高，而间接式系统经过板式热交换器后，江水源机组进水温度会提高2℃左右，效率降低约7%。；另外直接式系统少了一级循环水泵，节能性大大提高。

2.3 江水源系统排热量对江水影响的计算分析

根据计算，世博会浦西片区会后建筑的最大空调负荷为67782kW，对应需要的江水量为14000m^3/h。以下将对项目的会中和会后两个阶段，分别计算取、排水量，并将水量、取排水温差和年运行时间三个主要因素与原南市电厂取排水系统进行比较分析。

通过表1，可以看出综合前面所述的几个因素，会后江水源空调系统排热量是原南市电厂排热量的0.47×0.56×0.14=0.037倍，大约是原南市电厂排热量的1/27。

统计数据说明会中的空调负荷和江水用量都比会后要小，而会后阶段江水源系统的排热量仅为原南市电厂的3.7%。因此，应用江水源系统，无论在会中还是会后阶段，用水量和年排热量都小于原南市电厂，基本不会对黄浦江水环境造成影响。

江水源系统与南市电厂取排水系统排热量比较分析表 **表1**

	建筑面积(m^2)	空调负荷(kW)	用水量(m^3/h)	取排水温差(℃)	年运行时间
会中	146000	32120	6661	5	夏季150d，每天12h负荷系数：0.7
会后	450000	67782	14000	5	
南市电厂	—	—	30000	9	全年8760h
会后/电厂			0.47	0.56	0.14

3 太阳能发电技术

太阳能发电专项技术应用的目标主要表现为两方面：一方面将传统的煤电厂改造成“新能源中心”，满足建筑部分用电需求；另一方面展示新能源的发展与应用。

从日照资源角度考虑，上海属于我国太阳能资源可利用区域，年日照时数近 2000h，年辐射总量为 420～500kJ/cm²，如图 3 所示。通过有效的系统设计和运行，上海地区大规模光电系统的年发电量可达到或超过 1000kWh/kWp 装机容量。

改造后的南市发电厂周围无较高建筑日照遮挡。主厂房朝向南偏西 31°，屋顶平面呈由南向北逐级升高的阶梯状形态，建筑自遮挡少，具有日照资源优势，见图 4。

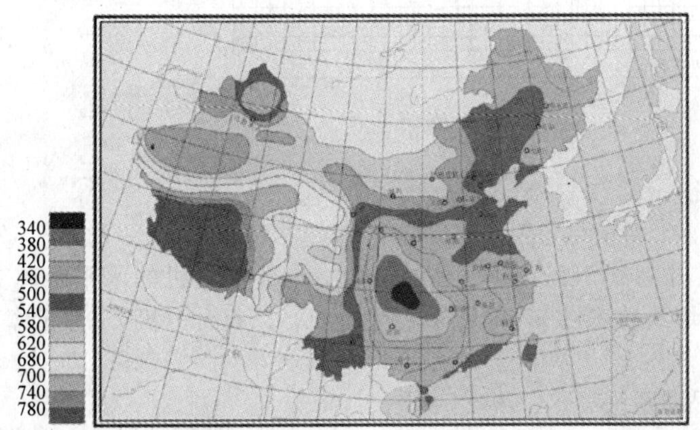

图 3　中国的太阳能资源分布图(单位：kJ/cm² 年)

图 4　南市电厂屋顶侧视图

项目设计采用多种太阳能电池系统组合的方式，兼顾系统的功能性和展示性。系统总功率大于 550kW，采用高压并网方式。

太阳能电池安装于主厂房的 A、C、D 屋面平台，系统总功率 550kW，具体排布如图 5 所示。

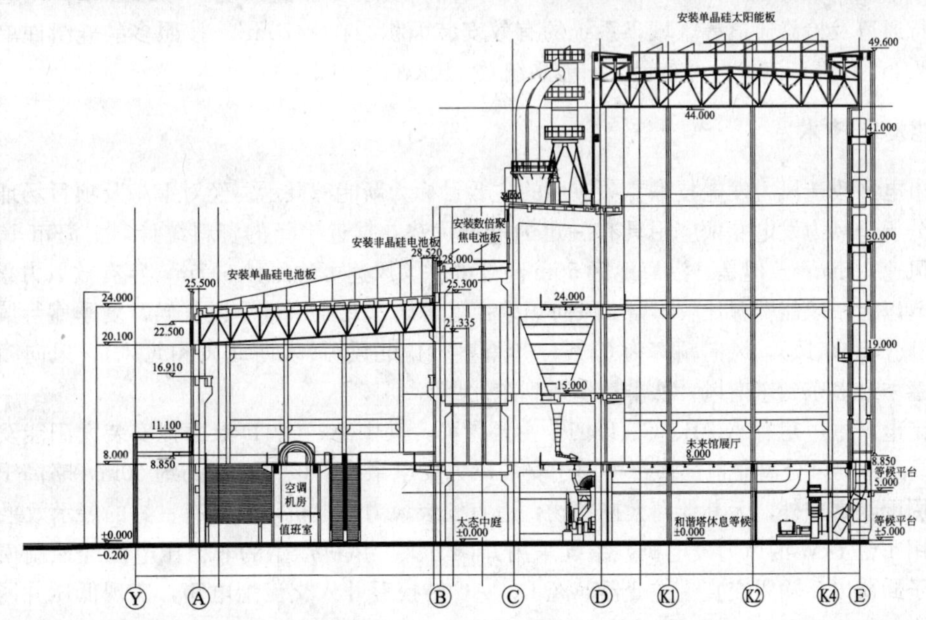

图 5　南市电厂太阳能系统屋顶排布剖面示意图

1）A平台187kW单晶硅系统

平台原尺寸128.2m×27m，总面积约3460m²。项目建成后的安保要求平台东部预留200m²，南、西、北侧各留1.5m、1.5m、1.5m通道，电池方阵排布方式采取分行25°倾斜布置方式。

电池板有效安装面积为1304m²，按照单晶硅组件单位功率143W/m²计算，该平台可布置太阳能系统约187kW。

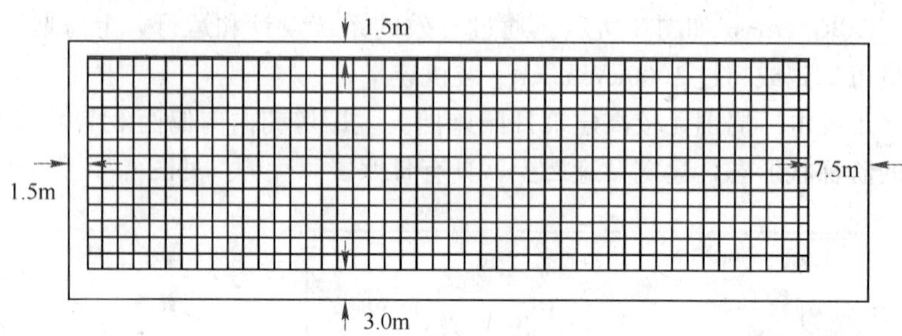

图6 平台单晶硅太阳能电池布置图

2）C平台7.5kW数倍聚光系统

C平台中部设有32.5m宽的天窗，目前可布置电池板的平面面积7.5m×96m=720m²。发电机布置退台安装，共2排，逐级升高0.5m，排间距3m；同一排数倍电机的水平距离为3.75m，每排安装电机15台。该区域共计安装15×2=30台发电机，以每台电机250W计算，系统功率约7.5kW。

3）D平台中上部区域5kW非晶硅系统

区域面积共128.2m×3m=384.6m²，考虑日光遮挡及视觉效果，D平台的非晶硅电池采取30°倾角安装，有效安装面积为105m²。按照不透光非晶硅组件单位功率50W/m²计算，该平台可布置太阳能系统约5.3kW。

4）D平台下部区域310kW多晶硅系统

区域面积共128.2m×22m=2820.4m²，12°倾斜安装多晶硅系统。考虑去除日光遮挡面积、人行通道及检修通道等区域，系统的有效安装面积约在2420m²。按照多晶硅组件单位功率128W/m²计算，该平台可布置太阳能系统约310kW。

4 风能发电技术

南市电厂改造风力发电技术专项应用的主要目标为新能源展示。经对上海及项目场址的风能状况分析，风力发电专项应用具有一定的资源优势。据近十年的资料统计，上海市10m高空年均风速3.1m/s；但是，沿海地区50m高处的平均风速可达每秒6.7m，年有效风力累计时间7300h以上，风能资源比较丰富。风向频率：上海属于北亚热带季风气候，夏季盛行偏南风（最多东南风和东风），风向频率为53%；冬季盛行偏北风（最多西北风和北风），风向频率为54%；春季最多东到东南风，秋季最多东到东北风。

南市电厂主厂房有A、B、C、D四个主要屋面，其中A、C、D屋面拟安装太阳能发电系统，B屋面的旋风分离器顶部平台可用于安装风力发电系统。该平台标高约50m，略高于最高屋面，周围除烟囱外，无其他高大遮挡物，适宜安装风力发电机，且具有良好的展示效果。

选用4台1kW的风力发电机，系统采用并网方式，风机产生的非稳压电流经控制模块整流及电子卸荷以后输入交直流逆变器，经DC/AC转换后并入交流配电箱，实现低压并网。用电负载直接与交流配电连接。该方案具有如下优点：

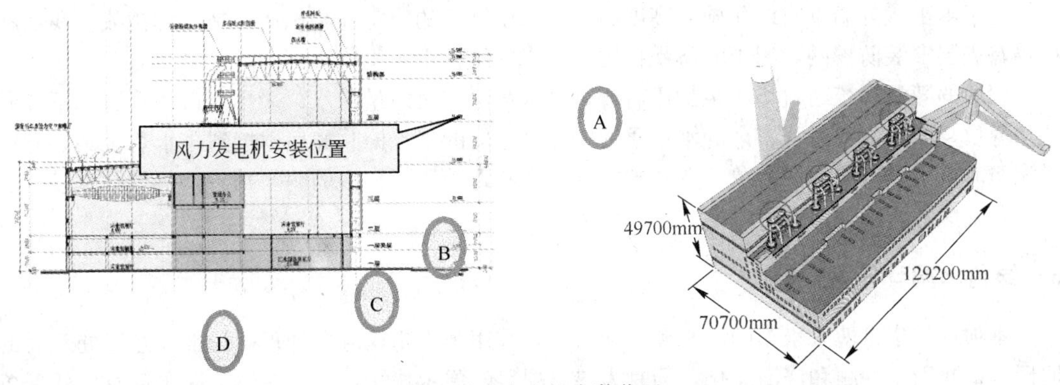

图 7 风力发电机安装位置

(1) 自动电子卸荷保护逆变器电压过大受损；

(2) 可供给任意负载；

(3) 便于计量展示；

(4) 无蓄电池组，节约设备空间，减小后续系统维护。

5 植物幕墙技术

本工程原有外立面为透明采光瓦和彩钢板结构，且由于长时间的老化，已经破旧不堪，根据现场实际情况，需将外墙板全部更换，最后我们考虑采用外立面垂直绿化的形式，可以充分利用原有结构的外墙檩条，本工程处于世博公园内，使用绿化外墙既能与周边环境形成一体、达到良好的外观视觉效果，又可以节省大量外墙施工费用，与自然景观有机结合，使场地具有多种发展的可能性，重新恢复了场地活力。

由于原厂房外墙面檩条已年久失修，在施工中我们结合原有保留结构因地制宜，利用原有外墙檩条作为支撑体系，并且新增 H 型钢与原有钢柱连接，以 5 号角钢支撑，形成钢架既能作为外墙绿化的支架，又能对原有结构起到加固作用。

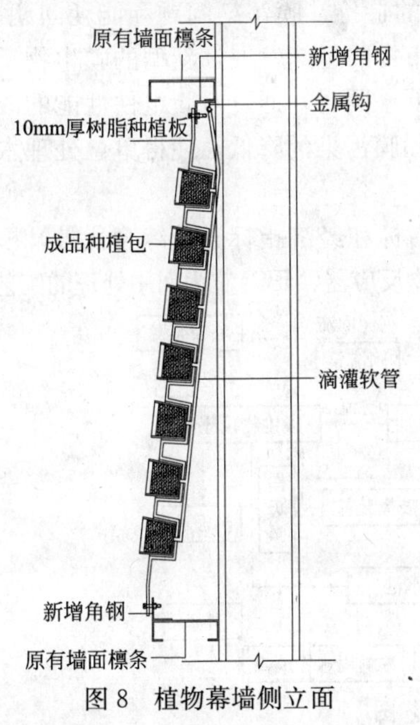

图 8 植物幕墙侧立面

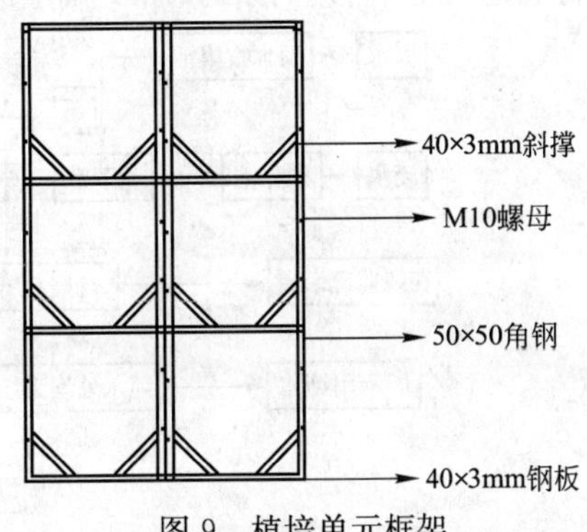

图 9 植培单元框架

由于本工程外墙垂直绿化施工高度高，对绿墙结构的稳定性和抗风性是一种挑战，我们在植培盘表层安装防护网，用10mm螺栓固定于支撑结构上。

绿墙的灌溉系统通过增压泵加压后通过供水管网定时定量给水，采用大口径管道，不冲刷栽培介质，无流失隐患，多余的水量通过植培盘底部的集水槽收集后引接到排水系统中，避免了灌溉时产生高空滴水的现象。在植被的选择上我每采用了较多的耐寒植物，例如：黄杨、女贞等，确保冬天的观赏性。

6 绿色水循环技术

本项目收集世博未来馆的雨水和生活污水，采用膜生物反应器处理雨污水，经过处理后的回用水，回用于冲厕和浇灌绿化，同时为突出项目的展示功能，采用超滤、反渗透及后处理单元处理上述中水，产生纯水用于世博会期间的展示。

系统设计每天处理水量为110m³；雨水量为10～40m³，总设计规模为：Q_d＝110～130 m³/d，Q_h＝4.6～5.5m³/h。

污水处理工艺：雨水和生活污水首先经过酸化池后经过提升泵进入调节池，经预处理后的污水泵入缺氧脱氮池，后自流入膜生物反应池，处理后进入中水池，消毒回用至用水点，部分水经过纯水处理系统用于展示纯水。

整个处理工艺主要包括以下构筑物：酸化池、雨水收集池、调节池、缺氧脱氮池、膜生物反应池、中水池。构筑物采用地埋式，减少对周围环境的影响。在线水质监测仪包括氨氮、硝氮仪、浊度仪和pH仪。

根据的水质特点及处理后回用的水质要求，可供选择的主要处理工艺包括微絮凝过滤、生物接触氧化和膜生物反应器(MBR)处理工艺，由于单纯以物化处理的废水处理工程，一般在运行初期出水可以达到回用水水质标准，在运行一段时间后，处理水水质会逐渐变差，不能达到规定的出水水质标准。生物接触氧化法工艺对污水中氮、磷的去除效果很难达到较高的水平，即使增加了厌氧和缺氧段之后，如果不采取污泥回流，脱氮除磷效果很难有所保证。

传统膜生物反应器应用的主要限制因素是膜材料的造价、膜污染问题和能耗问题。但是，自20世纪90年代以来，由于新型膜材料的出现和膜市场的迅速发展，新型的膜生物反应器不断涌现，系统运行稳定性不断提高，运行能耗不断降低。同时，通过对膜组件性能的改进以及反应器内水力条件的优化，逐步实现了膜通量的提高和膜污染的降低，使得单位处理水量的处理成本不断降低。

对以上三种不同的处理工艺方案进行主要的技术指标和经济指标进行综合比较，根据技术先进、运行稳定、经济合理的原则，最终确定选择膜生物反应器(MBR)作为回用处理的工艺方案。

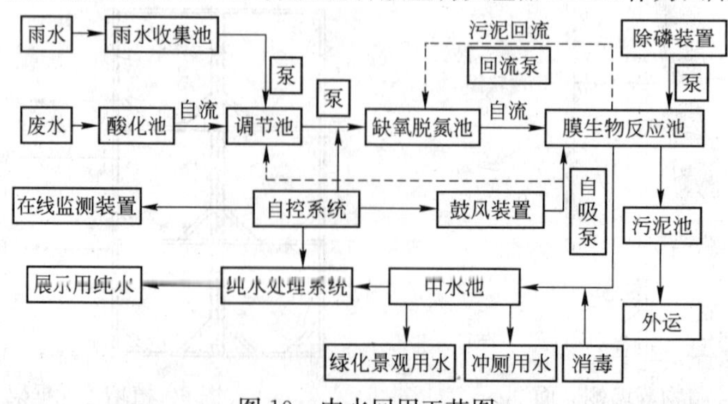

图10 中水回用工艺图

7 社会经济效益分析

近年来，随着经济持续快速的发展，上海在产业结构、行业结构、企业结构、布局结构和劳动力结构综合性综合性调整的过程中，一批环境污染、竞争力不强的企业逐渐迁出市区，市中心区出现大量闲置的厂房。这些厂房地理位置优越，结构良好，水、电、气、通信等配套设施齐全，因此，充分利用这些现有的厂房资源，吸引科技型、环保型、深加工型的新企业或创意产业进驻，既盘活了现有资产，又为发展都市型工业提供了载体。

同时对一般性工业厂房的改造和再利用也是落实"十一五"规划所指出的建设资源节约型、环境友好型、发展循环性社会的一条创新可行之路。废旧工业厂房的改建和再利用体现了一种新的城市发展理念。经过改造的废旧厂房能够满足城市某些发展的要求，不仅充分利用了城市原有资源，节约投资，而且延续了城市文脉、丰富了城市内涵。

改建工程的最大优点是节约工期和降低施工成本，我们采用外墙绿化体系从而节约了大量外墙围护施工费用，将景观水系结构引入室内，既满足了景观造型要求又可在夏季降低室内温度节约大量制冷费用，强调"低技"生态，合理节能降温。上述操作，不仅为业主节约了大量固定设施成本投入，也为会后改造利用做到了良好的铺垫准备工作。

从国际上看，大多数的发达国家正积极地循环利用已开发的建筑资源，而结合目前我国住宅严重紧缺的实际情况，将产业建筑遗存改造成为"转型住屋"的动态保护策略具有巨大的现实意义。这将赋予产业建筑延续性的生命，使其在社会生活中发挥崭新的作用，这种动态的保护策略不但有效实现了政府所倡导的节能减排理念，而且大大提升了原有建筑资源再利用率，降低了拆除和重建所导致的环境污染和人力消耗，因而具有深远的物质意义、环境影响和精神价值。

膜结构施工技术在轮渡候船区的运用

陈　赟、刘　炜

（上海港务工程公司）

摘　要： 目前国内膜结构发展振奋人心，随着一些大型体育馆、候机大厅等建设以及2010年上海世博会和广州亚运会等国际盛会的举办，为我国膜结构的发展带来了机遇和挑战。尤其在膜材方面，我国起步晚，技术水平低，大部分膜材还主要依靠进口。PTFE、PVC和表面改性的PVC、ETFE等膜材是市场的主流，应用比较广泛。我国已有PTFE膜材的自主知识产权，性能也基本达到国外同类产品的要求。很多公司、科研单位以及高校都在进行PVC表面涂层材料的研究，如PVDF、纳米 TiO_2 表涂剂等的研究已初见成效，另外在表面防污自洁处理方面的研究如仿生荷叶构筑微粗糙表面也开始起步。在引进世界一流的生产设备和工艺技术的同时，加紧消化吸收并改进创新，尽快开发适合我国市场需求的膜材表面处理技术，对提升我国整个产业用纺织品产品档次和市场竞争力都具有重要意义。

关键词： 膜结构，制作，安装

膜结构是建筑结构中最新发展起来的一种形式，它通过对性能优良的织物复合材料施加张力，实现能够覆盖大跨度空间的结构体系。膜材是经织物基材与涂层材料复合后，再进行表面处理而成，能承受一定的外力，防水、透光、耐用、气候适应性强，可拼接性强。张拉成形的膜结构是典型的轻型结构，比传统的混凝土结构轻得多，造型丰富多彩，广泛应用于现代建筑屋架。

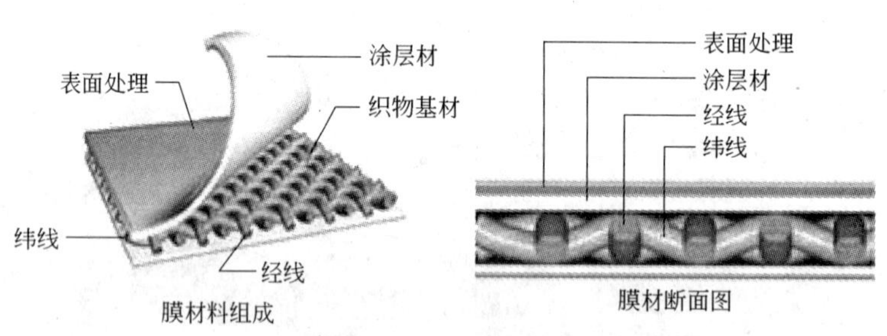

图1　膜结构构成图

一、工程概况

中国2010年上海世博会园区内水上交通设施—轮渡（水门）工程设置在世博会园区内黄浦江两岸。包括L1(M1)轮渡（水门）、L2(M2)轮渡（水门）、L3轮渡、L4轮渡、L5轮渡、L6轮渡六座轮渡（水门）工程。

在轮渡（水门）工程中，陆域工程膜结构屋面钢结构采用统一单元化模块结构，根据不同地形和要求进行模块组装；同时根据本工程的特点，膜体的安装将与钢结构交叉进行。

膜结构屋面钢结构采用了 12m×12m、13m×13m 两种结构模块。总建筑面积 1.7 万、膜伸展面积 2.7 万 m^2。

二、施工难点

1. 世博轮渡(水门)工程临时候船厅，采用张拉膜屋顶棚，国内尚属首次，无可借鉴的施工经验。

2. 膜在钢骨架的下方，成倒伞形状，与其他同类工程差异明显；

3. 总建筑面积 1.7 万、膜伸展面积 2.7 万 m^2，钢结构 800 余吨，如此任务重、高标准的工程，从设计、生产到安装的整个时间仅有短短的 11 个月，困难重重。

三、总体施工工艺确定

钢结构加工→膜结构加工→钢结构安装→膜结构安装

具体施工工序如下：

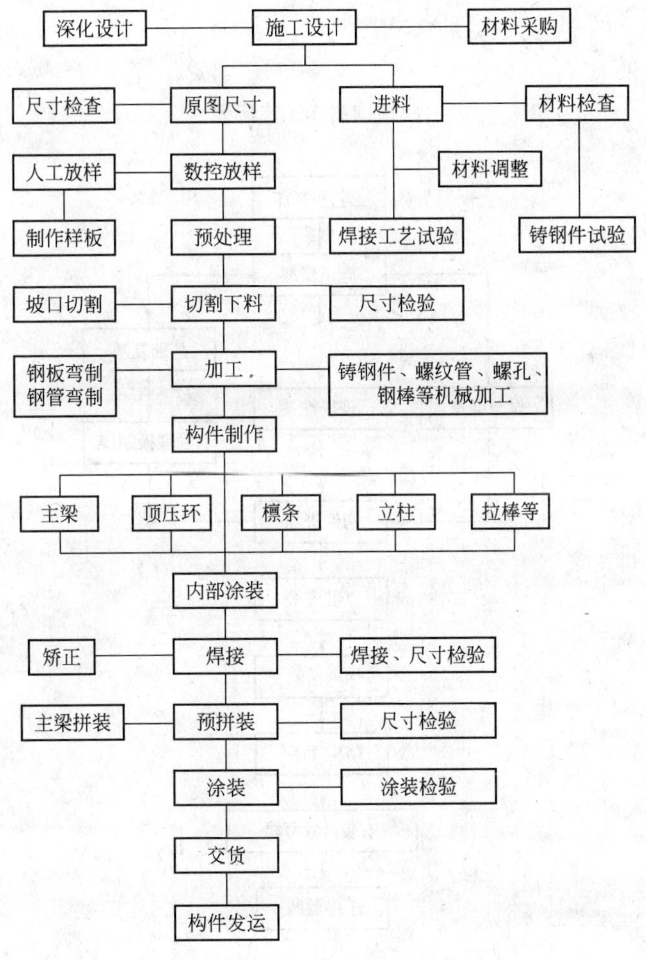

钢结构制作工艺流程

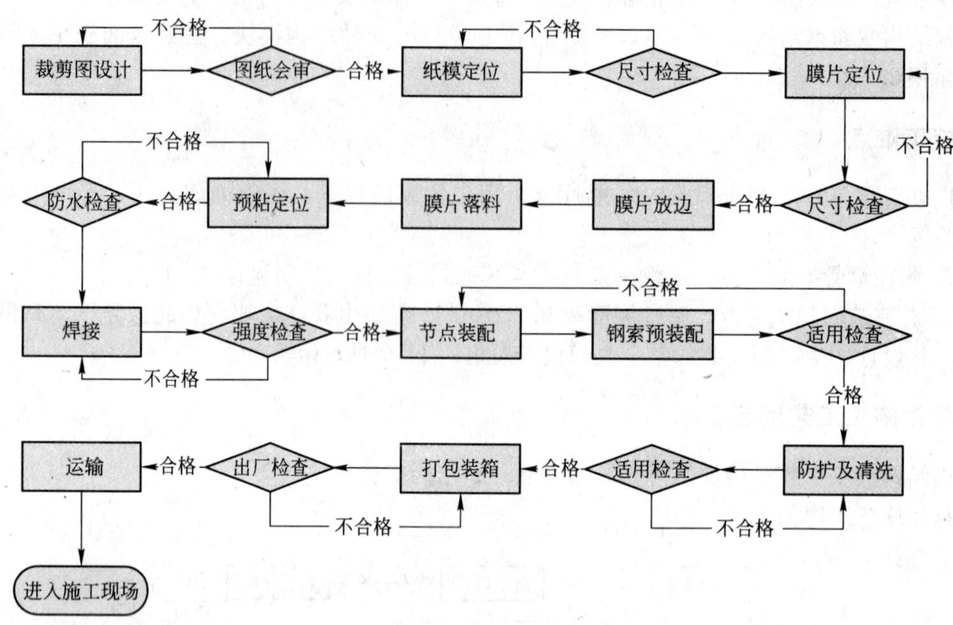

膜结构制作工艺流程

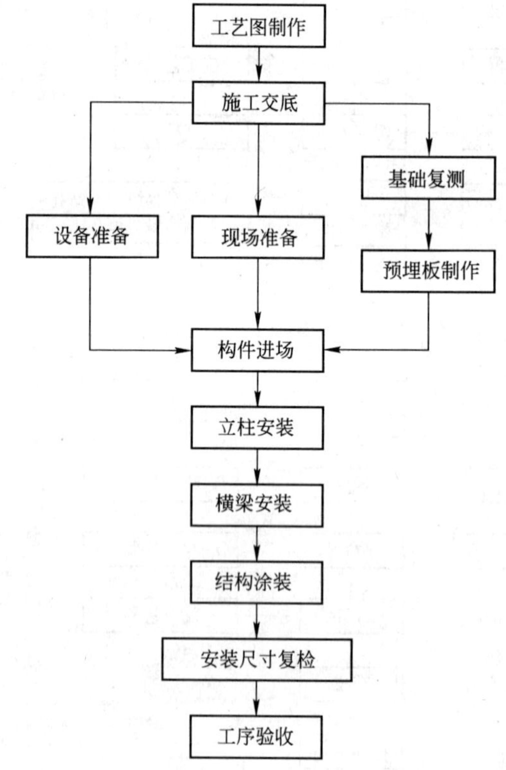

钢结构安装工艺流程

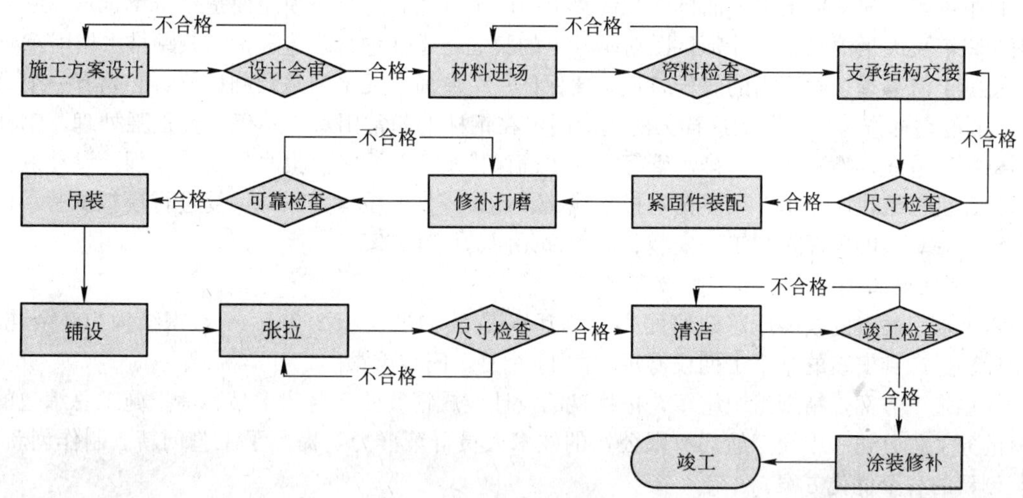

膜结构安装工艺流程

四、方案优化

1. 结构形式的优化

在深入研究后，设计师们发现，形态各异的6个水上站点，难以形成突出的统一主题，难以让游客留下世博水上交通的独特记忆。同时形态各异的膜结构，不仅增加了设计制作安装的工作量，而且单个生物形膜结构只能一次性使用，无法回收利用。

据此，设计师对候船厅方案进行了再调整。首先是统一形象，既为世博轮渡(水门)竖立一个标志性形象，为游客提供特别的搜索特征，同时又统一了钢骨架的形式，为建筑物的设计、制作、安装带来便捷。将原先的一跨型大跨度思路改变成12m×12m的标准单元结构，可以自由拼装灵活布置，既方便施工又便于回收。这一个个的标准单元，就像一片片伸展的荷叶，构成了候船厅膜屋顶的一个个单体。实践证明，仅此一项优化，就比最初设计节约15%的投资、缩短35%的工期。

2. 人性化方案编制

候船厅最具创意的设计莫过于隐身于膜结构的喷淋系统。喷淋嘴通过立柱从顶端伸出，在炎炎盛夏之时向屋面自动旋转喷洒水幕，让游客在候船时感受蒙蒙水雾带来的丝丝凉爽。

图2 膜结构整体外貌

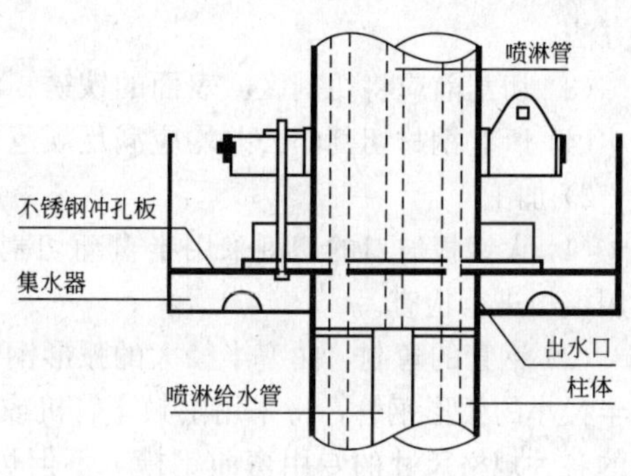

图3 集水器图

这个创意，却又带来了屋面排水和线路走向两个难题。荷叶形膜屋面是一个倒锥形。一旦下雨，将汇聚大量雨水。设计师试图对钢柱上的膜固定零件进行改造，使它兼顾排水作用。

根据上海夏季多雨强雨的气候特征，要保证一个屋面单元上的水顺利排放，必须有一个直径1.2m的钢桶作为集水器。这样大的钢筒固定在钢柱上非常困难，不仅需要加强处理，钢柱内还要穿过电线、喷淋水管、排水管等。为了确保排水线路顺畅、集水器安装牢固，设计人员利用计算机三维建模技术，反复核对排水线路、连接零件的位置关系，反复进行模拟试验，最后制定了一套能够确保对加工、安装、使用都无碍的设计方案。

3. 优化施工工序

六个水门站点的候船厅总建筑面积1.7万m^2、膜伸展面积2.7万m^2，钢结构800余吨。从设计、生产到安装的整个工期仅有短短的11个月，困难重重。

优化施工方案，精细组织施工，把优良的设计变成精致的建筑艺术品。承担施工总承包的上海港务工程公司和中交三航局有限公司的技术人员群策群力，提出了工艺创新、制作创新、安装创新的三个优化方案。

工艺上，常规钢结构工程包括准备、制作和运输、拼装、涂刷等阶段。工程技术人员针对工程难点，增加了制作厂内预拼装阶段。先试制一个结构单元所需的构件，进行一次完整的单元试拼装，并进行工艺调整，直至完美无瑕，才开始批量生产。厂内工作量增加了，但出厂构件的精度得到了有效保证，安装程序熟悉到位，提高了现场安装效率。

制作上，候船厅屋顶有许多异形构件。为保证尺寸和精度，事先制作了对应模具，以保证每一种构件都具有相同的加工尺寸。只要第一个构件的尺寸准确，就可以进行批量生产。虽然增加了制模成本，但给批量生产控制带来极大的方便，大大提高了制作效率。

安装上，膜屋顶标准单元的拼装采用螺栓连接。对加工、安装的精度要求很高，稍有偏差就可能导致屋顶局部或单元形状的扭曲，影响建筑物的稳定性和美观。施工人员采取在基础上预埋钢板、两次浇筑柱脚法。先将螺栓预埋到基础中，并露出地面。每个螺栓上装一个螺母，通过转动螺母调整钢板的高度和平整度，再用高强度混凝土把预埋钢板和原基础顶面之间的空隙第二次浇筑起来，而保证立柱定位的准确性。

五、具体施工方法

1. 钢构件的制作工艺

1）下料

(1) 钢板、型钢、钢管，切割前应事先排料，避免长料短用。

(2) 钢板、钢管的切割尽量采用自动或半自动切割，型钢、钢管的平端的切割宜采用锯切的方法。

(3) 切割前应将切割区域表面的铁锈、污物等去除干净，切割后应去除毛刺、飞溅物。

(4) 所有钢材切割的公差均应满足规范要求。

2）加工

(1) 大钢板坡口的切割采用半自动切割，小钢板、型钢、钢管坡口的切割采用手工切割，并用模板进行检查。

(2) 钢管的弯制，曲率半径大的弧形钢管，将采用数控弯管机或液压弯管机冷弯成形；曲率半径小的弧形钢管，将采用中频弯管机或火工弯曲方法进行。在弯曲钢管时，配备弯管机使用的各种规格尺寸的专用弯曲钢模，不但可在弯曲过程中严格控制弯曲半径和钢管壁厚减薄量，弯曲钢模还可最大限度地减少钢管弯曲时受力部位的变形。在液压弯管机上，进行弧形钢管的弯制。

(3) 立柱用的直钢管、斜钢管，拟采购专业工厂产品。否则，采用油压机对钢板压制半圆弧，再用埋弧焊机，进行钢管纵横缝的焊接。

(4) 拉索钢棒的加工，拉索螺旋头等的加工，在专用机床上，进行机械加工；并符合质量要求。

(5) 螺栓孔的加工，采用模板配钻；螺栓孔的加工精度应满足《钢结构工程施工质量验收规范》GB 50205—2001 的要求。

3) 钢构件的焊接工艺

(1) 焊接条件

Ⅰ. 所有的焊接，均应按照批准的焊接工艺评定试验要求进行，若存在与焊接工艺要求不一致的变化，需重新进行焊接工艺评定试验。

Ⅱ. 焊工必须熟悉焊接工艺要求，明确焊接工艺参数。

Ⅲ. 下雨时，露天不允许进行焊接施工。

Ⅳ. 按照规范的要求，对厚板进行预热；对于 Q345 材料，在外界温度小于 0℃时，在焊缝左右 75mm 范围内应预热至表面温度 30℃～50℃。

Ⅴ. 若焊缝区潮湿，应采取措施使焊缝左右 75mm 范围内干燥。

Ⅵ. 焊缝表面应清洁干燥，无浮锈、无油漆(车间底漆除外)。

(2) 焊接工艺参数

Ⅰ. 电焊条直径主要根据焊件厚度选择(见下表)：

焊接厚度(mm)	<2	2	3	4～6	6～12	>12
焊条直径(mm)	1.6	2	3.2	3.2～4	4～5	4～6

立焊最大直径不超过 ϕ5mm；仰焊、横焊最大直径不超过 ϕ4mm，必要时需采用专用焊条。进行多层焊时，第一层焊缝应采用较小直径的焊条。

Ⅱ. 焊接层数

焊接厚度较大时，常采用多层焊接法，每层厚度约等于电焊条直径的 0.8～1.2 倍为宜，且每层厚度不大于4～5mm。

(3) 焊接形式

以下所列坡口型式为本工程所使用的基本坡口型式。制造车间可根据设计图纸及相关要求，选择采用具体的接头型式。每一种型式的具体要求如坡口角度、间隙、焊脚高度等，要符合 GB 985—88、GB 986—88 规范的规定。

全熔透坡口焊缝

Ⅰ. 对接接头

① X 型坡口，适用于板厚 $t \geqslant 20$mm 的钢板的对接；

② 单面双边 V 型坡口，适用于板厚 $t < 20$mm 的钢板的对接；

③ 单面单边 V 型坡口，适用于 $t < 20$mm 的次要构件横焊位置的对接；

④ 单面双边 V 型坡口(加钢衬垫)。适用于无法两面施焊构件的对接。

Ⅱ. 角接接头

① K 型坡口，适用于板厚 $t \geqslant 20$mm 的钢板的角接；

② 单面 V 型坡口，适用于板厚 $t < 20$mm 的钢板的角接；

③ 单面V型坡口(加钢衬垫)，适用于无法两面施焊的角接焊缝的封闭部位；

④ 加衬垫的塞焊，适用于无法两面施焊的焊缝。

⑤ 局部熔透焊缝

K型坡口：适用于板厚 $t \geqslant 20$mm的钢板的角接焊缝；单面V型坡口：适用于板厚 $t<$ 20mm的钢板的角接。

(4) 焊接操作要点

Ⅰ. 所有的焊接，均应按照焊接规范进行；

Ⅱ. 焊接方式一般采用平焊和向上立焊，尽量减少仰焊；

Ⅲ. 部件组装时，须加固好，以减少变形；

Ⅳ. 所有节点坡口，焊前必须打磨，严格做好清洁工作；

Ⅴ. 所有探伤焊缝坡口及装配间隙均应由质检员验收合格；

Ⅵ. 定位焊应与正式焊缝一样的质量要求，装配定位焊要由有合格的焊工操作；

Ⅶ. 定位焊焊脚高度不宜超过设计焊脚高度的2/3，并应布置在焊道以内；

Ⅷ. 所有焊接的引弧一律放在坡口或焊接区域进行，不允许在母材表面进行引弧；

Ⅸ. 焊缝应自然冷却，不得采用水、风等强制冷却；

Ⅹ. 焊接完毕，焊工应清理焊缝表面的熔渣及两侧飞溅物，检查焊缝外观质量；

Ⅺ. 焊缝同一部位的返修次数不宜超过两次。当超过两次时，应分析研究，并按返修工艺进行。

4) 钢构件的涂装

(1) 钢构件涂装方案

序号	涂层道数	油漆名称	干膜总厚度(μm)
1	2	环氧富锌防锈漆	80
2	2	环氧云铁防锈漆	100
3	2	氯化橡胶面漆	70

(2) 涂装技术要求

Ⅰ. 涂装前构件表面要求进行抛丸除锈处理，除锈等级为Sa2.5级。

Ⅱ. 本工程要求采用以空气喷涂为主，刷涂为辅的方法(风力超过5级不宜喷涂)。涂装要求首先二度底漆，漆膜厚度≥80μm；其次二度中间漆，漆膜厚度≥100μm，最后二度面漆，总的干漆膜厚度应≥250μm，干漆膜厚度偏差允许≤−15μm。

Ⅲ. 工厂进行二度底漆的喷涂，安装现场进行二度中间漆和二度面漆的喷涂，检测均采用漆膜测厚仪进行。

Ⅳ. 需现场焊接的部位50mm范围内不允许涂刷，如若误涂，应按除锈方法清除。

(3) 涂装质量要求

Ⅰ. 除锈前必须清除表面积水、油污和杂物，基本达到表面清洁。

Ⅱ. 喷涂油漆前对表面有油脂部位，必须用稀释剂擦洗清洁，不留可见痕迹。

Ⅲ. 补涂油漆前应擦清焊割烟尘、锌盐、标记等，但允许可见痕迹。

Ⅳ. 涂装环境：雨、雪、雾、露等天气时，相对湿度应按涂料说明书要求进行严格控制，相对湿度以自动温湿记录仪为准，现场以温湿度仪为准进行操作。

Ⅴ. 安装焊缝接口处，各留出50mm，用胶带贴封，暂不涂装。

Ⅵ. 钢构件应无严重的机械损伤及变形。

Ⅶ. 焊接件的焊缝应平整，不允许有明显的焊瘤和焊接飞溅物。

Ⅷ. 漏涂、针孔、开裂、剥离、粉化均不允许存在。

2. 膜材的制作工艺

1）材料检验

（1）膜体制作前必须对所用材料及配件按设计和工艺要求进行质量检验。

（2）所有检验必须形成书面质量记录表单。

（3）检验对象应至少包括与膜材有接触的任何材料，必要时应包括非接触材料。通常这些材料是：①膜材；②边界钢索；③节点板；④调节杆；⑤边界铝条；⑥夹具夹板；⑦张拉钢索；⑧各种辅助件，如缝纫线、耐磨衬垫、缆绳带等。

（4）检验分为四种：外观检查、尺寸检查、材性检查及资料检查。

（5）检验的标准为相关的规范、规程及标准。

2）裁剪落料

裁剪落料由以下几个过程组成：

（1）纸模落料——确认落料所使用的模板的适用性并对模板实施裁剪。

（2）膜材查验——确认落料所使用的膜材的适用性。

（3）膜片定点——根据纸模在膜材上进行定位。

（4）膜片连线——根据定位在膜材上进行连线。

（5）膜片裁剪——根据连线对膜材实施裁剪。

（6）膜片标识——膜片检查及标识。

3）膜片预定位

（1）只有质检部验收合格的膜片方可进入预定位工序——这是预定位前必须进行的第一步查验工作。

（2）预定位前先使用酒精刀将膜片及背贴边界进行过火处理，确保边界没有毛刺及拉毛现象。

（3）预定位工作是连接工序的准备阶段。它通常使用“3 秒胶”、“PVC 胶水”等材料，使用时应坚持少量及合适原则，尽量使 3 秒胶或胶水不超过边界 1 厘米处，严禁过多外溢而影响膜片质量。

（4）预定位时涂抹“胶水”或“3 秒胶”的膜片应保持清洁，若有必要应在预定位前进行检查。

（5）预定位时应做到两部分膜片的起始点及终止点必须同时保持一致。

（6）预定位时应确保两部分膜片的应力均匀，确保不出现某一膜片被扯拉或某一膜片被折曲的现象。

（7）若连续的预定位长度很长，应分别在两部分膜片上同时设立中间的定位起始点，确保定位均匀。原则每 3 米必须一处定位起始点。

（8）预定位过程中使用的 3 秒胶属危险品，其使用应遵守相关操作规程。

（9）预定位分为三种：连接预定位、包边预定位及局部裁剪加强。

4）膜片连接

（1）膜片连接应保证连接缝的强度及防水要求，并选择合适的连接方式，具体以设计图纸为准。

（2）有特殊要求的膜片连接可考虑现场加工制作，并制订相应工艺要求以确保质量。

(3) 膜片连接时应特别注意膜片拖动时对膜材造成的刮伤、碰伤、磨擦等损坏，尽量使用行车等起重设备。膜体重量及体积较大时应准备专门的连接保护方案。

(4) 膜片连接时应本着先拼接缝，再包边，最后局部加强的次序，进行合理组织。

(5) 局部加强时的连接既应考虑外形美观，又必须考虑与包边、拼缝的完美组合，同时满足防水及强度要求。

(6) 交差接缝时应特别注意外形美观、防水要求及强度要求的三者统一，并制订相应的连接方案。

5) 附件装配

(1) 所有附件在装配前必须进行过质量检查且被质保部验证质量是合格的，并形成书面质量检查记录。

(2) 不管膜体进场时，附件是否与膜片连接在一起，每一个附件必须在膜体包装前被进行过至少一次的装配并形成书面记录。

(3) 附件装配前应根据图纸先核对附件的标识名称及附件的正反、左右、上下及前后，并有其他人员复核，确保不出现装配错误对膜体造成不可弥补的损坏。

(4) 附件的安装应根据图纸和裁剪尺寸等正确安装。开孔应采用开孔夹具、不得有卷曲、歪斜等现象。打孔眼，不得有脱落、裂纹。

(5) 附件装配时应注意保护，不得在装配中损坏膜材；必要时应制订专门保护措施。

(6) 由于附件装配而需对膜体进行的任何裁剪必须十分小心，并由专人检查，确保不出现错裁错剪；装配前或装配拆卸后均应确保被装配物的名称标识清晰可靠。

3. 钢构件的安装工艺

1) 构件名词解释

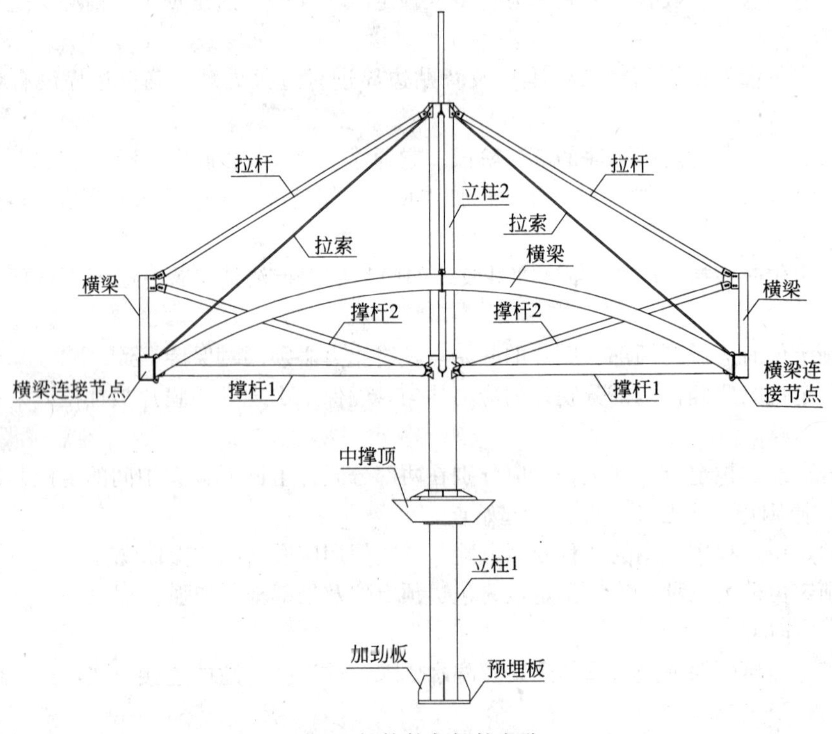

图4 钢构件各部件名称

2）结构安装顺序

根据本工程的特点，为了避免结构在组装过程中产生累积误差，钢结构安装将采用由中间向四周发散的安装顺序，具体如下图所示：

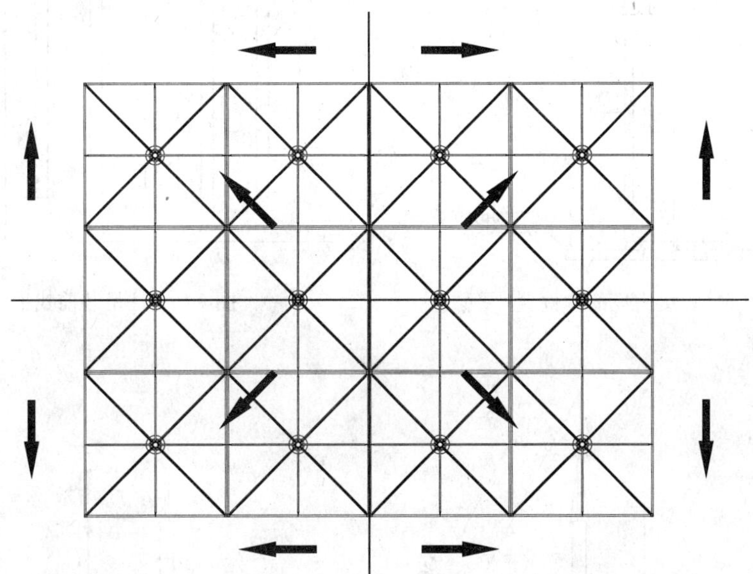

图5　钢结构安装顺序图

3）基础放线与预埋板制作

（1）本工程的基础放线工作将与预埋板的制作相结合。

（2）利用全站仪测得基础锚栓顶端的坐标及抗剪件孔洞预留的坐标及深度，并将测量结果全部输入计算机。

（3）根据现场测量结果，在电脑中设置好结构的横轴与纵轴，并将每一块预埋板的中点与相应的横轴与纵轴交点相重合，从而得到预埋板实际的钻孔位置。

（4）根据计算结果，绘制预埋板加工图。图纸要求：每一块预埋板都具有单一的预埋板编号；每一张预埋板加工图上均明确标注横轴与纵轴的位置；明确预埋板抗剪件的焊接位置。

（5）根据加工图制作预埋板。制作要求：每一块预埋板应注明编号、横轴轴线号和纵轴轴线号。

4）立柱安装

根据本工程特点，立柱安装将分成立柱与预埋板焊接和立柱吊装两个步骤。

（1）立柱与预埋板的焊接：该工序将安排在构件加工厂内进行，立柱与预埋板定位前需先检查立柱断面的垂直度及立柱的焊接部位的坡口是否符合要求，然后在立柱横轴纵轴基准线与预埋板上标注的横轴纵轴轴线对应重合时进行定位焊接。在立柱与预埋板进行塞焊时，需先选用直径2.5的焊条进行打底焊接，然后选用大直径的焊条进行填充塞焊。焊接时需采用对称焊接法以避免预埋钢板在焊接过程中产生变形。当上述焊接完成后进行加劲板的焊接。焊接完成的构件如图6。

（2）立柱吊装：立柱吊装前需进行基础预埋板底面找平，找平方法见图7。找平前先根据基础测量结果，确定预埋板底面的统一标高，然后将图中的调平螺母的上表面调整至标高位置。经计算，单根立柱的自重为2.5t，吊车布置如下图：

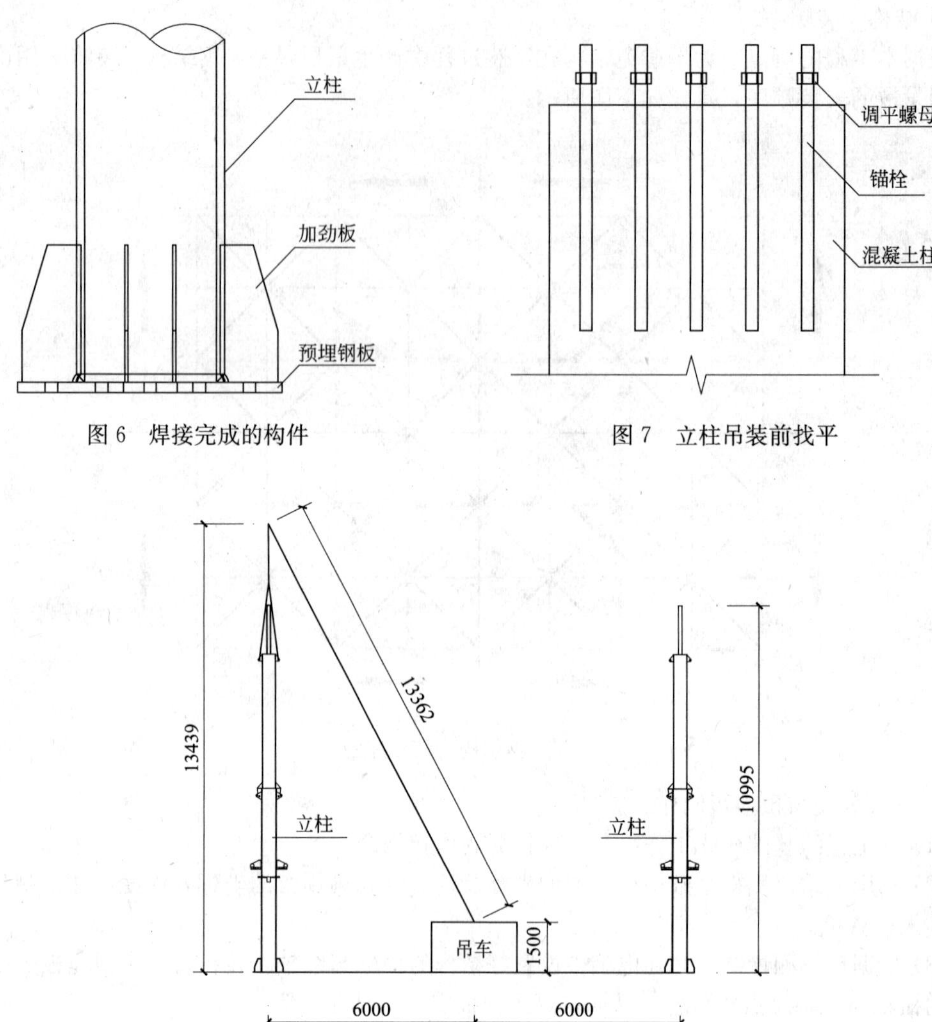

图 6 焊接完成的构件

图 7 立柱吊装前找平

图 8 立柱吊装示意图

吊车工作状态：吊车工作半径 6m，吊臂使用长度为 13.4m，起吊重量 2.5t，吊索采用直径不小于 10mm 的 6×19 钢索。

当立柱吊装到位后，按图 9、图 10 形式将立柱与基础混凝土柱进行连接，并在连接过程中进行立柱垂直度的测量，使其达到规范规定。

5）横梁安装

（1）横梁安装顺序

横梁安装按图 11 所示步骤操作。

（2）吊车行驶线路

经计算，每一根横梁的自重为 600kg，根据 12t 吊车的工作性能，特编制了图 12 所示吊车行驶线路。在横梁的吊装过程中，吊车的工作状态如下：

起吊重量为 1.2t；

吊车的工作半径为 8.5m，吊臂长度为 10.8m。

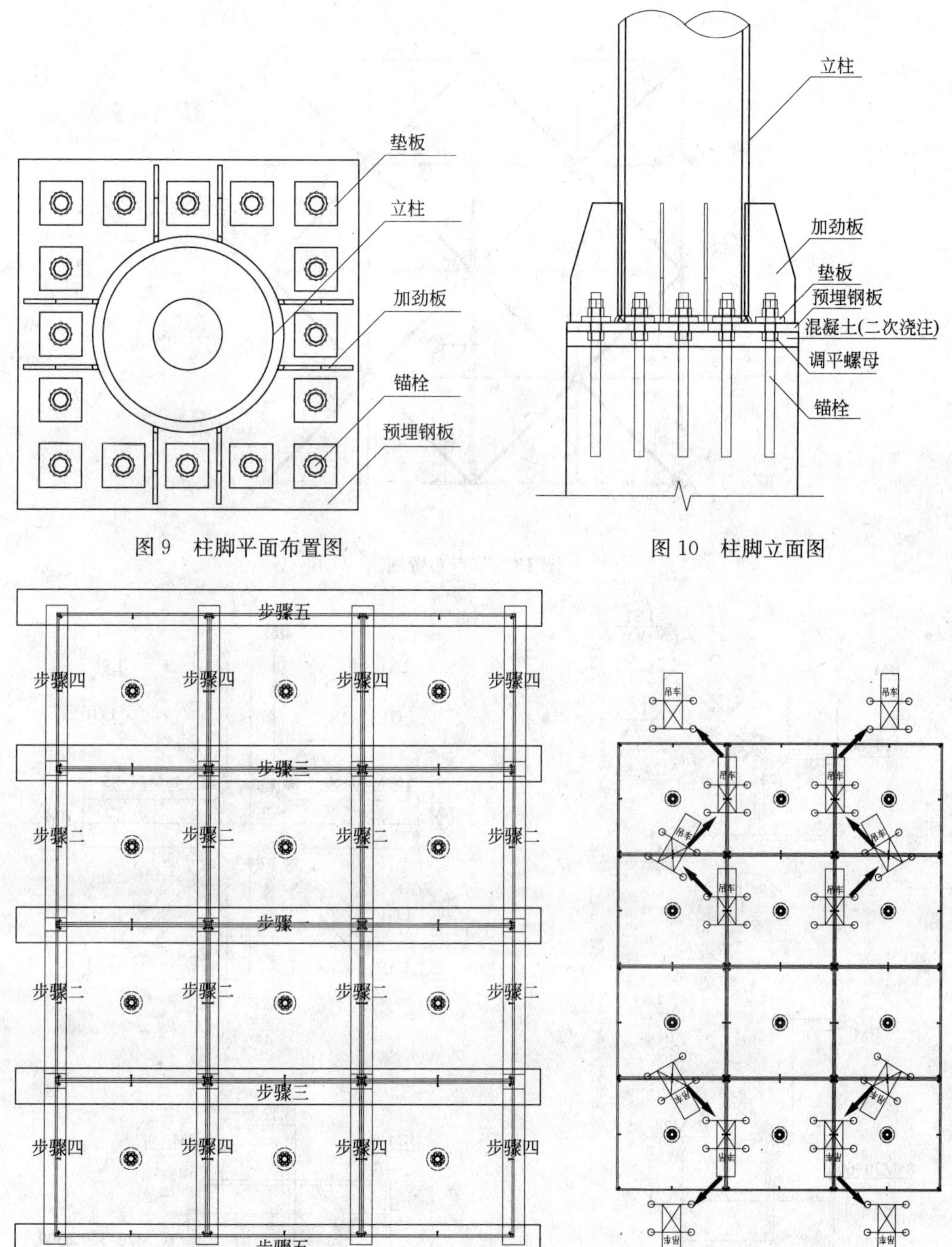

图 9 柱脚平面布置图

图 10 柱脚立面图

图 11 横梁安装顺序

图 12 吊车行驶线路

(3) 横梁安装

横梁连接共有四种连接方式，具体的连接使用部位及连接方式见图 13、图 14。

详图 1 节点使用于结构外围的四个拐角；详图 2 节点使用于结构外围除四个拐角外的所有横梁与横梁交接处；详图 3 节点使用于结构内侧的横梁交接处；详图 4 为相邻单元重叠边界横梁的连接方式。

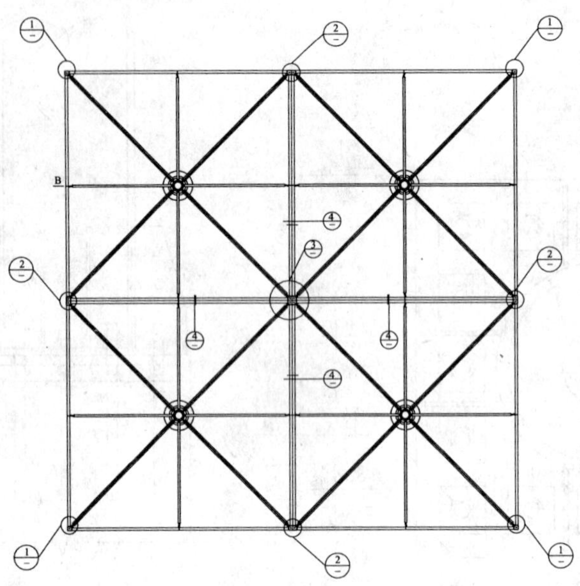

图 13 节点布置图

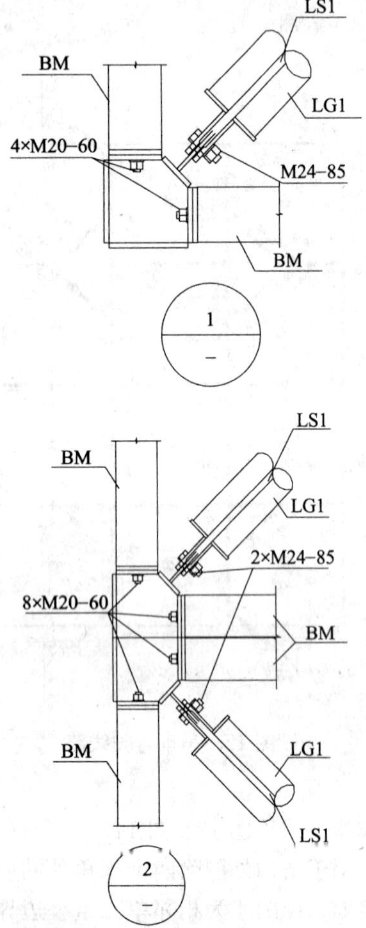

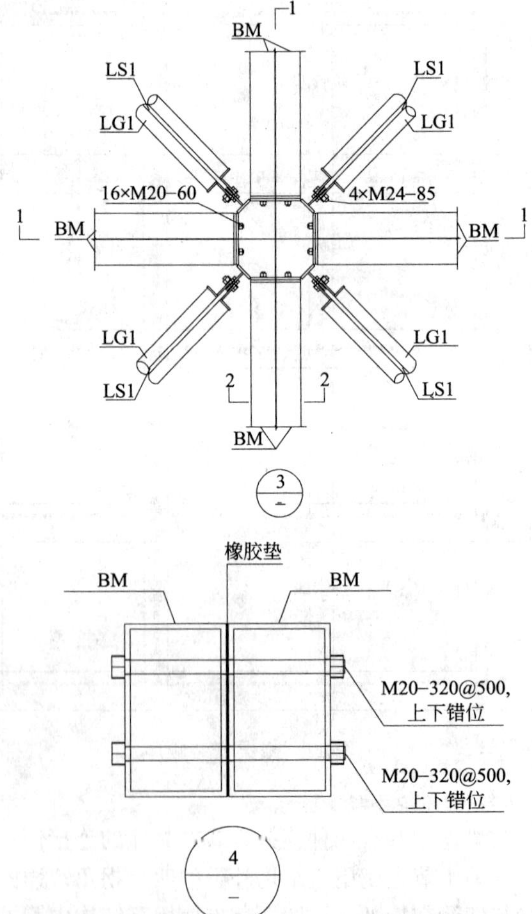

图 14 节点详图

在相邻单元重叠边界横梁吊装过程中，需先按详图14，4的连接方式将两根横梁连接并紧固好，然后将两根横梁共同起吊，以确保相邻单元间的紧密连接。

4. 膜材的安装工艺

1）膜体包装及运输

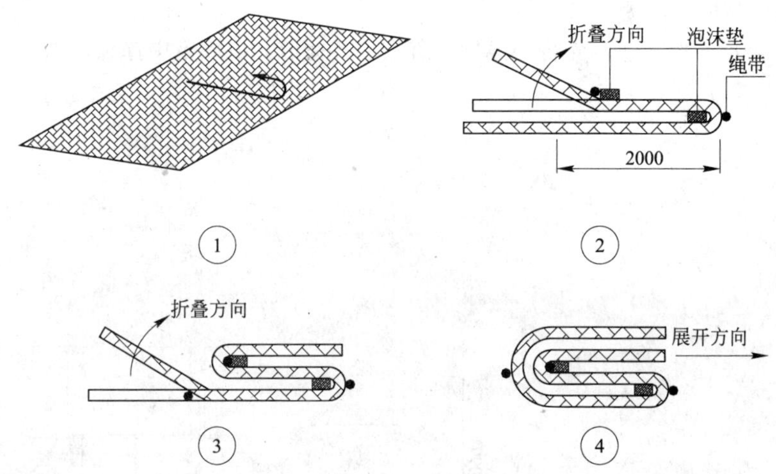

图15 膜体打包示意图

(1) 在包装前膜的正反两面均应清洗干净，尤其是前几道工序标识所遗留的粘结物。

(2) 包装时膜体的正反面不得有任何损坏或质量异常。

(3) 包装前应制订工艺，确保膜体包装时不得污染和损坏膜体。

(4) 膜体打包时，宜包上缓冲材料以防止对膜体造成折弯、压坏等损伤。

(5) 膜体的包装方式应根据膜材特性确定，对不适合折叠的立体膜体应在膜内衬填软质填充物后再包装。填充物应干净不脱色。

(6) 任何情况下，禁止膜体无包装。

(7) 膜体任何附件均必须进行包装防护，防止膜体损坏，且该防护必须由专人检查方可打包。

(8) 膜体打包后应生成《膜体打包示意图》，将包装内容及膜体折叠方式与展开方向清晰注明。该图一式两份，一份质保部留存，另一份随《膜体包装质量检查记录》一起放在膜体包装外罩布的醒目的安全位置或包装箱内的醒目安全位置。

(9) 膜体包装的成品在堆放、装卸、运输过程中不得碰撞损坏，宜用防尘布遮盖，底部应铺设隔离垫层。

(10) 为防止运输过程及安装过程中的丢失，所有装配在一起的附属配件均应在出厂前被装配好，禁止散件进场，同时将其整理成包装袋。

(11) 为了防止膜材发生严重折痕、折纹等，必须在各折叠部分迫切地放入缓动材料后再进行捆包。

(12) 根据本工程特点，从保护膜材的角度出发，本工程的膜材将根据工程的进度，为批次进场。

2）膜体安装

(1) 膜面吊装

根据本工程特点，膜体吊装安排在立柱安装完成之后，横梁吊装之前进行。吊装膜体自重约为0.2t，膜体吊装如图16。

在膜体吊装到安装位置后，先将膜体固定在立柱上，并用包装物将膜体全部覆盖，以避免膜体在构件安装及涂装过程中的损坏及污染。

膜体安装则自构件涂装完成、钢结构分部验收完成之后进行。

(2) 膜与中撑顶的连接

在膜与中撑顶连接之间，先将中撑顶与谷索连接完成，以固定中撑顶，如图17。

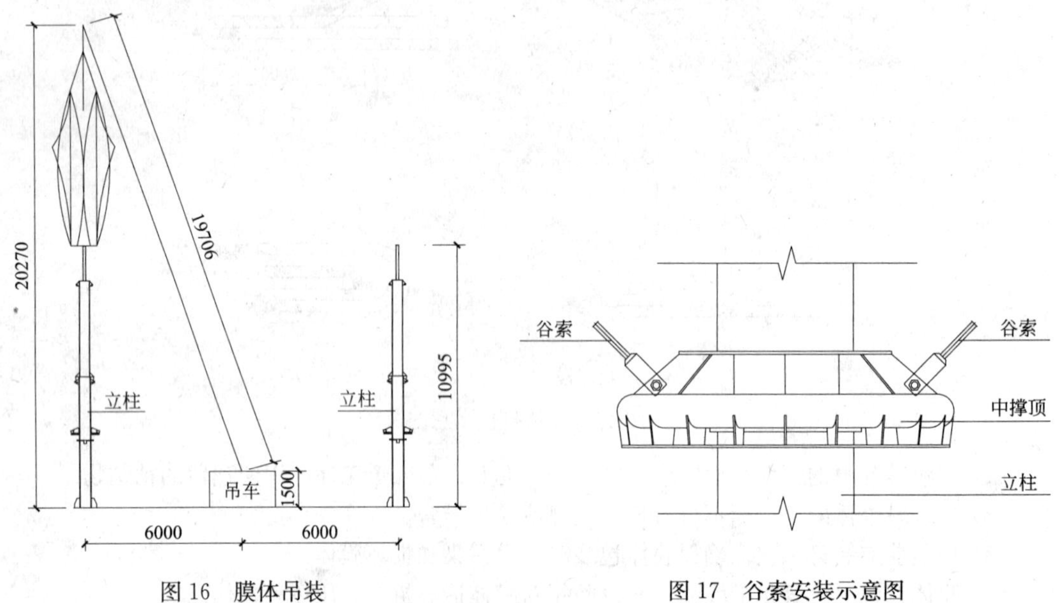

图16 膜体吊装　　图17 谷索安装示意图

谷索安装完成以后，先在膜体安装位置的正下方铺设地毯，然后将膜体从立柱上解开，并将膜体的四个拐角分别与横梁的四个拐角相对应，再膜体上找出膜拐角对应的对角线基线。

将膜对角线基线与中撑顶上谷索对角连线重合，并如下图所示将膜体与中撑顶固定完成。

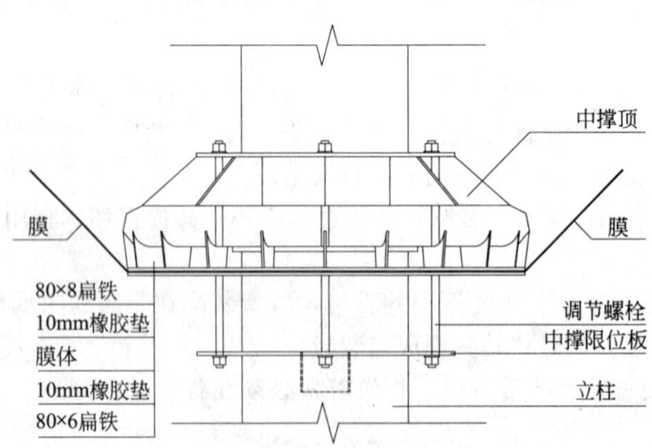

图18 膜与中撑顶连接示意

在上述操作完成之后，先利用提升设备将中撑顶的位置提高，确保谷索从于0应力状态，以便于膜边界与横梁的连接。

(3) 膜与横梁的连接

膜体与横梁连接采用专用铝型材（型材截面如下图），具体连接方式如下：

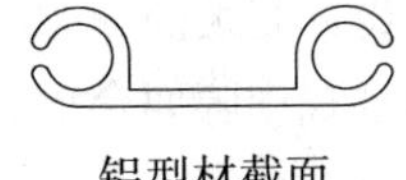

铝型材截面

先将膜体与铝型材进行连接，如下图：

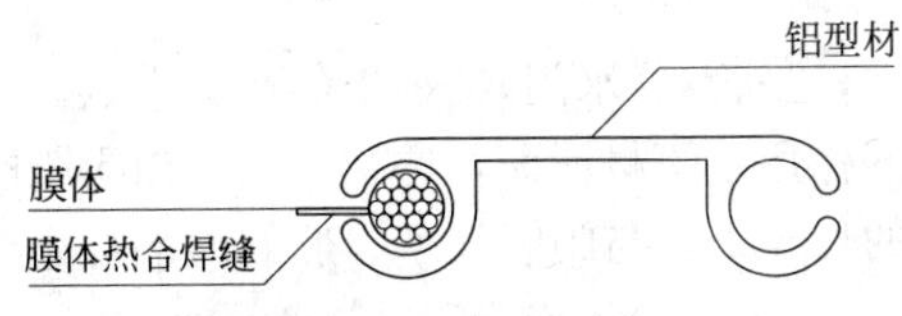

膜体与铝型材连接示意图

然后将铝型材固定到横梁上，如图 19：

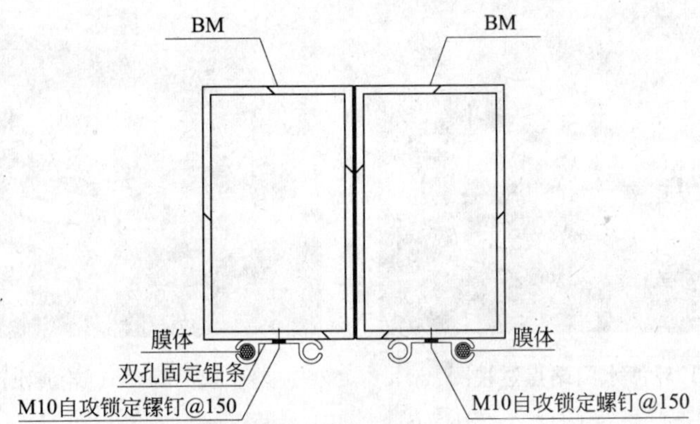

图 19　铝型材与横梁连接示意图

在完成上述操作后，通过提升设备降低中撑顶从提升高度。

(4) 膜体张拉

根据膜体的固定形式，膜体的四条边界与钢结构全部采用固定方式连接，无可调节区域，故本工程膜体张拉采用如下图所示的形式进行张拉。

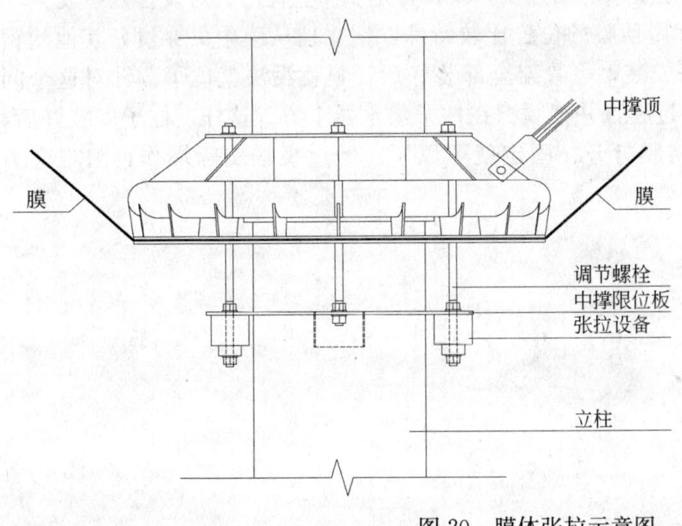

图 20　膜体张拉示意图

总的来说，膜面张拉的程序必须是重复性的，直到膜面的应力达到设计的要求。每块膜面的张拉周期大约为 3 天。第一天张拉至设计要求的 90%，第二天张拉至设计要求的 100%。第三天继续对膜面实施张拉，由于在使用过程中膜面会损失一部分的应力，故一般将膜面张拉到设计要求的 110%左右为宜。

六、实施效果

张拉膜结构顶篷的候船厅，是轮渡(水门)工程中的最大亮点。其生动的造型为烘托候船区的建筑风格起到了画龙点睛的作用。膜材屋面，透光均匀，白天既能良好的遮阳，又能提供柔和自然的光线；晚上在绚丽的灯光下，与闪闪江水、艘艘游船灯光辉映，组成了一道绚丽的风景线(图 21、图 22)。

图 21 L1(M1)轮渡水门站点透视图

图 22 L1(M1)轮渡水门站点鸟瞰图

候船区是滨水建筑，由单元拼接而成，立意与荷叶不谋而合。远望，张张膜布犹如宽展的荷叶点缀在江面上；近看，根根硕长的胫柱似荷叶柄飘荡摇曳。可谓远观近看皆是景。

七、心得体会

1. 施工过程中，为保证膜骨架在重力和起吊力作用下不变形，可采取分单元吊装，一次起吊重量较轻，小型起重机械可满足要求。吊点少，设备行走和布置灵活，对设备依赖较少。

2. 与一般膜工程相比，候船厅屋顶膜的位置比较特殊，钢立柱从膜中央穿过，其他的钢骨架都在膜上方。如果按常规顺序安装，等骨架全部装好后，膜就没法就位了。针对这个问题，可在钢柱吊装前，先将柱子穿过膜，并把膜绑在柱子集水器上方。这样，柱子安装好后，可以直接进行骨架安装，接下来将膜打开、固定就可以了。经过现场实际操作，困难迎刃而解。

浅谈新型的轮渡水门码头工程

陈　赟、刘　炜

（上海港务工程公司）

关键词：趸船，钢引桥，新型仿木地板，沉桩，驳岸，防汛墙

一、工程概况

中国2010年上海世博会园区内水上交通设施—轮渡（水门）工程设置在世博会园区内黄浦江两岸。浦西标段包括L1(M1)轮渡（水门）、L3轮渡、L5轮渡、三座轮渡（水门）工程。

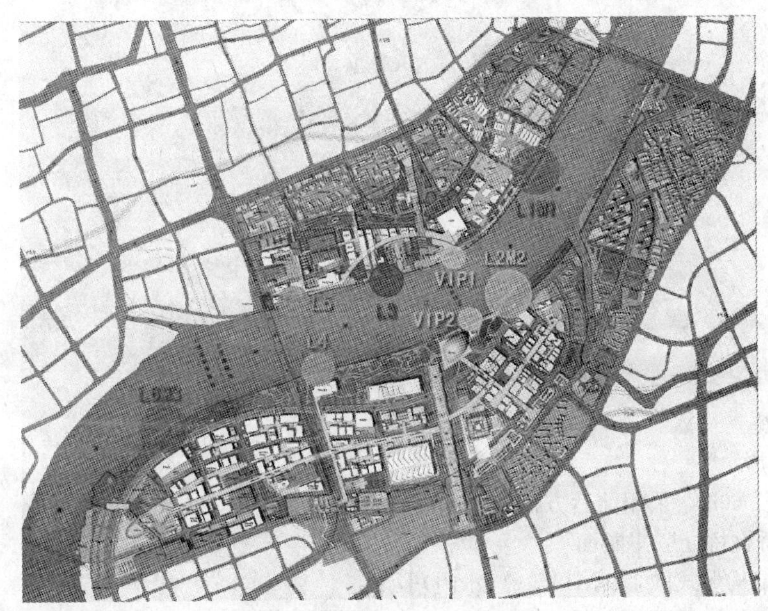

图1　上海世博轮渡水门码头概貌

1. L1(M1)轮渡（水门）

1）新建驳岸工程

新建驳岸长277m，采用前后方桩低桩承台结构形式。

(1) 无引桥搁桥处驳岸断面

上部结构采用现浇底板、胸墙。底板下共设置两排方桩。

(2) 设置引桥搁桥处驳岸断面

引桥两侧1.5m范围外：上部结构采用现浇底板、胸墙。底板下共设置三排方桩。胸墙顶部设置锚环和钢引桥搁桥；在锚环位置设置加强肋板。

引桥两侧1.5m范围外：上部结构采用现浇底板、胸墙。底板下共设置两排方桩。

(3) 驳岸后方采用素土回填，人工夯实，分层厚度不大于0.2m。

(4) 驳岸前沿抛石护坡，抛石厚度1.0m。

2) 趸船

码头设60m趸船4艘，24m趸船1艘。

3) 钢引桥

新建钢引桥共18座。钢引桥一端搁置在趸船后方，另一端通过锚链固定在搁桥驳岸上。钢引桥采用实腹主梁结构，表面采用地木板装饰，顶部设置顶篷。

4) 防汛墙

防汛墙沿江布置，采用L形钢筋混凝土结构，防汛墙内开18档平移钢闸门。

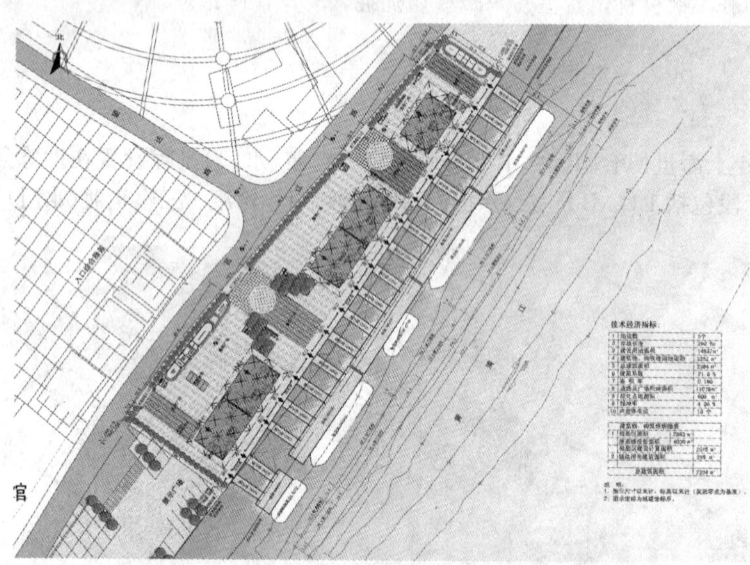

图2 L1(M1)站点总平面图

2. L3轮渡

1) 新建驳岸

新建驳岸长60m，采用前后方桩低桩承台结构形式。

(1) 无引桥搁桥处驳岸断面

上部结构结构形式同L1(M1)轮渡(水门)驳岸。

下部桩基规格、间距等也同L1(M1)轮渡(水门)驳岸，桩长为17m。

(2) 设置引桥搁桥处驳岸断面

上部结构形式同L1(M1)轮渡(水门)驳岸。

桩基型式如下：引桥两侧1.5m范围内，底板下共设置三排方桩。引桥两侧1.5m范围外，底板下共设置两排方桩。

2) 趸船

码头设24m趸船2艘。

3) 钢引桥

新建钢引桥共4座。

具体形式同L1(M1)轮渡(水门)钢引桥。

4) 防汛墙

防汛墙沿江布置，防汛墙内开4档平移钢闸门。

3. L5轮渡

1）新建驳岸

新建驳岸长60m，采用前后方桩低桩承台结构形式（利用老板桩）。

(1) 无引桥搁桥处驳岸断面

上部结构形式同L1(M1)轮渡（水门）驳岸。

底板下共设置两排桩基，前排板桩利用原有驳岸板桩。

(2) 设置引桥搁桥处驳岸断面

引桥两侧1.5m范围内：上部结构采用现浇底板、胸墙。底板下共设置三排方桩，中排板桩利用原有驳岸板桩。其余形式同无引桥搁桥处驳岸。

引桥两侧1.5m范围外：底板下共设置两排桩基，前排板桩利用原有驳岸板桩。

2）趸船

码头设24m趸船2艘。

3）钢引桥

新建钢引桥共4座。

具体形式同L1(M1)轮渡（水门）钢引桥。

4）防汛墙

防汛墙沿江布置，防汛墙内开4档平移钢闸门。

二、施工难点

1. 沉桩期间驳岸的稳定及相邻构筑物的安全

由于工程岸坡较陡，且老驳岸结构相对较为单薄。因此在新建驳岸沉桩过程中，应采取有效的施工措施及监测手段来防止岸坡失稳。在沉桩时应严格控制沉桩速率，采用跳打法尽量避免同一区域集中沉桩。同时需在驳岸陆侧建立驳岸土体监测体系，可采用埋设深层土体位移测斜管及设置沉降位移观测点的方法，以便在沉桩过程中严密监控沉桩对驳岸土体带来的影响，指导施工。

相邻的老码头、驳岸、防汛墙等构筑物在沉桩过程中也应设置相应的监测点，以便及时的提供相关信息，确保相邻构筑物的安全。

2. 合理安排施工流程，确保防汛安全

在新建驳岸及防汛墙前，需拆除原有驳岸及防汛墙，因此在拆除工程前需建立临时防汛墙。临时防汛墙设置在后方陆域，在新建防汛墙尚未形成期间，应合理安排好陆域项目的施工流程，尽可能减少临时防汛墙设置所带来的工期影响。

新建防汛墙体系尚未形成前，应切实做好防汛安全工作，防汛安全工作包括施工区域内的设备、人员、结构安全以及临时防汛墙体系的安全。

3. 项目体分散

本标段共有三个水门工程，虽同处与浦西，但单体项目相距较远，项目管理上采用项目总部统一协调、指挥，各单体项目分别设置项目分部具体实施的施工管理模式。

4. 周边协调

通过现场踏勘，本标段的施工区域是世博园区最靠近江侧的工程，因此陆上施工通道需穿越目前正在施工的世博园区。目前园区内上海建工正在进行部分世博设施的建造，部分段和本工程陆域部分产生交集，因此本工程展开过程中需和相关相邻项目部进行沟通，建设单位的统一协调下，处理好与周边其他工程项目的施工通道使用事项，以满足工程所必需的运输条件和施工条件。

三、总体施工工艺确定

前期准备工作→建立临时防汛墙、拆除老码头、老驳岸→桩基施工→新建驳岸施工→驳岸后第一次回填土施工至＋3.90m→新建防汛墙、闸门墩施工→驳岸后第二次回填土施工至＋5.00m→驳岸前沿挖泥、抛石护坡→安装钢引桥及趸船→钢引桥遮阳膜搭设→驳岸及防汛墙装饰工程。

四、方案优化

1. 趸船及钢引桥的优化

趸船前靠轮渡船，后搁置钢引桥，一般24m长趸船搁置2座钢引桥，60m趸船搁置4座钢引桥。每座钢引桥自重超过20t，再加上每座钢引桥35t的活动荷载，使趸船产生十分严重的横倾。为确保趸船的万无一失，设计和施工从两方面加强了安全措施，一是将钢引桥搁置点的位置从趸船岸端移进趸船内部1.5m处，减少了倾覆力矩；二是在趸船的江侧方设置压水舱，平衡来自钢引桥产生的不平衡力矩和确定落差高度。

图3 趸船和钢引桥

2. 不是木材胜似木材的地板装饰

采用非木质人造地板，足以吸引眼球。该地板材料采用了国际先进的微发泡技术，巧妙地结合了独创的纤维增强工艺，神奇地将PVC粉末“变成”了一种可持续性发展的新颖的人造木材，可被无数次地回收利用。无毒，无害，无污染，环保节能。阻燃率达到美国最高的A级。吸水率千分之一，是海岸等任何临水和湿地工程最佳的代木选择。防腐防蛀，抗油污抗刮划；承重性高，柔韧性强；易加工，易安装。形如木材用如木材，不是木材胜似木材，是真正意义上的绿色产品。它的科技、环保、节能特点为上海世博会的科技，环保和绿色理念增光了添彩。

3. 优化钢引桥制作、安装方案

钢引桥一般有平行弦桁架式、空腹拱桁架式和实腹板梁结构。本工程共计26座钢引桥，钢引桥20m(21m)长，5m宽，采用实腹板梁结构。

浮码头的钢引桥一般采用上翻桁架式结构或上翻实腹板梁结构，优点是受力结构处于引桥面上方，引桥面下方为平直段，适合潮水涨落时引桥转动。即使在最高、最低潮位时，引桥自身不会与搁桥支座产生碰撞。缺点是上翻引桥将主要受力构件暴露于引桥面上方，视觉效果较差。

设计施工人员大胆提出了改上曲线为下曲面的方案，使整个钢引桥显得平整如一，加上纤细的栏杆，以体现环境和谐美，确保取得较好的视觉效果。难题是需要解决黄浦江高低潮位时钢引桥与搁桥支座的安全距离。经过论证，采取了将钢引桥两端设计为平直段，并通过设置箱梁来增加平直段的刚度，以解决平直段断面太小，不能承受剪力的问题。所有钢引桥兼做撑杆使用，即满足通行功能，又满足靠船功能；通行时主梁受弯，靠船时主梁受压，故主梁按压弯构件设计，并设置较大刚度的 H 型钢连接两榀主梁，使之保持较好的稳定性。三个水门站点共有钢引桥 26 座、趸船共 9 艘，其中最大的趸船相当于 2 个标准篮球场。这样的设计，给施工人员出了难题，要将原先的平面安装改为现在的弧线安装，必须延伸钢引桥的长度，并在两端形成长 1.5m 的直角连接臂。加上钢引桥及趸船安装需采用大型水上起重设备，必须在确保安全的情况下，最大限度发挥起重设备的有效吊距，准确到位。起重船到达预订位置后，先抛锚定位好，把趸船用钢缆绳绑在起重船边上，慢慢移动到位，用两根钢锚链把趸船临时固定下来。然后起吊引桥，通过吊车臂的升降、旋转吊到安装位置正上方，徐徐下放。到达预留的安装位置后，先用锚链把引桥与趸船连接起来，再用锚链把钢引桥与江岸上的锚环连接好，调整好锚链的松紧，并将锚链长出来的部分割掉。最后拉好尺寸，把防止引桥左右移动的挡板焊装好。为防趸船漂移，还要把船通过交叉的 2 根锚链与岸上的锚环拉起来。就这样，施工人员开动脑筋，想方设法，只用了三天就完成了任务。

4. 优化沉桩、驳岸施工方案

1）钢平台上打桩施工组织

钢平台上打桩施工，需要合理的安排施工顺序。否则受后施工桩基的挤压，先施工的桩基位置会发生移动，对建筑物的安全使用构成威胁。

经过施工人员研究，并分析了本工程施工区域的地质、地形资料等，确定了由岸边向江边施工的总体方向。同为了保证设备的施工人员的安全，打桩机桩架面向岸边。在土方开挖后，经现场测定，桩位误差完全满足验收标准要求。经过比较，选用了锤击沉桩施工打桩机。

2）原位取土，确保驳岸安全

为消除挤土应力对原驳岸的破坏，在设计新打桩的桩位上，用专门的钻孔设备预先进行钻孔取土，以减少挤土效应。新打桩深 40m，桩径 ϕ800mm，经过技术人员计算，取土孔的深度 15m，孔径为 ϕ350mm。钻孔取土后，立即进行打桩施工。经工程开挖后实际检测，原桩驳岸桩基无一损坏，该方法的实施，不但充分利用了老桩基，而且有效地节约了工程成本。

3）桩基施工

浦西的桩基采用 PHC800 管桩。桩在专业的预制厂里分节预制好，养护达到一定强度后，用专门的运输车运至施工场地。

由专业施工技术人员先使用测绘仪器，放出桩的位置，等施工机械移动到位后，调平设备，对准测放好的位置。用打桩机上的吊钩将预制好的桩吊起来，用打桩机的两个夹片抱紧桩身，启动打桩锤，将桩头打入土中。轻打 5 下左右后，用测绘仪器指挥，微微调整桩机，使桩身完全垂直。这时才真正开始打桩施工，启动桩锤，按要求向下打桩。桩与桩连接采用电焊焊接的方法。

由于桩基是埋入土中的，因此，还用优质钢材制作了一节专用的钢管桩——送桩器，实际上相当于一节临时桩，长度加上要施工的永久桩，在打桩锤锤击打下，刚好能把桩送到土里面，到达施工驳岸的底部。然后再将送桩器拔出，重复使用。送桩器的使用，使桩基能顺利到达设计施工的位置，并避免了桩基入土高度不一给后续施工带来的不便。

4）潮涨潮落两班倒，驳岸施工保质量

本工程包括L1、L3、L5共3个施工段，都是世博会园区内水上交通站点。驳岸采用的是低桩承台结构。L1、驳岸长度277m，其他驳岸长度60m。在黄浦江两岸6公里长的岸线、1.6km^{2}的水域上，建设密度如此高的水门工程，国内还属于第一次。

（1）施工方法

难点：江边施工，高大、宽厚的L型挡墙一次成型困难。

对策：L型挡墙分层、分段浇筑。

分层时，先浇底板，后浇墙身。底板与胸墙之间的施工缝设于底板斜角上端，胸墙和压顶施工缝设于压顶底部。施工缝内设凹槽，不但能有效增加上下层混凝土的接触面积，而且能起到防止江水渗流的止水效果。

驳岸分段浇筑，分段处设沉降伸缩缝，采用20mm厚聚乙烯硬泡塑填充，顶部和外侧以双组分聚硫脂密封胶嵌缝，中间设置PE-6型橡胶止水带。

（2）模板选择

难点：在混凝土施工中，模板起着定型、支撑、防漏浆的作用。本工程高大挡墙施工，如使用钢模板自重大，不便于工人操作；如使用木模板，刚度差，易发生变形，对模板加固要求增高，拆除易破损，不利于重复使用。

对策：采用钢框胶合模板，并采用脱模剂作为地板蜡。

钢框胶合模板委托专业厂家定型加工，钢框采用3mm厚，间距为250mm扁钢拼合形成，其优点是自重较轻、拆装方便、防水性好、光滑无收缩、刚度好、不易产生弯曲变形。拆模后，混凝土外观平整、光洁。

同时，为重复使用，模板与混凝土粘贴表面要整洁、平滑，使得模板易拆除，又不破坏混凝土表面的光洁。脱模剂就是起到这个作用的。在世博水门工程驳岸施工是，我们选用地板蜡作为脱模剂，其特点是光滑、遇水不化、不锈蚀、不污染钢筋，而且模板拆除后操作方便，加蜡易恢复原状。

这两个措施，对保证驳岸混凝土工程施工的进度和质量，起到了重要作用。

五、具体施工方法

1. 沉桩施工

1）施工工艺流程

测量放样→打二排拉森钢板桩作为钢平台支撑→支撑上架设纵向钢板桩→驳岸基础处理→架设横向工字钢或槽钢→桩架就位→起吊→检查桩位→施打→安放送桩杆并进行复测→送桩至设计标高→移至下一根桩→沉桩全部结束后撤除临时施工平台。

2）施工工艺

（1）测量放线

本工程测量技术标准按《水运测量规范》要求进行，以业主提供的测量基准点、基准线和水准点及其基本资料和数据为准。

根据坐标点控制网和水准基点，使用全站仪按坐标法进行桩位放样，施工中，由于沉桩等各种因素影响，桩位更容易移位，每天必须至少一次对护桩进行复核、纠正。每一桩位正式施打前，必须进行复核、纠正。

按照设计图纸计算放样数据，并报监理工程师审核，审核通过后，按放样数据进行桩位放样，桩位误差不得大于10mm，并在排架上定出桩位中心。测放桩位自检合格后，报监理现场复核，合格并经监理签字认可后方可使用。对所要施打前的桩位必须随时检查纠正，以防止沉桩挤土等因素造成的桩位偏移。并在所定出桩位的两侧定出控制点，施工过程中及时监控、调整。

水中方桩吊桩就位时应采用两台经纬仪成90°交叉定位，沉桩过程中随时观察，及时纠偏。

(2) 钢平台施工工艺

Ⅰ. 方案拟订、计算审核

拟定采用2排12m拉森钢板桩作为支撑，横向间距2m，纵向间距5m，立柱间纵横梁均采用25♯a槽钢，对焊成“口”型铺设。岸侧驳岸地基上铺设槽钢，用以搁置钢平台。搭设采用45t履带吊配60kW振动锤实施(具体详见图4、图5)。

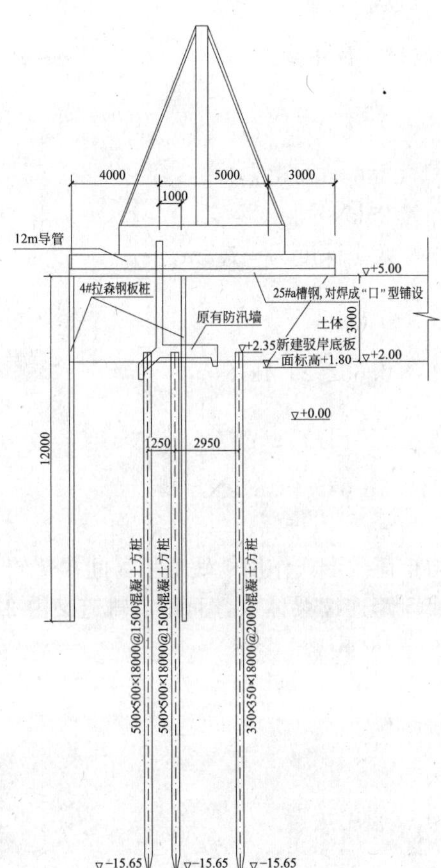

图4 沉桩平台搭设剖面图

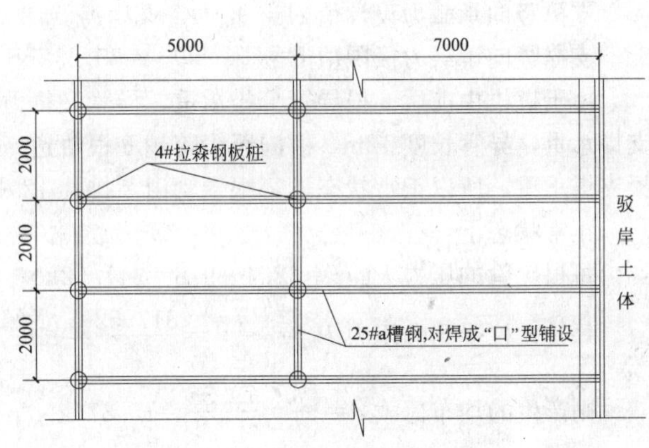

图5 沉桩平台搭设平面图

沉桩机械及钢平台承重参数：

A. 沉桩设备自重：10t

B. D40 捶击桩：7t

C. 钢排架(一个分段)：4t

D. 混凝土桩方桩(根)：9t

E. 活动荷载：1t

计算时，折算安全系数取1.2。

Ⅱ. 计算支撑的承载力是否满足要求

计算依据：《建筑桩基技术规范》JGJ 94—94 和工程岩土工程勘察报告；采用经验系数法来计算

单根立柱竖向承载力设计值(R)计算过程

支撑：4＃拉森钢板桩，因拉森钢板桩截面形式较复杂，现换算成同等截面积的 30c＃槽钢进行计算(h=300mm，b=89mm)

桩基竖向承载力抗力分项系数：$\gamma_s=\gamma_p=\gamma_{sp}=1.65$(经验系数)

截面积 $A_s=0.3\times0.089=0.0267\text{m}^2$

周长 $L=(0.3+0.089)\times2=0.778\text{m}$

以工程岩土工程勘察报告为标准：

A. 第 1 土层为：杂填土，极限侧阻力标准值 $q_{sik}=15\text{kN}$

层面平均深度：1.59m；层底深度为：−5.01m。支撑贯穿该土层

入土厚度 $h=6.6\text{m}$

土层液化折减系数 $\psi L=0.66$

极限侧阻力 $Q_{sik}=L\times h\times q_{sik}\times\psi L=0.778\times6.6\times15\times0.66=50.83\text{kN}$

B. 第 2 土层为：淤泥质黏土，极限侧阻力标准值 $q_{sik}=25\text{kN}$

层面深度为：−5.01m；层底深度为：−12.07m。支撑入土深度为−7.3m。

入土深度 $h=2.29\text{m}$

土层液化折减系数 $\psi L=0.66$

极限侧阻力 $Q_{sik}=L\times h\times q_{sik}\times\psi L=0.778\times2.29\times25\times0.66=29.4\text{kN}$

总极限侧阻力 $Q_{sk}=\Sigma Q_{sik}=80.23\text{kN}$

极限端阻力 $Q_{pk}=q_{pk}\times A_s=0\times0.0267=0$

支撑竖向承载力设计值 $R=Q_{sk}/\gamma_s+Q_{pk}/\gamma_p=80.23/1.65+0=48.62\text{kN}$

支撑竖向承载力极限值 R 极限 $=Q_{sk}=80.23\text{kN}$

由于桩机由前后 2 根导管分担承重，导管又将力以均布荷载形式作用于轨道上，间接传给支撑承重，导管长度 12m，横向至少跨越 6 根轨道，形成 5 跨连续梁体系，而每节轨道又由 2 根支撑承重，所以正常状态下每根导管由 2 排共 12 根立柱来承重。

正常状态下：

每根导管的压力 $P_{导管}=32.4\times9.8=317.52\text{kN}$

每排立柱受到的压力 $P_0=\dfrac{P_{导管}}{2}=\dfrac{317.52}{2}=158.76\text{kN}$

则产生的均布荷载 $q=\dfrac{P_0}{5l}=\dfrac{79.38}{5\times2}=15.876\text{kN/m}$

根据 5 跨连续梁力学公式，均布荷载产生的最大剪力在中间 2 根立柱上，且 $Q=1.1ql$

正常状态下每根立柱承重：$P_{正常}=1.1ql+G_{槽钢}=1.1\times15.876\times2+4\times9.8=74.1\text{kN}<R=80.23\text{kN}$

因此，承载力满足要求。

Ⅲ. 验证轨道的刚度

桩架上下游摆放，轨道由 2 根 25a＃槽钢对焊成“口”字形(h=250mm、b=156)，因此，计算得 $I_x=4758\text{cm}^4$，$I_y=2278\text{cm}^4$，钢的弹性模量 $E=200\text{GPa}$

由于轨道槽钢是侧立放置，取 $I_x=4758\text{cm}^4$

正常状态下每根轨道受到最大压力应为 $P=\dfrac{317.52}{6}=52.92\text{kN}$

其最大线位移发生在跨中，$\Delta=\frac{Pl^3}{48EI}=\frac{52.92\times10^3\times2^3}{48\times200\times10^9\times4758\times10^{-8}}=0.0009\text{m}$

则$\frac{\Delta}{l}=\frac{0.0009}{2}=\frac{1}{2158}<\frac{[\Delta]}{l}=\frac{1}{400}\left(\frac{[\Delta]}{l}\text{为钢结构中主梁的刚度要求}\right)$

因此，轨道槽钢刚度满足要求。

Ⅳ. 验证立柱稳定性

查表得 30c＃槽钢 $I_x=6950\text{cm}^4$，$I_y=316\text{cm}^4$

取 $I_{min}=I_y=316\text{cm}^4$

顶标高为 5m 为固定端，标高－5.01m 至－7.3m 处进入泥面持力层，也可作为固定端，需验证稳定性的范围为 $l=5-(-5.01)=10.01\text{m}$

同时由于两端固定，长度系数 $\mu=0.5$

由欧拉公式得：$P_{(lj)}=\frac{\pi^2EI}{(\mu l)^2}=\frac{3.14^2\times200\times10^9\times316\times10^{-8}}{(0.5\times10.01)^2}=248.75\text{kN}>P=74.1\text{kN}$

临界力远大于正常状态下的压力，稳定性满足要求，不会失稳。

综上所述，该沉桩平台的搭设满足施工作业要求。

(3) 沉桩施工工艺

Ⅰ. 桩材进场验收

本工程方桩为我公司自行购买。桩材由制桩厂家运输到现场。卸桩、堆桩及起吊时轻吊轻放，严禁抛扔、碰撞、滚落，吊运过程平稳。堆放场地选择坚实、平整的场地，桩堆放层数不超过三层，按要求放好垫木，垫木必须放置吊点位置，使桩处于水平。

打桩前我方质检员、材料员同监理、甲方代表逐根对方桩检查、验收，严防将有质量问题的桩打入地基之中，不合格桩材不得使用。

桩进场时附有合格证等质量证明文件，并对桩的外形尺寸及外观进行检查，凡不符合标准的桩(如质量证明资料不齐全，桩表面出现环向、纵向裂缝，表面露筋，强度达不到100％设计强度，长度、弯曲度等不符合规范要求)不予接受，严禁使用，并做好桩的交接手续。

Ⅱ. 桩机就位

设备进场组装调试后，总体施工方向为桩架面向岸侧，向黄浦江方向施打。现场测量放线定出的起点桩位上就位调整，使桩架处于垂直平稳状态，桩机下铺设走管，严禁桩机在钢排架上行走。并在拟沉桩身的侧面和送桩器上设置标尺，桩身以 100cm 划分，以用于每米沉桩锤击数的记录和最终贯入度的测定。

Ⅲ. 吊桩

吊桩时由桩机起吊施工，采用两点起吊。吊桩前，必须检查钢丝绳是否有破损，否则要更换。在桩头部位用纸垫或木垫，将其垫平，且沉桩时在桩头与桩锤帽之间还要垫纸板或方木，但不易过厚，满足减振要求即可，以免弹性过大，影响沉桩。

Ⅳ. 沉桩

严格控制桩的垂直度，在距桩机 20m 的安全区域，约成 90°方向设置经纬仪两台，测量导杆和桩的垂直度，桩的垂直度偏差不得超过规范要求，如果超差，必须及时调整，但必须保证桩的质量。

沉桩时桩锤、桩帽、桩身中心线在同一铅垂线上，以免沉桩时发生偏击，造成桩头破损。桩身垂直度一定要控制在 0.5％L 以内(L 是桩长)。

当桩的垂直度调整好后，便可开始沉桩。施工时必须保证桩的垂直度，不得偏心锤击。先利用锤头自重将桩下压，或空打几锤使桩沉入泥面 4m 左右时，再次测量桩身垂直度，无误后方可继续施打，保证垂直度和平面位置尺寸的准确，以免桩发生倾斜而打断。在施工过程中要随时观测桩的垂直度，以免遇到地下特殊情况使桩发生倾斜而打碎或打断，并观测落锤高度。

对桩帽内的缓冲垫材要及时更换，以保证桩头完整，使桩顺利地打到＋6.00m 标高后，换置送桩器，再次施打至设计标高。

沉桩中交接班，在打完一根桩并达到停打标准后，方可进行。

一根桩原则上要一次打入，中途不得停锤，确须停锤，缩短停打时间，打桩至送桩的时间严禁过长。

沉桩过程中遇到下列情况要立即停止沉桩，并报建设方及监理、设计，采取相应措施后方可继续施工。

A. 贯入度剧变；

B. 桩身突然发生倾斜、移位或有严重回弹；

C. 桩顶或桩身出现严重裂缝、破碎；

D. 沉桩发生异常情况。

(4) 沉桩施工措施

由于部分段须利用原有驳岸(防汛墙)下老板桩，因此有效控制本工程的挤土效应是工程施工成败的关键，项目部拟采用下列措施。

Ⅰ. 原位取土

老板桩后侧陆域部分的桩，沉桩前进行清孔处理，取土孔底标高为－10m，孔径为 ϕ350mm。

Ⅱ. 合理安排桩基施工顺序

在工程正式开工后，必须与监测单位保持密切的联系，充分掌握驳岸的位移动态。

(5) 沉桩质量技术措施

Ⅰ. 桩基施工应符合《港口工程桩基规范》(JTJ 254—98)、《高桩码头设计与施工规范》(JTJ 291—98)等有关规定。沉桩要求以标高控制为主，以贯入度为校核。

Ⅱ. 对已打桩应及时夹桩，防止变形、变位。

Ⅲ. 混凝土方桩水上沉桩允许偏差：直桩不大于 100mm，桩身倾斜度偏差不大于 1/100，桩顶标高偏差为＋100～0mm。

2. 驳岸施工

1) 施工工艺流程

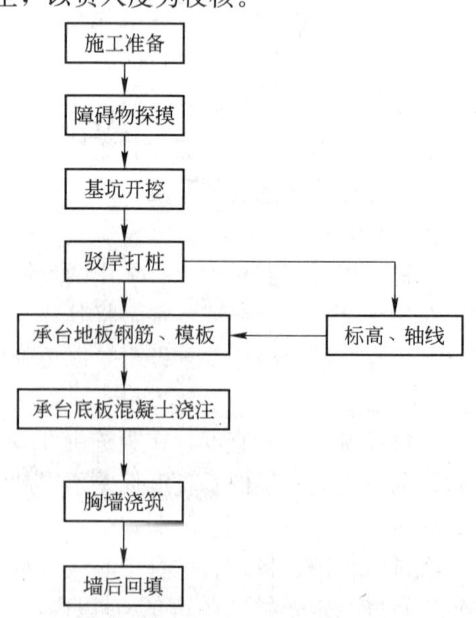

驳岸施工工艺流程

2) 结构形式

新建驳岸 L1 长 277m，L3 与 L5 分别长 60m，总长 397m，采用前后方桩低桩承台结构形式。

(1) 无引桥搁桥处驳岸断面

上部结构采用现浇钢筋混凝土底板、胸墙。底板厚 0.6m，宽 4.5m，底板底标高 1.8m。胸墙顶标高为 5.0m。底板下设两排方桩，桩顶标高为(1.65) 1.85m，前排方桩规格为为 450×450×15000(17000)，间距为 1.5m(L5 轮渡前排板桩利用原有驳岸板桩，板桩规格为 350×350×16000)，后排方桩规格为(mm)：350×350×15000、400×400×16000，方桩间距为2.0m，前后排桩之间间距为3.4m(3.5)。

(2) 设置引桥搁桥处驳岸断面

Ⅰ. 引桥两侧1.5m范围内

上部结构采用现浇钢筋混凝土底板、胸墙。底板厚0.6m，宽5.3m(5.45m)，底板底标高1.8m(1.9m)。胸墙高2.4m(2.6m)，墙厚0.6m，胸墙顶标高为4.8m(5.0m)。底板下共设三排方桩，桩顶标高为(1.65)1.85m，前排方桩规格为(mm)：500×500×16000、450×450×18000、450×450×16000，间距为1.5m；中排方桩规格为(mm)：350×350×16000、350×350×18000，间距为1.5m；(L5轮渡中排板桩利用原有驳岸板桩，板桩规格为350mm×350mm×16000mm)；后排方桩规格为(mm)：350×350×16000、350×350×18000、400×400×16000，方桩间距为2.0m(1.5m)。前中后三排桩之间间距为1.25m、2.95m(0.85m、3.50m)。L1胸墙顶部设置锚环和钢引桥搁桥，在锚环位置设置加强肋板。

Ⅱ. 引桥两侧1.5m范围外

上部结构采用现浇钢筋混凝土底板、胸墙。底板厚0.6m，宽4.5m，底板底标高1.8m。胸墙高2.6m，墙厚0.6m，胸墙顶标高为5.0m。底板下共设两排方桩，桩顶标高为(1.65)1.85m，前排方桩规格为(mm)：450×450×16000、450×450×18000(L5轮渡前排板桩利用原有驳岸板桩，板桩规格为350mm×350mm×16000mm)，间距为1.5m；后排方桩规格为(mm)：350×350×16000、350×350×18000、400×400×16000，方桩间距为2.0m。前后排桩之间间距为3.4m(3.5m)。

3) 驳岸施工

驳岸垫层浇注有一定强度后，立即进行破桩并在其上摆放钢筋笼、安装侧模、模板支撑、浇注混凝土。“L”型档墙分二次浇筑，先浇底板后浇墙身。钢筋笼在陆上加工、绑扎成型、现场调整就位，模板采用钢框胶合模板，采用商品混凝土。底板与立墙之间的施工缝设于底板贴角上端，施工缝内设凹槽和连接，清理浮浆和松动碎石。立墙和压顶施工缝设于压顶底部。挡墙外侧必须留毛或凿毛，以保证与浆砌块石立面良好连接。

驳岸沉降伸缩缝，采用20mm厚聚乙烯硬泡塑填充，顶部和外侧以双组分聚硫脂密封胶嵌缝。中间设置PE-6橡胶止水带。

(1) 钢筋

Ⅰ. 钢筋半成品加工

钢筋原材料进场须有出厂合格证，并经复试合格后方可使用，不同型号规格的钢材应分类堆放并按ISO 9000—2000质量标准悬挂标识牌。

钢筋取样复试合格后统一在钢筋木棚内集中下料加工，现场绑扎。

钢筋下料前，要认真熟悉图纸，严禁照抄材料表，钢筋加工的型号，尺寸和绑扎钢筋的规格、间距、数量等应符合设计、图纸要求。加工成型要充分了解钢筋延伸力，确保下料准确性。

拼装时按设计图纸放样，并考虑焊接变形和预留拱度。

拼装前，检查每根有焊接接头的钢筋，发现有焊接变形的及时调整。

拼装时防止电焊引起的局部变形，在需要焊接的位置用契型卡卡住，待所焊接点卡好后，先在焊接两端点焊固定，然后进行焊缝施工。

钢筋弯钩、折曲、对焊等均应符合规范规定。

Ⅱ. 钢筋绑扎

钢筋运至施工点分批堆放至结构部位，严格按图布料。

钢筋绑扎首先构成骨架，然后逐步施工至完成整个梁绑扎，绑扎时要横平竖直，间距均匀，扎丝应满足规范规定，并向内弯，严禁扎丝头伸向保护层。

骨架需要焊接时，不同直径钢筋的中心线应在同一水平面上，为此，较小直径的钢筋焊接时，下面垫以厚度适当的钢板。

钢筋需要搭接时，无论是绑扎搭接，还是电焊搭接均应做到搭接形成的面和结构面平行，以确保钢筋保护层的实际厚度，满足设计和规范规定，搭接位置不宜处于结构受拉处。

焊接药皮做到随焊随敲，焊缝饱满，焊缝高度满足规范要求。

焊接位置严格按照规范错开，焊接长度要符合规范规定。

钢筋保护层采用同标号砂浆保护块，钢筋保护层是造成钢筋锈蚀和混凝土剥裂的一个不容忽视的因素，为确保工程质量，侧面垫块背部预埋扎丝，保证垫块绑扎牢固、紧贴无松动。

钢筋在自检、专检合格后，方能报监理验收，力争验收全部一次性通过。

(2) 模板

Ⅰ. 模板拟定钢框胶合模板，委托专业厂家加工，钢框采用 3mm 厚，间距为 250mm 扁钢拼合形成，其优点是：自重中等，拆装方便，防水性好，光滑无收缩，刚度好，不易产生弯曲变形，拆模后，混凝土观感较好。

Ⅱ. 侧模的制作加固是横梁成型及混凝土外观质量的关键环节。模板加固先梁后竖楞，横楞用 $\phi48$ 钢管，每道钢管用扎丝与模板框扎牢，确保不下滑及间距受力均称。楞采用 100mm×150mm 木方、间距约 40cm，用 $\phi14$ 对拉螺杆拉紧，螺杆一根在混凝土上口 10cm，一根在混凝土下口从底板下搁栅间穿过。下口螺杆用双螺母加固，以防滑牙爆模。这样可以提高螺杆周转率，并免除模板开孔。

Ⅲ. 模板上口用 5cm×10cm 木方料 1.3m 作固定撑，间距 1m，确保上口几何尺寸。模板下口用 3cm×3cm 三角条钉在底板上，防止模板进出，无法固定。而且具有止浆作用，以防漏浆烂根。为了更好地确保几何尺寸和模板顺直，侧模每 2～3m 处加对称斜撑，增加侧模稳定性。

Ⅳ. 模板表面应整洁，脱模剂应涂刷均匀，且不得污染钢筋，模板上脱模剂采用地板蜡，其特点是光滑，遇水不化，不锈蚀不污染钢筋。模板拆除后操作方便，加蜡易恢复原状。

Ⅴ. 混凝土浇筑过程中，加强对模板的沉降和变形观测，专人看模，一旦出现异常情况，应及时采取加固补救措施，以确保成型质量。

Ⅵ. 混凝土浇筑达 48h 后进行模板拆除清理，派专人维护保养，如有损坏及时调换整修，便于下次周转使用。

Ⅶ. 模板做法详见附图。

(3) 混凝土

Ⅰ. 混凝土浇筑工艺

本工程现场混凝土施工采用商品混凝土泵车浇注工艺，驳岸采用 C30 钢筋混凝土结构。

Ⅱ. 浇筑前，首先检查保护层垫块、模板、支架、钢筋和预埋件，并清理内部杂物，隐蔽验收合格后方可浇筑混凝土。二次浇筑前对已浇筑面作凿毛处理，混凝土浇筑过程中配置一定数量钢筋工、木工及时检查模板支撑体系及钢筋偏位情况，发现问题及时整改或停止浇筑，整修完再继续浇筑。

Ⅲ. 浇筑时，严格控制其下料高度和下料厚度，一次下料厚度小于 50cm，下料对准桩头，防止直冲底板，下料与振捣应密切配合，依次进行。

Ⅳ. 振捣设备采用高频插入式振捣器，每处振捣需足够振捣时间，以保证混凝土密实度，以混凝土表面呈现水泥浆不再泛灰浆为准。振捣顺序宜从近模板处开始，先外后内，移动间距

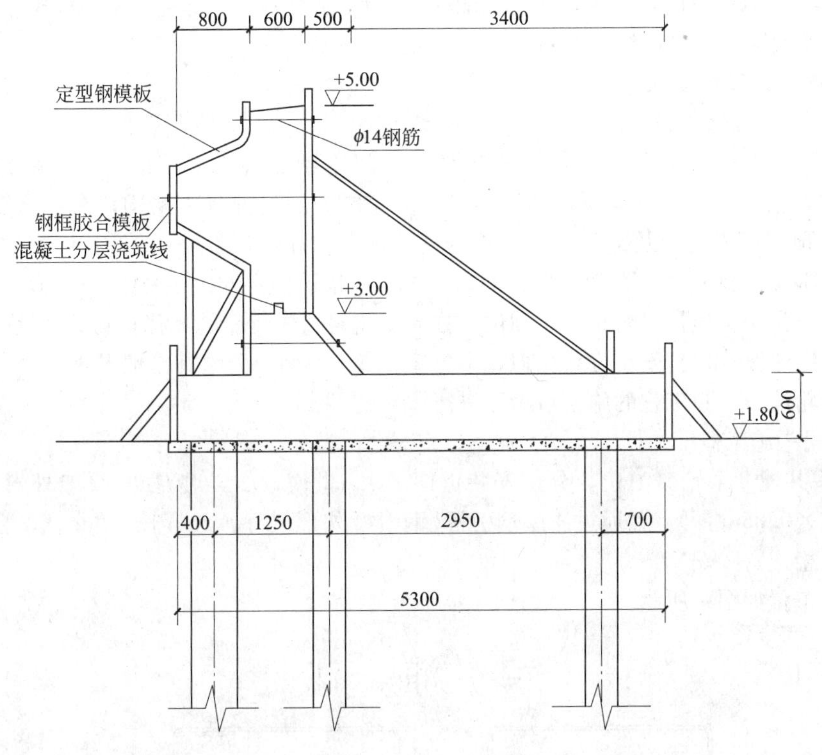

图 6　驳岸模板图

不应大于振动器有效半径的 1.5 倍。(有效半径 25～30cm)，距模板不超过 20cm，插入式振动器应快插慢拔、上下抽动以利于振实，保证上、下层结合成整体，振动器应插入下层混凝土 5～10cm，不能一插到底。

Ⅴ. 由于新建驳岸胸墙高度较高，混凝土浇筑分两次进行，第一次从＋1.8m 浇筑至＋3.0m，第二次从＋3.0m 浇筑至＋5.0m。当第一次浇筑混凝土结束并达到一定强度后，在两次浇筑混凝土的结合面作 3×10cm 齿口槽，增大上下接触面，使两次浇筑的混凝土结合紧密。

Ⅵ. 侧模为定型模板，在浇筑前应由测量工在模板上作标高控制记录，以利于控制混凝土上口标高，浇筑过程中及时观察沉降情况并作为控制调整混凝土高度标准。在收面时，应用样板尺复量，检查混凝土面标高。

Ⅶ. 混凝土尽量避开雨天施工，如无法避开雨天施工，施工时根据实际情况调整配合比，保证坍落度在规定范围内。在混凝土浇筑前，模板内积水须清理干净。

Ⅷ. 养护是工程重点之一，应由专人负责，定点定人并作好养护记录。两侧加覆土工布保养。

(4) 驳岸施工控制要点

Ⅰ. 根据设计要求，驳岸后方需要素土回填。将原来基坑开挖留置的土方回填至基坑内，标高达到＋3.90m。回填时进行分层回填，小型压路机碾压至设计要求的密实度，分层厚度不大于 0.5m。回填土采用干素土，严格控制含水量，雨天及雨后严禁回填，并做好排水工作。土料粒径不得超过 50mm，压实前的含水量控制在 18%～25%之间。如含水量偏高采用翻松；晾晒(不得掺入石灰粉)等措施，如含水量偏低，可采用洒水湿润，增加压实遍数等，未经处理或已经处理，仍不符合规范要求的严禁回填。

Ⅱ. 驳岸前沿抛石护坡，抛石厚度 1.0m。

Ⅲ. 新建驳岸10～15m左右设置一道沉降伸缩缝。先建驳岸与老驳岸采用沉降伸缩缝衔接。

Ⅳ. 新建驳岸每个结构分段两端各设一个沉降观测点。

3. 趸船及钢引桥安装施工

1）安装施工概况

本工程采用趸船作为浮码头，趸船与驳岸之间用钢引桥连通。趸船及钢引桥为场外制作，经验收合格后，由水路运至现场进行安装。驳岸为现浇混凝土结构，在连接钢引桥部分设置牛腿，预埋搁置钢板及锚环。钢引桥与驳岸垂直相连，钢引桥两端各通过2根锚链链分别与趸船和驳岸相连；另外趸船与驳岸间再增加4根锚链固定连接，其中2根与驳岸垂直方向连接，另2根为交叉连接，防止江水潮位、方向变化时造成趸船的漂移，确保客运的安全。

由于3座轮渡(水门)安装方式相似，本方案以L3为例，介绍其趸船及钢引桥的现场安装施工，其余轮渡(水门)工程的施工可参照进行。

2）L3码头施工概况

L3码头共建2个轮渡泊位，分别安装世博301、世博302二艘趸船(趸船外形尺寸：24m长×10m宽×0.85m深)，并通过4座钢引桥(钢引桥外形尺寸：20m长×5m宽，自重约22t)与驳岸垂直相连。

其平面布置如图7所示。

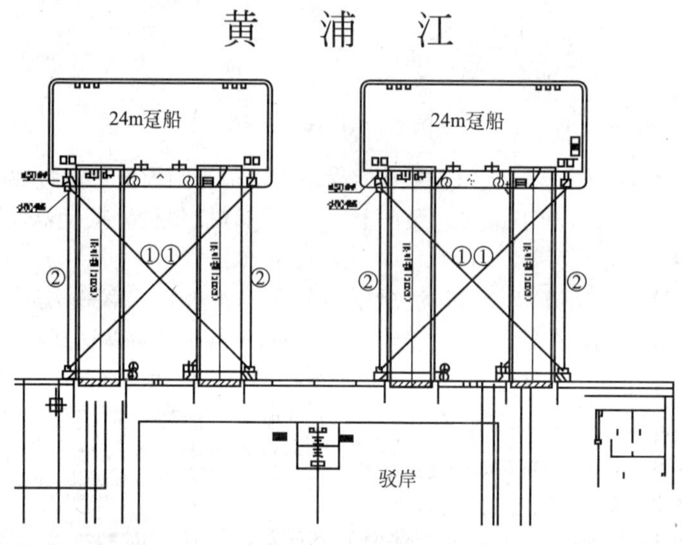

图7 L3码头平面图

3）浮码头运输和安装

L3浮码头的2艘趸船和4座钢引桥待全部工程制作完成，并检验合格后，将4座钢引桥分别吊装落驳到2艘趸船上捆绑连成整体。用拖轮与其旁靠，直接拖运到世博L3施工安装现场，并协助2艘趸船的锚泊和定位。

根据浮动码头施工周边的环境和条件，考虑到趸船和驳岸间的距离及钢引桥的外形尺寸和自重等因素，通过对各类陆上、水上起重机械技术状况和安全保险系数的比对和计算，我们拟定使用港工起重2号，通过水上起重吊装的方式进行钢引桥的现场安装。

4）现场吊装

钢引桥及趸船通过水运抵达L3码头施工现场后，将通过港工起重2号旋转吊起、安装，其安装过程顺序初定如下：

(1) 先把 24m 趸船“401”用钢缆捆绑在起重船边上，移动到图示位置，用两根锚链(每根约 18m 长)临时用卸扣把趸船固定下来.(注：施工人员在水边作业时必须着救生衣，并把保险带挂靠在附近的挂点上。)

(2) 旋转吊臂，起吊 20m 钢引桥，吊至安装位置，吊装时要专人指挥，徐徐下放。到达位置后先用锚链把钢引桥与趸船系固起来，再用锚链把钢引桥与驳岸上的链环系固好，过程中控制好锚链的松紧度，完毕后再将锚链多余的链环割掉，然后拉好尺寸，把趸船上固定钢引桥左右移动的挡板装焊好。

吊装态势见图 8：

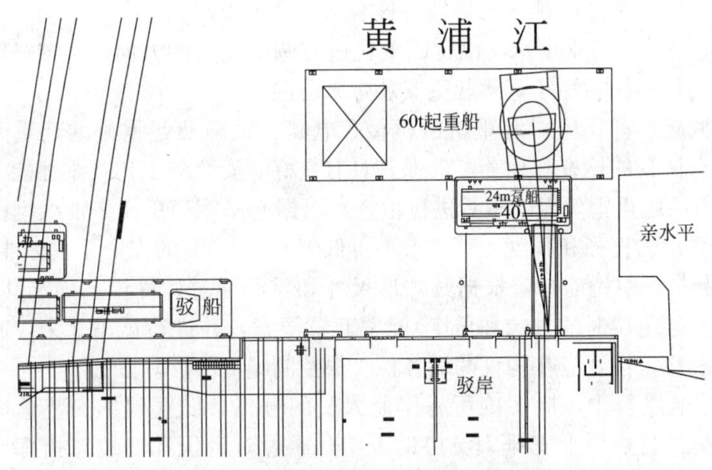

图 8 趸船和钢引桥的现场吊装 1

(3) 重复第(2)步的步骤，将第二座钢引桥安装好。

(4) 为防趸船漂移，用锚链系固在交叉方向的链环上，并用 3T 的手拉葫芦拉紧，割去多余的锚链，并用卸扣系固好。至此完成“301”趸船及配套钢引桥的安装。

安装态势见图 9：

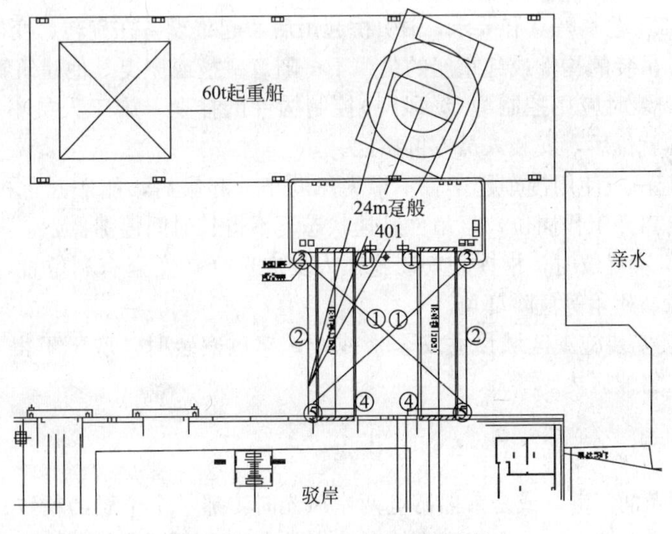

图 9 趸船和钢引桥的现场吊装 2

(5) 安装“402”趸船及配套钢引桥：将“402”趸船与60t起重船捆绑在一起；重复第(1)步至第(4)步骤的工作，并把安装时损坏的油漆面拉毛，补上相同颜色相同型号的油漆(图略)。

5) 吊装要求

(1) 起重船舶必须具备并提供国家有关部门规定的资质、许可、安检等资料，及时向施工所在地的水上管理部门报监并严格遵守水上作业的各项规定和要求，船上的各类机械、电器、通信及起重机械设备均应处于良好运行的状态。

(2) 起重船工程作业时的锚泊的距离、位置、方向及放缆均应符合水上管理部门规定的要求，并悬挂醒目的警告，警示标志。

(3) 起重船上所有人员均应持有国家规定的有效证件上岗，起重机司机、起重指挥和起重司索工均应经过国家有关部门规定的培训考核合格后持证上岗。

(4) 起重船起吊前，应根据水文潮位的变化适时调整缆绳的方向、位置，防止船舶因潮位变化或风浪影响起重船舶的稳定，给起重安装带来危险。

(5) 起重机械起吊前，应对起重机的机械、电器、设施及起重机的起重升降、变幅、转向、制动机构进行认真的检查和保养，确保其具有良好、安全的工作技术性能。

(6) 应对所有的起重钢丝绳、索具进行检查，根据起吊廊道的1-2轴线钢桁架的外形尺寸和重量选配起重绳索的直径和长度，其要求不得低于5.0～6.0的安全系数标准。

(7) 起重机起吊钢引桥前，应根据其外形尺寸和重心通过计算调正确定其吊点位置(同时应考虑到钢引桥安装定位时的方向和角度)配置起重绳索，并进行试吊。为控制构件在起吊过程中的安装方向和稳定性，应在构件两端各拉1根控制绳(缆风绳)。

(8) 在起重吊装过程中，应明确所有作业人员的分工，设立现场安装总指挥统一指挥信号。同时，在几处“盲点”上安排人员协助瞭望，通过对讲机和安装总指挥，保持联系和沟通，确保起重吊装构件安全顺利到位。

(9) 注意水文潮位变化的观察和测算，尽量将起重吊装安排在潮汛平稳期间进行，同时还应密切注意安装时期内的气象变化。若发生大雨、刮风(风力大于六级时)应立即停止起吊、安装作业。

(10) 除了必须做到前面制订的安全保证措施外，还应根据安装现场的特定环境和条件要求制订安保措施，并努力贯彻实施，从根本上确保钢引桥安装工程能顺利、稳妥的完成。

(11) 根据施工工艺、特点和要求，钢引桥起吊后，起重设备在旋转、变幅、移船和升降钩时应缓慢、平稳。吊装的构件或起重船的锚缆不得随意碰撞或兜曳其他建筑物、设施等。

(12) 钢引桥安装时应用控制绳(缆风绳)控制构件的摇摆，施工人员不得直接推拉构件，待构件稳定且基本就位后，安装人员方可靠近。

(13) 钢引桥起吊应使用慢车起落，不得突然刹车。起吊后，船舶起重机司机和相关指挥作业人员不得擅自离开工作岗位，且吊件悬挂状态下不得长时间停滞。

(14) 钢引桥安装就位时，指挥和安装施工人员应选择在安全有利位置，不得站在安装件或就位点基础边缘，死角等危险部位。

(15) 起重吊装安装施工区域设立安全警戒线，起重安装时，底下不得有人员施工作业，无关人员不得进入警戒区内。

六、实施效果

当您漫步世博黄浦江畔，或是乘船游览两岸风光时，那一个个轻巧精致、倒伞形的银白色建筑就会映如入眼帘，那一定是位于江边的水上交通设施——世博水门的轮渡码头了。世博会水上交通设施工程项目分为临时站点和永久站点，承担世博会期间从水上分流游客的功能。世博会结束后，永久站点将改造成为黄浦江水上旅游码头。

图 10　已建成的世博水门轮渡码头

HEC 固结渣土施工工艺成功运用

史　良
（上海诚云建设工程质量检测有限公司）

摘　要：上海世博园区 HEC 固结渣土新材料修建市政道路，该文件介绍了 HEC 固结渣土机理分析、应用范围、检测数据、技术标准等。开工之初，为了取得设计与施工中的经验，先选取几条施工便道作为试验，首次采用 HEC 固结渣土工艺先在(南环路)施工，结合工程特点，采用高强耐水固化剂对路基填土进行了改良，探讨了固结渣土的施工工艺和质量保证技术措施，得出了工程各项指标均达到设计要求的结论，结论表明 HEC 固结渣土在同类工程中具有良好的适用性。

关键词：世博园区，HEC 固结渣土，施工工艺，路基处理

1　工程概况

中国 2010 上海世博会园区设在上海市卢湾区和黄浦区范围的卢浦大桥与南浦大桥间的黄浦江两岸。

上海世博园区市政道路是为展博期间 7000 万人次服务的直接界面，修建环保型的市政道路，体现上海世博会“城市让生活更美好”主题，是建设者共同意愿。

世博园区修建拆迁中产生了大量的建筑废渣和废土等固结剂废弃物(简称“渣土”)，大量的建筑渣土需要运出园区，要花费大量的财力、人力与物力。长期以来，我国的建筑垃圾再利用没有引起重视，通常是未经任何处理就被运到郊外或农村，采用露天堆放的方式进行处理，随着我国城镇建设的蓬勃发展，建筑垃圾的产生量也与日俱增。目前，我国每年的建筑垃圾数量已在城市垃圾总量中占有很大比例，成为废物管理中的难题。

建筑垃圾中许多废弃物经过分拣、剔除或粉碎后，大多可作为再生资源重新利用，综合利用建筑垃圾是节约资源，保护生态的有效途径。

20 世纪 90 年代初期，这种土体固结剂开始引入我国，并很快有了国产材料，大量的应用于水利工程、城市道路、现场等方面的基层、底基层和路床改善方面，取得了显著效果，有着大量的工程实例。

因此，采用土壤固结剂稳定渣土作为道路的底基层与土基的研究是迫在眉睫的任务。

2　“HEC”固结剂材料介绍

“HEC”固结剂——它是由特制的核心材料复合两种或两种以上的活性矿物材料为主要组分，加入适量石膏共同磨细，对砂石材料、特殊土体、尾矿砂、粉煤灰(渣)、海沙及含水淤泥等材料具有良好胶结性能的胶凝材料，称为：高强度耐水土体固结剂。英文名称为：High Strength and Water Stability Earth Consolidator，简称 HEC。其本身具有一个很大的特点就是普适性。适用于固结一般土体、特殊土体和工业废渣。其固结原理为：HEC 的活性组分渗入

被固结体基本单元的相界面上，激发被固结土体中铝硅酸盐的活性，利用多组分复合产生超叠加效应，使之形成牢固的多晶聚集体；HEC的水化产物将被固结体基本单元粘结成为牢固的多晶聚集体，实现从内部到表面的整体固结，从而产生较高的强度和水固结性。使用HEC混合料的路基、路面基层的特点是取料便利，施工简捷，降低成本，保护环境。

HEC在市政和公路工程路基施工上的使用是从2001年在湖北省实施的，2002年出台了《HEC高强度耐水性土体固结剂企业标准——Q/HEC 001—2002》，该企业标准已经被湖北省技术质量监督局审定备案。在本市的市政和公路工程建设使用时参照该企业标准的基础上细化修改的修订版本《HEC高强度耐水性土体固结剂企业标准——Q/HEC 004—2002》进行质监工作。

3 HEC固结渣土施工工艺

针对世博园区市政道路路基施工简要介绍HEC在路基加固处理中的施工技术及特点。

南环路道路结构形式：

3cm细粒式沥青混凝土AC-10C；5cm中粒式沥青混凝土AC-16C；6cm粗粒式沥青混凝土AC-20C；0.6乳化沥青稀浆封层；20cm水泥稳定碎石4.0MPa；20cm水泥稳定碎石3.0MPa；25cm固结渣土，HEC掺量6%；25cm固结渣土，HEC掺量4.5%。

“HEC”固结渣土施工步骤为：

3.1 路拌法施工

3.1.1 路拌施工的工艺流程如下：

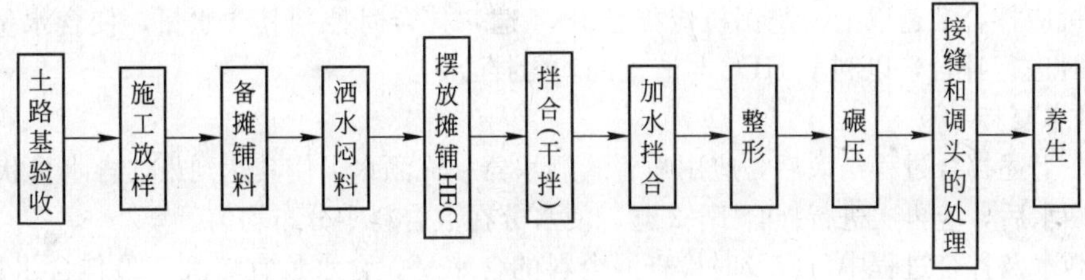

路拌法施工HEC固结渣土的工艺流程

3.1.2 土路基验收

HEC固结渣土下层施工之前的土路基，应采用中型压路机碾压两遍，如出现“弹簧”，应采取晾晒或换填等措施处理。

3.1.3 施工放样

(1) 在土基上恢复中线，直线段每15～20m设一桩，平曲线段每10～15m设一桩，并在两侧路肩边缘外设指示桩。

(2) 在两侧指示桩上用明显标记标记出稳定渣土层边缘的设计高程。

3.1.4 备料摊铺土

(1) 利用老路面或土基上部材料时，应清除杂物，翻松和粉碎至规定的粒径和深度。

(2) 利用料场的渣土时，应清除杂物，并将超粒径颗粒粉碎或清除。

(3) 根据各路段固结渣土层的宽度、厚度及确定的干密度，计算各路段需要的渣土数量。根据每车料的数量，按计算的间距进行堆放。

(4) 摊铺渣土应在摊铺HEC的前一天进行。摊铺长度应根据从混合料拌合开始至碾压成型在一个工作日内完成确定。

(5) 应通过试验确定渣土的松铺厚度。松铺厚度应等于压实厚度乘以松铺系数(1.25～1.4)。

(6) 用平地机、推土机或人工摊铺，表面应力求平整，并有规定的路拱。

(7) 除洒水车外，严禁其他车辆在土层上通行。

3.1.5 洒水闷料

(1) 如已整平的渣土(含粉碎的老路面)含水量过小，应在渣土层上洒水闷料。洒水应均匀，防止出现局部水分过多的现象。

(2) 严禁洒水车在洒水段内停留和调头。

(3) 细粒土应经 12h 闷料，中粒渣土和粗粒渣土，视其中细土含量的多少，可缩短闷料时间。

3.1.6 整平和碾压

对人工摊铺的土层整平后，用小型压路机碾压 1～2 遍，使其表面平整。

3.1.7 摆放和摊铺 HEC

(1) 根据路基分层摊铺的厚度、按设计规定确定 HEC 掺量，计算每包 HEC 的摊铺面积，再根据路基的宽度确定摆放的行数、间距和用量。

(2) 用刮板将 HEC 均匀摊开，并注意使每袋 HEC 的摊铺面积相等，摊铺完后，表面应该没有空白位置。也没有过分集中的地方。

3.1.8 拌合

HEC 固结渣土施工，应采用路拌机或二台以上的挖掘机及人工进行拌合，拌合深度应达稳定层底并宜侵入下承层 5～10mm，以利于上下层粘结，严禁在拌合层底部留有素土夹层。通常路拌机应拌合 2 遍以上，挖掘机应拌合3～4 遍，拌合时控制其含水量，使含水量低于最佳含水量时进行拌合，以利于 HEC 与渣土的均匀拌合。

3.1.9 洒水复拌

(1) 在上述拌合过程结束后，应用喷管式洒水器补充洒水，使其达到最佳含水量状态。

(2) 洒水后，应再次进行拌合 1～2 遍，使水分在混合料中分布均匀。

(3) 洒水及拌合过程中，应及时检查混合料的含水量。含水量宜略大于最佳含水量 1%～2%，盛夏季节宜大于最佳含水量 3%～4%。

(4) 混合料拌合均匀后应色泽一致，没有灰条、灰团和花面，既无明显粗细集料离析现象，且水分合适和均匀。

3.1.10 整型

(1) 混合料拌合均匀后，立即用平地机或者小型推土机整型。在直线段，应由两侧向路中心进行刮平；在平曲线段，应由内侧向外侧进行刮平。

(2) 应采用轻型压路机或小型推土机初压一遍，再用平地机或者小型推土机进行整型，对于局部低洼处，应用齿耙将其表层 5cm 以上耙松并用新拌的混合料进行找平。

(3) 当采用人工整型时，应采用锹、并应先将混合料铺平，用路拱板进行初步整型，再用轻型压路机初压 1～2 遍后进行第二次整型。

(4) 在整型过程中，严禁通行车辆，并应由人工配合消除粗、细料的离析。

3.1.11 碾压

(1) 整型后的混合料应在最佳含水量时压实；当表层含水量不足时应洒水再进行碾压。

(2) 应根据路宽、压路机的轮距的不同，制定碾压方案。

(3) 应先用轻型压路机碾压一遍，再用重型振动压路机(≥16t)进行碾压。直线段应由两侧边缘向路中心进行碾压；平曲线段应由内侧路肩向外侧边缘进行碾压。碾压时重叠部分应为1/2轮宽，后轮应超过两段的接缝处，并重复碾压不得少于4遍。碾压成型的路基压实度应符合规范和设计的要求。

(4) 压路机的碾压速度，在前2遍的碾压应为1.0～1.5km/h，以后碾压速度宜为2.0～2.5km/h。

(5) 碾压过程中，当出现“弹簧”、松散、起皮等现象，应及时采取翻挖重拌或换填等处理措施。

(6) 在碾压结束之前，应采取用整平机械最后一次整型，路拱和超高应符合设计要求。终平应仔细进行，并应将局部高出部分刮除并扫出路外；对局部低洼之处，不应进行找补。

3.1.12 接缝和调头处的处理

(1) 在碾压过程中应对同日施工接缝处进行处理。施工接缝处，应搭接拌合。第一段拌合后，留出1～2m不进行碾压，在第二段施工时再将前段余留的未碾压段添加HEC重新拌合，与第二段相连一起碾压。

(2) 每天最后段末端缝(即工作缝)和调头处可按下述方法处理：

① 在已碾压完成的固结渣土层末端，沿固结渣土挖一条横贯铺筑层全宽的槽，槽宽约30cm，必须挖到下承层顶面。此槽应与路的中心线垂直，靠固结渣土的一面应切成垂直面，并放两根与压实厚度等厚，长为全宽一半的方木紧贴其垂直面。

② 用原挖出的渣土回填槽内其余部分。

③ 如拌合机械或其他机械必须到已压成的固结渣土上调头，应采取措施保护调头作业段。一般可在准备用于调头的8～10m长的固结渣土上，先覆盖一张厚塑料布或油毡纸，然后铺上约10cm厚的土或者砂。

④ 第二天，邻接作业段拌合后，除去方木，用混合料回填。靠近方木未能拌合的一小段，应人工进行补充拌合。整平时接缝处的固结渣土应比已完成的段面高出约5cm，以便形成一个平顺的接缝。

⑤ 整平后，将塑料布上大部分土除去(注意勿刮破塑料布)，然后人工除去余下的土，并收起塑料布。在新混合料碾压过程中，应将接缝修整平顺。

(3) 纵缝的处理

固结渣土的施工应避免纵向接缝，在必须分两幅施工时，纵缝必须垂直相接，不应斜接。并应按下述方法处理：

① 在前一幅施工时，在靠中央一侧用方木或钢模板支撑，方木或钢模板的高度与固结渣土层的压实厚度相同。

② 混合料拌合结束后，靠近支撑木(或板)的一部分，应人工进行补充拌合，然后进行整型和碾压。

③ 养生结束后，在铺筑另一幅之前，拆除支撑木(或板)。

④ 第二幅混合料拌合结束后，靠近第一幅的部分，应人工进行补充拌合，然后进行整形和碾压。

3.1.13 养生

(1) 每一段碾压完成并经检查合格后，应立即开始养生，用塑料薄膜覆盖养生，养生期内应补水。

(2) 也可用洒水车经常洒水进行养生，每天洒水的次数应视气候而定，除洒水车外，应封闭交通。

(3) 一般情况下，养生期不宜少于7d。

4 HEC固结渣土质量检测控制

(1) HEC的活性组分渗入到被固结体基本单元的界面上，激发被固结土体中的铝硅酸盐活性，利用多组分复合产生超叠加效应，使之形成牢固的多晶聚集体：HEC的水化产物将被固结体基本单元粘结成为牢固的整体。实现从内容到表面的整体固结作用，从而产生较高强度和水稳定性。HEC固结渣土底基层：以HEC-1为胶凝材料与渣土拌合的混合料，经碾压密实形成的固结体道路结构层，称为HEC固结渣土底基层。HEC固结渣土底基层作为路面结构的一部分。

试验结果为：

检测项目：	标准	检验结果
细度(筛分析法%)：	≤4.0	1.8
标准稠度(代用法%)	—	28.4
初凝时间(min)	≥45	210
终凝时间(min)	≤720	265
安定性	必须合格	合格
3天强度：		
抗折(MPa)	≥4.5	5.5
抗压(MPa)	≥20.0	32.5
28天强度：		
抗折(MPa)	≥7.5	7.9
抗压(MPa)	≥45.0	52.9

注：试验结果中标准沿用《HEC高强高耐水土体固结剂》企业标准Q/HEC 001—2002。

(2) HEC固结渣土抗压强度、掺量设计值

层　次	厚度(cm)	掺量(%)	压实度(%)	7d无侧限抗压强度(MPa)	弯沉值
上　层	25	6	≥96	≥1.0	2.925
下　层	25	4.5	≥96	≥0.6	4.55
非机动车道稳定层	20	4.5	≥93	≥0.6	—

室内成型试验：混合料室内无侧限抗压强度，上层平均值为1.14MPa ≥1.0MPa；下层平均值0.74MPa ≥0.6MPa，满足设计要求。

室外弯沉值检测试验：上层弯沉值1.50～2.00mm＜2.925mm；下层弯沉值2.14～2.46mm＜4.55mm，满足弯沉值设计要求。

经过摊铺、拌合、整平、碾压、养生等五个施工阶段后，及时进行检测和外观检查，压实度均＞96%。

5 经济分析与对比

HEC固结渣土与水泥稳定碎石进行经济对比。对比依据材料价格均以上海建材办发布的同期(2007-3)材料参考价格和上海市政工程预算定额(2000)材料送至工地的参考价。

水泥稳定碎石其材料价格为：180.48元/m^3，加上厂拌的机械费和送到工地的运费(5km

以内)，每立方混合料为：194.90元；HEC每吨送工地价：605元，HEC固结渣土上、下基层平均用料210kg/m^3，加上渣土均在工地内选取，无运输费，混合料为：132.05元/m^3。两者相比，HEC固结渣土要比水泥稳定碎石每m^{3}要少62.85元，要节省20%以上。

水泥稳定碎石和HEC固结渣土的施工费进行比较，从施工工艺和所使用的机械上看，"HEC"固结渣土施工费用较为便宜。

6 结论

对HEC固结渣土，用于园区道路路基处理的运用是成功的，由检测数据反映，施工工期和养护时间远小于石灰土和二灰土路基处理层。

"HEC"固结剂地基加固处理还具有施工简便、且施工速度快、减少运输途中的环境污染，而且具有低成本等诸多优点，对于市政和公路建设来说绝对是科技创新的，满足现今工程建设要求"经济、快速、简便、低成本、低消耗、环保"的方针。

目前已根据试验情况编制出《HEC固结渣土用于中国2010上海世博会园区道路施工及验收规程(试行)》，为建筑旧料的再利用提供了高效率、低成本、环保的有效技术支撑，尤其对HEC固结渣土进行路基加固处理的道路工程提供了有效的应用指南。本次施工为HEC固结剂首次应用于国内道路工程中建筑渣土的固结。本课题结合工程现状、研究固结废弃建筑旧料作为路基加固措施的施工技术，对拌合方法、拌合机械、碾压及养生等具体施工工艺进行深入研究。比对7d无侧限抗压、弯沉等试验结果进行方案优化，最终编制施工导则，为同类的HEC固结渣土施工提供借鉴。

参考文献

[1] 岳鹰、李泽晏. HEC土体固结剂在渠道防渗工程中的应用. 【期刊-核心期刊】-中国农村水利水电 2004年(04)

[2] 魏宏. 天津市港东新城道路工程的软土路基加固设计. 【期刊】科技创新报 2009年(19)

[3] HEC固结渣土用于中国2010上海世博会园区道路施工及验收导则 2007年

[4] 夏洪林、段文. HEC固结材料在道路工程的应用. 【期刊-核心期刊】建筑施工 2006年(11)

世博临时场馆及配套设施钢结构快速拆装和可重复利用式钢结构的应用

顾　军、于向军
（上海建科建设监理咨询有限公司）

摘　要：本文从设计、加工、安装角度，对钢结构建筑快速拆装及重复利用技术展开全面阐述。在上海世博临时场馆的研究和应用，着眼于可持续发展和重复利用的设计周期，努力提高钢结构建筑标准化，其成果一定会随着我国钢结构建筑的更大发展而拥有广泛的应用前景。

关键词：钢结构建筑，快速拆装，重复利用

世博会是世界范围的盛会，规模宏大，上海世博会将会创造世博会历史上的最大规模纪录，但是问题也随之而来。世博会中大部分建筑为功能单一的大空间临时场馆，大规模的临时场馆如何能速建易拆，并可以在展后得到重复利用？

建筑要可持续发展离不开可以回收和重复利用的绿色建材。回顾建筑史，建筑材料经过了土→木→石、砖→钢筋混凝土→钢材的历史发展，对建材的选择过程，体现了人类对其可重复性利用及结构快捷安装方式的需求：

1）用土建房是原始方式，低效，可再利用性极差。

2）石、砖低效耗能，不具备再利用性。

3）钢筋混凝土不具再利用性，水泥生产过程释放大量 CO_2 污染环境，施工过程消耗大量砂石和水，且自重大，基础的要求高，对地下空间破坏大。

4）木材虽可再利用，但中国木材资源贫乏，不可能广泛运用木材。

5）不同于大多数其他建筑材料，钢材几乎可 100％循环利用。钢材由于具有可再利用性，自重轻，强度高，精确度高，抗震性好，能满足建筑造型需要，易于工业化加工，易于预制和装配，可实现工厂式装配，在英国的研究发现，94％的钢建筑产品可再生或循环使用。作为典型的绿色建材，钢材广泛应用在现代建筑中。

基于以上特点，钢结构建筑被誉为 21 世纪的绿色建筑之一，其独特的可循环使用的建筑结构，符合发展节能省地建筑和经济持续健康发展的要求。

2010 年上海世博会是历史上规模最大的一次世博会，场馆建设规模超过以往历届盛会，大量临时场馆设计使用年限 2～5 年，将在很短的时间内建成，会后这些临时场馆将被拆除，地块将另做他用。如何按照上海世博会体现“节能、降耗、减排、防污”的可持续发展思想，从材料选择、结构体系、重复利用途径等方面总体考虑，既能快速建好，又能方便拆除，还能对材料构件加以回收重复利用到其他工程中，降低建筑的资源消耗，达到上海市人民政府发展研究中心提出的衡量本次世博会成功与否的五个硬性指标之一的“能够有效后续利用相关设施”，对本届世博会是个具有挑战性的课题，对重复利用建筑材料，也是很有示范意义的现实课题，符合世界性的低污染、低能耗的建筑发展需求，拥有广阔的应用前景。

相比其他材料，我们在上海世博会大量临时场馆采用便于重复利用的快速拆装钢结构体系，不但体现了“3R”（reduce，reuse，recycle，少使用、再利用、再循环）原则，而且由于钢结构施工周期短，钢构件经过处理后，可以方便地装拆，简化了后续利用转化过程，有可能最大程度实现建筑和空间再利用，符合现代大型场馆建筑结构体系的先进潮流。

1 应用方法

对钢材的重复利用，许多国家进行了有益的研究，研究者注意到钢结构建筑的特点之一是可以做到在设计之初就基于使用后加快拆除并重复利用的目的，做有准备的专项设计，以达到重复利用的功效。

传统的设计方式缺乏对再次利用的考虑，上海世博会从临时场馆的设计改变以往在展后拆除前再考虑建筑物重新利用的传统作法，从钢结构临时场馆的快速拆装及重复性利用角度研究，探索世博会临时场馆等建筑设施可持续利用的途径，在系统论的指导下，在场馆设计之初，就考虑拓展设计目标范围，从建筑物的整个生命周期高度，综合考虑建筑材料、施工、使用维护、拆除及重复性利用等各个阶段资源的合理利用，设计出可持续发展的建筑，这种基于可持续发展和重复利用的设计周期，相比传统的设计周期，更有利于体现建筑的生态环保的价值。

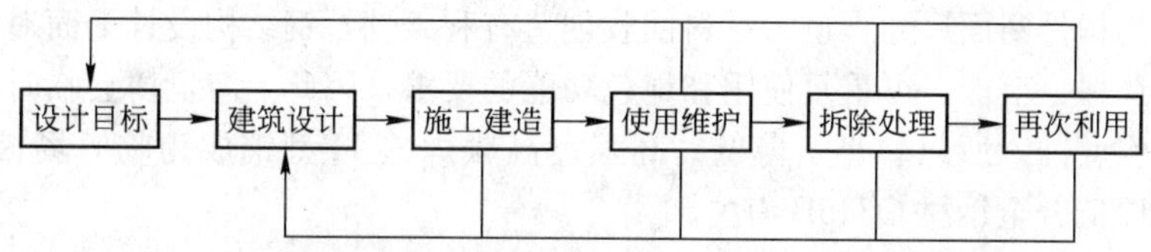

基于可持续发展和重复利用的设计周期示意

对钢结构的重复利用，大体上可以分为2类方式：整体重复利用和部分重复利用。

1.1 钢结构整体重复利用，也称异地重建，有以下相关案例：

1）德国慕尼黑一处停车场的钢框架建筑被拆除后，移位到该市的另一处搭建，除增加一些新基础、基座板和入口坡道外，其余为整体完全重新利用。

2）在英国，卡丁顿2号的飞机库包含3720t钢材，早先安装在诺福克，后来迁走、增大，重新建在原来的地址。现在它是欧洲最大最高的单体室内研究及实验设施的总部。

3）在宾州州立大学比弗体育场，完全重新利用钢结构系统的例子。在此案例中，完整的钢结构被松开螺栓连接，拆除后，在附近重新安装。

1.2 钢结构部分重复利用方面，有以下相关案例：

1）多伦多士嘉多大学的学生中心。该项目的设计者也负责皇家安大略博物馆的改造项目，该项目拆除的钢构件适合新建学生中心项目的使用。

2）位于美国明尼阿波利斯的飞利浦的 Ecoenterprise 中心，使用从一个拆除的仓库的189个钢节点，节约了大约50t钢材。

如果一个结构的设计是很容易构造的，那么它一般也很容易解构。快速拆装及重复利用的核心是采用模块化装配式设计，采用通用和标准化的结构和钢构件，将整体建筑分成若干标准建筑单元，将建筑构件尽可能在尺寸、类型、材质等方面实现标准化，减少制作、安装工作量；构件的连接方式尽可能采用螺栓连接等标准的快速拆装节点，满足装配式安装的要求；在生产过程中，实现工厂标准化、批量化生产，对构件进行相应标识，方便日后对构件的查找；安装和拆除过程中，规范仓储管理，构配件分类存放，顺序标识，方便查找，便于根据需要，快速重新装配成新的建筑单元。既缩短施工周期又减少施工过程的污染，大幅提高拆除后的再利用率。

1.3 结构体系的选择

对于世博会该部分建筑定义为“临时建筑”，仅指使用年限较短，即表面防腐的设计使用年限为2～5年。但建筑结构设计以及相关构造要求不低于国家标准的强制性要求和常规建筑的标准，满足国家现行基准设计年限所对应的结构工程的设计规范要求，结构可用于长达50年的永久工程。

世博所采用的钢结构体系，其外观尺寸模数同样适用于轻工业厂房(不带起重设施)、仓储、集贸市场、体育场馆、钢结构别墅、多层钢结构住宅以及办公、住宿、餐饮等配套设施，同样可用于满足上述功能要求的建筑新建或改建项目。

上海世博会浦东配套设施项目包括各类餐饮、购物、援助和功能设施。餐厅共有6种类型，共计有22幢建筑，总建筑面积35648m^2；购物、援助、功能、保安共有8种类型，共计有34幢建筑，总建筑面积13220m^2。上述建筑结构采用轻型支撑框架结构，基本为一层或两层建筑，再利用可适用于餐饮、超市、办公以及钢结构住宅等设施。

1.4 钢构材料的选择

为减少结构构件断面尺寸，也为材料回收创造有利条件，钢结构设计上面对诸多挑战，在钢材上提出了环保、节能、可重复使用和绿色功能的要求，因此上海世博会临时场馆钢材要求高强、轻型、耐腐蚀，所以轻型、薄壁、高强度高频焊接H型钢成为临时场馆的最佳材料，主要构件材料以低合金钢材Q345B为主。

1.5 构件尺寸的选择

尽量采用较少的构件尺寸类型，比如对小跨度的门式刚架，钢柱采用等截面刚接柱脚，虽然基础面积会有所增大，但为钢材的再利用创造了条件。同时尽量使主要受力构件外型尺寸相同，从而更大程度上减少了连接节点的尺寸类型。

1.6 连接方式的选择

连接方式的选择是决定安装进度能够达到快速的重要方面，在满足荷载要求的前提下，螺栓连接使拆除和重新利用变得更加容易。

标准化的可快速拆装的节点形式，有助于拆除后无需修改再利用，加快拆装速度，节约施工工期。在世博临时场馆主要设计并采用如下几种典型钢结构连接节点：

(1) 梁柱铰接连接形式

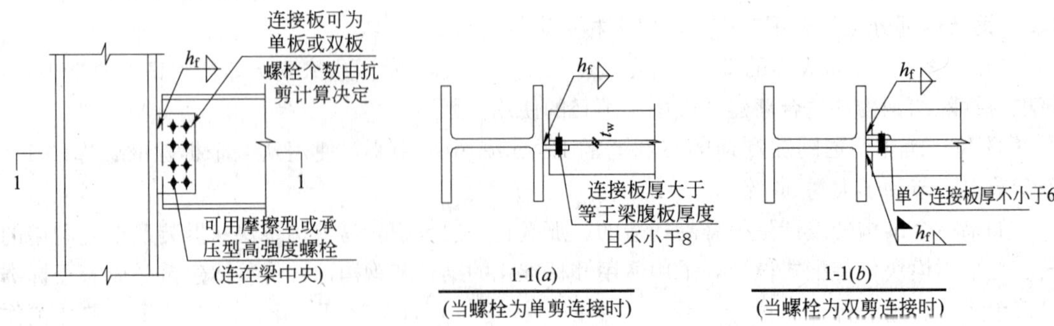

图1 梁柱铰接连接形式(一)

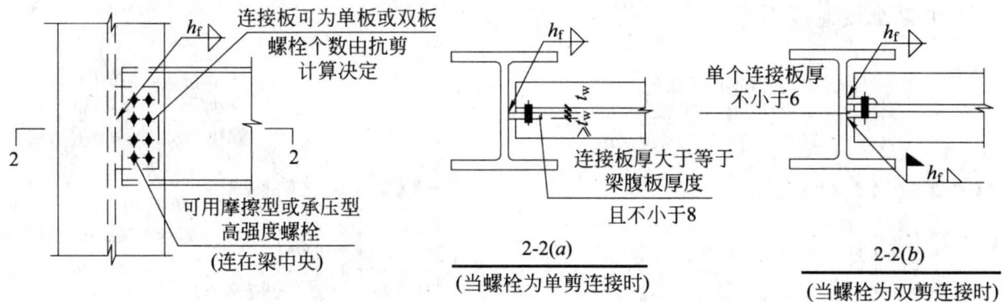

图 1　梁柱铰接连接形式(二)

(2) 梁柱刚接连接形式

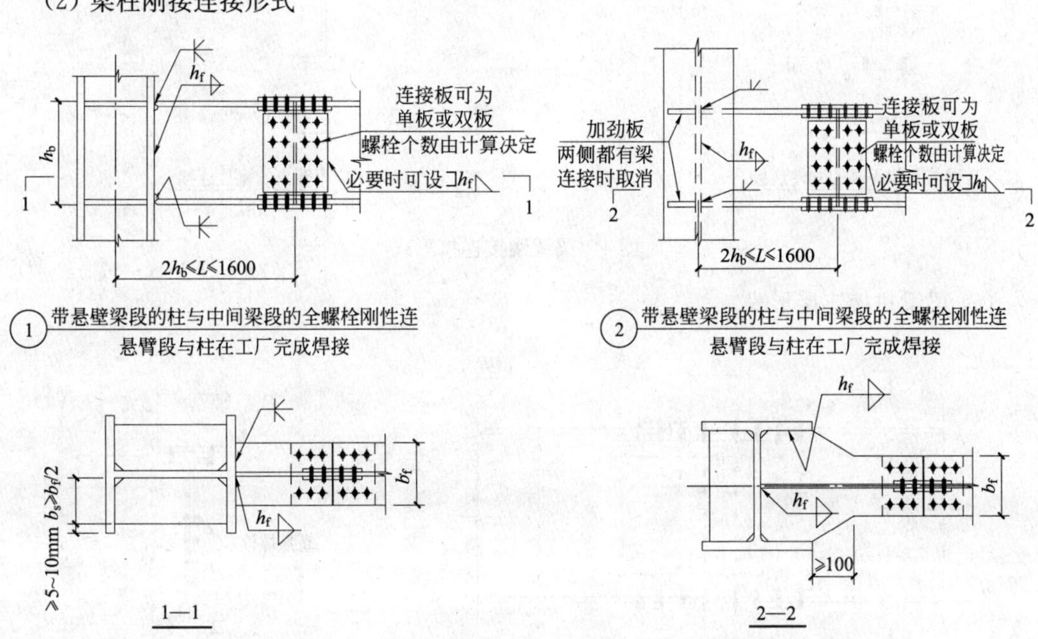

图 2　梁柱刚接连接形式

(3) 梁梁铰接连接形式

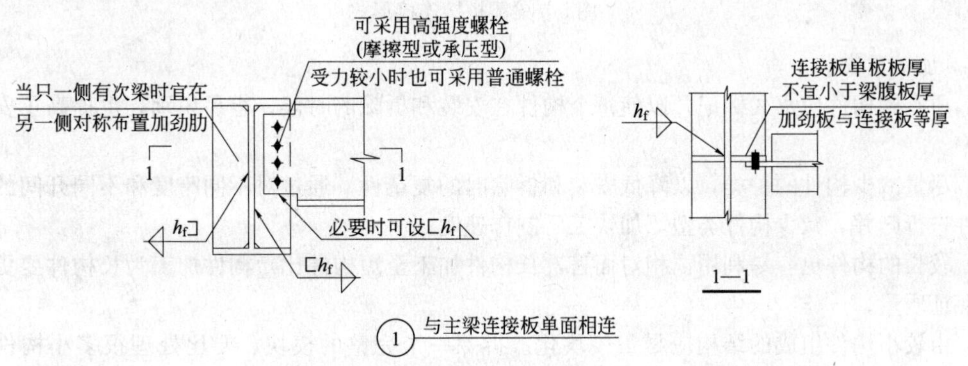

图 3　梁梁铰接连接形式

(4) 梁梁刚接连接形式

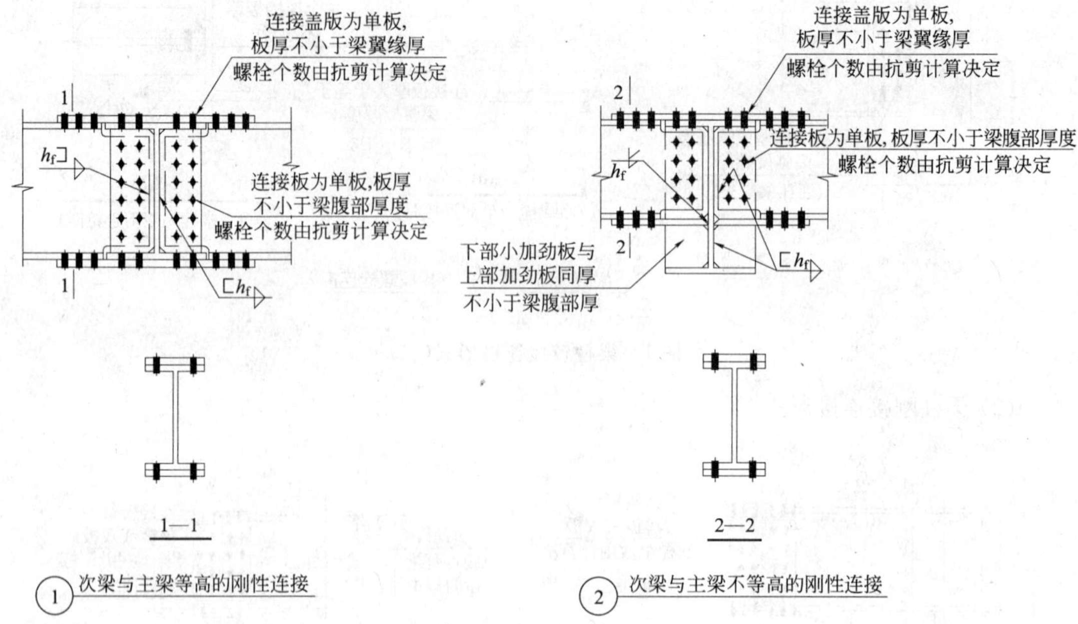

图 4 梁梁刚接连接形式

(5) 梁梁拼接连接形式

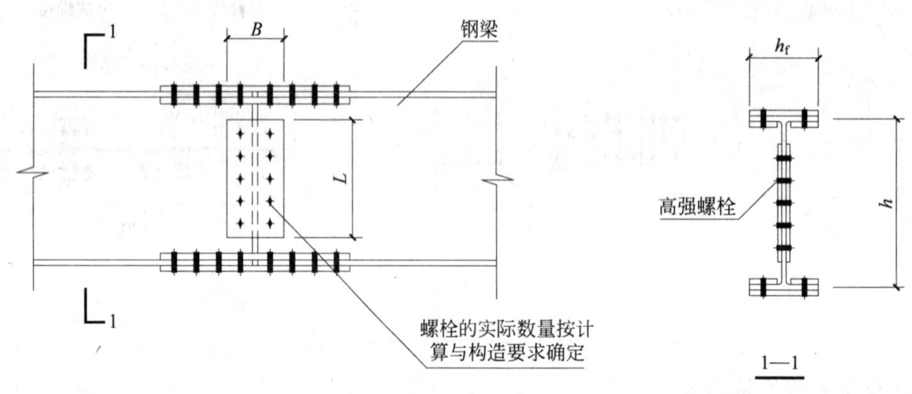

图 5 梁梁拼接连接形式

1.7 加工及安装

所有钢构件应永久标记，以使每个构件在安装和拆除的时候，容易识别，也提高了安拆的效率。

尽量减少构件的种类，以降低安装和拆除时的复杂性。通过对不同跨度和不同开间的结构构件进行归并，减少构件类型，加快工厂制作速度。

较长的构件更容易利用：相对而言，长构件加工至短构件比短构件加工为长构件要更有利于保证质量。

由较小构件组成的结构应尽量模块化。拆除一个完整的模块，要比处理很多小构件容易得多。

1.8 重复利用基本要求

重复利用的建筑单体的建筑功能布局以及要求各不相同，各单体的结构体系也随之而各异，但由于材料均源自世博后拆除的构件甚至整体结构，因此对重复利用具有同样的基本要求。

根据原有结构体系、受力特性和作用大小、变形等影响；经权威检测部门鉴定后，适当考虑折减，降低强度使用，因材适应。世博场馆所选用的结构体系—门式刚架和轻型支撑框架，跨度为10～42m，柱距为6～12m。再利用结构设计可优先采用与之匹配的建筑，如厂房、多层办公、展馆等。如果原有螺栓承载力不够，可以重新采取新工艺提高抗滑移系数；或把原有螺栓孔范围切割，抛光采用焊接方式；如效应略小于作用，构件可采取贴板等措施。如效应与作用相差较大，构件经复算后，可采取裁减、拼接等方案。

1.8.1 材料要求

鉴于重复利用的钢构件已经经过一轮的制作、安装、防护处理等，因此，在重复利用前，需经过主管部门对构件的材料进行检验。钢材的品种、规格、性能等应符合现行国家产品标准和设计要求。

世博临时建筑主要采用国标热轧型钢钢柱、焊接变截面H型钢梁和冷弯薄壁C型镀锌檩条。主要承重构件材质为Q345B，次要构件材质为Q235B。

1.8.2 构件要求

世博钢构件的重复利用，主要面临拆除及改造两大难题。

钢构件的二次利用，应根据改造用途的需要作相应的修改，比如构件的截面尺寸、长度尺寸、连接形式、表面防腐要求等。拆除过程中个别会产生变形，应逐一进行矫正，需注意的是矫正过程中应尽量避免产生较大的残余应力，影响结构安全。截面尺寸和长度尺寸的修改一般通过工厂切割、焊接拼接等方式实现，以尽量减小对母材的损伤；连接形式的修改主要是指螺栓连接改为焊接连接、或原有的连接螺孔大小和位置不能满足改造构件的连接需要等，根据要求一般需在构件上增加摩擦面和重新制孔。

1.8.3 连接要求

现代钢结构的连接方式主要采用焊接和螺栓连接，而在世博临时建筑设计中，为便于后期重复利用，主要钢构件连接均采用了高强螺栓连接。

高强螺栓安装时通过特制的扳手以较大的扭矩上紧螺帽，使螺杆在一定的弹性变形下产生很大的预拉力，把被连接的钢板夹紧，通过钢板间产生的强大摩擦力来传递外力。高强螺栓连接副拆除后，螺杆的变形已无法回复到原来的状态，性能发生改变，所以高强螺栓连接副不得重复使用。

高强螺栓连接摩擦面经过一段时间的使用并受到环境和装拆的影响，其抗滑移系数会发生改变，重复使用时应选取有代表性的一组样品进行试验，以确定抗滑移系数值，或降低其系数值使用。

1.8.4 防护要求

世博临时展馆的钢结构表面防腐要求低，使用年限短，表面处理和防腐性能不能满足较长使用年限的要求。重复利用时应根据实际的使用功能考虑延长使用年限，所以应对钢构件表面进行重新处理，清除旧涂层，重新设计防腐涂料。

原有的防火涂料不能重复使用，应清除后重新涂装。

1.8.5 荷载使用要求

使用荷载应参照原结构的设计荷载要求并作适当的折减。根据使用性能要求应对局部结构或连接节点作适当的加固。

1.8.6 区域的要求

世博临时展馆的钢结构适用于设计规定的地震作用和风载作用要求的地区。高于上述适用地区要求的应作相应的修改和加固。

2 经济效益

快速拆装和可重复利用钢结构在以下方面具备比普通的钢结构体系更加明显的经济效益：

1）通过构件材质、规格、连接节点的标准化设计，可大大提高工厂化生产率，更易实现工业化、批量化生产，提高劳动生产率。定型化的设计也有利于钢结构加工质量的保证。

2）安装和拆除以及再利用的施工周期都大大缩短。据研究，钢结构建筑施工周期比混凝土建筑施工周期可缩短一半，重复利用时更因为几乎节省了构配件的采购、加工制作过程而大大缩短了加工、安装工期，对尽早达到投资回收期，非常有利。

3）对拆除构件根据不同再利用用途的需要，仅需要必要的防腐处理，就可以重复利用到新的工程中，工厂加工制作工作量大大减少，且其节能指标至少可达50%，属环保型绿色建筑体系。

4）通过从后续利用角度考虑的设计优化，对钢结构的重复利用，改变了100多年以来一直主要通过处理钢结构废料来循环利用钢材的模式，变循环利用为主动循环利用，使钢结构建筑有了二次、三次甚至更多次新的生命，改动小，收益大。

数据表明，英国目前95%的建筑用钢材被回收、其中10%重复使用、85%回收利用。而根据目前的设计，绝大多数世博临时场馆的建筑构件都可以通过快速安装与拆除的方式得到重复利用。

3 应用前景

中国是世界上最大的砖砌体建筑和混凝土建筑大国，砖年产量占世界产量的1/2，水泥占世界产量的1/3强，生产砖的代价是每年毁农田15万亩，消耗标准煤约7000万t；生产水泥的代价是每年排放温室气体CO_2约3亿t，破坏的矿山和排放的废水难以统计，更为严重的是：砖、混凝土都是不可再生材料，一次性使用后，形成的建筑垃圾极难处理其后果严重。在我国建筑业实现低能耗、高能效的环保政策已成为建筑业可持续发展的当务之急。

钢结构建筑被誉为21世纪的“绿色建筑”、“环保型建筑”之一，相比其他建筑体系，钢结构建筑具有独特的优势：

1）自重轻，可减轻建筑物的重量30%左右。特别是在地质承载力低的地方和地震烈度较高的地方，其综合经济效益优于一般建筑体系。

2）结构占有面积小，增加了使用面积，可提高建筑面积3～5%，增加了建筑物的使用价值和经济效益。

3）施工速度快。采用钢结构可为施工提供较大空间和较宽敞的施工作业面。施工中可以实行立体交叉作业，有利于建筑尽早投入使用。

4）使用过程中易于改造，如加固、接高、扩大楼面等内部分割、变动比较容易。

5）便于工业化生产。

基于诸多优势，钢结构建筑作为节能环保型、能循环使用的建筑结构，符合可持续发展的要求，在国内外均日益受到重视和使用。在我国，由于受到经济发展水平、观念意识、设计技术规范的影响及限制，钢结构建筑在整个建筑行业中所占比重不到5%，而发达国家已达到了

50%以上。近年，作为可持续发展的一项基本国策，“节能减排”继续成为我国经济发展的一项重要工作，具有节能、环保、绿色优势的钢结构被市场看好。

4 结束语

国际范围内，也有关于钢结构建筑快速安拆及重复利用的案例，但缺少针对关于系统集成配套的研究和成熟的规范、政策、法规。钢结构建筑快速安拆及重复利用技术在上海世博临时场馆的研究和应用，着眼于可持续发展和重复利用的设计周期，努力提高钢结构建筑标准化的，其成果一定会随着我国钢结构建筑的更大发展而拥有广泛的应用前景。

参考文献

[1] 2007年5月19日，2010年上海世博会论坛——科技行动篇《世博会建筑与科技创新》郑时龄
[2] 《规划师》2006年07期《可持续发展观下的世博会建筑设计》夏南凯顾哲
[3] 工业建筑2003年第9期《世博会展馆建筑结构成就回顾》陈喆、董雪峰
[4] 《商业现代化》2007年5月《历届世博会后续利用综述》杳爱苹
[5] 《山西建筑》2009年36期《2010年上海世博会可重复利用钢结构概念设计》虞终军等
[6] 《工程抗震与加固改造》2009年7月《快速拆装和可重复利用钢结构的应用》于向军等

设计施工一体化　创新施工管理
低碳　节能　让城市生活更美好

彭常启、张　梅
（中建三局东方装饰设计工程有限公司）

摘　要：本着“花园城市”美誉，注重节能和环保，以营造新加坡馆的主题“城市交响曲”。公司“坚持以人为本，营造健康环境，追求卓越管理，奉献装饰精品”的管理理念，我们以“做一个工程，树一块样板”的决心对待每一个工程，精心组织施工，加强过程控制，严格质量管理，最终成功完成目标，从而树立企业的品质和定位。

关键词：设计施工一体化，创新施工管理和工艺，低碳，节能

一、工程概况

世博建设项目是上海市重点建设项目，它是由一个国家的政府主办、多个国家或国际组织参加的国际性大型博览会，称得上是世界上最高级别的展览活动。

世博会园区规划用地 5.28km²，其中浦东部分为 3.93km²，浦西部分为 1.35km²。新加坡馆位于上海世博会浦东园区，占地 3000m²，将耸立在黄浦江南岸，南浦大桥和卢浦大桥之间。该工程紧邻澳大利亚馆，位于浦东新区上南路、耀华路。由上海世博土地控股有限公司负责建设，总承包单位是中国建筑股份有限公司，监理单位为上海银同工程监理造价咨询有限公司。该工程 2009 年 11 月 25 开工，2010 年 3 月 15 竣工。

在建筑材料方面，新加坡馆以管桩为地基，大大减少了混凝土使用。展馆主要使用了钢材、铝板等可回收利用的建筑材料，为材料循环再使用创造条件。建筑外里面采用开缝结构，与外界自然融合，实现天然共享。可回收材料的应用，空中花园设计、馆外水池设计等各种环保材料的使用和降温节耗设计的应用体现了节能环保的思路和效果。

我公司施工范围是世博会新加坡馆项目幕墙及室内展厅装饰工程。展馆以“城市交响曲”为主题，城市发展与可持续性、城市化与环境绿化、传统与现代，以及多元民族交融，它的灵感源自于新加坡各种特色元素的相互融合与平衡。

图 1　新加坡馆内景

整个展馆结构由四根立柱支撑而起，四根形状各异的立柱沿着平滑的曲线从楼顶悬挂下来，贯穿上下，相互映衬，张力之间形成一种平衡，象征着共同生活在新加坡的四大族群。通过专业大型打磨机械，对地坪基层进行整体打磨，面层主要采用

环氧树脂自流平地面，达到了表面平整，干净利落。顶棚采用局部吊顶、露空和云朵造型相结合的处理方案，顶棚造型层次多样，错落有致，最大限度地节约了成本，又丰富了视觉效果。

展馆二层将通过充满创意的多种方式，表现新加坡的创新性和多元文化。通过多媒体技术为游客呈现新奇的拟真投影表演。近 600m^2 的展厅，没有一根柱子，这里有三个大小各异的圆形剧场，播放新加坡流行艺人的表演视频，从而展现出新加坡的创新文化。从展馆二层移步向上，而到达展馆顶层，一座美丽的热带“空中花园”正喻示着新加坡这座“花园城市”的美好。

二、重难点工艺

主体三层结构，总高 18.5m，最大直径 42m，内钢骨架采用 120×60、60×60 矩形管与主体钢结构焊接连接；外围铝塑板用拉铆钉、自攻钉及通长结构胶与钢骨架连接，板与板之间间隔 10mm 和 50mm 的竖向通缝，不打密封胶，整个形式镂空(效果图中竖向细线条为 10mm 缝，粗线条为 50mm 缝)；铝塑板外表面外挑形式多样的飞翅(材质为铝板)，象征音乐盒的音符。

在建筑幕墙施工技术方面，外展馆主体为钢结构，外墙干挂大规格铝塑板，外围点缀若干铝塑板制作的“飞刺”，整个造型为一个充满律动感的银色音乐盒(图 2)。由于采用 6m 以上大规格铝板幕墙施工，外立面呈现圆球截面的多曲面形式，在施工放线、施工排版、施工安装等都是新的尝试。

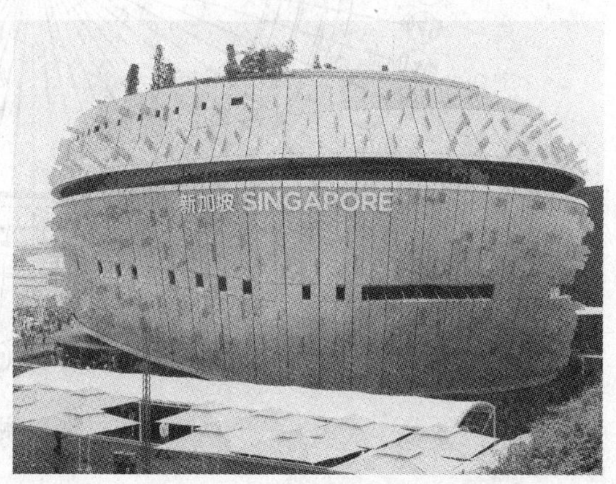

图 2 新加坡馆外景

幕墙测量放线

1. 标高定位

根据总包提供的相对标高±0.000，利用精密水准仪、50m 钢卷尺和 5m 卷尺测量复核每层标高，并用醒目油漆在相对稳固的原钢结构梁上做出标记。

2. 轴线定位

根据总包提供的圆心点和“+”字轴线，利用铅垂仪将圆心点投放到二层、三层及屋面，利用经纬仪将控制轴线投放到各楼层，并做好标记。因该工程为圆结构，为了更好的控制测量精度，方便控制铝塑板安装质量，在“+”字控制轴线的基础上，细分为 64 个控制点(如图 3)。

三、钢龙骨安装

1. 准备

组织班组技术骨干熟悉深化设计施工图，进行重难点技术交底，依据施工图并结合现场仔细计算出各骨架龙骨的实际长度，并安排下料，下料过程中按国家验收规范标准严格控制下料偏差。

2. 定位

根据先前的 64 个定位控制点，对照施工图，利用经纬仪细分出各龙骨具体位置，标记、弹线。注意要细分出 50mm 或 10mm 的缝隙位置。

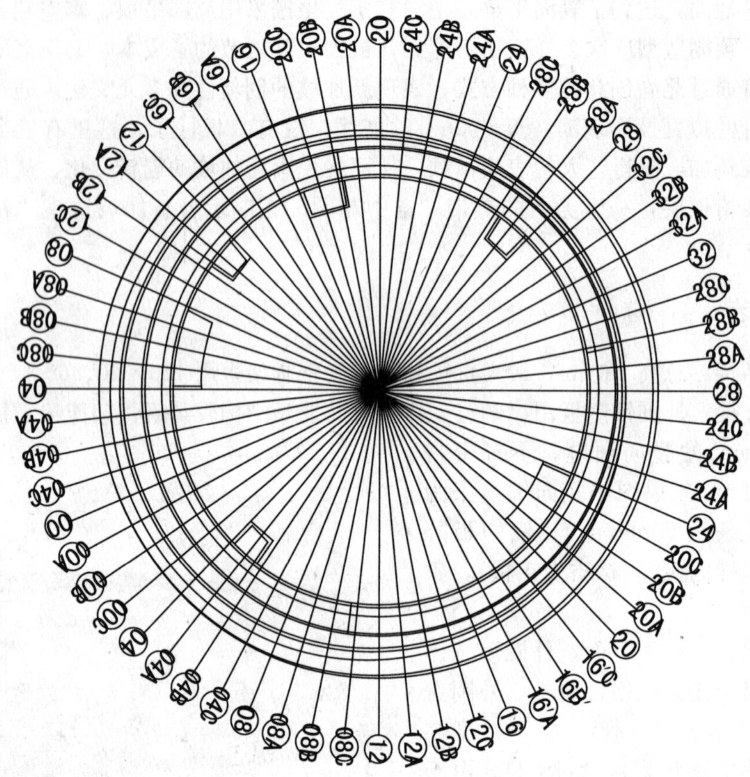

图 3 幕墙测量放线

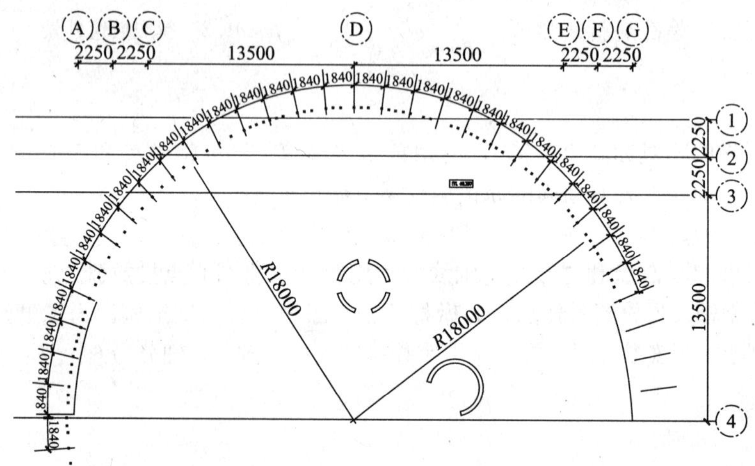

图 4 一层龙骨位置截图

3．焊接和安装

选派持有焊工操作证并有多年焊接经验的焊工，按照施工图，对应现场定位点，将“U”型连接件焊接在主结构钢梁对应位置，注意控制偏差应满足规范要求，焊接冷却后敲掉焊渣。随后安装人员用螺栓将焊有“U”型连接件的矩形管龙骨对位安装并初拧。每层安装完毕后，用钢卷尺逐次检查轻钢龙骨外表面到每层圆心的距离，使其严格控制在设计半径规范规定的允许偏差范围内。调整好后，及时拧紧螺栓。焊缝经检测部门探伤检验合格后再补涂防锈漆。

四、特殊处理措施

1. 幕墙防雷接地措施

建筑幕墙应设置防雷装置，所有金属结构均通过连接钢角码与主体结构避雷均压环可靠地连接。建筑幕墙设置防雷均压环(ϕ12 镀锌圆钢)，同时也设置自身的避雷引下线，与均压环牢固连接。钢角码与铝合金主梁或钢主梁采用不锈钢避雷接触片连接，将主体结构预留均压环接头与钢角码采用 ϕ12 镀锌圆钢搭接，搭接长度不小于 120mm。

建筑幕墙的防雷装置设计在幕墙深化设计时完成，并应该经过建筑师单位认可，方可进行安装。

2. 幕墙防风技术保证措施

幕墙工程的防风，对于幕墙这一薄壁外围护构件，既需要其长期的使用过程中，在平均风速作用下，保证其正常使用功能不受影响，又要注意到阵风袭击下不受损坏，保证安全。本工程采用的设计做法，其主材的强度和挠度均达到国家有关的规范标准的规定。

幕墙构架的立柱与横梁在风荷载标准的作用下，钢型材的相对挠度不应大于 $L/300$(L 为立柱或横梁两支点间的跨度)，绝对挠度不应大于 15mm；铝合金型材的相对挠度不应大于 $L/180$，绝对挠度不应大于 20mm。

五、科技创新及设计创意和构想

本着“以人为本、服务于人”的原则进行设计创意，注重节能和环保(节能、节材、节水、节电)，努力提高办公场所的亲和力。我们努力探索着轻松、丰富、富有人情味的办公文化场所。在这种场所中，存在着一种有组织的概念，充斥着由动感、张力及生命的视觉元素，为身处其中的员工提供着与大自然交流的机会。得以获得更多的力量、灵感、愉悦、想象力、激情与亲善。

节能也成为进行展馆设计不可忽略的要素。环保节能设计是新加坡馆的一大亮点。在世博展馆设计中，新加坡馆充分展示了在这一方面的特长。环保节能设计是展馆一大亮点，整座建筑将大量采用可回收利用的建筑材料，展馆的大部分建材都可拆除回收，包括展馆的立面墙的铝板材料等。

按照设计师先进的环保设计理念，绝大部分为可回收材料，铝板幕墙也将整体拆除，拆除过程中将贯彻以下措施，保障残值回收。

(1) 搭设脚手架，区域性拆除幕墙铝板，对于规格较大的铝板，将由牵引机械辅助拆除。

(2) 现场拆除下铝板，将统一放置在有遮盖防护措施的区域内，铝板之间将放置橡胶垫，避免碰撞。

(3) 回收后的铝板，将做清洁处理，并按大小规格分类

新加坡馆景观设计的两大元素是水与花园，代表着新加坡在可持续发展的过程中妥善地处理了这两大环境元素，并取得了平衡。展馆还有效整合了多种设计元素——音乐喷泉、视听效果互动以及屋顶花园的特色花卉景观，形成一曲完美的协奏。展馆整体结构由四大支柱撑起。四根形状各异的立柱沿着平滑的曲线从楼顶悬挂下来，贯穿上下，相互映衬，张力之间形成一种平衡。它们象征着在新加坡共同生活、工作和玩乐的多元种族。展馆内部则采用悬挂式的缓坡和楼梯连接各层展厅。

六、项目管理策划及创新特点

1. 成立跨部门的优秀项目班子，协调设计和施工的进程

在项目班子成立之时，公司要求工程部和设计事务所充分的考虑、选择组织协调能力较强，能跨部门组织的项目经理。从设计理念的提出，设计方案确定到施工图纸的绘制，项目经理全程参与，确保图纸所表达的先进理念能在实际工程中实现。项目实施中，设计师现场跟进，随时调整和处理施工中出现的问题。

2. 样板先行制度及保证措施

每一道工序开始前，先做好样板，由施工、业主、监理单位共同按验收标准评定，指出优点和存在的不足，及时采取纠正措施，召集各施工班组现场查看、总结纠偏；要求后续工程只能比样板好。

3. 明确目标，提出严格的标准

在充分与甲方沟通后，结合设计理念，项目部提出了项目的奋斗目标，并进行了详尽的项目策划，对各个环节、各个因素进行了通盘的考虑，确定了主要的项目实施的重点。

4. 创新特点

新加坡馆项目做到设计施工一体化，积极探索和创新管理理念，大胆使用新工艺、新工法，推进装饰施工工厂化进程，将先进的设计理念和项目管理经验结合。

七、管理措施和风险控制

为实施全新的项目管理理念，上海新加坡馆项目采取了五方面措施，针对设计施工一体化、新材料新工艺的使用、进度管理、科学施工、成本控制、协调监控、质量等八大风险进行了有效控制。

(1) 进度管理：项目从施工的人力、物力及空间等几大要素着手，积极消除因技术上的差错或隐患而引起的质量问题和工期的延误。根据工程总体进度计划安排编制合理的物资需用量计划，分别落实货源，安排运输和储备，满足工程的连续不间断施工。建立工程项目的领导机构、调集精干的施工队伍，集结施工力量组织进场，并向劳务公司施工队伍针对工程进行施工组织设计、计划和各项技术交底，建立健全各项管理制度，积极妥善做好施工工作。配备了必要的安全设施和机械设备，并设立了使用、维护及日常定期安全检查责任制。

(2) 科学施工：项目经理科学组织安排，将目标层层分解，技术负责人和各工长分工协作，并有针对性地明确各级责任和具体实施措施。对可能产生质量通病的节点和地方做反复研究讨论，制定措施，重点监控，取得了良好的效果。

(3) 成本控制：项目进场初期，根据实际情况，全体管理人员共同编制了项目计划成本，为与公司签订《项目全额承包合同》提供了有说服力的依据，为以后施工中实际成本的控制提供了指导性方向。

(4) 协调监控：采用书面会签记录控制，对于需要与其他施工单位协调解决的问题，提倡采用书面形式提出，并及时传递给相关单位，并经会签后做好书面记录，对于重要的问题，将解决意见和记录报甲方备案。

(5) 二次经营：本工程的合同类型为按实结算，合同预算中所有的材料单价均为暂定，所有材料单价要经业主、投资监理再次确认，此项是项目部二次经营的工作重点、难点：*a*. 项目部全力以赴专攻联系沟通与业主关系，采取与供应商配合报价的形式，争取最大的利润空间，确保公司利益的最大化。*b*. 项目部和公司物资主管部门通力合作寻找优秀的材料厂家，

以满足设计及业主要求。c. 严把材料质量关，对厂家进行考察并对材料加工过程实施控制，打造公司精品工程。

(6) 严把质量关：在项目经理带领下定期落实、检查施工情况，及时做以总结，并适时对计划进行微调，保证了施工的科学性和高效性。对各种材料质量严格把关，所有装饰材料均采用质量优良的环保产品，达不到要求的材料坚决不验收、不使用，最大限度地保证了客户的利益。

(7) 过程控制：为了在工期紧张的条件下，保证我们的产品一次成优，并能最终交付业主使用；我们根据工程的具体特点、现场环境建立切实可行的成品保护措施，从管理层、作业层及其他相关方面出发，确保施工成品不被污损破坏。

(8) 环境控制

库房的物资必须有种类的摆放场地，按规定整齐存放，标识清楚；构件在转运过程中，必须轻拿轻放，摆放整齐，对于上道工序出现的碰坏材料，下道工序有权不接收，并报各中心负责人，由质监员做出裁决，并向上道工序下达纠正措施，坚持文明生产。

八、管理效果评价

新加坡馆在整个工程在施工中，通过精细的项目管理和策划，严格进行过程控制，采取科技创新和技术攻关等手段，在极短的时间里确保了工程按期完成。在技术可行，经济上合适，通过新技术应用和各项技术攻关，实现了科技创效 36.2 万元，圆满完成了合同规定的各项内容，得到了新加坡馆业主、设计单位和社会各界的好评，为上海世博会呈现了又一个靓丽的异国风景。

本工程在整个施工过程中，加强现场施工安全管理工作，落实贯彻执行施工技术安全操作规程及有关规定，制订施工安全责任制，健全施工班前活动，完善安全交底工作，发现隐患及时整改，公司实行工地的安全评分检查制度，工程由始至终未发生过安全事故，实现了“五无”施工，安全资料及时整理，经安监站审核符合规定，单位工程安全评估定为合格。响应国家号召，提高资源能源利用效率，以节能、节电、节水、节材和环境保护为重点，大力推进在建筑全过程的资源能源节约和综合循环利用。通过精心策划和科学管理，该工程 2010 年度荣获了“世博上海建筑装饰奖”，“浦东新区文明工地”。项目部多次受到监理及其他单位的一致好评，业主对我公司的施工感到非常满意。

以“绿色、科技、人文”为抓手创建绿色和谐项目

闵卫国
（上海市第二建筑有限公司）

摘　要： 通过介绍500千伏静安(世博)输变电工程“绿色、科技、人文”的工程施工管理方法，阐述了在世博工程施工过程中采用的各种绿色施工技术和“事前解决、事中调整、事后总结”管理方法。

关键词： 逆作法，全地下变，管理策划

全球气候不断的变暖，二氧化碳的排放逐年增加，未来要求我们发展低碳经济，建筑业作为经济发展的基础也需要实现低碳的要求。我公司一贯坚持“绿色、科技、人文”的理念，坚持以“逆作法施工技术”、“PC建筑施工技术”、“盖挖法施工技术”等绿色施工技术为企业的核心技术，在本工程中采用逆作法施工技术大大降低了钢筋混凝土的使用，且全地下设置的世博变电站大大节约了土地资源。本工程是目前国内第一座在城市中心的500kV等级的全地下变电站，建筑规模为全亚洲之最，是业主战略发展试验工程。

1　工程概况

500千伏静安(世博)输变电工程位于上海城区中心地带，它的建成将为世博园区提供强大的主电源，并从根本上解决中心城区电力供应紧张的局面和优化中心城区超高压电网结构。

作为世界第二、国内第一个多级降压变电站，工程安装2组500kV主变；2台220kV主变。

工程为全地下4层筒型结构，地下建筑直径(外径)为130m，占地约1.3万m^2，总建筑面积5.3万m^2，静态投资15亿元。变电站埋深34m，顶板落深2m。地面部分为大型“雕塑公园”。

图1　全地下变电站全景图

图2　全地下变电站效果图

工程采用1.2m宽、57.5m深地下连续墙作为围护结构，桩基采用89m长ϕ800抗拔桩及89m长ϕ950钢管立柱桩。工程结构施工采用逆作法施工，结构外墙为1200mm厚地下连续墙+800mm厚内衬墙的两墙合一结构，框架结构体系，本工程共四层，一～四层层高分别为9.5m、5m、10m及4.8m，底板埋深34m。

2 管理目标

➢ 本工程质量目标为确保上海市优质工程“白玉兰”、争创“鲁班奖”。

➢ 安全目标为重大安全事故为零。

➢ 文明施工目标为上海市文明工地。

3 工程特点及难点

(1) 周边环境复杂、变形控制要求高

工程距山海关路民房10m，距南北高架30m，最大开挖深度大35.25m，周边有较多地下管线，基坑施工难度大。

(2) 超深地下连续墙施工难度大

本工程地墙厚度1.2m，深度约为57.5m，垂直度要求小于1/600，需要穿越“铁板砂”层，施工难度大。

(3) 逆作立柱桩垂直度控制要求高

本工程立柱桩深38m，垂直度要求达到1/600，施工难度大。

(4) 超深基坑降水、特别是承压水处理难

本工程遇2个承压含水层，对承压水的处理带来新的课题。

(5) 超深全地下变电站防水施工要求高

全地下变电站埋深34m，工程防水要求高。

4 管理策划与创新特点

4.1 管理策划

我项目部坚持以“事先解决”的管理策划理念为指导思想，工程开工之前进行总体策划，各分部分项工程开工之前进行细部策划，在施工之前将工程管理的重难点通过项目部专题讨论、公司有关领导专项研究、邀请社会专家召开专家会等形式研究透彻。

➢ 项目投标前期参与业主和设计的方案讨论，确定了逆作法施工技术作为本工程的施工方法。

➢ 项目投标前期，根据设计单位关于地墙的施工要求，推荐了“抓铣结合”的地下连续墙成槽工艺(图3)。

➢ 逆作支撑立柱施工前，我公司与上海同济大学合作开发了一套具有自主知识产权的第四代“调垂系统”和第二代检测系统。

➢ 项目部就成立了十个科技攻关小组，对其他各分部分项中的重难点进行了前期的策划与研究。

4.2 创新特点

➢“事先解决”的策划先行，全面达到客户的期望值。

➢“事中调整”的过程实施动态控制，实现了方案的可持续性。

➢“事后总结”确保了管理和施工技术的传承。

➢“工地RFID人员管理系统”，实现了“以人文本”的管理理念。

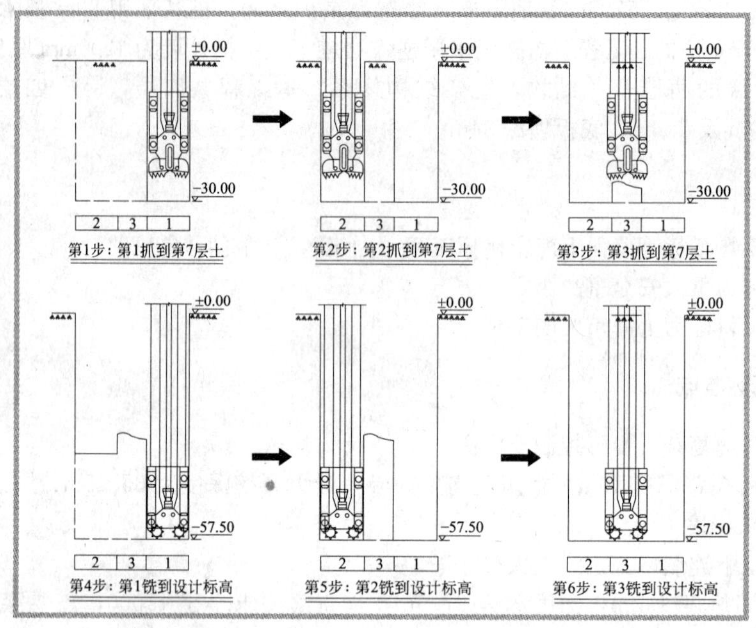

图 3 “抓铣结合”成槽工艺图

5 风险控制与管理措施

5.1 风险控制

5.1.1 质量风险

- “科技创新”手段确保工程质量。
- “事前解决”确保施工胸有成竹。
- 坚持“事中调整”可持续发展观。

5.1.2 安全风险

- 建立工地 RFID 人员管理系统。
- 建立了安全管理责任制。
- 建立了完善的安全应急系统。

5.1.3 工期风险

- 确定工程分部分项工期关键点，加强设备、材料、人力的投入，并加强科技创新加快施工速度。
- 实施“立功竞赛”，落实责任人，建立奖罚制度。

5.2 管理措施

1. 基坑工程首次采用了“施工电梯”与逆作结构同步向下安装的技术，大大降低了施工人员上下基坑的工作强度（图 4）。

图 4 逆作施工电梯图

2. 在施工各个层面设置移动厕所以解决作业人员的生活。

3. 在施工区设置 4 台 10000m^3/h 离心风机，采用 800mm×800mm 通风管，用于地下逆作施工环境通风。

6 开发了“工地 RFID 人员管理系统”

入口处检测点设置读写器将携带 RFID 识别卡的作业人员信息读入系统控制中心中存入系统主机中，确定作业人员是否在作业区。系统借助人员的识别卡及读写器并结合地下电子地图可以显示某个区域内的人员分布情况，显示特定人员在地下的移动路线，实时对所有人员进行监控。

7 在居民区一侧设置了城市高架道路常用的隔声板围墙减少施工对周边居民的影响

8 节能环保

➢ 工程采用地面雕塑公园与地下变电站相结合的布置模式，与常规变电站相比节省占地 5.9hm^2。

➢ 采用逆作法施工工艺，控制环境影响，与顺作法相比减少 8 道钢筋混凝土支撑，节约钢筋 1600t，节约混凝土 1.2 万 m^2。

9 过程控制及监督

(1) 采用了先进的过程控制管理体系，对工程进行全方位的过程管理并落实责任人。

(2) 施工过程中根据实际情况不断对管理方案、施工技术等优化调整。

(3) 利用实时动态监控技术对工程各个细节进行监控。

(4) 每天组织相关人员对项目施工过程进行过程巡查。

10 综合效果

通过全体员工的努力，工程先后荣获上海市文明工地、2007 年度上海市双观摩工程、2007 年度上海市节约型工地样板工程、2007 年度上海市重大工程金杯集体、2008 年度上海市建设工程优质结构、优质安装工程、2010 年度上海市建设工程白玉兰奖等奖项。

工程自竣工投运以来，为上海中心城区和 2010 年世博会提供强有力的电力保障。

项目的建成有着显著的经济效益和深远的社会效益，为今后在城市中心建造超深地下变电工程起到良好的示范作用。变电站的建成必将为 2010 年上海世博会和国家电网建设添上浓彩的一笔。

振动条件下建筑外露超长柔性杆的防水施工技术及措施

王亚琦、韩　毓、胡　永、夏海东

（江苏省苏中建设集团股份有限公司）

摘　要：世博会英国馆主展馆是由一个木结构梁及胶合板组成的夹心承重结构和亚克力杆及铝管组成的装饰杆单元，组合杆件单元全部从结构内部穿出，外露长度 4.6～6m 不等，其经过特定的排列组成最终的设计效果。数量多达 30000 根处在长期振动的工况中，防水处理难度很大。在考虑防水措施时充分考虑了外界的环境条件，经过多次尝试和测试，并结合严格的现场管理，最终得到解决，保证了英国馆顺利按期完成。

关键词：橡胶套，疲劳测试，蓄水实验，振动条件

一、工程概况

世博会英国馆主展馆展区核心“种子圣殿”外部生长有 60000 多根向各个方向伸展的触须，外形酷似“蒲公英”，而每个触须是由亚克力和铝管组成的 7.5m 长组合刺杆，每根杆件有 6 个节点，①和⑥亚克力与铝管节点；②和⑤铝管与铝管之间的节点；③和④铝管与结构之间的节点，刺件外露长度大从 4.6～6m 不等，横截面轮廓尺寸 30mm×30mm，具有比较大的柔性，并且存在防水要求的杆件数量达到 30000 根。

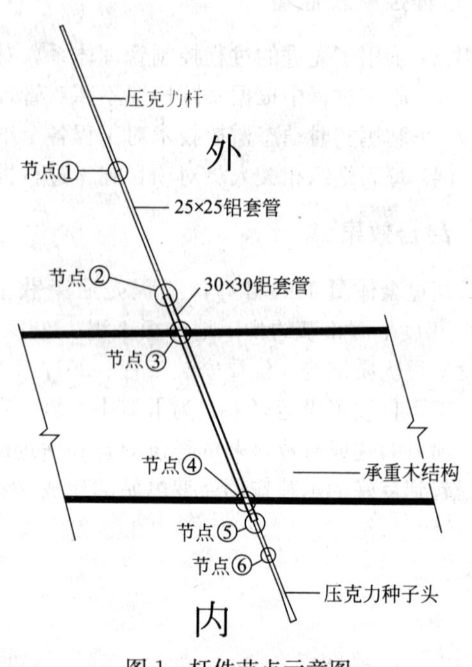

图 1　杆件节点示意图

二、防水难点分析

1. 因杆件外露长度大，并具有相当的柔性，在风荷载作用下会不断随风摆动，设计最大端部位移达到 1m；这就要求我们在振动的条件下或者说在考虑风力、伸缩力作用下处理每一个节点的防水。

2. ①节点是压克力和铝管连接的节点，由于不同材料之间的线性膨胀率不同，导致压克力和铝管会有不同的伸缩长度，缝隙处的连接失效而产生漏水。

亚克力线膨胀系数约为 $a_1=120\times10^{-6}\mathrm{m/(m\cdot K)}$，根据线膨胀系数计算公式：

(l_t-l_0) 为线膨胀量；

t 取制作时的温度为 0℃到参展时的可以达到的最高温度 40℃的温度差。

l_0 取最长悬挑 6m；

$$a_1=(l_t-l_0)/l_0\times t$$

$$(l_t - l_0) = l_0 \times t \times a_1$$
$$= 6 \times 40 \times 120 \times 10^{-6}$$
$$= 0.0288\text{m}$$

而铝合金的线性膨胀系数约为 $a_1 = 23 \times 10^{-6}\text{m}/(\text{m} \cdot \text{K})$，其线性膨胀量：

$(l_t - l_0)$ 为线膨胀量；

t 取制作时的温度为 0℃到参展时的可以达到的最高温度 40℃的温度差。

l_0 取最长悬挑 4.5m；

$$a_1 = (l_t - l_0)/l_0 \times t$$
$$(l_t - l_0) = l_0 \times t \times a_1$$
$$= 4.5 \times 40 \times 23 \times 10^{-6}$$
$$= 0.00414\text{m}$$

铝管与亚克力材料之间的膨胀量差为：0.0288－0.00414＝0.02466m，现场实测约为 20mm。

3. ②节点是铝管与铝管之间连接节点，铝管与铝管之间的设计缝隙小，仅有 0.5mm，考虑到铝管加工过程中的公差，尽管铝管之间线性膨胀率相同，但想要在这个缝隙内上进行防水处理是很难实现的。

4. ③节点是 30mm 铝管与结构胶合板上预留孔的连接节点，由于杆件自身的特点，在风荷载作用下，悬臂杆的根部会一直存在应力，而这个应力会造成周边防水的裂缝，导致漏水。

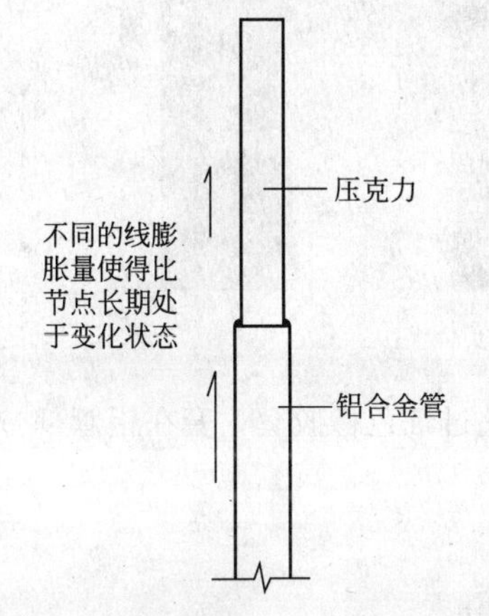

图 2　压克力杆与铝管之间不同线膨胀示意

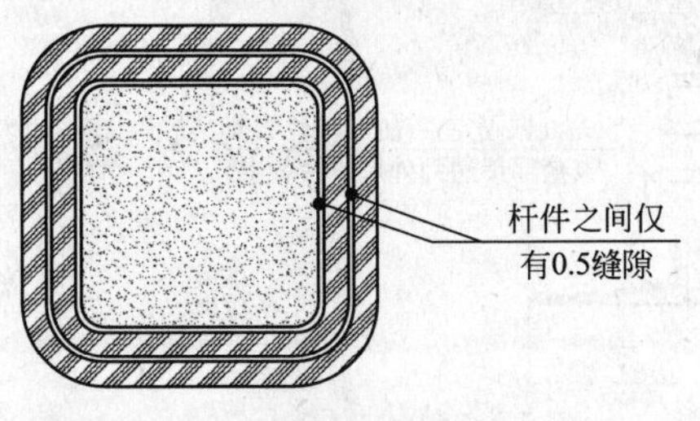

图 3　杆件缝隙示意图

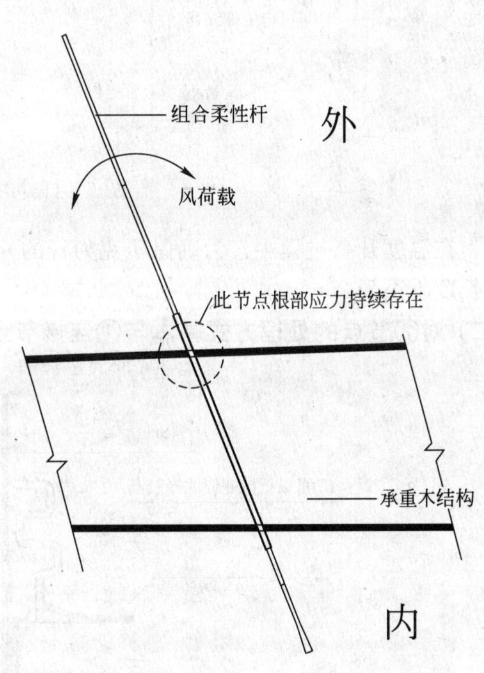

图 4　风载作用下③节点示意

三、防水方案的确定

因杆件会随风摆动，国内外无先例，为方便研究和测试，现场制作了 1∶1 等比例局部模型，期间并多次邀请专家进行论证，在充分考虑了外界的环境条件下，经过多次尝试和测试，并进行反复比较，最终筛选找到了比较理想的解决方案。

图5 1∶1实体模型

(一) 对①节点处理的措施

1. 节点亚克力与铝管之间注入柔性胶水，一方面起到粘接固定作用，另一方面柔性胶水可以填塞铝管与亚克力之间的缝隙。

2. 在最外面使用定制的红色橡胶套(红色为满足建筑效果)。

3. 在橡胶套与杆子之间填塞耐候硅胶。

4. 在最外侧使用扎带扎紧。

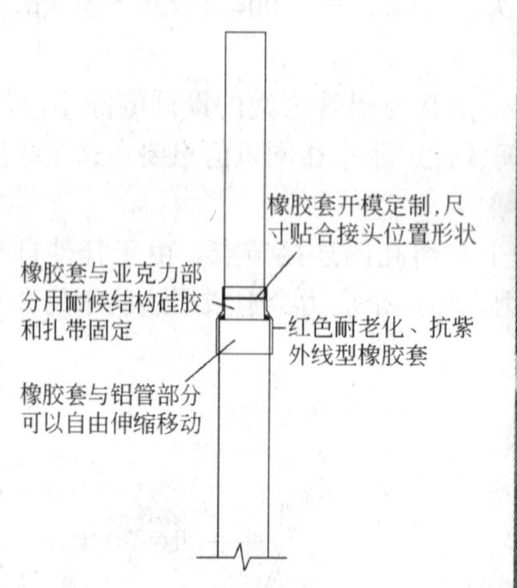

图6 杆件的防水方案及实体

在温度升高过程中，为确保压克力杆的外伸长度不超过红色橡胶套，套在铝管部分的橡胶套长度不小于20mm。

(二) 对②节点的处理方式基本与①连接节点节点相同

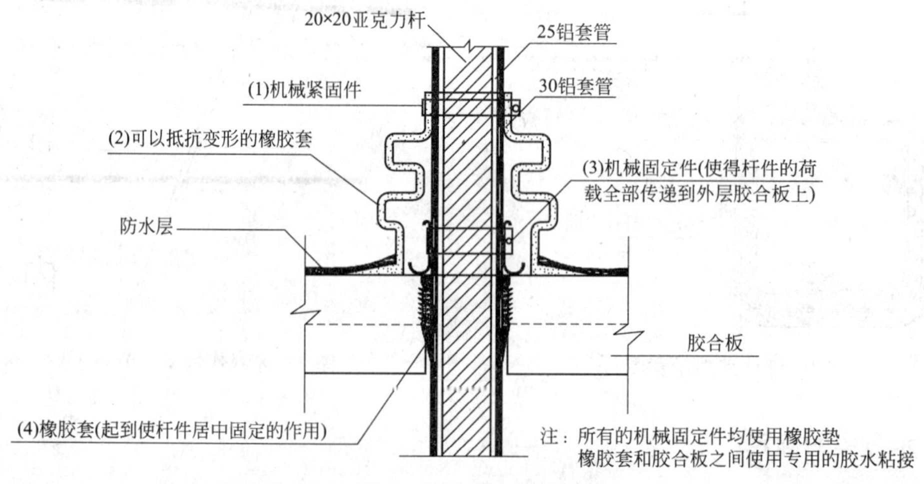

图7 防水节点详图

(三) 对③节点处理的措施

1. 结构胶合板预留孔与铝管之间的缝隙中加入尺寸稍大的放松橡胶套来起柔性固定并使杆件居中的作用。

2. 特殊定制可以抵抗变形的折叠式橡胶套底部使用胶水固定在结构胶合板上，上口与铝管连接的部位使用不锈钢紧固件进行固定。

3. 整个建筑的整体防水层施工到折叠式橡胶套的根部，将底部全部覆盖。防止从根部渗水。

四、防水措施的试验验证

对于防水措施的可行性，通过测试进行了对应的功能性验证。

(1) 杆件之间的连接节点①和⑥、②和⑤通过现场淋水试验的方法：

将1组5个试件分别固定到木板上，按照方案要求处理好防水节点，旁边放置一个喷水壶进行12h的喷水测试，12h后，5个试件中都有没有发现水从杆件节点之间的缝隙中渗出。

(2) 组合刺杆与木结构连接点通过疲劳试验后再进行蓄水试验。

图8 针对杆件节点的现场淋水测试实验

(一) 疲劳试验

1. 按照等比例做好测试模型。

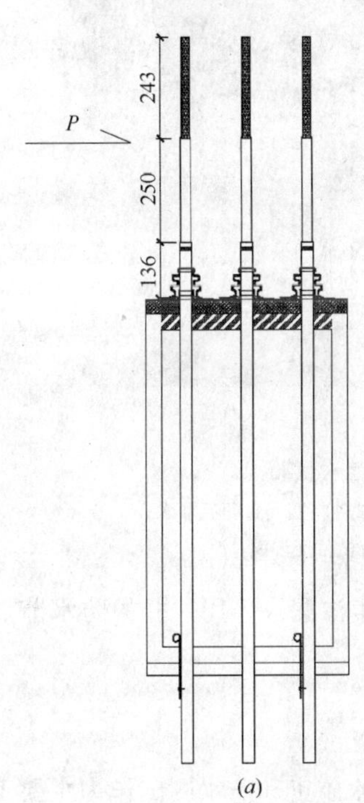

(a)

(b)

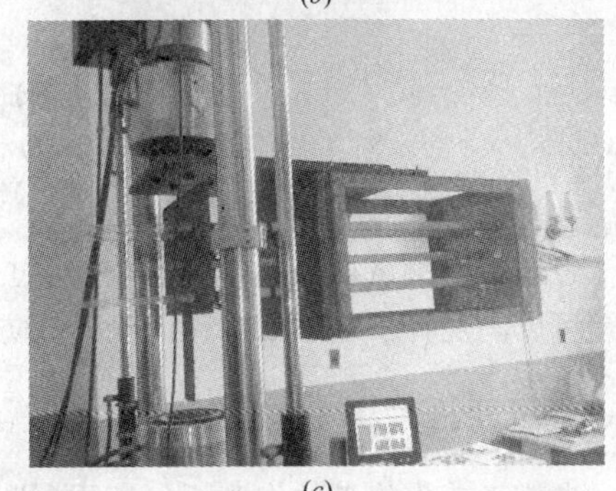

(c)

图9 针对刺杆与木结构连接节点的疲劳试验

(a)进行疲劳测试的模型方案；(b)在铝管根部贴应变片监测其受力是否达到设计的应力；

(c)在达到设计应力后，按着此应力开始进行200000次疲劳

2. 在杆的端部施加一个水平的循环力 P，等同于 50 年一遇的台风对刺杆产生的水平力，力的大小通过在根部贴应变片进行检测。

3. 进行了 20 万次最大荷载的疲劳试验，试验频率 1Hz。在同济大学航空与航天力学实验室完成。

（二）蓄水试验

疲劳试验完成后在施工现场将测试的试件四边封闭后再进行 24h 的蓄水实验。

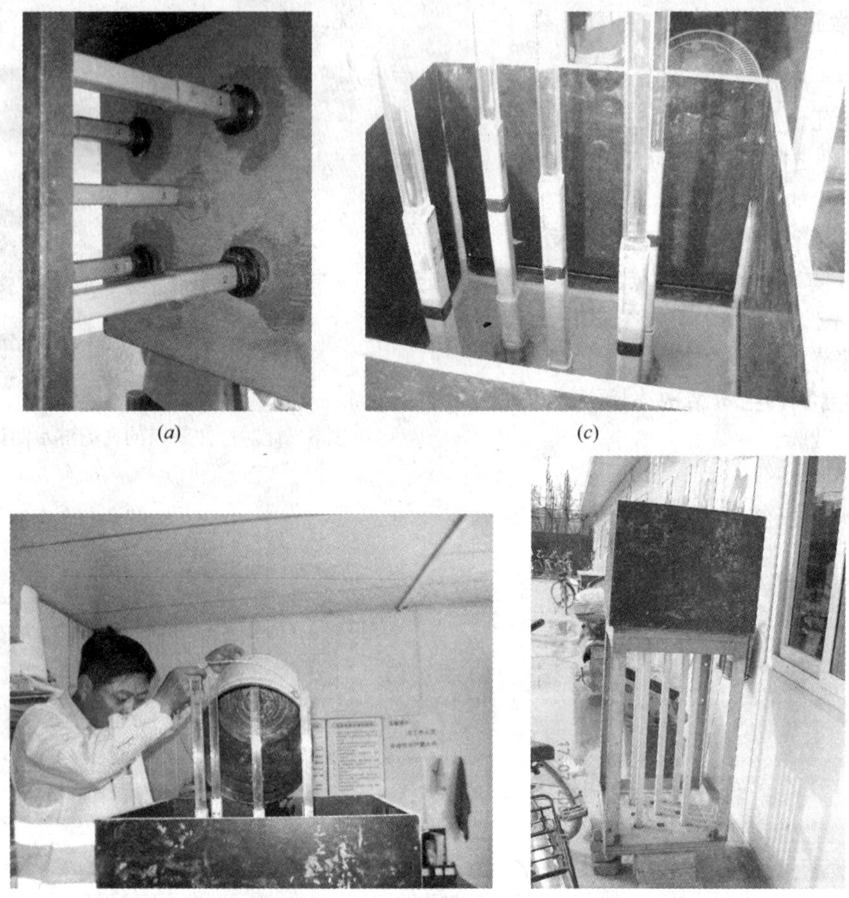

(a) (c) (b) (d)

图 10 疲劳测试后的试件进行的现场蓄水试验

(a)在疲劳测试过程中的根部防水节点；(b)疲劳测试后的试件将四周封闭后加水；(c)历时 24h 的蓄水测试；(d)测试结果显示所有试件无渗漏

经过最终测试结果看，5 个试件经过 24h 的蓄水都未产生渗漏，采用这样的防水节点理论上是可以满足杆子在不断摆动情况下的防水要求。

五、施工流程

在施工前将施工的作业面分为两个流水段，将插杆、防水施工和防水测试作为主要工序安排施工计划。在施工过程中，必须做到过程严格控制，当天工作检验合格后，方能继续后续工作，工程施工标准流程如下，按照节点分为 2 个部分：

1. 杆件之间节点处理

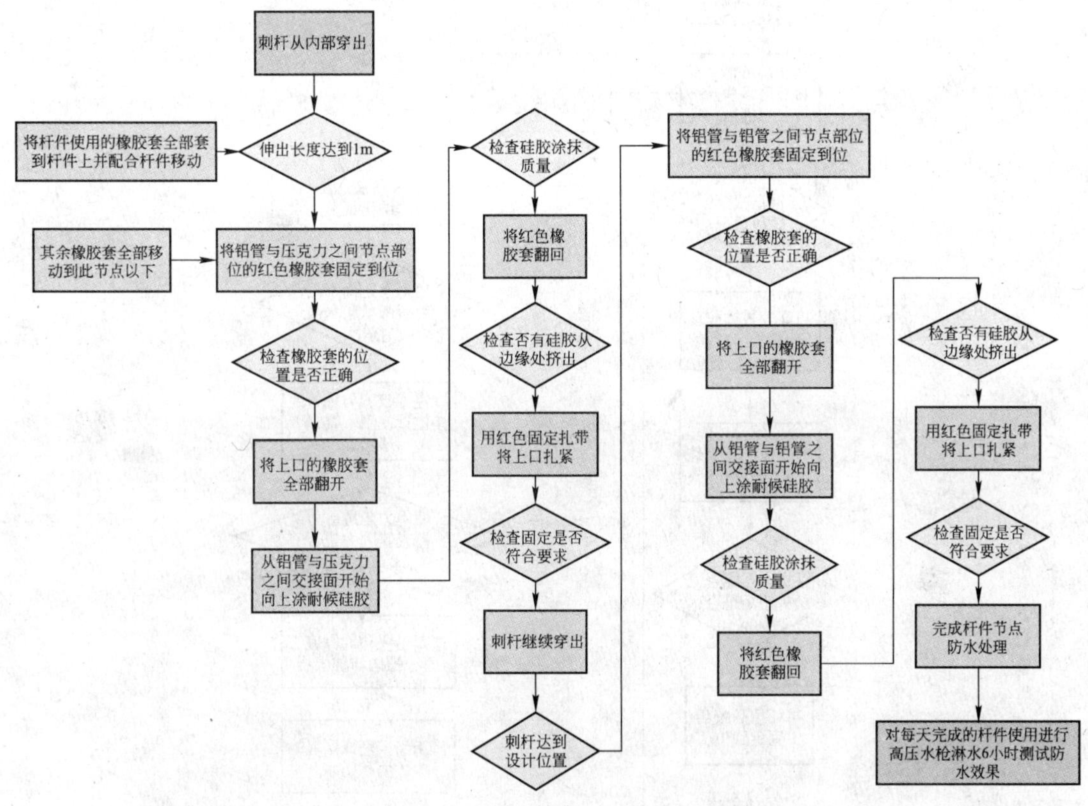

图 11 杆件节点防水处理标准流程

2. 杆件与木结构节点处理

防水节点工序多，过程复杂，杆件密集，工期紧张，要求必须确保一次性成活。

六、防水施工要点

针对本工程的特点以及现场施工的难点，采取了一系列的针对措施，一方面确保施工质量，另一方面尽量加快工程进度。

1. 根据工序工艺自身的特点和要求，以及这些杆的分布位置，对所有相关人员进行交底。

2. 精心施工，确保节点之间或节点中橡胶套位置的粘接胶水以及过程中使用的填缝硅胶其填充密实。

3. 必须待节点亚克力与铝管之间或铝管与铝管之间注入的柔性胶水完全凝固后方可在外面套定制的红色橡胶套。

4. 必须待最外侧使用扎带扎紧后方可进行插杆施工。

5. 必须确保特殊定制可以抵抗变形的折叠式橡胶套底部与结构胶合板的固接及上口与铝管之间使用的不锈钢连接紧固。

6. 为避免天气不利因素的影响采取了一些措施：现场增加大量的取暖设备，对防水的区域进行小范围加热，以缩短其养护时间；同时在主展馆外围用轻钢结构搭设了一个 30m×30m×27m 的钢结构雨棚，四周围使用帆布围挡来形成一个半封闭式的施工空间来避免恶劣天气的影响。

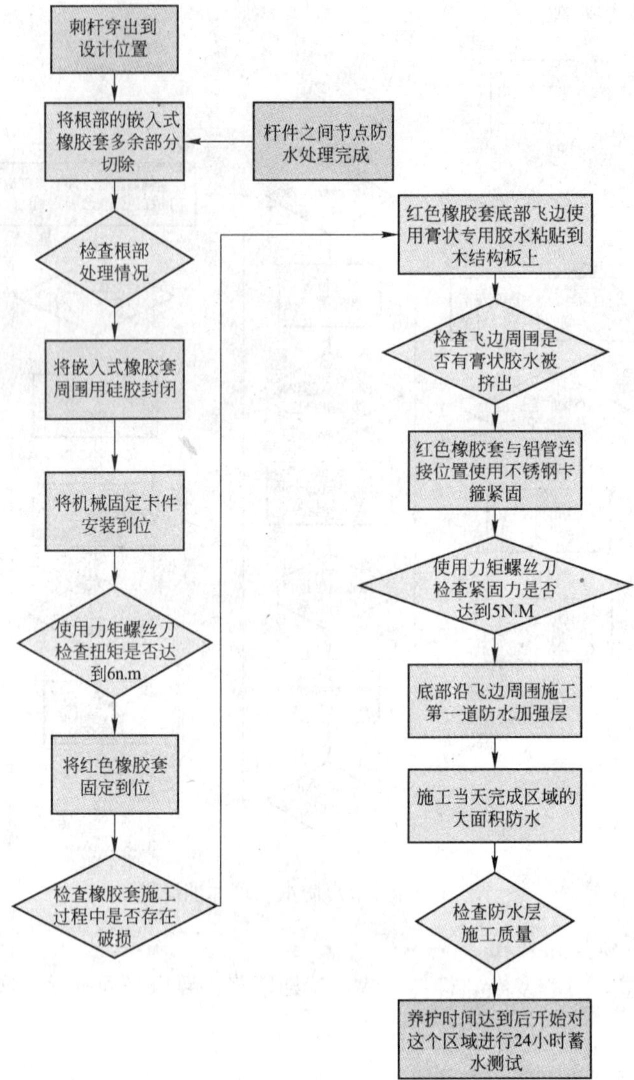

图 12　铝管与木结构节点防水处理标准流程

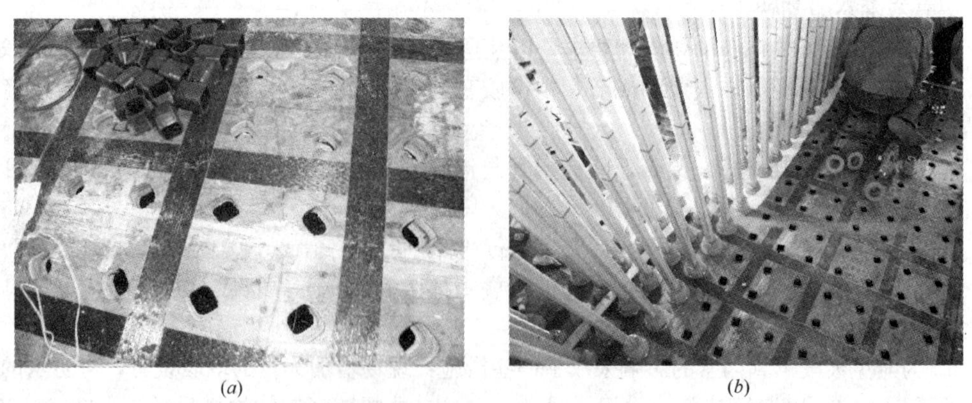

(*a*)　　(*b*)

图 13　防水施工主要节点

(*a*)在木结构空内首先施工嵌入式橡胶套；(*b*)施工红色折叠式橡胶套与防水涂层协调进行

七、施工过程检测

1. 量化的检测手段；节点中需要紧固的部位，最直接有效的检查措施就是使用量化的紧固测试工具。使用力矩工具检查所有的紧固螺丝是否达到要求。

图 14　量化的检测工具

2. 直观的检查方法；节点中橡胶套位置的粘接胶水以及过程中使用的填缝硅胶检查其填充密实程度，只能通过感官进行检查，要求这些部位在完成后，边缘部位必须有残余的胶被橡胶沿其一周自然的被挤出，以此来直观而有效的判断胶施工是否满布于接触面。

3. 过程中的测试检验；施工中流水的安排考虑对当天完成杆件的防水效果检验，针对杆件之间的节点和杆件与结构之间的节点分别采用了淋水法和蓄水法进行测试：

(1) 淋水法：使用高压水枪对当天完成的施工区域进行喷水，持续 12h，从第 6 小时起从内部对每根刺杆进行观察和记录。

(2) 蓄水法：在当天完成的施工区域围成 200mm 高的“水池”，蓄水 24h，蓄水高度超过橡胶套，然后在内部进行观察其防水效果。

八、结语

需要防水的 30000 根杆子施工从 2010 年 1 月份全部施工完毕，至今已有半年时间，过程中还经历了上海多雨的黄梅天，防水满足使用要求，未发现漏水点，是比较成功的一种处理方式，世博会英国馆项目的防水节点处理方案经过多次讨论，测试，最终比较成功的实现其功能要求。也为振动情况下建筑物外露柔性杆的防水处理提供了参考。

2010年上海世博会英国馆钻石切割面混凝土施工工艺

韩　毓、胡　永、夏海东、王亚琦
（江苏省苏中建设集团股份有限公司）

摘　要： 英国馆裙房区域形似钻石切割面的混凝土工艺造型新颖、美观，但209块尺寸不一的三角面在空间不规则的组合使得定位放线、钢筋绑扎、模板系统及混凝土浇筑都无法按照传统施工流程进行。一整套适用而完整的工艺最终保证了其施工效果与设想基本一致。

关键词： 钻石切割面混凝土，空间定位，单面模板法，双面夹板法，分段支设上层模板法

一、英国馆概况

2010年上海世博会英国馆堪称标志性建筑，彰显出英国在创意和创新方面的杰出成就，以独特的视觉效果展示英国在物种保护方面居于全球领导地位，以及英国在开发面向未来的可持续发展城市方面发挥的重要作用。英国馆的设计是一个没有屋顶的开放式公园，展区核心“种子圣殿”外部生长有六万余根向各个方向伸展的触须，“种子圣殿”周围裙房的设计也寓意深远，它就像一张打开的包装纸，将包裹在其中的“种子圣殿”送给中国，作为一份象征两国友谊的礼物。

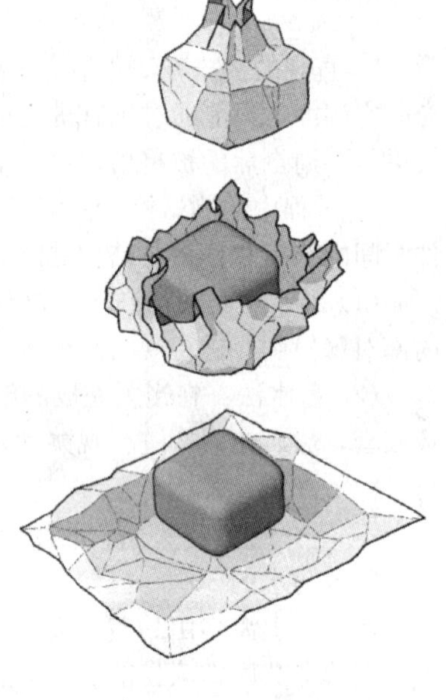

二、钻石切割面混凝土概况

英国馆工程由主展馆“种子圣殿”及周边裙房组成，主展馆为钢—木结构，裙房为钢筋混凝土结构，裙房折板为钢筋混凝土梁板结构，由43根长度4～14m的曲折形状

图1　混凝土完成面模型图

各异的悬挑梁及由209块形态各异厚度为200mm的不规则三角形板构成，通过现场实体效果反映各个形态不同的三角形切面犹如钻石切割面的形态，故命名为“钻石切割面混凝土”。

三、工程难点

1. 定位放线，因现场各坐标点坐标及标高点错综复杂，存在现场空间及平面定位，同时对现场定位放线工作精度要求极高。

2. 因折板坡度波荡起伏较大，最小坡度10°至最大坡度70°，需选择合理的模板系统及混凝土浇筑方案。

四、方案的确定

因三角形焦点坐标及标高均为错综复杂，无任何规律可循，对现场定位放线精度及模板支撑体系等要求高，施工难度大。由此结合现场实际情况经过项目部多次论证，从以下几个方面浅议英国馆工程钻石切割面混凝土的施工工艺。

(一) 施工顺序

总体原则先施工悬挑折板部位，后施工低面坡道折板部位，悬挑部位根据现场由低向高处的原则进行施工。

(二) 定位放线

根据图纸在现场确定各坐标水平位置(X，Y值)；对已确定的每个定位点位置向上传递确定每个坐标点的标高(Z值)；根据以确定的每个点的坐标(X，Y，Z值)，两点确定一条线；三条相交线确定一个三角形的面；根据确定的三角形切面确定每个面的模板标高及混凝土浇筑标高。

(三) 模板系统

因折板坡度波荡起伏较大，坡度最小坡度10°至最大坡度70°，坡长4～14m，模板系统的选择决定了混凝土施工的成败，故在选择模板系统时考虑现场坡度情况采用如下方案：

1. 坡度10°～30°的选用“单面模板法”。

2. 坡度30°～50°的采用“分段支设上层模板法”。

3. 坡度50°～70°的采用“双面夹板法”。

(四) 混凝土浇筑方案

本工程折板混凝土施工受到高处作业、坡度大小、形状变化不同等多方面影响，在选择混凝土浇筑方案时，根据模板坡度的不同采取相应的措施确保混凝土的浇筑质量，并做到折板“上光下平”节省找平层的原则，具体措施如下：

1. 坡度10°～30°：控制混凝土的坍落度30～50mm，利用焊接板筋做抗滑移带和确定混凝土流向、分段施工等，采用平板振动器进行振捣。

2. 坡度30°～50°：控制混凝土的坍落度80～120mm，采用ϕ50振动棒，按序插振，防止漏插。

3. 坡度50°～70°：控制混凝土的坍落度80～120mm，采用ϕ33小振动棒，按序插振，防止漏插，并在板底采用附着式振捣器振捣，使混凝土下淌充实因无法观察到模板内混凝土的饱满度，可以敲击听音检查。

(五) 养护

为了让表面混凝土密实以防止开裂，确保混凝土在“初凝前”进行压光处理，初凝完后采用覆盖塑料薄膜进行养护确保混凝土的质量。

(六) 拆模

本工程折板构件均为悬挑构件，且悬挑跨度较大，必须确保同条件养护试块强度达到设计强度的 100%后，才能进行拆模。

五、施工流程

确定各坐标点地面水平定位位置→确定折板模板标高支设模板→根据折板模板标高确定梁底标高并支设折模板→梁板钢筋绑扎→支设部分双面模板→梁板混凝土浇筑→养护。

六、方案的实施

(一) 定位放线

1. 因本工程设计图纸提供的各坐标点为 X，Y，Z 均不同的坐标值，现场采用徕卡 TCR803 全站仪对每个在地面进行平面精确定位放线。

2. 因平面位置的定点错误可致使整张折板“包装纸”的效果完全改变，故需对每个坐标点进行精确定位，确保水平位置的准确。

3. 根据现场水平定位点的位置及图纸标注的 Z 值(标高)，采用激光铅垂仪及水准仪对每个点的标高进行精确定位。

4. 对已确定的两点采用施工线相连确定三角形的一条边线，三条线相交确定一个三角形的面，再根据图纸标高扣除结构厚度确定板底标高，作为模板基准线，依次类推将所有三角形的平面位置及标高进行确定。

(二) 模板系统

1. 模板支撑体系根据 GB 50204—2002 对模板及支撑的选材要求，模板及其支撑需满足足够的承载能力、刚度和稳定性的要求，现场模板采用 18mm 厚胶合板，枋木采用 50mm×100mm，模板支撑体系采用 $\phi48$，$t=3.5$mm 钢管扣式脚手架，由于模板支撑系统承受折板斜面的横向推力，因此必须设置斜撑，确保模板支撑体系的稳定安全。

2. 单面模板法(坡度 10°～30°)：按照常规坡屋面模板支设，利用焊接板筋做抗滑移带。

3. 分段支设上层模板(坡度 30°～50°)。

(1) 对于大坡度(≥30°以上)的先交混凝土折板若不支设上层模板，操作人员没有稳妥的工作面，若完全支设上层模板，较薄的构件尺寸对浇筑混凝土又带来了极大的难度。在采用泵送混凝土的施工情况下，浇筑速度快，为保证新浇筑的具有液相性质的混凝土板不流坠、不产生水平裂缝，并有较好的密实性且品相好，水平分段支设上层模板为操作人员整平压实未支设上层模板区间的新浇筑混凝土提供了操作平台，也为浇筑混凝土提供了洞口。

(2) 板下层按常规坡屋面模板支设完毕，按预先分区将固定上层模板的 14 号铁丝利用模板拼缝买入下层模板内，经分项验收合格后，进行绑扎钢筋作业，经隐蔽工程验收合格后，按设计好的分区位置支设上层模板。

(3) 为保证分区支设的上层模板与下层模板间的几何尺寸，在计划支设上层模板的部位按不大于 50cm 的间距布置马凳筋，马凳筋的高度等同于折板厚度，上下层间的模板用预埋的 14 号铁丝固定结实，贴紧马凳。

(4) 分区支设的上层模板宽度 20cm，分区之间的间距为 50cm，上表面水平分段支设的模板，形成若干条间隔均匀的水平约束带既能为施工人员提供较稳妥的工作面，也为坡面较长的混凝土实现分段浇筑提供了边界，可有效防止大坡度模板上的混凝土无约束的向下流坠形成水平贯通裂缝。

4. 双面夹板法：(坡度 50°～70°)折板下层模板按常规坡屋面模板支设完毕，上层模板与下层模板间采用限位螺杆进行加固，螺杆间距为 800mm×800mm，确保上层模板与下层模板间的几何尺寸及抵抗上层模板受混凝土侧面浮力，以控制屋面厚度和止水、防渗。在每个三角切面上部模板外侧预留尺寸为 400mm×400mm 混凝土浇注孔，便于混凝土浇筑及振捣。

(三) 混凝土浇筑

1. 混凝土浇筑时两面同时顺向浇筑混凝土，以减少侧压力，使焊接钢筋同时双面受力。防止混凝土单侧浇筑使支架发生位移而一边倒，甚至发生坍塌事故。

2. 单面模板法：在坡屋面混凝土施工中较常用的简易法，但影响浇筑质量的方面较多，如屋面坡度的大小，模板的光滑程度和坍落度的影响等。因混凝土无法按常规振捣而导致不密实，须待混凝土处于初凝阶段再振捣。此时混凝土的可塑性降低，再振捣势必造成混凝土的内伤和裂纹。为此，在本项目施工过程中采取一系列措施：控制混凝土的坍落度 30～50mm，利用焊接板筋做抗滑移带和确定混凝土流向、分段施工等。为了保证板面的平整度，采用平板式振动器振捣，并随捣随抹平确保板面平整度。

3. 分段支设的上层模板：采用泵送混凝土坍落度控制在 8～12cm 之间，浇筑速度 $50m^3/h$，上层模板下的混凝土靠振动棒振捣确保尺寸及密实，两水平分段(40～60cm)模板间的混凝土用振动棒和平板振动器振捣密实，安排 8 人专职抹面人员进行配合，人工反复搓抹收光，保证充分压实、抹平混凝土表面，以达到“上光下平”取消找平层的目的。

4. 双面模板法：现场混凝土施工可保证折板达到内实外光的要求。但由于板的厚度小（仅为 200mm)，除去钢筋和保护层，中间间隙小于 10mm，若钢筋绑扎存在误差，则振捣棒更难插入。因此施工中必须注意防止钢筋位移及混凝土浇筑不到位而造成的蜂窝。因无法观察到模板内混凝土的饱满度，可以敲击听音检查，并在板底采用附着式振捣器，使混凝土下淌充实。振捣时，采用 $\phi33$ 小振动棒，按序插振，防止漏插。对于死角部位可以采用板外振与人工插钎相结合。对于此法施工，应严格控制混凝土的坍落度控制在 8～12cm 之间。

(四) 混凝土表面处理及养护

对浇筑的混凝土把握好时机，反复进行搓抹，以保证其密实平整，做到上边不产生水平裂缝，下边不超厚，木抹搓抹不少于三遍，铁抹压光不少于两遍，以达到“上光下平”取消找平层的目的。

本工程折板混凝土施工受到高处作业、坡度大小、混凝土板表面积大、形态变化不同，现场失水快和人员上下不便洒水困难等原因，无法采取表面洒水养护的措施，故现场采用覆盖塑料薄膜进行养护确保混凝土的质量。

七、方案实施的结果

英国馆钻石切割面混凝土施工严格按照上述方案的实施，确保了折板上光下平的原则，可完全省去构造层次的砂浆，充分体现了“低碳”的趋势。因采用了根据坡度不同选择不同模板系统后杜绝了斜面浇筑混凝土容易浇厚的质量通病，无形中也节约了混凝土，经过多次搓抹压光的混凝土密实平整，杜绝了大坡度浇筑混凝土结构板不振捣、不密实、振捣流坠的尴尬局面。

图 2　2010 上海世博会英国馆外景

最终建筑效果完全符合设计师预想的效果，所有三角形切面均与设计图纸相符，自 2009 年 9 月完成结构施工至今经过，未出现任何渗漏现象等。

空间大规模特殊造型杆施工方法研究

胡　永、韩　毓、夏海东、王亚琦
（江苏省苏中建设集团股份有限公司）

摘　要：新颖的建筑外形给世博会英国国家馆的施工带来了很多挑战，尤其是大规模穿透结构的空间特殊造型刺杆的安装，在国内尚无施工经验和先例可循，最终通过采用量化的控制指标及严格的管理措施确保了“蒲公英”在规定的时间内按照要求完成。

关键词：数据施工图，施工流程，施工组织

一、工程介绍

主展馆外形酷似“蒲公英”，其造型是由60000多根等长的复合杆件通过特定组合形成的空间特殊形状。其室内端部带有种子象征生命，主展馆又被称为“种子圣殿”。是英国送给中国上海世博会的礼物。

组合杆件是由7.5m长20mm见方的压克力杆，压克力杆外套5.7m长25mm见方的铝合金管，在杆件接触到主体结构的部位时，再使用3.2m长30mm见方的铝合金管套在小铝管外。60000多根组合杆件的长度均为7.5m，内部形成一个空间的波浪形状，外部形成一个规则的倒角立方体。

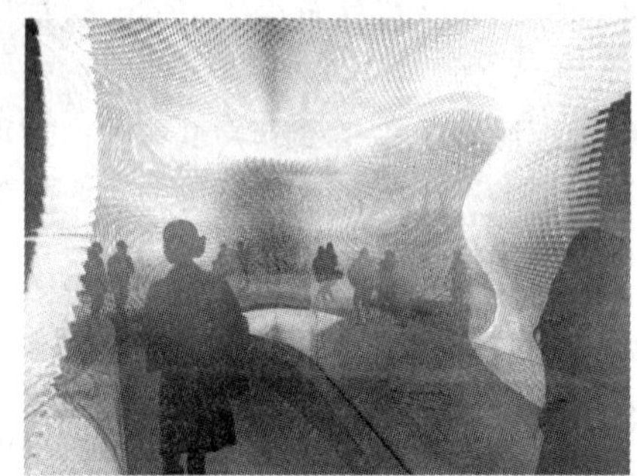

图1　主展馆外部与内部效果图

二、工程难点介绍

主展馆主体结构是由15m(长)×15m(宽)×10m(高)的木结构组成，其上分布的60000根压克力杆组合刺杆，沿X、Y、Z轴对称，每根杆均从室内穿透结构，杆的角度和方向以及从结构面的外伸长度都不相同。这些杆的平面定位和角度控制是通过结构胶合板上使用CNC机床加工的定向孔控制的，但这些刺杆在定向孔内的安装穿出后的长度需要人工控制。

在建筑领域尚无类似的工程经验，施工过程存在以下难点：

(1) 穿杆造型控制困难；在穿杆过程中，插杆造型尺寸控制没有量化的尺寸图，无规律可循的杆件其内部和外部的造型仅靠肉眼进行判断是没法控制的。

（2）工艺复杂，质量控制难度高；插杆过程中每一组人分为内外 2 个工作面，过程中要协调配合，插杆自身工艺复杂，工序繁多，且多为隐蔽工程，质量控制点多，难度大。

（3）穿杆数量大，施工周期长；60000 多根压克力杆必须在 4 个月内完成，但施工必须按照一定的次序进行，每天完成的数量有限，而且正式施工过程经历横跨整个冬季，操作环境完全在户外开敞的空间内进行，受天气因素影响大。工期压力大。

（4）施工过程不允许返工，必须一次成功，施工的质量控制难度很高。

三、插杆方案的确定

（一）插杆控制长度的量化方案

传统的建筑造型的施工方法控制就是通过先找到控制线，并将对各细节的控制尺寸与控制线进行关联，施工过程中对这些关联尺寸进行控制就可以完成建筑要求的效果，但在这里，内部和外部的曲线是没有控制线可以使用的，而且杆子之间的个体均不相同，无法采用同一种规则进行控制，刺杆数量大，工程时间紧，竣工时间无法延长，没有返工的时间，在施工过程中必须由量化的数据来控制。

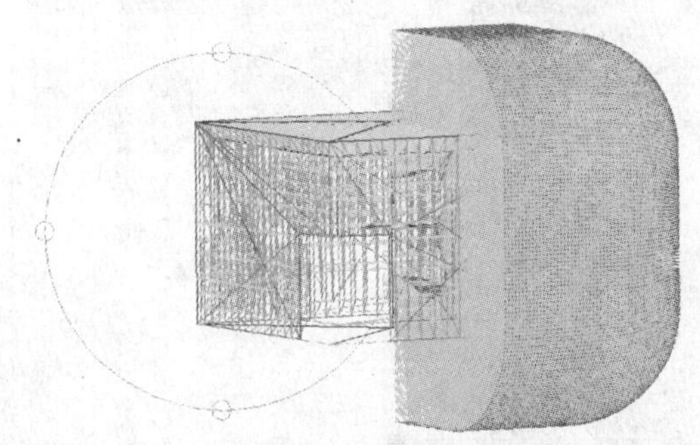
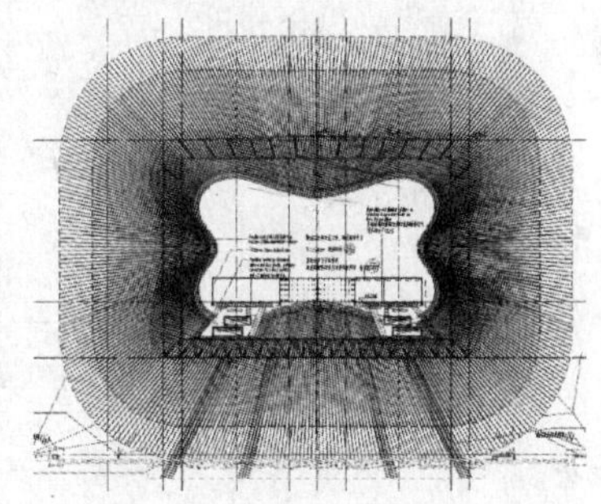

图 2　刺杆分布模型及内外部形状

由于刺杆之间的个体差异性，在施工前必须针对每根刺杆进行考虑。最可行的办法就是列举出每一根刺杆的控制长度，作为施工依据图纸，施工人员和检查人员都可以控制。

在 3D 模型中使用将木结构的内表面(图中的白线)来切割所有的刺杆，切割后剩余部分的长度即为杆子从木结构内表面伸出的长度。将所有的刺杆长度从模型中分别量出其长度，汇总成量化的插杆控制长度的数据施工图(图 3)。

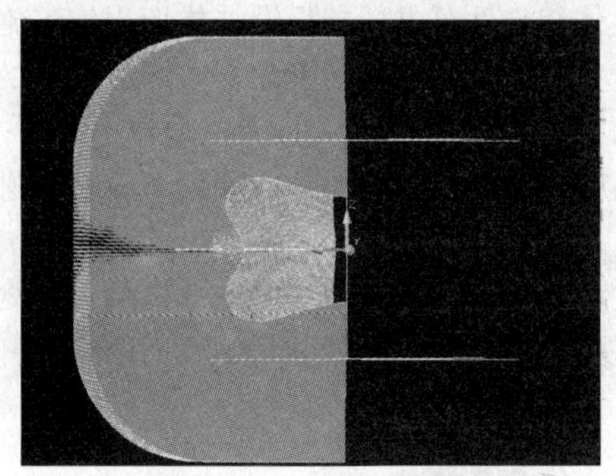

图 3　插杆控制长度的数据施工图

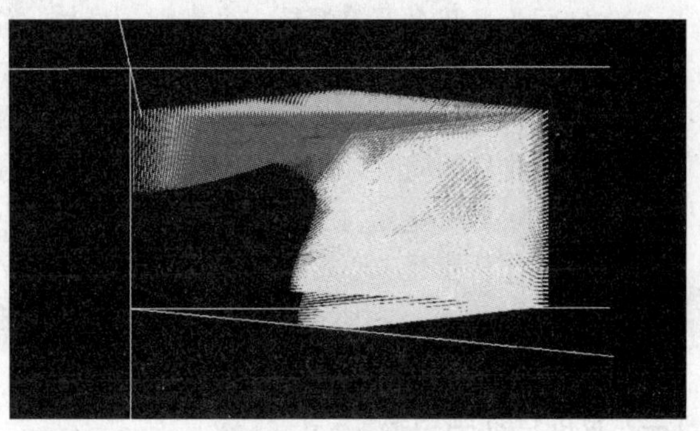

图 4　切割后的刺杆

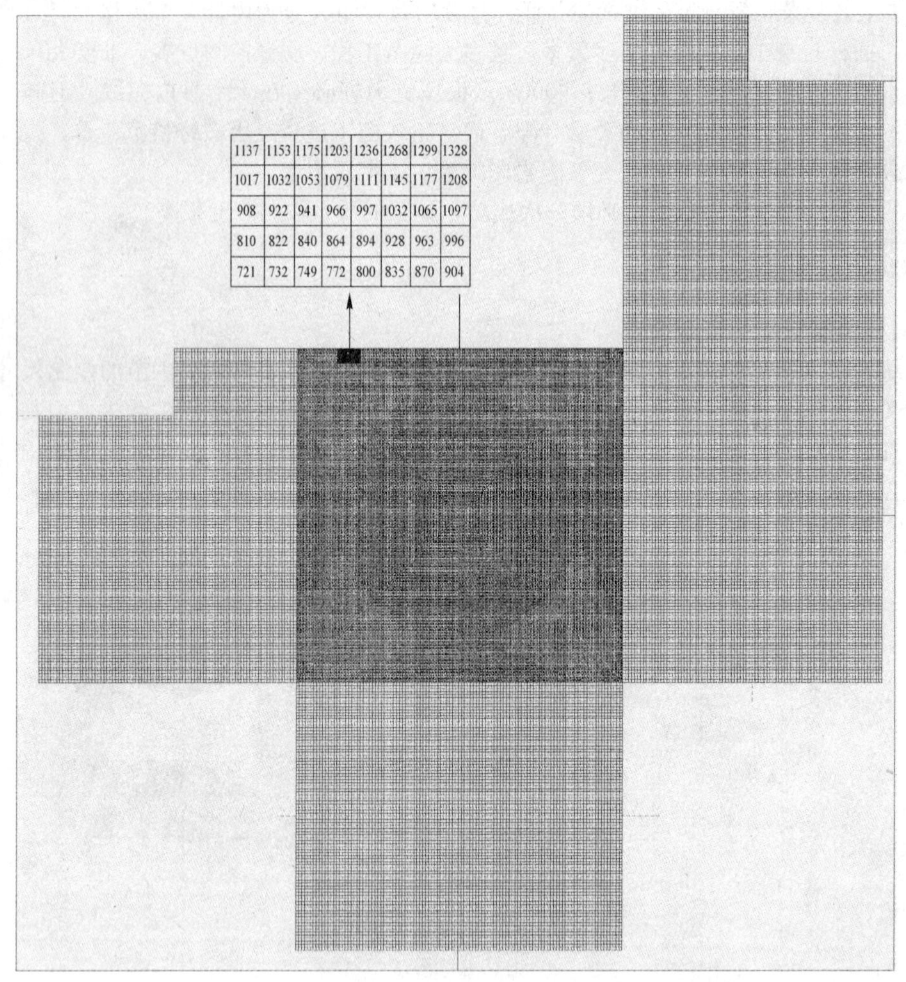

图 5　根据切割后刺杆的长度信息制作的数据施工图

在上图中每个方格内的数据即为杆件的长度控制信息，数据覆盖到每一根组合杆，从上图中放大的区域内可以看到，数据精确到毫米(mm)，这也是施工过程中所能达到可行的最大精度。

(二) 插杆顺序的确定

在空间上，整个展馆就是一个规则的球体。结构整体稳定性要求插杆须沿结构四边均匀施工；组合杆的间距在 120mm 到 150mm 的范围内，随着空间位置的不同而变化。必须对插杆的部位和顺序进行组织，避免已经完工的长杆在展馆表面留下一个“深井”，而无法收尾。

顺序安排好的同时，还要考虑施工的进度。由于 2009 年 10 月中旬才开始插第一根杆，进度要求施工中尽可能多的展开工作面。

插杆工作从屋面中心第一根杆开始进行，想四面发散，逐渐形成屋面 4 个工作区域，并划分为 2 个流水区段，最大化的开展工作面，同时根据屋面的施工进展，尽早开始墙面的组合杆施工，最后收尾到门洞下口的最后一根。

(三) 各部位详细组织

(1) 屋面作为首先开始的区域，被划分为 4 个区域：

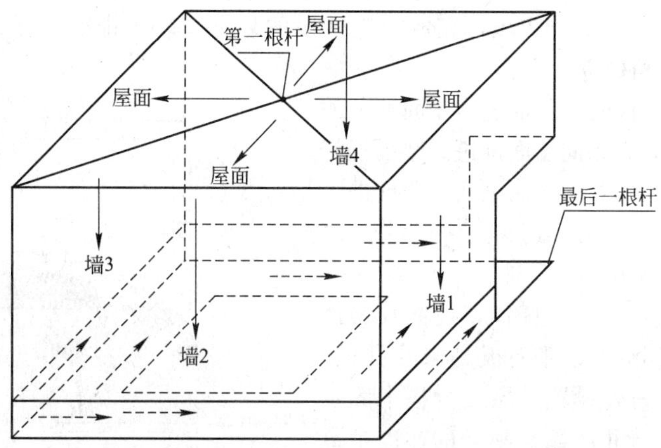

图 6 插杆顺序总体思路

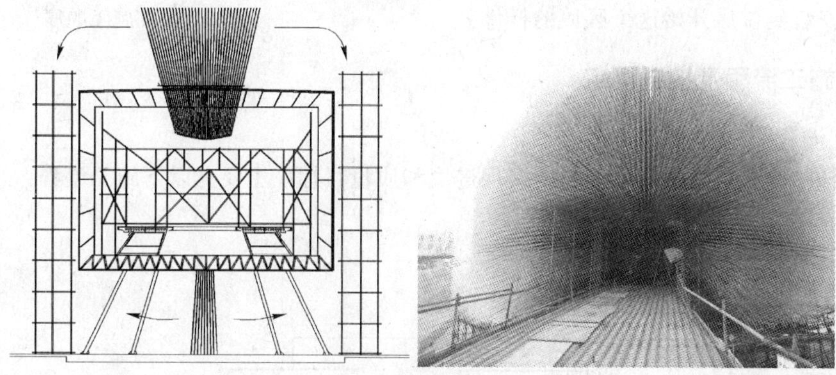

图 7 立面插杆顺序及收尾的部位

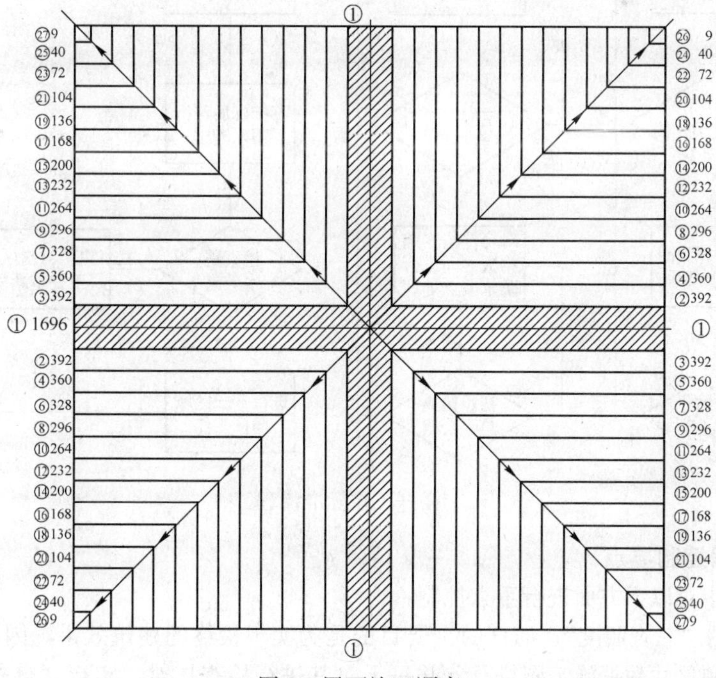

图 8 屋面施工顺序

首先完成中心十字交叉区域，完成施工区段的划分。以4排组合杆为一天的工作计划，“L”形由中心向对角处进行推进。

(2) 随着插杆工作的不断推进，屋面部分的插杆数量不断减少，开始向墙面推进。墙面插杆从墙面中心开始向两边，顶部向下面逐渐推进。

(3) 底部插杆，底部区域分为3个部分，底部区域插杆的顺序为Ⅱ—Ⅰ—Ⅲ。

Ⅰ区域的杆件是通长的杆件，规格及做法与屋面的相同。Ⅱ区域底部钢板是未开孔的，所以这个区域需要另外设置一层胶合板来固定顶部节点。Ⅲ区域与Ⅱ区域是断开的，也是最后施工的区域，在室内内架清理完成后，将2层胶合板安装到位后开始这个区域的杆件。

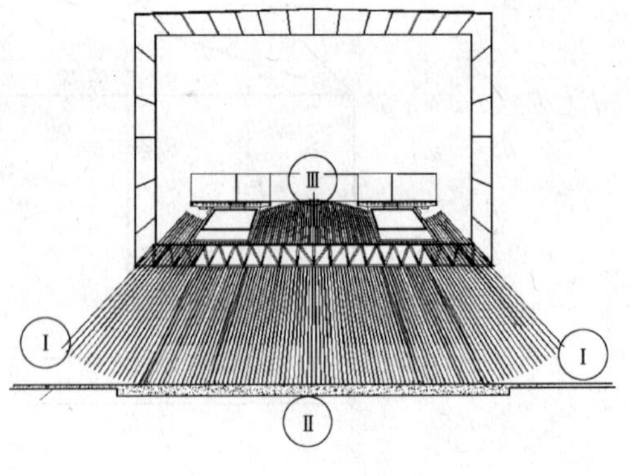

图9 底部施工顺序

四、主要施工流程及控制要点

(一) 施工流程

每根杆的施工都是独立系统，为实现进度和质量目标，主要有以下施工流程：

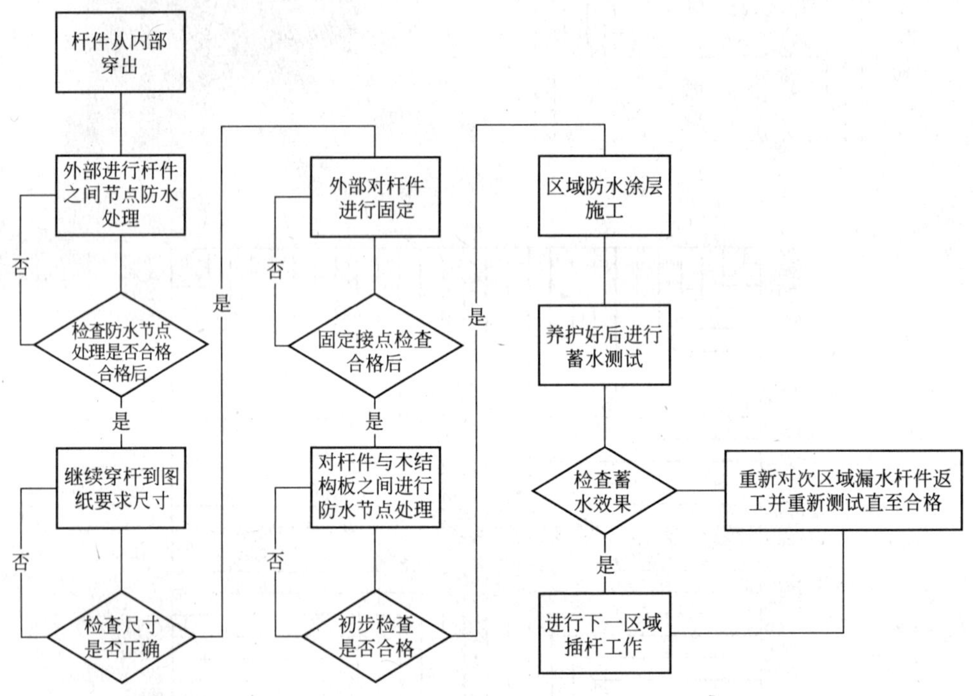

插杆工作标准流程

(二) 施工过程控制要点

插杆过程中对以下方面进行重点控制：

(1) 严格的“三查制度”。插杆的主要目的是为实现最终的建筑效果，因此必须严格按照组合杆造型控制尺寸数据施工图进行。并每天对其进行检查核对。实行“自查—检查—抽查”

三级检查负责制度。

(2) 严格控制插杆作业区域，密集杆作业如果返工就会造成工期的严重滞后，对工程的最终竣工影响极大，因此必须严格按照每天的施工作业计划完成当天的工作，使得插杆作业可控。

(3) 为避免天气不利因素的影响采取了一些措施：现场增加大量的取暖设备，对防水的区域进行小范围加热，已缩短其养护时间；同时在主展馆外围用轻钢结构搭设了一个 30m×30m×27m 的钢结构雨棚，四周围使用帆布围挡来形成一个半封闭式的施工空间来避免恶劣天气的影响。

图 10　现场施工保护雨棚

(4) 科学有效的检测方法

在施工过程中存在很多需要检查的步骤，科学有效的检测方法能提高检测的效率和有效性：节点中需要紧固的部位使用量化的紧固测试工具。检查所有的紧固螺钉是否达到要求。

节点中橡胶套位置的粘接胶水以及过程中使用的填缝硅胶检查其填充密实程度，通过检查这些部位在完成后，边缘部位必须有残余的胶被橡胶沿其一周自然的被挤出。

对刺感杆之间的防水效果采用淋水法；对木结构与刺杆之间的采用蓄水法检查其防水效果。

(5) 对已完成的工作加强成品保护，由专人负责检查。

五、施工人员组织及过程检查

安装时每个工作小组内部由 2 个工人组成，一个人负责穿杆，当杆件从内部穿出，另一人负责控制杆件的安装长度，即用卷尺测量出杆件端部到胶合板面的距离将其与刺杆控制长度图纸进行对比，并负责与上部的人员进行沟通联系确定定位固定。

施工检查方面由专人负责对杆件尺寸进行复核，每天提交复核评估报告，插杆工序作业检查列表，该表对于实现刺杆安装效果起到了重要作用。

在外侧固定的方式中有 2 个用套箍进行固定的点，也是采用 1 人固定，1 人复核，最后由专人检查的 3 级控制方式来确保其安装的可靠性。

整个插杆过程中有很多需要控制的内容，项目部根据质量控制目标制定了插杆工序作业检查列表，责任到人来进行控制。

整个施工过程的关键就是有 3 级检查制度：

■ 每个施工作业小组有一人负责自查插杆的尺寸是否到位。

■ 专职质量员负责对每根刺杆的安装情况进行复查，复查范围 100%覆盖。

■ 土建工程师对每天插杆工作进行抽查。

严格每根杆责任到人的管理制度可以最大化的发挥施工人员和管理人员的责任意识，达到理想的效果。

六、结语

经过 4 个月的紧张施工，2010 年 3 月 15 日终于完成最后一根刺杆施工，完成的最终效果与建筑师的设计效果达到惊人的一致，取得了非常理想的效果。

图 11　建筑完成内部和外部实际效果

英国馆工程的插杆方法研究具有一定的特殊性，但对于类似建筑伸出装饰杆的造型控制方法及施工质量的检查方法和具有一定参考意义。

论新型聚碳酸酯保温墙体的施工

夏海东、张晓翔、邱　燕、杨卿隆
（江苏省苏中建设集团股份有限公司）

摘　要：新型建筑材料在建筑中的应用，颠覆了传统的砌块十保温材料的围护结构，采用德国进口的新型PC板和钢化玻璃作为外墙材料，同时起到围护、采光、保温，且产生通透的外立面的效果，由于是国外进口的新材料，国内尚没有施工的先例，施工在不断摸索和反复试验中进行。

关键词：墙体保温，聚碳酸酯保温板，施工难点，施工流程

1　工程概况

上海世博会爱尔兰馆工程建设地点位于上海浦东世博园欧洲区 c10-02 地块，地块北临北环路，南邻挪威展馆，西面为西营路，东邻土耳其馆。基地面积：3002m^2，建筑面积为 2487.7m^2；室内±0.000 标高 4.600m(吴淞高程)。

世博会爱尔兰馆为一座二层钢结构临时展馆，主要由展示区、休息区、贵宾区、后勤办公接待区以及设备用房组成。其中主展区位于二层，考虑到参观流线的问题，将二层整个展示空间分隔成数个展区，展区间通过单一的坡道或展厅兼坡道的形式相互联系，最后由通往底层广场的坡道展厅结束整个观展的行程。使参观流线绵延连续、同时又秩序井然，互不交叉。

2　外墙概况

本工程外墙改变了采用砌块作为墙体的传统，采用透明的钢化玻璃和聚碳酸酯保温板作为墙体材料，从建筑外立面效果来看，给人以清新通透的感觉，在奇异建筑百花齐放的世博园里独树一帜，非常吸引人们的注意，“美观、大方、轻盈、通透、委婉”这是看了世博会爱尔兰馆的人留下最多的评价。从使用效果来看：采光、保温、围护功能完全达到标准，符合世博节能、低碳的环保理念。

图1　爱尔兰馆新型保温墙板

图2　外墙效果图

展馆的外墙做法由外到内为12mm厚烤瓷钢化玻璃、结构层、50mm厚聚碳酸酯保温板、结构层、8mm厚烤瓷钢化玻璃。

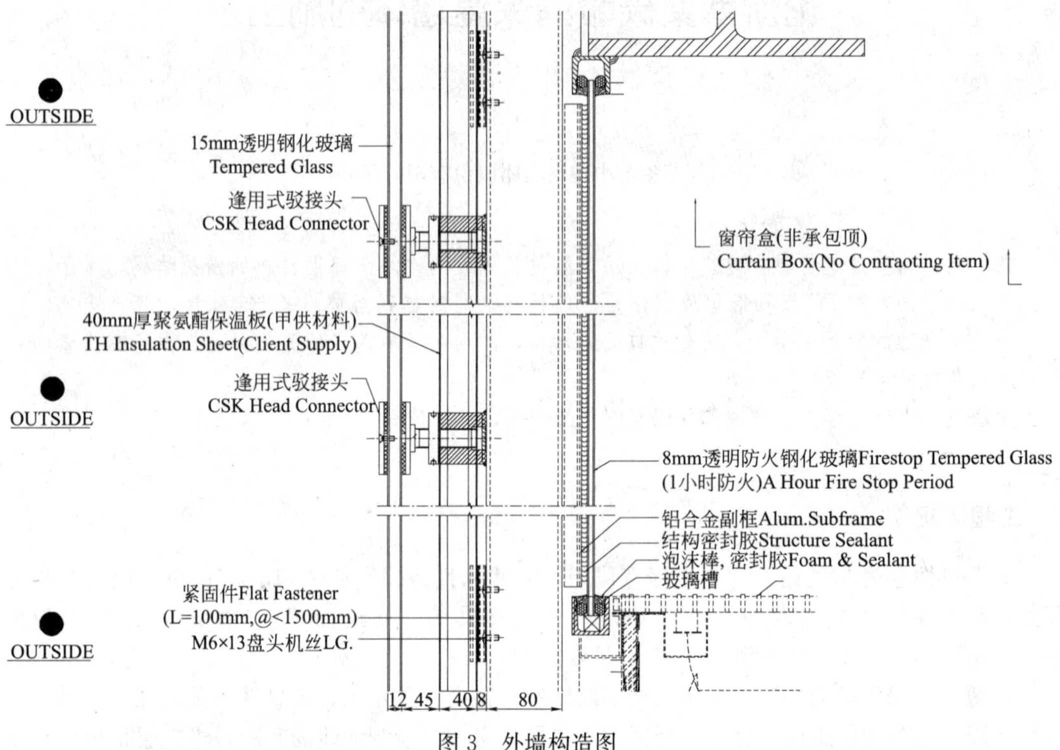

图3 外墙构造图

3 施工难点分析

由于这种透明的聚碳酸酯保温板在国内首次使用，没有可以借鉴的施工经验，我们技术部门只能靠摸索钻研共同研究解决难题。

(1) PC板的开孔：由于此种材料热胀冷缩的系数为0.1%，每块6m长的板大约有6cm的膨胀尺寸，故我们开孔往驳接头上挂的时候一定要开椭圆孔，国内没有开椭圆孔的设备。

(2) 点驳式幕墙，玻璃圆孔为ϕ50mm，对驳接头的定位要求十分高，若焊接有偏位则对施工进度和质量有很大的影响。

(3) 大玻璃吊装问题，由于本工程的玻璃一块为6m×1m，每块玻璃都比较大，安装起来困难。

(4) 保洁清理工作：由于本项目是半透明的建筑，聚碳酸酯保温板若是清理不干净，在外面看得很清楚，很影响外立面效果。

4 施工流程

钢连接板(钢梁外侧)焊接→土建分包提供的基准线，传递孔垂直轴线点→测设幕墙完成之控制线→在各转角处用钢丝作出竖向控制线→定出各层上、下铁码之水平基线位置，并标注清楚→根据幕墙分割、确定各竖框之位置→安装加劲板、铁码→安装竖向龙骨→就位、调节定位螺栓(双向)，定位→检查、调节，电焊固定定位方垫片，补刷防锈漆→安装横向龙骨，安装驳接头转接件、调节、电焊固定→请质监站(监理)进行中间质量验收→PC板铝槽安装→安装PC

板（聚碳酸酯保温板）将下料后的PC板插入上下铝槽内，且在两块PC板连接的位置每隔2m用卡槽固定在龙骨上→安装5＃槽钢→玻璃就位（室内外分开安装），调整至平直→安装铝板盖顶→在相应位置挤结构胶或密封胶→检查→安装无框门及配件→清洁、验收。

5 方案的施工要点

(1) 针对PC板的开孔我们采取开两个交叉圆，然后把中间的部分锯掉，从而成功的开出了椭圆孔。

图4 PC板开椭圆孔

图5 可移动驳接头

(2) 由于对驳接头的定位困难，我们则首次使用了可移动驳接头，将驳接头焊接在大的方管上，可以在龙骨上自由滑动，这样就避免了大量的驳接头定位不准确的问题。

(3) 对于玻璃的吊装，我们自制了可移动吊装设备，放置屋顶，与墙面保持一定的距离，吊钩正好可以放入墙面与脚手架之间，把玻璃人工抬到墙面和玻璃之间的位置，然后挂上吊钩，缓缓的把玻璃吊到指定位置。

图6 大玻璃吊装

(4) 为了保证板体清洁，我们在施工过程中注意以下几点：首先，存放加工地点我们选择在室内，避免雨水及施工污染。其次是，施工过程中把在板上开的洞口，用透明的封箱带及时封堵，以免灰尘进入到PC板的内部空隙。最后是，在玻璃安装之前安排大量的人工彻底的擦洗PC板，直到看不到污点为止。

6 结论

上海世博会爱尔兰馆半透明的聚碳酸酯复合墙体系统不仅节能、环保，也寓意着开放、多元、现代的爱尔兰文化，众多媒体记者在报道爱尔兰馆的时候都要提到爱尔兰馆通透的外墙可以看到内部的展品，也充分反映出上海世博会爱尔兰馆是聚碳酸酯复合墙体在建筑中应用的一个成功案例。

新西兰国家馆钢结构雨篷、斜柱吊装测量工程

郝旭珍、王志伟

（中建一局上海中益建筑工程有限公司）

摘　要：针对本工程钢结构雨篷下12根斜柱支撑、钢结构雨篷安装定位测量的准确性，及结合现场放样难度较大，采用先进的、高精度仪器，满足现场测量定位要求。根据现场实际情况，控制网分两级测设，Ⅰ级主体馆控制网和Ⅱ级雨篷控制网，以此保证雨篷安装精度。控制网的作用主要是满足施工放样精度，并且将设计的建筑物转移到平面上，还可以作为竣工检查验收建筑物位置和编测竣工总平面图的控制依据。

关键词：钢结构雨篷，斜柱，测量，控制网

一、工程概况

本工程为上海世博会新西兰国家馆，为三层钢结构建筑。建筑物长度47m，宽度39m。屋面为单坡布置，屋面两端檐口标高分别为10m及0.00。楼层标高分别为6.4m及2.9m。在展馆外侧有一个独立钢结构雨篷，标高为14.5m。平面尺寸为47m×10m。本工程钢柱截面为焊接H型和方管柱，平台梁及屋面梁为焊接H型钢梁，雨篷的钢柱为钢管柱。所有钢构件均通过高强螺栓连接成整体。钢结构雨篷安装主要分为圆管柱、桁架梁安装，檩条等次结构安装。圆管柱、钢桁架分别整体吊装，檩条等次结构高空散装。

二、测量控制

1. 测量前的准备：雨篷安装测量准备工作是保证测量全过程顺利进行的重要环节，包括图纸的审核，测量定位依据点的校核，测量仪器的检查与校核，测量方案的编制与数据准备等。

2. 人员组织及设备配置

（1）人员组织：根据工作量和工作难度，本工程拟安排：测量责任师1名，负责工作质量，工作进度，技术方案实施；测量放线工3名，负责具体操作。

（2）设备配置：考虑到本工程中雨篷安装测量工作较为复杂，而且钢结构现场放样难度比较大，因此我们选用了先进的、高精度的仪器，以满足雨篷安装的需要，并对进场的仪器设备重新进行校核。

测量设备调配表

名　称	型　号	数　量	用　途	精　度
全站仪	PENTAX R-322EXM	1台	平面控制测量放线	角度测量精度1″距离测量精度±(2mm+3ppm)
自动安平水准仪	PENTAX AP-128	1台	标高测量控制	±2mm/km
激光经纬仪	J2-JDE	1台	钢安装校正	2″
30m钢卷尺	—	1把	距离丈量	—

3. 测量控制系统的建立：由于本工程施工场区面积较狭小，结合现场实际情况，本工程控制网分两级测设，Ⅰ级主体馆控制网和Ⅱ级雨篷控制网，以此保证雨篷安装精度。控制网的作用主要是满足施工放样精度；并且将设计的建筑物转移到平面上；并且还可以作为竣工检查验收建筑物位置和编测竣工总平面图的控制依据。

（1）Ⅰ级主体馆控制网的建立：雨篷安装时主体馆基础施工已完成至±0.000m，轴线网已墨线于±0.000基础平面上，所以轴线网将作为Ⅰ级主体馆控制网。

（2）Ⅱ级雨篷控制网的建立：根据Ⅰ级主体馆控制网，将Ⅱ级雨篷控制网悬挂在其上；由于雨篷钢柱均为斜柱，所以Ⅱ级控制网的建立是将雨篷柱柱头中心投影到平面上，然后再与轴线丈量平面距离，控制网测设时采用全站仪以直角坐标定位的方法测设出柱头中心线在平面上的投影，经角度、距离校测符合点位限差要求后，作为Ⅱ级雨篷控制网。详见图1：

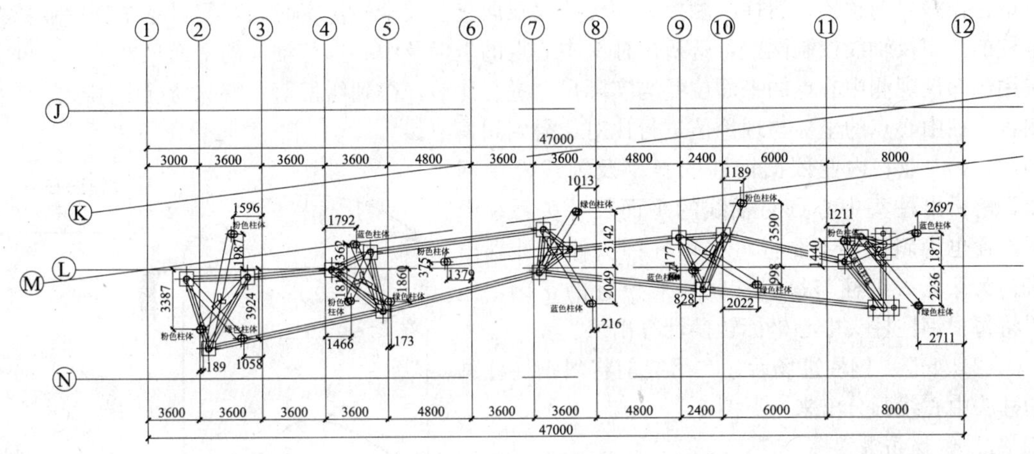

图1 柱头中心线控制网

（3）雨篷控制网的主要技术指标

控制网的主要技术指标

等级	适用范围	测角中误差	测边相对中误差
二级	框架、高层、连续程度一般的建筑	$12''\sqrt{n}$	1/15000

注：n为建筑物结构的跨数。

（4）雨篷标高控制网测设：雨篷高程控制点的建立，联测场区高程基准点，选用PENTAX AP-128自动安平水准仪，按三等水准测量精度，采用闭合水准的方法进行测设，在主体馆钢柱上设3个水准点，作为雨篷安装时竖向控制的依据。

（5）竖向控制网的主要技术指标

水准测量的技术要求

等级	每千米高差全中误差(mm)	路线长度(km)	仪器型号	水准尺	与已知点联测次数	附合或闭合环线次数	平地闭合差(mm)
三等	≤6	≤50	PENTAX AP-128水准仪	双面	往返各一次	往返各一次	$12\sqrt{L}$

注：L为往返测段附合水准路线长度(km)。

水准观测主要技术指标

等级	水准仪器型号	视线长度(m)	前后视较差(m)	前后视累积差(m)	视线离地面最低高度(m)	基本分划、辅助分划读数较差(mm)	基本分划、辅助分划所测高差较差(mm)
三等	PENTAX AP-128 水准仪	≤75	≤3	≤6	≥0.3	1.0	1.5

三、雨篷斜钢柱安装

1. 安装前的准备工作

控制斜钢柱的斜率是控制整个雨篷筒整体吊装的首要条件。对于斜柱的控制应综合考虑，随着结构荷载的不断增加，势必会影响下面钢柱的倾斜值，应结合模拟分析以及现场情况，对斜钢柱作好事前预控。斜柱的测控采用经纬仪双向交会及全站仪实时跟踪测量系统，内业依据钢柱的斜率及轴线控制网图，解析出柱头中心点的坐标及中心点与轴线的平面尺寸关系。外业采用经纬仪观测中心点的平面位置与实际尺寸进行比对，得到纠偏值。特殊情况下用全站仪观测各个柱中心点的坐标与理论值进行比对，得到纠偏值。

(1) 内业：内业依据钢柱的斜率及轴线控制网图，解析出柱头中心点与轴线的平面尺寸关系；由于雨篷也为斜面，还要将每根钢柱柱头标高计算出来；为保证每组柱与每组柱间相对位置的正确，还要将每根钢柱柱头中心坐标转换计算出来。

(2) 外业：钢柱进场后，在吊装前将斜钢柱柱脚和柱头中心线画分出来。见图 2。

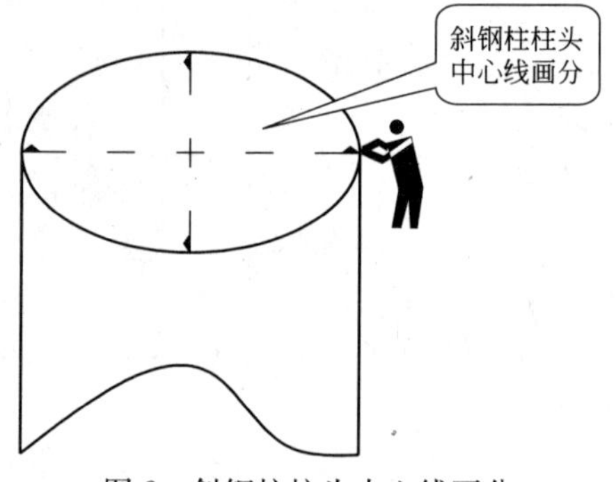

图 2 斜钢柱柱头中心线画分

2. 钢柱吊装

(1) 斜钢柱就位：首先，将斜钢柱柱脚底板中心线与基础中心线对正，然后指挥吊机缓慢落下就位。

(2) 钢柱校正：钢柱就位后，立即进行钢柱校正，由于雨篷钢柱为斜柱，所以要对斜钢柱进行三维控制测量，首先进行斜柱柱头平面位置控制测量，平面位置测量采用经纬仪双向交会法，测量校正时，用两台经纬仪分别架设在钢柱柱头纵横中心线借线上，观测钢柱上的直尺，测出钢柱的偏差，并指挥校正，同时应考虑到在进行竖向测量时对平面位置的影响，平面位置和竖向位置测量要重复多次，直至钢柱符合精度要求为止，然后用缆风绳固定。

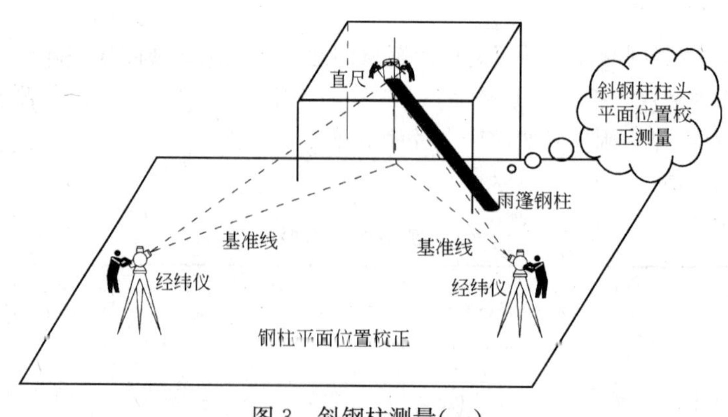

图 3 斜钢柱测量(一)

在进行竖向控制测量时，采用水准仪与钢尺相结合的方法，仪器首先后视水准点上的塔尺，然后旋转仪器照准从斜柱柱头上下挂的 30m 钢尺进行控制测量，并得到差值，指挥操作千斤顶的人员进行上下升降来校正柱头标高，此项工作应与平面位置校正穿插重复进行多次，直至符合精度要求为止。

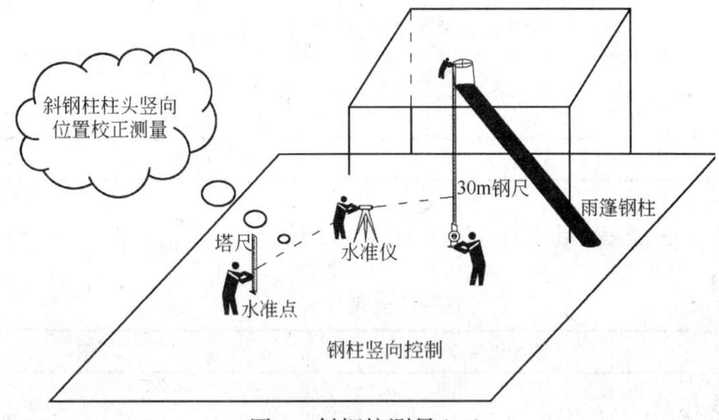

图 4 斜钢柱测量(二)

(3) 三维测量：为了保证桁架顺利安装，每组柱与每组柱间相对位置正确，需进行组柱间三维坐标测量，测量采用 PENTAX R-322EXM 全站仪极坐标测量法进行，测得每根柱柱头中心坐标与理论坐标值进行比对，计算的差值作为微调钢柱的依据。

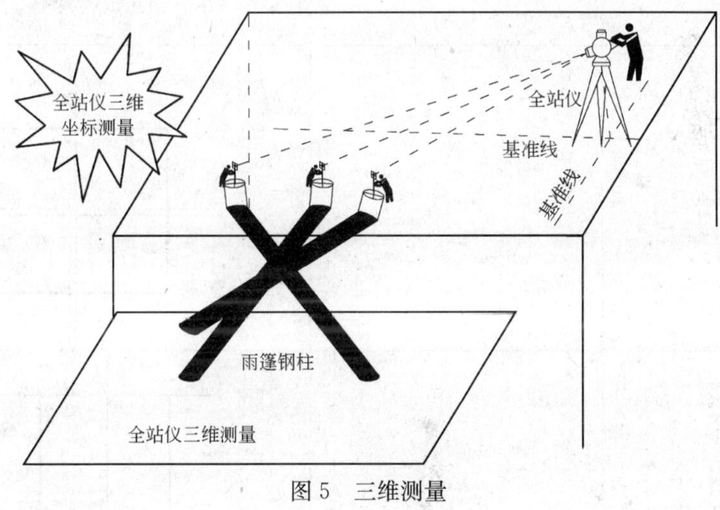

图 5 三维测量

四、钢架安装的测量控制

钢架梁拼装过程控制

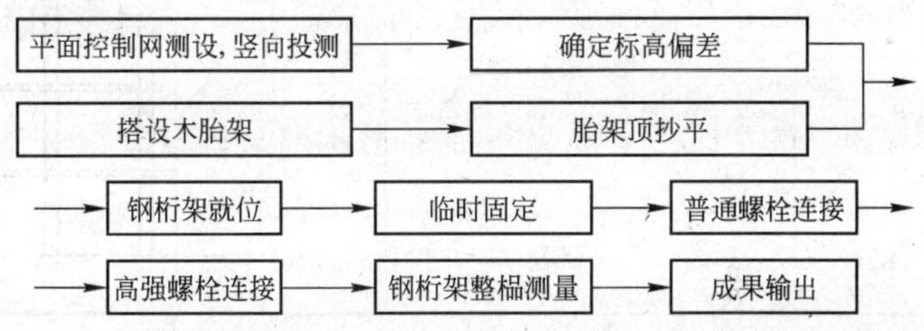

五、雨篷整体垂直度及平面弯曲测量

雨篷钢结构整体垂直度和整体平面弯曲，选用水准仪配合全站仪的方法，对雨篷进行整体测量允许偏差见下表。

整体垂直度和整体平面弯曲允许偏差

项　目	整体垂直度		整体平面弯曲
	GB 50205—2001	企业规范	
允许偏差(mm)	(H/2500+10.0)，且不应大于 50.0	不应大于 25	L/1500，且不应大于 25.0

六、钢结构安装允许偏差(见下表)

钢结构安装允许偏差

项　目	允许偏差(mm)	图　例
柱子定位轴线	1.0	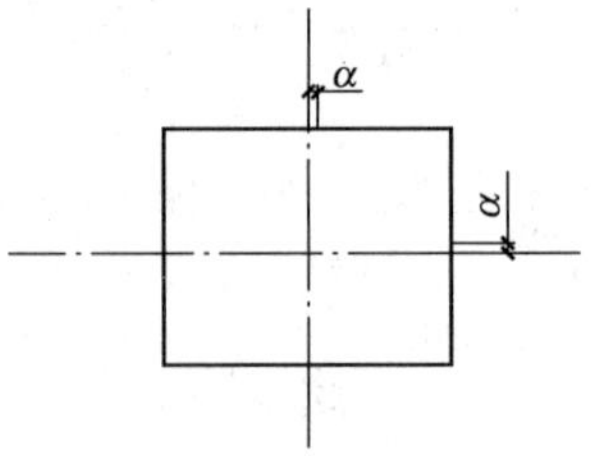
柱底座及柱头位移	3.0	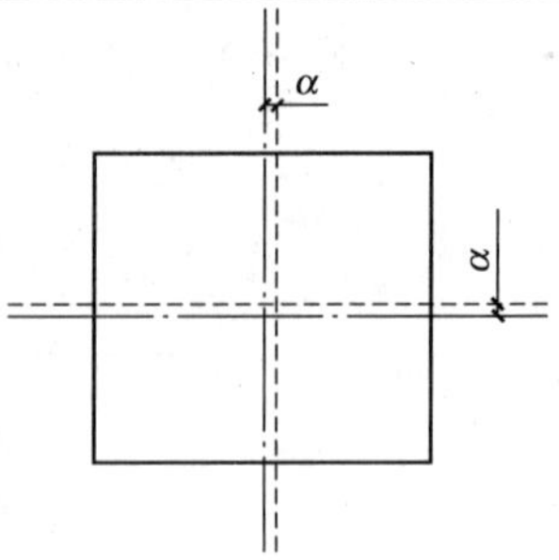
柱底标高	2.0	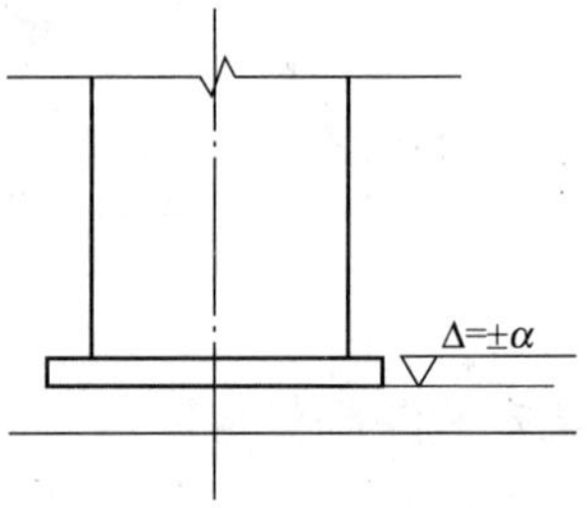
柱顶标高	5.0	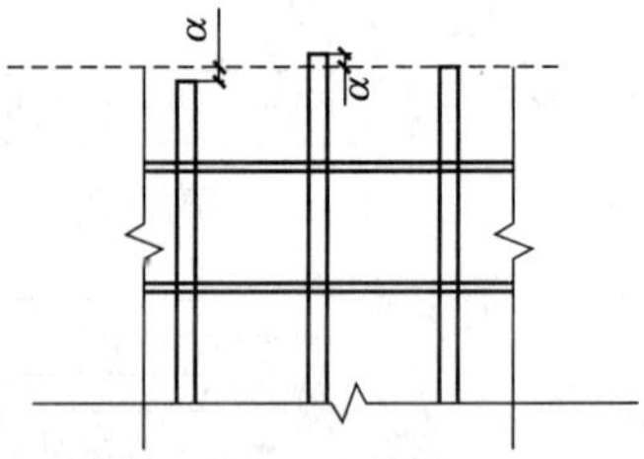

续表

项　　目	允许偏差(mm)	图　　例
同一根梁两端的水平度	$(L/1000)+3$ 10	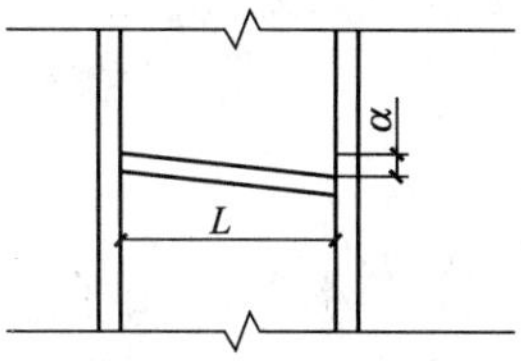

七、钢结构安装校正保证措施

(1) 校正用的仪器、钢尺事前应经过严格检校，因为校正柱子时，往往只用盘左或盘右观测，仪器误差影响很大，操作时还应注意使照准部水准管气泡严格居中。

(2) 柱子在两个方向的位置都校正好后，应再复查平面位置，看钢柱下部的中线是否仍对准基础的中心线。

(3) 校正柱子时，经纬仪必需放在中心线的借线上校正，否则容易产生差错。

(4) 钢结构安装用的钢尺、量具，应和土建施工时使用的钢尺、量具用同一精度级别进行检定。

(5) 在三维测量中还需要充分注意日照、温差和焊接收缩对柱空间位置的影响，认真执行预留偏差值等技术措施，确保钢结构安装精度自始至终处于受控状态。

(6) 现场使用的测量仪器设备应根据《测量仪器使用管理办法》的规定进行检校维护、保养并作好记录，发现问题后立即将仪器设备送检。

(7) 雨篷安装的测量放线工作必须符合《建筑工程施工测量规程》(DBJ 01-21-95)的精度要求。

测量放线作业过程中，要严格执行“三检制”。

八、结语

雨篷钢柱为斜柱，要对斜钢柱进行三维控制测量，首先进行斜柱柱头平面位置控制测量，平面位置测量采用经纬仪双向交会法。

通过利用精密仪器结合该测量方案，按预定工期完成雨篷吊装，钢柱的斜率、钢梁的标高变差、雨篷整体垂直度及平面弯曲值，均在允许偏差范围之内。

浅谈英国进口 Rimex 玫瑰金不锈钢板的成功运用案例

彭艳发

（中建安装上海公司）

摘　要： 结合 2010 年上海世博会阿联酋馆项目，介绍了建筑幕墙工程中采用的新型英国进口 Rimex 玫瑰金不锈钢板的特性与优点，及在本工程中的成功运用，针对 Rimex 不锈钢压花面板易产生刮痕、凹陷、色差过大的外观问题，提供了有效的应对措施，可供同类型工程参考。

关键词： Rimex 玫瑰金不锈钢板，特性与优点，模型引路法

1　前言

近年来，建筑幕墙工程的材料种类五花八门，相比较于玻璃幕墙而言，英国 Rimex 不锈钢压花面板的优点有：外观效果美观、时尚、漂亮；抗撞击强度高，特别适用于建筑物外立面、建筑物内装饰、各种物体表面覆盖等。

然而 Rimex 不锈钢压花面板应用于幕墙工程外表面也存在很多外观问题，最常见的问题有易产生刮痕、凹陷、色差过大等。本文拟通过我们在 2010 年上海世博会阿联酋馆项目对 Rimex 玫瑰金不锈钢面板的成功实践，来对 Rimex 玫瑰金不锈钢板的优点与运用，以及如何采取有效保护措施进行探讨。

2　工程概况

上海 2010 年世博会阿拉伯联合酋长国展馆为世博自建临时展览馆，位于上海世博会浦东 A-03-11 地块。本工程地上一层为展览空间，共四个展区，二层为办公、会议及贵宾接待区。工程占地面积 6668m^2，建筑面积 3456m^2。屋面构造为：第一层为 Rimex 玫瑰金不锈钢板；第二层为屋面支撑系统；第三层为三元乙丙防水卷材；第四层为镀锌钢板；第五层为 75mm 厚玻璃面保温层；第六层为穿孔铝板内饰面；第七层为主体结构空间钢结构网壳。

3　Rimex 玫瑰金不锈钢板的特性与优点

（1）英国 Rimex 玫瑰金不锈钢板具有建筑美学性，阳关下变幻莫测的特性让 Rimex 面板更受青睐，其表面是经过化学处理而得，不易褪色，独特的表面处理让建筑效果与众不同，且其表面处理多达 200 多种，这就让他的运用面更易得到推广。时尚、现代、绚烂多彩，这是英国 RIMEX 特殊压花不锈钢板特有的元素，他改变了人们对一般不锈钢的认识，正因为其具备了多变的花纹质感和梦幻般的色彩，所以在每一个需要他的地方都表现出独有的个性。

（2）不锈钢材质具有耐久性，抗腐蚀性，Rimex 压花不锈钢面板融合了不锈钢的优点，同时其纹理表面的金属不易产生刮伤痕迹，压花也可隐藏小刮痕，减少长期维修保养费用。压花制品还能增加金属的强度与重量比，相对于平面材料而言，可采用更薄的规格，进而更经济。

压纹还增加了表面积，加工填充物复合板时能够帮助有效粘结，增加了粘结强度。使用复合板技术带来了能够采用更薄面板的可能性，可应用在墙面，顶面保证更加平整，另能应用在有保温要求的表面。

(3) 节能环保：加工后的 Rimex 不锈钢压花面板具有可拆卸、重复使用的特性。作为为数不多的外国自建馆之一，2010 年上海世博会阿联酋馆其独特的外形、巨额的造价、丰富的内涵、新颖的表现手法都给游客留下深刻的印象，其华丽的建筑，烙有高、密之印的建筑群令人瞠目结舌，就像其第一展区讲述的那样，阿联酋国家富有，因为他们是一个名副其实的石油大国，但石油是一种不可再生能源，这使得阿联酋国家具有很强的节能环保意识，因此阿联酋业主选择了在幕墙工程使用 Rimex 不锈钢压花面板，决定在上海世博会结束后将阿联酋馆搬运至本国国土上重建，所有 Rimex 玫瑰金不锈钢板在世博结束后将运至阿联酋，有效地实现了材料的二次利用，能在阿联酋的旅游境地重现其独特的风貌，大大的节约能源、减少浪费，创造经济价值。

(4) 经济性：建筑防雷方面，Rimex 玫瑰金不锈钢面板的厚度超过 0.5mm，其形成的屋顶本身就可以作为接闪器，因此可以节约机电做防雷的材料。

(5) 与其他幕墙相比，安装 Rimex 面板系统采用的是立柱和檩条支撑系统，整个表面光滑，流畅，避免了玻璃幕墙安装中螺帽带来的突起或者是打胶不均匀的不美观，饰面砖用于外墙容易脱落和其体系存在很多不安全等弊端。板与板之间 10mm 的接头间隙，保证了雨水或雪水足以排到防水层，同时也能够为每块金属面板在横向产生的热胀冷缩提供了空间，其支撑系统均采用可自由伸缩调节的连接配件，消化了面板在纵向产生的膨胀与收缩现象，同时还能确保形成动感沙丘的外形。

4 施工中通常出现的质量问题与应对措施

4.1 施工中通常出现的质量问题

在施工过程中，质量通病主要表现在以下几方面：表面凹陷、产生刮痕、色差过大等。

4.2 应对措施

(1) 模型引路法：阿联酋馆施工难度系数大，且外形独特，造价昂贵，要求具有可拆卸性，因此在施工前，我们选取最难施工的双曲屋面天窗百叶建立实体模型，组织业主、设计师、监理各方签字确认后进行施工，称“模型引路法”；要求专业人员做好技术交底工作引导施工人员严格依照模型的思路做。

(2) 过程中成品保护：因 Rimex 面板价格昂贵，外国进口，加工时间长，工期紧，这一切因素都要求工人有很强的成品保护意识，施工文明化，绝对不容许随便吐痰，因此在施工前，都会召开班前会议，检查工人的防护措施是否做到位，要求每位施工人员都带白手套、穿软鞋底、带鞋套施工。软梯上包裹橡塑保温棉等软质材料，减少梯子与面板之间的摩擦，面板表面不易产生凹陷和剐痕。

阿联酋馆建筑裙边标高低，容易触摸，所以在施工时，裙边保护膜要最后撕，室外工程交叉施工，要做好保护措施，如围建保护栏杆，并加封闭张拉膜或布，不能采用滤网，否则倾倒混凝土时候容易损坏面板。尽量采取不打胶的方法避免面板污染，实在不行，施工前一定要贴保护膜。

(3) 由于阿联酋馆要在上海世博会后搬回阿联酋重建，Rimex 面板需要重复使用，我们在加工、制造过程中都牢记建筑可拆卸性；因该建筑为双曲结构，为表现双曲效果，每块面板尺寸都不同，属单件加工，因此在加工过程中就要对每块面板编号，为了方便施工，编号系统都很有规律性；在安装过程中，要求工人都小心翼翼，管理人员现场指导、监理采取旁站，尽量保持 Rimex 面板原有面貌和特性；同时为了保证一次成功，减少材料浪费、避免返工，我们采用 6 台全站仪对 12000 多块形状各异面板精确定位。

（4）Rimex 面板表面因采用化学处理法，不同批次的产品之间存在差异，因此我们在施工前就找出一系列色系的面板，要业主确认其容许接收的色差范围。在施工过程中，采用分区施工，从上往下安装的工序，每隔一段撕膜检查，确保色差在业主许可的范围以内。

4.3 Rimex 面板其他注意事项

屋面 Rimex 面板与钢结构工程、消防工程存在交叉施工，需要注意与其他专业的配合，合理安排施工。同时，这三者之间的设计要相互吻合，避免空间狭隘导致的打架现象，如：消防管无空间安装，钢结构暴露在 Rimex 面板之外，消防设备传递非节点荷载以及偏心荷载给面板的支撑结构导致面板变形，板间搭接缝隙不一等弊端。

5 工程应用总结

阿拉伯联合酋长国共同的自然特征是沙丘，阿联酋馆的独树一帜不仅仅体现在其非同寻常的有机形态，而且表现在其外部覆层反光性，这些都有利于展现阿联酋自然与城市环境变换的图案及色彩，Rimex 玫瑰金不锈钢面板可以在变换的光线中熠熠生辉，建筑屋面富于变化的图案和颜色统一为一层玫瑰金色的外皮。目前，主要应用于建筑外里面，建筑物内装饰，各种物体表面覆盖等。倘若要表现其他特征，诸如北京的长城，杭州的西湖，海南岛的椰子，江西的大山等都可以通过利用这种外表面经化学浸渍处理的材料。

同时，压花表面能分散光线在平面上的反射，产生亚光效果，不易产生不平整现象，减少光污染。如果受阳关照射能产生漫反射，具有防止事故发生和装饰效果好的双重效果。因此建议在高速公路上的指示牌也可以采用类似材质。

2010 年上海世博会阿联酋馆已于 2010 年 5 月 1 日顺利开馆，喜迎八方游客。其外观美观、独特，特别是在阳关的照射下，熠熠生辉，在刚经大雨的洗礼后，更似一位刚出浴的美人。幕墙工程质量较好，受到业主、监理、外界的好评，阿联酋馆为热门展馆，成为世博园中一颗吸引世人的璀璨明珠。

大空间三维扭曲石膏板墙体施工技术

吴　鹏、李　立
（中国建筑装饰工程有限公司）

摘　要：本文介绍了 2010 年世博会西班牙馆内装饰工程中大空间三维扭曲石膏板墙体的工艺流程、取得的社会效益情况，及对原普通石膏板墙体施工工艺进行的技术改进创新。

关键词：世博会，三维扭曲墙体，工艺流程，技术改进

一、前言

2010 年上海世博园西班牙馆主体工程为钢结构体系，其中展厅一、展厅二、展厅三及公共餐厅主体结构为三维扭曲钢结构。西班牙 EMBT 建筑设计事务所在这几个大空间展厅的外墙及内隔墙的设计中采用了普通轻钢龙骨石膏板体系。用普通轻钢龙骨石膏板做出没有规律可循的任意三维空间扭曲墙面造型，原设计既无节点大样图，也没有具体的施工说明，这一施工技术难题一度成为影响西班牙馆内装饰工程施工进度的焦点问题，甚至施工现场多数管理及技术人员对西班牙 EMBT 设计师的设计构想的可行性持怀疑态度。如果这一技术难题得不到及时解决，将对整个西班牙馆的如期竣工验收及交付使用所造成的后果和影响不堪设想。为此，我司项目部全体管理人员与施工人员一起组织技术攻关，经过反复研究、试验、改进，终于解决了这一施工难题。本文结合西班牙馆内装饰工程实例，对三维扭曲石膏板墙体施工工艺进行了详尽的描述。

二、西班牙馆设计概况

西班牙馆占地面积 4714m^2，总建筑面积 7624m^2，檐口高度 20m，主体结构为钢框架结构，局部 3 层，外墙为玻璃及金属幕墙外挂防火藤板，内墙为轻钢龙骨石膏板。

其中，展厅一的墙体面积为 3540m^2，展厅二的墙体面积为 4580m^2，展厅三的墙体面积为 1690m^2，公共餐厅的墙体面积为 760m^2。具体布局详见图 1 与图 2，而支撑展厅的钢结构主要采用三维扭曲 S 型无缝钢管，主要垂直支撑材料采用 ϕ299×25，ϕ219×25 无缝钢管，横向支撑采用 ϕ159×20 无缝钢管，详见图 3。

图 1　西班牙馆实体模型图

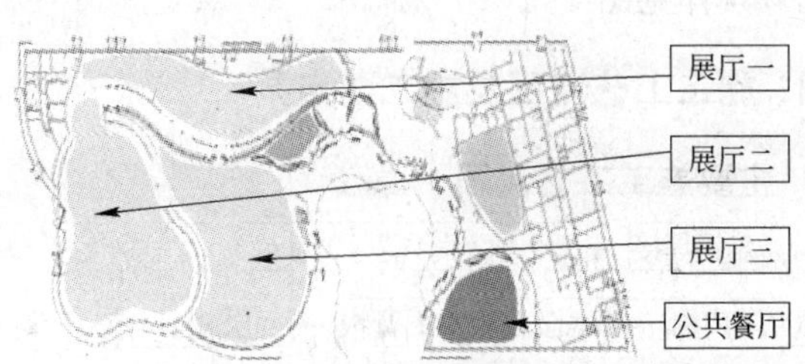

图 2　西班牙馆展厅位置图

图 3　展厅钢结构

三、工艺原理及特点

本隔墙体系竖向龙骨采用普通 50 系列吊顶龙骨与石膏板连接，而横向龙骨为主要承载龙骨，由 2 条普通 75 系列 C 型龙骨相并而成，其两端与普通 75 系列天地龙骨垂直连接，作为横向龙骨的封头又通过一只 M10 的双头螺栓，与一块一头焊接在展厅主体钢结构无缝钢管上的 75×5 型扁钢连接，墙体的荷载最终通过这块扁钢传到主体钢结构上。横向龙骨可通过与扁钢连接的双头螺栓为轴，实现 360°的旋转，从而使主要承载的横向龙骨的承载面能随着墙体曲率的变化随时调整倾角，以做出与主体钢结构支撑体系相适应的任意三维扭曲石膏板墙体。这一点是本工程施工的关键点，也是本文的精髓。当墙体的曲率变化较大时，与主体钢结构相连的支撑点可加密，横向龙骨的倾角可调大一点，横向及竖向龙骨的长度也随之做短一点。反之，当墙体的曲率变化较小时，墙面平缓，支撑点可少设一点，横向龙骨的倾角可调整小一点，横向龙骨及竖向龙骨的长度也可留长一些，相应的面层石膏板的裁切量也相应减少，损耗量降低，施工也变得比较容易。具体的施工节点详见图 4。

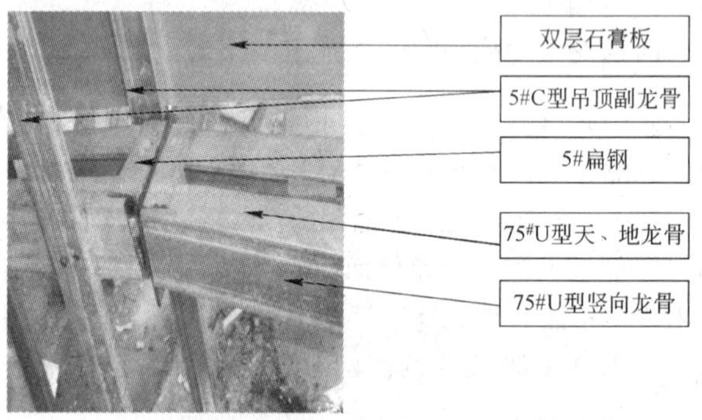

图 4　大空间三维扭曲石膏板墙体节点施工样图

四、施工工艺流程及施工要点

1　主要施工工艺流程

扁钢焊接 → 天、地龙骨(横行龙骨封头)与扁钢连接 → 横向龙骨与封头龙骨连接 → 横向龙骨与竖龙骨连接 → 填充隔声棉 → 双面安装耐火石膏板 → 面层腻子涂料

墙体断面详见图 5。

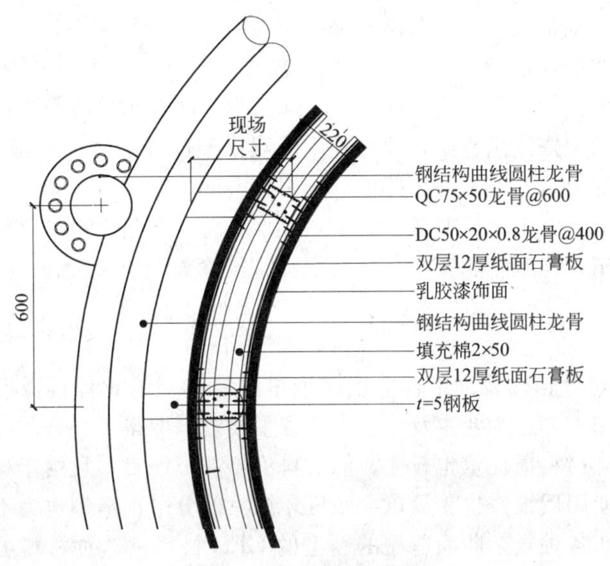

图 5　墙体断面结构详图

2　施工要点

2.1　支撑扁钢焊接

按图纸要求切割好统一长度的扁钢，焊接前应对扁钢表面进行除锈，焊接好后应刷防锈漆，最后刷与主体钢结构相同的防火面漆。在焊接前应将钢结构上将要与扁钢焊接部位的防火面漆清除，焊接完毕后清除焊渣，再重新补刷防火面漆。

2.2　横向龙骨与支撑扁钢的连接

横向龙骨与扁钢之间通过一枚双头螺栓连接，当横向龙骨的旋转角度调整好后，应将双头螺栓上的压紧螺母上紧固定，使横向龙骨不得再转动。横向龙骨的两端与封头龙骨的连接应牢固，不得有松动和脱落现象。横龙骨与扁钢的连接见图 6。

2.3　石膏板凹槽与凸棱角的处理

本工程异形石膏板较多，应根据现场实际需要进行裁切。当墙体出现凸棱角时，将该石膏棱角用木工刨刨除棱角，并用腻子刮出弧度；当墙体出现凹槽时，使用长条的石膏板来遮蔽该凹角，再用腻子刮出弧度；最终完成面效果见图 7。

图 6　横龙骨与扁钢的连接详图

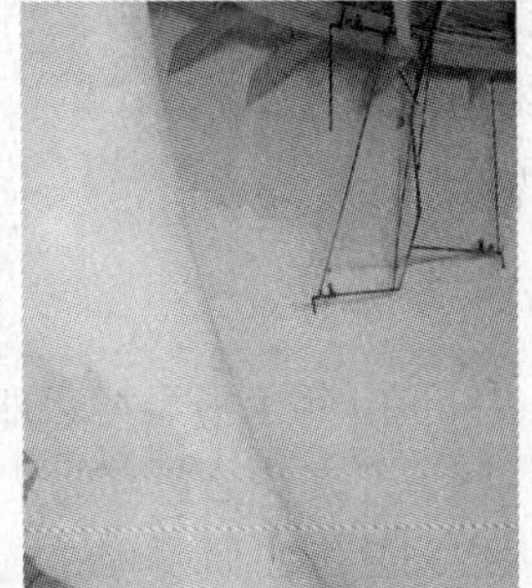

图 7　最终完成的墙体

2.4　脚手架搭设

由于本工程墙体造型复杂，无规律可循，展厅施工部位最高处达 18.5m，也增加了脚手架搭设的施工难度。防止施工人员高处坠落及脚手架失稳倾覆是本工程安全控制的重点。针对本工程的特点，脚手架的搭设以落地双排架为主，局部搭设小满堂架为辅的方式，既节约了成本，又确保了安全施工。对于墙体上部凸出，下部凹进去的部位采取凸出部位搭设落地双排脚手架，下部凹进去的部位搭设满堂架，并与外侧的双排架连成一体详见图 8。对于墙体上部凹进去，下部凸出来的部位，采取下部为落地双排架，上部为阶梯双排架，阶梯脚手架的立管直接固定在主体钢结构上，施工完毕时从上到下再逐层拆除，(见图 9)。对于高空作业人员应全部佩戴安全带、安全帽，并派专职安全员全天跟班监督检查。

五、效益分析

2010 年世博会西班牙馆内装饰工程应用三维扭曲墙体轻钢龙骨石膏板施工技术，不仅确保了内装饰工程按期完工，还为业主及总包方节省了投资，取得了显著的经济效益。该施工技术虽然施工工艺复杂，材料损耗量也较大，但材料价格却很便宜。且由于材料重量轻，施工人员劳动强度也较低，使用后维修也较简单。西班牙馆大部分吊顶造型也为不规则曲面，均采用市面上流行的适合制作各种复杂曲面造型的新型的 GEG 材料，这种材料虽然强度高，但重量大，安装时施工人员的劳动强度大，产品制作工艺复杂，生产成本高，产品的生产周期较长，且受气候的影响也较大，后期维修也较麻烦。且原设计中展厅钢结构部分没有考虑如此大规模 GRG 材料的荷载。

图 8　大空间三维扭曲石膏板墙体脚手架搭设

图 9　脚手架的搭设

如果按正常情况下，西班牙馆这样造型复杂的大空间三维扭曲墙体内饰面应该采用 GRG 玻璃纤维增强石膏板材料。在西班牙馆已经使用的各型 GRG 材料平均单价为 1650 元/m^2，而采用本施工技术施工的墙体施工成本为 795 元/m^2，按总施工面积 10570m^2 计算，本工程节约成本约 904 万元。从以上分析可以看出，其经济效益是显而易见的。

六、结束语

2010 年上海世博会西班牙馆内装饰墙体工程采用了大空间三维扭曲石膏板墙体施工技术，得到了外方及总包方的认可，不仅取得了良好的社会效益，还取得了显著的经济效益。同时在大空间复杂曲面墙体的施工方面另辟蹊径，勇于创新，走出了一条新路。因此，该施工技术很有推广应用价值，并会在使用过程中不断得到完善和创新。

论乳胶漆高压无气喷涂相比传统工艺的优势

余　有、严　峻
（中建三局东方装饰设计工程有限公司）

摘　要： 目前，建筑业涂料应用越来越广泛。但长期以来，国内涂料施工工艺仍然停留在刷涂和辊涂上。涂刷或辊刷，不仅效率很低，而且不可避免会留下刷痕和辊痕，其表面效果很难令人满意。即使所用的是优质涂料，此种工艺也很难获得优质墙面效果。对于黏度较大的乳胶漆，涂刷和辊刷均须对涂料过度加水而降低乳胶漆本身固有的物理性能，影响涂层的寿命。而现在，一种全新的涂料施工工艺高压无气喷涂，因其成功表现，已受到业内人士的广泛赞誉，受到包括业主在内的越来越多人的欢迎。本文通过世博配套精装修工程引进的乳胶漆高压无气喷涂新工艺与传统乳胶漆工艺施工现场所耗费的人工、材料以及施工效率的对比，综合阐述乳胶漆高压无气喷涂在这几个方面的优势。

关键词： 世博，乳胶漆工艺，高压无气喷涂

一、工程概况

世博项目是上海市重点建设项目，它是由一个国家的政府主办、多个国家或国际组织参加的国际性大型博览会，是世界上最高级别的展览活动。世博项目位于南浦大桥和卢浦大桥之间，沿黄浦江两岸布局。

图1　世博D地块整体效果图

世博二标段酒店式公寓精装修项目位于上海浦东南路、华丰路世博村D地块，我们主要负责4＃、5＃楼一、二层及裙房部位的装饰施工。D地块酒店式公寓，在世博会期间，成为各参展国家和国际组织人员参展者和参观者休息与生活的精装修公寓式酒店。该工程建设单位为上海世博土地控股有限公司，总承包为上海市建工集团，合同造价500万元，施工面积6000m^2。合同工期129日历天，工程质量目标争创上海市“白玉兰”奖。

二、新工艺应用情况简介

针对项目合同工期短、质量要求高的特点，结合裙房2000m^2多层跌级石膏板吊顶的实际情况，公司在该项目上大胆引进澳大利亚乳胶漆涂刷新工艺。经实践证明，该工艺促进了工效、降低了成本、缩短了工期、提升了质量，较适合大面积乳胶漆施工，值得推广。现将该工艺作如下介绍：

水性乳胶漆，由于其无毒害、清洗方便、色彩丰富、不对环境造成污染，而开始成为目前最流行的内外墙装饰材料。但乳胶漆是一种黏度很高的水性涂料。施工时一般生产厂家都对原漆加水稀释有非常严格的限制，一般为10％～30％。过渡稀释会导致成膜不良，其质感及耐擦洗性、耐久性均会受到不同程度的破坏。破坏程度与稀释度成正比，即稀释度越大，漆膜质量越差。如严格按厂家的稀释要求，则乳胶漆黏度很高，施工难度大。如采取滚涂、刷涂施工，其漆面效果很难令人满意，而高压无气喷涂机施工则有效避免了这些问题。

高压无气喷涂的原理是通过增压泵给涂料增压，获得高压的涂料通过高压管到特殊的高压枪，并从特殊的喷嘴释放压力并达到分散雾化的目的，高速地喷涂在被涂物体表面上。由于涂料雾化不需压缩空气，所以称之为无空气喷涂。随着建筑涂料的不断发展，高压无气喷涂技术逐渐应用于建筑行业，如乳胶漆、油性漆、水性漆、树脂漆等的喷涂。并在国外得到广泛普及，其优点主要体现在以下6个方面：

(1) 极佳的表面质量。喷涂在墙面的涂料形成平顺、致密的涂层，绝无刷痕，这是刷涂、滚涂无法比拟的。

(2) 涂装效率高。单人操作喷涂效率高达100～200m^2/h，是人工刷涂的10～15倍。

(3) 延长涂层寿命。高压无气喷涂，它采用高压喷射雾化，使漆粒获得有力动能深入墙面孔隙，使漆膜与墙面形成机械咬合，增强涂层附着力，延长了涂层寿命。

(4) 刷涂、滚涂厚度极不均匀，一般为30～200μm之间，利用率低。而无气喷涂涂层厚度均匀，厚度在30μm左右，利用率高。

(5) 拐角和间隙也能很好的上漆。因涂料喷雾不含空气，涂料易达到这些部位。

(6) 渗透力强，增加涂层与附着体的机械咬合力。

该工艺与传统工艺相比较，其优势主要体现在施工机具的采用上，在同样施工流程的条件下，使用先进施工机具则极大降低了成本，提高了工效。

三、新工艺主要施工流程

流程一：用嵌缝膏和嵌缝粘纸机对石膏板接缝处一次同步完成嵌缝和粘纸带，同时对钉眼抹一遍灰(图2、图3)。

流程二：用嵌缝膏和嵌缝抹灰机对石膏板接缝粘纸带处进行抹灰，同时对钉眼抹二遍灰(图4、图5)。

流程三：用底层腻子和嵌缝抹灰机在接缝处抹灰，同时对钉眼抹三遍灰。

流程四：用打磨吸尘机对抹灰处进行打磨(图6、图7)。

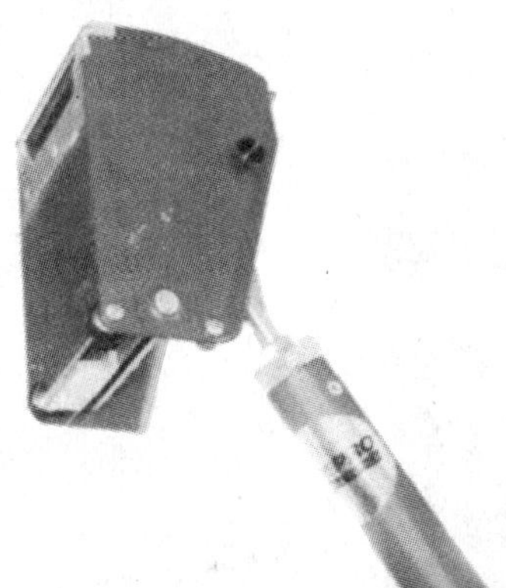

图 2　钉眼专用抹灰机

图 3　嵌缝专用粘纸机

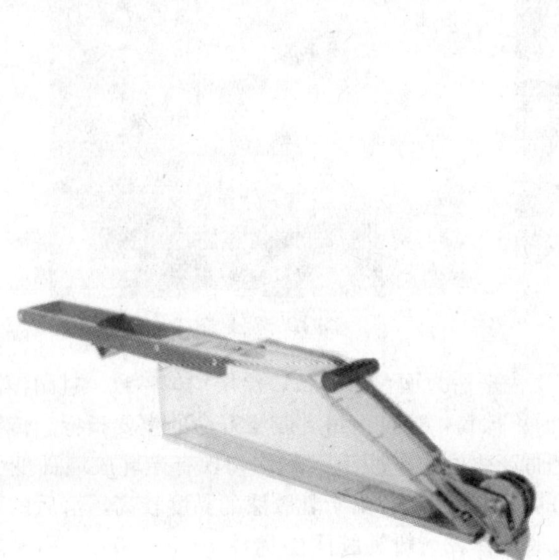

图 4　嵌缝粘纸机

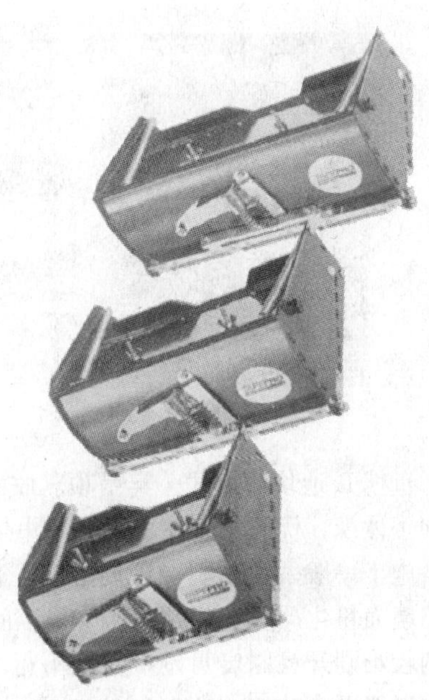

图 5　嵌缝专用抹灰机

图 6　打磨吸尘一体机

图 7　专用机械打磨情况

流程五：对处理过的石膏板表面进行喷涂(图 8)。

完成后的实景图(图 9、图 10)。

图 8 吊顶喷涂工序

图 9 实景图一

图 10 实景图二

世博 D 地块酒店式公寓吊顶乳胶漆施工完毕后大面色彩一致，涂层均匀一致。且耐擦洗性得到了体现，优质乳胶漆可用湿毛巾擦拭而不掉粉，这是衡量乳胶漆寿命的重要指标。传统乳胶漆施工一般采用毛刷和滚筒施工。由此而产生刷痕、脱毛、不均匀，有光乳胶墙面变为无光，墙面粉化严重等问题。产生以上问题的主要原因是：由于乳胶漆的黏度较高，落后的手工涂刷较难刷开且刷痕明显，因此不得不加水稀释。一般乳胶漆能稀释 10%～30%，而实际操作中稀释可高达 60%～100%。主要因为在标准黏度下施工费时费力，且落后的施工工具如刷子、滚筒等会使漆层刷痕太重，表面凹凸不平，甚至出现大面积“发花”的效果。故许多施工单位为能将工程完工交差，不得不过度加水稀释。

另外，刷涂在施工过程中还会出现刷毛脱落，未过滤的杂质颗粒被刷上前面，影响表面质量。如果过度加水，将会使各种助剂浓度降低，导致乳胶漆不能很好的成膜，或成膜时间太长，涂层不致密，漆膜易龟裂。为防止过度稀释产生流挂，施工人员往往会向乳胶漆里加入胶水。以上不规范的作业结果导致墙面质量下降，附着力、耐擦洗性、质感均受到极大的破坏，严重的甚至是亚光涂料变成阴白涂料、低光变成无光、高光变成低光。而高压无气喷涂机以高达 20MPa 的压力来雾化各种高黏度乳胶漆，随机配备的高压过滤器，可有效过滤掉涂料中的杂质，用其施工，能使乳胶漆成膜极佳，并且有高压无气喷涂形成的涂层寿命可延长 1～2 倍，从而克服了乳胶漆过度稀释，体现漆艺的最佳效果。

伴随着建筑涂料向水性化、高功能发展的大趋势，乳胶漆产品的市场前景将更加广阔，不断采用新技术、新材料、新工艺，推出新产品，解决新问题，是乳胶漆产品发展和进步的灵魂，也是建筑装饰企业和施工人员的责任。

上海世博会中国馆国家馆钢结构工程施工技术

罗魏凌、陈国烽

（上海市机械施工有限公司、上海市第四建筑有限公司）

摘　要：由上海市第四建筑有限公司承建的上海世博会中国馆工程国家馆为从 33.22m 开始外挑(外挑距离达 34.75m)，总高度达 69.9m 的巨型“皇冠”状结构。施工过程以施工进度控制为关键，针对国家馆钢结构与核心筒混凝土结构同步交叉施工，国家馆垂直层叠施工等各种复杂的施工工况，研制了一套“国家馆四个核心筒布置四台大型塔吊定点就位安装综合安装钢屋盖”的施工方法，铺开了施工作业面，取得了较好的施工效果，确保了施工工期和施工质量，对今后类似工程的施工具有较好的借鉴作用。

关键词：大外挑钢结构，交叉施工，临时支撑

一、工程概况

2010 年上海世博会中国馆位于上海世博会规划区核心区，以“东方之冠”的构思为主题的中国馆是整个世博园区的标志性永久建筑之一，是世博园区内最高的新建场馆建筑。其西侧为世博轴，东侧、南侧、北侧分别为规划 15m 宽的云台路、南环路、北环路。地铁 M8 号线在园区内穿过，地铁周家渡站与国家馆地下结构相连(见图 1)。

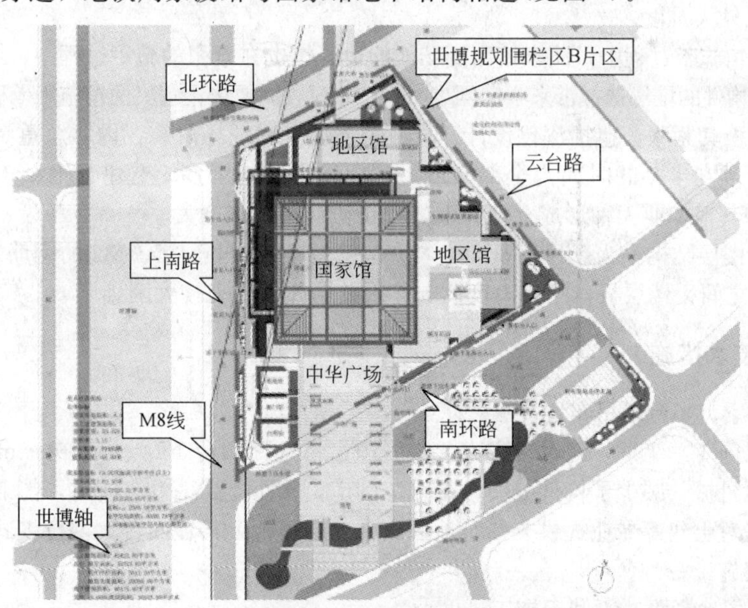

图 1　中国馆地理位置

中国馆由国家馆、地区馆等组成，总建筑面积 120126m²。国家馆结构体系为劲性钢筋混凝土框筒组合结构体系，以四个混凝土核心筒作为主要的抗侧力及竖向承载体系，核心筒

结构标高为69.9m。每个核心筒截面为18.6m×18.6m，相邻核心筒外边距约70m，内边距约33m；屋顶边长为138m×138m。每个核心筒的四个角部设置截面为箱形(800mm×800mm，壁厚自25～50mm不等)的劲性钢拄，劲性钢拄从底板起始(－7.9m)至＋60.3m，与屋顶桁架顶标高同高。从＋33.75m标高起，采用20根巨型钢斜撑支撑起整个大悬挑的钢屋盖。巨型钢斜撑底部与核心筒内的劲性柱连接，中间通过层层楼层钢梁与核心筒连接，顶部通过钢桁架与核心筒连接，锚固于劲性钢柱上。

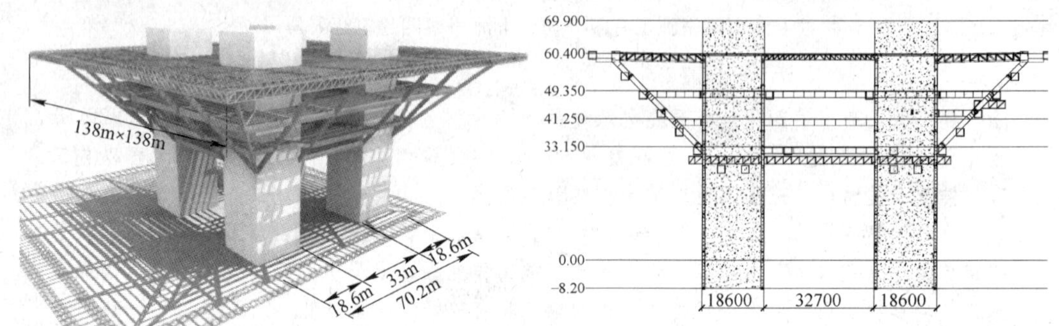

图2 中国馆建筑效果图

二、工程特点和难点

(1) 国家馆结构造型特殊新颖，外形呈冠状，上大下小，结构从33m楼层开始层层外挑，外挑最大达到34.75m，施工过程中的结构稳定、安全防护和测量控制难度大。

(2) 构件数量多、吨位重、组成构件巨大，20根斜撑为800mm×1500mm的箱型截面构件，单根重量达90t；屋顶最大的桁架构件高达5.6m；构件重量重、体型大，给构件制作以及路上运输带来较大难度。

(3) 国家馆施工过程中，国家馆西侧场地的地区馆也在紧张的施工过程中，给国家馆西侧结构安装过程中构件的堆场选择带来一定困难，且施工过程需要协调解决两馆施工矛盾这一大难点。

(4) 工期极其紧张，包括深化设计、材料采购加工和现场吊装在内，总重量达二万三千余吨的钢结构必须在半年的时间内全部完成，且现场交叉施工多，土建与钢结构搭接频繁，土建、钢结构和其他专业工种形成立体作业，施工协调组织难度大。

(5) 33m楼层结构梁为劲性钢梁(300×2000工字钢，外配ϕ25、ϕ32的钢筋)，而且33m楼层与±0.000之间无楼层板，净空高度33m，因此给施工带来较大困难。

三、针对性技术措施

(1) 工期紧、多台塔吊布置

为了确保施工总工期，经过多方案比较，国家馆选择四台1200～1400t·m的重型塔吊作为施工的主要机械，减少了构件分段，覆盖范围广，从而提高工效。同时，能兼顾其他专业的需求，尤其是对土建等专业提供支持。地区馆在首层楼板上布置四台大型行走式塔吊覆盖全部范围流水搭接施工。

(2) 施工场地紧张，不利于施工进度

为满足进度要求，安排了较多的施工机械，为解决国家馆西侧两台大型塔吊的构件堆场问题，将国家馆中厅区域结构后做，待结构封顶后再行补缺安装，较好的解决了国家馆施工过程场地问题。地区馆周边均为永久道路，为铺开施工作业面，将周边的云台路和南环路借用并采取道路保护措施，解决了地区馆的施工场地问题。同时通过结构计算和加固，利用地区馆已经浇注好的首层楼层面作为构件的堆场和拼装场地，铺开了施工作业面，较好的解决了场地紧张问题。

(3) 国家馆层叠，安全隐患大

为了确保施工过程安全，作到安全可行，响应“安全世博、平安世博”，在施工过程中同一垂直面上尽量避免相互交叉施工，制定好作业时间，从管理上杜绝安全事故的发生。

(4) 合理的设计方案调整

为了保证33m楼层顺利施工完成，经过与设计的沟通协调，将设计方案相应调整(见图3)，即劲性钢梁修改成箱型钢梁(梁内填充混凝土)。

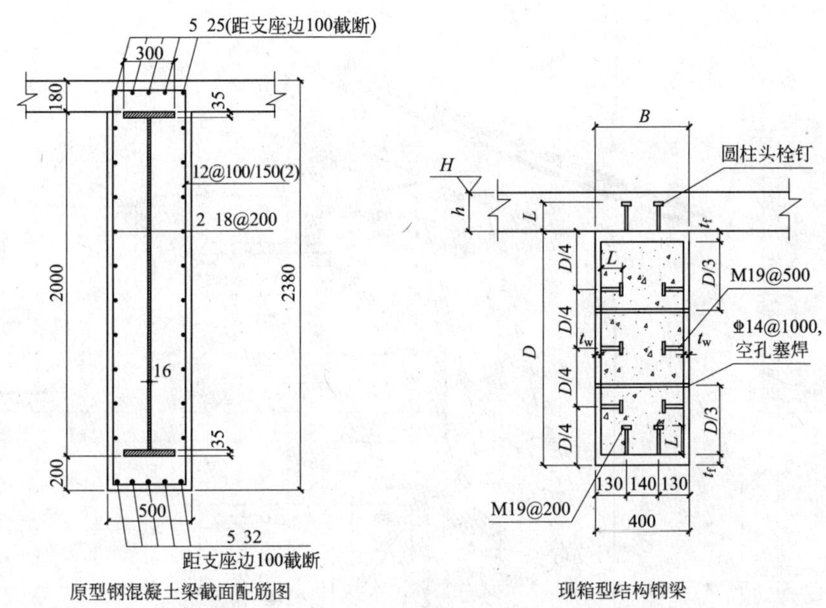

图3 设计方案合理调整

四、钢结构总体施工技术路线

经过结构分析和施工工期的综合比较，最终确定国家馆如下总体技术路线：

四台大型塔吊筒内附着自升，分区对称吊装；吊装过程紧随土建施工流程，逐层自下而上流水施工安装。

即在四个核心筒内安排四台大型内附自爬塔吊覆盖整个国家馆的钢结构吊装，吊装过程中，先吊装核心筒间钢梁，然后吊装斜支撑及外围楼层钢梁，吊装顺序采取自下而上的顺序进行。这样在最大限度满足设计受力要求的前提条件下，解决了垂直运输问题，加快了施工进度。

五、钢结构施工总平面布置

5.1 施工设备的选择和布置原则

根据本工程总体施工技术路线，国家馆选择四台外附自爬塔吊进行结构安装，地区馆安排四台行走式塔吊进行安装。塔吊的布置原则如下：

☆ 满足自身爬升或者行走条件。

☆ 与土建施工流程需要相协调并对其施工影响尽量最少。

☆ 塔吊的支撑点和行走轨道下部结构需充分安全或者加固最少。

☆ 钢结构吊装覆盖面满足整个钢结构的吊装要求。

5.2 施工总平面布置

根据国家馆的构件分布及构件型号重量情况，在四个核心筒内各布置一台大型外附自爬塔吊，国家馆构件进场主要通过西侧上南路进场，施工高峰阶段的构件主要拼装堆放于国家馆的西侧场地和国家馆首层楼面上四个核心筒间的空档部位(称之为中厅区域)，西侧场地布置一台150t履带吊进行构件卸车和拼装，同时在首层楼层上设置一台水平运输台车将从西侧场地卸车的部分构件运输至中厅部位。

整体施工平面布置情况如下：

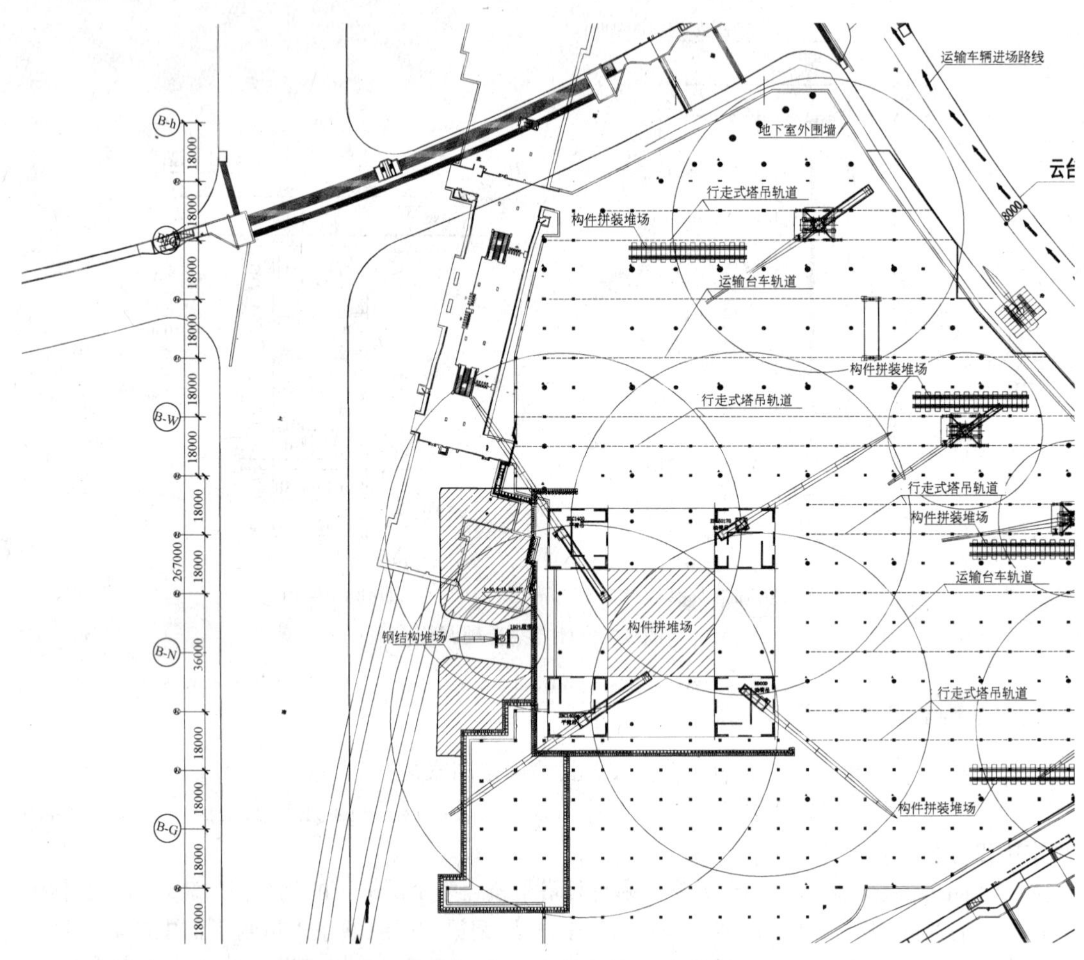

图4 中国馆钢结构施工总平面布置图

六、钢结构安装工艺

6.1 国家馆钢斜撑安装

钢斜撑从33.15m标高楼层生根起始，起始点位于核心筒内箱型劲性柱上，顶部与屋顶大型桁架连接，顶标高60.4m。斜撑截面形式为800mm×1500mm×35mm×35mm，总计20根，单根最长48m。

由于国家馆斜撑施工时，下部地区馆结构也已在施工，因此只能采取无支撑化施工，通过精确的结构计算和分析，首节斜撑吊装过程中事先将楼层钢梁与斜撑分段拼成整体，然后整体起吊安装到位(图 5)。考虑吊装体平面外的稳定，相邻两榀斜撑安装完后，及时连接之间的楼层钢梁，并设置平面剪刀撑，形成稳定体系。

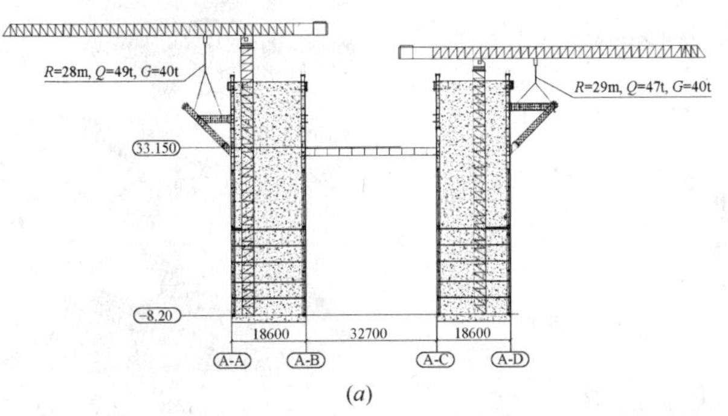

(a)

(b)

图 5　第一段斜撑吊装

(a)立面图；(b)外貌

第二、三段斜撑分段较短，最大重量不超过 21.5t，第二段斜撑通过 49.35m 楼层钢梁与核心筒连接，第三段斜撑通过屋顶楼层桁架与核心筒连接。吊装斜撑前，先将楼层钢梁与桁架分段吊装到位(下部设置临时支撑)，然后将斜撑吊装到位，依靠事先吊好的楼层梁和桁架作为临时稳定后松钩(图 6、图 7)。

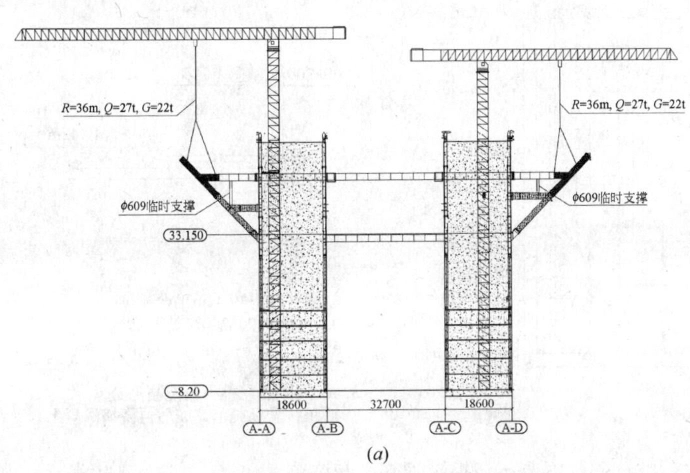

(a)

(b)

图 6　第二段斜撑吊装

(a)立面图；(b)大梁临时支撑照片

20 根方钢管斜撑内浇灌 C60 自密实混凝土，根据吊装工况与结构受力情况在 49.0m、60.2m 标高处先后两次浇灌。由于钢结构完成吊装后钢管斜撑受力很大，现场氧气开孔风险很大，斜撑的混凝土浇灌孔在工厂制作时进行开设，开设部位在 49.0m 标高处，尺寸为 200mm×200mm(图 8)。

6.2　国家馆屋顶层钢桁架吊装工艺

屋顶钢桁架共包括 HJ1～HJ3 三种，最长的桁架跨度约为 120m。HJ1 和 HJ2 为横穿核心筒结构桁架，各为 4 榀，均为单片式桁架结构，HJ3 为从核心筒挑出最长的桁架，挑出长度约为 36m，也为单片式桁架结构。

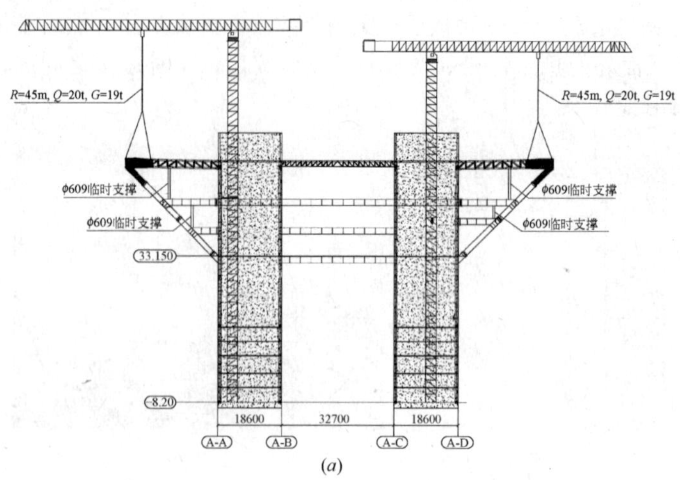

(a)

(b)

图7 第三段斜撑吊装

(a)立面图；(b)施工中

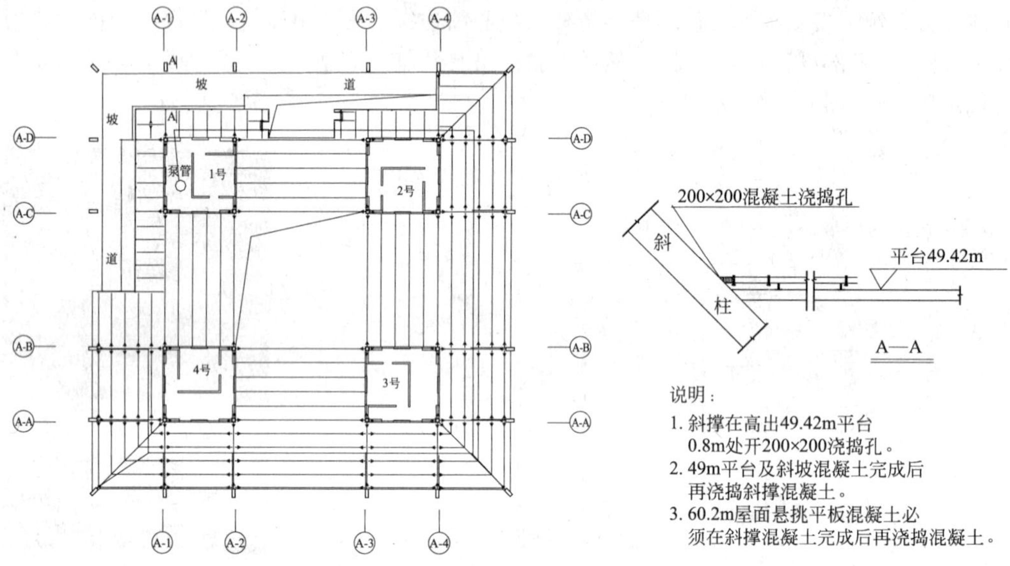

图8 49.42m斜撑混凝土浇捣泵管平面布置图

(1) HJ1和HJ2安装工艺

根据塔吊起重性能，桁架实行分段吊装，其分段点均断在核心筒结构附近，安装过程先吊装核心筒内劲性部分，然后安装核心筒间分段，最后安装外挑部分(图9、图10)。

(2) HJ3安装工艺

HJ3为直接从核心筒挑出的桁架，挑出长度约为36m，采取挑出长度作为整段的分段进行安装，注意为了避免在高空处理桁架和斜撑连接的复杂节点，桁架与斜撑连接的一小段(4m长度)带在斜撑上起吊安装到位。桁架控制起吊重量约为35t，在工厂制作好以后在现场拼装成整体，然后采用吊机单机直接安装到位，考虑施工过程临时稳定，事先要设置好临时支撑，临时支撑采用圆钢管，下部撑于下面已经安装好的楼层大梁上。然后再行安装桁架，最后将带在斜撑上的一段桁架连同斜撑一起安装到位，待形成稳定结构以后，实行卸载。

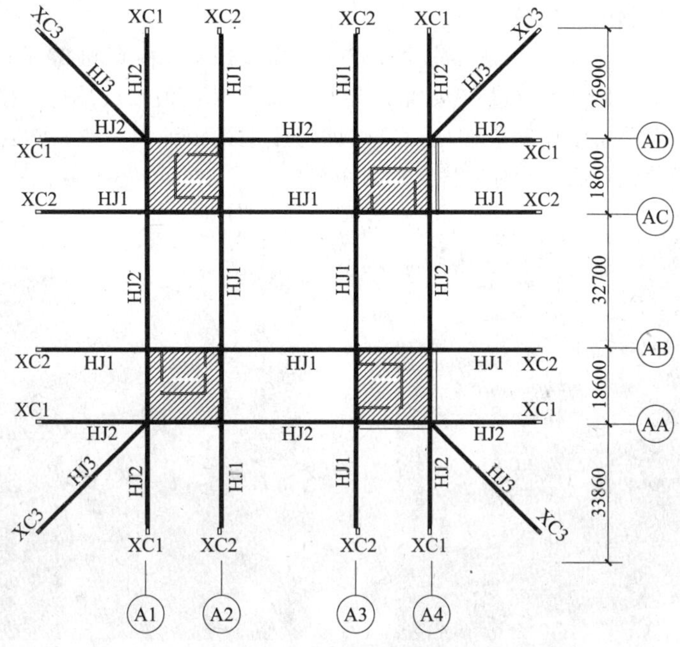

图 9　HJ1、HJ2、HJ3 屋顶钢桁架布置及分段情况

图 10　屋顶核心筒间桁架施工照片

图 11　屋顶桁架吊装施工

6.3 国家馆楼层钢梁吊装工艺

楼层钢梁主要分布在 33.15m 标高、41.32m 标高、49.5m 标高和 60.3m 楼层面。根据设计情况，楼层钢梁单根最重不超过 30t，采用单根整体吊装，由较近吊机直接安装到位。注意为了安全起见，下部楼层钢梁安装完毕后要立即将压型钢板铺设完毕，然后安装上部楼层钢梁。各楼层钢梁吊装到位后应待临时固定后方可松钩。

图 12 楼层钢梁吊装施工

七、实施效果

（1）目前上海世博会中国馆工程国家馆结构均已经全面封顶，2.2 万余吨的钢结构已全部安装到位，焊缝质量一次探伤合格，国家馆斜撑以及屋顶桁架等关键结构的安装质量全部一次通过监理验收。

图 13 国家馆钢结构施工完毕

（2）国家馆工程属于大悬挑的外挑结构施工，吊装过程利用结构自身稳定，将斜撑与相关钢梁组合吊装，解决了施工过程临时稳定，降低了施工成本，减少了对下部结构施工的影响，通过其的成功实施与总结将给类似工程的施工带来借鉴之用。

（3）整个中国馆钢结构工程于 2008 年 10 月初期进入吊装高峰期，全部钢结构于 2008 年年底全部结束施工，在短短三个月的时间里完成全部 2.2 万余吨钢结构的安装，地区馆钢结构更是提前结束，节约施工工期约一个月，说明在采取有效针对性的施工技术措施和管理措施下的群塔施工作业是非常成功的。

（4）钢结构深化设计预先控制，将深化设计、加工制作与现场施工有机结合，充分考虑施工过程中的结构稳定，为现场吊装提供便利。

紧贴保护建筑旁大直径环梁支撑在世博项目中的应用

赵　斌、曹根喜、陆　辉
（上海市第四建筑有限公司）

摘　要：结合世博村（A地块）VIP生活楼工程，针对工程基坑的特点，不规则性，采用环形支撑以及相应的挖土方式，确保了基坑和周边保护建筑的安全。

关键词：环形支撑，中心岛，栈桥

1　工程概况

世博村VIP生活楼基地位于规划的世博国际村内。本工程主要建筑为一幢23～28层主楼，3～4层裙房和地下二层建筑。本工程占地面积约为2.55万m^2，建筑面积约为6.6471万m^2，基坑面积8360m^2。基础底板裙房部位厚度850mm，主楼部位厚度1700mm。基坑开挖深度10.85～12.35m，总挖土方量约为91960m^3，自然地坪标高为－0.800，＋0.000相当于绝对标高5.100m。

基坑南侧的8栋2层楼保护建筑：目前该八栋保护建筑产权属于业主单位，其结构形式为砖混结构，基础为砖基础，结构较为陈旧，离基坑较近的5幢建筑与基坑开挖边线最小距离分别为1.2m。

基坑西南侧的原水管：基坑西南侧地下有一条ϕ3000的现状原水管，原水管中心离开基坑最近的距离约为14.1m，其埋置深度约为16m左右。原水管规定的保护线离开围护距离最近的地方为3m。

基坑东侧靠近居民生活区：基坑东侧靠近居民生活区离开基坑边线距离约为30m。

如何确保基坑在开挖过程中，如何确保基坑南侧保护建筑的稳定是本工程基坑施工的一大难点。

2　围护概况

整个基坑的围护形式为ϕ850厚SMW工法三轴水泥土劲性搅拌桩，内插H700×300×13×24，基坑南侧靠近保护建筑的区域，H型钢密插间距600，东侧靠居民房位置H型钢区域H型钢间距1800mm，其余部位的H型钢跳插，间距1200mm。在坑内多处部位进行了搅拌桩加固，搅拌桩与围护之间的空隙进行了压密注浆加固，深坑部位采用了搅拌桩＋高压旋喷桩的方式进行加固。

基坑内共设置了2道钢筋混凝土支撑。第一道支撑中心标高为－2.00m，混凝土强度等级C35，圈梁截面尺寸为1200mm×800mm，环形支撑截面尺寸为1300mm×800mm，其余的支撑杆件截面尺寸为750mm×750mm。第二道支撑中心标高为－7.45m，混凝土强度等级C40，圈梁截面尺寸为1400mm×800mm，环形支撑截面尺寸为1800mm×900mm，其余的支撑杆件截面尺寸为800mm×800mm。

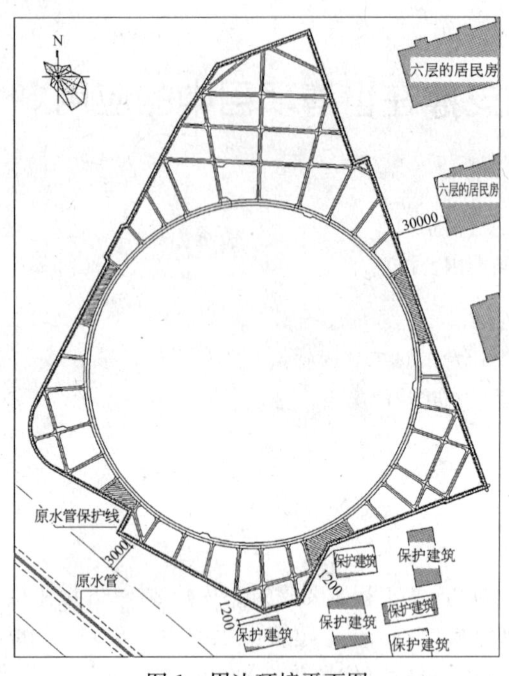

图1　周边环境平面图

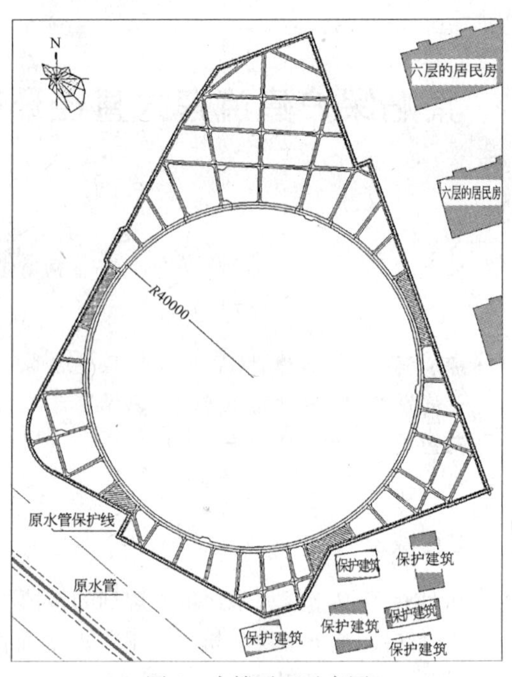

图2　支撑平面示意图

3　工程地质和水文资料

土层序号	土层名称	固结快剪		渗透系数		层底标高	层厚
		C	ϕ	K_V	K_H		
		kPa	°	cm/s	cm/s	m	m
①1	杂填土					3.35～2.48	0.8～2.00
①2	素填土	11	19			0.58～0.35	1.70～2.45
②	褐黄～灰黄色粉质黏土	18.4	21.5	1.25e-07	1.58e-07	1.51～0.73	1.00～1.64
③	灰色淤泥质粉质黏土夹黏质粉土	18.4	27.5	2.04e-05	3.27e-05	−2.79～−3.22	3.40～3.89
④	灰色淤泥质黏土	16.9	11.5	1.07e-07	1.37e-07	−10.59～−11.15	7.00～7.94
⑤1a	灰色黏土	17.5	14	9.74e-08	1.22e-07	−13.62～−15.11	2.30～3.96
⑤1b	灰色粉质黏土	18	18.5	2.10e-07	3.44e-07	−19.49～−20.96	3.70～6.01

4　技术方案的确定和优化

4.1　挖土方案的确定

4.1.1　挖土原则的确定

本工程基坑呈不规则的多边形，通过一个半径 40m 的环形支撑再加上四周的角撑、斜撑和联系拉杆等杆件，形成一个环形支撑的体系。结合环形支撑的特点，即将坑外的水平力通过围护桩和桁架转化为环形支撑的轴向压力，发挥混凝土的承压优势，采用中心岛开挖的形式，先挖周边，后挖中央，利用中心岛土体的自重减少基坑的变形。

为了确保基坑南侧保护建筑的安全，结合环形支撑的受力特点，基坑的开挖由北向南进行，以确保保护建筑部位的土方最后开挖，保护建筑部位的支撑最后施工，形成整个环形支撑受力，以减小开挖过程中对建筑的影响，土方开挖顺序见图 3。

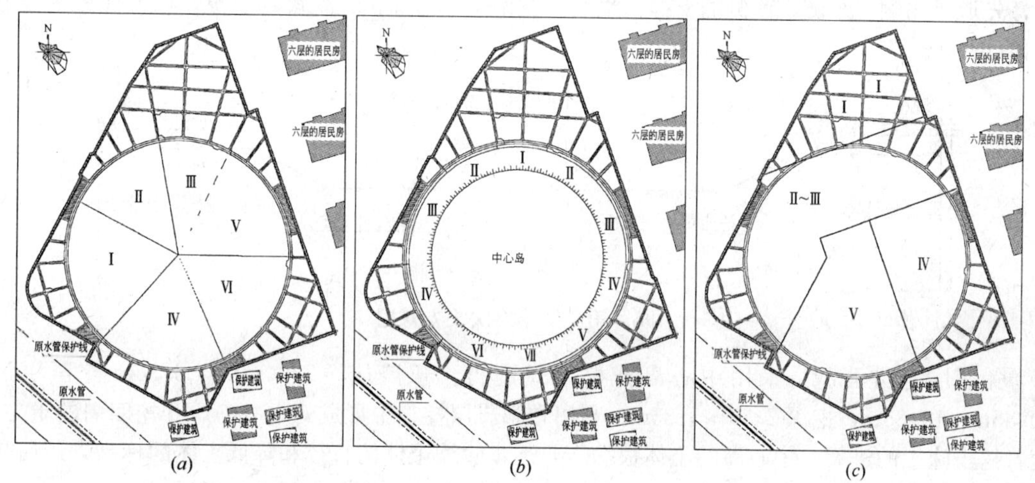

图 3　土方开挖顺序

(a)一层土方开挖；(b)二层土方开挖；(c)三层土方开挖

4.1.2　挖土流程和中心岛的留设

根据支撑的位置，基坑的开挖分为三层进行开挖，分别是－0.80～－2.40m、－2.40～－7.90m、－7.90～10.85m、12.35m。考虑到中心岛的留土，若直接在第一层开挖位置留设，不但加重了最后一层土方开挖的压力，可能影响施工的工期，而且中心岛留设高度较高，减小中心岛土体放坡的稳定性。因此在开挖过程中，对开挖的流程进行了调整，具体如下：

基坑分三层四次进行开挖，分别是－0.80～－2.40m、－2.40～－6.50m、－6.50、－2.40～－7.90m、－7.90～10.85、12.35m。

第一层土方开挖：第一层土方从自然地坪标高－0.80m 挖至－2.40m 即第一道支撑底，开挖深度 1600mm。开挖采取平面对称，先挖角，再挖周边，先开挖北侧的土方，最后开挖南侧靠近保护建筑的部位的土方。

第二层第一次土方开挖。采用类似盆式开挖的方式进行，开挖从－2.40m(第一道支撑底)挖至－6.50m(中心岛留土面标高)，开挖深度 4100mm，开挖区域离开环形支撑内侧 1000mm，将环形支撑以内的土方挖至中心岛留设的标高位置，以作为下一层土方开挖的挖土台阶。开挖时，由于南侧离开保护建筑较紧，同时，南侧环形支撑离开基坑边的距离也较小，因此，开挖时，南侧的土方暂不进行开挖，同时，保证南侧坡顶离开基坑边的留土宽度在 10m 以上，以增加被动土压力，减小基坑的变形给保护建筑带来的影响(图 4)。

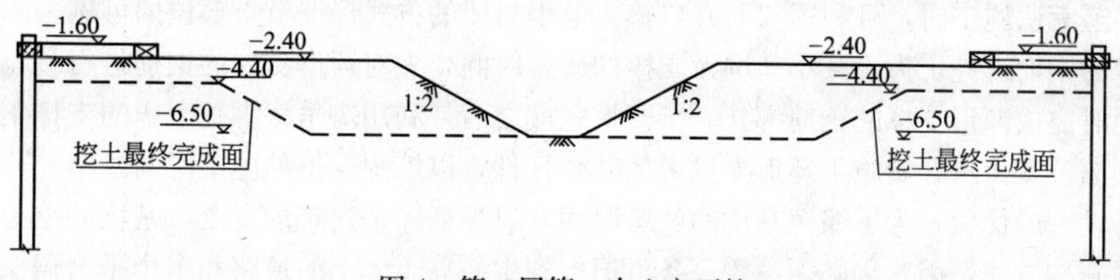

图 4　第二层第一次土方开挖

第二层第二次土方的开挖。采用中心岛开挖方式进行，从－6.50m(中心岛留土面标高)挖至－7.90m，开挖深度1400mm、5500mm。开挖区域为中心岛四周的土方，利用中心岛留土作为一个出土的平台，将中心岛四周的土方直接挖至第二道支撑底。开挖时，总的流向为由北向南，先形成北侧、东侧、西侧的支撑，最后开挖南侧靠近保护建筑段的支撑，以形成整个环形支撑(图5)。

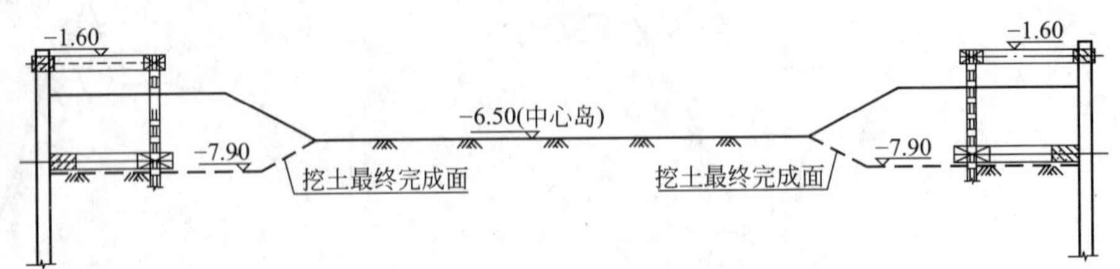

图5　第二层第二次土方开挖

第三层土方开挖。采用中心岛开挖方式进行，开挖从－7.90m、－6.50m挖至坑底10.85m、12.35m，挖深2.95～5.85m。利用在第二层挖土中形成的中心岛，开挖四周的土方，随着挖土施工的进展，中心岛的土体根据需要逐步收缩土体的直径和降低土体的标高，最后将基坑内的土方全部挖除。开挖结合底板结构的分块，由北向南逐个形成底板(图6)。

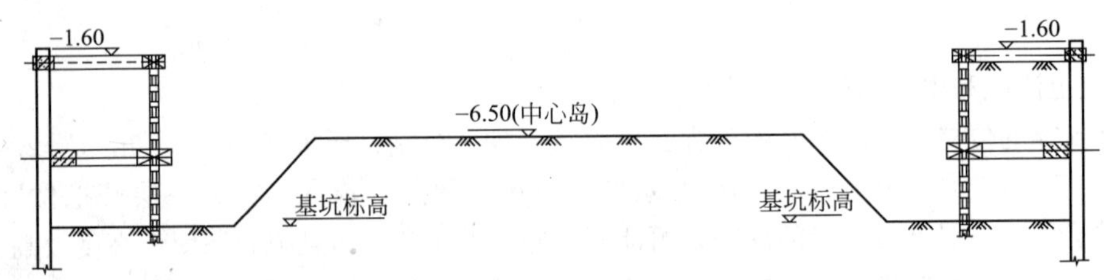

图6　第三层土方开挖

4.1.3　环形支撑的施工

为了确保钢筋混凝土环形支撑的整体性，达到在同一个平面内受力以及基本上使得轴向受力均匀等要求，在支撑的施工过程中要做到位置、标高、几何尺寸的准确，为此在开挖过程和支撑施工过程中采取以下措施：

由于基坑南侧的保护建筑离开基坑最近只有1.5m，为了将基坑在开挖过程中对其的影响减为最小，整个支撑形成的流向以最后形成保护建筑区域的支撑为目标，由北向南对称施工环形支撑，并且，最后一段支撑在挖土完成之后24h之内必须完成支撑的混凝土浇捣。

合理安排土方开挖的顺序，为了满足环形支撑对称均匀受力的基本要求，挖土应采用分层对称同步开挖的方式进行。

支撑的绑扎顺序应该是先绑扎环形支撑梁和围檩，后绑扎连系梁，节点处钢筋比较密集的部位，环箍无法施工时，可利用双面开口箍＋电焊封闭的方式保证节点部位的可靠。

支撑的钢筋绑扎，为了减小基坑无支撑的暴露时间，先对环形支撑的钢筋进行预制作，在开挖的同时完成环形支撑的钢筋绑扎，待开挖完成之后，利用塔吊将绑扎完毕的支撑钢筋吊入相应的支撑位置，再开始施工环形支撑旁的其余杆件，以缩短支撑的施工时间。

栈桥设置的优化，为了缩短基坑的施工时间，以保证保护建筑的安全，基坑的挖土采用了中心岛的开挖方式，因此，必须设置一条可通行到中心岛土体上的道路和多个平台码头，以保证土方的出土以及最后中心岛位置的挖土。因此，在和设计进行沟通后，决定分别在基坑的南北两侧设置栈桥，具体如下：

南侧的栈桥是一条通向中心岛的斜坡通道，利用该钢筋混凝土栈桥，土方车可以直接开至中心岛上进行装车外运土方，大大加快了出土的速度，缩短整个基坑施工的时间。

北侧的栈桥主要是栈桥平台，利用该平台可直接开挖中心岛留土土方以及最后一层土方中多个电梯深井位置的土方。为了便于开挖平台下的土方，该栈桥的形式为钢平台，呈一个类似“H”型，在开挖过程中，可暂时翻开平台上铺设的走道板，直接开挖平台下的土方(图 7)。

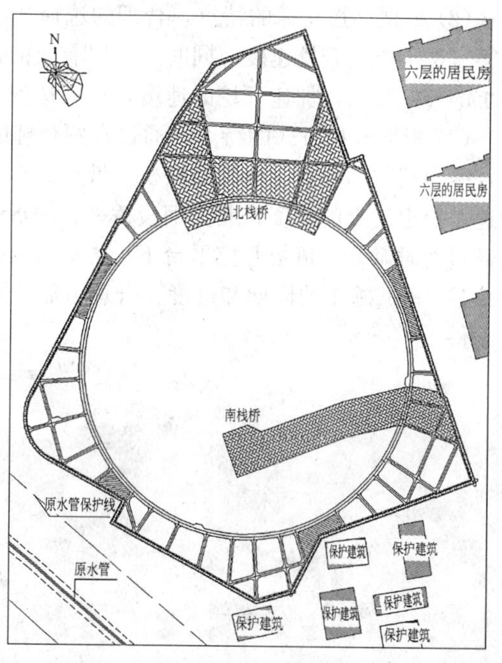

图 7 栈桥平面布置

井点降水的优化

从地质资料反映，层面土质稳定性差，不饱和含水量大，土层②～③多属淤泥土质，渗透性差。根据挖土方式和中心岛位置的确定，为达到整个工程施工节点要求，基坑内采用的是深井＋轻型井点的降水形式。先施工轻型井点 13 套，采用复合降水，利用轻型井点先将土体表面水，轻井的布置根据中心岛的位置，布置在中心岛的坡脚的四周，通过有效的降水以达到对中心岛留土的加固。然后按每口深井控制面积 250m^2 左右设置深井，结合开挖的分层和中心岛的位置，设计 33 套深井，采用多滤头真空深井降水，深井的设置位置避开中心岛土方的留土坡度，以避免深井的滤头暴露在土体放坡上而达不到降水效果，同时，深井多节滤头的设置位置根据中心岛留土的标高进行调整。

5 基坑的监测资料的分析和应用

为了确保基坑在开挖过程中的安全，开挖之前建立了以基坑本体以及周边建筑物、道路、管线为主的监测网。

基坑在第一层土方开挖时，由于开挖深度不深，对周边的影响还为明显，第一层土方开挖完毕，第一道支撑施工完毕之后，保护建筑部位的沉降量在 1～3mm。

基坑在第二层土方开挖时，在开挖至第二道支撑位置，开挖的深度达到了 5.5m，通过合理的安排被动土的留设，合理的安排挖土的总流向、严格的控制支撑的形成速度，靠近保护建筑部位的沉降点的变化量还是在设计允许的范围内，总的沉降量控制在 5～10mm。

基坑在第三层土方开挖过程中，通过加快靠近保护建筑部位的底板施工速度，及早形成底板，总的沉降量控制在 10～15mm。

整个挖土过程中，靠保护建筑部位的沉降和位移相对较为稳定，未出现过突变，最终总的累积沉降量均控制在 30mm 之内。未达到设计的报警值。

6 实施效果

(1) 通过合理的安排基坑的开挖流程、严格的控制环形支撑整个形成的速度，很好的控制了保护建筑部位的建筑物沉降，从而达到保护保护建筑的目的。

(2) 根据环形支撑的特点，合理的选择开挖的方式，通过中心岛的留土，不但可以加快第二第三层土方的开挖速度，同时还可以有效的控制第二道支撑施工之前的围护壁变形。以减小基坑的开挖时间，加速开挖的速度，从而达到了保护周边建筑和管线的目的。

(3) 根据开挖方式的特点，通过设置合理的栈桥，选择合理的栈桥结构，以加速开挖的速度，确保基坑的稳定。南侧的栈桥斜坡形式提供了运土车辆和挖土机械上下基坑的通道，从而加速了挖土运土的速度；北侧钢栈桥平台的形式，不但可以加快最后一层土方的开挖速度，同时通过暂时掀开走道板开挖平台下土方的方式，不影响平台下的土方开挖。

(4) 根据施工的周期和进度，合理可靠的安排降水方案给挖土和控制基坑变形创造了有利的条件。

超大圆环支撑围护体系在世博演艺中心项目中的运用

周晓莉、金振士、薛文杰
（上海市第四建筑有限公司）

摘　要：针对超大型基坑在紧迫施工工期下的主体结构形式结合围护形式和开挖模式的研究，主体结构施工和围护形式选型的有效结合，充分利用了主体结构的特殊性，确保了工期。

关键词：沿岸，超大基坑，对撑，环撑，工期

一、结构和基坑概况

中国 2010 年上海世博会演艺中心位于“世博园”核心区，本工程主体为地上 6 层，建筑高度约为 41.0m，地下设置 2 层地下室，总建筑面积 125945m^2；地下结构采用桩筏基础，桩基采用钻孔灌注桩，基础采用承台连梁基础。

基坑规模：面积约为 25800m^2，基坑总延长米约为 660m，基坑开挖深度普遍区域约为 11.4m。

二、环境概况

世博演艺中心位于原上海江南造船厂、上海交运海运发展有限公司、周家渡二号轮渡站地块内，场地东部及北部部分范围位于黄浦江内。工程场地为原有厂区及部分码头拆迁后空地。基地北侧为防汛墙；基地东北侧为一码头；基地东南侧红线内有已建的地铁 M8 线区间隧道；基地南侧为浦明路；基地西侧是在建的世博轴工程。

三、基坑工程面临的主要问题

本工程基坑面积约为 25800m^2，开挖深度深达 11.4m，属超大深基坑工程，在高地下水位的软土地基中开挖如此超深超大的基坑工程具有一定的风险性。

基地濒临黄浦江，地质资料表明基坑开挖深度范围内的土体受黄浦江竖向和水平向补给速度较快，且浅层分布有较为深厚的江滩土，该土层砂性重、渗透性系数较大，极易在动水压力作用下产生管涌、流砂等不良地质现场，因此隔水和降水是本基坑工程的关键点之一。

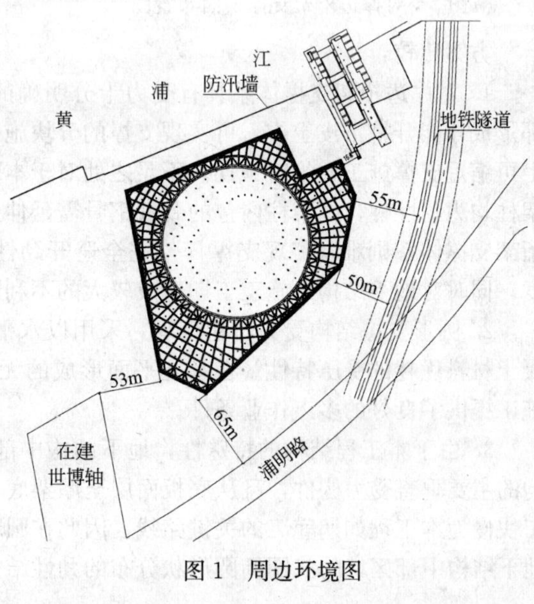

图 1　周边环境图

本工程为上海 2010 年世博会的重点配套项目，业主对工程的工期要求非常高，

2008年年初开工，2009年年底必须竣工。

四、基坑围护方案的选型

综合本基坑工程面临的三个主要问题的考虑，“两墙合一”地下连续墙首先排除，因为基坑工程的设计进度受主体地下结构设计进度的影响，且本工程场地内分布有众多原建筑物、防汛墙、船坞、码头等建(构)筑物的桩基础已成为本工程的地下障碍物，而且有部分正好处于围护体范围之内，地下连续墙位置调整的灵活度较差。

结合各种实际情况，本基坑工程选用钻孔灌注桩结合止水帷幕作为围护体，采用钻孔灌注桩作为围护体与主体结构的设计关联程度相对较小且钻孔灌注围护桩施工上比较灵活，一般情况下遇到障碍物可通过局部调整桩位即可避开施工，可在一定程度上减小桩基等地下障碍物等对本基坑工程的影响程度。

根据本工程特点及基坑工程面积大、开挖深度深，基坑形状不规则以及周边环境等因素综合考虑，确定方案一和方案二。

方案一：基坑竖向采用二道钢筋混凝土支撑系统，支撑呈对撑＋角撑＋边桁架布置＋一排三轴水泥土搅拌桩＋一排钻孔灌注桩(图2)。

方案二：两道圆形混凝土支撑＋一排三轴水泥土搅拌桩＋一排钻孔灌注桩(图3)。

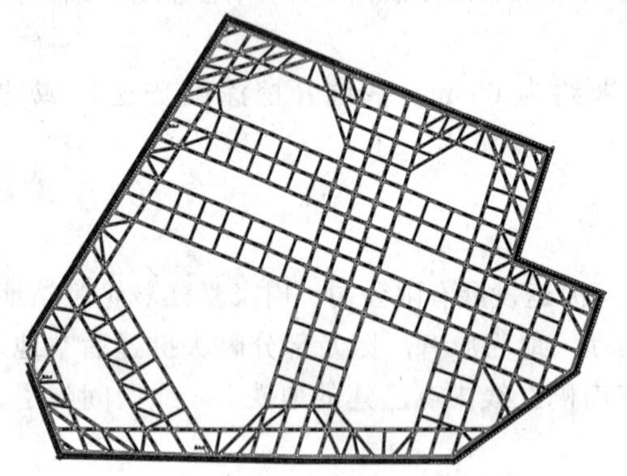

图2 对撑边桁架支撑平面布置图

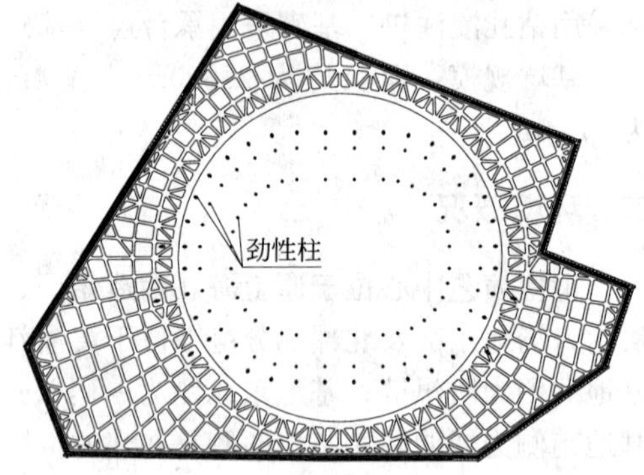

图3 环撑平面布置图

方案比较：

1. 对撑边桁架支撑体系具有受力十分明确的特点，该支撑布置形式无需等到支撑系统全部形成才能开挖下皮土方，可实现支撑的分块施工和土方的分块开挖的流水线施工，一定程度上可缩短支撑施工的绝对工期。不足之处对于本基坑工程而言，是主体地下结构中部区域的框架柱均为劲性柱，框架柱内包的劲性钢骨需延伸至基础底板，且呈椭圆形分布，如采用对撑边桁架支撑体系则难以实现支撑杆件完全避开劲性柱，将对后续地下结构的施工带来巨大的难度，同时对地下结构的施工工期造成较大的不利影响。

2. 圆形支撑结构受力性能合理，采用以水平受压为主的圆环支撑形式，能够充分发挥混凝土材料优越的受压特性。在基坑平面形成的无支撑面积达到50%之多，为挖运土的机械化施工提供了良好的多点作业条件。

3. 由于本工程结构的特殊性，地下结构中部区域的三圈椭圆形状分布的钢管柱为主体结构的主要垂直受力构件，且从底板面层至屋架底，周边为混凝土框架结构，中间主体结构的施工快慢为本工程如期完工的关键路线。因此在圆环支撑体系中，支撑杆件已经考虑完全避开了地下结构中部区域的三圈椭圆形状分布的劲性结构柱，当基坑开挖至基底时并形成基础底板之后，中部关键区域的主体结构便可根据其工期要求由下往上顺作施工，无需经历内支撑围护形式固有的拆撑以及换撑的工序，由此，能够加快本工程地下主体结构的施工进度，大大缩短主体结构的施工总工期(图 4)。

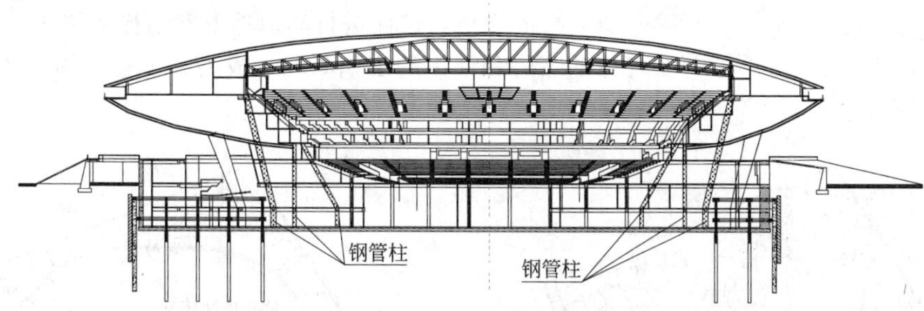

图 4 主体钢管柱和环形支撑的剖面关系图

综上所示，考虑到本工程工期要求高，为加快基坑土方工程出土速度，以及确保支撑系统完全避让主体地下结构劲性柱，以便为后续的主体结构工程创造有利的施工条件，从而缩短工程总工期，本工程采用圆环支撑系统的支撑方案。

五、施工技术措施

1. 基坑周边围护体：ϕ1000@1200 钻孔灌注桩加 ϕ1000@750 三轴水泥土搅拌桩止水帷幕。钻孔灌注桩有效长度 24.25m，插入基底以下 14.5m。

2. 支撑系统

圆环支撑内环直径达 128m，第一道支撑内环为 1900mm×900mm，第二道支撑内环为 2600mm×1300mm。由于内环直径大，完全避开了主体结构的垂直构件钢管柱的位置，因此选用了圆环支撑，将主体结构的施工路线和换撑并列为两条施工路线，大大缩短了施工周期(图 6)。

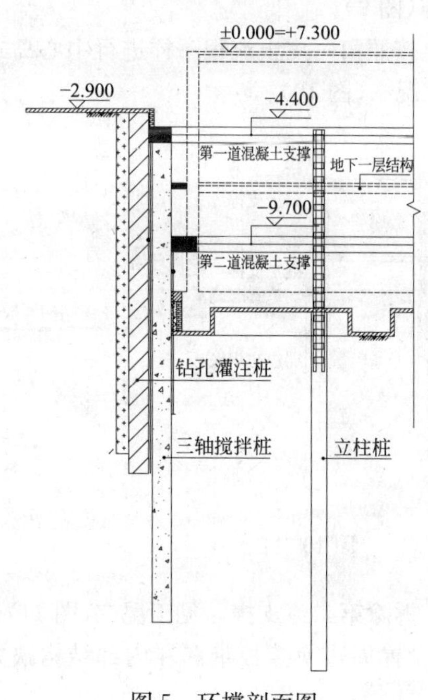

图 5 环撑剖面图

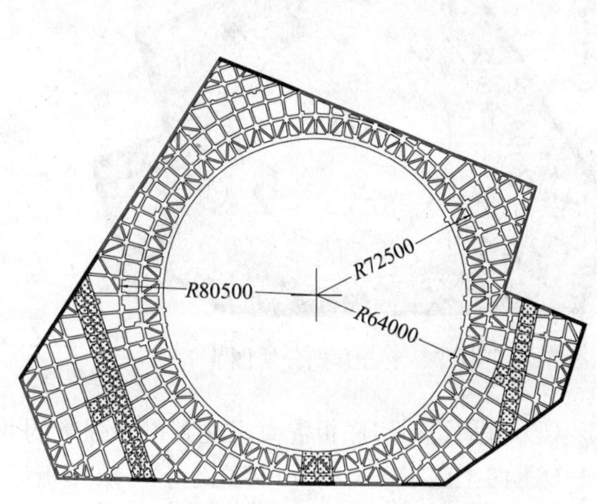

图 6 环撑平面布置图

3. 换撑系统

本工程底板换撑是又一缩短工期的关键性的决定，结合原结构设计承台反梁的布置特点，利用主体结构和裙房结构交接位置的后浇带，将主体结构的底板施工的工期从环撑的换撑周期中间剥离出来。利用裙房底板内靠近环向后浇带的反梁，形成底板换撑环梁。在主体结构以外的底板结构完成后，即可进行第一道支撑的换撑，进而进行周边地下室结构的施工。中间主体结构且包括底板施工完全避开了环撑的障碍和换撑的工期影响，成为一个独立施工体系(图 7、图 8)。

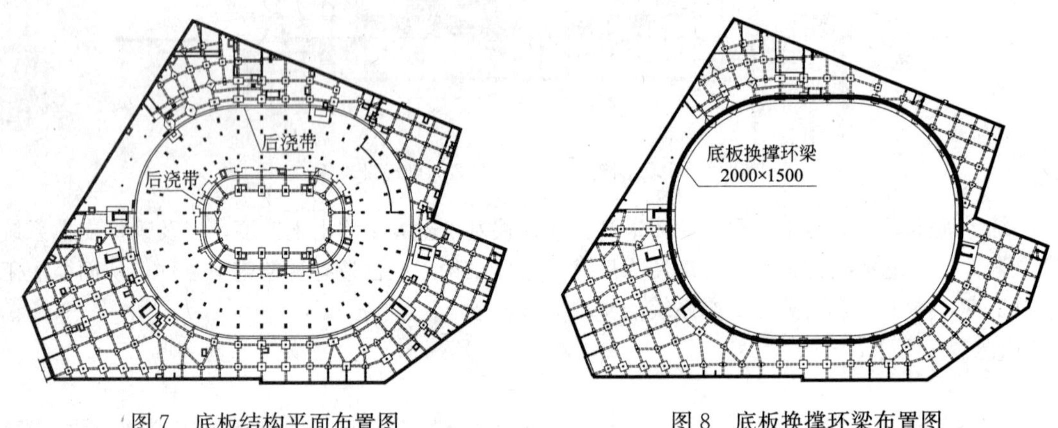

图 7 底板结构平面布置图　　图 8 底板换撑环梁布置图

4. 基坑施工流程

(1) 围护体、工程桩、钢立柱及立柱桩施工。

(2) 第一道混凝土围檩和混凝土内支撑形成。

(3) 基坑分块对称开挖，确保圆环支撑均匀受力。第一道支撑达到设计强度的 80％后，按照 1-2-3-4-5-6 进行中心岛开挖，同时穿插施工第二道支撑(图 9)。

(4) 第二道支撑全部形成并达到设计强度的 80％后，按照第一皮土流程一样进行中心岛式开挖，因此首先形成裙房基础底板及周边换撑板带，见工况一(图 10)。

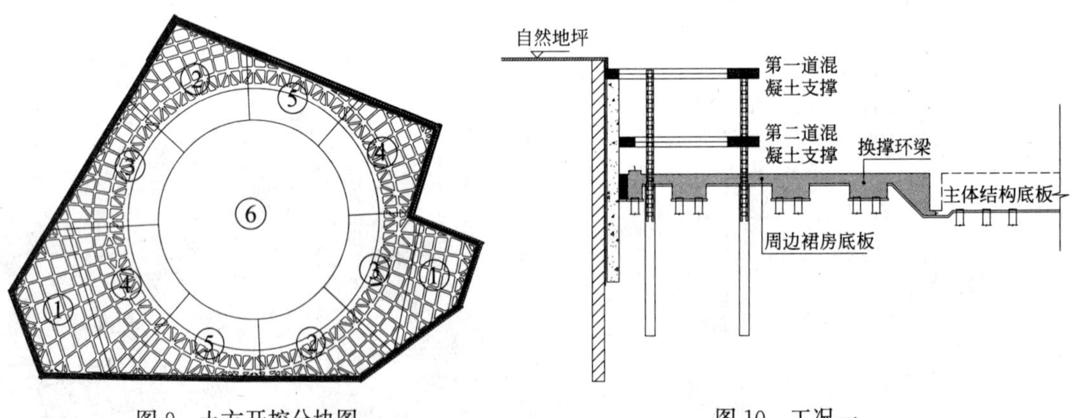

图 9 土方开挖分块图　　图 10 工况一

(5) 待周边裙房底板混凝土达到设计强度的 80％后，拆除第二道支撑，见工况二(图 11)。

(6) 向上施工－6.600m 标高地下一层楼板结构，并设置周边换撑板带和在内部结构缺失区域设置换撑。

(7) 待地下一层楼板结构达到设计强度的80%后，拆除第一道支撑(图12)。

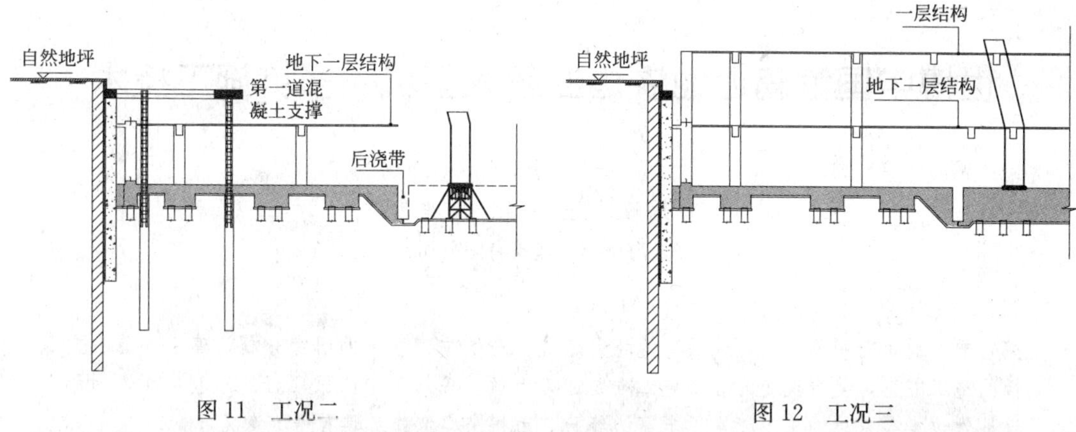

图11 工况二

图12 工况三

(8) 施工地下室顶板，待结构达到设计强度后，密实回填周边土体，拆除地下结构内部换撑。

六、基坑监测成果

基坑监测在围护墙体内设置了21个深层水平位移监测点，17个坑外土体深层水平位移监测点，从挖土开始至第二道支撑结束，围护墙体、土体发生指向基坑内侧的位移，最大水平位移在10mm左右，其中最大位移值13.0mm(-8m深度处)。底板施工结束后，水平位移趋于稳定，期间支撑爆破拆除也未对围护体水平位移产生大的影响。

七、结语

上海世博演艺中心位于世博园区的核心区域，于2008年年初开工，距离世博会开幕时间十分紧迫，必须于2009年年底竣工投入使用，因此在前期施工阶段必须紧抓施工进度，确保如期完工。由于其主体结构施工的复杂性，主体主要垂直结构钢管柱必须直埋入基础底板，结合现场实际情况，只能将吊装设备放入基坑内，直接在垫层上起吊，确保在基础底板未施工的前提下，主体结构的地下二框的钢管柱需吊装到位。因此本工程基础结构的施工进度受制于：底板换撑时间及主体结构施工和换撑的穿插影响。

经过多方比对，最后选用了128m直径的环形支撑围护体系，将主体结构从128m直径中直接穿出，不受支撑体系的影响；且精心设计了底板换撑的形式，以底板环梁换撑的形式，利用底板原有反梁形成换撑反梁将中间主体结构的底板结构的施工也完全独立于支护体系，支撑的拆除只和周边裙房结构存在关联，和中间主体结构的底板施工没有任何的联系。

大直径圆形环撑的选用，确保了上海世博演艺中心工程主体结构施工的关键线路的顺利进行，不受环撑影响，大大的节约了施工工期。

世博中国馆临近地铁边的超大基坑、多坑施工技术

曹培峰、王　巍、周维良

（上海市第四建筑有限公司）

摘　要： 通过对中国馆临近地铁边的超大基坑、多坑施工技术的研究分析，建立了有针对性的施工方案，使得现场的各种施工难题迎刃而解，确保了中国馆项目的顺利完工，对临近地铁边复杂基坑的施工积累了丰富的经验，为将来类似施工具有借鉴意义。

关键词： 超大基坑，多坑施工，施工优化

1　工程概况

中国馆位于上海世博规划区 B 区，作为中国 2010 年上海世博会永久标志建筑，基坑占地面积 43052m^2。国家馆地下 2 层，地上 5 层(核心筒 24 层)；地区馆地下 1 层(局部 2 层)，地上 1 层(局部 2、3 层)。建筑高度 69.2m，总建筑面积 160126m^2。本工程基坑呈多边不规则形状，基坑南北向长度约 270m，东西向长度约 256m，基坑周长约 920m。地下室结构筏板底标高为 −8.9m、−10.1m(电梯井、集水井、设备管沟局部加深)，基础采用桩筏基础。地铁 M8 线从基地西侧穿过，周家渡车站与地下室结构多处相连，基坑西侧长达 250m 紧靠 M8 线，其中 130m 与地铁车站的围护共墙。工程从 2008 年 1 月 18 日开工，要求年内结构封顶，工期非常紧张。

2　特点难点

2.1　长距离大基坑紧邻地铁，施工难度大

4 万多 m^2 的大基坑，在西侧有 250 多米的边长与地铁相邻，其中北段 130m 紧贴运营中的地铁 M8 线周家渡车站(合用地下连续墙)，南段约 100m 与盾构区间相邻，其中最小距离为 13m。由于工程进度紧，从桩基围护开始到结构封顶只有一年工期，16 万 m^2 建筑面积，2.2 万 t 钢结构吊装，留给地下结构施工的时间很有限，如何在保证基坑以及地铁安全的前提下，快速施工是本工程的第一大难点。

2.2　与地铁车站联通口多，节点处理复杂

地铁车站与本工程共计有四个联通口，其中两个为人行通道，两个为排风竖井的联通口。两个人行通道中一个为新增通道，需要在地铁车站的外墙上开洞进行连接，另一个位于地铁车站临时出入口处，需对临时出入口进行改造处理；两个排风井为地铁车站附属结构其围护形式不是 SMW 工法，新的排风井需要在原有的排风井基础上进行改建。由于原围护形式的不同，新结构的改动形式不同，给联通口的节点处理带来很大困难。

2.3　紧贴地铁车站，承压水处理难度大

由于基坑内第 6 层土缺失，渗透系数较大的 5～2 层砂质粉土与第 7 层土直接连接，使得 5～2 层的微承压水对基坑开挖带来了很大的不确定性因素，但紧靠基坑运营中的 M8 线对土体

的变形是很敏感的，给基坑的降水、开挖提出了很高的要求。

3 设计策划及方案比较

3.1 分块施工，加快进度

由于基坑面积很大，根据与地铁的距离关系，我们首先将地铁沿线的，基坑分为两大块进行考虑。一块为地铁保护区，另一块为非地铁保护区。

(1) 地铁保护区分块

沿地铁沿线50m以内，划分为地铁保护区，为了加强对地铁车站以及盾构隧道的保护，考虑到改建地铁原有结构的需要，靠近地铁的基坑被分成了5个小基坑，分别是“北1块”、“北2块”、“国家馆”、“南2块”及“3号块”除了“3号块”以外其余几块均为2道混凝土对撑地铁保护区，主要采用ϕ900@1050钻孔灌注桩，桩长23m(局部长度21m)，加两道混凝土对撑的围护形式，止水帷幕采用ϕ850三轴搅拌桩，桩长21m(局部长度19m)。

(2) 非地铁保护区分块

非地铁保护区域采用单排钻孔灌注加水泥土搅拌桩坝体，坝体宽度为3.85m，有效长度为15.7m，水泥掺量20%；钻孔灌注桩为ϕ1000@1150，桩身有效长度为20.5m，作为止水帷幕的水泥搅拌桩采用两排ϕ850三轴搅拌桩，有效长度为15.7m，水泥掺量20%。支撑形式为斜抛撑，非地铁保护区的基坑开挖方式为中心岛开挖方式，分为中心岛区域以及斜抛撑区域进行两个阶段开挖施工。由于基坑面积较大，在两个阶段的前提下，中心岛区域分为4个施工段，斜抛撑区域分为6个施工段。

3.2 优化围护，减少支撑，加快施工进度

在国家馆施工过程中，由于设计功能更改，国家地下室增加4台大型电梯，在底板上增加了尺寸为9m×9m×3.1m的8个深坑，挖土深度达到13m(图1)，仅仅使用原有的2道支撑是无法满足基坑变形控制要求，我们采取加厚垫层，局部增加地梁的做法，将结构施工与支撑施工结合起来，这样既可以同时施工大面积底板及剪力墙，也不影响深坑的后续施工。

图1 深区挖土

3.3 换撑形式优化，便于分块施工

地铁保护区采用肋板形式换撑，代替传统形式的传力带，施工简便，类似于剪力墙，间距为6～9m，其优点是便于布置，不受结构变化影响，由于本基坑分块较多，各区域之间交错施工，肋板换撑可以方便传力，不会由于内部结构未完成而造成无法拆除支撑的情况产生。对于分块施工来说有着很积极的意义。

3.4 合理布置井点，保证基坑安全，保护周边环境

根据地质勘察报告，本工程整个基坑范围内均有微承压水，并且由于第6层土的缺失，微承压水与第7层土的承压水直接联通，所以在基坑施工时需要考虑承压水对基坑的影响，另外，如何考虑将降水对地铁隧道带来的影响降到最小也是一个不小的难题。在基坑降水设计过程中，我们采用减少降压井，增加观测井的做法，加强观测力度，保证地铁隧道的安全。

4 施工实施

4.1 分块施工情况

具体分块情况见图 2：

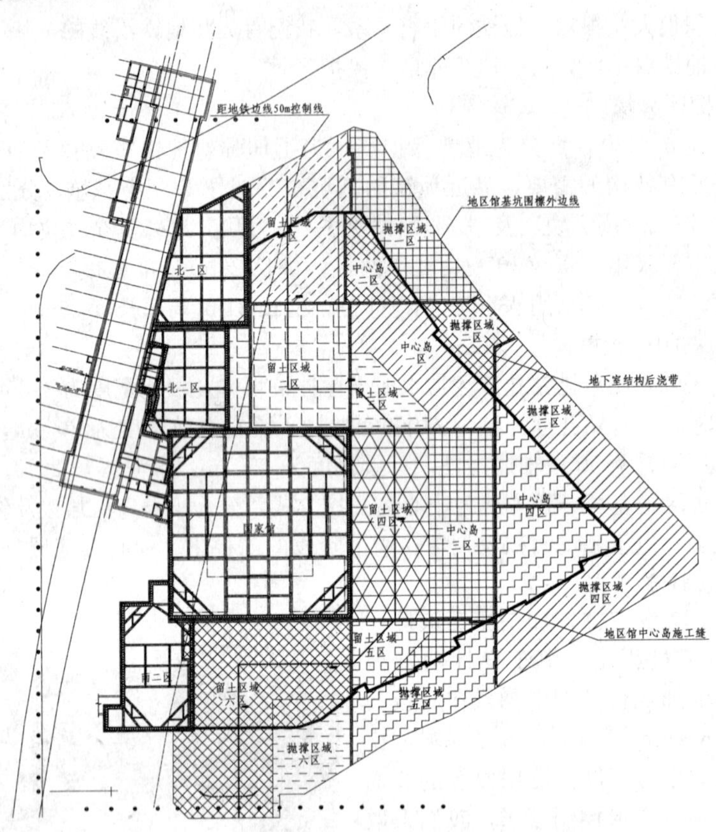

图 2 分块示意图

施工流程如下：

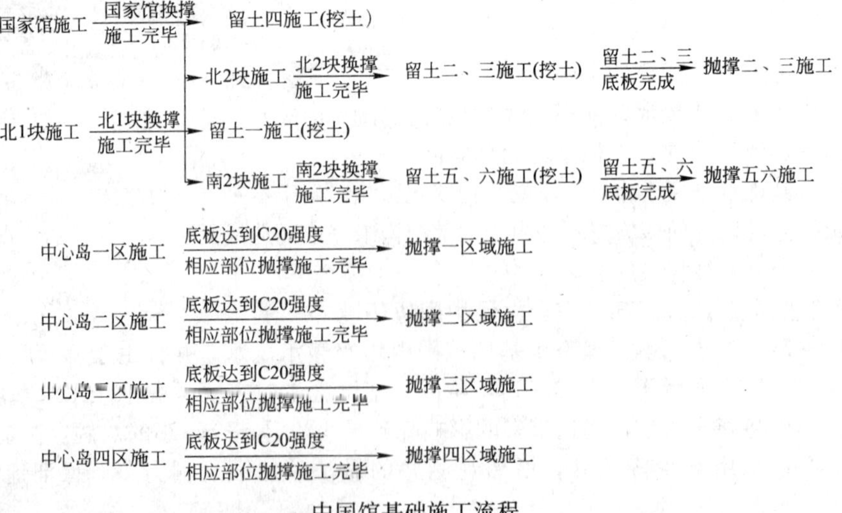

中国馆基础施工流程

从现场实施情况看，采用分块施工，可以在确保基坑安全的情况下加快施工进度，确保关键节点的完成。国家馆首先施工，保证国家馆主体结构能够顺利完成节点，北一块、中心岛同时施工，大大打开了工作面。北2块及南2块后续施工，保证了地铁沿线的基坑安全，也不影响上部结构的施工进度。

图3 中心岛施工

图4 斜抛撑挖土

4.2 降水处理

中国馆工程的基坑施工的成功与否，很大程度上都取决于降水施工是否成功，在降水施工前，我们做了降水试验，来确定承压水的降水方案。基坑内潜水的降水我们采用深井降水进行处理，按照上海地区的经验，按照200m布置一口深井的原则，将潜水降到开挖面以下0.5～1m。

(1) 微承压水头高度：

拟建场地第⑤2层属微承压含水层，勘探期间测得微承压含水层承压水位埋深为5.0～5.4m，标高为－0.9～－1.3m，单井抽水试验实测承压水头如下表：

含水层初始水位 **表1**

井号		Y1	Y2	Y3
初始水位	深度(m)	5.05	5.10	4.9
	绝对标高(m)	0.95	1.0	0.8

(2) 单井出水量与降深关系曲线

抽水同时对观测孔进行地下水位动态观测，观测数据见图5。

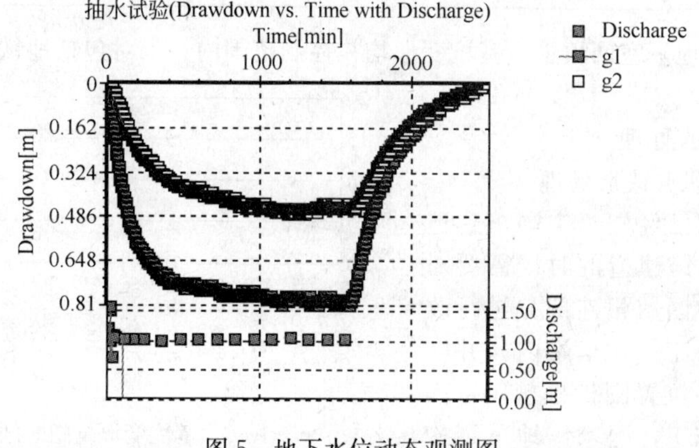

图5 地下水位动态观测图

(3) 主要结论

根据抽水试验求参结果：第⑤2层平均渗透系数为0.18m/d，贮水率5.21E－3(1/m)。

根据抽水试验结果计算得到了抽水井的影响半径范围为98m，根据现场实际观测，10m远处观测井水位降深约1.0m，23m远处观测井水位降深约0.5m，较远处水位降深将很小。

(4) 实施情况

本工程国家馆基坑内布置4口降压井和4口观测备用井，在北1号基坑内布置1口降压井和1口观测备用井，在2号基坑内布置2口降压井和3口观测备用井。在挖土到－9米时，开启降压井，发现出水量很小，通过观察井观察，水头在基坑开挖面以下，故采取抽一天，停一天的方法，始终将水头控制在挖土面以下1m左右，直至底板施工完毕封井，整个基坑均处于安全可控状态。

4.3 基坑监测情况

由于紧靠地铁M8线，我们实施了信息化监测基坑变形情况，主要监测内容如下：

1) 围护桩侧向位移(测斜)监测
2) 坑外土体侧向位移(测斜)监测
3) 围护桩顶面水平位移监测
4) 围护桩顶面沉降监测
5) 坑外水位监测
6) 混凝土(钢)支撑轴力和围檩应力监测
7) 钻孔灌注桩围护桩身应力监测
8) 坑内立柱隆沉监测
9) 坑底回弹监测
10) 基坑周围地表沉降监测
11) 地下管线的沉降位移监测
12) 基坑周围建(构)筑物沉降监测

其中作为重中之重的地铁M8线情况如表2、图6所示：

地铁M8线变形情况 表2

日期	变形(mm)	工况	日期	变形(mm)	工况
2008-4-21	4.05	第一道支撑施工	2008-6-18	16.64	底板施工
2008-5-10	6.53	第二道支撑施工	2008-7-1	17.04	地下室施工
2008-5-28	15.32	垫层施工			

从基坑开挖到地下室回填土，基坑变形均在控制范围内，未对包括地铁在内周边环境造成影响。

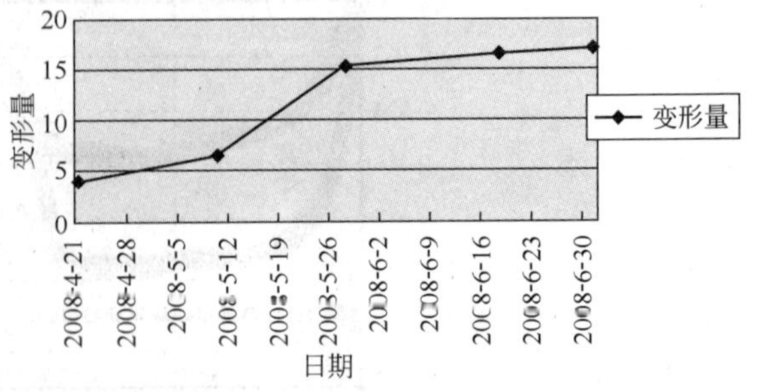

图6 基坑变形量随时间变化图

4.4 车站联通口的处理

(1) 地铁车站风井改造处理

由于地铁车站已经先于中国馆建造完毕，所以在中国馆建造的时候需要对原有地铁车站与中国馆相连部分进行改造，主要包括以下工序：车站内风井内区域封堵，原风井位置围护桩施工，围护体系止水帷幕施工，国家馆地下结构施工，车站风井改造施工。由于是地下外墙结构，所以其改造不同于常规结构改造，在围护结构施工时，我们在风井外侧打设了6根灌注桩，形式同国家馆灌注桩，在灌注桩外围采用高压旋喷桩止水，保证在原结构拆除时中国馆基坑的稳定，为后续结构施工，提供工作面。

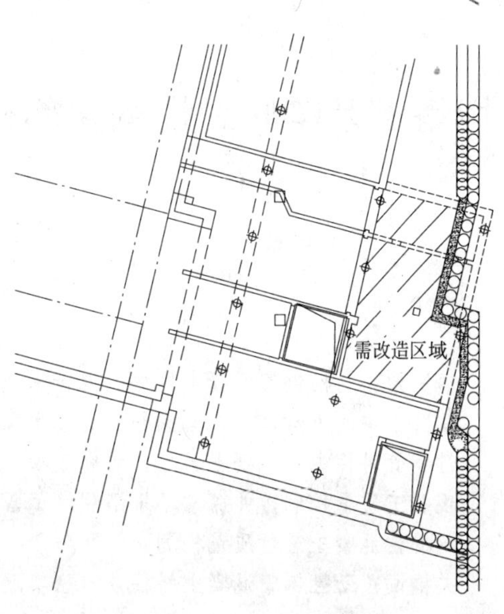

图7 风井位置围护桩布置

(2) 地铁车站临时通道处理

地铁车站的临时通道为一从路面通向地铁车站内的楼梯通道，从前期设计设想开始，这里一直是一个难点，这包括以下两个方面：

首先，如何有效传递2道支撑的水平力到地铁结构上，由于是临时建筑，不能够承受2道支撑的水平推力，原设计准备采用临时609钢管支撑来传递水平力，临时通道需等到国家馆地下室结构施工完毕后方可进行拆除施工，对工期影响较大，我们采用在支撑施工前拆除临时通道，直接将支撑设置到地铁结构上的施工方法，不仅减少了609钢管支撑的使用，也加快了工期。

第二，随着挖土施工的进行同时拆除临时通道，也给临时通道处的工程桩及围护桩带来了难题。按照常规思路，拆除临时通道再进行桩基施工，就会带来桩基施工时没有操作面的难题；不拆除临时通道，就需要打穿2层800mm厚的临时通道顶板及底板，才能够顺利进行灌注桩施工。我们突破常规，采用精确定位，在底板及顶板上提前开孔的方式，既不影响临时通道在基坑开挖前的传力作用，也保证了工程桩及围护桩的顺利施工。

(3) 人行通道处理

人行通道位于车站北侧，与北一块基坑连接，原结构施工时未考虑该部位作为永久人行通道，现需要重新开口作为永久通道。由于车站原有的围护结构是地下连续墙，需要凿除围护结构及车站主体结构，并且需对洞口进行加固，再与中国馆基础结构进行连接。现场实施时，考虑到车站内已装饰完毕投入到运营中，所以施工时需从地铁车站朝基坑内开孔，先采用钻孔机，去除车站外墙，再凿除地下连续墙，施工时需要特别注意的是做好地铁车站的保护工作，防止施工用水倒灌进地铁车站内，影响地铁车站的运营。为此，我们在车站内砌筑了挡水墙，挡水坎等，24h不间断值班人员，防止意外事件发生，通过一系列的措施，从人行通道开始施工到结束，虽然经历了罕见的大雨，但地铁车站一直处于安全状态。

5 结论

从2008年1月18日桩基围护施工到2008年7月30日国家馆地下结构完工，通过全过程的基坑以及地铁监测，周边环境一直处在受控状态，说明整个基坑的设计、施工均是成功的。

1) 本工程根据45000m^{2}基坑，挖土深度为10.8m(局部12m)采用2道混凝土支撑(地铁保护区)及1道斜抛撑(非地铁保护区)是能够较好的维持基坑稳定以及周边环境的安全的。

2) 分块施工是保证工程进度以及工程安全的有效施工措施，根据支撑形式及现场实际情况，合理选择的挖土方案，掌握时空效应的原则，是减少基坑变形的先决条件。

3) 施工过程以设计、施工方案为依据，监测数据为指导，为信息化施工提供数据，从而优化施工方案，真正做到信息化施工。

世博演艺中心劲性钢管斜柱内的混凝土施工质量控制技术

金振士、周晓莉、薛文杰
（上海市第四建筑有限公司）

摘　要：劲性钢管混凝土柱内的混凝土施工质量控制与质量检测一直是钢—混凝土组合结构施工中的难点之一，国家的相关技术标准也尚未完善。结合上海世博演艺中心工程的劲性钢管斜柱中的混凝土施工，研究了如何采用C60自密实混凝土代替普通混凝土浇筑以实现施工质量控制；并探索了采用现场试验柱取芯法与非金属超声波检测相结合的方法，对钢管内混凝土进行质量检测。

关键词：劲性钢管混凝土斜柱，自密实混凝土，非金属超声波检测

1　工程概况

上海世博演艺中心为2010年上海世博会永久场馆之一，该工程用地面积67242.6m^2；总建筑面积125945m^2；地上单层剧场及周边6层73941m^2；地下2层52004m^2；人防建筑面积1055m^2。工程主体竖向结构由108根钢柱组成，其中72根钢柱向外倾斜。

2　技术难点

工程主体竖向结构的72根钢柱以75°57′和60°58′向外倾斜，钢管柱与水平方向存在夹角，管内横向劲板又都与管壁垂直，夹角位置在浇捣过程中会产生空洞；按照设计要求横向劲板上允许开孔大小只有Φ200mm，且管壁内侧打满栓钉，浇捣混凝土时无法将泵管与振动泵插入钢管底部，混凝土浇捣的密实性难以得到保证；浇捣过程钢管内会形成一个密闭空间，空气无法循环，导致的结果将是表面看上去灌满混凝土，其实内部有空洞。

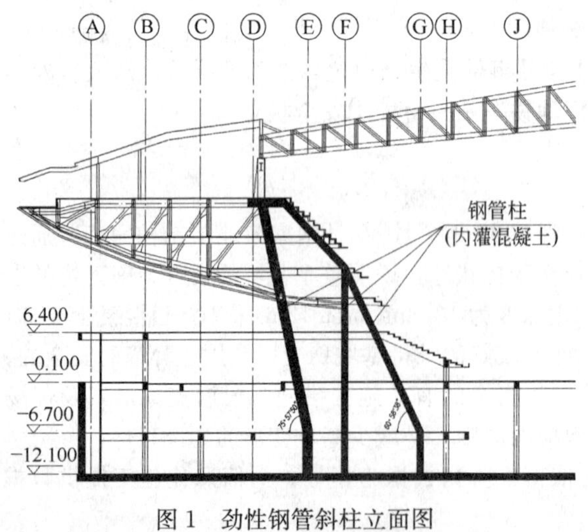

图1　劲性钢管斜柱立面图

图2　钢管柱内部结构

同时，对于劲性钢管柱内的混凝土施工质量控制与质量验收，目前国内尚未形成统一的技术标准，对于钢管内混凝土的强度、密实度以及混凝土与钢管壁的胶结程度控制与检测方法尚需进行研究。

3 关键技术措施

通过分析，确定影响劲性钢管斜柱内的混凝土施工质量的各类主要因素，并有针对性地进行解决。

3.1 改良混凝土性能

用流动性较好的自密实C60混凝土，取代普通混凝土，并适当调整材料配合比：

(1) 由于钢管内加劲钢板孔径小、结构复杂，因此选用粒径较小的粗骨料，以增加混凝土的密实性。

(2) 采用扩展度指标控制混凝土地流淌性。在满足混凝土和易性、泵送性和现场浇筑施工性的前提下，将扩展度控制在500～600mm范围内。

(3) 在保证流淌性好的前提下，调整原材料配比，如水泥的强度等级、水泥掺量、水灰比、掺加优质粉煤灰和优质矿渣粉复合材料等。

(4) 采用优质聚羧酸盐外加剂，既能保证混凝土流动性又能防止或减少混凝土离析。

3.2 增加钢管的横向加劲肋板透气孔

经过与设计多次协商，在钢管横向加劲肋板的四个角上增开4个四分之一的圆孔，孔径50mm。另外要求钢结构加工单位在工艺板对应位置也相应开孔，确保混凝土浇捣过程中透气。

3.3 优化混凝土施工工艺

(1) 经过多次中试，确定生产C60自密实混凝土的搅拌时间不宜少于40s，混凝土从出料到浇捣最长时间不宜超过2.5h。

(2) 通过计算确定了本项目每次C60自密实混凝土需要运输专用搅拌车为8辆，其中2辆为备用，并由材料设备部门对所有运输车辆的性能进行了检查，所有车辆配备GPS定位系统。

(3) 落实专人负责车辆运输的调度组织，统一发号施令，现场随时掌握运输车辆动态。

(4) 对混凝土的生产能力、运输环节进行检查，确保拌站生产量能满足现场泵送连续施工需要，运至现场泵送前的混凝土扩展度基本无损失，大部分有所增加，具有可泵性能。

(5) 进行多次现场振捣试验，摸索出适度振捣的方式，形成施工方案，并从试验过程开始培养固定的振捣手，对其进行专项交底。

严格按照方案制定的振捣程序实施，每个振捣点安排施工员进行全程监控。

3.4 确定劲性钢管斜柱的混凝土施工质量验收方法

经过研究，决定采用非金属超声波检测法检测钢管构件内混凝土的密实度和混凝土与钢管壁的胶结程度；同时，在工地现场浇筑一根钢管混凝土试验柱，在其达到强度后采用混凝土切割机对其沿纵向剖开，以进行内部检测和混凝土取芯试验。

4 效果验证

4.1 本次检测1根在工地上浇筑成型的试验钢管混凝土柱。矩形钢管柱尺寸为1400×800mm，钢管壁厚为20mm，管内充填混凝土设计强度等级为C60自密实的预拌混凝土。

4.2 现场检测结果

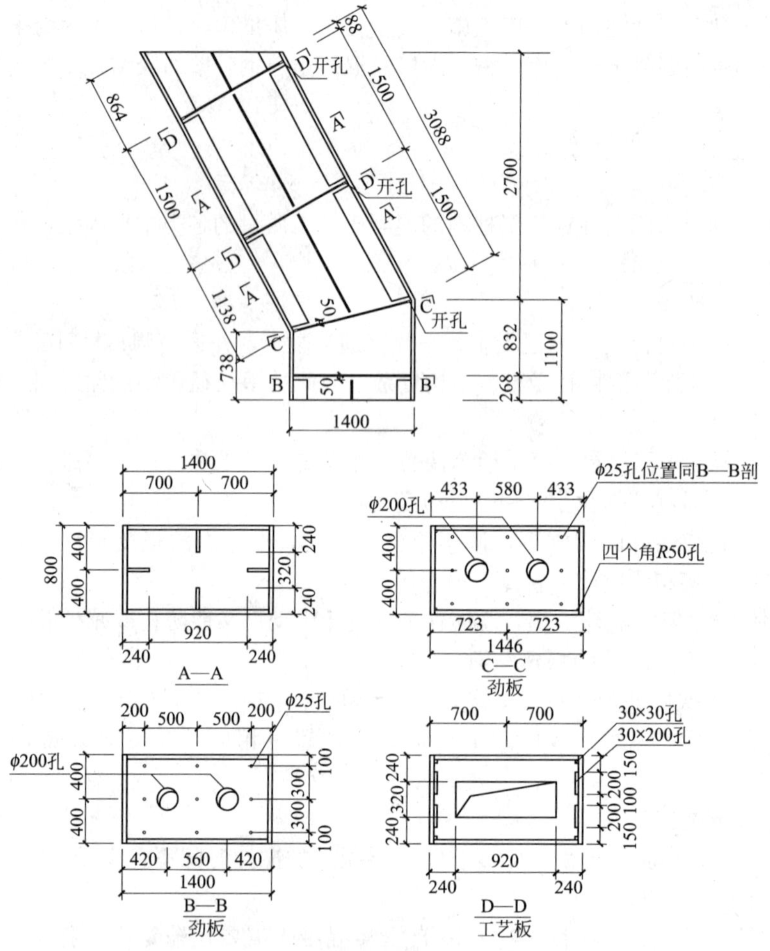

图 3 钢管内部肋板开洞图

4.2.1 超声波检测，按设计要求在试验柱钢管外用超声波 探测七个断面钢管内混凝土的浇筑密实情况。

检测范围在：在试验钢管柱外分 7 个断面两个方向检测，矩形柱短方向测 1～6 六组超声对应测点，长方向测 A～D 四组超声对应测点。根据超声波在钢管柱上探测到的波形首波幅度和超声时，判别钢管内混凝土密实情况，5 天探测结果：钢管内混凝土密实。

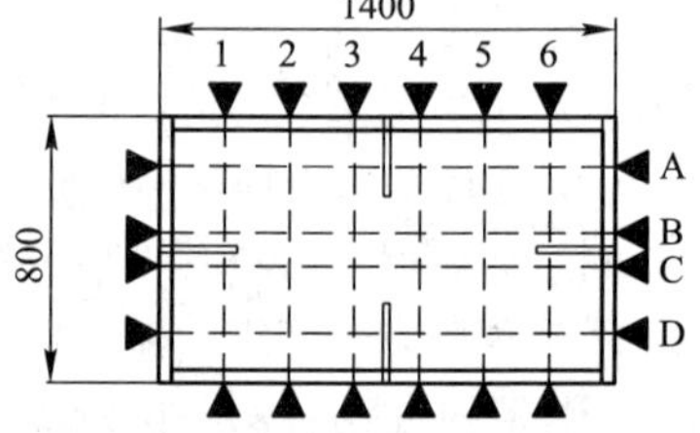

图 4 试验柱内部测点布置

4.2.2 矩形钢管柱沿纵向剖开后，按设计指定的位置进行抽芯检测现场混凝土强度值(具体位置见附图)。

28 天混凝土芯样抗压强度值 **表 1**

芯样位置	高径比	破坏荷载(kN)	混凝土实测抗压强度值(MPa)	混凝土设计强度等级
1#	1.00	240	62.4	C60
2#	1.00	252	65.5	C60
3#	1.00	332	86.3	C60
4#	1.00	274	71.2	C60

续表

芯样位置	高径比	破坏荷载(kN)	混凝土实测抗压强度值(MPa)	混凝土设计强度等级
5#	1.00	316	82.2	C60
6#	1.01	238	61.9	C60
7#	0.99	340	88.3	C60
8#	1.00	260	67.6	C60
9#	1.00	262	68.1	C60
10#	1.00	290	75.4	C60

注：1. 钻取混凝土芯样直径为 ϕ70mm；
2. 上述强度值已换算成相应于同龄期边长为 150mm 立方体试块强度值。

4.2.3 实验柱切割后，通过肉眼观察，可以发现内部混凝土密实性好、色泽均匀、与钢管管壁胶结良好(实物照片见图 5)。

4.2.4 工程施工过程中由设计方选取了最重要部位的柱子 21 处(从－6.7m 处 16 根柱；9.63～11.25m 处 5 根柱)，对其进行超声波探测。经过对钢管混凝土柱超声波探测，从多个断面二个方向超声声速和信号首波幅度情况的分析，所测范围钢管柱内混凝土全部密实。

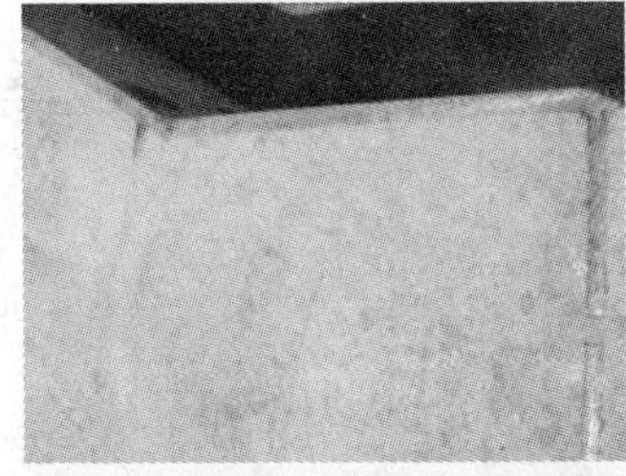
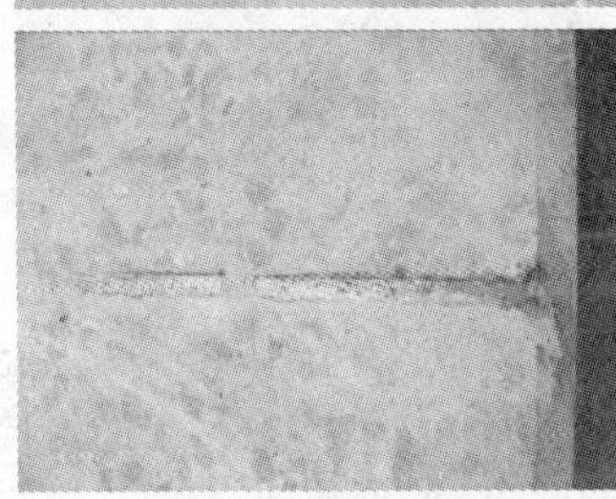

图 5 内部混凝土密实性及钢管壁粘结情况

5 结语

本项目钢管柱内采用 C60 自密实混凝土后，比采用普通 C60 混凝土提高了施工质量，杜绝了浇捣过程可能出现空洞现象，避免了后续再采取补救措施的过程，保证了工期，节省了费用。C60 自密实混凝土在本项目的成功应用，获得了投资方、设计、监理等各方的一致好评，为后续工程使用提供了可借鉴的施工经验。

另一方面，采用模拟柱取芯试验与现场构件非金属超声波检测法相结合，对劲性钢管柱内的混凝土施工质量进行检测的方法，经本工程实践证明是可行的，可为其他类似工程提供工程借鉴，也为今后制定相关规范提供了一定依据。

在既有大型船台上建造世博泵站出水箱涵排放口的设计和施工优化

孙　健、李申杰
（上海市第四建筑有限公司）

摘　要：南码头雨水泵站出水排放口位置为原爱德华船厂的船台，地下障碍物较多，且施工时需暂停武警码头和南码头轮渡站的运营，社会影响非常大。通过优化，泵站排放口做至现有船台末端结束，在船台末端与千年一遇防汛墙之间的水域加盖顶板，这样既确保了施工进度，又大大节约了工程投资。

关键词：出水排放口，船台，轮渡站，障碍物，防汛墙，设计优化

1　工程概况

世博南码头雨水泵站、雨水调蓄池是世博会浦东园区白莲泾以东地区、南码头排水系统的雨水排放泵站和初期雨水调蓄池，由于拟建场地面积的限制，雨水泵房与雨水调蓄池采取合建的方式，站址位于浦明路北侧、南码头路东侧，占地面积约为 3853m^2。拟建雨水排放口朝向黄浦江，在设计排放口位置为原爱德华船厂的船台钢闸门处，船台北部为已废弃码头，南部为现有武警码头（活动浮码头）及南码头轮渡站，根据世博要求，排放口将结合世博白莲泾公园景观绿地防汛墙进行设计（图 1）。

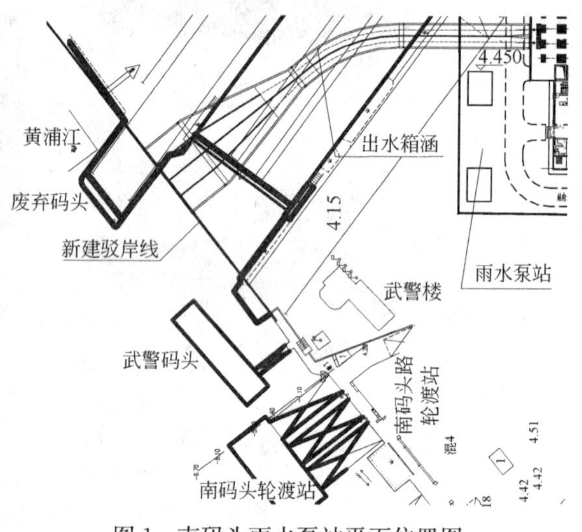

图 1　南码头雨水泵站平面位置图

2　原出水箱涵排放口设计方案及施工难点

2.1　设计方案

拟建雨水排放口采用钢筋混凝土箱涵结构，箱涵尺寸为 2－2000mm×2000mm～4－4000mm×2000mm，底标高－0.09m，底板厚 350mm，顶板厚 350mm，侧墙厚 250mm，长约 89.35m。设 3 道沉降缝。为防箱涵排放口处基础土方的淘刷，在前沿设置浆砌块石护滩结构，在箱涵排放口前沿外设置钢筋混凝土板桩，规格 300mm×500mm×12000mm，兼作箱涵基础，箱涵排放口结构兼作防汛墙，在箱涵前沿顶板上设置防汛挡墙，墙厚 400mm，墙顶标高 6.70m，与两端防汛墙接顺（图 2）。

雨水排放口箱涵结构两端与防汛墙的连接段设 15m 左右高桩承台驳岸过渡段，过渡段结

构采用高桩承台防汛墙，防汛墙桩基为前板桩、后方桩，C30 钢筋混凝土板桩规格为 300mm×500mm×15000mm，方桩规格(mm)350×400×15000@1500，L 型挡墙底板底标高为 2.50m、顶标高为 3.000m，底板厚 500mm，挡墙厚 400mm，墙顶标高 6.70m，墙后地面标高 4.50m，绿化造坡后，墙后标高不高于 5.50m(图 3)。

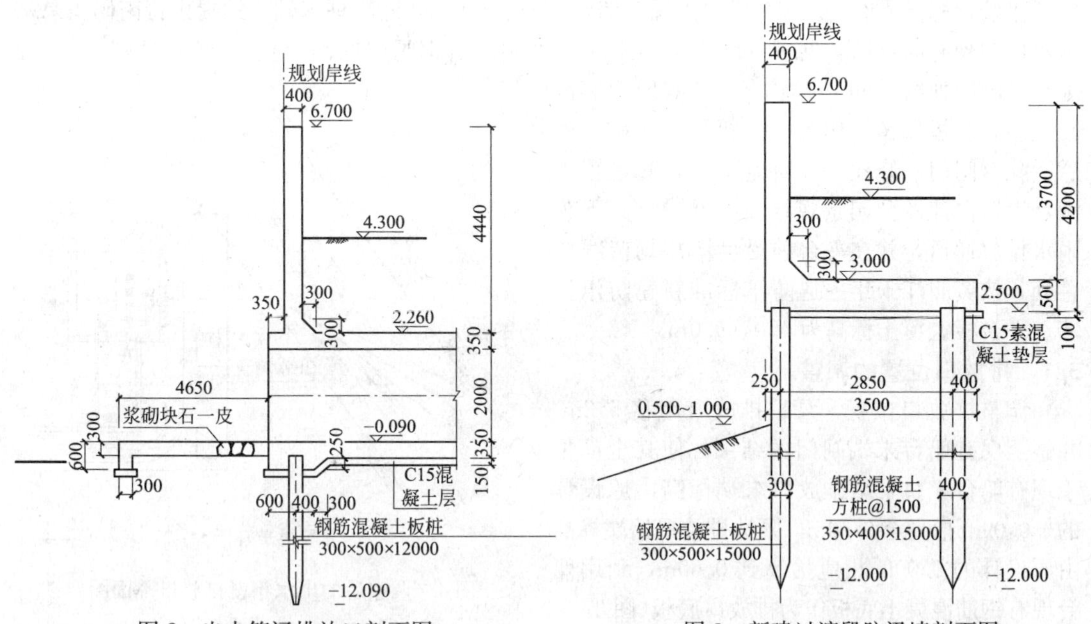

图 2 出水箱涵排放口剖面图　　图 3 新建过渡段防汛墙剖面图

2.2 施工难点

2.2.1 围堰施工对现有轮渡站影响非常大

按原方案施工需用打桩船进行围堰施工，船台南侧武警码头和南码头轮渡站位于打桩船抛锚影响水域内，武警码头和轮渡站需暂停运营约 210 天左右，社会影响非常大。

2.2.2 对周边建筑物保护难度大

距离防汛墙 25m 左右为现有武警驻扎三层楼建筑物，如果完全拆除船台、闸门可能导致土体坍塌，造成防汛墙、武警楼发生沉降破坏。为避免对建筑物造成影响，需打设隔离桩对建筑物进行保护。但根据现场情况，受船台底板桩基础等地下障碍物影响，打设隔离桩几乎不可能。

2.2.3 安全风险不确定

根据现存图纸不能完全掌握船台、闸门的结构，完全拆除船台、闸门具有不确定性风险。根据现场测量，船台底板顶至地面约 5.50m，如果拆除船台、闸门，导致原有结构破坏，在侧墙外土体挤压作用下发生坍塌，破坏相接的防汛墙，对防汛安全不利。

2.2.4 资料收集困难

船台下原桩基础影响排放口围护、方桩、板桩施工，由于爱德华船厂已拆迁，船台、闸门完整的结构图纸已遗失，需在拆除船台后进行探摸，然后根据工程需要清障。

2.2.5 施工工期时间长

如果按此方案进行施工，完全拆除船台、闸门，为保证工程安全、防汛安全、保护周边建筑物，需采取一系列的措施，将大大影响施工工期。

2.2.6 工程投资大

为确保工程安全及周边防汛墙、建筑物安全，需增加拆除船台，移除武警码头，地下清障，打设隔离桩保护周边建筑等工作，大大增加工程投资。

3 出水箱涵排放口施工方案的优化

根据现场实际探摸情况，爱德华船厂船台底板顶标高最低处+0.39m，底板厚1.5m，两侧防汛墙顶标高+6.70m，在原防汛墙及船台下有ϕ800钻孔灌注桩基础，故提出将南码头泵站出水口与现有船台结合处理，即泵站出水箱涵做到船台钢闸门内侧为止，利用钢闸门干式施工，钢闸门处约20m范围内的1.5m厚钢筋混凝土船台底板保留，作为渐扩箱涵的基础。然后拆除钢闸门，修建一个腾空平台，其上覆土满足世博白莲泾公园景观绿地的要求，其下为雨水排放通道，并在平台前沿世博规划蓝线位置处，按黄浦江千年一遇防汛标准新建防汛挡墙。平台板上覆土标高为4.0～5.0m。

3.1 排放口位置的调整

调整排放口位置，泵站排放口南移5.2m，并做至现有船台末端闸门内结束，使其全部位于现有船台上。泵站排放口末端标高由原设计的−0.09m抬高至0.50m，泵站排放口始端标高由原设计的0.00m相应抬高到0.60m，利用船台现有钢筋混凝土底板作为排放口底板(图4)。

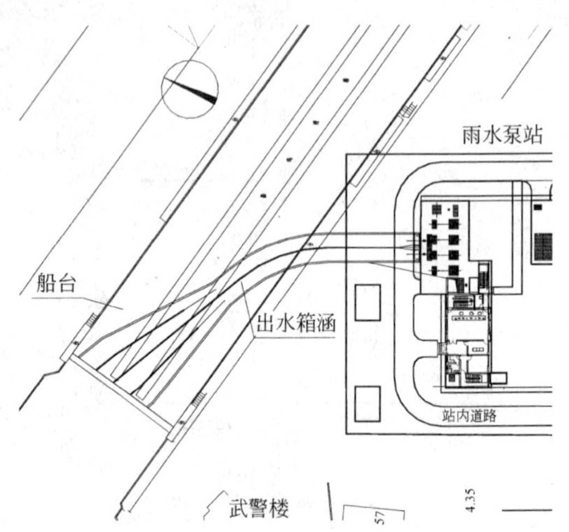

图4 调整后的出水箱涵排放口平面图

3.2 防汛墙的调整

为保证新建防汛墙与原防汛墙接顺，需修建一个腾空平台，并在平台前沿世博规划蓝线位置处，按黄浦江千年一遇防汛标准新建防汛挡墙。船台钢闸门外二根滑道之间有许多根水平联系杆系，桩位只能布置于二根滑道外侧，两边桩位间距至少要13m。由于荷载大，平台板上下空间受到限制，普通钢筋混凝土结构难以实施，因此引入桥梁技术，先架设11m+13m+11m三跨小桥，桥面宽11.4～20.4m，然后在1m厚预应力空心板梁上铺设0.2m厚C30钢筋混凝土防水层，在规划蓝线位置修建重力式L型钢筋混凝土防汛挡墙。

桥墩桩、桥台基采用ϕ800钻孔灌注桩，有效桩长分别为37.0m及26.0m，空心板梁底标高2.33m，顶标高3.33m(图5)。

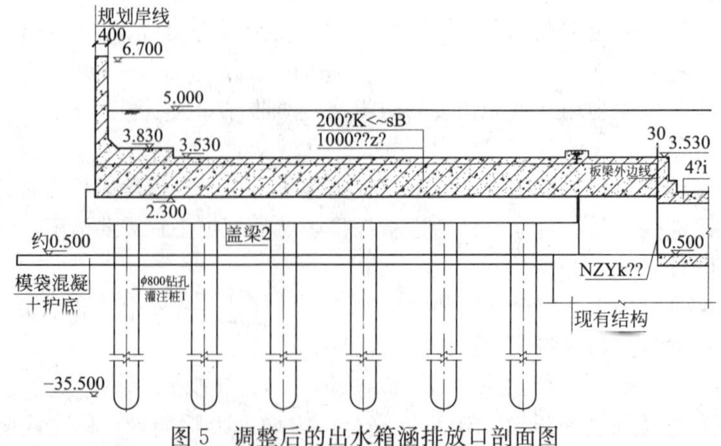

图5 调整后的出水箱涵排放口剖面图

3.3 出水压力井闸门的调整

按上述方案调整后，由于利用船台现有钢筋混凝土底板作为排放口底板，泵站排放口末端标高由原设计的−0.09m抬高至0.50m，泵站排放口始端标高由原设计的0.00m相应抬高到0.60m。因南码头泵站规划为地下式泵站，泵房出水压力井顶板标高只能做至地面平，既顶板标高为4.80m，泵站排放口始端洞口抬高0.60m后，出水压力井内的闸门无法全开启，故调整泵站排放口断面，始端为2孔2200mm×1600mm(BXH)，末端为4孔4000mm×1600mm(BXH)，出水压力井内的闸门改为2200mm×1600mm，双吊点，此闸门可全开启

4 排放口施工

根据现场情况，排放口在非汛期施工，该处非汛期最高水位为3.80m，最低水位为1.20m。排放口施工时，必须根据潮汛涨落时间安排。施工采用趁潮法施工，合理安排人员、材料及机械，利用退潮的时间进行施工。

4.1 临时防汛墙的施工

老防汛墙拆除前，临时防汛墙需先施工完毕。临时防汛墙采用MU10标准砖、M7.5砂浆砌筑，1∶2防水沙浆抹面，厚20mm，门墩采用MU10砖、M7.5砂浆砌筑，1∶2防水沙浆抹面，厚20mm，背水面灌土草包(或编织袋)。临时防汛墙设计防水位为4.82m，临时防汛墙顶标高为5.45m，总长为120m(图6)。

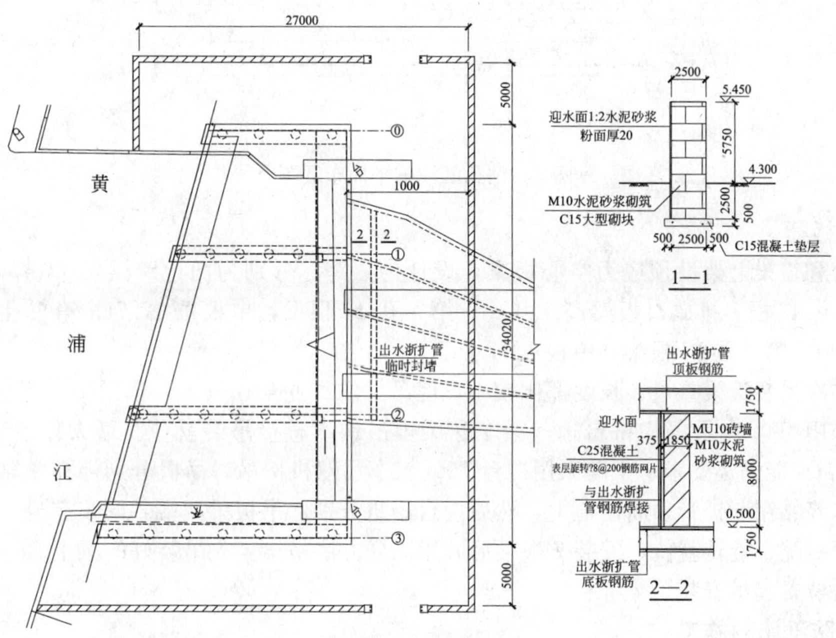

图6 临时防汛墙平面布置图

4.2 钻孔灌注桩的施工

用木方先在该水域内搭设一个水上平台，然后打设4排Φ800钻孔灌注桩(图7)。

4.3 桥台、盖梁施工

南北两侧共有两个桥台、两个盖梁。先施工北侧桥台，待盖梁完成后再施工南侧桥台。根据现场实际情况采用趁潮法施工，合理安排人员、材料及机械，利用退潮的时间进行施工。桥台模板采用定型钢模，混凝土浇捣完后用水玻璃封面，防止江水破坏成型。

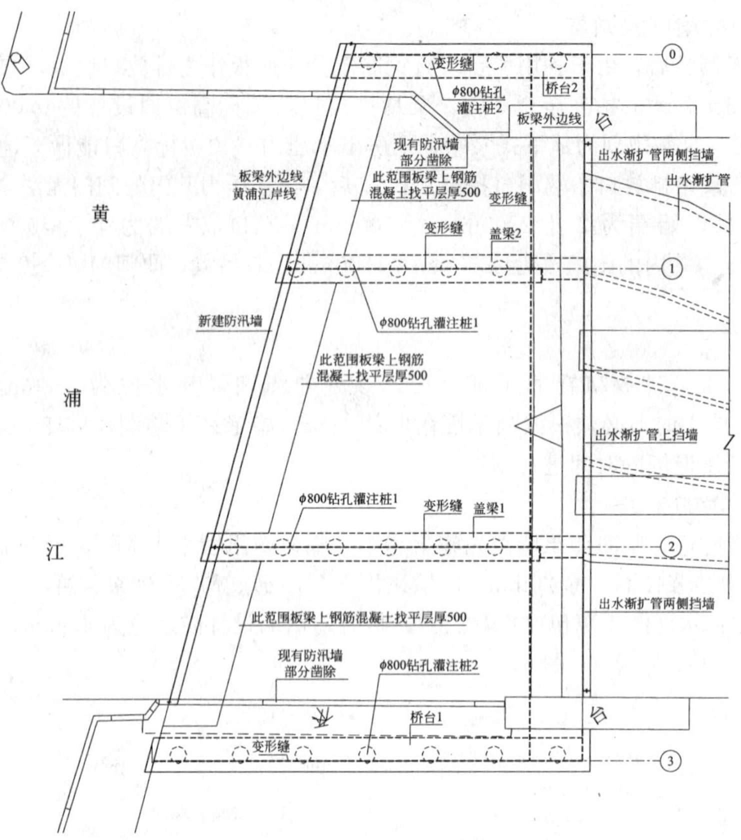

图 7 钻孔灌注桩平面布置图

4.4 架设板梁

在桥台和盖梁上架设预应力空心板梁，设计为三跨。分别为两边跨梁长 11m，中跨梁长 13m，板梁共 42 根。排放口板梁高 1.00m。第一孔 11 根梁，单根重 17.7t；第二孔 14 根梁，单根重 20.3t；第三孔 17 根梁，单根重 17.0t。

根据本次吊装板梁重量、长度都比较小，但吊梁的作业半径较大，选用 100t 汽车吊架梁。两孔边跨采用 100t 汽吊停靠桥台边，梁车送梁至吊钩下直接吊装就位。最大作业半径 10m，其重量为 21t，能满足要求；中跨采用二台 100t 汽车吊双机抬吊，吊机分别停在紧靠桥台的两侧。运梁车停靠在渐扩管顶面便道上，然后两台吊机分别起吊板梁两端，同步起升、吊离、梁车开走。两机配合旋转就位，安装 7 根梁后，用同样方法吊梁至先吊装好的梁上暂存，后移动吊机至合适位置起吊安装。

4.5 新建防汛墙的施工

新建防汛墙采用 C30 钢筋混凝土，防汛墙与排放口防汛墙连接处硬以 300mm 厚侧墙相连接，新建防汛墙与现有防汛墙及排放口段防汛墙连接处应设置沉降缝。并设置橡胶止水带。

5 效果和体会

(1) 尽可能地将施工影响区域缩小，取消围堰施工，避免了移除武警码头以及停止运营南码头轮渡站。

(2) 充分利用原有船台闸门，干法施工排水箱涵结构，施工周期短，质量容易控制，节约造价。

(3) 由于爱德华船厂已拆迁，船台、闸门完整的结构图纸已遗失，根据现存图纸不能完全掌握船台、闸门的结构，完全拆除船台、闸门具有不确定性风险，同时对防汛安全产生威胁。采用修改方案后无需完全凿除船台，规避了安全风险。

(4) 按原方案进行施工，计划工期至少 7～8 个月，采用修改方案后，取消了围堰打设、凿除船台、清除地下障碍物、对周边建筑保护等工序，计划工期调整为 5 个月，可确保在 2009 年汛期到来之前完成施工并使泵站按计划投入使用。

(5) 采用修改方案后，避免了凿除船台、移除武警码头、清除地下障碍物、打设隔离桩保护周边建筑等工作，大大节省了工程投资。

中国馆彩色太阳能光伏板发电系统的应用与施工

陈家伟、李耀文

（上海市第四建筑有限公司、上海建工设计研究院有限公司）

摘　要：中国馆彩色太阳能光伏板发电系统采用了国际上同类型转化率最高的彩色光伏产品，并采用了与传统输配电相异的“并网不上网”运行方式，使用户更加直观地感受太阳能发电的魅力和效果，更加有利于光伏发电的推广。此外，彩色产品满足了光伏建筑一体化建设的需要，为用户增加了选择余地，使建筑美观和节能降耗和谐而统一。

关键词：中国馆，彩色光伏板，太阳能发电，并网不上网，光伏建筑一体化

一、前言

上海世博会在园区大规模地应用了太阳能光伏发电技术，充分展现了光伏建筑一体化的思路和今后发展方向。中国馆为世博会永久性场馆和标志性建筑，建设与之相结合的大型太阳能光伏建筑一体化发电工程，不仅能充分展示我国先进的新能源开发利用技术和全新的生态建筑理念，也能更好地体现“科技世博”和“生态世博”的精神，展示我国先进的太阳能应用技术和未来城市建设的生态建筑理念。

中国馆分别在国家馆和地区馆安装了两套太阳能发电系统。国家馆太阳能发电系统的光伏板和运行方式属于常规系统；而地区馆太阳能发电系统则有别于传统，其为彩色芯片光伏板，运行方式也不同于一般。

二、彩色太阳能光伏板

传统的太阳能发电研究多以改善转换效率为技术开发的最终目标，为了要达到最高转换效率传统太阳能光伏板的外观颜色只呈现蓝色或黑色，因为蓝色光电转换的效率最高。但是随着要求的越来越高，单调的色彩已经不足以满足建筑师对建筑的美感要求，多元色彩的太阳能光伏板应运而生。中国馆的彩色光伏板是国际上光电转换效率最高的同类产品，其转换效率与一般蓝色光伏板的转换效率相当，而且还可以在彩色光伏板上(写)上字或(画)上图案，同时不降低光伏板的转换效率(图 1、图 2)。

三、“并网不上网”发电系统

地区馆彩色太阳能光伏板发电系统与国家馆太阳能发电系统的输送电方式不一样(图 3)。国家馆太阳能发电是和正常的火力、水力发电一样，统一输送到国家(地区)电网，再统一调度给每个用电设施，用户是无从得知所用电量是由哪个系统产生的。而地区馆太阳能发电系统是直接供给某个指定的用电设施，“现发现用”，用户可以明确知道该设施用了多少太阳能所发的电量，这样使得用户对节能更加有了直接和直观的认识。

图1 彩色样品

图2 实际产品

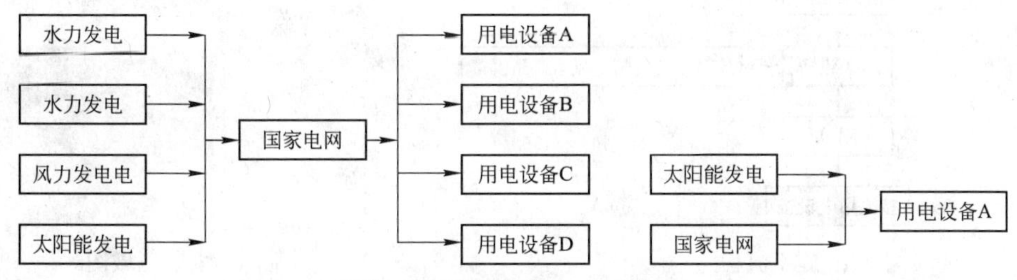

图3 不同的输电方式示意图

四、设计与施工

1 设计

1.1 色彩设计

中国馆的地区馆屋面，是景色宜人的“新九州清晏”园林景观。如果，在风景如画的园林四周采用传统太阳能光伏板呈现蓝色或黑色将会大煞风景，破坏景观效果。因此采用彩色太阳能光伏板组成的迷彩色围绕园林四周使其与景观的色彩和谐统一。迷彩色组合比率为6比2比2，60%采用了绿色代表树林，20%褐色代表木质步行道，20%浅蓝色代表湖面。从空中俯瞰整个地区馆屋顶景观和光伏板完全融为一体，像一幅绿意盎然的宜人画卷，使整个建筑更富生机。

1.2 系统设计

地区馆彩色太阳能发电系统共计发电量240kW。如此大的发电量对于一栋展览建筑来讲，在不办展览期间集中供给一个变压器的低压荷载使用会造成供大于求的现象。为了不浪费太阳能源影响使用效率，将240kW发电量一分为二，每部分为120kW分别向两个变压器的低压荷载供电，以此来降低单组供电容量，使得太阳能源发电处于经济运行状态。又因屋面光伏板沿四周铺设，造成每个面的受光面时段不同，三相电路只要有一相直流发电量达不到要求，三相逆变发电就会失败，从而降低发电效率。为此将太阳能光伏板分成八个区，把受光面大致相同的光伏板划为一个区，使得同一个区的光伏板光照大致相同，从而提高三相逆变发电效率。

2 施工

2.1 施工流程

2.2 安装区域

在地区馆屋顶四周，有宽度不等的悬挑钢结构。利用该处位置，布置2800块900mm×900mm的光伏板。

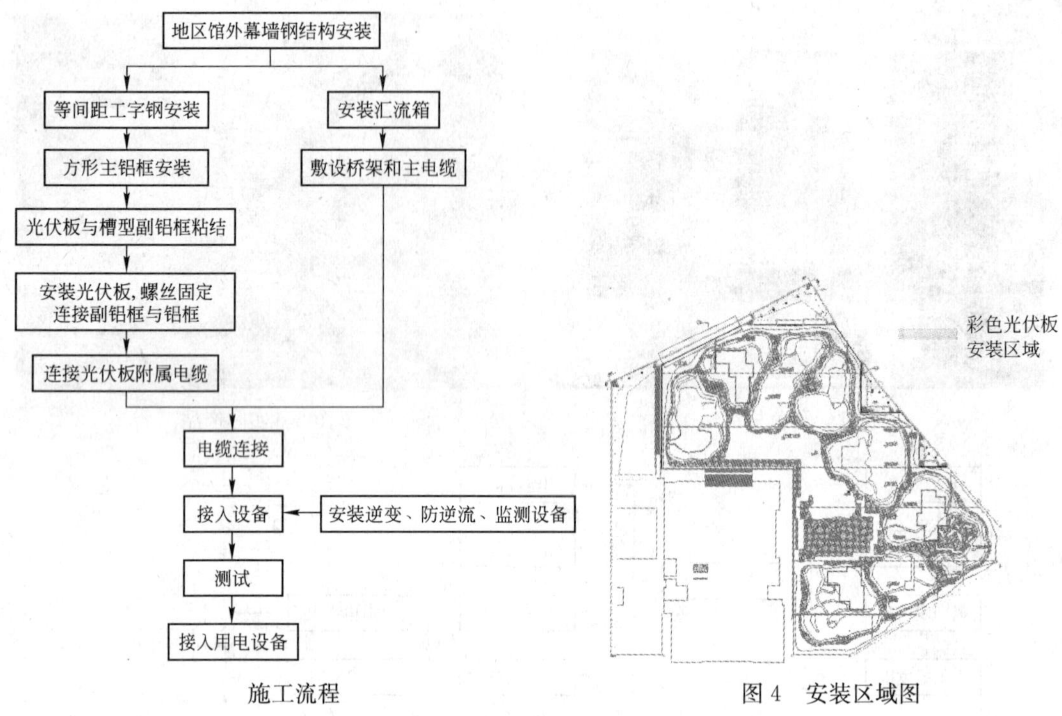

施工流程　　图4　安装区域图

2.3　支座施工

为了调整标高，在悬挑钢结构的基础上焊接小型号的型钢，再在型钢上安放主铝方框。然后安装预先粘好副框的光伏板，固定、填充胶。

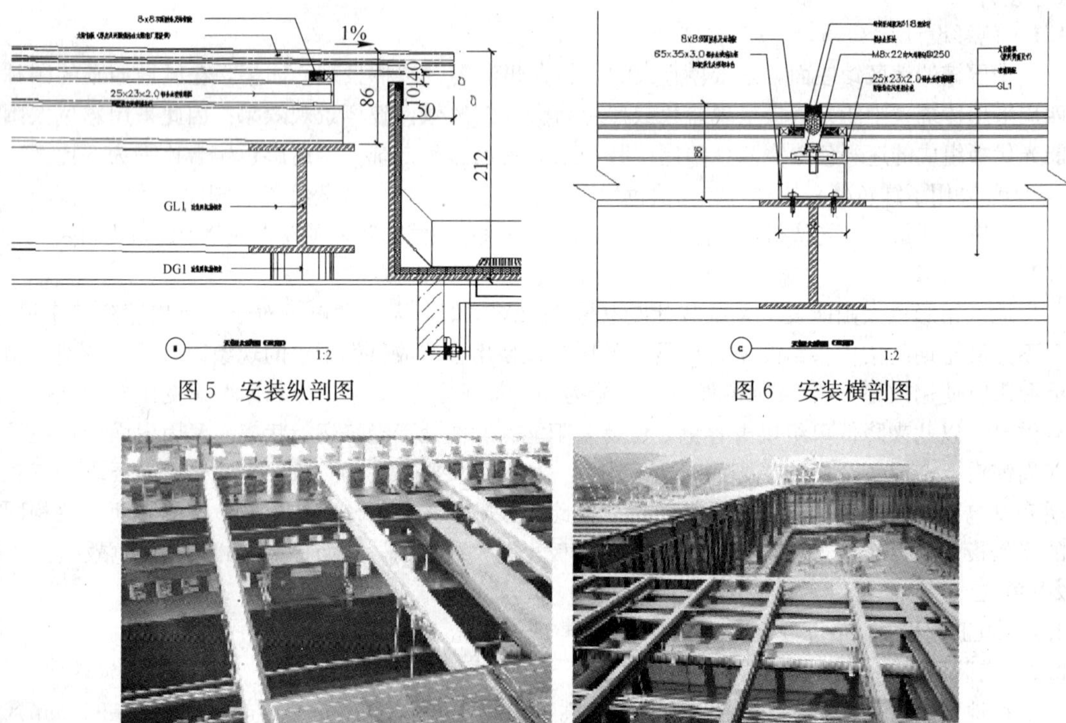

图5　安装纵剖图　　图6　安装横剖图

图7　现场实际图

五、建筑和节能效果

图 8　安装完成图

高效彩色太阳能光伏板有红、绿、蓝三种颜色，不仅能提供清洁电力，还能起到装饰作用，与景色宜人的“新九州清晏”园林景观和谐统一，美化了建筑外观。在空中可以看到由彩色太阳能电池组件所生成的马赛克效果，其色彩与中国馆的红色交相辉映，相得益彰。

中国馆此次安装了 2800 块高效彩色双玻太阳能组件，装机容量为 240kW，年均上网电量约 28 万 kW·h，每年可节约标煤 111t 左右，年均减排二氧化碳 241t。这不仅是光伏建筑一体化(BIPV)应用的一个经典案例，也是光伏环境一体化(EIPV)的一次精彩亮相，更是对本届世博会主题“城市，让生活更美好”的具体演绎。

世博中国馆防水综合施工技术

王　巍、赵明清、曹培峰
（上海市第四建筑有限公司）

摘　要：详细介绍了世博中国馆项目中的各种防水施工技术的应用情况，在施工过程中着重在选材、节点、工艺、和成品保护等方面加强管理，确保了该项目防水施工的顺利、保质完成，取得了良好的社会效益。

关键词：渗透结晶，防水施工，施工控制

1　前言

近年来，大型展览类公共建筑日益增多。这类结构造型别致，且较多具有超大、超深地下室，这对建筑防水技术提出了较高的要求。本工程针对实际情况，因地制宜，采用多种防水手段相结合，集各种技术之所长，取得了很好的施工效果。

2　工程概述及防水要求

2.1　工程概述

中国 2010 年上海世博会中国馆位于上海世博园区，北侧为北环路，东侧为云台路，西侧为上南路，紧贴 M8 线地铁，南侧为南环路。中国馆由国家馆、地区馆二个部分组成，基坑占地面积 43052m^2。本工程为地下 1 层(局部 2 层)，地上 5 层(核心筒 24 层)。建筑总面积 160126m^2，地下建筑面积 53252m^2，地上建筑面积106874m^2。

2.2　中国馆防水施工的主要内容

本项目属上海市重大工程，具有特殊的社会地位及意义。故此，其防水施工应作为满足使用功能要求的基础之一。中国馆主要存在以下几方面防水施工：

（1）地下室底板防水施工。

（2）地下室外墙防水施工。

（3）屋面防水施工。

（4）特殊部位防水施工。

3　地下室底板防水施工

3.1　概况

国家馆加地区馆的地下室底板面积约为 42445m^2。设计按一类防水等级施工，共设 2 道防水层。

底板防水详细做法：

1）自防水钢筋混凝土结构底板，强度等级 C30，抗渗等级为 P6；

2）水泥基渗透结晶型防水涂料 1.5mm 厚(二度)；

3）塑料疏水板（H=40mm）；

4）面层。

3.2 防水材料、技术参数

水泥基渗透结晶型防水涂料采用 Champion Super Ⅱ水泥基渗透结晶型防水材料（Ⅱ型）。该材料能够有效地封闭基层的裂缝和砂眼，能达到永久性防水效果。且无毒无味，不燃不爆，施工安全简便。可在背水面施工。主要技术指标如下表 1 所示：

渗透结晶型防水材料（Ⅱ型）技术参数 **表 1**

项目	初凝	终凝	28d 抗折强度	28d 抗压强度	湿基面粘结强度	28d 抗渗压力
指标	≥20min	≤24h	≥3.50MPa	≥18.0MPa	≥1MPa	≥1.2MPa

塑料疏水板型号为 PSB-D-40，厚度为 40mm，标准尺寸为 L×1150mm（长×宽），排水量为 2.2。

3.3 施工操作要点

➢ 确保面层清洁、平整。涂刷前应保证基层充分湿润且无明显积水。

➢ 防水涂料按 29%～30%的重量比加水，充分搅拌至均匀无沉淀的乳胶状。

➢ 第一遍批涂以填密基面毛细孔为主，首层涂层用量不低于 0.8kg/m^2。

➢ 第二遍批涂以平整为主，批涂的方向与上一遍垂直，采取喷洒清水养护，时间为 12h。

➢ 最后铺设 PSB-D-40 型疏水板，采用少量的钢钉固定疏水板，板与板之间采取搭一个孔连接，连接处用防水胶粘结。如图 1 所示。

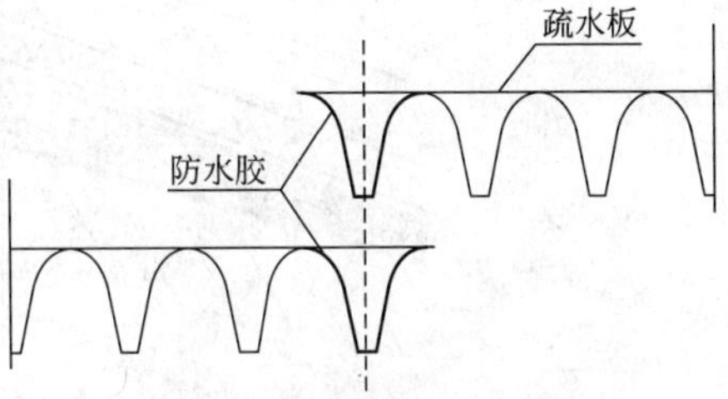

图 1 疏水板连接措施

4 地下室外墙防水施工

4.1 材料选择及性能参数

中国馆整个地下室侧墙外防水采用 2.5mmSPU-311 双组分聚氨酯防水涂料，该涂料可厚涂，涂膜密实、无气泡、无针孔。同时对环境无污染，施工便捷。其技术参数如表 2 所示。

SPU-311 双组分聚氨酯防水涂料技术参数 **表 2**

项目	抗拉强度	伸长率	不透水性	固体含量	湿基面粘结强度	实干时间
指标	≥1.2MPa	≤200%	0.3 MPa，30min，不透水	≥65%	≥0.5MPa	≤8h

4.2 施工操作要点

➢ 防水层基面必须平整清洁无裂缝，不得有明水。阴角处抹圆弧半径为 50mm 过渡，阳角用磨光机打磨光滑。

➢ 底涂应采用滚涂，要求均匀不漏底，以提高涂膜与基层的粘结力。

➢ 阴阳角、施工缝等节点部位应先采用玻纤网格布增强处理，宽度为 300mm。节点处增涂 2～4 遍防水涂料。

➢ 细部节点处理完毕且涂膜干燥后，进行两遍大面涂膜的施工。涂膜采用滚涂，两遍滚涂的方向垂直，且滚涂时要均匀，直至防水工程所要求厚度。防水层与基层粘结牢固、表面平整，不得有皱折、鼓泡、漏胎体和翘边等缺陷。

➢ 涂膜完全干燥 2 天后方可进行保护层施工，采用聚苯板作为保护层。防水层与保护层应粘结牢靠，结合紧密。

5 屋面防水施工

5.1 防水选材

屋面采用三道防水，自上而下分别为细石混凝土刚性防水层、二层 3mm 厚合成高分子防水卷材、2mm 厚水泥基渗透结晶型防水涂料（Ⅱ型），详细构造如下图 2 所示。

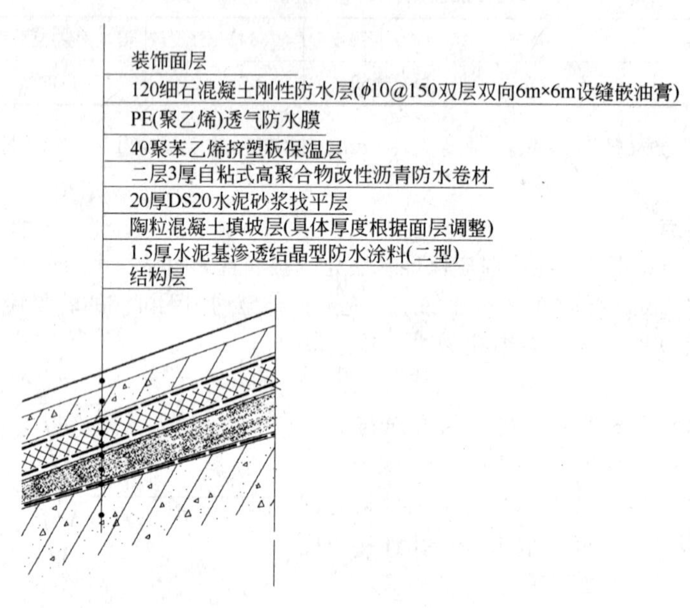

图 2 屋面防水做法

水泥基渗透结晶型防水涂料为 Champion Super Ⅱ水泥基渗透结晶型防水材料（Ⅱ型），与地下室底板用材相同，施工工艺及控制要点请参见前文。高聚合物改性沥青防水卷材采用“雨虹”牌 APP 改性沥青防水卷材，厚为 3mm，详细产品技术参数见表 3。

APP 改性沥青防水卷材技术参数 **表 3**

项目	耐热度	不透水性	拉力	撕裂强度	可溶物含量
指标	110℃	0.3MPa，30min 不透水	纵向≥600N 横向≥500N	纵向≥250N/50mm 横向≥200N/50mm	≥2100g/m²

5.2 防水卷材施工控制要点

➢ 基层应坚实、干燥、平整、清洁，施工前应对基层检查和验收。

➢ 基层处理剂干燥后对需做附加防水层的部位进行处理。一般部位附加层卷材应满粘于基层，应力集中部位应根据规范空铺。

➢ 水平面与基层粘结的卷材宜选用条涂自粘卷材进行自粘施工，卷材之间必须采用满粘结。

➢ 第二层双面自粘防水卷材施工时与第一层搭接不小于 500mm。

➢ 屋面坡度过大时，应采取满粘法或者钉压固定等方法，以有效控制卷材下滑现象。同时应对固定点进行严密封闭措施。

6 特殊部位防水

国家馆前大台阶共有 60 级，从地面上升到 9m 大平台处。大台阶及休息平台下为办公区域，因此对其防水要求较高，具体防水构造见图 3 所示。

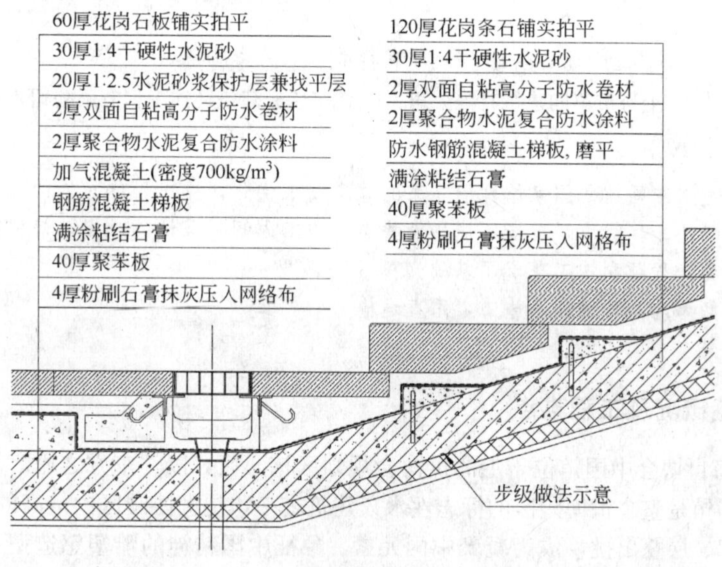

图 3 大台阶及平台防水示意图

6.1 防水选材

大台阶上所用的高分子卷材与屋面相同，也采用 APP 改性沥青防水卷材，具体参数及施工要点详见前文。另外，大台阶还采用了 JS 复合防水涂料(Ⅱ型)。该涂料弹性高、耐久性好，涂覆后可形成高弹、高强的防水涂膜层，并且施工简便。其详细技术指标详见下表 4 所示。

JS 复合防水涂料(Ⅱ型)技术参数 表 4

项目	抗渗性	不透水性	基面粘结度	延伸率	拉伸强度	固体含量
指标	≥0.6MPa	不透水	≥1MPa	≥80%	≥1.8MPa	≥65%

6.2 施工控制要点

➢ 基层用清水湿润，将浆料十字交叉涂刷，两至三层注意避免漏刷，当上一涂层已固化并产生足够强度后，再进行下一层施工(总厚度 1mm 以上)。

➢ 转角处、穿墙管、施工缝等均为防水中的薄弱环节，在防水大面施工之前应在其细部用玻璃网格布加强处理，平面与立面接槎处按标准接槎，首先将涂料涂在永久保护墙上，并甩出槎，作为接头。

➢ 该种材料不宜在雨中施工，不要在特别潮湿而且不通风的环境中施工，以免影响防水效果。

7 总结

世博中国馆属上海市重大项目，防水尤为重要。该工程防水遵循“以防为主，因地制宜，综合治理”的原则，以结构自防水为主，外防水和附加防水为辅。在施工过程中，本单位对防水混凝土、外防水层、特殊部位的防水施工等精心施工。同时在材料选择、节点设计、施工工艺、质量控制、养护和保护措施等方面加强管理，从而有效地保证了施工质量，取得了良好的施工效果。

中国馆幕墙体系施工技术

赵明清[1]、王福东[2]、迟晓宇[2]
(1. 上海市第四建筑有限公司、2. 武汉凌云建筑装饰工程有限公司)

摘　要：通过对中国馆之国家馆幕墙体系的施工技术优化，提出了针对性的施工方案并创新出幕墙移动小车，解决了现场不能搭设排架，施工内倾斜幕墙的难题，确保高空幕墙的顺利施工，为工程顺利竣工奠定了基础。

关键词：内倾幕墙，幕墙体系施工，垂直运输

1　国家馆幕墙概况及工程难点

2010 年上海世博会中国馆位于上海世博会规划区核心区，以“东方之冠，鼎盛中华”的构思为主题的中国馆是整个世博园区的标志性永久建筑之一，是世博园区内最高的新建场馆建筑。国家馆居中升起、层叠出挑，成为凝聚中国元素、象征中国精神的雕塑感造型主体——东方之冠；地区馆水平展开，以舒展的平台基座的形态映衬国家馆，成为开放、柔性、亲民、层次丰富的城市广场；二者互为对仗、互相补充，共同组成表达盛世大国主题的统一整体。

中国馆由国家馆、地区馆等组成，总建筑面积 105879m^2。国家馆高 69m，架空层高 33m，架空平台高 9m，上部最大边长为 138m×138m，下部四个立柱外边距离 70.2m(图 1)。

1.1　国家馆幕墙的构成

国家馆由斜面玻璃幕墙系统、管桁架室外部位红色金属肌理板幕墙系统、管桁架室内部位金属保温板幕墙系统和叠篆字铝百叶装饰幕墙系统组成，形成了具有中国文化内涵的特色幕墙体系。

1.2　国家馆幕墙工程的特点及难点

(1) 国家馆结构造型特殊，外形呈冠状，上大下小，结构从 33m 楼层开始层层外挑，外挑最大达到 34.75m，设计过程中的结构合理性、幕墙防水密封性及幕墙的抗变形能力控制难度大(图 2)。

图 1　中国馆建筑效果图

图 2　国家馆幕墙局部效果图

(2) 斜玻璃幕墙部位，由于整个幕墙4呈内倾斜状，设计方案必须满足安装和维护的简便性，此为斜玻璃幕墙方案的设计重点。

(3) 由于管桁架部位层叠出挑，外挑最大达到34.75m，不能采用外脚手架施工，设计方案必须满足特殊的施工形式以保证幕墙安装。

(4) 特殊的建筑造型，给幕墙的施工安装带来很大的困难。斜玻璃的水平运输、垂直运输及安装方式，内保温板及红色肌理板的安装都是很大的难点。

(5) 工程量大、工期极其紧张，包括深化设计、材料采购加工和现场吊装以及幕墙的安装，近8万m^2的面积必须在5个月内全部完成。且现场交叉施工多，土建、灯光、室内装饰和其他专业工种形成立体作业，施工协调组织难度大。

2 国家馆幕墙体系施工设计优化

2.1 内倾斜玻璃幕墙设计

在国家馆的幕墙体系中，内倾斜玻璃幕墙应该说是重中之重，不仅因为它是整个建筑采光的通道，更因为内倾斜的结构形式使得幕墙的设计和施工不能按照常规，而应该有它自己独特之处。因此，经过大量的分析、论证，并辅以不断的优化，最终形成方案具有以下特点：

(1) 将内倾斜玻璃设计为明框玻璃幕墙系统，结构简明合理。

(2) 将幕墙外部铝肋主型材作为主受力构件，具有通用性；内部罩板采用挂接的形式同内部主型材装配，具有良好的装配工艺性和更换维护性。

(3) 采用全胶条嵌压式结构固定饰面板，并且充分采用等压腔的设计思想，具有安装效率高、精度高、外立面整洁等显著特点。

(4) 明框幕墙的玻璃固定在横梁上，横向和竖向通过压板定距压紧，外加扣板，安装可靠，装饰效果好，耐候性强，板块可浮动，能满足幕墙各种边位要求。

(5) 横梁与竖梁的连接采用可伸缩结构(设置了伸缩缝)，满足了竖梁因温差作用而产生的伸缩效应，消除了幕墙的伸缩噪音，提高了幕墙的抗震变位能力。

(6) 玻璃幕墙采用中空夹胶玻璃，并在明框幕墙的型材设计中采用断热冷桥技术，提高保温性能。

(7) 充分考虑斜玻璃幕墙的使用功能，通过对其的大量“四性”试验，不断优化、提高幕墙的各种性能。

2.2 管桁架外部红色金属肌理板及内部金属保温板设计

在国家馆的幕墙体系中，管桁架外部红色金属肌理板及内部金属保温板幕墙同样也是重点。它们的总面积大，施工周期短且不能搭设脚手架，也使得其幕墙的设计要有独到之处，才能满足施工要求。

(1) 红色金属肌理板幕墙的选定

中国馆肌理红板的选定过程曲折而漫长，前后共用了近10个月的时间，共经历了五次科技咨询会，从22组不同材料、肌理、颜色的实样中最后选定带“长城型”肌理的金属红板。

(2) 幕墙节点设计

如图6、图7所示，将幕墙设计为小单元板块式结构。一方面由于只设计了竖框而没有横框，降低造价；另一方面单元组件可直接挂在竖框上，然后细微调节即可。

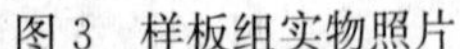
图3 样板组实物照片

图4 最后选定实物照片

图5 现场实样照片

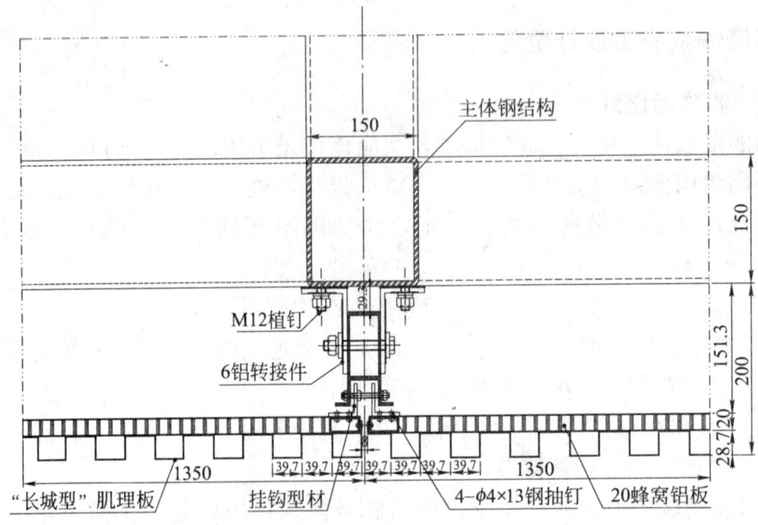

图6 红色金属肌理板横剖节点

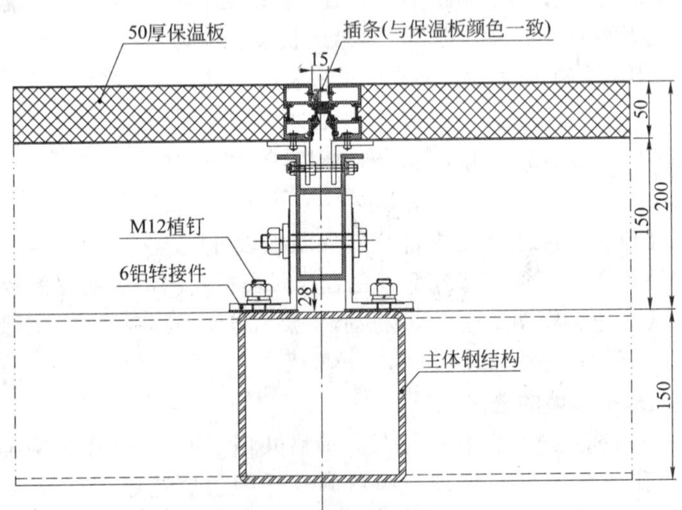

图7 红色金属保温板横剖节点

在节点上采用植钉的形式，可避免在主体钢结构上电焊或打孔，对结构造成不利影响。另外将竖框通过螺栓与铝转接件进行机械连接，在安装时可实现进出方向和左右方向的位移调整，确保了安装精度，使整个幕墙系统可吸收建筑误差，内应力释放的应变和钢结构变位等因素引起的位移量。

3. 优良的施工性能

肌理板单元组件可从管桁架内部安装，不必在外部搭设脚手架，降低了施工难度。同时肌理板的安装完全与主型材分离，它只需与专用挂件连接，形成一独立的小单元，连接质量容易得到保证。

4. 很好的保证幕墙的平整度

一方面选取自身强度很高的肌理板，另一方面就是把肌理板的边框设计为四周通长，有效的增加了面板的强度和刚度。

3 国家馆内倾斜玻璃幕墙的施工

考虑到现场施工的各种难点，根据现场的实际情况和多年的施工经验，我们在设计优化的基础上，建立了两套施工方案，同时自行设计玻璃安装小车，并在加工厂按现场情况模拟实验，经反复实验和多方论证以及在施工现场的玻璃挂样过程中的运用，从而解决世博会中国馆内倾斜玻璃安装这一施工难题。

3.1 由楼板上起吊发射的室内安装方案

1. 施工方案优化

针对玻璃面板超大超重的特殊性，考虑到在施工安装中出于临边作业安全性与可操作性，排除搭设跳板靠工人搬运玻璃面板至安装面的可行性。经过方案优化与样板试车后，确定使用组合式环链葫芦轨道吊运玻璃至安装面安装。

2. 安装条件

➢ 待安装玻璃面处已预先安装好横竖龙骨(扣板型材除外，为安装板块滑动小车预留好轨道空间)。

➢ 利用活动脚手架铺设好16号工字钢滑动导轨(吊装轨道)。

➢ 设置好电动葫芦。

➢ 检查吊装轨道安全性。

➢ 检查电动吸盘装置是否准备就绪。

➢ 板块移动中辅助操作人员准备就绪。

3. 安装流程

1) 在待安装层的上层楼板下铺设安装吊运用的轨道

具体方法是采用U型钢转接件将20号工字钢与楼板下结构钢梁连接。同一楼层的四个面同时铺设安装吊运用的轨道，以此来满足安装进度计划需求。轨道具体搭设方式为采用活动脚手架将轨道安装在结构钢梁下端。如图8所示。

2) 玻璃小车的铝合金轨道安装(图9)

3) 垂直与水平吊运

操作过程为用玻璃吸盘吸附玻璃，使用组合式环链葫芦垂直提升，然后水平运输至安装面上空。

4) 平行移动及安装(图10、图11)

经由环链葫芦将玻璃吊运到安装面上空后，经工人操作缓慢落入安装用电动小车，由安装小车将玻璃移动至幕墙龙骨上空实施安装。

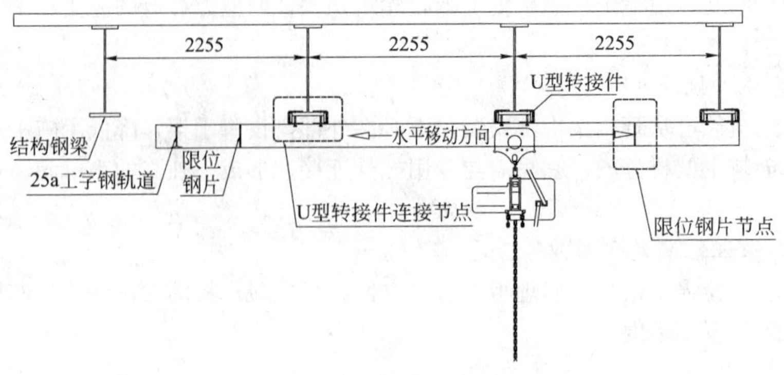

图 8　轨道安装示意图

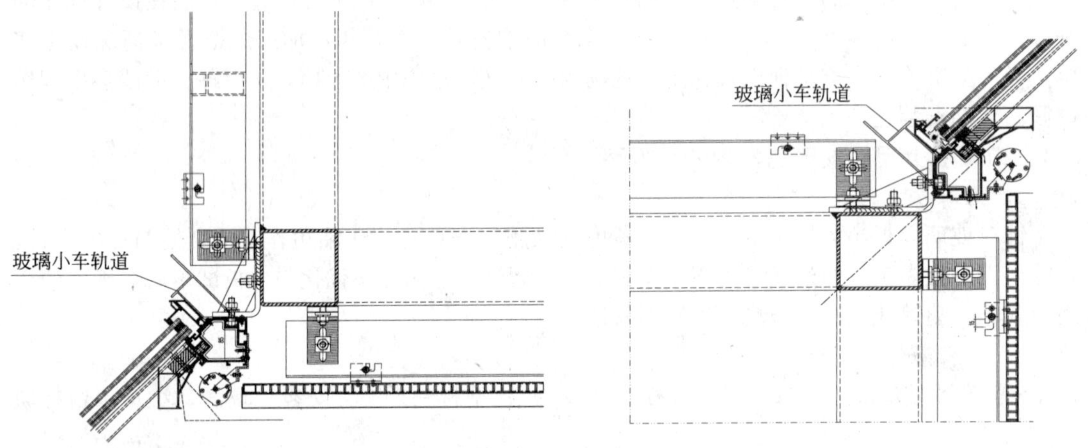

图 9　铝合金轨道安装图

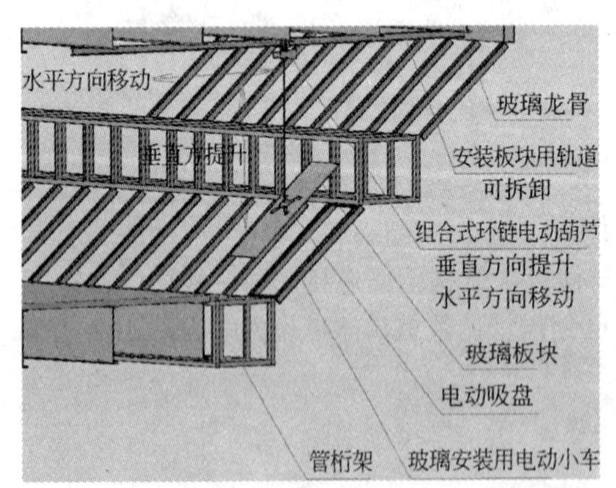

图 10　玻璃运输示意图

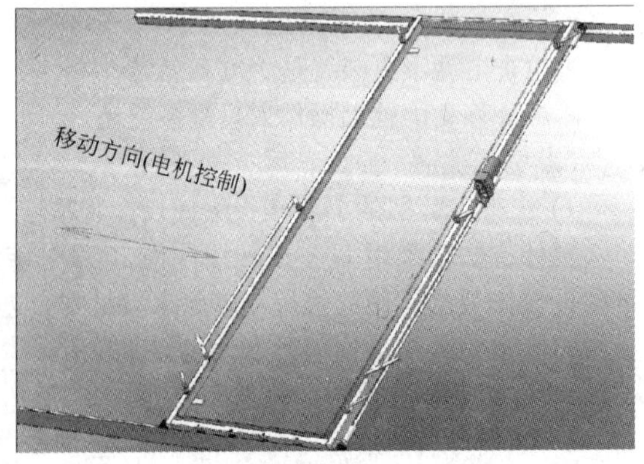

图 11　玻璃平移示意图

5）松开玻璃上的电动吸盘前安装上手动小吸盘，环链葫芦撤离实施下一次吊运。

6）控制安装玻璃用电动小车移动至安装面上空。

7）旋转安装小车上下端偏向执手，待玻璃下端平稳滑入横龙骨槽口后再行松开小车上端偏向执手，提起吸盘将玻璃平稳落入横竖龙骨。

8）将电动小车移回起吊点，实施下一次安装。

4．安全措施

电动小车操作员与玻璃安装操作员均在安装面上下两端的管桁架内临边作业，作业过程中须严格遵守安全操作规程。行走时将安全带挂钩扣入管桁架内安全绳上，操作时将安全带挂钩扣入临近脚手钢管上。

3.2 由地面垂直起吊的安装方案

在交叉作业冲突时，如不能利用结构钢梁铺设安装轨道及核心筒等异型部位无法架设轨道时。则考虑由楼下直接起吊安装方案，如图 12 所示。

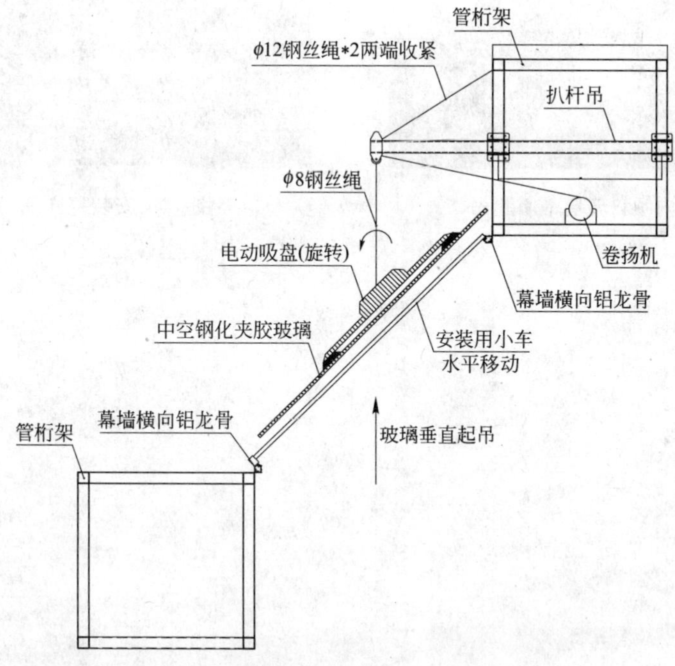

图 12 由地面垂直起吊的安装施工示意图

1．实施起吊

检查电动吸盘安全指示灯与钢丝绳挂钩无误后，地面安全员用对讲机发出起吊指令，卷扬机操作员将板块平稳提升至待安装面，由安装面的操作员发出停止信号，并将板块微调至待安装面实施安装。

2．安装流程

安装流程具体操作方法同第一个安装方案。

3．技术参数

扒杆吊方案技术参数如下：

扒杆总重：85kg，长度：3950mm(安装时移动拆卸方便，便于工人搬运)；

吊运荷载参数：500kg；

经过前期样板安装试用，该套安装系统比较完美的解决了现场玻璃施工难度的问题，特别是斜梁影响安装等一些异型部位的安装，取得了较好的施工效果。

4 实施效果

经过上述的设计优化及施工优化，最终确定了符合实际施工情况的施工方案。通过样板的实样安装，证实所有的设计问题和施工难点已全部解决，并且样板也取得大家的一致认可，大面的幕墙可按照此样板进行实施。国家馆玻璃幕墙体系的安装成功，即确保了中国馆的顺利竣工，又为将来类似工程积累了丰富的经验，提供技术支持。

图 13　内倾斜玻璃幕墙起吊

图 14　安装打样现场效果

中国馆上部结构施工技术

陈国烽、周维良
（上海市第四建筑有限公司）

摘　要：上海世博会中国馆国家馆为巨型“皇冠”状结构，总高度 69.9m，从 33.22m 开始外挑(最大外挑距离 34.75m)。针对国家馆核心筒混凝土与钢结构同步交叉施工、国家馆垂直层叠施工等复杂施工工况，在施工过程中以施工进度控制为关键，采用了钢筋桁架模板、箱型钢梁(内灌混凝土)等施工方法，取得了较好的施工效果，确保了施工工期和施工质量，对今后类似工程的施工具有较好的借鉴作用。

关键词：核心筒，钢结构，交叉施工，钢筋桁架模板

1　工程概况

2010 年上海世博会中国馆位于上海市浦东新区世博会规划区核心区，以“东方之冠”的构思为主题的中国馆是整个世博园区的标志性永久建筑之一。中国馆由国家馆、地区馆等组成，总建筑面积 160126m^2。国家馆为地下 1 层(局部 2 层)，地上 6 层(核心筒 24 层)；地下建筑面积为 2553m^2，地上建筑面积为 43904m^2，建筑高度为 69.9m。

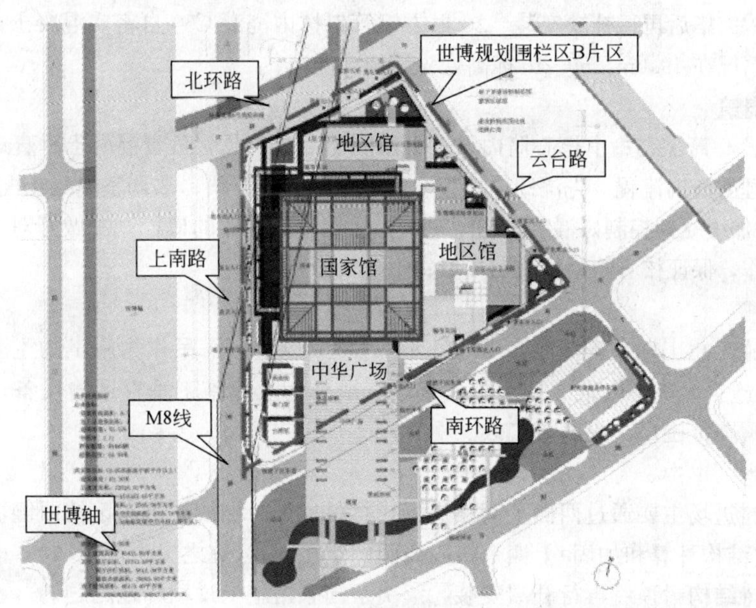

图 1　中国馆地理位置

上部结构体系为劲性钢筋混凝土框筒组合结构体系，以四个混凝土核心筒作为主要的抗侧力及竖向承载体系。核心筒截面为 18.6m×18.6m，每个核心筒的四个角部设置箱形劲性钢柱

(−7.9m至+60.3m)。从+33.75m标高起，采用20根巨型钢斜撑支撑起整个大悬挑的钢屋盖。巨型钢斜撑底部与核心筒内的劲性柱连接，中间部位通过楼层钢梁与核心筒连接，顶部通过钢桁架与核心筒连接。

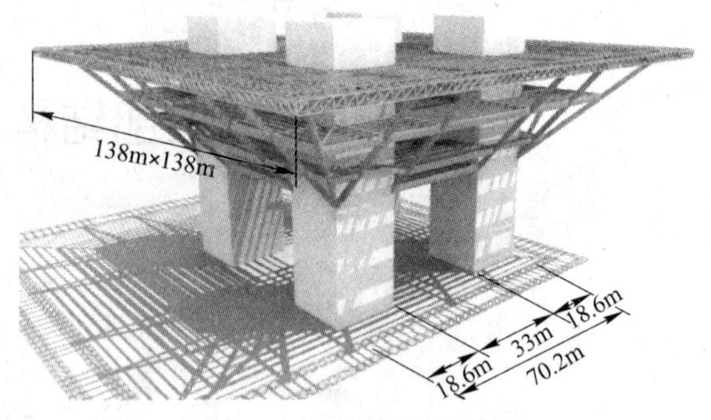

图2 中国馆建筑效果图

2 工程特点和难点

(1) 国家馆结构造型特殊新颖，外形呈冠状，上大下小，结构楼层自下向上逐渐外挑，最大外挑达到34.75m，施工过程中的结构稳定控制、安全防护和测量控制难度大。

(2) 核心筒结构墙体、梁内钢筋绑扎密集，且钢结构劲性柱内外两侧混凝土强度不同，混凝土振动，浇捣困难。

(3) 施工过程中，核心筒混凝土结构与钢结构同步交叉施工，土建与钢结构施工搭接频繁，施工协调组织难度大。

(4) 33.22m楼层与±0.000m之间无楼层板，净空高度33m，净空过大给施工带来较大困难。

3 总体施工技术路线

四个钢筋混凝土核心筒逐层自下而上流水施工安装。钢结构紧随土建施工流程，分区对称吊装。33.22m、41.32m、49.42m各楼层平台随钢结构逐层自下而上，分块施工，中厅区域楼板后做，待钢结构完毕后再行补缺安装。20根方钢管斜撑内浇灌C60自密实混凝土，根据吊装工况与结构受力情况在49.0m、60.2m标高处先后两次浇灌。

3.1 混凝土浇筑

对国家馆核心筒：在每个核心筒内设置一根固定混凝土泵管负责混凝土垂直运输、浇捣。

①采用合理的浇捣流程：先浇筒体墙板、后浇楼板及框架梁；②调整混凝土配合比(原材料石子级配)，添加缓凝剂控制好混凝土初凝时间；③调整振动棒的口径；④做好对分包单位的技术质量交底工作，保证核心筒结构施工质量；

3.2 施工机械

为了确保施工总工期，选择四台1200～1400t・m的重型塔吊作为施工的主要机械、四台限载2t的双笼施工人货梯内附于四个核心筒内，既作为土建施工垂直运输设备，又作为钢结构吊装设备，覆盖范围广，提高了工效。

3.3 施工场地

国家馆材料进场主要通过西侧上南路进场，材料加工、堆放于国家馆的西侧场地和国家馆首层楼面(通过结构计算和加固)上四个核心筒间的空档部位(称之为中厅区域)，国家馆中厅区域结构后做，待结构封顶后再行补缺安装，解决了国家馆施工过程场地问题。

3.4 设计方案调整

为了保证33.22m、41.32m、49.42m楼层平台顺利施工完成，经过与设计的沟通协调，将设计方案相应调整，劲性钢梁改成箱型钢梁(梁内填充混凝土)，楼层平台采用钢筋桁架模板。

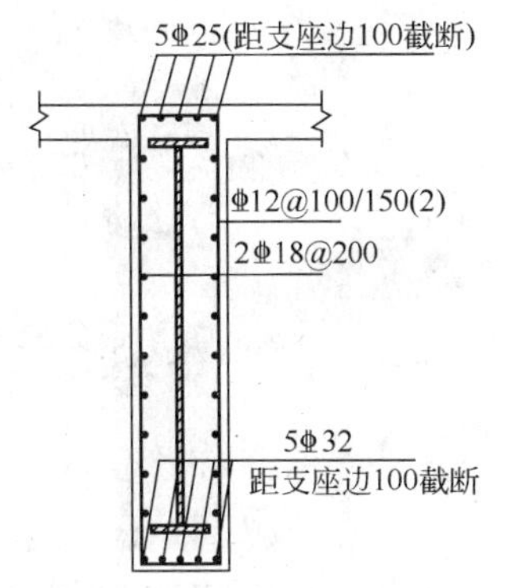

图 3　原型钢混凝土梁截面配筋图

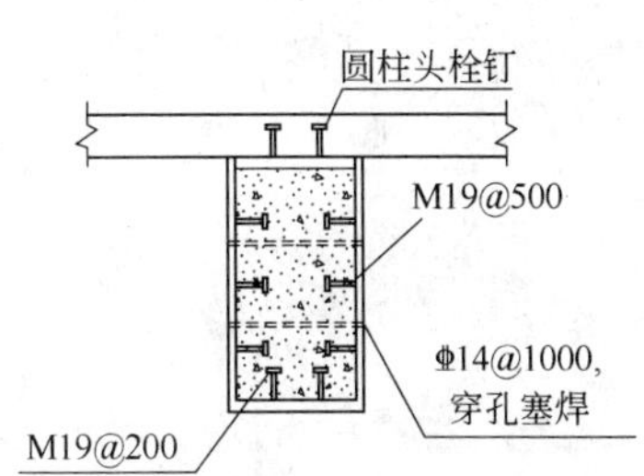

图 4　现箱型结构钢梁图

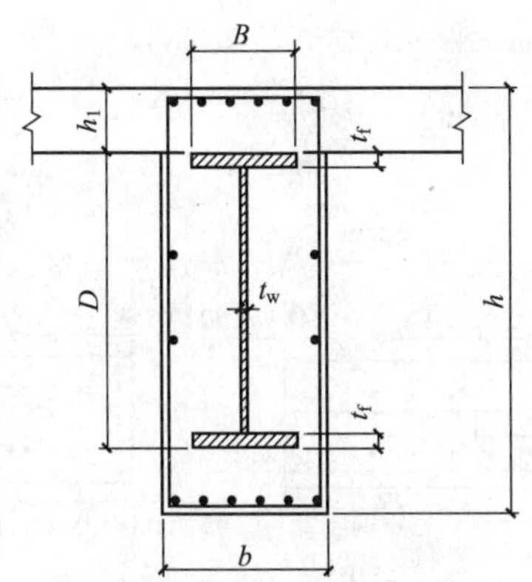

图 5　型钢混凝土梁结合楼板构造示意图

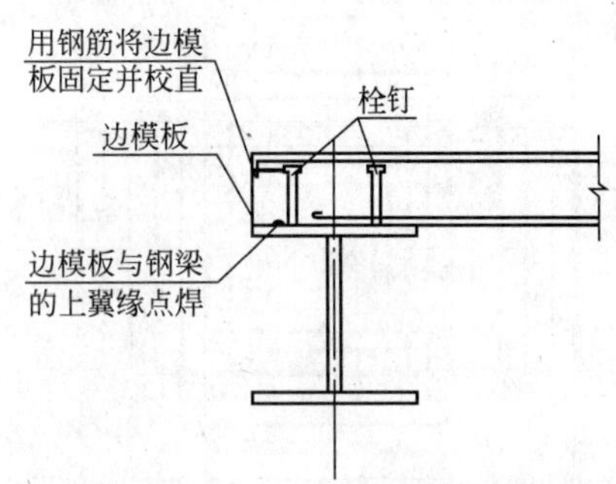

图 6　现采用钢筋桁架模板构造示意

4　国家馆上部结构施工工艺

4.1　劲性钢柱施工

每个核心筒的四个角部设置截面为箱形（800×800）的劲性钢柱，钢筋混凝土保护层100mm，且外包 ϕ25 钢筋和 ϕ16 箍筋。

(1) 劲性柱与基础底板采用埋设预埋件焊接连接，分 8 段由下向上随土建进程吊装，吊装就位后采用拉设缆风绳和工字钢固定。

(2) 钢筋竖向长度长，容易偏移位置，在钢筋最上端采取临时固定措施后绑扎箍筋。

(3) 为了保证混凝土浇捣质量，与设计协商，将劲性柱上(二面)开设的出浆孔 ϕ100@1000 改为四面开设 ϕ100@1000 出浆孔，模板采取高质量的度塑木模。浇捣混凝土整个过程派专人在板墙模板外侧敲击，确保混凝土密实不产生离析现象。

4.2　楼层平台施工

4.2.1　箱型钢梁施工

箱型钢梁主要分布在 33.22m、41.32m、49.42m、60.4m 楼层面。因现场施工条件所限，箱型钢梁的混凝土在桁架模板安装完成后一起浇捣。为保证劲性钢梁内混凝土浇捣质量，与设计协商后在箱型钢梁上开设浇灌和透气孔，浇筑孔 ϕ150@1000，透气孔 ϕ30@500，ϕ50@1000。

图7　劲性钢柱构造图

图8　劲性柱安装固定

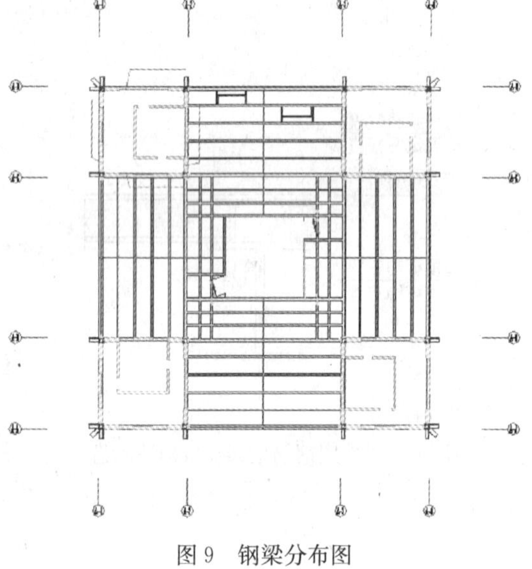
图9　钢梁分布图

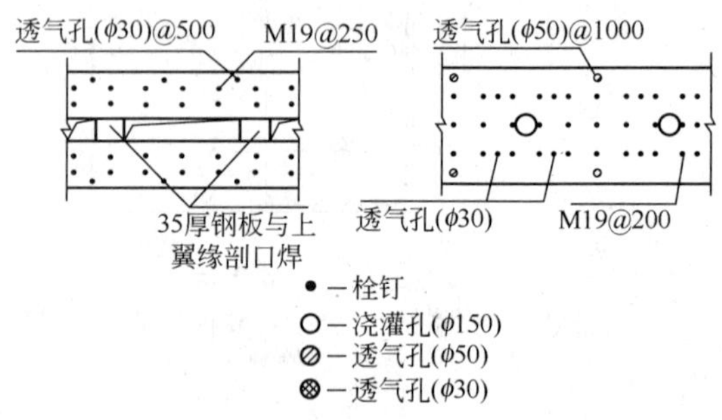

图10　钢梁(上翼缘板)栓钉、浇灌孔和透气孔位置示意图

4.2.2　钢筋桁架模板施工

本工程上部结构共分5层，层高净空为8m和33m，无法按照常规方式进行施工作业，故选择桁架模板进行平台板的施工。

(1) 楼层板的预留筋位置准确，在局部缺失的部位根据设计要求采用种植钢筋的办法补齐预留钢筋。

(2) 排板方向要一致，板与板之间拉钩连接紧密，保证不漏浆，模板伸入梁边的长度满足要求。

(3) 钢筋桁架楼板就位后，端部竖向钢筋与钢梁点焊牢固；沿板宽度方向，底模与钢梁点焊。待铺设一定面积后，绑扎板底筋以防钢筋桁架侧向失稳；同时按设计要求设临时支撑。

(4) 板中敷设管线时，尽量采用直径较小的管线，正穿时可采用刚性管线，斜穿时宜采用柔韧性较好的材料。宜分散穿孔，避免多根管线集束预埋。

(5) 钢筋桁架模板底模与母材的间隙应控制在1.0mm以内，用手持杠杆式卡具对钢筋桁架模板临近施焊处局部加压，使之与母材贴合，保证栓钉焊接质量。

(6) 安装边模时，将边模板紧贴钢梁面，边模板底部与钢梁点焊。安装之后拉线校直，调节后利用钢筋一端与栓钉点一端与边模板点焊，将边模固定。

(7) 混凝土浇筑过程中，避免有过大集中荷载，应及时将混凝土铲平分散，严禁将混凝土堆积过高。

(8) 对集水井、消防井等下沉设备井，采用2次浇筑的方式施工，在第一次浇筑大面积平台时，在下沉井四周用快速收口模板封闭，待楼层板强度达到C20时，再将桁架模板切断，进行吊模施工下沉井。

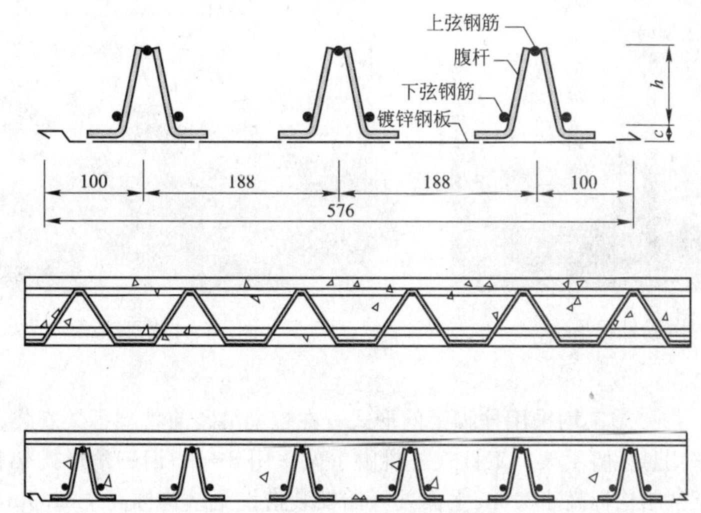

图11　钢筋桁架模板断面图

4.3　钢管斜撑施工

钢管斜撑从33.15m标高楼层起，起始点位于核心筒内箱型劲性柱上，顶部与屋顶大型桁架连接。斜撑截面形式为800mm×1500mm×35mm×35mm，总计20根，单根最长48m，最重90t。根据现场工况，分三段由下向上进行吊装。

图12　钢筋桁架模板铺设安装照片

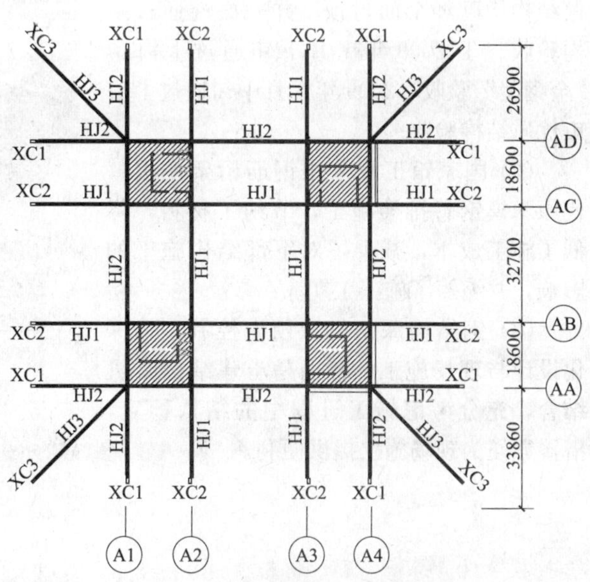

图13　钢管斜撑平面布置示意图

斜撑内浇灌 C60 自密实混凝土，根据吊装工况与结构受力情况在 49.0m、60.2m 标高处先后两次浇灌。斜撑的混凝土浇灌孔在工厂制作时进行开设，开设部位在 49.0m 标高处，尺寸为 200mm×200mm。

图 14 劲性柱吊装

图 15 自密实混凝土浇捣

4.4 脚手架施工

钢结构吊装、焊接施工均采用挂脚手的形式，在钢梁吊装前将脚手架安装、固定。

核心筒施工采用悬挑脚手架，工具式外挑脚手架采用 8 号槽钢三角形挑架和转角槽钢三角形挑架悬挑脚手架从结构标高+3.6m 平面处开始安装搭设至结构标高+69.9m，每一挑的工具式悬挑脚手架搭设高度为 16.2m(共 4 挑，覆盖 3 层、脚手架搭设 9 步)，脚手架最上的围护高度为 1.5m。挑架标高为+3.6m，+19.5m，+36.2m，+44.3m，+54.6m，+64.5m。

5 实施效果

(1) 目前上海世博会中国馆工程国家馆结构均已经全面封顶，并一次性通过结构验收。于 2009 年 1 月下旬通过上海市“金钢奖”验收，2009 年 4 月中旬通过上海市优质结构验收。

(2) 国家馆工程采用钢筋桁架模板替代原木模钢管排架施工，节约了材料，降低了施工成本，减少了对下部结构施工的影响，并缩短了施工工期。

(3) 钢结构深化设计预先控制，将深化设计与现场施工，特别是土建结构有机结合，充分考虑施工过程中的结构稳定，搭接方便为现场施工提供便利。

图 16 国家馆施工完毕

三、综合技术篇

世博轴膜结构气弹模型风洞试验研究

张其林[1]、周　颖[1]、艾辉林[1]、陈　鲁[2]

（1. 同济大学　2. 上海同济建设工程质量检测站）

摘　要： 世博轴膜结构是典型的风敏感结构。气动弹性模型风洞试验是研究其风振响应的有效方法，但由于膜结构质量轻、刚度小，目前在实际抗风研究中很少应用。本文以世博轴膜结构为对象，通过风洞试验进一步了解了大跨度膜结构的风振响应特性，获得了这类结构的风振系数。

关键词： 世博轴膜结构，气动弹性模型，风致响应，风洞试验

引言

索膜结构由于自身轻柔等特点，对脉动风荷载作用十分敏感[1]。近年来已有很多索膜结构遭受风荷载破坏的实例。膜结构破坏时的现场风速明显低于结构的设计风速。国内外许多研究者已对此类结构进行了大量研究，由于索膜结构自身的复杂性，一些破坏机理尚不十分清楚。目前索膜结构风致振动响应的研究方法主要有三种：1)基于非线性随即振动理论的时域分析方法；2)气弹模型风动试验方法；3)基于流体力学和结构运动学相结合的流固耦合数值模拟方法。其中风洞试验方法目前为止是可获得数据可信度较强的一种方法。气弹模型风洞试验，可以直接测出结构的风振响应，是结构抗风研究的重要方法[2]。

世博轴膜结构本身造型独特，表面为不规则空间曲面，其扰流和空气动力作用相对复杂，增加了研究其风致振动的难度。现行荷载规范很难提供复杂膜结构的风荷载系数。因此，针对世博轴膜结构进行抗风性能研究非常必要。

1　工程概况

世博轴工程位于浦东世博园区中心地带，南北全长约 1000m，宽约 110m，连接园区最大出入口和黄浦江畔的庆典广场，承担 20% 客流量进出园区。将与两侧的中国馆、世博中心、演艺中心、主题馆构成“一轴四馆”，成为世博园区的主要核心，游客进入浦东园区后可以通过世博轴直接走到不同的场馆。见图 1。

图 1　世博轴鸟瞰图

世博轴结构由膜结构屋顶和六个标志性阳光谷组成，阳光谷顶端与膜结构顶篷连接。世博轴膜结构屋顶采用连续张拉结构，包括膜面系统和膜面支点系统。膜采用聚四氟乙烯(PT-FE)涂层的玻璃纤维织物。索采用平行钢丝绳

外包聚乙烯(PE)。索根据其用途分为结构索和膜面索。

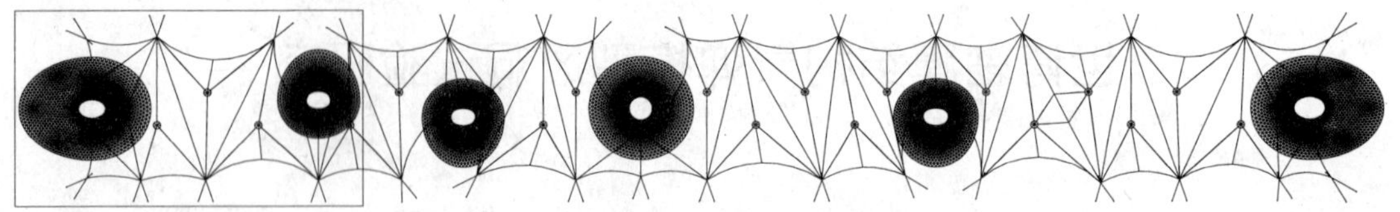

图 2 世博轴顶篷与阳光谷布置图

本次风洞试验为气弹模型试验，采用大比例尺缩尺模型，故只选择 1 号阳光谷和 2 号阳光谷之间的部分进行模型试验。平面尺寸为 23.25m×12.18m。

2 风洞试验

2.1 气弹模型设计制作

本次气弹模型试验采用 1∶40 的缩尺比，风洞模型的膜结构平面尺寸为 5.812m×3.044m。如图 3 所示。

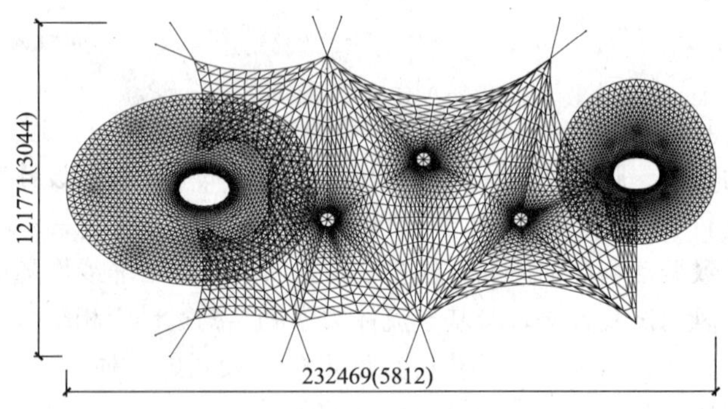

图 3 世博轴缩尺结构模型

应用同济大学 3D3S-V9.0 对试验模型进行初始状态设计。膜结构首先经过形态分析确定其形状，并在此基础上进行剪裁分析，不同的预应力水平下结构的振动特性是不同的。尽管受到制作水平和安装水平的限制，最后成形的结构和找形结果存在差别，但仍然有必要通过计算以对试验模型有基本的控制。考虑到世博轴屋顶结构的尺度，模型设计的原则是：严格满足原型结构的几何关系、精确反映原型结构的边界条件、近似反映原型结构的刚度关系[3]。

模型所用的材料如下：1)膜面材料采用尽可能软的膜材 502 制作；2)边桅杆、中桅杆采用 ϕ25×2 钢管制作，边桅杆的铰支座形式，采用机械加工的球铰，模拟双向铰支座；3)膜的脊索、谷索采用 2.5mm 不锈钢索，压杆后拉索采用 4mm 直径不锈钢索，拉索固定端头采用不锈钢夹具，调节端采用不锈钢花篮螺栓；4)阳光谷用小钢管做出形状，然后外面用膜布张紧成相近形状；阳光谷与主膜体相接处为一个点连接，连接方式为从阳光谷内伸出结构作为支点；膜角部将采用膜角板连接。膜材和边索在加工前应该进行一定程度的预张拉，以便能够降低试验工作状态下结构的应力松弛量；进行现场安装模型时，先按照零预应力情况下的尺寸进行连接，然后逐步张拉索和膜使其达到预设的应力状态，使用同济大学自行研制的膜面应力测量仪进行膜面预应力测量并相应调整，使膜面应力水平处于所需的状态。

2.2 试验方案

世博轴模型风洞气弹模型试验在同济大学土木工程防灾国家重点实验室 TJ-3 号边界层风洞中进行。风洞的试验段截面尺寸为 15m(宽)×2m(高)×14m(长)，流场不均匀性小于 1.5%，紊流强度小于 1%。根据《建筑结构荷载规范》GB 50009—2001，上海地区百年一遇的基本风压为 0.6kN/m²，对应的风速为 30.98m/s，实验中由于研究的需要，可以适当提高风速。该风洞内气流由七台直流电机驱动，试验风速范围为 1～17.6m/s，这是对空风洞而言，当风洞内放置模型和被动模拟装置后最大风速要小于 17.6m/s，本次模型试验取 4m/s，6m/s，8m/s，10m/s，12m/s 的风速进行试验。

根据世博轴设计模型的资料，世博轴膜结构气弹模型风洞试验进行了不同预应力条件下，0°风向角、45°风向角、90°风向角、135°风向角、180°风向角、225°风向角、270°风向角、315°风向角状态下均匀流场中的风振响应和以上 8 个风向角紊流场中的风振响应。强预应力状态为 1.0×10^6 N/m²，弱预应力状态为 0.5×10^6 N/m²。图 4 和图 5 分别为均匀流场和紊流场气弹模型实验。

图 4　均匀流场气弹模型试验

图 5　紊流场气弹模型试验

世博轴部分模型的气弹模型试验的风向角发生装置，采用在模型下部放置可以自由转动的转盘，可以按照要求来流的方向形成风向角效应。在试验过程中，通过转动转盘，使得模型和来流形成相应的风向角。

在边界层风场的各参数中，主要参数可以分成两类，一为平均风参数，另外则为紊流风参数。关于平均风参数，在风洞试验过程中最为关注的就是平均风速沿高度的分布。在边界层风场测试时，用热线探头在模型安装位置沿高度处分别测量了设计风速时平均风速剖面。

世博场馆所处的地区是在具有密集建筑群的城市市区，为 C 类地貌风场，周围建筑物群的干扰比较大，有必要对流场进行正确的模拟。风洞中大气边界层流场的模拟采用传统的尖塔加粗糙元法。

试验响应通过激光位移计测得。根据世博中轴膜结构的振型特点，选择膜面上 8 个点位做为测量观测点，测点号为 1 号～8 号，测点布置如图 6 所示。

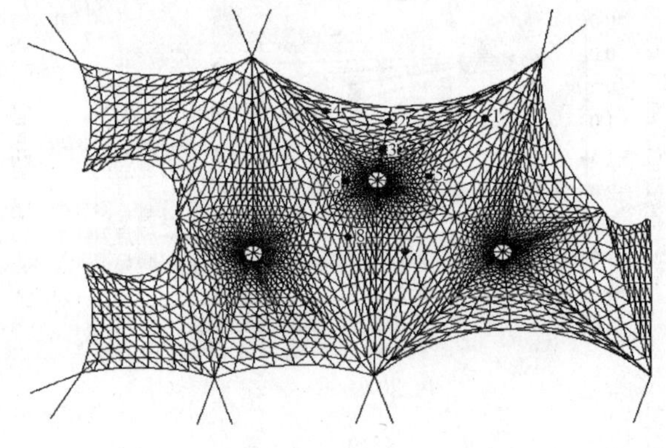

图 6　测点布置示意图

3 风振理论计算方法

脉动风引起的响应是一种动力随机响应，应当按照随机振动理论进行分析。而随机振动理论不易在工程实践中进行应用。需要在结构的静力分析结果和动力分析结果之间建立一定联系，使动力问题转化为静力问题进行计算，可以极大的方便工程设计工作。现行荷载规范中，对动力作用的考虑是通过风振系数来实现的。膜结构是一种多自由度、非线性体系，振型密集分布而且相互耦合作用，很难判断其风致控制点的位置。

传统风振系数计算方法中，根据概念，薄膜结构任意节点的位移风振系数、任意单元的内力风振系数可以用下式表示[4]：

$$\beta_i=1+\frac{\mu\sigma}{U} \tag{1}$$

$$\beta_i=1+\frac{\mu\sigma}{S} \tag{2}$$

式中：β_i 表示 i 节点的位移风振系数。

4 世博轴膜结构风振特性及风振系数

在不同工况下测试结构的响应并统计得到每个测试点处结构响应的平均值、方差、峰值。图 7 显示了在初始预应力 $1.0\times10^6\text{N/m}^2$ 下均匀风流场下的平均位移。

由图 7 可见向风侧测点因膜面的漏斗形状及阳光谷的遮挡效应而向上运动，这表明向风侧测点主要表现为风吸力。同样，背风侧测点向下运动，这表明这些测点主要表现为风压力。

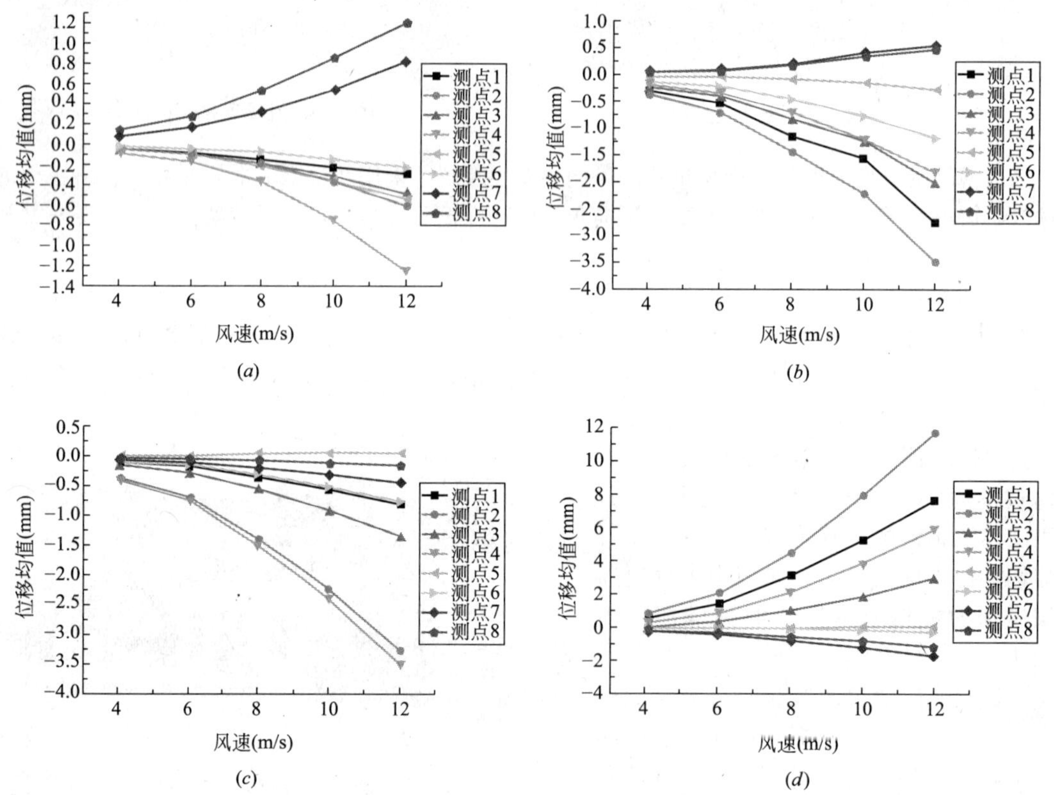

图 7 初始应力 $1.0\times10^6\text{N/m}^2$ 下均匀流场下结构测点的平均值(一)

(a)风向角 0°；(b)风向角 45°；(c)风向角 90°；(d)风向角 135°

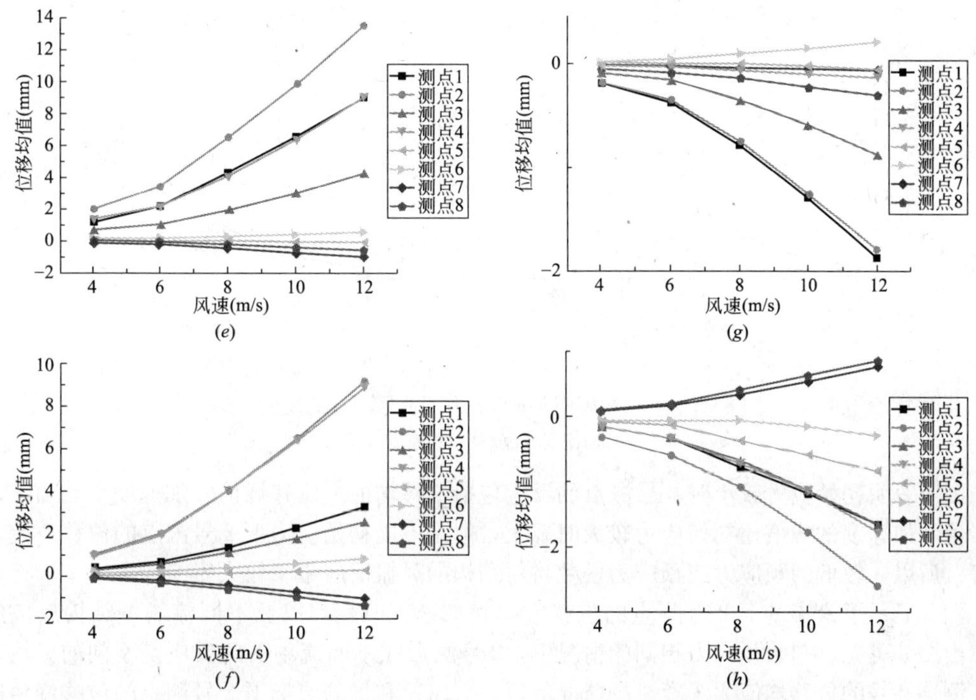

图7 初始应力 1.0×10^{6} N/m^{2} 下均匀流场下结构测点的平均值(二)

(e)风向角 180°；(f)风向角 225°；(g)风向角 270°；(h)风向角 315°

由于 2 号测点位置的代表性，可考察其上的风振反应以观察膜面的风振特性。图 8 给出了 2 号测点在均匀流场中的位移和加速度变化曲线。

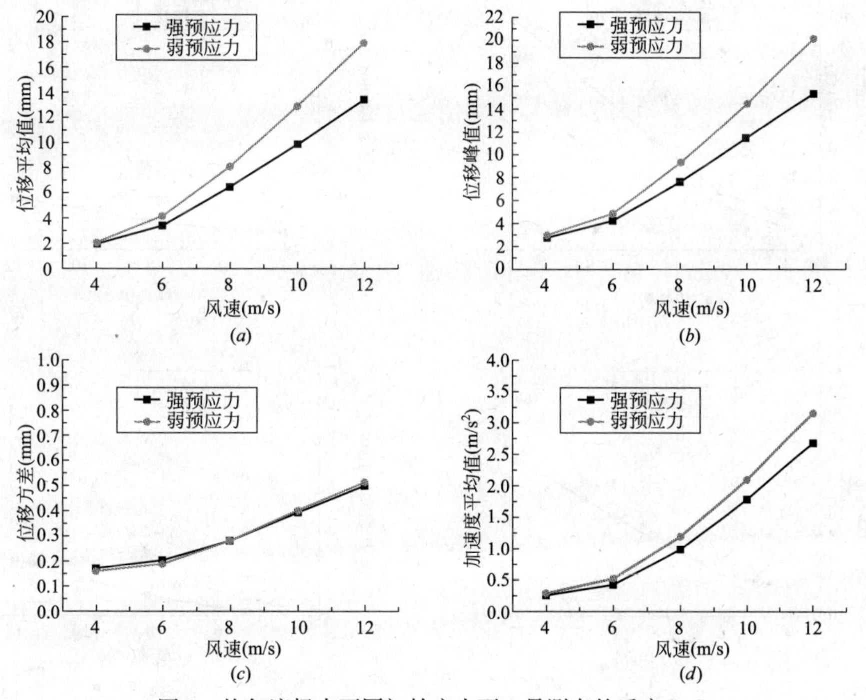

图 8 均匀流场中不同初始应力下 2 号测点的反应(一)

(a)位移平均值；(b)位移峰值；(c)位移方差；(d)加速度平均值

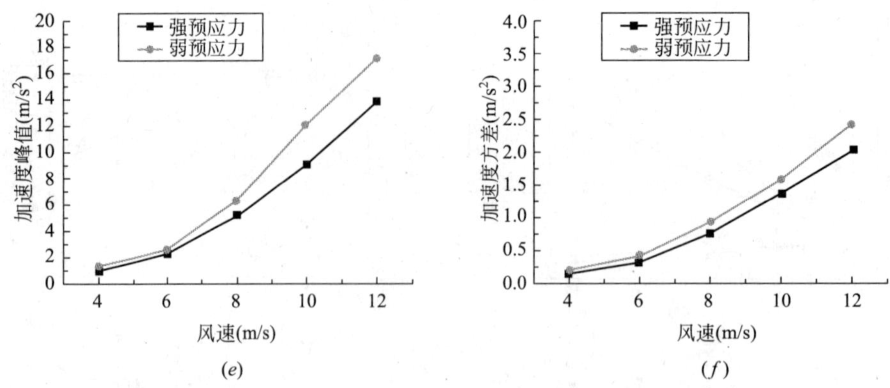

图 8 均匀流场中不同初始应力下 2 号测点的反应(二)
(*e*)加速度峰值；(*f*)加速度方差

图 8 表明初始应力较小时 2 号测点的反应包括位移均值、位移峰值、加速度平均值、加速度峰值和加速度的峰值比初始应力较大时要大，但是不同初始应力下 2 号测点的位移方差几乎相等。所以，较低的预应力或预应力松弛将对结构的风振反应带来较大影响。

图 9 显示了紊流场下 2 号测点的位移方差和加速度改变，以及不同流场下结构反应的比较。由图 9 可见，初始预应力相同的情况下，2 号测点在不同流场下的反应是不同的。均匀流场下测点 2 号的位移均值大于紊流场情况的值。低风速和均匀流场下 2 号测点的位移峰值同紊流场下数值很接近，但随着风速的增加而迅速增加。紊流场下 2 号测点的反应，包括位移方差、加速度均值和峰值、加速度方差，大于均匀流场下情况。这说明，在周围存在较多建筑物、易产生紊流的情况下，膜结构要比空旷情况下敏感很多。

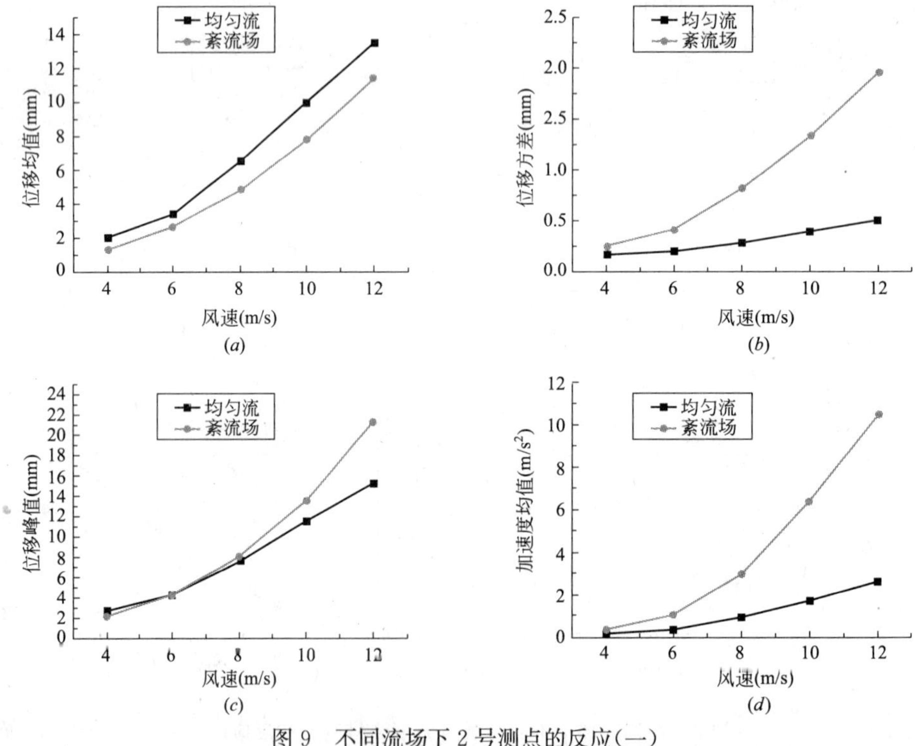

图 9 不同流场下 2 号测点的反应(一)
(*a*)位移均值；(*b*)位移方差；(*c*)位移峰值；(*d*)加速度均值

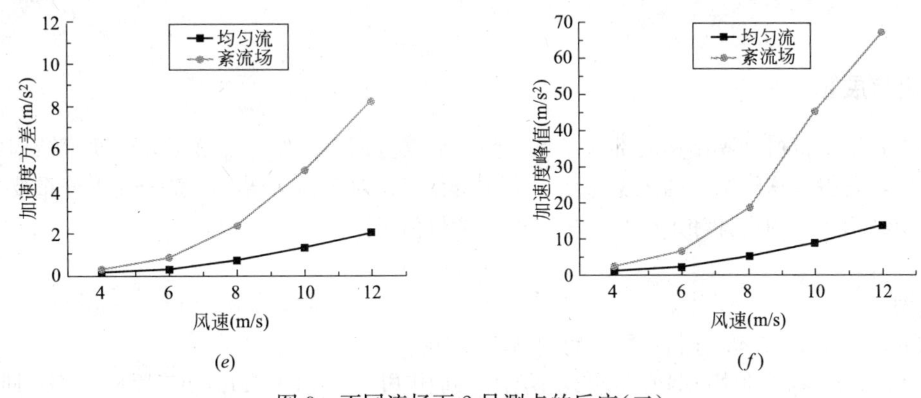

图 9 不同流场下 2 号测点的反应(二)

(*e*)加速度方差；(*f*)加速度峰值

各测点处测试所得结果经计算分析后得到的风振系数见图 10 所示。

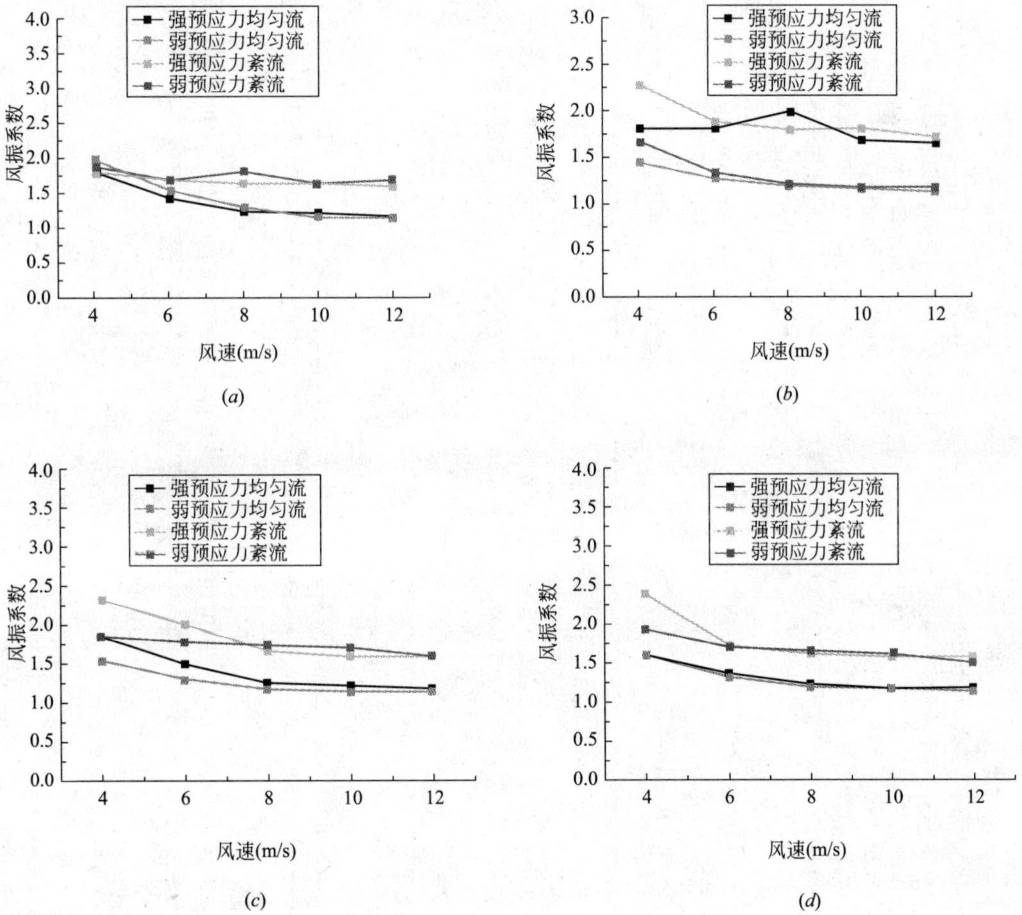

(*a*)

(*b*)

(*c*)

(*d*)

图 10 测点风振系数

(*a*)1 号测点；(*b*)2 号测点；(*c*)3 号测点；(*d*)4 号测点

由图 10 可见，风振系数随风速增加而减小。紊流场中风振系数高于均匀流场中系数。低风速下，较高初始应力水平膜面风振系数较大，但随着风速增加初始应力对风振系数的影响趋小。

5 结论与展望

本文介绍了世博轴膜结构局部模型的气弹风洞实验研究工作，了解了大跨度膜结构的风振响应特性，获得了这类结构的风振系数。本文研究工作对于确保结构的安全性十分重要，并对将来类似结构体系的设计和研究具有较大的参考价值。

参考文献

[1] 张其林. 索和膜结构. 上海：同济大学出版社，2002

[2] 埃米尔·希缪，罗伯特·H·斯坎伦，风对结构的作用——风工程导论(第二版)，上海：同济大学出版社，1992

[3] 向阳，沈世钊，李君. 薄膜结构的非线性风振响应分析，建筑结构学报，1999，2(6)：38-46

[4] 黄本才，汪丛军. 结构抗风分析原理及应用. 上海：同济大学出版社(第二版)，2008

上海世博会沪上·生态家室内植物对空气净化能力的研究和筛选

胡红波、李景广、沈嗣卿、杨莹洁、叶剑军、姚小龙、李文迪
（上海市建筑科学研究院）

摘　要：室内空气质量与人的生活息息相关，生活环境中产生的种种有害化学气体给人的身心健康带来了很严重的影响，其中甲醛是装修后室内空气中主要污染物之一，对人体胸膜和皮肤有着强烈的刺激作用，因此迫切需要改善室内空气质量来获得良好的生活环境。室内植物可以吸收甲醛，从而净化空气，但目前没有准确的科学数据作支撑且已有的研究植物的针对性不强。本文以目前市场上较为常用的室内观赏植物为对象，建立测试方法，研究多种室内观赏植物的叶片部分在模拟甲醛超标环境中甲醛净化效果，发现不同植物对甲醛的吸收能力不同，净化效果存在差异，24h内试验的38种植物迷迭香单位叶面积净化甲醛量最多，黄金葛绿萝净化率最大。同时植物会使模拟舱内的湿负荷增加造成的潜热负荷增加。最后综合景观效益，选取了部分植物作为上海世博会沪上生态家的室内观赏植物。

关键词：室内植物，净化，甲醛

1　引言

城市居民大约90%时间生活在室内[1]，因此室内空气污染对人体健康有着较大的影响。由于室内挥发性有机物比室外高几倍[2]，从而造成了SBS等公认的作为病原体的“病态楼宇综合症”或“建设有关的疾病”[3]，其症状包括鼻子或喉咙干涩，头痛，嗜睡或呼吸的问题，长期接触可能出现其他健康问题如哮喘和心脏病[4]。因此如何净化室内空气成为此领域的重大研究方向，而利用植物来去除空气污染物是近年来一个热点问题。与传统的化学、物理及微生物修复技术相比，植物去除空气污染物较少有二次污染，且环境扰动小，有利于环境的改善，具有较好的应用前景。

美国航天局(NASA)研究结果表明植物对低浓度的室内空气污染物如甲醛、一氧化碳完全能够通过植物本身就可以吸收去除，而对于高浓度的污染物质可以通过土壤中附有活性炭的植物来吸收[5]。植物的净化作用分为土壤净化和叶片净化两部分[6,7]，与土壤的净化相比，叶片具有持续净化的特点。微生物是去除挥发性有机化合物的主要推动者作用[8]，植物主要通过建立和维护他们的具体根区微生物群落去吸收污染物[9]。

研究也发现随着光强度的增加，植物的净化能力只是轻微上升[10、11]，不同株龄植物吸收甲醛的能力是不同的[12、13]，植物吸收室内甲醛与环境因子有关系，在一定限度内，植物吸收甲醛与温度、湿度成正比。

但是因为在较早试验中测试装置和测试过程存在一定不足，包括：(1)Wolvertion所采用的普列克斯玻璃是比较容易吸附甲醛气体的，但在试验中做的密闭装置的空白试验，内部甲醛的浓度没有变化；(2)在结果的显示中对密闭装置内的空气湿度没有标明，当出现结露问题，无法

分清是植物吸收还是水吸收等诸多问题。因此本研究的主要目的是建立植物甲醛净化测试方法，并对常用38种室内观赏植物是否同样具有净化能力以及净化能力强弱进行测试，从而为将来植物净化真正实现应用进行基础方法和基础数据的探索，也为上海世博会沪上生态家的植物选取提供试验依据。

2 试验材料与方法

2.1 试验材料

选用38种常见的室内观赏植物(表1)，株龄相同，生长良好。

试验植物材料　　表1

序列	物种名称	拉丁学名	序列	物种名称	拉丁学名
1	黄金葛绿萝	Epipremnum aureum	20	迷迭香	Rosmarinus officinalis
2	铁线蕨	Adiantaceae	21	广东万年青	aglaonema modestum schott
3	虎皮兰	Sansevieria trifas-ciata	22	金星美人铁	Jalapa Linn
4	橡皮树	Fieas elastica	23	富贵子	Ardisia crenata Sims
5	芦荟	Aloe saponaria var. latifolia	24	孔雀竹芋	Calathea makoyana
6	吊兰	Chlorophytum comosum	25	马蹄莲	Zantedeschia aethiopica Spreng
7	常春藤	Hedera nepalensis var. sinensis	26	清香木	Pistacia weinmannifolia
8	鸟巢蕨	Asplenium antiquum Aspleniumnidu	27	凤梨	A. C. ‘Variegatus’
9	巴西木	Dracaena	28	九里香	Murraya paniculata (L.) Jacks
10	君子兰	Clivia miniata	29	栀子花	Gardenia jasminoides Ellis
11	滴水莲	Polynemus paradiseus Linnaeus	30	曼丽蓉	Osmanthus
12	螺纹铁	Dracaenaderemensis Compacta	31	袋鼠花	Anigozanthos flavidus
13	袖珍椰子	Chamaedorea elegans	32	冬珊瑚	Solanum Pseudo-capsccicum
14	发财树	Pachira macrocarpa	33	太阳花	Portulaca grandiflora
15	柑橘	Citrus reticulata Banco	34	芍药	Paeonia lactiflora
16	鸭脚木	Schefflera octophylla (Lour.) Harms	35	金银花	Lonicera japonica Thunb
17	月季	R. chinensis	36	花叶万年青	Dieffenbachia picta
18	桂花	Osmanthus fragrans	37	美国凌霄	Campsis radicans
19	一叶兰	Aspidistra elatior Bl.	38	紫茉莉	Mirabilis jalapa Linn

选择植物材料的依据：38种植物均为室内较为常用观赏植物，部分如图1～图3。其中吊兰、芦荟、虎皮兰、黄金葛绿萝等是目前文献[5~11]中经常出现的“具有净化化学污染物能力”的植物。

图1　试验材料：黄金葛绿萝　铁线蕨　虎皮兰　橡皮树

图2 试验材料：芦荟 吊兰 常春藤 鸟巢蕨

图3 试验材料：巴西木 君子兰 滴水莲 螺纹铁

2.2 试验场所和工况

植物净化甲醛试验在自行设计的不锈钢植物测试舱中进行(图4)。植物测试舱体积为100cm×100cm×150cm，舱顶中心有一直径32cm玻璃圆孔。试验时，测试舱室温保持在(20±2)℃，初始相对湿度为(45±5)%。

2.3 植物处理方法

将植物盆及盆土用聚四氟乙烯包住并封口(图5)，使植物叶片与根系土壤分隔开，只对植物叶片部分进行熏蒸试验。

图4 不锈钢植物测试舱

图5 不锈钢植物测试舱进行植物试验

3 植物净化甲醛试验

两个植物测试舱分别为空白对照舱和植物舱，相同温湿度下试验，认为植物测试舱对每种植物试验结果的影响是大致相同，所得不同植物间净化扣除空白值后的结果进行净化比较。

植物测试舱于每天 15:00 将植物放入，关闭舱门，注射甲醛溶液，甲醛完全蒸发后可将箱中的浓度控制在 0.8mg/m^3 左右，该甲醛质量浓度参照净化器标准浓度(0.08mg/m^3)的 10 倍设置。并于第二天 15:00 以 0.5L/min 流量，采样 20min，测定甲醛含量，根据植物叶面积，计算 24h 单位叶面积植物净化甲醛的量。

试验整个阶段观察温度、湿度的变化。空白舱体甲醛进样量与放置植物舱体相同。

4 结果分析

4.1 植物净化甲醛试验

鉴于湿度对甲醛浓度有影响，对甲醛含量进行校正[14,15]。同时鉴于 24h 内自然光照、人工照明、黑暗三个工况植物净化甲醛没有明显差别[15]，因此采用人工照明。

植物甲醛净化量 表 2

序列	植物	甲醛净化量(mg)	叶面积(cm^2)	单位叶面积甲醛净化量(mg/m^2)	净化率(%)
1	黄金葛绿萝	0.96	5206	1.84	85.9
2	铁线蕨	0.44	3432	1.27	39.2
3	虎皮兰	0.47	3360	1.39	42.0
4	橡皮树	0.02	1656	0.12	1.8
5	芦荟	0.00	546	0.03	0.1
6	吊兰	0.69	3478	1.97	61.5
7	常春藤	0.08	4537	0.17	6.8
8	鸟巢蕨	0.58	1134	5.13	52.2
9	巴西木	0.29	1092	2.68	26.3
10	君子兰	0.14	1062	1.36	12.9
11	滴水莲	0.25	3266	0.75	22.0
12	螺纹铁	0.85	9900	0.86	76.1
13	袖珍椰子	0.1011	6992	0.14	9.1
14	发财树	0.26	1363	1.88	23.0
15	柑橘	0.55	2388	2.32	49.6
16	鸭脚木	0.44	8330	0.53	39.8
17	月季	0.50	1294	3.89	45.1
18	桂花	0.16	1561	1.05	14.7
19	一叶兰	0.68	12516	0.54	60.6
20	迷迭香	0.71	340	20.98	64.0
21	万年青	0.48	7705	0.62	43.1
22	金星美人铁	0.54	4505	1.20	48.3
23	富贵子	0.24	2580	0.91	21.1
24	孔雀竹芋	0.27	3712	0.72	23.8
25	马蹄莲	0.43	1230	3.48	38.4

续表

序列	植物	甲醛净化量(mg)	叶面积(cm^2)	单位叶面积甲醛净化量(mg/m^2)	净化率(%)
26	清香木	0.27	795	3.46	24.6
27	凤梨	0.35	4956	0.71	31.7
28	九里香	0.68	5364	1.26	59.8
29	栀子花	0.67	3198	2.10	60.3
30	曼丽蓉	0.43	808	5.35	38.7
31	袋鼠花	0.60	918	6.56	54.0
32	冬珊瑚	0.72	1216	5.89	64.3
33	太阳花	0.69	7230	0.96	62.2
34	芍药	0.78	2464	3.16	69.7
35	金银花	0.70	1365	5.13	62.8
36	花叶万年青	0.39	1722	2.26	34.9
37	美国凌霄	0.59	2696	2.18	52.7
38	紫茉莉	0.47	1107	4.26	42.3

植物测试舱内测定38种植物的甲醛质量浓度均有下降，不同植物对甲醛的净化能力不同，吸收效果存在差异。24h单位叶面积植物净化甲醛量最大为迷迭香(20.98mg/m^2)，其次是袋鼠花(6.56mg/m^2)、冬珊瑚(5.89mg/m^2)、曼丽蓉(5.35mg/m^2)、鸟巢蕨(5.13mg/m^2)等。净化率最大为黄金葛绿萝(85.9%)，其次是螺纹铁(76.1%)、芍药(69.7%)、冬珊瑚(64.3%)、迷迭香(64.0%)等。

4.2 植物净化数据库

为便于大家查询和检索甲醛净化植物，因此建立了植物净化数据库。该数据库主要用于对甲醛净化植物的管理，查询和检索。

第1页 共2页

<table>
<tr><td>样品名称</td><td>吊兰</td><td>商标</td><td></td></tr>
<tr><td>型号规格</td><td></td><td>生产日期</td><td></td></tr>
<tr><td>委托单位</td><td></td><td>地址</td><td></td></tr>
<tr><td>生产单位</td><td></td><td>地址</td><td></td></tr>
<tr><td>样品来源</td><td colspan="3"></td></tr>
<tr><td>样品性状</td><td colspan="3">拉丁学名 Chorophvybm，吊兰又称垂盆草，桂兰，钩兰，折构兰，西欧又称叫蜘蛛草或飞机草，原产于南非，属百合科多年生常绿草本植物</td></tr>
<tr><td>检验项目</td><td colspan="3">甲酸净化性能(净化效率，单位叶面积甲酸净化量)</td></tr>
<tr><td>检验依据</td><td colspan="3">详见实验方案</td></tr>
<tr><td>评价依据</td><td colspan="3">详见实验方案</td></tr>
<tr><td>检验结果</td><td colspan="3">详见第2页</td></tr>
<tr><td>评价</td><td colspan="3"></td></tr>
<tr><td>检验日期</td><td>2009年6月16日—2009年7月12日</td><td>报告日期</td><td>2009年7月30日</td></tr>
<tr><td>备注</td><td></td><td></td><td></td></tr>
</table>

图6 植物净化数据库表格

4.3 植物净化甲醛能耗

植物从土壤中吸收大量的水，只有少部分的水参与体内的生命活动，绝大部分的水通过蒸腾作用散发到空气中去，由此植物引起的湿度变化对于建筑能耗的影响不可忽视。湿负荷增加造成的潜热负荷增加值最小和最大的植物分别为孔雀竹芋和美国凌霄花。

孔雀竹芋：植株放入之前，舱内状态点：$a(RH=47.8\%)$，放入24h后结束点舱内状态点$b(RH=63\%)$，根据不同时间点舱内绝对湿度的变化，得到绝对含湿量与时间的关系，根据拟合的直线方程，可得到直线斜率也即舱内植株的湿负荷。

在这一时间段湿度增加的速率：$Y=3.39433\times10^{-5}X+4.81011$

实验舱内的湿负荷也即湿度增加速率为3.39433×10^{-5}g/s，水的汽化潜热为2260kJ/kg；则因为湿负荷增加造成的潜热负荷增加值为：

$3.39433\times10^{-5}\text{g/s}\times10^{-3}\text{kg/g}\times2260\times10^{3}\text{J/kg}=7671.8\times10^{-5}\text{W}=0.076\text{W}$/株

美国凌霄花：植株放入前后实验舱内的湿负荷也即湿度增加速率为0.0021g/s，则因为湿负荷增加造成的潜热负荷增加值为：$0.0021\text{g/s}\times10^{-3}\text{kg/g}\times2260\times10^{3}\text{J/kg}=4.746\text{W}$

小结：38种植物湿负荷增加造成的潜热负荷增加值在0.076W/株～4.746W之间。

4.4 植物筛选

结合植物对甲醛的净化能力和植物湿负荷增加造成的潜热负荷增加，综合世博会沪上生态家的景观效益，选取了常春藤、绿萝、吊兰等几十种植物作为上海世博会沪上生态家的室内观赏植物。

5 结论

(1) 研究多种室内观赏植物的叶片部分在模拟甲醛超标环境中甲醛净化效果，建立了测试方法，为将来植物净化真正实现应用进行基础方法和基础数据的探索。

(2) 不同植物对甲醛的净化能力不同，吸收效果存在差异，24h内试验的38种植物中迷迭香单位叶面积净化甲醛量最多，黄金葛绿萝净化率最大。

(3) 38种植物湿负荷增加造成的潜热负荷增加值在0.076W/株～4.746W/株。

(4) 从单位叶面积净化甲醛量来看，室内空气净化植物培育尤其需要增加叶片数量方向；从实际应用效果来看，单株植物净化率是判断其应用效果的指标。

6 致谢

本文受“十一五”国家科技支撑计划重大项目“城镇人居环境改善与保障关键技术研究”课题“建筑室内化学污染控制与改善关键技术研究”（编号：2006BAJ02A08）、“建筑室内环境综合评估技术与智能监控系统研究”（编号：2006BAJ02A06）、国家科技支撑计划（资助课题编号2009BAK43B29）和上海市科学技术委员会（资助课题编号10dz0580300）资助。

参考文献

[1] Environment Australia (EA)：2003，Technical Paper No. 6：BTEX Personal Exposure Monitoring in Four Australian Cities，Environment Australia，2003. Canberra，ACT，Australia

[2] Brown，S. K.，Sim，M. R.，Abramson，M. J. and Gray，C. N.：1994，Concentrations of volatile organic compounds in indoor air-a review，Indoor Air 4，123-134

[3] Carpenter，D. O.：1998，Human health effects of environmental，pollutants：New insights，Environmental Monitoring and Assessment 53，245-258

[4] Bascom, R. : 1997, Plenary Paper: Health and indoor air quality in schools, In: J. E. Woods, D. T. Grimsrud and N. Boschi(eds), Proceedings of Healthy Buildings/IAQ'97 Global Issues and regional Solutions, Washington DC, Vol. 1, pp. 3-12

[5] Wolverton, B. C. and Wolverton, J. D. : 1993, Plants and soil microorganisms: removal of formalde hyde, xylene, and ammonia from the indoor environment, J. Mississippi Acad. Sci. 38(2), 11-15

[6] Lohr, V. I. and Pearson-Mims, C. H. : 1996, Particulate matter accumulation on horizontal surfaces in interiors: Influence of foliage plants, Atmos. Environ. 30, 2565-2568

[7] Orwell,R. , Wood, R. , Tarran, J. , Torpy, F. and Burchett, M. : 2004, Removal of benzene by the indoor plant/substrate microcosm and implications for air quality, Water, Soil and Air Pollut. 157, 193-207

[8] Godish,T. and Guindon, C. : 1989, An assessment of botanical air purification as a formaldehyde mitigation measure under dynamic laboratory chamber conditions, Environ. Pollut. 61, 13-20

[9] Wolverton, B. C. and Wolverton, J. D. : 1993, Plants and soil microorganisms: removal of formalde hyde, xylene, and ammonia from the indoor environment, J. Mississippi Acad. Sci. 38(2), 11-15

[10] Ayako Sawada, 2007, Purification characteristics of pothos for airborne chemicals in growing conditions and its evaluation

[11] Takashi Oyabu, 2003, Characteristics of potted plants for removing offensive odors

[12] Orwell, R. , Wood, R. , 2006, THE POTTED - PLANT MICROCOSM SUBSTANTIALLY REDUCES INDOOR AIR VOC POLLUTION II. LABORATORY STUDY

[13] Orwell, R. , Wood, R. , 2008, THE POTTEDPLANT MICROCOSM SUBSTANTIALLY REDUCES INDOOR AIR VOC POLLUTION I. OFFICE FIELD STUDY

[14] Standard Test Method for Determining Formaldehyde Concentrations in Air and Emission Rates from Wood Products Using a Large Chamber Current edition approved March 10, 1996. Published May 1996. Originally published as E 1333 - 90. Last previous edition E 1333 - 90

[15] 胡红波，2010，室内盆栽观赏植物对空气净化能力的研究，第六届绿色建筑会议论文

2010 上海世博会世博轴健康监测系统

陈　鲁[1]、李大林[2]

(1. 上海同济建设工程质量检测站、2. 同济大学)

摘　要：世博中轴屋面结构由六个单层网格钢结构建筑和巨型索膜结构组成，索膜屋面的投影尺寸达到 80m×1000m，膜面最大计算位移接近 4m，这一结构规模达到世界之最。上海世博轴健康监测系统全面系统的对该结构各个方面做了监测。包括阳光谷施工和使用阶段的钢结构表面应力监测，世博轴屋面索膜结构施工和使用阶段的索力，膜面张力监测，桅杆变形监测，风力作用下的膜面振动视频监测，膜面风环境(风压和风加速度)监测等六个方面的监测，为世博轴的安全建设和使用提供了有力的保障。

关键词：世博轴，健康监测，索膜结构

1　工程背景

世博轴是 2010 年上海世博会园区的中央交通景观轴线，不仅是连接园区内中国馆、主题馆、世博中心、演艺中心 4 大场馆及周边 7 号、8 号轨道交通线的主要通道，同时也是世博会的主出入口。

世博轴工程是 2010 年上海世博会园区内最大的单体工程，总占地面积约 13 万 m^2，总建筑面积约 25 万 m^2，其中地下空间建筑面积约 18 万 m^2，地上建筑面积约 7 万 m^2。工程总投资约 35 亿元。世博轴工程采用了全新的建筑形式，屋顶设计为长约 700m、宽约 80m 的巨型轻型索膜结构，形如蓝天下的朵朵白云，轻盈飘逸。整个索膜覆盖的结构中，从世博轴的入口及中部沿纵向设置了 6 个巨型圆锥状阳光谷。阳光谷采用钢结构形式，其功能是让自然光透过阳光谷倾泻入地下，既可满足部分地下空间的采光，又能体现环保办博和节约办博的理念[2]。

图 1　世博轴总体鸟瞰图

但是世博轴索膜屋面的投影尺寸达到 80m×1000m，膜面最大计算位移接近 4m，这一结构规模达到世界之最。上海世博轴健康监测系统全面系统又地对该结构各个方面做了监测。包括阳光谷施工和使用阶段的钢结构表面应力监测，世博轴屋面索膜结构施工和使用阶段的索力，膜面张力监测，桅杆变形监测，风力作用下的膜面振动视频监测，膜面风环境(风压和风加速度)监测等六个方面的检测。同时开发了世博健康监测系统，监测数据可以进行局域网和

广域网的远程控制和查询。世博轴项目健康监测时间为三年，包括施工阶段对部分结果的不定期监测以及运营阶段的定期监测。自工程竣工验收起，三年内进行定期监测。第一年每月监测一次，第二、三年每季度监测一次。另外，遇有大风或台风预警时，在大风或台风期间全部或局部测量区域进行实时监测。通过定期监测与实时监测相结合，保证监测数据可靠与合理，从而评估世博轴各结构的实际工作状态，给出安全性评估，保证结构的安全使用。

2 阳光谷应力监测

2.1 结构描述

阳光谷是由三角形网格组成的单层钢结构体系。这种结构体系如今在欧洲建筑的运用较为广泛。6 个阳光谷(SV1-SV6)除 SV4，底部杆件布置的形状为正圆形外。其余均为椭圆形。上端均为近似椭圆形的“喇叭口”。SV1-SV6 上下端开口的长轴(半径)长度分别约为 90m 和 18m、60m 和 18m、60m 和 18m 、70m 和 16m、60m 和 18m、90m 和 21m。基础标高及顶部标高一般为－7.00m 和 35.00m，总高度 42.00m。同格体系的形状复杂，悬挑跨度大，6 个阳光谷的悬挑长度由 21m 至 40m 不等[3]。

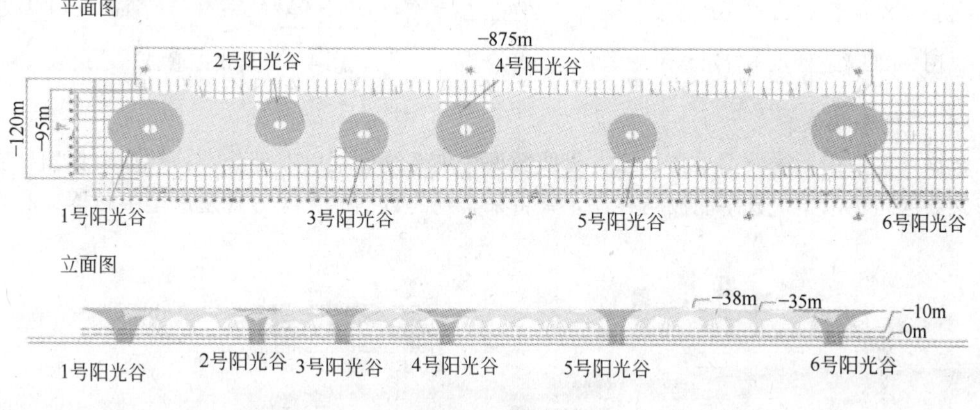

图 2　工程概况

阳光谷的网格杆件大都采用矩形截面的空心焊接钢管。在结构顶端最外圈，为了加强整个结构的环箍作用，采用了矩形截面的实心杆件。杆件长度 1.5～3.5m 不等。截面高度 180～500mm 不等，宽度 65～120mm 不等。三角形网格的杆件、空心节点材料为 Q345B 钢，实心节点(柱脚节点、索膜拉点处、顶部实心杆件)材料为 G20Mn5 铸钢。

阳光谷是由底部向外延伸的三角形网格组成的单层钢结构壳体，杆件的受力以轴力为主。作为膜结构支撑点的拉索点位置附近。由于结构在平面外承受较大的集中力。其局部构件强轴弯矩较大。杆件的弱轴弯矩和扭矩均很小。恒载作用下杆件轴力最大值出现在阳光谷底部。杆件受压为主。靠近阳光谷硬部环向的扦件以受拉为主。分析表明。由于本结构自重较轻。迎风面积较大，风荷载 I 况下的杆件内力远大于多遇地震下的杆件内力。后者约为前者的 20% 到 35%。在大型空间钢结构的施工监测中，结构的内力和位移是两个重要的参数，其中内力是反映结构受力情况最直接的参数，跟踪结构杆件施工过程中的内力变化，是了解结构施工过程形态和受力情况最直接的途径，对结构在施工过程中关键部位构件的应力情况进行监测，把握结构的应力情况，确保结构的安全性。本项目中对 1 号、2 号、5 号和 6 号阳光谷进行钢结构表面应力监测。

2.2 监测系统

阳光谷钢结构表面应力测量系统由应变传感器系统、数据采集系统两大部分组成。

(1) 应变传感器系统

工具式表面应变传感器结构主要由以下几部分组成，参见图4所示。其中弹性元件部分：传感器采用高性能的弹性材料，经过专门的线切割加工，特殊的定型及热处理等工艺技术措施，设计时在弹性体中间开了一个孔，充分利用应力集中原理，提高了输出灵敏度。

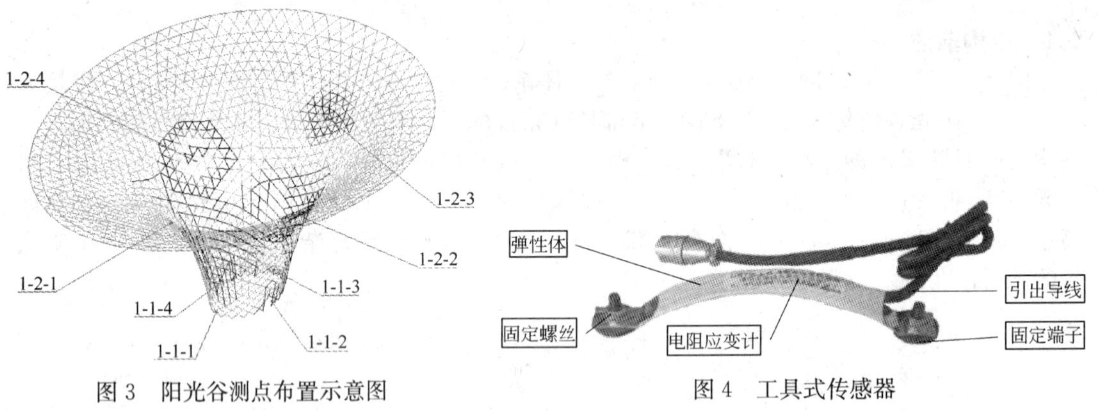

图3 阳光谷测点布置示意图　　图4 工具式传感器

(2) 数据采集系统

数据采集采用无线数据采集系统，无线数据采集系统包括以下部分：1)数据采集器：完成分布式数据同步采集，数字滤波与存储，并将采集到的数据以无线方式发送至中转器。2)中转

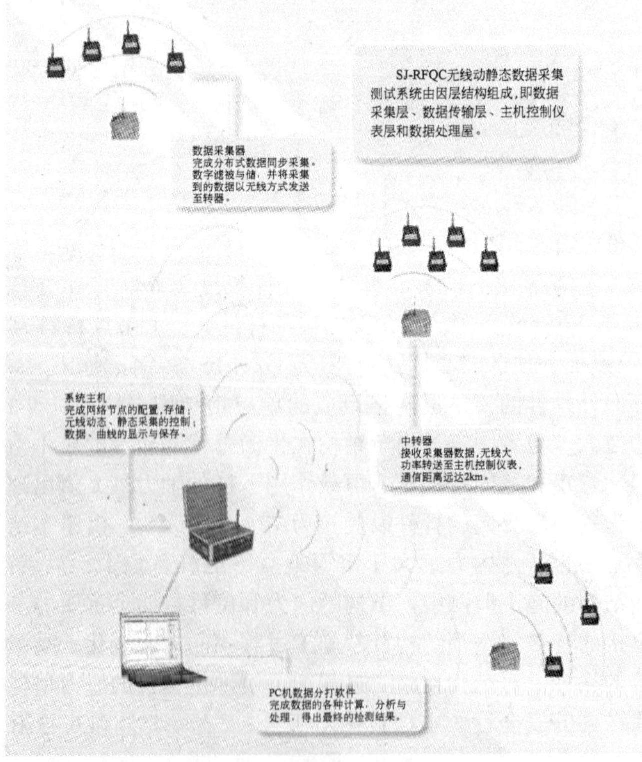

图5 钢结构应力测量系统图

器：接受采集器数据，无线大功率转送至主机控制仪器。3)通信主机：完成网络节点的配置存储，无线动静态采集的控制，数据、曲线的显示与保存。4)PC 机：完成各种数据的计算统计与分析。

2.3 监测系统布置

本次世博轴阳光谷钢结构应力监测分为现场测量和实时监测两部分，实时监测选取一个阳光谷作为监测单元进行。共计八个测点设为一个监测单位设置一套系统。其余阳光谷采用现场测量的方式进行应力的监测。实时监测系统可以实时反映各个测点的应力随时间的变化，数据由监控系统及时保存并输出。现场测量则需要监测人员进场逐一进行各个阳光谷钢结构测点的应力测量，应力数据由监测人员现场记录并报送各相关单位。

传感器事先安装在待测构件表面上，将表面应变传感器的两个端部固定块用点焊方式正确地固定在被测试件表面，再用工具旋紧两端固定螺母作为二次固定，即为已经安装好，外扣金属保护盒。由于无线采集发射器的内置电池工作时间最长一周左右，本次应力监测时间周期长，需布置外部电源用于采集发射器的供电，外接电源为 6V 蓄电池供电，电源线采用多股双绞线。中转器和通讯主机等采用 220V 电源给蓄电池充电，每个阳光谷配备一台中转器和蓄电池，中转器以及蓄电池放置在每个阳光谷谷底，所有测试仪器不需布置数据传输线。

2.4 监测数据分析及结论

由于监测数据众多，本文选取 6 号阳光谷 2010 年 3 月～5 月间数据进行分析。6 号阳光谷各个传感器测量值如表 1 所示：

6 号阳光谷钢结构应力值 **表 1**

第一层	6-1-1-a	6-1-1-b	6-1-1-c	6-1-1-d	6-1-2-a	6-1-2-b	6-1-2-c	6-1-2-d	6-1-3-a	6-1-3-b	6-1-3-c	6-1-3-d
时间	应力 (MPa)	应力 (MPa)	应力 (MPa)	应力 (MPa)	应力 (MPa)	应力 (MPa)	应力 (MPa)	应力 (MPa)	应力 (MPa)	应力 (MPa)	应力 (MPa)	应力 (MPa)
3 月	−46	71		59	52	105	4	127	150	174		16
4 月	−55	85		66	45	110	4	132	166	178		21
5 月	−48	68		53	51	108	1	128	171	183		19
第二层	6-2-1-a	6-2-1-c	6-2-1-d	6-2-2-a	6-2-2-c	6-2-2-d	6-2-3-a	6-2-3-c	6-2-3-d	6-2-4-a	6-2-4-c	6-2-4-d
时间	应力 (MPa)	应力 (MPa)	应力 (MPa)	应力 (MPa)	应力 (MPa)	应力 (MPa)	应力 (MPa)	应力 (MPa)	应力 (MPa)	应力 (MPa)	应力 (MPa)	应力 (MPa)
3 月	4	92	25	−88	23	−28		118	−152	−34	15	−103
4 月	3	98	28	−92	31	−33		121	−149	−36	21	−113
5 月	1	93	31	−85	27	−28		108	−155	−41	23	−109
第三层	6-3-1-a	6-3-1-c	6-3-1-d	6-3-2-a	6-3-2-c	6-3-2-d	6-3-3-a	6-3-3-c	6-3-3-d	6-3-4-a	6-3-4-c	6-3-4-d
时间	应力 (MPa)	应力 (MPa)	应力 (MPa)	应力 (MPa)	应力 (MPa)	应力 (MPa)	应力 (MPa)	应力 (MPa)	应力 (MPa)	应力 (MPa)	应力 (MPa)	应力 (MPa)
3 月	15	−12	94					−124	15	7	14	5
4 月	21	−9	101					−132	21	9	18	3
5 月	17	−18	113					−129	28	3	9	8

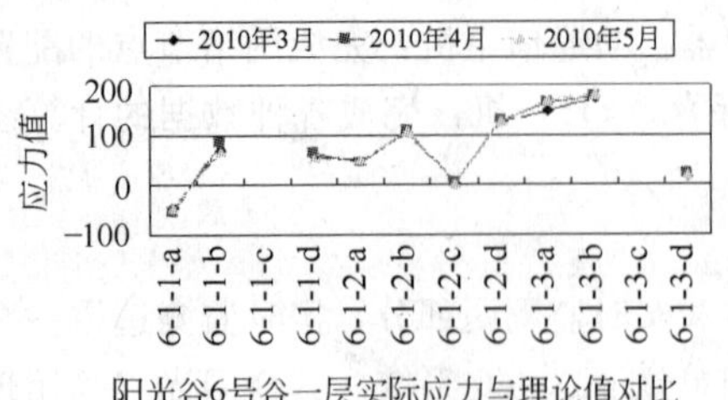

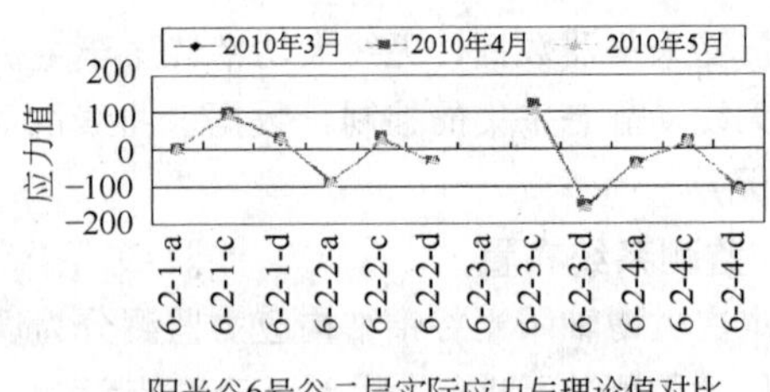

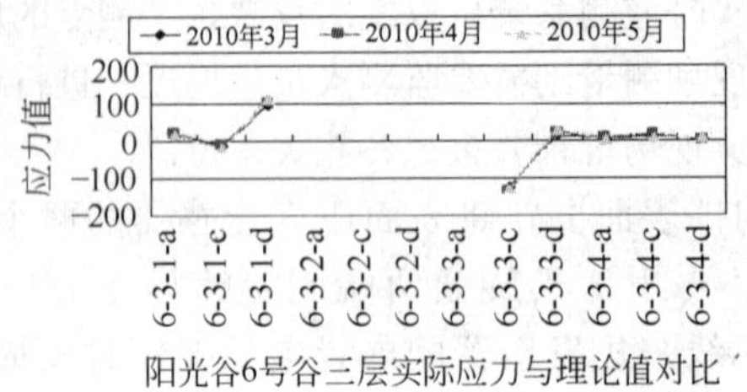

图 6 阳光谷应力测量结果

从监测数据分析可以得出以下结论：

(1) 由于是阳光谷是自由形态结构，其表面钢结构应力有很大的离散性和不确定性，所以未能做出具体对结构整体受力方面的评价。对于测得的数据，做出同一测点不同时间的比对可以看见，每个测点的各个方向的应力大小的变化都不大，可得出结构此时已经趋于稳定的结论。

(2) 另外，有以上图表还可以看见，结构施工完成后测量每个测点的应力，每个测点的应力绝对值最大不超过 200MPa，说明结构安全，构件应力未达到或超过屈服应力。

3 索膜结构监测

世博轴屋面索膜结构监测主要分为四个大的部分，分别是：1)桅杆钢索张力监测；2)膜结构膜面张力监测；3)边桅杆变形监测；4)膜面风环境和风效应监测。

3.1 桅杆钢索张力监测

本项目中索张力监测采用了较为先进且性能稳定的 EM 传感器进行监测。基于 EM 原理的索力测试精度可达到 95%左右，EM 线圈还可长期留置结构中供使用阶段进行索力监测。

3.1.1 基本原理

如图 7 所示，由两个线圈组成一个电磁感应系统，主要线圈通入直流电，通电瞬时，由于有铁芯存在，会产生电磁感应现象，也就是说，会在次要线圈中产生瞬时电流，因此在次要线圈中会测得一个瞬时电压。通过双线圈系统，直流电输入主要线圈，次要线圈输出感应电压，此感应电压为瞬时，须通过放大器经由数据采集系统得到[4]。

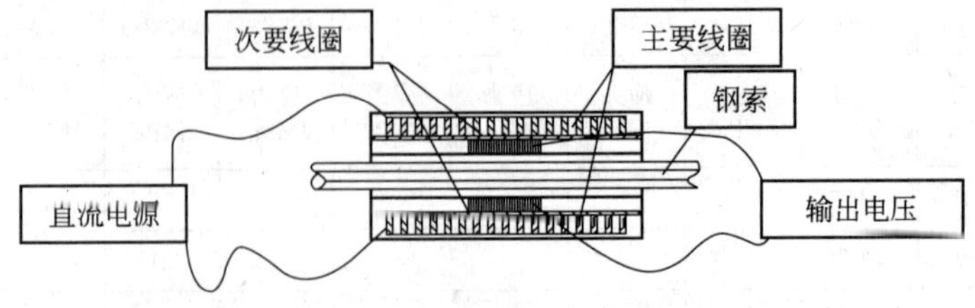

图 7 索力监测的 EM 原理

电磁感应产生的电流强度以及电压的大小依赖于铁芯材料本身，或者说与铁芯材料的磁导率有着直接的关系。而且，铁芯材料的磁导率又与铁芯的应力状态相关，实际上我们可以通过该电磁感应系统测量得到的输出电压以及铁芯材料的其他的一些材料参数(例如横截面积，温度)等换算得到材料的磁导率。因而也就可以间接地得到铁芯材料的应力状态[5]。

3.1.2 系统组成

测试设备及其软件系统如图 8 所示：

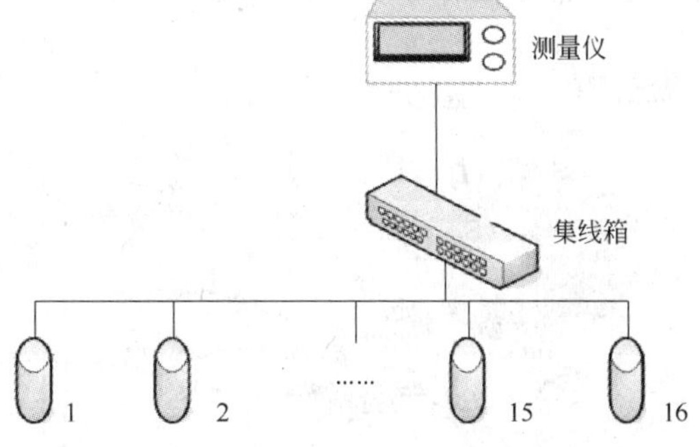

图 8 索力 EM 监测设备

测量系统包括传感器、集线箱、测量仪、数据采集软件、数据传输线等配件。监测系统标准配置为，1 台测量仪＋1 个 16 通道集线箱＋16 个传感器＋1 套采集软件。各部分主要作用如下：

传感器

测量仪

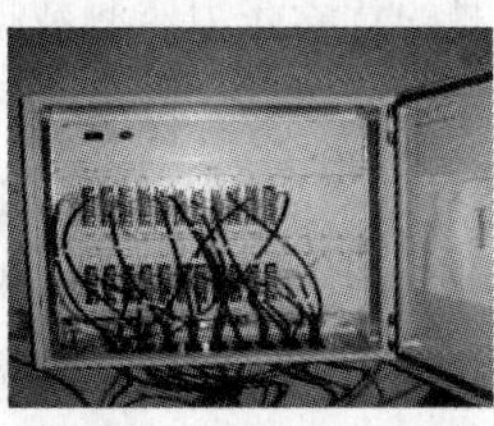

集线箱

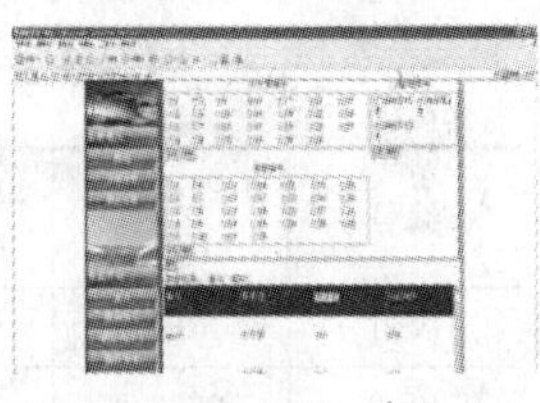

测量软件

图 9 监测系统硬件图

1)传感器：敏感测量软件，实现感应信号和温度测量。2)集线箱：硬件上实现多传感器集中采集数据。3)测量仪：产生脉冲电压信号，并调制感应测量信号。测量量为传感器的温度和积分电压值，并由此显示温度和测量力值(或应力值)。4)数据采集软件：可实现单通道或多通道数据采集，包括传感器标定、手动数据采集、自动数据采集。

实时测量系统包括传感器、数据线、集线箱、测量仪以及监控计算机以及数据传输与采集系统组成，系统框图如图 10 所示。

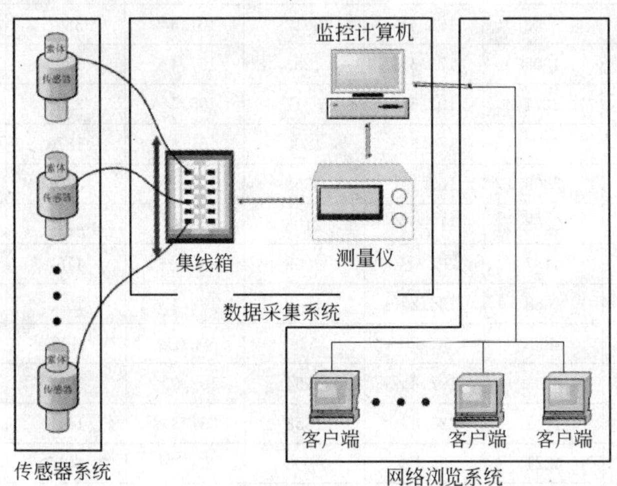

图 10 M 法索力测量系统结构图

3.1.3　测点布置

1号～2号阳光谷之间以及5号～6号阳光谷之间的全部背索和水平联系索布置测点。共计水平索测点27点，背索测点30点。测点布置详如图3.5。各监测单元测点布置如图11所示：

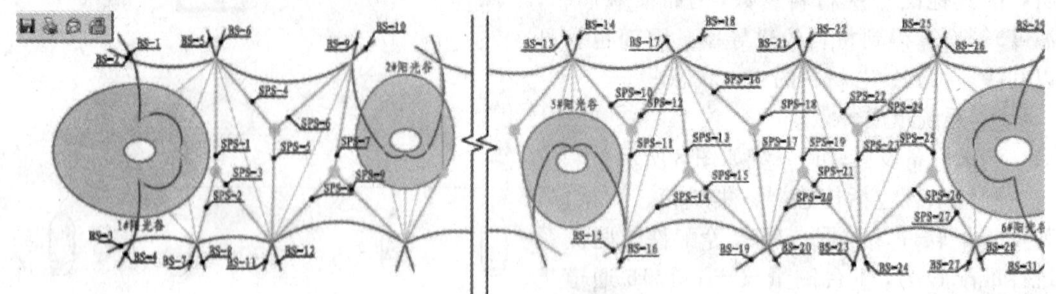

图11　测点索力编号图

现取2010年3月～5月的背索张力监测数据进行分析。监测数据如表2所示。

背索索力数据　　表2

编号	理论值(kN)	2010年3月测量(kN)	3月索力/理论值	2010年4月测量(kN)	4月索力/理论值	2010年5月测量(kN)	5月索力/理论值	平均百分比
BS-1	1326.4	1653	124.6%	1587	119.6%	1546	116.6%	120.3%
BS-2	2300.8	3221	140.0%	3001	130.4%	2928	127.3%	132.6%
BS-3	452.2	884	195.5%	568	125.6%	658	145.5%	155.5%
BS-4	339.4	586	172.7%	584	172.1%	662	195.1%	179.9%
BS-5	478.8	772	161.2%	684	142.9%	701	146.4%	150.2%
BS-6	2523.5	3001	118.9%	2886	114.4%	2779	110.1%	114.5%
BS-7	583.1	1354	232.2%	1216	208.5%	1198	205.5%	215.4%
BS-8	269.4	303	112.5%	288	106.9%	302	112.1%	110.5%
BS-9	2405.7	2219	92.2%	2341	97.3%	2284	94.9%	94.8%
BS-10	1973	2348	119.0%	2486	126.0%	2339	118.6%	121.2%
BS-11	3849.2	3942	102.4%	3912	101.6%	3887	101.0%	101.7%
BS-12	751.7	1305	173.6%	1258	167.4%	1205	160.3%	167.1%
BS-13	3139.1	3221	102.6%	3312	105.5%	3258	103.8%	104.0%
BS-14	1117.4	1905	170.5%	1806	161.6%	1870	167.4%	166.5%
BS-15	3087.1	3369	109.1%	3352	108.6%	3408	110.4%	109.4%
BS-16	1886.5	2208	117.0%	2106	111.6%	2118	112.3%	113.6%
BS-17	4282.2	4137	96.6%	4009	93.6%	4157	97.1%	95.8%
BS-18	1239.8	1688	136.2%	1642	132.4%	1613	130.1%	132.9%
BS-19	417.4	403	96.6%	388	93.0%	406	97.3%	95.6%
BS-20	3914.8	4003	102.3%	3994	102.0%	3952	101.0%	101.7%
BS-21	587.1	1402	238.8%	1358	231.3%	1413	240.7%	236.9%
BS-22	4782.1	4221	88.3%	4008	83.8%	4115	86.1%	86.0%
BS-23	820.5	1506	183.5%	1423	173.4%	1398	170.4%	175.8%

续表

编号	理论值(kN)	2010 年 3 月测量(kN)	3 月索力/理论值	2010 年 4 月测量(kN)	4 月索力/理论值	2010 年 5 月测量(kN)	5 月索力/理论值	平均百分比
BS-24	1684.1	2206	131.0%	2108	125.2%	2009	119.3%	125.2%
BS-25	4282.2	3995	93.3%	4006	93.6%	4153	97.0%	94.6%
BS-26	1239.8	1627	131.2%	1553	125.3%	1596	128.7%	128.4%
BS-27	160.3	108	67.4%	125	78.0%	106	66.1%	70.5%
BS-28	618.7	815	131.7%	788	127.4%	762	123.2%	127.4%
BS-29	2236.7	2116	94.6%	2006	89.7%	2163	96.7%	93.7%
BS-30	805.1	1623	201.6%	1554	193.0%	1513	187.9%	194.2%
BS-31	259.9	558	214.7%	458	176.2%	497	191.2%	194.0%
BS-32	405.8	509	125.4%	500	123.2%	493	121.5%	123.4%

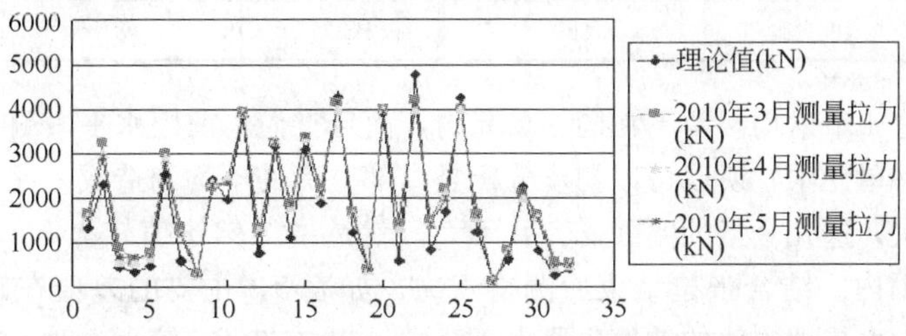

图 12 2010 年 3 月～5 月实际背索索力与理论值比对

(1) 背索力从 2010 年 3 月～2010 年 5 月，三月间索力变化比较小，用与水平索相同的方法，可以得出背索索力在半年时间内，没有较大波动的结论。这在一方面同时印证结构已经稳定的结论，也印证了背索，水平索之间是相互关联耦合的。

(2) 由表中数据可见，背索的张力普遍大于理论值，且变化的离散性较大。结合水平索力小于理论值现象，可以侧面印证了设计中背索受力较大，水平索受力较小，由背索承担主要的荷载不稳定因素的结论。

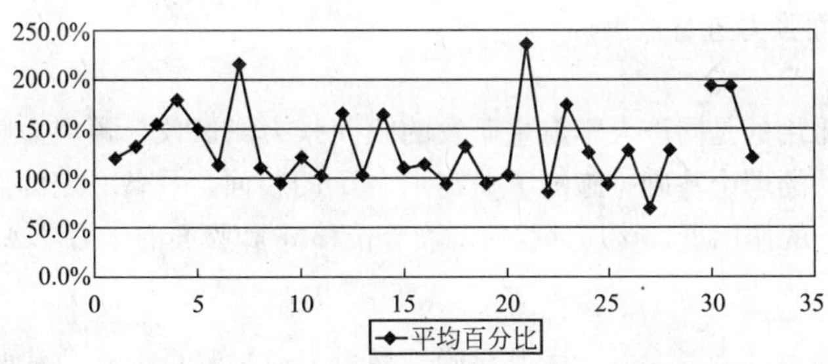

图 13 背索平均索力分布

(3) 整体分布如表 4 可见其离散性是非常大的。由于背索整体比水平索粗很多(水平索内径 70mm，背索内径 190mm)，背索的安全储能较大。

2010 年 3 月～5 月水平索区间分布 表 3

大于 200%	200%～150%	150%～100%	100%～90%	90%～80%	80%～70%	40%～50%
2	6	14	4	1	1	1

（4）对于与理论值相差较大的索

2010 年 3 月～5 月个别与理论值差值较大背索 **表 4**

编号	理论值(kN)	2010 年 3 月 测量拉力(kN)	2010 年 4 月 测量拉力(kN)	2010 年 5 月 测量拉力(kN)	平均百分比
BS-7	583.1	1354	1216	1198	215.4%
BS-21	587.1	1402	1358	1413	236.9%
BS-30	805.1	1623	1554	1513	194.2%
BS-31	259.9	558	458	497	194.0%

2010 年 3 月～5 月个别与理论值差值较大背索施工完成时索力值 **表 5**

编号	实测值(kN)	施工单位自测值(kN)	编号	实测值(kN)	施工单位自测值(kN)
BS-7	980	1130	BS-30	1211	1320
BS-21	490	560	BS-31	378	400

分析发现，这 4 个索均两两不在同一单元内，而且它们与前面水平索测量与理论值相差较大的索也不在同一单元中，所以可以初步分析是局部受荷的不均匀造成，并没有哪一个单元整体出现问题。其次，这几个索的实际受力并不大，就是说虽然比值较大，但实际差值并不大，在结构可承受范围内。结合张拉结束后测得索力，如表 5，主要的差值在施工结束后已经形成。施工后实际索力与理论值的差值主要由于背索较粗，在张拉较小力时不容易控制，造成误差较大，但是对整体结构影响不大。

3.2 膜面张力监测

世博轴屋面膜结构面积巨大，且风动试验显示膜面最大振动幅度达到 4m 之巨，而由于试验模型与实际结构的区别，结构的实际位移以及受力情况并不完全如理论分析和试验结果相一致[8]。同时，膜面张力的大小对于整个屋面系统的刚度和索结构张力的大小有着重要的影响，张力过大会导致膜面撕裂破坏而张力过小则会使膜面松弛，在风荷载下会上下剧烈运动而对结构整体造成巨大破坏。为了保证膜面实际张力能达到设计要求，同时监测膜面在实际风环境下的响应情况，对膜面张力进行监测。

3.2.1 监测设备

膜面张力监测采用的是同济大学自主研发的膜面张力测试仪，预应力膜面的应力刚化、应力叠加原理是本方法的理论基础。施加了一定张力 T 的膜面，具备一定的面外刚度，其局部膜面在某一面外荷载 q 的作用下，该局部膜面的面外位移 w 和膜面的张力 T 水平存在确定的关系：

$$T=f(w,\ q,\ E) \tag{1}$$

其中，E 代表膜材的力学参数，尤其是弹性模量。通过测量面外位移 w 和面外荷载 q，即可根据公式(1)反推膜面张力 T。公式(1)的推导过程中，提出了“拟索法”，将预应力膜面的二维问题转换成预应力索的一维问题，可以独立的测量膜面经向、纬向及其他各个方向的张力水平而互不干扰。同时，采用数学手段，排除了膜材材性，主要是弹性模量的干扰，使方法适用于各种膜材[9,10]。

3.2.2 测点布置

1 号～2 号阳光谷之间以及 5 号～6 号阳光谷之间的膜面布置测点，每单元布置 9 个测点，每测点分别测量正交两个方向的膜面张力。膜面张力测点布置如图 14 所示。

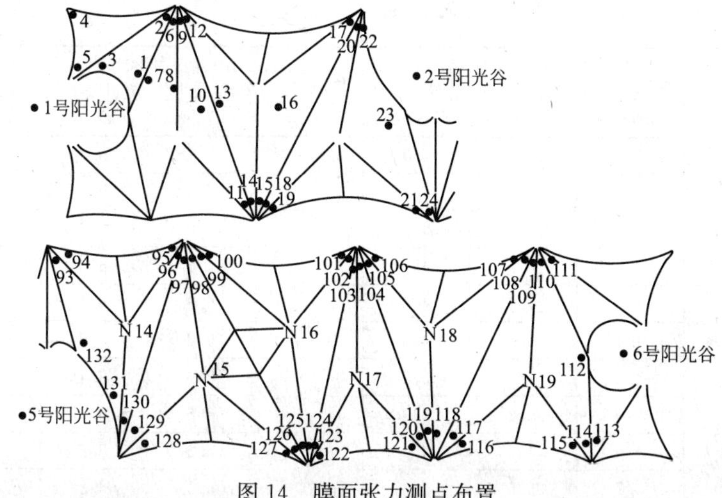

图 14　膜面张力测点布置

3.2.3　监测数据分析及结论

膜面应力测量数据　　**表 6**

应力方向	测点	2010 年 3 月测量张力值(kN/m)	2010 年 4 月测量张力值(kN/m)	2010 年 5 月测量张力值(kN/m)	测点	2010 年 3 月测量张力值(kN/m)	2010 年 4 月测量张力值(kN/m)	2010 年 5 月测量张力值(kN/m)	理论值
横向	1	3.8	4	4.1	13	5.6	5.7	5.8	5
纵向		5.5	5.7	5.4		6	5.9	6.2	5
横向	2	6.1	6.1	6.1	14	5.6	5.4	5.8	5
纵向		6.8	6.9	6.9		4.8	5.1	5.2	5
横向	3	5.1	4.9	5	15	5.4	5.6	5.6	5
纵向		6	5.9	5.7		5.5	5.8	5.5	5
横向	4	6.6	6.6	6.5	16	4.9	4.8	5.2	5
纵向		5.7	5.7	5.7		5.3	5.4	5.5	5
横向	5	5.5	5.2	5.3	17	6.9	7.2	7.2	5
纵向		6.1	5.8	6.2		6.5	6.1	5.9	5
横向	6	6.1	6.2	5.9	18	5.7	5.7	5.7	5
纵向		7.4	7.3	7.4		4.7	5	5.1	5
横向	7	5.1	5.4	5.3	19	5.9	6.2	6.4	5
纵向		3.7	3.9	4.1		5.4	5.6	5.3	5
横向	8	5.7	5.5	5.8	20	7.3	7.2	7.4	5
纵向		5.7	5.7	5.5		6.5	6.6	6.9	5
横向	9	6.7	6.6	6.5	21	4.7	4.9	5	5
纵向		7.1	6.9	7.1		5.6	5.5	5.3	5
横向	10	5.6	5.9	5.2	22	7.2	7	7.2	5
纵向		5.2	5.3	5		6.7	6.8	7	5
横向	11	6.3	6.2	6.2	23	4.4	4.4	4.5	5
纵向		5.4	5.5	5.6		4	4.1	3.8	5
横向	12	6.7	6.6	6.4	24	5.8	6	5.7	5
纵向		5.6	5.4	5.7		5.5	5.4	5.7	5

续表

应力方向	测点	2010年3月测量张力值（kN/m）	2010年4月测量张力值（kN/m）	2010年5月测量张力值（kN/m）	测点	2010年3月测量张力值（kN/m）	2010年4月测量张力值（kN/m）	2010年5月测量张力值（kN/m）	理论值
横向	93	4.1	4.2	4.1	113	5.7	5.7	5.9	5
纵向		4.2	4.5	4.2		5.4	5.5	5.5	5
横向	94	4.6	4.4	4.4	114	6.9	7.2	6.8	5
纵向		4.6	4.7	4.8		7.1	6.8	7.4	5
横向	95	4.8	4.6	4.8	115	6.3	6.4	6.1	5
纵向		4.8	4.8	4.7		5.8	5.9	5.6	5
横向	96	5.1	5	5.2	116	5.6	6.4	6.2	5
纵向		5.6	5.4	5.3		5.6	5.7	6	5
横向	97	4.6	4.5	4.6	117	5.3	5.5	5.3	5
纵向		5.7	5.6	5.8		6.1	6.2	6.3	5
横向	98	4.7	5.1	5	118	5.9	5.9	6.2	5
纵向		5.7	5.7	5.7		5.4	5.4	5.6	5
横向	99	5.2	5.5	5.2	119	5.3	5.2	5.1	5
纵向		5	5.2	4.9		6.1	6	6.2	5
横向	100	4.1	4.1	4.2	120	6.4	6.4	6.5	5
纵向		6.4	6.3	6.5		5.8	5.2	5.8	5
横向	101	5.1	5.3	5.1	121	5.3	5.2	5	5
纵向		4.9	4.7	5		6	6.1	6.4	5
横向	102	5.2	5.3	5.5	122	4.9	5	4.7	5
纵向		5	5.1	4.8		6	6.1	6.2	5
横向	103	6.6	6.1	5.8	123	4.9	5	5.3	5
纵向		5.7	5.7	5.7		4.6	4.7	4.3	5
横向	104	5.5	5.5	5.6	124	5	5	5	5
纵向		6.9	6.8	6.6		7.2	6.8	7	5
横向	105	5.1	5.4	5	125	6	5.8	5.8	5
纵向		4.9	5.1	5.2		5.5	5.7	5.8	5
横向	106	4.7	5.1	5.3	126	5	5	5.1	5
纵向		5.7	6.3	6.2		6.7	6.6	6.9	5
横向	107	5	5.1	5	127	5.1	5.3	5	5
纵向		6.7	6.6	6.9		5.3	5.4	5.3	5
横向	108	4.9	5.1	4.9	128	5.2	5.6	5	5
纵向		5.3	5.3	5.2		5	5.2	4.9	5
横向	109	5.4	5.4	5.6	129	5.4	5.2	5.1	5
纵向		4.7	5	4.9		4.4	4.7	4.4	5
横向	110	5	5.5	4.9	130	6.1	6.5	6.3	5
纵向		5.4	5.6	5.6		5.7	5.7	5.8	5
横向	111	5.1	5.2	5.1	131	5.9	5.8	5.8	5
纵向		5.2	5.3	5.6		6.2	6.7	6	5
横向	112	3.9	4.1	4.3	132	4.2	4.1	4.3	5
纵向		4.2	4	3.8		3.8	3.7	4	5

(1) 膜面张拉完成后，膜面张力基本在 4～8kN/m，整体来看横向与纵向应力并无必要联系但仍可由图看出，二者大体趋势仍相似，曲线走向相似。整体平均值接近理论值，大于理论值，在安全范围内。

膜面各处应力平均值比对 表 7

测点	方向	2010 年 3 月 测量张力值(kN/m)	2010 年 4 月 测量张力值(kN/m)	2010 年 5 月 测量张力值(kN/m)
所有测点	横向	5.8	6	5.7
	纵向	5.70	5.72	5.74
角部测点	横向	6.09	6.09	6.11
	纵向	6.05	6.11	5.98

(2) 三个月之间的变化，三次测量值相比较变化很小，说明膜面基本趋于稳定。不会发生较大的突变或松弛，结构整体已经趋于稳定。

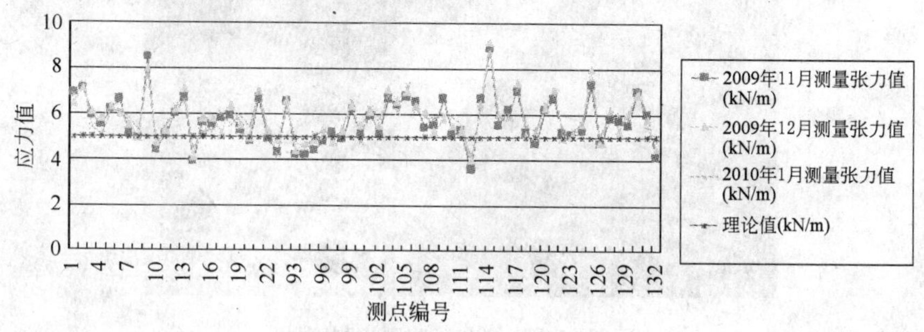

图 15 膜上测点横向应力整体分布

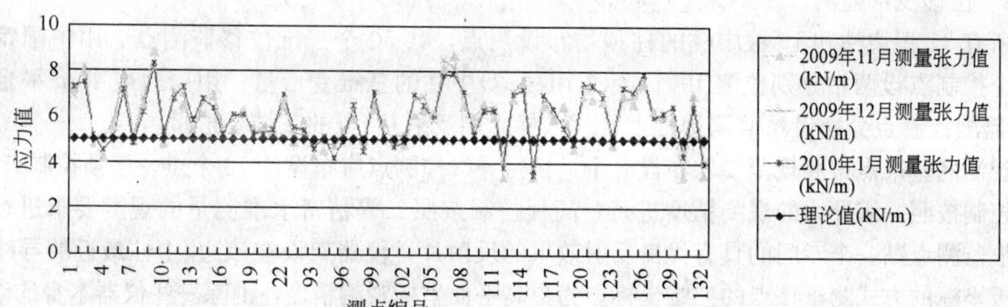

图 16 膜上测点纵向力整体分布

(3) 首先，个别应力较大点：应力大于 7kN 的点全部位于角部，其次，角部测点的平均横、纵向应力均大于所有测点平均值。可印证结构角点处受荷较大这一结论。角部节点处膜面张力偏大，局部点达到 7kN/m 以上，甚至接近 8kN/m。

(4) 靠近阳阳光谷下拉点处的膜面则膜面张力偏小，局部在 4kN/m 以下左右。

(5) 从结构健康监测的角度来看。结构局部应力有比较大的现象，但由于实际结构在角点处均有加固加厚膜面的措施，所以结构是安全的，并没有安全隐患。

3.3 桅杆位移监测

大型空间钢结构的施工监测中，结构的位移是一个可以测量得比较精确的极其重要的参数，是了解施工过程中形态的重要途径。对结构在施工过程中的关键部位构件的变形情况进行监测，把握结构的变形和位移情况，确保结构的安全性，具有非常重要的价值。

3.3.1 监测控制网测量

为了将所有变形监测点的三维坐标统一到同一坐标系下，需要建立统一的高等级平面和高程控制网。为了方便起见，平面控制网和高程控制网采用同一组控制点。监测控制网由 3 个起算控制点、2 个中国馆楼顶控制点、10 个位于周边或 10m 平台上的控制点，共有 15 个点组成。先对监测网分别构成平面控制网和高程控制网进行构网联测，从而进行平面和高程控制网平差计算，使监测控制网中的控制点之间具有很高的相对精度。控制点分布图如图 17，其中 3 个起算控制点位置未标注。

图 17 桅杆变形监测控制网

3.3.2 位移变形监测

所有 31 根边柱和 19 根中柱的柱顶均布设测点，共 50 个三维位移监测点。用中国馆楼顶的 2 个控制点设两站分别监测 19 个(标志用棱镜)中柱的三维变形量；用周边或 10m 平台上的 10 个监测控制点分别设站监测边柱上 31 个(标志用反射片)点的三维变形量。

控制网基准点按照规范要求布设 3 个，精密导线控制点应布设约 10 个点，楼顶控制点 2 个。平面控制按照一级导线的观测精度进行；高程控制按照二等精密水准测量的观测要求进行。每个变形监测点贴一个专门的具有优良反射效果的反射片，仪器架设在该边/中柱最近的导线点上采用极坐标的方式测量该点的三维坐标。为提高平面坐标观测精度，消除一些仪器本身的误差以及观测误差，采用正倒镜观测取平均的方式。提高监测点的高程测量精度，采用不量仪器高法测量监测点的高程。按照二级建筑变形测量的精度指标要求，位移观测观测点坐标中误差≤3.0mm。

3.3.3 测量结果

所有测量结果 **表 8**

编号	坐标方向	中国馆方向 由南往北为 1 号			主题馆方向 由南往北为 1 号		
		2010 年 3 月偏移值(mm)	2010 年 4 月偏移值(mm)	2010 年 5 月偏移值(mm)	2010 年 3 月偏移值(mm)	2010 年 4 月偏移值(mm)	2010 年 5 月偏移值(mm)
1	X	−1	−1	0	−3	−1	0
	Y	−3	−2	0	−1	0	2
	Z	1	−1	−3	8	9	8

续表

编号	坐标方向	中国馆方向 由南往北为1号			主题馆方向 由南往北为1号		
		2010年3月偏移值(mm)	2010年4月偏移值(mm)	2010年5月偏移值(mm)	2010年3月偏移值(mm)	2010年4月偏移值(mm)	2010年5月偏移值(mm)
2	X	2	3	0	−2	−2	−3
	Y	−11	−9	−8	−8	−8	−8
	Z	−10	−8	−7	10	9	5
3	X	−2	−1	0	1	0	1
	Y	0	1	2	−1	−3	−1
	Z	7	8	9	0	2	2
4	X	5	3	4	3	1	0
	Y	−12	−11	−8	2	2	1
	Z	7	6	5	0	2	1
5	X	0	1	0	−7	−8	−7
	Y	−3	−1	2	0	1	0
	Z	8	8	9	2	−2	−1
6	X	0	1	2	−3	−8	−9
	Y	3	1	0	−4	−8	−7
	Z	−9	−5	−4	−4	−6	−5
7	X	−9	−8	−9	6	5	2
	Y	5	4	3	11	10	8
	Z	5	6	5	9	8	9
8	X	−11	−10	−9	−1	0	1
	Y	0	1	0	0	1	0
	Z	21	15	11	0	1	1
9	X	−4	−1	−3	1	0	0
	Y	−1	0	2	4	3	2
	Z	0	2	1	11	10	8
10	X	−6	−5	−4	−2	0	1
	Y	−12	−8	−7	4	6	5
	Z	12	11	10	9	8	7
11	X	−9	−8	−8	0	1	0
	Y	−11	−8	−9	−2	−3	−1
	Z	8	7	8	0	1	0
12	X	−10	−8	−9	−3	−2	0
	Y	−6	−5	−4	1	0	1
	Z	9	8	9	12	9	8
13	X	−13	−10	−9	−1	0	1
	Y	−8	−8	−7	1	0	2
	Z	9	11	9	6	5	4

续表

编号	坐标方向	中国馆方向 由南往北为1号			主题馆方向 由南往北为1号		
		2010年3月偏移值(mm)	2010年4月偏移值(mm)	2010年5月偏移值(mm)	2010年3月偏移值(mm)	2010年4月偏移值(mm)	2010年5月偏移值(mm)
14	X	−11	−10	−8	1	1	−1
	Y	−15	−11	−9	0	3	2
	Z	11	10	5	3	2	0
15	X	−8	−5	−4	0	1	0
	Y	−4	−4	−3	−12	−5	−9
	Z	−15	−11	−8	−7	−9	−7

所有数据均满足要求，三次测量值相比较变化很小，说明桅杆结构基本趋于稳定。没有发生较大的突变，结构整体已经趋于稳定。

3.4　世博轴膜面风环境监测

世博轴的膜结构对风作用非常敏感，并且圆弧形的外表结构，实际风荷载与风洞试验还存在很大的差别，这种差别就是由于模型的缩尺尺寸效应带来的雷诺数效应引起的，而结构的风振响应分析，往往通过刚体模型测压试验得到的压力时程加载到结构上分析得到，这种方法用于经历大位移的结构会产生很大的误差。基于以上原因，建议对世博轴在使用阶段进行以下风荷载和风效应的监测：1)使用阶段对结构物表面风压进行监测；2)使用阶段对结构物局部风速监测；3)使用阶段结构风振监测。

3.4.1　使用阶段结构风压监测

世博轴的结构特点对风的作用较为不利。虽然风洞试验和数值模拟均能够提供结构设计所需要的体型系数等关键参数。然而，由于大缩尺和具体风环境的不同，实际作用在结构物表面的风力与设计必然存在较大的差异。为了了解这种具体的风力特性，采取风压监测是十分重要且十分必要。

(1) 基本原理

风压监测采取 Setra 的 Model 264/C264—微差压传感器，这种类型的传感器由不锈钢膜片和一个固定电极构成一个可变电容，当压力变化时电容值发生变化，监测此电容值，并由电子线路将其转换成直流电信号。传感器被封装在一个不锈钢腔体内，因而有优良的长时间稳定性。

(2) 监测设备

风压监测采用 Model 264/C264—微差压传感器，如图18所示。

(3) 测点布置

在结构物表面，或上下表面进行压力监测。监测点初步拟定为8个测点的监测方案，该方案需要进行同位置上下表面同步测压。考虑在世博轴上选择1个膜进行研究，监测风压测点16个。

图18　Model 264/C264—微差压传感器

3.4.2　使用阶段局部风速测定

(1) 监测目的

世博轴属于超大型膜结构，国内外还极少有类似尺度的膜结构。这种类型的膜结构从风工程的角度看，该结构有三维曲面的特点，其风敏感效应较为明显。了解来流的风特性，对于确定结构的状态十分重要且十分必要。

(2) 基本原理

风速监测一般可采用 3 维超声风速仪、螺旋桨式风速仪或者杯式风速仪等等。其中 3 维超声风速仪的采样频率可以达到 10Hz 或者 100Hz，风速可以达到 56m/s。三维超声风速仪的测定原理是通过测量超声波在一对超声发生器之间的传播时间并通过多普勒位移(Dopp ler shift)来测定该通道的风速分量。

(3) 监测设备

本次风速监测采用 (81000 型)三维超声风向风速仪和机械式风速仪(图 19)，机械式风速仪的使用，主要是对三维超声风速风向仪的补充。该型号为传感探头加热型，加热型的传感探头内配备恒温控制加热器防止冻雨或冻雪形成。避雷系统安装风速传感器极易遭受雷电的袭击，从而引起整个监测系统破坏。因此，对硬件系统中易遭受雷电袭击的设备需要安装避雷系统进行保护。风速风向仪利用直径 15 ×2 的不锈钢钢管作为避雷针避雷；对于进出监测机房的电源线，在电源线连接机房内机柜前端设三相电源浪涌保护器；在电源线连接机柜的出线装单相电源浪涌保护器。

3.4.3 使用阶段风振监测

加速度信号可以用于结构的参数识别、损伤识别与模型修正。

(1) 监测原理基于加速度频响函数的模型修正法可以直接利用计算和测量得到的加速度频响函数进行模型修正，使修正后模型的频响函数与实际结构的频响函数相一致，所以基于加速度频响函数的模型修正技术在结构损伤诊断中具有更实际的工程意义；利用测得的频率可以反算出结构的刚度矩阵，从而可以识别出损伤杆件，这也是一个值得研究的课题。

(2) 仪器设备：采用压电式加速度传感器，如图 20 所示。加速度计是由一个悬挂于硅架复合横梁上的微小硅芯片组成。硅芯片随支架的形变而改变其电阻值，上下表面硅帽提供了超量程保护的能力。这种结构，使加速度具有体积小，抗冲击，耐用，内置阻尼和宽带的特点。DASP 动态信号测试分析系统包含动态信号测试系统所需的信号调理器、直流电压放大器、低通滤波器、抗混滤波器、16 位 A/D 转换器以及采样控制和计算机通信的全部硬件，而且提供了充分考虑用户方便操作本系统所需的控制软件及分析软件，是以计算机为基础、智能化的动态信号测试分析系统。能满足健康监测的要求。如图 21、图 22 所示。

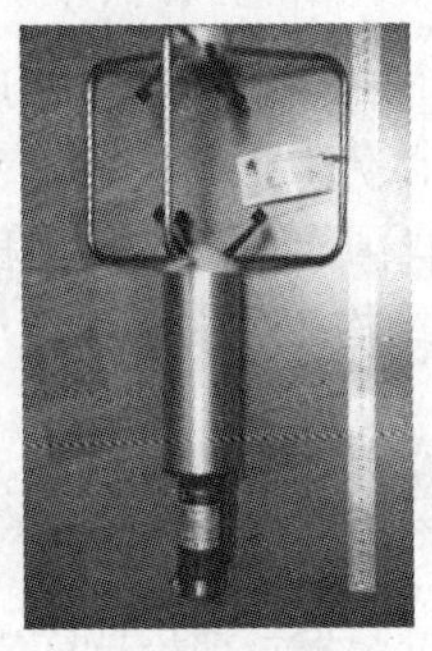

图 19 三维超声风向风速仪

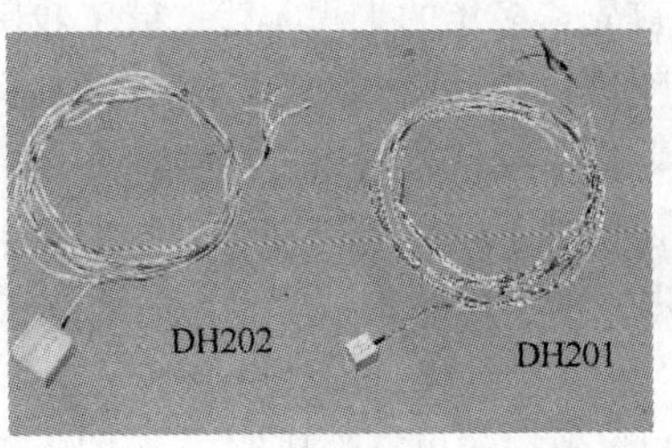

图 20 DH201-50 扩散硅加速度传感器

图 21 DASP 动态信号采集仪

图 22 DASP 动态信号采集软件系统

(3) 振动加速度测点布置方案：振动加速度测点布置应考虑以下因素：对空间结构特性影响最大的振型布设，尽量布设在振型峰值点，避开节点。基于传感器最优布设理论，本工程振动加速度测点监测选取振动加速度测点的布置如图 23 所示。共需要 8 个加速度传感器。为证明膜面风振监测方案的可行性，对世博轴模型的膜面进行了试验性测试。

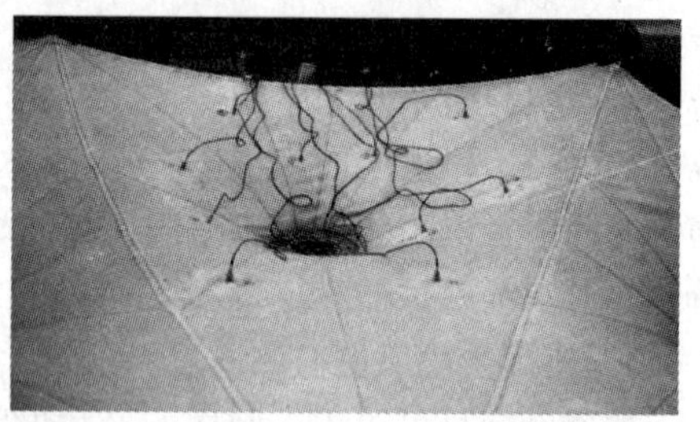

图 23 某膜振动测试加速度测点布置图

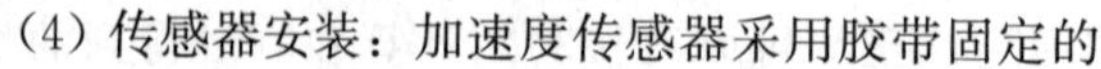

(4) 传感器安装：加速度传感器采用胶带固定的方法安装于各测点杆件表面上，采用有线传输方式与动态信号测试分析系统相连，系统的另外一侧与计算机相连进行数据存储。不仅电缆会影响加速度的测量，而且安装电缆的方式也会对测量产生影响。我们将在距离传感器几厘米处用胶带将电缆固定住。对于进出监测机房的电源线，在电源线连接机房内机柜前端设三相电源浪涌保护器；在电源线连接机柜的出线装单相电源浪涌保护器。

4 总结与展望

本文对世博轴工程钢结构表面应力监测、索膜结构中的索力监测和膜面应力监测，结构变形及位移监测、结构风环境以及风效应监测的监测方案和监测数据进行了阐述和分析。通过从试运营到正式运营这一时间段的监测数据，对世博轴工程的健康情况予以评估。从监测结果看，结构在 3 月～5 月这三个月的各方面数据没有发生剧烈振荡，结构较为稳定，部分构件的应力等与设计结果有所差异，但是对结构整体的安全性没有明显影响，结构在这一阶段符合设计与运营的安全性要求。

我国已是空间结构的建造大国，但离空间结构的建造强国还有一段距离。这主要体现在以下方面：首先，多年的工程实践造就了我国一流的工程施工队伍，但我国的工程施工预测软件却主要依赖进口产品(ANSYS、SAP、Midas)；其次，虽然我国能自行实施工程施工中许多项目的监测，但主要依赖进口产品或国外专利。在研究了空间结构相关文献和参与了几个项目以后，笔者认为如下问题有待在今后的工作中予以解决：

(1) 进一步探讨测量精度指标的确定于变形速率、监测体特性的关系及其在工程应用中的推广。

(2) 测量数据的可靠性研究，及消除环境因素导致的测量数据与理论计算值的差异问题。

(3) 精细施工过程模拟计算方法的进一步深化及其在施工中的应用推广。

(4) 测量仪器的研制与改进：能直接测量混凝土和钢结构内部应力的应力传感器，自动化、远程化、网络化、集成化和小型化的非人工依赖型的测量仪器的开发研制。

(5) 适合施工与长期健康监测的在线监测系统与综合评价专家系统的集成与开发。

参考文献

[1] 张其林．索和膜结构在我国的应用、发展及存在问题［C］．第一届结构工程新进展国际论坛文集，2006：48-78

[2] 汪大绥，张伟育，方卫，王荣，丁生根，高超，张安安．世博轴大跨度索膜结构设计与研究［M］．建筑结构学报．2009(5)：1-12

[3] 丁生根，汪大绥，高超，方卫，张伟育，王荣．世博轴及地下综合体工程索膜顶棚和阳光谷钢结构设计［A］．2009

[4] 陈鲁，张其林，杜鹃．基于弹性工程磁学理论的索张力测试的研究［J］．电子测量与仪器学报，2007，21(5)：17-21

[5] 陈鲁．空间结构中拉力测试的弹性工程磁学法理论与实践研究［D］．同济大学博士学位论文，2007 年

[6] 张其林等．世博轴屋面设计验算报告［R］．2008 年

[7] 李阳．建筑膜材料与膜结构的力学性能研究与应用：［D］．上海：同济大学土木工程学院，2007

[8] 孙战金．建筑膜材预张力测试的理论和实验研究：［D］．上海：同济大学土木工程学院，2005

[9] 李阳，张其林，吴明儿登．膜结构监测关键技术研究进展［J］．空间结构，2007，13(3)：43-46

[10] 张其林，李阳，陈鲁．膜结构膜面张力测量技术应用［C］．第六届全国现代结构工程学术研讨会．河北，2006，7：828-832

[11] Sunaryo Sumitro. Monitoring based maintenance utilizing actual stress sensory technology. Smart Materials and Structure，2005，12

上海世博园浦西综艺大厅网架结构改建的施工安全监测

廖　军[1]、陈　晖[2]、周华林[3]、赵　鸣[1]

（1. 同济大学建筑工程系、2. 上海岩土工程勘察设计研究院有限公司、3. 上海建工(集团)总公司）

摘　要：本文结合上海世博园浦西综艺大厅讨论了既有网架结构在托梁抽柱施工过程中的施工安全控制。在该项目中，我们同时应用了无线振弦应力传感器、光纤光栅传感器和布里渊光纤传感器对网架结构和托梁进行了施工全过程的监测，同时我们还应用全站仪、无线倾角仪对网架结构的重要部位进行了位移观测，确保了施工安全，同时为今后大跨、高层、深基坑等工程的施工安全监测提供了宝贵经验。

关键词：网架结构，无线传感网络，光纤光栅传感，安全监测

引言

上海世博园浦西综艺大厅系在原工业厂房基础上改建而成，由于原工程使用过程中已对原结构造成部分损伤，加上在加固改造过程中结构体系改变，还要受到温度、湿度、时间等因素的影响，整个加固改造过程是一个复杂的系统工程，从开工到竣工，整个为实现加固改造保护目标的过程中，将受到许多确定和不确定因素的影响。如不能在改造过程中实现对结构的实时监测，就无法掌握改造结构工作性态的变化过程和程度，不能准确把握结构损伤累积和安全度下降的状况，使得加固改造工作具有较大的盲目性，稍有不慎就可能引起历史建筑的不可恢复的损坏，甚至可能造成建筑结构的毁坏，并带来不良的社会影响。因此非常有必要建立一个在加固改造过程中结构监测系统，通过对主要构件受力状态、裂缝发展、变形情况等的监测，不断地反馈信息指导施工，同时也可以为后续的生命周期的健康监测提供有力的数据支持。

在结构安全性监测领域，通常采用的传统常规传感器由于受环境影响较大、无法实现自动化和远程监测等问题，已经难以满足现代工程健康监测的需要。光纤光栅传感系统、无线传感网络系统以及基于这些技术的结构安全预警技术，则能很好解决上述问题。

光纤光栅传感系统是一种能耐受恶劣环境，并能克服环境噪声干扰影响的新型信号采集和传感系统。由于它采用光纤光栅传感器进行信号采集，因此具有比电致传感器更高的精度，更好的恶劣环境耐受性能[1]。采用光纤光栅传感系统作为世博历史保护建筑结构安全性监测的信号采集与传感系统，可以适应该结构所处环境条件比较复杂的特点。

无线传感器网络作为一种分布式传感器系统，是由基站(Base Station. BS)和许多这些传感器节点协同组织起来的。无线传感系统具有测量范围广，成本低，不会因布线对被监测对象和环境带来影响，可以长时间在线监测等优点[2~5]。

本文基于有限元软件 ANSYS10.0，对上海世博园浦西综艺大厅改建进行了施工全过程有限元模拟，建立了结构施工安全监测系统，采用光纤布拉格光栅传感器、无线振弦应力传感器、布里渊光纤传感器和电子全站仪等先进的传感测量仪器对施工过程中的结构变形与杆件应力进行了实时监测，确保了网架结构施工的安全性。

1 工程背景

上海世博园浦西综艺大厅原为江南造船厂西区加工工场(如图 1、图 2)，建筑为开敞式单层钢排架厂房，平面呈 L 形。西区网架分两层，其中上弦杆主要规格有 $\phi48\times3.5$、$\phi60\times3.5$、$\phi114\times4$ 和 $\phi159\times6$，网架节点规格为 $\phi120$、$\phi140$ 和 $\phi160$；腹杆主要规格有 $\phi48\times3.5$ 和 $\phi60\times3.5$；下弦杆主要规格有 $\phi60\times3.5$、$\phi76\times3.75$、$\phi114\times4$ 和 $\phi140\times4.5$，网架节点规格为 $\phi120$、$\phi140$ 和 $\phi160$。网架杆件为 A3 钢，球为 45 号钢，支座高 380mm，支座均采用弧形摆动压力支座。

因改造成综艺大厅舞台的需要(如图 3)，必须抽除 C/6 轴钢柱，(原 12m 跨度，改造成 24m 跨度)，为此对 C/5 轴、C/7 轴二根边钢柱加固(如图 4)，并在该两柱之间架设一根面标高为+13.00m 的大型钢箱梁(长约 24m、重 24.2t)(如图 5)，以此取代因 C/6 轴钢柱拆除后屋面网架的支撑。

图 1 江南造船厂西区加工工场内景

图 2 江南造船厂西区加工工场外景

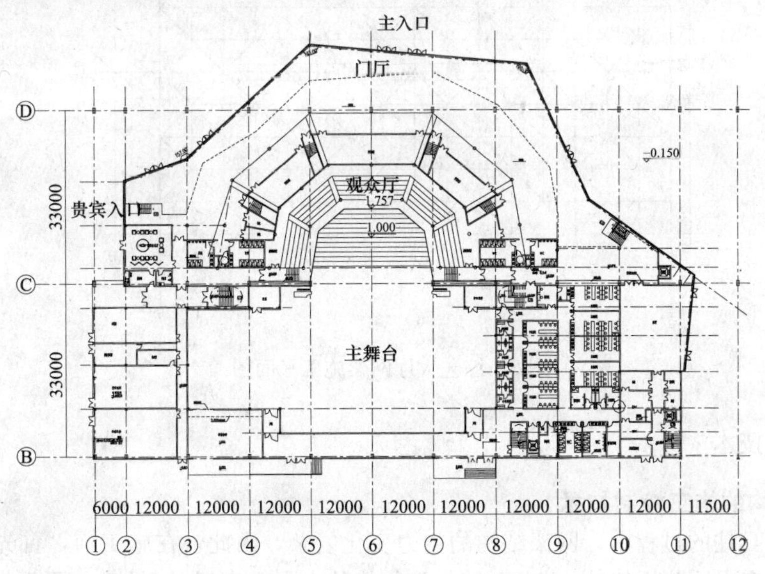

图 3 综艺大厅建筑平面图

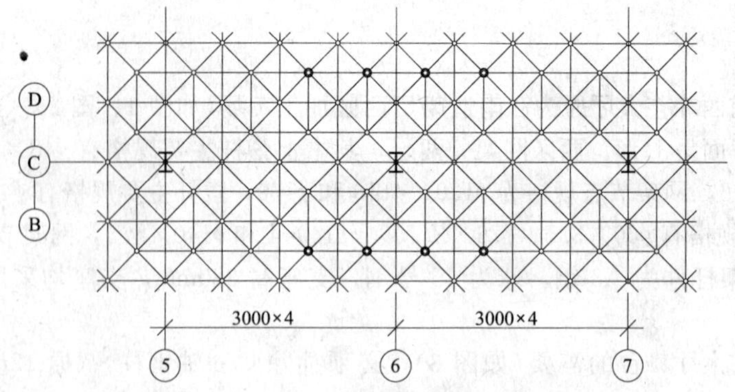

图4 C5、C6、C7钢柱平面位置图

2 施工过程

网架结构的抽柱、吊装托梁的施工过程如下：

(1) 8根临时支撑将网架下弦节点顶高约+1～3mm，为切割钢柱作准备；

(2) 切割钢柱，并将钢柱吊离施工区域；

(3) 临时支撑同步将网架下弦节点顶高+10mm；

(4) 起吊钢梁至设计高度；

(5) 焊接牛腿，并将钢梁搁置在牛腿上；

(6) 安装托梁上的3个网架支柱；

(7) 拆除临时支撑。

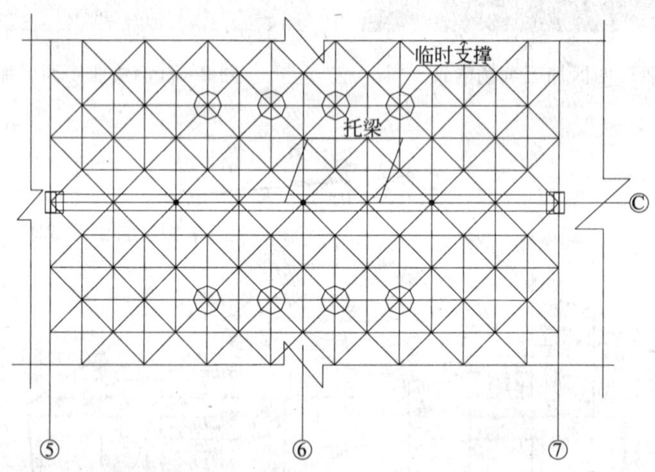

图5 综艺大厅网架施工平面图

3 施工控制技术

3.1 网架结构的施工控制技术

在抽取6/C柱的过程中，网架结构的内力变化复杂，因此，在施工前，首先根据网架结构的形式，用有限元分析软件ANSYS建立该结构的有限元模型(如图6)，再根据具体的施工步骤，求得网架结构在各步骤下杆件的应力状态。考虑到杆件应力变号、压杆失稳、杆件应力变化过大等不利因素，确定被监测的关键杆件，最后通过现场布置应变传感器实测，获得被监测关键杆件的应力变化情况，从而可分析结构在抽柱以及吊装托梁前后的安全性。

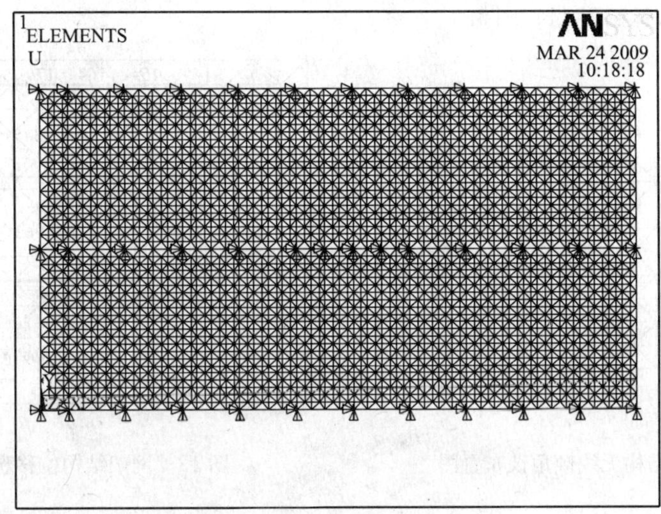

图 6 网架结构的有限元模型

3.1.1 网架结构施工的内力控制

本工程采用无线振弦式应力传感器、光纤光栅传感器(FBG)和布里渊光纤传感器(BOTDA)(如图 7)对网架结构的关键杆件进行施工监测，网架结构的应力监测点布置如图 8~图 10。

图 7 下弦杆上的应变传感器

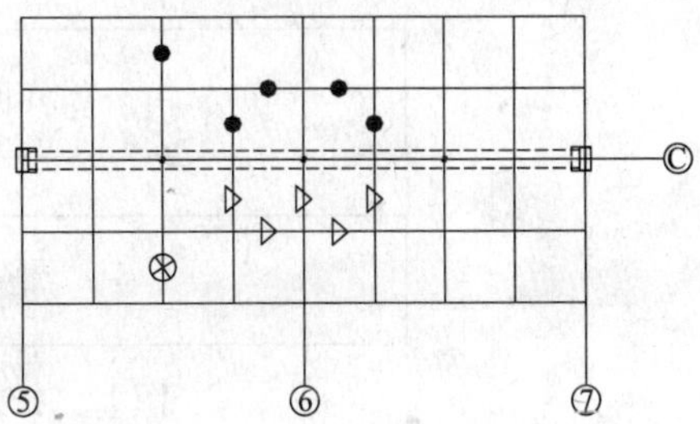

图 8 网架上弦杆应力监测点布置图

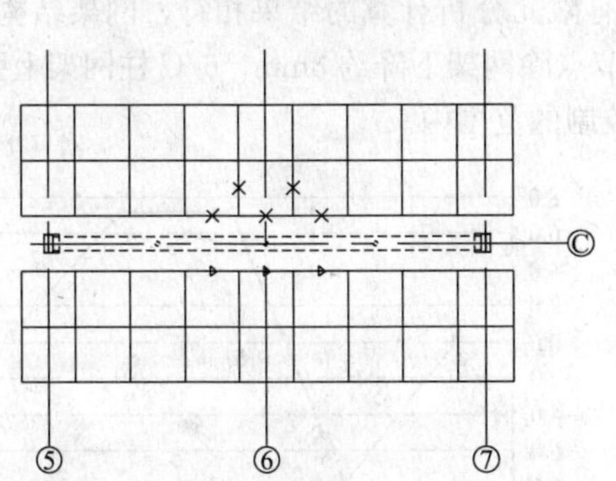

图 9 网架下弦杆应力监测点布置图

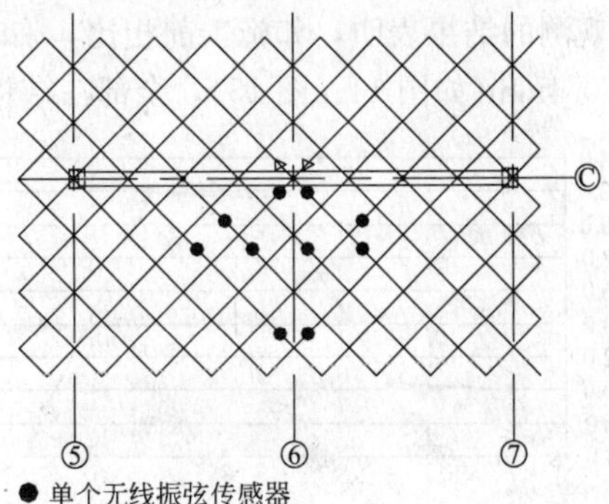

图 10 网架腹杆应力监测点布置图

3.1.2 网架结构施工的位移控制

在施工过程中，本工程同时采用全站仪和无线倾角仪对网架结构的关键部位进行了垂直位移观测，观测点布置如图 11，图 12。

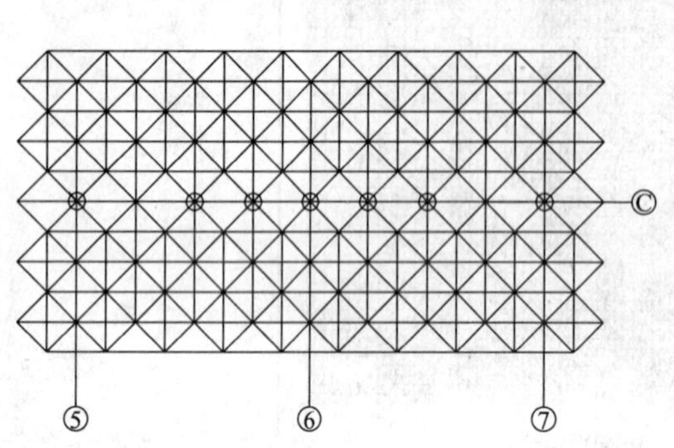

图 11 网架结构无线倾角仪布置图

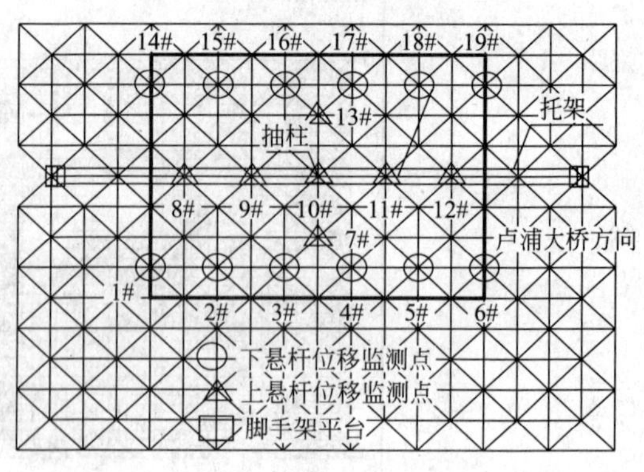

图 12 网架结构位移观测点布置图

3.2 托梁施工控制技术

为了防止托梁在吊装过程中发生扭转，在托梁跨中两侧靠近翼缘处腹板上安装无线振弦应力传感器(如图 13)。在托梁就位并安装好支撑后，拆除临时支撑时网架的荷载传向托梁，在此过程中，托梁的应力变化较大，故在托梁两侧翼缘分别布置了 FBG 和 BOTDA 来监测托梁的应力变化。

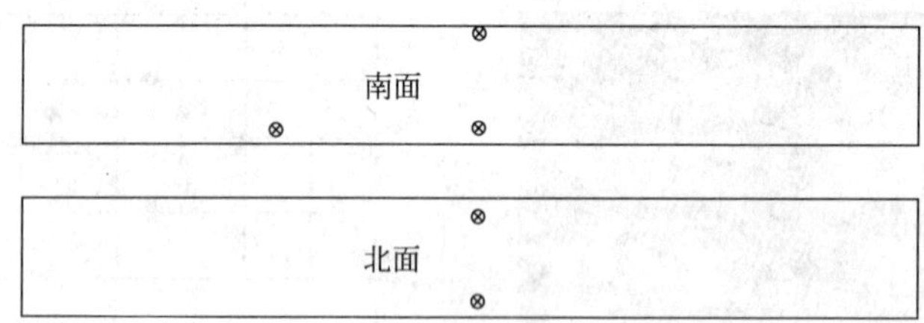

图 13 托梁应力监测点布置图

4 施工监测的结果

在施工过程中，网架关键杆件的应力变化与有限元分析计算的结果相符，网架结构安全。位移观测的结果表明，和施工前相比，临时支撑节点除网架下降约 3mm，6/C 柱网架上弦节点下降 0.4mm(如图 14、图 15)，全部在结构施工控制的范围内。

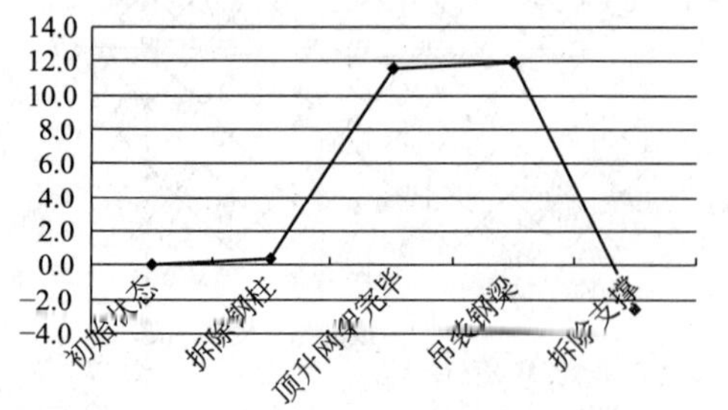

图 14 3 号支撑点施工前后位移

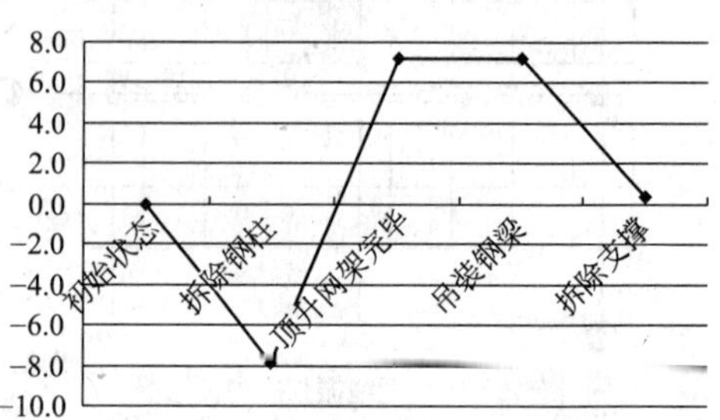

图 15 10 号点施工前后位移

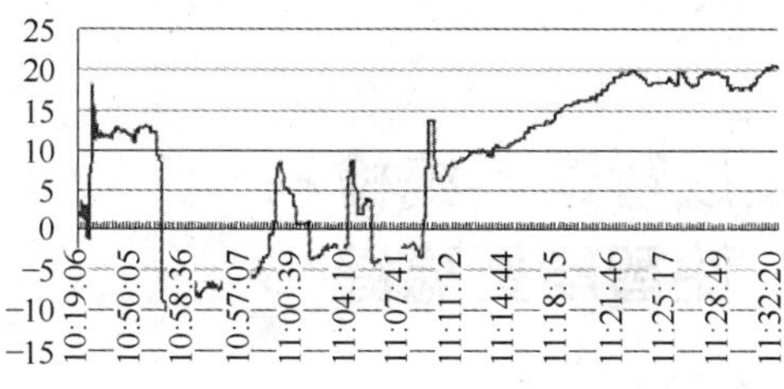

图 16　施工过程中网架上弦杆应力变化图

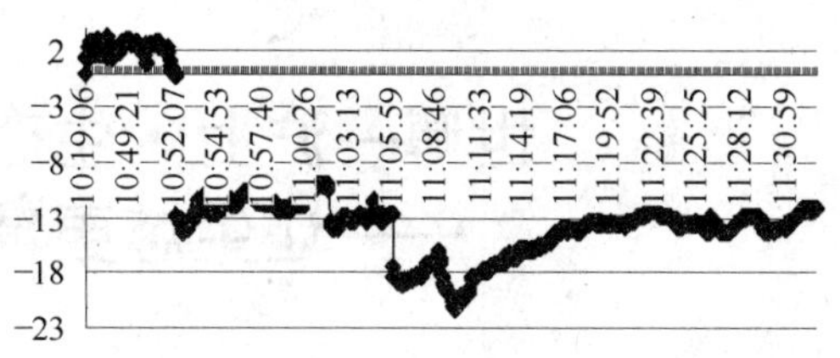

图 17　施工过程中网架上弦杆应力变化图

在钢梁的吊装过程中，钢梁南面腹板的应力与北面腹板的应力差在 0.1MPa 内，钢梁未出现扭转现象；在完成钢梁与网架间支柱的施工并拆除临时支撑后，钢梁跨中截面应力增量在施工控制的范围内，钢梁处于安全状态。

5　结语

本文探讨了上海世博园浦西综艺大厅网架结构在托梁抽柱施工过程前后结构关键杆件的应力和位移施工监测，从而分析结构在施工过程中的安全性。施工完成后网架竖向位移约 3mm，在结构安全的允许范围内。在此次施工过程中，采用了无线振弦式应力传感器、光纤光栅传感器和布里渊光纤传感器对托梁和网架的关键部位的内力进行了监测，确保了施工安全，同时为今后大跨、高层、深基坑等工程的施工安全监测提供了宝贵经验。

参考文献

[1]　赵鸣，何涛，李杰. 光纤光栅传感器在大体积混凝土基础温度监测中的应用 [J]. 实验力学，2005，20(1)：23 - 291

[2]　史学涛，赵鸣. 大型结构健康监测的无线传感系统 [J]. 结构工程师，2005，21(4)：85 - 891

[3]　ZHAO M，SHI X. T. A new developed wireless sensor based on GPRS & GPS for dynamic signals of structures. Proc. of 5th Inter. Workshop on SHM，Stanford University，2005：845 - 851

[4]　王俊伟，赵鸣. 优秀历史保护性建筑的安全监测实践. 住宅科技，2008，28(4)：46-49

[5]　赵鸣，王俊伟. 土木工程结构施工监测的无线传感系统. 电子测量与仪器学报，2008，22(6)：117-121

世博—沪上·生态家集成管理系统检测
——让生态更精彩、使智能更稳健

沈　飚

（上海市智能建筑检测中心）

摘　要： 从世博智能建筑和生态建筑现状出发，对满足生态智能建筑的智能系统方面检测进行了阐述。并重点对与生态控制技术有关的集成管理系统检测内容进行了论述。提出了需不断完善各项符合生态智能技术的检测手段，才能更好地为提高生态智能建筑建设水平服务的观点。

关键词： 沪上·生态家，集成管理系统，检测

一、概况

1. 沪上生态家概况

城市最佳实践区位于浦西世博园区的北部，集中展示了来自全球不同城市，分别以居住、办公为主导功能的多个实物案例，共同组成了城市模拟生活街区，以集中展示体现“城市让生活更美好”的世博会主题，以及各个国家城市所带来的美好生活。

城市最佳实践区中，有一幢白墙青砖黄瓦、极具江南民居特色的四层楼房，醒目地伫立在北区广场上方，这就是代表东道主上海的城市实物案例“沪上·生态家”。

“沪上·生态家”占地面积1300m^2，建筑面积3017m^2，地上4层，地下1层。世博会期间作为上海生态人居展示案例，与北侧伦敦案例、西侧马德里案例相邻，共同构成居住组团，世博会后将改建为办公集群永久保留。

图1　沪上·生态家建筑外观图

2. 集成管理系统概况

沪上生态家为作为上海在世博会中的参展案例。是强调生态技术的绿色节能建筑。为体现建筑的绿色节能理念并保证空调、照明、电力设备、新能源设备的正常运行，沪上生态家中24h控制和监视现场设备运转状况的集成管理系统是必不可少的。该系统采用远程和程序化控制设备起停、对发现的设备故障及时进行处理，从而保证沪上生态家中各设备的正常运行。同时为保证沪上生态家集成管理系统的正常高效运行，一套可靠先进的网络系统也是必不可少的，其要具有高带宽、高可靠性的特性，在集成管理系统的网络架构中采用了高带宽的综合布线系统和高性能的网络设备。

对于沪上生态家这样参展时间达半年，人流大量集聚，功能较为复杂，使用要求较高的世博会展览建筑，仔细分析需可靠运转和合理使用这些因素，都将离不开建筑内集成管理系统的良好实现和保质保量的投入使用。根据沪上生态家的定位，沪上生态家的集成管理系统重点在于可再生能源、能耗计量等，同时为保证上述设备可靠运行的设备监控系统也是系统的重点。

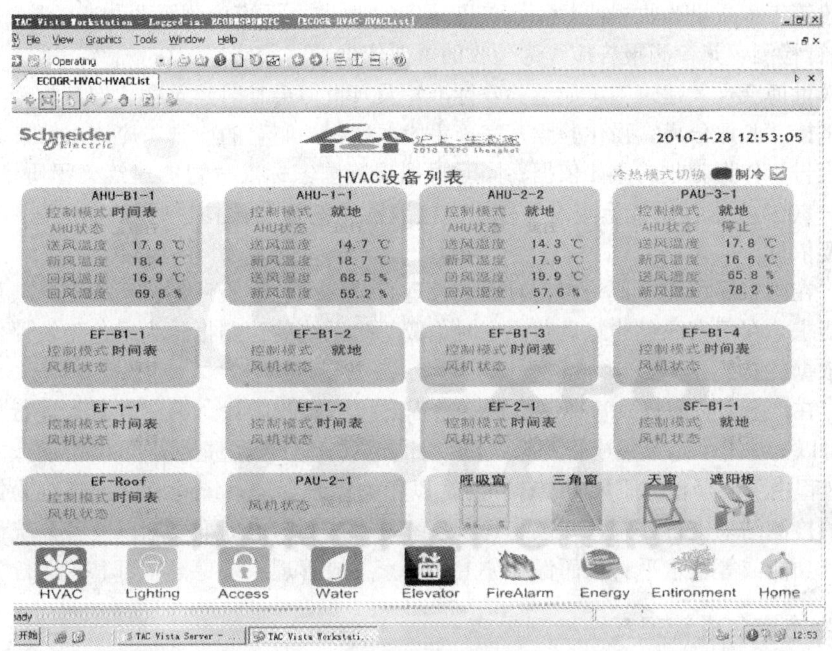

图2 沪上·生态家集成管理系统界面

二、沪上生态家集成管理系统检测的重要性

随着网络、计算机、绿色建筑等高新技术的不断发展，对建筑集成管理系统也起着很大的推进作用，使系统拥有更高的集成度，操作更加便捷、人性化，能够更大程度上满足业主需求，但由于集成管理系统工程是跨行业、跨专业、多学科交叉的、技术要求复杂的系统工程，包括系统设计、系统实施、各方接口、质量控制、系统调试、完整工程文档、试运行、工程验收、运行管理等诸多环节，而绝不仅仅是简单的硬件和软件产品的堆砌。根据多年的工程实际情况，集成管理系统投入运行正常，能够起到重要作用的仅占少数；部分项目投入运行后仅开通部分功能，甚至有的系统不能开通使用或运行一段时间后发生故障，无人修复而废弃。因此，相当大一部分集成管理系统不能实现预期的目标，造成大量的人力、物力的浪费。

因此，对集成管理系统整体实施质量和运行情况需要专业的检测机构对其进行客观真实的评价。专业检测机构通过其专业检测工程师、先进的检测仪器、标准的检测方法、严格的检测程序、第三方的职业操守为建设项目的竣工验收提供依据，保证工程的质量。故在沪上生态家工程竣工验收前，需要对集成管理系统进行现场检测，由专业的检测机构对系统质量进行客观真实的测评，如发现问题，及时通报建设单位督促施工方进行整改，直至合格，以保证工程的质量。

因而，经过有关方面的多次遴选，由上海市智能建筑检测中心对沪上生态家集成管理系统工程质量进行检测。这不仅对沪上生态家集成管理系统功能的先进性、完善性有着很好的促进作用，同时也为政府部门提供科学的建设工程质量依据。

三、沪上生态家集成管理系统检测的依据

早在2001年，国家颁布的《建筑工程施工质量验收统一标准》(GB/T 50300—2001)将建筑工程分为九个分部工程，智能建筑也第一次被列入建筑工程施工质量验收统一标准。集成管理系统作为智能建筑工程的一个重要组成部分，被纳入建筑工程的质量管理范畴。另据国家标准《智能建筑工程质量验收规范》GB 50339—2003要求：系统检测需要相应的检测机构(有检测资质)进行检测，其检测报告应作为验收的重要依据。

根据《世博会永久建筑施工质量验收标准》及《世博会临时建筑物、构筑物施工质量验收标准》中坚持“验评分离、强化验收、完善手段、过程控制”的原则，应该由第三方检测单位出具检测报告，作为验收的重要依据；同时根据现行国家标准《智能建筑工程质量验收规范》GB 50339—2003要求：系统检测需要有相应检测资质的检测机构进行检测，其检测报告作为验收的重要依据。

另外，在国家绿色建筑评估中，对集成管理系统在绿色建筑评估体系和评分项目中也提出了相应的要求，在国家绿色建筑运营评审时集成管理系统的检测报告为绿色建筑评估中必须提供的评估依据。

因而，在沪上生态家集成管理系统施工过程或竣工验收阶段，第三方介入进行集成管理系统检测，可以为沪上生态家集成管理系统的设计方案、施工质量把关，可以帮助业主及时发现工程实施过程中可能存在的质量问题；同时，以相关集成管理系统验收标准规范为依据，对定量或定性的检测结果进行评判，并最终判断系统是否达到国家标准要求以及各系统设计方案中描述的设计功能或等级水平。从而保证沪上生态家集成管理系统稳健和可靠的运行。

四、沪上生态家集成管理系统检测内容

“沪上·生态家”强调生态技术的建筑一体化设计，建筑本体应用的技术专项重点突出十大技术亮点：自然通风强化技术、夏热冬冷气候适应性围护结构、天然采光和LED照明、燃料电池家庭能源中心、PC预制式多功能阳台、BIPV非晶硅薄膜光伏发电系统、固废再生轻质内隔墙、生活垃圾资源化、智能集成管理和家庭远程医疗、家用机器人服务系统等。上海市智能建筑检测中心针对沪上生态家项目的具体情况，根据业主方的委托，同时根据沪上生态家的集成管理系统功能定位，沪上生态家智能化展示和设计理念中，集成管理系统为智能化系统本次检测的重点，下面是集成管理系统的检测内容。

1. 集成管理系统的特点

沪上生态家集成管理系统是对空调系统、冷源系统、照明系统、自然通风系统、变配电及能耗监控系统、新能源系统、电梯系统、安防系统及其他机电设备等进行自动监测、控制和管理，从而实现沪上生态家机电设备的自动化管理，起到集中管理、分散控制、节能降耗、可靠运行的作用。

沪上生态家作为世博园区内的一个重要展馆，集成管理系统除须满足一般建筑的设备控制

要求外，还提供一个或多个工作站，以单向或交互式的方式把沪上生态家4个管理中心的内容展示给参观者。

(1) 能源管理中心：展示沪上生态家能源运行情况和节能减排效果：节能量、能量流、碳脚印等综合节能表现；

(2) 环境监测中心：对沪上生态家的实际室内环境及水质进行监测、评价发布；

(3) 设备管理中心：对设备进行模式控制，实现最优运行；

(4) 信息管理中心：发布场馆内人流统计及场馆内外各种信息、突发事件通知，引导客流。

集成管理系统采用集散型控制，实现集中监控管理和分散控制，中央工作站能实现以下主要功能：

(1) 现场设备运行状态和数据的采集、控制和通信；

(2) 支持图形功能，图形界面上显示必要参数，并执行修改和操作命令；

(3) 人机界面友好，便于操作；

(4) 支持及时打印和定时打印；

(5) 可以对主要的监视、控制参数进行历史数据和趋势情况查询；

(6) 可以根据预先设定的时间计划定时启/停设备；

(7) 应能采用标准接口或网关和系统集成通信；

(8) 各个展区设置室内环境传感器，实时对展厅空调及排风设备进行控制达到节能目的。

沪上生态家集成管理系统主要子系统为：

(1) 空调、通风系统：实现对包括空调机组、新风机组和送排风机、排气扇的监控管理；其中对溶液除湿新风机组采用接口形式监测其参数；

(2) 照明系统：公共区域的公共照明回路的监控；智能照明子系统采用接口接入，监测其参数；

(3) 电梯：通过接口监视电梯的运行状态、上下行状态、故障状态等参数；

(4) 给水排水：控制和监视给水排水系统的运行、故障状态，达到集中管理的目的；

(5) 能源计量管理系统：通过接口形式接入能源计量设备或子系统，对各区域和各子系统的能耗，做能源系统的分析；

(6) 空气质量检测：实时检测建筑物内的空气质量，连锁相应的空调、通风系统；

(7) 变配电：通过接口实时监视高低压配电系统的运行参数；

(8) 风机盘管：远程定时启停风机盘管，并且监视其运行状态；

(9) 太阳能热水系统：在制热端与用户端分别设置相应传感器，监测水温与流量，从而分析并管理该系统的节能效益；

(10) 风力发电及燃料电池系统：通过接口形式监测系统的运行状态，检测运行参数；

(11) 外围护结构遮阳系统：通过接口形式监测系统的运行状态，检测运行参数；

(12) 室外照明系统：通过接口形式监控室外照明的运行；

(13) 水质监测。

2. 集成管理系统检测内容

针对沪上生态家集成管理系统具有监控管理的设备众多、分布面极广、监控的设备类型多样、设备监控的原理复杂的特点，同时也要不影响沪上生态家在5月1日的正式展览。上海市智能建筑检测中心面对本系统检测任务重要、时间急迫的情况，通过仔细研究系统的架构和功能特点，精心制定了具有针对性的检测方案和严格的现场检测流程。

对沪上生态家集成管理系统进行系统性的检测中。该系统的检测除了包含传统建筑设备监控系统的检测内容外，更偏重于绿色和生态控制技术方面的检测、节能方面的综合评价、建筑室内舒适环境控制的检测等，在整个建筑设备管理系统的检测中空调和通风监控系统、照明监控系统、新能源检测和能耗监控是重点。整个检测工作包含下面几方面内容：

系统设备及受控设备的单体检测：

该部分检测内容包括：现场对 DDC 的模拟量和数字量点进行点对点的抽测，空调系统单体设备监控点位和功能、给水排水系统单体设备监控点位和功能、变配电及照明系统单体设备监控参数、电梯运行状态监测等的现场检测和检查。

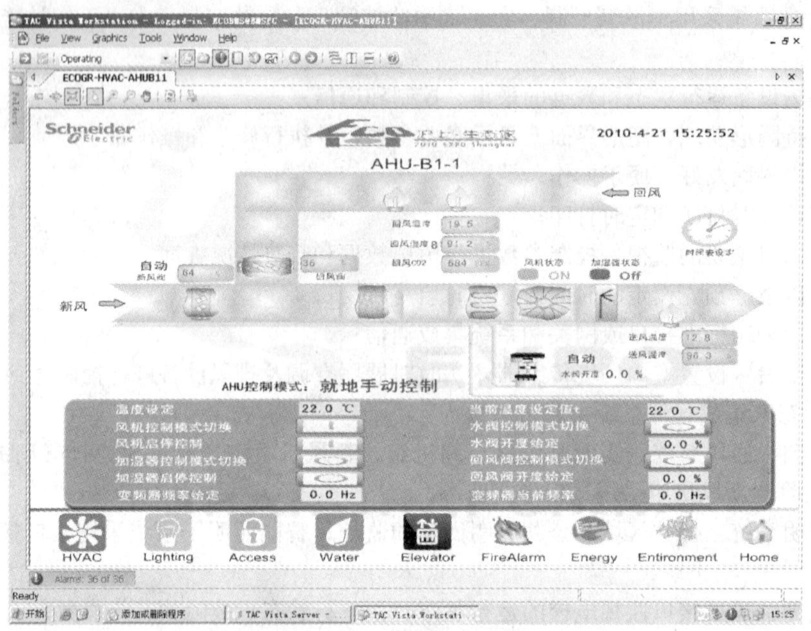

图 3　集成系统空调监控图

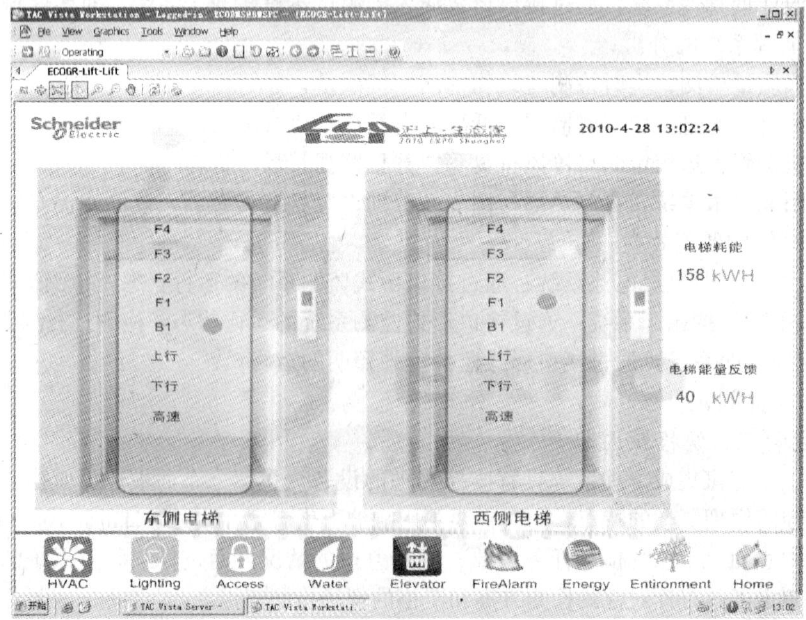

图 4　集成系统电梯监控图

系统工程质量检测：

该部分检测内容包括：系统接线检查、系统通讯检查、系统监控性能测试、系统功能等。

生态系统的控制功能的检测：

该部分检测内容包含：生态智能建筑的生态控制系统(通风、遮阳、水系统、室内环境控制等设备)的功能、控制及通讯接口的检查及检测等。

图 5　集成系统水系统界面图

节能方面的综合检查和评价：

检测水、电、气等多表的现场计量与远程传输系统的功能、记录、通讯性能，并将纪录的历史数据和曲线与传统建筑进行比对，得出节能方面的综合评价。

图 6　集成系统能源计量界面图

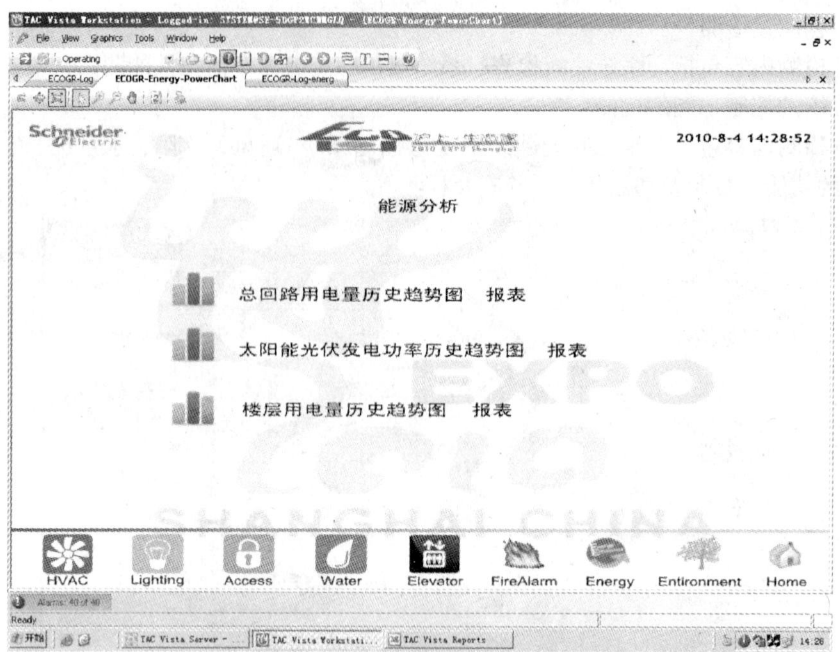

图7 集成系统能源分析界面图

建筑室内舒适环境的控制检测和评价：

检测生态控制系统对室内空气质量的监测和控制功能；检测室内气温及湿度的调节是否满足人体的舒适度的要求，一般人体的舒适温度是17℃～27℃，湿度舒适适当的范围控制在40%～70%。

图8 集成系统环境监控界面图

3. 集成管理系统检测结果

经过对沪上生态家集成管理系统的现场检测，沪上生态家的集成管理系统总体是智能高效、符合沪上生态家的功能定位，能满足在世博展示和控制运行的要求。以下是部分典型子系统的检测情况：

(1) 空调与通风系统

空调与通风系统监控 2 台空调机组，2 台新风机组，10 台送排风机。检测具体情况如表 1：

空调与通风系统检测情况 表 1

监控内容 / 监控设备	状态		报警				控制				监控参数					检测结果
			故障		滤网											
	运行	手自动	响应	响应时间	响应	响应时间	启停	加湿器开关	预定时间表	控制模式切换	送/回风温度/湿度	水阀	频率	新/回风阀	回风 CO_2 浓度	
空调机组	√	√	√	<1.0s	√	<1.0s	√	√	√	√	√	√	√	√	√	合格
新风机组	√	√	√	<1.0s	√	<1.0s	√	—	√	√	√	√	√	√	—	合格

监控内容 / 监控设备	状态	控制		检测结果
	运行	启停	控制模式切换	
送排风机	√	√	√	合格

注："√"表示该功能正常，"—"表示设计要求中无该功能。

测试结果：沪上生态家的空调系统所测空调机组的运行状态、手/自动状态、故障报警、过滤网报警、启停控制、加湿器开关控制、预定时间表控制、控制模式切换功能正常，能够实现对送风、回风及新风的温度及湿度、水阀开度、频率、新/回风阀开度、回风 CO_2 浓度参数的监控，符合检测依据中的相关要求。送排风系统所测送排风机的运行状态、启停控制、控制模式切换功能正常，符合检测依据中的相关要求。

(2) 变配电及能源计量管理系统

变配电及计量系统采用通信接口方式和电能采集器采集相关数据，对总回路及各分支回路电量表电压、电流、功率、功率因数、电度接口数据与电量表进行了测试。具体情况如表 2。

变配电及能源计量测试 表 2

监控设备 / 监控内容	回路电量表		检测结果
	中央站值	电量表	
** 回路 Ia 电流(A)	60.7	60.7	一致
** 回路 Ib 电流(A)	50.5	50.5	一致
** 回路 Ic 电流(A)	62.0	62.0	一致
** 回路 Ua 电压(V)	225	225	一致
** 回路 Ub 电压(V)	225	225	一致
** 回路 Uc 电压(V)	225	225	一致
** 回路功率(kW)	40.5	40.5	一致
** 回路功率因数	1	1	一致
** 回路电量功率(kWh)	356	356	一致

测试结果：沪上生态家变配电及能源计量管理系统各回路所测监测参数值与被测电量表显示值一致，采集的历史记录较为准确。

(3) 公共照明系统

公共照明系统监控各层照明及建筑的泛光照明，检测具体情况如表 3。

公共照明系统检测情况 **表 3**

监控内容 / 监控设备	状态	控制			检测结果
	运行	启停	远程和就地控制切换	时间表启停	
照明回路	√	—	—	—	合格
泛光照明	√	√	√	√	合格

注：“√”表示该功能正常，“—”表示设计要求中无该功能。

测试结果：沪上生态家公共照明系统所测回路的运行状态、启停控制、时间表启停、远程和就地控制切换功能正常，符合检测依据中的相关要求。

(4) 电梯系统

电梯系统共监测了 2 台电梯，通过接口连到中央监控站。具体检测情况如表 4。

电梯系统监测情况 **表 4**

监控内容 / 监控设备	状态			报警	检测结果
	运行	运行方向	楼层显示	故障	
** 电梯	√	√	√	√	合格

注：“√”表示该功能正常。

测试结果：沪上生态家的电梯系统所测设备的运行状态、运行方向、楼层显示、故障报警监控测功能正常，符合检测依据中的相关要求。

(5) 外围护遮阳通风系统

遮阳和通风系统主要针对天窗、遮阳板、呼吸窗、三角窗进行遮阳通风开关控制，检测具体情况如表 5。

外围护遮阳通风系统检测 **表 5**

监控内容 / 监控设备	状态		控制		检测结果
	窗状态	风机状态	控制模式切换	开关控制	
三角窗	√	√	√	√	合格
天窗	√	√	√	√	合格

注：“√”表示该功能正常。

测试结果：沪上生态家的外围护遮阳系统所测设备的运行状态、控制模式切换、开关控制功能正常，符合检测依据中的相关要求。

4. 集成管理系统检测中发现的问题及处理

经过对沪上生态家集成管理系统的初次现场检测，在检测中发现存在下述需整改和改进的情况：

(1) 少量线路敷设和安装不规范

1) 少量线路敷设，桥架走线不规范；

2) 少量控制箱的接地线未安装，易造成系统信号干扰、不稳定，线缆短路、断路等问题；

3) 同时有少量点位标签标识不清，直接影响系统的使用运行以及日后的维护。

(2) 部分功能存在不完善

1）部分电能计量表具通讯回路故障，造成部分电能计量回路无数据；

2）部分水表计量表具通讯接口故障，造成部分水表计量回路无数据；

3）少量空调、通风设备监测控制功能不符合控制逻辑或无法控制，将影响今后的使用并可能造成能耗较大。

4）部分三角窗开关控制无动作，造成无法达到自然通风的实现。

(3) 未能达到系统设计的功能要求

1）在部分电能、水表、新能源设备采样的时间设定上，未按照设计要求的采样时间进行采样时间设定，造成数据采样间隔周期过长，不能及时反映系统实时情况；

2）部分数据历史曲线缺失或不正常，造成历史记录不完善，对今后的分析和管理造成一定影响。

针对以上问题，上海智能建筑检测中心在初次检测后及时向沪上生态家业主方和集成管理系统实施方提出了书面整改意见，经过业主方抓紧时间落实实施方进行认真分析各项问题并进行有针对性的整改，如：

对线路敷设、桥架走线不规范进行重新整理走线；接地线未安装的进行重新布设接地线；标签不清的重新进行了标识；

对通讯和接口故障的计量表具重新调试或更换；监控逻辑错误的设备重新按照原设计要求调整程序已符合设计的监控逻辑要求；

对不能符合采样时间设定的设备，对照设计中的要求，重新设定采样时间和周期；数据历史曲线缺失或不正常查找原因，重新调试程序并观察调整后的情况，以保证今后的记录曲线能准备记录。

在实施方对存在问题基本解决并对整改意见进行了书面回复后，上海智能建筑检测中心及时进行了现场复测，在复测合格后出具了系统检测合格的检测报告。从而保证了沪上生态家集成管理系统的稳定高效运行，保证了沪上生态家能按时开馆展示。

沪上生态家集成管理系统竣工后是否达到设计方案中制定的要求，各类系统参数是否满足相关的设计和使用要求，这些都不是简单地通过设计方案的陈述或者肉眼就能判断的，必须通过专业人员、专业设备的检测，才能得出现场系统是否合理，是否达到了国家标准的要求以及实现了设计方案中制定的等级目标。第三方检测能够帮助业主验证：系统是否满足设计方案中高质量、高等级的承诺。

五、结论

沪上生态家集成管理系统涉及面广、技术性强、涉及的系统功能复杂、产品众多，特别是生态技术在国内刚刚起步，智能化控制系统的发展更是日新月异，随着现代社会高新技术的发展，对生态技术、智能化系统及计算机控制和设备自动化管理技术要求也日益提高。这就要求在绿色生态智能建筑的智能化系统尤其是集成管理系统检测方面要有全面的、系统的观点，同时需要不断掌握最新技术，不断完善各项符合绿色和生态的智能化系统技术检测手段，这样才能使检测技术更好的符合当前建筑技术的绿色、生态、智能定位，更好的为提高绿色生态智能建筑的智能化系统及集成管理系统建设水平服务，以保证绿色生态智能建筑的稳定运行。

世博园某国家馆场馆环境质量检测与评价

孙秀容[1]、郦　胜[1,2]、孙兆波[2]、庞京玺[2]、刘梁柯[2]、吕志江[2]
（1. 上海申丰地质新技术应用研究所有限公司、2. 上海申丰检测有限公司）

摘　要：利用建立的上海城市室内空气污染检测与评价服务方法技术体系，对某国家馆进行空气质量检测与评价。资料表明，该馆整体处于上海城市甲醛、氨和TVOC高中浓度背景区域；馆内1楼空气质量优于2楼，仅局部区域的氨和TVOC浓度水平超标。馆内空气质量模糊综合评价认为，模糊综合评分为84，空气质量总体上较好。健康风险评价结果认为，无论儿童、成年男女，展期内每天在馆内时间8～16h，既不存在慢性非致癌风险，也不存在慢性致癌风险。

关键词：世博园，某国家馆，馆内环境，模糊综合评价，健康风险评价

当前世界绿色建筑评定中的主流之一——美国的“能源及环境先导计划(LEED)”为越来越多的人所关注。绿色建筑的概念是当今人类社会争取全面实现“可持续发展”这一背景下提出的。就技术层面而言，绿色建筑考虑的关键问题除能源、排放物、水的利用、土地的使用外，还有地区生态的影响和室内空气质量等，当然，同时还需考虑与之相应的建筑功能性及建筑美学意义。绿色建筑的实践，毫无疑问是一项高度复杂的系统工程，不仅需要建筑师具有生态环保的理念，并采取相应的设计方法，还需要管理层、业主都具有较强的环保意识。

1　展馆的建筑结构与装修用材

1.1　建筑结构特点

世博园某国家馆的主题是“和谐城市生活”，建筑占地面积3000m²，投资约560万美元(折合人民币近4000万元)。绿色环保是该馆设计首要考虑的因素。因此，依赖着特色经济植物油棕、橡胶等，该馆采用可循环利用的油棕、塑胶等材料建筑，较多地使用钢结构型材，少用混凝土。整个建筑由两个高高翘起的坡屋顶组成，线条优美而极具动感，外形像一艘极具东南亚风情的木船。展馆外墙借鉴了该国传统印染的纹理，由蝴蝶、花卉、飞鸟和几何图案组成；展馆一层的外廊和入口部分以伊斯兰教清真寺为原型。馆内最大亮点是展馆中央的舞台。两层展馆间的观光电梯被设计成“双塔”摩天楼。

1.2　馆内厅室装修用材

展馆内的一楼大厅和二楼会议室、贵宾室使用的装修材料：顶面为石膏板，墙面为涂料，地面为地砖。

2　场馆环境监测方法技术

2.1　样点的布设

采样的点数和采样的代表性关系到能否客观、真实地反映展馆内环境状况，因此，馆内空气污染物检测的检测点数布设置按表1实施。

展馆室内空气污染检测点点数设置　　表 1

使用单元面积(m^2)	检测点数(个)	监测点数(个)	使用单元面积(m^2)	检测点数(个)	监测点数(个)
<50	1	1～3	≥500 且<1000	≮5	
≥50 且<100	2	3～5	≥1000 且<3000	≮6	
≥100 且<500	≮3	≮5	≥3000	≮9	

从工程实践来说，通常展馆内每一间使用单元总要布设一个取样点，否则，使用单元实际情况各不相同，无法彼此代表。<50m^2 代表了一般使用单元的状况。50～100m^2 的使用单元，由于空气流动方面的原因，使用单元内空间位置的状况会有较大的差别，仅设一个取样点显得代表性不足，因此，布设 2 个取样点。随着使用单元面积增加，检测点数适当增加是必要的，从采样代表性来说，采样点多则代表性强。

2.2 样品的采集

依据《民用建筑工程室内环境污染控制规范》GB 50325—2001 的采样方法要求进行。

2.3 样品的测试

依据《民用建筑工程室内环境污染控制规范》GB 50325—2001 的测试方法要求进行。

3 展馆环境质量分析

3.1 馆外环境分析

室内空气质量通常会受地域景观的影响。所谓的地域景观一般指的是展馆所处的地域位置和附着景观，如工业园区、曾经的化工区、居民住宅区、商业区、文教卫生区等行政功能分区和布局形成的地域及地域附着的建(构)筑物、动植物等景观。不同的地域景观在污染源的作用下形成不同的区域空气污染物浓度水平，对建筑工程室内空气产生不同程度的污染，以致于影响室内空气品质。

表 2 是某国家馆外环境大气污染物浓度水平。由表可见，展馆外环境采集的样品中，①甲醛和 TVOC 浓度水平变化较大，分别相差约 2 倍和 2.5 倍以上；苯和氨的浓度水平变化较平稳，前者均小于 0.02mg/m^3，后者仅为 0.28～0.34mg/m^3。②与上海城市居住区大气污染物浓度背景相比，馆外环境大气甲醛和 TVOC 浓度水平达高、中浓度背景，苯浓度水平为中浓度背景，氨浓度水平为超高浓度背景。资料表明，该馆整体处于上海城市居住区大气甲醛、氨和 TVOC 高中浓度背景区域，不适宜辟为城市居住区。

馆外环境大气污染物浓度水平(mg/m^3)　　表 2

项目		甲醛	苯	氨	TVOC
展馆外环境大气样品	1	0.023	<0.02	0.28	0.58
	2	0.040	<0.02	0.34	0.22
上海城市居住区大气浓度背景 *	高浓度背景	0.041	0.04	0.17	0.37
	中浓度背景	0.022	0.02	0.10	0.24
	低浓度背景	0.013	0.01	0.05	0.14

* 大气浓度背景引自：《上海城市室内空气污染检测与评价服务成果报告》，上海申丰地质新技术应用研究所有限公司，2009。

3.2 馆内环境分析

表 3 是某国家馆内环境空气污染物浓度水平。表中各浓度值均为绝对浓度值，即不扣除展

馆外环境大气中污染物浓度的影响，是一种馆内环境综合效应。这是人们活动环境的真实浓度水平。由表可见：①1楼和2楼采集的空气样品中，甲醛和苯浓度水平均低于国家室内空气质量标准，苯甚至<0.02mg/m^3。②1楼大厅中部和东部采集的空气样品中氨浓度水平较低（<0.20mg/m^3），大厅西部则高于0.20mg/m^3；2楼会议室和贵宾室空气样品中氨浓度水平较高(≥0.20mg/m^3)，贵宾室甚至达0.44mg/m^3。③1楼大厅采集的空气样品中TVOC浓度水平总体较低，仅西北部略高于国家室内空气质量标准；2楼会议室则较高，高于0.60mg/m^3。④馆内空气中氨浓度水平远低于国家室内空气质量标准，但相对比较，均处于该馆整体建筑西南部的1楼大厅、2楼会议室和贵宾室空气中氡浓度水平较其他部位高，达到110Bq/m^{3}以上，资料表明，该馆1楼空气质量优于2楼，局部区域的氨和TVOC浓度水平超标。

馆内环境空气污染物浓度水平(mg/m^3) **表3**

单元序号	采样位置	甲醛	苯	氨	TVOC	氡(Bq/m^3)
1楼	大厅中部	0.038	<0.05	0.15	0.554	43.0
		0.040	<0.05	0.19	0.488	
	大厅东南部	0.042	<0.05	0.17	0.434	<3.3
	大厅东北部	0.043	<0.05	0.19	0.328	53.8
	大厅西南部	0.041	<0.05	0.30	0.521	116.9
	大厅西北部	0.043	<0.05	0.26	0.690	32.3
2楼	东会议室	0.050	<0.05	0.24	0.752	54.6
	西会议室	0.056	<0.05	0.20	0.855	118.6
	贵宾室	0.048	<0.05	0.44	0.483	122.9
室内空气品质标准 *		0.10	0.11	0.20	0.60	400.0

* 引自：《室内空气质量标准》GB/T 18883—2001。

4 馆内空气质量模糊综合评价和健康风险评价

4.1 馆内空气质量模糊综合评价

4.1.1 评价方法

从毒理学角度来看，各种污染物及其浓度对人体的影响和危害千差万别，不可能完全相同。模糊综合评价就充分考虑了这一点。通过在室内空气质量检测与评价方面有经验的专家对各污染物权重进行打分，合理地确定了各污染物之间的权重关系，以有效地解决这一问题。当各污染物浓度均为国家标准限值时，模糊综合评分为60，室内空气质量可以判定为合格；当所有污染物浓度小于检测限值时，模糊综合评分为100，即室内空气质量控制好。当模糊综合评分小于60时，肯定存在超标项；但存在超标项时，模糊综合评分不一定小于60。

由此可见，模糊综合评价模型对于室内空气质量的评价综合了主观因素和客观因素，可以从一个角度较为客观地反映和评定检测现状所表征的室内空气质量水平。

模糊综合评价的步骤如下：

(1) 建立评价对象的因素U 室内空气质量评价指标体系设定5个一级指标：甲醛、氨、TVOC、苯、氡，建立评价因素集U。

$$U=\{U_1, U_2, U_3, U_4, U_5\}$$

每个一级指标又可以根据实际情况细分为若干个二级指标，即$U_i=\{U_{i1}, U_{i2}, U_{i3}, U_{i4}, U_{i5}\}$。其中，$i$=1，2，3，4，5依次为甲醛、氨、TVOC、苯、氡。

它们满足以下两个条件：① $U_1 \cup U_2 \cup U_3 \cup U_4 \cup U_5 = U$ ② $U_i \cap U_j = \varnothing$，$i \neq j$。

(2) 确定评语集合 V

$$V=\{V_1, V_2, V_3, V_4, V_5\}$$

其中 V 是指对每个指标的评语，并设定 $V=\{$好、较好、一般、较差、差$\}$

(3) 确定指标的权重　评价指标集 V 的 $A(A_1$、A_2、A_3、A_4、$A_5)$ 称为权重分配，即权向量，其中 $A_i(i=1, 2, 3, 4, 5)$ 称为指标 U_i 被考虑的权数

$$A_1+A_2+A_3+A_4+A_5=1$$

由上海室内空气检测与评价服务方面有经验的专家打分评估确定。

$$A=(0.37, 0.14, 0.29, 0.13, 0.07)$$

(4) 建立模糊综合评价的数学模型　R 是从 U 到 V 的一个模糊映射，即 U 和 V 之间的模糊关系的模糊矩阵为

$$R=\begin{bmatrix} r_{11} & r_{12} & r_{13} & r_{14} & r_{15} \\ r_{21} & r_{22} & r_{23} & r_{24} & r_{25} \\ r_{31} & r_{32} & r_{33} & r_{34} & r_{35} \\ r_{41} & r_{42} & r_{43} & r_{44} & r_{45} \\ r_{51} & r_{52} & r_{53} & r_{54} & r_{55} \end{bmatrix}$$

其中，r_{ij} 表示 U_i 具有评语 V_j 的程度$(i, j=1, 2, 3, 4, 5)$。

当权数分配和模糊矩阵 R 为已知时，应用模糊矩阵的复合运算即可进行综合评价，从而得出模糊综合评价的数学模型为

$$B=A\cdot R=(A_1、A_2、A_3、A_4、A_5)\begin{bmatrix} r_{11} & r_{12} & r_{13} & r_{14} & r_{15} \\ r_{21} & r_{22} & r_{23} & r_{24} & r_{25} \\ r_{31} & r_{32} & r_{33} & r_{34} & r_{35} \\ r_{41} & r_{42} & r_{43} & r_{44} & r_{45} \\ r_{51} & r_{52} & r_{53} & r_{54} & r_{55} \end{bmatrix}$$

(5) 确定综合评分值 Y　以 100、80、60、40、20 为评分段进行划分，则：

$$Y=B\times[100 \quad 80 \quad 60 \quad 40 \quad 20]^{T}=(B_1、B_2、B_3、B_4、B_5)\times[100 \quad 80 \quad 60 \quad 40 \quad 20]^{T}$$

Y 值即为该检测点的综合评分值。

4.1.2　评价结果

尚不清楚室内空气污染物中甲醛、氨、TVOC、苯和氡之间的物理化学作用属于协同作用、抗拮作用还是叠加作用，利用模糊数学方法，即以模糊数学为基础，应用模糊关系合成的原理，将一些边界不清晰且不易定量的因素定量化，从而对馆内空气质量作出综合评价，是一种有益的探索，能较自然地处理人们思维的主动性和模糊性。经计算，该馆的馆内空气质量的模糊综合评分为 84，表明该馆的空气质量总体上较好。

4.2　健康风险评价

4.2.1　评价方法

(1) 长期摄入剂量的计算　通常认为，在进行暴露评估时，应对暴露人群的性别、年龄分布(成人、儿童)、活动状况、人群的接触量、接触时间、接触频度等所有能估计到的不确定因素等情况进行描述。本文中所使用的参数为美国环保局(U.S EPA)推荐值。据美国环保局暴露因子手册(Exposure Factor Handbook)在中等活动的情况下，正常中年人 1min 的呼吸空气量为 $0.025m^3$，儿童 1min 的呼吸空气量为 $0.007m^3$；正常男性的平均体重为 70kg，女性的平均体

重为60kg，儿童的平均体重为15kg；污染物通过呼吸道在体内吸收率均为50%。

本文的计算采用了Whelan(1987，1989)和Droppo(1995)等人提出的计算公式。吸入途径暴露计算：

$$CDI=\frac{C\times CR\times EF\times ED\times AF}{BW\times AT}$$

式中：CDI为每日单位体重的摄入剂量($mg\cdot kg^{-1}\cdot d^{-1}$)；$CR$为通气量L/d；$EF$为暴露频率(d/年)；$AF$为吸收率(%)；$ED$为暴露时间(年)；$BW$为体重(kg)；$AT$为平均时间(d)。

(2) 风险度的计算

① 非致癌风险　一般认为，生物体对非致癌物质的反应有剂量阀值，低于剂量阀值则认为不会产生不利于健康的风险。非致癌风险用风险指数HI表示，它定义为由于暴露造成的长期日摄入量与参考剂量的比值。用下式表示：

$$HI=\frac{CDI}{RFD}$$

式中：CDI为长期日摄入剂量($mg\cdot kg^{-1}\cdot d^{-1}$)；$RFD$为污染物的参考剂量($mg\cdot kg^{-1}\cdot d^{-1}$)；

HI值可以用来评价人群受到非致癌风险的可能性。当$HI>1$时，表示可能对敏感人群产生潜在的非致癌风险。同时评价几种污染物所产生的非致癌风险时，如果没有资料显示非致癌物质混合物对生物之影响彼此间有相乘、相拮抗或协同作用时，可以假定为相加作用。则把每种污染物产生的非致癌风险HI_i相加，得到总体的非致癌风险系数HI。

$$HI=\sum_{i=1}^{n}HI_i$$

式中：i为污染物种类数。

② 致癌风险　对于致癌性污染物，一般认为没有剂量阈值，只要存在，就会对人产生不利影响。致癌风险用风险值$Risk$表示。它定义为长期的每日摄入剂量与致癌斜率因子的乘积，表示暴露于该种污染物而导致的一生中超过正常水平的癌症发病率，可用下式表示：

$$Risk=CDI\times SF$$

式中：SF为污染物的致癌斜率因子($mg^{-1}\cdot kg\cdot d$)。

考虑到人群对室内空气污染物接触浓度多且低剂量、长时间特点，健康风险评价时采用该公式。

当存在有多个致癌物质时，致癌风险为各种污染物的各种可能暴露途径所产生的致癌风险之和。美国环保局认为，当致癌风险在$1\times10^{-6}\sim1\times10^{-4}$之间时是可以接受的。

$$Risk=\sum_{i=1}^{n}Risk_i$$

式中：i为污染物种类数。

4.2.2　评价结果

按展期内每天在馆内逗留8h、12h、16h三种情况分别讨论展馆的综合健康风险。

(1) 非致癌风险评价　美国环保局仅给出了污染物甲醛的经呼吸摄入的RFD推荐参考值，在进行非致癌风险评价时，主要研究暴露在含有一定浓度甲醛的非致癌情况。由于美国环保局(US EPA)对现有很多污染物的RFD值尚属进一步讨论实验之中，尤其是经呼吸道的RFD值能提供的数据比较少，多侧重于重金属等重毒物质。因此这里计算得到的HI值与实际值比可能偏小。

所存在的风险度如表4所示。由表4可看出，无论儿童、成年男女，展期内每天在馆内停留 8～16h，*HI* 最大值为 3.63×10^{-4}，远远小于 1，可以认为没有慢性的非致癌风险产生。

馆内日暴露 8h、12h、16h 甲醛的非致癌风险度 **表 4**

日平均在馆内时间(h)	成年男性		风险值 ($\times10^{-4}$)	成年女性		风险值 ($\times10^{-4}$)	儿童		风险值 ($\times10^{-4}$)
	$CDI\times10^{-5}$	*RFD*		$CDI\times10^{-5}$	*RFD*		$CDI\times10^{-5}$	*RFD*	
8	2.778	0.2	1.389	3.241	0.2	1.620	3.630	0.2	1.815
12	4.167	0.2	2.084	4.861	0.2	2.430	5.444	0.2	2.722
16	5.555	0.2	2.778	6.481	0.2	3.240	7.259	0.2	3.630

CDI：长期摄入剂量/$mg\cdot kg^{-1}\cdot d^{-1}$；*RFD*：参考剂量/$mg\cdot kg^{-1}\cdot d^{-1}$。

(2) 致癌风险评价　毒理学和分子生物学的发展，为环境污染物的致癌性研究提供了丰富的理论和技术。污染物引起生物体细胞遗传物质发生改变的作用，称为污染物的致突变作用；引起生物体发生致突变作用的物质，称为致突变物。苯是确认人类致癌物，甲醛是可能/可疑人类致癌物。其中苯的致癌斜率因子 *SF* 值为 0.055。由表 5 可看出，无论儿童、成年男女，展期内每天在馆内停留 8～16h，致癌风险值最大值仅为 1.774×10^{-6}，远远小于 1，可以认为不存在慢性致癌风险。

5 结论

利用已建立的上海城市室内空气污染检测与评价服务方法技术体系，对世博园某国家馆进行馆内空气质量检测与评价，取得以下成果。

馆内日暴露 8h、12h、16h 苯的致癌风险度 **表 5**

日平均在馆内时间(h)	成年男性		风险值 ($\times10^{-6}$)	成年女性		风险值 ($\times10^{-6}$)	儿童		风险值 ($\times10^{-6}$)
	$CDI\times10^{-5}$	SF		$CDI\times10^{-5}$	SF		$CDI\times10^{-5}$	SF	
8	1.235	0.055	0.680	1.440	0.055	0.792	1.613	0.055	0.887
12	1.852	0.055	1.018	2.160	0.055	1.188	2.420	0.055	1.331
16	2.469	0.055	1.358	2.880	0.055	1.584	3.226	0.055	1.774

CDI：长期摄入剂量/$mg\cdot kg^{-1}\cdot d^{-1}$；SF：致癌斜率因子/$mg^{-1}\cdot kg\cdot d$。

(1) 展馆整体处于上海城市居住区大气甲醛、氨和 TVOC 高中浓度背景区域，最大值分别高于 0.041mg/m^3、0.17mg/m^3 和 0.37mg/m^3，不适宜辟为城市居住区。

(2) 展馆内 1 楼空气质量优于 2 楼，局部区域的氨和 TVOC 浓度水平超过标准限值，最高值可分别达0.44mg/m^3 和 0.855mg/m^3。尚不清楚导致原因及与馆外环境质量的关联。

(3) 馆内空气质量模糊综合评价结果表明，模糊综合评分为 84，空气质量总体上属较好。

(4) 健康风险评价结果表明，无论儿童、成年男女，展期内每天在馆内停留 8～16h，不存在慢性非致癌风险；成年男性、成年女性和儿童展期内每天在馆内时为 8～16h 时，不存在慢性致癌风险。

参考文献

[1] 河南省建设厅. 中华人民共和国国家标准　民用建筑工程室内环境污染控制规范 GB 50325—2001 [S]. 北京：中国计划出版社，2006

[2] 卫生部，国家环境保护总局. 中华人民共和国国家标准　室内空气质量标准 GB/T 18883—2002 [S]. 北京：中国标准出版社，2002

[3] 上海申丰地质新技术应用研究所有限公司. 上海城市室内空气污染检测与评价服务成果报告 [R]. 上海：上海申丰地质新技术应用研究所有限公司，2009

[4] 王新军. 美国能源及环境先导计划 LEED 引介 [S]. 上海：上海复旦规划建筑设计研究院，2005

[5] US EPA. 1990. National Oil and Hazardous Substances Pollution Contingency Plan，40 CRF Part 300. Washington，DC：US Environental Protect Aency

[6] US EPA. 1991. Role of the Baseline Risk Assessment in Superfund Remedy Selection Decisions. Office of Solid Waaste and Emergency Response. OSWER Directive 9335. 0-30

[7] US EPA. 1999. US EPA Ⅲ Region risk-Based Concentration Table：Technical Background Information. Development of Risk-based Concentrations，04/12/1999

大型复杂群体项目实行综合管理的探索与实践
——上海世博会工程建设总体项目管理的经验交流

乐　云

（上海市建设工程咨询行业协会）

摘　要：对上海世博会的大型复杂群体项目建设，如何进行调控和综合管理？我们在实践中创建了三维视角思想、标准化的制度与流程、“三位一体”信息集成化体系、多阶网络进度计划等新思维和新举措。其成功的实践，将为增强对政府投资重大群体项目的管理提供借鉴。

关键词：大型，复杂，群体项目，综合管理

世博工程是一个十分复杂的巨系统，传统的工程管理理论、模式和方法体系已经无法适应新形势下如此庞大和复杂的工程，它体现出项目构成的复杂性、组织管理的复杂性、进度控制的复杂性、信息沟通的复杂性和项目的社会属性等典型特征。为了应对挑战，同济大学世博总体项目管理团队与世博指挥部办公室一道，在建设管理过程中从组织模式和控制方法等方面进行了大胆的突破与创新，提出了三维视角理论，对符合项目建设基本程序条件的各项具体工作内容进行统筹安排，编制了《世博会工程建设管理大纲》和系列《管理工作手册》（一纲九册），特别是归纳和提炼出项目对象分解技术、组织策划技术、进度系统化控制技术、投资与合同数据集成技术和标准化管理技术，此可对我国政府今后的重大项目管理提供借鉴。

一、大型复杂群体项目的五大共性难题

1. 项目构成的复杂性

在中国，政府投资的大型群体项目特别多，把大量工程项目集中起来进行建设和管理是国家经济建设和发展的需要。上海世博会单体项目累计超过 400 个，有场馆类建筑、市政类建筑，前者又分永久性场馆和临时性场馆，临时性场馆又包括外国国家自建馆、租赁馆和联合馆等，不同类型的项目因为投资主体不同、管理组织不同、技术要求不同、进度紧迫性不同、所在地块不同等因素，形成了项目构成的复杂性。

2. 组织管理的复杂性

大规模项目的集中建设必须有庞大复杂的管理组织机构与之相对应。与国外相比，中国的建设项目管理组织往往复杂很多，主要是体现“集中力量办大事”的特征。世博会的筹办机构上有世博组织委员会、中有世博执行委员会、下有世博事务协调局；世博局内设 30 多个部室，其中工程部具体负责项目建设管理；同时上海市政府又成立了工程建设指挥部，其成员组成为上海市各区、委、办；指挥部下设指挥部办公室，由世博局工程部为主体构成，下设 10 个职能处室和 10 个项目部等，显示出组织管理的复杂性(图 1)。

图 1　大型群体项目管理的复杂性

3. 进度控制的复杂性

在经济高速发展的当今中国，高节奏、高速度、高效率成为各项工作的现实要求，项目管理的三大目标中进度控制往往成为压倒一切的首要目标。上海世博会必须在 2010 年 5 月 1 日开幕，但由于前期功能需求的不确定而造成设计上的困难、拆迁腾地组织协调工作的复杂性，造成对开工时间的影响；受国际金融危机的影响，造成参展国家的迟迟不能确定等因素，严重影响了总进度目标的控制。同时，场馆建设与市政建设之间的相互制约，园区建设与轨道交通及越江隧道之间的影响，不同项目及不同工种立体交叉作业相互之间产生的矛盾等等，给进度计划与控制都带来新的要求和问题，从而形成了进度控制的复杂性。

4. 信息沟通的复杂性

大型群体项目的建设是集团军作战，现场千军万马来自四面八方，分属不同的系统、不同的单位、不同的部门，项目之间的信息沟通与交流体现出前所未有的复杂性。如何确保指令的快速和通畅、如何确保信息的透明和共享、如何确保遇突发事件能快速响应和应急处置等，这是摆在项目管理者面前的新的难题。世博会项目签订各类合同超过 1500 份，签订协议单位超过 400 家，现场人员达 4 万人，高峰时达 6 万余人，这产生了信息沟通的复杂性。

5. 项目管理的复杂性

大型复杂群体项目管理是跨组织、开放式管理，强烈地体现出项目管理的社会属性。上海世博会项目的拆迁腾地涉及复杂的社会问题，项目实施涉及城市中心区扰民问题，建设过程涉及扬尘、噪声、垃圾等环境污染问题，施工过程涉及保护农民工利益问题，还有反恐、防台防汛、人身安全、社会和谐等各类问题，由于涉及以民为本的社会属性，因此形成了项目管理的复杂性。

为了应对以上五个方面的难题，上海世博会在建设管理上进行了诸多有益的探索，主要有以下方面。

二、三维视角思想是解决难题的捷径

为了实现进度控制，不能只盯着进度目标，而应该首先进行项目对象的梳理，并根据项目群构成的特点建立与之相适应的管理组织体系，这就是大型群体复杂项目管理的三维视角思想：即项目视角、组织视角和进度视角(图 2)。

项目视角是紧盯着项目终极目标——项目对象，把项目群分成若干单元，界定不同项目群的不同管理深度和内容，建立以项目对象分解技术为基础的结构化项目群管理体系，分析不同项目群所应采取的不同管理对策，有的放矢进行针对性管理。就任何一个复杂项目而言，它都

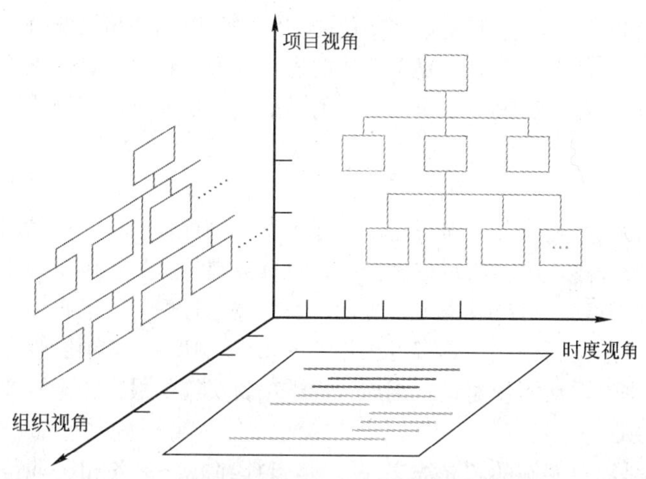

图 2 大型群体复杂项目管理的三维视角

具有与以往其他项目不同的特点，项目管理者首先必须分析项目特点，老经验、老办法当然可贵，但同时要了解新项目的新情况，尽快予以调整和应对，只有这样才能百战百胜。比如上海世博会如何对 42 个外国自建馆的建设进行管理，就是一个全新的课题。

组织视角是高度重视项目实施的组织措施——大胆进行组织模式创新，完善、优化建设管理的组织结构，花大力气强化管理基础性工作，理顺指令关系，进行合理分工，明确各项工作流程，以提高指挥部的管理组织效率。组织视角是三维视角中最关键的一维，也是惟一可以通过主观努力进行优化的因素。因为在三维视角中，项目对象维和目标维是刚性的，不能改变拟建场馆的数量和规模，不能改变 2010 年 5 月 1 日必须开幕的进度目标，而管理模式和组织结构是可以通过主观努力进行优化的。上海世博会的建设管理组织模式在项目实施过程中不断进行了调整，提出了“管理重心下移，做强项目部”，“依托专业团队，引进总体项目管理”等一系列措施，大大提高了管理效率。

进度视角是紧盯项目进度目标——有了前面两项措施，接下来就可以千方百计把项目进展向前推进。科学的进度管理应体现在工作的系统性、前瞻性、计划性上。应充分重视合理地编制工程进度计划，对项目进度计划进行分解、细化并形成计划系统，关注各子项目与其他子项目之间的联系，以全局视角对每个子项目的进度予以严格控制，从而形成有效的动态控制体系，并适时跟踪进度执行情况，必要时对进度计划进行调整。世博会正式开工后，工程建设工期仅有 1000 天，但由于对项目进行了严格而合理的管理，其建设速度是陆家嘴开发速度的两倍。

三、标准化的制度与流程是制胜的法宝

长期以来，我国在项目管理领域提倡学习国际惯例。但是，世博会项目实践启迪我们：项目管理虽然应立足国际平台，拥有国际眼光，但是不能生搬硬套，必须研究中国问题，解决实际问题，必须进行大胆突破与创新。中国的很多事情照搬外国人的做法往往做不了和做不好，如果不顾中国国情而盲目创新，那么“国际化”终将沦为空话。

与发达国家先进工程管理方法相比，我国工程管理最大差距表现在其随意性、忙乱性和不规范性。大型复杂群体项目因参与单位众多，又分属不同系统、部门，因此项目之间的指令关系、任务分工与协作、信息沟通和交流等具有极大的复杂性，各单位对项目管理的理解和管理

方式都具有多样性和差异化。如何使这些单位能在短时间内尽快相互配合，协同作战，这就需要标准化的管理技术。从对整个大型复杂群体的宏观管理，到各项具体工作都要形成一套适用标准，从而实现管理工作的高效化。建设管理的标准化、规范化和正规化，就是科学化管理的具体表现。

在世博项目上，我们耗时半年编制了《世博会工程建设管理大纲》和厚厚的系列《管理工作手册》(一纲九册)，就是从明确项目建设目标出发，对符合项目建设基本程序条件的各项具体工作内容进行统筹安排，明确项目进度控制、投资控制与质量控制等要求，分别制定规划设计管理、投资与合同管理、材料设备采购管理、安全质量管理、外国自建馆协调、信息与沟通管理以及建设过程中的文明创建等具有可操作性的42项制度和43项管理流程，并不断修编以保证其权威性和严密性，从而使建设大纲成为推进项目实施的最高指导性文件，在世博项目建设中发挥了重要作用。

项目建设大纲是项目实施的“立法文件”，是指挥部办公室各相关职能部门、项目部、各项目参与单位开展各项工作必须遵守的指导性文件，是从宏观上、整体上对项目建设管理设定的规定动作。在建设大纲的指导下，指挥部办公室会同总体项目管理部编制的系列管理工作手册，包括技术管理工作手册、工程管理工作手册、综合管理工作手册、配套管理工作手册、协调管理工作手册等九种，是对建设大纲的细化，以具体指导指挥部办公室各部门、各单位和项目部推进工作。

四、信息化平台是提高管理效率的强有力工具

项目管理发展高水平的标志是信息化，信息化手段可以使项目管理者如虎添翼。在本次世博项目实践中，指挥部办公室要求总体项目管理团队研发完成了大型复杂群体工程投资控制与合同管理计算机集成系统C3A，这对促进工程项目建设派了大用场。这是一套适应于网络环境下国内领先的应用程序，它实现了大型群体复杂工程的投资控制、合同管理、信息交流与共享“三位一体”的集成化管理体系，它解决了传统项目管理信息系统PMIS关于投资数据与合同信息相分离的弊病，在世博项目上经受了海量数据运行的考验，从而获得有关审计部门的好评，为世博建设管理立下了汗马功劳(图3)。

图3 C3A：建设投资控制与合同管理信息集成化系统

C3A是一个以业主方项目管理为主导，集成项目投资控制和合同管理信息，在互联网平台上为项目参与各方提供信息沟通和协作功能的信息系统。其主要功能包括规章制度、文档管理、合同管理、合同流转、信息沟通、投资控制以及资金管理等。所有与投资控制和合同管理有关的管理制度、管理流程和管理用表等规章制度均在该信息系统中公布。项目前期的127份政府批文、指挥部办公室签署的1500份合同文档以及指挥部各处室内外交流的所有文档，均属于该系统文档管理的范畴。合同管理功能包括合同分类查询和合同报表等主要功能，所有合同流转的过程均在信息平台上进行，能及时反映待签合同正由谁处理，处于什么状态，便于对合同进行跟踪。信息沟通功能反映每一用户所接收到的信息和所发送的信息，有利于对合同管理的支撑。C3A的报表能反映投资计划情况、投资总体完成情况、合同数据及合同变更情况，并可进行实际投资和计划投资的比较分析，清楚反映资金的拨入和支付情况，据此可制定资金计划，可与财务管理全面对接。

投资控制是任何大型复杂群体工程建设的重要、关键任务之一，也是较困难的环节之一。为了勤俭办博，必须解决投资的巨额性、投资主体多元化趋势以及投资计划多变性等所不断产生的新问题。传统的工程投资控制方法有一个很大的局限性是投资数据与合同数据的分离，无法真正实现以合同为依据对工程投资实施动态控制。大型群体复杂工程项目合同类型多、合同结构复杂、工程变更影响大，在多文化背景下使合同管理难度加大。C3A从系统性的角度将投资控制与合同管理进行综合性深入思考，实现了两者的计划、预测、控制等的综合集成，它为实现大型群体复杂项目的投资控制提供了新的突破口，同时也发挥了合同对于投资控制的关键作用。

五、多阶网络进度计划是调控的关键技术

“围绕世博会，我们可以，也应该出一系列科研成果，为行业的不断发展搭建良好平台。”

世博会工程建设是一个千载难逢的机会，我们做的每一项工作，都是在进行探索与尝试，希望通过实践上升到理论，再将理论拿到实践中来进行验证。两年多来，总体项目管理团队紧密结合世博会工程建设实际，在大型群体复杂项目系统性控制关键技术、工程投资控制与合同管理数据集成系统、世博会外国国家自建馆建设管理模式、VIK材料设备管理模式等方面开展了广泛而深入的研究工作，提出了以工程管理对象结构化分析技术、巨系统组织策划技术、工程进度系统性控制技术、工程投资控制与合同管理数据集成化技术、工程标准化流程管理技术等为核心的大型复杂项目群系统性控制思想。这些创新的管理方法和技术都在上海世博会工程建设中得到了应用，为工程顺利建设发挥了巨大的作用(图5)。

长期以来，项目管理几乎都是从工作任务开始分解(Work Breakdown Structure，简称WBS)的。美国项目管理协会(Project Management Institute，简称PMI)在其出版的《项目管理知识体系指南》中，将WBS置于项目范围管理内，作为项目管理的首要工作。实际上，根据对项目群管理的系统论和管理哲学的拓展认识，项目群管理的第一步不应该是工作任务分解，而是项目实体对象分解，从而建立项目分解结构(Project Breakdown Structure，简称PBS)，对项目群进行梳理，并以此作为项目管理其他工作的基础。在大型群体复杂项目中，项目分解结构PBS应该是不同于工作任务分解结构WBS的独立分解结构。

在大型复杂群体工程项目中，传统的组织工具无论是线性组织结构、职能型组织结构还是矩阵组织结构，都很难准确表达巨系统的复杂组织结构。为了加强对统筹世博会建设工程的管理，指挥部办公室在组织结构上进行了大胆尝试，下设12个职能处室、12个项目群部，其中项目群部的管辖范围涵盖指挥部直接投资兴建的部分，职能部门实现对世博工程建设管理的全

覆盖。在全覆盖的项目范围里，三大不同类型项目群的管理内容、深度和管理办法都不相同，要区别对待，事先作出了严格规定。如技术处分管设计，但对于指挥部办公室直接投资兴建的项目和其他投资主体建设项目的设计管理内容、深度和管理办法等都不相同。

作为有明确时间限定的大型复杂工程项目，如奥运会、世博会、国庆庆典等，工期具有明显的强制性。不仅如此，由于此类项目包含众多的子项目，子项目之间又存在复杂的联系，使得其进度控制具有复杂性。如果仅用传统的方法采取网络计划编制项目群总进度计划，会造成计划节点太粗，起不到进度控制的效果；如果分别编制不同项目群的细化的总进度计划，由于无法建立子项目之间的进度协调关系，同样起不到控制的效果。

为了解决这个问题，在世博会工程建设项目中采取了多阶网络进度计划方法，将计划分级，由总进度纲要和一系列子网络计划共同形成计划体系。总进度纲要是里程碑计划，从总体上对整个项目的关键节点进行把握。在总进度纲要的基础上，总体项目管理团队和指挥部办公室建立了逐级细化的进度计划体系(图4)，依次编制了总进度规划(项目实施指导性计划)、分区进度计划(分区实施控制性计划)和单体进度计划(单体实施控制性计划)。多阶网络计划既细化了里程碑计划，使其具有可操作性，又建立了子项目之间的关联关系。在多阶网络进度计划体系中，每一个子项目计划都作为对上一级进度计划中的部分节点的细化和扩展，与其他子项目发生着联系，从而保证对每个子项目的进度控制是基于全局的视角。

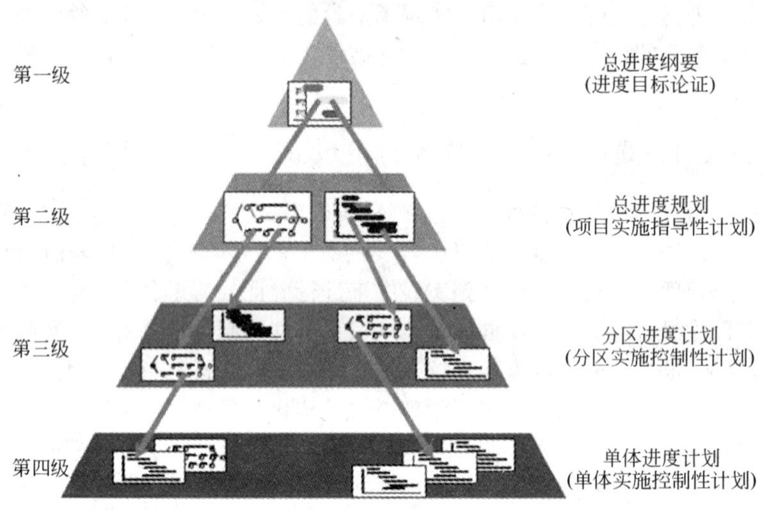

图4 上海世博会建设工程多阶网络进度系统

六、结束语

政府投资大型复杂群体工程项目所体现的复杂性，使得传统的项目管理方法越来越不适应，而在组织模式和管理方法上却更体现出浓厚的中国国情。如何在实践中理论结合实际，大胆进行工程管理理论和方法的拓展与创新，这是时代赋予建设管理人员的无可推卸的历史使命。大型群体项目的复杂性具体表现为项目构成的复杂性、组织管理的复杂性、进度控制的复杂性、信息沟通的复杂性和项目管理的复杂性等方面。为了应对这些方面的复杂性，上海世博会工程建设作了大胆的创新与尝试，创立了项目对象分解技术、组织策划技术、进度系统化控制技术、投资与合同数据集成技术和标准化管理技术等大型群体复杂项目的管理与控制技术，为我国增强对政府投资重大群体项目的管理提供了参考和借鉴。

世博轴阳光谷钢结构工程质量监理管理方法探讨与实践

戴火红、朱少君

（上海建科建设监理咨询有限公司）

摘　要： 近年来，由于钢结构的广泛应用，各种造型奇特的建筑结构应运而生，由于这类建筑多以向空间不规则拓展、投影平面大多以曲面为主，外观造型要求高，且主要以高强螺栓进行连接。世博轴工程阳光谷为单层网壳结构，采取全焊接形式，下小上大，悬挑超过 40m，在施工和监理过程中，无现成的施工规范及质量验收标准。本文从施工监理的角度出发，以全焊接单层网壳结构的阳光谷为例，充分应用 PDCA 循环质量管理原理，摸索对类似新型结构的质量管理经验，从而为类似钢结构的质量控制提供参考。

关键词： 世博轴，阳光谷，网壳钢结构，质量管理，PDCA

1　工程概况及特点难点

1.1　工程概况

近年来，由于钢结构的广泛应用，各种造型奇特的建筑结构应运而生，由于这类建筑多以向空间不规则拓展、投影平面大多以曲面为主，外观造型要求高，且主要以高强螺栓进行连接。本文介绍的世博轴阳光谷工程采用 6 个“喇叭花”形状的全焊接单层网壳结构作为顶棚结构支撑，要求结构外露，除保证基本的安全承载功能外，还具有引入阳光到地下空间的功效，故称其为“阳光谷”。

该 6 个阳光谷单层网壳结构，均由不同大小的三角形网格组成。网格单元在底部为垂直方向，到上部边缘逐步转化为水平方向，每个网格单元内侧贴挂三角形玻璃幕墙。其中 4 号阳光谷为旋转对称，其余均为轴对称。每个阳光谷高度均为 41.5m，最大的底部直径约 20m，最大顶部直径约 90m，悬挑超过 40m。阳光谷钢构件由节点和杆件组成，节点为 6 个不同方向的牛腿组装而成，牛腿均采用焊接箱型截面，截面高度 180～240mm，宽度 65～140mm；杆件截面与牛腿对应，长度为 1.00～3.5m 不等。材质均采用 Q345B，部分实心节点采用铸钢节点。6 个阳光谷钢结构总重约 3035t，节点总数为 10600 个，杆件共计 30800 根。阳光谷结构样式见图 1。

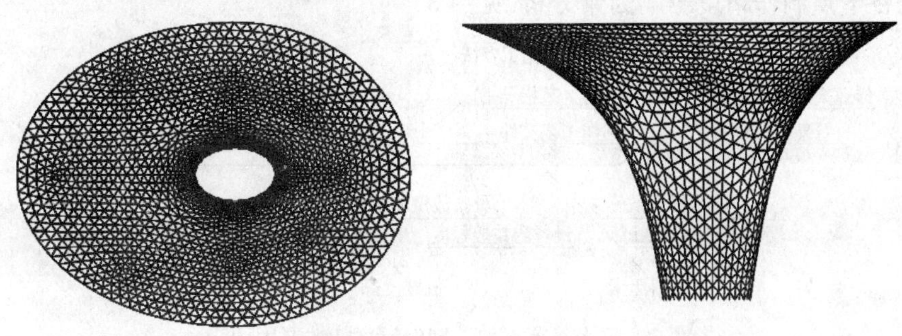

图 1　阳光谷的平、立面示意图

1.2　工程特点难点

(1) 钢结构呈空间不规则变化，没有规律可循，对构件的深化设计、加工制作及现场安装带来不小的难度。

(2) 大悬挑且不规则的空间结构对现场测量定位带来极大的困难和不便，安装质量控制难度大。

(3) 大悬挑结构在安装过程中的结构稳定控制问题。

(4) 单层网壳平面外刚度差，且全为焊接形式，安装过程中的变形控制难度大。

(5) 单层网壳结构要求连接节点为刚性的抗弯连接，节点连接方向多、角度不一，对节点形式的选择带来了前所未有的挑战。阳光谷节点样式见图2。

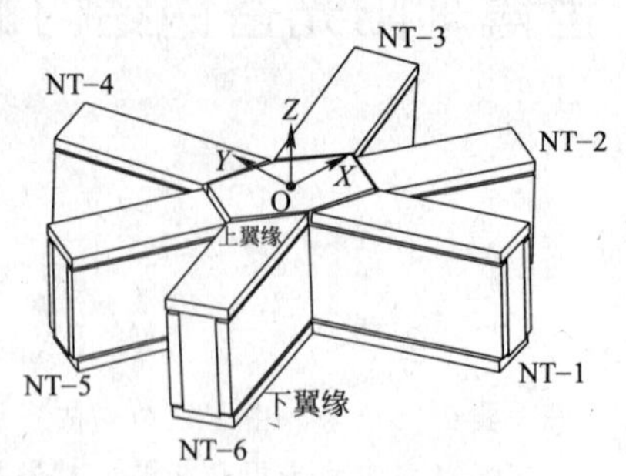

图2　阳光谷节点样式

2　监理主要工作思路

新的结构形式层出不穷，但其内在的规律往往万变不离其宗，如果充分利用质量控制的一些基本原理和方法，一般不会出现重大的质量管理失误，从而为后续的质量精细化管理提供更多的参考依据。本工程中，监理工作采取了如下工作思路：

(1) 针对工程特点难点，与设计、施工单位一起制定适合本工程特点的试行验收标准。

(2) 针对工程特点难点，梳理出质量控制的关键点。

(3) 针对关键点，编制控制相关质量的特性要因图。

(4) 运用PDCA质量控制循环，逐步完善监理质量管理体系。

(5) 重视过程检查，设置验收关口。

(6) 统计分析过程中出现的不合格点，及时通知施工单位采取相应整改措施。

(7) 及时进行阶段工作小结与汇报。

3　监理策划(P)

3.1　针对阳光谷钢结构工程的特点，提出质量控制的关键环节

(1) 阳光谷钢结构节点制作精度控制。特别是牛腿间的角度与牛腿的俯仰角的控制。

(2) 现场安装的精度。主要包括安装定位、错边、焊后变形的控制。

(3) 焊接质量的控制。本工程为全焊接连接形式，焊接质量影响到结构安全。

由于上述三点关系到阳光谷的结构安全、外观效果等关键因素，因此作为重点来进行控制。

3.2　阳光谷节点制作精度影响因素分析(见图3)

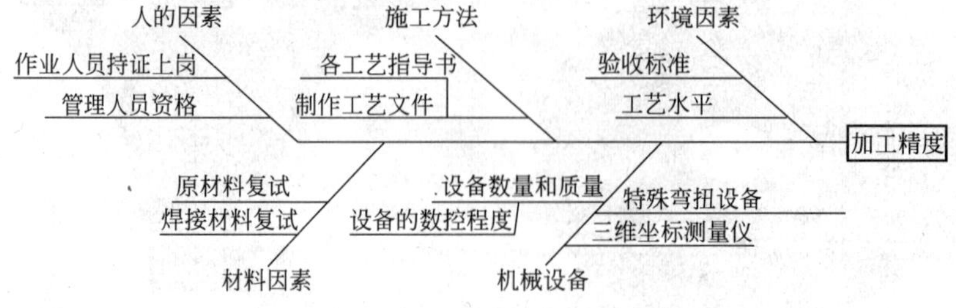

图3　阳光谷节点加工制作精度特性要因图

3.3 阳光谷构件安装精度影响因素分析(见图 4)

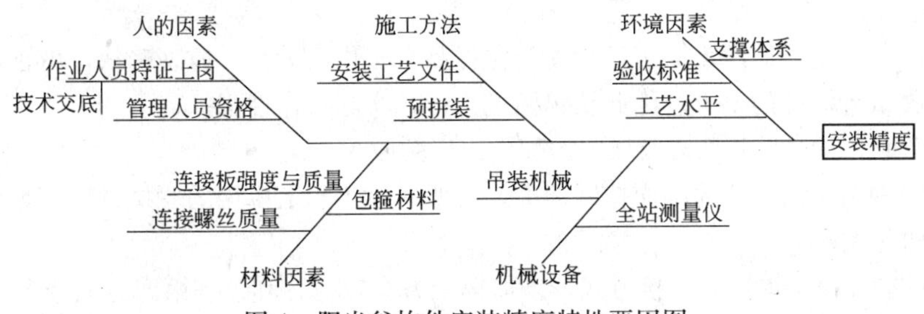

图 4 阳光谷构件安装精度特性要因图

3.4 阳光谷钢结构焊接质量影响因素分析(见图 5)

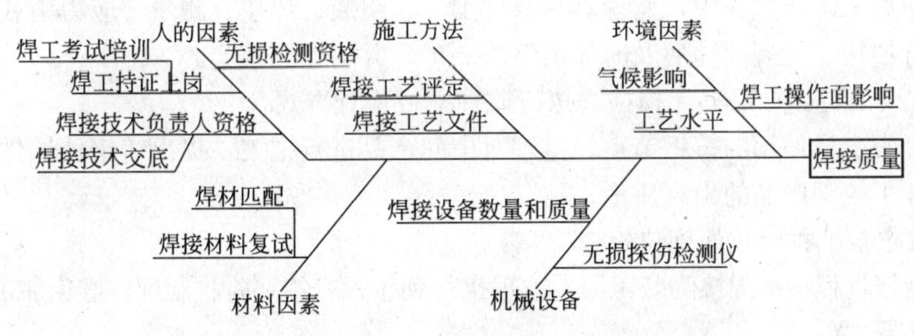

图 5 阳光谷钢结构焊接质量特性要因图

通过以上策划内容的分析，基本把握住影响本工程质量的关键因素，从而在过程中逐步落实策划内容。

4 过程控制(D)

4.1 加工精度的控制

在构件加工制作过程中，监理采取了落实策划内容与传统质量控制相结合的方法。

(1) 落实策划内容

1) 与设计、施工单位一起制定了《阳光谷钢结构制作安装质量验收标准》(试行稿)等，提出了节点、杆件的制作精度要求。标准见表 1、表 2。

阳光谷节点加工制作尺寸质量验收标准 表 1

牛腿截面尺寸		牛腿相邻角点尺寸	牛腿相邻角点对角线尺寸	牛腿长度偏差	端平面转角偏差
±1mm	±1.4mm	±3mm	±4mm	±1.5mm	±0.4

阳光谷杆件加工制作尺寸质量验收标准 表 2

截面尺寸		杆件长度	侧向弯曲
±1mm	±1.4mm	−0.5～0mm	$L/1000$

2) 通过对制作精度影响因素分析，考察加工厂，对不满足上述条件的加工厂提出整改措施。其中一个加工厂由于规模不大，但具有精加工能力，针对阳光谷需求，对该厂提出了增加焊工人员，改进弯扭设备，增加数控装置，增加三维坐标测量仪等，满足了加工的硬件条件；另一个加工厂由于采用传统的加工工艺，对弯扭角度控制欠缺，后设计针对该厂工艺，改节点双面整板弯扭为单面外侧整板弯扭。同时改造弯扭设备 2 台，增加了机加工设备，也满足了加

工的硬件需要。

(2) 推行首件样板制度

在加工制作初期，让两家加工厂均先制作样品，提供给设计、监理确认，由于样品制作精度均满足验收试行标准的要求。因此认定标准可行，实际操作性强。

(3) 严格把好原材料的见证取样和构配件出厂验收关

根据传统钢结构加工件的制作控制标准，对所有本工程上应用的原材料进行见证取样和出厂前监理验收把关。

(4) 针对本工程全焊缝的连接方式，采取第三方全数检查和监理第四方抽查方式

对影响结构安全的重要焊接工序，严格按照设计要求进行双重控制，保证了构件的安全可靠。

(5) 重视过程的抽检，避免构件在制作过程中产生严重质量缺陷，发现问题及时通知整改

在构件的加工制作过程中，监理对零部件加工、组装、焊接、测量、应力消残及除锈涂装等各环节进行抽检，发现问题后及时提出整改要求，并均得到落实。

(6) 对重要的铸钢产品、无损检查执行监理平行检查方式

对本工程中少量使用的铸钢节点，监理对中间产品进行把关，提出铸钢件试件做平行检查的要求，保证了铸钢产品的出厂质量。

(7) 严格隐蔽工程验收的到位检查

对加工制作过程中的焊接隐蔽工程，监理执行到位检查签字验收制度，避免加工过程中，不合格的工序蒙混过关。

4.2 安装过程中主要控制点

(1) 落实策划内容

1) 根据《阳光谷钢结构制作安装质量验收标准》(试行稿)，落实安装的检查验收标准，见表3。

阳光谷安装检查验收标准 **表3**

错边	纵横向距离	三坐标偏差	顶环标高
$t/10$，但不大于1.5	±15mm	±10mm	±30mm

2) 进行预拼装，对出厂的构件按照6层，在加工厂进行预拼装，基本满足试行标准要求。

3) 为保证结构工程的安装精度，对测量人员及测量仪器进行报验审查。

4) 为保证现场安装过程中节点与杆件焊前的稳定及可调，采取了螺丝卡具连接方式。

5) 为保证安装过程中钢结构的稳定，采用满堂脚手架加抱箍支撑，对结构整体进行支撑。

(2) 严格把好构配件进场验收关。

(3) 设置焊前验收关口，按照每6层安装完进行验收，对影响外观质量的错边、弯折进行严格控制。

(4) 重视过程的抽检，对安装过程中不合格项，及时通知整改，保证焊后质量。

(5) 对钢结构吊装过程等关键部位进行旁站监督。

4.3 焊接过程中主要控制点

(1) 落实策划内容

1) 落实焊工进场的考试合格上岗制度。

2) 落实焊前焊接交底制度，严格执行现场焊接的对称施焊。

3) 落实本工程中焊接工艺评定的程序，保证铸钢节点与厚板的焊接可行可靠。

4）落实现场焊工操作面及操作环境，保证焊工在各个焊点的操作适宜。

(2) 严格把好焊接材料使用和保管。

(3) 设置焊中抽查及焊后验收关口。

(4) 针对本工程全焊缝的连接方式，采取第三方全数检查和监理第四方抽查方式。

(5) 严格执行隐蔽工程检查验收。

5 检查分析(C)

5.1 3号、4号阳光谷钢结构节点的加工制作质量对比分析(见图6～图8)

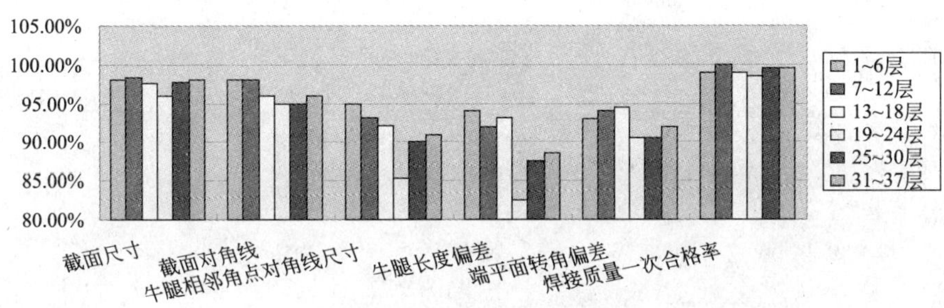

图6 3号阳光谷节点加工制作合格率分析

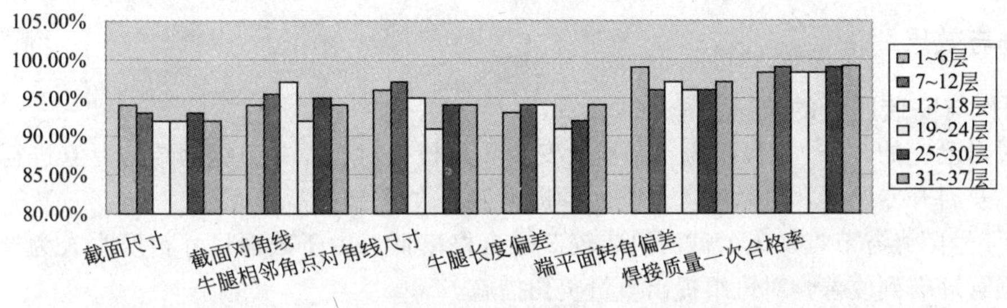

图7 4号阳光谷节点加工制作合格率分析

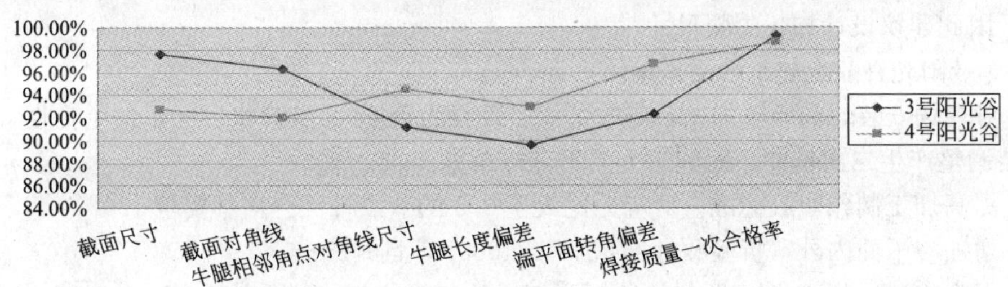

图8 3号、4号阳光谷节点加工合格率对比分析

5.2 3号、4号阳光谷钢结构的安装质量对比分析(见图9～图11)

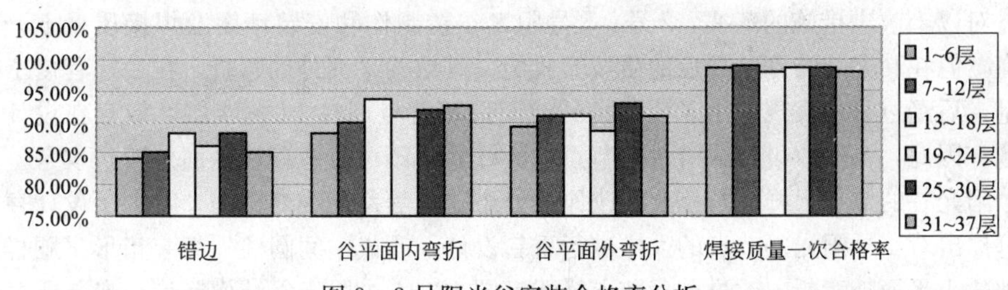

图9 3号阳光谷安装合格率分析

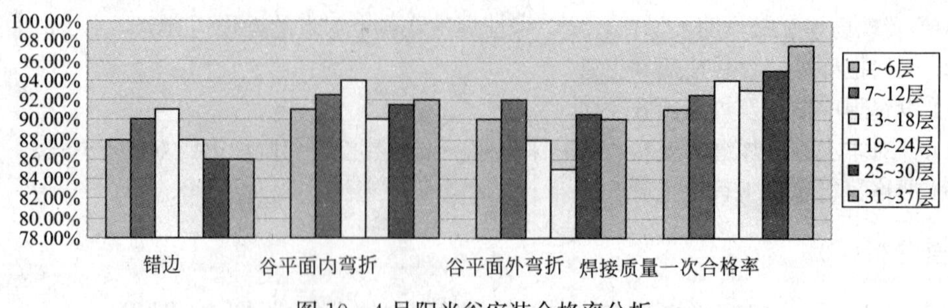

图 10 4 号阳光谷安装合格率分析

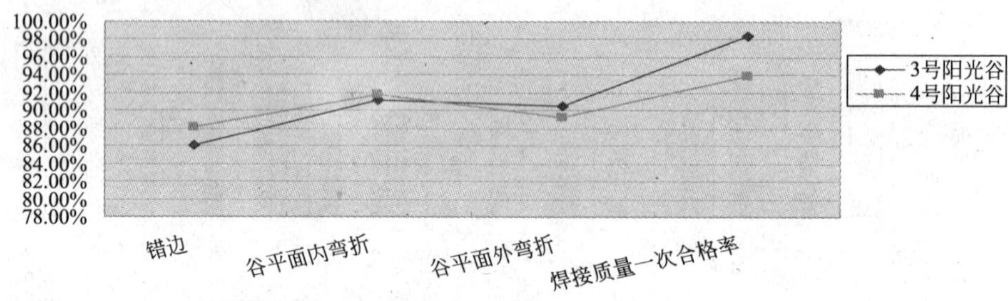

图 11 3 号、4 号阳光谷安装合格率对比分析

6 改进与效果(A)

6.1 制作与安装质量的改进措施

通过对已完的 3 号、4 号阳光谷制作及安装质量检查对比，并组织钢结构专家进行现场检查、评估及召开专题会，对后序 4 个阳光谷提出如下改进措施：

(1) 4 号阳光谷节点加工，截面组装较 3 号合格率低，由于截面尺寸精度为人为控制，可通过加强管理得到改善，对班组提出质量奖罚措施。

(2) 4 号阳光谷结构较 3 号焊接合格率低，主要原因是其节点牛腿短，现场焊接人员操作空间小，因此建议设计加长牛腿尺寸。

(3) 3 号阳光谷节点加工精度需整体提高。

(4) 对现场安装焊前验收加密，应改每 6 层验收为每 1～2 层验收一次，避免验收后焊接变形或安装调整产生二次偏差，而施工人员不进行调整。

(5) 提高加工制作验收标准，对应力比大于 0.5 的节点杆件合格率要求 100%。

(6) 增加谷平面内外弯折验收标准：$\Delta \leqslant 1/1000L$，且$\leqslant$2mm。

(7) 提高安装定位验收标准，改 18 层以下允许偏差±10mm 提高到±5mm。

(8) 增加监理人员，把好验收关口，加强过程巡检。

6.2 改进后效果分析

通过对以上改进措施的落实，2 号、5 号阳光谷在制作和安装精度及焊接质量上，已有了一定提高，但在其安装特别是焊后的质量验收中，其结构平面外的弯折，在一定程度上影响了外观质量，后经过分析发现，由于该结构的空间造型特点，在 19～24 层区域存在设计上弯折过渡区域，因此，不修改设计或者改进节点的大样，将不可避免存在平面外弯折现象。后来设计对 6 号阳光谷的节点大样进行修改，改原设计牛腿的等截面为变截面，减少了设计存在的弯折，同时提出对 1 号阳光谷节点的大样进行重新设计，改成中间圆柱外组装箱形牛腿样式，从而也达到减小平面外弯折。改进前后节点样式见图 12。6 个阳光谷结构制作、安装质量合格率统计见图 13、图 14。

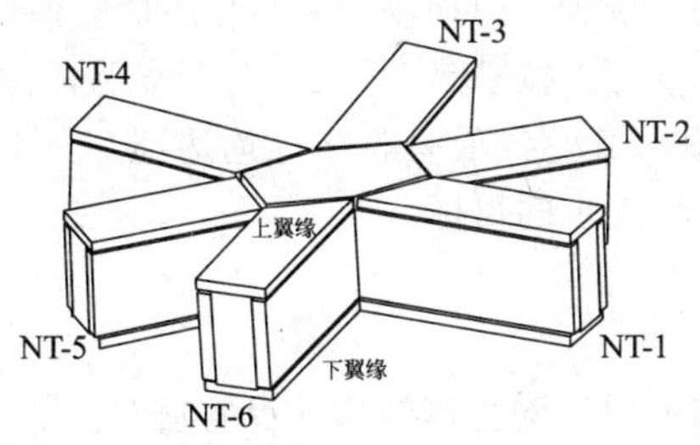

3号、5号阳光谷节点样式

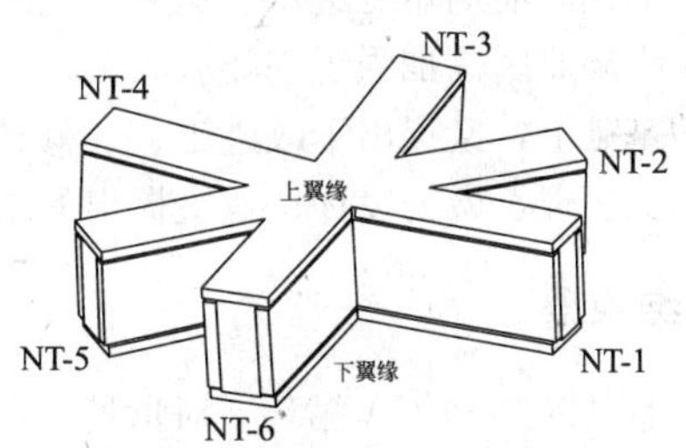

2号、4号阳光谷节点样式

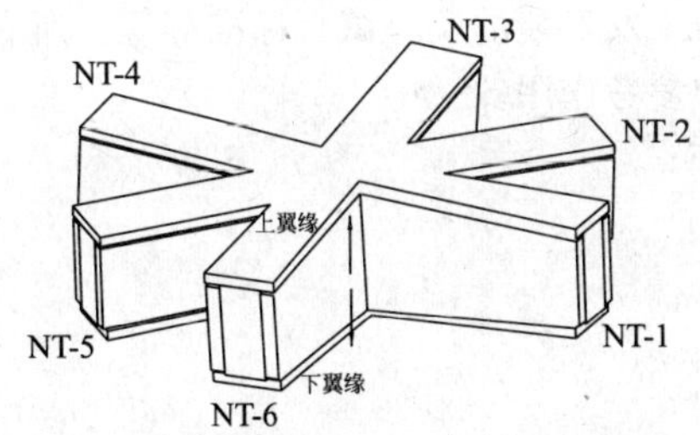

6号阳光谷节点(改进样式)
将原2号、4号牛腿等截面改变截面(上下翼板向外张拉)

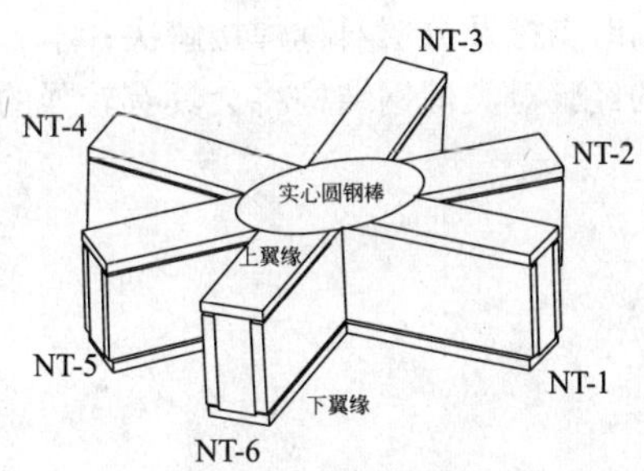

1号阳光谷节点改进样式

图 12　改进前后的阳光谷节点样式

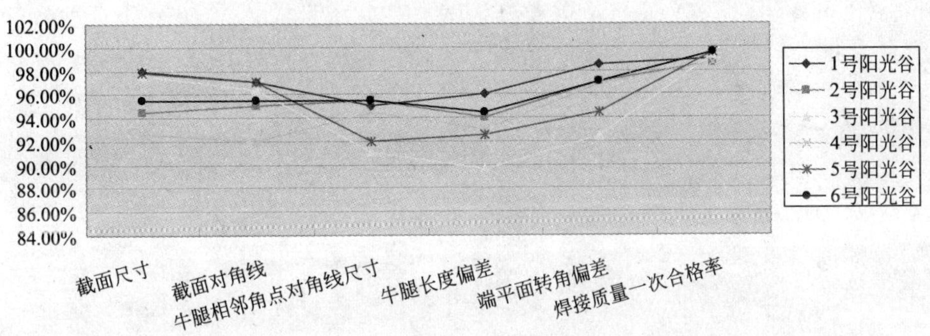

图 13　1 号～6 号阳光谷节点制作合格率对比

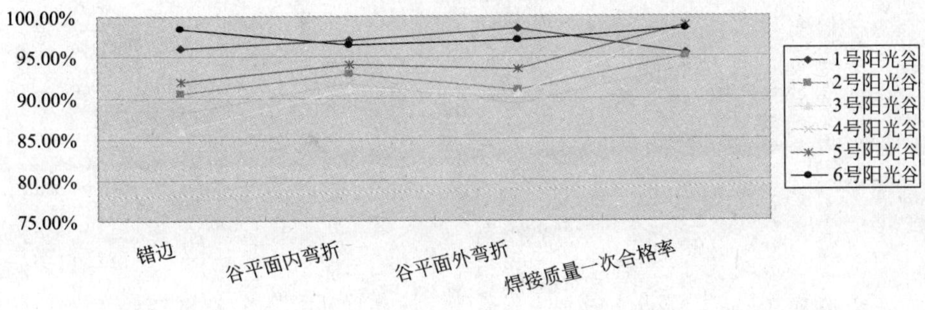

图 14　1 号～6 号阳光谷安装合格率对比

通过对已完阳光谷的制作、安装质量进行横向和纵向对比分析，1～6号阳光谷的制作质量虽后期较前期略有进步，但受工艺水平限制，提升较少。但现场安装质量后期较前期提升较多，主要原因是加强了现场验收关口，修改验收标准等。特别是1号、6号阳光谷，在2号、5号的基础上，又提出了改进工艺、修改设计等措施，最终各项验收指标均达到96%以上的合格率，实现了最初设计、业主提出的结构安全、外形美观的目标。

7 结束语

通过以上PDCA循环，对世博轴阳光谷全焊接的单层网壳钢结构工程的制作、安装，取得一些比较成功的经验，譬如：节点设计的多种样式；多角度、多方向的节点加工精度可通过弯扭数控设备及三维空间测量仪来进行控制和检查；现场安装的空间坐标定位稳定及变形控制可通过临时支撑及分层对称焊接解决；本工程制定的加工及安装的验收试行标准等等。所有这些成功的经验对类似钢结构将会具有较强的使用价值和参考作用。

虹桥机场 T2 航站楼清水混凝土工程质量控制研究

林　铧、贺　红、罗秀梅
（上海建科建设监理咨询有限公司）

摘　要： 近年来，航站楼等公共建筑迅猛建设，此类建筑的特点多是外立面的面积大、造型独特、观感突出、耐久性要求高、施工工期紧。虹桥国际机场 T2 航站楼外立面采用现浇及预制清水混凝土以适应这些要求。在施工质量监管过程中，无现成的施工技术规范及质量验收标准可循。本文从施工监理的角度出发，从对工程材料、施工工艺的质监要求，制定质量验收标准，探索对清水混凝土质量的创新管理。

关键词： 机场航站楼，清水混凝土，质量控制

1　工程概况

上海虹桥国际机场 T2 航站楼是上海虹桥综合交通枢纽最重要的组成部分，位于枢纽最东侧，也是最早建成投入营运的建筑物，是上海世博会的最重要的配套建筑物之一。本工程自 2007 年 3 月开始桩基工程，于 2009 年底全面建成，2010 年 3 月交付营运。

虹桥国际机场 T2 航站楼的陆侧、空侧大量采用了清水混凝土（As-cast Finish Concrete）。这是一种一次浇筑成型，不做任何装饰处理的混凝土，自然的表面效果作为装饰面的一种装饰混凝土。根据设计的要求其表面应平整光滑、色泽均匀，极少气孔和污渍，在使用透明表面保护剂之后，达到建筑面给予受众的十分庄重、十分自然、十分质感、十分朴实的观感。

图 1　虹桥国际机场 T2 航站楼外立面清水混凝土概貌

由于清水混凝土的这些特质，所以在虹桥国际机场 T2 航站楼得到了大量采用，而且品种更多、需求更高。施工阶段，上海机场建设指挥部、上海建工施工管理总承包部、上海建科监理虹桥枢纽项目部，精诚合作、精心策划、精致组织、精密施工，终在规定时间内完成工程建设任务，把航站楼的清水混凝土工程做成了国家精品工程。

2 清水混凝土工程的特点及难点

2.1 清水混凝土使用分布面广

在航站楼的登机桥、行李房、空侧女儿墙、陆侧外墙等不同部位，总面积达 36000m^2；清水混凝土按其结构形式分为现浇和清水预制挂板，清水预制挂板分布在陆侧外墙框架柱位置。预制挂板与框架柱之间采用预埋钢牛腿连接，单面焊接固定。与清水混凝土现浇板以及结构楼层面之间采用预留插筋，补浇混凝土方式连接。

2.2 大面积现浇清水混凝土稳定性控制难度大

清水混凝土作为装饰面，对美观、色差、表面气泡、表面致密性都有相当高级要求，而影响清水混凝土质量的因素又很多，除了混凝土本身因素，如材料选用、配合比、搅拌、运输外，还有模板、浇筑方式、振捣养护等施工因素，环境温度直接或间接地对硬化后的混凝土的色泽也有一定影响。大面积现浇清水混凝土要求预拌混凝土质量具有极高的稳定性，过程控制难度大。

2.3 大面积现浇墙板混凝土浇灌振动很困难

部分墙板只能在先行施工的梁底楼板开孔浇筑，而每次浇筑长度约 30～40m，最长达 50m，振动棒插入距离不够，对清水混凝土的密实性无法满足。

另外，空侧女儿墙总长度接近 3000m，最长分段为 150m，中间不设后浇带，结构抗裂是一项技术难点，对混凝土收缩控制要求较高。

2.4 现浇预制两种不同的成型工艺清水混凝土色感要求一致

虹桥机场西航站楼清水混凝土分清水预制外墙挂板和现浇清水混凝土两种，成型工艺不同，清水外墙挂板是采用清水混凝土技术的预制构件，在工厂生产成型，以商品形式出厂，在施工现场按节点安装的装配式外墙板。

现浇清水混凝土和清水预制挂板是两种不同的成型工艺，但要求两者饰面效果与“色感”基本一致。清水混凝土预制挂板色泽、分缝必须与现浇清水混凝土相匹配，是难度很高的质量目标。

2.5 清水混凝土预制挂板规格多、精度要求高

清水预制挂板在 T2 航站楼的大量使用有规格众多、自重较大、安装精度高，成品储运保护等困难；如何满足挂板设计、给安装、预制以及成品保护等方面提出了新的课题。

3 自密实清水混凝土的创新施工

在虹桥机场 T2 航站楼项目中，由于部分现浇墙板只能在先行施工的梁底楼板开孔浇筑，每次浇筑长度约 30～40m，最长达 50m，振动棒插入距离不够，混凝土的密实性无法满足。为避免出现因无法振捣或振捣不足造成的空洞、蜂窝等质量缺陷，保证和提高施工质量，现浇清水混凝土墙板采用“自密实清水混凝土技术”，其流动性好，具有良好的施工性能和填充性能，而且骨料不离析、不泌水，混凝土硬化后具有良好的力学性能和耐久性。同时，还要确保大面积现浇自密实清水混凝土质量的稳定性，保证现浇、预制两种不同工艺程序的清水混凝土饰面效果基本一致，无色差。

3.1 现浇自密实清水混凝土的施工难点

(1) 工作性要求高

现浇自密实清水混凝土的工作性要求很高。因气候的变化、运输距离、泵送前等待时间等因素影响自密实混凝土的坍落度、扩展度合流动性等都会损失，损失率随着拌合完成后时间增加而进一步扩大。所以在泵送至所浇注的部位后现浇自密实混凝土的工作性能否满足自密实性能是一个关键。

(2) 稳定性

现浇自密实清水混凝土在施工过程中因混凝土浇筑面大，墙板构件多为薄壁结构，因此要求新拌混凝土不仅能靠自重填充密实，而且应具有良好的静态稳定性和动态稳定性，在施工过程中始终保持不离析、不泌水。

(3) 排气性

现浇自密实混凝土在搅拌浇筑过程会带入气体，如存在难以排除的气体，将影响清水混凝土墙板外观效果。配制的自密实混凝土应能自行排除自行身引入的气泡，同时也能自行填充隔板角落空间，避免空洞现象发生。

(4) 对原材料的变化、用水量的变化、拌制时间等因素敏感性高

水泥、粉煤灰、矿粉的种类、用量，砂的细度、石子的大小、形状、颗粒级配，混凝土配合比的砂率、外加剂的减水率、掺量大小以及混凝土搅拌时间、环境温度不同都对现浇自密实清水混凝土的性能有很大的影响。特别是涉及到混凝土的施工性，现浇自密实混凝土的状态对实际混凝土用水量的变化非常敏感，控制要求高、难度大。

(5) 生产与施工组织的配合要求严密

自密实混凝土生产施工组织包括原材料供应的稳定性，原材料质量、砂石含水率的稳定性，拌制时间控制的稳定，混凝土运输车罐内的清洗、行车时间、运输车的转动时间控制，浇灌总时间控制、浇灌间歇时间控制，合理的浇灌温度等，对这些生产与施工环节要求应有比较严密的、稳定的控制。

3.2 现浇自密实清水混凝土的施工技术路线

现浇自密实混凝土要求有足够的流动性、很好的抗离析性和填充性。配制现浇自密实混凝土的主要技术路线有：使用超塑化剂减少水胶比，增加混凝土流动性；掺加粉煤灰、矿渣等超细矿物掺合料以改善混凝土的工作性、降低坍落度损失、提高后期强度和耐久性；限制骨料粒径及选择合理的砂率；选择有效的配合比等。

(1) 使用超塑化剂

掺入高效减水剂等能减少水胶比，聚羧酸类高效减水剂 Eo 链形成侧链梳形聚合物，含有羧基的主链吸附于水泥表面，Eo 链则延伸到溶液中，形成大体积的吸附层，产生较大的空间位阻，由于聚合物的空间位阻从外缘产生作用，所以水化物厚度对它不会产生影响混凝土施工时的坍落度损失，增加混凝土的流动性。

(2) 掺加粉煤灰、矿渣等超细矿物掺合料

粉煤灰、矿渣微粉等矿物掺合料具有“活性效应”、“界面效应”、“微填效应”和“减水效应”等诸多综合效应。微细掺合料不仅可以大幅度降低新拌自密实混凝土的内部屈服剪应力，改善流变性能，降低水化热，降低坍落度损失，还可以改善自密实混凝土结构的孔结构和力学性能，提高后期强度和耐久性。

(3) 限制石子粒径和粒形，选择合理的砂率

卵石与碎石都可以用于配制自密实混凝土，卵石有利于流动性，碎石有利于改善强度。为

了既满足混凝土的流动性，又要具有足够的强度保证，经过整形后的碎石是一种比较理想的选择，但碎石最大粒径一般以5～20mm石子为宜。同时应该尽量减少石子中的针片状石子含量，且控制黏土和石粉等杂质含量。砂应选择含泥量低、形状和级配良好、细度模数在中砂范围内的黄砂。现浇自密实混凝土的砂率应在45%～52%左右，以利于混凝土流动性的增强。

(4) 选择有效的配合比

配制现浇自密实混凝土应首先确定混凝土配制强度、水胶比、用水量、砂率、粉煤灰、膨胀剂等主要参数，再经过混凝土性能试验强度检验，反复调整各原材料参数来确定混凝土配合比的方法。现浇自密实混凝土配合比的突出特点是：高砂率、低水胶比、高矿物掺合料掺量、使用超塑化剂。

(5) 现浇自密实混凝土施工组织的基本思路

针对自密实混凝土的难点和特点，业主、设计、施工管理总承包和工程监理在浦东国际机场T2航站楼清水混凝土工程的成功实践基础上策划了虹桥国际机场T2航站楼的施工组织技术路线。规定现浇自密实混凝土的施工组织要围绕混凝土的性能进行，在生产、运输、浇注过程中，最主要的控制目标在于保证混凝土体积的稳定性，避免离析、分层等质量问题；总原则是原材料质量要稳定；总工序是各工序时间控制要精确，工序过程要流畅。

4 清水混凝土的质量控制及对策

虹桥机场T2航站楼项目对清水混凝土的建筑效果要求较高，包括：混凝土表面必须要平整光滑，色泽均匀；对拉螺栓及施工缝的设置应整齐美观；不允许出现普通混凝土的质量通病，如蜂窝、麻面、漏浆、接缝砂带等；混凝土表面不应受损和污染；混凝土结构必须能衬托出自然天成的设计风格等。由于清水混凝土是一次成型的，因此，对于清水混凝土工程的质量管理，施工管理总承包及工程监理、施工总承包组成的质量管理组合，根据清水混凝土的质量标准，分析可能会产生和存在的质量问题，有针对性的对表面色差、气泡、泌水、拼缝漏浆、出现砂带和黑斑等，并从施工工艺测量控制、模板设计、配合比设计、原材料选用、制备及运输、浇筑及振捣、模板及养护、成品的保护、表面的修补等多方面着手，制定形成有效的质量监控方法和措施。

5 清水混凝土工程质量管理要点

为了避免和减小上述质量问题的产生，质量管理组合还从混凝土的原材料、模板形式、模板安装质量、拼缝和支撑体系、对拉螺栓的设置以及混凝土振捣方法、混凝土的养护和修补工艺等方面采取强有力的质量控制措施，以保证清水混凝土的结构力学特性和装饰效果，完全达到设计文件要求，并做到对整个施工过程每个环节都有跟踪式监控，抓好施工全过程各个工序的预控。其具体质量控制要点有：

5.1 制定验收标准

由工程监理牵头组织施工管理总承包、施工总承包等单位在浦东国际机场成功使用清水混凝土的工程实践基础上，编制了"虹桥国际机场T2航站楼暨虹桥综合交通枢纽"《清水混凝土结构工程质量验收标准》，请设计单位校审后经业主审批执行，使清水混凝土工程的质量管理工作有章可循。

5.2 混凝土原材料控制

原材料选用是保证清水混凝土质量的关键因素，除满足GB 50204—2002标准要求之外，清水混凝土的原材料须同产地、同品种、同厂商、同规格、同颜色。以保证清水混凝土表面色差均匀。对清水混凝土所用的原材料经指挥部、监理、设计等各方确认，并检验合格后方可使用。在清水混凝土的生产过程中，一定要严格按试验确定的配合比投料，不得带有任何一点随意性。要严格控制水灰比，随气候变化随时抽验砂、碎石的含水率，及时调整用水量，严格控制搅拌时间，并按规定留置试块。对于各种原材料的质量控制要点有：

(1) 水泥应采用同一生产厂家生产的，并用同一生产工艺、同一主要原材料和辅料、同一型号的硅酸盐水泥。

(2) 粗骨料应采用同一石场生产的，5～25 粒径、连续级配好、无色差、含泥量≤0.8%且不带杂物的碎石。

(3) 细骨料应采用同一产地生产的，细度模数 2.3 以上，含泥量≤2%，不带杂物的中粗砂。

(4) 粉煤灰应采用同一生产厂家生产的，细度按 GBJ 146—90 规定二级以上的产品，且不得含有任何杂物。

(5) 外加剂应采用同一生产厂家生产的，性能稳定的减水剂、缓凝剂等。外加剂一经确认，不得随意更换，也不得任意改变掺量。

5.3 模板材料及制作的质量控制要点

(1) 为了保证清水混凝土表面平整、光滑、保证施工质量，模板的材料选用必须确保清水混凝土质量，并经过建设方、设计方和监理方认可。

(2) 模板必须按照建筑师的造型要求设计，并经过设计方认可。

(3) 模板制作要求几何尺寸精确，拼缝严密，材质要求一致。应严格控制模板面板拼缝及模板间接缝高差和宽度。

5.4 模板安装的质量控制要点

(1) 模板接缝处理要严密，模板拼缝内外侧应采用密封材料封闭，以防模板拼缝漏浆。密封材料的选用一经确定，不得随意更换。

(2) 模板使用对拉螺栓的位置必须经设计方认可。

(3) 模板脱模剂的选用，不得影响混凝土表面清洁度，在涂刷脱模剂时，不得沾污钢筋和混凝土接槎处。脱模剂的选用一经确定，不得随意更换。

(4) 现浇钢筋混凝土梁、板跨度等于或大于 4m 时，模板应起拱，起拱高度在模板设计时应作明确规定。

(5) 当层高大于 5m 时，宜选用多层支架支模。采用多层支架支模时，支架的横垫板应平整，支柱应垂直，上下层支柱应在同一竖向中心线上。

(6) 固定在模板上的预埋件、预留孔和预留洞均不得遗漏，且安装牢固，其允许偏差应符合虹桥机场扩建工程《清水混凝土结构工程质量验收标准》的相关规定。

(7) 现浇结构模板安装的允许偏差应符合虹桥机场扩建工程《清水混凝土结构工程质量验收标准》的相关规定。

(8) 模板的重复使用必须满足设计方对清水混凝土构件的外观质量要求。

5.5 模板拆除的质量控制要点

(1) 底模及其支架拆除时，混凝土的实体强度应符合《混凝土结构工程施工质量验收规范》GB 50204—2002 中的有关规定。

(2) 混凝土实体强度应以现场留置同条件试块的强度报告为判定依据，同条件试块强度应经监理方确认后，方可拆除底模及其支架。

(3) 侧模拆除时的混凝土强度应能保证其表面及棱角不受损伤，且混凝土龄期不宜小于48h。

(4) 同一立面要求同时拆模，否则影响色泽。拆卸应严格按安装顺序的反流程进行。即后装先拆以使模板少受损坏。

(5) 拆模过程中不可使用撬棒，防止损坏清水混凝土表面及模板板面。

5.6 钢筋工程的质量控制要点

(1) 钢筋应清除表面锈斑。

(2) 钢筋绑扎宜采用镀锌铁丝，封模前，必须进行扎铁丝的清理工作，铁丝头必须全部向内折，并要求边绑扎，边清理。

(3) 受力钢筋的混凝土保护层垫块宜采用塑料制品，或采用确保受力钢筋保护层满足设计要求的其他措施。

5.7 混凝土浇筑及养护的质量控制要点

(1) 清水混凝土要严格抽检坍落度，若用商品混凝土则要求每车均需测定坍落度，合理调度搅拌输送车送料时间。

(2) 混凝土浇筑中首先要施工技术保证措施落实，现场组织措施落实，操作严格执行有关规定，控制好每次下料的高度和厚度(分层厚度30cm)，振捣方法要求正确，不得漏振和过振，严格掌握振捣时间和振捣棒插入混凝土操作面的深度。

(3) 混凝土浇筑完毕后的12h内应加以覆盖和浇水养护，也可采用在混凝土面上涂刷养护剂。混凝土养护用的覆盖物，不得采用可能影响清水混凝土表面色泽的材料。混凝土强度尚未达到2.0N/mm^2 前，不得在其上进行负重施工作业。

(4) 混凝土在浇制过程中或浇制后，直至拆模后，由于混凝土的泌水性和模板的漏浆、混凝土本身的含气量较大，在混凝土表面可能会产生一些气泡孔眼和局部砂带，拆模中损坏的混凝土表面或模板的粘皮产生表面麻面等，应采用相同品种、相同强度等级的水泥，拌制成水泥浆体，细心地修复每一缺损部位，待水泥浆体硬化后，采用细砂纸将整个构件表面均匀地打磨光洁，并用水冲洗洁净。

(5) 施工过程中对外露部位的钢筋、预埋件等应进行防锈处理，清水混凝土构件的棱角、边缘和表面易损坏部位，应采取合适的保护措施。

(6) 现浇混凝土表面未经处理直接暴露在大气中，随着时间的推移，会加速混凝土表面的碳化深度，影响结构安全和耐久性。为此必须采取混凝土保护措施，清水混凝土结构表面应喷涂永久性的保护液。

5.8 清水混凝土预制构件吊装的质量控制要点

(1) 进入现场的预制清水混凝土构件，外观质量及构件强度应符合设计要求。

(2) 预制清水混凝土构件进场后要做好堆放和构件保护工作。

(3) 吊装时构件强度应符合设计要求及施工规范的规定。

(4) 构件安装就位后，应采取保证构件稳定的临时固定措施，并根据设计要求校正位置，安装的允许偏差应符合虹桥机场扩建工程《清水混凝土结构工程质量验收标准》的相关规定。

(5) 预制构件和结构之间的连接应符合设计要求，连接处的钢筋或埋件焊接应符合相应的规范要求。

(6) 安装清水混凝土预制板时应做好相邻板块的保护工作，不得碰撞已经安装好的墙板。

5.9 现浇清水混凝土结构的质量控制要点

5.9.1 现浇清水混凝土结构构件允许偏差

(1) 结构外观质量不得有严重缺陷及不可修复并导致观感质量低下的一般缺陷。

(2) 清水混凝土结构尺寸允许偏差应符合虹桥机场扩建工程《清水混凝土结构工程质量验收标准》的相关规定。

5.9.2 现浇清水混凝土结构的观感质量

(1) 符合普通混凝土应达到的质量标准，包括：轴线通直、尺寸准确、棱角方正、线条顺直，表面平整、洁净、颜色均匀一致；表面不得有蜂窝、麻面、漏(隐)筋、夹渣、粉化，表面不得有凹凸不平、缺棱掉角；

(2) 表面无明显气泡(直径＜2mm，每 $1m^2$＜20 处)，无砂带和黑斑，无需饰面粉刷即可达到相当于高级抹灰的质量标准；

(3) 施工缝、模板拼缝、凹槽和对拉螺栓的设置应美观，并有一定的规律性；

(4) 上下楼层的连接面搭接平整，模板接缝和施工缝处无挂浆、漏浆。

6 清水混凝土工程质量管理方法

清水混凝土质量管理是指质量管理组合组织协调参加施工的各层次施工单位和预制件外包生产商都按设计要求质量控制标准进行施工，并对形成质量的诸因素进行检测、核验，对差异及时提出调整，纠正措施到位的监督管理过程。根据清水混凝土实体质量形成过程的质量管理时段划分，可分为制定质量控制标准、事前控制、事中控制、事后控制等阶段。下面简述事前控制及事中控制的内容。

6.1 事前控制：施工资质、方案、材料和准备工作等审查

(1) 审查施工单位资质及施工人员素质

审查承担清水混凝土结构的施工单位及人员资质与条件是否符合要求，并要求施工单位组织相对固定的混凝土施工班组，经审查认可后才能进场施工。

(2) 审查施工组织设计或施工方案

要求施工单位在清水混凝土结构施工项目开工前，报送清水混凝土专项施工方案。质量管理组合暨工程监理对该专项施工方案着重审查：主要技术组织措施是否具有针对性，施工工艺、施工程序是否合理，清水混凝土施工缝设置部位及要求是否明确，模板及其支架是否根据清水混凝土的要求进行设计、是否具有足够的承载能力、刚度和稳定性，施工方案是否能满足清水混凝土的质量要求。施工组织设计及施工技术方案经监理审查批准后，应严格执行。

(3) 对工程所需原材料、半成品、构配件的质量控制

需要对施工单位采购的模板、混凝土等主要施工材料、构件和有关订货厂家等资料进行审核，在确认符合质量控制要求并征得指挥部同意后方可进行采购。材料、构件到货后应及时审核出厂合格证等技术资料，并对材料进行见证取样复试。

(4) 严格审核施工单位的技术准备工作

检查施工单位在清水混凝土施工前的各项技术准备工作。督促、检查施工单位对分包队伍的技术交底，确保分包单位在清水混凝土施工前，掌握清水混凝土施工的工艺流程及技术要领。

6.2 事中控制：施工工艺、质量和验收控制

对施工单位是否严格按照批准的施工组织设计(方案)组织施工进行监控。在施工过程中，当施工单位对已批准的施工组织设计进行调整、补充或变动时，应对补充和调整方案及时进行报审，经质量管理组合审核同意后，再交施工单位执行。

按质量计划目标要求，督促施工单位加强施工工艺管理，认真执行工艺标准和操作规程，以提高项目质量稳定性。特别地，为严格控制清水混凝土的质量，在指挥部的领导下，以工程

监理为主的质量管理组合组织相关参建单位通过专题讨论，创新地编制了科学可行的清水混凝土施工工艺、质量和验收控制表格，在表中规定了28项施工环节、89项控制要求、81项验收标准、28项岗位责任，在质量控制方面创新的对清水混凝土施工工艺进行了细分，通过对每个施工环节的质量控制，明确了岗位职责和验收标准，保证了清水混凝土的制作质量全部符合设计要求。

7 虹桥机场清水混凝土工程创新体验

在清水混凝土工程现场施工质量监管的过程中，工程监理按照住建部及上海市的有关法规的规定，加强施工工序控制，工程监理对影响工程质量的重点部位及关键工序实行旁站监理、中间检查和技术复核，防止质量隐患，发现有不按照规范和设计要求施工而会影响工程质量时，提出口头或书面整改通知，要求施工单位整改，并检查整改结果。为确保T2航站楼清水混凝土工程质量达到预期质量目标，质量管理组合还认真贯彻了业主提出的质量管理新思路，即从人员、材料、机械设备、施工工艺四方面进行了全面质量控制，把经典的(TQC)踏踏实实地推行；把业主要求：监理细则没有编审、不曾交底不能开工，施工组织设计及专项施工方案没有编审和交底不能开工，样板工程未经验收不能大规模开工等“三不准”原则作为管理的标准核心内容贯彻执行；还把“按质计价”、管理合同化、管理手段信息化、现场管理网络化等先进管理方法用在清水混凝土工程管理中，全方位地解决了上海虹桥国际机场T2航站楼工程中大量使用清水混凝土的工程质量、工期保证、造价控制和精品工程等一系列建设难题，使上海世博会的重要对外门户如期投入营运获得各界一致好评。

参考文献

[1] 《清水混凝土应用技术规程》JGJ 169—2009 [S]

[2] 《建设工程监理规范》GB 50319—2000 [S]

[3] 周红波，孙金科. 清水混凝土的质量标准与控制 [J]. 建筑技术. vol. 32，No. 9，pp594-595

[4] 上海机场建设指挥部，上海建科建设监理咨询有限公司，上海建工集团. 清水混凝土结构工程质量验收标准. 2008

浅谈 EPC 总承包模式的监理质量控制方法

朱洁民、张明华、王　颖

（上海建科建设监理咨询有限公司）

摘　要：EPC 总承包模式近年来在我国正逐步进入建筑领域，由于 EPC 模式下项目参建各方角色及任务出现了转变，对各方工作提出了较高的要求，在工程实施过程中对监理的监督管理工作提出了新的挑战。制定出适应该类工程建设的监理质量控制方法，行之有效地控制措施是监理工作的重点、难点。本文以沿浦路跨川杨河桥新建工程为背景，对 EPC 模式下监理的工作思路进行了初步探讨，对质量控制方法、重点进行了阐述。

关键词：EPC 总承包模式，监理，质量控制

前言

承包作为建筑行业一种创新的管理模式，以其突出的优越性，越来越受到国家和行业的重视和肯定。本文以上海市沿浦路跨川杨河桥新建工程为背景，对 EPC 模式下监理的工作思路进行了初步探讨，对质量控制方法、重点进行了阐述。

一、EPC 工程总承包项目管理模式的概念及特点

1　EPC 工程总承包的概念

EPC 是一个起源于美国工程界的固定词语，它是设计(Engineering)、采购(Procurement)以及施工(Construction)三个词的英文缩写。

我国建设部将工程总承包定义为：工程总承包企业受业主委托，按照合同约定对工程项目的勘察、设计、采购、施工、试运行(竣工验收)等实行全过程或若干阶段的承包。该总承包可依法进行分包，其具体方式、工作内容和责任等由工程总承包企业与业主在合同中约定；对工程质量、安全、工期、造价全面负责，最终向业主提交一个满足使用功能、具备使用条件的工程项目。

2　EPC 工程总承包管理的特点

在项目原则确定之后，业主只需选定一家公司负责项目的设计和施工。这种模式在投标和订合同时是以总价合同为基础的，总承包商对整个项目的成本负责。总承包商首先选择一家咨询设计公司进行设计，然后采用竞争性招标方式选择分包商，当然也可以利用本公司的设计和施工力量完成一部分工程。

(1) 业主减少成本、提早运营

近年来这种模式在国外比较流行，主要由于可以对分包采用阶段发包方式，因而项目可以提早投产；同时由于设计与施工可以比较紧密地搭接，业主能从包干报价费用和时间方面的节约以及承包商对整个工程承担责任得到好处。

(2) 业主风险减少

在EPC模式下，业主只要大致说明投资意图和要求，工程要达到的运行标准，其余工作均可由工程总承包单位来完成；工程总承包商承担设计风险、自然力风险、不可预见的风险等大部分风险。EPC模式在一些规模较大、工期较长，且具有相当技术复杂性的工程上广泛应用。

(3) 提高工作效益、降低成本

在EPC模式下，EPC总承包商对工程项目的设计、设备材料采购、施工、运行服务等全面负责。承包商承担了设计、自然力、不可预见等大部分风险，最大限度地降低了业主风险；避免了勘察、设计、采购、施工相互之间脱节所造成的低效率、低效益现象；同时设计和施工深度交叉，减少利息及价格上涨的风险，预先考虑施工因素可减少由于设计错误、疏忽引起的变更，从而降低由设计失误产生的费用增加的风险，降低了工程造价。

(4) 优化组织机构和人力资源配置

EPC模式避免了传统模式下组织机构臃肿，职责繁多的现象，最大限度的优化人力资源配置，减少业主方的管理人员数量。

(5) 有利于提高工程质量

一般来说总承包商具有较强的人才、技术和先进计算机集成项目管理以及现代化的信息技术等优势，有利于保证工程质量。除在设计时能采用最优化的设计方案外，在工程实施过程中，可及时了解设计中存在的问题，不断修改优化设计，始终保证设计最佳化。设计单位进行设备和主要材料采购以及参与设备检验，设计意图得到充分贯彻。设计单位参与施工管理，除承担控制工期外，也承担施工质量监督工作，确保施工质量。所以开展工程总承包，有利于控制和保证工程质量。

(6) 有利于降低管理成本

业主的管理工作量在EPC模式下与传统模式相比明显降低，业主只需经一次招标，与EPC总承包商签订合同，并且仅需管理这一个合同。因此业主招标信息收集、合同谈判、管理协调等方面的工作量大大减少，管理成本显著下降。

(7) 能够充分发挥设计的主导作用

设计对工程的要求，对设备材料规格数量和质量的要求，对施工的要求，以及对试验、考核、验收和运营的要求都比较了解，有利于主导协调业主、设备制造商、施工分包商之间的关系，发挥其主导作用，从而有利于项目建设的优化和顺利进行。设计是影响工程造价的决定因素，设计文件和图纸是采购和施工的依据，设计质量的好坏直接决定着采购和施工的质量。EPC承包商一开始就参与设计，这样就可以把他们在建筑材料、施工方法等方面丰富的知识和经验充分地融于设计中，从而对工程项目的经济性产生积极的影响，更能激发承包商优化设计方案。

(8) 能够缩短建设周期

在EPC模式下，设计、采购、施工周期深度交叉，通过综合进度计划的控制和协调，采购纳入设计程序，关键的或者长周期的设备可以先期采购，对于设计图纸可以先出地下后出地上，急需施工的图纸可以提前交付等措施，突破传统的先设计、后采购、再施工的模式，因此，大大缩短了采购、施工周期，从而缩短了建设工期。

(9) 责任主体明确

传统模式下，由于设计方的设计文件导致的投资增加，往往都是要业主方承担，即业主承担了该部分风险；而工程总承包商承担设计风险、自然力风险、不可预见的风险等大部分风险，具有责任主体明确的优点。

我国正在大力推行资源节约型社会的战略，而在建设工程领域推广工程总承包正是落实创建资源节约型社会发展战略的有效举措。工程总承包能够最大限度地发挥承包商在设计、采购、施工技术和组织方面不断优化的积极性和创造性，避免因设计、施工、供应等不协调造成工期拖延、投资增加、质量事故和合同纠纷等问题，促进新技术、新工艺、新方法的应用，进而促进科技进步，节约资源，更有效地保护环境。同时，工程总承包减少了招投标的次数，有效降低工程交易的社会成本。

可见，与传统模式相比，EPC模式具有明显的优势而逐渐成为业主在建设项目时首选模式。同时，提供EPC服务模式的工程公司也大量出现，尤其是以设计单位主导的EPC工程公司成为我国目前工程建设领域新的生力军。

二、EPC工程总承包项目管理模式的发展状况

1 国际工程总承包项目管理的发展状况

在国际工程承包市场上，EPC模式的出现是由设计与施工一体化的趋势促成的。

从出现工程贸易到19世纪末，项目承包方式都维持着其最原始的形态：由施工方承担所有的设计与施工工作，这是完全适应当时工程结构形式单一、施工技术简单的情况。20世纪，业主对工程的要求逐步多样化，使得设计和施工技术随之复杂化、系统化，进而分裂为两个独立的专业领域，它所反映的通常是“设计—招标—施工”的承包模式。20世纪70年代，为了缓解设计和施工相分离带来的矛盾，出现了施工管理(Construction Management-CM)承包模式。在这种模式中，业主与CM经理签订合同，由CM经理负责组织和管理工程的规划、设计和施工。在项目的总体规划、布局和设计阶段，考虑到控制项目的总投资，确定总体设计方案；随着设计工作的开展，完成一部分分项工程的设计后，即组织对这一部分分项工程进行招标，发包给一家承包商，由业主直接就每个分项工程与承包商签订承包合同。

20世纪80年代、90年代，迎来了设计和施工一体化的阶段，产生了将设计和施工相结合的单方负责方式(Single Resource Responsibility Systems)，其中包括设计-建造(Design-Build)总承包模式、一揽子(Package Deal)总承包模式和EPC模式等。在一系列的单方负责承包模式中，EPC模式是承包商所承揽的工作内容最广、责任最大的一种。

2 国内工程总承包项目管理的发展状况

随着国际上EPC工程总承包管理模式的形成和发展，20世纪90年代，我国工程建设领域也开始接触工程总承包和项目管理工作，在这二十多年里，住建部(原建设部)、国家计委和财政部等国务院有关部门，先后对勘察设计和施工等单位开展工程总承包工作颁发了一系列的指导文件、规定和办法，大大推动了工程总承包模式在国内的发展。

原建设部在2007年3月重新修订的《工程设计资质标准》中首次设立工程设计综合甲级资质，为推动大型设计企业向工程总承包和工程项目管理方向发展；获得该资质的企业必须满足资历和信誉、技术条件、技术装备及管理水平等方面的要求。具有工程设计综合甲级资质的企业，可从事资质证书许可范围内的相应工程总承包、工程项目管理和相关的技术、咨询与管理服务，承担业务的地区不受限制。

20世纪90年代初，我国化工、石化行业就开始认识到我国建设工程组织实施方式与国际接轨的必要性，大力推行工程总承包，使得许多项目节省了投资，缩短了工期。近几年来，随着我国加入WTO和经济建设的快速发展，工程总承包从化工、石化行业逐步推广到建筑、冶

金、电力等行业。房屋建筑工程项目的工程总承包也在不断增加，取得了明显的进展。

三、EPC工程总承包项目管理模式下的监理质量控制方法

1 沿浦路跨川杨河桥新建工程项目概况

沿浦路跨川杨河桥的建设是为了确保上海世博期间外围交通的顺畅衔接，该工程位于浦明路上，并跨川杨河。大桥总长约360m，设置机动车双向六车道，两侧各设人行道和非机动车道。主桥是一座提篮式钢系杆拱桥，主跨152m，桥面宽度40.5m。主拱肋矢跨比为1/5.5，拱高29m。吊杆间距为6m，全桥吊杆共23对。拱圈采用钢箱结构，拱圈内倾角18°，钢梁由两边箱与中间正交异型板及横梁组成，梁高1.7～2.0m。引桥为连续箱梁结构，北引桥2×30m，南引桥4×30m。

2 监理的控制方法及重点

(1) 严把分包商的选择关

良好的分包商是确保工程质量的前提条件，分包商的选择重点做好以下几方面：合格供方选择、招投标管理、合同签订。

合格供方的评定重点包括：

1）企业概况：包括企业名称、企业性质、注册资金、法人代表、主管单位、法定地址和生产经营。

2）企业规模：包括全员职工人数、各级各类专业技术人员人数、各类技工人数、各类专职人员(如：质检、安监)人数；实际拥有并能进场作业的各种机具、检测设备及仪器；各种安全设施、安全防护用品和质量体系管理能力等。

3）企业资质：包括企业资质等级证书、企业法人营业执照、生产许可证及其他资格证书，该产品的合格证书或上级有关部门的鉴定书，劳动部门核发的安全生产资格证书，特种专业工种上岗证，专业生产(施工)许可证、质量、职业健康安全与环境3个管理体系认证证书等，必要时组织第2方管理体系审核。

4）企业业绩：近年来承担过的主要工程和用户的业绩。包括工程规模、造价、产品质量、职业健康安全与环境管理，在相关行业内取得的成果、信誉和奖惩记录、用户报告等。可以调查供方产品的业绩，特别是同类型机组近期业绩；调查供方产品的用户，听取他们对该产品的评价。

5）企业财务状况：近3年来的财务状况表和各类技术经济指标完成情况、银行资信等级证书。在选择合格供货方时，可以通过书面资料收集，也可以进行现场查看，把通过质量管理体系认证、未发生过质量事故，质量管理水平高的供方名录，作为EPC总承包项目分包商选择的优先对象。在招标投标和合同签订时，就明确分包商的职责，要求分包商保证拥有自有的专业队伍，杜绝分包工程再转包和以包代管现象，并明确质量管理要求、验收要求，确保项目实施过程中有据可依。

(2) 施工管理控制重点

本工程总承包单位在设计方面的技术专业能力较强，经验也比较丰富，是全国市政设计行业名列前茅的，但在施工方面是第一次真正意义上的具体实施现场施工，由于长期从事设计专业，在施工方面的管理及资源配备都不充足，现场施工经验较为缺乏，因此在实际监理工作中，确实遇到了一些困难，如总承包单位现场管理组织能力欠缺、未有效建立项目管理网络、管理人员不到位，所以在质量、进度、安全文明等事宜都不能具体落实，“现场施工质量、安全文明施工工作，只强调监理的监控体系，而忽视自身的自控体系”。因此要求项目总承包方

必须首先建立质量保证体系及监督体系，建立项目质量管理责任制和项目质量计划，同时采取必要的质量控制方法及质量保证措施，确保每个环节每个工作都在可控之中，最终才能保证工程质量。其次针对 EPC 工程项目总承包方在管理体系中所处的位置，在质量控制方面主要从以下几个方面入手：

1）项目质量控制按业主与总承包方质量管理体系的要求进行，应满足合同技术标准和业主的要求。

2）项目质量控制应坚持“质量第一，预防为主”的方针和计划，执行检查、处理 PDCA 循环工作方法，不断改进过程控制。

3）项目质量控制因素应包括项目过程的各要素环节，现场要特别注重利用新的技术、工艺、方法等来抓好对人、材料、机械、方法、环境的管理。

4）项目质量控制过程均应按要求进行自检、互检和交接检，未经检验或已经检验定为不合格的工作严禁下转。

5）项目经理部应建立项目质量责任制和考核评价办法。项目质量控制应建立以项目经理为中心的责任体系，质量控制部门的负责人是项目质量活动的责任者，质量控制工程师是项目质量活动的执行者。过程质量控制可分解给每项工作的责任人负责，质量控制部门对活动结果进行检查和监督。

6）可检测的阶段性工作完成后，在报业主、监理检验和认可前，应根据项目管理实施计划的规定首先做好内部检查。

7）对工程项目分包方应按合同规定进行监督和监控其质量。

8）质量控制应按下列程序实施：确定项目质量目标、编制项目质量计划、实施项目质量计划。

9）项目质量控制重点是抓住关键工序和特殊工序的质量控制。

10）项目质量控制应注重质量的可持续改进和发展，对项目管理中出现的质量问题采取必要的纠正和预防措施，发现问题，解决问题，实现质量可持续发展。

11）项目质量控制还要做好质量的验收工作，在监督分包方做好三级验收工作的同时，把好四级验收关。

(3) 关键工序质量控制

自监理项目部进场以来，本着对工程高度负责的态度，紧紧围绕确定的目标，克服工期紧、工程量大、技术难度高等各种困难，严格执行相关规范，并根据本工程特点、重点进行施工过程中的监理控制。

鉴于本工程为设计施工总承包模式，为避免在施工过程中，施工方随意进行设计变更，监理项目部要求承包方建立设计变更管理程序和规定，严格控制设计变更，对需进行变更的，评价其对质量、安全、进度、费用的影响，在符合变更程序及要求的情况下，才给予签认，严禁因施工质量不符合规范要求而进行的设计变更，从而确保现场施工质量符合要求。

监理项目部对本工程跨径 152m 的钢结构主桥施工质量进行重点控制，在钢结构加工过程中，监理项目部委派具有丰富经验的钢结构专业监理工程师进行驻厂监理。监理在材料管理过程中，严格按照规范规定进行科学管理和监控，材料进场验收时，除了对相关质量证明文件进行验收外，还对材料的标识进行核验，在此基础上还督促施工方对进场材料进行由监理见证取样的复试，复试合格后才允许该批材料用于工程上。同时，监理对进场的材料进行了平行检测，记录的监理材料台账完整、及时、真实。对于钢结构加工制作施工中的关键工序，监理全过程旁站，要求施工方严格按设计要求、施工规范要求及施工方案进行施工，对于施工中不符合要求的，监理立即给予指出，监督其进行整改，直至符合要求，并做好旁站监理记录，确保施工质量符合相关要求。质量验收方面，监理方接到施工方的报验申请后，专业监理工程师对隐蔽部位进行验收，检查该部位的施工质量是否符合设计文件要求和施工规范规定。如果符合设计要求及相关规定，监理将及时同意施工方进入下道工序的施工，反之，监理将会要求施工方进行整改，直至满足目标值。由于主桥是一座提篮式钢系杆拱桥，主拱肋矢跨比 1/5.5，拱高 29m，拱圈采用钢箱结构，拱圈内倾角 18°，因此为满足设计要求，在钢结构制作过程中线型控制尤为重要，监理在施工方制作胎架完成后，对胎架的平面位置、高程进行全面复核，在胎架符合要求后，才允许构件上胎组装制作。对组装制作完成的构件，在下胎前监理还进行独立的三维坐标测量，确保构件的线型符合设计要求。另外，监理项目部在钢结构构件进场验收时，再次检查进场构件的几何尺寸、外观质量、构件的挠曲变形、焊缝外观质量、构件的涂装质量，满足设计及规范要求，才允许进行构件现场安装。对于安装完成的构件，要求施工方进行复核测量，同时监理也进行独立的测量复核，并将数据及时反馈钢结构制作厂，要求在后续构件加工制作中消除现场产生的安装偏差，确保精度。

主桥钢结构端横梁、岸侧桥面箱梁、主拱肋吊装采用少支架法结合水上大型浮吊进行吊装作业，桥面钢结构箱梁河面标准段由运输船运至起吊位置，由卷扬机提升安装梁段。其特点、难点如下：

1）要在通航的川杨河河道上进行大型浮吊水上吊装作业。

2）单个钢结构构件重量大。

3）钢结构线形复杂，吊装就位难度大。

工程吊装作业属大跨度、大体量吊装施工，从方案的专家评审、补充、完善、方案的交底、安全监控措施的具体落实，并进行申报备案，签发吊装令等等，从各环节严格把关，确保拱肋吊装安全顺利完成。针对涉及危险性较大工程施工项较多的状况，督促施工单位详细编制相关专项施工方案，并严格按专家评审意见进行补充和完善，使其更具有针对性和操作性，有效地规范了危险性较大工程的施工行为，确保完成水上大吨位构件吊装的一次成功。

日常监理工作中，监理重点关注关键工序、部位的施工质量及危险性较大分部分项工程施工，执行强制性规范情况和施工单位安保体系运转情况，认真审查和审核施工专项质量、安全方案，及时编制对应的质量、安全监理实施细则，根据专家组评审意见，督促施工方落实对方案的修改和完善，在审核过程中，仔细核对专家组评审意见及相关的规范要求，发现不符合强制性规范要求和不足之处，要求施工方进行修改、补充和完善，实施前，督促其对方案进行交底，使具体作业人员充分了解具体要求，实施中，加强了对关键工序、部位的施工及危险性较大的分部分项工程的巡视检查，并做好相应的旁站、巡视记录，督促施工方必须根据方案进行施工，监督施工单位履行质量、安全生产职责，按规范、方案进行施工作业，发现违章行为或不符合规范及施工方案的情况，通过口头或书面形式，及时提醒和督促施工单位进行整改，并对整改结果进行认真复查，确保违章行为得到有效整改，有效消除或减少现场施工中各类违章违规行为的发生。

四、结束语

综上所述，以上监理控制方法及重点均为工程实践过程中经验总结，随着 EPC 模式在工程建设领域的逐步深入，将得到大量运用于实践，为了能够有效做好 EPC 工程总承包模式下的监理工作，希望能为采用 EPC 工程总承包项目管理的工程监理提供参考借鉴。

浅谈荷兰馆的工程质量控制

刘勤业

（上海宝冶集团有限公司）

摘　要：本文阐述了荷兰馆工程质量控制管理方式，从施工前质量管理目标的设定，施工方案交底、施工过程中质量管理等方面进行了分析论述。

关键词：建筑工程，质量管理目标，施工管理，质量管理

0　工程概况

上海世博会荷兰馆国家自建馆工程是一个结构新颖，造型复杂的展览用途建筑，位于上海世博会C片区C06地块，总建筑面积3194m^2，其中建筑面积1306m^2，构筑物面积1888m^2。参展馆由一个螺旋上升的步行道(以下简称主桥)、27个独立的建筑物及一个构筑物Z楼(饮水站)组成。其结构形式为钢结构，主要由两部分组成，分别为主桥与展示用房。其中主桥行桥长度约为372m，宽为5m，从地面螺旋上升至最高处，主桥主要构件为箱形梁与圆管柱。单体建筑U分为上部餐厅与下部支座两部分，支座为框架结构，上部餐厅采用环形辐射结构；其余29个展示用房(展示平台)主要为钢框架结构，大部分放置于主桥的悬挑梁上(图1)。

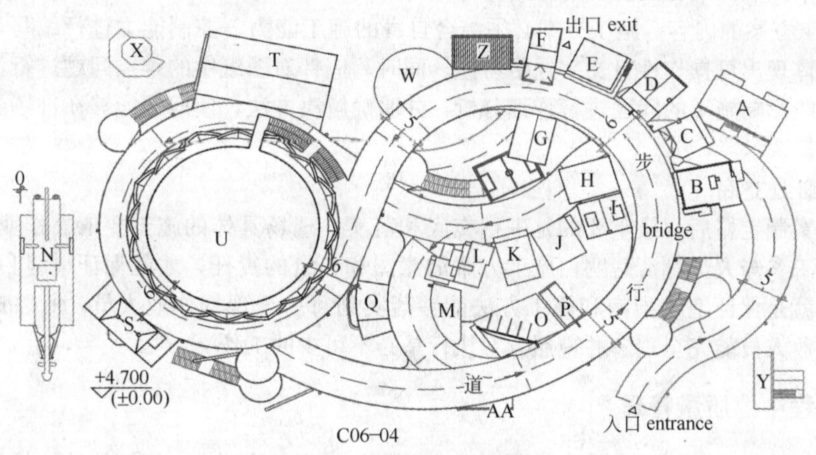

图1　荷兰馆平面图

1　工程特点

荷兰馆建筑工程由多种专业多种工序组成，工期短、工作作业面小、交叉作业多，对已施工完成的成品保护要求高。同时，本工程单体建筑外墙采用聚脲喷涂这一新施工技术，对施工过程协调和流程技术管理等提出较高的要求。

2 施工前设立并明确质量管理目标

荷兰馆工程是一个具有特殊意义的工程，在施工过程中，业主直接参与工程各方面的管理。作为一个公开展示的展馆，质量管理水平的优劣对工程的成功与否起着举足轻重的作用。本项目施工涉及面广，是一个极其复杂的工程，影响质量的因素很多，如设计、材料、机械、技术措施、管理制度等，均直接影响着工程项目的施工质量。使用材料的微小差异、操作的微小变化、环境的微小波动，机械设备的正常磨损，都会产生质量变异，造成质量事故。本工程质量管理目标一要满足合同要求，二要满足公司质量计划的要求，三要满足国家现行的规范。按照“分项、分部、单位工程逐一细化”原则，把质量总目标进行层层分解，定出每一个分项、分部工程的质量管理目标。然后针对每个分项工程的技术要求和现场施工难易程度，结合施工人员的技术水平和施工经验，确定质量管理和监控重点。

3 编写符合实际的施工方案并进行细致的交底

3.1 编写符合实际的施工方案

施工方案是整个工程的施工指南，是各专业各工序开展施工的依据，同时也起到协调施工的作用。所以施工方案的编写一是要充分考虑现场施工的实际情况；二是必须要符合工程作业人员的实际施工能力。

(1) 项目管理人员的配置。在编写施工方案时，根据施工的规模和难易程度配备合理的各岗位管理人员。在机构和人员确定后，进行职能分配，并组织管理层人员在各职能岗位上研究图纸、熟悉施工方案，了解各自的工作内容。

(2) 作业人员的配置。在施工方案中明确各工序需要的作业班组配置及作业人员的劳动力需求，特别是特殊工种的作业人员。对各分包方的作业人员要有详细的了解，以便在工程的施工中，对现场质量起到完全监控的作用。

(3) 施工方案的内容。施工方案必须结合自身的施工能力、控制能力进行编写，在编写过程中要充分体现出可操作性且文字通俗易懂。同时，应针对图纸中的难点问题进行汇总，深入浅出，把可能影响施工的问题进行详细分析，并明确解决方法，使问题能够在进场施工前得到最大限度的解决。

3.2 进行细致交底

施工方案制定好后，最重要的是进行交底和落实。现场具体的施工要依靠作业人员执行，只有所有施工参与人员都清楚明白施工方案的意图和各自的责任，才能保证最终目标的实现。细致的交底就是保证施工指南和施工方法能够落实到每一个现场作业人员，所以进行细致交底，保证作业人员能完全理解并遵照方案执行是必不可少的工作。

4 施工过程中的质量管理

工程项目建成后，如发现质量问题，无法做到象工业产品那样拆卸解体或更换配件，更不能实行包换或重建，因此工程项目实施过程中的质量控制就显得极其重要。

4.1 明确质量控制的重点

荷兰馆工程施工过程复杂、使用材料繁多、交叉施工普遍。各方面因素均会对施工质量造成影响。因此，在做前期准备时，就应具有前瞻性，明确质量控制的重点，使现场施工管理人员及操作人员提前做好技术准备，在实际操作时有的放矢，确保工程质量在受控范围内。本工程以钢结构为主，同时又是一个展示用途建筑，质量控制重点以钢结构工程和装饰工程为主。

在钢结构施工中，主要以焊接为主，大型构件和承重受力构件均为一级焊缝，为确保焊缝质量，每条一级焊缝都进行严格控制，焊接完成后进行两次检验，然后进行探伤检测，合格报告出具后必须再检查一次，确保无误才进行隐蔽工程。

4.2 质量控制要具有针对性

（1）作为工程管理人员，首先要懂施工规范，了解具体的施工工艺，才能针对现场实际操作进行管理，确保施工过程中质量全程处于受控状态，使每一道工序步骤尽在掌握之中。

（2）每道工序的质量控制重点不同。如混凝土的质量重点在于振捣和养护；钢结构的质量重点在于焊接。对于不同的工序，要明确主控项目和一般项目的区别，保证施工过程中主控项目能完全符合设计及规范要求，使结构安全稳定，施工质量偏差在受控范围内，以保障成品质量能顺利交接给下道工序施工。荷兰馆工程中主桥为弧形分段焊缝拼接，两段箱梁接口位置的对接准确与否，完全取决于基础承台预埋螺栓的精准度。这就意味着基础施工时对螺栓的安装精度必须有一个完善的控制体系，在实际施工时，坚持在浇筑混凝土前后都对预埋螺栓进行一次测量，同时用九夹板对螺栓进行固定，保证其在浇筑振捣过程中不会因受到外力影响而偏移，所有柱头均一次吊装完成。

图2 主体钢结构在吊装过程中，由于螺栓精度准确，柱子均为一次安装完成

4.3 成品保护

荷兰馆工程为异型钢结构工程，空间交错感强烈。施工过程中，不可避免有交叉施工现象，对已经施工完的上一道工序的成品，容易造成碰撞和损坏，所以，在荷兰馆工程质量管理中，成品保护是个相当重要的措施。实际施工时，在现场使用了大量的彩条布、九夹板来对成品进行防水、防碰擦保护，并悬挂警示牌对各专业的施工队伍进行提醒，同时，以书面通知的形式对各分包公司进行告示，尽量将成品损坏降低到最少。

4.4 施工材料的控制

建筑材料包括原材料、成品、半成品、构配件，是工程施工的物质条件，材料质量是工程质量的基础，材料质量不符合要求，工程质量绝不可能符合标准。所以加强材料的质量控制，是提高工程质量的重要保证。

5 工程质量资料的管理

工程软件资料是反应工程施工过程中各控制项目实施情况的真实记录，同时也是对工程质量的汇总和证明文件。在整个项目的运转中，起至关重要的作用。

荷兰馆工程中，一个单位工程内包含多个分部工程，其中以钢结构和土建居多。在资料的收集、制作、汇总过程中，应确保质量资料的数据与现场实际一致，以反映最真实的现场情况，同时，资料收集的进度应与现场保持一致，做到现场任何实体都能在资料中有据可查。

6 工程质量与经济效益的关系

工程质量与经济效益，表面看是对立的，其实，质量与效益并不矛盾。对于施工企业来说，要实现良好的经济效益，首先必须保证工程质量不出问题。工程一旦发生质量问题返工，施工企业必将付出双倍甚至更高的成本来补救。没有质量作保证的效益最终都是虚拟的效益，项目返工的损失其实是施工企业的纯利润。所以，施工企业应大力追求工程质量一次性合格，做到了这一点，企业经济效益必有大幅提高。其次是要树立最佳工程质量成本观念。在项目工程施工中，只要认真坚持按技术标准、施工规范、质量要求、操作规程去施工，就能达到质量最佳、成本最低。对每项工程，都应做到既确保工程质量达到标准要求，又要力求以最少的投入取得最大的经济效益，这才是施工企业应有的正确做法。

7 工程中应注意的几点问题

(1) 监理方在一般情况下无法做到施工的全程旁站监督或工序质量检查。在诸如各单体轻钢龙骨的隐蔽项目施工时，监理极难做到全数检查。

(2) 工程过程中，各专业交叉施工现象普遍，对已施工完成的部分应及时做好成品保护工作。

1) 单体小房外墙聚脲施工完成后安装钢门窗，此时，对先行完成的外墙表面就应做好保护措施。

2) 作为后道工序的主桥地面的自流平施工，极易对单体小房外墙墙根和主桥栏杆踢脚板造成污染，对此，应使用美纹纸或胶带，对已施工完的部位进行保护。

(3) 施工分包单位在整个工程的施工过程中，由于施工设备、施工人员准备不充分或作业人员水平不够，会导致质量隐患及物资材料的浪费。

(4) 在荷兰馆工程施工过程中，业主委派的现场代表长期驻留在施工现场，对施工过程中的进度、技术、质量都会直接参与管理。

8 结束语

工程的质量管理是一个系统工程，涉及公司管理的各层次和施工现场的每一个操作工人，加上建筑工程从开工到竣工生产周期长、自然环境影响因素多等特点，决定了质量管理的难度大。因此必须运用现代管理的思想和方法，按照国家质量管理标准建立适合本项目的质量管理体系，从宏观、微观、技术、管理、设备、方法、人员、环境等诸多方面对质量进行综合分析，要求全员、全过程、各部门开展质量管理。并保持有效运行，覆盖所有专业项目施工的全过程，才能保证工程质量，以实现整体最优。

参考文献

[1] 黄旭群．建筑工程施工过程中的质量管理．建材与装饰，2000(09)

[2] 魏璟敏、魏璟存．建筑工程施工管理浅析．科技咨询，2009(24)

[3] 黄建伟．浅谈建筑物装修工程的施工与质量管理．科技信息，2009(23)

关于动迁房工程设计标准及施工质量监管工作的几点思考

陆国华、黄海生、丁世才

（上海市闵行区建设工程安全质量监督站）

摘　要：通过对动迁房工程设计标准及施工质量问题的调研，提出动迁房工程监管工作的几点思考和建议。

关键词：动迁房，设计标准，施工质量，监管工作

1　前言

随着上海近几年城市建设的不断发展，特别是世博工程的建设，原有建筑的拆迁，动迁住宅建设量越来越大，为此，围绕着动迁住宅设计标准差异和施工质量的信访问题越来越多，新的社会矛盾也越来越突出，为进一步提高我区动迁住宅的总体质量，规范动迁住宅工程的设计标准，保证房屋的安全和使用功能、构筑全面协调和谐的居住环境，我站于 2006 年至 2009 年先后对本区动迁量较大又比较集中的三个镇的动迁房的设计标准和施工质量进行了调研，并与当地政府对焦点问题、难点问题、矛盾突出问题进行了分析和总结。

2　设计标准问题

2.1　住宅立面问题

2.1.1　门窗用料不统一

1）从各区域各地块来看，有设计为塑钢门窗，有设计为铝合金门窗，且用料规格、型号不一，由于采用中空双层玻璃，部分区域地块阳台门较大，仅为两扇，每扇为一块玻璃，重量重，推拉不灵活，遇大风时门抖动，发出声响，易引起居民投诉。建议采用铝合金窗料。

2）底层入口大门型号、规格、颜色更是多种多样，五花八门。建议统一采用电子门。

2.1.2　外墙面用料设计标准不统一

1）外墙面设计有涂料、有面砖，底层部分用干挂石材；由于外墙节能材料多为 EPS 板，综合多种因素考虑，建议外墙采用涂料；

2）“节能保温”问题：设计类型有外墙外保温，有外墙内保温；采用材料有 EPS 板、XPS 板及其他新型材料等，如“KK 牌黑金刚”等，部分新型节能材料使用后，已产生一定的后遗症；为避免不必要的麻烦，建议统一采用目前大家基本认可的 EPS 板，禁止用所谓的新材料、新品种在动迁房基地上试点；

3）阳台栏杆、楼梯栏杆、残疾人坡道扶手等设计标准不统一，设计用料不统一，型号、规格不一致，有铸铁、热镀钢管、不锈钢管、铝合金等，施工用料壁厚不符合设计要求；已交付地块部分材料生锈严重，引起居民的投诉；建议采用铝合金料。

部分阳台位置上设计安放空调外机，既占阳台空间，又噪声影响；建议：空调板应单设，同一套住宅不应设置上下二层空调板，机座板的设置当与邻套机座板相邻时，应采取安全隔离

措施。

2.2 室内部分

2.2.1 电梯、电梯门套及地坪设计标准不统一

各地块设计不一，有注明用合资名牌电梯、有注明用国产普通电梯，还有未注明的等，差别较大；目前电梯装置应满足无障碍设施要求，有地块设计较详细、明确，个别地块设计较笼统，易给采购方提供漏洞。

公用部位、底层门厅及楼梯间地坪做法不一，有水泥地坪，有防滑地砖等。建议统一铺防滑地砖。

2.2.2 顶、墙面做法

各地块设计或施工不一致，有混合砂浆面、有白色乳胶漆面(除厨房间和卫生间)。

2.2.3 分户门

分户门一般情况下应向内开启，如外开时不应妨碍楼道交通和行人安全。分户门应满足设计(含节能)规范的规定，采用公安、消防部门认定的产品。

2.2.4 厨房、卫生间、给水管

厨房水斗、水龙头和卫生间(不管一卫、二卫)坐便器是否安装不统一；考虑到动迁房的实际情况，建议每户厨房安装水斗和水龙头各一，卫生间(不管一卫、二卫)，只安装坐便器一套。

户内给水管设计用材有用 PPR 管材、有用 PVC 管材，建议设计统一采用 PPR 管材。

卫生间排水横管和存水弯安装高度在满足验收规范的条件下，底部宜高于窗墙洞上口，以利用户吊顶。

2.2.5 晒衣架

各地块不统一，有设计安装的，或不设计、或不安装，建议给每户配置一套阳台升降式不锈钢晒衣架，施工时不安装，动迁户入住时发放，用户自己安装。

2.3 总体配套

总体配套过去往往是参与各方忽视的，重视程度不够，随着居民生活要求的提高和维权意识的增强，总体配套问题也成为投诉内容之一。

信报箱设置不一，个别地块设置不合理，投递人员要进入大厅内投递；一般安装在单元门外，确保不受雨水侵袭。

室外台阶必须设置防滑措施，并且超过三步以上两侧应安装栏杆；栏杆材料统一用不锈钢。

道路、绿化标准相差过大，施工质量不重视，通常也不包括在监理范围内，缺少监管。

2.4 住宅使用功能的若干缺陷

2.4.1 设计原因

1) 室内楼梯顶层平台处水平段栏杆高度仍按梯段扶手高度 0.9m 设置，而达不到规范所要求的不少于 1.05m 的规定。

2) 楼梯平台净宽小于规范所规定的不少于梯级净宽的要求。造成通病的原因是设计图纸时只考虑墙面到楼梯栏杆的水平距离，而未考虑平台处墙面突出物(如柱、消防箱等)所占的位置。

3) 阳台栏杆高度与设计规范不符。

4) 残疾人坡道两侧扶手未设小扶手。坡道侧面凌空时，在扶手栏杆下端未设高不小于 50mm 的坡道安全挡台。

2.4.2 材料原因

残疾人坡道未使用防滑地砖铺设；残疾人坡道两侧扶手用劣质材料。

2.4.3 施工工艺、质量控制原因

1）室外楼梯扶手高度仍按室内楼梯扶手高度设置。造成质量通病的原因：施工人员不分室内外楼梯，将扶手高度全部按室内楼梯扶手高度施工。

2）同一梯段步级不均匀，相邻两级踏步级差超过规范不大于 20mm 的规定。造成上述质量通病的原因有：①结构施工时步级高、宽尺寸偏差较大；②面层装修施工时未认真进行弹线操作，而是随高就低做面层；③弹线时未预先确定上、下平台面层标高而盲目弹线。

3 施工质量情况

施工单位作为建筑工程直接参与者，对建筑工程的质量负有不可推卸的责任。施工单位在工程施工中的问题主要反映在如下方面：

3.1 施工单位施工粗糙且偷工减料，擅自降低使用材料的档次

利用建设、监理单位对材料的产品标准和特性不甚了解的机会，擅自采用国家已经限制使用的材料。在工程施工初期，专业施工单位购买一定数量的正规材料进场，进行报验和抽样检验，少进多报。然后，大量混进国家明文限制使用的劣质材料，逃避监理单位的验审，使用在工程中。在技术资料方面，采取涂改、伪造出厂合格证等方法。部分材料生产厂家，有空白的合格证流出在销售单位。还有在订购商品混凝土时，不根据工程的不同部位和性质提出对混凝土品质的明确要求，而是片面压价和追求低价格、低成本而忽视了混凝土的品质，导致混凝土性能下降和收缩裂缝增多。

现已普遍采用泵送商品混凝土进行浇筑，但受激烈的市场竞争，导致各商品混凝土厂商以采用加大粉煤灰掺量，低价位、低性能的混凝土外掺剂，以及细度模数低、含泥量较高的中细砂作为降低价格和成本的主要竞争手段。

由于市场需求加大，混凝土空心砌块及粉煤灰砌块在出釜未达到龄期，而投入到市场。

钢材涨价幅度大，材料供应商基于经济利益，采取降低材料质量和以次充好。

结构材料方面建议：1)动迁房现浇板设置双层双向钢筋；2)外墙砌体材料尽可能不采用新型材料；3)商品混凝土厂商竞争激烈，目前现场混凝土强度普遍偏低，政府相关部门应重点控制，从源头上把关；并加大现场混凝土实体检测。

3.2 总承包单位对分包工程的管理比较薄弱

部分单位以包代管，单纯追求经济利益，忽视施工过程的管理。常见的情况有：不考察承包队伍的施工资质；不签订施工合同；不编制专项施工方案；没有对所有材料质量进行进场验收把关；不注重构造做法；甚至分项工程及检验批不全，不按规范要求做隐蔽工程验收工作。

4 几点建议

由于各地块开发商、设计单位的不同和造价标准的高低，同时随着国家、地方规范的不断完善和补充，不同的地块其功能性标准很难做到统一，要做到同一区域内设计标准基本统一，避免当地居民不必要的信访矛盾，只有当地政府部门根据具体情况协调开发商进行设计标准和功能性、感官物料等方面一定的统一。

4.1 设计标准

设计标准的差别过大是引起动迁户不满，影响社会不稳定的主要因素，建议在满足现行上海市《住宅设计标准》的原则上，镇域内先期制订动迁房项目《设计任务书》，基本统一设计

标准。

1）在住宅总体设计中道路、绿化、无障设施、机动车(含非机动车)停车泊位、及公共服务设施等标准原则上宜基本统一；

2）套型设计中的室内净高、阳台栏杆(或栏板)及卧、起居室、厨房、卫生间、储藏室等满足安全及使用功能的要求宜基本统一；

3）公共部位中的电梯数量，楼梯间开间尺寸、住宅出入口轮椅坡道数量、装饰标准宜原则统一；

4）结构设计中的墙身及楼、地面开裂措施(如：墙身拉结筋、板面抗裂构造配筋等)宜基本统一；

5）给排水、燃气及电器等设备安装设计的标准宜原则统一；

6）住宅工程室内、外装饰标准宜基本统一；

7）小区内和住户内的智能设计在满足安全防范、信息服务、物业管理等功能的同时，其设计标准宜基本统一；

8）构配件设计中的信报箱、空调机室外基座板应合理设置，满足使用功能。

4.2 材料方面

材料使用的差别过大是关系到动迁户切身利益的重要因素，建议在满足《上海市建设工程材料管理条例》的原则上，在镇域内建立建材使用目录，基本统一材料使用标准。

1）住宅的墙体、外窗、分户门等材料应基本统一；

2）住宅外墙保温系统的材料应基本统一；

3）阳台栏杆(或栏板)的材料应基本统一；

4）同一小区阳台封闭按沪建交联(2010)569号要求统一实施。

4.3 规范参与各方行为

建设单位在进行工程项目施工和监理招标时，应将具有动迁房施工经验及良好诚信记录的施工单位、监理单位纳入项目招标范围。

建设单位、施工、监理、应严格执行有关法律法规、标准规范，按经审图通过的施工图设计文件施工，任何单位和个人不得擅自修改、变更。确需对原设计文件进行修改和变更的，应当经过原设计单位确认(对有原则性修改的应经原审图单位重新审图)，并经施工单位项目经理负责人、项目总监理工程师或建设单位项目负责人签字认可后实施。

1）施工单位对住宅工程施工安全和质量负责，对动迁住宅工程的质量通病及投诉热点、难点问题制订相应的专项施工方案，进行施工技术交底等施工管理措施。

2）监理单位应当加强对动迁住宅工程施工过程的监理并承担相应责任。接受监理委托后，监理单位应针对住宅工程特点，制订监理细则，实施旁站监理；要严格按相关规定把好参建各方的主体资格关、方案审核关，严格按经审查确认的施工方案监督施工；督促施工单位质量安全保证体系及各项措施落实到位。

4.4 政府监督职能部门的职责

严格按照《上海市住宅工程质量分户验收实施细则(试行)》执行，对住宅工程质量分户验收过程中弄虚作假、降低标准或将不合格工程按合格工程验收的，一经查实，一律不予备案。保证房屋的安全和使用功能、构筑全面协调和谐的居住环境。

4.4.1 强化住宅工程设计质量监管

针对本区域内近年来住宅质量通病及设计不足等问题，为提高住宅工程质量和居住环境的舒适度，规范住宅工程设计，冀以消除使用安全隐患、保证房屋的使用功能、构筑和谐的居住环境，我们站出台了《关于对住宅质量通病及设计不足等问题的指导意见》，以强化住宅工程设计质量监管；从实施效果来看，取得一定的成效，提高了工程质量。

4.4.2 提高监管部门和监管队伍的自身素质

目前质量监督机构的人才结构，虽然有不少具有监督实践经验、熟悉一定技术标准、规范的专业人员，但真正懂得工程勘察设计专业的人才不多，因此检查时也仅局限于工程建筑和结构，对水电、设备安装和勘察等专业没有涉及；虽然近几年很多站通过加强教育培训、人才引进等多种形式，使这一现象得到一定缓解，目前工程质监费取消，受事业编制和经费的影响，整个质监站的专业技术素质难以得到大幅度的提高，只有挖掘内部力量，加强工程勘察设计专业知识的学习和培训，不断提高监管队伍自身素质，才能适应新形势下建设工程监管工作的需要，以提升工程监督管理水平及监督系统的整体地位和形象。

上海世博(C片区)非电空调系统工程的监理工作

陆　军、黄昭礼、刘圣甫
(上海市建设工程监理有限公司)

摘　要：本文主要介绍了2010年上海世博(C片区)工程建设项目：24个外国自建馆(其中英国馆为本公司监理，其他馆为配合施工)，28个租赁馆，5个联合馆及各类餐饮、购物、援助市政配套用房等临时建筑群非电空调系统等建筑设备关键环节监理过程中运用工程设备监理手段的工作体会。

关键词：空调，关键环节，节能降耗，施工监理

一、工程概况

世博园区共设11个空调能源中心，世博C片区按地块(C04-C10)共占有6个，同时在非洲联合馆、中南美洲联合馆两个大馆中，单独设置二个空调系统(由长沙远大空调提供)。世博C区共计使用一体化直燃机空调为21台，总制冷量为5650万大卡/时、室外管道总长为12124米。各地块能源中心具体分配如下：

C04地块有非洲联合馆及餐厅、购物等4个配套设施，配置在非洲联合馆内共有一体化直燃机组BZY-150 3台，每台制冷量1745kW(150万大卡/时)，配SC-700L冷却塔3台，室外的供回水管道共计1598m。

C05地块包括美国、巴西、南非3个自建馆；埃及、利比亚、摩洛哥、突尼斯、秘鲁、哥伦比亚等11个租赁馆及餐厅、购物等11个配套，在地块内建造独立的能源中心，配置2台BZY-400一体化直燃机，每台制冷量4652kW(400万大卡/时)，配SC-700L冷却塔4台，室外管道1720m。

C06地块有英国、意大利、荷兰、卢森堡4个自建馆及餐厅、援安等5个配套设施。该地块建造的能源中心内配备2台BZY-150一体化直燃机组，SC-400L冷却塔4台室外管道336m。

C07地块有俄罗斯、奥地利2个自建馆，1个加勒比共同体联合馆和罗马尼亚、立陶宛2个租赁馆及5个配套设施。在C07能源中心共设置2台BZY-400直燃机，1台BZY-200直燃机，制冷量为2326kW(200万大卡/h)，与之配套的SC-700L冷却塔6台，室外管道2367m。

C08地块有墨西哥、阿根廷、委内瑞拉3个自建馆，1个中南美洲联合馆，1个古巴租赁馆及4个配套设施，在C08地块能源中心内设置BZY-200直燃机2台，SC-400L冷却塔4台，室外管道573m。另外在中南美洲联合馆内独立设置了BZY-150直燃机3台，SC-400L冷却塔3台，室外管道共计677m。

C09地块有法国、瑞士、德国、比利时、西班牙5个自建馆，有塞尔维亚、摩纳哥2个租赁馆及6个配套设置。在C09能源中心内配置了BZY-400 2台，BZY-250 1台，250制冷量为2908kW(250万大卡/时)，与之配套的SC-400L冷却塔4台，SC-400L冷却塔2台，室外管道总长为1331m。

C10 地块有挪威、瑞典、丹麦、芬兰、希腊、爱尔兰、土耳其 7 个自建馆，有乌克兰、冰岛、捷克、斯洛伐克、葡萄牙等 10 个租赁馆，还有 3 个联合馆：欧洲联合馆(一)(二)及餐厅灯 12 个配套设施，是 C 片区内最大的一个地块，在 C10 能源中心内配置了 BZY-400 一体化直燃机 3 台，总的制冷量达 1200 万大卡/时，与之配套冷却塔 SC-700L 冷却塔 6 台，室外管道长度达到 4095m，是世博园区最长的管道。C 片区非电空调系统设备的供货商及安装单位为远大空调有限公司，本公司承担施工监理。

二、工程关键环节的监理工作

世博会空调系统工程是艰巨的，其特点是工程量大、涉及面广、施工周期短、技术要求高，为此监理项目部统一认识：在空调及配套设施的监理工作中，紧紧围绕“节能减排、降耗”这一主题，坚持全过程、全方位的质量控制理念，对于本工程的若干关键环节，运用有针对性的管理措施，实施了具有一定深度，局部应用工程设备监理方法手段，在空调系统工程关键环节的监理过程中，在建筑设备和工程设备监理相互渗透、融合等方面做了初步工作。

1. 从强化施工深化设计图审查着手，主动协调解决深化设计问题。

监理项目部在审阅能源中心溴化锂机房施工图纸时发现，原设计单位对远大中央空调机组冷冻水、冷却水系统、自动加药系统、稳压补水系统的设计深度远没有达到施工要求，这不仅影响空调系统配套设施的材料设备采购，还将导致交叉专业施工计划的失调及总工期的延误。监理项目部意识到问题的严重性，及时组织有关建设方，主持召开能源中心溴化锂机房管道系统及配套设施深化设计会议。以远大空调设计人员为中心，对管路系统进行深化；以远大中央空调对机房的总体要求，按照世博会临时构筑物设计要求，在项目管理部的支持下，协调总包单位、煤气公司、消防施工专业单位对机房进行全面的二次深化设计，满足实际施工需要。在实践中，借鉴了工程设备的监理手段，在以下几个方面工程设计及工艺深化的监理工作作了初步探索。

(1) 深化设计图的深度及质量目标：深化设计的图纸应该包括：图纸目录，设备清单，施工设计说明，平面图，系统图，剖面图，节点大样图、设备布置图等。深化图纸的质量应能够达到正确指导施工，图纸上的内容和现场的施工应保持高度一致，并要求把燃气一体化机组与冷却塔设备的主要技术参数、安装要求与安装环境等内容要反映到深化设计中去。不但要满足空调系统设备的安装工艺要求，同时具有良好的施工可操作性。

(2) 机房综合管线集中设计及安装专业深化方向：Ⅰ)管道安装图：远大空调应根据现场条件，结合原设计，在原设计的基础上对能源中心的管道走向布置进行统一安排；Ⅱ)附属仪表安装：一体化机组对温度、压力采样点的布点方向、顺序是否合理，上述信息点测量是否通过传感器在仪表盘上自动显示，在图纸中应加以说明；不能在仪表盘中显示的技术参数需要另加仪表方能读出的，该仪表应在图纸上有明确的安装位置；Ⅲ)附属承压设备安装：一体化机组自带的承压设备应在平面图、系统图上有明确的表示，并与非一体化机组自带的且需要设置的承压设备有明确的区分界限。所有承压设备应在平面图中，剖面图中，系统图中有正确的显示；Ⅳ)支吊架设置：支吊架采用的材料，规格，设置位置，隔振措施均应进行相应深化，尤其在柔性接头、大直径管道位置应进行详细的深化，我们依据以往类似的系统设备安装监理经验，主动参与深化过程，深化设计的最终结果应通过原设计确认。

(3) 附属设施的深化设计方向：Ⅰ)烟囱要进行施工图纸的深化，对烟囱的制作材料，制作方法，安装要求进行明确；Ⅱ)烟囱的保温及烟囱排水阀门的设置等同样要进一步深化施工设计图中；Ⅲ)补水装置的安装位置，补水管道的走向、标高，与总包负责施工的接点如何进行对接等施工安装工艺及施工界面问题要深化到位。

(4) 电气工程的深化要求：Ⅰ)所有设备的防雷接地、等电位联结应在深化图中明确标注；Ⅱ)烟囱、冷却塔防雷接地应结合设备进行详细的深化设计；Ⅲ)对总包负责的进入配电柜的电缆型号应进行复核，确保电缆能够安全的接入。

(5) 能源中心消防设施的深化要求：按照消防设施的深化要求，直燃式溴化锂机组是否一定需要增设消防措施？对于这一问题，监理单位查阅有关设计规范结合世博会的特殊功能要求，监理提出：仅仅设置灭火器作为消防设施是不能满足消防要求的，据理力争，促使设计单位在溴化锂机房增设了自动喷水灭火系统和消火栓系统。

2. 结合运用工程设备监理手段，探索全方位建筑设备监理模式。

远大一体化中央空调是一种大型建筑设备(亦即专用建筑设备)，一旦出现运行问题，将导致整个地块空调失灵，该设备的重要性及可靠性要求不言而喻。我们在远大中央空调设备的监理工作中探索试用下述模式：

(1) 一体机直燃机组分主体和输配系统，实行文件见证点监理。对主机和输配系统内的泵组、阀类、电气之器件要求远大中央空调提供原材料、配套件等质量合格证明文件。对稳压罐、稳压泵、阀门等外购件提供生产许可证及质量证明文件。

(2) 在设备交付现场安装前，会同世博局材料设备处，C片区项目管理公司，总包单位、远大空调进行开箱验货。

(3) 在远大中央空调设备进场之前，监理项目部安装监理工程师、土建监理工程师，总包单位，远大空调公司共同进行了设备基础及安装环境条件验收。其中包括基础轴线、位置、水平度检查验收并形成验收资料和记录。设备基础的位置、几何尺寸和质量要求符合设计，机组安装要求及有关规范的规定。

(4) 远大中央空调机组实行整体安装，对设备基础的水平度，定位精度要求尤其高。设备定位精度直接影响到主机与输配系统接口相对位置误差。远大公司设备定位完毕，安装监理工程师进行复核，直至定位精度符合机组要求。

(5) 管道系统内的阀门一一进行强度试验和严密性试验，试验不合格禁止将阀门安装。

(6) 管道系统必须经强度试验和严密试验，系统才能进入调试阶段。

在设备安装的过程中，监理工程师根据工程需要设置了许多不同类型的见证点实施定点监理(表1)。

远大一体化空调设备安装质量见证点设置表 表1

设备名称	见证项目	见证点		
		R	W	H
中央空调主机	基础水平度，位置	★		★
	设备定位精度	★		★
	主机质量证明文件、生产许可证	★	★	
输配系统	稳压罐质量证明文件、生产许可证	★		
	稳压泵质量证明文件、生产许可证	★		
	阀门类质量证明文件	★		
	管道质量证明文件	★		
	冷却塔质量证明文件	★		
	冷却塔盛水盘盛水试验	★	★	★
	阀门类强度、严密性试验	★	★	★
	管道强度、严密性试验	★	★	★

3. 在管道施工监理中，坚持“节能降耗”，聚集焦点、解决难点

世博会C片区空调室外系统规格从 $DN500$ 到 $DN50$ 规格不等，管线总长超过12124m，均采用预制直埋保温管，其具体结构如下图1所示：

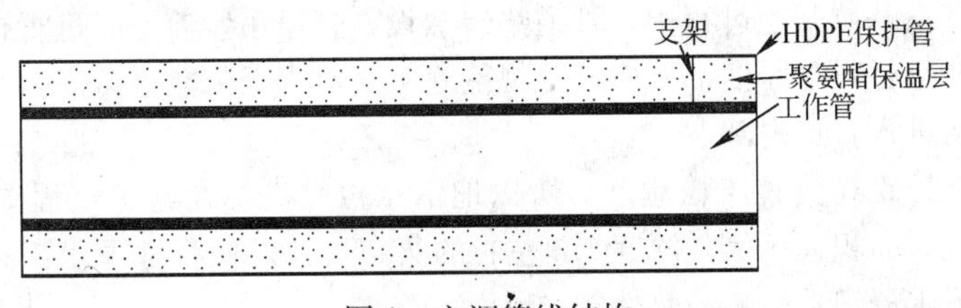

图1　空调管线结构

该类型管道主要特点：相对于钢管作为外保护套管而言用HDPE(高密度聚乙烯)作为保护管具有以下优势：①投资额小；②施工方便，有利于缩短施工周期；③电焊工作量相对减轻；④外护管对接由“电焊”改为“塑料焊”，施工方便，相对施工工艺技术要求较低；⑤HDPE管耐腐蚀，适合相对复杂的世博会会址地质情况。

世博会空调系统是以空气与水作为冷热量载体，水、空气输送过程中能耗包括：通过传热的冷热量损失和输送过程的流动阻力损失输送冷量的水系统或空气的管路系统，克服流动阻力的能量又转变为热量导致冷量损失。世博会如此大规模采用这种类型的管道应用于民用建筑，在华东地区尚属首次。因此，保证直埋保温管保温层的绝热性能，选择合理适用的保温管件在降低能耗，节能方面有着十分重要意义。为保证直埋保温管的加工质量，监理工程师参照工程设备监理的相关要求，在保温管加工的重要节点设置了相应的质量见证点进行监督(表2)。

保温管加工的重要节点设置质量见证点　　表2

名称	见证内容	见证点		
		R	W	H
HDPE保护管	产品质量证明文件	★		
聚氨酯	质量证明文件、检测报告	★		★
钢管	产品质量证明文件	★		
	喷砂除锈	★		★
配件	产品质量证明文件	★		
	弯曲半径	★	★	

我们审查世博会空调管线图纸时，通过实地考察发现了不少问题：管道管线特长，局部区域管线还有待进一步优化；供回水管道为同程设计；施工量大、局部交叉施工，同时地块内场馆多，造成支管多，主管变径多，弯头三通多，在建筑结构变异处等区域施工存在不少无法预见的现场问题；施工现场地下情况复杂，对管道敷设焊接，压力试验冲洗都带相当不利的影响。对此，监理项目部在项目管理公司的支持下，及时协调组织有关施工单位开展了以下工作，基本确保了工程质量满足了指挥部提出的节能环保的施工要求。

1）管道敷设

监理与施工单位一起研究修改图纸中的不合理路由，优化管道敷设方案，尽量以直线或斜线方式布管，尽量减少弯头与绕线走的方式，使管道从能源中心到各个场馆以最短的距离进行敷设，现场出图，及时抢工。同时，根据地下管线和障碍物具体情况，对各个地块分别选择供回水管道同步平行敷设还是以不同路线走向进行敷设。这样不但可以缩短管线长度，减少施工

工作量，节约了大量材料，而且也可以有效较少冷冻水在输送过程中的能量损失，达到节能缩短了工期的目的。

在管道的敷设过程中，监理对基坑的施工质量认真进行管理和控制。基坑的标高、宽度、坡度等指标，在管道基坑开挖过程中，管道垫层敷设，管道吊装前一一进行检查。确保垫层厚度，干燥程度，铺垫材料与厚度都严格按照规范施工。对当天未能进行焊接工作的管口进行封口处理，防止杂物进入管道内部。

由于世博会会址距离黄浦江相对近，所以地下水位较高，在施工过程中，每隔 18m 左右挖出比焊接操作坑，面积大一倍，深度 1m 左右的集水坑，以便将地下水汇集并排出，避免焊缝和保温层被地下水浸泡，影响绝热性能。

2）管道焊接

世博会空调管道采用焊条电弧焊的焊接方法进行组对焊接安装。在实施焊接之间对管道焊接坡口、形式按照《世博会临时建筑质量验收规范》管道焊接坡口形式和尺寸进行检查，尺寸正确方可进行焊接，焊缝外观质量要求不低于《现场设备、工业管道焊接工程施工及验收验收规范》GB 50236 中第 11.3.3 条的Ⅳ级规定，按当日完成焊缝数量的 10%采用尺量、观察检查。由于世博会会址距离黄浦江相对近，所以地下水位较高，在施工过程中，每隔 18m 左右挖出比焊接操作坑，面积大一倍，深度 1m 左右的集水坑，以便将地下水汇集并排出，避免焊缝和保温层被地下水浸泡，影响绝热性能。

3）管道试压与清洗

世博会工程很庞大，施工便道，临时用电电缆，临时用水管道多而杂，空调管线规格多、管线长，横跨整个地块。监理在施工方进行管道施工前，对施工组织设计和施工方案多次进行审核，结合现场实际情况，参与施工人员的技术交底并绘制管道预制加工图纸指导施工单位进行施工。最终，我们确定空调管线采取分段试压、分段回填施工方式进行，在保证焊缝质量同时兼顾施工进度。

空调管道管线长采用敞开冲洗势必造成水资源浪费，经过多次探讨最终决定采用循环冲洗的方式来解决空调管道冲洗问题(图 2)。先冲洗主管道，再冲洗支管。设置水箱，利用市政给水将空调供回水管路充满水和冲洗过程中的补水；利用大功率、高扬程、大流量的水泵来进行水路的循环；利用阻流板来过滤杂物；设置排污阀间隔一段时间将管路中的污水排出，直到水质清澈透明。

图 2 冲洗装置

4）施工重点区域的特别监护

本工程施工作业区的重点与难点是：卢浦大桥西侧近C10地块的空调管线敷设。卢浦大桥西侧是军事光缆、电缆、通信电缆的密集区域，地下管线众多，而且走向不明。业主方、监理方、施工方均明白该区域的重要性及施工难度，为确保施工工期、保证质量、保护现有管线，监理项目部要求施工单位进行人工开挖工程的同时做好周边管线的保护工作。监理、施工方专人旁站监测，监督施工，防止将此处的管线破坏。经过建设各方的共同努力该处管道得以顺利敷设。

5）风机安装过程中的监理工作

根据世博会项目管理部的要求，为满足机电系统节能，降耗的施工要求，在公司总师室的支持下，监理协助施工单位，对风机安装的工艺技术提出了许多有益的建议，其中包括：

（1）进出口管道：合理布局风机进出口管道，进出口管道应有足够长的直管段。风机进口处要求空气流速比较均匀。风机的进口管道应采取等径平直形式或减缩管形式，使气流在进入风机叶轮时保持流畅均匀，减少漩涡，以提高风机效率。如进口前不接管道，则要求空间比较开阔，邻近无障碍物。如有进气管道，则要求风机进口前接一段直管段，其长度大于$2.5D$。

（2）管道系统及管件：根据世博会C区空调系统技术要求，在空调供货商配合下确定管材和管道尺寸。系统中管网应在优化生产工艺的条件下，确定合理配置方案和输送半径。管道系统布置要简单，管线尽量短，管件尽量少。流通截面不宜突变，以减少流动阻力。合理布置管网，支管宜从主管的上面或侧面连接；减少管道弯曲，通过降压分析和系统优化，降低管网阻力。应减少管网中的弯头、阀门、接头、变径等管件，减少管路附件阻力损失。

（3）管道泄漏：在管道系统施工中应减少风管泄漏率，根据上海世博会的实际情况，送、排风系统风管泄漏率应控制在10%以内，在外国场馆的有些特殊场合应符合特殊规定的要求。要考虑管道连接的密封问题，特别要注意阀门处、管道连接处有无泄漏。泄漏不仅浪费能源，还是风机的性能不能满足系统要求。管道、管件、阀门、风机和设备之间一般采用焊接、螺纹连接或法兰连接。连接处主要采用机械密封方式，如使用橡胶垫、密封环等。

6）空调工程系统调试

各个场馆空调末端由各个参展国自行安装，由于C片区施工进度和各参展国施工进度不同步，因此只能在能源中心由远大空调公司对主机、水泵、冷却塔等进行单机试运转。通过监理旁站，符合设备出厂要求。

三、结束语

世博会空调系统工程建设相对庞大，经过施工的不懈努力和通力协作，终于按期圆满完成了建设任务。目前，世博会开幕已经将近三个月，通过这三个月的运行情况稳定，空调水的流量，压力，出水水温均符合设计及场馆的功能需求。

通过本工程的监理实践，使我们进一步认识到从整体到系统工程考虑：在建筑设备工程关键环节的监理工作中，运用工程设备的手段与方法有利于进一步提高我们监理工作的质量。

世博会某展馆展示板块工程质量验收的策划

田小明
（上海宝钢建设监理有限公司）

摘　要： 世博会某展馆展示单位工程，布展施工包含建筑板块工程、展示板块工程、效果板块工程等综合内容。在建筑板块工程质量验收的基础上，展示板块工程质量验收包括展项展品、灯光音响、多媒体、艺术工程等。虽然有展览展示行业的有关技术标准，如展示板块工程材料设备、产品的质量证明中注明采用的标准，专业产品说明、实物样品（或试制）等方式的质量描述等，但没有类似《建筑工程施工质量验收统一标准》的验收体系。为满足展示板块工程质量验收要求，参照建筑工程验收标准、使用各专业验收标准、建立展示板块工程质量的验收方法、程序和质量指标，能够对展示板块工程实行过程管理和控制，从而体现质量控制效果。

关键词： 布展工程，展示板块工程，质量验收

1　前言

世博会某展馆布展工程，具有展示工程量大、项目内容复杂、质量要求精准等特点，是集基础和结构、机电安装、艺术装饰、展项展品、智能系统、多媒体、灯光音响、消防安防等各专业于一体的较复杂的建设工程。该展馆布展施工，有些使用新建展馆、有些使用工业遗产建筑改造的展馆，布展工期特别紧，虽大部分场馆内施工，但场地限制条件苛刻。

展示单位工程是系统工程，按照内容划分为建筑板块工程、展示板块工程和效果板块工程，为促使展示单位工程质量符合组织者预期要求，本文介绍建筑板块和效果板块工程质量验收范围之外、参照《建筑工程施工质量验收统一标准》模式的展示板块工程质量的验收组织、范围和条件、项目划分、验收文件等策划与实践。

1.1　各展馆（单位工程）布展工程规模简介

展馆1：展示建筑面积为17909m²，展厅为一层（局部二层），层高22m。以世界若干个城市的不同家庭素材来源，设计风格具有鲜明的独特性，其展示形态，营造较为安静的展示基调，多角度、多层次地反映城市人们的多样性。该展馆设居住质量、工作方式、学习教育、健康休闲、交往关系等五个独立展区。接待量4万人/天，参观时间40min。

展馆2：展示建筑面积为16434m²，展厅为一层，层高14.8m。以四种交通工具的变迁、五幕影剧、图书馆和天顶为展示素材，揭示了城市生命的演变。展馆的展示设计以生活感、生命感和生机感的三个层面来表现展示主题。该展馆设城市命脉、五流搏动、循环结构、共生灵魂、游戏街亭等五个独立展区，接待量4万人/天，参观时间30min。

展馆3：展示建筑面积为16434m²，展厅为一层，高14.8m。运用多媒体技术，如大型图像投影、灯光的运用、音响技术等，配合文字说明、数据资料、历史图片等传达信息，通过信息的传达人们能够真实的了解到展馆的主题。该展馆设城市故事、资源危机、宇宙俯瞰、维护

对策、和谐共处等五个独立展区。接待量 4 万人/天，参观时间 40min。

展馆 4：展示建筑面积为 12914m^2，展厅为二层，高度 8～24m。游览路线设计成一个旅行，通过互动设施、图书馆、和谐广场等设计帮助人们更好地了解和认识未来城市，探讨诞生自梦想的创新、新科技及对城市发展的推动。该项展馆设演变发展、美好向往、危机现状、梦想愿望、梦可成真等五个独立展区。快线参观时间 25min，慢线参观 45min。

1.2 展示板块与建筑板块工程质量验收的关联

一个展示单位工程(某一个展馆)中，既包括建筑板块，又包含展示板块，也包含效果板块。引用板块一词表达，是借鉴板块构造学说概念。板块构造学说认为，岩石圈并非整体一块，而是分裂成许多块，这些大块岩石称为板块。板块之中还有次一级的小板块。

建筑板块由地基基础、主体结构、装饰装修、建筑电气、通风与空调、给水排水、智能系统、电梯安装等组成，布展施工的建筑板块工程质量验收，按照上海市建设和交通委员会 2007 年 7 月 9 日发布的《世博会临时建筑物、构筑物施工质量验收标准》执行，该验收标准统一了世博会临时建筑物、构筑物施工质量的验收标准，提出世博会临时建筑物、构筑物的安全性要求不降低，使用条件及环境要求不降低，施工及验收要求不降低，无障碍要求不降低，除应执行该标准外，尚应符合国家及上海市相关规范及标准的规定。

展示板块由灯光音响、展品展项、多媒体系统、大型旋转装置、艺术工程等组成，展示板块工程质量验收，尚无相应的统一验收标准。为实现展示板块工程质量验收，由建设单位、工程监理、施工单位共同策划，针对展示板块内容特点，如雕塑、造型、剪影等展品展项，视频、投影、字符屏、影像等多媒体，音响及灯光，影片图文、艺术作品等，主要参照《世博会临时建筑物、构筑物施工质量验收标准》和《建筑工程施工质量验收统一标准》GB 50300—2001 格式，对其安全性、可靠性、合理性等验收，各专业工程施工质量验收规范与本策划配合使用，建立相对统一的展示板块工程质量的验收内容、质量标准、验收记录。

本文重点分析介绍展示板块工程质量验收的策划与实践，同时简要介绍三大板块之间的关联。实践中，我们感受到展示板块依附于建筑板块，展示板块工程质量验收的策划，也许是建筑板块的拓展与延伸。展示单位工程竣工后，建议进行总体质量评价其完整性。

以下是某一个展示单位工程各验收板块的组成框图(图 1)。

2 展示板块工程质量方案的策划

2.1 展示板块工程质量验收目的和依据

策划展示板块工程质量验收，是为了确保展馆展示中所有的建筑结构、设备、电气安装、弱电系统、消防系统、展品展项、多媒体系统等能正常运行，检验展示系统工程质量，从而满足和达到设计效果要求和开馆运营的要求。

依据国家法律、法规、世博规章等有关规定，依据总承包合同、专业分包合同及附件，验证布展施工总体质量达到确认的设计文件所描述的最佳展示水准，达到安全、适用、精彩特性的程度和描述，达到交付使用条件，正式转入运营维护阶段。

2.2 展示板块工程质量验收范围和标准

1. 展示板块工程质量验收范围

展示是指演绎、表达、塑造某展馆展示工程创意设计主题思想或内容的各个展览、陈列单元，单个或两个以上展品、附随相关联设施组成的展览或陈列组合，表现形式如艺术工程、展品展项、灯光音响、多媒体及系统集成等服务于该展示系统的内容组合。

展示板块工程质量验收范围，(注意是建筑板块、效果板块工程质量验收内容之外的)灯

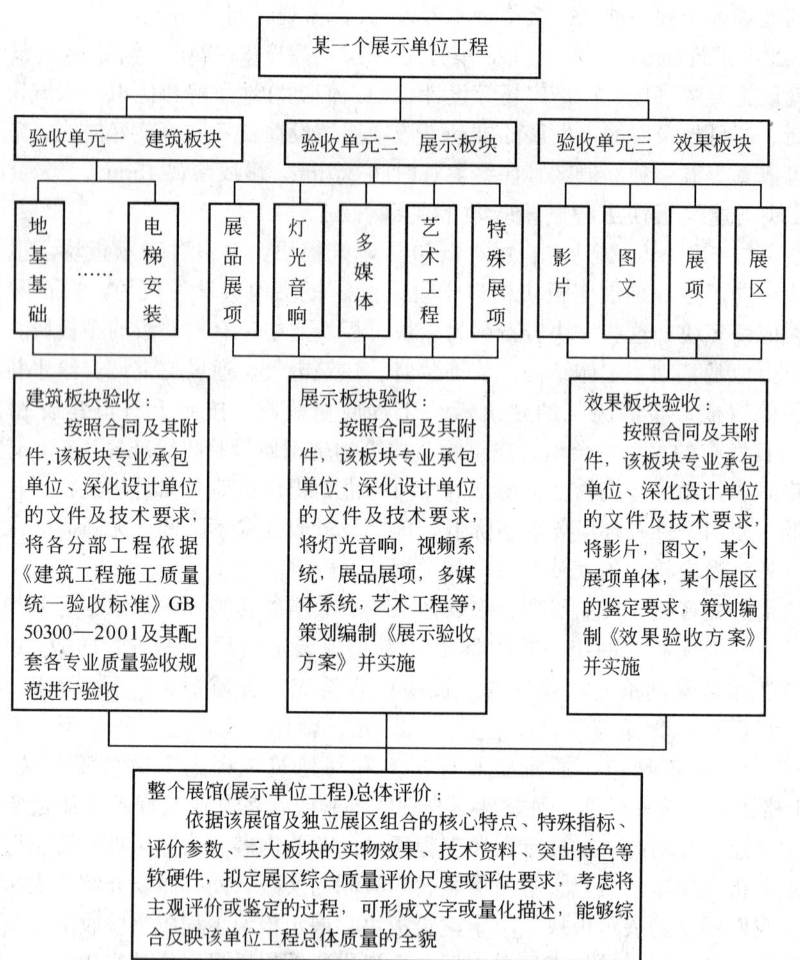

图1　某个展示单位工程各验收板块的组成图

光、音响，展品展项，多媒体系统，艺术工程等布展施工过程质量控制和质量验收，是展示单位工程中，与建筑板块和效果板块并列、不可缺少的组成部分。

2. 展示板块工程质量验收标准

参照或引用国家、世博会相关规章、地方和行业的有关技术标准，工程材料设备、或产品的质量证明中注明采用的标准，产品说明、实物样品(试制)等方式表明的质量描述等。依据展示系统设计文件，创意设计图文与描述、专家评审意见、效果图文、安全性能和要求、消防和安防要求、技术说明、系统集成等要求或描述。

展示板块工程质量验收，按照合同及其附件，该板块专业承包单位、深化设计单位的文件及技术要求，将灯光音响，展品展项，多媒体系统，艺术工程等，参照 GB 50300—2001《建筑工程施工质量验收统一标准》及其配套各专业质量验收规范、批准的《施工组织设计文件》、《展示验收大纲》等组合编制《展示验收方案》。

依据投标文件、创意方案，注明的展示工程材料、构配件、展示设备、展品展项、影片图文等的规格、型号、数量、性能和质量要求，特殊展品展项、雕塑等图文与性能描述。

依据布展过程、展品展项试制和制作工序质量形成过程的相关记录，如用于布展施工的工程材料、构配件、设备，附合格证并经过核查确认，第三方检测报告或专家鉴定证书，展品展项、影片图文、艺术作品相应的检验报告，隐蔽工程质量记录，测试调试、安全和功能考核、分部分项工程质量检验记录等。

2.3 展示板块工程质量基本要求

参加展示板块工程质量验收各方人员，应具备的资格；展示板块工程质量验收应在施工单位检验评定合格的基础上进行；检验批质量应按主控项目和一般项目进行验收；隐蔽工程的验收；涉及展示板块使用安全和防火消防的见证取样检测；涉及防火安全和使用功能的重要分部工程的抽样检验以及承担见证试验单位资质的要求；观感质量的现场检查等。

2.4 展示板块工程质量合格条件

参照《建筑工程施工质量验收统一标准》及《世博会临时建筑物、构筑物施工质量验收标准》，展示板块检验批、分项、分部工程的质量验收合格条件：

1. 检验批质量验收合格条件

主控项目和一般项目的质量经抽样检验合格。具有完整的施工操作依据、质量检查记录。

检验批的合格质量主要取决于对主控项目和一般项目的检验结果。主控项目是对检验批的基本质量起决定性影响的检验项目，因此必须全部符合有关专业工程验收规范的规定。这意味着主控项目不允许有不符合要求的检验结果，即这种项目的检查具有否决权。鉴于主控项目对基本质量的决定性影响，从严要求是必需的。

2. 分项工程质量验收合格条件

分项工程所含的检验批均应符合合格质量的规定。分项工程所含的检验批的质量验收记录应完整。

分项工程的验收在检验批的基础上进行。一般情况下，两者具有相同或相近的性质，只是批量的大小不同而已。因此，将有关的检验批汇集构成分项工程。分项工程合格质量的条件比较简单，只要构成分项工程的各检验批的验收资料文件完整，并且均已验收合格，则分项工程验收合格。

3. 分部(子分部)工程质量验收合格条件

分部(子分部)工程所含分项工程的质量均应验收合格。质量控制资料应完整。展示系统材料防火和设备安装等分部工程有关安全及功能的检验和抽样检测结果应符合有关规定。

分部工程的验收在其所含各分项工程验收的基础上进行。分部工程的各分项工程必须已验收合格且相应的质量控制资料文件必须完整。由于各分项工程的性质不尽相同，因此分部工程增加展示系统材料防火和设备安装安全使用功能检查项目，进行有关见证取样送样试验或抽样检测。

对于分部工程观感质量验收，经研究探讨认为，现场观感检查较难以定量，较难综合给出质量评价，纳入效果板块验收范畴。

4. 展示板块工程质量验收合格条件

展示板块工程质量所含分部(子分部)工程的质量均应验收合格。质量控制资料应完整。各分部工程有关安全和功能的检测资料应完整。主要功能项目的抽查结果应符合质量验收规范的规定。是展示板块投入运营前的最重要的一次验收，也称为展示板块竣工验收。

展示板块，隶属于展示单位工程的一部分，策划验收也是建筑单位工程质量验收方式。展示板块所含各分部工程合格，相应的质量控制资料文件完整，展示系统材料防火和设备安装安全使用功能进行检验资料的复核、主要使用功能按有关专业工程施工质量验收标准要求进行试运行抽查，验证展示板块工程质量的综合检验符合展示合同和运营管理要求。

对于展示板块观感质量验收，按照效果板块验收要求，纳入效果板块验收范畴。

5. 当展示板块工程质量不符合要求时的处理

同建筑工程验收方式一样，对于返工重做或更换材料、展品、设备的检验批，重新进行验收。经有资质的检测单位检测鉴定能够达到设计要求的检验批，应予以验收。经有资质的检测单位检测鉴定达不到设计要求、但经原设计单位核算认可能够满足结构安全和使用功能的检验批，可予以验收。经返修或加固处理的分项、分部工程，虽然改变外形尺寸但仍能满足安全使用要求，可按技术处理方案和协商文件进行验收。通过返修或加固处理，存在严重缺陷，仍不能满足展示运营安全使用要求的检验批、分项工程、分部工程，严禁验收。

2.5 展示板块工程项目划分

展示板块工程质量验收，同建筑板块一样，也划分为分部工程、分项工程和检验批。

分部(子分部)工程按专业性质、专业系统划分，由灯光、音响、展品展项、多媒体、艺术工程等组成。当某一展项特殊、体型较大或较复杂时，单独划分为分部工程，如大型旋转装置。考虑各展馆布展施工特点，分部工程做到不漏项、组合形式突出系统特点。

结合各展馆展示板块共性，如视频系统纳入多媒体，可划为一个分部工程。经商议决定，分部工程划分以独立展区为单元。关键是在验收过程中较准确地把握，既有区别，又有关联，做到全面覆盖、验收不漏项，也为展示工程竣工档案编制工作打好基础。

以下是各展馆展示板块分部工程划分清单举例(表1)。

表1

馆名	分部1	分部2	分部3	分部4	分部5
展馆1	居住质量	工作方式	学习教育	健康休闲	交往关系
展馆2	城市命脉	五流搏动	循环结构	共生灵魂	游戏街亭
展馆3	城市故事	资源危机	宇宙俯瞰	维护对策	和谐共处
展馆4	演变发展	美好向往	危机现状	梦想愿望	梦可成真

分项工程按主要工种、施工工艺、设备类别划分，分项工程可由一个或若干检验批组成。展示板块中，分项工程是分部工程的组成部分，有时也是展示设计文件中最基本的检验单位。它是按照不同的施工方法、不同材料的不同规格等，将分部工程进一步划分的。

以下是各展馆展示板块某分部工程所属分项工程划分清单举例(表2)。

表2

分部名称	专业类别	分项1	分项2	分项3	分项4	分项5
分部1	灯光系统	系统回路	传输系统	供电控制	灯具安装	系统调试
分部2	音响系统	系统回路	扩声系统	信号传输	功能测试	系统调试
分部3	多媒体	投影幕	投影机	播放系统	集成控制	系统调试
分部4	展品展项	橱窗	剪影	市集	喷绘	图文
分部5	艺术工程	雕塑	蜡像	仿真树	触摸字	肌理墙
分部6	大型装置	结构框架	驱动装置	电气系统1	电气系统2	系统调试

检验批按施工及质量控制和专业验收需要按施工段、展区进行划分。检验批是按同一的布展条件或按规定的方式汇总起来供质量检验之用的，由一定数量样本组成的检验休或检验对象。检验批中含主控项目(展示工程中的对安全、卫生、环境保护和公众利益起决定性作用的质量检验项目)、一般项目(除主控项目以外的质量检验项目)，也可以根据展示效果检验需求，提出特殊项目。

以下是各展馆展示板块某分项工程所属检验批划分清单举例(表 3)。

表 3

分项名称	专业类别	分项 1	检验批 1	检验批 2	检验批 3	检验批 4	检验批 5
分项 1	灯光系统	系统回路	导管敷设	线槽敷设	线缆敷设	导线连接	线路检测
分项 2	音响系统	扩声系统	固定支架	导管敷设	线缆敷设	导线连接	线路检测
分项 3	多媒体	投影幕	固定支架	线缆敷设	导线连接	线路检测	图像调校
分项 4	展品展项	橱窗	异地试制	连接构架	防火涂装	安装调校	造型修饰
分项 5	艺术工程	雕塑	异地试制	连接构架	防火涂装	安装调校	造型修饰

2.6 展示板块工程质量验收组织

建立某展馆布展工程竣工验收的组织机构，由展馆管理部全面负责并参与展馆展示工程质量核验监督的组织和管理工作，确定各相关职能机构的工作业务范围，协调各职能机构与管理部各职能部门在竣工验收的业务、职责范围的划分。

各相关职能机构，由专家平台、建交委、原创团队、投资监理、工程监理、总包单位、设计单位、专业分包单位、运营和维护团队等单位组成，分别负责授权范围之内的布展工程质量核查验收工作。参考《某展馆展示单位工程质量验收组织管理体系》，详见附件 1，见图 2。

以下是一个展示单位工程展示板块工程质量验收组织架构图(图 2)。

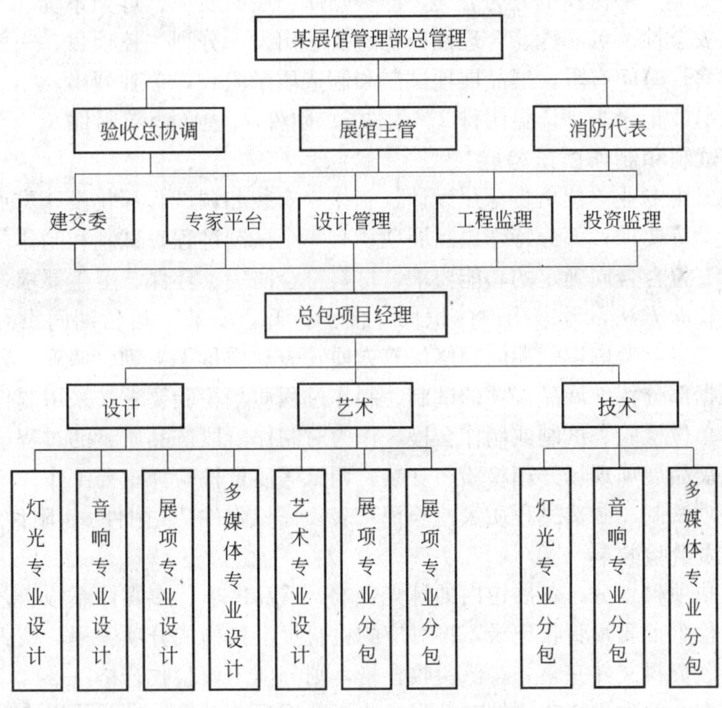

图 2 展示板块工程质量验收组织架构图

2.7 展示板块工程质量验收的程序

展示板块检验批及分项工程质量验收，由监理工程师、建设单位项目技术负责人组织施工单位项目专业质量(技术)负责人等进行验收。验收过程中，出现特殊检验批及分项工程时，根据具体情况研究完善展示板块验收方案，报经展馆管理部批准确定后组织实施。

展示板块分部工程质量验收，由总监理工程师、建设单位项目负责人组织施工单位项目负责人和技术、质量负责人等进行验收。验收过程中，出现特殊分部工程，根据具体情况研究完善展示板块验收方案，报经展馆管理部批准确定后组织实施。

展示板块布展工程完成后，总包施工单位依据布展工程质量验收标准、设计图纸等组织有关人员进行自检(含量分包单位工程质量检查评定)，并对检查结果进行评定，符合要求后向建设单位提交展示工程验收报告和完整的质量资料，由建设单位组织验收。

展示单位工程竣工质量验收，由建设单位负责人组织，设计总监、施工和监理单位项目负责人参加验收，涉及有专业分包项目时，分包单位项目负责人参加验收。

3 展示板块工程质量过程控制和验收的实践

3.1 检验批质量验收

检验批是展示板块工程质量验收的最小单位，是分项工程质量验收的基础。检验批通常是以布展施工过程中条件相同并有一定数量的材料、展品或设备安装项目，作为检验的基础单位，如灯光、音响、媒体系统的线缆敷设，展品展项、艺术工程的制作或安装，按批验收。

实践中，也有划分得更加细致，如某展馆展品展项 7 本大书、2 个书柱、4 组小书；某展区的 9 个盒子内展项及盒子上部雕塑；某展区交流塔内人偶造型等。如某展区投影、音响、灯光、字符屏；某展区 LED 大屏、控制塔灯串、投影、灯光、音响设备等。

经过分析、归类，将检验批分为五类，即多媒体、展品展项、灯光系统、音响系统、艺术工程检验批，从安全性、可靠性、合理性等构造要求出发，分列主控项目、一般项目，由于展项复杂、展品众多、时间有限，展品展项试制和制造质量验收，单独列出。

检验批质量验收记录表，详见附件 2、附件 3、附件 4、附件 5、附件 6。

3.2 展品展项试制和制作质量检验

展品展项通常由专业单位负责深化设计、制作、安装和调试，深化设计重点是满足创意的创新、观赏、互动等要求，部分特殊展品展项，有一个试制过程，试制和制作的质量检验，包括符合创意设计、符合合同确定的功能要求，材料符合防火、环保、卫生要求，制作连接节点牢固可靠、并有检验方法，考虑构件体积尺寸便于拆卸、安装，运营期间没有棱角、触摸刺点、漏电等安全隐患，考虑运营期间维修保养方便，表观质量无毛刺、瑕疵、异味等。

实践中，根据部分特殊展品展项的试制、制作过程质量检验要求，采用制作过程的质量控制点检验、制作单位检验、试制或制作会检，作为对制作阶段产品质量的过程确认。进入布展施工现场，则以展品展项现场开箱检验、安装、调试等质量检验为主要工作。

特殊展品展项试制、制造过程质量检验记录表，详见附件 7、附件 8、附件 9。

3.3 分项工程质量验收

根据展示板块项目划分，各展馆内的灯光音响、展品展项、多媒体系统、艺术工程分项工程，按照相应的检验批质量验收记录，将对应的检验批汇集构成分项工程，核查构成分项工程的各检验批的验收资料文件完整，且已验收合格，则分项工程验收合格。

对于某展馆有一项独具特色且针对性强、非标准设计工作量大、单体设备尺寸较大且呈相对旋转运动、设备需全计算机控制操作且技术含量高、设备传动精度与运动安全性要求高、现场安装条件复杂、现场调试质量和时间跨度要求较高等特点的特殊展项，不再细分检验批。实践中，采取设备监造、在制造厂内进行预装配及工厂试验，包括功能测试、性能测试、安全可靠性测试、边界条件检验、电气控制设备检验等，全面检查和测试机械系统的完整性、技术指标和功能是否完全满足合同要求，经检测验收合格后，再拆零进入现场安装、调试，其安装质量验收，设定为制造质量检测验收、转台框架、转台驱动、电气控制等分项工程。

3.4 质量控制资料、安全和功能抽查资料核查

展示板块布展施工现场质量管理，要求建立相应的布展施工技术标准，健全的质量管理体系、施工质量检验制度，各工序按施工技术标准进行质量控制，每道工序完成后，应进行检查。相关各专业工种之间，应进行交接检验，并形成记录。未经消防部门、监理工程师、展馆主管、专业设计单位、总包单位检查认可，不得进行下道工序施工。

展示板块工程质量控制资料，核查相应的工程材料、防火性能、展品半成品、展项成品、及相应的设备，进行现场量测、见证、隐蔽、测试等并形成验收记录。

展示板块安全和功能资料及主要功能抽查，对涉及安全、功能的有关产品，按照平安、精彩、难忘的原则，核查布展设施的牢固性、防火耐火阻火性能、绝缘性能、装置的安全性能等复验报告和记录，进行抽查试验，并形成核查记录。

3.5 分部工程质量验收

参照建筑板块验收格式，展示板块各分部工程所含各分项工程质量验收合格，质量控制资料完整、安全和功能检验和抽样检测结果符合有关规定，由工程监理组织各单位参加进行分部工程质量验收，形成综合验收结论。对于特殊展项如高科技互动大型机械装置，前期对该系统进行等比例模型制作，模型方案经确定，工厂加工装配调试经验收合格后，进行场内安装，再综合给出分部工程质量验收结论。

3.6 展示板块工程质量验收

参照建筑板块验收格式，由建设单位组织各单位进行展示板块工程质量验收。验收的各方人员，在分部分项合格、检查布展现场、资料文件的基础上，商定主要使用功能抽查项目，共同进行抽查，并形成抽查结果。各分部工程合格、质量控制资料完整、安全和功能的检测资料完整，主要功能项目的抽查结果符合相关专业质量验收规范的规定，然后共同确定同意验收，形成展示板块综合工程质量验收结论。

4 应用展示板块验收方法的体会、发展的建议

4.1 展示板块工程质量验收方法的应用体会

面对世博会大型展示工程质量过程控制、质量验收特点，参照《建筑工程施工质量验收统一标准》格式，策划展示板块工程质量验收的项目划分、质量指标的设置、验收程序与组织等，我们的理解是，《建筑工程施工质量验收统一标准》不是排他性的，虽然《建筑工程施工质量验收统一标准》规定“本标准适用于建筑工程施工质量的验收”，但在没有可选择的条件下，经广泛研究讨论，综合考虑在一个独立展示单位工程内，覆盖整个展示系统总体性与局部性统一的需要，划分展示板块工程质量验收单元，也具有较强的可操作性。

展示板块工程质量验收的内容，重点还是在硬件上，采用这一验收方法，除了艺术工程专业的施工单位感到陌生外，大部分设计、监理、施工单位都能够接受。我们建立验收组织机构，结合展示板块特点、参照引用建筑板块验收方法，分析策划验收范围、质量标准、验收条件等要求，编制《展示工程验收方案》并组织实施，实践的体会有：

优点一是完善质量检验手段、加强过程质量控制，符合展示工程合同及其附件、各专业设计文件及相关配套展项质量技术标准等要求，既按专业性质、展区部位确定验收对象，也按材料种类、施工特点、施工程序、专业系统及类别等划分验收项目，至少在被检验对象的称呼上，达成了统一认识，如最小的检验单位称为“检验批”，以及分项、分部工程等，解决了验收项目基本归类方案。质量检验过程，如针对检验批的划分范围，也共同考虑错判概率和漏判

概率，对重要的展项检验项目，研究采用全数检验方案，避免各方的风险。

优点二是工程监理、总包单位对分部工程和板块工程质量验收，与建筑板块验收方法一样，掌握得相对较为熟练，加之同一个展示单位工程内，建筑板块质量验收同步施工、同步检验，有相应的参考、引用模式，能够较形象地转化为展示板块的验收工作中去，做到验评分离，强化验收，研究验收内容的繁简。虽然不能做到完全统一，但能够较好地协调各展示专业工序质量验收的推进，而不是长期停留在验收方案的策划上，我们是边策划、边实践、边改进，避免走入误区或反复争议。

4.2 展示单位工程效果板块验收的发展建议

展示板块工程质量验收中，没有列入观感质量验收信息，这也反映出展示工程的特点。因为观感质量验收，往往较难定量，验收组只能以观察、触摸或其他量测的方式进行，并以各验收人员的主观印象判断，检查结果并不给出“合格”或“不合格”的结论，而是综合给出“好、一般、差”等观感质量评价。我们感到这一块内容，归到效果板块更合适些。

在编制《展示工程验收方案》时，一致认为，工程质量验收的主要目的，围绕是否满足展示效果，如艺术工程的板墙、木质结构、钢木结构、纸质结构，灯箱、玻璃制品，美工文字、灯箱字、写真喷绘，展示道具、各种纸制品、造型、雕塑，市集、贫民窟、仿真人物塑像、仿真动物，回收材料堆成的天际线、抽象秤等，观感质量验收尺度较难判定。我们分析了效果板块的内容，由影片、图文，某展项单体，某个展区等组成，效果板块的验收对象，验收项目划分与展示板块不同，与建筑板块也不同，不仅仅是依附于展示板块之上，而是建立在建筑板块和展示板块的共同平台之上的验收单元，应另行策划验收方案。

效果板块与展示板块和建筑板块验收不同，效果没有硬件支撑，对于非常特殊的情况，如某展馆内的“精神城市、井然城市”等归为“非常特殊类”的验收范畴，作为效果评价，并且必须注明“该硬件部分无法验收，只能作为效果评价”的标识。

效果板块验收，虽不在本文叙述的范围内，但是作为展示工程，效果的验收是最根本的目标。可对照各展馆的特点，依据某展区核心特点、特殊指标、评价参数、实物效果、技术资料、突出特色等软硬件，拟定展区综合效果质量评价尺度或评估要求，以主观、感性认识为主线，编制单体效果评价、总体效果评价、形成文字或量化等描述，最终请专家组组长综合评定，能够综合反映展示工程总体全貌。这样，整个展示工程质量评价基本完整。

如影片、图文，既可以单独割裂开来评价，也可考虑它们之间的连贯性综合评价，最好还能够有对整个展区的观感质量总体评价。所以，效果板块验收评价，最好是进入运营阶段，由建设单位组织权威专家或咨询机构，也可以通过向一些观众、游客的调查来实现，如设施故障率、游客满意度等，较为客观，好较有说服力。也是效果板块努力探索的方向。

5 结束语

类似世博会集各专业、多门类联合穿插布展施工的大型展示工程，也许今后还会有，从发展或健全展示工程质量验收的角度考虑，建议参与布展工程的相关单位，适时联合起来，根据不同布展工程单位所采用的工程质量验收方法，交流各自的实践信息，积累相关验收资料、总结验收经验，在可能的情况下，或者对《建筑工程施工质量验收统一标准》做一些延伸补充，或者或者邀请相关专家编制《展示工程施工质量验收(统一)标准》试行。对于布展施工质量过程控制、展示工程质量验收等，完善验收机制、规范验收行为，将会对布展工程的施工单位、工程监理单位等有积极的指导和过程控制的促进意义。

譬如，在编制《展示工程验收方案》时，我们也想尽量做到“验收方案的格式统一，分部分项划分统一，质量验收记录的表式统一，验收引用的标准和规范统一”。如分部、分项、检验批按照《建筑工程施工质量验收统一标准》研究采用统一划分模式，开始各方面的争议很大，有认为部分展品展项与灯光系统是一个统一体，无法分割，不宜按专业划分验收对象；有认为灯光音响本身就是多媒体的一部分，建议不另设灯光音响分部等。也有单位提出灯光系统，可按控制模块链路系统划分；也有建议按照展区划分。更有单位提出展品展项质量验收施工单位签字确认即可，项目划分、方案讨论根本没有必要，某些展品展项供应商不愿意提供设计图纸，因为涉及知识产权保护，验收标准没办法统一。

问题的关键是，各专业单位对展示板块工程质量过程控制和验收标准的见解不一。如检验批质量验收记录表中，要求把主控项目引用的规范强制性条文、条文号应当标注出来，这一点目前就较难做到。多媒体、灯光音响系统，使用主要配套规范标准举例如 JGJ 57—2000《剧场建筑设计规范》、GB/T 13582—1992《电子调光设备通用技术条件》、GB 7000.15—2000《舞台灯光、电视、电影及摄影场所(室内外)用灯具安全要求》、WH/T 26—2007《舞台灯具光度测试与标注》、GB 50371—2006《厅堂扩声系统设计规范》等设计规范或技术要求，由于没有更多时间、各方共同研究确定统一引用标准，最后决定以批准的《施工组织设计文件》、《展示工程验收大纲》等，结合各自的展示特点，标注的条文各有所长。

当然，按照各展馆实际情况和质量验收的可操作性，我们参照国家、世博会相关规章、地方和行业的有关技术标准，依据展示系统投标文件、创意设计图文与描述、专家评审意见、安全性能和要求、消防和安防要求、技术说明等，完善质量验收组织体系和人员架构，听取专家平台、建交委、原创团队、专业分包单位(设计与施工)、运营管理和维护团队、物业管理团队等单位的意见和建议，多次对展示板块框架体系梳理，通过对展示板块工程质量的验收并形成相关记录，补缺建筑板块没有的内容，希望给效果板块验收有力的支撑。

参考文献

[1] GB 50300—2001《建筑工程施工质量验收统一标准》建标［2001］157 号中华人民共和国建设部 2001 年 7 月 20 日，2007 年版本

[2] 沪建交［2007］439 号《世博会临时建筑物、构筑物施工质量验收标准》上海市建设和交通委员会 2007 年 7 月 9 日，2007 年版本

[3] 上海世博会特殊规章第 4 号：《有关建筑、安装、劳动安全、防火及环保的规则》，2007 年 6 月 18 日国际展览局第 141 次全体大会通过，2008 年 10 月 13 日发布，2008 年版本

[4] 上海世博会特殊规章第 5 号：《有关各类机器设备的安装、操作和运行的规则》，2007 年 6 月 18 日国际展览局第 141 次全体大会通过，2008 年 10 月 13 日发布，2008 年版本

[5] 沪建交［2007］437 号《世博会临时建筑物、构筑物设计标准》，上海市建设和交通委员会 2007 年 7 月 9 日发布，2007 年版本

[6] 上海世博会参展规范第 D4-08-2 号(总第 003 号)《关于展馆建设和布展进度的规定》，上海世博会事务协调局 2008 年 7 月 18 日发布，2008 年版本

[7] 上海市工程建设规范《2010 年上海世博会展览建筑布展设计防火标准》，上海市城乡和建设交通委 2009 年 4 月 30 日批准，2009 年 5 月 10 日施行，2009 年版本

[8] 《世博会展馆装修布展工程方案设计文件编制深度指引》，上海世博会事务协调局与展馆展示部，2009 年 5 月印发，2009 年版本

[9] 沪消［2009］240 号《2010 年上海世博会展馆布展工程消防监督管理规定》，上海市消防局、上海世博会事务协调局联合发布，2009 年 8 月 9 日印发，2009 年版本

世博园区园林绿化工程质量管理的探讨

陈　动
（上海市园林绿化工程安全质量监督站）

摘　要： 本文总结了世博园区园林绿化工程质量全过程管理与延伸管理相结合的方式，介绍了几项新技术应用情况下质量管理的做法，初步探讨了容器花卉质量管理科学性和艺术性兼顾的思路。

关键词： 世博园区，园林绿化工程，质量管理

上海世博会的举办给上海的园林绿化建设和发展提供了前所未有的机遇，以迎世博为目的的工程和配套绿化工程项目数量增加，质量要求更高。尤其是世博园区及周边的园林绿化工程。工程量大，分部分项工程复杂，新技术应用较多，对工程质量管理提出了新的要求。我们针对世博园区园林绿化工程的特点，在常规质量监督的基础上，采取多种行之有效的方式方法，控制工程质量。本文总结世博园区园林绿化工程质量监督的做法和收获，为后世博阶段园林绿化工程质量监督模式的改进和创新提供了素材和经验。

1　工程质量全过程管理与延伸管理结合

世博园区的园林绿化工程规模大，工期紧，质量要求高。因此，我们采取区别于一般绿化工程的监督模式，除了在施工期间加大监督力度，还采用了质量管理前移，后期跟踪的做法。

1.1　质量管理前移

在世博园区园林绿化工程报监前的设计阶段和招投标阶段，园林质监站就关注世博绿化工程基本建设程序的进展情况。选派经验丰富、业务能力和责任心强的人员组成质量监督小组。分管站领导亲自参加。明确监督职责、监督纪律和监督要求。在质量监督注册登记手续方面简化程序，随到随办。将前置条件由原报监前的审查改为提前现场核查。

重视和参与项目开工前期的质量技术交底工作。工程报监后，质量监督小组及时到现场组织各方相关人员集中进行质量交底，对工程依法建设、质量责任制和质量保证体系等情况进行核查。实践证明，质量交底工作对正确引导和促进世博绿化工程质量管理工作，起到了至关重要的作用。通过交底，既加强了质量监管，又提高了监督工作效率。

1.2　全过程质量控制

对世博绿化工程项目进行全程跟踪监督、指导和服务，并增加工程质量的监督频次。由于世博园区单位工程多，我们每次现场监督采用以一个工程为主，兼顾其他工程的滚动式监督方式，确保每月2～3次。并实施“超常规”监督和“监、帮、促”的监督服务模式。每月发行质量监督简讯，汇总质量信息，反映质量动态。

注重质量行为监管。充分发挥企业质量技术部门质量管理的作用。例如：定期组织建设、施工和监理单位负责人召开质量工作会议，通报、讲评质量情况，提出质量工作要求；工程关键环节的监督验收，规定由监理告知监督人员到场，从而达到由监管质量行为来间接保证工程

质量的目的。

改进竣工验收监督方式。为了强化验收工作，提出将竣工验收工作前移。在监理组织工程竣工预验收通过后，监督站及时进行工程初验收或分阶段验收，及时发现和整改存在的质量问题。

1.3 跟踪质量缺陷整改和质保情况

竣工验收后，园林质监站落实专人，跟踪和督促施工单位对质量缺陷整改。从4月20日试运营至6月20日两个月，世博公园、后滩公园、白莲泾公园设施设备方面报修项目见图1。这些项目主要集中在电器设备、上下水和建筑方面。经统计，明显属施工质量原因占40.3%，明确属游人使用问题的占26.7%。经园林质监站跟踪督促，原施工单位整改和物业单位维修，都已整改和维修完成。

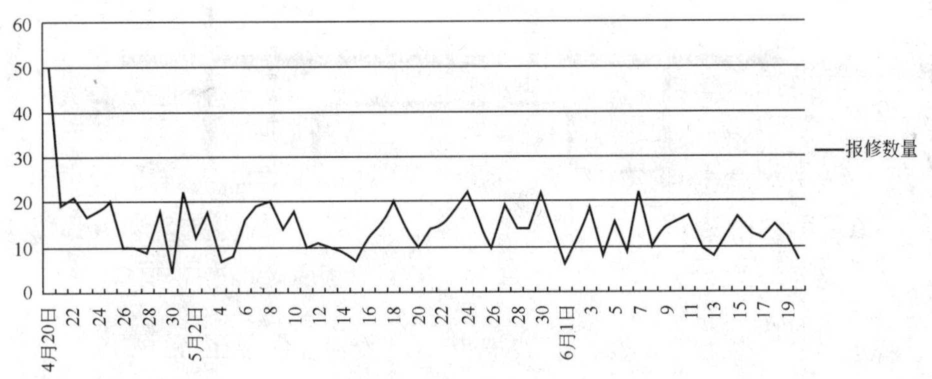

图1 报修数量日分布图

2 新技术的应用和质量管理

世博园区园林绿化采用多项新技术，如喷雾降温技术、资源型生态透水路面、植物改良修复土壤技术、耐践踏草坪建植技术、生态绿墙、生态浮岛以及生态水处理技术等。这些技术在园林绿化方面都属初步应用和探索阶段，增加了质量监督的难度。

2.1 工程新技术应用及质量控制

2.1.1 透水混凝土园路

园路设计线性复杂、路幅宽窄差异明显、路面起伏弧度大。世博公园园路系统大量采用透水混凝土路面。透水路面可以利用半有效孔隙蓄养水源，降水过后的一段时间内通过空气蒸发而缓解路面快速升温，调节局部温湿环境；降雨透过面层渗排到地下后，可以起到对地下水资源补给的作用。

在质量控制方面按照《帕米亚透水水泥混凝土路面技术规程》DBJ/CT 046—2008执行。要求有抗压强度高，耐磨性、耐冲击性好，透水系数大，有效孔隙率达到20%～25%。做好透水混凝土园路，需要从施工工序上各个环节控制施工质量。道路表面强度必须达到使用要求；路面冲洗时骨料表面要求尽量冲洗干净；而骨料与骨料之间的胶结水泥等避免冲洗机枪头直冲，从而导致路面强度下降，影响路面的承载力。

2.1.2 行道树地下绑固系统

传统的支撑系统一般采用与主杆平行的长单桩、四脚支撑、扁担桩、十字支撑或三脚桩支撑。在台风季节，可临时用钢索加固一道防风拉桩，形成防倒伏的“双保险”，但道路上的新栽行道树很难采用此办法。而地下绑固系统隐藏于地下(见图 2)[1]，可让行道树乔木地上部分景观更美观、简洁，有利于人的通行。如果对大一些的树觉得光靠地下支撑还不够保险，则可以通过加装传统的地上支撑，形成地上地下同时固定的另一种“双保险”。

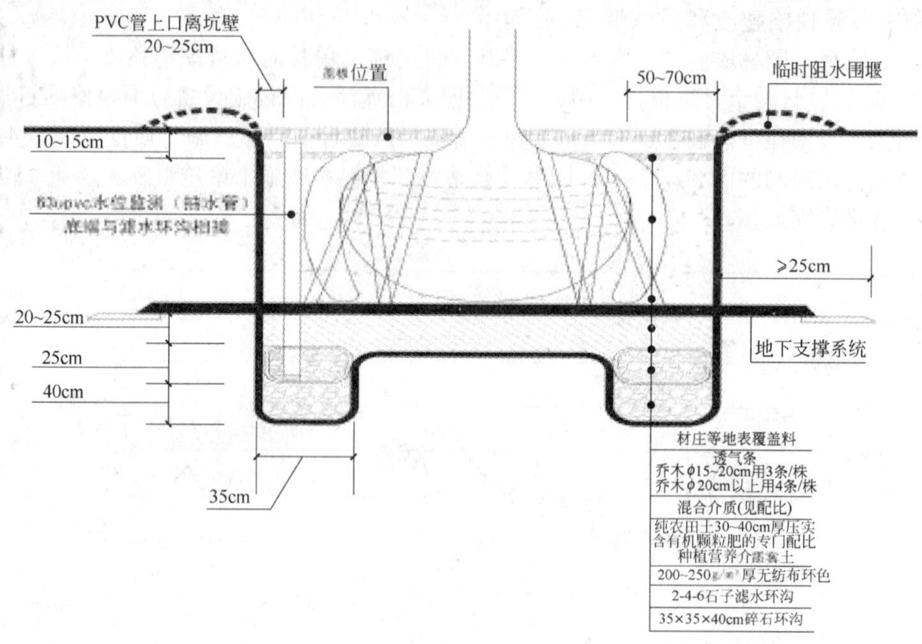

图 2　世博浦东道路景观工程乔木树穴构造断面示意图(地下支撑)

地下绑固系统要求置于泥球底部的金属骨架，底座将其打入穴坑侧壁或底部，并对其上的泥球进行连绑固定，使泥球与金属骨架底座紧密连为一体，共同抵御树木地上部分所受的侧向风力，提高稳定性。通过现场检查及核查隐蔽记录的形式监督工程质量。

2.2　生态新技术应用及质量控制

2.2.1　景观水系挺水植物建植

世博公园内河景观水系布置有多种挺水观赏植物，施工建植需满足植物健康生长，并保持水质良好。通过对植槽床材料和构造的工艺设计，形成了一套专门的工法，满足上述要求。施工时在土表覆盖的无纺布，在覆盖基质客土的无纺布上再压覆一层沸石和砾石砂混料，可以固着无纺布和填盖植物栽植孔孔隙。无纺布在通气透水的同时，使基质土颗粒无法通过，减少土壤对水质的影响，而且无纺布是一种可自然降解的环保材料，无需人为再撤除。

质量监督时按照《上海市园林植物栽植规程》(DBJ 08—18—91)、《园林绿化工程施工质量验收规范》(DG/TJ 08—701—2008)进行质量控制。所栽水生植物应保证不失水萎蔫。水生植物栽后须压实土球缝隙回填土，并扶正植株。基质土调配成品应送检测单位检测，指标合格后方可取用。槽床基质及构造所有隐蔽工程要做好相关资料和工序验收工作。施工期养护要加强冠叶喷雾保湿工作，并对槽床水位加以监测。

2.2.2　生态绿墙

生态绿墙由支架、栽植盘、给排水三个系统组成。栽植盘由栽培单元、卡座、栽培盘(底盘)三项组合而成的。栽培单元加入超轻栽培介质后，植株培育在栽培单元内，整个栽培盘由 36 盆栽培单元组成，最后就可以将整套栽植盘安装到绿墙的固定框上，再将安全防护网锁在固定框上，防止植栽意外掉落。而当个别植株有死亡或长势不良时，可以将安全防护网上螺栓松开后，将安全防护网上推，将植株取下后，放入新植栽，将安全防护网推回原位，再将螺栓锁紧固定。也可以栽植盘(36 盆)为单元直接调换。生态绿墙的给水系统可以使用目前常用的滴灌系统，也可以采用大口径直接给水。

在质量控制方面，要严格按照设计要求施工。支架系统固定要牢固。支架上防护网罩能将栽植盘网住，固定在墙体上。栽培单元要加入检测合格的超轻栽培介质(内含吸水介质)。生态绿墙的给水系统中所使用的加压泵、水质过滤器、电磁阀等设备产品合格证齐全。所使用的植物材料要通过植物检疫。

2.2.3 生态浮岛

在后滩公园的水系景观中，生态浮岛作为一个新颖的生态工艺技术，具有直接利用水体面积，不占地、工艺简单、运输便捷、植物调换方便等诸多优点。而且有净化水质的功能。实现了“将花园搬到水上去”的设想[2]。使整个后滩公园水系景观更加丰富(图 3)。

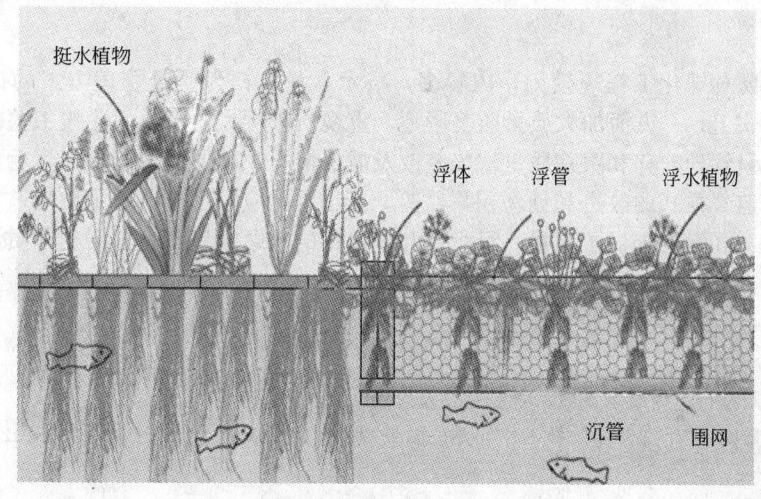

图 3 生态浮岛技术剖面示意图

生态浮岛质量控制有三个方面：一是浮床外框所使用的 PVC 管，内部结构采用的直径 0.3m 圆形浮床装置，中央放置的花盆应有出厂合格证；二是使用的水生植物根系要发达，生命力强，吸污能力强，净化水质效果好；三是植物高低错落有致，与周边环境和景观相协调。

3 容器花卉科学性和艺术性的兼顾

世博园区除了种植大量公共绿地和行道树外，为了丰富景观，美化环境，还增加了很多容器花卉。这种形式主要用在道路两侧、园区公共开放空间、出入口等部位。而且在世博期间要保持花卉的连续布置，形成层次丰富、色彩协调、景色优美的花卉长效景观。容器花卉既要保证工程的规范性和科学性，又要兼顾植物配置的观赏性和艺术性。

3.1 容器和土壤质量控制

在世博园区里主要采用花槽、花钵、花箱等容器类型。根据组合形式不同有单体型、组合型；根据摆放形式不同有摆放型、悬挂型；根据容器层数不同有单层和复层两种。在容器质量控制方面，要求花箱所使用的木板强度和观感质量有关规范规定。悬挂在灯柱上的花钵要固定牢固。容器中的土壤可参照上海市地方标准《绿化栽培介质》DB31/T 288—2003 和《园林栽植土质量标准》DBJ 08—231—98，可按下面指标控制要求(见表1)。

容器中的土壤质量控制指标 表1

pH值	EC值(mS/cm)	有机物总量(%)	容重(mg/m³)	非毛管孔隙度(%)
6.5～7.5	0.5～2.0	≥50	<1.0	≥15

3.2 花卉和配置的观感质量控制

品种的选择上，植物材料选择 一二年生花卉、宿根花卉、球根花卉、观叶类花卉及特色花灌木类都可用于花容器中，并注重新优品种的选择和应用。花卉的布置上，注重色彩搭配，高低错落。由于花容器的体量有限，花卉品种不能太多，色彩不宜太杂，两三种为宜，若组合类品种可适当丰富，但也不宜超过五种，而且株型株高不宜相差太大。容器面积较大时，配置时可考虑不同株型之间高低错落。一般容器外围可选用悬垂类以遮挡泥土，同时也可以弱化容器棱角，使花卉和容器更好地融合。

4 结束语

世博园区园林绿化工程规模大，内容多，技术含量高，为质量管理方式的探讨提供了平台。在管理方式上，一方面加大质量监督频率，重视质量行为监督，优化竣工验收流程；另一方面，通过质量管理前移和跟踪质量缺陷整改及质保情况，延伸质量管理。为后世博阶段园林绿化工程质量监督模式的改进和创新积累经验。新技术的应用不仅丰富了质量监督方法，也为验收规范的丰富和发展提供了素材。科学性和艺术性的兼顾的思路为容器花卉质量管理提供了发展空间。

参考文献

[1] 周爱娟. 新型行道树地下支撑系统的开发及应用 [J]. 建设者，2009(7)

[2] 上海园林集团. “生态浮岛”技术在后滩公园景观水系中的应用 [J]. 园林，2009(12)

能源桩在房屋节能中的适应性研究

殷国良[1]、王　伟[1]、黄海生[1]、曹诗定[2]
（1. 上海市闵行区建设工程安全质量监督站、2. 上海市政工程设计研究总院）

摘　要： 随着我国经济的发展和人民生活的改善，公共建筑和住宅中的取暖和空调已成为普遍需求，其所占社会能源总消耗的比例达到25%～30%。在房屋建筑中，桩基础是一种最为普遍的基础形式。而能源桩是一种将地源热泵的热交换管布设在桩基内，利用地球地温能的新型建筑节能技术。它既继承了地源热泵技术的优点，又弥补了其建设初期投资高、占用额外地下空间等不足。通过对土层温度分布特点以及房屋建筑市场发展现状与发展前景，研究了能源桩在房屋节能中的适应性。通过研究发现，中国地区的气候条件与工程条件，可大力发展能源桩技术；能源桩所获取的绿色、无害能源可用于房屋在使用过程中能源消耗。该项技术在人口稠密的城市具有广阔的应用前景。

关键词： 地源热泵，能源桩，适用性，建筑节能，能源

1　引言

改革开放30年来，我国经济持续发展，综合国力显著增强，但由于能源建设和环境保护的力度不够，能源紧张、环境污染、生态破坏已经成为我国乃至全世界共同面临的严峻挑战，实现可持续发展和低碳经济已成为国际共识。随着经济的发展和人民生活水平的提高，公共建筑和住宅的供热和空调已成为普遍的需求，而该部分能耗可占到社会总能耗的25%～30%。我国大部分地区的能源消耗主要来自于煤炭，煤炭属于不可再生资源，且燃烧时产生的大量污染物及有害气体带来了一系列环境问题。因此，我们尝试探求一种新的建筑节能技术，能够结合建筑工程特点，既能获取能源，又不会产生环境问题。在房屋建筑中，桩基础是一种最为普遍的基础形式，在桩基内植入地下热交换管路系统，利用桩基从地层获得浅层地温能，称为能源桩。能源桩是一种由传统地源热泵技术引申而来的崭新建筑节能技术，该项技术在我国具有一定的发展潜力和应用前景。

2　地源热泵与能源桩

2.1　传统地源热泵及其优缺点

地源热泵是一种利用地下浅层地热资源(也称作地热，包括地下水、土壤或地表水)的既可供热又可制冷的高效节能空调系统。地源热泵通过输入少量的高品位能源(如电能)，实现低温位热能向高温位转移，其换热原理见图1。地能分别在冬季作为热泵供暖的热源和夏季空调的冷源，即在冬季，把地能中的热量取出来，提高温度后，供给室内采暖；夏季，把室内的热量取出来，释放到地下去。

地源热泵技术是近几十年来备受欢迎的一种建筑节能技术，具有经济节能、环保、一机多用、应用范围广、系统维护费用低等诸多优点。通常地源热泵消耗1kW的热量，可以得到

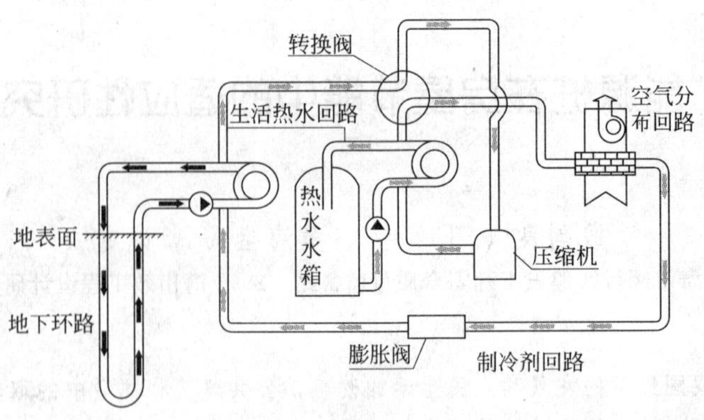

图1 换热原理示意图

4kW以上的热量或冷量。与锅炉供热系统相比，要比电锅炉节约2/3以上的电能，比燃料锅炉节省1/2的能量。因此，该技术近几十年来在全球范围内得到了大力发展与广泛应用，如：美国在1985年全国共有1.4万台地源热泵，而1997年安装了4.5万台，到2001年为止已经安装了40多万台，而且每年以10%的速度稳步增长，其中新建筑占30%；在中北欧的瑞典、瑞士、奥地利、德国等国家，据1999年的统计中，在家用的供热装置中，地源热泵所占比例，瑞士占96%，奥地利占38%，丹麦占27%。地源热泵在我国的推广和研究是在20世纪90年代，并以10%～15%的速度推广。

虽然地源热泵优点多，但也并非十全十美，其不足主要表现在以下三个方面：

(1) 初期投资偏高。除地源热泵、热交换管等材料费用外，地源热泵仍需一笔较大的施工费用，其中包括土壤物理性质探测费用、钻孔费用、安装费用等。

(2) 占用地下空间。由于地源热泵系统需在地下埋设热交换管，因此在使用地源热泵时必须有足够可利用的地下空间。而这对于人口密度过大、寸土寸金的大城市而言，是难以做到的，这也是地源热泵技术在中国许多大城市难以广泛应用的原因。

(3) 可能存在的环境问题。如果系统为利用地下水的开放式水源热泵系统，由于直接抽取地下水，地下水下降会引起地表沉降。虽然可以采用回灌措施减少地下水下降，但回灌往往不会彻底，因而仍会引起地表沉降。此外，抽取地下水和回灌会改变地下的水环境，甚至会污染地下水环境。

2.2 能源桩及其优势

能源桩是一种由传统地源热泵技术引申而来的崭新建筑节能技术(见图2、图3)。桩基础本身处于一定深度并常年保持在恒定温度的地层中，将地下热交换管环路系统直接植入桩基内，与桩基一起形成地下换热构件，具有可以与地下工程结构协同进行，额外工程费用少，不需要额外占地面积(地下空间)，又可省去室外机或冷却塔，且传热效果好(钢筋混凝土传热能力强)等优点，一般比传统空调系统节能30%～50%。同时，由于能源桩将地下热交换管与桩基紧密结合，保证了系统的稳定性、耐久性，较一般地下的埋管地源热泵系统造价低。可见，在继承传统地源热泵技术优点的同时，也解决了地源热泵技术在城市推广占地和成本高两个主要障碍。此外，通过它

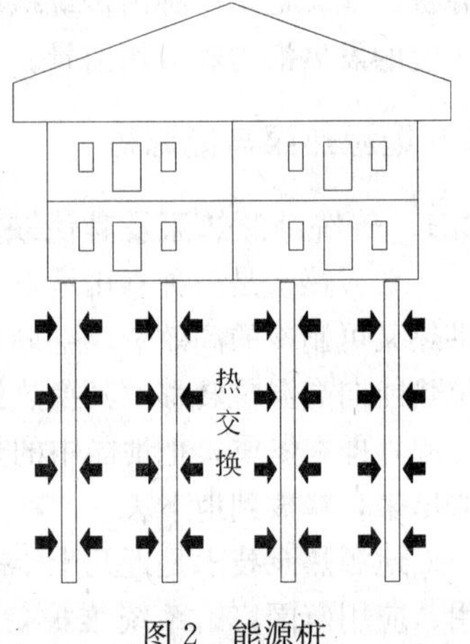

图2 能源桩

获得的能源具有可再生性、稳定可靠、清洁持久、经济和环境效益等显著特点。

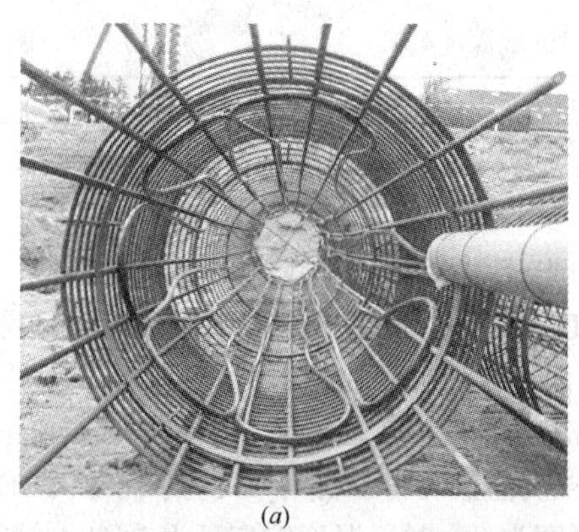
(a)

(b)

图 3 能源桩内热交换管的布设
(a)能源桩钢筋笼；(b)浇筑好的能源桩

2.3 能源桩在国内外的应用现状

利用桩基从地层获得浅层地温能，在国外通常被称为“能源桩基技术”。Nageleban 公司于 1980 年在澳大利亚首次使用这种简单而高效的系统。从这以后，该类系统已广泛应用于别墅、公寓楼、商业楼、文化中心、工业设施。奥地利从 1985 年到现在打入能源预制桩总长度已超过 100 万 m，且正在以每年 13 万 m 的速度在增长。德国法兰克福的美茵塔建筑、德国图宾根的 Kreissparkasse Tuebingen 银行、德国波鸿市 Stadtwerke 公司办公楼、日本札幌市立大学一栋建筑均采用了能源桩基技术。瑞士政府在 2001 年制订的“瑞士十年能源计划”中，大力提倡并以多种形式利用地温能，包括钻孔法、挖井法、能源桩、温泉、深层地下水及输水隧道等[1~3]。

国内也有少量能源桩基案例。2006 年同济大学的旭日楼工程采用了能源桩基，桩基为现浇钻孔灌注桩，深度达 28m，效果十分理想。此外，目前国内规模最大的尝试桩基埋管系统的工程是南京朗诗国际街区，总建筑面积 91557.18m^2，地上建筑面积为 68115.62m^2，2007 年夏天项目已运行，到目前为止反映较好。天津市梅江综合办公楼、宁波某办公楼、浙江省温州市会所、吴江中达电子营建处办公楼、上海某 6 层住宅楼、塘沽凯华商业广场均采用了桩埋管地源热泵系统。

从能源桩在国内外的发展现状可看出，能源桩在全世界大部分地区是适用的，具有广阔的发展前景。

3 能源桩在房屋节能中的适应性

3.1 能源桩的适用条件

能源桩的核心思想，是把埋在地下的桩基作为热交换构件并从周围地层中获得地表浅层地温能。因此，能源桩的应用需满足两个充分条件：

(1) 气候条件。周围地层中温度恒定，且具有较合适的温度值，即地层中蕴含稳定的地温能。

(2) 工程条件。地下结构应有足够埋深，且与周围地层有充分的接触面积，即需有足够的地下换热构件。

3.2 土层温度分布特点

以上海地区为例。“中国自然资源数据库”中的“气候资源数据库”，上海 1951～1980 年累年各月平均地温(地下10cm深度处)如表1所示。

上海市各月平均地温(10cm深度处) **表1**

月份	1月	2月	3月	4月	5月	6月	7月	8月	9月	10月	11月	12月
温度(℃)	4.9	5.9	9.3	14.7	19.4	23.8	28.6	29.1	24.7	18.9	13.2	7.5

注：1. 记录年代：1951～1980年；2. 全年平均气温为16.7℃。

将地表传热问题简化为表面温度随时间变化的半无限大固体模型[4]，利用该模型，对上海地区的累年月平均温度进行分析，可得不同深度处温度-时间曲线(见图4)和不同月份的温度-深度曲线(见图5)。分析后发现，上海地区地层温度具有以下特点：(1)当地层深度大于5m时，地层温度已基本恒定。(2)恒定的地层温度与地表处平均温度相当。在上海地区，该恒定温度为16.7℃左右。该温度是较理想的地源热泵热源温度值，既利于制热，又利于制冷。(3)随着地层深度的增大，温度响应有大量延迟。当地层深度为3m时，温度响应延迟为68d，即若地表最高温度出现日期在8月，则地下3m处最高温度出现日期在10月，这就意味着8月份存储的热量可在10月份用于制热。这说明能源地下工程的应用在年平均气温波动较大的地区有很大的优势，在某种程度上我们可称之为冬、夏季冷热互为逆储备，从而进一步提升地源温度的利用效率，可见能源地下工程在上海地区的应用是具备一定气候优势的。

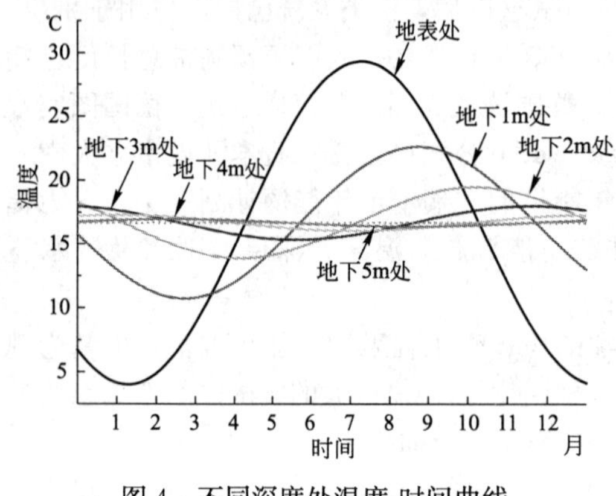

图4 不同深度处温度-时间曲线

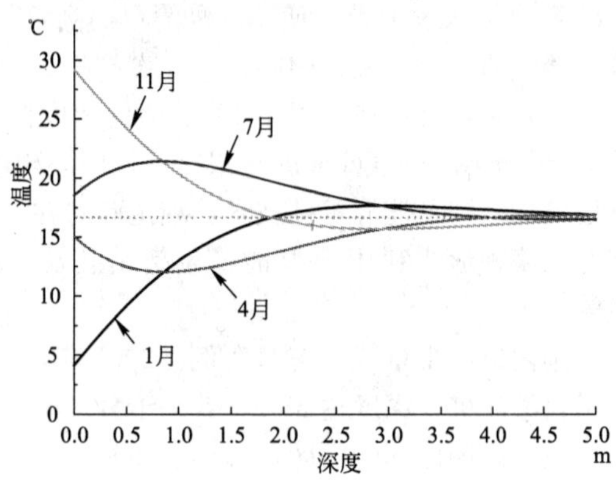

图5 不同月份时温度-深度曲线

从以上结论可知，上海地区具备应用能源地下工程良好的气候条件。推广至全国，只要该地区具有以上三个特征，也同样适合应用该项技术。

3.3 房屋节能的发展现状

随着人民生活水平的提高，公共建筑物和普通住宅的供热和空调已成为普遍需求。由于能源紧缺，国家已发布强制性条文，要求普通住宅在建造过程中必须做保温节能，普遍的做法是在主体结构外墙和饰面板之间设置保温层、在屋顶做隔热层，以降低在使用过程中热量或冷量的消散速度，起到"截流"的效果。要真正做到房屋节能，除了有效"截流"之外，还需开辟获取绿色、环保能源的新通道，即做到"开源节流"才能最大意义上的节能。

3.4 能源桩在房屋节能中的适用性

能源桩在欧洲地区应用较多。中国与欧洲地区的气候特点、工程水文地质特点基本类似，能源地下工程在欧洲地区具有适用性，则通过工程类比方法，可初步推断能源地下工程适用于中国大部分地区。通过对上海地区具体情况进行进一步分析发现，上海地区完全满足能源地下工程应用的气候条件与工程条件，可见，它在上海以及全中国都是完全适用的。

此外，因为能源桩较埋管式地源热泵系统初期投资更少，且不占用额外地下空间，因此，该项高效环保的节能技术在寸土寸金的大中城市具有无与伦比的优势。

4 能源桩的理论研究进展

将换热管埋设到桩基础中的桩埋管换热器，可以节省钻孔费用，但对桩埋管换热器的传热理论分析迄今为止国内外的研究仍较少，主要还是借用地埋管的理论和模型，国内多名学者通过理论和试验研究得到了桩埋管比地埋管换热性能好[5~8]，而 W 型埋管的换热性能优于其他形式[9,10]，赵军等[11]对大面积密集型桩埋换热器管群周围土壤的换热特性进行了数值模拟，提出了土壤换热中热屏障的概念，并分析了热屏障的形成原因及其特性，即形状不规则、动态变化和危害性。Ryozo Ooka[12]通过桩埋管模型试验获得了东京地区桩埋管单位长度换热量、系统工作效率等数据，Yasuhiro Hamada 等[13]进行了桩埋管传热性能现场试验研究。赵军等[14]引入埋管管脚热影响因子，根据能量守恒原理推导建立了土壤层内 U 型管桩埋换热器的传热模型，模拟计算了管脚热影响因子、土壤导热系数等对 U 型管桩埋换热器的传热特性的影响；MORINO Kimio 等[15]对钢管桩换热器的传热过程进行了理论分析和试验研究，并建立了估算其长期运营效率的计算方法；Brandl[16]亦对埋设有换热管的钻孔灌注桩的传热过程进行了理论分析，分析包括换热管内流体与管壁对流换热过程、管壁导热过程、钻孔灌注桩内二维热传导过程及桩外岩土体二维热传导过程四个部分。

5 能源桩的应用前景

在我国的房屋建设领域，桩基础作为一种最常见的基础形式，被广泛应用于各个工程中，且设计和施工技术相对比较成熟。我国对于普通住宅的刚性需求非常大，全国各大中小城市均在大力开发商品房和保障性住房；随着能源供应的缺乏，国家已发布强制性规定，要求住宅楼必须做保温节能，以减少在住宅使用过程中能源的消耗。在此形势下，能源桩的应用必将带来全新的节能新时代。

能源桩作为一种新型节能技术，将环保、节能的概念融入到地下工程中，通过桩基，从地球的浅表层获得大量清洁、可再生的地温能，其经济效益、环境效益和社会效益是不可估量的。能源桩应用在房屋主体结构的深基础中，可为居民或办公楼提供能源，对其进行制热和制冷。

由此可见，结合我国地下空间强劲的发展趋势，能源桩可创造巨大的经济效益、环境效益和社会效益，在我国有着巨大的发展潜力和广泛的应用前景。能源桩作为一项崭新的技术，布设在地下结构中的换热器传热计算理论、计算模型以及埋管优化是该项技术研究和发展的关键。然而，国内外对能源桩技术的研究却是凤毛麟角。国内外地源热泵系统地热换热器传热计算理论的研究多集中在地埋管土壤源热泵系统方面，且还没有普遍公认的地埋管换热器的传热分析模型和规范。因此，对于能源桩的研究，国内外均处于起步阶段，虽有初步探讨，但尚不全面透彻，仍有待对其进行更深入的研究。

6 结语

能源桩作为一种新型的节能技术，将环保、节能的概念融入到地下工程中，利用桩基本身处于一定深度而常年保持恒定温度的地层中，将地下热交换管环路系统直接植入桩基内，一起形成地下换热构件，从地球的浅表层获得大量清洁、可再生的地温能(包括不同季节运行时产生的冷热量的互为逆储备)，其经济效益、环境效益和社会效益是不可估量的。能源地下工程在继承传统地源热泵技术优点的同时，解决了地源热泵技术在城市推广中占地和成本高两个主要障碍，因此，它在我国寸土寸金的城市中具有无与伦比的优势。虽然仍有大量问题有待深入研究，但经过系统的试验和理论研究，这些问题并不影响其推广使用。通过研究发现，能源地下工程在房屋节能中具有巨大的发展潜力和广泛的应用前景。但由于能源桩是基础工程，地下工程建成后就不能利用这项技术了，因此，应抓住时机尽快在我国地下工程中推广使用这项节能技术，以避免我国在地下工程大发展时期痛失利用这一节能技术的良机。当然，任何一项新技术的应用，一定会存在其新的问题或新的挑战，能源地下工程在实际应用中，对材料和各种管接件提出了更高的要求，对现浇或预制桩基的工艺、现场作业程序提出了更严格的标准，这对管理、工艺、施工人员的素质都是一种挑战。

参考文献

[1] Brandl H. Energy piles and diaphragm walls for heat transfer from and into ground [C]//International geotechnical seminar, deep foundations and auger piles III. Belgium: University of Gent, 1998

[2] Brandl H. Energy piles for heating and cooling of buildings [C]//Seventh International Conference & Exhibition on Pilling and Deep Foundations. Austria: 1998

[3] Brandl H. Energy foundations and other thermo2active ground structures [J]. Geotechnique, 2006, 56 (2): 812122

[4] 陈小龙，曹诗定. 能源地下工程在上海地区的适用性研究 [J]. 土木工程学报. 2009, VOL42(10): 122-126

[5] 李新国等. 桩埋管与井埋管实验与数值模拟 [J]. 天津大学学报：自然科学与工程技术版，2005, 38 (8): 679-683

[6] 李雅昕等. W型垂直埋地换热器传热性能的试验研究 [J]. 第三届国际智能、绿色建筑与建筑节能大会智能与绿色建筑文集，411-416

[7] 沈炜华等. 桩埋管换热器的传热性能研究 [J]. 制冷空调新技术进展——第四届全国制冷空调新技术研讨会论文集，2006

[8] 朱强，李新国，赵军. 不同方式地下埋管换热器的实验研究 [J]. 华北电力大学学报，2004, 31(6): 61-64

[9] Jun Gao, Xu Zhang, Jun Liu, Kui Shan Li, Jie Yang. Thermal performance and ground temperature of vertical pile-foundation heat exchangers: A case study [J]. Applied Thermal Engineering(2008), doi: 10.1016/j.applthermaleng. 2008. 01.013

[10] 李魁山等. 桩基式土壤源热泵换热器换热性能及土壤温升研究 [J]. 中国制冷学会2007学术年会论文集，2007

[11] 赵军，王华军. 密集型桩埋换热器管群周围土壤换热特性的数值模拟 [J]，暖通空调，2006, 36(2): 11-14

[12] Ryozo Ooka. Investigation of a ground source heat pump system for use in large and dense city areas in Japan [J]. IEA Heat Pump Centre Newsletter, 2005, 23(4): 33-35

[13] Yasuhiro Hamada, etc. Field performance of an energy pile system for space heating [J]. Energy and Buildings, 2007, 39: 517-524

[14] 赵军，王华军. U型管桩埋换热器稳态传热模拟研究. 太阳能学报，2005, 26(1): 59-62

[15] MORINO Kimio, OKA Tatsuo. Study on Heat Collection from the Soil Using a Steel Pipe Pile and the Applicability of the Calculation Method to the Estimate of the Long-Term Performance. 日本建筑学会计划论文报告集，1989

[16] Brandl, H. (2006). Energy foundations and other thermo-active ground structures. Geotechnique 56, No. 2, 81-122

逆作基坑承压降水最佳开启时间与减少周边沉降的研究

董惠旗
（上海市闵行区建设工程质量监督站）

摘 要：承压降水时间越长与基坑稳定为正比关系，但降水时间长与周边建筑沉降为反比关系，两者的偏重倾向选择给我们带来一项问题。分析承压降水的最晚开启时间、开挖深度、承压降水水位、建筑物沉降值几项，并进行严格的平衡控制，选择最佳的承压降水开启时间。将其中的反比项控制平衡达到最佳效果。

关键词：承压降水最佳开启时间，迫近承压水面的降水控制，反比项平衡控制，周边建筑沉降控制

一、工程概况

莘庄龙之梦购物广场工程总建筑面积20万m^2，由一幢4层大型购物中心与一幢32层酒店综合楼组成，其中地下室10万m^2，基坑面积为25500m^2。工程为地下4层，裙房区域基坑深度平均为－20m，主楼区基坑平均为－21.6m，最深开挖至－26.5m。地下室总挖土方量超过50万m^3。基础形式为桩筏基础。采用钻孔灌注桩。围护墙为地下连续墙二墙合一，基坑采用逆作法施工。

本工程土质划分自上而下依次为：①填土；②粉质黏土；③淤泥质粉质黏土，③t砂质粉土；④1淤泥质黏土，④2-1粉质黏土夹粉性土，④2-2砂质粉土夹粉质黏土，⑤1粉质黏土夹砂质粉土：灰色；⑤3-1砂质粉土夹粉质黏土，⑤3-2粉质黏土，⑥粉质黏土，⑦1砂质粉土，⑦2粉砂，⑨1粉砂，⑨2粉细砂夹中粗砂。部分区域⑥粉质黏土缺失。基坑面位于⑤1粉质黏土夹砂质粉土中。

二、难点分析

本工程基坑面积较大深度深，开挖深度平均达20m以上，其中主楼坑中坑最深处达－26.5m。承压水位在－27m，直接迫近开挖基底及其危险。

承压含水层相互连通地质条件复杂：存在④2-2层、第⑤3-1层微承压含水层；第一及第二承压含水层相互连通。勘察期间测得承压水水头埋深为7.97m，且与微承压相互贯通。

地下连续墙深度为－32.85m，虽将④2-2层完全隔断，但仅进入⑤3-1层微承压含水层2～3m，地墙嵌入深度较小，较难阻隔坑内降水对坑外影响。承压降水开启后极易将造成周边建筑沉降。

基坑距周边老建筑(老式无桩建筑)较多，且距离基坑距离极近，小于20m(小于1：1坑深)。且地墙嵌入深度较小，一旦承压降水开启将直接影响周边建筑不均匀沉降。

三、研究思路

针对本工程特点，并以基坑稳定为第一重点的原则，在挖土至一定深度后急需也必须启动

承压降水，承压降水时间越长承压水位降至越低，基坑越稳定安全。承压降水时间承压水位降至越低，与基坑安全稳定成正比关系。

但与此同时，承压水降水时间过长会造成坑外水位向坑内流失，由于地墙嵌入深度小不能有效阻隔坑外水位，故也会产生较大的负面作用极易造成周边沉降，即反而形成反比关系。

两项最重要控制点形成了反比作用。在强功效与强负面作用并行的情况下，对两者的偏重倾向选择给我们带来一项考虑课题，即选择最佳的承压降水开启时间成为了最重要的研究思路。

增加承压降水的目的在于加固基坑底下的土体，提高坑内土体抗力，从而减少坑底隆起和围护结构的变形量，防止坑外地表过量沉降。减少坑内土体含水量，防止土体在开挖过程中发生纵向滑坡，方便挖掘机和工人在坑内施工作业。主要目的在于降低下部承压含水层的水头高度，防止基坑底板管涌、突涌等不良现象的发生，确保基坑底板的稳定性。

四、方案实施

根据开挖进度，井内水位应控制在基坑开挖面以下一定深度内。本工程对于坑内浅层水及④2-2层微承压水上部，采用管井降水措施，对开挖深度内的土体进行疏干降水。对坑内开挖深度以下的承压水，结合开挖工况，分区、分层进行“按需减压”降水，保证基坑安全及施工顺利进行。根据减压井抽水量及减压观测井的承压水位，确定开启的减压井数量、抽水速率，合理控制承压水水位，将减压降水对环境的影响控制到最低程度。

对于减压井，为减少降水对周围环境的影响，必须按需降水。降水运行时开启减压抽水井数量和抽水量大小，应根据基坑开挖深度和对应的安全承压水头埋深进行控制。当承压水初始水位埋深为7.00m，基坑开挖深度大于14.77m时，可以开始进行减压降水，随开挖深度的逐渐加大，逐步降低承压水头，以尽量减少减压降水引起的对周围环境的影响。

在全部减压井施工结束后，进行一次单井及群井减压抽水试运行，检验施工用电及排水情况，同时观测各井水位。根据基坑开挖和支撑的施工实际工况，对降水运行进一步细化，提出每个工况下开启减压抽水井的数量和井号，并计算出该工况下承压水位的安全深度，以指导降水运行。

减压降水运行过程中每天将基坑周围的监测资料，以便及时了解、分析降水对周围环境的影响程度，有效控制降水运行。

基础底板施工完成后，包括养护阶段和地下室及上部结构施工阶段，根据基础及上部结构的抗浮力，在确保承压水水头压力不大于抗浮力的情况下，逐步减少减压井的开启数量，直至停止降水运行。

五、承压降水的最佳开启时间分析

龙之梦购物广场工程基坑开挖深度较大，根据围护结构设计，需考虑下部⑤3-1层微承压水及⑦层承压水的顶托力对基坑底板稳定性的影响，进行稳定性验算，防止高水头承压水从最不利点产生突涌，对基坑造成危害。

本基坑下部⑤3-1层微承压水含水层及⑦层承压水含水层顶板埋深在27m左右，工程地质勘察期间测得⑤3-1层微承压水埋深为7.92m，⑦层承压水水头埋深为7.97m，且⑤3层与⑦层存在水力联系；同时在承压水抽水试验期间测得⑤3-1层微承压水埋深为8.8m。因此本工程地下承压水统一按照初始静止水头埋深8m计算。按照计算，基坑开挖至埋深15.4m时开始开启承压降水井抽水降压。

基坑内共设置有 30 口承压降水井(含 3 口备用观测降水井)，以本基坑开挖土方底标为计算开挖深度，根据计算得出开挖深度相对应的安全水头埋深图表(表 1、图 1)：

开挖深度相对应的安全水头埋深表 **表 1**

序号	开挖深度 h_s(m)	对应水头深 D(地面下)(m)	序号	开挖深度 h_s(m)	对应水头深 D(地面下)(m)
1	15.00	7.36	9	20.4(主楼开挖深度)	16.2
2	15.4(开始降压)	8.00	10	21.00	17.18
3	16.00	9.00	11	22.00	18.82
4	17.00	10.64	12	23.00	20.45
5	18.00	12.27	13	24.00	22.09
6	18.65(裙房开挖深度)	13.34	14	25.00	23.73
7	19.00	13.91	15	26.00	25.36
8	20.00	15.55			

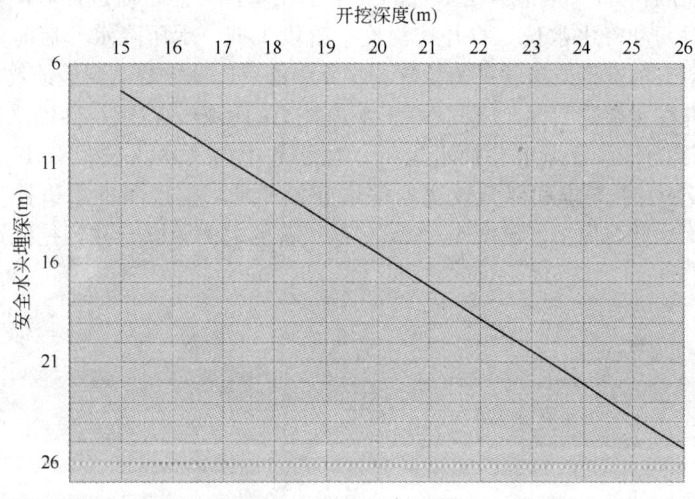

图 1 开挖深度与安全水头埋深对应关系图

六、迫近坑底承压水面最深区域降水

基坑大面积区域根据群井的生产性抽水试验时，开挖大底板时的安全承压水水位(16.2m)，故承压水位降至 19.46m 即可。

但按照生产性抽水试验数据，现有的承压降水井满足不了主楼深坑开挖时要求的安全承压水水位(24.14m)，局部深坑及电梯深坑开挖到底时未能降至安全承压水水头。故需在主楼深坑周边补打承压降水井。

工程主楼深坑开挖底面埋深在最深 25.25m，已经很接近⑤3-1 层微承压水含水层顶板埋深 27m，相距只有 1.75m。按照计算需将⑤3-1 层微承压水降至 24.14m，即微承压水水头埋深降深 16.14m，才能有效的保证开挖时的底部土体的稳定安全。因此根据计算在主楼深坑周边设置 8 口承压降水井。在成井结束后，立即经行生产性抽水试验，验证本深坑的承压降水是否能够满足深坑开挖到最深处时的安全水位需求。

七、减压降水引起的地面沉降控制

邻近建筑物和地下管线的减压井抽水时间应尽量缩短。采用信息化施工，对周围环境进行监测，发现问题及时调整抽水井数量及抽水流量，以指导降水运行。监测资料及时报送以绘制相关的图表、曲线，调控降水运行程序。

在降水运行过程中随开挖深度逐步降低承压水头，根据抽水试验得到的参数，计算不同井群组合下坑内地下水的深度，随基坑开挖深度确定井群的运行。在控制承压水头足以满足开挖基坑稳定性要求的前提下，尽量减小承压水位降深，以尽量减小和控制降水对环境的影响。

对各种管线、要保护的建筑、已建成的房屋等，必须由专业单位进行监测。基坑施工过程中，如地下连续墙发生渗漏或严重渗漏，应及时采取封堵措施，以避免导致基坑外侧浅层潜水位发生较大幅度下降以及由此引起的严重的地面沉降。

八、结语

通过现场抽水试验结合计算，寻找出了承压降水的最晚开启时间(摒弃了降水越早越好的传统想法)，且此开启时间又恰能满足基坑的安全承压水位。同时通过计算严格控制每个开挖深度对应的降水时间和降水水位。将开挖深度、阶段工期、承压降水开启时间、承压降水水位、建筑物沉降值五项进行严格的平衡控制。将其中的反比项控制达到最佳效果。

主楼区基坑开挖主要受到⑤3-1 层微承压水顶托力的影响。在生产性抽水试验结果中，主楼区 12 口井中开启了 10 口降水井抽水运行，观测井中的承压水位只有 19m 左右，降深了 11m，满足大底板的开挖要求和部分较浅的深坑开挖要求。主楼深坑周边补打 8 口承压降水井，结合原先的降水井，局部区域降至 25m 左右。满足主楼深坑土方开挖到最深处时安全水位要求。

既有建筑结构评估改造中若干问题的探讨

蒋利学
（上海市建筑科学研究院）

摘　要：在分析既有建筑结构特点的基础上，提出了既有建筑结构评估改造应贯彻基于性能的思想，需要在基于目标使用期的可靠性评估技术、精细化结构分析技术、基于性能的结构抗震鉴定与加固技术等方面加强研究与实践。

关键词：既有建筑结构，评估，改造，抗震鉴定，加固

1　引言

我国既有建筑结构评估改造业经历了近几十年的发展，规模越来越大，目前正方兴未艾。相关理论与试验研究也有了较大发展，并制订了一系列的标准规范[1-4]。但现阶段既有建筑结构评估仍以沿用结构设计规范为主，尚未形成适合既有建筑特点的评估改造理论体系。

《民用建筑可靠性鉴定标准》GB 50292—1999[1]是我国目前在既有建筑结构评估方面最基本的标准规范之一。该标准以现行设计规范为依据，适当降低可靠指标确定安全性等级。其总体目标设置是合理的，但也存在不少缺陷和操作上的困难：1)对结构耐久性的关注不够。虽然在荷载取值上考虑了目标使用期不同的影响，但对目标使用期内构件耐久性老化引起的抗力退化和正常使用性能不足基本未予考虑。2)由于实际结构构件多为超静定结构构件，虽然各截面的安全性等级很容易确定，但确定整个构件的安全性等级仍较困难。3)构造评级主要按照现行设计规范[5]且置于与承载力同等重要的地位，这对按旧规范设计的建筑十分不利。4)对结构分析方法要求符合现行设计规范的规定，并无提出更高要求，导致未按现行结构设计理论设计的建筑很难获得较好的分析结论。5)实际工程检验结果，执行该标准的评估结论偏严，特别容易将一些未按现行设计规范设计的建筑的安全性等级评低。

《建筑抗震鉴定标准》GB 50023—95[2]及《建筑抗震加固技术规程》JGJ 116—98[4]均是针对设计时未考虑抗震设防的建筑提出的标准规范，其抗震设防标准低于现行抗震设计规范[6]，因此，其抗震构造及抗震承载力验算的要求明显比现行抗震设计标准低。但从实际操作效果看，上述两本标准的用途并不大：由于绝大多数需抗震鉴定与加固的建筑，多出于增加建筑面积、改变结构体系、改变用途的目的，这时就不能按上述两本标准进行抗震鉴定与加固，而应执行现行抗震设计标准。我国现行抗震设计标准的基本理念是，以承载力验算保证“小震不坏”，以概念设计和抗震构造保证“中震可修，大震不倒”。由于多数既有建筑未考虑抗震设防或设防水准低于现行规范要求，期望这些既有建筑完全满足现行抗震设计规范的要求，特别是大量抗震构造的规定并不现实。

综上所述，有关既有建筑结构评估改造的现行标准规范，以沿用结构设计规范为主，未考虑既有建筑的“既有”特征和实际执行的困难，因此可操作性较差，远未能达到解决实际工程问题的要求。

2 既有建筑结构的几个特点

按《民用建筑可靠性鉴定标准》GB 50292—1999 的定义，既有建筑是指建成 2 年以上且已投入使用的建筑物。既有建筑结构与拟建建筑结构相比有很多自身的特点，这在既有建筑评估改造中必须引起重视。

(1) 既有建筑结构具有不同的时代特征

我国现存的城市既有建筑中，除少量古建筑外，多数属近、现代建筑，服役时间多不超过 100 年。这些既有建筑结构在设计建造时多有一定的结构设计理论做指导。总体上，近 100 年来建筑结构技术(包括设计理论、计算分析手段、材料性能、施工工艺等)在不断进步之中，同时，建筑物作为一种投入较多的固定资产，其施工质量、可靠度水准等不可避免地受到当时的国家经济实力制约。因此，各个历史时期的既有建筑具有不同的时代特征。我国的城市既有建筑大致可按时间次序划分为早期、中期、近期三类。

早期既有建筑指 1949 年以前的近代建筑，主要是两种类型，一种是以木结构和砖木结构为主的早期中式建筑，这类建筑在结构形式上与中国古代建筑差异不大，由中国工匠根据传统经验设计建造。另一种是早期西式建筑，这类建筑多分布在上海、青岛、武汉等中国近代通商口岸城市，多由国外设计师建造，中国建筑公司施工，结构形式有钢筋混凝土框架结构、砖木或砖混结构、钢框架结构等，设计施工参考当时西方的结构设计理论。这些早期西式建筑主要考虑承受竖向荷载，结构分析以单构件计算为主；以经验方式考虑抗风，主要抗风构件是砖墙和砖填充墙；完全不考虑抗震。由于早期既有建筑服役时间多超过 60 年，处于超龄服役期，加之当时的建筑材料力学性能相对较差，耐久性问题十分突出。这些早期既有建筑中，有相当一部分具有较高的历史文化价值，被列为各级文物或其他保护建筑，其中部分建筑至今保存完好，正在正常服役中。

中期既有建筑指 20 世纪 50 至 80 年代的建筑。这个时期的既有建筑大致有如下特点：1)由于当时我国的经济基础较差，在建筑设计与施工时十分注重经济性，可靠度水准相对较低；2)出现大量工业化施工的结构形式，如装配式或装配整体式框架、预制装配式排架、升板结构等，预制楼屋面板在建筑中大量采用。3)结构设计理论主要采用安全系数法，在标准体系上经历了从完全照搬前苏联标准到建立我国的标准规范体系的探索。4)结构设计未考虑抗震或抗震设防水准较低。5)计算机辅助设计计算的应用较少，计算分析以简化模型基础上的手算为主，复杂结构的计算精度较差。6)结构服役时间在 20 至 60 年之间，已进入服役中后期，耐久性问题也较突出。

近期既有建筑指 20 世纪 90 年代以来的建筑。这个时期的既有建筑大致有如下特点：1)1989 系列规范实行后，我国的结构设计理论进入先进的概率极限状态设计阶段，设计理论相对成熟；2)混凝土结构以现浇结构为主，预制构件的应用逐渐减少；3)高层与超高层建筑、大跨度结构、复杂结构和新型结构大量涌现，高强、高性能材料在这些结构中大量采用；4)抗震设防区的建筑多考虑了抗震设防，发展了基于性能的结构抗震设计理论，出现了隔震和消能减震结构；5)计算机辅助设计计算的应用十分普及，结构计算的精度可以做到很高；6)结构服役时间不超过 20 年，处于服役早期，耐久性问题尚不突出。

上述特征只是各个历史时期既有建筑的一般特征，对具体建筑而言尚有其自己的“个性”，只能针对具体建筑作具体分析。在各个历史时期，均有一部分建筑不是按当时的一般规矩造的，设计、施工不规范，这些均需要结构工程师作出具体分析与判断。

(2) 既有建筑的安全性已经历了实践检验

既有建筑不同于拟建建筑的一个突出特征是它的安全性已经历了实践检验。就一幢建筑总体而言，其在评估时刻的可靠概率“非0即1”，如建筑未发生整体破坏或倒塌，则其可靠概率为1。当然，局部结构或局部构件仍可能处于不安全状态，这可以从局部结构或构件的裂缝、损伤和变形特征作出直观的判断。在既有建筑的这个“既有历史过程”中，结构设计理论得到了建筑使用实践的检验。经常困扰结构工程师的是，理论与实践之间经常有不符合的现象发生，如，某些结构构件的承载力与现行标准要求相去甚远却安然无恙，而某些构件的承载力完全符合现行标准要求却发生了明显裂缝损伤和不安全迹象。另外一点，我国规范对构造要求总体上越来越高，如，现行《混凝土结构设计规范》GB 50010—2002要求受弯构件一侧受拉钢筋的最小配筋率取0.2%和0.45ft/fy中的较大值，对一块混凝土强度为C30、配HPB235钢筋的混凝土板来说，最小配筋率要求达0.3%，而按1989规范设计时仅要求达0.15%，如果这样一块板的承载力满足现行标准要求，目前也无任何裂缝损伤和明显变形，而按《民用建筑可靠性鉴定标准》GB 50292—1999其安全性只能评为c_u或d_u级，我们是否还需要对它进行加固?

总体上说，结构安全性的不确定性来自于荷载(作用)、材料性能、构件尺寸以及计算方法的不确定性。对既有建筑而言，材料性能和构件尺寸都可以通过现场实测确定，荷载(作用)也可通过现场调查确定，因此荷载(作用)、材料性能和构件尺寸的不确定性影响相对较小。由此可以推断，上述理论与实践的不符来自计算方法不确定性的可能性更大，包括荷载作用效应的计算和抗力的计算。

(3) 既有建筑的耐久性问题更加突出

既有建筑已服役了一段时间，中期既有建筑已处于服役中后期，早期既有建筑则已处于超龄服役期。很显然，既有建筑的耐久性问题比拟建建筑更加突出。

上海有不少服役时间在70～90年的历史建筑，结构形式以钢筋混凝土框架结构和砖木、砖混结构为主。从实践经验看，一般钢筋混凝土框架结构房屋的耐久性老化并不严重，虽然混凝土强度并不高(多不超过C20)，碳化深度也早已超过保护层厚度，但总体上看，这些房屋一般室内构件的钢筋锈蚀状况并不严重，再使用30年不会有大的问题。当然，局部室外构件、厨房卫生间等潮湿部位构件以及发生渗漏部位的构件，也经常会看到发生钢筋锈蚀现象。而砖木结构和砖混结构房屋的基础多采用三合土砖砌条形基础，防潮措施较差，砖墙砌筑材料强度也较低，加之上海的地下水位较高，空气相对湿度较大，底层砖墙多出现明显潮湿酥碱，砌体的抗压和抗剪强度退化明显，搁置在潮湿砖墙的木梁、木格栅端部也容易出现腐朽，严重影响木构件的安全性。

(4) 既有建筑的抗震性能普遍不能满足现行标准要求

目前让结构工程师最感头痛的问题是如何评价既有建筑的抗震性能，如何加固使既有建筑的抗震性能达到现行标准要求。如前所述，早期既有建筑均未考虑抗震设防，中期既有建筑未考虑抗震设防或设防水准较低，近期既有建筑中，按1989规范设计的建筑的抗震性能也低于现行设计规范的要求。如对这些既有建筑进行改造，抗震评估和加固要求到达现行抗震设计规范要求。应该说，从技术政策角度提出这个目标要求无可厚非，但因我国现行抗震设计规范的基本理念是以承载力验算保证“小震不坏”，以概念设计和抗震构造保证“中震可修，大震不倒”，在既有建筑抗震评估与加固时直接套用现行抗震设计规范很不适合，分析如下：

一般说来，既有结构抗震承载力不足可通过加固构件、增加抗侧力构件等方式解决。相对而言，既有建筑在抗震构造方面离现行设计规范的要求更远且解决难度更大。如，GB 50011—2001对结构材料的要求，黏土砖强度等级要求不低于MU10，砌筑砂浆强度等级要求不低于M5，一般混凝土构件的混凝土强度等级要求不低于C20，而相当一部分既有建筑的材料强度达不到上述要求。按照现行规范体系，因这个要求是以强制性条文规定的，光凭这一点就可以认为这些既有建筑未达到要求而且永远也达不到要求。又如，相当一部分既有钢筋混凝土框架结构的节点核心区配置和纵筋锚固长度达不到现行设计规范要求，且无法通过加固的办法解决这一问题。

3 既有建筑的结构评估改造应贯彻基于性能的思想

通过上述分析可知，既有建筑有其自身固有的特征，期望完全套用现行设计规范来对既有建筑结构进行评估改造是不现实的。因此，本文提出用基于性能的思想方法，根据既有建筑的特点建立一套理论和方法体系，其基本含义如下：

1）以基本达到现行规范规定的可靠性水准作为评估改造的基本目标，但在评估和改造的方法上应结合既有建筑结构的固有特点，在结构分析和构造评估方面只能参考而不能照搬现行设计规范。

2）通过不同目标使用期调整荷载与作用取值、抗力衰减程度和耐久性防护措施，最终可以投资效益比作为加固改造综合决策的依据。

3）通过采用精细化的结构分析方法，考虑主次结构协同工作性能，以最大限度地挖掘既有建筑结构的刚度和强度潜力，最终达到节约社会资源、减少加固投入的目标。

4）采用基于性能的抗震评估加固思想，改变沿用抗震设计规范的“小震验算加构造要求”的抗震评估加固方法。以实际抗震构造调整材料的弹塑性本构模型，通过动力和静力弹塑性分析直观反映结构在小震、中震和大震下的性态。抗震能力不足者，以增设抗侧力构件、增加结构阻尼等结构整体加固手段为主，结合传统构件加固方法，提高既有建筑结构的抗震性能。

（1）既有建筑的结构评估改造应以目标使用期为基础

工程结构可靠性是指结构在规定的时间，规定的条件下完成预定功能的能力[7]。可见，可靠性是有时间概念的。对拟建结构而言，这个“规定的时间”是指设计使用年限。而我国目前的一般工程实践中，既有建筑结构评估改造时这个“规定的时间”似乎很不明确，很少有评估报告或加固改造设计图纸明确指出这个“规定的时间”，人们似乎在思想上有意无意地回避了这个问题，而在实际操作上则基本沿用现行设计规范进行既有结构评估与加固改造。现在看来，这种做法是不科学、不可靠、不负责任的。

既有建筑的结构评估不是评估现在时刻的结构可靠性，而是评估今后一定时间段内的结构可靠性。因此，与拟建建筑设计规定设计使用年限类似，既有结构评估改造必须明确结构的下一目标使用期[8][9]。确定目标使用期时，既受到结构剩余使用寿命等技术因素的影响，又受到业主期望、城市规划、保护要求、加固与维护投入意愿等非技术因素制约，因此是一个复杂的综合决策过程，可通过投资效益分析等手段作为决策的依据。

通过设定既有建筑的下一目标使用期，一方面可调整荷载与作用取值，另一方面，可保证因耐久性老化引起的结构抗力衰减和正常使用性下降程度控制在可以接受的范围内，而不是听天由命。

（2）既有建筑的安全性评估应采用精细化的结构分析方法

如前所述，既有建筑结构具有不同的时代特征，其设计理念和方法与目前的理念和方法有程度不同的差异。总的说来，结构设计理论在不断进步中，目前的理论与方法相对而言是比较先进的。但即使如此，目前的结构设计理论中仍有很多简化分析手段，与实际结构状态有不少差距，如，将很多钢框架或装配整体式框架中的半刚性节点简化为完全铰接节点，而忽略了节点的刚度和抗弯承载力；将砖填充墙仅作为荷载考虑而忽略了它在承受竖向荷载或抗风、抗震中的作用；将现浇楼盖中的梁、板人为分开分别进行设计计算，而忽略了楼板对结构刚度和承载力的影响。由这些例子可以看出，多数简化分析的结果是偏于安全的。这对于拟建结构设计都是可以接受的，但对于既有建筑结构评估改造，我们应提倡采用精细化的结构分析方法，如考虑主次结构协同工作，它有多方面的好处：1)可挖掘既有建筑结构的刚度与强度潜力，减少加固投资，节约社会资源，也可降低结构加固在技术上的难度。2)有利于更好地分析既有建筑结构出现问题的原因，更好地分析既有建筑结构的安全状态。3)有利于结构分析理论的进步。

(3) 既有建筑的抗震鉴定与加固应以基于性能的理论方法为指导

近年来，基于性能的抗震设计理论[10]和工程应用有了较大的发展，这种方法适应了不同业主对建筑抗震性能的个性化要求(通常是比现行标准要求更高)，结构在中震和大震下的性能不是由构造措施来“间接保证”，而是由动力或静力弹塑性分析结果来“直观反映”。既有建筑的抗震鉴定与加固更需要以基于性能的理论方法为指导，原因在于：既有建筑是历史上不同时期建造的，用现行“小震验算加构造要求”的方式对其进行抗震鉴定和加固的现实可行性很差，比如，既有建筑抗震承载力不足还可通过构件加固、增加抗侧力构件等方式加固，而材料强度偏低、节点核心区配箍不足、纵筋锚固长度不足等构造措施不足则无法通过加固方式解决。采用基于性能的思想方法，通过目标使用期调整地震作用取值，以实际抗震构造调整材料的弹塑性本构模型[11]，用动力或静力弹塑性分析来反映结构在小震、中震、大震下的性态，以增设抗侧力构件、增加结构阻尼等结构整体加固手段为主进行加固，这是解决既有建筑抗震鉴定与加固的一条现实可行的途径。

2010年上海世博园原址上有江南造船厂、南市发电厂、上钢三厂等大量工业遗存，为中国近代工业发祥地。上海世博会的很多展馆利用原有工业厂房改建而成，既有建筑利用率创历届世博会之最。而大量展馆为过渡性建筑，即临时建筑，在世博会后需拆除。根据这种情况，有关部门组织专家制订了《世博园区过渡性既有建筑抗震设防规定》，在抗震鉴定和加固改造时，因地制宜地设定每幢建筑的目标使用期，过渡性建筑的目标使用期设定为10年，即使改造后的过渡性既有建筑达到一定的抗震能力，又避免了不必要的加固和浪费，体现了勤俭办世博的精神。

南市发电厂主厂房建于1984年，1994年扩建，长129m，宽70m，总高度约50m，由汽机房车间、除氧煤车间和锅炉房车间三部分构成。主厂房总体上采用高低不等跨的框排架混合结构体系，其中1984年建造部分未考虑抗震设防。该厂房改造为世博会的主题展览馆，为永久性建筑。分析该厂房的结构特性，抗震方面的突出问题在于各跨高度差异过大，结构刚度分布不均匀，框架部分为单向框架，整体刚度严重不足等。该厂房在结构体系上严重不符合现行抗震设计规范要求，采用传统加固方式也难以到达抗震设防要求。为此，在该厂房结构改造咨询时，提出主要采用阻尼支撑的方式对其进行抗震加固(见图1)，经采用静力弹塑性(push-over)分析表明，该厂房采用阻尼支撑加固后可以达到抗震设防要求(见图2)。

图1 主厂房阻尼支撑加固分析模型

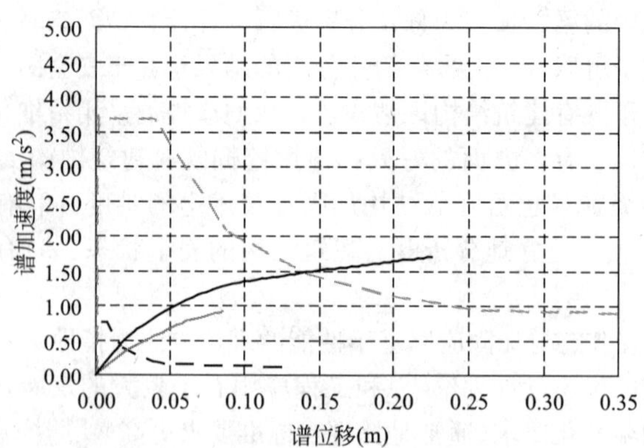

图 2 主厂房加固前后的 push-over 曲线

4 结语

既有建筑结构的评估与改造与新建结构设计有很大的不同，在评估和改造的方法上应结合既有建筑结构的固有特点，在结构分析和构造评估方面只能参考而不能照搬现行设计规范，从而形成不同于新建结构设计的既有建筑结构评估改造理论和方法体系。本文在分析既有建筑结构特点的基础上，提出了既有建筑结构评估改造应贯彻基于性能的思想，需要在基于目标使用期的可靠性评估技术、精细化结构分析技术、性能的结构抗震鉴定与加固技术等方面加强研究与实践。

参考文献

[1] 《民用建筑可靠性鉴定标准》GB 50292—1999
[2] 《建筑抗震鉴定标准》GB 50023—95
[3] 《混凝土结构加固设计规范》GB 50367—2006
[4] 《建筑抗震加固技术规程》JGJ 116—98
[5] 《混凝土结构设计规范》GB 50010—2002
[6] 《建筑抗震设计规范》GB 50011—2001
[7] 《建筑结构可靠度设计统一标准》GB 50068—2001
[8] 顾祥林，许勇，张伟平. 既有建筑结构构件的安全性分析，建筑结构学报，2004，25(6)：117-122
[9] 《既有建筑物结构检测与评定标准》DG/TJ 08—804—2005
[10] 《建筑工程抗震性态设计通则(试用)》CECS 160：2004
[11] 黄超，季静，韩小雷，郑宜，何伟球，戴金华. 基于性能的既有钢筋混凝土建筑结构抗震评估与加固技术研究，地震工程与工程振动，2007，27(5)：72-79

浅谈上海世博会中国馆工程监理工作目标控制

马洪涛、孙亚龙
（上海建科建设监理咨询有限公司）

摘　要：上海世博会中国馆工程具有工期紧、设计调整多、施工难度大、协调工作大的特点。中国馆监理项目部采取了针对性的方法和措施，有效地完成了各项工作目标，为世博会中国馆的如期保质保量建设完成提供了相应的保障。

关键词：目标控制，组织机构，方法及措施

1　工程概况及特点

中国馆位于上海世博会浦东园区A、B片区的核心区域，处于国展路、博成路、云台路及南环路围合的地块内，整体用地为一不规则的四边形。该地块西侧与世博轴相邻，北侧与滨江的文化中心遥遥相望，东侧为亚洲国家展区，地下则与轨道交通8号线周家渡站相连。

中国馆建筑用地面积7.13hm^2，总建筑面积为160126m^2。中国馆又分为国家馆和地区馆两部分，其中国家馆高69m，建筑面积46457m^2，为地下一层（局部二层），地上六层（核心筒14层），地下及地上建筑面积分别为2553m^2和43904m^2；地区馆高13m，建筑面积113669m^2，为地下一层（局部二层），地上一层（局部二层），地下及地上建筑面积分别为50699m^2和62970m^2。

中国馆于2007年12月18日开工，2010年2月8日竣工。中国馆建设期间具有如下特点和难点：

（1）场地环境复杂。在中国馆基坑的西侧北段，最外侧工程桩与轨道交通8号线周家渡站外边线距离为零；在西侧南段，地下室外墙距已经投入运行的轨道交通8号线外边线最近处仅有20m。这不仅对中国馆的地下基坑施工提出了极高的要求，也给轨道交通上方地面的现场拼装、场地布置、施工机械开行道路等造成诸多限制。

（2）设计需求不确定。中国馆代表着中国的形象，意义重大，许多方案的设计、审批要逐层上报，决策周期相当长，这也给中国馆施工带来很大难度。

（3）钢结构吊装难度大。组成国家馆斗冠的钢材构件数量多、吨位重，最重的构件达到135t；而且由于悬挑下方的地区馆在同步施工，所以需要采用无支持方法进行安装，施工难度相当大。此外，悬挑状态下的巨大构件安装与变形控制对施工过程中的结构稳定、施工安全也提出了巨大的考验。

（4）施工工期紧张。如此高难度的工程，要求在2009年底前施工完成，工期只有不到两年的时间，完全没有回旋余地。而在常规情况下，建成类似建筑，最少需要三年时间。并且由于期望高、标准严、要求多，中国馆工程是在边施工、边调整的特殊情况下进行的，其工作难度与紧张度可想而知。

（5）参建单位多，协调难度大。本项目建筑面积大，专业工种多，施工周期短，将会存在多

家施工单位同时作业的多项目管理，其中工作面接口、技术接口、测量等协调工作量大。本项目涉及的施工工种和专业多，技术接口管理特别明显，如基础工程、钢结构、幕墙、电力系统、通信与信号系统、排水与消防系统、安检系统、控制系统等。本项目与周边工程的协调工作，如地铁 8 号线、城市道路、市政管线、高架通道等多专业多项目接口协调管理。

2 监理组织机构

鉴于中国馆工程的特点及难点，项目监理部按照总控管理和现场监理分层设置，即在总监、总监代表下成立总监办，负责项目目标策划、技术咨询、监理工作计划和管理；并根据专业划分设置土建结构及装饰、钢结构、幕墙、机电设备、总体绿化等监理组，具体实施现场监理工作实务。

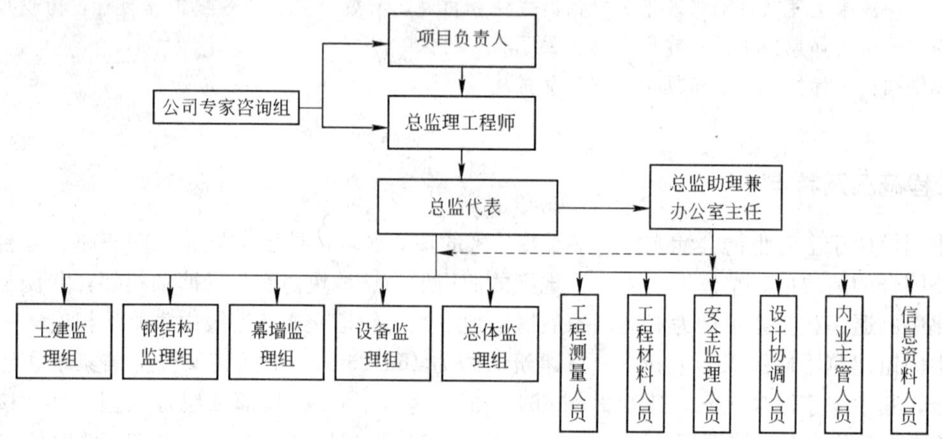

3 监理工作方法及目标控制措施

中国馆工程是上海世博会园区标志性和永久性的核心建筑，是展示上海和国家形象的重要窗口，工程建设的质量目标是上海“白玉兰”和国家“鲁班”奖。上海建科建设监理中国馆工程项目部主要制定和采取了如下管理措施：

3.1 以公司为依托，积极取得公司和机关各部门对项目部监理工作的全力支持

公司对世博工程建设极为重视，被列入公司的重点工程项目实施重点管理。由公司主管质量安全的副总经理主抓世博板块建科监理工程项目的综合管理和协调工作。在工程建设期间，定期召开了建科世博各工程监理项目总监等主管人员参加的联席会议，开展了包括深基坑工程、钢结构工程、绿色工程、安全监理工作等有关专题性的经验交流会。通过“联席会”这一平台，使各监理项目部之间，经验教训相互借鉴，起到了共同促进提高的目的。

工程开始，公司主管质量安全副总经理带领直属各部门人员，在工程现场对中国馆监理项目部的监理人员进行了工作交底，为创世博精品工程，当好质量卫士，积极参加立功竞赛活动，展示建科监理品牌风采，做出监理的积极贡献进行了动员，对监理的创建工作给予了有力指导和帮助。

在工程建设期间，公司及部门领导和质量安全主管人员到中国馆工程现场进行了二十多次检查，对监理项目部的质量安全监理工作给予了适时的指导，提升了监理工作的力度和水平。

公司总师室对中国馆的基坑围护支撑设计方案进行了审核把关，提出了优化设计改进意见，被采纳实施后，既保证了围护结构安全，又节省了工程费用 30 万元以上。

为了保证中国馆大型机械设备的施工安全，公司委托了上海建科院设备安全检测专业技术

人员，到现场对塔吊、人货梯等大型设备进行了安全检测，提升了监理安全管理力度，降低了监理的安全责任风险。

3.2 合理调配项目部机构监理组成人员，充分满足监理咨询服务工作需要

由于中国馆工程的特殊性，工期的紧迫性，难免存在设计与施工的诸多矛盾和协调事宜，为此，项目部特配有一名具有建筑工程设计和施工经验的高级工程师专门负责设计文件的管理和协调工作，适时对各专业监理人员组织有针对性的内部设计交底，协调处理施工中与设计相关的有关事宜，对专业监理人员准确运用设计文件顺利开展监理工作，起到了良好作用。

为了保证监理项目部资料管理的工作质量，规范监理各类行文，除配有资料员外，还专门配有一名具有多年工程监理和资料工作经验的高级工程师主管内业资料管理工作。使监理资料在完整性、有序性、符合性上有了较大提高，为工程质量竣工时的资料顺利归档备案打下了良好基础。

在钢结构工程施工期间，由于工期紧、任务重，由多家制作厂负责加工制作，为了保证钢构件的制作质量，一方面增配驻厂监理人员数量(注：由最初 2 名，增至 5 人)，另一方面还建议组成了由业主、监理、总包、分包有关人员参加的质量联合巡查组，对各制作分厂进行不定期的巡视质量检查，有力地保证了钢构件的制作质量。

玻璃幕墙工程开始后，除配有 2 名现场专业监理人员外，特聘请了一位具有丰富幕墙设计施工经验的中国建筑金属结构协会的幕墙专家组成员，到现场坐班为项目部幕墙监理控制工作进行技术和质量把关，大大提升了监理咨询服务工作水平。

工程建设期间，项目部按专业监理工作任务需要配齐了监理人员，做到了专业覆盖，工作到边，确保土建结构、钢结构、幕墙、装饰、设备安装及总体工程等的质量控制工作。监理项目部配有各类监理人员约 30 名(注：其中国监 4 名，高工 4 名，监理工程师 15 名)，充分满足了建设期间的监理工作需要。

3.3 建立健全和认真实施项目部的各项管理制度，提高监理工作力度和效果

3.3.1 会议制度

工程例会：由总监主持，业主、总包、设计和主要专业分包主管人员参加的每周工作例会，听取各与会单位一周以来的施工管理工作汇报，协调处理有关工程的重大关键事宜，会后编制例会纪要，经会签后正式下发；

质量例会：由专业监理组负责人分别主持召开土建和机电设备安装周质量例会，总结一周以来的土建、机电设备安装施工质量情况，对各自有关质量问题提出整改要求，会后编制质量专题例会纪要正式下发；

项目部周例会：由项目总监主持，项目部主要岗位监理负责人参加的内部周工作例会，与会人员汇报本周内各自完成的主要工作情况和需要协调处理的有关问题，最后由总监归纳总结和明确问题的处理意见及下周工作任务；

设计内部交底会：由设计协调主管人员，根据工程进展和收到图纸的情况，经认真充分准备后适时对相关专业监理人员进行交底，并答疑有关问题，填写书面交底记录；

月度监理人员大会：每月召开由项目总监主持全体监理人员参加的月度监理人员大会，总结本月监理工作情况，传达有关工程信息，通报下月工程进度计划，征求监理人员意见，布置和明确下月监理工作任务和要求，会后编制会议纪要；

安全监理例会：由安全监理负责人每周主持召开由总包和各专业分包单位施工安全负责人参加的周施工安全例会，总结本周施工安全管理情况，明确下周安全管理工作重点并对存在安全隐患事宜提出整改措施及要求，会后编制例会纪要正式下发；

专题会议：根据现场施工质量安全监理工作中的特殊情况和需要，适时召开质量或安全事宜的专题会议，使问题得以及时处理，并编制会议纪要。

3.3.2 工作计划制度

制定有项目部的月度工作计划及周工作计划；

制定有各专业的检验批验收划分计划；

制定有各专业、各工程阶段的监理旁站工作计划；

制定有各专业、各工程阶段的监理实测抽检工作计划；

制定有各专业工程内容的影像拍摄工作计划；

制定有本工程各类监理细则的编制计划；

制定有各分部和单位工程监理质量评估报告编制计划；

制定有各专业首件质量确认工作计划。

3.3.3 监理汇报及报告制度

(1) 除规定有口头汇报事宜外，还要求现场各岗位监理人员都必须以书面周工作小结的形式进行监理工作汇报；

(2) 项目部每周汇总现场的质量安全工作情况，形成监理质量管理工作周报和安全监理周报，书面报送业主备案；

(3) 按照公司和监理规范要求，每月编制有监理月报(含安全监理月报)，报送公司、业主和市安质监站；

(4) 对某些需要专题报告的事宜，编制有关专题性报告，适时报送有关主管部门。

3.3.4 监理日记制度

(1) 按照公司和监理规范要求，对当日的工程及监理工作情况，按记录内容要求填写项目部监理日记；

(2) 要求每个现场质量安全监理人员记录个人监理日记。

3.3.5 监理隐蔽工程验收内部会签制度

项目部规定对涉及多个专业内容的隐蔽工程项目的验收，必须由为主内容的专业组负责人牵头，经各相关专业监理工程师质量验收合格，并在内部书面会签单上签字后，方允许施工隐蔽。

3.3.6 首件质量验收确认制度

对各专业重要首个检验批(或重要隐蔽工序)的质量验收作为首件，在施工完成报监理质量验收时，均由专业监理组负责人，按照事先确定的首件确认计划安排，组织业主、设计、总包等质量主管人员共同参加首件验收，并办理首件书面验收确认单，以此质量标准要求监理对后续同类检验批(或工序)质量进行检查和验收，以保质量要求的一致性。

3.3.7 监理人员岗位分配管理制度

按照项目部所设各类监理人员工作岗位，对项目部的各项管理工作进行明细分类，并明确各项工作的组织者、承办者、支持者、参加者和批准者，上墙公示，做到相关责任到人，其完成工作的情况作为各类监理岗位责任人员考核的依据。

3.3.8 监理岗位工作考核制度

项目部为了对各类岗位监理人员的工作绩效、工作纪律、思想作风等情况进行考察了解，激发监理人员的工作积极性和加强项目部监理人员的队伍建设，提高监理人员的素质，更好地完成监理各项工作任务，项目部实施了监理岗位工作考核制度，分别针对不同监理岗位人员，制定了各类监理岗位人员考核评分表，按季度实施了考核。工程建设期间，项目部按照季度实施考核工作，先后对21人(次)考核优秀的监理人员实施了书面嘉奖和奖金奖励。

除上之外，项目部还制定和实施了材料见证取样、监理旁站、资料管理及文件编制、质量验收等项制度。通过上述制度的实施，使监理项目部的各项工作做到规范有序的实施和推进。

3.4 借助公司范围内项目部的外部监理和专家力量，为中国馆的质量安全工作进行“会诊”，提供咨询意见

在钢结构施工阶段，受项目部总监之邀，由公司总师室组织和支持，先后三次委派了公司钢结构专家顾军和具有丰富经验的部分钢结构专业监理工程师，到现场对钢结构的质量和资料工作给予“会诊”和指导；

在土建结构施工阶段，项目总监组织了“中国馆”与“浦东图书馆”工程监理人员之间的相互检查和交流，以此起到相互经验借鉴和促进提高的作用；

结构施工阶段，由于工期紧，现场只能采取高空立体交叉作业的方式进行，这给现场的安全管理工作带来了极大的难度。项目部总监理工程师组织了分公司所属其他工程项目上具有丰富的安全监理经验的十多位专职安全监理人员，到中国馆工地现场对安全文明施工情况进行了检查，对发现存在的安全隐患问题提出了整改意见，给监理安全督查工作提供了指导和帮助；

在设备安装施工阶段，项目总监组织了由公司工程管理部和分公司所属其他工程项目上有经验的水、风、电设备安装专家共计12人，对中国馆正在进行的机电设备安装工程施工质量进行了全面检查，采取了按专业分组对口的检查形式。对已施工的安装质量在给予充分肯定的同时，也指出了各专业存在的某些一般常见的安装质量问题，对监理的安装质量控制工作给予了有力的指导和帮助。

3.5 运用质量讲评会，促进工程质量的改进和提高

监理项目部在土建结构、钢结构、机电设备安装工程阶段先后多次主持召开了施工质量讲评会，请业主、总包、专业分包等相关单位质量主管人员参加，对现场的质量情况利用影像实物照片资料进行如实讲评，对存在的某些质量隐患问题进行曝光，对提高施工质量管理人员的质量意识，促进工程质量的提高起到了积极作用。

3.6 实行监理安全网格化管理，提高安全监理工作力度

由于中国馆工程建筑面积大，专业施工队伍及人员多，施工点多面广，现场的安全形势亦然严峻，单靠专职安全监理人员难以完成现阶段监理安全督察任务。为此，项目部总监要求现场专业监理人员，在完成本职岗位工作的同时，都要兼职做好安全监理的辅助工作。为此，由专职安全监理人员组织，按照现场存在的危险源情况划分成若干个管理网格区，明确了各网格区分管人员及责任，发现安全隐患和违规问题及时报告专职安全监理人员，以做到第一时间内尽快发现和妥善处理，监理人员的安全兼管工作情况作为周工作小结的一项内容，监理人员都能积极响应并认真开展这一工作。

3.7 积极为监理人员创造工作和生活条件

在中国馆工程项目业主和总承包的关心帮助下，项目部为监理人员创造了良好的办公和生活条件，购置了必要的办公和住宿现场监理人员的生活设施，对节假日及夜间值班人员认真落实了薪酬补助。项目部出于关心员工的健康和更好地完成监理工作任务考虑，为14名五十岁以上的监理人员进行了免费体检，使其对各自的身体状况有了相应的了解，有利于监理完成工作的同时，也要注意做好自我身体的保护。监理人员也充分体会到了项目部集体的温暖，激发了更大的工作热情。

3.8 编制了监理项目部工作指导书，为中国馆监理各项工作的开展，起到了针对性指导作用

为了指导项目部监理人员规范地开展监理咨询服务工作，将项目部所制定的各项规章制度和规定、监理工作的内容和要求等，汇总编制了《监理项目部工作指导书》，印发给各专业监理组，以方便监理人员熟悉和执行，这有利于保持项目部各项监理工作的规范性、延续性和一致性。对新进入本项目部的监理人员，均要求在对该指导书的内容熟悉和由分管人员负责进行交底后，方办理总监对其的书面授权手续。

4 结语

在上海世博会中国馆建设期间，通过以上制度规定和方法措施的认真实施，项目部的各项监理工作得以在规范有序的轨道上稳步行进，为中国馆工程建设履行了监理应尽的职责，贡献了一份力量，同时也得到委托单位和来自各方的认可和肯定。

让环保低碳理念融入真如副中心建设

张　青

（上海市普陀区建设工程安全质量监督站）

摘　要：在中国2010年上海世博会上，通过自然资源的利用、可再生能源的开发、废弃物的循环使用以及新兴环保材料的普及推广，各国都将环保、低碳的应用发挥到了极致。当前，我区正在大力打造真如城市副中心，如能借鉴世博园区和场馆的案例，从降低建筑能耗、建设节能型建筑，有效利用空间、推广垂直绿化，依托自然资源、有效收集雨水等方面着手，融入和运用环保、低碳的理念，我们相信可以把真如城市副中心建设成为一个环保、低碳、生态的"绿色新城"。

关键词：环保，低碳，世博

环保、低碳是时下十分热门的词眼。在本届中国2010年上海世博会首次设立的城市最佳实践区里，环保、低碳的理念更是无处不在。德国"汉堡之家"运用可再生能源，使室内无需空调和暖气就能保持四季25℃的恒温；伦敦案例馆通过节能设施减少对能源的需求，并采用可再生能源实现二氧化碳零排放；"沪上生态家"借助屋顶上巨大的太阳能光热设备，满足整幢楼的能源需求，还有西班牙马德里案例馆、法国阿尔萨斯案例馆、加拿大温哥华案例馆等等。无论从自然资源的利用到可再生能源的开发，还是从废弃物的循环使用到新兴环保材料的普及推广，各国都将环保、低碳的应用发挥到了极致。值得一提的是，每个案例馆都可以在现实社会中找到原型，可见环保、低碳不只是美好的愿景，而且完全可行。

当前，我区正在大力打造真如城市副中心，"十二五"期间，一座座新的地标就将在上海的"西大门"矗立。如能借鉴上述案例，融入和运用环保、低碳的理念，相信必能为真如城市副中心的建设添光加彩。在此，我们结合所见所闻，提出一些不成熟的想法。

一、降低建筑能耗，建设节能型建筑

我国建筑行业长期实行粗放型发展方式，造成的代价就是持续的建筑高能耗。据统计，我国建筑能耗占社会商品能源总消费量的比例，已由1978年的10%上升到目前的20.7%，并且这一比例仍将继续增加，最终超过工业、交通等其他行业而位居能源消耗的首位。随着经济社会的深入发展，能源、资源等因素对经济的制约作用愈加突出，高耗能的建筑发展模式已不堪重负，由此，节能型建筑为越来越多人所关注。

要建设节能型建筑，首先要创新材料。隔热隔声效果好、密封性强的建筑材料可以最大限度降低采暖和制冷的能耗，是建设节能型建筑的基础。虽然2004年我国实施建筑节能规范以来，膨胀珍珠岩颗粒、膨胀聚苯板、low-e型玻璃等一批新型节能材料被逐渐使用，但对照伦敦"零碳馆"外墙所采用的新型绝热材料，以及马德里"竹屋"外墙上安装的竹林遮阳板等先进技术而言，我们还应进一步鼓励和扶持新型节能材料的研发和使用。此外，对废弃材料的开发再利用也不失为可取之道。伦敦"零碳馆"墙壁所使用的混合型水泥中含有50%的建筑废料，通过对煤灰、煤矸石、矿渣等原本会污染空气的建筑废料进行二次利用，使其变废为宝，这点十分值得借鉴。其次要创新能源。提高对太阳能、生物能和风能三种核心能源的使用，是建设节能型建筑的关键。可以借鉴“沪上生态家”及“汉堡之家”被动房的经验，通过设置太阳能光热设备、地源热泵、带热回收功能的通风设备等，减少对传统能源的依赖，提高太阳能、地源热能和风能的综合利用，以此实现建筑内的通风，以及温度和湿度调节。最后要创新工艺。对既有建筑进行节能型改造，是建设节能型建筑的新要求。真如城市副中心区域内将保留一定的民居住宅和厂房，在业主入住的情况下进行建筑节能型改造，首要确保安全便民，因此，创新工艺尤为重要。我们感到，对于留存下来的这些旧建筑，重点是要从改进外墙、外窗、屋面保温性能出发，进行综合改造。墙体和屋面的改造结构基本采用外保温，保温材料以聚苯板为主；外窗则多采用加强密封、改善气密性的方法。巴塞罗那市中心老城区改造的一些做法可作参考。

二、有效利用空间，推广垂直绿化

如何在寸土寸金的真如城市副中心增加绿化覆盖率，拓展绿化空间，对于真如城市副中心的环境美化、生态平衡和实现节能减排都具有十分重要的现实意义。世博会“一轴四馆”之一的主题馆就拥有世界最大的生态绿化。通过垂直绿化打破城市“水泥森林”的格局给我们带来了极大的启示，这一绿化科技在真如城市副中心的建设中同样具有广阔的推广前景。

垂直绿化又称为立体绿化，就是为了充分利用空间，在墙壁、阳台、窗台、屋顶、棚架等处种栽攀缘植物，以增加绿化覆盖率，改善城市环境。它在克服城市绿化面积不足、改善不良环境等方面具有独特的作用。上海的垂直绿化起步于20世纪80年代。近年来，上海仅屋顶绿化总面积已达到近90万m^2，相当于30个复兴公园的面积。我区目前垂直绿化面积有22891m^2，百联中环广场的屋顶绿化达1万m^2以上。但是，纵观我区垂直绿化在城区建设中的发展，仍存在垂直绿化总量较少、规划设计存在缺位、补贴奖励资金不足等问题。我们感到，为在真如城市副中心中更好地应用垂直绿化这一绿化科技，可以从以下几方面着手。一是加强规划管理。规划部门在受理真如城市副中心申报立项的建设项目时，应要求同步建设垂直绿化。要求送审项目配套绿化方案时，应附有垂直绿化设计方案，申报竣工的建设项目应将垂直绿化纳入验收范围。二是加强科技研发。要在真如城市副中心的大楼钢结构外墙上布绿，而且植物墙数年之内不枯萎不落叶，植物色彩还要四季有变化，选择植物的品种是关键环节之一。因此，绿化管理部门应当加大对垂直绿化的科计研发力量，选择和培育适合上海气候变化、适合建筑外墙布绿的植物投入真如城市副中心的垂直绿化建设。三是增加专项补贴。由于垂直绿化是具有明显外部正效益的准公共绿化，政府应采取财政补贴的政策，运用生态效益补偿机制或节能降耗转移支付，对建设单位给予经济补贴和奖励。同时，要积极发挥社会各级的积极性，把垂直绿化纳入绿化认建认养的重要主体对象，对于那些自愿建设和维护垂直绿化的企业和个人给予一定奖励。

三、依托自然资源，有效收集雨水

随着城市规模的不断扩大，用水需求也不断增长。建设中的真如城市副中心规划新建公共建筑301.5万m^2，汇集各类商业、商务办公和文化设施，生活、办公、养护绿化、清洗道路等各方面用水需求都非常大，因此，提高对雨水的收集利用，是一条缓解用水压力的有益途径，并且雨水的收集利用还有助于减少城市道路雨水径流量、减轻排水压力、降低雨污合流。

据上海市水文站40年的实测雨量统计，上海地区常年平均雨量为11160mm，雨水充沛为收集利用提供了先决条件，关键是如何收集与利用？其实，世博园内的一些成功范例已经给出了答案。中国国家馆的屋顶上，设计有雨水收集系统，可以利用收集下来的天然雨水，进行绿化浇灌和道路冲洗；演艺中心采用了完善的雨水利用系统，将空调凝结水与屋面雨水收集、处理，用作道路冲洗和绿化浇灌用水；“阳光谷”的喇叭口同时又是下水口和蓄水池，大量雨水通过阳光谷，被储存在世博轴的地下室，经过过滤，不仅可以自用，还可用于周围其他场馆的灌溉与清洁。结合真如城市副中心的建设，我们感到可以从三方面入手：第一，新建建筑物要充分设置雨水收集系统。真如城市副中心有足够的建筑物，屋顶、道路、广场、绿地都可以作为雨水收集点，这不仅是雨水利用的首要环节，而且可以解决排水不畅引起的积水。第二，建造低势绿地，绿地下可设置畜渗储水系统。结合原有的绿化布局，对土壤应进行改造，通过添加石英砂、煤灰等提高土壤的渗透性，同时在地下增设排水管，穿孔管周围用石子或其他多孔隙材料填充，具有较大的蓄水空间，将屋面、道路等各种铺装表面形成的雨水径流汇集入绿地中进行蓄渗，以增大雨水入渗量，多余的径流雨水则从设在绿地中的雨水溢流口或道路排走，这种蓄渗设施能够有效提高道路景观隔离带的调蓄与下渗能力，同时可确保景观植物生长条件与景观效果，人行道外侧的绿化带也可进行类似设置。第三，客观地对雨水收集系统进行成本效益评估。从经济角度而言，建造雨水收集系统前期投入比较大，但长远来看，可以节约大量用水，降低排水建设的投入，而且具有积极的社会效益和生态效益。

对环保、低碳的热衷，反映出在现代社会高速发展的背景下，人类对以往生产生活方式的反思与转变，同时也是对科学发展、可持续发展的有效实践。作为全市最后一个启动建设的城市副中心，我们真心希望真如城市副中心能够成为一个环保、低碳、生态的“绿色新城”。

上海世博园区工程质量安全监督工作实践

付静波

（上海市建设工程安全质量监督总站）

摘　要：上海世博园区工程体量大、工期紧、参建主体众多、技术风险大、社会关注度高。如何做好世博园区工程质量安全监管工作是摆在上海工程质量安全监督系统面前的一个重要课题。本文分析了世博工程特点和监督风险，提出了总体监管思路，通过各项监管措施的实践来探讨如何确保世博园区工程建设的安全和质量。

关键词：上海世博，质量安全，工程监督

1　引言

以“城市，让生活更美好”为主题的中国2010年上海世界博览会是由中国举办的首届世界博览会。世博会园区建设全面实践了“绿色世博、节约世博、科技世博”的建设理念，创造了园区占地面积世界第一、园区建筑总量世界第一、单体展馆建筑数量世界第一等世博会历史上多项工程建设第一。世博会园区建设是继北京奥运会场馆建设之后，中国人又一次以“中国速度”完成的建设任务，工程建设中大量新工艺、新材料、新技术被广泛采用，国内外先进管理模式也在此融合并不断创新。可以说世博园区建设给上海乃至整个中国建筑业发展提供了一个有利契机。本文将从世博园区工程质量安全监督工作的实践入手，分析世博工程监管的特点难点并提出具体的质量安全监管对策。

2　世博园区工程概况

2010年上海世博会园区位于市中心南浦大桥和卢浦大桥之间的黄浦江两岸滨水区域，规划用地范围为5.28km²，其中浦东园区为3.93km²，浦西园区为1.35km²，工程总建筑面积约230万m²。上海世博会园区工程分为场馆建筑和市政设施两大类；场馆建筑分为永久性项目和临时性项目两种类型。其中永久性场馆建筑主要包括中国馆、主题馆、世博中心、演艺中心、世博轴、世博村、城市最佳实践区及白莲泾、世博、后滩三大公园；临时性场馆建筑主要包括浦东园区的11个联合馆、42个租赁馆、42个外国和国际组织自建馆；浦西园区的博物馆、综艺大厅、足迹馆、未来馆、17个企业自建馆等。市政设施包括浦东、浦西园区的永久道路、高架步道、市政设施、水门码头、水电气等配套项目以及到达园区的越江隧道、轨道交通专线等。

3　世博园区工程监管特点和风险

3.1　监管中的政治风险

世博工程作为上海市政府一号重大工程，建设期间举国关注。奥运结束后，世博工程也是全国关注的焦点，工程建设水平高低直接影响上海建设工程的整体形象，如何在保证安全质量

的前提下如期完工，是对包括监督机构在内的各参建机构和单位的考验。加之许多工程本体施工风险极大，应对突发事件的反应不及时或稍有不慎都极易造成不良政治影响。

3.2 监管中的管理协调风险和困难

由于园区工程的特殊性和前期手续办理层面的复杂性，基本建设手续办理相对滞后，安全质量责任主体不明确给监管协调带来风险和困难；工程参建主体众多，施工密度过于集中，管理界面相互交错，施工界面难于划分，现场管理责任界定和责任落实难度大；大量工程密集开工，参建单位的管理和施工力量被严重稀释，部分岗位和部分工种存在青黄不接，给工程监管带来较大的风险和困难。

3.3 监管中的技术风险

工程危险源集聚度高，施工界面交错复杂，技术难题和管理难题相互交织，给工程监督带来风险；工程科技含量高，技术复杂，大量新工艺、新材料的应用增大了监督的技术风险。

3.4 工程监督中的社会风险和困难

大量工程密集开工，对周边环境影响加剧，施工扰民风险加大；部分工程周边毗邻居民区、轨道交通、市政管线，工程施工不当或监管不力都将影响周边环境安全，造成恶劣社会影响。

4 世博园区工程监管理念和监管思路

4.1 指导思想

园区建设伊始，我们就确立了以确保世博工程建设和使用安全质量为核心，调动和提高工程参建各方积极性和责任感，通过观念、模式、方法、技术的自主创新，实现世博园区工程全方位、全过程、全覆盖的监管服务，打造世博建设工程品牌的指导思想。

4.2 工作目标

制定了实现“三个确保，四个到位”的工作目标。暨确保世博工程建设和使用过程不发生重大安全质量事故；确保施工质量全国一流水平，部分创新技术世界领先；确保世博工程规范监管体系的示范效应。实现工程安全质量到位、项目全程监控到位、风险管理模式到位、现场优良服务到位。

4.3 管理原则

统一集中原则——世博园区工程全部由市工程安质监总站牵头，会同各专业站实行统一集中监督管理，并充分体现统一办理、统一管理、统一执法的体制改革效能。

责任分解原则——职责明确、界面清晰、责任到位、失责必究。实行安全总包责任制，质量终身负责制。

严格精细原则——着眼世博工程为形象工程，实行“进场条件从优，过程监督从严，违规查处从重”；针对世博工程永久建筑、临时设施、自建场馆的不同特点，实施差别化管理，分类指导。

自主创新原则——营造过程推崇使用新工艺、新技术、新材料，创建节约型、环保型、节能型示范工程；监管过程推进风险管理、网格管理、远程监控等创新模式和手段。

优良服务原则——管理融入服务，服务蕴含管理。程序办理从简从快，过程监督从严从实，移动窗口到现场，管理服务到工地，措施覆盖全过程，务实落地见实效。

5 针对世博园区工程的具体监管举措

5.1 统一调配监管资源、分层分级监管

按“总站牵头、专业协同”的原则整合监管力量。在总站牵头下，市政、水利、园林、民

防、港口、电力等专业监督机构介入园区工程监管，制定《世博园区工程安全质量监管工作若干规定》、《世博园区工程参建各方的若干管理要求》等文件作为联合监管依据。建立分管站长、监督组长、信息员“三级沟通信息平台”，定期召开监管会议，分析监管成效，规划监管工作。针对特别复杂的工程由总站牵头实施现场联合交底、重要节点联合验收、定期联合执法的联合监管机制。如世博公园、后滩公园、世博演艺中心、江南广场、庆典广场等一批涉及多个专业监督机构的工程在协调监管的机制下都实现了现场监督“无缝衔接、及时补位”的监督目标。

5.2 充分利用社会资源，发挥上海建筑业专家优势

在工程监管过程中，充分利用行业协会、中介机构大型企业的专家资源，针对园区内各种高、新、奇、难工程，建立了专家专业评估、诊断制度，如世博轴阳光谷施工技术，世博中心国产 BRB 防屈曲耗能支撑设计标准，世博主题馆超大型屋架整体滑移技术，英国馆特殊木结构施工和验收标准等，都在总站协调和参与下，在最短时间内完成了专家评审工作，有效地指导了现场的设计、施工和验收。在工程监管中，积极调动中介机构资源，强化和完善工程质量安全管理体系的落实，实现了高危作业工地，外审通过率达 100%的目标。过程中强化安全检测机构责任落实，要求园区内使用的大型机械出厂年限不得超过 10 年，检测机构除对机械安装检测外，还必须对机械使用过程进行随访，并定期参与监督机构组织的各类机械转向检查，及时发现问题提出整改。

5.3 实施工程监管“三聚焦”

5.3.1 聚焦重大风险源

工程质量监督必须紧扣与工程质量密切相关的重大工程技术风险，形成动态控制网络，控制其扩散性。工程建设全过程中识别重大风险源，然后制定相应对策措施，降低风险、防范事故。针对世博园区工程的阶段性特点，重点强化对深基坑设计与施工、钢结构吊装与质量控制以及大型机械装拆与使用等为重点的重大风险源的管理。在上述重大风险源监管过程中，以专家力量为支撑，积极引入先进的技术手段，找准切入点，实现重大风险源的全过程重点监控。例如：在深基坑监管中强化开工前的“专家评审意见回复落实措施”和开挖阶段的“专家现场咨询措施”，使得深基坑专家评审工作更好地落到实处，同时增强施工过程中的专家服务和指导；在大型机械监管中引入“机械现场准入制度”和“安全记录仪”，要求施工单位不得在上述工程内使用出厂年限超过 10 年或机况不佳的大型吊装机械，并对现场使用的塔吊安装安全记录仪，通过采用这一先进的技术设备来控制机械使用安全；在大型钢结构施工监管中实施“安全措施工法化”“技术管理格式化”，调动并整合专家、协会、监管部门和参建单位等多方力量，突破传统理念，建立了适合特大型钢结构施工的安全防护技术和适合特大型钢结构质量控制的检查表式，指导现场施工管理。

5.3.2 聚焦应急预案

针对重大风险源可能发生为事故，制订应急处理预案，落实事故抢险队伍、专家人员、抢险机械、设备、材料，努力将事故造成的损失降到最低程度。世博园区内涉及的突发事件复杂多样，主要有深基坑应急抢险、钢结构吊装应急抢险、大型机械拆装和使用应急抢险、高支模坍塌事故应急抢险、火灾应急抢险、暴雨台风季节应急抢险等。在对每个工程进行监督过程中都要严格检查应急预案制定情况，应急措施演练情况和应急物资到位情况。针对上海建工、中建八局以及上海宝冶等承接工程较为集中的企业，要求公司层面成立园区应急抢险指挥部，既负责本企业园区工程的抢险工作，同时协助园区其他工程的抢险工作。

5.3.3 聚焦质量通病

对质量问题进行汇总统计，分析主要质量通病产生现象、原因、研究治理质量通病措施是

转变监督模式的一个重要方面。通过监督和调研，世博园区质量通病主要集中在混凝土裂缝、钢结构制作和安装缺陷、钢结构屋面和墙面渗漏、幕墙工程渗漏等方面。针对混凝土裂缝通过督促参建企业调整配合比，完善施工工艺，优化配筋，加强后期养护来进行治理；针对钢结构和幕墙渗漏情况，组织行业专家和参建单位进行方案审查，首先消除节点设计不合理造成的渗漏，严格监管施工工艺和施工流程，对施工不到位的情况及时督促整改；钢结构制作和安装中主要存在原设计图纸深度不足、深化设计节点处理不合理、材料复试内容不齐全、现场施工不规范等问题。为此，组织设计、审图专家对设计图纸进行复查尤其加强对深化图纸检查；安排钢结构施工专项交底会议，明确施工和验收规范要求；严格审查钢结构施工人员上岗证书，确保施工质量。

5.4 分析项目风险和特点，适时推进各类监督检查制度

在参与世博工程监管中，根据工程特点，制定了“关键节点到位监督，每月工程重点难点专项督查，每季度工程质量安全各类行为综合检查”的监督检查模式并有效运转实施。随着工程建设的推进，又增加了“旬专项检查”制度，每旬针对园区整体进度及时调整检查重点，并做到质量安全检查整合；根据部分工程二十四小时连续施工的特点，增加了“夜间巡查”制度，着重突出管理人员到位检查、重大危险源和关键质量节点施工的旁站监督检查。各类检查中强化综合执法力度，狠抓参建方建设行为监管，制定了《二十四条强管理措施》等管理制度，针对违规行为严格执法，及时消除质量安全隐患。

5.5 强化推进特大型工程项目现场质量安全网格化管理

在世博园区内实行工地现场质量安全网格化管理的综合管理模式。按工程特点对特大型工程进行网格化划分，要求工程参建各方在网格区域内配备相应的管理人员，明确网格区域的责任人和岗位责任制，建立完备的信息收集、处置和反馈制度，形成考核机制，确保特大型工程的有效监控。世博轴、世博中心、中国馆以及世博C片区等多个工程根据各自工程特点都制定并实施了现场质量安全网格化管理，实践证明网格化管理能够将工程管理责任落实到人，大大提高项目管理效能，最大限度消除管理盲区。

5.6 引入项目管理激励制度，开展项目质量安全管理绩效考核工作

为全面提升工程整体质量安全管理水平，规范工程参建单位建设行为，总站以确保世博园区工程建设质量安全为核心，制定了《上海世博园区工程现场质量安全考核实施细则》，对园区内所有在建工地的总承包单位和监理单位进行考核。在考核工作开展过程中，又进一步深化了实施细则，将综合考核常态化，做到综合考核全员参与、各负其责、密切沟通、定期检查，从而全面提升了工程的整体质量安全管理水平，规范工程参建各方的建设行为。

6 小结

通过各项监管措施的有效落实，世博园区工程质量安全监管工作基本实现了既定的目标。园区工程结构安全和使用功能得到了有效保障，工程建设过程中无重大或较大安全事故发生，无由于施工或管理原因引起的重大社会影响事件发生。在总站和各专业站联合监管下，通过参建各方的共同努力，先后有15个单位工程获得上海市白玉兰奖，43个工程获得上海市金刚奖，8个工程被推荐参评鲁班奖，29个工地被评为市级文明工地，5个工程成为全市综合观摩工程。但监管过程中还存在一些不足需进一步探索，如：针对参建主体众多，相互交叉或穿越施工现象较多的工程，虽已就现场管理责任界定和管理措施落实总结了一套较为有效的管理手段，但尚需形成完善的管理制度；针对施工工期异常紧迫、施工工序穿插，存在昼夜连续施工

的工地，质量安全管理制度的落实细度还存在不足。

参考文献

[1] 潘延平.《建设工程质量政府监督体制改革机制创新思考》.《建筑施工》2009.12
[2] 刘军、张常庆.《建设工程施工现场监督要点》. 同济大学出版社
[3] 吴公稳、杨凡.《再议政府投资工程质量监督管理》. 第二届中国建设工程质量论坛论文集

浅谈泡沫混凝土

蔡佩良
（中国江苏国际经济技术合作公司大陆工程分公司）

摘　要：泡沫混凝土的使用将是现代轻质混凝土发展的一个趋势，产品的特点和性能将会得到更好的发展。泡沫混凝土是混凝土大家族中的一员，近年来，国内外都非常重视泡沫混凝土的研究与开发，使其在建筑领域的应用越来越广。

关键词：泡沫混凝土，轻质，保温，节能，简化工序，环保

随着现代建筑的不断发展，国家强制性节能政策的不断实施，各地建筑节能政策初步落实到位，建筑节能产品的市场也逐渐推进。因此在上海世博会沙特阿拉伯馆的屋面找坡系统中，打破传统的施工方法采用绿色节能产品—泡沫混凝土。

泡沫混凝土（又称发泡混凝土）是采用先进的国际技术、结合国内的市场应用情况，采用特殊的原料，经机械的方法制成泡沫，再将已制成的泡沫加入胶凝材料（如：硅钙质材料、菱镁材料或石膏等材料）浆体，即制成的混凝土拌合物，然后现浇成型，在经自然养护所形成的含有大量封闭气孔的轻质材料，它是一种新型独特的多功能建材。

美国、英国、荷兰、加拿大等现代化国家以及日本、韩国等亚洲国家，充分利用泡沫混凝土的材料特性，将它在建筑工程中的应用领域不断扩大，加快工程的进度，提高了工程的质量。今年来，我国越来越重视建筑节能工作，随着与建筑节能政策的实施，节能材料倍受欢迎。

一、主要特点

1. 保温性能好，节约能源

泡沫混凝土与加气混凝土相比导热系数低 40%～60%，与陶粒混凝土相比导热系数低 70%，与膨胀珍珠岩相比导热系数低 40%～60%。但和聚苯类挤塑板（XPS 板）相比，导热系数高出 55%，所以在保温要求较高时不能单独作为保温层使用，可作为找坡、找平、保温一体化再加聚苯类挤塑板，效果会更好。

2. 重量轻，强度高，减轻建筑荷载

泡沫混凝土的干密度一般为 300～700kg/m^3（有承重要求的可达 1200kg/m^3），相当于黏土砖的 1/10～1/3 左右，也低于一般的轻骨料混凝土。

泡沫混凝土与加气混凝土、陶粒混凝土相比强度相当，与膨胀珍珠岩相比强度高 2～3 倍。

3. 简化施工工序，缩短施工工期，使用年限长

泡沫混凝土在屋面系统应用时是采用现场浇筑的方式施工，将找坡层、找平层、保温层、防水层（可选项，制作成防水泡沫混凝土）、保护层等一次（一体化）完成（见图 1），简化了屋面施工工序，与一般屋面施工所需的工期相比，可以节约工期 50%以上。其原材料主要是水泥、

砂石等与建筑结构层具有同样的物理性能，与混凝土屋面结成一个整体，故使用年限长，与水泥混凝土的寿命一样。

图1 泡沫混凝土屋面施工

4. 耐水性较好

现浇泡沫混凝土吸水性较小，相对独立的封闭气泡及良好的整体性，使其具有一定的防水性能。还可以添加防水剂，将其制作成防水泡沫混凝土。轻质泡沫混凝土与加气混凝土相比吸水率低50%，与陶粒混凝土相比吸水率低60%。

5. 低弹减振，抗震性好

泡沫混凝土的多孔性使其具有较低的弹性模量，从而使其对冲击荷载具有良好的吸收和分散作用；另外，地基的荷载量越小，抗震性越强，因此，使用泡沫混凝土的建筑抗震性能会有所增加。

6. 隔声、耐火性优

泡沫混凝土中含有大量的独立气泡，且分布均匀，吸声能力为0.09%～0.19%，是普通混凝土的5倍，具备有效隔声的功能。不燃烧，耐火极限大于3h，其他保温材料的耐火性望尘莫及。

7. 整体性

可现场浇注施工，与主体结构层结合紧密，在屋面使用时可不留分隔缝和透气管。

8. 环保性

泡沫混凝土所需主要原料为水泥和发泡剂，发泡剂为中性，不含苯、甲醛等有害物质，避免了环境污染和消防隐患。

二、泡沫混凝土的主要适用范围

泡沫混凝土已经在很多的工程范围使用，它的主要适用范围如下：

建筑物屋面找坡、保温；地暖隔热；墙体保温层，泡沫混凝土砌块；在框架结构中用作隔热填充墙体或与薄钢板制成复合墙板；补偿地基、道路、桥梁、隧道、大型构筑物的填充层；公路护坡、路堤、河岸、港口的挡土墙；制成轻质假山、盆景、仿木材料等园林制品；炉窑现浇保温层、喷涂保温层、耐火保温砖等耐火应用；轻质泡沫陶瓷制品等方面。建筑物的填充(包括地下室顶板翻梁之间的填充、地下室结构不统一时的调整填充、设备基坑填充)，楼地面保温层(地暖)的垫层等方面。

三、主要技术指标

1. 主要技术指标见表1

泡沫混凝土主要技术指标 表1

项目		指标		
		轻型	标准型	加强型
干燥密度 kg/m³		≤430	≤630	≤830
抗压强度 MPa(28d)		≥0.5	≥1.5	≥2.5
导热系数 W/(m·K)		≤0.10	≤0.14	—
最大吸水率%		≤15(注：添加防水剂可制作成防水泡沫混凝土)		
燃烧性能		不燃烧，耐火极限≥4h(200mm厚)		
隔声效果 dB		45(200mm厚)		
弹性模量 MPa		0.2～3.7		
抗冻性	抗压强度下降%	≤20		
	质量损失率%	5		
PH值		7～8		

2. 与其他保温找坡材料对比见表2

泡沫混凝土与聚苯类材料比较表 表2

比较项目		泡沫混凝土屋面系统	聚苯类保温层屋面
工序比较	倒置式屋面	防水层、泡沫混凝土层	找坡层、找平层、防水层、保温层、隔离层、保护层(需配筋)
	传统式屋面	泡沫混凝土层、防水层、隔离层、保护层	找坡层、找平层、保温层、找平层、防水层、隔离层、保护层(需配筋)
经济性		泡沫混凝土采用现场浇注，找坡、找平、隔热层三位一体，节省了多道工序。可节省约50%的屋面资金投入和50%的施工工期	工序复杂、工期较长、成本较高
荷载		因省掉了找坡层、找平层等，屋面系统的总重量比聚苯类屋面轻约30%	虽然聚苯类材料比泡沫混凝土轻，但屋面还需找平层等多道工序，造成重量增加
导热系数		0.05～0.15W/(m·K)	0.03～0.04W/(m·K)
可燃性		不燃烧，不变形	容易燃烧，遇火灾时熔化，且燃烧时释放有毒气体
抗渗性		泡沫混凝土隔热层采用现场浇注，整体性好，且发泡混凝土内是相互封闭的气泡结构体，不会串水抗水性较好，即使渗漏也容易找到漏点(注：可制作成防水泡沫混凝土)	由于聚苯类保温层由多张聚苯板拼合而成，一旦有渗漏，水会顺着聚苯板之间的结合缝蔓延，不易找到漏点，从而不易维修
耐久性		发泡混凝土保温层与建筑物属同质材料，所以发泡混凝土保温层能与建筑物达到同质同寿	聚苯类属石化产品，含有多种对人体有害的物质，高温下有害物质易于挥发；由于聚苯类保温层与结构层材质不同，随着时间温度的变化，聚苯类保温层易老化

四、发泡混凝土施工

1. 施工前的准备

将屋面基层整理干净，标出浇注层标高控制线(甲方要求)，设计组织浇注方向和施工路线。

2. 泡沫制取和使用

轻质发泡混凝土所用的泡沫应该使用专用设备制取，其泡沫直径应控制在 0.5～2mm 之间，且有弹性，不易破碎。混凝土泡沫应随制取随使用，留置时间不宜大于 60min。

3. 浇筑

输送浆料浇筑时，输料出料口距浇筑点不得高于 1.2m，缓慢自由落料，浇筑点距搅拌点较远时，不得排赶，应用泵送或引流。继续浇注浆料的一次堆积高度一般不宜超过 300mm，如高度超过 300mm，可分层和设置围隔板浇注。浆料浇注找平后，终凝前应静停养护，不得扰动，待浆料终凝后，取出围隔板再堆积浇注或浇注上一层。

4. 养护

作业层终凝 48h 后，应保湿养护。视气温高低，养护时间约 2～7d，养护期内不得上人走动。

结束语：泡沫混凝土是混凝土大家族中的一员，近年来，国内外都非常重视泡沫混凝土的研究与开发，使其在建筑领域的应用越来越广。

参考文献

[1] 关博文，刘开平等．泡沫混凝土研究及应用新进展 [J] 广东建材，2008(2)：19-21
[2] 张磊，杨鼎宜．轻质泡沫混凝土的研究及应用现状 [J] 混凝土，2005(8)：44-48

浅谈钢纤维在工程中的应用

蔡佩良
（中国江苏国际经济技术合作公司大陆工程分公司）

摘　要：随着现代工业不断发展，工业地坪也越来越多，但工业地坪在使用过程中出现了很多的混凝土通病，诸如裂缝、沉降不均匀、起皮等问题。由于工业地坪的面积较大，维护也比较困难。文中主要讲述了钢纤维在混凝土地坪中的应用，基于钢纤维的各种特性，使其在工业地坪中得到了很好的利用。既解决了地坪中的通病问题，也创造了一定的经济价值。

关键词：钢纤维混凝土，抗拉强度，经济，施工方便

随着现代工业不断的发展，越来越多的工业厂房不断兴起，但工业厂房的地坪也出现了很多的问题，如龟裂、裂缝以及柱子周围的八字裂缝，更有甚者还有很多沉降不均匀现象，更多的是使用一段时间以后出现的很多问题。在此推荐一种材料，就是钢纤维，用他代替原来混凝土中的钢筋，即达到解决以上地坪的通病问题，也节约了成本，同时施工也比较方便。故此他们也被用在上海世博比利时欧盟的地坪中。

钢纤维是当今世界各国普遍采用的混凝土增强材料。钢纤维可以彻底改善传统混凝土的性质，具有抗裂性、抗冲击性能强、耐磨强度高、与水泥亲和性好，可增加构件强度，延长使用寿命等优点，同时钢纤维的高抗拉强度、高弹性模量及特殊的外形可以增加其与混凝土之间的握裹力，提高混凝土的延展性，在韧性结构中不至于发生脆性破坏。

在混凝土中乱像分布的钢纤维主要作用是阻碍混凝土内部微裂缝的扩展和阻滞宏观裂缝的发生和发展。在受荷(拉、弯)初期，水泥基料和纤维成为外力的主要承受者。因此钢纤维混凝土与普通混凝土相比具有一系列优越的物理和力学性能。

一、性能

1. 具有较高的抗拉、抗弯、抗剪和抗扭强度

在混凝土中掺入适量钢纤维，其抗压强度提高10％～80％(C50以上混凝土提高幅度显著)，抗拉强度提高50％～100％，抗弯强度提高50％～80％，抗剪强度提高50％～100％. 试验表明，长度为5～15mm，长径比为10～30的超短钢纤维抗压强度提高幅度较短钢纤维大得多，但抗拉强度、抗折强度较短钢纤维低得多。

2. 具有卓越的抗冲击性能

材料抗冲击和振动荷载作用的性能，称为冲击韧性，在通常的钢纤维掺量下，冲击抗压韧性可提高2～7倍，冲击抗弯、抗拉等韧性可提高几倍到几十倍。

3. 收缩性能明显改善

在通常的纤维掺量下，钢纤维混凝土较普通混凝土的收缩值降低7％～9％。

4. 抗疲劳性能显著提高

钢纤维混凝土的抗弯和抗压疲劳性能比普通混凝土都有较大改善。当掺有1.5％钢纤维抗

弯疲劳寿命为 1×10^6 次时，应力比为 0.68，而普通混凝土仅为 0.51；当掺有 2%钢纤维混凝土抗压疲劳寿命达 2×10^6 次时，应力比为 0.92，而普通混凝土仅为 0.56。

5. 耐久性能显著提高

由于钢纤维混凝土抗裂性、整体性好，因而耐冻融性、耐热性、耐磨性、抗气蚀性和抗腐蚀性有显著提高。

6. 抗冻性能有显著提高

掺有 1.5%的钢纤维混凝土经 150 次冻融循环，其抗压和抗弯强度下降 20%，试件和其他条件相同的普通混凝土却下降 60%以上；经 200 次冻融循环，钢纤维混凝土试件仍保持完好。

7. 耐磨性，防腐性都有显著提高

掺量为 1%、强度等级为 CF35 的钢纤维混凝土耐磨损失比普通混凝土降低 30%。掺有 2%的钢纤维高强度混凝土抗气蚀能力较其他条件相同的高强度混凝土提高 1.4 倍。钢纤维混凝土在空气、污水和海水中都呈现良好的耐腐蚀性，暴露在污水和海水中 5 年后的试件碳化深度小于 5mm，只有表层的钢纤维产生锈斑，内部钢纤维未锈蚀，不像普通混凝土中钢筋锈蚀后，锈蚀层体积膨胀而将混凝土胀裂。

同级普通混凝土(RC)与钢纤维混凝土(SFRC)力学性能的大致比较

序号	物理性能	RC	SFRC	增长百分率
1	抗拉强度	3.5MPa	5.39～7MPa	50%～100%
2	抗压强度	31.2MPa	32.5～40MPa	4.4%～28.2%
3	极限抗弯强度	5.5MPa	9.18～13.75MPa	67%～250%
4	初裂抗弯强度	4.88MPa	7～9.8MPa	43%～100%
5	初裂强度	8.85N·m	23～53N·m	160%～500%
6	冲击疲劳强度	5.96J/m²	53.3～91J/m²	5～15 倍
7	抗渗性能	0.115MPa	0.18MPa	400%～500%
8	抗冻融性			3倍

二、技术优势

由于钢纤维具有以上的各种性能，因此技术优势是相当明显的。

1. 裂缝控制

钢纤维自身高抗拉强度及两端弯钩保证钢纤维和混凝土有效的锚固，在混凝土变形时共同作用。钢纤维在混凝土中有效传送与分配应力，使裂纹化解为微细散置到微细裂缝。

2. 提高工程功能

可提高其抗冲击性，耐磨性以及疲劳强度和韧性。混凝土耐久性有效改善，减少冲击摩擦所产生的表面损失。这点大大提高了工业厂房地坪的使用功能和使用寿命。

3. 地基处理方法更便捷，施工工序要求更简单

依照“建筑地基基础设计规范”GB 50007—2002 素土夯实其压实系数达到 0.92 即可，无需特殊处理。钢纤维地坪的整体性较好，因此也避免了局部下沉等现象的发生。

4. 对大幅度温度变化具较佳抗力

混凝土在温度骤然上升或下降的状况下会产生脱落现象。钢纤维因具增加混凝土握裹力的功能，故可以阻止此种现象的发生。

三、经济和施工方面的优越性

在经济和施工方面钢纤维也有比较优越的一面。

在比利时欧盟馆的地坪设计中，原设计为钢筋，通过结构工程师计算并同意的前提下，改为钢纤维。在满足同样承载力的情况下，大大的节约了工程成本。同时钢纤维混凝土地坪能够提高施工效率，缩短工期，为比利时欧盟馆的及时完工争取了时间。同时在施工中省去钢筋制作和绑扎钢筋等工序，施工工序简化，大量节省了人力，从而也降低了造价成本。由于地坪不用绑扎钢筋网片，在浇筑过程中本工程采用罐车直接进入到浇捣位置采取直接倾倒方式浇筑，不必泵送，省掉了接泵管，同时浇筑速度可大大提高，减少了由于泵送而增加的时间延长。可以最大限度的减少混凝土水分蒸发，保证混凝土拌合料的质量稳定，提高了施工的效率。

结束语

希望钢纤维能够在混凝土结构中得到更充分应用，充分发挥钢纤维的各种性能。

参考文献

[1] 《混凝土用钢纤维》YB/T 151—1999
[2] 《钢纤维混凝土》JG/T 3064—1999
[3] 《纤维混凝土结构技术规程》CECS 38：2004

聚脲喷涂与传统防水材料的比较

朱素君
（上海宝冶集团有限公司）

摘　要：聚脲喷涂涂层柔韧有余、刚性十足、色彩丰富，能完全隔绝空气中水分和氧气的渗入，具有非常优越的防腐和防护性能，其力学性能好、固化速度快、与基层附着力强，喷涂聚脲涂层因没有接缝、粘结力强，真正做到了“皮肤式”防水效果，是一种优良的防水材料，应用领域空前广泛。

关键词：聚脲，喷涂，防水卷材，防水涂料

1　概述

中国2010年上海世博会荷兰国家馆建设工程结构形式复杂，主要由两部分组成：分别为主桥与展示用房，其中展示用房大部分悬挑在主桥上的悬挑平台上。所有展示用房以不同造型建筑体现荷兰王国自身多元化的国家民族特色，以不同饰面的墙面地面顶面装饰形成不同的单体区域，体现荷兰国家发展历史，满足上海世博展示的各项使用功能。展示用房内外墙均为轻质墙体，建筑外墙采用玻璃纤维增强水泥板饰面，内侧采用耐火石膏板饰面；室内隔墙基本为100mm系列的轻钢龙骨双面双层石膏板隔墙。本工程悬挑在主桥上的展示用房室外墙面、顶面均喷涂聚脲喷涂防水。主桥的侧面和底面喷钢丝网水泥砂浆，终饰面为聚脲喷涂。

2　聚脲的特性

聚脲发明于美国的20世纪70年代末，2000年初进入中国市场，应用领域空前广泛。聚脲由含有异氰酸酯的A组分和含有端氨基的B组分反应生成的弹性(或刚性)漆膜，它由半预聚体、端氨基聚醚、胺扩链剂等原料现场喷涂而成。

其具有如下特性：

(1) 固化快，10～45s凝胶，10min可达到步行强度；

(2) 100％固含量，无挥发性有机物(零VOCs)，被誉为“绿色材料、绿色施工”。在通风条件差的环境中施工能确保安全；

(3) 对温度/湿度不敏感，不宜发泡，施工不受环境条件的影响；

(4) 对钢、铝、混凝土、PU/EPS泡沫、木材等各类底材均具有优良的附着力；

(5) 不含催化剂，快速固化，可在任意曲面、斜面及垂直面上喷涂成型，不产生流挂现象；

(6) 喷涂后基层原形再现性好．涂层连续、致密、无接缝、无针孔，美观实用；

(7) 涂膜具有优异的理化性能，如拉伸强度、伸长率、耐磨性、耐老化防腐蚀等；

(8) 配方体系可调，硬度范围广；

(9) 耐候性好，户外长期使用不粉化、不开裂、不脱落；

(10) 热稳定性好，可在－50℃～121℃的空气环境下长期使用，改性聚脲可在180℃下长

期使用；

(11) 施工采用高压无气热喷涂机，A、B组分在喷枪中撞击混合、瞬间喷出。施工方便，效率极高，单机日施工面积在 $1000m^2$ 以上；一次施工即可达到设计的厚度，克服了其他材料多道施工的麻烦；

(12) 可像普通涂料一样加入各种颜料，喷涂成不同色彩的厚涂膜，色彩丰富。

由于具有上述优良的特性，聚脲涂层柔韧有余、刚性十足、色彩丰富，能完全隔绝空气中水分和氧气的渗入，具有非常优越的防腐和防护性能，是一种优良的防水材料，其力学性能好、固化速度快、与基层附着力强，喷涂聚脲涂层因没有接缝、粘结力强，真正做到了“皮肤式”防水效果。更为重要的是喷涂聚脲技术对表面凹凸、拐角等不规则断面有很好的适应性，是不规则面较多的外墙和屋面防水处理的良好选择。

聚脲喷涂的色彩则根据设计需求，可随意选择。

3 传统防水材料的特性

目前，工程中常用的防水材料主要为卷材和防水涂料。

3.1 防水卷材

卷材防水施工方便、工期短、完成后不须养护、不受气温影响、环境污染小，层厚容易按设计要求掌握，用材计算准确、施工的现场管理方便，不易被偷工减料，层厚均匀，空铺时能有效地克服基层应力(在基层发生较大裂缝时能保持防水层整体)。

卷材防水存在诸多弊端：

(1) 防水卷材在防水施工中，当根据防水基层的形状而进行量体裁衣，对形式复杂的基层需多块拼接，防水不能形成整体，易导致渗漏。

(2) 防水卷材在施工后的保护和漏水后的维修较难。由于防水卷材易受外来的机械性损伤，因此必须在卷材上面做刚性防水层，如此如有渗漏则很难找到渗漏点，难以维修，只能重做防水层，维护费用高。

由于防水卷材不能形成整体防水的特性，在实际应用中，为了达到理想的防水效果，往往使用多道设防和与涂料防水层复合使用以解决卷材防水层的可靠性问题，不但费用相应增加，同时增加工人劳作强度。

由于防水卷材往往需要刚性防水层，导致整个防水结构层厚度较厚，自重较大，增加了结构所受荷载。

3.2 防水涂料

防水涂料是由合成高分子聚合物、高分子聚合物与沥青、高分子聚合物与水泥为主要成膜物质，加入各种助剂、改性材料、填充材料等加工制成的溶剂型、水乳型或粉末型的涂料。它可在常温条件下形成连续的、整体的、具有一定厚度的涂料防水层。

涂料防水施工方便，厂家多，取材容易，部分防水涂料的生产设备相对简单，价格低廉，应用广泛。

涂料防水效果必须由防水层的厚度和施工质量作为保证：

(1) 由于涂料的涂刷完全依赖于人工，存在随意性，因此涂料防水层厚度很难控制达到均匀。

(2) 部分溶剂型防水涂料要待溶剂挥发后成膜固结，要达到设计厚度往往需要多遍涂刷，并在下层未干前不得涂刷后一道。

(3) 涂抹作业气温应在 5～30℃，在涂后成膜过程要加强成品保护，防止人员踩踏或物体碰触，砂尘撒落污染。

目前，市场上高档防水涂料以水性丙烯酸和聚氨酯为主。

水性丙烯酸涂料耐候性好，缺点是低温和高湿的条件下不能施工，透气性高、不能封闭水汽。

聚氨酯防水涂料色彩艳丽，防水性能好，但施工时受湿度的影响易发泡，立面易流淌，而且易褪色，耐老化性能欠佳，施工进度较慢。

4 聚脲喷涂施工

4.1 聚脲喷涂材料

4.1.1 底漆

上海世博会荷兰馆工程聚脲喷涂底基层为玻璃纤维增强水泥板和混凝土基层，为保证聚脲喷涂与基层有良好的粘结力，在基层上需喷涂一层底漆。底漆有两种，一种是 RPE300 环氧底涂料，一种是 RPU-300 聚氨酯底涂料。

RPE-300 环氧底涂料由环氧树脂、稀释剂、助剂、颜料等组成的 A 组分和由混合固化剂组成的 B 组分按(4～5)：1 比例混合组成的双组分底涂料(又称环氧底层粘合剂)，对钢材和干燥混凝土基面具有良好的粘结能力。

RPU-300 聚氨酯底涂料由 MDI 异氰酸酯、助剂、颜料等组成的 A 组分和由水组成的 B 组分按 1：1 比例混合组成的双组分底涂料(又称聚氨酯底层粘合剂)，对干燥和潮湿混凝土基面具有良好的封闭能力。

由于上海世博会荷兰馆工程聚脲喷涂底基层为玻璃纤维增强水泥板和混凝土基层，因此最终选定底漆采用 RPU-300 聚氨酯底涂料。

(1) RPU-300 聚氨酯底涂料质量指标见表 1。

(2) RPU-300 聚氨酯底涂料涂膜性能指标见表 2。

RPU-300 聚氨酯底涂料质量指标表　　表 1

项　目	A 组分
外观	棕色液体
漆料固含量%	≥85
漆料黏度 cps	≥70
漆膜固化时间(15℃)	表干 8h/实干 24h

RPU-300 聚氨酯底涂料涂膜性能指标表　　表 2

项　目	指　标
涂膜颜色	淡棕色或黄色
漆膜外观	与基面一致无明显流挂和大气泡
漆膜附着力(混凝土)	≤1 级

(3) RPU-300 聚氨酯底涂料使用条件说明

配料条件：兑水 1：1 搅匀使用，低温及潮湿条件下可以补加催化剂。

施工建议环境条件：环境温度≥5℃，环境湿度≤85%。

施工基面条件：混凝土基面表面含水量应≤6%且基面平整度及细孔状况应符合基面设计要求。若为潮湿基面建议底涂料刷二道，且确保渗透孔封闭。

涂刷用量：混凝土基面(5～8)m^2/kg(平面)(具体用量因混凝土(平面)基层密实度差异而不同)。

使用比例：A 组：B 组(水)=1：1。

(4) 现场施工

由于荷兰馆工程小房为悬挑结构，在施工及使用过程中存在沉降及变形，因此板缝间采用弹性胶，本工程采用西卡嵌缝胶。

由于水泥纤维板施工后，外墙面平整度不够，因此必须找平，找平采用弹性腻子。

4.1.2 中间层

中间层即聚脲弹性体防水涂料，上海世博会荷兰馆工程采用 RPUA-D-07 聚脲弹性体防水涂料。

聚脲弹性体防水涂料是一种适用于粗糙混凝土表面防水，具有抗渗水、抗碎石冲击的聚氨酯聚脲弹性体材料。具有施工快捷及养护时间短，与基材附着力强等特点，并可在潮湿基面上施工。涂层具有高弹性，伸长率高，拉伸及撕裂强度大且使用寿命长。涂层在材料力学性能上明显高于聚氨酯双组分涂料等防水材料。

底漆施工

(1) 聚脲涂料性质见表 3。

聚脲涂料性质表 表 3

类别	A 组分	B 组分	类别	A 组分	B 组分
外观	浅色液体	灰色液体	密度	1.16±0.05g/cm^3	1.05±0.05g/cm^3
固含量	≥98%	≥98%	黏度	550±150cps	550±150cps

(2) 聚脲涂层性能见表 4。

聚脲涂层性能表 表 4

型号	D-07A	D-07B	型号	D-07A	D-07B
凝胶时间	8～20s	5～12s	耐渗水压	≥0.3MPa	≥0.3MPa
硬度	≥邵 A 85	≥邵 A90	抗冲击性	0.5kg・cm 无裂纹	50kg・cm 无裂纹
附着力	≥1.0MPa	≥1.5MPa	施工厚度	1.2～2.0mm	1.2～2.0mm
拉伸强度	≥10MPa	≥15MPa	材料特性	聚氨酯聚脲	聚脲
断裂伸长率	≥400%	≥500%	适用基面	干燥基面	干燥及潮湿基面
撕裂强度	≥40kN/m	≥50kN/m			

4.1.3 面漆

一般建构筑物的防水只需要做底漆和中间层即可，施工完成的聚脲防水层表面颜色为灰色，且聚脲弹性体防水层见光易变色。由于世博荷兰馆要求建筑物表面有不同的颜色，且要求颜色鲜艳不褪色，因此在本工程中必须增加一种带颜色的面漆。本工程采用 RMAG-B-02 丙烯酸聚氨酯涂料。

RMAG-B-02 涂料为丙烯酸聚氨酯双组分溶剂型涂料，由树脂、颜料、助剂(A 组分)和固化剂 GH-2(B 组分)和稀释剂 X-1 调配而成。具有良好的柔软弹性。作为一种弹性聚氨酯聚脲专用表面抗老化保护涂料，具有优良的保色、抗黄变和耐腐蚀的特点。

(1) 涂料质量指标见表 5。

涂 料 质 量 指 标 表 5

项　目	指　标	检验方法	项　目		指　标	检验方法
涂料外观	黏稠性液体	目测	涂料黏度		≥75cps	GB/T 1723
固含量	≥35%	GB/T 1725	干燥养护时间	表干/实干	≤0.5h/24h	GB/T1728—89
涂料细度	≤30μm	GB/T 1724—89		烘干 70℃	1h	

(2) 涂膜性能指标见表 6

涂膜性能指标 **表 6**

项目		指标	检验方法
漆膜颜色/外观		符合样板色/平整、光滑	目测
附着力		≤1 级(聚脲聚氨酯表面)	GB/T 9286—88
柔软性		1 级	GB/T 1731—93
耐人工老化		＞1500h	GB/T 186—89
耐盐雾		＞800h	GB/T 1771—91
耐湿热 7d		合格	GB/T 1740—89
耐水性(蒸馏水)3d		不起皮、不开裂	GB/T 13492—92
耐溶剂性	二甲苯 10h	不起皮、不开裂、不发黏	GB/T 1734—93
耐酸性	5%盐酸 10h	不起皮、不开裂、不发黏	ASTM D543
耐碱性	5%氢氧化钠 10h	不起皮、不开裂、不发黏	ASTM D543
耐盐水	3%氯化钠 24h	不起皮、不开裂、不发黏	ASTM D543

(3) 使用条件

配比：RMAG-B-02(漆料)：GH-2(固化剂)：X-1 稀释剂＝8：1：(2～4)。

漆料使用前一定要搅匀。配完的料需尽快用完。

涂刷用量(5～8)m^2/kg(平面)。

4.1.4 荷兰馆工程使用材料

(1) 底漆：RPU-300 聚氨酯底涂料，厚度几乎无。

(2) 中间层：聚脲弹性体防水涂料，墙面及主桥底面和侧面厚度 1.0mm，屋面厚度 1.5mm。

(3) 面漆：丙烯酸聚氨酯涂料，厚度(150～220)μm。

4.2 聚脲喷涂施工设备

聚脲喷涂必须使用高温、高压撞击式混合设备，常用的设备有美国 GRACO 公司的 H 系列主机及 GX-7/GX-8 喷枪或 REACTOR 系列主机及 FUSION 系列 AP/MP 喷枪等。

(1) REACTOR 主机 EXP-2 主机

最大输出量 7.6L/min

最大压力 3500psi

最高温度 88℃

加热器功率 15300W

最大软管长度 94m

电源参数 35A-380V 三相

(2) FUSION AP 喷枪

最大输出量 23.5L/min

最大压力 3500psi

最高温度 88℃

加热器功率 15300W

最大软管长度 94m

电源参数 35A-380V 三相

主要特点：结构简单、可靠、使用方便、易维护、混合室耐磨。

4.3 聚脲喷涂表面

聚脲喷涂表面分光面和毛面两种形式，由于光面施工后，容易形成视觉污染，人容易产生疲劳感，加之光面施工较毛面施工对工人的技术技能要求更高，因此实际应用中多采用毛面。荷兰馆工程中同样采用毛面施工。

光面与毛面施工的机械及设备以及材料均相同，差别在于喷涂方式的控制。光面施工时聚脲材料直接喷涂在防水基层表面，快速固化形成整体；毛面施工时喷枪距离基层稍远，聚脲在空气中部分固化成颗粒后落在防水基层表面后形成表面均匀的颗粒状，即为毛面。

4.4 聚脲喷涂的施工

聚脲喷涂施工本身非常简单，主要依赖于设备，对需喷涂面进行喷涂即可。聚脲喷涂施工对底材进行表面处理的要求与其他涂层基本相同，所有的涂层都需要一个清洁、干燥的表面以便提高附着力。由于聚脲喷涂防水层厚度非常薄，且其直接作为装饰面层，因此对玻璃纤维增强水泥板的基层平整度要求较高，且要求玻璃纤维增强水泥板的接缝必须使用弹性腻子，以增强结构本身的延展性。

由于聚脲喷涂弹性体的固化速度极快，因此对底材处理的要求更加严格。底材处理的目的主要有四个方面：清除底材表面的各种污垢，使聚脲层与底材表面更好的附着，并保证涂层具有优良的性能。当底材表面存在油、水时，由于油、水与聚脲层的相容性差，即使能形成完整涂层，附着力也会大大下降，导致涂层容易分层、脱落。当底材表面存在灰尘、氧化皮、锈蚀和已经失效的旧膜时，也会影响附着力。所以施工的时候要特别注意先清除基层的杂质。由于本工程基层为玻璃纤维增强水泥板，所以重点在于清洁除尘，使用清洁空气或者抹布清洁底材，避免灰尘存在影响附着力。

4.5 聚脲喷涂的养护

聚脲喷涂施工后，分为固化和熟化期，固化时间很短，最多几分钟，因此在此期间保证无任何碰撞以及灰尘粘附即可。如果仅作防水防腐层，施工完 5h 即起防水作用。表面有装饰效果层的聚脲喷涂材料，施工后静置 24h 即可起到防水装饰效果。

5 聚脲喷涂与传统防水材料的比较

5.1 材料特性比较

与卷材比较，聚脲喷涂涂层由于采用专用设备喷涂成膜工艺，聚脲防水结构无接缝，整体性好，不需多道设防。

与水性丙烯酸涂料比较，喷涂聚脲对环境温度、湿度不敏感，既适用于我国寒冷的北方，也适合潮湿多雨的南方，适应范围广。

与聚氨酯防水涂料比较：色彩艳丽，不易褪色，施工质量稳定。

聚脲喷涂均一次成型，对于不同等级的防水区别在于喷涂聚脲的厚度。对防水等级要求高的，增加聚脲喷涂的厚度，对防水等级要求低的，减少聚脲喷涂的厚度。

上海世博会荷兰馆施工工程，对展示用房的墙面聚脲喷涂厚度采用 1.0mm，对屋面聚脲喷涂厚度采用 1.5mm。

5.2 施工工期比较

聚脲喷涂与卷材防水和涂料防水比较，施工工期短，一天就可完成。流水施工每天能完成 500～800m^2 的防水面积，且仅需一道设防，一次即可施工完成。

防水卷材屋面需做找平层等，墙面施工完成卷材防水层，还需做卷材保护层等，施工工期大大增加。

防水涂料施工时涂膜需多遍完成，且后遍需待前遍涂层干燥成膜后进行，其工期比聚脲喷涂大大增加。

5.3 经济比较

聚脲喷涂防水根据厚度的不同，价格有所差异，1.5mm 厚 140 元/m^2，1.0mm 厚 110 元/m^2。

卷材防水含找平层、保温层，费用约(40～70)元/m^2。

防水涂料：(50～60)元/m^2。

从以上比较可以看出，聚脲喷涂防水比卷材防水和防水涂料防水价格略高。

6 结论

聚脲喷涂与传统防水材料比较，一次性投入略多但性能优越，可靠性和耐久好、使用年限长、施工简便，防护成本低，且不需多道设防，是一种新型的万能涂装技术，市场应用非常广泛。另外，对于既有防水又有外观美观要求的建筑，采用聚脲可以同时做到防水和美观要求，聚脲喷涂后形成光滑连续的膜层，表面光洁，非常美观，同时减少了外墙装饰工序，节省了装饰材料和施工费用，与传统防水材料比较费用更加低廉，值得大力推广。

超纤维防裂混凝土在上海虹桥综合交通枢纽工程的耐久性研究与应用

戴志辉、陈建大
（上海建工材料工程有限公司）

摘　要：以上海虹桥综合交通枢纽工程为载体，通过大量的试验，研究可知：选择合适的外加剂、超纤维和胶凝体系，可配制出性能优异的超纤维防裂混凝土。该混凝土的56d电通量控制在1118C以内，远小于设计要求的1500C的耐久性指标。在混凝土中超纤维的掺量为0.9kg/m^{3}时，超纤维对混凝土的强度性能几乎没有影响。然而，超纤维防裂混凝土的塑性开裂面积比基准配比（不掺入超纤维）的降低了85%以上，同时超纤维也大大改善了混凝土收缩开裂性能。超纤维防裂混凝土在上海虹桥综合交通枢纽中的高铁工程得到成功的应用，超纤维防裂混凝土表面平整无裂缝。

关键词：超纤维，虹桥综合交通枢纽，耐久性，电通量，塑性收缩

1　背景

纤维增强混凝土作为新型复合材料经过几十年的发展，不论是纤维的品种、纤维增强理论发展，还是纤维混凝土的推广应用都有了长足的进步。众多试验研究和工程实践表明：掺入混凝土中的纤维不但具有增强、增韧的作用，而且其阻裂、限缩，以及改善混凝土基体孔结构的作用可以明显提高混凝土的抗渗性。混凝土良好抗渗性对地下结构、大坝、水渠、污水处理池、码头、跨海大桥等工程应用具有重要意义。然而不同的纤维对混凝土性能的影响程度存在差异，主要取决于纤维的品种、纤维掺量、纤维长径比、纤维在混凝土基体中的分布情况，纤维混凝土搅拌工艺，以及混凝土受力情况等因素。纤维在混凝土中的分散性好坏直接决定了纤维混凝土抗裂性能的优劣[1]。分散性越好，分布越均匀，混凝土抗裂性能越强。超纤维具有卓越的亲水性能使纤维单丝能均匀分布在混凝土中，分散性极好，在混凝土搅拌和运输时纤维均处于稳定的分散状态，无任何缠绕成团出现，可有效地改善混凝土结构，提高了混凝土抗裂性能[2]。

京沪高铁虹桥站是上海虹桥综合交通枢纽工程的重要分支之一，也是地铁西站的主要组成部分。西站结构为二层劲性柱结合混凝土柱框架结构，局部三层（5、17号线地铁、风井），各层底板面标高分别为B1层：－11.700m（亦为地下二层顶面标高）；B2层：－20.670m（亦为地下三层顶面标高）；B3层：－26.170m、－27.160m、－27.970m、－29.110m。地下三层顶面标高为－20.670m，地下二层顶面标高为－11.700m，地下一层顶面标高为－2.550m，各层的层高：B3～B2层为8.44m（5、17号线），B2～B1层为8.97m，B1～零层为9.15m。基础形式采用桩基加筏板式基础，工程桩为钻孔灌注桩，各层底板厚度分为B1层2000mm，B2层3000mm，B3层2500mm。地下二、三层结构延伸至上部结构的柱网为劲性钢管柱，截面1400×1400；地下一层结构形式为钢-混凝土组合结构，建筑结构的安全等级为一级，设计基

准为50年，耐久性年限为100年，基本抗震设防烈度为7度(0.10g)，本建筑抗震设防类别为乙类，地震作用按基本抗震设防烈度计算，按8度采取抗震措施。上海虹桥综合枢纽京沪高铁的外墙板用C40P8R56混凝土，外掺超纤维进行防裂改性。

2 超纤维防裂混凝土的研制

2.1 研制的技术路线

上海虹桥综合枢纽京沪高铁的外墙板用C40P8R56混凝土，所处的是碳化环境，作用等级为T3。根据其设计使用年限为100年，则混凝土结构耐久性设计的要求满足铁路规范：混凝土原材料品质、配合比参数极限，以及抗裂性等耐久性指标。

采用粉煤灰和矿粉等双掺技术改善混凝土的流动性和微观结构；掺加超纤维改善混凝土的抗裂性；通过聚羧酸高效减水剂提高混凝土的和易性和降低水胶比。再以电通量和抗裂性等指标来衡量虹桥综合枢纽京沪高铁工程用C40P8R56混凝土的耐久性。

2.2 材料设计

原材料品质好坏是京沪高铁混凝土具有高耐久性的前提。因此，首先需慎重选择混凝土用原材料，并对各种原材料的检测。所有样品由监理见证，送上海市建筑科学研究院检测站检测。

(1) 水泥

水泥选用普通硅酸盐水泥P.O42.5，其技术要求满足国家标准，具体见表1。

水泥的技术要求及检测结果　　表1

序号	监理抽样项目		规范要求	指标	单项评定
1	烧失量，%		5.0/3.0(F)	5.0	合格
2	氧化镁，%		≤10.0(K)	1.7	合格
3	三氧化硫，%		3(F)/4(K)	2.1	合格
4	细度		≤10.0	6.2	合格
5	凝结时间	初始时间(min)	≥45	115	合格
		终凝时间(min)	≤600	155	合格
6	安定性		合格	合格	合格
7	抗压强度	3d，MPa	≥17.0	28.1	合格
		28d，MPa	≥42.5	49.2	合格
8	碱含量，%		≤0.8	0.58	合格
9	标准稠度		—	27.5	—

(2) 粉煤灰

其中的一种矿物掺合料选用品质稳定的Ⅱ级低钙粉煤灰，其技术要求符合国家标准和耐久性要求，具体见表2。

粉煤灰的技术要求及检测结果　　表2

序号	项目		规范要求	实际指标	单项评定
1	监理抽样	常规检测			
2	细度，%	细度，%	20/12(C50及以上)	12	合格
3	烧失量，%	烧失量	5.0/3.0(C50及以上)	2.4	合格
4	含水率，%	—	≤1.0	0.1	合格

续表

序号	项目		规范要求	实际指标	单项评定
5	需水量比，%	需水量比	≤100	96	合格
6	三氧化硫，%	—	≤3	0.4	合格
7	碱含量，%	—	—	0.79	—
8	氯含量，%	—	≤0.02	0.003	合格

（3）矿粉

矿粉的技术要求满足相应的国家标准及耐久性要求，具体可见表3所示。

矿粉的技术要求及检测结果 **表3**

序号	项目		规范要求	实际指标	单项评定
	监理抽样	常规检测			
1	比表面积，m^2/kg	比表面积	350～500	469	合格
2	烧失量，%	烧失量	≤3.0	1.1	合格
3	三氧化硫，%	—	≤4.0	2.0	合格
4	氯含量，%	—	≤0.02	0.004	合格
5	含水率，%	—	≤1.0	0	合格
6	需水量比，%	需水量比	≤100	95	合格
7	流动度比，%	—	≥90	104	合格
8	28d活性指数，%	活性指数	≥95	99	合格

（4）外加剂

外加剂选用了减水率较高、保坍性好、适量引气且能提高混凝土耐久性聚羧酸减水剂，性能指标见表4所示。

外加剂的性能及检测结果 **表4**

序号	监理项目		检测方法	指标	检验结果	单项评定
1	水泥净浆流动度，mm		GB/T 8077—2000	≥240	242	合格
2	硫酸钠含量，%			≤10.0	0.2	合格
3	氯离子含量，%			≤0.2	0.04	合格
4	碱含量（$Na_2O+0.658K_2O$），%			≤10.0	0.6	合格
5	减水率，%		GB 8076—1997	≥20	22	合格
6	含气量，%			≥3.0	3.4	合格
7	坍落度保留值，mm	30min	JC 473—2001	≥180	210	合格
		60min		≥150	207	合格
8	常压泌水率比，%		GB 8076—1997	≤20	0	合格
9	压力泌水率比，%		JC 473—2001	≤90	16	合格
10	抗压强度比，%	3d	GB 8076—1997	≥130	174	合格
		7d		≥125	166	合格
		28d		≥120	161	合格
11	对钢筋锈蚀作用			无锈蚀	无锈蚀	合格
12	收缩率比，%			≤135	97	合格
13	相对耐久性指标，%，200次			≥80	—	—

(5) 骨料

粗骨料选用了连续级配的5～25mm碎石，其抗压强度、吸水率、坚固性和有害物质含量等指标都符合耐久性要求，具体见表5。

粗骨料的性能指标及检测结果 **表5**

序号	监理抽样项目	检验方法	规范要求	实际指标	单项评定
1	颗粒级配	JGJ 52—20	—	5～25mm 连续级配	合格
2	岩石抗压强度	60	—	111	—
3	吸水率，%		<2	1.2	合格
4	压碎指标，%		≤7	6	—
5	坚固性，%		≤8(5循环)	1	—
6	针片含量，%		10/8(C50及以上)	6	合格
7	含泥量，%		1.0/0.5(C50及以上)	0.5	合格
8	泥块含量，%		≤0.25	0.18	合格
9	硫化物，%		≤0.5	0.05	合格
10	氯离子含量，%		<0.02	0.001	合格
11	有机物含量		—	颜色不深于标准色	—

而细骨料选用了符合国家标准及耐久性要求的中级的细度模数。

2.3 配合比参数极限

上海虹桥综合交通枢纽所处环境为碳化环境，高铁用混凝土C35和C40的部位外界环境分别属于T2和T3，设计年限为100年，为了保证钢筋混凝土结构耐久，其混凝土要满足最大水胶比和最小胶凝材料用量的要求，具体见表6所示。

配合比参数极限 **表6**

	强度等级	最大水胶比	最小胶凝材料用量 kg/m³	最大胶凝材料用量 kg/m³
铁路规范	C35P8	0.50	300	—
	C40P8	0.45	320	—

2.4 混凝土耐久性能研究

2.4.1 混凝土密实性能的研究

在保证强度的前提下，混凝土的密实性与电通量和抗渗性能有着较大的关联。通过比较流动性和耐久性(56d电通量)性能指标，调整外加剂类型、胶凝材料总量及比例等技术来改善京沪高铁用混凝土性能。同时，C40混凝土胶凝材料总量不宜高于450kg/m³。首先，使用上一节的原材料，外掺加中效减水剂配制防裂混凝土C40P8R56，具体见表7。

C40P8R56混凝土用中效减水剂的配比 **表7**

编号	水 (kg/m³)	水泥 (kg/m³)	中砂 (kg/m³)	5～25mm 碎石 (kg/m³)	粉煤灰 (kg/m³)	矿粉 (kg/m³)	中效减水剂 (kg/m³)	超纤维 (kg/m³)
C40-1	180	250	720	1040	70	100	4.62	0
C40-2	180	240	740	1030	95	105	5.85	0
C40-3	180	240	740	1030	95	105	5.85	0.9

表 7 的三个配比通过调整胶凝总量和比例及外加剂掺量，改善混凝土的施工性和耐久性，其中的对应的混凝土耐久性指标(如表 8)。

C40P8R56 混凝土用中效减水剂的配比对应的性能参数 表 8

编号	水胶比(kg/m³)	胶凝总量(kg/m³)	56d 电通量，C	坍落度(mm)
C40-1	0.44	420	1375	170
C40-2	0.42	440	1194	210
C40-3	0.42	440	1584	180

由表 8 可知，水胶比和胶凝总量都是符合京沪高铁用混凝土，但是掺加超纤维的编号为 C40-3 的配比对应的 56d 电通量大于铁路规范要求的 1500C，不符合高铁混凝土耐久性要求，所以此配比不能被采用。由于受胶凝材料总量不宜超过 450kg/m³，又为了须保证良好的流动性及耐久性要求，目前最好方式是改变外加剂类型或掺量。其一，可以通过提高中效减水剂的掺量，减少用水量；其二，选用高效减水剂，这样可以在保证良好的流动性前提下，大幅度的减少混凝土拌合用水，提高混凝土密实性，降低电通量，达到京沪高铁用混凝土。具体的试验配比见表 9。

C40P8R56 混凝土用高效减水剂的配比 表 9

编号	水(kg/m³)	水泥(kg/m³)	中砂(kg/m³)	5～25mm 碎石(kg/m³)	粉煤灰(kg/m³)	矿粉(kg/m³)	高效减水剂(kg/m³)	超纤维(kg/m³)
C40-4	165	230	750	1030	90	100	5.04	0
C40-5	165	240	750	1040	90	110	5.28	0
C40-6	165	240	750	1040	90	110	5.85	0.9

C40P8R56 混凝土用高效减水剂的配比对应的性能参数 表 10

编号	水胶比	胶凝总量(kg/m³)	56d 电通量，C	坍落度(mm)
C40-4	0.40	420	1052	185
C40-5	0.39	440	995	230
C40-6	0.39	440	1118	200

C40P8R56 混凝土用高效减水剂的配比对应的强度和抗渗性能 表 11

编号	抗压强度(MPa)			抗渗性
	7d	28d	56d	
C40-4	31.9	42.3	48.3	P8
C40-5	36.7	49.7	54.2	P8
C40-6	35.2	48.9	54.0	P8

由表 9～表 11 可知，编号为 C40-6 配比所对应的混凝土耐久性和强度及抗渗性都是满足设计要求。胶凝材料总量(只有 440kg/m³)和水胶比都满足配合比参数极限要求，又没有大于 450kg/m³，还有掺纤维的 C40-6 的 56d 电通量 1118C，满足电通量耐久性要求。

同时，从表 9 和表 10 可知，超纤维会影响混凝土的电通量性能，还有对流动性也存在一些负面影响。然而，由表 11 可知，掺加超纤维对于强度影响不大，特别对混凝土后期的强度几乎没有影响。

2.4.2 塑性收缩开裂效果对比

混凝土的抗裂性是高铁钢筋混凝土结构耐久性最重要的指标之一，使用超纤维可大幅度的提高混凝土的抗裂性，塑性收缩开裂性能是混凝土防裂效果的重要表现形式之一，在此利用混凝土的塑性收缩开裂进行试验研究。

根据ICC AC217(ASTM C1579)标准，对高铁用耐久性混凝土进行抗裂性能的研究，特别是混凝土的塑性收缩开裂。测试用试模见图1所示。

利用图1的试模，中间具有凸起的矩形板状，再模拟一种恶劣的环境(利用风扇产生一股稳定的温暖气流达到指定的蒸发率)使混凝土快速发生塑性收缩，针对掺加超纤维与不掺加纤维的混凝土塑性开裂效果进行对比试验；同时，纤维取0.3kg/m³、0.6kg/m³、0.9kg/m³等三种不同掺量分别进行试验，开裂的程度大小以裂缝面积(mm²)来表示。混凝土塑性开裂对比试验结果见图2所示。

图1 混凝土塑性收缩开裂测试用试模

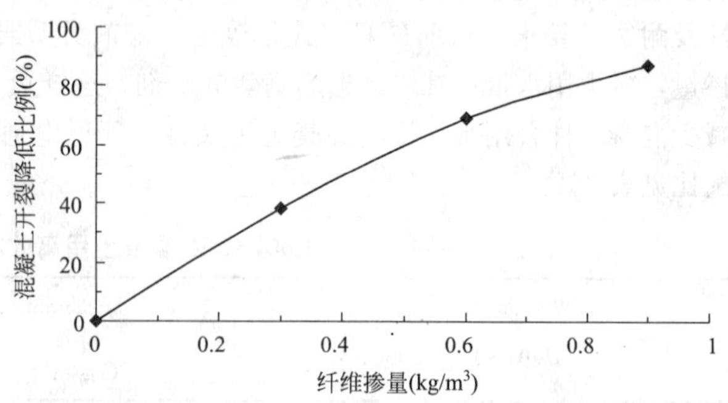

图2 混凝土塑性开裂降低比例随纤维掺量的变化关系

由图2可知，当超纤维掺量增加到0.9kg后，混凝土的塑性开裂面积比基准的降低了85%以上，若再增加纤维掺量，降低混凝土开裂空间已较小；同时，随着纤维掺量的增加对混凝土的工作性会带来一定的负面影响，因此高铁用超纤维掺量选择0.9kg/m³。

2.4.3 干燥收缩开裂效果对比

干燥收缩是混凝土产生收缩开裂的最主要原因之一。利用C40P8的基准配合比配制基准混凝土，同时在基准混凝土配合比上再掺加0.9kg/m³的超纤维，分别制作成一块3m×7m×0.3m的混凝土板，构成一组对比样。经过相同的实验条件，2d后基准混凝土产生了裂缝，而掺超纤维的混凝土板还未出现裂缝，如图3和图4所示。

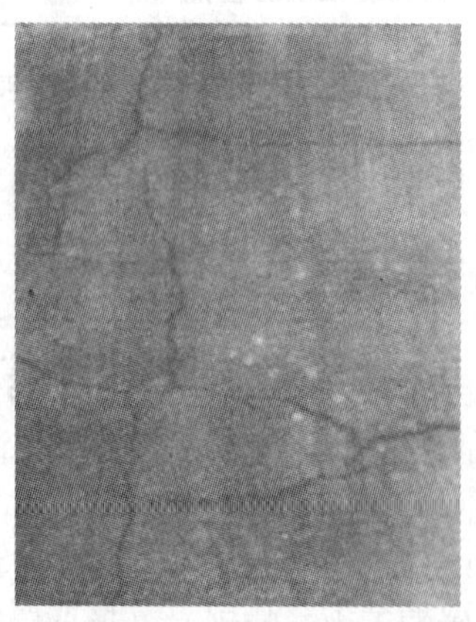

图3 基准混凝土

图4 超纤维掺量为0.9kg/m³ 混凝土

由混凝土的塑性开裂与干燥收缩开裂对比试验可知，超纤维确实能够较好地改善混凝土的开裂效果。这可能是由于超纤维具有天然的亲水能力和巨大的比表面积，有效地阻止了混凝土的塑性收缩开裂和早期的收缩开裂，大大的减少了混凝土早期的缺陷，较好地提高了混凝土的抗裂性，改善了混凝土的耐久性。

3 超纤维防裂混凝土的功能化应用

利用上述优化的混凝土配合比，制备出性能优异的超纤维防裂混凝土，主要应用于高耐久性的京沪高铁外墙板。工程应用中的混凝土情况，可见图 5、图 6 所示。从中可知，超纤维防裂混凝土在高铁工程的应用中，混凝土表面平整无裂缝。

图 5　京沪高铁超纤维防裂混凝土拆模后示意图

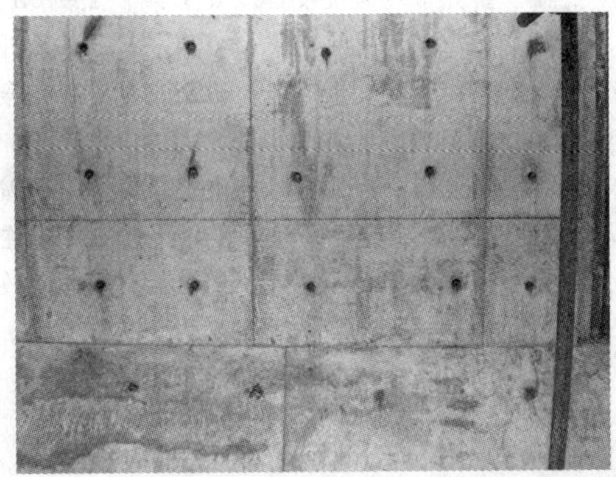

图 6　京沪高铁超纤维防裂混凝土表面质量情况

4 结论

(1) 超纤维混凝土 56d 电通量控制在 1118C 以内，远小于设计 1500C 的耐久性指标。

(2) 超纤维在混凝土中的掺量为 0.9kg/m^3 对混凝土的强度性能几乎没有影响，同时混凝土的塑性开裂面积比基准(不掺入超纤维)的降低了 85%以上。

(3) 超纤维混凝土在干燥收缩试验过程中，大大改善了不掺纤维的基准混凝上开裂性能，在制作成一组 3m×7m×0.3m 的对比混凝土板。经过相同的实验条件，2d 后基准混凝土产生了裂缝，而掺超纤维的混凝土板还未出现裂缝。

(4) 超纤维防裂混凝土在高铁工程中成功应用，混凝土表面平整无裂缝。

超纤维可有效改善混凝土内部结构，减少混凝土的内外部缺陷，解决混凝土塑性开裂，大幅度的减少混凝土的微裂缝；目前，超纤维防裂混凝土的配制技术已得到一定程度的改进，在上海虹桥综合交通枢纽工程中已得到广泛的应用，取得了良好的应用成果。然而，关于该特种混凝土的许多理论和应用问题尚待今后进一步研究、完善和推广。

参考文献

[1] 刘毅，仇为波，李德军. 混杂纤维对混凝土干燥收缩的影响. 建材技术与应用. 2008(2)：1～3

[2] 毛青松，刘国平，李亮. 浅析纤维混凝土和补偿收缩混凝土. 建筑施工，2009：31(2)：118～120

早硬性混凝土在上海外滩通道工程中的研制与应用

孙飞鹏、魏　劼、吴慧华、陈建大、陈尧亮
（上海建工材料工程有限公司）

摘　要： 常规的快硬性混凝土具有4～10h强度达到10MPa以上，混凝土不经过预拌生产，坍落度小且损失快而大，主要应用于混凝土路面修补。为了满足上海外滩通道等工程的特殊要求，通过大量试验，研制出复合工程要求的早硬性混凝土。选择合适的高效减水剂掺量和速凝剂掺量，以及对搅拌时间和速凝剂的不同掺加方式等搅拌工艺的大量研究，使得早硬性混凝土的综合性能较优，混凝土强度能达到工程要求的5h不小于0.5MPa的要求及28d强度都有很好保证，同时又能满足现在预拌混凝土的生产工艺及长时间运输，满足泵送等工作性要求。并且，早硬性混凝土已在上海外滩通道工程得到较成功的应用。该重点工程的早硬性混凝土总浇筑方量达670m³。

关键词： 早硬性混凝土，外滩通道，速凝剂，高效减水剂

1　前言

我国混凝土路面的修补技术对混凝土的早期强度性能要求较高，需要混凝土具有快速硬化特点，一般是4～10h即可通车，不需养护28d[1]。因此，常规的快硬性混凝土选用硫铝酸钙水泥或者R型硅酸盐水泥等，在我国修补混凝土路面边角缺损和断板等应用非常广泛[2]。然而，该种快硬性混凝土的另一个特点，凝结时间都在半小时之内，即是坍落度很小且损失较快而大，不利于预拌、运输和泵送要求。在上海外滩通道工程中要求的混凝土性能又不同常规快硬性混凝土，因此称此为早硬性混凝土，其特点：既要加水之后短时间内强度满足工程要求又要满足泵送等混凝土工作性要求。这次早硬性混凝土方量大，4h要求混凝土强度达到0.5MPa，并且通过混凝土的预拌、运输和泵送等过程。

上海外滩通道工程是2009年上海市的重点工程。由于工程地处享有万国建筑博览美誉的城市滨江核心地区，工程建设需要穿越外白渡桥、地铁二号线、延安东路隧道等保护建筑和重要设施，容不得出现丝毫差错，其沿线有大量的历史保护建筑，故而工程的实施被国内外工程界同行比作为“心脏搭桥”工程。本次两块施工区域由于分别位于延安东路北线、南线隧道下方，其中南线4B1地块距隧道仅6.99m，北线4B3地块距隧道更是仅有5.24m。为避免施工区间现浇混凝土底板结构可能因上浮对延安东路隧道造成结构性破坏，故对浇筑的混凝土早期强度提出了较高的要求：第一，要求现场浇捣的底板混凝土在4h左右后强度要达到0.5MPa以上(若加上混凝土生产及搅拌车运输共1h的时间，即相当于混凝土从加水时间算起的5h龄期强度值要超过0.5MPa)；第二，能够满足泵送要求。

这些要求对于依靠预拌混凝土搅拌、搅拌车运输的现浇混凝土而言无疑具有很大的挑战：其一，道路交通的影响。路线长、路况较差的情况下，运输时间势必大大延长，而对于早硬性混凝土而言坍落度损失一般都非常大，混凝土现场的施工性能是施工成功与否所考虑的关键因

素之一。其二，混凝土凝结时间的控制及5h混凝土强度的保证。混凝土凝结过快，凝结时间短，则施工现场来不及浇捣；凝结过慢，凝结时间长，则达不到工程所需5h混凝土强度的要求，因此找准平衡点也是难度之一。

2 配合比设计

2.1 设计的技术路线

上海外滩通道工程用特殊混凝土的设计强度等级为C45，并且要求混凝土浇筑后4h(加上混凝土路上1h左右的运输时间，对混凝土来说5h龄期的强度要满足工程结构需要)要超过0.5MPa，以保证该工程特殊部位的质量，同时要求该混凝土施工性好，具可泵送性。根据这些工程特点及要求(时间、强度、温度)的变化，针对性的选用适宜的混凝土原材料，并且采取针对性的技术措施：其一，胶凝材料全部用普通硅酸盐水泥，以及添加速凝剂，来提高混凝土早期的强度，特别是5h的强度值；其二，选用聚羧酸系高效减水剂，在保证可泵性和保坍性的前提下，尽可能的降低用水量，降低水灰比，提高混凝土的强度，也有助于提高混凝土早期强度；其三，通过改变速凝剂的掺加方式，进一步的寻找与调整早硬性混凝土的流动性与早期强度。还有，研究不同的外加剂掺量对早硬性混凝土的早期强度和流动性的影响，再从中找出最佳解决配合比，满足上海外滩通道工程的特殊要求，解决实际的工程难题。

2.2 原材料

根据配合比的技术设计路线，慎重选用该工程混凝土所用的原材料。

(1) 水泥：采用质量稳定、强度等级为P.O42.5普通硅酸盐水泥。水泥的物理性能指标符合《通用硅酸盐水泥》(GB 175—2007)规定的要求。

(2) 细骨料：采用洁净、级配良好、细度模数大于2.3、含泥量小于2.0%、泥块含量小于0.5%的天然砂，其他物理性能指标符合《普通混凝土用砂、石质量及检验方法标准》(JGJ 52—2006)规定的要求。

(3) 粗骨料：采用质地坚硬、级配良好、针片状少、空隙率小、含泥量小于0.5%、泥块含量小于0.2%、粒径为5～25mm碎石。其他物理性能指标符合《普通混凝土用砂、石质量及检验方法标准》(JGJ 52—2006)规定的要求。

(4) 外加剂：外加剂选用高效聚羧酸系减水剂和速凝剂等两种。其中，减水剂是采用减水率高、与水泥适应性好的高性能外加剂；而速凝剂是由巴斯夫提供的POZZUTEC 20＋。外加剂的性能指标符合《混凝土外加剂》(GB/T 8076—1997)和《混凝土泵送剂》(JC 473—1992)规定的要求。

(5) 水：采用自来水，其性能指标符合《混凝土用水标准》(JGJ 63—2006)规定的要求。

2.3 不同外加剂掺量对早硬性混凝土性能的影响

2.3.1 速凝剂掺量对早硬性混凝土性能的影响

在相同减水剂剂掺量的情况下，讨论了不同速凝剂掺量对早硬性混凝土性能的影响。其中混凝土配合比见表1所示，具体的性能见表2。先单掺速凝剂，因此减水剂掺量为0kg/m^3，而速凝剂掺量从33.3kg/m^3 到0kg/m^3 之间波动，在讨论速凝剂对早硬性混凝土性能的影响外，也在尝试是否减少早硬性混凝土的外加剂品种，减少由于另加称量设备与管线以及辅助设施而带来实际生产操作的诸多不方便，另外，多掺加一种外加剂，需要增加搅拌时间来达到良好流动性能，这都给实际生产带来不便，从而影响该混凝土的时效性(限定时间下的强度变化)。因此选用单掺PT20速凝剂的办法观察混凝土的有关性能指标是否能达到设计工程结构和施工的要求。

不同速凝剂掺量对早硬性混凝土性能影响的配合比 **表 1**

配合比 \ 原材料 / 规格	水	水泥	砂	石子	外加剂	
	自来水	P·O42.5	中砂	5～25mm	聚羧酸系高效减水剂	速凝剂
配比 1	220	550	600	1000	0	33.3
配比 2	265	550	600	1000	0	9.0
配比 3	280	550	600	1000	0	0

注：上述配比总用水量是上述配比显示的用水量与减水剂和速凝剂中水含量的总和。

不同速凝剂掺量对早硬性混凝土的流动性和 5h 龄期强度的影响 **表 2**

混凝土配合比	速凝剂(kg/m^3)	混凝土坍落度(mm)		5h 抗压强度(MPa)	
		初始	1h 后	室外养护	标准养护
配比 1	33.3	180	90	2.18	1.71
配比 2	9.0	160	90	0.68	0.65
配比 3	0	150	130	0.64	0.4

由表 2 可知，速凝剂对早硬性混凝土强度和流动性存在一定的影响，从中可获得速凝剂对流动性和强度影响的变化曲线(见图 1 和图 2)。特别是不掺加速凝剂的配比 3 的 5h 强度小于 0.5MPa，没达到工程要求。再者，从初始坍落度和 1h 坍损来看，流动性基本上都能满足泵送要求。5h 强度随速凝剂掺量的增加而有所提高，但同时考虑混凝土的收缩变形，水泥用量也不能太大。若采用高效减水剂来调节一下，不仅减少水泥用量，降低水胶比，同时改善了施工性。

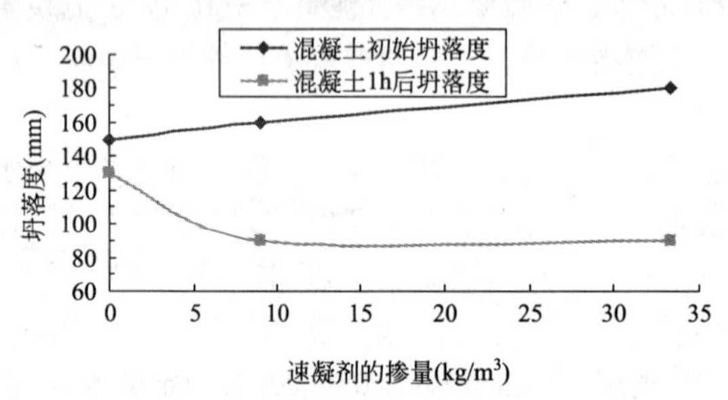

图 1 坍落度与速凝剂掺量的变化关系

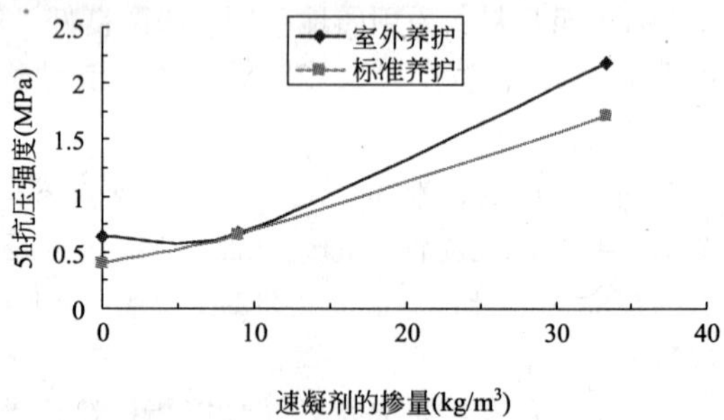

图 2 早硬性混凝土 5h 抗压强度随速凝剂掺量的变化关系

2.3.2 减水剂掺量对早硬性混凝土性能的影响

通过对速凝剂掺量对早硬性混凝土流动性和强度的讨论，速凝剂掺量在 33.3kg/m^3 时，不仅 5h 混凝土抗压强度较高，而且流动性也较好。因此，目前在固定速凝剂掺量为 33.3kg/m^3，讨论不同掺量的聚羧酸系高效减水剂对早硬性混凝土的影响。其中混凝土配合比见表 3 所示，具体的性能见注：上述配比总用水量是上述配比显示的用水量与减水剂和速凝剂中水含量的总和。

不同高效减水剂掺量对早硬性混凝土性能影响的配合比 表 3

配合比 \ 原材料/规格	水	水泥	砂	石子	外加剂	
	自来水	P·O42.5	中砂	5～25mm	聚羧酸系高效减水剂	速凝剂
配比 5	140	420	690	1080	3.6	33.3
配比 4	140	420	690	1080	3.2	33.3
配比 3	220	550	600	1000	0	33.3

注：上述配比总用水量是上述配比显示的用水量与减水剂和速凝剂中水含量的总和。

表 4 为减水剂掺量从 3.6kg/m^3 到 0kg/m^3 之间波动，讨论减水剂对早硬性混凝土性能的影响。

不同高效减水剂掺量对早硬性混凝土的流动性和 5h 龄期强度的影响 表 4

混凝土配合比	聚羧酸系高效减水剂掺量(kg/m^3)	混凝土坍落度(mm)		5h 抗压强度(MPa)	
		初始	1h 后	室外养护	标准养护
配比 5	3.6	210	95	1.5	0.8
配比 4	3.2	150	40	1.9	1.3
配比 3	0	160	90	0.68	0.65

注：上述配比总用水量是上述配比显示的用水量与减水剂和速凝剂中水含量的总和。

由表 4 可知，高效减水剂对早硬性混凝土有很大的影响，从中可粗略的获知减水剂掺量对早硬性混凝土流动性和 5h 混凝土抗压强度的影响曲线(见图 3 和图 4)。混凝土 5h 抗压强度随着减水剂掺量的增加而降低，但是这三个配合比的强度值都已超过 0.5MPa，满足工程的结构要求。然而，在流动性方面，减水剂掺量为 3.2kg/m^3 时，1h 坍落度只有 40mm，损失太大，已失去泵送性能，所以配合比 4 不可采用。而配比 5 和配比 3 对比可知，这两者在强度方面都已满足早硬的要求，然而配比 3 的水泥掺量过大，引起的混凝土收缩大，在上海外滩通道工程中需要尽可能的控制收缩，综合上述情况，配比 5 的 5h 混凝土强度和流动性符合该特殊的重点工程要求。

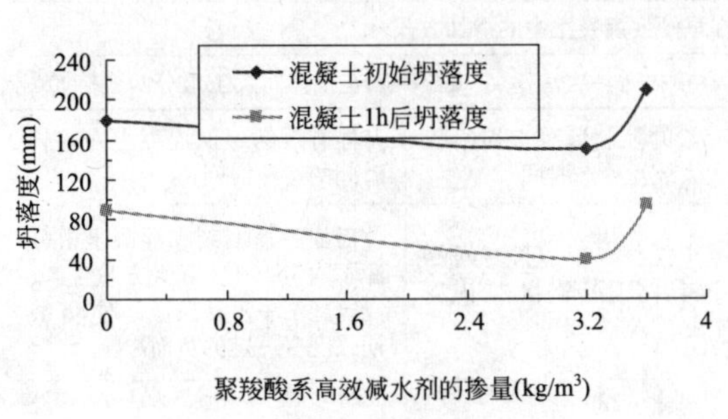

图 3 坍落度与聚羧酸系高效减水剂掺量的变化关系

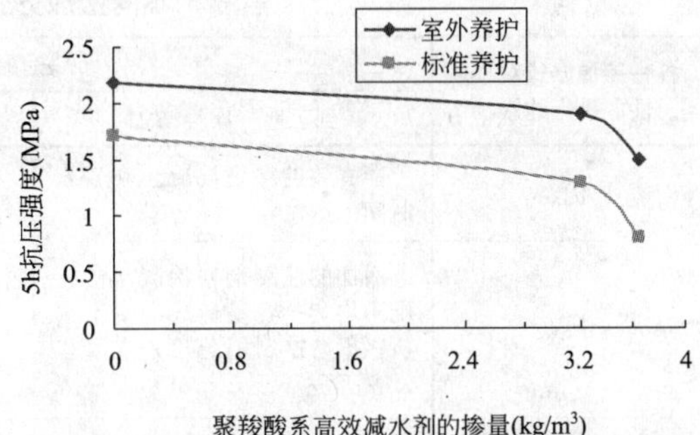

图 4 聚羧酸系高效减水剂掺量与5h 抗压强度的变化关系

2.4 配合比的确认

在上述大量试验的基础上，通过各个因素对早硬性混凝土的流动性和 5h 混凝土抗压强度的影响，可知最佳配合比为配比 5，具体见表 5 所示。

早硬性混凝土中试的配合比 表5

配合比 \ 原材料 / 规格	水	水泥	砂	石子	外加剂	
	自来水	P·O42.5	中砂	5～25mm	聚羧酸系高效减水剂	速凝剂
配比5	140	420	690	1080	3.6	33.3

注：上述配比总用水量是上述配比显示的用水量与减水剂和速凝剂中水含量的总和。

2.5 搅拌工艺对早硬性混凝土性能的影响

在试验数据积累的基础上，利用搅拌站资源进行上述早硬性混凝土的中试试验，来进一步研究早硬性混凝土大生产工艺情况。

2.5.1 搅拌时间对早硬性混凝土性能的影响

混凝土搅拌时间是混凝土拌合物是否均匀的一个重要参数，对混凝土的性能影响很大，同时，搅拌时间也直接影响搅拌站生产早硬性混凝土的方量，从而会影响现场混凝土泵送浇筑。

不同搅拌时间早硬性混凝土流动性的影响 表6

搅拌工艺	混凝土搅拌时间(s)		
	30	60	90
早硬性混凝土状态	出现团结现象，流动性差	和易性、均匀性好，无团结	和易性、匀质性较好，无团结现象

从实际中试来看，室外温度对快硬混凝土的凝结时间基本无影响。再者，从表6可知，搅拌时间30s出料时混凝土有团结现象，而搅拌60s和90s出料时和易性都较好、无团结现象，且两者区别不大。因此，为了保证早硬性混凝土搅拌均匀的基础上，尽可能的增加混凝土每小时出方量，保证工程的混凝土供应、浇筑，早硬性混凝土的搅拌时间以60s为最宜。

2.5.2 速凝剂的不同掺加方式对早硬性混凝土性能的影响

从小试的试验情况来看，不同速凝剂掺量对早硬性混凝土的早期强度和流动性影响很大。速凝剂是能够加速混凝土的凝结和增加早期强度，而速凝剂掺量对混凝土性能影响大，那么速凝剂掺加方式也应该会影响混凝土的水化，进而影响早硬性混凝土的早期强度和流动性。现通过中试试验来寻找较为合适的掺加速凝剂的方式。具体中试试验情况见表7所示。

速凝剂不同掺加方式对早硬性混凝土的影响 表7

各种掺加方式对早硬性混凝土的影响	速凝剂在早硬性混凝土中的掺加方式		
	到工地一次性掺加	在搅拌时一次性掺加	在搅拌时及工地分两次掺加
优点	能有效的保证混凝土在较长时间的运输	较有效的控制混凝土初始状态；大大缩短凝结时间	能有效的保证混凝土在较长时间的运输时间
缺点	后加的速凝剂在混凝土中分配不均匀；容易造成混凝土离析；不易控制坍落度；混凝土5h强度达不到0.5MPa	混凝土搅拌车不能长时间停置；出料后混凝土需在2h内浇筑完	后加的速凝剂在混凝土中分配不均匀；在实际大方量生产、浇筑施工中不易操作；对5h龄期强度有一定的负面影响
初始坍落度(mm)	190	225	225
1h后坍落度(mm)	205	205	205
1h后扩展度(mm)	590	450	595
5h抗压强度(MPa)	0.7	0.8	0.3
现象	后掺加严重离析	有轻微抓底	1h严重离析

从表7可知，速凝剂的各种掺入方式都对早硬性混凝土产生一定程度的影响，有正面的也

有负面的。从三个添加方式的对比结果来看，在搅拌时就一次性加入较为合适，不会出现运输到现场的早硬性混凝土出现严重离析，以及可能强度不能得到很好的保证。

2.6 大生产配合比及搅拌工艺的确定

上海外滩通道工程用特殊混凝土，经过多次的小试和中试复验，早硬性混凝土在多次中试和易性情况下，再结合大生产的各个搅拌站的原材料情况，稍微调整了混凝土配合比。为了便于混凝土的泵送施工，提高了砂率以及高效减水剂的掺量，具体的配合比见表8。利用确定的混凝土搅拌工艺和速凝剂在搅拌时一次性掺加方式，进行复验，可得该大生产所用配合比对应的流动性和4h混凝土强度，具体情况见表9。对应的新拌混凝土的状态可见图5所示。

早硬性混凝土的大生产配合比 表8

配合比 \ 原材料 / 规格	水	水泥	砂	石子	外加剂	
	自来水	P·O42.5	中砂	5～25mm	聚羧酸系高效减水剂	速凝剂
中试配合比	140	420	740	1020	4.16	33.3

早硬性混凝土中试时配合比的流动性和4h龄期强度 表9

早硬性混凝土性能	混凝土坍落度(mm)		扩展度(mm)		4h抗压强度(MPa)	凝结时间	
	初始	1h后	初始	1h后		初凝	终凝
中试	210	210	530	490	0.7	3h52min	5h25min

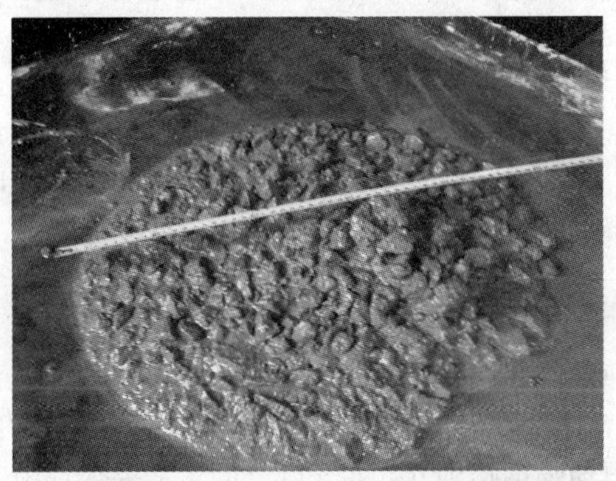

图5 早硬性混凝土的初始扩展度

3 工程应用

2009年9月21日至2009年9月23日，以及10月16日到10月19日，上海外滩通道工程分别在黄浦江两侧的南部工程和北部工程大量应用了早硬性混凝土。南部工程总浇筑方量约为371m³；北部工程浇筑总方量约为300m³。

早硬性混凝土在实际大生产中流动性和浇筑情况，可见图6。从这个示意图可知，该特殊混凝土在实际混凝土浇捣时，流动性较好。

图6 早硬性混凝土从搅拌车下料到泵车的流动性示意图

针对已经在外滩通道工程大量应用的早硬性混凝土，对每次混凝土浇筑都进行了跟踪和测试，具体的拌合物性能以及多个龄期的混凝土强度进行了一定的积累，具体可见表10。

早硬性混凝土在实际大生产浇筑后的混凝土强度和流动性性能　　表10

浇筑时间	混凝土抗压强度(MPa)				混凝土流动性	
	4h	5.3h	7d	28d	坍落度(mm)	扩展度(mm)
9月21日	1.5	2.9	32.3	47.4	160	420
9月22日	0.4	1.8	26.7	49.7	190	530
9月23日	1.5	—	31.8	47.3	170	450
10月16日	2.2	—	37.0	47.9	160	400
10月18日	0.8	—	28.2	—	170	460
10月19日	2.7	—	31.9	—	160	400

从上述上海外滩通道工程应用的早硬性混凝土流动性和强度来看，都控制得较好，不仅便于施工人员浇捣施工，而且在4～6h的混凝土早期强度满足了工程需要，同时28d混凝土抗压强度也达到了设计值。

早硬性混凝土从发料、运输到浇筑完成时间控制在2h以内，施工时的平均气温在21℃左右，现场混凝土5h强度都能够达到0.5MPa以上。经过近期的生产、浇捣和施工，外滩通道项目已顺利完成早硬性混凝土的施工浇捣。因为本工程为上海市中心城区地区第一次使用早硬性混凝土，所以参建各方均很重视，制定了快硬混凝土工作计划。前期完成了早硬性混凝土供应方案的编制、小试试验、中试试验、等一系列工作。作为混凝土供应方，在施工进程中通过不断解决早硬性混凝土的5h强度、流动性和凝结时间之间的问题，以及混凝土搅拌时间等累积了很多经验，为将来早硬性混凝土的施工奠定了扎实的基础。

4　结论

(1) 早硬性混凝土的原材料选择上较普通混凝土要求高，特别是水泥和外加剂品种与掺量。胶凝材料全部用纯水泥来提高混凝土早期强度。而且，采用高效减水剂和速凝剂两种外加剂双掺来保证混凝土5h早期强度达到0.5MPa以上的工程要求，同时控制混凝土坍落度及坍损，以满足施工要求。

(2) 早硬性混凝土在不同环境温度条件下，速凝剂的掺量都会存在一些不同。当环境温度为21℃左右，速凝剂的掺量为32.3kg/m^3，早硬性混凝土的强度和流动性在满足工程要求前提下，外加剂掺量较为经济；若环境温度处在低温或高温情况，速凝剂的具体掺量还需要通过充分的试验来加以验证和确认。

(3) 混凝土的生产工艺对早硬性混凝土的性能也存在很大的影响。当搅拌时间为60s时，出料的混凝土和易性、均匀性好，且无团结现象，与搅拌90s的混凝土状态相差不大，但比仅搅拌30s的混凝土有团结状态要好很多。

(4) 速凝剂在搅拌时一次性添加到早硬性混凝土中，混凝土总体上状态较好，且也符合早硬性混凝土大生产情况及工程混凝土供应，有助于控制混凝土质量。

(5) 早硬性混凝土已在上海外滩通道工程等重点工程得到较成功的应用。根据工程部位情况，已进行多次浇筑，早硬性混凝土的综合性能是较优的，混凝土强度发展能达到工程要求的5h达0.5MPa的要求及28d强度都有很好保证，同时又能满足现在预拌混凝土的生产工艺及长时间运输，满足泵送等工作性要求。该重点工程的早硬性混凝土总浇筑方量达 670m³。

参考文献

[1] 刘仁，李长秋，周长军等. 快硬混凝土简介. 黑龙江交通科技，1995(2)：25～27

[2] 邬长森，曾波，张春林等. 预拌刘铝酸盐快硬混凝土在长安街大修改造中的应用. 商品混凝土，2009(12)：61～61

沪上·生态家再生混凝土材料的设计与技术性能

李　阳
（上海市建筑科学研究院（集团）有限公司）

摘　要：该文研究“复合胶凝材料综合性能评价体系”，优化复合胶凝材料配比；建立“多元骨料密级配技术模型”，优化骨料配比设计，并提出浆骨比合理取值。基于以上技术措施，该文设计的再生混凝土，采用了大量本地化的建筑垃圾再生骨料、粉煤灰、钢渣、脱硫石膏、石屑等废弃物资源，同时再生混凝土的工作性、力学性能和耐久性良好。再生混凝土在沪上·生态家项目的成功应用，体现了“节约能源、节约资源、保护环境、以人为本”生态建筑理念。

关键词：再生混凝土，复合胶凝材料综合性能评价体系，多元骨料密级配技术模型，浆骨比

1　前言

“沪上·生态家”位于世博会最佳实践区内，占地面积 1300m^2，建筑面积 3147m^2，地上 4 层，地下 1 层，建筑屋面高度 18.9m，是代表上海的城市实物案例。

作为 2010 年世博会的东道主，上海近年来在资源匮乏、能源短缺、污染加剧的情况下，面临着可持续发展的严峻考验[1]。为体现“节约能源、节约资源、保护环境、以人为本”生态建筑理念，沪上·生态家完全以再生混凝土作为结构材料。该种混凝土以本地化的建筑垃圾再生骨料、粉煤灰、钢渣、脱硫石膏、石屑等废弃物作为主要原材料，同时又具有良好的工作性、力学性能和耐久性。

2　设计方法

2.1　浆骨比设计

胶凝材料浆体体积与骨料体积之比为浆骨比。合理的浆骨比，有利于减少胶凝材料用量、降低成本和减少收缩。根据美国 P. K. Mehta 和 P. C. Aitcin 教授的观点，要使高性能混凝土同时达到最佳的施工和易性和强度性能，其浆骨比应为 35∶65。本文在骨料合理级配的前提下，通过大量试验，提出以下浆骨比选用表（见表 1）。

浆骨比选用表　　**表 1**

外加剂＼强度等级	C30	C40	C50	C60
萘系减水剂	32∶67	34∶65		
聚羧酸减水剂	30.5∶67.5	31∶67	32∶66	32.5∶65.5

注：1. 萘系减水剂配制混凝土，含气量按 1%计。
　　2. 聚羧酸减水剂配制混凝土，含气量按 2%计。

保持水胶比不变，适当提高浆骨比，尽管强度提高有限，但混凝土坍落度增大明显。试配时，应在表 1 的基础上，选用 2～3 组平行浆骨比，根据新拌混凝土的工作性要求，确定合适浆骨比。

2.2 复合胶凝材料浆体配比设计

2.2.1 复合胶凝材料浆体组成

复合胶凝材料浆体的体积为水泥、掺合料、水、外加剂和含气量的体积之和。

2.2.2 复合胶凝材料配比优化设计

复合胶凝材料由水泥和掺合料按一定配比组成。建立“复合胶凝材料综合性能评价体系”，设计复合胶凝材料配比：

(1) 三氧化硫含量不大于 3.5%。

(2) 复合胶凝材料的 28d 胶砂强度应符合表 2 的要求。

复合胶凝材料的 28d 胶砂强度 **表 2**

混凝土强度等级	C30～C35	C40～C45	≥C50
复合胶凝材料的 28d 胶砂强度(MPa)	≥40.0	≥45.0	≥50.0

(3) 复合胶凝材料的雷氏夹膨胀值宜为 2～5mm，起到补偿收缩作用。

(4) 外加剂适应性良好。采用与混凝土相同的水胶比和外加剂掺量，净浆初始流动度不低于 220mm，1h 流动度损失不大于 30mm。

(5) 复合胶凝材料的 28d 胶砂干缩率低于 6×10^{-4}。

2.2.3 混凝土的水胶比计算

混凝土的水胶比应按下式确定：

$$f_{cu,0}=0.46f_{ce}\left(\frac{g}{w}-0.07\right)$$

式中 $f_{cu,0}$——混凝土试配强度(MPa)；

f_{ce}——复合胶凝材料的 28d 胶砂强度(MPa)；

$\frac{g}{w}$——胶水比。

2.2.4 外加剂选用

根据混凝土配制强度等级、水胶比，按表 3 对外加剂品种和掺量进行选用。

外加剂品种和掺量选用表 **表 3**

混凝土强度等级	水 胶 比	外加剂品种	外加剂掺量	备 注
C30～C50	0.50～0.40	萘系减水剂	1.2%	掺加石屑、细砂或特细砂的混凝土应采用聚羧酸减水剂
	0.40～0.35		1.5%	
C40～C60 及以上	0.40～0.35	聚羧酸减水剂	0.8%	
	0.35～0.30		1.0%	

2.2.5 复合胶凝材料浆体配比计算

由浆骨比参数、复合胶凝材料配比、水胶比、外加剂品种与掺量，列出方程式(组)，计算出每方混凝土中，水泥、掺合料、水、外加剂的用量(kg/m^3)。

2.3 骨料配比设计

按以下步骤，建立“多元骨料密级配技术模型”，优化骨料配比设计。

2.3.1 确定骨料组合的目标级配

不同粒径的粗细骨料互相掺混，只有一种状态是最紧密堆积的。Andreasen 提出了一种基于连续尺寸分布颗粒的堆积理论。满足该理论的级配曲线接近抛物线，骨料颗粒处于最紧密堆积状态，空隙率最小。20 世纪 70 年代，Dinger 和 Funk 引入最小颗粒粒径的概念，对 Andreasen 方程进行修正，提出了著名的 DingerFunk 方程：

$$\frac{CPTF}{100}=\frac{D^n-D_s^n}{D_L^n-D_s^n}$$

其中：$CPTF$——小于粒度 D 的含量百分率(%)，

n——分布模数，取 0.30～0.60，

D_L——最大颗粒粒径，

D_s——最小颗粒粒径。

本文根据试验发现，对于预拌混凝土而言，当骨料组合的分布模数在 0.35～0.45 之间时，混凝土工作性较好，强度较高。

2.3.2 确定边界条件

石屑、细砂中的石粉含量或含泥量过高，会影响混凝土的经时坍落度；再生骨料的颗粒强度偏低，会影响混凝土强度。本文通过大量试验，提出骨料设计的边界条件：

1）石屑的石粉含量不得高于 5.0%。

2）骨料合成级配中，0.16mm 筛孔通过率总计不得大于 5.0%。

3）骨料合成级配中，由中砂、细砂引入的 0.16mm 筛孔通过率总计不得大于 3.0%，由碎石、石屑引入的 0.16mm 筛孔通过率总计不得大于 2.0%。

4）配制强度等级超过 C30 的混凝土时，再生骨料占全部骨料的体积比不宜大于 50%。

2.3.3 输出骨料体积比

编制设计软件，以骨料的合成级配最趋近于目标级配为设计目标(两者之间的差异以偏差系数 K 描述)，输出骨料组合的合成级配和每种骨料的体积比。

2.3.4 计算出骨料配比

根据浆骨比、每种骨料的表观密度和体积比，计算出每方混凝土中，各种骨料的用量(kg/m^3)。

2.4 配合比试配、调整与确定

应按照《普通混凝土配合比设计规程》JGJ 55 规定的方法进行试配和调整，经确认合格后投入生产应用。

3 设计实例

3.1 再生混凝土的工程要求

工程名称：沪上·生态家

强度等级和耐久性要求：C30 P6、C40

绿色度要求：使用矿渣粉、粉煤灰、钢渣粉、脱硫石膏等掺合料取代 50%～60%水泥，使用再生骨料、石屑、细砂等资源节约型骨料取代 50%～60%天然砂石。

3.2 骨料设计

3.2.1 骨料性能

骨料的原材料性能见表 4。

各种骨料原材料性能 表 4

骨料品种	累计筛余(%)												细度模数	表观密度 kg/m³
	31.5 mm	26.5 mm	19 mm	16 mm	9.5 mm	4.75 mm	2.36 mm	1.18 mm	0.6 mm	0.3 mm	0.15 mm	0.075 mm		
碎　石	0	4.6	57.1	74.9	97.9	99.8	100	100	100	100	100	100	—	2710
再生骨料 1	0	1.4	33.4	48.4	86.4	97.2	97.7	100	100	100	100	100	—	2600
再生骨料 2	0	0	1.0	1.0	59.0	98.0	99.0	100	100	100	100	100	—	2570
石　屑	0	0	0	0	0	6.9	41.4	65.0	76.9	85.1	92.1	96.0	4.17	2760
中　砂	0	0	0	0	0	8.8	22.2	37.6	61.7	90.3	98.4	100	2.56	2660
细　砂	0	0	0	0	0	5.6	14.2	23.4	37.4	56.0	94.6	100	2.09	2650

其中再生骨料是以废弃混凝土块破碎而成的，性能见表 5。

再生骨料的性能 表 5

性能指标	针片状颗粒,%	压碎指标,%	含泥量,%	泥块含量,%	坚固性,%	硫化物硫酸盐,%	氯化物含量,%	有机质含量,%	表观密度,kg/m³	吸水率,%	碱活性,%
实测值	5	16	1.5	0.7	2	0.5	0.001	合格	2620	5	0.07

3.2.2　骨料体系计算

C30 混凝土采用“再生骨料＋中砂”二级配、C40 混凝土“碎石＋再生骨料＋尾矿砂＋细砂”四级配。利用编制的计算软件，运算出多组合成级配，以匹配不同的目标级配(n＝0.30～0.50)，部分运算结果见表 6。

骨料合成级配运算结果 表 6

n 值	体积百分比,%						砂率 %	K 值	0.16mm 筛孔通过率,%		
	碎石	再生骨料 1	再生骨料 2	砂	石屑	细砂			总计	石屑引入	细砂引入
0.38		55.4		44.6			44.6	506	—	—	—
0.30		52.2		47.8			47.9	598	—	—	—
0.40	33.2		21.8		26.1	18.9	45.0	99	3.1	2.1	1.0
0.35	31.5		23.5		24.2	20.8	45.0	102	3.0	1.9	1.1
0.32	30.5		24.5		22.8	22.2	45.0	145	3.0	1.8	1.2

由表 6 可知，

(1) 与二级配相比，四级配的偏差系数显著减少，说明多种骨料相互填充，可减小骨料空隙，优化骨料配比。

(2) 采用二级配时，当 n 为 0.38 时，偏差系数 K 较小，为最佳合成级配。

(3) 采用四级配时，当 n 为 0.35 时，偏差系数 K 较小，石屑引入的 0.16mm 筛孔通过率符合边界条件，为最佳合成级配。

由表 1 浆骨比取值，根据各种骨料的体积百分比和表观密度，可计算出每方混凝土中骨料的用量(kg/m³)：

C30：再生骨料 987，中砂 812；

C40：碎石 572，再生骨料 405，尾矿砂 448，细砂 369。

3.3 胶凝材料设计

3.3.1 原材料

1）水泥：42.5级普通水泥，28d实测强度52.3MPa；

2）改性S95矿渣粉：由70%矿渣粉、25%超细钢渣粉、5%脱硫石膏和助磨剂复合而成，28d活性指数105%。

3）粉煤灰：C类灰（Ⅱ级），f-CaO含量2.36%。

3.3.2 复合胶凝材料的性能

由40%～50%的普通水泥和60%～50%的掺合料组成复合胶凝材料。掺合料包括改性S95矿渣粉和粉煤灰，其中钢渣粉、粉煤灰和脱硫石膏的总比例超过矿渣粉的比例。

复合胶凝材料的性能 **表7**

品种	雷氏夹膨胀值	28d胶砂强度，MPa	外加剂适应性		干缩率	
			水胶比0.43，萘系1.2%	水胶比0.38，聚羧酸0.7%	7d	28d
1#	2.5 mm	45.0	264mm(初始) 212mm(1h)		3.5×10^{-4}	5.2×0^{-4}
2#	2.4mm	47.6		335mm(初始) 330mm(1h)	3.3×10^{-4}	5.0×0^{-4}

3.3.3 复合胶凝材料浆体的配比

复合胶凝材料浆体的配比 **表8**

强度等级	复合胶凝材料强度MPa	水胶比	浆体体积，L/m³	复合胶凝材料，kg/m³			用水量，kg/m³	外加剂，kg/m³
				水泥	改性矿粉	粉煤灰		
C30	45.0	0.43	315	160	164	76	170	萘系4.8
C40	47.6	0.38	321	219	153	66	168	聚羧酸4.38

3.4 试配和调整

试验室试拌结果，两组混凝土和易性好，完全能满足工作性和力学性能要求。

4 再生混凝土的技术性能

在2008年11月至2009年1月期间，沪上·生态家项目全部采用再生混凝土作为结构材料进行施工，总计约为2000立方。再生混凝土的坍落度为150～180mm，和易性好，不易分层离析。再生混凝土的技术性能检测结果如下。

4.1 强度检验评定

再生混凝土的28d强度检验结果 **表9**

施工日期	设计强度	结构部位	方量(m³)	28d平均强度(MPa)	28d最大强度(MPa)	28d最小强度(MPa)	标准差(MPa)
08.10.20～08.11.01	C20	垫层	129	28.3	29.8	26.4	2.0
08.10.24～08.11.22	C30P6	基础、地下室墙、顶板梁	1028	45.5	47.2	43.4	2.1
08.11.28～08.12.12	C40	框架1～2层柱	111	49.0	55.5	41.9	3.8
08.12.03～09.01.01	C30	1～4层墙顶板梁、3～4层柱	607	38.6	42.6	33.4	5.4

对以上验收批进行评定。以上验收批均符合《混凝土强度检验评定标准》GBJ 107－87 的规定。

4.2 再生混凝土的力学性能

绿色高性能混凝土的力学性能(28d) 表 10

强度等级	抗压强度，MPa	轴心抗压强度，MPa	抗折强度，MPa	弹性模量，MPa
C30	47.0	35.3	4.9	3.3×10^4
C40	49.6	38.5	5.9	4.0×10^4

两种强度等级的混凝土均能满足设计要求。

4.3 再生混凝土的收缩性

4.3.1 收缩试验

C30、C40 再生混凝土的收缩性见表 11。

高性能再生混凝土的收缩性($\times10^{-6}$) 表 11

强度等级	1d	3d	7d	14d	28d	45d	60d	90d
C30	170	240	260	390	500	520	530	670
C40	80	130	160	280	330	380	400	480

高性能再生混凝土的收缩值与普通混凝土基本一致。

4.3.2 硬化混凝土耐久性

绿色高性能混凝土的耐久性(28d) 表 12

强度等级	抗渗性	抗冻性(50 次冻融循环)		平均碳化深度(碳化龄期 28d)	电通量 C
		强度损失率	重量损失率		
C30	>P6	8.4%	0.1%	9.0mm	941
C40	>P6	2.9%	0	6.0mm	910

两种强度等级的混凝土均具有较好的耐久性。

5 小结

1）本文通过复合胶凝材料综合性能评价技术，优化复合胶凝材料配比，充分发挥掺合料对提高混凝土流动性、减少收缩变形的作用，提高复合胶凝材料的胶砂强度。

2）本文建立了多元骨料密级配技术模型，使用多种骨料的配比设计科学化、精确化，降低骨料之间的空隙，减少胶凝材料用量和混凝土收缩。

3）本文涉及的再生混凝土利用了大量本地化的建筑垃圾再生骨料、粉煤灰、钢渣、脱硫石膏、石屑等废弃物资源，符合“节约资源、保护环境”的生态理念。沪上·生态家项目的应用成果表明，再生混凝土的工作性、力学性能和耐久性良好。

参考文献

[1] 沪上·生态家解读. 中国建筑工业出版社. 2010 年 7 月第一版

从世博看建筑外墙保温的发展趋势

张永进、张　毅
（上海英硕聚合物材料有限公司）

摘　要：本文浅析了未来建筑外墙保温体系的发展趋势，比较了现有外墙保温系统的三种形式外墙内保温、外墙夹心保温、外墙外保温的优缺点，分析了现有外墙保温系统存在的问题和解决方法，通过对世博建筑外墙节能的调研，分析了外墙保温系统的未来发展前景和发展方向。通过分析得出，外墙外保温系统防火安全性能的加强，保温装饰一体化以及功能化将是未来外墙保温系统的重要发展方向。

关键词：建筑节能，外墙保温，防火性能，保温装饰一体化

1　引言

2010年世博会的主题是"城市，让生活更美好"，本届世博会不单要展示科技给人类带来的美好生活，更重要的是探讨全球城市化带来的严峻挑战与问题，比如"能源短缺"、"环境污染"、"二氧化碳排放量过高"、"缺水"、"干旱"以及其他一些城市问题[1]。其中建筑节能技术在世博会各展馆及其配套工程中的应用是本届世博会的一大亮点。

建筑节能是一门综合性学科，它涉及到建筑、施工、采暖、通风、空调、照明、电器、建材、热工、能源、环境、检测、计算机应用等诸多专业内容。目前，建筑节能发展的重点领域是围护结构的节能降耗，主要举措包括建筑物外墙保温、屋顶保温、改善外门窗的热工性能和密闭性，其中建筑外保温因为具备防止建筑热桥、避免墙面冬季结露、保护主体结构、不影响使用面积、可对旧房进行改造以及美化建筑物的外观等优点而成为主流技术以及国家大力推广的建筑保温技术。

2　现有外墙保温系统特点

我国现有外墙保温系统主要有外墙内保温、夹心保温及外墙外保温三种形式。其中外墙内保温是指将保温体系设置于外墙内侧，夹心保温是指将保温体系设置于外墙中间，相应的外墙外保温是将保温体系设置于外墙外侧。三种保温形式的优缺点见表1所示：

三种外墙保温形式比较　　表1

经济技术性能	外墙内保温	夹心保温	外墙外保温
节能保温效果	良	优	优
应用范围	可用于新建建筑或既有建筑节能改造	难以用于既有建筑节能改造	可用于新建建筑或既有建筑节能改造
施工便捷性	优	良	优
性价比	良	良	优

外墙内保温由于其施工便捷性和价格优势，我国在建筑外墙保温推广的初期，曾经大量的使用，但是随着建筑节能的进一步推进，外墙内保温在使用过程中，由于其固有的缺陷，逐渐

显露出由于冷热桥的存在易在保温层形成结露和产生裂缝，且内保温占用室内面积容易被人为损坏等原因，在实际的应用中已逐步被外墙外保温所替代。

夹心保温是将保温材料置于外墙的内、外侧墙片之间[2]。虽然其优点在于对保温材料要求不高，但缺点是热桥部位难以处理，热损失较大容易结露，墙体受室外气候影响大，昼夜温差和冬夏温差大，容易造成墙体开裂，在国内应用较少。此外，夹心保温形式难以在既有建筑外墙节能改造中应用。

外墙外保温是当前应用最广泛的保温系统，由于外墙外保温是连续的整体系统，这种保温形式能够有效阻断冷热桥，并一定程度上形成对墙体结构的保护层，可以有效地延长建筑结构的寿命。外墙外保温系统主要有两大类[3]，一类是现场喷涂保温材料，如现场发泡聚氨酯保温体系、胶粉聚苯颗粒保温体系、无机保温砂浆保温体系；另一类是预制板材保温体系，如膨胀聚苯板保温体系、挤塑聚苯板保温体系、发泡玻璃保温体系等。

3 外墙保温发展趋势分析

基于以国内相关研究人员的观点，以及以上对外墙外保温特点的分析，综合外墙内保温、夹心保温、外墙外保温三种保温形式，外墙外保温在国内外使用最为普遍，技术也相对最成熟，外墙外保温的发展前景也最为乐观。然而，建筑外墙外保温系统在施工及使用中也暴露出来一些问题，比如防火问题和耐久性能问题等[4-7]。

3.1 建筑外墙外保温的防火问题

近年来外保温的火灾事故时有发生，外保温的防火问题已成为业内关注的焦点，2009 年 9 月公安部和住建部联合下发第 46 号文“民用建筑外保温系统及外墙装饰防火暂行规定”，文中明确规定了各类建筑所使用的外保温系统材料的防火安全等级。

就外保温火灾情况分析，火灾的发生可分了三个时段，第一，保温材料进入施工现场码放时段，即施工准备阶段；第二，保温材料施工上墙时段，即施工阶段；第三，外墙外保温系统投入时段，即外墙外保温系统使用阶段。在国内已发生的外保温火灾中，大部分发生在前两个阶段，外保温系统使用阶段发生火灾很少。这说明，减少建筑外墙保温系统的安全隐患，首先需要做好现场施工工程管理，严格禁止动火作业等违规操作，其次要求外墙保温系统在设计中增加防火安全措施。

众所周知，系统的防火性能需要从两个方面考虑：(1)点火性，即在有火源或火种的条件下，系统是否能够被点燃或引起燃烧的产生，系统自身的燃烧性能要求；(2)传播性，即当有燃烧或火灾时，系统是否具有传播火焰的能力，系统对外部火源攻击的抵抗能力或防火性能要求。目前，建筑外墙外保温体系中使用最广泛的是聚苯板(EPS)薄抹灰外墙外保温系统，约有80%以上的外保温系统使用该体系，由于聚苯板属于有机高分子保温材料，属可燃材料，具有引发火灾的危险性，从技术和成本两方面考虑，目前和今后一定时间内，还不具有效提高其阻燃性能且能够大面积推广应用的条件，不具可操作性[8]。

由于现在大量使用的有机类保温材料，先天性的存在防火安全等级不高。这就需要我们在外保温系统的结构构造中通过安全设计，避免和减少火灾隐患，具体的方式有：减少外保温系统中的空腔结构，增加系统保护层厚度，科学的设置防火隔离带等。即主要针对降低火焰传播性能，以达到防火安全的目的。当然，如能在外保温系统中使用不燃的 A 级(GB 8624—1997)保温材料，如岩棉板等无机保温材料，将更能有效地减少外保温系统的火灾隐患。

3.2 建筑外墙外保温的耐久性问题

JGJ 144—2004《外墙外保温工程技术规范》中规定，在正常的条件下，外墙外保温工程的使用年限不应少于25年，这就需要外墙外保温系统的组成材料，包括粘接砂浆、抹面/抗裂砂浆、加强网、锚固件、密封剂等材料具有良好的化学及物理稳定性。

在外保温系统的实际应用过程中，不少工程在完工后5年之内已经出现了诸如空鼓、脱落、开裂等问题，出现这些问题不外乎设计、施工及材料因素。首先是材料问题，由于外墙外保温市场是一个较为新兴的市场，相关的法规、规定及标准还不完备，一些缺乏责任心的厂家，受市场利益的驱使，生产或提供的材料本身会存在一些问题，在施工中以次充好，偷工减料，材料固有的问题必然造成外墙保温工程质量的问题；其次是设计问题，外保温系统在国内的应用和推广时间较短，外保温的设计体系还不完善，容易造成建筑设计方和施工方脱节，尤其是节点处理，如节能处理不好，容易造成节点处开裂、渗水，进而影响整个外墙保温系统的耐久性能；最后是施工问题，在外保温材料的施工中，施工质量的好坏直接影响整个工程的质量和耐久性，在已存在的工程质量问题中，施工引起的问题相当普遍。这就需要施工方严格遵循施工方案施工，施工中应用的材料，材料生产商应根据自己产品的特点对施工方进行专业化服务指导等。

3.3 建筑外墙外保温的发展趋势

随着我国部分地区开始执行节能率达65%的第三步建筑节能标准和公共建筑节能标准[10]，以及行业及相关部门对外保温系统的防火安全问题的重视，对于建筑外墙保温体系提出了更高的要求，当前使用的外墙保温系统如EPS外墙保温系统、XPS外墙保温系统、胶粉聚苯颗粒外墙保温系统、无机玻化微珠保温砂浆外墙保温等系统性能均须进一步提高或强化。

当前，主要针对防火性能的保温系统，如岩棉外墙保温系统、酚醛板外墙保温系统，都在进一步研究应用过程中。另外，装饰保温一体化板也因为其简化了施工工序，并能获得较为理想的装饰效果，也在进一步发展过程中。

从本届世博会应用的情况看，保温装饰一体化板如保温装饰一体化聚氨酯夹心板等已经成功应用于世博配套工程中，由于其生产过程中将保温层和装饰层预制成型，在工程现场相对简化了保温系统的施工工序，从应用效果看，虽然仍存在一些问题，但从整体来看，效果良好。此外，世博会展馆中大量使用了各种高性能外墙涂料等新型绿色建材，如被称为“东方之冠”的中国国家馆，外墙应用的是高性能氟碳涂料，其他场合多次使用具有自清洁特性的高性能涂层等，均预示着具有功能性能装饰层将是未来建筑外墙的涂层的发展方向。

上海英硕聚合物有限公司是一家专注于建筑节能的高新技术企业，是集研发、生产、销售及施工服务为一体的专业化建筑节能系统供应商，从2003年成立起，在快速发展的几年中，先后成功研制出“YS聚苯板薄抹灰外墙外保温系统”、“YS聚苯胶粉颗粒外墙外保温系统”、“YS玻化微珠保温系统”、“YS聚氨酯硬泡保温系统”等一系列建筑节能保温系统，其中“聚苯板薄抹灰外墙外保温系统”等产品已经在市场上大量采用，成为现阶段建筑保温行业的主流产品，该产品不仅保温性能良好，且具有良好的施工性能，受到了包括建筑施工单位的一致认可。英硕公司参与了世博场馆及配套工程的建筑外墙保温防水等工程，在工程的实践中结合自身对行业发展趋势的判断，正在研发和推广保温装饰一体化外墙保温系统、建筑节能涂层、岩棉外墙保温系统等具有防火、功能性或其他高性能的建筑外墙节能体系，在推进建筑保温体系的安全性能及功能性两个方面投入了大量的精力，取得了良好的效果。

4 结论

综上所述，建筑外墙保温系统顺应国家产业政策，具有良好的发展前景，未来建筑外墙保温系统的发展趋势有：

（1）装饰及功能一体化。目前的装饰保温一体化系统仍存在着对外墙立面平整度要求较高，一体化板缝处理要求较高等劣势，然而，装饰、保温及其他功能一体化不仅符合绿色环保节约等产业发展方向，而且将来如能在装饰及保温功能之外，复合自清洁等功能，必将使得外墙外保温的发展迈向新的高度。

（2）加强外保温体系的防火安全设计。未来一段时间内，现有外保温体系的防火结构强化设计是降低外保温系统的防火隐患可行性方法之一。

（3）防火不燃的新型外保温系统。通过采用岩棉板、泡沫玻璃等不燃的保温材料，优化保温体系，使得岩棉等系统的性能达到使用要求，也将是未来外保温系统的重要发展方向。

参考文献

[1] 唐士芳．世博园区节能生态技术的应用［J］．华东科技．2010，(3)：71

[2] 冯金秋．住宅建筑墙体节能技术研究［J］．住宅产业．2008，(7)：66-68

[3] 丁俊杰．上海地区高层住宅建筑外墙节能技术及应用［J］．住宅科技，2010，(3)：27-30

[4] 杨士葳．外墙保温节能措施运用［J］．建筑技术，2010，(5)：181

[5] 张金福．建筑外墙外保温技术应重视的几点［J］．城市建设，2010，58：252-253

[6] 王新民，陈亮．聚苯板薄抹灰外墙外保温系统的研制［J］．新型建材与施工技术．31-34

[7] 冯金秋．外墙保温技术进展及相关问题探讨［J］．住宅产业．2009，(7)：82-86

[8] 季广其．我国外墙外保温防火的技术途径［J］．建设科技．2010 42-45

[9] 鲍宇清，周宁，钱选青，等．外保温系粘贴饰面砖安全性研究［J］．建筑节能．2008，(2)：48-53

[10] 杨西伟．建筑外围护结构节能技术发展［C］．2007 中国建筑节能年度论坛．2007：48-50

新型墙体材料——混凝土模卡砌块在世博会城市最佳实践区“沪上·生态家”的应用

陈丰华

（上海钟宏科技发展有限公司）

摘　要：为全面贯彻国家节约能源、保护环境和可持续发展战略，在上海市建筑建材业市场管理总站支持下，由上海房屋设计研究院有限公司、上海钟宏科技发展有限公司等单位研发了新型墙体材料——混凝土模卡砌块。它吸取了国外新技术、新理念，是一种全新概念的墙体材料，它改变了我国传统秦砖汉瓦的砌筑工艺，采用榫接，叠砌后用轻集料灌浆，墙体形成网状结构，提高墙体整体刚度，有利于抗裂，抗震。本文详细介绍这种新型墙体材料在世博会城市最佳实践区“沪上·生态家”案例馆的应用情况。

关键词：模卡砌块；灌浆；榫接叠砌施工法；墙材革新

随着国家倡导建筑节能，推动墙材革新，实现低碳经济。禁止实心黏土砖，积极推行墙体革新，大力发展节能环保的新型建筑材料已成为我国建材工业发展的方向。在上海市建委的领导下，由上海房屋设计院有限公司、上海钟宏科技发展有限公司等单位，针对现有墙体材料存在的缺陷与不足，引进吸收国外新型墙体材料的理念，研发了新型墙体材料——混凝土模卡砌块。混凝土模卡砌块是一种全新概念的新型墙体材料，它改变了传统的砌筑工艺，砌筑时不用砂浆，采用叠砌后用轻集料灌浆，提高了墙体整体刚度，有利于抗裂、抗震，有效地解决了普通砌块存在的“裂、渗、漏”等问题，并在上海世博会城市最佳实践区“沪上·生态家”项目成功应用。该产品拥有多项自主知识产权，获2002年“上海市科学技术进步三等奖”，已被认定为“上海市新型建设工程材料”，同时被列为“国家康居示范工程选用部品与产品”，入选“国家村镇宜居型住宅技术”推广目录，适用于多层建筑的承重墙、内分隔墙及围墙建筑，是黏土砖理想替代产品之一（具体的设计、施工规范见《上海市工程建设规范》DG/TJ 08—017—2004、DG/08—018—2004）。

上海世博会城市最佳实践区“沪上·生态家”项目是代表上海市参加2010年世博会的惟一实物展示案例。以“关注节能环保、倡导乐活人生”为主题，提出“节能减排、资源回用、环境宜居、智能高效”的总体目标，鉴于混凝土模卡砌块在墙体材料领域的雄厚研发和技术引领能力，且所提供的技术、产品和服务符合“沪上·生态家”的建设理念和展示效果需求，模卡砌块成为“沪上·生态家”项目的赞助材料之一。

这几年来，混凝土模卡砌块先后在上海新华名苑、虹口五金城高标准商住房，上海西延安中学教学楼、汾河饭店、虹桥临空楼宇产业综合楼，浙江湖州山庄别墅、湖州多媒体产业园，江苏海安县行政事业中心办公楼以及国家建设部试点工程——南汇汇丽苑大跨度住宅装修房等建筑中成功应用，经工程测试，各项技术指标均达到设计要求，并取得理想的效果。综合已竣工的项目，模卡砌块作为承重墙、框架结构的填充材料，充分地显示了它的性能和特点。

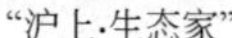
“沪上·生态家”

用于“沪上·生态家”产品

“沪上·生态家”墙体展示

技术创新点一：

它外形独特，构造特殊，受力合理。模卡砌块的上下左右均设有榫头，模卡砌块砌筑时不用砂浆，而靠公母榫叠砌，一块叠一块，一块套一块，砌块与砌块上下左右之间牢牢卡住，形成连锁，再用专门配制的灌孔浆料全部密实灌浆，起到销键作用形成整片砌体墙，这样既提高了墙体整体刚度，又有利于抗裂、抗震(图 1)。模卡砌块这种特殊构造所组成的灌筑砌体，经试验实测，当模卡砌块平均抗压强度为 15.6MPa，灌浆材料平均抗压强度为 8.6MPa，砌体平均强度可达 10.4MPa，是砌块强度的 67%，是灌浆强度的 120%，可见这种特殊构造模卡砌块灌筑砌体的受力状态优于传统砌体，可充分发挥脆性材料抗压强度高的特点，经测试和工程应用实践，各项物理、力学性能指标优良，好于同类其他墙体材料，尤其是抗剪强度甚至大于黏土砖，能有效的解决普通砌块存在的“裂缝、渗水”等问题。

承重主砌块400×200×150

内分隔墙砌块400×200×150

榫接、叠砌施工法

用轻骨料灌浆

图 1 混凝土模卡砌块

技术创新点二：

施工方便，改变了传统的灰浆砌筑工艺，由于每块砌块四周均有榫头，当第一皮模卡砌块砌筑平整后，以上每一皮砌块只要一块一块对准榫头叠上去，像搭积木一样方便，每叠完四至五皮砌块，用专用的灌浆料进行灌浆，再用手提插入式砂浆振动棒振密实，榫隙泌出浆水即可，可连续施工。由于模卡砌块的生产工艺一次性在工厂完成，充分发挥了加工精度高的特点，简化了砌体房屋的现场施工工艺，改变了长期来砌墙必须用泥刀操作，砌块之间必须用砌筑砂浆粘结的传统工艺，加快了施工进度，大大缩短了工期，降低劳动强度，提高工效。一般一名初级工稍加培训，其工效比砌筑传统黏土砖墙成倍提高。

技术创新点三：

降低综合成本，提高经济效益。通过工程实践表明，使用模卡砌块的建筑，综合成本可降低 10%左右。经分析，由于使用模卡砌块工效高，不仅可减少墙体砌筑劳动成本，而且加快了施工进度，缩短工期。除此之外，由于模卡砌块墙体十分平整，不需常规双面粉刷，仅需薄薄批面层 5～8mm 后即可装修，这样不仅节约粉刷人工和粉刷材料，降低直接成本、又可提高建筑物有效使用面积 2%～3%左右。同时模卡砌块墙体由于全部采用灌浆，与传统黏土砖实心墙体相同，整体性好，设备管线根据要求可预埋，方便多次装修。

技术创新点四：

利用工业废料，实现循环经济，节约土地资源。土地是人类赖以生存不可再生的稀缺自然资源。传统的秦砖汉瓦已有悠久历史，新中国成立以来，国家为保护耕地节约能源曾尝试过各种利用工业废料的砌块，但由于仍沿用黏土砖思维方式和传统施工工艺，在实际运用中还是遇到了不少问题。由于该产品彻底改变了用黏土为基材的体系，利用我国丰富的砂石、水泥资源、建筑垃圾和工业废料等，达到保护耕地、节约能源、利用废料的目的，符合国家产业发展政策，是黏土砖理想的替代产品之一。

技术创新点五：

全新的施工工艺流程及施工操作要点：

1 施工工艺流程

①找平 → ②摆砖 → ③坐浆 → ④垒砖（2～3 皮砖） → ⑤拌浆、灌浆 → ⑥振捣 → 重复④⑤⑥过程 → ⑦砌斜砖或嵌缝

2 找平

（1）将原结构混凝土表面清理干净，将基础面或楼层结构面按标高找平，依据砌筑图放出第一皮砌块的轴线、砌体边线和洞口线在结构地坪上弹墨线。

（2）砌体宜从房屋外墙转角处或定位处立皮数杆，大于 15m 时中间可加设一根构造柱，控制模卡砌块的砌筑标高，框架填充墙的皮数可在柱上标注。

（3）砌筑墙体前应先用 1∶2 水泥砂浆找平其支承面，找平层的厚度结合楼层砌筑的净高及斜头砖的砌筑高度而定，找平层应平整密实，它是控制模卡砌块砌筑的关键步骤之一。

3 摆砖

（1）根据设计图纸及排列图的尺寸，结合模卡砌块的长度在找平层上进行试排块，要求砌块的规格为 200mm 的整数倍（模卡砌块的长度尺寸有标准砖 400mm×200mm×150mm 及其配套砌块）。

（2）施工时模卡砌块应肋面朝上砌筑。

4 坐浆

（1）坐浆前先将找平好的基层清理干净，做到无灰尘、杂质。

（2）按摆砖的尺寸，并在同一标高再用 20mm 厚 1∶2 水泥砂浆坐浆。将模卡砌块放置坐浆面上，并将其下面的卡口全部埋进砂浆。模卡砌块灌浆前，在模卡砌块底部先灌 50mm 厚与灌孔浆料相同等级的水泥砂浆铺底后再灌灌孔浆料。

（3）第一层模卡砌块坐浆完成后应用水平尺将砌块上口校正水平。

5 垒砖

（1）要求排块双面带线，按照排块的尺寸进行垒砖，做到上下及左右的卡口相互对准。砌筑时上下皮砌块应对孔、错缝搭接。搭接长度不应小于 90mm。不能满足上述要求时，应在此水平缝中设 2ϕ6 拉结钢筋，拉结筋两端距离该垂直缝不应小于 400mm，但竖向通缝长度不得超过二皮模卡砌块。

（2）模卡砌块砌筑时应做到横平竖直，严禁用水冲浆灌缝，也不得采用石子、木榫等垫塞

灰缝的操作方法。对砌块块体水平缝不平整的应用1∶2水泥砂浆填充平整。

(3) 模卡砌块应分皮错缝搭接，其上、下皮搭砌长度200mm，上下孔洞对准，不得错孔或通缝，要求最小搭接长度不得小于90mm。

6 拌浆、灌浆

(1) 模卡砌块的灌孔浆料配合比见表1。

模卡砌块砌体灌孔浆料配合比 表1

灌孔浆料等级	水泥	细骨料(煤渣、石屑)	矿物掺合料(粉煤灰、矿渣微粉)
Mb5.0	13%	56%	31%
Mb7.5	16.6%	58.3%	25.1%
Mb10	19%	60%	21%

(2) 灌孔浆料一般要求由工厂预拌商品固体灌孔浆料运到现场，现场再按配合比表1加水搅拌后使用。现场拌制应采用机械搅拌，拌合时间自加料完起算不得少于4min，机投料顺序：固体灌孔浆料→水泥→水，灌孔浆料的稠度一般为90～120mm，灌孔浆料应拌合均匀、颜色一致、无分层离析现象产生，并具有良好的和易性和流动性。灌孔浆料拌制后宜采用灌浆泵输送灌入。

(3) 灌孔浆料应随伴随用，并在初凝前使用完毕，也可采用掺外加剂等措施延长使用时间，其掺量应经试验确定，若灌孔浆料出现泌水现象应在灌孔前重新搅拌。

(4) 模卡砌块砌筑时一般2～3皮灌浆一次，灌浆时应采用小直径的插入式振动棒进行振捣密实，以水平缝溢出浆水为宜，但不得剧烈振动，砌筑到门窗时建议用剪刀撑固定，防止模卡砌块在振动时移位。若灌孔浆料未从砌体缝隙溢出，可用铁锤敲击砌体分辨其是否密实。

7 振捣

(1) 填灌时要用专门插入式振捣棒进行振捣密实，做到快插慢抽。

(2) 振捣时要求振捣棒不碰到混凝土模卡砌块孔壁。

(3) 振捣结束时间为灌浆料泌出砌体缝隙，如未发现有灌浆料泌出砌体缝隙，可用锤击法听其声音分辨出其密实与否。灌浆后应及时清理墙面。

8 砌斜砖或嵌缝

(1) 填充墙不得一次砌到钢筋混凝土梁板底，应预留倾斜度为60°左右的斜砌实心砌块高度。

(2) 模卡砌块墙体灌浆后至少间隔7d后，再将其补砌挤紧，砌斜或嵌缝时必须饱满密实。

9 构造措施

(1) 正常施工条件下，模卡砌块墙体在同层内每次砌筑高度不得大于3.6m。

(2) 砌筑墙体要同时砌起，不得留斜槎。砌块排列上、下皮应错缝搭砌，搭砌长度为砌块的1/2，不得小于砌块高度的1/3，也不应小于90mm，如果搭砌错缝长度满足不了上述的搭接要求，应采取压砌钢筋网片的措施。

(3) 内外墙、纵横墙交错处应采用钢筋混凝土构造柱连接，要求设置的构造柱均应先砌墙后浇注。构造柱与模卡砌块间要用封堵块封堵墙体水平槽。

(4) 不得在模卡砌块墙体内混砌黏土砖或其他墙体材料。若需镶砌应采用与模卡砌块材料强度同等级的预制混凝土块。对设计规定或施工所需的孔洞、管道、沟槽和预埋件等，模卡砌块在灌浆前应利用水平和垂直槽孔预埋管道，不应随意在墙体上开凿沟槽或打洞，无法避免时必须待灌浆以后墙体达到规定强度后并经设计同意采取必要措施后再进行。

(5) 底层室内地面以下或防潮层以下的砌体，应采用强度等级不低于 C20 的混凝土灌实保温砌块的孔洞。

(6) 窗台处或较大洞口处第一皮模卡砌块应全部由 C20 混凝土灌实，高度不宜小于 200mm，砌块上下水平槽内配不小于 2ϕ10 钢筋，伸入两边墙内长度均不应小于 800mm。

(7) 房屋内外墙易产生裂缝部位(如强度应力较大的部位，填充墙两种不同材料的界面部位等)应在墙双面设置钢丝网片。钢丝网钢丝直径为 ϕ0.5，菱形网孔边长为 10mm，铺设宽度为接缝两侧各 150mm，或采用弹性腻子等柔性外墙防裂材料处理。

(8) 模卡砌块墙体砌筑时应采用双排脚手架，在模卡砌块墙体内不宜设脚手架孔洞。如必须设置，局部可用预制混凝土块砌筑，利用其孔作为脚手架孔洞，待砌体完成后须用 C20 混凝土将脚手孔洞填实。

(9) 照明、电信、闭路等采用内穿 12 号铁丝的增强塑料管，可预埋于保温砌块的竖向孔洞或横向槽孔中。配合墙体砌筑时，接线盒、插座盒和开关盒可嵌埋于模卡砌块内，然后用水泥砂浆填实。需直接在墙体上剔槽敷管应经设计同意，并采取必要措施或按削弱的截面验算墙体的承载力，满足相关规范的要求。

(10) 模卡砌块砌筑前不得浇水。当施工期间气候异常炎热干燥且气温超过 30℃时，可在砌筑前稍洒水湿润。雨期施工时，模卡砌块应做好防雨措施。冬期施工时，在灌浆后应做好砌体保温措施。

混凝土模卡砌块已经在上海及江浙周边地区广泛应用，经工程测试，各项指标均达到了规定标准及设计要求，新华名苑高标准商品住宅楼使用混凝土模卡砌块作为承重墙体材料，至今无“裂缝、渗水”现象，得到各方好评。虹口五金城是由上海房屋设计院设计的三幢小高层，其独特的施工方法，良好的力学性能得到了业主和施工方的一致认可，同时虹口五金城项目还作为优质结构工程组织了全区施工单位到现场观摩学习，海安行政事业中心办公楼填充墙使用了混凝土模卡砌块，墙体平整，不需传统的双面粉刷，仅需批嵌后便可装修，施工简便，工效高，可降低综合成本，提高经济效益(图 2 为工程实例)。

新华名苑

汾河饭店

图 2　混凝土模卡砌块工程实例

随着混凝土模卡砌块设计、施工、定额及施工工法等相关规范标准的制定实施，混凝土模卡砌块具备了全面推广应用的条件。它改变了秦砖汉瓦为代表的几千年的砌筑工艺，其抗压、抗剪，砌体弹性模量等力学性能都优于同标号小砌块和传统黏土砖。强度高、成本低、无污染，是黏土砖理想替代产品之一，是未来建筑墙体材料发展方向之一。

新型桥面防水粘结材料聚合物水泥基防水涂料(PCS)的性能研究

朱建强[1]、周　孔[2,3]

(1. 上海龙洲新型建材有限公司　2. 同济大学道路与交通工程教育部重点试验室，3. 上海市政工程设计研究总院)

摘　要：目前，混凝土桥的耐久性问题已成为道路行业讨论的焦点。研究发现，水是影响混凝土桥耐久性问题的主要原因，桥面铺装质量的好坏，很大程度上取决于防水粘结层材料的性能及施工质量。本文介绍了一种新型的桥面铺装防水粘结层材料——聚合物水泥基防水涂料(PCS)，并对其性能和应用情况作简要说明。

关键词：混凝土桥，耐久性，聚合物水泥基防水涂料(PCS)，粘结强度，抗剪强度

1　问题的提出

近年来，许多混凝土桥梁在投入使用后很短一段时间内，都出现了不同程度的损伤，有的还相当严重，这不但影响到了桥梁的正常使用，严重缩短了桥梁的使用寿命，甚至还危及到了使用者的人身安全。混凝土桥梁的耐久性问题已成为道路行业讨论的焦点之一，它的提高将是21世纪桥梁技术进步的重要标志。

影响混凝土桥梁耐久性的主要因素有冻融循环、干湿循环、混凝土保护层的碳化、氯离子的侵蚀、碱集料反应等。而水无疑是造成这些破坏的主要原因，从根本上切断水对桥梁结构的损坏即做好桥面防水处理，是保证混凝土桥梁免遭破坏、延长桥梁使用寿命、提高桥梁上部结构的耐久性的有效措施，也是桥梁设计思想从强度设计向耐久性设计转变的重要内容。

我国自20世纪80年代后期开始重视桥面防水技术，并且有了较大发展。但是无论采用哪种桥面防水措施，均存在着不同程度的缺陷，使得我国桥梁因桥面防水不当而造成的损坏仍旧非常严重。因此，有必要对桥面防水问题进行深入系统地研究。

2　聚合物水泥基防水涂料(PCS)的作用机理

聚合物水泥基防水涂料(国外简称为PCS，国内简称为JS)，即PCS防水涂料是一种液料(聚合物乳液与添加剂)、粉料(水泥、无机填料以及助剂)双组分水性防水涂料，是建设部重点推荐的防水材料之一，属国家大力提倡的环保型产品。它以柔性高、粘结力强、抗冻融、耐高温、耐腐蚀、防水透湿、自闭性、冷施工、可湿作业、施工简单、无毒无害、环保等特点而得到了迅速的发展，成为近几年来防水涂料发展的热点。

聚合物水泥基防水涂料是以水性聚合物分散体和水泥为主的双组分防水涂料，两种组分在现场搅拌成均匀、细腻浆料，涂刷或喷涂于基体表面，固化后形成柔韧、高强的防水涂膜。这种涂料既有水泥类胶凝材料强度高、易与潮湿基面粘结的优点，又兼有聚合物涂膜弹性大、防水性好的特点。尤其是以水作为载体，克服了沥青、焦油、有机溶剂型防水材料污染环境的弊

端，是一种无毒无害、可湿作业、施工简便的新型绿色环保防水材料。

制备聚合物水泥基防水涂料(PCS)的聚合物种类很多，常用的有丙烯酸酯共聚物、乙烯一醋酸乙烯酯共聚物(VAE)、氯丁胶乳、丁苯胶乳、水性环氧和橡胶沥青等。因丙烯酸酯共聚物弹性好，结构中存在—COOR基团，通过交联改性，可使原线形结构在成膜过程中形成立体网状交织结构，分子键能增强，形成的大分子结构不易降解。这样，涂膜抗紫外线、耐高温的能力就强，同时也减少了水分子进入高分子链间造成涂膜溶胀。再采取适当的改性处理工艺，进一步提高了聚合物一水泥体系的耐水性。

3 聚合物水泥基防水涂料(PCS)的性能研究

为了对比分析，本文选用以下四种具有代表性的防水粘结层材料进行试验研究：改性乳化沥青、热融SBS改性沥青、沥青基防水涂料和聚合物水泥基防水涂料(PCS)。

3.1 耐热度试验

混凝土桥防水粘结层材料多为聚合物或有机物，温度较高时，这些材料往往会发生一系列复杂的物理变化(如变形、软化、流动和熔融等)和化学变化(如氧化、分子键断裂等)而影响其使用功能。在摊铺沥青混合料的过程中或夏季的炎热天气，防水粘结层材料经受着高温的考验，如果耐热度不足，将会出现软化、流淌等现象，造成局部厚度过薄起不到很好的防水粘结效果。因此，需要对防水粘结层材料的耐热度进行试验研究，方法如下：

(1) 参照《普通混凝土配合比设计规程》JGJ/T 55—1996制备强度等级为C30的水泥混凝土试件，厚度为40～50mm，长和宽均为100mm，养护21d，完成后清除表面浮浆，保证施工表面清洁无缺陷；

(2) 涂膜类材料以最佳用量分别按各自施工工艺施工并养护，卷材类材料则用环氧胶直接贴于水泥混凝土试件表面(粘结面朝上)；

(3) 将成型好的试件以45°倾角放置于160℃的恒温箱中静置5h后取出，观察表面有无滑动、流淌和滴落等现象。

试验结果见表1。

防水粘结层材料的耐热度试验结果 **表1**

材料种类	试验结果描述	材料种类	试验结果描述
改性乳化沥青	表面软化，有轻微流淌，无滑动和滴落	沥青基防水涂料	表面软化，有轻微流淌，无滑动和滴落
热融SBS改性沥青	无滑动、流淌和滴落	PCS防水涂料	无滑动、流淌和滴落

根据试验结果可知，改性乳化沥青、沥青基防水涂料的耐热度不足，热融SBS改性沥青和PCS防水涂料的耐热度较好。

3.2 粘结性能研究

从应用的角度考虑，防水粘结层必须和水泥混凝土桥面有足够的粘结力，以保证水分不会渗入到混凝土桥内部。防水粘结层失效会直接导致桥面板与铺装层各自独立，容易产生推移、拥抱、脱层等病害。本文采用拉拔试验测定防水粘结层与混凝土桥面板之间的粘结强度，为了更全面地反映防水粘结层材料的性能，本文采用常温(25℃)和高温(50℃)两个试验温度进行拉拔试验，具体测试方法如下：

(1) 参照《普通混凝土配合比设计规程》JGJ/T 55制备强度等级为C30的水泥混凝土试件，厚度为40～50mm，长和宽均为100mm，养护21d，完成后清除表面浮浆，保证施工表面清洁无缺陷。

(2) 各种防水粘结层材料均按各自施工工艺施工和养护。

(3) 用环氧胶将粘结强度试验专用拉头固定在防水粘结层表面，待环氧胶完全固化后，将试件移至25℃(常温)或50℃(高温)的恒温箱中养护24h。

(4) 采用粘结强度测试仪测定防水粘结层与水泥混凝土桥面的粘结力，示意图如图1所示。

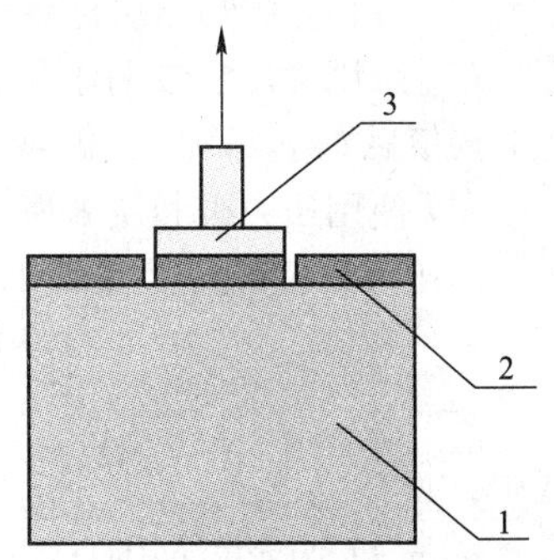

图1 粘结强度测试方法示意图

1—水泥混凝土试件；2—防水粘结层；3—专用拉头

粘结强度按式(1)计算：

$$\sigma=\frac{F}{a\times b} \tag{1}$$

式中：

σ——防水粘结层材料与水泥混凝土基面的粘结强度(MPa)；

F——试件承受的最大拉力(kN)；

a——粘结面的长度(cm)；

b——粘结面的宽度(cm)。

试验结果见表2。

防水粘结层材料的粘结强度试验结果 **表2**

温度(℃)	粘结强度(MPa)			
	改性乳化沥青	热融SBS改性沥青	沥青基防水涂料	PCS防水涂料
25	0.406	0.817	0.846	0.867
50	0.129	0.233	0.360	0.542

将表2中试验结果以图2的形式表示出来。

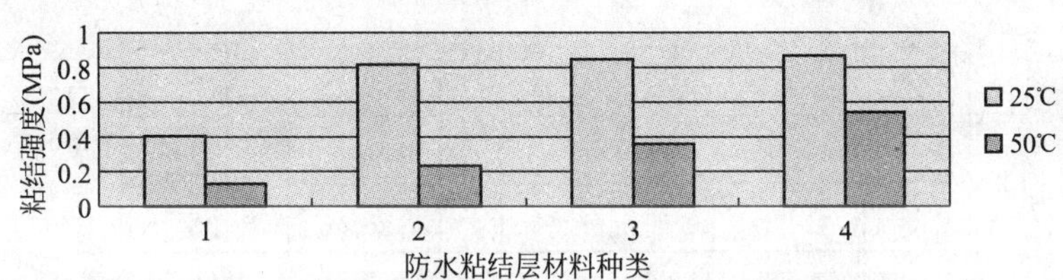

图2 防水粘结层材料的粘结强度比较柱状图

1—改性乳化沥青；2—热融SBS改性沥青；3—沥青基防水涂料；4—PCS防水涂料

由图2可以看出：PCS防水涂料的常温(25℃)和高温(50℃)粘结强度均高于其他三种材料，尤以高温表现的更为明显。

3.3 抗剪性能研究

根据实际路况调查，发现混凝土桥面沥青混凝土铺装最主要的病害是沥青混凝土的剥落、松散，究其原因，发现与水平方向荷载作用下桥面铺装各层之间的抗剪强度不足有很大关系，因此，本文专门对防水粘结层材料的常温抗剪强度进行研究。为了更全面地反映防水粘结层材料的性能，本文采用常温(25℃)和高温(50℃)两个试验温度进行抗剪试验，试验方法如下：

(1) 参照《普通混凝土配合比设计规程》(JGJ/T 55)制备强度等级为C30的水泥混凝土试件，厚度为40～50mm，长和宽均为100mm，养护21d，完成后清除表面浮浆，保证施工表面清洁无缺陷；

(2) 各种防水粘结层材料均按各自施工工艺施工和养护；

(3) 采用静压法在防水粘结层表面成型 AC-16C 沥青混凝土，脱模后置于 25℃(常温)或 50℃(高温)的恒温箱中养护 24h；

(4) 使用压力机和图 3 所示斜剪装置测定防水粘结层材料的抗剪压力，抗剪强度按式(2)计算。

$$\tau=\frac{P\sin\alpha}{A} \qquad (2)$$

式中：

τ——抗剪强度(MPa)；

P——抗剪压力(kN)；

α——剪切角，本试验中为 40°；

A——剪切面面积，本试验中为 100cm²。

试验结果见表 3。

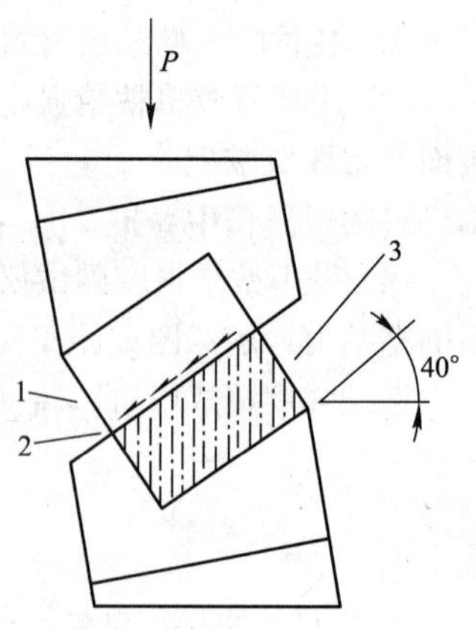

图 3 斜剪夹具示意图

1—沥青混凝土；2—防水粘结层；3—水泥混凝土

防水粘结层材料的抗剪强度试验结果 表 3

温度(℃)	抗剪强度(MPa)			
	改性乳化沥青	热融 SBS 改性沥青	沥青基防水涂料	PCS 防水涂料
25	0.401	0.570	1.303	1.772
50	0.056	0.114	0.135	0.579

将表 3 中试验结果以图 4 的形式表示出来：

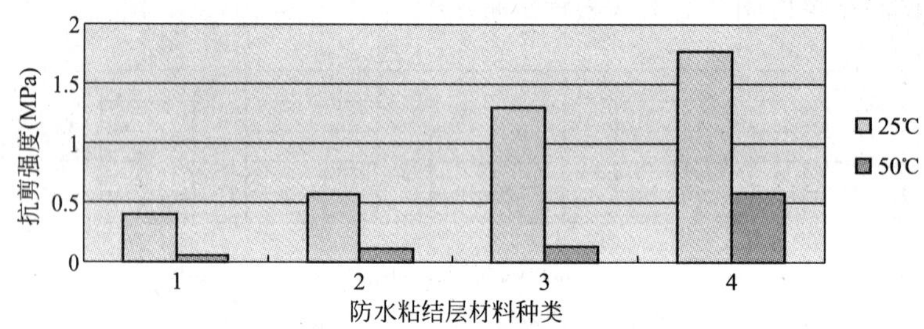

图 4 防水粘结层材料的抗剪强度比较柱状图

1—改性乳化沥青；2—热融 SBS 改性沥青；3—沥青基防水涂料；4—PCS 防水涂料

由图 4 可以看出：PCS 防水涂料的常温(25℃)和高温(50℃)抗剪强度均高于其他三种材料，高温条件下表现的更为明显。

4 聚合物水泥基防水涂料(PCS)在国家级重点工程中的应用

上海市虹桥综合交通枢纽是集机场、磁浮、铁路、地铁、出租、公交等一系列交通设施的综合性交通枢纽，是上海市的重点建设项目。该枢纽建成后将服务全国、服务长江流域、服务长三角，在对外交通设施、资源、功能服务等诸方面起到重要作用。规划中的虹桥枢纽道路交通体系，将建立由城市高架快速道路、地面道路以及地下隧道组成的立体式道路运输网络，其中高架衔接线和高架循环圈是各种交通方式相互连接的主要道路通行方式。

上海市虹桥综合交通枢纽高架部分可分为枢纽内部和外部两个部分：

1）枢纽内部

虹桥工程内部高架桥梁总面积约 43.27 万 m^2，预测交通量约 20 万 PCU/d。另外处于多种交通方式衔接的需要，其中双向 800m 长 36m 宽的高架车道边反复停靠作用次数频繁。

2）枢纽外部

虹桥工程外部高架桥梁总面积约 60 万 m^2，设计车速 60～80km/h，包括嘉闵高架、崧泽高架、北翟高架。

嘉闵高架路(联明路～徐泾中路)道路新建工程为南北向城市快速路，范围为联明路立交北端(桩号 12＋957.0)，至徐泾中路立交北端(桩号 18 ＋735.053)，全线设有 A9 立交和徐泾中路立交 2 座互通式立交。道路断面分路段采用双向 8 车道和 8＋2 辅助车道高架桥形式，全长约 5.8km。

崧泽高架路为虹桥枢纽配套路网一纵三横之中横，定位为虹桥枢纽主进场路，由崧泽高架、崧泽大道、A5 立交(含收费口)等部分组成。工程西起 A5 高速公路，东至嘉闵高架路，全长约 3.9km。

北翟高架，一座 Y 型中环立交桥，4 条匝道，部分为二车道，人行和非机动车桥，桥面为双向四车道，中环线北翟路立交工程范围东起北翟路/哈密路口，西至北翟路/剑河路口，全长 1134m；北起真北路/云岭路口，南至北虹路/新渔路口，全长 1309.5m。

多种交通方式衔接，预计交通量较大，所以高架桥投入使用后，桥面将承受大量的交通荷载。同时由于高架桥的结构特殊，受力情况不同于一般的公路或城市道路，以及外界自然环境因素影响，虹桥高架桥面铺装工程对铺装结构及材料提出较高的要求。

桥面铺装在国际上一直是一个难点和热点。桥面铺装直接铺设在正交异性钢板上，在行车荷载、风载、温度变化及地震等因素影响下，其受力和变形远较公路路面或机场路面复杂，因而对其强度、变形稳定性、疲劳耐久性等均有更高要求。同时，又由于铺装所处的特殊位置，在使用性能上提出重量轻、高粘接性、不透水性等特殊要求。作为桥梁行车系的重要组成部分，桥面铺装的好坏直接影响行车的安全性、舒适性、桥梁耐久性及投资效益和社会效益。

上海虹桥综合交通枢纽市政配套工程防水粘结层的材料经指挥部综合评定龙洲水泥宝防水材料 PCS 排名第一，先后圆满完成了上海市虹桥综合交通枢纽市政配套工程、嘉闵高嘉、北翟高架、崧泽高架等道路工程及隧道工程的防水粘结层材料的供应和施工任务。

5 结论

本文通过耐热度试验、拉拔试验和室内剪切试验对包括 PCS 防水涂料在内的四种普遍应用具有代表性的不同类型防水粘结层材料性能进行了系统研究和对比分析。研究结果表明对于所选的四种不同类型的防水粘结层材料来说，PCS 防水涂料的各项技术指标综合评价最优，而且温度敏感性低，能够经受夏季高温的考验。

同时，在国家级重点工程上海虹桥综合交通枢纽市政配套工程 100 多万 m^2 水泥混凝土桥面防水粘结层施工中所表现的优异性能，得到了广大的业主单位和施工单位好评，圆满地完成了任务。因此，可以预见新型的聚合物水泥基防水涂料(PCS)在我国的桥面及隧道工程防水粘结层中具有较好的应用前景。

参考文献

[1] 周孔. 城市高架桥防水粘结层设计参数研究 [D]. 同济大学硕士论文. 2010.03

[2] 张占军. 混凝土桥桥面防水系统性能及设计方法研究 [D]. 长安大学博士论文. 2004.04

[3] 吴海军，彭作军. 混凝土桥梁耐久性设计原则与构造措施探讨 [J]. 重庆交通学院学报. 2006.25(1)

[4] Kolb M，Tidd M，Humphrey D. Evaluation of Bridge Deck Wearing Surfaces and Protective Systems. Federal Highway Administration Washington DC，1992

[5] Report to the Congress of the United States. Solving Corrosion Problem s of Bridge Surfaces Could Save Billions，PB291618，1979

[6] 张娟. 水泥混凝土桥面防水粘结层性能研究 [D]. 长安大学硕士论文. 2008.05

[7] 裴建中. 桥面柔性防水材料技术性能研究 [D]. 长安大学硕士论文 . 2001.05

[8] 张占军. 水泥混凝土桥面沥青混凝土铺装结构研究 [D]. 长安大学硕士论文 . 2000.05

[9] 张省侠. 桥面铺装存在问题与防治措施 [J]. 西安文理学院学报(自然科学版). 2008.01. 第 1 期

[10] 王光辉. 大跨度混凝土连续刚构桥桥面铺装层受力特性分析与研究 [D]. 长沙理工大学硕士论文. 2006.05

[11] 于颖. 水泥混凝土桥桥面铺装受力机理分析 [D]. 重庆交通大学硕士论文. 2008.04

[12] 张领先. 水泥混凝土桥桥面铺装层结构合理性研究 [D]. 重庆交通大学硕士论文. 2008.04

新型外墙保温系统 FINESTONE 在“汉堡之家”的应用
——优化“被动房”围护结构

崔　远(崔艺曦)
(巴斯夫建材系统(中国)有限公司)

摘　要：“汉堡之家”是中国首栋被世界公认的“被动房屋”(Passive House)，不需要从国家电网输入1度电，也不需要空调和暖气，就能维持四季25℃恒温。“汉堡之家”设计师优良的技术方案和节点处理意见、巴斯夫NEO高性能阻燃型保温隔热板和粘结抹面胶浆等新材料、严谨的施工工艺和严格的施工管理均助力“被动房屋”目标的实现。

关键词：德国汉堡馆，凡士能，Neopor®(NEO)高性能保温板，A/BC 2粘结/抹面胶浆

前言

“汉堡之家”(外观图如图1所示)为环保型建筑和居住树立了新的标杆。它充分利用了“被动”能源，例如人体的体温、阳光、地热、地冷等，耗能极少，因此被称为“被动房屋”(Passive House)，通过创新设计隔热透气的节能外墙和门窗设计，把建筑内外的热量传递降到极低的水平。它体现了可持续建筑文化中所说的“隐藏的能量”，在创造舒适环境的同时，供热制冷所需电量低于每年每平方米15kWh，对初级电量的需求低于每年每平方米50kWh。

巴斯夫凡士能NEO高性能阻燃型外墙外保温系统(以下简称FINESTONE)解决方案优化了建筑物的围护结构。同时，巴斯夫的全程技术施工指导，对施工质量严格控制，帮助汉堡之家实现“被动房”的能效目标。

图1 “汉堡之家”外观图

1　系统及节点设计

“汉堡之家”外墙是使用“夹心”式保温方式，即200mm厚的混凝土层+200mm厚保温层(含20mm粘结/抹面层)+90mm厚保温空心黏土砖。空心黏土砖自重较大，对锚固系统提

出了更高的要求，设计师在节点方案过程中采用了“哈芬”幕墙锚固系统(剖面图如图 2)。

1.1 钢牛腿部位节点处理

“汉堡之家”外层墙体的空心黏土砖自重较大，需通过密布的锚固杆和一定数量的钢牛腿固定保温层和饰面层，以满足整个墙体的强度要求。但钢牛腿贯穿保温层并与其断面亲密接触，这必然会导致整个保温系统的防火能力的降低。若建筑物外围失火，外围的高温将通过钢牛腿传递到内层的“夹心层”，虽然“夹心层”的保温材料—Neopor®板为难燃 B 级，但失火时间太长也会对整个系统产生破坏。于是就产生了新的节点解决方案，在钢牛腿与保温层接触的断面增加一道防火等级为 A 级的玻璃棉保温材料(导热系数 0.042W/（m·K）/耐火温度 350～600℃)，起到了防火隔离带的作用(如图 3)。

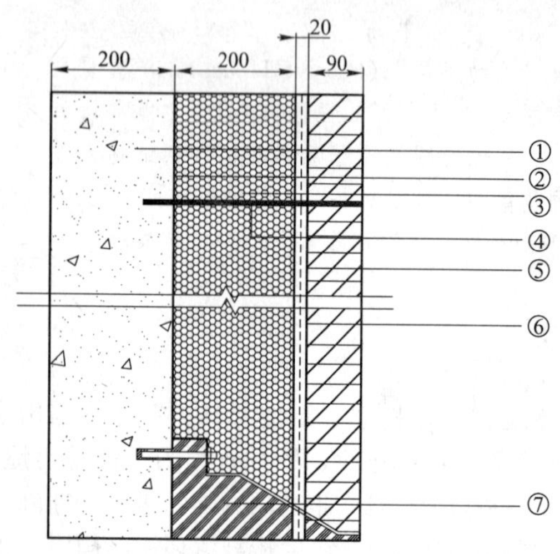

图 2 “汉堡之家”外墙剖面图

① 混凝土墙体；② 粘接层(厚度为 3～5mm)；③ 保温层；
④ 锚固杆；⑤ 抹面层(内置镀锌钢丝网)；
⑥ 外层墙体；⑦ 钢牛腿

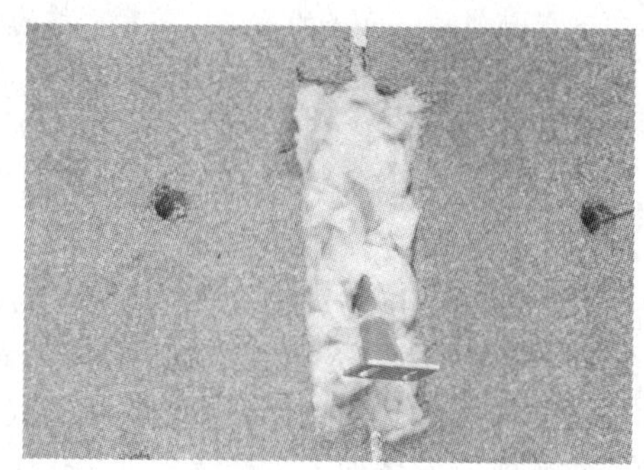

图 3 保温层与钢牛腿防火隔离带

1.2 保温板缝隙的节点处理

安装保温板产生的缝隙降低了保温系统的整体性，既影响了系统的保温性能和防水性能，又可能导致系统抹面层的开裂。“汉堡之家”现浇混凝土墙体没有采取国内通用的粉刷层，局部模板拆除后平整度差，另外保温层为 200mm 厚，致使局部保温板缝偏大(见图 4)，经过与设计师讨论后使用聚氨酯发泡密封剂进行密封，见图 5。

图 4 保温板间大板缝处理方式

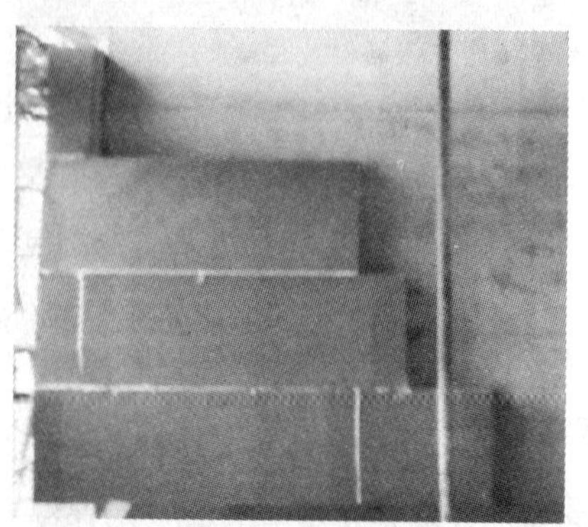

图 5 保温板间小板缝处理方式

1.3 门、窗等节点处理

保温板在四角的安装切割成“L”型(见图 6)，以增加系统的稳固性。

1.4 保温板外钢丝网罩面层

“汉堡之家”的“夹心式”保温构造保温层虽然以夹心形式存在于墙体中部，为保证整个墙体系统的强度，保温板表面以抹面胶浆附加钢丝网罩面(见图 7)。

图 6 门窗上角保温板“L”型安装

图 7 保温板外罩面层

2 材料选用

2.1 Neopor®保温板

“汉堡之家”墙体保温材料之所以选用 Neopor®高性能保温隔热板，是由于其具有优异的保温隔热和防火性能。

Neopor®高性能阻燃型保温隔热板由于红外吸收体和反射体的添加，能够反射大部分热辐射(见图 8)，18kg Neopor®保温板导热系数≤0.032W/(m·K)，比普通 EPS 白板导热系数提高 20%(图 9)，Neopor®在达到相同保温性能的情况下，保温板厚度可以减少 20%。保温层厚度的减小可以直接减小固定黏土空心砌块的钢牛腿和锚杆的长度，这样可以有效降低施加在钢牛腿和锚杆上的力矩，提高系统的安全性。

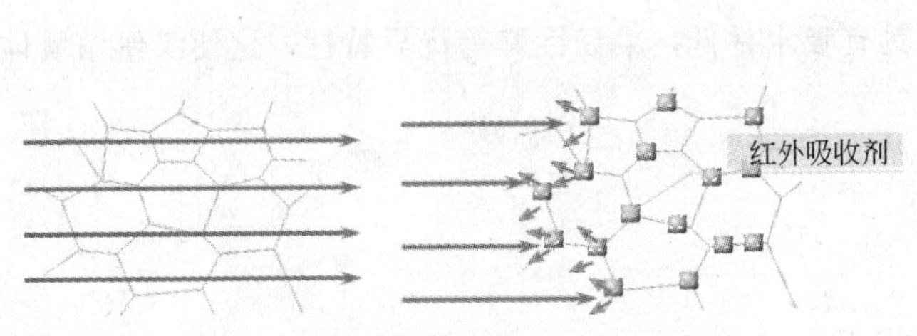

图 8 红外吸收剂可有效减少热辐射

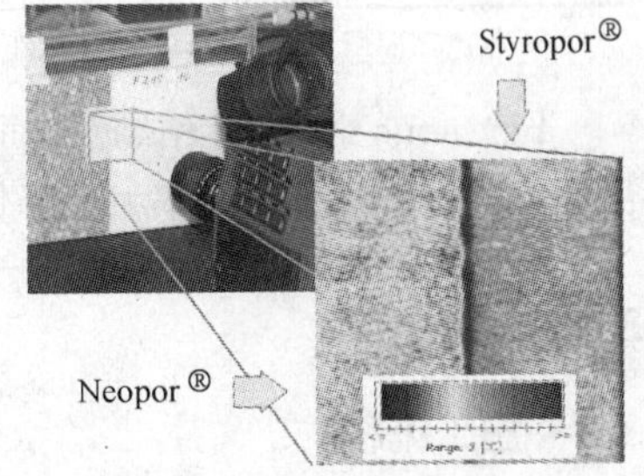

图 9 Neopor®板与普通白色 EPS 板红外成像对比

Neopor®高性能阻燃型保温隔热板具有很好的防火性能。其防火性能为难燃 B 级(GB 8624—2006)，达阻燃材料级别，结果显示烟密度很小，无有害有毒气体产生，有效解决了聚苯板等易燃有机保温材料在火灾发生时燃烧迅速熔化、产生大量有毒烟气、给人员逃生及营救均带来严重困难的消防难题，尤其适合用于高层住宅建筑和防火等级要求高的建筑物的外墙外保温工程。汉堡馆的墙体结构为“夹心式”结构，保温板与外层空心黏土砖砌块间存在空腔，若有火灾发生，空腔间的空气抽力容易导致火灾蔓延。Neopor®板优异的防火性能和保温板表面砂浆罩面等节点设计，可有效提高“汉堡之家”的防火能力。

2.2 Finestone A/BC 2 粘结/抹面胶浆

Finestone A/BC 2 粘结/抹面胶浆是由丙烯酸聚合物乳液(A 组分)和水泥基砂浆(B 组分)组成的双组分水泥砂浆。现场按一定的比例将聚合物乳液和砂浆搅拌后，可制成用于外墙外保温系统的胶粘剂和抹面胶浆。Finestone A/BC 2 作为胶粘剂和抹面胶浆使用的性能指标分别见表 1 和表 2。

胶粘剂性能指标 **表 1**

项目	性能指标	
拉伸粘结强度，MPa(与聚苯板)	原强度	≥0.10，破坏界面在聚苯板内
	耐水	≥0.10，破坏界面在聚苯板内
拉伸粘结强度，MPa (与水泥砂浆)	原强度	≥0.8
	耐水	≥0.6
可操作时间，h	1.5～4.0	

注：检测标准按《JG 149—2003 膨胀聚苯板薄抹灰外墙外保温系统》进行测定。

抹面胶浆性能指标 **表 2**

项目		性能指标	
		涂料饰面系统	面砖饰面系统
拉伸粘结强度，MPa(与聚苯板)	原强度	≥0.10，破坏界面在聚苯板内	≥0.10，破坏发生在聚苯板内
	耐水	≥0.10，破坏界面在聚苯板内	≥0.10，破坏界面在聚苯板内
	耐冻融	≥0.10，破坏界面在聚苯板内	≥0.10，破坏界面在聚苯板内
拉伸粘结强度，MPa(与水泥砂浆)	原强度		≥0.6
	耐水		≥0.5
	耐冻融		≥0.5
可操作时间，h		1.5～4.0	1.5～4.0
柔韧性	压折比(水泥基)	≤3.0	—

注：检测标准按《膨胀聚苯板薄抹灰外墙外保温系统》JG 149—2003 进行测定。

Finestone A/BC 2 粘结/抹面胶浆具有吸水率低，柔韧性好等优异特性，这使汉堡馆墙体保温层开裂，渗水的几率大为降低。

3 施工工艺

3.1 施工流程

“汉堡之家”外墙保温系统施工流程如下：

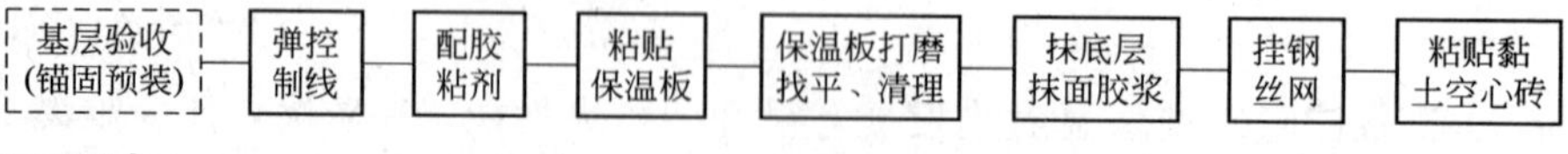

基层验收(锚固预装) — 弹控制线 — 配胶粘剂 — 粘贴保温板 — 保温板打磨找平、清理 — 抹底层抹面胶浆 — 挂钢丝网 — 粘贴黏土空心砖

3.2 施工要点

3.2.1 基层墙体验收

系统施工前，应对基层墙体进行检查，须彻底清除基层墙体表面浮灰、油污、脱模剂、泥土及风化物等影响粘结强度的材料，并应对墙面空鼓进行修补。局部墙体平整度采用 2m 靠尺

和塞尺检查，最大偏差应小于 4mm，超出部分应剔凿或用水泥砂浆修补平整。

进行外墙外保温施工的基层墙面的尺寸偏差应符合表 3 的规定，处理方法见表 4。

基层墙体允许偏差和检查方法 **表 3**

项次	项目		允许偏差(mm)	检查方法
1	表面平整度		4	用 2m 靠尺和塞尺检查
2	垂直度	每层	4	用 2m 托线板检查
		全高	$H/1000$ 且不大于 20	用经纬仪或吊线和尺量检查
3	阴阳角垂直度		4	用 2m 托线板检查

混凝土墙体基层的处理方法 **表 4**

基层类型		处理方式
墙体材料： ＋现浇混凝土 ＋预制混凝土 ＋表面处理的混凝土板	有灰尘	清扫干净
	残余砂浆及毛刺	打磨，清扫干净
	不均匀，有缺失	使用适当的砂浆做修补(要一定时间的养护)
	潮湿	自然干燥
	泛碱	用于刷子清除
	剥落、蜂窝	敲除、重新修补(养护一段时间)
	污渍、油污	用清洁剂和高压水(2～5MPa)冲洗

3.2.2 弹控制线、挂基准线

(1) 根据建筑立面设计和外墙外保温技术要求，在外门窗洞口及伸缩缝、装饰线处弹出水平、垂直控制线。

(2) 在建筑物外墙阴阳角及其他必要处挂出垂直基准控制线，弹出水平控制基线。

(3) 施工过程中每层应挂水平线，以控制保温板粘贴的垂直度和平整度。

3.2.3 配制胶粘剂

(1) FINESTONE 专用 A/BC2 胶粘剂：4 份(重量比)干粉倒入干净的塑料桶，加入 1 份专用乳液，然后用手持式电动搅拌器搅拌约 5min，直到搅拌均匀，且稠度适中为止。不得搅拌过度，以防止搅动过程中产生气泡。

(2) 将配制好的胶粘剂静置 5min，再搅拌即可使用，配制好的胶粘剂宜在 1h 内用完。

3.2.4 粘贴凡士能 NEO 板

(1) 标准 NEO 板尺寸为 1200mm×600mm。非标准尺寸和局部不规则处可用工具刀现场切割，尺寸允许偏差为±1.5mm，大小面垂直。整块墙面的边角处应用最小尺寸超过 300 mm 的保温板。

(2) 点框法粘贴：40％粘结面积，用抹子在每块保温板四周抹出宽为 50mm 胶粘剂，从边缘向中间逐渐加厚，最厚处达到 10mm，最边缘为 0mm，然后再在保温板上抹 8 个厚 10mm 直径 100mm 的圆点(图 10)。

(3) 将抹好胶粘剂的保温板迅速粘贴在墙面上，以防止表面结皮而失去粘结作用。不得在保温板拼缝处侧面涂胶粘剂。底排保温板应在胶粘剂达到强度前做好临时支护，以防止下滑。

(4) 保温板贴上墙后，应用 2m 靠尺压平操作，保证其平整度及粘贴牢固。板与板之间要挤紧，不得留有缝隙，板缝超出 1.5mm 时用保温板片填塞。拼缝高差不大于 1.5mm，否则应用打磨器打磨平整。每粘完一块保温板，应及时清除挤出的胶粘剂。因切割不方正形成的缝

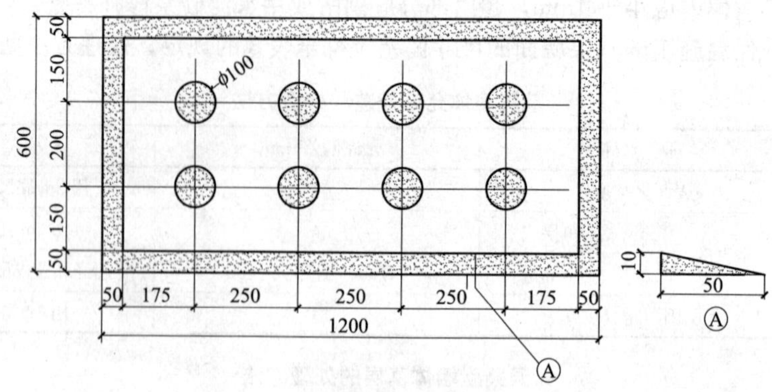

图 10 点框法粘贴保温板示意图

隙，使用保温板条塞入并打磨平整。

(5) 保温板粘贴宜分段自下而上沿水平方向横向铺贴，上下两排保温板宜竖向错缝 1/2 板长，局部最小错缝不得小于 200mm(如图 11 所示)。

(6) 在墙体阴阳角处，应先排好尺寸，再裁切保温板，使其粘贴时垂直交错连接，保证拐角处顺直且垂直。注意挑出墙角外的保温板上不抹胶粘剂。

(7) 保温板拼缝不得正好留在门窗口的四角处，门窗洞口的保温板应使用整块板进行套裁，且板缝和窗边尺寸不得小于 200mm(如图 12 所示)。

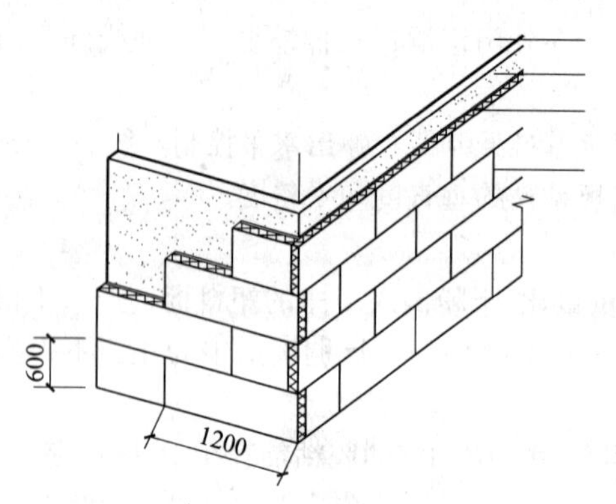

图 11 拐角位置保温板粘贴示意图

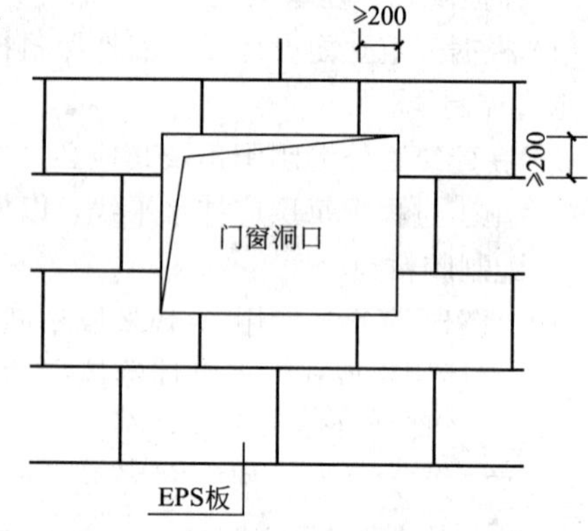

图 12 窗口位置保温板粘贴示意图

(8) 当遇有突出墙面的建筑配件如梁、门斗等时，宜用整块保温板套割，其切割边缘应顺直，平整，使其与建筑配件完全吻合。

(9) 在粘贴窗框四周的阳角和外墙阳角时，应先做出基准线，作为控制阳角上下竖直的依据。

3.2.5 打磨找平

(1) 保温板接缝不平处应用衬有平整处理的粗砂纸打磨，打磨动作宜为轻柔的圆周运动，不要沿着与保温板接缝平行的方向打磨。打磨需在保温板安装完 24h 后进行，否则会对保温板粘贴造成扰动。

(2) 打磨后应用刷子或压缩空气将打磨操作产生的碎屑、其他浮灰清理干净。

(3) 对保温板粘贴凹陷处，应用面层聚合物砂浆找平。

3.2.6 抹底层抹面胶浆

(1) 抹面胶浆的配制同胶粘剂。

(2) 清洁保温板表面后，将配制好的抹面胶浆均匀地涂抹在保温板上，厚度约为 2～3mm。

3.2.7 抹面层抹面胶浆

抹完底层抹面胶浆并压入钢丝网后待砂浆干至不粘手时，开始涂抹面层抹面胶浆，抹灰厚度涂料系统 1mm 左右。使抹面胶浆保护层总厚度平均为 3mm。

3.2.8 补洞及修理

(1) 当脚手架与墙体的连接拆除后，应立即对连接点的孔洞和损坏处进行修补，基层墙体应由土建单位严格按照国家及地方施工规范进行填补，并用 1∶3 水泥砂浆找平。

(2)根据孔洞尺寸切割保温板并打磨其边缘部分，使之能紧密填入孔洞处。

(3) 待孔洞水泥砂浆干燥后，将保温板背面满涂胶粘剂，应注意不要在其四周边沿涂胶粘剂。将保温板塞入，粘在基层上。

(4) 用胶带将周边已作好的涂层盖住，以防施工过程中对其污染。

(5) 在保温板上涂抹底层抹面胶浆，压入修补的网格布，待表面至不粘手时，再涂抹面层抹面胶浆，厚度应与周边一致。注意修补过程中不要将抹面胶浆涂到周围的表面涂层上。

4 保温板与墙体基层粘结强度测试

为保证保温板与墙体基层的粘结强度，在施工现场进行拉拔测试。每三个测试点作为一个测试组，每个测试点的测试面积为 45mm×95mm，测试过程见图 13。经测试，外墙混凝土基层与 Neopor®的平均粘结拉伸强度大于 0.2MPa，皆在苯板上发生破坏。这说明 FINESTONE ABC 2 作为粘结胶浆使用，具有较强的粘结强度，同时，也说明 Neopor®板本身的强度也很高。

拉拔测试前铁块粘结

拉拔测试中

拉拔测试后Neopor®表面

图 13 拉拔测试示意图

5 结论

1) “汉堡之家”墙体保温隔热体系设计科学合理，兼顾了系统的保温隔热、防火、防水、安全性等因素。

2) Neopor®高性能保温隔热板优异的保温隔热和防火性能极大提高了“汉堡之家”保温性能和安全性；Finestone A/BC 2 粘结/抹面胶浆的吸水率低，柔韧性好等优异性能使汉堡馆墙体保温层开裂，渗水的几率大为降低。

3) 严密的施工计划和严格的施工管理保证了“汉堡之家”外墙保温工程优良的质量。

4) 拉拔测试结果表明凡士能 A/BC 2 砂浆和 Neopor®板为主材构成的墙体系统具有很好

的安全性。

参考文献

[1] 《汉堡馆向大众展示最节能的“被动房屋”(Passive House)》2010世博官方网站 新闻稿
[2] 《汉堡之家设计师：汉堡最节能建筑在上海》腾讯世博 新闻稿 2010.04.30
[3] 《汉堡之家，永远25℃》生活周刊 总第1320期 2010.06.29-07.05
[4] 《巴斯夫献力2010上海世博会超低能耗展馆“汉堡之家”》www.basf.com 新闻稿 2010.01.21
[5] 《汉堡之家：把低碳发挥到极致的“被动房”》中国智能家居网 新闻稿 2010.06.24

掌握欧洲建筑外保温技术　确保德国馆节能示范效果

孙振平[1,2]、于永江[2]、于　龙[1]
（1. 同济大学材料科学与工程学院、2. 苏州同济材料科技有限公司）

摘　要： 介绍了2010年上海世博会德国馆基本情况。作为德国馆外墙外保温系统的材料提供者和施工者，作者详细介绍了公司如何通过参加欧盟“Switch-Asia”等培训活动全面掌握和应用欧洲先进技术，以保证德国馆建筑外保温质量。如今，德国馆人流如潮，“和谐都市(Balencity)”设计理念的具体体现，为上海世博会成功、精彩、难忘的举办目标抹上重重色彩。

关键词： 世博会，德国馆，外墙外保温，材料，施工

2010年上海世博会德国馆被命名为“和谐城市(Balancity)”，它由英文的“平衡”(balance)与“城市”(city)组合而成。德国馆位于卢浦大桥附近的黄浦江南岸，与瑞士、法国和波兰馆相邻，占地面积6000m²。德国馆由四个不规则图形的建筑组成，四面呈开放状。德国馆乍看失之于稳，但构建成一个整体便显相辅相成，且给人以灵动飘逸之感(图1)。德国馆分为海港新貌、未来规划室、人文花园、发明档案馆、创新工厂、材料之园、欢乐剧场等若干个展区，以一些典型的都市生活空间和设施展示德国的城市生活(图2)。

图1　德国馆外观

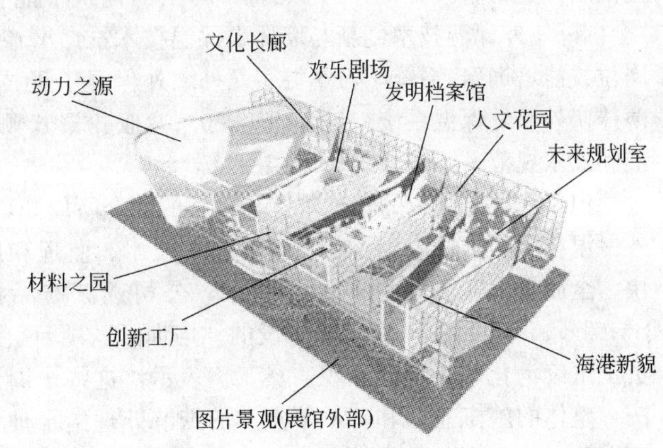

图2　德国馆展厅分布

德国馆是由175根钢桩和1200t钢结构结合而成的现代建筑，其外墙表层除外保温系统外，还织入了一种银色的金属材料，对太阳辐射具有很高的反射力，就像建筑外墙之外的第二层皮肤，为展馆遮阳。同时，网状透气性的织布结构能防止展馆内热气的聚积，可有效减轻展馆内空调设备的负担。值得称道的是，6个月的世博会结束后，德国馆的钢桩、钢结构连同1.2m² 的“外衣”，都可拆除回收再利用，充分显示出德国人严谨、科学、绿色、环保的思维逻辑。上海世博会是德国参加历届世博会最重视的一次，总投资5000万欧元，是迄今为止德国在历届世博会上建造的最大展馆。

德国馆于2008年11月15日破土动工，为第一个开建的外国场馆。2009年7月8日封顶，2010年4月2日正式通过验收(图3)。由于材料先进，施工技术严格，质量上乘，节能环保水平高，德国馆被业界誉为“可持续发展典范”。

图3 德国馆顺利通过竣工验收

2009年8～11月间，苏州同济材料科技有限公司非常荣幸地被选择为德国馆的外墙外保温系统提供了整套材料，并负责施工。公司之所以能成为德国馆建设的参与者之一，与公司的管理、技术和后续教育培训等是离不开的。本文主要从公司参与该项目前后，在人员培训、材料质量保证和施工技术保证方面所做的努力展开论述，并谈谈采用外国先进技术保证国外自建场馆质量中的重大收获，希望对业内人士有所启发。

1 人员培训

作为世界上最发达国家之一，德国以严谨、持之以恒、高效率、高品质的独特作风立于世界强林。而德国馆以“和谐都市”“节能环保”可持续发展的设计理念，用“德国制造”和“德国创意”的方案对城市发展进程起到积极的影响作用，旨在契合上海世博会“城市，让生活更美好”的主题。其对工程质量的要求可见一斑。

为保证公司施工人员的技术力量能够满足德国馆建设要求，公司多次组织有关人员、技术人员和施工人员参加各种技术培训班，如由同济大学举办的“商品砂浆试验室主任培训”，由全国新型建材科技推广中心(CNNI)与全国建筑节能情报信息网建筑保温专业委员会主办的“全国外墙外保温技术创新与墙体自保温技术推广暨墙体保温隔热技术生产与施工规范双达标岗位技能培训”，系统学习掌握了《外墙外保温工程技术规程》JGJ 144—2004，《膨胀聚苯板薄抹灰外墙外保温系统》JG 149—2003，《胶粉聚苯颗粒外墙外保温系统》JG 158—2004等标准和技术规范。

但仅有这些国内的标准规范是不够的。众所周知，欧洲从20世纪40年代就开始进行外墙外保温技术的推广应用，在材料、施工技术、监理和质量检测方面积累了先进的经验。为尽快、全面掌握欧洲先进经验和技术，公司选派产品技术经理和施工技术经理参加了欧盟Switch-Asia项目在同济大学开设的“培训师”项目(图4和图5)，他们回来后，再组织公司员工继续消化掌握的新知识。员工们表示，这些培训让他们学到了纯正的欧洲外保温施工工法，整体的施工思路和一些节点上的细节处理给了他们很多启发。经过这次培训后，两位经理在公司技术人员及相关项目负责人中还多次开展技术讨论会，结合培训收获和公司实际情况寻找适合自己的施工方法，在工地的日常管理中，逐步规范工人的操作，公司受益良多。比如，公司采用锯齿抹刀控制抹面层厚度，一次成型抹面层；而底层铝合金托架、门窗边角处理、空调洞口防水处理等方法都是在国内规范中没有接触到的。此外，通过这次学习，公司还采购了多种附属配件，尽管价格很高，但相信随着市场的不断规范，淘汰掉那些纯粹靠低价竞争的企业后，这些附属件将会逐步得到大家的认可和推广，整个外保温市场的施工水平和工程质量也会有大幅度的提高。

图 4　学员学习挤塑板(XPS 板)的正确贴法

图 5　学员结业

2　材料

2.1　聚苯乙烯挤出板(XPS 板)

聚苯乙烯泡沫塑料分为膨胀性 EPS 和连续性挤出型 XPS 两种。与 EPS 板相比，XPS 板是第三代硬质发泡保温材料，从工艺上它克服 EPS 板繁杂的生产工艺，具有 EPS 板无法替代的优越性能。它是由聚苯乙烯树脂及其他添加剂经挤压过程制造出的拥有连续均匀表层及闭孔式蜂窝结构的板材，这些蜂窝结构的厚板，完全不会出现空隙，这种闭孔式结构的保温材料可具有不同的压力(150～500kPa)同时拥有同等低值的导热系数(仅为 0.028W/m.K)和经久不衰的优良保温和抗压性能，抗压强度可达 220～500kPa。其机械性能是 EPS 无法比拟的，另外，由于连续性挤出所致的紧密的闭孔结构。它的密度、吸水率、导热系数及蒸汽渗透率均低于其他类型的板材，是目前市场公认的最佳保温材料。由于 XPS 板具有极低的吸水性(几乎不吸水)、低热导系数和高抗压性，其耐抗老化性十分优良。

德国馆外墙外保温工程所使用的 XPS 板具有高热阻、低膨胀比的特点，其结构的闭孔率达到了 99%以上，形成真空层，避免空气流动散热，确保其保温性能的持久和稳定，相对于发泡聚氨酯 80%的闭孔率，领先优势不言而喻。实践证明 20mm 厚的 XPS 挤塑保温板，其保温效果相当于 50mm 厚发泡聚苯乙烯，120mm 厚水泥珍珠岩。因此本材料是目前建筑保温的最佳之选。

2.2　粘结砂浆

公司按照德国有关标准要求，研制生产了 TJ 型 XPS 专用胶粘剂，其与 XPS 板具有良好的亲和性，耐候性好，柔性好，可补偿轻质建材与基体之间因膨胀系数的差别而产生的温差应力，另外，产品具有较好的憎水作用和透气性，能确保基体和 XPS 板的低导热性。此外，为贴合绿色世博、科技世博的具体要求，这种材料保证了无毒、防霉和阻燃性。

2.3　薄抹灰砂浆

该系统使用的罩面砂浆，主要由聚合物改性水泥砂浆，其与 XPS 板具有极强的粘结力，而且柔韧性和抗冲击强度好，防水透气性能好，为保温板构成了一道可靠的加强保护层。另外，这种罩面材料与玻璃纤维网格布相容性好，无毒无味、阻燃，不含挥发性溶剂，是一种安全的环保产品。

2.4　其他配套材料

XPS 板外保温系统中其他材料，如玻璃纤维网格布、锚栓等均符合《膨胀聚苯板薄抹灰外墙外保温系统》JG 149—2003，《外墙外保温工程技术规程》JGJ 144—2004 等标准和应用技术规程中的具体要求。

3 施工

由于公司所有员工均掌握了Switch-Asia节能培训中心传授的欧洲先进技术，加之施工前主管方又交代了所要求的技术要点，在德国监理的监督下，公司施工人员出色地完成挤塑聚苯板(XPS)外保温系统的施工。具体步骤如下。

3.1 基层处理

(1) 清理墙面基层，确保干净、无油渍、无浮尘等。

(2) 墙表面凸起物≥10mm应铲平。

3.2 挤塑板裁切和预处理

(1) 挤塑板宽度不宜大于1200mm，高度不宜大于600mm。

(2) 为增加挤塑板与基层及面层粘结力，在挤塑板两面各刷一道界面剂。

3.3 铺贴挤塑板

(1) 延墙角在高度40cm处安装铝合金托架和滴水槽。

(2) 按比例加水搅拌胶粘剂。将配制好的胶粘剂静置5min，再搅拌即可使用，配制好的胶粘剂宜在1h内用完。

(3) 将胶粘剂涂抹在挤塑板背面，要求面涂，或线涂，但涂抹面积不得小于聚苯板面积的40%。

(4) 将挤塑板粘贴在墙面上，应按顺砌方向粘贴，竖缝应逐行错缝。粘贴应牢固，不得有松动。每贴完一块板，应将挤出的专用胶粘剂清除。

(5) 墙角处挤塑板应交错互锁，门窗洞口四角处聚苯板不得拼接，应采用整块挤塑板切割成形，接缝应离开角部至少200mm。

(6) 挤塑板粘贴后的接缝则同样要用挤塑板进行修复。

(7) 为防止挤塑板变形引起的裂缝，每5m应设置抗裂分隔缝。

3.4 安装螺栓

(1) 膨胀螺栓在挤塑板粘贴8h后开始安装，宜在24h内完成。

(2) 按设计要求的位置用冲击钻钻孔，孔径为10mm，钻入基层墙体深度为60mm，膨胀螺栓钻入基层墙体的深度约为50mm，以确定牢固可靠。

(3) 膨胀螺栓应挤紧并将工程塑料膨胀螺栓的螺栓帽与挤塑板表面齐平或略拧入一些，确保膨胀螺栓尾部没有回拧，使其与基层墙体充分锚固。

3.5 打磨

(1) 挤塑板接缝不平处应用粗砂纸打磨，动作为轻柔的圆周运动，不要沿着与挤塑板接缝平行的方向打磨。

(2) 打磨后及时将挤塑板碎屑及浮灰用刷子清理干净。

3.6 罩面胶浆复合网格布的施工

(1) 挤塑板粘贴后至少需养护7d，以使其粘结层建立足够强度，内部水分蒸发，并体积稳定后，再安装螺栓和进行罩面胶浆的施工。

(2) 按比例加水搅拌罩面胶浆。将配制好的罩面胶浆静置5min，再搅拌即可使用，配制好的罩面胶浆宜在1h内用完。

(3) 罩面胶浆分两层施工，第1层以2～3mm为宜，迅速覆上玻纤网格布，用磨刀压入第一层罩面胶浆中，然后适当涂抹第2层罩面胶浆，掌握好厚度。

将整幅玻纤网格布沿水平方向绷直绷平，注意将玻纤网格布内曲的一面朝里，用抹子由中间向上、下两边将玻纤网抹平，使其紧贴。玻纤网格布水平方向搭接宽度不小于 100mm，垂直方向搭接宽度不小于 80mm，搭接处用罩面胶浆补充底层砂浆的空缺处，不得使格布皱褶、空鼓、翘边。

(4) 做好系统在檐口、勒脚处的包边处理。装饰缝、门窗四角和阴阳角等处应做好局部加强网施工。

在墙面施工预留空洞四周 100mm 范围内抹罩面胶浆并压入玻纤网。在墙身阴、阳角处两侧玻纤网双向翘角相互搭接，各侧搭接宽度不小于 200mm。

(5) 罩面胶浆施工后，洒水保湿养护 7d 以上，便可进行防水腻子的施工

以上施工要求均针对气温为 15～30℃而言，气温为 5～10℃时，养护时间应相应延长 5～7 天。施工完毕，采用欧盟有关验收规范进行验收。

4　结语

2010 年上海世博会德国馆建设的成功参与，为公司赢得了荣誉，公司得到了上海市建筑材料行业协会颁发的“世博用材参与奖”奖状和奖杯。

如今，德国馆每天接待 39000～46000 人的参观和互动，成为 2010 年世博会最热门场馆之一，预计世博会举行期间总参观人数将达 720 万～860 万人次，仅金属球的演示活动每天就达 65～78 场。德国馆“汉堡之家”由于运用最新节能与环保技术，建成了中国第一座符合德国标准的“被动屋”。它采用封闭式建筑方式，隔热性能好，冬天仅用太阳能、室内电器的散热以及居住者的体温即可保暖，不需暖气；夏天则利用可以制冷、除温的特殊通风装置，免去空调。

德国馆的成功建成和完全符合欧洲建筑节能标准，再一次证明本次选择苏州同济材料科技有限公司挤塑板外保温系统是明智的，而公司也通过这项重要的工程，吸纳了欧盟先进的设计、材料和施工理念，展示了公司的整体实力，相信在今后国内各项工程中会发挥更重要的作用。

HF-彩色丙烯酸弹性防水涂料及其在世博文化中心中的应用

董玉山[1]、张爱忠[1]、安　冷[2]、马志霞[2]、孙振平[3]
（1. 上海远盛建筑防水材料厂、2. 上海舜港节能建材科技有限公司、3. 同济大学材料科学与工程学院）

摘　要：介绍了世博文化中心基本情况，就世博文化中心采用的HF-彩色丙烯酸弹性防水涂料的组成、技术性能和应用技术等，进行了详细的论述。文章内容充分体现出上海世博会成功、精彩、难忘的另一面。

关键词：防水涂料，世博文化中心，性能，施工技术

世博文化中心位于世博园区东南端，世博轴以东，造型呈飞碟状。作为中国2010年上海世博会“一轴四馆”永久性场馆之一，世博文化中心以其穿梭腾飞的姿态、极具未来感的独特外形，表达出对未来的美好憧憬；其文化娱乐集聚区的定位，将使其成为永不落幕的城市舞台，精彩展示和延续“城市，让生活更美好”的世博主题。

世博文化中心总建筑面积140277m^2，其中防水涂料施工面积120000m^2，由现代设计集团华东建筑设计研究院设计，上海建工集团总公司施工，材料采用上海远盛建筑防水材料厂HF-彩色丙烯酸弹性防水涂料。

该工程选材尽可能地体现节能环保的理念，通过多种有效技术手段对材料加以控制，选用集多种优点于一身的HF-彩色丙烯酸弹性防水涂料使文化中心成为真正意义上的绿色建筑，体现了“城市，让生活更美好”的世博主题。

1　HF-彩色丙烯酸弹性防水涂料的研制

HF-彩色丙烯酸弹性防水涂料的组分包括主要基料、填料和各种功能性助剂。

1.1　主要基料的选择

选用什么样的乳液品种是研制HF-彩色丙烯酸弹性防水涂料的关键，它将直接影响到材料的性能。防水涂料成膜后，要具有一定的强度和较大的延伸率，并要有优良的耐水性、耐老化性和耐候性，基料一定要高含固量，玻璃化温度在一定范围内，经试验选用巴斯夫1108S丙烯酸酯乳液能满足生产防水涂料的各项性能。

1.2　填料的选用

填料既能提高涂料的物理性能，又能有效地降低涂料的成本。填料的选择首先要考虑到对乳液的影响，而填料的用量直接影响最终产品的拉伸强度与断裂延伸率。一般来说，填料越多，强度增大延伸率降低，反之，填料越少，强度越低延伸率越大。因此，为保证最终防水涂料的产品质量，我们选用了800目～1200目且用量控制在45%的填料，有效提高防水涂料的触变性，有效避免了在垂直面施工中产生的流挂现象。

1.3　各种功能助剂的选择

分散剂一般选用六偏磷酸钠和三聚磷酸盐都能达到良好的效果，如果同时选用羟基分散剂

则对填料、颜料的分散效果更佳，这些分散剂都具有一定的缓凝性，对防水涂料的贮存稳定性和施工性更好。

要解决好防水涂料的耐老化性、保色性，宜选用金红石型钛白粉、氧化铁类无机颜料。

1.4 HF-彩色丙烯酸弹性防水涂料的配方

经过大量试验对比，确定了 HF-彩色丙烯酸弹性防水涂料的配方，见表 1。

HF-彩色丙烯酸弹性防水涂料的配方 **表 1**

物料名称	用　量	物料名称	用　量
丙烯酸酯乳液 1108S	40～45	氧化铁颜料	1～2
填　料	40～45	饮用水	3～5
各种功能助剂	5～10		

2 HF-彩色丙烯酸弹性防水涂料所具有的性能特点

上海市建筑材料及构件质量监督检验站按《聚合物乳液建筑防水涂料》JC/T 864—2008 标准，对产品进行了性能检验，结果见表 2，检验报告编号为 FS022-090106。其中检验试样随机取于上海远盛建筑防水材料厂涂料成品仓库。

上海市建筑材料及构件质量监督检验站检验结果 **表 2**

检测项目		标准值	检测结果
拉伸强度，MPa		≥1.0	1.4
断裂延伸率，%		≥300	606
低温柔性(−10℃)(绕 10mm 棒弯 180°)		无裂纹	无裂纹
不透水性(0.3 MPa，30min)		不透水	不透水
干燥时间	表干时间，h	≤4	<4
	实干时间，h	≤8	<8
固体含量，%		≥65	67
外观		均匀，无结块	均匀，无结块

HF-彩色丙烯酸弹性防水涂料具备的性能特点如下，它充分体现出上海世博节能、环保、科技、和谐的人文理念。

2.1 绿色环保

HF-彩色丙烯酸弹性防水涂料无毒、无味，依靠水分蒸发成膜，对环境和施工人员无任何危害。色彩艳丽，可有效反射阳光及阻止室内热辐射损失。极低残余单体含量的丙烯酸胶乳成膜后抗紫外线性能优异，对臭氧、光、热等有一定的耐受能力，防水涂膜经久不变。与传统的各类防水涂料相比，具有显著的节能效果，最适合运用于世博会工程。

2.2 性能优异

世博文化中心外形呈飞碟状，考虑综合节能措施结构复杂，对材料性能要求极高。涂料具有较高的拉力，延伸率达到 600%以上(图 1)，而市场某产品延伸率只有 220%，拉力也低于此产品，可见，HF-彩色丙烯酸弹性防水涂料柔韧性是其他任何防水材料无法比拟的，抗基层变形能力强，能屏蔽裂缝，防水透气。并且对世博文化中心这样多异形部位的工程施工更为适宜。

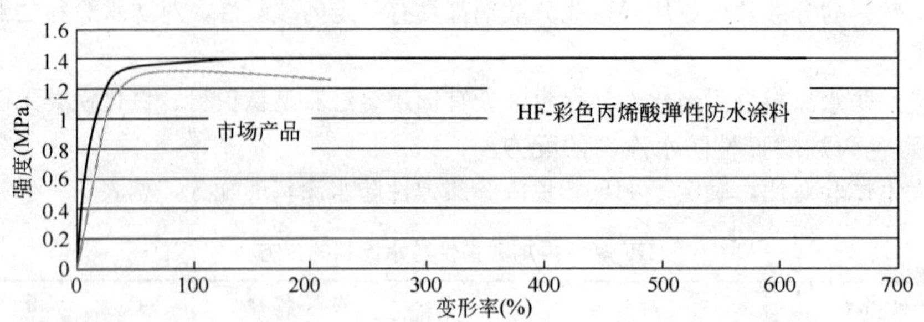

图1 HF-彩色丙烯酸弹性防水涂料与市场产品柔韧性的比较

2.3 整体成膜性好

HF-彩色丙烯酸弹性防水涂料涂膜固化后形成一层连续、均匀、完整、一体的橡胶状弹性体，因而做成的防水层无搭边接头，防水性能特别优异。

2.4 适应性广

HF-彩色丙烯酸弹性防水涂料可在潮湿或干燥的多种材质基面上施工，施工简单，节约了世博文化中心的施工工期。

3 世博文化中心防水涂料的施工控制

3.1 基层处理

(1) 将基面上的砂石、泥土、灰尘、油污及局部积水清除干净。

(2) 对严重龟裂、起砂、及凹凸不平等不具备施工条件的基面，采取相应的补救措施。

3.2 打底

稀释该涂料(加10%左右的水)，对被施工基面普遍进行一道滚涂，目的在于封闭大部分毛细孔，将基层扫除未尽的灰尘粘固在基面上(此道工序不要求涂层厚度)。

3.3 附加增强

对天沟、水眼、高低跨、女儿墙、泛水、管道周围、落水斗等节点部位以及有可能出现沉降、变形、龟裂的基面，要加铺玻纤布或无纺布，以增加防水层的抗拉强度。面层涂料必须均匀、平整，不得有涂料堆积或露布现象。

3.4 涂刷涂料

(1) 施工时选用滚、刮、涂、刷均可。

(2) 采用多遍涂刷(一般2～3遍)，每遍不可太厚，一般以0.3～0.5mm为宜，太厚涂膜容易起泡。

(3) 每遍涂刷间隔时间约2～5h(具体视天气情况而定，以不粘脚为准)。

(4) 相邻两遍的涂刷方向应相互垂直，以使涂膜厚度均匀。

4 结语

HF-彩色丙烯酸弹性防水涂料在世博文化中心的成功运用，充分体现了产品功能多样、施工快速、对环境友好和节能理念，为上海世博会的文化演绎和传承抹上浓浓重彩。如今，每当我们这些默默的建设者重新回到世博场馆，驻足观望世博文化中心，看到络绎不绝的人群纷至沓来，心中充满无限喜悦。

参考文献

[1] 沈春林，褚建军. 环保型聚氨酯防水涂料的研制，第八届全国建筑防水材料交流会论文集，大连，2002.11

[2] 王健，苏敏娇. 丙烯酸纳米冷却水塔防水涂料的特性，新型建筑材料，2002(7)，35

[3] 严英，雷冰，李华鼎等. 弹性丙烯酸酯共聚乳液防水涂料的性能研究，四川大学学报(工程科学版)，2002，34(3)，72-75

[4] 张文渊. 柔性丙烯酸复合防水涂料的施工技术，涂料工业，2001，31(3)，27-31

浅谈世博建筑中石材幕墙的施工技术及质量控制

何丽芳

（上海为宝实业有限公司）

摘　要：2010年上海世博会本着“城市，让生活更美好”的主题，为众多石材企业提供了丰富的市场营销与品牌宣传的好机会，也给中国石材企业带来了契机。为迎接2010上海世博的到来，上海为宝实业有限公司于2008年下半年承接了上海世博园D地块酒店式公寓工程。随着石材幕墙在建筑装饰中得到越来越广泛的应用，建筑装饰工程中石材幕墙的质量问题越来越被人们所重视，技术创新也在不断突破。

关键词：石材，幕墙，施工工艺，质量控制

伴随着中国经济的快速发展和城市化进程的不断推进，特别是奥运会的举办，建筑行业已经成为近年来最具吸引力的就业领域之一。世博的开幕也是见证中国的石材建筑行业的引领优势与技术创新。世博园作为永久性的建筑，必须在建筑质量、低碳环保、人与社会、人与自然和谐等各方面综合考虑。可以说2010年上海世博的到来，正是对我中国石材建筑行业的一大挑战与突破。在充分做好世博建设的准备下，必须严把各质量关。

一、工程背景及石材概况

（一）工程介绍

2008年下半年，上海为宝实业有限公司凭着优厚的实力承接了上海世博园D地块酒店式公寓工程。酒店式公寓，商业面积5788m^2，总面积142488m^2，由七座塔楼，一座裙楼和一座地下室组成。共有户数922户，底层配备了适量的商业和餐饮服务等设施。该地块有三栋16层、三栋20层、一栋24层塔楼组成。承接的工程地点位于上海南码头站世博园园区内，主要承担该地块楼盘的外立面石材装饰工程，整个工程设计方案精湛、技术要求高、石材要求量大，石材质量均为国家一级产品，并严格按照国家质量标准进行。

公司提供了约5万m^{2}的石材量，主要供应白麻花岗石和灰麻花岗石。花岗石美丽、耐久、非常坚硬，适用于外墙安装，经过设计师的精心设计，工艺师的精益加工，恰到好处地发挥了石头的独特功效。公司始终坚持个体与社会同步发展、环境与效益互融，考虑到建筑与颜色、环境与文化氛围、石材与价值理念，充分运用石材的耐久性、稳定性及装饰性等性能，将石头的特性融入到建筑当中，做到了建筑与石材的完美融合，同时又达到了环保的功效。

（二）石材概况

该工程主要采用花岗石，对于石材的选用、石材板材的施工工艺都是经过深思熟虑的，在不断的实践探索中找到最佳杰出点。石材幕墙的设计是根据设计方提供的图纸确定石材的精确分格尺寸、颜色、材质、嵌缝材料等，并绘出尺寸详尽的石材立面图及各复杂部位的节点详图，然后依该地块石材的重量、尺寸及抗震、抗风压等各项要求，进行相关的力学计算，确定石材的干挂方式及龙骨体系、埋件、连接件等的尺寸规格。

1. *石材的选择*

该工程主要选用了白麻和灰麻这两种花岗岩，均属于国家一级产品。对于花岗岩的质量要求是非常严格的，对此主要是从以下几个方面来考虑的：

(1) 观。即肉眼观察石材的表面结构。一般来说均匀的细料结构石材较细腻，有质感；天然石材由于受地质的影响，会出现一些细脉与微裂缝，严重的会有缺棱少角现象，所以在挑选石材时严格把关。

(2) 听。即听石材的敲击声音。通过敲击石材发出的声音来对石材质量做进一步的判断，一般而言，石材质量好的、内部致密均匀且无明显裂缝或细脉的，敲击声清脆悦耳。相反敲击声显得粗哑。

(3) 量。即量石材的尺寸规格。选用标准的测量仪器，实行分层测量方法，确保石材测量的准确规范，以免影响拼接或造成拼接后的图案、花纹、线条变形，影响装饰效果。

(4) 试。即采用简单的试验方法来检验石材质量好坏。通常在石材的背面滴上一小滴墨水，如果墨水很快四处分散浸出，即表示石材内部颗粒较松或存在显微裂隙，石材质量不好；反之则说明石材致密，质地好。

2. *石材的计算*

石材的计算主要包括挂板板块自身的抗弯计算和挂板与挂件销钉连接处的抗剪计算。计算方式与石材的干挂方式有关，此工程以背栓式干挂石材固定体系来说明。石材板所受荷载包括水平向的风荷载和地震荷载，竖向的地震荷载和石材自重。背栓式干挂石材典型的安装体系是通过上下各 2 组(共 4 组)挂件将石材固定，其中石材上边两组挂件起支承石材重量及在垂直于石材平面的方向上约束石材的作用，下边的两组挂件只是在垂直于石材平面的方向上起约束石材的作用。对石材进行抗弯计算时，应按四点支撑板计算其应力。其计算边长 a_0、b_0 所得最大弯曲应力设计值不应超过石材板的抗弯强度设计值 ；对背栓挂件在石材板上产生的剪应力进行抗剪计算时，一般根据相应的经验公式进行计算，要求石板所受剪应力标准值 不大于板材抗剪强度设计值。应注意的是，竖向剪应力只有上排的两组挂件承担，而不是由全部四组挂件共同承担。

3. *石材板材铺装施工工艺*

以往的经验告诉我们，石材的装饰搭配问题，或大部分石材应用与施工之间的问题都起因于“铺装方法不正确”。换句话说，问题不是出在石材本身，而是由于人们对石材铺装细节问题的认识不够，导致施工中问题迭出。但是，在铺装出现问题后，常常被置于审判台上的只是石材。

(1) 准备铺装承载层和底基层。承载层是一个平面，这一平面的作用是支撑来自上层构件的负荷。其实质应当具有坚固性、支撑性、稳定性和密封性。石材饰面板底基，是直接在其上进行石材饰面板铺装的构件。在铺装地面时，这一底基起到的作用是分散竖向负荷和张力，以使这些力得到承载层的支撑而不至于发生塌陷。

(2) 准备混合粘结剂。混合粘结剂抹在底基和石板材之间。这种材料，除了少部分是已经预混合好的，一般都是在现场调合准备的。配制这些混合粘结剂需要水泥、砂子、胶水等；所需的工具有水桶、抹刀、量杯、计量器等。此外，为调合安全考虑，还要准备一些防护器具。

(3) 正式铺装作业。石材饰面板材的正式铺装作业，也就是将石材地面板材按顺序铺到地面上。这是所有设计创意、准备工作落实在实际上的重要转换工作。这一阶段可以划分为两个步骤：一是将连接材料(砂浆、水泥膏、胶体等)延伸并定位；二是根据板材的纹理走向(以便形成一定的图案，体现出纹理的价值等)固定板材，弥补下铺层的如不平整等所有缺陷。

(4) 填缝勾缝。此道工序就是选用适当的材料(灰泥、填缝剂、干砂等)将铺装在地面上的板材与板材之间的缝隙封闭，这是正式铺装作业的后续作业，它并不属于正式铺装作业，所以填缝、勾缝时要注意与正式铺装之间有时间间隔。

(5) 饰面板材表面的进一步整修(只对地面)。这一工序，就是对地面进行研磨和抛光，如果铺地板材是毛板，预先规定的就是现场抛光。还有可能的附加作业就是使用蜡和防护及防水产品。

二、石材幕墙的质量管理

(一) 石材幕墙工程质量管理

1. 资料审查

(1) 审查幕墙工程所用各种材料、五金配件、构件及组件。

(2) 幕墙工程所用硅酮结构胶的认定证书和抽查合格证明；进口硅酮结构胶的商检证；国家指定检测机构出具的硅酮结构胶与接触材料相容性和剥离粘结性实验报告；并应有保证年限的质量保证书。

(3) 石材的弯曲强度不应小于8.0MPa；吸水率应小于0.8%。石材用密封胶的耐污染性试验报告。

2. 实物检测

检查内容包括预埋件的尺寸、钢板的厚度、铝合金型材、钢龙骨、石材的尺寸、铝单板板材厚度、结构胶、密封胶、不锈钢点驳件、玻璃的品种、规格、厚度、不锈钢螺栓、膨胀螺栓、化学螺栓、紧固螺钉、铝塑板和防火保温材料，等等。

3. 复试试验

(1) 铝塑复合板的剥离强度。

(2) 石材的弯曲强度；寒冷地区石材的耐冻融性。

(3) 玻璃幕墙用结构胶的邵氏硬度、标准条件拉伸粘结强度、相容性试验。

(4) 石材用结构胶的粘结强度；石材用密封胶的污染性。

(二) 石材幕墙工程设计方面质量控制

(1) 督促完善设计文件，对设计中的问题和缺陷，通过建设单位向出图单位提交书面意见和建议，补足工程所需图纸，提供结构计算书、设计说明及其他设计文件。

(2) 认真审定石材幕墙施工组织设计(施工方案)，健全施工现场技术管理体系和质量保证体系，落实安全措施，特别是特殊工种必须持有资格证、上岗证。

(三) 石材安装过程的质量控制

1. 石材安装

(1) 石材安装前检查石板外露面及连接处有无崩坏、暗裂，经修正后的崩边无明显痕迹，外体尺寸、厚度、颜色等符合设计要求。

(2) 将铝合金挂件用螺栓牢固地安装在横龙骨上，安装时注意检查标高等位置是否符合设计要求。标高和平面位置靠挂件进行精确调整，提正完毕后将螺栓紧固。

(3) 按石材的编号、颜色将合格石材运到安装部位。

(4) 石材板背面上下共开槽四个，上面两个槽的铝合金挂件的两部分需要在挂接后用可调螺栓再次调整固定：下面两个槽的主挂件两部分直接落入槽中即可。

(5) 对于挂接石板无法调节的个别板面可采取予装—检查—调整—挂接—检查—取下石板—第二次调整—挂接—检查的流程，进行二次挂接安装，也可采用实样装配法，利用工艺板进行调整的施工方法。

(6) 检查相邻石板的各项数据、平整度、对缝间隙、平行度、高差等符合要求。

2. 注胶的质量控制

(1) 挂件的锚固：为固定挂件，在35mm厚石板上用开槽机开出7～8mm宽圆弧槽，深度要大于挂钩深，如开槽位不准，固定挂件时会形成崩裂、断口。用低硅油耐候胶将挂件一侧柔性固定，以解决不锈钢与石材线膨胀系数差异，消除应力，在锚固时，切勿硬性接触。

(2) 胶缝的宽度：考虑地震及风荷载作用产生变形及温度应力变化，为了给板材之间预留足够的胶缝来消除变位，胶缝宽选用8mm。

(3) 注胶时应注意影响质量的四个不利因素：多孔性、粉尘性、石材的不均匀性和污染性。

(四) 石材幕墙安装的整体检查

(1) 整幅石材幕墙的垂直度、平整度是否符合设计和有关规范的要求，饰面石板的外观是否存在缺棱、掉角、坑窝等现象出现，如对外观影响较大的应进行更换。

(2) 认真检查每一件石板是否有裂纹存在，如发现裂纹粗大有可能危及结构安全的必须马上进行更换，彻底消除质量安全隐患。

(3) 石板的花纹是否能基本调和，色泽是否基本相同，光泽度是否低于75光泽单位等。

三、结语

上海为宝自创建以来，一直秉着“服务与质量的统一”原则，在石材行业中承接了很多重点工程项目。这次的世博工程采用了国家优质石材，运用石材的耐久性、稳定性及装饰性等性能，将石头的特性融入到建筑当中，以充分体现世博的人与自然、社会的和谐统一；“城市，让生活更美好”，石材行业将点亮城市的一片天。

论上海世博会主题馆铝板安装及叠水水池石材铺设施工技术

朱国琴
（上海健尔斯装饰工程有限公司）

摘　要：作为全球最高级别的展览会，世博会是各国全方位展示本国社会、经济、文化成就和发展前景的最好机会。世博会体现的不仅是经济、社会的综合实力，更是一种文化理念和文明的传播。2010年上海世博会作为中外文化的一次大交融，它不仅让人们大开眼界，还能促成人们精神层面的提升。一个个代表现代建筑装饰水平的上海世博建筑装饰工程，不仅在国内成为标志性的经典工程，也对我国建筑装饰施工企业走出国门具有重要意义，同时必将产生深远影响。上海世博各个场馆的建筑装饰工程新技术、新工艺、新材料、新设备及先进的节能减排技术等高科技成果是人类现代文明的缩影，学习、总结和推广这些成果迫在眉睫。

关键词：上海世博会主题馆，质量，铝板平整度，叠水石材干挂

中国2010年上海世博会主题馆作为国家市重点工程，作为世博园中一轴四馆永久性保留建筑之一，世博会主题馆在世博会期间将承担演绎展示主题的重任，其重要性不言而喻。作为整个主题馆场馆中的室内外装饰，西展厅铝板幕墙及下沉式广场叠水池干挂石材是整个世博会主题馆装饰的重要分项工程之一，也是其整个装饰的亮点。主题馆西展厅建筑面约2.5万m^2，净高14～21m，南北跨180m，东西跨126m，为矩形超大跨度无柱空间，其双向大跨度张弦桁架结构创亚洲之最，超大空间可以放进4架大型客机，即使是一个 标准足球场放进去也绰绰有余，其无柱空间非常有雄姿。

该铝板墙面不仅仅作为展厅的墙面装饰，同时还是展厅空调送回风系统的回风腔，铝板与结构墙间保持一定间距，内设空调送风管至铝板面送风口，整个铝板墙面与结构墙合围成密闭空间，通过下部的回风口形成回风腔，形成气流组织，所以板块间的拼缝密闭不透气，这是至关重要的一个功能。保证铝板的美观性和使用功能，有以下几个要素：骨架的垂直度、铝板本身刚度、铝板的安装工艺、满足使用功能。

此次铝板采用的是2.5mm厚氟碳纯铝板，其板块尺寸也已根据开料的最大板材加工，达到宽度1.8m，这样既节省主材损耗，整体大面积的板块也同样给人大气的感觉。当然大板块的铝板面对其铝板强度及平整度的要求是非常苛刻的，在与厂商沟通后，要求铝板背面安装40×30×3mm不锈钢U型槽加强筋，间距控制在300mm左右，加强筋宽度控制在40～50mm，从而使铝板能够做到在较大的单块尺寸内保持足够的刚度和平整性的要求。铝板在外界正压力的情况下，铝板不会凹陷不会鼓出，这样就避免了铝板因空调回风及活动荷载及静荷载振动发出声音。

控制上述质量的关键点，贯穿于整个加工安装的施工全过程，首先钢结构龙骨基层制作的垂直度、平整度、必须控制。龙骨的水平竖向间距，误差控制在5mm以内。在180m长度及

20m 高度两侧，设置四处固定的观测点，在施工过程中，时时观察，随时纠正，特别是钢龙骨安装时的电焊变形控制，采用间断与流水焊接相结合最大限度地减少焊接变形量，保证钢龙骨基层质量，为下步板面安装创造好的条件。

根据设计要求，板与板之间采用拼紧处理，俗称“干缝”。而常规的铝板安装，都是铝板侧面折边处设连接角码，然后在正面方向打入自攻螺钉将角码与L型钢龙骨连接固定(如图1)。

这种安装方式，板面的垂直度和平整度在安装时调节余地小，如果钢龙骨基层平整度误差大，将直接引起板面的翘曲平整，而且板与板之间必须有10mm宽的拼缝，须填注硅胶以遮盖正面的自攻螺钉，无法到达设计要求。通过对安装方式的深化设计研究，并经过多次试验，自创采用“内悬挂扣件紧箍”的安装方式。由于铝板与结构墙间形成空腔，有一空的操作空间，所以采用这种安装方式，铝板的安装固定调节均在板面内侧进行，达到了板缝密拼紧缝的要求，其安装方式如图2、图3所示。

安装扣件采用U型角码与钢龙骨焊接，U型角码侧板设置腰子型钻孔导入，螺杆形成前后调节，螺杆导入U型角码后通过两侧螺母与U型角码紧箍固定，螺杆中间两螺母则可调节固定铝板的左右横向尺寸的微调。在铝板的侧面折边处设L型缺口挂钩，挂钩的纵向长度在安装时可以对铝板的上下纵向尺寸进行微调(图4)。

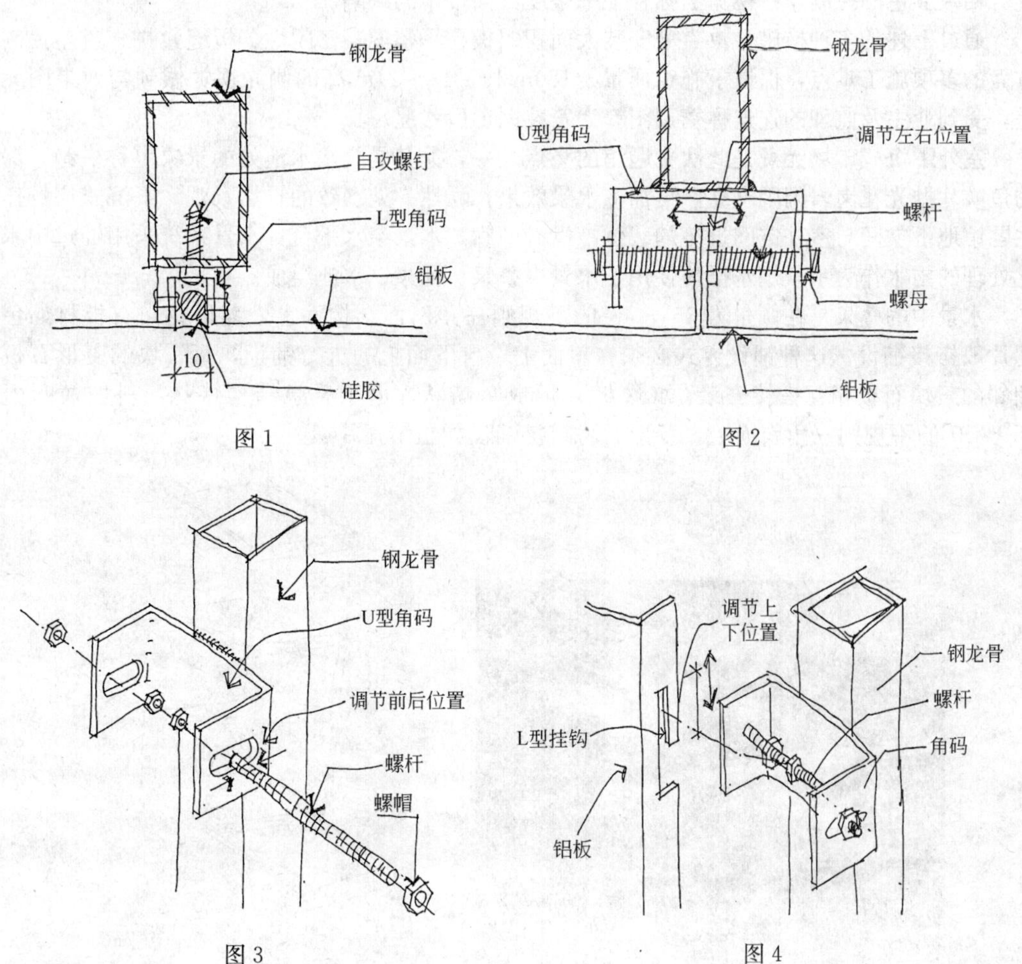

图1

图2

图3

图4

通过多个环节的节点考虑，在安装时可以在六个方向：上下、前后、左右多向调节，能够最大限度地控制板面的平整度。在安装时操作面在板面内侧进行。长 1.8m 宽 1m 的大板必须有 6 个工人同时安装，4 人必须在板内侧，上下左右四个方向进行挂扣紧固，2 人在板外侧调节，配合控制板面。6 人必须协调多个角度，才能准确快速地安装铝板，一段墙面安装完毕后，通过固定观测点观测再次进行板面微调。采用这种安装方式充分利用了现场情况，达到了设计要求，做到“由内控外”。根据设计要求，板块间拼缝必须密闭不透风，安装时拼缝中央设超薄透明胶片，外打透明密封硅胶，保证密不透风的要求。

由于该铝板墙面作为空调系统的回风腔，受到负压风的作用，故铝板必须达到一定的刚度，以抵抗空调的负压风而不至变形，形成板面的不平整。采用在铝板内侧加设 U 型铝条作为加固肋筋，加固肋筋与板面长度方向垂直，长度与宽度相同，间距控制在 400～500mm 左右。加固肋筋与铝板间进行焊接固定，以增加强度。实际施工中，采用这种加固方式，也很好的满足了在施工上的要求。

根据设计要求，铝板的颜色初定为银灰色，与设计方多次沟通，并经过多次试验，最终选择了闪银色作为主色调。因为都知道，装饰工程最怕侧向光照。但是闪银色漆面可以对直射光源和间接光源在板面形成反射，这样能够在视觉上弥补非常细微的凹凸感，尤其是侧向光。通过对铝板颜色的控制，在视觉上弥补了平整度方面带来的缺陷。

通过上述的多种措施，攻克了安装大面积铝板在平整度、密闭性、板缝紧拼、色差控制等方面的多项施工难点，保证了施工质量。180m 长，14～21m 高的侧光视觉做到与效果图无误差，受到业主及监理的连连称赞。图 5 为安装完工后状况。

室外下沉式广场无疑是此次主题馆的亮点之一，尤其是叠水水池处的景象堪称一绝，深色的鱼鳞片抛光花岗岩闪闪发亮，再加上水景效果，屹然一处别致的自然景观。下沉式广场作为主题馆地下空间与室外空间过渡的载体，没有回廊，水景亲水平台，水景系统采用经过中水净化处理的雨水作为水景用水循环使用。水景以叠泉、涌泉、水池组成。

水景中的叠泉是在倾角为 35°～40°的不规则三角斜面结构面上，菱形花岗石板材如鱼鳞瓦片般搭接铺设。这种铺设方式必须在斜面上，自下而上的进行铺设，每一块的菱形石板与相邻的三块石板相互搭接安装（如图 6），形成鱼鳞状。由于叠泉结构特殊，斜坡横断面呈 35°～50°的不规则三角斜面上，菱形石材搭接铺设如鱼鳞瓦片般。

图 5

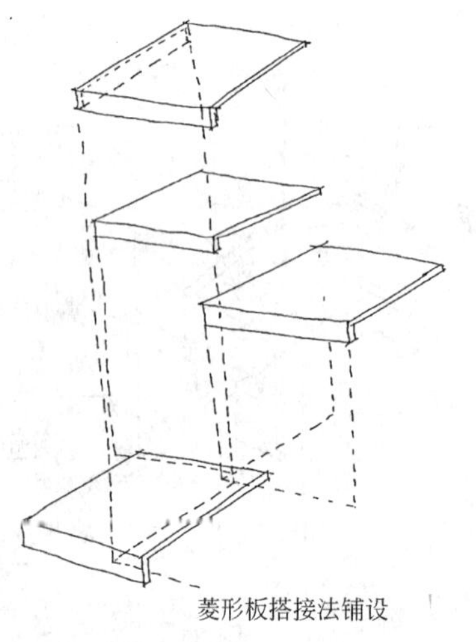

图 6

在施工喷水池时，有四个困难：

1. 因为是斜面，工作面如何处理及脚手架该如何搭设？

由于斜面的长度达到12～14m，总长约100m，一般人在没有采取任何措施的情况下，根本连站立的角落都没有。故传统的钢管脚手架无法搭设施工，此次施工的难度不可预知，甚至施工安全隐患尤其让人胆战心惊，如不考虑周全，后果将不堪想象。如果使用传统的钢管脚手架搭设，则必须在斜面上设置多个垂直立杆，并固定于斜面上，这样才能保证脚手架搭设的稳固(如图7)。但是由于石材采用搭接法进行铺设，而固定于斜面上的垂直立杆又会阻碍立杆所在部位石材的铺设，进而影响到后续石材板块无法铺设。因此传统的钢管脚手架搭设方式在此并不适用。经过项目施工技术人员的研究论证，通过几种方案的对比，脚手架方案最终决定采用大跨度钢梁架设于斜向施工面之上，钢梁间固定木板形成施工站立操作面，解决了施工脚手架搭设的这一难点。具体是钢梁架设于斜向施工面之上，钢梁上焊接钢支架，通过在钢梁的支架上固定木挑板，从而形成施工站立操作面以及供材料临时堆放。这样比较好的解决了工作面问题。

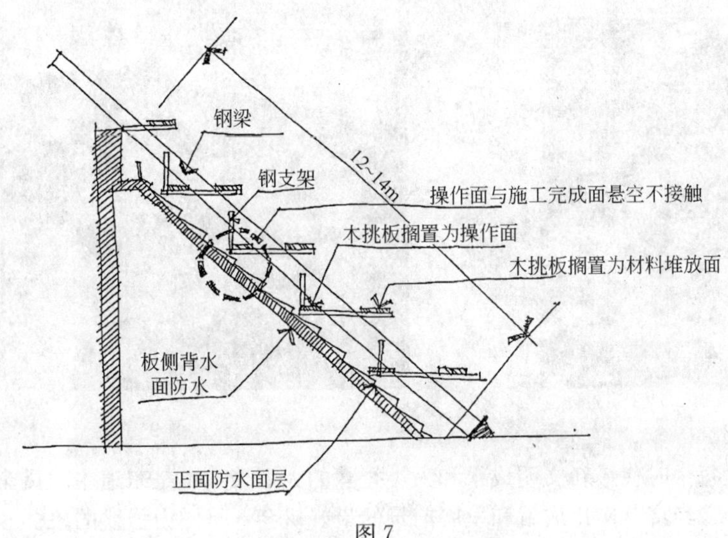

图7

2. 如鱼鳞瓦片的石材搭接铺设法如何有效开展？

然而解决了脚手架的事宜，对于菱形石材施工时所面临的问题又紧接着出现了，由于是鳞片式石材，一块鱼鳞石材长约2m，宽为1m，想象一下那么大一块板材，在特殊脚手板上施工，一个脚手板上最多站立2～3人的情况下，光把石材抬到施工处已是非常困难了，且存在的安全隐患让人实在担心，再说那么大一块板材，施工时很容易造成平整度达不到要求，另外石材本身的强度也让人担心，面对这一系列的问题，最后采用把鳞片石材切割一半成平行四边形，两块拼成一片，这样体积、重量都小了，施工人员搬运石材时方便了许多，施工时也能较好的解决板块太大造成的平整度及石材强度的问题，而且还有一个很好的优点是石材的损耗率比原先的损耗减少5%，施工也因此方便了很多，少走了很多歪路。菱形花岗石板材原设计要求采用粘贴法。传统的粘贴灌浆法易造成空鼓返浆，使粘结力下降。由于是菱形搭接法铺设，钢丝绑扎无法操作，且斜面内灌浆无法密实，形成质量隐患。通过多方研究论证，最终确定使用干挂法进行施工作业。不锈钢扣件与斜向结构面采用膨胀螺栓固定。但是膨胀螺栓在安装板材时又破坏了结构防水层，这是施工技术处理上的关键点。于是采用膨胀螺栓固定处外设油性无纺布防水层包裹，将渗漏的点控制在最小范围内。同时在斜向结构面内侧做背水面防水处理，充分杜绝了渗水点的产生。为保证平整度，在石材背后增加 30mm 厚加强筋，然后用可调节不锈钢连接件固定于加强筋，这样板材的平整度得到了保证。

3. 叠泉上口的溢水口如何保持平整度

叠泉上口的溢水口必须绝对水平，这样才能使水流达到水流平稳，流速均匀，并在流过叠水面时形成珍珠水溅的景观效果。水池内的涌泉阵，每个喷头处均设置一盏水下灯，根据水流的变换，使灯光也随之变换出多种色彩。水池边的亲水平台采用回收塑料与植物秸秆混合压制成的再生仿生木板铺设，能达到传统防腐木的效果。

4. 如何符合国家倡导的低碳要求

为了更好地体现环保理念，仿生木板的架设龙骨全部采用钢制龙骨，减少木材的使用量。同时这一材料又是可降解的材料，既环保又美观。

图 8 为安装叠水石材时的照片。

图 9 为下沉式广场安装铺设完毕后的现场。

图 8

图 9

世博会既是每个时代最新文明成果和人类智慧的大汇聚，也是东道主动员全员力量，全方位展示本国社会、经济、文化成就和发展前景的最好机会，是国力强盛的象征和国际地位提升的重要标志，历届的世博会也都是科技创新、技术进步的重要载体，这也是在各个国家都受到广泛重视的原因之一。中国也不例外，希望这次中国 2010 年上海世博会能成为其历史上最成功，最难忘，最有技术含量的盛会。

毛面石材翻新润色工艺探讨
——以世博中国馆1楼大厅中国黑火烧面翻新润色工程为例

顾　刚[1]、李　佳[2]

（1. 上海仙客来石材养护中心、2. 上海市建筑装饰工程有限公司）

摘　要：近年来石材表面的毛面处理工艺得到了快速的发展，如火烧面、荔枝面、斧剁面等，大大丰富了石材的表面装饰效果，毛面石材的使用场所也被设计师由传统的室外推广至室内，由此也带来了日常保养的难题。文章概述了毛面石材在室内使用情况下产生的问题，同时借用中国馆室内火烧面地坪的处理阐述了问题的解决方法，新工艺在毛面石材表面的处理是个创举，有效加大了毛面石材的使用范围，处理后毛面石材表面纹理更佳清晰，大大丰富了毛面石材的装饰效果。

关键词：火烧面，研磨刷，润色处理

一、工程背景

近十年，由于中国经济的快速发展，尤其是房地产业的大发展，带动了石材在中国的大量使用，同时为了满足人们日益提高的审美要求，石材表面新的加工工艺也日新月异，单纯的磨光表面已不是惟一的选择，亚光面、毛面、仿古面等表面处理工艺被不断开发、完善，并大量使用于各类建筑中，在石材表面的毛面工艺中，最为典型的处理工艺为火烧面和荔枝面。世博中国馆1楼大厅整体石材采用了中国最具特色的石材：中国黑，表面处理采用火烧处理，与外立面中国红相互呼应，相得益彰，总面积约5000m^2。

当越来越多的毛面石材被用于室内地坪，高低不平的表面效果也带给物业越来越多的保养难题，由于石材晶粒在火烧过程中是不规则自然脱落的，晶粒非光滑的几何形状决定了脱落后石材表面是有锐利角的，高低不平的表面也大大增加了表面积，同时毛面石材表面的亚光效果，使得石材表面容易产生“发白”现象，使得天然石材特有的纹理结构，石材晶粒的不同颜色效果无法充分体现。表面有锐利角、加大的表面积和“发白”现象这三个特点使得毛面石材在日后的使用过程中容易污染、积灰，不易打扫，使得毛面石材用于室内实用性大打折扣，特有的观赏性也荡然无存。

由于毛面石材有上述的问题，同行们原先采用在石材表面采用涂上一层树脂的保养方式，但由于在使用过程中，树脂表面容易划伤，人流量大的场合，局部地区也容易磨损，同时树脂表面修复性又差，使得采用树脂处理的表面在使用很短时间后就会产生起皮、斑斑点点现象，日常保养变得非常困难。同时覆膜型的树脂使得石材的天然质感被破坏。中国馆的中国黑火烧面石材同样出现了上述的情况，在物业接盘中国馆整体试运行前，石材表面始终有一层“雾蒙蒙”的感觉，无法充分体现石材天然的质感，因此必须找到一个有效的方法解决上述的困难。

二、石材概况

中国黑是花岗岩的一种，产在中国太行山区。中国黑密度大，(0.35～0.45kg/m^3)在中国是密度较大的花岗岩，在业内有“石头钢材”的称誉。中国黑火烧板材火烧点均匀，有天然的效果，让人感受大自然风化的力量。石材表面火烧面工艺原先只用于室外广场，取其防滑功能，由于火烧面表面的特有亚光效果，被本次设计师大胆的用于室内地坪的装饰，其质朴高雅的装饰风格发挥得淋漓尽致。

三、方案设计

针对毛面石材在室内日常使用中的困难，我们大胆开发了毛面石材现场研磨润色的新工艺，有效解决了毛面石材用于室内难保养的各个环节，有效加大了毛面石材的使用范围，丰富了毛面石材的装饰效果，研磨后毛面石材表面体现出丝绸般亚光装饰效果，石材纹理更佳清晰。

由于每天参观中国馆的人数为5万人，因此石材的日常保养变得非常困难，常规保洁使用尘推配合牵尘剂保养硬地面的方法就根本无法实施；在未采用新工艺处理前，石材表面也“雾蒙蒙”发白，感觉始终没有清洗干净。

采用新工艺研磨润色处理后，石材表面可以采用常规的尘推保养工艺，石材表面丝绸般的亚光效果充分体现了中国黑石材古朴、高贵、含蓄的装饰风格。

四、新工艺介绍

光面石材研磨成高光泽度的原理是通过磨料由粗到细的逐道磨削，但毛面石材的表面高低不平，必须设计一个研磨工具能够沿着石材高低不平的表面研磨，同样由粗到细，就可以将高低不平的石材表面研磨出一定的光泽度，我们首先观察到普通的尼龙刷在刷洗石材表面时可以再将石材高低不平的石材表面均匀刷到，但普通的尼龙刷不具备研磨功能，由此我们采用了美国杜邦公司生产的加入金刚石颗粒和碳化硅颗粒的低密度尼龙丝制成的专用尼龙刷(图1)，采用此种刷丝制成的刷子，在研磨过程中，研磨刷丝中均匀地散布着具有尖锐切割边缘的金刚石砂粒和碳化硅颗粒，使用过程中刷丝形状无论如何变化，都能保证砂粒边缘紧密的靠在石材凹凸不平的表面上，刷丝会随着石材凹凸表面任意弯曲，使用砂粒尖锐边缘是对石材表面进行全方位磨抛，通过采用不同粗细的金刚石和碳化硅颗粒，使得石材表面慢慢出现光泽，同时石材表面晶粒的锐角均匀的打磨，表面凹凸不平处均变为圆滑，因此石材表面不易积灰，同时日后采用尘推也可以保养。

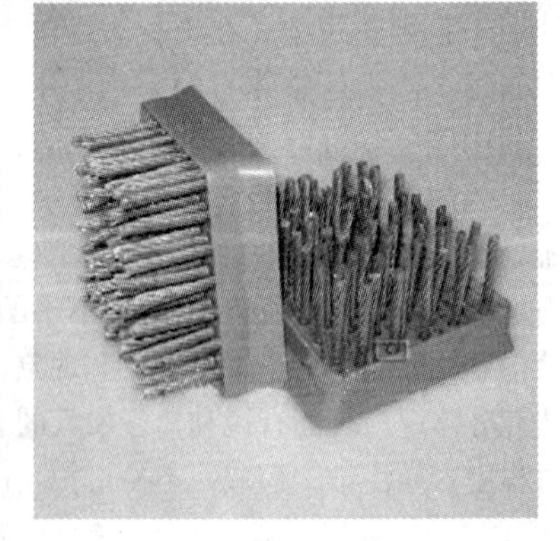

图1 专用尼龙刷

研磨刷丝的问题解决了，由于是新的工艺，没用对应的研磨机器，经与专业的清洁机器厂家讨论，在原有机器的基础上进行改进，研发了适应此工艺的专用设备(图2)。该机器在研磨过程中可自动吸水，大大提高了施工效率。针对毛面石材毛细孔开放的特性，除了研磨过程中封闭一部分毛细孔外，采用特殊的有机硅润色剂，使得石材表面增艳，大大丰富石材的装饰效果，同时又具防水功能，使得日常使用中不易污染。

图3为中国馆施工现场，中国黑毛面石材被润色时效果，对毛面石材表面起到了增艳的效果，有效改善了石材表面“发白”的现象，石材的装饰性也变得更强。

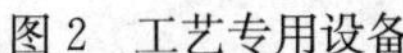

图2　工艺专用设备

图3　中国馆施工后现场

工作小结：

1. 采用特殊的尼龙丝中加金刚石颗粒和碳化硅颗粒的方法，解决了毛面石材表面研磨的难题。

2. 开发了现场研磨的机器，石材采用新研磨刷的施工简便而高效。

3. 采用独特的润色工艺，丰富石材表面效果，又具防水防污效果。新工艺被成功运用于世博中国馆1楼大厅中国黑毛面石材上，使得原先毛面石材运用于室内的难题逐一解决，不仅为世博中最重要的场馆的闪亮登场尽了绵薄之力，同时也为毛面石材类似的工程积累了宝贵的经验。

五、总结

新工艺使得毛面石材的运用范围大大增加，石材表面的装饰效果也被重新定义，但由于时间的紧迫，在机器方面我们只是将先有的机器进行改进，而不是特地为此工艺而定制，如果在机器的转速方面可以再提高就更完美了，这也是有待于今后提高的方面。

同时新工艺的运用也可以进行一定的延伸，比如在室外地坪的清洗上，我们可以不采用由粗到细的研磨方法，而只采用粗的研磨颗粒就可以将地坪清洗干净，而不使用任何化学药剂；在清洗材料的选择上，不仅用于石材表面表现突出，其他诸如小地砖、广场砖，甚至是水泥地坪上也同样表现优异；石材表面润色的工艺可以一定程度上运用于石材的色差处理。

世博会中国馆石阶大踏步铺贴工艺改进

余春冠[2]、陶　冶[1]、代　露[2]、李军委[1]
（1. 金博(上海)建工集团，2. 上海爱迪技术发展有限公司）

摘　要：中国馆大踏步由于工程本身的意义，设计制造标准十分严格。如果铺贴工艺不当，就会导致大踏步出现白华、水斑等病变，破坏其装饰外观，减少使用寿命。本文详细介绍了经过改进后的大踏步铺贴工艺，确保中国馆大踏步铺贴万无一失，不会受到白华、返碱等现象的困扰。

关键词：中国馆，大踏步，铺贴工艺，白华，返碱

一、概述

大踏步是中国建筑中常用的一种形式，各种气势恢弘的古代、近代、现代建筑都采用大踏步作为雄伟建筑风格的体现。因此大踏步也作为从古至今常用的建筑设计风格被载入史册。

古代大踏步多以天然石料经过简单切割打磨后作为建筑原材料进行堆砌，其缺点是石材本身比较粗糙，缺乏细致的审美功能，石材靠堆砌而成，拼缝处缺乏保护，往往是各种杂草、昆虫和微生物的乐园，雨水可以随意进出，给这些生物的生存和繁荣提供了条件，因此这种大台阶的寿命往往不长久，风化及腐蚀现象严重。进入近现代以后，伴随着现代建筑技术及建筑艺术的发展，伴随着机器加工制造业水平的提高，对大踏步石料的加工水平不断提高，大踏步加工制造也越来越精细，拼接工艺越来越先进，大踏步的装饰效果越来越好，美学特征越来越强，大踏步使用寿命也越来越长。意大利米兰歌剧院、美国议会大厦、英国白金汉宫、中国人民大会堂等建筑无不体现了大踏步的恢弘雄伟和气势磅礴。

举世瞩目的2010年世博会在中国上海举办，作为全世界的焦点，东道国中国的国家馆的建设引起了国内外的高度关注。中国国家馆所体现的建筑艺术及运用的建筑科技体现了当今中国建筑科技发展的水平，是一个国家综合国力的体现，是一个国家民族精神的象征。

中国馆主体建筑像一顶王冠，又像一个宝鼎，主题是“东方之冠，鼎盛中华，天下粮仓，富庶百姓”。采用“中国红”作为建筑物主色调，色彩夺目，沉稳大气。而作为中国馆重心与底座的大台阶，更是把中国馆这颗璀璨的明珠托上了中国人民精神意志的神坛。

整个大台阶的施工工艺总共109道，从荒料锯切开始，再到生产加工，再到安装完成，凝聚了建设者艰辛的汗水与完美的智慧，各个工艺巧妙连接，自然天成，共同谱写了中国馆伟大建筑的盛世华章。金博(上海)建工集团作为整个中国馆大台阶的捐赠商、承建商，将濒临失传的传统石材“三斩斧”工艺应用于中国馆大踏步，挽救了民族传统手工业生产技术，发扬了中国传统石匠坚忍不拔的精神气质，并将中国石文化发扬光大。

二、大踏步铺贴工艺存在的常见问题

大踏步的功能是将两个不同高度的部位连接。力学上要求受力合理，结构稳定，强度适

中。功能上要求台阶高度合适，适合行走攀爬，台阶面宽阔，台阶平稳、水平、无松动，无任何安全隐患。台阶面耐候性要强，能够抵御自然界风霜雪雨，能够抵御各种微生物的侵蚀，能够长久存世成为一代建筑物的经典。除此之外，在设计师的眼光里，大踏步还要具备一定的审美功能。即大踏步的外观效果要注重色泽、光度、质感、洁净度等等。用这些因素的集合来传达美的讯息。

然而如果大踏步在铺贴工艺中，人为疏漏了某些环节，就会造成大踏步部分功能的丧失，甚至会危及大踏步的某些建筑性能，对大踏步外观造成严重影响和损害。

在石材大踏步的设计建造中，最常见的问题就是白华等石材病变的产生。这些石材的“癌症”一旦发作，便很难治理，因此在铺贴过程中提前预防就显得尤为重要，在金博(上海)建工集团的施工过程中，正是由于采用了提前预防的措施，引进了新的工艺，才有效彻底的预防了白华等石材病变的发生。

大踏步的常见问题见图1所示。

图1 大踏步若施工工艺不当会产生大量白华

三、产生白华等病变的原因分析

白华由铺贴石材台阶所用的水泥中水溶性盐为主形成，其形成的过程为：

1. 当石材台阶铺贴后，水通过石材之间的接缝及石材内部的缺陷：裂纹、毛细管进入至石材的背面，与铺贴石材的水泥相遇，水将水泥中水溶性的盐溶解，水成为含水溶性盐的饱和溶液，其溶质以 $Ca(OH)_2$ 为主，同时含 Fe、Al 等。

由于大踏步往往砌筑在斜坡状基础上，渗入的水会逐渐由上而下地流出，或通过石材之间的接缝、石材的裂纹、毛细管由内而外地渗出。在渗出的过程中由于温度变化等原因引起水中溶质的饱和度变化，如果溶液变为过饱和溶液时，则发生溶质(盐和碱)的析出。

2. 渗入水泥中的水，变成了溶液，充满石材内部的缺陷：裂纹、毛细管至石材表面。表面溶液中的水向空中蒸发，溶液变化为过饱和溶液，溶质析出；溶液不断向石材内部、表面迁移，水分不断蒸发，溶质不断析出，周而复始，形成白华，其主要成分为 $Ca(OH)_2$、KOH、NaOH 等与空气中 CO_2 反应，生产 $CaCO_3$ 等。白华较多存在于“水”流出的

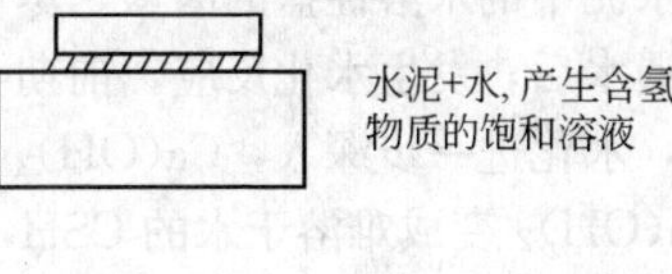

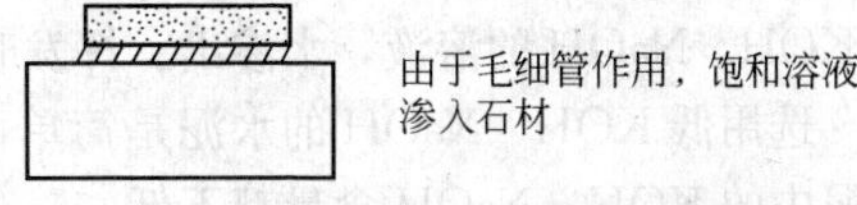

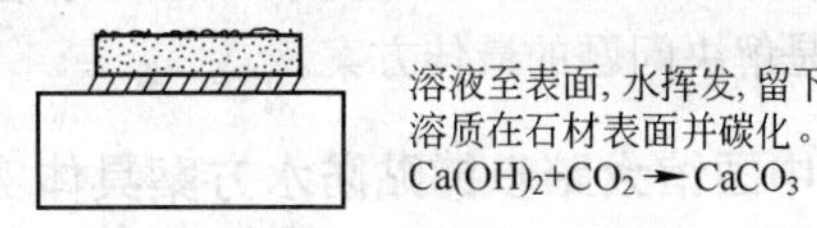

图2 病变形成过程

通道周围和水平位置较低，较长时间保持潮湿的位置。

四、工艺改进方案

从白华的生成过程可见，白华的生成有两个重要因素：

(1) 存在水的通道；

(2) 铺贴石材台阶的水泥中存在水溶性的盐。

两个因素同时存在，必然会产生白华。如果改变两个因素，或至少改变其中的一个因素，即可防止白华的产生。

传统的铺贴工艺，对大踏步的防水采用一般涂刷防护剂即可，非常简单，但对于建筑标准及要求较高的重点工程，传统工艺显然漏洞较多，保险系数及安全指数较低，因此有必要对传统方案进行改进。

改进后的方案如下：百分之百的堵住水的通道，即对整个台阶作防水处理，防水处理分为二个步骤：

第一步骤：

把石材内部的缺陷裂纹、毛细孔封闭，保证石材内部不存在水的通道，不让水从石材内部透过。

采用的方法可有两种：一种是采用石材养护剂涂刷石材表面，使石材表面形成一层具有透气性的憎水层，防止水从石材表面进入；另一种是采用石材防水背胶涂刷石材背面，在石材背面形成一个能与水泥很好相容的防水层，防止水透过石材进入水泥层。

这两种方法的优缺点比较：

前一方法的优点是：操作方便。缺点是：防水效果差，防水寿命短。较适用于较致密、内部缺陷较少的石材。

后一方法的优点是：防水效果好，防水寿命长。缺点是：操作较麻烦。可用于质地不够致密、内部缺陷较多的石材，尤其适合用于厚度较小的石材。

第二步骤：

为将石材台阶的石材之间的接缝做好防水处理，防止水从石材的接缝进入——从石材的接缝进入的水量比从石材内部进入的水量会大得多。其方法为采用防水材料将石材接缝封堵，防水材料应采用弹性或柔性的材料，以适应石材因温度变化而产生变形将防水层破坏。

对于水泥中的水溶性盐的因素，尽可能选用含碱 K＋、Na＋较低的水泥。

水泥遇水后，发生水化反应，前期会生成大量的 $Ca(OH)_2$ 和 $Ca(OH)_2$ 饱和溶液。随着时间的延续，水化进一步深入，$Ca(OH)_2$ 参与反应，生成 CSH，$Ca(OH)_2$ 的含量逐渐降低，水溶性的 $Ca(OH)_2$ 变成难溶于水的 CSH，被水溶解的溶质大大减少，不易发生白华现象；如果水泥中存在较多的 KOH、NaOH，则因 KOH、NaOH 有很好的水溶性，使得进入的水很快成为 KOH、NaOH 的溶液，水渗出、挥发时，留下 KOH、NaOH，生成白华。

选用低 KOH、NaOH 的水泥是简单而有效的方法。但目前水泥生产工艺都是干法工艺，水泥中的 KOH、NaOH 含量都不低。

封闭水的通道，做好防水，选用低碱（KOH、NaOH）的水泥，保证在施工前期不让水进入，是解决问题的最佳方案。

五、中国馆大踏步铺贴防水方案具体实施过程

中国馆大踏步采用的石材为济南青，表面作养护剂处理，厚：120cm，长：1800cm，宽：

430cm，同一台阶之间的接缝(纵向接缝)宽1～2mm，两台阶之间的接缝(横向接缝)为自然缝，宽度1mm左右。铺贴方法为采用商品水泥砂浆，半干法铺平夯实，表层浇水泥浆，在水泥浆上铺贴石材，石材的接缝在铺贴时涂硅胶作防水处理。类似的材料、类似的工艺曾经做过一些项目，也有一些经验教训。

此次中国馆大踏步关系重大，必须保证质量不出问题。根据白华生成的原因分析，为材料和水通道2个因素，其中因水泥和商品砂浆为普通材料，没法控制，把控制点主要集中在防水上，防止水进入水泥砂浆层，或至少在一定时间内防止水进入。

具体的做法为：

(1) 对石材作表面防护处理，使用卡丝通品牌的防护剂对石材六面做防水及底面增加粘结力处理：首先使用花岗石专用防护剂(JBO-001)对大台阶表面及四个侧面进行防水处理；然后用底面专用防护剂(CSD-005)对大台阶底面进行防水处理，养护24h；为增加石材底面与水泥的粘结力，使用卡丝通界面剂(CSJ-001)在大台阶背面均匀涂刷一遍，然后即可安装施工。

(2) 采用硅胶对纵向接缝和横向接缝进行防水处理。如图3所示：

图3 硅胶走线及位置示意图

利用硅胶的弹性和较好的耐久性来保证防水在相当长的时间内不受损坏。

1) 横向防水：

在上下二排台阶石的接口重叠处打硅胶，防止水从台阶面顺上下二排台阶的接口处进入。

硅胶宽度10mm左右，打在下层台阶上，上层台阶铺贴时压在其上，二层台阶之间的自然接缝，由硅胶封住。

2) 纵向防水：

在同层台阶之间的接缝打硅胶进行防水处理，防止水从该缝中进入。硅胶宽度10mm左右，打在台阶石的侧面，两块台阶石铺贴时，控制缝宽使硅胶密封接缝；纵向防水硅胶须与横向防水硅胶在交叉点连在一起，防止纵横向防水硅胶不连，引起水从接口处进入。

施工至今已近一年，中国馆大踏步未见白华等质量问题，说明思路及所采用的方法是简便有效的(图4)。

图4 建成后的中国馆大台阶近景

六、结论

大踏步发生的常见质量问题是产生白华，白华的产生要素是存在水的通道和水泥中存在水溶性盐。防止水进入水泥砂浆层是防止大踏步质量问题的重要方法。按此方法采用卡丝通花岗石专用防护剂(JBO-001)＋底面专用防护剂(CSD-005)＋石材界面剂(CSJ-001)对济南青作防护处理和用硅胶对接缝作防水处理，用于中国馆大踏步的施工，取得了很好的效果。

七、思考与展望

中国馆大踏步台阶采用了比较厚的，较致密的济南青石材，用防护剂＋硅胶的方法较合适；当采用相对不够致密，厚度较薄的石材时，因石材本身的防水性能较差，需在防水上予以加强，并且因石材较薄、较轻，自重压实的效果较小，如有侧面贴石材时，要满足石材的粘结强度，较可靠的方法是在石材的粘结面涂刷 AD2009 石材防水背胶，加强石材的防水耐久性，保证在漫长的使用过程中水不能透过石材进入粘结层，同时采用石材专用粘结剂粘贴石材，保证石材的粘结强度＞1.0MPa.

大踏步是辉煌建筑最有力的建筑学体现，是美和力量的象征。随着建筑技术的进步，随着防护工艺的逐步完善及成熟，大踏步的功能及耐久性会越来越高，将承载若干文化理念的大踏步做成百年建筑永载史册已经不是什么梦想，必将伴随人类文明的发展而步入辉煌。

论世博文化中心装饰装修施工质量控制

刘　玮

（上海新丽装饰工程有限公司）

摘　要： 2009年上海新丽装饰工程有限公司承接了上海世博会最重要的永久性场馆之一——世博文化中心精装饰工程，由于此项工程的设计具有超前的时尚特色及环保理念，他的设计空间和艺术创意、想象空间，都实属国内首创，无与伦比的。对于装饰施工单位不管是管理方针还是技术水平都是一个新的挑战，新的起点。如何控制好工程的质量将是导致工程优劣的直接因素，"百年大计，质量第一"，工程施工项目管理中，要站在企业生存与发展的高度来认识工程质量的重大意义，坚持"以质取胜"的经营战略，科学管理，规范施工，以此推动企业拓宽市场，赢得市场，在装饰装修行业的市场中谋求更大发展。公司贯彻执行的质量管理体系，在现今装饰行业的应用已经比较普及，在质量管理体系的发展中，在施工管理过程中，逐渐产生的一系列更为完善的、系统的管理模式——一体化管理体系。一体化管理是综合了质量管理体系、环境管理体系、职业健康安全管理体系规范而制订的综合管理体系。其中包括了公司的管理方针、管理目标及管理方案，对公司质量、环境和职业健康安全一体化管理体系有系统的描述，是指导公司实施质量、环境、职业健康安全一体化管理的纲领性文件和行动准则。

关键词： 世博文化中心，装饰装修，一体化，管理

1　施工项目质量因素分析

影响施工项目质量的因素主要有五大方面，即指：人（Man）、材料（Material）、机械（Machine）、方法（Method）和环境（Environment）。事前对这五方面的因素严加控制，是保证施工项目质量的关键。

1.1　人的控制

人，是指直接参与施工的组织者、指挥者和操作者。人，作为控制的对象，是要避免产生失误；作为控制的动力，是要充分调动人的积极性，发挥人的主导作用。为此，除了加强政治思想教育、劳动纪律教育、职业道德教育、专业技术培训，健全岗位责任制，改善劳动条件，公平合理地激励劳动热情以外，还需根据工程特点，从确保质量出发，在人的技术水平、人的生理缺陷、人的心理行为、人的错误行为等方面来控制人的使用。如对技术复杂、难度大、精度高的工序或操作，应由技术熟练、经验丰富的工人来完成；对某些要求万无一失的工序和操作，一定要分析人的心理行为，控制人的思想活动，稳定人的情绪；对具有危险源的现场作业，应控制人的错误行为，严禁吸烟、嬉戏、误判断、误动作等。此外，应严格禁止无技术资质的人员上岗操作；对不懂装懂、图省事、碰运气、有意违章的行为，必须及时制止。总之，在使用人的问题上，应从政治素质、思想素质、业务素质和身体素质等方面综合考虑，全面控制。

由于本工程的特殊性，工期紧，任务重，竣工日期是不可延误的，但现场设计方案还在不停的更改中，大部分材料还未确认，在这种艰难、紧张的情况下，公司总室立即组建由设计事务所精选的设计小组，入驻世博文化中心，与华东建筑设计研究有限公司总设计师沟通，根据总设计师的意图，以最快的时间进行深化，交予大师认可，以便设计方案尽早确认。在选材上根据大师意图，公司材料部门，现场施工经理等从各种方向，通过各种途径，选择不同品种、品牌的小样，给大师一个可选择的空间，以便大师能尽快确定材料。施工现场，项目经理召集生产经理及各专业施工员，加班加点对已确认的图纸进行会审，了解图纸内容，以便制定最佳的施工方案，与施工班组进行合理的技术交底。

1.2 材料的控制

材料(包括原材料、成品、半成品、构配件)是工程施工的物质条件，材料质量是工程质量的基础，材料质量不符合要求，工程质量也就不可能符合标准。所以加强材料的质量控制，是提高工程质量的重要保证。影响材料质量的因素主要是材料的成分、物理性能、化学性能等。材料控制的要点有：1)优选采购人员，提高他们的政治素质和质量鉴定水平、挑选那些有一定专业知识、忠于事业的人担任该项工作；2)掌握材料信息，优选供货厂家；3)合理组织材料供应，确保正常施工；4)加强材料的检查验收，严把质量关；5)抓好材料的现场管理，并做好合理使用；6)搞好材料的试验、检验工作。

由于工期紧的缘故，在设计师认可好材料后，项目体立即要联系供货商，拍板加工数量，加工周期，因为材料数量大，供货商备料也要有周期，为了不影响工期，项目经理委派了专门人员，一对一与供货商联系，以确保材料能按时进场。例如大厅墙地面大面积铺贴的大理石，墙顶面木饰面等，为了展现产品最完美的一面，必须尽量将色差降到最低，项目经理派专业人员，定点在生产厂家，这样在生产过程中就开始监督、控制，根据排版图在厂家比对，试拼，感官通过后再将产品运至施工现场，这样就能避免施工现场发生更换、退货现象，大大节约了工期。施工现场，也根据材料类型，使用部位等分类划分材料仓库，整齐堆放，以方便施工班组领料。

1.3 机械控制

机械控制包括施工机械设备、工具等控制。要根据不同工艺特点和技术要求，选用合适的机械设备；正确使用、管理和保养好机械设备。为此要健全“人机固定”制度、“操作证”制度、岗位责任制度、交接班制度、“技术保养”制度、“安全使用”制度、机械设备检查制度等，确保机械设备处于最佳使用状态。

1.4 方法控制

施工过程中的方法包含整个施工周期内所采取的技术方案、工艺流程、组织措施、检测手段、施工组织设计等。施工方案正确与否，直接影响工程质量控制能否顺利实现。往往由于施工方案考虑不周而拖延进度，影响质量，增加投资。为此，制订和审核施工方案时，必须结合工程实际，从技术、管理、工艺、组织、操作、经济等方面进行全面分析、综合考虑，力求方案技术可行、经济合理、工艺先进、措施得力、操作方便，有利于提高质量、加快进度、降低成本。

结合施工图纸与现场实际情况，本工程属特殊工程，施工空间大，部位多，使用材料比较复杂等，在此前并未碰到类似工程，如若大面积整体施工，不敢保证效果是否十分完美。项目经理与设计师沟通，最后确定选择几个分项，如卫生间、VIP接待室、明星更衣室定为首期样板。为了不耽误整体施工日期，样板房几乎是通宵达旦的施工，通过样板的施工过程，把抽象的设计要求和繁复的质量标准、规范、规程等具体化、实物化，使全体施工人员，尤其是操作工人看得见、摸得着，便于对照。大家都对细部节点的控制，材料选择搭配及与其他相关单位配合等，都相当明确，这样，也为日后整体施工能顺利开展，奠定了基础。

1.5 环境控制

影响装饰装修工程质量的环境因素较多，有工程技术环境，如气象、噪声、通风、照明、污染等。工程管理环境，如质量保证体系、质量管理制度等；劳动环境，如劳动组合、作业场所、工作面等都直接影响工程质量。又如前一工序往往就是后一工序的环境，前一分项、分部工程也就是后一分项、分部工程的环境。因此，根据工程特点和具体条件，应对影响质量的环境因素，采取有效的措施严加控制。尤其是施工现场，应建立文明施工和文明生产的环境，保持材料工件堆放有序，道路畅通，工作场所清洁整齐，施工程序井井有条，为确保质量、安全创造良好条件。

由于施工现场空间较大，工期紧，施工班组交叉作业，抢工的现象是不可避免的，为了能使施工班组尽可能处在优良环境中施工，项目部增设专管人员，督促施工班组，在每天收工前做好工完场清工作，自己施工的区域自己负责到底的政策。对于大理石切割工，在其所施工区域内划出一块空间，封闭作为切割场所，这样就避免整个施工现场都是粉尘洋溢的现象了，而且，操作人员洒水清除粉尘的面积，工作强度也大大降低了。对于油漆班组，项目部设立了2个危险源仓库专门储藏，一个是堆放产品仓库的，一个是储藏危险固废物回收之用。安排专人保管，这样就确保了施工现场良好的施工环境，避免了乱堆乱放现象。

2 装饰装修施工管理分析

2.1 体现设计意图

满足设计要求是做好工程的前提。图纸是施工的主要依据，因此，在施工前必须认真阅读，了解设计意图，我们按图施工是建立在学习与会审的基础上，要把学习与会审结合起来。会审不是简单地审查图纸差错，还要考虑是否有利于施工。在某些场合下，虽然设计是符合规范的，但由于施工较困难，为保证施工质量，需对设计进行沟通，进行适当的优化，以保证工程质量符合规范的要求，确保以一个最优质的产品呈献给业主。

2.2 选用合格的材料

合格的建材是施工质量的根本保证，施工过程中选用的材料，不仅要材质合格，而且还要注意规格、色泽及形体完整洁净等要求，尤其是装饰材料。原材料、半成品、成品的质量直接影响工程质量，因而要对它进行监控。不仅要检查进场实物，还要检查质保书，看它的型号、规格、性能等是否符合设计要求，对钢材、水泥、饰面板、防水材料、地毯、软包、墙纸等还要根据规定做复试。对易碎、易潮、易变形、易污染的物品，在运输、堆放、安装过程等环节也要进行监控。

2.3 选择合适的技术工人施工，对工艺的交底及过程监督这是重点工程成败的关键

在一般情况下选用技术水平中上的技术工人操作。工程施工前向操作者进行详细的技术、质量交底，是做好重点工程的重要环节，内容包括在施工程分部分项的名称、部位、使用的材料、技术、质量标准、操作要领等，能使具体操作者做到情况明，要求清。

2.4 组织质量专检人员评定质量等级

分部分项施工完毕后，施工项目部必须及时对质量进行评定。隐蔽工程验收是监控的主要手段，凡属隐蔽项目，必须进行全数监控，如地面找平，防水层、自流平、平顶吊筋、吊顶龙骨、隔墙龙骨、木龙骨、钢架焊接等。隐蔽工程验收应按有关规程进行。抓分部、分项工程按规定规程施工是质量监控的主要环节，分部、分项工程质量是单位工程质量的基础，因而质量

监控工作应把它作为主要环节来抓。在装饰工程中，如大面积水磨石地坪，墙面大面积贴面砖或马赛克，墙面大面积贴墙纸或软包等都可作为关键部位。对新技术、新工艺，因是第一次施工，质量无把握，因此要重点控制，只要方法对头、措施得力，都能起到质量控制的最佳效果。

3 世博文化中心装饰装修新工艺、新技术

3.1 南大厅牡丹背景墙

进入世博文化中心南大厅，展现给大家的是一面七彩牡丹灯光背景墙，牡丹是我国传统名花，富丽堂皇，国色天香，自古就有富贵吉祥、繁荣昌盛的寓意，代表着中华民族泱泱大国之风范。牡丹不仅是中国人民喜爱的花卉，而且深受世界各国人民的珍爱。此项工艺实数国内外仅有的艺术作品，框架为钢结构焊接，封石膏板面层饰面，敷面一层基础为AED电脑数据控制模块，二层基础是根据设计要求、理念而特殊定制的钢板，钢板为特殊磨具雕花镂空成螺纹状半成品，现场对比，测量，感观通过，再行拉伸制作，拉伸工序是体现此工艺的最精髓工序，需不同人制作，使用不同力度，同时也要不能破坏钢板的自身柔韧度，制作出最自然、最和谐的牡丹花状态，牡丹花底板制作完毕，要与基层板牢固连接，外罩玉沙玻璃饰面，与底板电脑速控七彩灯光搭配，让人犹如置身于忘我的花海中。

3.2 西大厅山水背景墙

纵身踏入文化中心的西大厅，映入眼帘的是一面山水灯光背景墙，中国山水画是中国人情思绪中最为厚重的沉淀。以山为德、水为性的内在修养意德，咫尺天涯的视觉意识，一直成为山水画演绎的中轴主线。从山水画中，可以集中体味到的意境、格调、气韵和色调。再没有哪一个能像山水画那样给国人及全世界人民以更多的情感。若说与他人谈经辩道，山水画便是民族的底蕴、古典的底气、人的性情。渲染出难言的雄伟山势。

此项工艺完全体现了本届世博会的节能环保，低碳经济的理念，基层为钢架、轻刚龙骨，底板敷特制有机玻璃饰面，根据设计图纸，定位，制作样板，反复对比，感观通过，确定方案，在有机玻璃板上固定山水画的骨架，黑色、白色，外罩玉沙玻璃饰面，与底板电脑速控七彩灯光搭配，让人立刻萌发中国气壮山河之气势，遐想中国山水之灵气，此作品真正体现了中国地大物博，山河壮丽之巨作。

结束语

施工项目质量控制是一个从工序质量到分项工程质量、分部工程质量、单位工程质量的系统控制过程，也是一个由对投入原材料的质量控制开始，直到完成工程质量检验为止的全过程的系统工程。坚持质量第一、预防为主，加强质量控制，提高工程质量，就必须抓好各生产要素，抓好施工项目全过程的质量控制。由于本工程的特殊性，重要性，公司核心领导，总经理陈丽女士对本工程高度重视，经总室讨论决定组建了精兵强将成立世博文化中心项目部。并委派国家一级建造师顾贵生同志担任世博文化中心装饰装修的项目经理，通过共同的努力，每人都奉献自己的一份力量，尽显自己的一份责任！将文化中心打造成引领上海文化发展，作为未来上海文化娱乐的时尚地标和城市文化的示范区，展示和演绎“城市，让生活更美好”的世博主题。

浅谈现代装饰中多媒体应用
——世博会博物馆多媒体工程

黄敏杰
（上海新丽装饰工程有限公司）

现代装饰设计和工程技术的发展日新月异，不断有新兴的设计理念及工程技术进入我们的生活，悄然的改变我们的生活方式，改善我们的生活品质。时下，人们生活中十分“流行”的一个词语“上海世博会”正是现代装饰设计和工程技术发展的最好展现。

上海世博会开幕以来，令人眼花缭乱的多媒体技术，成为园中最大的看点之一，也是世博会上最常见、最具亲和力的展示手段之一。并且在“世博效应”的影响下，“多媒体热”已经成为一个新兴的话题，引发出各种讨论和思考。

那么多媒体的运用在现代装饰中到底有何新颖与独特之处呢？首先先了解一下所谓多媒体吧。多媒体的英文单词是 Multimedia，它由 media 和 multi 两部分组成。一般理解为多种媒体的综合。多媒体是计算机和视频技术的结合，实际上它是两个媒体；声音和图像。多媒体技术把电视式的视听信息传播能力与计算机交互控制功能结合起来，创造出集文、图、声、像于一体的新型信息处理模型，使计算机具有数字化全动态、全视频的播放、编辑和创作多媒体信息功能。多媒体技术有两个显著特点：首先是它的综合性，它将计算机、声像、通信技术合为一体，是计算机、电视机、录像机、录音机、音响、游戏机、传真机的性能大综合；其次是充分的互动性，它可以形成人与机器、人与人及机器间的互动，互相交流的操作环境及身临其境的场景，人们根据需要进行控制。人机相互交流是多媒体最大的特点。

每一届世博会都是建筑的“群英会”，此次在上海世博会各展馆内部，多媒体技术的运用更是无处不在，依靠声、光、电的多媒体方式来演绎和展示文化特色和城市生活新理念，通过一系列的技术创新和技术集成，呈现精彩纷呈、形式各异的“美好城市生活”。下面通过对“世博会博物馆多媒体工程”的介绍，浅谈现代装饰中多媒体的应用。

世博会博物馆工程总共有五个展厅，共计 13 个展项，其中每个展项都涉及多媒体工程。

一、前厅

展项名称：智库

展示形式：后现代主义的装饰风格、现代高科技互动查询、检索装置展现现代图书馆格调的休闲检索研究中心。典雅空间、时尚乐章。

观众体验：整个智库厅主要以现代互动媒体的检索查阅方式与传统的图书阅览形式相结合。其中现代互动媒体的检索查阅方式主要分为三种：

1. 书架互动：静态风格与整个智库装饰风格形成统一，呈现后现代主义的书柜陈列，当人靠近时，在成人视平线内的这层书架的书籍当人点击选中时，屏幕网页打开，让游客进行整个世博博物馆的索引检索。儿童视平线内书架的书籍当被选时，屏幕网页打开，出现世博智力问答竞猜让孩子在互动游戏的过程中接受世博知识。

2. 吧台互动：智库靠窗处设计一圈吧台，吧台上摆放着多台 APPLE 电脑，人们坐在吧台上上网检索历届世博会的相关资料。

3. 桌面互动：智库中心区域设计几张后现代主义风格的书桌，当人坐下时，各个桌面的屏幕上显示世博会上的重要展品与事件图片，人们可以点击这些图片，查询相关资料。

采用多媒体技术：多点触摸检索，利用投影机或显示屏进行多方位立体式的检索互动。

二、序厅

展项名称：吉祥世博城

展示形式：1. 宝石城缩微世博会历史为首次。该展项利用具有中国特色的寿山石对历届世博会的标志性建筑进行重构，用寿山石中的田黄仔料构建穹顶，搭建一座由宝石构成的城市。

2. 综合利用大量高清影院投影机来构建超高清视频显示系统，通过在 720°的飘幕、环幕和穹幕三块巨型异型屏幕上投射超高清视频的交叉画面来演绎世博会的发展历程、城市发展史和人类文明史。

3. 多媒体营造欢乐氛围，该展项综合利用声光电技术来刻画宝石城之美，营造弥漫氛围，实现人在史中游。

观众体验：1. 宝石城内建筑在灯光的烘托下，呈现出华丽耀眼、缤纷绚烂的奇景。通过宝石之美来启迪人们感受城市与自然的关系，启示自然生态应融入城市发展理念。

2. 三块异型屏幕构成目前最复杂的大型异型屏幕显示系统，创新的多级集群式投影拼接系统，支持分辨率 15K 以上的超高清视频播放，达到了 720°的视觉影像盛宴。

3. 通过多媒体综合利用花车、玩具和机器人等多种媒介，通过多级总控技术实现所有媒介的同步演绎来营造欢乐的世博盛会气氛。

采用多媒体技术：最复杂的超高清投影拼接显示系统。

三、历程厅

(一) 展项名称：创意之光

展示形式：观众穿过水晶宫门楣，首先映入眼帘的就是一副描绘了首届伦敦世博会开幕式现场的油画，油画被包裹在水晶画柜里。油画和雕像的背后是一块水平放置于地面的水晶里程碑，碑上用金色的金属字依次镶嵌了历届世博会举办时间和地点，一块水晶投影幕悬挂于里程碑上方，届时作影像的投放之用。水晶里程碑的尾部，与油画相呼应的是一对维多利亚女王与阿尔伯特亲王瓷塑胸像，分别放置于水晶立柜之中。

观众体验：“世博历程多点交互平台”为一个长度为 4m 左右的按钮多媒体交互平台系统，游客可以站在“世博历程多点交互平台”的两边，利用手指的触动按钮，实现多媒体内容的播放。

采用多媒体技术：多重触控技术的大型互动平台硬件系统与多媒体演示软件系统

(二) 展项名称：格尔尼卡

展示形式：展项标志建筑与和平启迪位于展区的转角处，整个展区错落有致地排列了八根晶莹剔透的水晶柱，将世博会历史上诉求和平的标志建筑的微缩模型放置于水晶柱内，模型上方幻影成像系统演绎该建筑的诞生过程与和平主题的诠释。

观众体验：观众走进展区，首先看到的是八根通透的水晶柱。观众走到某一根水晶柱前面，透过水晶玻璃看到的是紫铜的建筑模型，在建筑模型的上方是该建筑模型的幻影，影像的内容演绎了该建筑的诞生过程与和平主题的诠释。

采用多媒体技术：全息成像。

(三) 展项名称：蓝绿童谣

展示形式：展项天蓝地绿的强烈视觉震撼力把核心展示主题表达得淋漓尽致。展厅四周是异型展墙结合多重幻影幕，虚实结合，共同演绎世博和谐共存的理念。展厅中央吊顶处悬挂球形投影幕，用以表现地球环境的演变。

观众体验：玻璃材质的异型墙面，水帘效果，通过人挥手的互动拨开水帘，看到背后实际的建筑模型，玻璃墙面上同时浮现建筑的介绍，让游客有身临其境的感觉。

采用多媒体技术：全息互动投影及与环境联动的多媒体展示技术、摄像智能识别视频联动技术、智能灯控互动技术、短焦投影技术、透明全息投影技术、异形投影变形校正技术。

四、发现厅

(一) 展项名称：超越极限

展示形式：曲面墙面投影演绎科技对人类的影响。

观众体验：异型曲面墙面多点拼接投影，多台投影机同时工作，投射美轮美奂的情景动画。

采用多媒体技术：异形投影变形校正技术。

(二) 展项名称：镜中魅影

展示形式：设计重点展项演绎装饰主义运动与1925年世博会的故事，并由这届世博会得以推广装饰主义运动以及装饰主义由家具设计影响室内装饰到建筑设计及空间设计的故事。

观众体验：将故事影像通过透明全息投影技术与短焦投影技术投射在玻璃上，与放置在玻璃前方的实物虚实结合，感觉到物在镜中产生魅影的效果。

采用多媒体技术：透明全息投影技术、短焦投影技术

(三) 展项名称：我家就是世博会

展示形式：展示世博会对现代生活方式的改变。在展厅墙面构建不同生活空间形式(诸如公共空间、起居空间等)，通过一系列由世博会而来的改变人们日常生活方式的新观念及新模式之间的视频动态转变，演绎世博与生活之间的故事。

观众体验：在展区墙面构建的不同空间中(公共空间、卧室、客厅、书房等)虚拟演绎一系列由世博会而来的新事物，诸如通过艺术变形由霓虹灯转变为摩天轮等等，荒诞的情节、轻松直白的视觉演绎阐述一系列现今日常生活中的事物的诞生过程，感悟从拥有到失去的过程，体会是什么令今天的生活如此不同。

采用多媒体技术：异形投影变形校正技术、短焦投影技术

五、主题厅

(一) 展项名称：BIE之树

展示形式：互动装置BIEZ“BIE之树”由“视频投影书籍”、“视屏投影大树”、BIE公约原版书籍展示柜和互动感应台四个部分构成本展区互动演绎的主体。以象征的形式表现国际展览局(BIE)对于世博会事业发展作出的伟大贡献。

BIE之树的展示内容通过两种展示形式表现：

(1) 互动投影装置展示出流动的文字，以象征的语言表现国际展览局(BIE)与世博事业发

展的关联。

(2) 复合式展示版面，以视频、图片、图表、文字等形式，确切表达有关国际展览局的组织、机构、职能及其贡献的知识和内容。

观众体验：展示采用视频投影的展示形式。观众步入展区首先看到的是作为文物展出的原版“国际展览公约”。以物为证，展现历史。在“国际展览公约”后面是视频互动装置“BIE之树”。由卧放的“视频书籍”、立放的“视屏投影之树”和互动感应台构成本展区互动演绎的主体。背景墙是反映世博会发展历史的大型投影壁画。情景交融，视听合一，让观众充分感受“国际展览公约”与世博会发展的内在关联。

采用多媒体技术：展示采用视频播放和大型场景投影画相结合的展示形式。在“国际展览公约”后面是视频互动装置“BIE之树”。由卧放的“视频书籍”、立放的“视屏投影之树”和互动感应台构成本展区互动演绎的主体。

(二) 展项名称：主题长廊

展示形式：互动设计的人机界面结合多点触摸的高科技技术将原本繁复，图文视屏等多样的资料进行规整和设计，将世博会主题相关的历史资料尽其完整的呈现出来，同时展示的知识中包含更多的人文和精彩的资料收集。

观众体验：“世博主题演绎互动墙”，主要由一个10m长、1.5m高的互动投影玻璃幕墙呈现，观众只需用手指轻轻点击交互中界面的图片或文字，即可轻松交互。在10m长的交互区域内，可容纳多人进行精确交互，有效的利用了现有场地空间，使原本简单的展墙变成一面极具科技感与动感的多媒体互动墙。

采用多媒体技术：超短距投影、大屏幕拼接融合、红外背投识别交互、多人同步精确互动、数据传输。

(三) 展项名称：盛会掠影

展示形式：利用展区两侧墙角以半景画的手法截选历史上重大世博会的开闭幕式盛会场景再创作成整幅长卷，营造空间的纵深感，借景的方式在小景中做大景，使观者仿佛人在景中走，人在史中游。

观众体验：投影在玻璃上的动态影像映照在大型喷绘背景墙上，使人产生行走在真实场景中的美妙感觉，配合音效，切身体验世博会开闭幕式的宏大场景。

采用多媒体技术：全息互动投影及与环境联动的多媒体展示技术、智能灯控互动技术、短焦投影技术、透明全息投影技术。

(四) 展项名称：世博八音盒

展示形式：利用空气悬浮技术制造的音乐喷泉，利用玻璃管，阵列小球与灯光创造出丰富多彩的音乐喷泉。音乐喷泉采用“空气悬浮装置”系统，以直径为13cm的有机玻璃管排成的阵列，内置感应小球，悬浮的小球与灯光配合，生成此起彼伏的波浪形形状，犹如音乐喷泉一般的展示效果。

观众体验：美妙的音乐喷泉，灯光与此起彼伏的光球，优雅的蓝色多瑙河，构造出一幅梦幻般的画面。

采用多媒体技术：空气悬浮技术、智能音控互动技术

(五) 展项名称：世博余韵

展示形式：展区中央的椭圆形水池承载了世博会诸如场馆、建筑、设施等后期利用的基本内容。

观众体验：顶部由“空间投影”技术——通过控制正投影像的形式在垂直的全息透明幕布

上成像，呈现出虚拟的水流以及世博场馆、建筑的投影影像，讲述每一届世博会相关主题、开展时间(年份)、场馆落成以及展览盛况。当影像“落入”水池之后，通过多媒体影像技术进一步在水池表面投射出世博场馆后续利用的故事，其表现形式是在水池中随着水波荡漾呈现出一系列新的场馆与设施，慢慢配合辅助性文字的补充与说明，演绎该场馆如何加以后续利用。同时体现历届世博会对所在地区文化、经济的综合效益以及对所在地区有关环境设施的影响与改善，令观众对世博的发展与未来充满无限期盼与憧憬。展示立面则作为对“世博滴水潭”展项的补充，以液晶影像作为铺叙，通过虚拟遥感技术，结合正投影像，令观众穿越时空，走进由世博场馆改建的文化设施，同时还能领略收藏世博珍贵文物的博物馆。墙面表现形式是利用线框白描的形式在展区墙面构建世博典型建筑物的部分外立面结构，在平面墙上营造空间纵深感，设计遥感装置，让观众走进感觉走入这些世博会后续场馆内。

采用多媒体技术：全息互动投影及与环境联动的多媒体展示技术、短焦投影技术、透明全息投影技术、3 维建模结合 VR 虚拟浏览技术。

由以上的分析比较可以看出，多媒体的应用正多角度、多渠道、多层面地“嵌入”现代装饰中，相信通过一系列的技术创新和技术集成，将会使我们的生活更加精彩纷呈，创造出“美好城市生活”。

关于世博村VIP生活楼(世博洲际酒店)精装修工程施工质量管控的探索

罗帜敏
(上海市建筑装饰工程有限公司)

摘　要：施工质量管理控制是工程施工管理的重要课题，而且随着科技的发展、新材料、新工艺不断出现，施工质量的管控也需要不断研究和探索。世博村VIP生活楼洲际酒店装饰工程是世博村惟一的五星级酒店，是接待国外部长级贵宾下榻的酒店，项目部施工范围为6～14层(三标段)，在本工程的实施过程中，深刻体会到室内装饰工程施工质量管控的重要性，并对如何搞好本工程的施工质量管控进行了一些肤浅的研究和探索。

关键词：前期策划，质量样板，结构盛水，挑大板，排小板，后道工序弥补上道工序

一、质量管控的前期策划与质量目标的确定

上海建工装饰公司对项目的前期策划非常重视，项目进场后的第一件事就是前期策划，也就是根据施工图纸、现场情况、工程特点和难点等策划工程施工管理的总体思路和布局，对施工部署，工程质量、工期、安全文明施工管控进行深入思考，对各个方面的有利和不利因素，分析汇总，拿出对策。质量管控的前期策划是其重要内容之一，通过这项策划，确定质量目标，编制质量计划，分析质量难点，明确质量控制关键环节。质量目标的确定非常重要，不同项目的质量要求是不一样的，因为不同工程有不同的功能定位和质量标准，施工过程中必须采取不同的质量应对措施。

通过前期策划，明确了上海世博村VIP生活楼洲际酒店是上海白玉兰奖和中国鲁班奖的质量标准，所有的质量计划、管理人员配置、施工班组组织、施工接口节点深化、材料品牌档次选择，加工件加工精细程度，施工工艺流程繁简、过程监控力度强弱等方面都有意识的围绕这个目标进行。

同时，也明确了本项目质量控制的三个重点：卫生间防水，卫生间和电梯厅石材，木饰面和家具。

二、卫生间防水质量的控制，主要从施工工艺上解决

上海世博村VIP生活楼洲际酒店卫生间与客房走道地面没有高低差，淋浴房与卫生间干区也没有高低差，只有淋浴房门槛高出地面15mm；卫生间与客房用钢架挂钢丝网粉刷来分隔，卫生间地面石材为干铺法施工。卫生间防水防潮项目部编制了详细的专项施工方案，主要采取如下流程：

(1) 结构盛水试验。挑选两层卫生间结构地面进行盛水检验(全面结构盛水再干燥影响工期和文明施工)，掌握结构渗漏实际情况，有的放矢，漏水部位进行重点处理。

(2) 防水层施工严格按照施工规程操作。淋浴房门槛和卫生间门槛的制作，防水层施工中

的基层清理干净和干燥，穿楼板管根部重点处理，墙面防水层的高度、两层防水层间隔的时间、防水层的厚度控制等严格按照防水层的施工规程操作。

(3) 防水层施工养护后盛水。漏渗水的部位重点处理，直到不渗漏为止。

(4) 防水层的保护。防水层的保护有两个方面，一方面是养护期间要将卫生间进行临时封闭，禁止一切施工人员进入，以免破坏防水涂膜。第二方面是防水层的盛水试验合格后在防水层上批嵌一层保护层，以免后续工作破坏防水层。

(5) 施工过程中对防水层不得不破坏时，采取有效的补救措施。卫生间的施工总会出现非正常的情况，比如水管的漏水，又比如石材返工，可能会破坏墙地面防水层，这种情况下，要及时对防水层进行补救。这是最关键的一个环节，防水工程最后出现质量问题，大多是这个方面出现了问题。

(6) 阻断潮气水气的渗透。淋浴门和卫生间门槛湿贴，隔断淋浴房与卫生间干区之间的湿气和潮气。避免干铺法干硬性砂浆的透水透汽。同时对卫生间有关隔墙基层或门套等木作基层或木饰面进行防潮封固处理。

工艺确定之后，施工之前项目部对施工班组进行了详细的交底，并且在第一批施工中确定了防水施工的质量样板，然后施工再大面积展开。

施工完成后编制防水层施工追溯表，明确每个楼层、房间上述 6 个工序的施工和质量核查人员、核查时间，这样哪个工序出了差错，都可以找到责任人。正因为每个工序是可追溯的，所以大大加强施工和核查人员的责任心，也大大降低了 5 个工序中出现纰漏的风险。6～14 层的卫生间防水效果还比较明显，施工完成到目前为止，没有发现施工质量引起的渗漏现象。

三、木饰面和家具的质量控制，主要从深化设计和加工控制上来解决

木饰面和家具的加工板块分解，制作拼缝的掩饰和处理，安装误差的消化等都需要通过设计深化来解决：

现场尺寸的测量，由于本项目有 21 个房型，每个房型的数量从 4～10 套不等，为了简化将来加工尺寸的统一性，在现场尺寸测量上就充分考虑到这方面的因素，一个房型的 10 套尺寸标注在一张平面图纸上，这样方便加工尺寸的平衡和统一。一个房型的不同物件如衣柜等原则上不要超过 3 个尺寸。

木饰面家具深化图纸，重点解决家具与木饰面加工制作板块的拆分和组合问题，怎样消化加工和安装误差、怎样弥补加工和安装接缝，怎样解决家具五金选择、怎样解决冰箱散热、衣柜开启灯光等。

木饰面和家具的加工采取派人驻厂，即采取贴身紧密控制的方式进行质量控制，特别控制好三个环节，木皮质量、油漆前加工质量和油漆质量。木皮有木纹纹理走向、木皮宽度尺寸，木皮厚度等质量要求。油漆前加工质量，主要对加工尺寸、拼缝大小、拼缝均匀度、拼装密合度，打磨细腻度进行控制。油漆质量主要对油漆色度、亮度、厚度进行控制。

现场安装方面，特别注意后道工序弥补上道工序质量缺陷。木饰面和家具安装过程时，走道石材和卫生间墙地面石材施工已经完成，这时木饰面和家具安装的垂直度和拼缝大小均匀必须弥补上道工序的质量误差，假如卫生间石材垂直度存在 2mm 误差，向左倾斜了 2mm，那么木饰面安装时也只能向左倾斜以弥补这 2mm 误差为原则，而不是向右倾进行误差叠加，要求最后接缝的误差不能超过 2mm，否则木饰面安装必须返工，直到接缝大小偏差控制在 2mm 以内为止，另外由于顶棚和墙面涂料只是完成第一遍涂料，存在偏差时由涂料工序来弥补木饰面和家具与顶棚墙面涂料面层接口的误差。

木饰面和家具成品保护主要有运输过程中和搬运过程中的保护，安装过程中的保护和安装完成后的保护。运输之前包装必须符合要求，合格后才能装车，运输过程中避免淋雨，搬运过程中避免过度撞击，安装过程中注意油漆面层的保护，安装完成后进行保护膜全面保护，门套和阳角采用专用纸阳角护角保护，保护过程中透明胶带禁止直接黏贴在木饰面或家具油漆面上（无法清理遗留的黏胶）。

四、石材质量控制，主要从挑大板排小板和现场安装质量上来解决

世博村 VIP 生活楼装饰工程的石材较多，电梯厅墙地面，客房走道，所有客房卫生间墙地面都是石材，本项目部施工范围石材总量就有 14000mm^2，这么大的石材量，石材的纹理色差以及铺贴的质量是石材质量控制的两个关键。下面从世博村 VIP 生活楼洲际酒店石材质量的过程管控来说明。

1. *石材排版深化*

测量电梯厅和卫生间的现场尺寸，根据现场尺寸进行石材排版，以排版为基础编制石材加工单，明确加工石材的尺寸、厚度、倒角、抛光、石材加工的质量、时间、包装和运输细节等，项目部和石材加工商双方签字确认。

2. *挑大板*

为了控制石材的材质和色差，项目部派石材专业人员进驻石材加工厂，进行贴身检查控制，对荒料开出的大板，驻场人员首先从石材的材质、颜色、纹理等方面进行评估，符合项目部要求，经驻场人员检查签字认可，方可进行加工，虽然工作阻力大，手续复杂，但是起码从源头上把握了石材的材质和纹理及色差。

3. *排小板*

墙地面的小板加工好后，在加工厂的场地上，进行实地排版，检查各个墙面地面、或空间的石材纹理、材质和色泽是否一致，不一致进行更换调整，达到项目部要求的方可装车送货。

4. *合理包装装运*

由于卫生间石材都是薄片，只有 10mm 厚，易断易碎，所以采用泡沫包装盒每 5 片一盒包装，并且片与片之间用泡沫纸隔开，然后再用木条钉制包装箱，每二十盒为一箱，石材到场后由叉车直接卸货，减少运输卸货损坏。

5. *安装质量的现场监控*

石材到现场后进行开箱开盒检查，检查合格的接受，不合格的石材退回加工厂；石材现场安装质量主要采用技术交底，质量样板确定，大面积施工展开，每天跟踪检查，及时整改消项的形式进行质量控制，完成后及时做好阳角等保护和地面石材等防水地毯保护。

6. *精细的石材打磨抛光*

石材验收合格后进行石材的打磨抛光处理，达到预定要求的光亮度。

五、本项目质量控制手段的归纳

1. *认真进行图纸会审，并有计划地开展设计深化*

比如木饰面家具等深化设计，石材排版等深化设计，各个构造和接口节点等深化设计等，这些深化设计是下面施工质量控制的前提。

2. *施工工艺的确定与施工技术交底落实*

施工工艺决定施工的质量，工艺过程的先进性、合理性和相对稳定性，是保证施工质量的前提条件；施工技术交底是把工艺要求从项目管理层落实到施工层，只有施工技术交底落实到

位了，这种书面的工艺要求才可能变成施工班组的实际操作。

3. 现场实物质量样板的确定及质量巡视和整改

每个工序施工交底完成后，必须进行施工质量实物样板的确定，即在工人第一天完成工作中挑选一处质量符合技术要求的样板，作为施工班组后面施工质量的实物标准。这项工作是施工技术交底的延伸和有力补充，实物质量样板是看得见摸得着的技术交底要求和结果。

对于新材料、新工艺、重要工艺或容易出现问题的工艺，都必须采取这种方式进行，当然在质量前期策划时就可以列出实物质量样板的计划，作为后面施工的依据。

质量巡视是现场质量控制的基本工作，我们都知道施工管理有一个难点就是施工的动态性，质量检查巡视正是应对施工过程动态性而采取的有效措施。每个重要工序开始施工的当天或一连几天，质量控制人员一定要落实实物质量样板和现场巡视检查，发现问题及时纠正，把质量问题解决在施工过程中而不是施工结果后。这样操作，感觉比较有效。

质量整改，一个工艺或一个工序完成后进行质量检查，存在质量问题的进行整改，整改必须及时迅速。整改及时，影响及时消除，否则小问题变大问题。

工程验收之前的修饰也是必要的，比如门套线条与涂料接口、卫生间石膏板吊顶与石材墙面接口打胶处理，又如木饰面不小心碰损的小缺口用毛笔进行颜色修饰；踢脚板上下口被涂料或灰尘污染后的描饰；黑色铝板端头白色掩饰；乳白色风口安装螺钉的选择和定位。从某个角度来讲，装饰工程是七份装修，三份修饰，一点不假，缺了后面的三十分，怎么拿一百分？

4. 成熟施工队伍、合格供应商、加工商的选择和管控

建工装饰公司施工质量取得不错的成绩，与公司每年通过对其资质、技术力量、服务质量和信誉进行认真评估，最后发布不同级别的合格劳务队伍、材料供应商及成品半成品加工商有很大的关系，他们是公司施工质量管理控制的有力支撑。当然，即使是公司合格的劳务队伍、分包商、供应商和加工商，如果没有有效的管理控制，过程当中也会出现问题。

首先是合同管理，其次是过程的管控与配合。过程的管控是有载体、平台和措施的，比如石材加工和木饰面家具加工质量的过程管控。

5. 现场成品半成品的保护

成品保护是质量控制的最后一环，也是最重要的一环，主要从四个方面进行控制：一是从中期的半封闭施工到后期的全封闭施工，通过这种方式，减少对施工半成品和施工成品的破坏风险。二是对不同的施工材料进行针对性的成品保护措施，比如石材阳角用纸护角条进行保护；木饰面用保护膜和护角进行保护；门套用木夹板进行保护等。三是施工过程中的交叉污染的管理保护，比如腻子涂料施工前将门套贴好美纹纸等。四是在饰面施工后期安排施工成品保护小组，对现场进行巡视，及时发现及时制止，并且制定相应罚款等措施。

我们上海建工装饰公司所参与的世博村 VIP 生活楼洲际酒店装饰工程，施工质量的过程管理控制得到总包、监理、业主及相关单位的好评，最终质量获建工集团 2009 年度精品工程奖，也为我们建工装饰公司赢得上海世博会十佳公司称号。同时本项目目前正在申报上海白玉兰奖和国家鲁班奖。

绝艺“三斩斧”——探秘中国馆大台阶

瞿　蕾
（金博（上海）建工集团有限公司）

摘　要：“三斩斧”是一种濒临失传的中国传统石材加工工艺，2010年上海世博会期间被金博建工集团重新发掘并应用于中国馆大台阶。本文主要从中国馆大台阶的石材选用、石阶工艺两方面入手，重点阐述中国馆大台阶的石阶工艺，探究金博建工集团在捐赠并承建中国馆大台阶的过程中如何将传统手工工艺与现代技术完美结合。

关键词：三斩斧，文化渊源，石阶工艺，石阶石材

随着上海世博会的召开，中国馆逐渐展开其华丽而绚烂的中国红颜，人们将眼神聚焦到这座叠篆文字的东方之冠，感慨万千，感受到作为中国人的骄傲和自豪。而众多媒体的报道也相继揭开了中国馆的许多神秘之处，其中，有三个字——“三斩斧”，也顺着这股潮流进入了公众的视野。“三斩斧”是一种被运用到中国馆大台阶的石材工艺，因其源远流长，旷世神秘，为中国馆的红颜担当了最夯实的“底色”。在2010年上海世博会期间，“三斩斧”被金博建工集团重新发掘，并纯熟地运用到中国馆的大台阶上，是对我国汉文化的一种回归和寻觅！

一、三斩斧

（一）“三斩斧”文化渊源

汉刘熙在《释名·释用器》里写道：“斧，甫也，甫，始也。”可见斧为万象兵器之源，不足为过。除此之外，盛名中外的汉代石雕艺术，正是借助于斧头的雕凿，为中国浩瀚的石雕艺术矗立起了一座丰碑，时至今日，被应用到中国馆大台阶的人工剁斧工艺——“三斩斧”也都渊源于此。

绝艺“三斩斧”是一种流行于浙江、福建一带极其古老的纯手工石材表面处理方式。早在西汉会稽郡时期，便在民间传播。经几千年传承，历久不衰，生生不息。“三斩斧”工艺，无比神秘，令人拍案称绝。因其人工剁斧的时候，需要初斩、细斩、终斩三个工序，才能出现最终的纹理效果，故取名“三斩斧”。从另外一个角度来说，在中国的汉字语义里，一表单，二表双，三表无穷，也寓意这种工艺的繁复、施工的难度。

“三斩斧”看似简单，然其整齐划一的凹槽深度，长短如一的斧刃宽度，以及雨水溅射如珠落玉盘的臻境，在汉代的石雕艺术中承担了最夯实的角色。“三斩斧”因其起伏不明显，多为浅浮雕，又有平面阳刻、阴刻等多种形式，可隶属于“石刻画”，或称“画像石”，但在具体雕塑中不被常用，因此知之甚少，几近失传。

据考证，在东汉墓室、祠堂等建筑的石壁上就盛行这种平面装饰雕塑，如西汉时期的霍去病坟墓石雕群，虽经千年沧桑岁月，至今依稀可见斑驳的剁斧纹理，细腻而富有纹理的凹槽，足见中国馆世纪台阶“五千年不坏”的承诺不为虚词。

(二)“三斩斧”工艺

“三斩斧”的细腻是常人无法想象的，为了打造肌理细腻又富立体感的石材表面，全部采用纯手工“斩”石，一刀一刀剁出来，细细密密，平均每 1cm 的宽度，至少需要剁斧 7 刀，一块 1m 见方的石头上，斩斧居然达到上万刀之多。而依整个中国馆大台阶面积 4700m^2 计算，共需 5400 万余刀，而按照斧刃 5cm 的长度，其纹理累计长度多达 2700km，接近于上海到西藏拉萨市的直线距离，真是世纪伟业！神奇的是，这种由手工剁斧制造出来的纹理，甚至比国外顶尖机器加工出来的纹理更加均匀和细致，着实令人瞠目结舌。

目前，“三斩斧”这种古老的方法已濒临失传，会这种手艺的石匠十分稀少，此次负责加工中国馆大台阶及平台的 130 名老石匠，更是经由浙江温岭苦寻 8 个月之久！他们的平均年龄均在 55 岁以上，其中一部分甚至退休多年，已在家抱孙子安享晚年，但为了上海世博会，为了打造中国国家馆这一经典工程，为了为“三斩斧”溯源正身，他们毅然决定离开家乡来到上海，把顶尖的工艺应用在中国馆的工程上，展现出中国最著名的传统工艺文化和东方魅力。

为了让每位石匠能做出统一的“三斩斧”效果，早在数月之前，金博建工集团便根据每位老石匠的用斧习惯和用腕力量，为每位老石匠量身定做最佳重量的斩斧和斧刃宽度，直到每位石匠斩出来的视觉效果趋至完美一致为止。绝艺“三斩斧”从开采矿山之初，直到铺设完成，环环相扣，为求至臻，步步细细审查：筛选原料，精密切割，逐一检查，剔除瑕疵，剁斧斩石、排除石刺、疏浚纹理脉络……整个环节历经 108 道工序，时长 4 个多月，才终成大器，充分地体现了中国传统石雕工艺的精心厚重和鬼斧神工！

这一切要从矿山开采工序开始说起。

1. *矿山搜寻*

此次中国馆大台阶的石材独特，品种稀有，均是金博建工集团特意寻找的稀有矿脉——“华夏灰”，石质匀称，材质珍贵，纹理大气，硬度优良，方方面面具备了中国馆大台阶的石材要求。

2. *开采规划*

在经济利用的原则上对矿山进行开采规划。

3. *矿山爆破*

在对矿山进行选定之后，利用现代作业流程对矿山进行爆破，以便获取可适用的石材坯料。

……

12. *荒料加工*

开采出来的大石块用金刚石圆盘锯进行锯解，加工成石板。

13. *石板磨平*

石板磨平可便于长时间运输，节约物流成本，提高物流效率，降低因不规则边缘在装卸期间产生的危险系数。

……

而加工工序是整个“三斩斧”的核心工序，这里面充分结合了现代科技技术和传统的人工工艺，共涉及工序 40 多道。

……

41. *表面清理*

经过长时间的运输，石材可能被雨水冲刷、阳光暴晒，石材表层容易被氧化，因此对石材表面进行清理，防止石材污染。

42. 条石雏形切割

荒料体积庞大，需要进行初步的切割，变成一块块适合中国馆大台阶的石材坯料，考虑到节约石材原料，此次石材的切割充分规划了设计需求，以保证每块荒料充分利用。

43. 平滑打磨

平滑打磨是剁斧之前的最后一道环节，为剁斧奠定了一个平稳的石材表面。

以下则是经由老石匠之手的即将失传的顶级人工斩斧工艺——“三斩斧”环节。

44. 正面剁斧

全部采用纯手工的“剁斧”方法，操斧之人都是年龄均在55岁以上的老石匠，这些老石匠放弃了在家的天伦之乐，抱着为祖国添砖加瓦的心情，千里迢迢来到上海，在金博建工集团的施工棚子里面，不怕夏日热浪，为精彩世博贡献着伟大的力量。

45. 两侧切边

由于石材坯料在上万次的碰撞中容易变得脆弱，尤其是两侧边缘部分极易振落，因此两侧的切割是在正面剁斧的基础上进行的，以避免坯料荒废、断边等情况的出现，影响石材的可用度。

46. 侧面剁斧

侧面剁斧由于面积较小，而斧头的宽度有限，斧头着力面便需重新调试，以确保整个侧面的纹理均匀。因此早在施工之前，金博建工集团就根据每位老石匠的用斧习惯，量身打造斧头的长短、重量、硬度，以确保得心应手。

以上为“初斩”，大致对石材的表面进行纹路铺陈，据老石匠们介绍，初斩用力较为厚重，以纹路的呈现为主线进行剁斧，当整体的纹理初具规模之后，便需要对部分的纹理进行梳理，也就是所谓的“细斩”。

“细斩”则对用斧力道的要求较为柔和，基本是在原先的纹理之上进行再创造，也就是寻找原先的遗漏或者不协调的部分进行二次剁斧。另一方面，二次剁斧可以使整体的纹理变得更加细腻。涉及的工序与初斩是一样的。

“三斩斧”最后一道关卡就是“终斩”了，“终斩”注重边缘的纹理处理，在用斧力道上更需要老石匠们的醇厚功力。因为石材坯料在组装的时候相互需要拼装，拼装的缝隙很小，所以造成临近的条石之间在纹理上产生对位差。“终斩”就是要尽量避免这种视觉误差，将边缘结合整体以及老石匠们的经验重新调配纹理线路，具体的技法依个人而定。有些是处理早期留出的边缘空隙，有些则是在进行纹理矫正……工艺繁杂精湛，反反复复又数十道工序。

……

80. 正面尺寸调整切割

利用现代技术对正面进行切割，不至于破坏原有纹理的整体排版。

81. 背面切割

利用现代技术对背面进行切割，同时又不影响其他石面的完整，这就需要机械加工时谨慎与细心。

82. 排版

摊开排版，表面清理，以便于防护处理。

83. 防护处理

防护处理是石材维护极其重要的一环，为了避免大台阶石材在进行安装过程中出现一些类似污染的问题，采用了高科技产品——石材养护剂。

84. 装箱

在装箱验收阶段，更是严格把关，丝毫不允许断边、缺角、差色，一旦出现稍微残次，便视为废料。首先，将每块石头单一用木材包装，留出碰撞间隙，填充大量缓冲物，然后统一运输，以确保这些珍贵的石头在到达中国馆工地之前万无一失。

……

在施工现场，工序也涉及繁多，由于构成中国馆大台阶的单块石材重量空前，最小的都重达260kg，并且要求每一块台阶的石材都不能有丝毫的缺边或断角，所以对于安装的工人来说不失为一个严峻的考验，难度也是前所未有。为此，我们在认真吸收整体设计思想后，从立面效果、施工方案等多个角度出发，邀请专家学者参与设计，引入高新技术，为中国馆定做了独有的吊装机械，使得建筑的轮廓富有变化、自然、典雅，确保工程圆满竣工。

103. 放线定位

依照大台阶整体的设计理念，预先对石材的铺设做好准备，实现流水线施工，提高作业效率。

104. 基层清理

基层清理，可使铺设的石材更加平整，而且不留下过多间隙，减少氧化、雨水积淀等概率。

105. 矫正到位

此次台阶的矫正不同于以往类似的工程，加大矫正石料的拼接力度，尤其是纹理的接边等美观处理。

106. 缝隙处理

缝隙处理历来是一个难点，要使得人走在台阶上，在视觉方面不会觉得台阶有过度拼接痕迹，为此我们派上了一批有经验的优秀老石匠，力求打造完美效果。

107. 打胶处理

108. 成品保护

……

二、中国馆大台阶的石材选用

中国馆大台阶在石材选用上也是独具匠心，采用了我国石材稀有品种花岗石“华夏灰”。“华夏灰”石质匀称，经过超光面的特殊工艺处理后，使得阳光透过中国馆的斗冠造型，照射在斑驳的石阶上，瞬间如同平静的湖面一般，衬映着东方之光瑰丽的倒影，使得台阶与中国馆和谐为一。阳光之下，中国红与石阶的黑白措置形成绚烂的视觉冲击，一场华丽的章节静静等候世界友人的聆听！

雨天的时候，雨水滴在上面，瞬间绽放成无数细小的水珠，恰似一粒粒黄豆散开，横亘在无数的纹路上，随意地散落在石阶上。雨稍微大点的时候，它们也不会渗入脉络，只是像跳动的音符，再沿着石阶一颗颗地滑落到底层，不会停滞或浸入石材的纹路与缝隙。细细地聆听那些雨水溅落敲打石面的声音，悠扬而细长，像音符一般在石阶的舞台上跳跃，尚显大珠小珠落玉盘之效，不足为过。

三、总结

金博建工集团作为中国馆大台阶的承建公司，凭借着上海市高新技术企业、著名商标以及名牌产品的雄厚实力，借助汉文化的重拾与回归，结合多年来承建国内外上百余项著名工程的建筑经验，通过领先的尖端科技，将“三斩斧”重新推向世人，希望它能够被世界所认识、所欣赏，希望这种即将失传的传统加工工艺能够被后人长期传承下去，并继续在历史的舞台上绽放光芒，将华夏人民的辉煌传统在石头上雕凿铭刻与传颂。

参考文献

[1] 王国珍《释名》语源疏证［M］. 上海辞书出版社，2009.8
[2] 徐春波《建筑工程概论》［M］. 机械工业出版社，2007.7
[3] 杨国富《建筑施工技术》［M］. 清华大学出版社，2008.8
[4] 刘学应《建筑材料》［M］. 机械工业出版社，2007.7
[5] 李国生，黄水生.《建筑透视与阴影 含画法几何》［M］. 华南理工大学出版社，2007.1

“沪上·生态家”动态遮阳技术及节能效果

殷 骏

(法国尚飞公司)

摘 要：本文对应用在“沪上·生态家”展馆的尚飞动态遮阳技术，即电动户外遮阳翻板，电动铝百叶帘及通过LON总线兼容到楼宇自控系统，实现的楼宇控制和阳光追踪等自动控制进行功能性阐述。并通过模拟软件，计算出楼宇在使用动态遮阳产品前后耗能的差别，以阐明使用动态遮阳技术带来的节能效果。

关键词：动态遮阳，阳光追踪，遮阳节能

“沪上·生态家”，来自中国上海的一个生态住宅案例，位于2010世博园浦西园区最佳实践区北部街坊的居住组团。“沪上·生态家”占地面积1300m^2，建筑面积3147m^2，地上4层，地下1层，世博会期间作为上海生态人居展示案例，世博会后将改建为办公楼永久保留。

“沪上·生态家”案例以“生态建筑，乐活人生”为主题，秉承“节约能源、节省资源、保护环境、以人为本”的十六字生态建筑理念，以“节能减排、资源回用、环境宜居、智能高效”为技术目标。在上海建科院的规划下，“沪上·生态家”项目中动态遮阳作为实现节能减排效果的重要手段，被应用在楼顶和南立面的重要位置。

1 “沪上·生态家”应用的动态遮阳技术

1.1 电动户外遮阳翻板

电动户外遮阳翻板系统是在建筑物外部使用铝合金或板状百叶窗样式的大型遮阳产品，其百叶片(板)可调整翻转角度以决定光照量的吸收和阻隔。翻板的安装方式可以分为水平方向安装和竖直方向安装两种，翻板叶片又分为表面平面性和曲线型(梭型)两种。同时也可以使用玻璃百叶板，用于通风控制。电动户外翻板由推杆电机驱动，能实现角度调节但一般不能收合(图1、图2)。

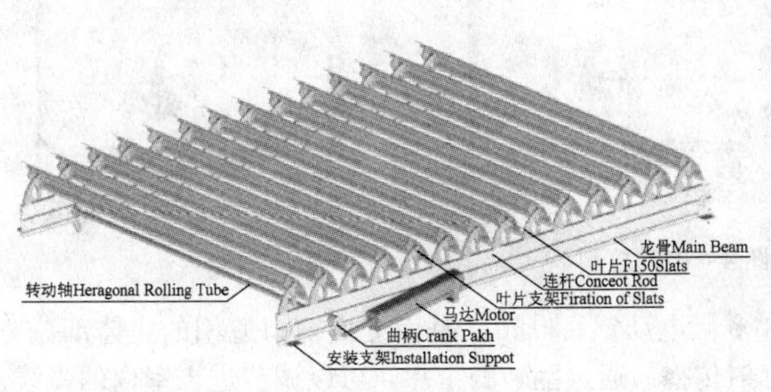

图1 遮阳翻板结构图

图2 遮阳翻板实景图

“沪上·生态家”顶部外侧使用了梭形的电动户外遮阳翻板，可根据采光和遮阳的需要对百叶进行自动调节。一方面，在炎炎夏日，电动户外翻板有利于控制太阳辐射量，减少阳光辐射热量的进入，降低空调系统能耗。另一方面，电动户外翻板可以调节中庭内采光情况，在光线较强的天气情况下，减少阳光直射，避免眩光；在光线较弱的天气情况下，可以尽可能地让室外光线进入室内。

1.2 电动遮阳铝百叶帘

电动室外铝百叶帘使用铝合金帘片，通过专用卷绳系统带动帘体的上下运行及帘片翻转，起到光线调节与导引、遮阳隔热的作用。室外百叶帘安装于玻璃外面或双层玻璃之间，由于要考虑清洁维护，风力影响等因素，在建筑设计之初就需要统筹考虑。使用的铝合金帘片尺寸有50mm，80mm，90mm，120mm等不同宽度；某些帘片表面打孔，以取得更好的调光效果或装饰效果；Z型帘片遮光性能最佳。由于室外百叶帘应用环境特殊，需要考虑到抗风问题，不同结构的室外百叶帘拥有不同的抗风能力。具体见图3。

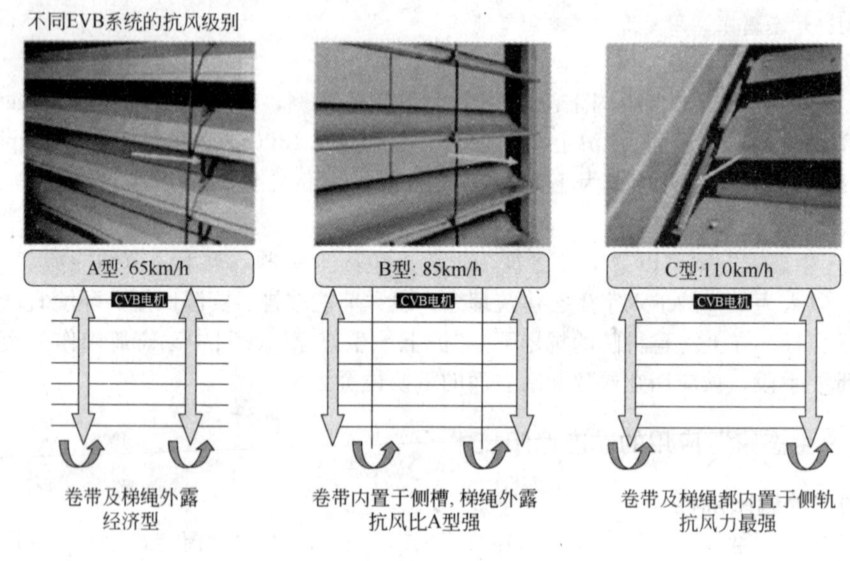

图3 不同结构的室外百叶窗

由于电动控制，电动室外铝百叶与智能灯控系统能有机兼容使用，达到温度及光舒适度的最佳效果。自然光和照明光相互补充调节，在获得用户舒适的同时起到节能效果。（如图4所示）

图4 电动控制

“沪上·生态家”南立面共安装了30多幅电动铝百叶帘，是南立面窗口遮阳的主体部分。银灰色帘片能最大程度的遮挡室外热量辐射传播。通过翻转的帘片，可以调节进入室内的光线强度，避免眩光，营造舒适的室内亮度(图5、图6)。

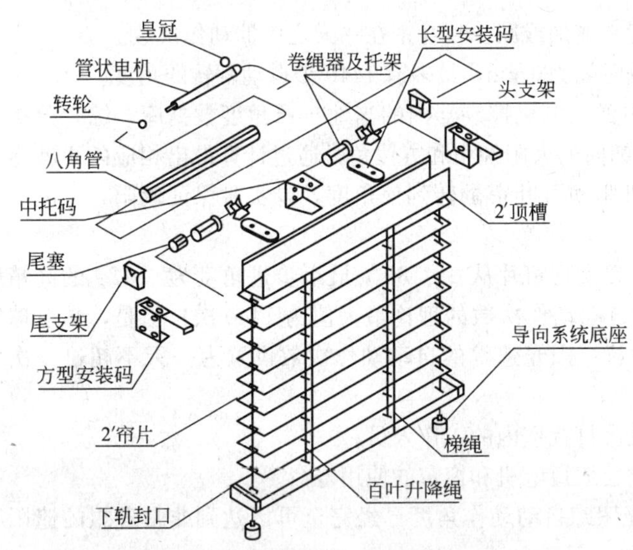

图 5　遮阳铝百叶帘结构图

图 6　遮阳铝百叶帘实景图

百叶帘装在双层玻璃间或室内时，只要使用反射能力强的叶片(白色，银色等)，能起到相当的节能功效，同时利于使用维护。

1.3　智能遮阳控制系统

为了实现节能效果最大化，所有"沪上·生态家"的动态遮阳产品通过 Somfy Animeo LON 控制技术，同时兼容 2 种控制方式：*a*)楼宇中央控制系统通过控制终端实现人工控制。*b*)通过阳光传感器实现阳光追踪自动控制。

Lonworks 技术是一种开放的总线技术，所有取得 Lonmark 认证的产品，无论其产自哪一家设备供应商，都可以确保在系统中 100%兼容。相对较高的总线数据传送速率，丰富的信息传送载体，以及较高的系统稳定性使得 Lonworks 技术在工业控制和楼宇自控等行业有着非常广泛的应用。中国建设部智能建筑中心已经把 LonWorks 技术作为推荐采用的控制网络技术在智能建筑中推广使用。

Animeo LON 系统在"沪上·生态家"主要功能介绍

(1) 可"寻址"的集中控制：

Animeo LON 系统中的每一个电机控制器都具有单独的地址码，系统通过域、子网、节点地址的分层式逻辑寻址方式可以单独访问任意一个电机控制器的任意一路输出。这意味着在进行系统集成或单独通过计算机对系统进行控制的时候，可以实现对任意一幅窗帘的远程控制，此功能确保了动态遮阳产品能接受楼宇控制系统的指令，实现人工操作。

(2) 可自由编程的本地开关控制：

Animeo LON 系统可以实现对于电动百叶的控制形式是十分灵活的。可以通过本地开关控制每一幅百叶单独动作，也可以实现任意的分组甚至交叉控制。所有的控制方式都是通过软件编程实现，所有的控制对应关系可以随时解除并重新分配(当然需要通过软件重新编程)。这一点对于应对日后因建筑内房间布局变化而引起的控制对应关系变化显得尤为重要——不需要二次布线即可实现新的控制对应关系。

(3) 电机控制器内置高级的"阳光追踪"控制器：

尚飞的 Animeo LON 电机控制器内置高级的"阳光追踪"功能：

1) 无需额外的阳光追踪模块，既精简了网络，又节约了硬件成本。

2）可以通过自由定义的步进角度来增加或减少百叶帘在一天之中的动作次数。

3）阳光追踪的最短自动动作间隔时间为 1min，最多有 1440 个自动翻转的角度。

“阳光追踪”功能的原理是基于内置在电机控制器内的当地日照角度数据库，综合分析不同季节、不同日期、不同时段及不同朝向的太阳仰角和方位角，通过计算得出相应的百叶帘帘片的“最佳遮阳角度”，然后控制电机驱动百叶帘翻转到该角度，以实时保证遮阳、采光和通透性的最佳平衡。

尚飞 Animeo LON 电机控制器可以实现帘片从 0～180°，最小步进角度为 0.125°的高精度阳光跟踪功能；百叶帘在一天当中的自动动作次数的理论最大值为 1440 次！但是，从全球实际使用经验及专业角度出发，我们建议：阳光追踪的自动动作次数设置为一天不超过 3 次为佳，原因如下：

1）过多的阳光跟踪自动动作次数会打扰室内的工作人员。

2）过多的阳光跟踪自动动作次数会缩短电机和窗帘的使用寿命。

3）从经验角度来说，2～3 个阳光跟踪自动动作角度已经完全可以达到非常理想的遮阳和透景效果。

2 “沪上·生态家”动态遮阳节能效果

动态遮阳究竟能对楼宇的能耗产生什么样的影响？通过模拟“沪上·生态家”的应用环境，建立模型，并通过电脑模拟软件的计算，我们模拟出楼宇在使用动态遮阳产品前后耗能的差别。

2.1 应用环境模拟参数

（1）项目地点：中国上海。

（2）房间只朝南面有窗户。

（3）南面窗墙比为 0.28。

（4）外墙面传热系数 0.87W/(m^2K)。

（5）窗户为双层玻璃，传热系数 3.0W/(m^2K)，遮阳系数 0.77。

（6）动态遮阳产品为电动铝百叶，50mm 宽帘片，银灰色。

（7）房间内让人体感到舒适的温度为：20～24℃。

（8）模拟房间大小 18m^2。

以上参数基本符合“沪上·生态家”的实际使用标准。

图 7 为全年的制冷能耗模拟结果。

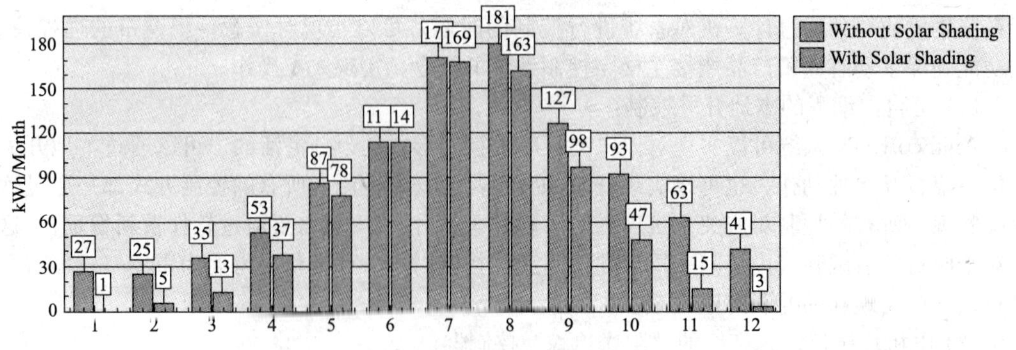

图 7 全年制冷能耗模拟结果

注：Without Solar Shading 无遮阳；With Solar Shading 有遮阳，下同

表 1 为房间制冷效果对比数据：

房间制冷效果对比 表 1

	无遮阳	有遮阳	节约百分比%	节约量
制冷需求量 kWh	1016	743	26.9%	273
单位面积制冷需求量 kWh	56	41	26.9%	15
冷负荷 W	1000	775	22.5%	225
单位面积冷负荷 W/m²	55	43	22.5%	12

注：表中出现的制冷需求量是指按照设计规定的室内温湿度条件下，建筑全年所消耗冷量，冷负荷是所占制冷主机的容量。

图 8 为全年的制热能耗模拟结果。

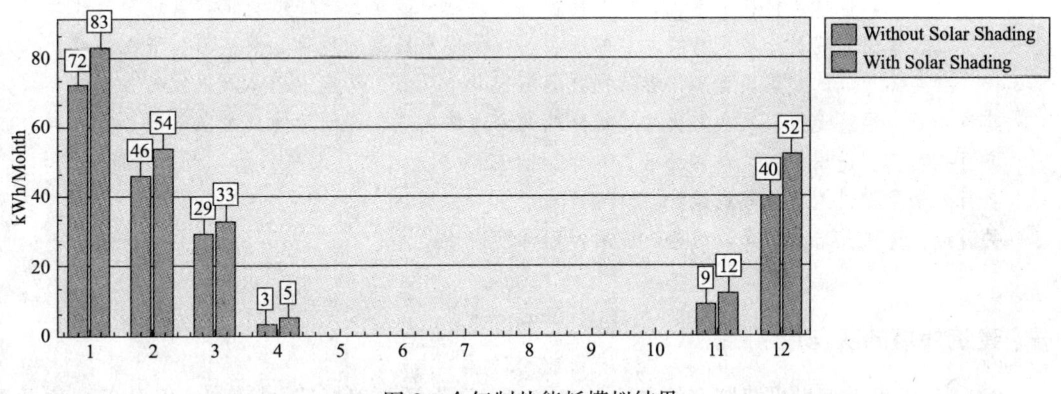

图 8　全年制热能耗模拟结果

表 2 为房间制热效果对比数据。

房间制热效果对比 表 2

	无遮阳	有遮阳	节约百分比%	节约量
制热需求量 kWh	199	239	−20.1%	−40
单位面积制热需求量 kWh	11	13	−20.1%	−2
热负荷 W	370	371	−0.3%	−1
单位面积热负荷 W/m²	20	20	−0.3%	0

注：表中出现的制热需求量是指按照设计规定的室内温湿度条件下，建筑全年所消耗热量，热负荷是所占制热主机的容量。

2.2　遮阳节能效果总结

表 3 为模拟出的动态遮阳系统节能总结表，从表中可见，对于采用"沪上·生态家"建筑结构的房间，每 18m² 制冷/热需求量总共节约 233kWh，约 19.3%，总负荷节约 16.4%，以生态家 3147m² 建筑面积计算，每年可节约电费约 32000 元。

动态遮阳系统节能总结表 表 3

		总节约量	节能比例
制冷需求节约量 kWh	273	233	19.2%
制热需求节约量 kWh	−40		
冷负荷节约量 W	225	224	16.4%
热负荷节约量 W	−1		

上海世博建筑外墙绿色印象与可持续思考

萧 愉
（上海美特幕墙有限公司）

摘 要：本文表达了对上海世博建筑外墙的绿色印象和可持续发展的思考。关于建筑外墙的绿色特性，概括了材料多样化、构造复合化、性能节能化、构件预制化和设计集成化五大特征。提出了建筑外墙可持续发展的理念，在于传承民族的建筑智慧、创新适用的建筑技术和整体集成的建筑设计。作者特别强调指出几个观点：适应上海本地气候特性、主体建筑功能、经济造价、人文文化的建筑，就是上海绿色建筑；创新的技术应是能够量大面广可推行的“适用技术”及其组合；建筑设计应以尊重自然、人与自然和谐为指导原则，实行外墙早期进入整体集成设计。

关键词：建筑外墙，理念，绿色，适用，可持续

一、建筑外墙的实与虚

2010年中国上海世界博览会的主旨是“城市，让生活更美好!”城市离不开建筑，生活离不开建筑，美好生活一定是城市人生活在美好的城市建筑中。上海城市本身历史上就是一个“万国建筑博览”，而本届世博会，更是一个世界现代建筑的博览。幕墙是建筑外围护系统的一种外墙体系，在本届世博会我们难忘地看到了五洲四海世界各地197项建筑单体极富个性又有共性的外墙，无疑建筑外墙是首先被人们所吸引的视点。人们对建筑与环境之间的这个界面，既感性地认识了有形的“实”，又理性地感悟了无形的“虚”；从建筑表皮的外观、色彩、肌理、图案、材料、构造、性能各方面，人们体会到了建筑外墙地域性的稳定性，时代性的现实性，建筑“坚固、实用、美观”三原则的表达，认识到了在城市与建筑中间、宏大与小巧中间、承前与启后中间、主体与平衡的中间路线，意识到了实体与空间、内部与外部、封闭与开放的双重性格的模糊与中介过渡，力求探讨建筑主体和外围护、果壳和果仁、表皮和骨架既一体又分离的关系。

世博会的核心价值理念是创新与发展。本届世博围绕绿色建筑集成和应用，“始于”上海世博的是低碳模式与绿色行动。人们在开发再生能源、节省能耗、外围护隔热保温、自然通风与遮阳、节能型智能照明、新型外墙材料、雨水收集与处理、生态环境等都看到了导向性的展示。

关于上海世博建筑外墙的绿色特性，其本质的性能是在绿色建筑的大系统中，只是外围护墙体的一个子系统；在建筑节能减排的技术体系中，只是设备、主体建筑、再生能源利用三部分中的一部分。所以讨论外墙的绿色特性是在上述两大背景系统中展开。外墙的绿色特性，并非要搞“重大发明”，而是进行适应地方、适应建筑、适应投入的“适用技术的组合”。上海世博建筑外墙，适应建筑功能，对永久性和临时性展示建筑的不同适应。建筑设计理念，首先是将绿色建筑定位在适应上海地域性，对上海气候特征的适应性。给人印象深刻的是：

二、建筑外墙的绿色特性

1. 外墙材料多样化

(1) 大量使用现代基本材料，如钢板、混凝土；

(2) 积极采用轻质高强材料，如铝合金板、玻璃；

(3) 努力创新传统外墙材料，如玻璃纤维透明混凝土，高耐候氧化膜钢板，开孔金属板；

(4) 开拓应用高分子树脂材料，如聚四氟乙烯(PTFE，ETFE)、聚氯乙烯膜材，聚碳酸酯板材；

(5) 适当选用天然植物材料，如木材、竹材、柳藤、麦秸以及垂直绿化花草；

(6) 起步试用可再生利用材料，如再生骨料、再生纤维、旧钢材、旧砖瓦等。

现代建筑基本外墙材料在世博建筑中有了充分的表现，看到了多样化与个性化的平衡。改变了外观相似、千栋一面地域特征模糊的惯性。主要四类材料，金属、非金属、复合加上天然植物都有应用。新老材料各行其道，各显其能，都有作为。

2. 外墙构造复合化

主要有三种情形，墙板由不同材料复合构成，墙面的复合构造和墙体的复合结构。

外墙体由装饰层、防水层、保温隔热层、结构层等形成复合构造，构建双层、多层结构复合外墙体。表皮功能性及其自治性、薄墙与厚墙的展示，界面与界面的复合合理的存在和对立面的革新。

(1) 外墙墙板的复合构成，如中空 Low-E 玻璃、金属网夹层玻璃；彩钢夹芯板、铝塑、铜塑复合板、钛锌板；水泥板粘贴马赛克、水泥板涂刷聚脲醛树脂等。

(2) 外墙墙体的复合构造，如德国馆 100 厚彩钢夹芯板外开放网状膜(PVC 涂料、聚酯纤维基布)，日本馆双层 ETFE 膜，智利馆玻璃墙外复合钢丝网等。

(3) 外墙墙体的双层、多层结构，如法国馆混凝土网架＋玻璃幕墙，意大利馆透明混凝土＋双层 ETFE 膜，瑞典馆穿孔钢板＋150 厚加气混凝土板，西班牙馆藤柳编制板＋玻璃幕墙及钛锌板等。

3. 外墙性能节能化

除外墙一般安全性、光学、防水、防风、防火、隔声等功能性，装饰美学外观性等常规性能外，注重了隔热保温热工性能，特别在“绿色”特性利用上太阳能新技术有所突出。对外遮阳有所重视。不但实施节能光伏外墙一体化，还实施了半导体发光显示(LED)外墙一体化。看到了外墙对太阳光的利用，看到了建筑外墙上的节能新灯光和灯光下建筑外墙的新意。

外墙节能技术一体化，包括了光伏外墙一体化、半导体发光显示(LED)外墙一体化、外遮阳外墙一体化、垂直绿化外墙一体化以及上述技术二位或三位一体化等。

4. 外墙构件预制化

多数外墙构件都是在工厂预制成板片，以保证构件高质量、高精准、施工安装高效率、高文明。也使得世博建筑得以高速度的建成和将来拆卸搬迁的简化和再利用。

5. 外墙设计集成化

建筑外墙设计必须适应当地的气候、社会、人文、经济特征，采用适用技术集成，控制外墙系统的早期进入整体建筑设计。在设计过程中多种专业在线集合互相协调。特别要提及，光伏、遮阳、显示技术如何建筑一体化、墙体一体化设计。

但世博外墙也存在一些问题：

(1) 适用技术的选择和组合。张扬个性与适用共性的矛盾统一。临时展示与经久实用的区别对待。外墙如何适应主体建筑功能、适应地方气候、适应经济造价、适应人文文化。

(2) 创新技术的超前和普及。超前导向与现时应用的时间差，单体集中与群体成片的过程差，全球化进入与本土化消化结合，被动式节能的普遍性以及与主动式的结合，可再生材料的规模性以及和工业化产品的互补，示范性建筑的推广性以及建筑投入的合理性与普及性等。

三、建筑外墙的可持续发展

在世博园中那么多彩多样的建筑中，我以哲学的沉思想到了后世博可持续发展的几个问题。

1. 道法自然。传承民族的建筑智慧

中国馆努力以诸多中国元素表达中华民族与自然和谐、天人合一的理念。人造的大屋顶挑檐与天然的阳光云雨相适应，被动式地利用大自然的恩赐和对自然规律的尊重敬仰，为人们遮阳挡雨；人为的大体量 建筑架空结构、中空构件与天然的风吹气动相交流，形成自然通风，取之于天地、用之于建筑；畔江依水，索取于天之水，循环于人之居，为人造江水源热泵、雨水收集中水利用；江南园林精神返归于地面景观、屋面植被、墙面绿茵，移步成建筑立体绿化等。我赞赏的是适应上海本地气候特性的建筑，这才是上海绿色建筑。多个外国自建馆都将适应上海气候特征作为设计的理念。建筑只有和所在地的自然环境之间的关系和谐，才是有价值的。江南的甜橘移植到江北，成了苦枳。世博园区许多海内外建筑，看似超前想像、新奇异样，但若与上海气候不相容、与上海实际不适用，则并非导向的成功之作、并无自然的和谐之美了。上海世博建筑，既体现中国元素特征又交流世界多元特质，是这一大展示的特色。

2. 温故而知新。创新适用的建筑技术

既然这一代人努力继承中华建筑智慧，面向未来，给下一代人应传承什么下去呢？上海建筑应当在尊重、敬仰、利用上海的天地给予上海城市人的恩赐而创新。而不是愚蠢地对抗天道、地道、人道的“舶来造作”。人为地先造了一个违反自然规律规则，违背“天道”的摩登建筑，然后再投入资源能源改造修正。“先建造，后浪费污染，再治理改造”实在愚蠢至极、无知至极。面对生态文明，节能减排、环保绿色的创新时代到来了。当然，这个时代还带着一些工业文明的强烈烙印和胎记。上海世博面向未来的创新在城市最佳实践区的50个范例。它们展示着低碳经济绿色革命。但创新的技术应是能够量大面广可推行的“适用技术”。所谓“适用”，应该理解为适应时代、地域、社会的实际条件，因地制宜、因工程制宜、因投入制宜，即气候适应性、功能实效性和节约持续性。是可以在当地当时一定规模推广、为大众普遍利用并实际获益的技术。不应只是不可或难予推广的特殊“样品”示范形象。这个“适用技术”，当然不是从天上掉下来的，而是由地上长出来，有发展脉络传承积累的飞跃过程，是“温故”而知的“新”，“吐故”所纳的“新”。即使是从海外引进的先进技术，也应就地消化，与上海本地环境相响应，“适者生存”。适用上海的技术，绝不是照抄照搬、片面追求新、特、奇。绝对地贴上新标签的“舶来品”，并不一定“适用”。所以，要深入系统了解上海的天、地、人的特殊性，认识上海这个国际特大都市的个性，了解上海建筑的上下传承，懂得“海派”建筑的精髓所在。本土化和国际化相辅相成，上海个性与世界共性相结合，择其善者、吾从先进、止于至善，和而不同，知所先后则近道矣！

3. 凡事预则立。整体集成的建筑设计

绿色技术的集成创新，是未来建筑发展的趋势。建筑设计是建设工程的核心。建筑是一个多专业、多方面的系统工程，建筑节能、环保、低碳、绿色设计更是一个早期应于整体集成设计的大系统工程，设计本身就有一个过程动态控制的问题。在总设计师的领衔下，应有建筑、结构、材料、水电、暖通、照明、采光、设备、外围护、环境、可再生能源等专业形成团队，实施初期运筹整体协调，不在于单一地、局部地行事，应在开源、节流和循环上做文章，坚持开发新能源与建筑一体化；切实地节能、节地、节材、节水、节约成本；抓住多种适用技术的集成组合；延长建筑物使用寿命等。要突破设计过程中各专业的“各行其道”，应在系统分析和综合平衡上下功夫，实行“综合—分析—再综合”的循环螺旋式上升的设计过程控制；实施多目标、多元素、多约束的非线性优化设计。充分利用电脑仿真、数字模拟技术，由定性转为定量、由局部转为整体，由分析转为综合、由单一转为多元、由静态转为动态、由状态转为过程，进行多方案的技术经济可行性比较后，择其善者而优先。设计理念是灵魂，生态文明时代，中华智慧的建筑哲学，天人合一、敬畏天地、尊重自然、建立和谐关系应成为一种设计指导原则。在现时此地并没有绝对的最好的设计和绿色建筑，只有一项平衡矛盾相对优先的适应与适用设计。设计和建造是一个互动的运动过程，追求的只是一种务实可行、适用技术的组合效应，并不专注于单一材料、单一技术、脱离整体、不计工本的不平衡的倾斜式、不及其余的所谓“点式突破”。成果应当是多元配套的系统并非面面俱到或者一俊遮百丑模式。是技术经济一体化、硬件软件相伴共生的。

对成果的评价是在线实测、确有实效，边界条件和目标函数都务实真实的集成模型。

世博建筑，人们看到的只是外观大略而已，而看不到的内蕴深刻就难言以答，知者不言，言者不知，任人想象沉思去吧！

浅谈协会参与世博工程监管的意义

忻国樑
（上海市装饰装修行业协会）

摘　要：2009年，市城乡建设交通委积极发挥行业协会作用，委托上海市装饰装修行业协会组织专业力量监管世博装饰工程，确保工程质量和现场安全。装饰协会精选出44名行业内的业务骨干投身世博工程监管。这支队伍以丰富的操作经验、指导性的监管方式留下了必要的监管痕迹，以一种和谐管理状态使整个园区的装修布展活动处于一个受控的局面。由协会参与开展世博装饰布展监管，是工程管理力量的一次有效整合，体现了政府部门职能转移背景下，政府发挥行业协会作用，让行业协会共同参与社会事务管理的深远意义。

关键词：世博，装饰布展，质量安全，监管，行业协会

2010年5月，上海世博会如期顺利举办，其世界各国风格迥异、极富创意的装饰工程及布展令世人瞩目，给参观者留下了深刻的印象。然而，在这些鲜亮的装饰布展工程背后，凝结了许许多多幕后管理者和志愿者的智慧与汗水。

2009年8月起，上海市装饰装修行业协会接受市城乡建设交通委的委托，精选出44名行业内的业务骨干投身世博工程监管。这支队伍以丰富的操作经验、指导性的监管方式、和谐的管理状态使整个园区的装修布展活动处于一个受控的局面。由协会参与开展世博装饰布展监管，是工程管理力量的一次有效整合，体现了在政府部门职能改革的背景下，政府发挥行业协会作用，让行业协会共同参与社会事务管理的深远意义。

一、协会参与监管，体现了政府部门对发挥行业协会作用的重视

世博会工程建设尤其是装饰布展工程具有特殊性。首先，装饰与布展分不开，世博会展馆的装饰与布展是参展方创意的展现，是一个创作的过程，是与一般的装饰工程有区别的。其次，世博展馆装修布展是涉外工程，涉及的国家多，人文习惯、思维方式、表现形式各不相同，沟通较为困难。第三，世博会展馆装饰布展的一些服务供应商缺乏建筑素养，不具备实施工程的条件，存在质量与安全隐患。世博工程的特殊性，难以生搬硬套现有的建设工程的那套管理方法，虽然市建交委和世博局作了一些补充规定，但仍然很难实施有效管理。为此，上海市世博局和市建交委决定：发挥行业协会作用，让行业协会参与世博装饰布展工程的监管工作。

众所周知，新中国成立后，由于计划经济的全面统筹，行会、商会的作用不大，地位不高。随着改革开放的到来，市场经济体制的改变，行业协会又作为新的行业协调、中介组织，登上了市场经济新的历史舞台。虽然目前我国行业协会的发展仍然处在比较年轻的阶段，很多的行规行约都不健全，甚至是没有行规行约、没有行业自律。一些行业协会也成为了一些政府退休人员的养老所。但是，随着政府职能改革，行业协会的力量也在不断壮大。国家逐渐重视起行业协会的发展，近几年来陆续出台了一系列政策法规来规范和促进行业协会的发展。行业

协会越来越胜任自己的角色，即“填补市场空白”、“充当政府助手”、“行业协调和沟通者”。上海市人民政府充分重视行业协会作用，市建交委积极支持行业协会的发展，他们请装饰协会组织专业监管队伍，参与世博工程建设的现场监督和管理，就是让行业协会“充当政府助手”，发挥协会“行业协调和沟通”作用的最好体现。这既体现了政府部门的开明，也体现了政府部门的高明，这一做法是具有深远意义的。

二、协会参与监管，体现了行业协会参与社会事务管理的能力

政府部门请协会组织专业人员参与世博建设，可以说不仅需要政府部门的开明，也需要行业协会具备这样的能力。

协会以这样的方式参与服务世博是一个创新，也是一个创举。协会以精心的组织、协调，带领监管队伍这样紧密的参与世博建设，充分展示了强有力的协调能力和组织能力。拿上海市装饰装修行业协会来说，拥有5000个会员企业，其中企业会员近3000个，设计师会员2000多名，拥有设计、幕墙、建装、遮阳专家近500位。设有建筑装饰、建筑幕墙、家庭装潢、装饰设计、建筑遮阳、装饰材料、信息应用、历史保护建筑修缮8个专业委员会和综合办公室、行业管理部、宣传企划部、技术培训部、投诉处理中心、行业战略研究中心6个职能部门。具有明显的组织优势和人才优势，能够较好地履行行业服务、行业代表、行业自律、行业协调的基本职能，起到服务企业、规范行业、发展产业的作用。行业协会积极组织会员单位参加世博建设，这就要求行业协会必须具备参与社会事务管理的能力。

协会接到政府的委托后，积极制订工作方案，立即分四个阶段进行了工作部署：首先是动员工作，协会在广大的会员企业中分两次进行了支援世博监管工作的动员，得到了数百家会员企业的积极响应。其次是筛选工作，协会初选出了80多家企业的专业人员，随后在进行了体检、核实身份、履历后，又在此基础上精选出了44名专业骨干组成监管队伍。第三是大量的协调工作，一方面要对未选上的企业进行解释说明，另一方面要联系被选上的企业，要求企业保证半年内每一位专人在世博“坐班”，同时确保企业按时对这些不在单位上班的人员发放工资、奖金。第四是后勤的保障，对于监管队伍在工作中遇到的挫折和困难，协会派出多名工作人员进行协调，并为他们提供可靠的后勤保障，用协会的经费为他们提供必要的办公用品，发放一些津贴，让他们安心在世博上班。这四个阶段的工作落实后，在不到一个月的时间里，监管队伍就已经被锤炼成了一支工作积极、态度谨慎、业务娴熟的行业“铁军”，完全融入到了世博建设的大潮中去。

三、协会参与监管，充分发挥了队伍的专业技能和奉献精神

监管队伍投入世博后，一开始就面对着很多方方面面的、预料不到的困难。在市建交委驻世博园区办公室的具体指导下，在行业协会的引导下，监管队伍不计报酬，不计得失，不仅克服了办公条件的艰苦，还放弃了原有的优厚待遇和休假，充分发挥了队伍的奉献精神，针对“一些装饰布展服务商没有建筑业资质”、“装饰布展工程施工责任方不明确”、“现场质量和安全存在不少隐患”三大问题，结合世博装饰布展工程的特殊性(是国际创意展示舞台、是涉及不同文化的涉外工程、是服务商良莠不齐的紧急工程)，市建交委领导行业协会根据队伍的丰富经验和专业管理技能，研究出相应对策：

一是刨根问底，明确装修布展的责任主体。

二是重点查处危害公众安全、相互伤害的隐患。

三是发现场馆安全质量问题后，务必做到三个“100%”，即发出整改联系单“发单率

100％”，施工方“回复率100％”，安全问题“整改率100％”。

四是利用自己的经验，增加巡查次数，加大督促力度，保障现场安全质量、控制好风险，保证工程赶工速度和安全质量两不误。

五是要及时把安全隐患暴露在台面上。彻底杜绝发现问题后瞒而不报的现象，针对每个工程都追求实事求是的原则，把问题反映在台面上，取得了很好的效果。AB片区在巡查过程中就发现了某一场馆的结构出现问题，及时进行了上报，避免了一次重大安全事故的发生。

事实证明，行业协会的监管队伍是经得起考验的，面对一些没有工程施工经验的布展服务公司，监管队伍发挥作用，使这些企业逐步纳入到了监管中来。这次监管工作，使世博建设各个环节的衔接起来，保障了世博建设工程安全质量，做到了世博场馆结构的安全、施工作业的规范、用电动火的安全、场馆渗漏的整改和工程进度的保障。如此进行监管，直截了当、简扼有效，为世博装饰工程的最终顺利、出色完成，起到了较为关键的作用，体现了队伍所拥有的丰富经验、技术实力和奉献精神。

世博工程这样的国家重点项目，由政府部门主导、协会组织、企业参与取得了很好的效果。这一成功案例，对行业协会今后如何规范发展具有一定的启发作用。

首先，在政府部门领导下，协会作为参与社会事务管理的力量，可以发挥重要作用。政府部门主导引领、协会负责协调组织、企业出力出人，协会和企业有能力积极做好配合工作，且效果明显。

其次，行业协会应保持中国特色行业协会的特质。拥护中国共产党的领导，充当好政府助手，为国家的强大奉献力量。

第三，行业协会要进一步苦练内功，时刻准备好抓住行业发展良机，接受政府部门的委托。行业协会要进一步增强自身的实力，使自身具备承担政府转移下来职能的能力，这样才有助于行业协会推动行业的可持续发展。

第四，行业协会要多办实事少夸口，提升自我形象。我国的行业协会发展还不成熟，不少行业协会由于工作未开展起来，导致口碑不好，这对行业协会的发展造成很大的阻碍。为此，行业协会应从基础做起，规范发展，多干实事，逐渐转变社会各方面对行业协会的看法，争取社会各方力量的信任，为社会的进步作出贡献。

政府发挥行业协会作用，行业协会发扬行业的人才优势和组织优势，企业顾全大局积极奉献，为世博的成功举办画上了精彩的一笔。

上海世博主题馆外皮设计新理念、新工艺

孟根宝力高、赵立杰

（沈阳远大铝业有限公司）

摘　要：上海主题馆是世博园区中占地最大的永久性展示馆。为了充分展示此次世博会主题理念：城市与人的良性互动关系，建筑外皮（含外立面幕墙和集成屋面）造型设计中贯穿采用了三角形建筑元素（从空中观看上海老城区的印象），从而使外皮设计变得极为复杂，出现了多种复杂空间交接面。为此，外皮设计过程中，采用了建立3D幕墙信息化模型、系统化设计、环保等设计理念，并借用新工艺，克服了复杂体型设计、工期紧等困难，确保按质按期完成了世博主题馆外皮建设光荣而艰巨的任务。该理念代表了大型复杂幕墙设计理念的发展趋势，而新工艺的使用为成功实施该理念提供了保证。

关键词：外皮，3D幕墙信息化模型，系统化设计，环保设计，新工艺

1　引言

上海世博会主题馆为中国2010年上海世博会永久保留建筑之一，工程位于上海世博会规划围栏区B片区世博轴西侧，建筑面积129409m^2，建筑高度28.195m。主题馆东西总长约291m，屋顶长291m，南北总宽约187m，屋顶宽220.2m，为亚洲第一大跨度大空间展示建筑。主体建筑南北立面采用集成不锈钢板、蜂窝铝板、铝单板、穿孔铝单板、玻璃幕墙等材料作为建筑外维护，南北主要立面。

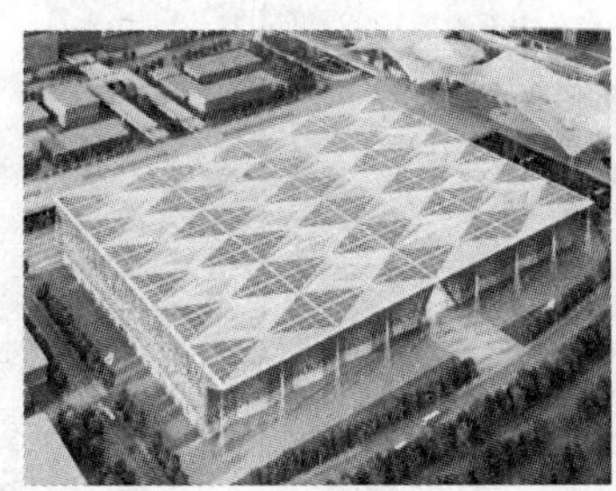

图1　2010上海世界博览会主题馆整体造型

采用玻璃幕墙外挂不锈钢板的双层构造；东西立面同样采用双层构造，外层为绿化墙，内层为彩钢板幕墙里镶嵌窗形式；檐口及一层位置采用蜂窝铝板；顶部为金属屋面系统、采光板系统、太阳能板系统、金属隔栅及玻璃采光屋面。

主题馆屋顶采用20个巨大的错列式天井排列成72m×36m的2倍菱形块，组成峰谷和峰底，封顶采用36m×18m的2倍菱形块阳光板的坡顶、衬托峰谷和底谷的别致，峰谷的阳光板为室内提供迷幻的阳光，峰低倾斜缓冲渐变的侧面采用穿孔铝单板，内衬大型多彩的

LED 辉映天空和错别式天井，峰谷和峰底间采用金属屋面板，像巨大的镂空的菱形银灰色翅膀覆盖大地，与之对应的是 24 个巨大的交错式太阳能光电板排列成 72m×36m 的 2 倍菱形块，这深蓝色的光电板是由 2.6 万 m^2 的多晶光伏组件，年发电量可达 2.8MW，与错别式天井交相辉映，体现了节能减排的具体设计与建筑幕墙效果有机结合，表达在这巨大的幕墙中。

屋面体系采用压型钢板，玻璃采光顶，阳光板采光顶和 112 个 3m×2m 排烟窗形成完整防水体系。峰谷矗立着太阳能光电板，错落别致采用了尚德公司模块化光电板设计理念，组合式滑块基座保证了安装快捷和准确。屋顶排烟窗为了加强结构强度，将钢框坐落在主体钢构上。每樘窗采用了 4 个门合页系统，采用三道防水胶条，两道防水隔断排水系统，三个气动开启装置，一套气动 11 点锁，实现消防排烟开关，锁闭全自动化控制。保障消防安全要求。在中庭布置了 5 个 36m×36m 屋面钢结构玻璃采光顶，标准分格尺寸为 3m×1.5m 布局。采用钢铝结合半隐框结构形式，包含隐藏式冷凝水收集系统，在极端情况下，少量的雨水渗入幕墙内侧亦可通过内部的集水槽有组织排至屋面排水天沟。这样构成了近 12 万 m^2 的双层屋面和幕墙体系，点缀着世博会的天空。

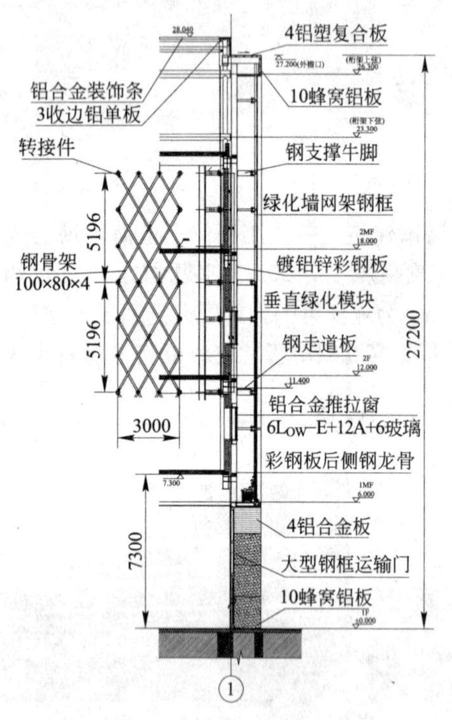

图 2 主题馆东西立面剖面

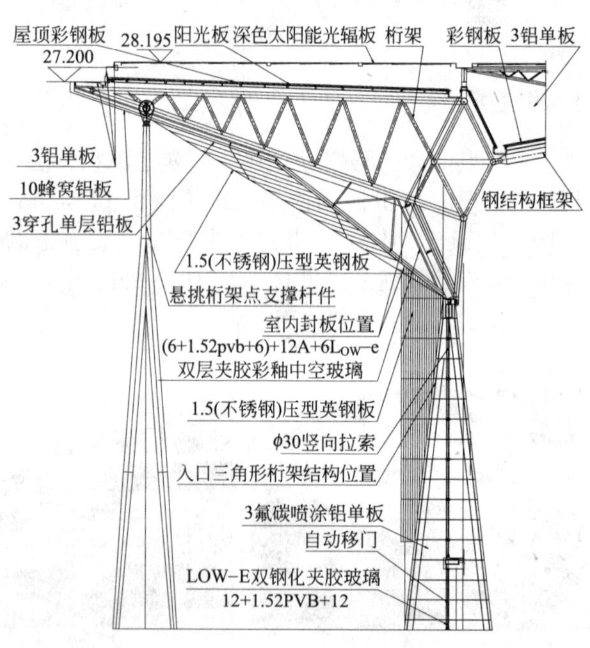

图 3 主题馆南北立面剖面

通过屋顶南北面交汇形成的巨大翼展，由下向上看形成两个 291m 长，19m 宽的折纸式机翼，由翼尖 10mm 蜂窝板组成坚挺的翼尖，3mm 穿孔铝单板镂空 10mm 的翼身和 1.5mm 不锈钢板镂空 200×200mm 的界面组成，根据钢构变形大的特点，采用了全挂是连接的做法，并增加防止上跳措施，来保证不锈钢板和穿孔铝单板的系统对变形和变位的吸收，保证平面沿钢构斜面一致的效果。

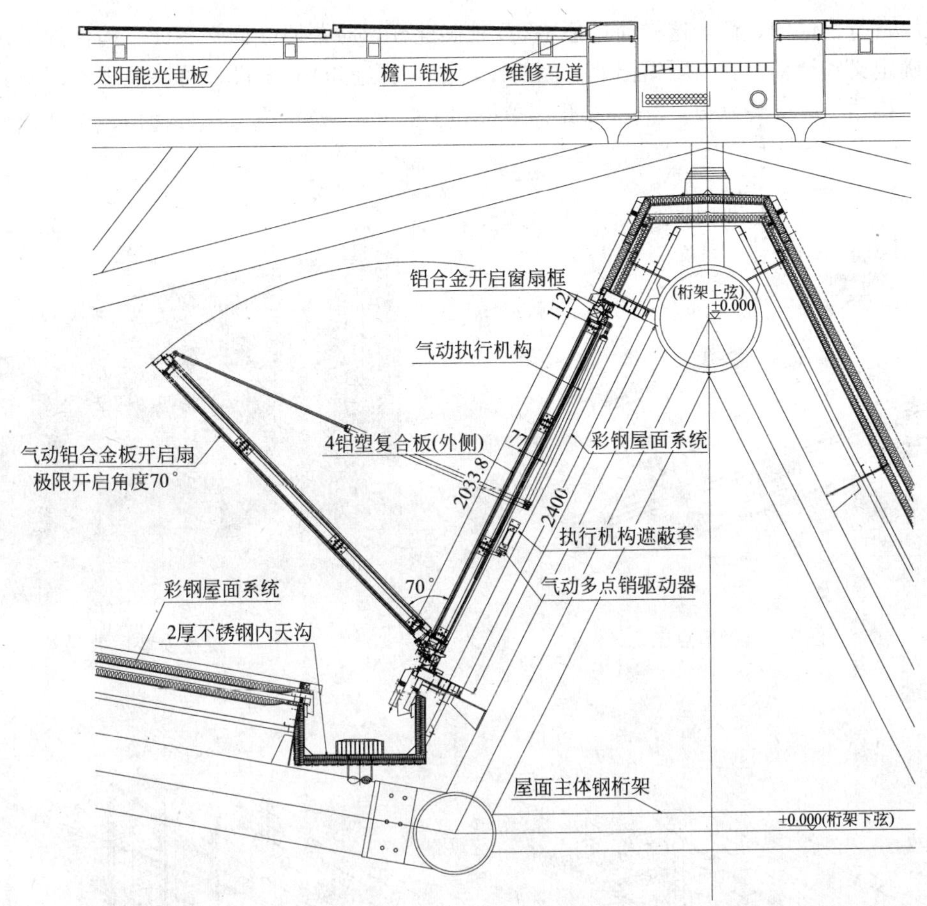

图 4　屋面体系示意图

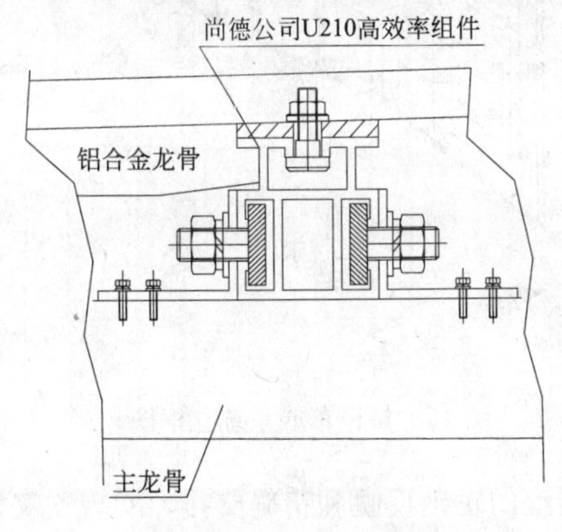

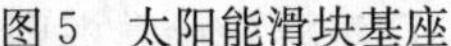

图 5　太阳能滑块基座

图 6　挑檐内侧安装：反吊工艺

2　主题馆外皮幕墙设计理念及实施

2.1　3D 模型信息化建模设计

建筑信息化模型 BIM 设计在建筑设计领域越来越普遍，但它更关注建筑系统中构件的相互关系和系统构建尺寸，构件之间冲突的检查和对其修改变得更加方便和高效。但对幕墙来说还要关注自身构件的特性，这样通过幕墙 3D 精确建模，对幕墙立面交界面、构件加工的尺寸进行精确定义和计算。在主题馆南北立面的设计中，通过 3D 立面设计可以显现不同交界面的连贯性，挑檐 10mm 蜂窝板，3mm 穿孔铝单板和 1.5mm 不锈钢板交接缝与衔接空间关系精确反映。

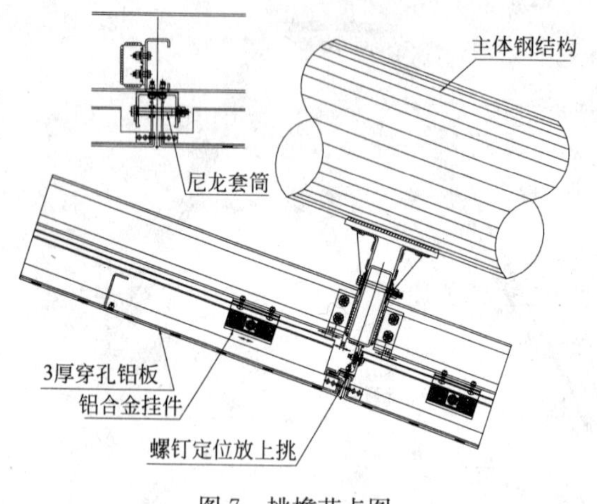

图 7　挑檐节点图

图 8　挑檐安装后效果

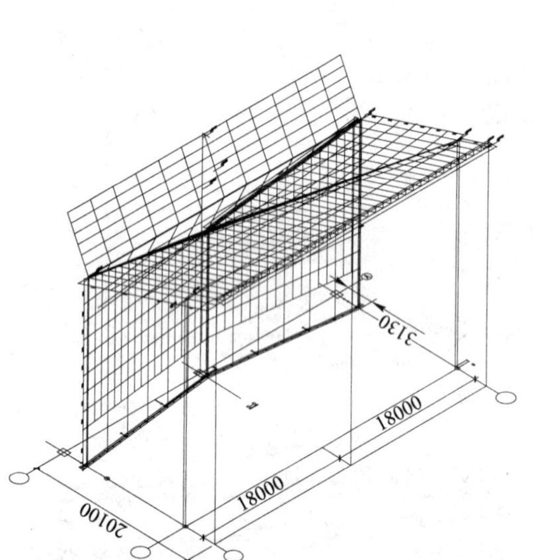

图 9　挑檐幕墙系统分格图

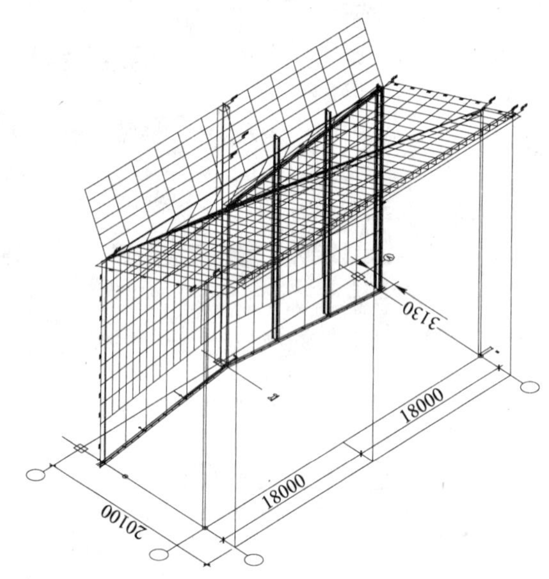

图 10　挑檐幕墙系统立框图

复杂挑檐三维 CAD 立体立框图，保证了外立面造型的正确反映和精确交接，实现交叉定位，确保相互之间的连接和分格接缝的一致性和整体性，通过 3D 建模设计立框图，可以直接摘取构件加工信息，确保复杂空间构件加工图的准确性。这种 3D 模型化集成化设计理念贯穿整个主题馆的设计中，包括屋面集成(异型屋面＋支撑钢结构＋采光顶及排烟窗＋光伏发电组件等)和立面集成(大跨度支撑钢结构、幕墙龙骨、玻璃、蜂窝板及不锈钢板等)设计，它的设计优越性体现在：出错率低，加工图和实际造型一体化，界面分格完整而封闭化，幕墙的框料和面材料尺寸得到真实体现，保证了设计准确性和把握度。

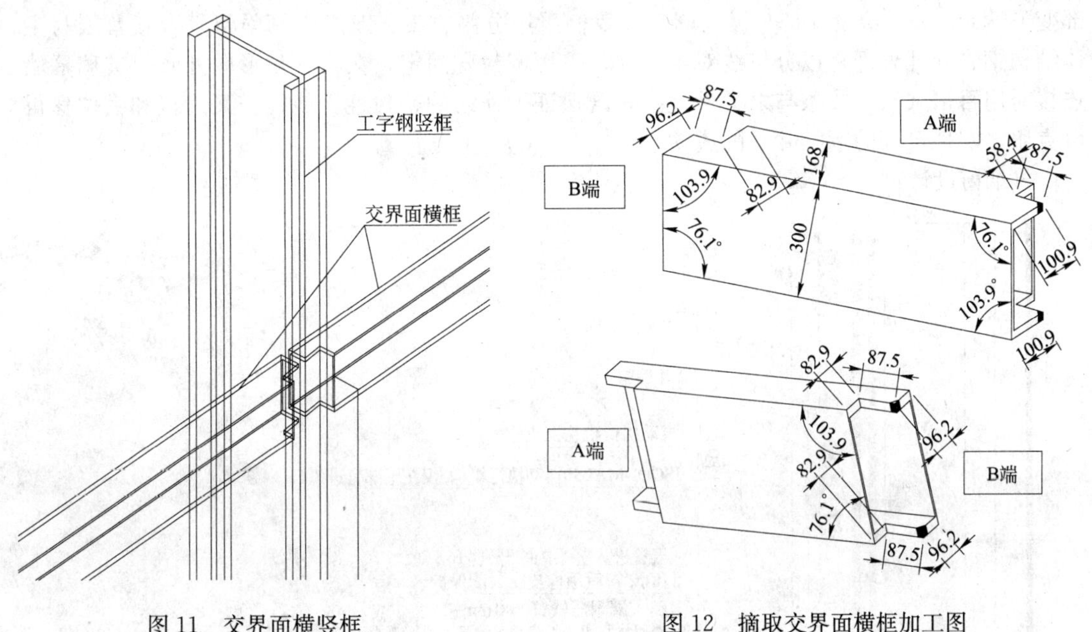

图 11　交界面横竖框　　　　图 12　摘取交界面横框加工图

以上设计采用 AutoCAD、Revit(及 Navisworks)、Inventor 等 3D 建模软件来实现的。

2.2　系统化设计

2.2.1　幕墙设计及配套设计

幕墙设计除了关注幕墙本身，也要关注相关配套设计才能保证建筑系统的合理运转。南北立面幕墙为大跨度框架式钢结构玻璃和不锈钢金属幕墙系统。顶部倾斜区域采用全钢化 Low-E 中空夹胶彩釉玻璃，顶部封修采用外侧 1.5mm 粉末喷涂镀锌钢板＋50mm 保温岩棉＋4mm 氟碳滚涂复合铝板。倒倾斜幕墙与钢构支撑挑檐钢管形成多点交叉，并且挑檐主体悬挑钢构端

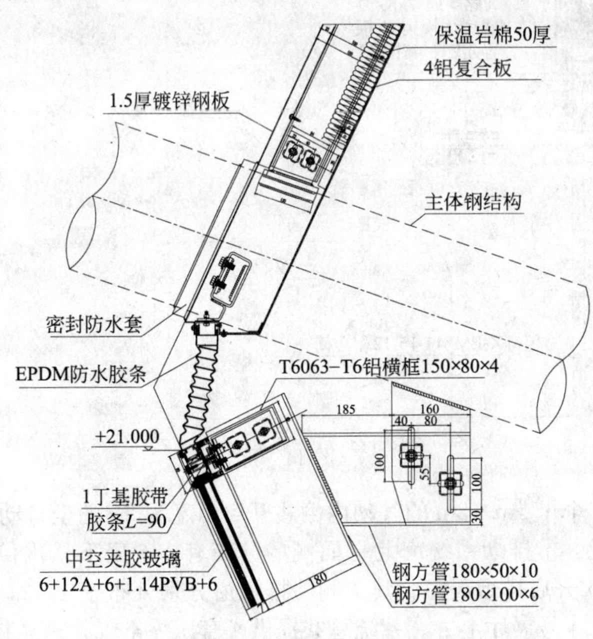

图 13　三角形向外倾斜玻璃组合式幕墙

部变形达 80mm，给设计带来极大麻烦，我们采用分割方案，双层内倾斜铝复合板幕墙与主体结构钢管穿孔处理，以分格线对半穿孔，采用密封套固定。在与三角形向外倾斜玻璃幕墙连接时用百褶式双层胶条与之柔性连接，既保证了连续的密封性，使得交叉连接和大位移得以克服，实现幕墙的刚柔并举的成功。

排烟窗设计：

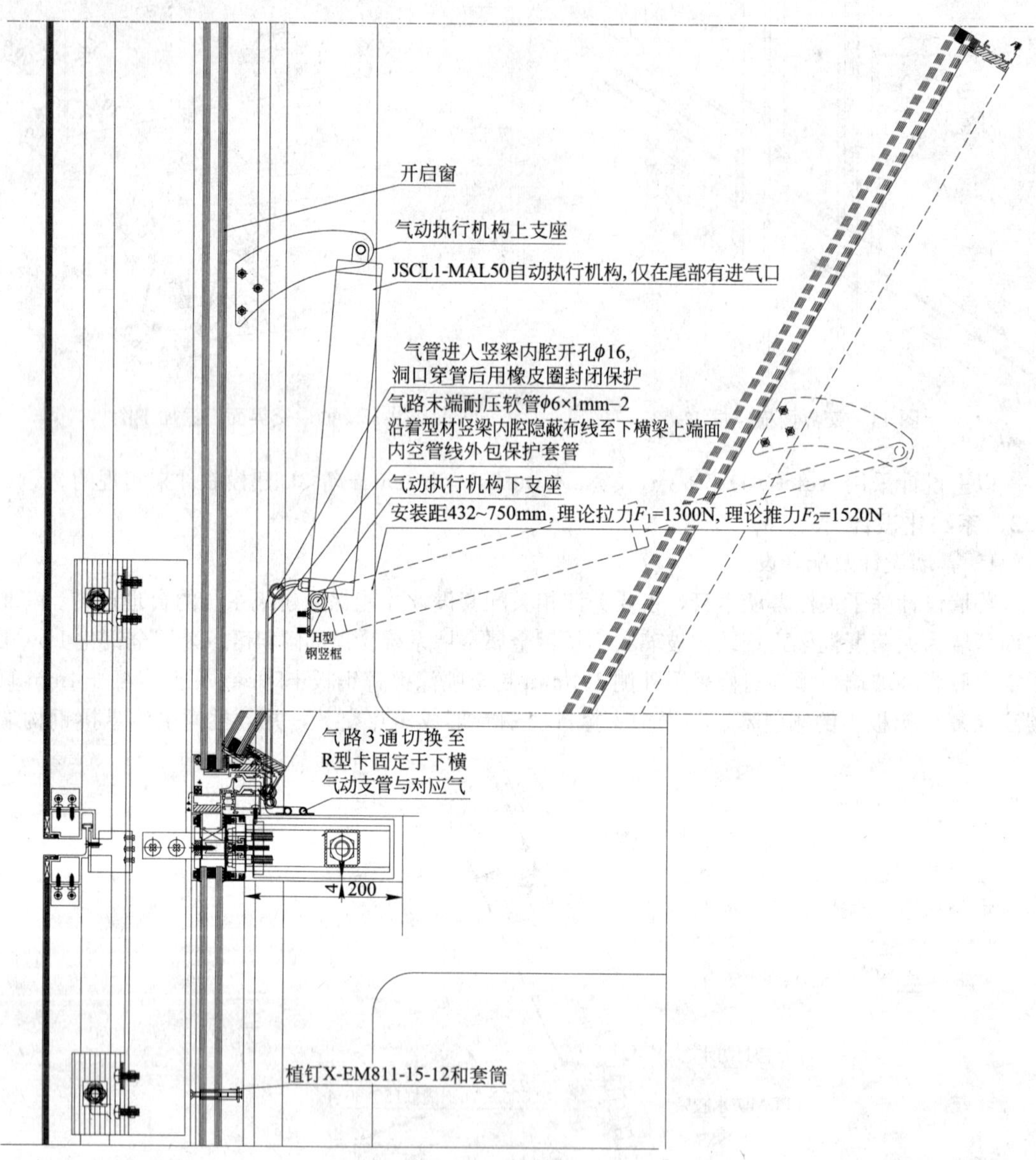

图 14

南北立面共有 136 个 1.5m×2m 的气动内倒式开启角度为 30°的全自动排烟窗。

内部排烟分区概况：本排烟系统南北立面侧墙分布有 136 扇下悬内倒 30°开启排烟侧窗，112 扇屋面下悬外倒 70°开启排烟天窗。其中侧墙排烟窗分别分布于 1，2，3，4 号展厅，屋面排烟天窗分布于 2，3，4 号展厅上方。系统总共提供 4 套压缩空气处理系统，置于指定的空调机房内，电线采用 ZR1.5×2mm。本系统管路所用为(PZ-JDG)(PZ-KBG)ϕ20×1.2mm 套接紧定式热镀锌钢导管，管线内置于框内，隐蔽效果好。南北立面侧墙下悬内倒排烟侧窗，属于幕墙窗型设计，来替代专业平开内倒窗，使外幕墙外露明框效果与四周幕墙其他部位完全一致。本系统排烟窗既可分段控制，也可整体控制。消防排烟窗和气动管路、气动站、控制器和控制柜配套设计，能更好的系统化幕墙与建筑的结合，保障整体的设计和使用功能。

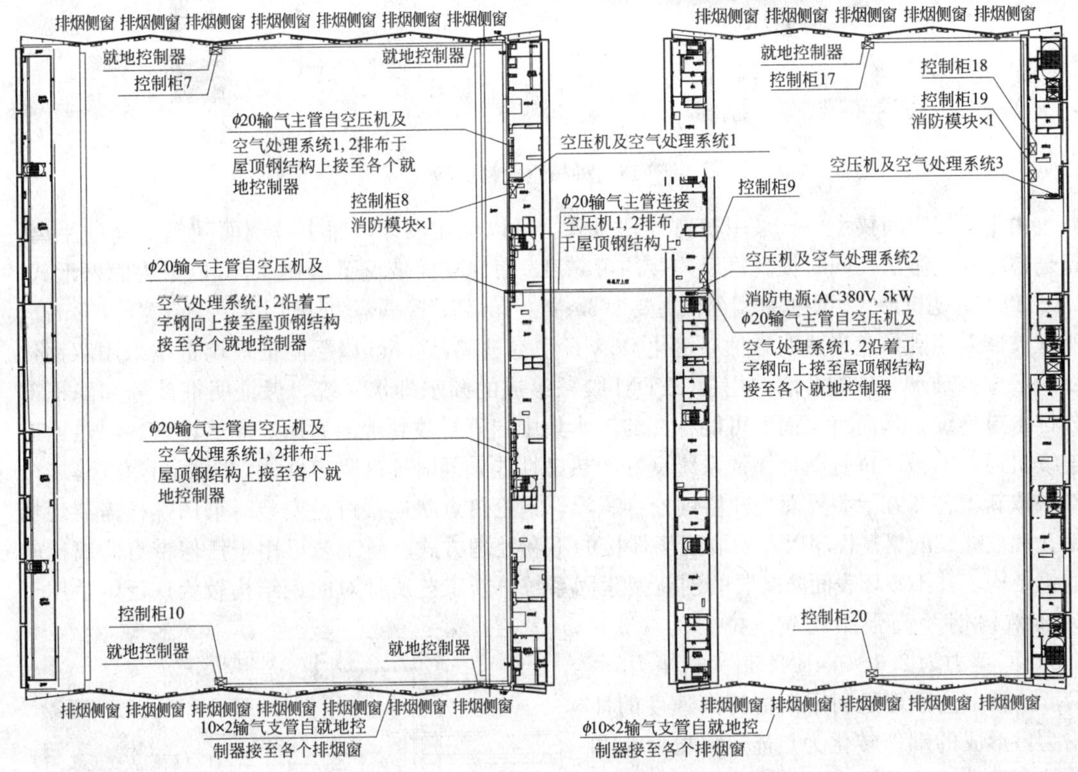

图 15 排烟管线平面布置图

LED 设计：

图 16 LED 白天效果(隐蔽处理)

图 17 LED 夜间效果

内嵌式 LED 灯组件，走线和维修马道与幕墙外观协调一致，能展示璀璨的灯光，配套设计不外露，达到了建筑外皮设计的要求。

2.2.2 根据工程特点系统考虑其幕墙功能设计、制作、安装工艺和维护方便性

幕墙大面设计：

图 18 种植钢枪钉螺栓

由于连接空间狭小——采用植钉处理方式，可以优化设计，缩小玻璃面到钢框间的距离，超越幕墙常规做法，同时提高幕墙连接的可靠度。南北立面玻璃幕墙在 4.5m 以下为隐框形式，4.5m 以上为明框形式。明框幕墙分格主要为 3m 宽，2m 高；隐框幕墙分格主要为 3m 宽，4.5m 高。明框玻璃采用乳白色半透明彩釉双钢化 Low-E 中空玻璃，4.5m 以下隐框玻璃幕墙采用双钢化 Low-E 中空玻璃，玻璃幕墙采用由 EPDM 胶条组成的漏水排水系统，保证明框部分和隐框部分排水道连续，从而将立面上可能存在的渗水集中向下排放到地面。做好隔热设计，隔热通道连续贯通，不被冷桥打断，保证系统良好的热学性能，同时提高隔声性能。明框和隐框幕墙全部采取新工艺，在承载界面上种植钢枪钉螺栓，钢枪钉点状连接避免安装时采用螺栓需要现场钻孔和攻螺纹的繁复程序以及采取现场焊接的不利处理方式。新工艺可用于任何带有防腐措施的钢结构，并不破坏表面防腐层的创新型紧固系统。新工艺所针对的钢结构较为广泛，适用于标准结构钢及高强结构钢。拉力为 1.8～2.3kN，剪力为 2.6～3.4kN，最大扭矩为5～8Nm。新工艺原理是利用钢枪钉高速度的冲击力，形成的动能转化为热能，将枪钉头和连接钢板的攻击孔表面融化，形成良好相互吻合的麻面连接，使钢板与枪钉牢固的连接在一起，通过这种独特的紧固技术，实现了与基材的真正熔合，确保长期高强的紧固力。将预先制作好的套筒与枪钉螺纹扣安装好，就可以安装玻璃和面材了。主题馆幕墙工程采用的这种新工艺开辟了幕墙连接体系的新开端。

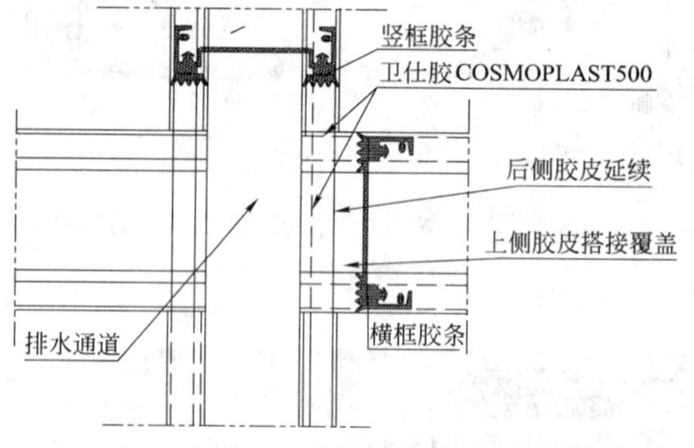

图 19 幕墙排水通道示意

图 20 内转角横竖框连接

图 21 直立面横竖框固定连接方式

主题馆幕墙工程南北面立框采用横竖框固接方式。这是幕墙设计中不采用的一种形式，即幕墙横框承受主体传递的力。幕墙横竖连接(6m 长)方式显得非常重要和特殊，采用 Q450 钢材作为横竖框连接件来增加连接强度满足设计需要。与挑檐相接的南北立面 4.5m 以上的幕墙，立面设内倒气动通风窗。开启扇设置 3 道防水保证良好水密性和气密性。窗开启角度可达 30°。采用隔热型材，保证良好隔热性能。气动执行采用铝型材外罩遮蔽，满足建筑内视效果要求。幕墙结构底部承重，顶部只承受水平力。幕墙结构及板材间均设置伸缩缝，满足热变形要求。通过与主支撑空腹钢立柱的加工及安装单位的配合，保证钢幕墙最终安装公差控制在 ±3mm 内。在需要防火隔断的区域设双高密度 12mm 厚纤维水泥加压板(密度 1.6g/cm^3)，100mm 防火岩棉和 1.5mm 镀锌钢板，满足建筑防火要求。南北立面 4.5m 以上的幕墙，层次相间，内层是玻璃幕墙，外层是黯黑蓝色的不锈钢板，采用折纸式英钢板(不锈钢)开出错落别致镂空 0.2～0.8m 的方孔并镶嵌着 LED 灯的立面，由外层幕墙与内层玻璃幕墙相互结合组成了灯箱效果别致的幕墙。在英钢板后面的幕墙上设置了 2m×3m 的气动联控内开式排烟窗，保证消防排烟的要求。白昼当阳光映照在这蓝黑逗点组成的凹凸不平的钢板上，它会折射出衍射式光彩，夜晚镶嵌着 LED 灯的立面将变幻出五彩缤纷的图案和字样。英钢板的遮挡使得幕墙的透光率大为降低，显著提高了幕墙的隔热性能，U 值小于 2.5。

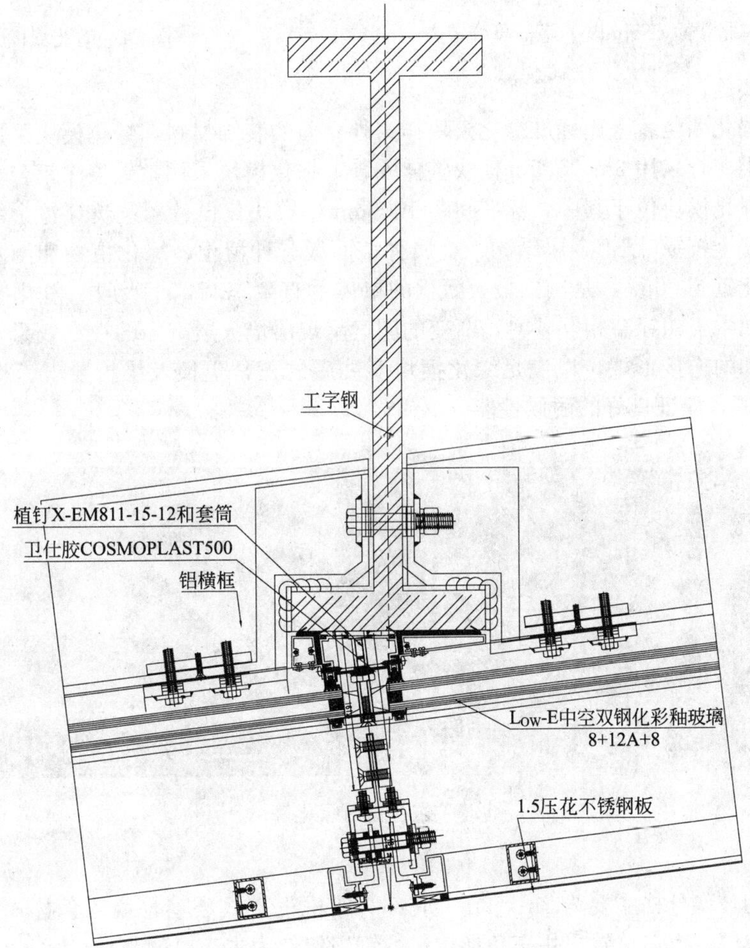

图 22　南北立面 4.5m 以上明框幕墙节点

英钢板上的镂空也成为了鸟的故居，体现了人与自然，人与世界的共融美好景象。南北面4.5m以下隐框部分没有外露冷桥，采取了隐框玻璃幕墙系统玻璃无付框连接的新工艺，玻璃压板直接压在内片玻璃上，节省了铝型材的用料，避免了隐框幕墙付框与压板与横竖框连接时的错位的弊端。在3×4.5m玻璃上采用的这种新工艺 还是首创。框粘结玻璃，节省了材料，同时排水通道保证了密封性能，内置玻璃压板，使幕墙内视效果更加完美。

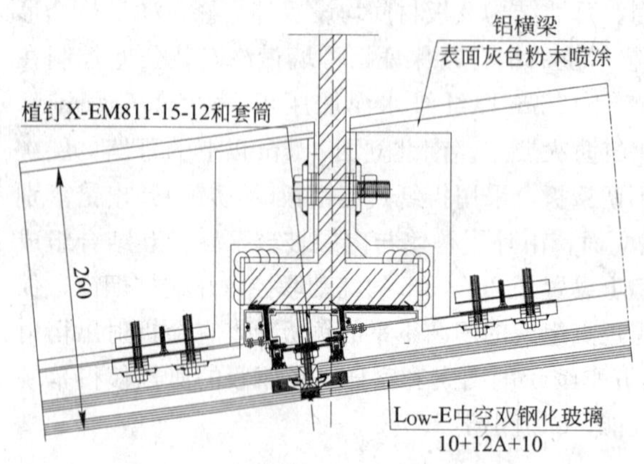

图23　南北立面4.5m以下隐框幕墙节点

图24　南北立面效果

环保理念实施：

东西立面绿化墙位置采用标准绿化模块作为外立面的装饰材料，绿化模块采用钢龙骨作为主支撑形式。钢龙骨采用3m×5.2m模块整体安装，绿化模块采用氟碳喷涂铝合金型材及钢结构作为间隔，绿化模块位于其中，标准间距1000mm。模块化设计系统贯穿整个绿化墙，东西两墙，被称为“金枝绿叶”：金属结构、金属种植面板、种植土、绿化植物和滴灌系统，共同组成的垂直绿化近6000m²，是国内最大面积的单体垂直生态墙，年吸收二氧化碳4t。金属质感的墙体与碧如翠玉的绿草相互映衬，渐变的图案呈现出焰火般绚丽的视觉效果。钢架和绿化模块采用可拆卸的连接形式，以满足绿化模块安装后的正常更换及维护要求。检修通道采用4mm热镀锌格栅，保证良好的耐候性能。

图25　东西立面绿化墙

单索幕墙：

单索幕墙的玻璃分格主要为2m×2m。底部为明框框架式玻璃幕墙、套叠式自动感应门、铝合金有框地弹门。入口位置采用三角形构造的钢支架作为主支撑(配合设计院设计)，通过在工厂内预制的钢耳板与单层索网幕墙之不锈钢连接件连接。三角形构造采用3mm氟碳喷涂铝单板，3涂2烤，厚度不小于40μm，干挂式结构。单层索网幕墙位于三角形构造之内，幕墙整体挠度限值为$L/50$，采用双片透明夹胶钢化玻璃，菱形不锈钢爪点，玻璃胶缝宽度12mm。通过结构计算确定拉索尺寸ϕ20和ϕ30mm通过预应力调节装置调整索网张紧力。索网幕墙与底部入口门位置采用箱形钢横梁分隔，钢横梁外包3mm氟碳喷涂铝单板。底部入口位置采用竖向明框的幕墙构造为基础，两侧为入口门。套叠式自动感应门及铝合金有框地弹门均采用成熟的成品门构造形式。

3 结论

本文总结主题馆外皮设计、施工和维护过程中的经验，认为：

(1) 外皮为复杂的异性几何体，建筑采用3D建模设计，能有效地提高构件设计准确性，提高施工效率。所以3D建模设计为复杂外皮设计的方向，专业公司应加快建立这方面的软硬件能力。

(2) 随着幕墙集成程度的提高，集成设计成为外皮设计方向，应充分关注外皮配套设计，确保复杂建筑“机体”在其寿命期内的正常运转，降低维修费用。

(3) 节能、舒适设计是设计师外皮设计重点之一，但更应考虑主动节能和环保的设计——例如，使用植物墙体等。

(4) 新工艺的使用为幕墙新设计理念的实施提供了保证。例如，本工程植钉工艺为节省施工周期、降低现场火灾发生概率起了很大作用，可以推广。

主题馆幕墙共35个系统，它覆盖了整个场馆的每个表面，每一天都向人们表达着最美的外观，向人们伸展着强劲的机理和线条，充分展示世博新技术、新理念。着重反映当今世界快速城市化和城市人口加速增长的背景下，地球、城市、人三个有机系统之间的关联和互动，揭示创造更美好的城市，更美好的生活的关键所在。

世博地铁13号线卢浦大桥站，世博园站深化设计

张　铭、石　磊
（上海一建设计中心装饰设计所）

摘　要：世博会既是每个时代最新文明成果和人类智慧的大汇聚，也是东道主动员全国力量，全方位展示本国社会、经济、文化成就和发展前景的最好机会，是国力强盛的象征和国际地位提升的重要标志，是对中国经济实力的认可，也必将对中国社会全面进步、人民生活质量的提高产生巨大的推动作用。

此次承建的地铁十三号线装饰安装工程是上海世博会的配套服务工程。本工程将在运营期间承担百分之五十的客流用来缓解大游客流量带来的交通困难，同时也将连接世博园会浦东、浦西两大展区，因此我司上下高度重视在工程筹备阶段就多次召开相关研讨会不断完善施工组织方案以确保本工程的顺利施工，在人员配置方面公司倾注了大量优秀的人力资源，为工程打造出了一支优秀的管理团队(包括公司资深专业设计师)能够确保工程各方面的要求。此外参建员工在思想上认识到本工程的重要意义行动上高度统一以饱满的热情、严格的自我要求、认真负责的工作态度投入到了工程的战斗一线中去。为世博会的圆满举行而不懈努力奋斗！

关键词：世博配套工程，高效满意，装饰施工

一、项目背景及工程动员

世界博览会是人类文明的驿站。自1851年伦敦的“万国工业博览会”开始，世博会正日益成为全球经济、科技和文化领域的盛会，成为各国人民总结历史经验、交流聪明才智、体现合作精神、展望未来发展的重要舞台。

轨道交通13号线是地铁世博专线，将在世博会期间承担输送世博园区内观光游客的重要任务。工程全长5km，有4座轨交车站，其中世博园站、卢浦大桥站在世博园区内，格外重要。上海一建设计中心装饰设计所承担了这两个车站的施工深化设计。

世博园站位于浦东世博园区内，为地下二层车站，配线是一岛一侧形式。车站主体建筑面积为23189m²，车站设置4个出入口。

卢浦大桥站位于浦西蒙自路、华东路交界处，为地下二层车站，为岛式车站形式。车站主体建筑面积为9964m²，车站设置3个出入口。

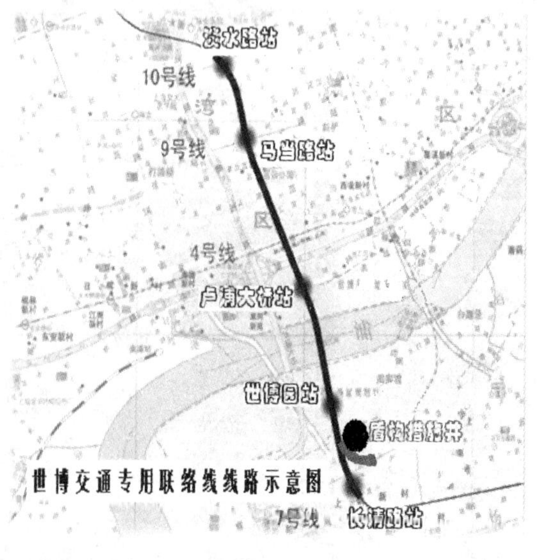

图1　卢浦大桥站世博园站位置示意图

为了确保工程的顺利实施，开工之初，公司工程部就召开动员大会：讲形势、讲任务、讲目标，统一思想。动员大会上，集团公司领导特意赶来。强调："地铁十三号线是上海世博会的重要组成部分，是政治工程，工期紧、任务重，我们应为有幸参加这一重点工程建设而深感自豪！项目部全体员工要把这一工程作为树立国家形象、体现企业施工能力、展示企业形象和赢取上海市场信誉的窗口，建好它意义非凡"。

二、项目特点

特点一：世博配套工程政治责任大、变数多，工期紧。

本工程为世博主配套工程，责任重大，对工期有很高要求。首列列车 2010 年 1 月 8 号上线调试。我们工作时间为 2009 年 4 月 1 日到 12 月 26 日，需要完成所有装饰深化设计和施工工作，本来时间尚充裕，但是 4 月份土建尚未全部完成，由于修改变更较多，土建图纸、现场实际施工情况以及曾经确定的装饰方案有许多矛盾之处。部分专业分包单位尚未完全确定，部分专业分包的设计无法开展。导致后期工作的变数大，牵涉的单位多，时间不容易确定。

特点二：专业接口多

作为装饰深化单位需要对接的部门多，包括业主方、设计方、施工方。设计方包括土建设计(建筑、结构、水、电、风)、装饰方案设计、各专项设计单位(通信、信号、接触网、屏蔽门，导向，广告，商业开发)、各材料分包供应商深化设计单位(金属吊顶、搪瓷钢板、不锈钢、石材)，共计 17 家单位。

特点三：工程质量要求高

地铁采用总装集成式的设计施工工艺，就是所有的材料在工厂加工成半成品，现场安装。真正做到工厂化、模数化、装配式，现场没有切、割、锯、刨。除了地面石材铺贴以外消除湿作业。这要求厂家的加工图与现场误差降低到可容许的有限范围内，各厂家的图纸完全能够在我们的图纸上整合，这样才会在现场匹配。这对所有的设计都提出了很高的深度要求和协作要求。作为总装集成的最后单位，责任和压力都很大。在各家的图纸匹配上不仅要考虑结合，还要考虑前导施工的单位为后续施工安装的单位留下施工空间，甚至预留埋件。处理好所有的接口关系。这要求设计师必须在本专业的基础上了解相关专业工艺流程、施工进度，要求设计工作更加细腻，考虑更加周到。严格控制工序质量，保证工程质量。

特点四：标准高、采用大量新设备

上海地铁从一号线到十三号线，每条线路都有一建装饰设计的足迹，标准最高的是世博园站、卢浦大桥站、人民广场站、虹桥枢纽站，因为这是上海的形象。在 13 号线这两个站中，除了装修标准明显提高以外，工程中采用了大量的新设备、新材料，其中通风与空调系统采用了螺杆式冷水机组，变频回排风机等。这对各工种的设计和协调要求都提高了。照明系统管线多、需协调配合专业多，与相关专业接口关系密切，系统调试复杂。通风与空调系统各大系统调试比较重要，牵扯到风机厂家，消声器厂家，空调机组厂家，FAS，BAS，动力照明等的配合比较重要。安装管道的安装直接影响到装饰完成面的标高。标高 3m 是个硬指标，现实情况给设计师提出一个又一个的难题。

三、解决的措施和步骤

1. 在地铁的施工过程中，众多的设计单位(建筑设计、装饰方案设计、通信、信号、接触网、屏蔽门，导向，广告，商业开发等专业单位)和施工单位(建筑施工，装饰施工、安装施工及各系统施工等)的工作进度千差万别。有的设计单位还没开始设计，但有些设计单位图纸已经修改了三四版，有的施工单位已经进场施工了但有些施工单位却要到施工中后期才进场。在这样的错综复杂的关系中如何协调各单位的工作，整合各方图纸成为项目施工顺利开展的关键。有鉴于此我司积极与相关设计施工单位进行沟通，了解其设计施工方案然后不断修改、调整、完善我司的施工计划。

装饰施工是整个施工项目所有工作的最后一步，直接关系到整个项目最终效果的体现。装饰施工却又受到之前各工作的限制，任何专业的安装误差都可能导致装饰效果的偏差。所以由装饰设计来总的协调各设计、施工单位成为必然。

由于项目参与的单位众多，设计图纸各家出各家的其中必然存在大量的矛盾冲突和脱节的地方。这些问题不解决，不仅对以后施工进度造成影响，更可能会造成返工浪费资金。因此在施工前要尽可能的分析各单位图纸，把各单位的图纸整合到装饰设计图纸中，发现问题，提出解决方案。在尽量保证原装饰方案设计的前提下，对装饰图纸进行初步深化。对一些不合理的节点进行优化设计。比如合理深化搪瓷钢板原钢架材质、排列，通过与搪瓷钢板供应商的协调优化挂件的节点，不仅使工艺设计技术合理，还可以使制造和施工技术合理，提高项目施工的可行性，同时控制项目成本。考虑到世博的特殊运营要求对节点优化。比如由于车站在世博会期间是不设自动售票机的，我们在深化设计中考虑既满足世博会期间的美观要求又满足世博会后常态运营的需求。预留了自动售票机的位置但用墙面钢板围合，常态运营时把前面板拆除。通过简便的处理就可推入自动售票机使用。

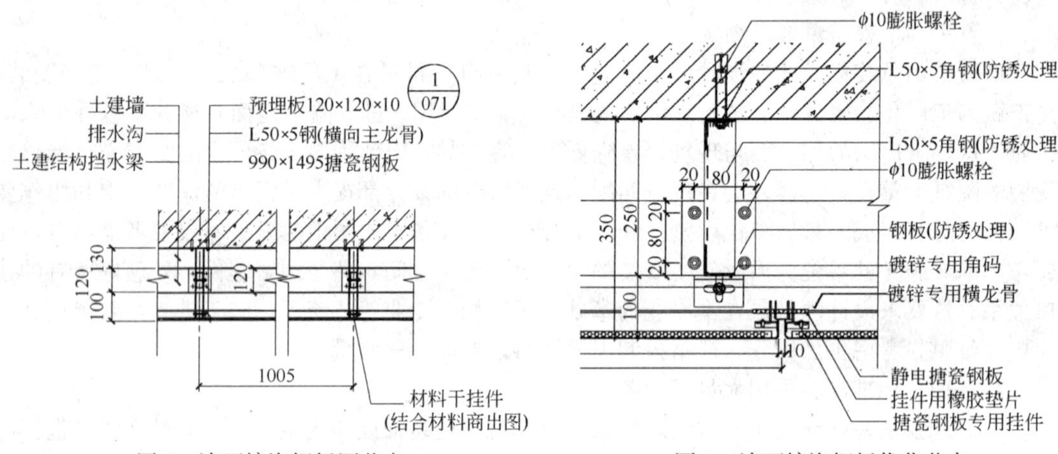

图2 墙面搪瓷钢板原节点

图3 墙面搪瓷钢板优化节点

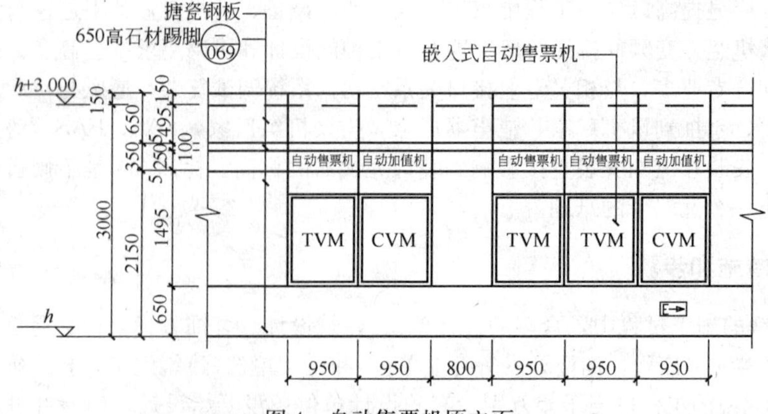

图4 自动售票机原立面

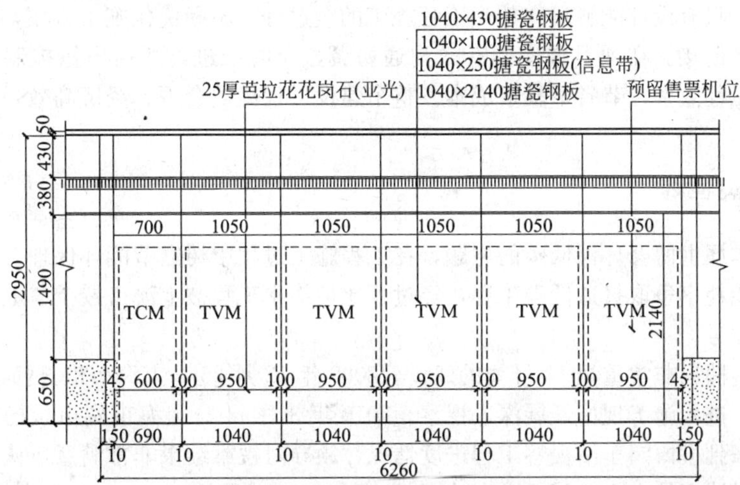

图5　自动售票机优化立面

召集业主，建筑设计，装饰方案设计等单位，对深化设计中发现的问题及已经优化的节点进行汇报讨论。结合业主，设计，各专业单位的意见不断的修改和优化设计。将各单位可以预见的问题得到解决。使装饰工程可以快速推进。

特别在短工期的施工过程中，深化设计可以积极配合装饰施工的工程进度计划，有针对性的安排深化设计的工作内容。哪些工作马上要完成就结合这些工作的相关专业单位进行优先深化设计，有力推动施工工作的顺利展开。

2. 设计人员通过召开设计交底会议使项目技术人员提前熟悉图纸，深刻领会了设计意图，并对图纸中存在的疑问要求反馈，为确保施工的顺利进行打下坚实的基础。加强与系统单位技术人员的沟通与联系，及时了解情况，为保持最大限度的搭接施工创造条件。联系材料供应商共同对现场的细小节点部位的处理进行现场指导。

3. 装修项目均要可先做样板，经设计、业主和监理单位共同检查合格后再大面积施工，避免大面积返工。

4. 积极推动绿色建材的广泛使用，所有主材及辅材都严格按照国家有关环境标准，进场材料必须有检验报告、质量保证书、产品合格证。全部通过国家及上海地区相关材料放射性等相关测试报告。

图6　样板段实景照片

图7　竣工实景照片

实践证明，只有设计能够贯穿整个工程施工的全过程，不断优化施工方案，确保设计、施工、安装的无缝衔接。在项目推进中有效沟通协调，及时推进，严格质量控制，减少中间环节，极大提高工程效率，节省了投资成本。整个建设过程优质合理、经济高效，充分体现出设计协调的优势。

四、效果与外界评价

为了体现本届世博会环保低碳的主题，在工程施工过程中树立节能环保理念积极采取节能措施严格控制能耗率争取打造低碳工程，经过评比最终本工程被上海市授予“上海市建筑节能示范工程”的称号。

市政府和世博局非常重视13号线的建设。2009年12月25日上海市市长韩正到地铁13号线世博园车站，进入施工现场开展深入视察。2010年3月11日上海市副市长杨雄及世博局局长丁浩也带队来到世博园车站视察工程进度情况，领导对视察结果非常满意，认为整个工程建设体现了上海世博会的人文情怀及上海速度。

现在整个世界在看中国、看上海。每天世博接待40多万左右的游客，经过13号线来世博的游客超过10万人。当我们走进世博园参观的时候，汇入人流，就像一滴水溶入大海。大海里的每一滴水都在为中国的发展以及中国与世界的交流作贡献，我们由衷的为上海、为中国、为世界感到骄傲和自豪。

有才华有能力的设计师有很多，我们只是很幸运的有机会为世博贡献了自己的一份心血和努力。我们是默默的世博“地下工作者”。

图8　世博园站出入口实景图

金晶超白玻璃在世博工程上的应用

高庆鹏
（山东金晶科技股份有限公司）

摘　要：材料作为建筑的主要组成部分，在建筑发展过程中带来的诸多理念起到非常重要的作用，玻璃是一个很古老也很现代的建筑材料，从前期的遮风挡雨的功能演变为建筑装饰不可缺少的材料，成为妆扮都市建筑不可缺少的一部分。超白玻璃更是一种新型绿色建材产品，它以其晶莹剔透似水晶的特性、高安全性等优势在近几年的国内外高端建筑领域掀起了一股使用浪潮。从奥运工程鸟巢、水立方到北京第一高楼国贸三期，从中国第一高楼上海环球金融中心到世界第一高楼迪拜塔，都使用了大量的超白玻璃。特别是上海世博会工程中的大量应用，使得金晶超白玻璃更是声名鹊起。正是由于超白玻璃在世博建筑师的创意下使城市让生活更加美好，这也是金晶在世博会过程中所倡导的理念。作为金晶——玻璃行业的领军者，扛起了中国玻璃工业的大旗，1904 年金晶的原址基础上生产出第一块摊片式的平板玻璃；2005 年，中国第一片超白玻璃又在金晶科技下线，打破了国际的技术垄断，随后相继开发出 22mm、25mm 超厚超白玻璃和 15m 长的超长超白玻璃，为中国的超白玻璃开创了一片天地(图 1)。

图 1　金晶科技厂区

超白玻璃以其晶莹剔透的水晶质感被广大世博工程建筑师所崇尚，在世博工程中中国馆、阳光谷、演艺中心、法国馆、民营企业馆等诸多场馆中都留下了金晶超白玻璃的身影。超白玻璃在各个场馆中是如何应用的呢？

中国国家馆以“东方之冠”为构思主题，取自中国古代木结构建筑中的元素——斗栱。主色调运用传统、沉稳的“中国红”。“东方之冠，鼎盛中华，天下粮仓，富庶百姓”的设计理念体现了中国文化的深厚积淀；1.96 万 m^2 的屋顶相当于两个半足球场大，是世博园区一大特色亮点。中国馆 63m 高顶层的悬空观光廊全部使用金晶超白夹胶玻璃。超白玻璃的配置为：12mm 超白＋1.9PVB＋12mm 超白＋1.9PVB＋12mm 超白三层夹胶玻璃制成，尺寸为：4500mm×1350mm，透过脚下的悬空超白玻璃能够俯瞰世博园和浦江两岸美景(图 2)。

图 2 中国馆仰视图

世博"阳光谷"顾名思义就是让自然光洒落"谷底"，由地上地下各两层组成，总占地面积约 13 万 m^2，总建筑面积 25.1 万 m^2。是一个集商业、餐饮、娱乐、会展等服务于一体的大型商业、交通综合体。连接世博会中国馆、主题馆、世博中心和演艺中心 4 大场馆及周边 7 号及 8 号轨道交通线的主要人行交通枢纽。

阳光谷每个高 40m，结构下小上大，小处如篮球场地大小，上口直径为 90m。六个独立的单体阳光谷钢材网框架里镶嵌的都是金晶超白玻璃，其功能是让自然光透过"阳光谷"倾泻出来，加强地下空间的采光效果。超白玻璃的高透光率的性能在此处发挥得淋漓尽致，整体总用量为 13 万 m^2，属于世界单体玻璃景观建筑之最。配置为：8mm 超白＋1.52PVB＋8mm 超白三角异型夹胶，共有 40330 块，每一块的形状都不是固定的，这个当时给我们带来的难度是非常大的。

整个阳光谷采用世界领先的 LED 大规模分布式控制技术，可显示文字、图形、视频等，展现壮观奇妙的艺术灯光场景，正是超白玻璃对色彩有很好的还原性的特点，让 LED 真实的色彩得以体现(图 3～图 5)。

图 3 阳光谷的全貌

图 4 阳光谷夜景(LED 灯光效果)

演艺中心总建筑面积 12 万 m^2，地上建筑面积约 4.5 万 m^2，地下建筑约为 2 万 m^2。世博演艺中心作为上海世博会最重要的永久性场馆之一，造型呈飞碟状，在不同角度与不同时间会呈现出不同形态。白天如"时空飞梭"、似"艺海贝壳"，夜晚则梦幻迷离，恍如"浮游都市"。

演艺中心的内外装饰大量使用超白玻璃，主要是用在天幕、环廊、电梯栏板，其中超白玻璃的应用为该建筑成为上海全新的时尚文化地标奠定了良好的基础。其中幕墙使用超白玻璃加工成高透型 LOW-E，色彩自然、还原性强，与整体建筑融为一体，起到很好的采光效果，处于地下公共空间的观众可以透过天棚看到室外的建筑，夜间灯光效果更佳(图 6～图 8)。

图 5 阳光谷局部照片

图 6 演艺中心的外景图

图 7 立面幕墙采用超白 low-e 玻璃

配置：8mm 超白 low-e＋20A＋6mm 超白＋1.14PVB＋6mm 超白

图 8 地面和建筑外安全护栏采用超白玻璃

配置：10mm 超白＋1.52PVB＋10mm 超白

法国馆被一种新型混凝土材料制成的线网“包裹”，仿佛“漂浮”于地面上的“白色宫殿”，尽显未来色彩和水韵之美。其中内部的汽车展厅和巴黎奥赛博物馆七幅法国国家珍藏品的橱窗玻璃都是使用金晶超白玻璃制作而成，确保了各种珍品画的真实面貌展现在观众面前，让人感觉像没有玻璃一样(图 9、图 10)。

图 9 法国馆的外景图

图 10 汽车展厅用超白玻璃，配置为 12mm 超白钢化玻璃

还有中国的民营企业联合馆和各种公共区域的里面和栏板都是用金晶超白玻璃，金晶超白玻璃让 2010 年世博会的主题—“城市，让生活更美好”，体现得更加完美，为广大设计师构想的实现提供了很好的载体。近几年，国内外诸多高端的建筑工程都使用了金晶超白玻璃，为什

么诸多工程都使用了超白玻璃呢？原因有以下几点：

第一，晶莹剔透的水晶特性，极大提高建筑的美感。

第二，对色彩的还原性好，提高建筑的时尚感，通过在超白玻璃上加工成彩釉玻璃，能够真正体现出色彩的真实颜色。

第三，安全性好，不含有害杂质，大大降低钢化玻璃的自爆率，自 2005 年下线后，应用金晶超白玻璃的工程没有出现一例自爆现象。

第四，紫外线透过率低，绿色环保的产品。

正是因为超白玻璃具备以上特点，才使得金晶超白玻璃在各种建筑的内外装饰上面大量的应用，金晶超白玻璃也创造了连续三年全球销量第一的佳绩。金晶超白玻璃以创造品位生活为理念，让 2010 年世博会主题得以真正体现，金晶也愿意为城市的建设奉献自己的一份力量。